计 算 机 科 学 丛 书

原书第2版

数据挖掘与机器学习

基础概念和算法

[美] 穆罕默德·J. 扎基(Mohammed J. Zaki)
[巴西] 小瓦格纳·梅拉(Wagner Meira, Jr.) 著
计湘婷 卢苗苗 李轩涯 译

Data Mining and Machine Learning
Fundamental Concepts and Algorithms 2nd Edition

机械工业出版社
CHINA MACHINE PRESS

图书在版编目（CIP）数据

数据挖掘与机器学习：基础概念和算法：原书第 2 版 /（美）穆罕默德·J. 扎基（Mohammed J. Zaki），（巴西）小瓦格纳·梅拉（Wagner Meira, Jr.）著；计湘婷，卢苗苗，李轩涯译 . —北京：机械工业出版社，2023.5

（计算机科学丛书）

书名原文：Data Mining and Machine Learning: Fundamental Concepts and Algorithms, 2nd Edition

ISBN 978-7-111-72689-0

I. ①数…　II. ①穆…②小…③计…④卢…⑤李…　III. ①数据采集②机器学习　IV. ① TP274 ② TP181

中国国家版本馆 CIP 数据核字（2023）第 034482 号

机械工业出版社（北京市百万庄大街 22 号　邮政编码 100037）

策划编辑：刘　锋　　　　责任编辑：刘　锋　张秀华

责任校对：郑　婕　王明欣　　责任印制：郜　敏

三河市宏达印刷有限公司印刷

2023 年 6 月第 1 版第 1 次印刷

185mm × 260mm · 38.5 印张 · 979 千字

标准书号：ISBN 978-7-111-72689-0

定价：199.00 元

电话服务　　　　　　网络服务

客服电话：010-88361066　机　工　官　网：www.cmpbook.com

010-88379833　机　工　官　博：weibo.com/cmp1952

010-68326294　金　　书　　网：www.golden-book.com

封底无防伪标均为盗版　机工教育服务网：www.cmpedu.com

译者序

Data Mining and Machine Learning

通过算法搜索隐藏在大量数据中的信息的过程称为数据挖掘，挖掘信息的方法主要有统计、在线分析处理、机器学习、专家系统和模式识别等。机器学习比较广泛的定义是“利用经验来改善计算机系统自身的性能”，由于“经验”在计算机系统中主要是以数据的形式存在的，因此机器学习需要设法对数据进行分析，这就使得它逐渐成为智能数据分析技术的创新来源之一。

数据挖掘和机器学习在过去十几年的融合为众多领域奠定了基础，已广泛应用于计算机网络、图形学、软件工程、多媒体等领域。除了用于科学研究，数据挖掘和机器学习在商业分析和日常生活中的应用也极为普遍，从商业决策到天气预报，从环境监测到自动驾驶，数据挖掘和机器学习得到越来越充分的运用，因此“更多、更好地解决实际问题”已成为数据挖掘和机器学习发展的驱动力。

本书翔实地介绍了数据挖掘与机器学习的相关内容，包括数据矩阵、图数据、核方法、项集挖掘、聚类、贝叶斯分类器、决策树、支持向量机、线性回归、逻辑回归、神经网络、深度学习等概念和算法，并且每章都配有相关练习。希望本书能够为数据科学从业者和对该领域感兴趣的人士提供实践指导。

前　言

数据挖掘和机器学习使人们能够从数据中获得基本的洞察和知识，从大规模数据中发现深刻、有趣和新颖的模式，以及描述性、可理解和可预测的模型。

这个领域有很多相关图书，但它们要么太高深，要么太前沿。本书是一本普及性的书，介绍了机器学习和数据挖掘的基本概念与算法基础。本书中第一次提到某个概念时会对其进行详细解释，给出详细的步骤和推导过程。本书旨在通过数据和方法的几何解释、（线性）代数解释与概率解释，探讨公式背后的原理。

本书第 2 版增加了回归的部分，包括线性回归、逻辑（logistic）回归、神经网络和深度学习。另外有几章的内容有更新，已知的错误也已修复。本书内容主要包括数据分析基础、频繁模式挖掘、聚类、分类和回归。这些内容涵盖核心方法及前沿主题，例如深度学习、核方法、高维数据分析和图分析。

本书列举了许多例子来说明相关概念和算法，章末还配有练习题。本书中的所有算法都已由作者实现。建议读者自己实现这些算法（例如，使用 Python 或 R 语言实现）以加深理解。幻灯片、数据集和视频等补充资源可通过本书的配套网站 http://dataminingbook.info 在线获取。

本书适合用于数据挖掘、机器学习和数据科学领域本科生和研究生阶段的课程。本书每一部分开头都会概括介绍本部分的各章。虽然各章大多是自成体系的（重点强调了重要的方程），但第一部分关于数据分析的基础性介绍也是有用的。例如，第一部分中的“核方法”一章（第 5 章）应该在后面章节出现的其他基于核的算法之前介绍。读者可以根据课程的重点或自己的兴趣，按不同的顺序阅读不同的部分。最后，欢迎各位读者通过本书配套网站联系我们，提出勘误或其他建议。

Mohammed J. Zaki 和 Wagner Meira, Jr.

穆罕默德·J. 扎基（Mohammed J. Zaki）是伦斯勒理工学院计算机科学系教授、副系主任和研究生项目主任。他发表了250多篇论文，是*Data Mining and Knowledge Discovery*杂志的副主编。他是ACM SIGKDD理事，曾获得美国国家科学基金早期职业生涯发展奖（NSF CAREER Award）和美国能源部杰出青年研究员奖。他还是ACM杰出会员，IEEE会士。

小瓦格纳·梅拉（Wagner Meira, Jr.）是巴西米纳斯吉拉斯联邦大学（Universidade Federal de Minas Gerais，UFMG）计算机科学系教授、系主任。他发表了230多篇关于数据挖掘、并行系统和分布式系统的论文。他是InWeb知识发现研究领域的倡导者，目前是INCT-Cyber副主席。他是*Data Mining and Knowledge Discovery*杂志编辑委员会成员，也是2016年SDM和2019年ACM WebSci的执行主席。他自2002年起担任CNPq研究员，曾获得一次IBM学院奖（IBM Faculty Award）和多次Google学院研究奖（Google Faculty Research Award）。

目　录

Data Mining and Machine Learning

第一部分

Data Mining and Machine Learning

数据分析基础

本部分包含第 1 ～ 7 章，为数据分析奠定了代数和概率基础。第 1 章介绍了数据的相关概念。第 2 章从单变量和多变量数值数据的基本统计分析开始，介绍了集中趋势度量，例如均值（mean）、中位数（median）和众数（mode），以及离散度度量，例如极差（range）、方差（variance）和协方差（covariance）。我们在此强调了对偶代数和概率观点，并强调了各种度量的几何解释，重点关注了多元正态分布，因为它在分类和聚类中被广泛用作数据的默认参数模型。第 3 章介绍了如何通过多元二项分布和多项分布来对类别型数据建模，还介绍了如何使用列联表分析方法来测试类别型属性之间的依赖关系。

第 4 章介绍了如何从拓扑结构的角度来分析图数据，重点讨论了各种类型的图中心度，例如接近（closeness）中心度、中介（betweenness）中心度、声望（prestige）、PageRank 等。本章还研究了现实世界网络的基本拓扑性质，例如**小世界特性**（small world property）——表示实图的节点对之间具有较小的平均路径长度，**聚类效应**（clustering effect）——表示节点周围的局部聚类，以及**无标度特性**（scale-free property）——表现为幂律度分布。本章描述的模型可以解释现实世界的图的一些特征。这些模型包括 Erdös–Rényi 随机图模型、Watts–Strogatz 模型和 Barabási–Albert 模型。

第 5 章介绍了核方法，给出了线性、非线性、图和复杂数据挖掘任务之间的新洞察和联系。本章简要介绍了核函数背后的理论，其核心概念是半正定核对应于某个高维特征空间中的一个点积。因此，只要我们能计算出对象实例之间相似性的成对核矩阵，就可以使用常见的数值分析方法进行非线性分析或复杂对象的分析。本章还介绍了用于数值型或向量型数据以及序列数据和图数据的各种核。

第 6 章介绍了高维空间的特性，即**维数灾难**（curse of dimensionality）。本章特别研究了散射效应，即在高维空间中数据点常位于边界和角落，而空间的“中心”处几乎是空的。本章还介绍了正交轴的扩散以及高维多元正态分布的行为。

第 7 章介绍了广泛使用的降维方法，例如主成分分析（Principal Component Analysis，PCA）和奇异值分解（Singular Value Decomposition，SVD）。利用 PCA 可以寻找最优的 k 维子空间来捕获数据中的大部分方差。本章介绍了如何使用核 PCA 来寻找捕捉最大方差的非线性方向，最后还介绍了强大的 SVD 谱分解方法，研究了它的几何结构以及它与 PCA 的关系。

数据矩阵

本章首先介绍数据矩阵建模的基本属性，强调几何和代数观点，探讨了数据的概率解释，它们在机器学习和数据挖掘中发挥着关键作用。

1.1 数据矩阵的组成

数据通常可以表示为（抽象为）一个 $n\times d$ 的数据矩阵，该矩阵有 n 行、d 列，其中各行对应数据集中的实体，各列表示实体中的特征或属性。数据矩阵中的每一行都记录了给定实体的观测属性值。$n\times d$ 数据矩阵如下所示：

$$
\boldsymbol{D}=\left(\begin{array}{c|cccc}
 & \boldsymbol{X}_1 & \boldsymbol{X}_2 & \cdots & \boldsymbol{X}_d \\
\hline
\boldsymbol{x}_1 & x_{11} & x_{12} & \cdots & x_{1d} \\
\boldsymbol{x}_2 & x_{21} & x_{22} & \cdots & x_{2d} \\
\vdots & \vdots & \vdots & & \vdots \\
\boldsymbol{x}_n & x_{n1} & x_{n2} & \cdots & x_{nd}
\end{array}\right)
$$

其中，$\boldsymbol{x}_i$ 表示第 i 行数据，即给定的 d 元组，如下所示：

$$\boldsymbol{x}_i=(x_{i1},x_{i2},\cdots,x_{id})$$

$\boldsymbol{X}_j$ 表示第 j 列数据，即给定的 n 元组，如下所示：

$$\boldsymbol{X}_j=(x_{1j},x_{2j},\cdots,x_{nj})$$

根据应用程序域的不同，行也可以被称为实体、实例、示例、记录、事务、对象、数据点、特征向量、元组等。同样，列也可以被称为属性、性质、特性、维度、变量、字段等。实例数目 n 被称为数据的大小，而属性数目 d 被称为数据的维数。对单个属性的分析称为一元分析（univariate analysis），而同时对两个属性进行的分析称为二元分析（bivariate analysis），同时对两个以上属性进行的分析称为多元分析（multivariate analysis）。

例 1.1 表 1-1 给出了鸢尾花数据集的部分数据，该数据集的全部数据可以形成一个 150×5 的数据矩阵。每个实体都代表一朵鸢尾花，其属性包括萼片长度、萼片宽度、花瓣长度和花瓣宽度（以厘米为单位），以及鸢尾花的类别。第一行是一个五元组，如下所示：

$$\boldsymbol{x}_1=(5.9, 3.0, 4.2, 1.5, \text{Iris-versicolor})$$

表 1-1 从鸢尾花数据集中提取的部分数据

	萼片长度 $\boldsymbol{X}_1$	萼片宽度 $\boldsymbol{X}_2$	花瓣长度 $\boldsymbol{X}_3$	花瓣宽度 $\boldsymbol{X}_4$	类别 $\boldsymbol{X}_5$
$\boldsymbol{x}_1$	5.9	3.0	4.2	1.5	Iris-versicolor

（续）

	萼片长度 X_1	萼片宽度 X_2	花瓣长度 X_3	花瓣宽度 X_4	类别 X_5
$\mathbf{x}_2$	6.9	3.1	4.9	1.5	Iris-versicolor
$\mathbf{x}_3$	6.6	2.9	4.6	1.3	Iris-versicolor
$\mathbf{x}_4$	4.6	3.2	1.4	0.2	Iris-setosa
$\mathbf{x}_5$	6.0	2.2	4.0	1.0	Iris-versicolor
$\mathbf{x}_6$	4.7	3.2	1.3	0.2	Iris-setosa
$\mathbf{x}_7$	6.5	3.0	5.8	2.2	Iris-virginica
$\mathbf{x}_8$	5.8	2.7	5.1	1.9	Iris-virginica
⋮	⋮	⋮	⋮	⋮	⋮
$\mathbf{x}_{149}$	7.7	3.8	6.7	2.2	Iris-virginica
$\mathbf{x}_{150}$	5.1	3.4	1.5	0.2	Iris-setosa

并非所有数据集都可写成数据矩阵的形式。例如，更复杂的数据集可以是序列（例如DNA和蛋白质序列）、文本、时间序列、图像、音频、视频等形式。对于这些数据集，可能需要采用特殊的分析技术。然而，在许多情况下，即使原始数据不是数据矩阵的形式，也可以通过特征提取转换为数据矩阵。例如，给定一个图像数据库，我们可以创建一个数据矩阵，使矩阵的每一行表示一个图像，每一列对应图像的颜色、纹理等属性。有时，某些属性可能具有特殊的语义，需要进行特殊处理。例如，时间属性或空间属性通常要区别对待。同样需要注意的是，传统的数据分析假设每个实体或实例都是独立的。然而，鉴于我们生活的世界是相互关联的，这种假设并不总是成立的。实例和实例之间可以通过各种关系联系起来，形成数据图，其中节点表示实例，边表示实例之间的关联关系。

1.2 属性

根据所属的域，即根据所采用的值的类型，属性可以分为两类。

1. 数值型属性

数值型属性是在实数或整数域内取值的属性。例如，属性Age（年龄）便是数值型属性，其定义域为$\mathbb{N}$，$\mathbb{N}$表示自然数（非负整数）的集合。表1-1中的花瓣长度也是数值型属性，其定义域为$\mathbb{R}^+$（所有正实数的集合）。定义域为有限或无限可数集合的数值型属性称为*离散属性*，而可以取任何实数的数值型属性称为*连续属性*。作为离散属性的一个特例，定义域为{0,1}的数值型属性就称为*二元属性*。数值型属性可进一步分为两类：

- *区间标度*（Interval-scaled）：对于这类属性，只有差值（加减）才有意义。例如，以℃或℉计量的属性temperature（温度）便属于区间标度。如果某一天的温度是20℃，第二天的温度是10℃，那么可以说第二天的气温下降了10℃，但说第二天比前一天冷一倍就没有意义了。
- *比例标度*（Ratio-scaled）：对于这类属性，可以计算两个值之间的差值和比率。例如，对于属性Age，可以说20岁的人的年龄是10岁的人的两倍。

2. 类别型属性

类别型属性是定义域包含一组定值符号的属性。例如，Sex（性别）和Education（教育）都是类别型属性，它们的定义域如下所示：

$$\text{定义域}\,(\texttt{Sex}) = \{\texttt{M}, \texttt{F}\}$$
$$\text{定义域}\,(\texttt{Education}) = \{\texttt{HighSchool}, \texttt{BS}, \texttt{MS}, \texttt{PhD}\}$$

类别型属性也有两种类型：

- 名义类（Nominal）：这种属性的定义域是无序的，因此只有相等比较才有意义，即只能检查两个给定实例的属性值是否相同。例如，Sex 便是一种名义类属性。表 1-1 中的类别也是名义类属性，其定义域为 {Iris-setosa，Iris-versicolor，Iris-virginica}。
- 次序类（Ordinal）：这种属性的定义域是有序的，因此相等比较（一个值等于另一个值吗？）和不等比较（一个值小于或大于另一个值吗？）都是允许的，但是可能无法量化不同值之间的差异。例如，Education 是一个次序类属性，因为它的定义域是按教育程度递增排序的。

1.3　数据：代数和几何观点

如果数据矩阵 $\boldsymbol{D}$ 中的 d 个属性都是数值型属性，那么其每一行都可以看作一个 d 维的点：

$$\boldsymbol{x}_i = (x_{i1}, x_{i2}, \cdots, x_{id}) \in \mathbb{R}^d$$

或者说，每一行都可以看作 d 维列向量（默认情况下，所有向量都被假定为列向量）：

$$\boldsymbol{x}_i = \begin{pmatrix} x_{i1} \\ x_{i2} \\ \vdots \\ x_{id} \end{pmatrix} = \begin{pmatrix} x_{i1} & x_{i2} & \cdots & x_{id} \end{pmatrix}^{\mathrm{T}} \in \mathbb{R}^d$$

其中，T 是（矩阵）转置算子。

d 维笛卡儿坐标空间是通过 d 个单位向量沿每个轴指定的，这些单位向量又称为标准基向量。第 j 个标准基向量 $\boldsymbol{e}_j$ 是一个 d 维单位向量，其第 j 个分量为 1，其余分量为 0：

$$\boldsymbol{e}_j = (0, \cdots, 1_j, \cdots, 0)^{\mathrm{T}}$$

$\mathbb{R}^d$ 中的任何向量都可以写成标准基向量的线性组合。例如，点 $\boldsymbol{x}_i$ 可以写作：

$$\boldsymbol{x}_i = x_{i1}\boldsymbol{e}_1 + x_{i2}\boldsymbol{e}_2 + \cdots + x_{id}\boldsymbol{e}_d = \sum_{j=1}^{d} x_{ij}\boldsymbol{e}_j$$

其中，标量值 x_{ij} 是沿第 j 个轴的坐标值或第 j 个属性。

例 1.2　思考表 1-1 中的鸢尾花数据。如果将整个数据投影到前两个属性上，那么每一行都可以视为二维空间中的一个点或向量。例如，五元组 $\boldsymbol{x}_1$ = (5.9, 3.0, 4.2, 1.5, Iris-versicolor) 在前两个属性上的投影如图 1-1a 所示。图 1-2 展示了由前两个属性扩张成的二维空间中 n=150 个点的散点图。同样，图 1-1b 将数据投影到前三个属性上，即将 $\boldsymbol{x}_1$ 表示为三维空间中的点和向量。(5.9, 3.0, 4.2) 可视为 $\mathbb{R}^3$ 中标准基向量线性组合的系数：

$$\boldsymbol{x}_1 = 5.9\boldsymbol{e}_1 + 3.0\boldsymbol{e}_2 + 4.2\boldsymbol{e}_3 = 5.9\begin{pmatrix}1\\0\\0\end{pmatrix} + 3.0\begin{pmatrix}0\\1\\0\end{pmatrix} + 4.2\begin{pmatrix}0\\0\\1\end{pmatrix} = \begin{pmatrix}5.9\\3.0\\4.2\end{pmatrix}$$

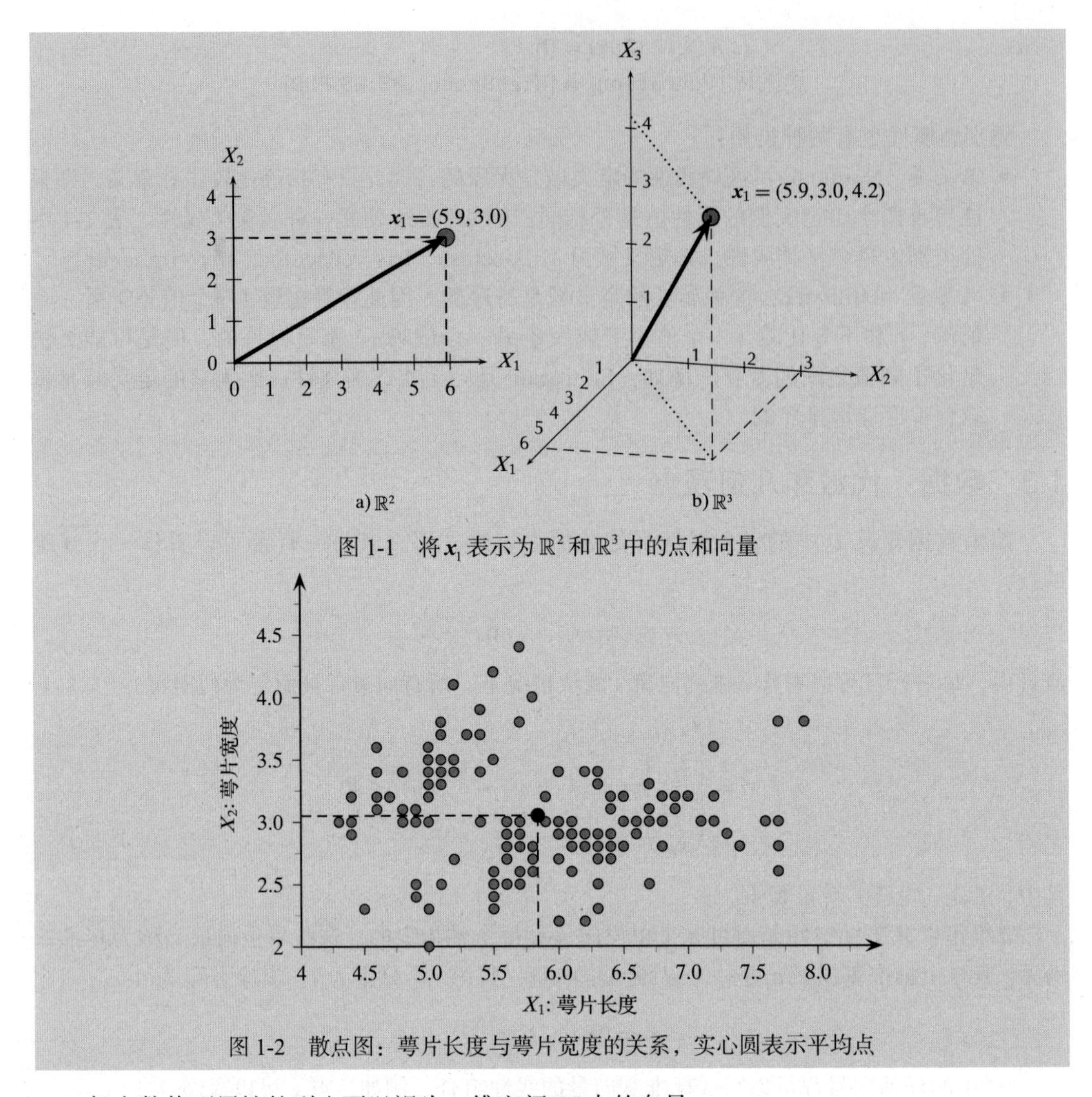

图 1-1　将 x_1 表示为 $\mathbb{R}^2$ 和 $\mathbb{R}^3$ 中的点和向量

图 1-2　散点图：萼片长度与萼片宽度的关系，实心圆表示平均点

每个数值型属性的列也可以视为 n 维空间 $\mathbb{R}^n$ 中的向量：

$$\boldsymbol{X}_j = \begin{pmatrix} x_{1j} \\ x_{2j} \\ \vdots \\ x_{nj} \end{pmatrix}$$

如果所有属性都是数值型属性，那么数据矩阵 $\boldsymbol{D}$ 实际上是一个 $n \times d$ 的矩阵，也可以写成 $\boldsymbol{D} \in \mathbb{R}^{n \times d}$，如下所示：

$$\boldsymbol{D} = \begin{pmatrix} x_{11} & x_{12} & \cdots & x_{1d} \\ x_{21} & x_{22} & \cdots & x_{2d} \\ \vdots & \vdots & & \vdots \\ x_{n1} & x_{n2} & \cdots & x_{nd} \end{pmatrix} = \begin{pmatrix} \boldsymbol{x}_1^{\mathrm{T}} \\ \boldsymbol{x}_2^{\mathrm{T}} \\ \vdots \\ \boldsymbol{x}_n^{\mathrm{T}} \end{pmatrix} = (\boldsymbol{X}_1 \quad \boldsymbol{X}_2 \quad \cdots \quad \boldsymbol{X}_d)$$

可以看到，我们可以将整个数据集看作一个 $n \times d$ 的矩阵，也可以看作 n 个行向量 $\boldsymbol{x}_i^{\mathrm{T}} \in \mathbb{R}^d$ 或 d 个列向量 $\boldsymbol{X}_j \in \mathbb{R}^n$。

1.3.1 距离和角度

将数据实例和属性视为向量，将整个数据集视为矩阵，这样就可以应用几何方法和代数方法来辅助数据挖掘与分析任务。

设 $\boldsymbol{a},\boldsymbol{b}\in\mathbb{R}^m$ 是两个 m 维向量：

$$\boldsymbol{a}=\begin{pmatrix}a_1\\a_2\\\vdots\\a_m\end{pmatrix}\qquad\qquad \boldsymbol{b}=\begin{pmatrix}b_1\\b_2\\\vdots\\b_m\end{pmatrix}$$

1. 点积

$\boldsymbol{a}$ 和 $\boldsymbol{b}$ 的点积被定义为标量值，如下所示：

$$\boldsymbol{a}^{\mathrm{T}}\boldsymbol{b}=\begin{pmatrix}a_1 & a_2 & \cdots & a_m\end{pmatrix}\begin{pmatrix}b_1\\b_2\\\vdots\\b_m\end{pmatrix}=a_1b_1+a_2b_2+\cdots+a_mb_m=\sum_{i=1}^{m}a_ib_i \tag{1.1}$$

2. 长度

向量 $\boldsymbol{a}\in\mathbb{R}^m$ 的欧几里得范数（又称长度）定义如下：

$$\|\boldsymbol{a}\|=\sqrt{\boldsymbol{a}^{\mathrm{T}}\boldsymbol{a}}=\sqrt{a_1^2+a_2^2+\cdots+a_m^2}=\sqrt{\sum_{i=1}^{m}a_i^2} \tag{1.2}$$

$\boldsymbol{a}$ 方向上的单位向量为

$$\boldsymbol{u}=\frac{\boldsymbol{a}}{\|\boldsymbol{a}\|}=\left(\frac{1}{\|\boldsymbol{a}\|}\right)\boldsymbol{a}$$

根据定义，$\boldsymbol{u}$ 的长度为 $\|\boldsymbol{u}\|=1$，因此也被称为归一化向量，在某些分析任务中可以用它代替 $\boldsymbol{a}$。

欧几里得范数是 L_p 范数的特例，L_p 定义为

$$\|\boldsymbol{a}\|_p=\left(|a_1|^p+|a_2|^p+\cdots+|a_m|^p\right)^{\frac{1}{p}}=\left(\sum_{i=1}^{m}|a_i|^p\right)^{\frac{1}{p}} \tag{1.3}$$

其中，$p\neq 0$。因此，欧几里得范数是 $p=2$ 时的 L_p 范数，也称 L_2 范数。

3. 距离

根据欧几里得范数，我们可以定义 $\boldsymbol{a}$ 和 $\boldsymbol{b}$ 之间的欧几里得距离，如下所示：

$$\|\boldsymbol{a}-\boldsymbol{b}\|=\sqrt{(\boldsymbol{a}-\boldsymbol{b})^{\mathrm{T}}(\boldsymbol{a}-\boldsymbol{b})}=\sqrt{\sum_{i=1}^{m}(a_i-b_i)^2} \tag{1.4}$$

因此，向量的长度就是它与零向量 $\boldsymbol{0}$（它的所有元素都是 0）的距离，即 $\|\boldsymbol{a}\|=\|\boldsymbol{a}-\boldsymbol{0}\|$。

根据 L_p 范数，我们可以定义对应的 L_p 距离，如下所示：

$$\|\boldsymbol{a}-\boldsymbol{b}\|_p=\left(\sum_{i=1}^{m}|a_i-b_i|^p\right)^{\frac{1}{p}} \tag{1.5}$$

如果 p 未指定，则默认 $p=2$，如式（1.4）那样。

4. 角度

向量 $\boldsymbol{a}$ 和 $\boldsymbol{b}$ 之间最小夹角的余弦值，也称为余弦相似度，如下所示：

$$\cos\theta = \frac{\boldsymbol{a}^{\mathrm{T}}\boldsymbol{b}}{\|\boldsymbol{a}\|\|\boldsymbol{b}\|} = \left(\frac{\boldsymbol{a}}{\|\boldsymbol{a}\|}\right)^{\mathrm{T}}\left(\frac{\boldsymbol{b}}{\|\boldsymbol{b}\|}\right) \tag{1.6}$$

因此，向量 $\boldsymbol{a}$ 和 $\boldsymbol{b}$ 之间夹角的余弦可以通过 $\boldsymbol{a}$ 和 $\boldsymbol{b}$ 的单位向量 $\frac{\boldsymbol{a}}{\|\boldsymbol{a}\|}$ 和 $\frac{\boldsymbol{b}}{\|\boldsymbol{b}\|}$ 的点积来计算。

柯西－施瓦茨不等式表明，对于 $\mathbb{R}^m$ 中的任意向量 $\boldsymbol{a}$ 和 $\boldsymbol{b}$，有

$$|\boldsymbol{a}^{\mathrm{T}}\boldsymbol{b}| \leqslant \|\boldsymbol{a}\| \cdot \|\boldsymbol{b}\|$$

于是可以得到：

$$-1 \leqslant \cos\theta \leqslant 1$$

因为两个向量之间的最小夹角 $\theta \in [0°, 180°]$，$\cos\theta \in [-1,1]$，所以余弦相似度的取值范围为 +1（对应于 0°）到 −1（对应于 180° 或 π）。

5. 正交性

当且仅当 $\boldsymbol{a}^{\mathrm{T}}\boldsymbol{b}=0$ 时，向量 $\boldsymbol{a}$ 和 $\boldsymbol{b}$ 是正交的，此时 $\cos\theta = 0$，即两个向量之间的夹角是 90° 或 $\frac{\pi}{2}$。在此情况下，向量 $\boldsymbol{a}$ 和 $\boldsymbol{b}$ 没有相似之处。

例 1.3（距离和角度） 图 1-3 表示的两个向量为

$$\boldsymbol{a} = \begin{pmatrix}5\\3\end{pmatrix},\ \boldsymbol{b} = \begin{pmatrix}1\\4\end{pmatrix}$$

根据式（1.4），两个向量间的欧几里得距离为

$$\delta(\boldsymbol{a},\boldsymbol{b}) = \sqrt{(5-1)^2+(3-4)^2} = \sqrt{16+1} = \sqrt{17} \approx 4.12$$

该距离也可以通过计算向量：

$$\boldsymbol{a}-\boldsymbol{b} = \begin{pmatrix}5\\3\end{pmatrix} - \begin{pmatrix}1\\4\end{pmatrix} = \begin{pmatrix}4\\-1\end{pmatrix}$$

的长度获得，因为 $\|\boldsymbol{a}-\boldsymbol{b}\| = \sqrt{4^2+(-1)^2} = \sqrt{17} \approx 4.12$。

$\boldsymbol{a}$ 方向上的单位向量为

$$\boldsymbol{u}_a = \frac{\boldsymbol{a}}{\|\boldsymbol{a}\|} = \frac{1}{\sqrt{5^2+3^2}}\begin{pmatrix}5\\3\end{pmatrix} = \frac{1}{\sqrt{34}}\begin{pmatrix}5\\3\end{pmatrix} = \begin{pmatrix}0.86\\0.51\end{pmatrix}$$

同理，$\boldsymbol{b}$ 方向上的单位向量为

$$\boldsymbol{u}_b = \begin{pmatrix}0.24\\0.97\end{pmatrix}$$

这些单位向量在图 1-3 中用灰色显示。

根据式（1.6），$\boldsymbol{a}$ 和 $\boldsymbol{b}$ 的夹角的余弦值如下：

$$\cos\theta = \frac{\begin{pmatrix}5\\3\end{pmatrix}^{\mathrm{T}}\begin{pmatrix}1\\4\end{pmatrix}}{\sqrt{5^2+3^2}\sqrt{1^2+4^2}} = \frac{17}{\sqrt{34\times 17}} = \frac{1}{\sqrt{2}}$$

通过计算反余弦，可得夹角的大小：

$$\theta = \cos^{-1}(1/\sqrt{2}) = 45^\circ$$

思考 $p=3$ 时 $\boldsymbol{a}$ 的 L_p 范数，得到：

$$\|\boldsymbol{a}\|_3 = \left(5^3+3^3\right)^{1/3} = (152)^{1/3} \approx 5.34$$

对于 $p=3$ 时的 L_p 范数，根据式（1.5），$\boldsymbol{a}$ 和 $\boldsymbol{b}$ 之间的距离如下：

$$\|\boldsymbol{a}-\boldsymbol{b}\|_3 = \|(4,-1)^{\mathrm{T}}\|_3 = \left(4^3+|-1|^3\right)^{1/3} = (65)^{1/3} \approx 4.02$$

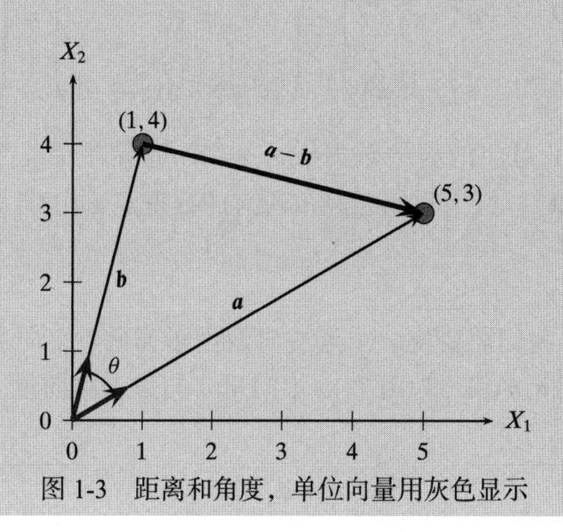

图 1-3　距离和角度，单位向量用灰色显示

1.3.2　均值和总方差

1. 均值

数据矩阵 $\boldsymbol{D}$ 的均值（mean）是由所有点的向量取平均值得到的，如下所示：

$$\mathrm{mean}(\boldsymbol{D}) = \boldsymbol{\mu} = \frac{1}{n}\sum_{i=1}^{n}\boldsymbol{x}_i \tag{1.7}$$

2. 总方差

数据矩阵 $\boldsymbol{D}$ 的总方差（total variance）指的是各个点到均值的均方距离：

$$\mathrm{var}(\boldsymbol{D}) = \frac{1}{n}\sum_{i=1}^{n}\delta(\boldsymbol{x}_i,\boldsymbol{\mu})^2 = \frac{1}{n}\sum_{i=1}^{n}\|\boldsymbol{x}_i-\boldsymbol{\mu}\|^2 \tag{1.8}$$

简化式（1.8），得到：

$$\begin{aligned}\mathrm{var}(\boldsymbol{D}) &= \frac{1}{n}\sum_{i=1}^{n}\left(\|\boldsymbol{x}_i\|^2 - 2\boldsymbol{x}_i^{\mathrm{T}}\boldsymbol{\mu} + \|\boldsymbol{\mu}\|^2\right)\\ &= \frac{1}{n}\left(\sum_{i=1}^{n}\|\boldsymbol{x}_i\|^2 - 2n\boldsymbol{\mu}^{\mathrm{T}}\left(\frac{1}{n}\sum_{i=1}^{n}\boldsymbol{x}_i\right) + n\|\boldsymbol{\mu}\|^2\right)\end{aligned}$$

$$=\frac{1}{n}\left(\sum_{i=1}^{n}\|\boldsymbol{x}_i\|^2-2n\boldsymbol{\mu}^{\mathrm{T}}\boldsymbol{\mu}+n\|\boldsymbol{\mu}\|^2\right)$$

$$=\frac{1}{n}\left(\sum_{i=1}^{n}\|\boldsymbol{x}_i\|^2\right)-\|\boldsymbol{\mu}\|^2$$

因此，总方差指的是所有数据点的长度平方的平均值减去均值（数据点的平均值）长度的平方。

3. 居中数据矩阵

通常情况下，需要使矩阵的均值与数据空间的原点重合，从而使数据矩阵居中。居中数据矩阵（centered data matrix）通过将所有数据点减去均值得到，如下所示：

$$\overline{\boldsymbol{D}}=\boldsymbol{D}-\mathbf{1}\cdot\boldsymbol{\mu}^{\mathrm{T}}=\begin{pmatrix}\boldsymbol{x}_1^{\mathrm{T}}\\ \boldsymbol{x}_2^{\mathrm{T}}\\ \vdots\\ \boldsymbol{x}_n^{\mathrm{T}}\end{pmatrix}-\begin{pmatrix}\boldsymbol{\mu}^{\mathrm{T}}\\ \boldsymbol{\mu}^{\mathrm{T}}\\ \vdots\\ \boldsymbol{\mu}^{\mathrm{T}}\end{pmatrix}=\begin{pmatrix}\boldsymbol{x}_1^{\mathrm{T}}-\boldsymbol{\mu}^{\mathrm{T}}\\ \boldsymbol{x}_2^{\mathrm{T}}-\boldsymbol{\mu}^{\mathrm{T}}\\ \vdots\\ \boldsymbol{x}_n^{\mathrm{T}}-\boldsymbol{\mu}^{\mathrm{T}}\end{pmatrix}=\begin{pmatrix}\bar{\boldsymbol{x}}_1^{\mathrm{T}}\\ \bar{\boldsymbol{x}}_2^{\mathrm{T}}\\ \vdots\\ \bar{\boldsymbol{x}}_n^{\mathrm{T}}\end{pmatrix} \tag{1.9}$$

其中，$\bar{\boldsymbol{x}}_i=\boldsymbol{x}_i-\boldsymbol{\mu}$代表与$\boldsymbol{x}_i$对应的居中数据点，$\mathbf{1}\in\mathbb{R}^n$是所有元素都为 1 的 n 维向量。居中数据矩阵$\overline{\boldsymbol{D}}$的均值为$\mathbf{0}\in\mathbb{R}^d$，因为我们已经从所有的数据点$\boldsymbol{x}_i$中减去了均值$\boldsymbol{\mu}$。

1.3.3　正交投影

通常在数据挖掘中，我们需要将一个点或向量投影到另一个向量上。例如，在基向量变换后获得一个新的点。设$\boldsymbol{a},\boldsymbol{b}\in\mathbb{R}^m$为两个 m 维向量。向量$\boldsymbol{b}$在向量$\boldsymbol{a}$方向上的正交分解（见图 1-4）如下所示：

$$\boldsymbol{b}=\boldsymbol{b}_{\|}+\boldsymbol{b}_{\perp}=\boldsymbol{p}+\boldsymbol{r} \tag{1.10}$$

其中，$\boldsymbol{p}=\boldsymbol{b}_{\|}$与$\boldsymbol{a}$平行，$\boldsymbol{r}=\boldsymbol{b}_{\perp}$与$\boldsymbol{a}$垂直（正交）。向量$\boldsymbol{p}$称为向量$\boldsymbol{b}$在向量$\boldsymbol{a}$上的正交投影（简称投影）。点$\boldsymbol{p}\in\mathbb{R}^m$是经过$\boldsymbol{a}$的线上离$\boldsymbol{b}$最近的点。因此，向量$\boldsymbol{r}=\boldsymbol{b}-\boldsymbol{p}$的大小表示向量$\boldsymbol{b}$到向量$\boldsymbol{a}$的垂直距离，通常被称作点$\boldsymbol{b}$和点$\boldsymbol{p}$之间的残差或误差。向量$\boldsymbol{r}$也被称为误差向量。

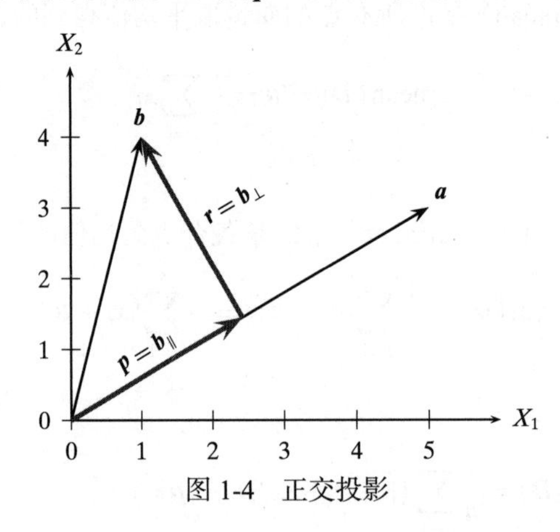

图 1-4　正交投影

因为向量$\boldsymbol{p}$与向量$\boldsymbol{a}$平行，所以存在某个标量 c，使得$\boldsymbol{p}=c\boldsymbol{a}$。因此，$\boldsymbol{r}=\boldsymbol{b}-\boldsymbol{p}=\boldsymbol{b}-c\boldsymbol{a}$。因为向量$\boldsymbol{p}$和向量$\boldsymbol{r}$是正交的，所以：

$$\boldsymbol{p}^{\mathrm{T}}\boldsymbol{r}=(c\boldsymbol{a})^{\mathrm{T}}(\boldsymbol{b}-c\boldsymbol{a})=c\boldsymbol{a}^{\mathrm{T}}\boldsymbol{b}-c^2\boldsymbol{a}^{\mathrm{T}}\boldsymbol{a}=0$$

这表明：

$$c=\frac{\boldsymbol{a}^{\mathrm{T}}\boldsymbol{b}}{\boldsymbol{a}^{\mathrm{T}}\boldsymbol{a}}$$

因此，向量 $\boldsymbol{b}$ 在向量 $\boldsymbol{a}$ 上的投影也可以表示为

$$\boldsymbol{p}=c\boldsymbol{a}=\left(\frac{\boldsymbol{a}^{\mathrm{T}}\boldsymbol{b}}{\boldsymbol{a}^{\mathrm{T}}\boldsymbol{a}}\right)\boldsymbol{a} \tag{1.11}$$

沿 $\boldsymbol{a}$ 的标量偏差量 c 也称为 $\boldsymbol{b}$ 在 $\boldsymbol{a}$ 上的标量投影，可表示为

$$\mathrm{proj}_{\boldsymbol{b}}(\boldsymbol{a})=\left(\frac{\boldsymbol{a}^{\mathrm{T}}\boldsymbol{b}}{\boldsymbol{a}^{\mathrm{T}}\boldsymbol{a}}\right) \tag{1.12}$$

因此，$\boldsymbol{b}$ 在 $\boldsymbol{a}$ 上的投影也可以写成

$$\boldsymbol{p}=\mathrm{proj}_{\boldsymbol{b}}(\boldsymbol{a})\cdot\boldsymbol{a}$$

例 1.4 将鸢尾花数据集限制在前两个维度（萼片长度和萼片宽度），其均值点如下：

$$\mathrm{mean}\,(\boldsymbol{D})=\begin{pmatrix}5.843\\3.054\end{pmatrix}$$

如图 1-2 中的黑色圆圈所示。相应的居中数据如图 1-5 所示，总方差为 $\mathrm{var}(\boldsymbol{D})=0.868$（居中不改变该值）。

图 1-5 显示了每个点在直线 ℓ 上的投影，这条直线是能将 Iris-setosa（正方形）与 Iris-versicolor（圆形）和 Iris-virginica（三角形）分得最开的直线。直线 ℓ 可以视为一组能够满足条件 $\begin{pmatrix}x_1\\x_2\end{pmatrix}=c\begin{pmatrix}-2.15\\2.75\end{pmatrix}$ 的所有点 $(x_1,x_2)^{\mathrm{T}}$，其中标量 $c\in\mathbb{R}$。

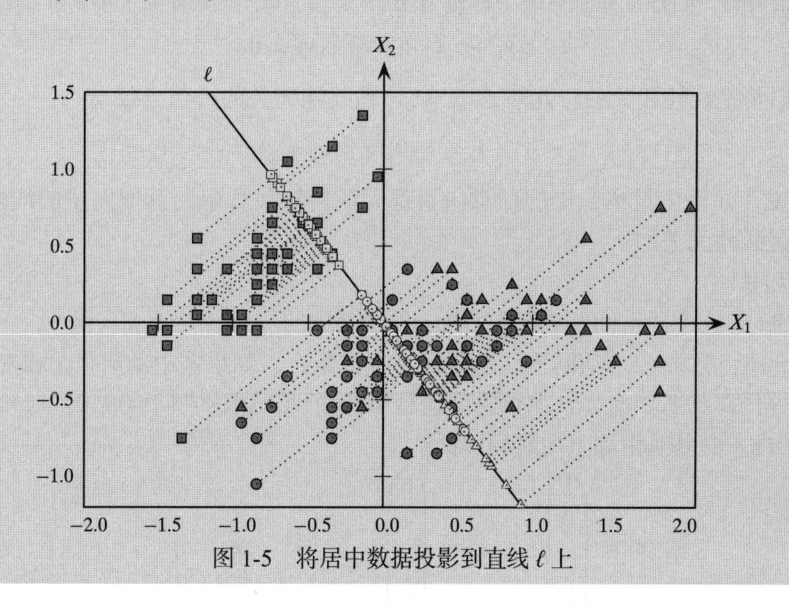

图 1-5 将居中数据投影到直线 ℓ 上

1.3.4 线性无关和维数

给定如下数据矩阵：

$$\boldsymbol{D}=(\boldsymbol{x}_1 \quad \boldsymbol{x}_2 \quad \cdots \quad \boldsymbol{x}_n)^{\mathrm{T}}=(\boldsymbol{X}_1 \quad \boldsymbol{X}_2 \quad \cdots \quad \boldsymbol{X}_d)$$

我们通常对各行（点）或各列（属性）的线性组合感兴趣。例如，d个原始属性的不同线性组合可以产生新的派生属性，这一行为在特征提取和降维中起到了关键作用。

在m维向量空间$\mathbb{R}^m$中给定任意一组向量$\boldsymbol{v}_1,\boldsymbol{v}_2,\cdots,\boldsymbol{v}_k$，其线性组合为

$$c_1\boldsymbol{v}_1+c_2\boldsymbol{v}_2+\cdots+c_k\boldsymbol{v}_k$$

其中，$c_i\in\mathbb{R}$是标量值。k个向量所有可能的线性组合称为空间（span），表示为$\operatorname{span}(\boldsymbol{v}_1, \cdots, \boldsymbol{v}_k)$，它本身是向量空间$\mathbb{R}^m$的一个子空间。如果$\operatorname{span}(\boldsymbol{v}_1, \cdots, \boldsymbol{v}_k)=\mathbb{R}^m$，则称$\boldsymbol{v}_1, \cdots, \boldsymbol{v}_k$是$\mathbb{R}^m$的一个生成集合（spanning set）。

1. 行空间和列空间

有几个与数据矩阵$\boldsymbol{D}$相关联的向量空间，其中两个是$\boldsymbol{D}$的列空间和行空间。$\boldsymbol{D}$的列空间表示为$\operatorname{col}(\boldsymbol{D})$，是$d$个属性$\boldsymbol{X}_j\in\mathbb{R}^n$的所有线性组合的集合，即

$$\operatorname{col}(\boldsymbol{D})=\operatorname{span}(\boldsymbol{X}_1,\boldsymbol{X}_2,\cdots,\boldsymbol{X}_d)$$

根据定义，$\operatorname{col}(\boldsymbol{D})$是$\mathbb{R}^n$的一个子空间。$\boldsymbol{D}$的行空间用$\operatorname{row}(\boldsymbol{D})$表示，是$n$个点$\boldsymbol{x}_i\in\mathbb{R}^d$的所有线性组合的集合，即

$$\operatorname{row}(\boldsymbol{D})=\operatorname{span}(\boldsymbol{x}_1,\boldsymbol{x}_2,\cdots,\boldsymbol{x}_n)$$

根据定义，$\operatorname{row}(\boldsymbol{D})$是$\mathbb{R}^d$的一个子空间。请注意，$\boldsymbol{D}$的行空间是$\boldsymbol{D}^{\mathrm{T}}$的列空间，即

$$\operatorname{row}(\boldsymbol{D})=\operatorname{col}(\boldsymbol{D}^{\mathrm{T}})$$

2. 线性无关

给定一组向量$\boldsymbol{v}_1, \cdots, \boldsymbol{v}_k$，如果其中至少有一个向量可以由其他向量的线性组合表示，则称它们是线性相关的。同理，如果有k个标量$c_1, c_2, \cdots, c_k$，其中至少有一个不为0的情况下，使得

$$c_1\boldsymbol{v}_1+c_2\boldsymbol{v}_2+\cdots+c_k\boldsymbol{v}_k=\boldsymbol{0}$$

也称这k个向量是线性相关的。此外，$\boldsymbol{v}_1, \cdots, \boldsymbol{v}_k$是线性无关的，当且仅当

$$c_1\boldsymbol{v}_1+c_2\boldsymbol{v}_2+\cdots+c_k\boldsymbol{v}_k=\boldsymbol{0}\ \text{蕴含}\ c_1=c_2=\cdots=c_k=0$$

简单地说，如果向量集合中的任意向量都无法由该集合中的其他向量的线性组合表示，则该组向量是线性无关的。

3. 维数和秩

设S是$\mathbb{R}^m$的一个子空间。S的基（basis）是S中的一组线性无关向量$\boldsymbol{v}_1, \cdots, \boldsymbol{v}_k$，它们生成$S$，即$\operatorname{span}(\boldsymbol{v}_1, \cdots, \boldsymbol{v}_k)=S$。实际上，基是最小生成集合。如果基中的向量是成对正交的，则称它们构成S的正交基。此外，如果它们还是单位向量，则称它们构成S的标准正交基。例如，$\mathbb{R}^m$的标准正交基是由如下向量构成的：

$$\boldsymbol{e}_1=\begin{pmatrix}1\\0\\\vdots\\0\end{pmatrix}\qquad \boldsymbol{e}_2=\begin{pmatrix}0\\1\\\vdots\\0\end{pmatrix}\qquad \cdots \qquad \boldsymbol{e}_m=\begin{pmatrix}0\\0\\\vdots\\1\end{pmatrix}$$

S 的任意两个基必须具有相同的向量数量，该数量称为 S 的维数，用 $\dim(S)$ 表示。因为 S 是 $\mathbb{R}^m$ 的一个子空间，所以必须使 $\dim(S) \leqslant m$ 。

值得注意的是，对于任何一个数据矩阵，其行空间和列空间的维数是相同的，维数也被称为矩阵的秩（rank）。对于数据矩阵 $\boldsymbol{D} \in \mathbb{R}^{n \times d}$ ， $\operatorname{rank}(\boldsymbol{D}) \leqslant \min(n,d)$ ，因为列空间的维数最多是 d，行空间的维数最多是 n。因此，即使数据点表面上是在一个 d 维属性空间（外在维数）中，如果 $\operatorname{rank}(\boldsymbol{D}) < d$ ，则数据点实际上都位于比 $\mathbb{R}^d$ 更低维的一个子空间中，在这种情况下， $\operatorname{rank}(\boldsymbol{D})$ 给出了数据点的内在维数。事实上，通过降维方法可以用更低维的数据矩阵 $\boldsymbol{D}' \in \mathbb{R}^{n \times k}$ 来近似 $\boldsymbol{D} \in \mathbb{R}^{n \times d}$ ，即 $k \ll d$ 。在这种情况下，k 可以反映数据的“真实”内在维数。

例 1.5 如图 1-5 所示，直线 ℓ 是由 $\ell = \operatorname{span}((-2.15\ 2.75)^{\mathrm{T}})$ 表示的， $\dim(\ell)=1$ 。归一化之后，ℓ 的标准正交基为单位向量，如下所示：

$$\frac{1}{\sqrt{12.19}}\begin{pmatrix}-2.15\\ 2.75\end{pmatrix} = \begin{pmatrix}-0.615\\ 0.788\end{pmatrix}$$

1.4 数据：概率观点

数据的概率观点假设每个数值型属性 X 都是一个随机变量，它被定义为一个函数，该函数为每一个实验（观察或测量过程）的每个结果赋予一个实数值。从形式上看，X 是一个函数 $X:\mathcal{O} \to \mathbb{R}$ ，其中： $\mathcal{O}$ 是 X 的定义域，是实验的所有可能结果的集合，也称为样本空间； $\mathbb{R}$ 是 X 的值域，是实数的集合。如果结果是数值型的，并且代表了随机变量 X 的观测值，那么 $X:\mathcal{O} \to \mathcal{O}$ 只是恒等函数： $X(v) = v, v \in \mathcal{O}$ 。实验结果和随机变量取值之间的区别很重要，因为我们可能需要根据上下文对观测值进行不同的处理，如例 1.6 所示。

如果随机变量 X 只接受有限的值或无限可数的值，则称其为离散随机变量；而如果 X 可以接受任何值，则称其为连续随机变量。

例 1.6 思考表 1-1 中鸢尾花数据集的萼片长度属性 (X_1) 。该属性的 $n=150$ 个取值如表 1-2 所示，其范围为 [4.3, 7.9]，以 cm 为计量单位。假设这个取值范围构成了所有可能的实验结果 $\mathcal{O}$ 。

默认情况下，给定恒等函数 $X_1(v)=v$ ，我们认为属性 X_1 是一个连续随机变量，因为结果（萼片长度值）都是数值型的。

此外，如果想区分萼片的长短（以 7cm 为界），则可以定义一个离散随机变量 A，如下所示：

$$A(v) = \begin{cases} 0, & v < 7 \\ 1, & v \geqslant 7 \end{cases}$$

在本例中，A 的定义域是 [4.3, 7.9]，值域是 $\{0,1\}$。因此，A 仅在离散值 0 和 1 处取非零概率。

表 1-2　鸢尾花数据集：萼片长度（cm）

5.9	6.9	6.6	4.6	6.0	4.7	6.5	5.8	6.7	6.7	5.1	5.1	5.7	6.1	4.9
5.0	5.0	5.7	5.0	7.2	5.9	6.5	5.7	5.5	4.9	5.0	5.5	4.6	7.2	6.8
5.4	5.0	5.7	5.8	5.1	5.6	5.8	5.1	6.3	6.3	5.6	6.1	6.8	7.3	5.6
4.8	7.1	5.7	5.3	5.7	5.7	5.6	4.4	6.3	5.4	6.3	6.9	7.7	6.1	5.6
6.1	6.4	5.0	5.1	5.6	5.4	5.8	4.9	4.6	5.2	7.9	7.7	6.1	5.5	4.6
4.7	4.4	6.2	4.8	6.0	6.2	5.0	6.4	6.3	6.7	5.0	5.9	6.7	5.4	6.3
4.8	4.4	6.4	6.2	6.0	7.4	4.9	7.0	5.5	6.3	6.8	6.1	6.5	6.7	6.7
4.8	4.9	6.9	4.5	4.3	5.2	5.0	6.4	5.2	5.8	5.5	7.6	6.3	6.4	6.3
5.8	5.0	6.7	6.0	5.1	4.8	5.7	5.1	6.6	6.4	5.2	6.4	7.7	5.8	4.9
5.4	5.1	6.0	6.5	5.5	7.2	6.9	6.2	6.5	6.0	5.4	5.5	6.7	7.7	5.1

1. 概率质量函数

如果 X 是离散的，那么 X 的概率质量函数可以定义为

$$f(x) = P(X = x), \quad x \in \mathbb{R} \tag{1.13}$$

即函数 f 给出了随机变量 X 取值 x 的概率 $P(X = x)$。概率质量函数直观地表达了这样一个事实，即概率在 X 值域内仅集中或聚集在离散值上，而在其余值上的概率都为零。f 也必须遵守概率的基本规则，即 f 必须是非负的：

$$f(x) \geqslant 0$$

且所有概率之和必须等于 1：

$$\sum_x f(x) = 1$$

例 1.7（伯努利分布和二项分布） 在例 1.6 中，A 被定义为表示长萼片长度的离散随机变量。从表 1-2 中的萼片长度数据中，我们发现只有 13 朵鸢尾花的萼片长度大于或等于 7cm。因此，A 的概率质量函数可估计为

$$f(1) = P(A = 1) = \frac{13}{150} = 0.087 = p$$

$$f(0) = P(A = 0) = \frac{137}{150} = 0.913 = 1 - p$$

在此情况下，假设 A 服从伯努利分布，参数 $p \in [0,1]$，p 表示成功的概率，即从所有鸢尾花数据点中随机选出一朵长萼片鸢尾花的概率。此外，$1-p$ 表示失败的概率，即没有选出长萼片鸢尾花的概率。

考虑另一个离散随机变量 B，它表示在成功概率为 p 的 m 次独立伯努利试验中选出长萼片鸢尾花的数量。在此情况下，B 的离散值可以取 $[0,m]$，其概率质量函数由伯努利分布给出：

$$f(k) = P(B = k) = \mathrm{C}_m^k p^k (1-p)^{m-k}$$

该公式可以这样理解：有 C_m^k 种方法从 m 次试验中选出 k 朵长萼片鸢尾花，k 次选择都成功的概率为 p^k，其余 $m-k$ 次都失败的概率为 $(1-p)^{m-k}$。例如，由于 $p = 0.087$，在 $m = 10$

次试验中观察到 $k=2$ 次长萼片鸢尾花的概率为

$$f(2)=P(B=2)=\mathrm{C}_{10}^{2}(0.087)^2(0.913)^8=0.164$$

图 1-6 显示了 $m=10$ 时对应不同 k 值的概率质量函数。因为 p 值很小，所以在少数几次试验中，k 次成功的概率随着 k 的增加而迅速下降，当 $k\geqslant 6$ 时，概率几乎为零。

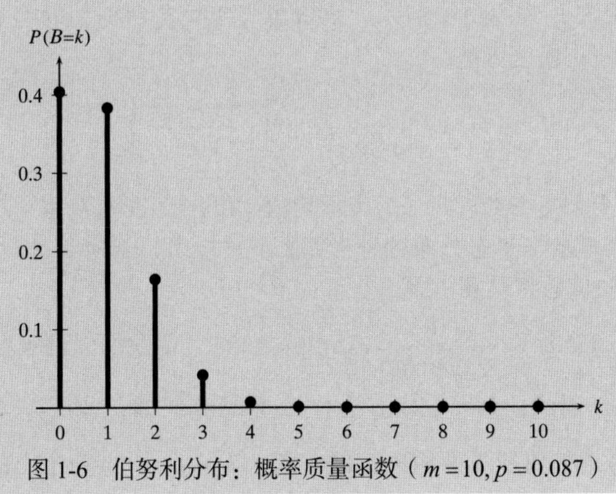

图 1-6　伯努利分布：概率质量函数（$m=10, p=0.087$）

2. 概率密度函数

如果 X 是连续的，那么其取值范围是整个实数集合 $\mathbb{R}$，任何一个特定值 x 的概率为 1 除以无穷大，这意味着对于所有 $x\in\mathbb{R}$，$P(X=x)=0$。但是，这并不意味着取 x 值是不可能的，尽管在这种情况下我们可能会得出这样的结论！这意味着概率质量在可能的取值范围内分布得很稀疏，所以只能在区间 $[a,b]\subset\mathbb{R}$ 内，而非特定的点上衡量它。因此，这里不能定义概率质量函数，而要定义概率密度函数，该函数表示随机变量 X 在区间 $[a,b]\subset\mathbb{R}$ 中取值的概率：

$$P(X\in[a,b])=\int_a^b f(x)\,\mathrm{d}x \tag{1.14}$$

如前所述，概率密度函数 f 必须满足概率的基本规则：

$$f(x)\geqslant 0,\ x\in\mathbb{R}$$
$$\int_{-\infty}^{\infty} f(x)\,\mathrm{d}x=1$$

通过考虑在很小的区间 $[x-\epsilon, x+\epsilon](\epsilon>0)$ 上的概率：

$$P\big(X\in[x-\epsilon,x+\epsilon]\big)=\int_{x-\epsilon}^{x+\epsilon} f(x)\,\mathrm{d}x\simeq 2\epsilon\cdot f(x)$$
$$f(x)\simeq\frac{P\big(X\in[x-\epsilon,x+\epsilon]\big)}{2\epsilon} \tag{1.15}$$

我们可以直观地理解概率密度函数 f，即 $f(x)$ 给出了 x 处的概率密度，表示概率质量与区间长度的比值，即每个单位距离上的概率质量。需要注意的是，$P(X=x)\neq f(x)$。

即使概率密度函数 $f(x)$ 没有指定概率 $P(X=x)$，它也可以用来计算一个值 x_1 相对于另一

个值 x_2 的概率，因为对于给定的 $\epsilon > 0$，根据式（1.15），得到：

$$\frac{P(X \in [x_1-\epsilon, x_1+\epsilon])}{P(X \in [x_2-\epsilon, x_2+\epsilon])} \simeq \frac{2\epsilon \cdot f(x_1)}{2\epsilon \cdot f(x_2)} = \frac{f(x_1)}{f(x_2)} \tag{1.16}$$

因此，如果 $f(x_1) > f(x_2)$，那么 X 的值靠近 x_1 的概率要大于靠近 x_2 的概率，反之亦然。

例 1.8（正态分布） 如表 1-2 所示，再次思考鸢尾花数据集的萼片长度值。假设这些值遵循高斯或者正态密度函数：

$$f(x) = \frac{1}{\sqrt{2\pi\sigma^2}} \exp\left\{\frac{-(x-\mu)^2}{2\sigma^2}\right\}$$

正态密度函数有两个参数，即 μ（表示均值）和 σ^2（表示方差）（这些参数将在第 2 章中讨论）。图 1-7 显示了正态分布的钟形图，其中参数 μ =5.84 和 σ^2 =0.681 是直接根据表 1-2 中的萼片长度数据估算出来的。

虽然 $f(x=\mu) = f(5.84) = \frac{1}{\sqrt{2\pi \times 0.681}} \exp\{0\} = 0.483$，但我们强调观察到 X=μ 的概率为 0，即 $P(X=\mu)=0$。因此，$P(X=x)$ 不是由 $f(x)$ 给出的，而是由以 x 为中心的无限小区间 $[x-\epsilon, x+\epsilon](\epsilon>0)$ 内的曲线下面积决定的。图 1-7 以 $\mu=5.84$ 为中心的阴影部分对此进行了说明。根据式（1.15），得到：

$$P(X=\mu) \simeq 2\epsilon \cdot f(\mu) = 2\epsilon \cdot 0.483 = 0.967\epsilon$$

当 $\epsilon \to 0$ 时，$P(X=\mu) \to 0$。然而，根据式（1.16）可以推断，观察到值接近均值 $\mu=5.84$ 的概率是观察到值接近 $x=7$ 的概率的 2.69 倍，如下所示：

$$\frac{f(5.84)}{f(7)} = \frac{0.483}{0.18} = 2.69$$

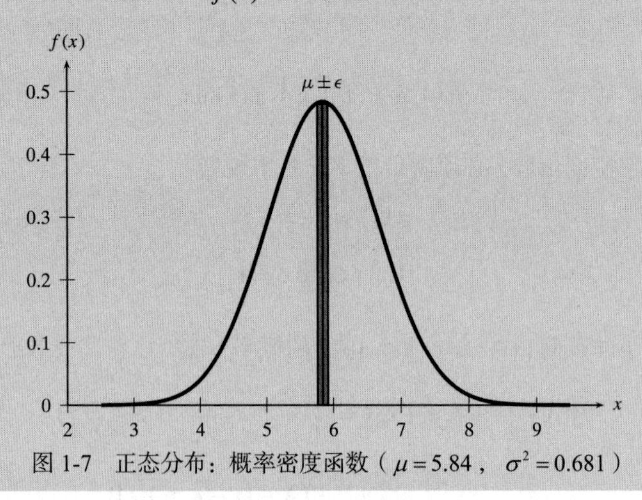

图 1-7 正态分布：概率密度函数（$\mu=5.84$，$\sigma^2=0.681$）

3. 累积分布函数

对于任何随机变量 X，无论是离散的还是连续的，都可以定义累积分布函数（Cumulative Distribution Function, CDF）$F: \mathbb{R} \to [0,1]$，它给出了观察到的最大值为某个给定值 x 的概率：

$$F(x) = P(X \leqslant x),\ -\infty < x < \infty \tag{1.17}$$

当 X 为离散变量时：

$$F(x)=P(X\leqslant x)=\sum_{u\leqslant x}f(u)$$

当 X 连续时：

$$F(x)=P(X\leqslant x)=\int_{-\infty}^{x}f(u)\,\mathrm{d}u$$

例 1.9（累积分布函数） 图 1-8 显示了图 1-6 中二项分布的累积分布函数。它具有典型的阶跃状（右连续，非递减），正如离散随机变量所特有的。在 $0\leqslant k<m$（其中 m 是试验次数，k 是成功次数）的情况下，对于所有的 $x\in[k,k+1)$，$F(x)$ 与 $F(k)$ 具有相同的值。实心圆和空心圆分别对应闭区间和开区间，如 $[k,k+1)$。例如，对于所有 $x\in[0,1)$，$F(X)=0.404=F(0)$。

图 1-9 显示了图 1-7 所示的正态分布的累积分布函数。正如预期的那样，对于连续随机变量，累积分布函数也是连续非递减的。因为正态分布是关于均值对称的，所以有 $F(\mu)=P(X\leqslant\mu)=0.5$。

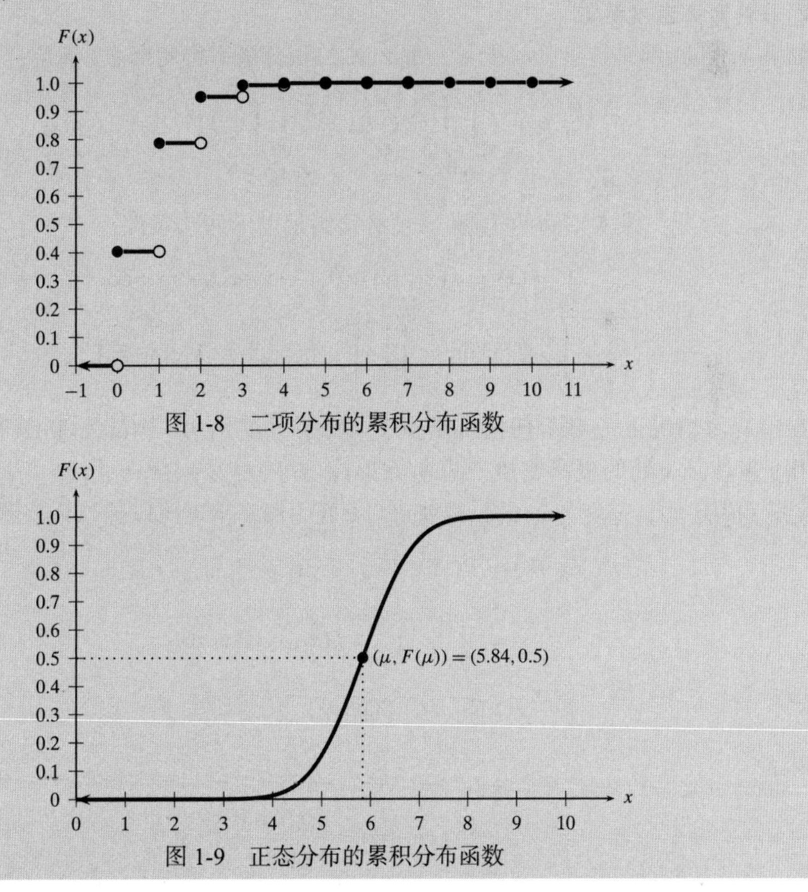

图 1-8　二项分布的累积分布函数

图 1-9　正态分布的累积分布函数

1.4.1　二元随机变量

除了将每个属性都视为随机变量，我们也可以将一组属性 X_1 和 X_2 作为二元随机变量来进行成对分析：

$$\boldsymbol{X}=\begin{pmatrix}X_1\\X_2\end{pmatrix}$$

$\boldsymbol{X}:\mathcal{O}\to\mathbb{R}^2$是一个函数，它为样本空间中的每个结果赋予一对实数，即二维向量$\begin{pmatrix}x_1\\x_2\end{pmatrix}\in\mathbb{R}^2$。在单变量情况下，如果结果是数值型的，则默认$\boldsymbol{X}$是恒等函数。

1. 联合概率质量函数

如果X_1和X_2都是离散随机变量，那么$\boldsymbol{X}$的联合概率质量函数如下：

$$f(\boldsymbol{x})=f(x_1,x_2)=P(X_1=x_1,X_2=x_2)=P(\boldsymbol{X}=\boldsymbol{x})$$

f必须满足以下两个条件：

$$f(\boldsymbol{x})=f(x_1,x_2)\geqslant 0,\ -\infty<x_1,x_2<\infty$$

$$\sum_{\boldsymbol{x}}f(\boldsymbol{x})=\sum_{x_1}\sum_{x_2}f(x_1,x_2)=1$$

2. 联合概率密度函数

如果X_1和X_2都是连续随机变量，那么$\boldsymbol{X}$的联合概率密度函数f满足：

$$P(\boldsymbol{X}\in W)=\iint\limits_{\boldsymbol{x}\in W}f(\boldsymbol{x})\,\mathrm{d}\boldsymbol{x}=\iint\limits_{(x_1,x_2)^{\mathrm{T}}\in W}f(x_1,x_2)\,\mathrm{d}x_1\,\mathrm{d}x_2$$

其中，$W\subset\mathbb{R}^2$是二维实空间的子集。f还必须满足以下两个条件：

$$f(\boldsymbol{x})=f(x_1,x_2)\geqslant 0,\ -\infty<x_1,x_2<\infty$$

$$\int_{\mathbb{R}^2}f(\boldsymbol{x})\,\mathrm{d}\boldsymbol{x}=\int_{-\infty}^{\infty}\int_{-\infty}^{\infty}f(x_1,x_2)\,\mathrm{d}x_1\,\mathrm{d}x_2=1$$

在单变量情况下，对于任何特定点$\boldsymbol{x}$，概率质量$P(\boldsymbol{x})=P((x_1,x_2)^{\mathrm{T}})=0$。然而，我们可以使用$f$来计算$\boldsymbol{x}$处的概率密度。思考方形区域$W=([x_1-\epsilon,x_1+\epsilon],[x_2-\epsilon,x_2+\epsilon])$，即一个以$\boldsymbol{x}=(x_1,x_2)^{\mathrm{T}}$为中心，宽度为$2\epsilon$的二维窗口。$\boldsymbol{x}$处的概率密度可以近似地表示为

$$\begin{aligned}P(\boldsymbol{X}\in W)&=P(\boldsymbol{X}\in([x_1-\epsilon,x_1+\epsilon],[x_2-\epsilon,x_2+\epsilon]))\\&=\int_{x_1-\epsilon}^{x_1+\epsilon}\int_{x_2-\epsilon}^{x_2+\epsilon}f(x_1,x_2)\,\mathrm{d}x_1\,\mathrm{d}x_2\\&\simeq 2\epsilon\cdot 2\epsilon\cdot f(x_1,x_2)\end{aligned}$$

这意味着：

$$f(x_1,x_2)=\frac{P(\boldsymbol{X}\in W)}{(2\epsilon)^2}$$

因此，可以通过概率密度函数计算(a_1,a_2)相对(b_1,b_2)的概率：

$$\frac{P(\boldsymbol{X}\in([a_1-\epsilon,a_1+\epsilon],[a_2-\epsilon,a_2+\epsilon]))}{P(\boldsymbol{X}\in([b_1-\epsilon,b_1+\epsilon],[b_2-\epsilon,b_2+\epsilon]))}\simeq\frac{(2\epsilon)^2\cdot f(a_1,a_2)}{(2\epsilon)^2\cdot f(b_1,b_2)}=\frac{f(a_1,a_2)}{f(b_1,b_2)}$$

例 1.10（二元分布） 如图 1-2 所示，思考鸢尾花数据集中的萼片长度和萼片宽度属性。设 A 表示和长萼片长度（至少 7cm）对应的伯努利随机变量，如例 1.7 所定义的。

定义另一个对应长萼片宽度（例如至少 3.5cm）的伯努利随机变量 B。令 $\boldsymbol{X}=\begin{pmatrix}A\\B\end{pmatrix}$ 表示离散二元随机变量，那么 $\boldsymbol{X}$ 的联合概率质量函数可以根据以下数据进行估计：

$$f(0,0)=P(A=0,B=0)=\frac{116}{150}=0.773$$
$$f(0,1)=P(A=0,B=1)=\frac{21}{150}=0.140$$
$$f(1,0)=P(A=1,B=0)=\frac{10}{150}=0.067$$
$$f(1,1)=P(A=1,B=1)=\frac{3}{150}=0.020$$

图 1-10 显示了该概率质量函数。

将鸢尾花数据集中的属性 X_1 和 X_2（见表 1-1）视为连续随机变量，我们可以定义连续二元随机变量 $\boldsymbol{X}=\begin{pmatrix}X_1\\X_2\end{pmatrix}$。假设 $\boldsymbol{X}$ 服从二元正态分布，那么联合概率密度函数可表示为

$$f(\boldsymbol{x}|\boldsymbol{\mu},\boldsymbol{\Sigma})=\frac{1}{2\pi\sqrt{|\boldsymbol{\Sigma}|}}\ \exp\left\{-\frac{(\boldsymbol{x}-\boldsymbol{\mu})^{\mathrm{T}}\boldsymbol{\Sigma}^{-1}(\boldsymbol{x}-\boldsymbol{\mu})}{2}\right\}$$

这里，$\boldsymbol{\mu}$ 和 $\boldsymbol{\Sigma}$ 是二元正态分布的参数，表示二维的均值向量和协方差矩阵，详见第 2 章。此外，$|\boldsymbol{\Sigma}|$ 表示 $\boldsymbol{\Sigma}$ 的行列式。图 1-11 给出了二元正态概率密度函数，其均值为

$$\boldsymbol{\mu}=(5.843,3.054)^{\mathrm{T}}$$

协方差矩阵为

$$\boldsymbol{\Sigma}=\begin{pmatrix}0.681 & -0.039\\ -0.039 & 0.187\end{pmatrix}$$

需要强调的是，函数 $f(\boldsymbol{x})$ 只规定了 $\boldsymbol{x}$ 处的概率密度，$f(\boldsymbol{x})\neq P(\boldsymbol{X}=\boldsymbol{x})$。如前所述，$P(\boldsymbol{X}=\boldsymbol{x})=0$。

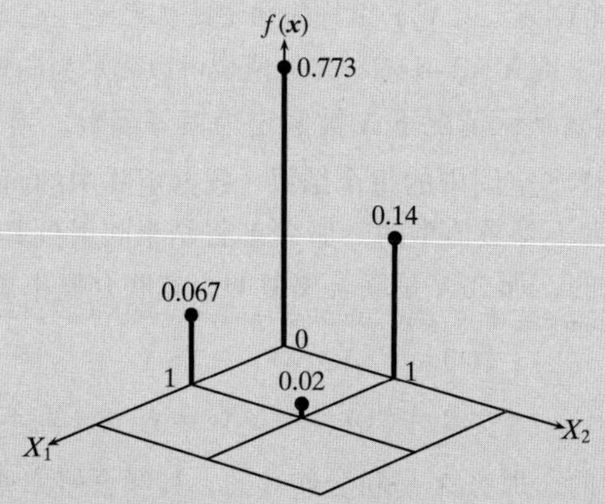

图 1-10 联合概率质量函数：X_1（长萼片长度），X_2（长萼片宽度）

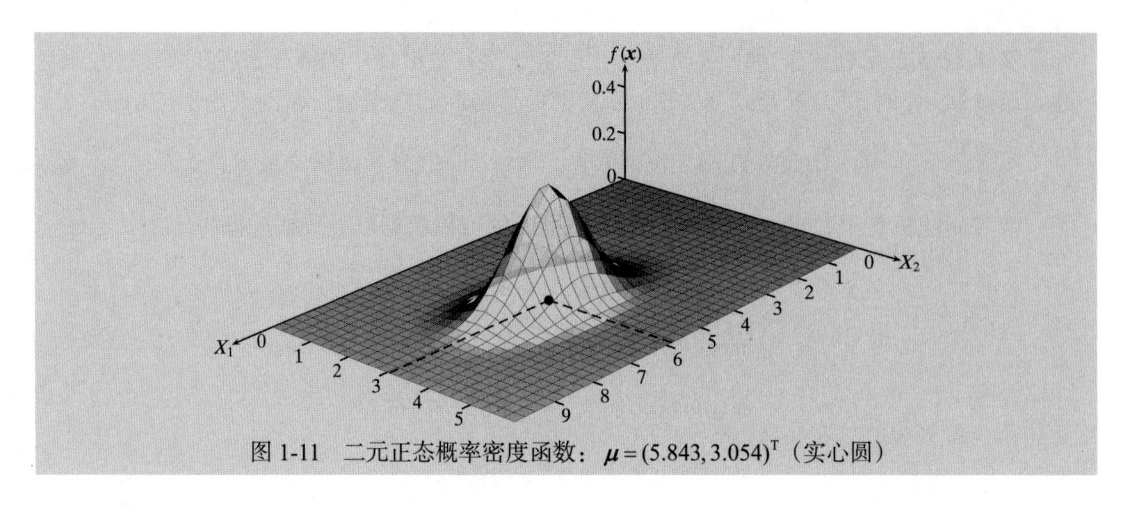

图 1-11 二元正态概率密度函数：$\boldsymbol{\mu}=(5.843, 3.054)^{\mathrm{T}}$（实心圆）

3. 联合累积分布函数

将两个随机变量 X_1 和 X_2 的联合累积分布函数定义为函数 F，使得对于所有 $x_1, x_2 \in (-\infty, \infty)$ 都能得到：

$$F(\boldsymbol{x})=F(x_1, x_2)=P(X_1 \leqslant x_1, X_2 \leqslant x_2)=P(\boldsymbol{X} \leqslant \boldsymbol{x})$$

4. 统计独立性

如果对于任意的 $W_1 \subset \mathbb{R}$ 和 $W_2 \subset \mathbb{R}$，都有：

$$P(X_1 \in W_1, X_2 \in W_2)=P(X_1 \in W_1) \cdot P(X_2 \in W_2)$$

则称两个随机变量 X_1 和 X_2 在统计上是独立的。

此外，如果 X_1 和 X_2 是独立的，那么还满足以下两个条件：

$$F(\boldsymbol{x})=F(x_1, x_2)=F_1(x_1) \cdot F_2(x_2)$$

$$f(\boldsymbol{x})=f(x_1, x_2)=f_1(x_1) \cdot f_2(x_2)$$

其中，F_i 是累积分布函数，f_i 是随机变量 X_i 的概率质量函数或概率密度函数。

1.4.2 多元随机变量

d 维多元随机变量 $\boldsymbol{X}=(X_1, X_2, \cdots, X_d)^{\mathrm{T}}$ 也称为向量随机变量，定义为在样本空间中为每个结果分配一个实数向量的函数，即 $\boldsymbol{X}: \mathcal{O} \rightarrow \mathbb{R}^d$。$\boldsymbol{X}$ 的值域可以表示为向量 $\boldsymbol{x}=(x_1, x_2, \cdots, x_d)^{\mathrm{T}}$。如果所有 X_j 都是数值型的，那么默认情况下 $\boldsymbol{X}$ 被假定为恒等函数。换句话说，如果所有属性都是数值型的，那么可以将样本空间中的每个结果（数据矩阵中的每个点）视为一个向量随机变量。此外，如果有的属性不是数值型的，那么 $\boldsymbol{X}$ 将结果映射到其值域上的数值型向量。

如果所有 X_j 都是离散的，那么 $\boldsymbol{X}$ 是联合离散的，其联合概率质量函数 f 定义如下：

$$f(\boldsymbol{x})=P(\boldsymbol{X}=\boldsymbol{x})$$

$$f(x_1, x_2, \cdots, x_d)=P(X_1=x_1, X_2=x_2, \cdots, X_d=x_d)$$

如果所有 X_j 都是连续的，那么 $\boldsymbol{X}$ 是联合连续的，其联合概率密度函数定义如下：

$$P(\boldsymbol{X} \in W)=\int \cdots \int_{\boldsymbol{x} \in W} f(\boldsymbol{x})\, \mathrm{d} \boldsymbol{x}$$

$$P\left((X_1, X_2, \cdots, X_d)^{\mathrm{T}} \in W\right) = \underset{(x_1, x_2, \cdots, x_d)^{\mathrm{T}} \in W}{\int \cdots \int} f(x_1, x_2, \cdots, x_d)\, \mathrm{d}x_1\, \mathrm{d}x_2 \cdots \mathrm{d}x_d$$

其中，区域 $W \subseteq \mathbb{R}^d$。

它也必须遵守概率的基本规则，即 $f(\boldsymbol{x}) \geqslant 0$，且 f 在 $\boldsymbol{X}$ 范围内所有 $\boldsymbol{x}$ 上的和必须为 1。$\boldsymbol{X} = (x_1, x_2, \cdots, x_d)^{\mathrm{T}}$ 的联合累积分布函数如下：

$$F(\boldsymbol{x}) = P(\boldsymbol{X} \leqslant \boldsymbol{x})$$
$$F(x_1, x_2, \cdots, x_d) = P(X_1 \leqslant x_1, X_2 \leqslant x_2, \cdots, X_d \leqslant x_d)$$

其中，点 $\boldsymbol{x} \in \mathbb{R}^d$。

当且仅当对于每个 $W_i \subset \mathbb{R}$ 区域，都有：

$$\begin{aligned} &P(X_1 \in W_1, X_2 \in W_2, \cdots, X_d \in W_d) \\ &\quad = P(X_1 \in W_1) \cdot P(X_2 \in W_2) \cdot \cdots \cdot P(X_d \in W_d) \end{aligned} \tag{1.18}$$

则 $X_1, X_2, \cdots, X_d$ 是独立的随机变量。

如果 $X_1, X_2, \cdots, X_d$ 是独立的，那么也满足以下条件：

$$\begin{aligned} F(\boldsymbol{x}) &= F(x_1, \cdots, x_d) = F_1(x_1) \cdot F_2(x_2) \cdot \cdots \cdot F_d(x_d) \\ f(\boldsymbol{x}) &= f(x_1, \cdots, x_d) = f_1(x_1) \cdot f_2(x_2) \cdot \cdots \cdot f_d(x_d) \end{aligned} \tag{1.19}$$

其中，F_i 是累积分布函数，f_i 是随机变量 X_i 的概率质量函数或概率密度函数。

1.4.3 随机抽样与统计

随机变量 X 的概率质量函数或概率密度函数可能遵循某种已知的形式，也可能像在数据分析中经常出现的那样是未知的。在概率函数未知的情况下，基于数据的特性假设值域遵循某种已知的分布可能仍然很方便。然而，即使在这种假设情况下，分布的参数仍然可能是未知的。因此，一般来说，需要根据数据来估计参数或者整个分布。

在统计学中，“总体”（population）这个词用来指代所研究的所有实体的集合。通常，我们只对整个总体的某些特征或参数（例如，美国所有计算机专业学生的平均年龄）感兴趣。然而，观察整个总体不太可行，或者代价太大。于是，我们尝试从总体中抽取随机样本，并根据样本计算适当的统计数据，从而对相关的总体参数进行估计。

1. 一元样本

给定随机变量 X，X 的大小为 n 的随机样本被定义为一组 n 个独立同分布（Independent and Identically Distributed，IID）的随机变量 $S_1, S_2, \cdots, S_n$，即所有 S_i 在统计上彼此独立，并且遵循与 X 相同的概率质量函数或概率密度函数。

如果将属性 X 作为随机变量，则 X 的每一个观测值 $x_i (1 \leqslant i \leqslant n)$ 都被当作一个恒等随机变量，并且观测数据被假定为从 X 中抽取的随机样本。所有 x_i 被视为相互独立的，并且与 X 具有相同分布。根据式（1.19），它们的联合概率函数可以按照下式给出：

$$f(x_1, \cdots, x_n) = \prod_{i=1}^{n} f_X(x_i) \tag{1.20}$$

其中，f_X 是 X 的概率质量函数或概率密度函数。

2. 多元样本

对于多元参数估计，n 个数据点 $\boldsymbol{x}_i(1\leqslant i\leqslant n)$ 构成了一个从向量随机变量 $\boldsymbol{X}=(X_1,X_2,\cdots,X_d)$ 中取得的 d 维多元随机样本。也就是说，假定 $\boldsymbol{x}_i$ 是独立同分布的，因此其联合分布如下：

$$f(\boldsymbol{x}_1,\boldsymbol{x}_2,\cdots,\boldsymbol{x}_n)=\prod_{i=1}^{n}f_{\boldsymbol{X}}(\boldsymbol{x}_i) \tag{1.21}$$

其中，$f_{\boldsymbol{X}}$ 是 $\boldsymbol{X}$ 的概率质量函数或概率密度函数。

估计多元联合概率分布的参数通常很困难，并且很浪费计算资源。为了简化问题，典型的假设是 d 个属性 $X_1,X_2,\cdots,X_d$ 在统计上是独立的。然而，我们并不假设它们是同分布的，因为这几乎没有道理。在属性独立性假设下，式（1.21）可以重写为

$$f(\boldsymbol{x}_1,\boldsymbol{x}_2,\cdots,\boldsymbol{x}_n)=\prod_{i=1}^{n}f(\boldsymbol{x}_i)=\prod_{i=1}^{n}\prod_{j=1}^{d}f_{X_j}(x_{ij})$$

3. 统计量

通过定义适当的样本统计量（statistic）可以估计总体的参数，这个统计量被定义为样本的函数。更准确地说，设 $\{\boldsymbol{S}_i\}_{i=1}^{m}$ 表示从（多元）随机变量 $\boldsymbol{X}$ 中抽取的大小为 m 的随机样本。统计量 $\hat{\theta}$ 是随机样本的某个函数，如下所示：

$$\hat{\theta}:(\boldsymbol{S}_1,\boldsymbol{S}_2,\cdots,\boldsymbol{S}_m)\to\mathbb{R}$$

统计量 $\hat{\theta}$ 是对应总体参数 θ 的估计。因此，统计量 $\hat{\theta}$ 本身就是一个随机变量。如果用统计量的值来估计总体参数，那么这个值称为参数的*点估计*，这个统计量称为参数的*估计量*。第 2 章将介绍不同总体参数的估计量，这些参数能够反映数据的集中度（或中心度）和离散度。

例 1.11（样本均值） 思考鸢尾花数据集中的属性萼片长度 X_1，其值如表 1-2 所示。假设 X_1 的均值未知，观测值 $\{x_i\}_{i=1}^{n}$ 构成从 X_1 中抽取的随机样本。

样本均值是一个统计量，定义为

$$\hat{\mu}=\frac{1}{n}\sum_{i=1}^{n}x_i$$

代入表 1-2 中的值，得到：

$$\hat{\mu}=\frac{1}{150}(5.9+6.9+\cdots+7.7+5.1)=\frac{876.5}{150}\approx 5.84$$

值 $\hat{\mu}=5.84$ 是对未知总体参数 μ 的点估计值，即随机变量 X_1 的（真实）均值。

1.5　拓展阅读

关于线性代数概念的综述，详见文献（Strang，2006）和（Poole，2010）；关于概率论，详见文献（Evans & Rosenthal，2011）。还有几本关于数据挖掘、机器学习和统计学习的好书，包括文献（Hand et al.，2001；Han et al.，2006；Witten et al.，2011；Tan et al.，2013；Bishop，2006；Hastie et al.，2009）。

Bishop, C. (2006). *Pattern Recognition and Machine Learning*. Information Science and Statistics. New York: Springer Science + Business Media.

Evans, M. and Rosenthal, J. (2011). *Probability and Statistics: The Science of Uncertainty*. 2nd ed. New York: W. H. Freeman.

Han, J., Kamber, M., and Pei, J. (2006). *Data Mining: Concepts and Techniques*. 2nd ed. The Morgan Kaufmann Series in Data Management Systems. Philadelphia: Elsevier Science.

Hand, D., Mannila, H., and Smyth, P. (2001). *Principles of Data Mining*. Adaptative Computation and Machine Learning Series. Cambridge, MA: MIT Press.

Hastie, T., Tibshirani, R., and Friedman, J. (2009). *The Elements of Statistical Learning*. 2nd ed. Springer Series in Statistics. New York: Springer Science + Business Media.

Poole, D. (2010). *Linear Algebra: A Modern Introduction*. 3rd ed. Independence, KY: Cengage Learning.

Strang, G. (2006). *Linear Algebra and Its Applications*. 4th ed. Independence, KY: Thomson Brooks/Cole, Cengage learning.

Tan, P., Steinbach, M., and Kumar, V. (2013). *Introduction to Data Mining*. 2nd ed. Upper Saddle River, NJ: Prentice Hall.

Witten, I., Frank, E., and Hall, M. (2011). *Data Mining: Practical Machine Learning Tools and Techniques*. 3rd ed. The Morgan Kaufmann Series in Data Management Systems. Philadelphia: Elsevier Science.

1.6　练习

Q1. 证明式（1.9）中的居中数据矩阵 $\bar{\boldsymbol{D}}$ 的均值为 $\boldsymbol{0}$。

Q2. 证明对于式（1.5）中的 L_p 距离，对于 $\boldsymbol{x}, \boldsymbol{y} \in \mathbb{R}^d$，可得：

$$\delta_{\infty}(\boldsymbol{x},\boldsymbol{y}) = \lim_{p\to\infty} \delta_p(\boldsymbol{x},\boldsymbol{y}) = \max_{i=1}^{d}\{|x_i - y_i|\}$$

数值型属性

本章将讨论针对数值型属性进行探索性数据分析的基本统计方法，例如集中趋势（或位置）的度量方法、数据离散度的度量方法以及属性之间线性相关或关联度量方法。本章重点介绍数据矩阵的概率、几何和代数观点之间的联系。

2.1 一元分析

一元分析每次只关注一个属性，因此数据矩阵 $\boldsymbol{D}$ 可以被视为 $n\times 1$ 的矩阵，即列向量，写作：

$$\boldsymbol{D}=\begin{pmatrix} X \\ \hline x_1 \\ x_2 \\ \vdots \\ x_n \end{pmatrix}$$

其中，X 是感兴趣的数值型属性，且 $x_i \in \mathbb{R}$。假定 X 为随机变量，每个点 $x_i(1\leqslant i\leqslant n)$ 为恒等随机变量。假设观测数据是从 X 中抽取的一个随机样本，即每个变量 x_i 都独立且与 X 同分布，我们将样本数据看作一个 n 维向量，写为 $\boldsymbol{X}\in\mathbb{R}^n$。

一般来说，属性 X 的概率密度函数或概率质量函数 $f(x)$ 和累积分布函数 $F(x)$ 都是未知的。但是，我们可以直接根据数据样本估计这些分布，即通过数据样本计算统计量，从而估计总体的重要参数。

1. 经验累积分布函数

X 的经验累积分布函数（经验 CDF）如下所示：

$$\hat{F}(x)=\frac{1}{n}\sum_{i=1}^{n}I(x_i\leqslant x) \tag{2.1}$$

其中，

$$I(x_i\leqslant x)=\begin{cases}1,\ x_i\leqslant x\\ 0,\ x_i>x\end{cases}$$

是一个二元指示变量，用于指示给定的条件是否满足。直观地说，为了获得经验 CDF，我们计算对于每个 $x\in\mathbb{R}$，样本中有多少个点小于或等于 x。经验 CDF 给每个点 x_i 赋予一个概率质量 $\frac{1}{n}$。注意，我们使用符号 $\hat{F}$ 来表示经验 CDF 是未知总体累积分布函数 F 的估计。

2. 逆累积分布函数

定义随机变量 X 的逆累积分布函数（逆 CDF）或分位数函数（quantile function），如下所示：

$$F^{-1}(q)=\min\{x \mid F(x)\geqslant q\},\ q\in[0,1] \tag{2.2}$$

即逆 CDF 给出了 X 的最小值，其中，比最小值更小的值的占比为 q，比最小值更大的值的占比为 $1-q$。经验逆累积分布函数 $\hat{F}^{-1}$ 可从式（2.1）中获得。

3. 经验概率质量函数

X 的经验概率质量函数（Probability Mass Function，PMF）如下所示：

$$\hat{f}(x)=P(X=x)=\frac{1}{n}\sum_{i=1}^{n}I(x_i=x) \tag{2.3}$$

其中，

$$I(x_i=x)=\begin{cases}1, x_i=x\\0, x_i\neq x\end{cases}$$

经验 PMF 也在每个点 x_i 赋予一个概率质量 $\frac{1}{n}$。

2.1.1　集中趋势度量

这些度量给出了概率质量的集中度、“中间”值等。

1. 均值

随机变量 X 的均值也称为期望值，是 X 所有值的算术平均值。它反映了 X 分布的位置或集中趋势。

离散随机变量 X 的均值或期望值定义为

$$\mu=E[X]=\sum_{x}x\cdot f(x) \tag{2.4}$$

其中，$f(x)$ 是 X 的概率质量函数。

连续随机变量 X 的期望值定义为

$$\mu=E[X]=\int_{-\infty}^{\infty}x\cdot f(x)\,\mathrm{d}x \tag{2.5}$$

其中，$f(x)$ 是 X 的概率密度函数。

样本均值　样本均值是一个统计量，即函数 $\hat{\mu}:\{x_1,x_2,\cdots,x_n\}\to\mathbb{R}$，定义为 x_i 的均值：

$$\hat{\mu}=\frac{1}{n}\sum_{i=1}^{n}x_i \tag{2.6}$$

它是对未知的 X 均值 μ 的估计值。通过式（2.4）得出：

$$\hat{\mu}=\sum_{x}x\cdot\hat{f}(x)=\sum_{x}x\left(\frac{1}{n}\sum_{i=1}^{n}I(x_i=x)\right)=\frac{1}{n}\sum_{i=1}^{n}x_i$$

样本均值是无偏的　如果 $E[\hat{\theta}]=\theta$，则估计量 $\hat{\theta}$ 被称为参数 θ 的无偏估计量。样本均值 $\hat{\mu}$ 是总体均值 μ 的无偏估计量，因为：

$$E[\hat{\mu}]=E\left[\frac{1}{n}\sum_{i=1}^{n}x_i\right]=\frac{1}{n}\sum_{i=1}^{n}E[x_i]=\frac{1}{n}\sum_{i=1}^{n}\mu=\mu \tag{2.7}$$

其中，我们利用了一个事实，即根据属性 X，随机变量 x_i 是独立同分布的，这意味着它们与 X 具有相同的均值 μ，即对于所有 x_i，都有 $E[x_i]=\mu$。我们还利用了另一个事实，即期望函数 E 是一个线性算子，也就是说，对于任意两个随机变量 X 和 Y，以及实数 a 和 b，都有 $E[aX+bY]=aE[X]+bE[Y]$。

鲁棒性　如果统计量不受数据中的极端值（例如离群值）的影响，那么它是鲁棒的。然而，样本均值并不鲁棒，因为单个较大的值（离群值）可能会使均值发生偏差。通过舍弃两端的一小部分极端值，可以得到更鲁棒的均值，称为*切尾均值*（trimmed mean）。此外，均值可能有些误导性，因为它通常不是样本中出现的值，甚至可能不是随机变量可以实际假定的值（对于离散随机变量来说）。例如，人均汽车保有量是一个整型随机变量，但根据美国交通运输统计局（Bureau of Transportation）的数据，2008 年美国人均汽车保有量为 0.45（汽车数量为 1.371 亿辆，人口规模为 3.044 亿）。显然，一个人不能拥有 0.45 辆汽车，这可以解释为平均每 100 人拥有 45 辆汽车。

样本均值的几何学意义　将属性 $\boldsymbol{X}$ 的数据样本作为 n 维空间中的一个向量，其中 n 是样本大小，且 $\boldsymbol{X}=(x_1,x_2,\cdots,x_n)^{\mathrm{T}}\in\mathbb{R}^n$。进一步来讲，设 $\mathbf{1}=(1,1,\cdots,1)^{\mathrm{T}}\in\mathbb{R}^n$ 是所有元素都为 1 的向量，也称为全 1 向量（ones vector）。思考 $\boldsymbol{X}$ 在向量 $\mathbf{1}$ 上的投影，我们有：

$$\boldsymbol{p}=\left(\frac{\boldsymbol{X}^{\mathrm{T}}\mathbf{1}}{\mathbf{1}^{\mathrm{T}}\mathbf{1}}\right)\cdot\mathbf{1}=\left(\frac{\sum_{i=1}^{n}x_i}{n}\right)\cdot\mathbf{1}=\hat{\mu}\cdot\mathbf{1}$$

因此，样本均值只是 $\boldsymbol{X}$ 在向量 $\mathbf{1}$ 上的偏差量或标量投影［见式（1.12）］(见图 2-1)：

$$\hat{\mu}=\mathrm{proj}_{\mathbf{1}}(\boldsymbol{X})=\left(\frac{\boldsymbol{X}^{\mathrm{T}}\mathbf{1}}{\mathbf{1}^{\mathrm{T}}\mathbf{1}}\right)\tag{2.8}$$

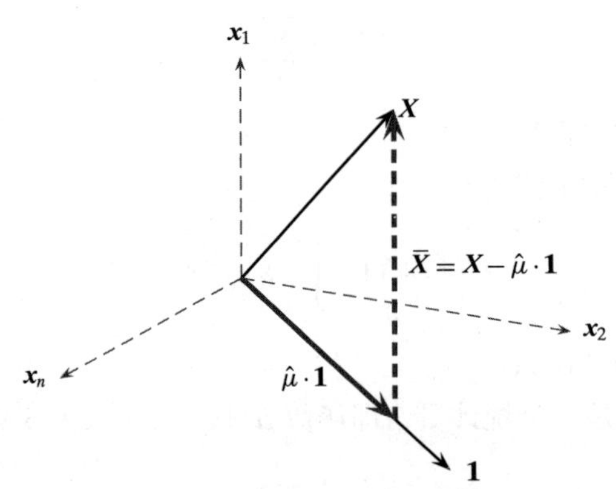

图 2-1　均值和方差的几何学意义。从概念上讲，向量显示在由 n 个点扩张成的 n 维空间 $\mathbb{R}^n$ 中

样本均值可用于居中属性 $\boldsymbol{X}$。定义*居中属性向量* $\bar{X}$，如下所示：

$$\bar{\boldsymbol{X}}=\boldsymbol{X}-\hat{\mu}\cdot\mathbf{1}=\begin{pmatrix}x_1-\hat{\mu}\\x_2-\hat{\mu}\\\vdots\\x_n-\hat{\mu}\end{pmatrix}\tag{2.9}$$

从图 2-1 可以看出，$\hat{\mu}\cdot\mathbf{1}$ 是平行分量，$\bar{\boldsymbol{X}}$ 是 $\boldsymbol{X}$ 投影到 $\mathbf{1}$ 上的垂直分量。我们还可以看到 $\mathbf{1}$ 和 $\bar{\boldsymbol{X}}$ 是正交的，因为：

$$\mathbf{1}^{\mathrm{T}}\bar{\boldsymbol{X}}=\mathbf{1}^{\mathrm{T}}(\boldsymbol{X}-\hat{\mu}\cdot\mathbf{1})=\mathbf{1}^{\mathrm{T}}\boldsymbol{X}-\left(\frac{\boldsymbol{X}^{\mathrm{T}}\mathbf{1}}{\mathbf{1}^{\mathrm{T}}\mathbf{1}}\right)\cdot\mathbf{1}^{\mathrm{T}}\mathbf{1}=0$$

实际上，包含 $\bar{X}$ 的子空间是由 **1** 构成的空间的正交补（orthogonal complement）。

2. 中位数

随机变量的中位数（median）定义为值 m，它满足：

$$P(X \leqslant m) \geqslant \frac{1}{2} \text{ 且 } P(X \geqslant m) \geqslant \frac{1}{2}$$

换句话说，中位数 m 是“最中间”的值，即 X 的一半取值小于 m，另一半取值大于 m。因此，就（逆）累积分布函数而言，中位数 m 满足：

$$F(m) = 0.5 \text{ 或 } m = F^{-1}(0.5)$$

样本中位数可结合经验 CDF［见式（2.1）］或经验逆 CDF［见式（2.2）］和以下公式得到：

$$\hat{F}(m) = 0.5 \text{ 或 } m = \hat{F}^{-1}(0.5)$$

计算样本中位数的一种简单方法是先按递增顺序对所有 $x_i (i \in [1,n])$ 排序。如果 n 是奇数，则中位数是 $\frac{n+1}{2}$ 位置处的值。如果 n 是偶数，则 $\frac{n}{2}$ 和 $\frac{n}{2}+1$ 处的值都是中位数。

与均值不同，中位数是鲁棒的，因为它受极端值的影响较小。此外，它是一个出现在样本中的值，也是一个随机变量可以实际假定的值。

3. 众数

随机变量 X 的众数（mode）是对应概率质量函数或概率密度函数（取决于 X 是离散的还是连续的）达到最大值时 X 的值。

样本众数是经验概率质量函数［见式（2.3）］达到最大值时 X 的取值，如下所示：

$$\text{mode}(X) = \arg\max_x \hat{f}(x)$$

众数可能不是一个非常有用的衡量样本集中趋势的标准，因为不具代表性的元素可能是最常见的元素。此外，如果样本中的所有值都是独一无二的，则每个值都是众数。

例 2.1（样本均值、中位数和众数） 思考鸢尾花数据集（见表 1-2）中的萼片长度属性 (X_1)，其样本均值如下：

$$\hat{\mu} = \frac{1}{150}(5.9 + 6.9 + \cdots + 7.7 + 5.1) = \frac{876.5}{150} \approx 5.843$$

图 2-2 展示了 150 个萼片长度值和样本均值。图 2-3a 展示了萼片长度的经验 CDF，图 2-3b 展示了萼片长度的经验逆 CDF。

因为 $n=150$ 是偶数，样本中位数是依次排列在 $\frac{n}{2}=75$ 和 $\frac{n}{2}+1=76$ 处的值。萼片长度在这两个位置上的值都是 5.8，因此样本中位数是 5.8。从图 2-3b 中的逆 CDF 可以看出：

$$\hat{F}(5.8) = 0.5, \ \hat{F}^{-1}(0.5) = 5.8$$

萼片长度的样本众数是 5，从图 2-2 中 5 处的频率可以观察到。$x=5$ 时的经验概率质量为

$$\hat{f}(5) = \frac{10}{150} = 0.067$$

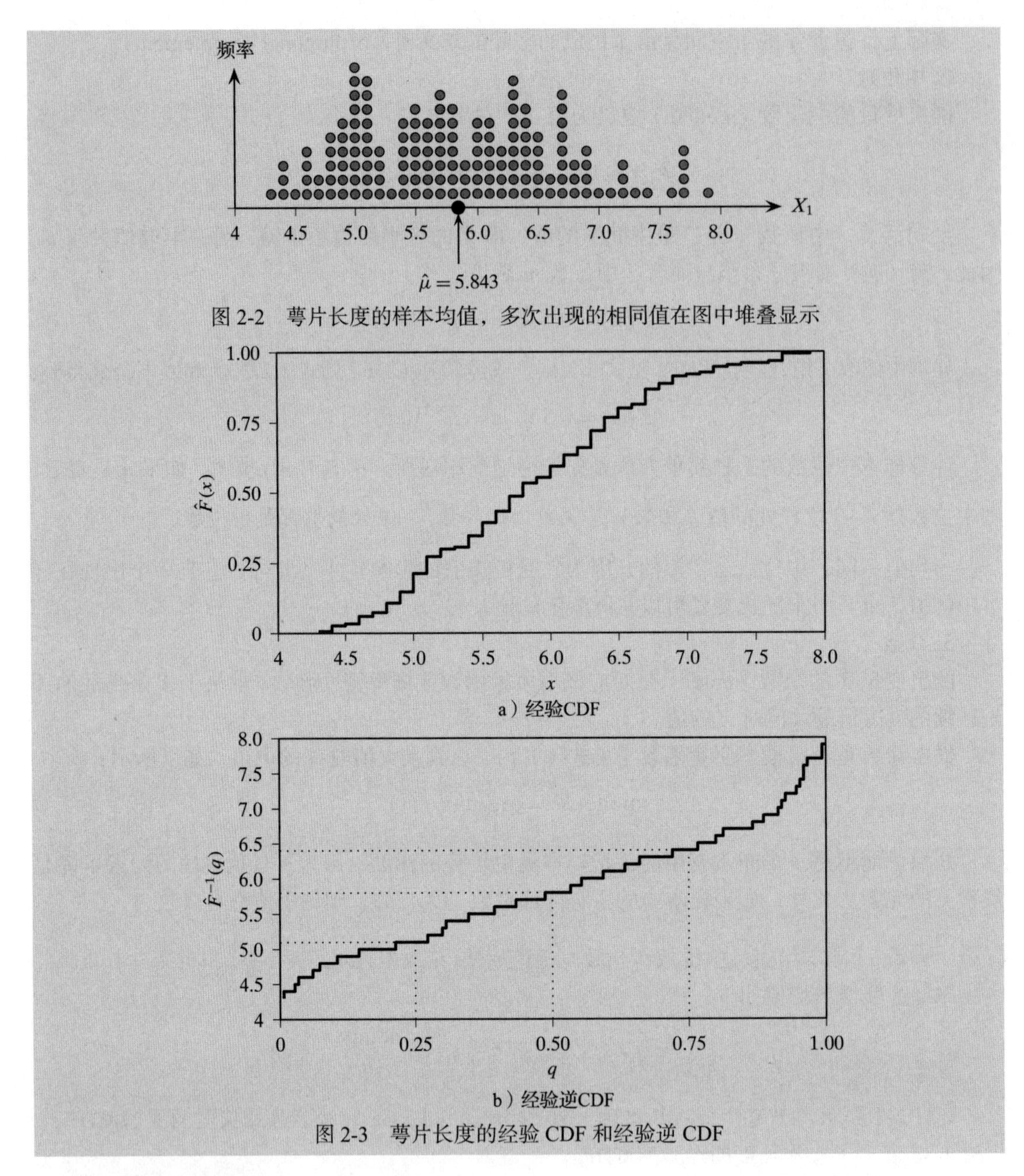

图 2-2 萼片长度的样本均值，多次出现的相同值在图中堆叠显示

a）经验CDF

b）经验逆CDF

图 2-3 萼片长度的经验 CDF 和经验逆 CDF

2.1.2 离散度度量

离散度度量给出了随机变量值的分布或变化的情况。

1. 极差

随机变量 X 的极差（range）是 X 的最大值和最小值之间的差：

$$r = \max\{X\} - \min\{X\}$$

X 的极差是一个总体参数，不要与函数 X 的值域混淆，后者代表 X 可以取的所有值的集合。样本极差是一个统计量，写作：

$$\hat{r} = \max_{i=1}^{n}\{x_i\} - \min_{i=1}^{n}\{x_i\}$$

从定义上讲，极差对极端值很敏感，因此不鲁棒。

2. 四分位差

四分位数（quartile）是分位数函数［见式（2.2）］的特殊值，它们将数据分成四等分，即四分位数对应于 0.25、0.5、0.75 和 1.0 的分位数值。第一个四分位数为 $q_1 = F^{-1}(0.25)$，其左侧有 25% 的点；第二个四分位数与中位数 $q_2 = F^{-1}(0.5)$ 相同，其左侧有 50% 的点；第三个四分位数为 $q_3 = F^{-1}(0.75)$，其中 75% 的点位于该值的左侧；第四个四分位数是 X 的最大值，它的左侧有 100% 的点。

一个更鲁棒的 X 离散度度量是四分位差（InterQuartile Range，IQR），定义为

$$\mathrm{IQR} = q_3 - q_1 = F^{-1}(0.75) - F^{-1}(0.25) \tag{2.10}$$

IQR 也被视为*切边极差*（trimmed range），其中我们丢弃了 X 的 25% 的低值和高值，即它是 X 值中间 50% 的极差。根据定义，IQR 是鲁棒的。

代入式（2.10）中的经验逆 CDF 即可获得样本 IQR：

$$\widehat{\mathrm{IQR}} = \hat{q}_3 - \hat{q}_1 = \hat{F}^{-1}(0.75) - \hat{F}^{-1}(0.25)$$

3. 方差和标准差

随机变量 X 的方差衡量 X 的取值偏离 X 的均值或期望值的程度。更正式地说，方差是 X 所有取值和均值之差的平方的期望值，定义如下：

$$\sigma^2 = \mathrm{var}(X) = E[(X-\mu)^2] = \begin{cases} \sum_x (x-\mu)^2 f(x), X\text{是离散的} \\ \int_{-\infty}^{\infty} (x-\mu)^2 f(x)\,\mathrm{d}x, X\text{是连续的} \end{cases} \tag{2.11}$$

标准差 σ 定义为方差 σ^2 的正平方根。

我们也可以将方差写成 X^2 的期望值与 X 期望值的平方的差：

$$\begin{aligned} \sigma^2 = \mathrm{var}(X) &= E[(X-\mu)^2] = E[X^2 - 2\mu X + \mu^2] \\ &= E[X^2] - 2\mu E[X] + \mu^2 = E[X^2] - 2\mu^2 + \mu^2 \\ &= E[X^2] - (E[X])^2 \end{aligned} \tag{2.12}$$

值得注意的是，方差实际上是关于均值的二阶中心矩，对应于 $r=2$，随机变量 X 的 r 阶中心矩定义为 $E[(X-\mu)^r]$。

样本方差　样本方差（sample variance）定义为

$$\hat{\sigma}^2 = \frac{1}{n}\sum_{i=1}^{n}(x_i - \hat{\mu})^2 \tag{2.13}$$

这是数据值 x_i 与样本均值 $\hat{\mu}$ 的偏差的平方的均值，将经验概率质量函数 $\hat{f}$［式（2.3）］代入式（2.11）得到：

$$\hat{\sigma}^2 = \sum_x (x-\hat{\mu})^2 \hat{f}(x) = \sum_x (x-\hat{\mu})^2 \left(\frac{1}{n}\sum_{i=1}^{n} I(x_i = x)\right) = \frac{1}{n}\sum_{i=1}^{n}(x_i - \hat{\mu})^2$$

*样本标准差*为样本方差的正平方根：

$$\hat{\sigma} = \sqrt{\frac{1}{n}\sum_{i=1}^{n}(x_i - \hat{\mu})^2}$$

样本值 x_i 的标准分数也称为 z 分数（z-score），是指其与均值的距离与标准差的比值：

$$z_i = \frac{x_i - \hat{\mu}}{\hat{\sigma}} \tag{2.14}$$

即 x_i 的 z 分数测量了 x_i 与均值 $\hat{\mu}$ 的偏差，以 $\hat{\sigma}$ 为单位。

例 2.2 思考图 2-2 所示的萼片长度的数据样本。可以看到，样本极差如下：

$$\max_i\{x_i\} - \min_i\{x_i\} = 7.9 - 4.3 = 3.6$$

从图 2-3b 中萼片长度的逆 CDF 可得如下样本 IQR：

$$\hat{q}_1 = \hat{F}^{-1}(0.25) = 5.1$$

$$\hat{q}_3 = \hat{F}^{-1}(0.75) = 6.4$$

$$\widehat{\mathrm{IQR}} = \hat{q}_3 - \hat{q}_1 = 6.4 - 5.1 = 1.3$$

样本方差如下：

$$\hat{\sigma}^2 = \frac{1}{n}\sum_{i=1}^{n}(x_i - \hat{\mu})^2 = 102.168/150 \approx 0.681$$

样本标准差如下：

$$\hat{\sigma} = \sqrt{0.681} \approx 0.825$$

样本均值方差 由于样本均值 $\hat{\mu}$ 本身是一个统计量，因此我们可以计算其均值和方差。样本均值的期望值为 μ，如式（2.7）所示。为了导出样本均值的方差的表达式，我们利用随机变量 x_i 相互独立的事实，得到：

$$\mathrm{var}\left(\sum_{i=1}^{n} x_i\right) = \sum_{i=1}^{n}\mathrm{var}(x_i)$$

此外，由于所有 x_i 的分布都与 X 相同，因此它们的方差也相同：

$$\mathrm{var}(x_i) = \sigma^2，对于所有 i$$

结合以上两个事实，得到：

$$\mathrm{var}\left(\sum_{i=1}^{n} x_i\right) = \sum_{i=1}^{n}\mathrm{var}(x_i) = \sum_{i=1}^{n}\sigma^2 = n\sigma^2 \tag{2.15}$$

此外，请注意，

$$E\left[\sum_{i=1}^{n} x_i\right] = n\mu \tag{2.16}$$

结合式（2.12）、式（2.15）和式（2.16），样本均值 $\hat{\mu}$ 的方差为

$$\begin{aligned}\operatorname{var}(\hat{\mu}) &= E[(\hat{\mu}-\mu)^2] = E[\hat{\mu}^2]-\mu^2 = E\left[\left(\frac{1}{n}\sum_{i=1}^{n}x_i\right)^2\right]-\frac{1}{n^2}E\left[\sum_{i=1}^{n}x_i\right]^2 \\ &= \frac{1}{n^2}\left(E\left[\left(\sum_{i=1}^{n}x_i\right)^2\right]-E\left[\sum_{i=1}^{n}x_i\right]^2\right) = \frac{1}{n^2}\operatorname{var}\left(\sum_{i=1}^{n}x_i\right) \\ &= \frac{\sigma^2}{n}\end{aligned} \tag{2.17}$$

换言之，样本均值 $\hat{\mu}$ 偏离均值 μ 的程度与总体方差 σ^2 成正比。但是，可以考虑通过增大样本大小 n 来减小偏差。

样本方差的偏差　式（2.13）中的样本方差是总体方差 σ^2 的有偏估计量（biased estimator)，即 $E[\hat{\sigma}^2]\neq\sigma^2$。为了证明这一点，利用如下等式：

$$\sum_{i=1}^{n}(x_i-\mu)^2 = n(\hat{\mu}-\mu)^2+\sum_{i=1}^{n}(x_i-\hat{\mu})^2 \tag{2.18}$$

第一步用式（2.18）计算 $\hat{\sigma}^2$ 的期望值，得到：

$$E[\hat{\sigma}^2] = E\left[\frac{1}{n}\sum_{i=1}^{n}(x_i-\hat{\mu})^2\right] = E\left[\frac{1}{n}\sum_{i=1}^{n}(x_i-\mu)^2\right]-E[(\hat{\mu}-\mu)^2] \tag{2.19}$$

由于所有的随机变量 x_i 是独立同分布的，这意味着它们和 X 有一样的均值 (μ) 和方差 (σ^2)。因此，

$$E[(x_i-\mu)^2]=\sigma^2$$

此外，根据式（2.17），样本均值 $\hat{\mu}$ 的方差是 $E[(\hat{\mu}-\mu)^2]=\frac{\sigma^2}{n}$，将其代入式（2.19）中，得到：

$$\begin{aligned}E[\hat{\sigma}^2] &= \frac{1}{n}n\sigma^2-\frac{\sigma^2}{n} \\ &= \left(\frac{n-1}{n}\right)\sigma^2\end{aligned}$$

样本方差 $\hat{\sigma}^2$ 是 σ^2 的有偏估计量，因为它的期望值是总体方差和 $\frac{n-1}{n}$ 的乘积。但是，它是渐近无偏的（asymptotically unbiased)，即当 $n\to\infty$ 时，偏差逐渐消失，因为，

$$\lim_{n\to\infty}\frac{n-1}{n} = \lim_{n\to\infty}1-\frac{1}{n} = 1$$

即随着样本大小的增加 $(n\to\infty)$，得到：

$$E[\hat{\sigma}^2]\to\sigma^2$$

上面的讨论清楚地表明，如果想要样本方差的无偏估计（表示为 $\hat{\sigma}_u^2$），则必须除以 $n-1$，而不是 n：

$$\hat{\sigma}_u^2 = \frac{1}{n-1}\sum_{i=1}^{n}(x_i-\hat{\mu})^2$$

我们可以验证 $\hat{\sigma}_u^2$ 的期望值，如下所示：

$$E[\hat{\sigma}_u^2]=E\left[\frac{1}{n-1}\sum_{i=1}^{n}(x_i-\hat{\mu})^2\right]=\frac{1}{n-1}\cdot E\left[\sum_{i=1}^{n}(x_i-\mu)^2\right]-\frac{n}{n-1}\cdot E[(\hat{\mu}-\mu)^2]$$

$$=\frac{n}{n-1}\sigma^2-\frac{n}{n-1}\cdot\frac{\sigma^2}{n}$$

$$=\frac{n}{n-1}\sigma^2-\frac{1}{n-1}\sigma^2=\sigma^2$$

样本方差的几何解释　将属性 $\boldsymbol{X}$ 的数据样本表示为 n 维空间中的向量，其中 n 是样本大小，设 $\bar{\boldsymbol{X}}$ 表示居中属性向量［见式（2.9）］：

$$\bar{\boldsymbol{X}}=\boldsymbol{X}-\hat{\mu}\cdot\boldsymbol{1}=\begin{pmatrix}x_1-\hat{\mu}\\x_2-\hat{\mu}\\\vdots\\x_n-\hat{\mu}\end{pmatrix}$$

然后根据 $\bar{\boldsymbol{X}}$ 的大小（即 $\bar{X}$ 与自身的点积）重写式（2.13）：

$$\hat{\sigma}^2=\frac{1}{n}\|\bar{\boldsymbol{X}}\|^2=\frac{1}{n}\bar{\boldsymbol{X}}^{\mathrm{T}}\bar{\boldsymbol{X}}=\frac{1}{n}\sum_{i=1}^{n}(x_i-\hat{\mu})^2 \tag{2.20}$$

因此，样本方差可以解释为居中属性向量的平方大小，或者居中属性向量与自身的点积，通过样本大小进行归一化。

几何解释说明了为什么除以 $n-1$ 可以获得样本方差的无偏估计量。将统计向量的自由度（degree of freedom，dof）定义为包含该向量的子空间的维数。在图 2-1 中，居中属性向量 $\bar{\boldsymbol{X}}=\boldsymbol{X}-\hat{\mu}\cdot\boldsymbol{1}$ 位于 $n-1$ 维子空间中，该子空间是由全 1 向量 $\boldsymbol{1}$ 扩展的 1 维子空间的正交补。因此，向量 $\bar{\boldsymbol{X}}$ 只有 $n-1$ 个自由度，无偏样本方差只是每个维度 $\bar{X}$ 的均值或期望平方长度：

$$\sigma_u^2=\frac{\|\bar{\boldsymbol{X}}\|^2}{n-1}=\frac{\bar{\boldsymbol{X}}^{\mathrm{T}}\bar{\boldsymbol{X}}}{n-1}=\frac{1}{n-1}\cdot\sum_{i=1}^{n}(x_i-\hat{\mu})^2$$

2.2　二元分析

二元分析同时考虑两个属性。我们对属性间关联或相关性（如果存在的话）非常感兴趣。因此，将注意力集中在两个数值型属性 X_1 和 X_2 上，数据 $\boldsymbol{D}$ 表示为 $n\times 2$ 矩阵：

$$\boldsymbol{D}=\begin{pmatrix}X_1 & X_2\\\hline x_{11} & x_{12}\\x_{21} & x_{22}\\\vdots & \vdots\\x_{n1} & x_{n2}\end{pmatrix}$$

从几何学层面来看，可以从两种角度来考虑 $\boldsymbol{D}$。它可以被看作在属性 X_1 和 X_2 上的二维空间中的 n 个点或向量，即 $\boldsymbol{x}_i=(x_{i1},x_{i2})^{\mathrm{T}}\in\mathbb{R}^2$，也可以被视为包含这些点的 n 维空间中的两个点或向量，即每列都是 $\mathbb{R}^n$ 中的一个向量，如下所示：

$$X_1 = (x_{11}, x_{21}, \cdots, x_{n1})^{\mathrm{T}}$$
$$X_2 = (x_{12}, x_{22}, \cdots, x_{n2})^{\mathrm{T}}$$

从概率层面来看，列向量 $\boldsymbol{X} = (X_1, X_2)^{\mathrm{T}}$ 被视为二元向量随机变量，$\boldsymbol{x}_i (1 \leqslant i \leqslant n)$ 被视为从 $\boldsymbol{X}$ 中抽取的随机样本，即 $\boldsymbol{x}_i$ 被视为独立的且和 $\boldsymbol{X}$ 同分布。

经验联合概率质量函数

$\boldsymbol{X}$ 的经验联合概率质量函数如下：

$$\begin{aligned}\hat{f}(\boldsymbol{x}) &= P(\boldsymbol{X}=\boldsymbol{x}) = \frac{1}{n}\sum_{i=1}^{n} I(\boldsymbol{x}_i = \boldsymbol{x}) \\ \hat{f}(x_1, x_2) &= P(X_1 = x_1, X_2 = x_2) = \frac{1}{n}\sum_{i=1}^{n} I(x_{i1} = x_1, x_{i2} = x_2)\end{aligned} \tag{2.21}$$

其中，$\boldsymbol{x} = (x_1, x_2)^{\mathrm{T}}$，$I$ 是指示变量，仅当其参数为真时才取 1：

$$I(\boldsymbol{x}_i = \boldsymbol{x}) = \begin{cases} 1, & x_{i1} = x_1 \text{ 且 } x_{i2} = x_2 \\ 0, & \text{其他} \end{cases}$$

与一元分析一样，概率质量函数给数据样本中的每个点赋予概率质量 $\frac{1}{n}$。

2.2.1　位置和离散度的度量

1. 均值

二元均值定义为向量随机变量 $\boldsymbol{X}$ 的期望值，定义如下：

$$\boldsymbol{\mu} = E[\boldsymbol{X}] = E\left[\begin{pmatrix} X_1 \\ X_2 \end{pmatrix}\right] = \begin{pmatrix} E[X_1] \\ E[X_2] \end{pmatrix} = \begin{pmatrix} \mu_1 \\ \mu_2 \end{pmatrix} \tag{2.22}$$

换句话说，二元均值向量就是每个属性的期望值构成的向量。

利用式（2.6），分别根据 X_1 和 X_2 的经验概率质量函数 $\hat{f}_{X_1}$ 和 $\hat{f}_{X_2}$ 获得样本均值。当然，这也可以利用式（2.21）中的联合经验 PMF 计算得出：

$$\hat{\boldsymbol{\mu}} = \sum_{\boldsymbol{x}} \boldsymbol{x}\hat{f}(\boldsymbol{x}) = \sum_{\boldsymbol{x}} \boldsymbol{x}\left(\frac{1}{n}\sum_{i=1}^{n} I(\boldsymbol{x}_i = \boldsymbol{x})\right) = \frac{1}{n}\sum_{i=1}^{n} \boldsymbol{x}_i \tag{2.23}$$

2. 方差

使用式（2.11）计算每个属性的方差，即 X_1 的 σ_1^2 和 X_2 的 σ_2^2。总方差如下：

$$\sigma_1^2 + \sigma_2^2$$

样本方差 $\hat{\sigma}_1^2$ 和 $\hat{\sigma}_2^2$ 可用式（2.13）估计，样本总方差［见式（1.8）］可简单地表示为

$$\operatorname{var}(\boldsymbol{D}) = \hat{\sigma}_1^2 + \hat{\sigma}_2^2$$

2.2.2　相关性度量

1. 协方差

两个属性 X_1 和 X_2 之间的协方差（covariance）提供了衡量它们之间的线性相关性的方

法，其定义如下：

$$\sigma_{12}=E[(X_1-\mu_1)(X_2-\mu_2)] \tag{2.24}$$

根据期望的线性关系，得到：

$$\begin{aligned}\sigma_{12}=E[(X_1-\mu_1)(X_2-\mu_2)]&=E[X_1X_2-X_1\mu_2-X_2\mu_1+\mu_1\mu_2]\\&=E[X_1X_2]-\mu_2E[X_1]-\mu_1E[X_2]+\mu_1\mu_2=E[X_1X_2]-\mu_1\mu_2\end{aligned}$$

这表明，

$$\sigma_{12}=E[X_1X_2]-E[X_1]E[X_2] \tag{2.25}$$

式（2.25）可以看作将一元方差［见式（2.12）］推广到二元的情况。

如果 X_1 和 X_2 是独立随机变量，那么它们的协方差为零。因为如果 X_1 和 X_2 相互独立，可以得到：

$$E[X_1X_2]=E[X_1]\cdot E[X_2]$$

这反过来表明：

$$\sigma_{12}=0$$

但是，反过来却不一定成立。如果 $\sigma_{12}=0$，则不能断言 X_1 和 X_2 是相互独立的。我们只能说它们之间没有线性相关性，但不能排除两个属性之间可能存在更高阶的关系或相关性。

X_1 和 X_2 之间的样本协方差如下：

$$\hat{\sigma}_{12}=\frac{1}{n}\sum_{i=1}^{n}(x_{i1}-\hat{\mu}_1)(x_{i2}-\hat{\mu}_2) \tag{2.26}$$

将式（2.21）中的经验联合概率质量函数 $\hat{f}(x_1,x_2)$ 代入式（2.24）中，得到：

$$\begin{aligned}\hat{\sigma}_{12}&=E[(X_1-\hat{\mu}_1)(X_2-\hat{\mu}_2)]\\&=\sum_{\boldsymbol{x}=(x_1,x_2)^{\mathrm{T}}}(x_1-\hat{\mu}_1)(x_2-\hat{\mu}_2)\hat{f}(x_1,x_2)\\&=\frac{1}{n}\sum_{\boldsymbol{x}=(x_1,x_2)^{\mathrm{T}}}\sum_{i=1}^{n}(x_1-\hat{\mu}_1)\cdot(x_2-\hat{\mu}_2)\cdot I(x_{i1}=x_1,x_{i2}=x_2)\\&=\frac{1}{n}\sum_{i=1}^{n}(x_{i1}-\hat{\mu}_1)(x_{i2}-\hat{\mu}_2)\end{aligned}$$

注意，样本协方差是样本方差［见式（2.13）］的一种泛化，因为：

$$\hat{\sigma}_{11}=\frac{1}{n}\sum_{i=1}^{n}(x_i-\mu_1)(x_i-\mu_1)=\frac{1}{n}\sum_{i=1}^{n}(x_i-\mu_1)^2=\hat{\sigma}_1^2$$

类似地，可以得到 $\hat{\sigma}_{22}=\hat{\sigma}_2^2$

2. 相关性

变量 X_1 和 X_2 之间的相关系数等于标准化协方差，通过每个变量的标准差对协方差进行归一化即可得到，如下所示：

$$\rho_{12}=\frac{\sigma_{12}}{\sigma_1\sigma_2}=\frac{\sigma_{12}}{\sqrt{\sigma_1^2\sigma_2^2}} \tag{2.27}$$

属性 X_1 和 X_2 的样本相关系数如下：

$$\hat{\rho}_{12}=\frac{\hat{\sigma}_{12}}{\hat{\sigma}_1\hat{\sigma}_2}=\frac{\sum_{i=1}^n(x_{i1}-\hat{\mu}_1)(x_{i2}-\hat{\mu}_2)}{\sqrt{\sum_{i=1}^n(x_{i1}-\hat{\mu}_1)^2\sum_{i=1}^n(x_{i2}-\hat{\mu}_2)^2}} \tag{2.28}$$

3. 样本协方差和相关性的几何解释

设 $\bar{\boldsymbol{X}}_1$ 和 $\bar{\boldsymbol{X}}_2$ 表示 $\mathbb{R}^n$ 中的居中属性向量，如下所示：

$$\bar{\boldsymbol{X}}_1=\boldsymbol{X}_1-\hat{\mu}_1\cdot\mathbf{1}=\begin{pmatrix}x_{11}-\hat{\mu}_1\\x_{21}-\hat{\mu}_1\\\vdots\\x_{n1}-\hat{\mu}_1\end{pmatrix}\qquad \bar{\boldsymbol{X}}_2=\boldsymbol{X}_2-\hat{\mu}_2\cdot\mathbf{1}=\begin{pmatrix}x_{12}-\hat{\mu}_2\\x_{22}-\hat{\mu}_2\\\vdots\\x_{n2}-\hat{\mu}_2\end{pmatrix}$$

样本协方差［见式（2.26）］可以写成：

$$\hat{\sigma}_{12}=\frac{\bar{\boldsymbol{X}}_1^{\mathrm{T}}\bar{\boldsymbol{X}}_2}{n} \tag{2.29}$$

换句话说，两个属性之间的协方差只是两个居中属性向量之间的点积除以样本大小。式（2.29）可以看作式（2.20）中给出的样本方差的一般形式。

样本相关系数［见式（2.28）］可以写成：

$$\hat{\rho}_{12}=\frac{\bar{\boldsymbol{X}}_1^{\mathrm{T}}\bar{\boldsymbol{X}}_2}{\sqrt{\bar{\boldsymbol{X}}_1^{\mathrm{T}}\bar{\boldsymbol{X}}_1}\sqrt{\bar{\boldsymbol{X}}_2^{\mathrm{T}}\bar{\boldsymbol{X}}_2}}=\frac{\bar{\boldsymbol{X}}_1^{\mathrm{T}}\bar{\boldsymbol{X}}_2}{\|\bar{\boldsymbol{X}}_1\|\,\|\bar{\boldsymbol{X}}_2\|}=\left(\frac{\bar{\boldsymbol{X}}_1}{\|\bar{\boldsymbol{X}}_1\|}\right)^{\mathrm{T}}\left(\frac{\bar{\boldsymbol{X}}_2}{\|\bar{\boldsymbol{X}}_2\|}\right)=\cos\theta \tag{2.30}$$

因此，相关系数等于两个居中属性向量之间的夹角的余弦［见式（1.6）］，如图 2-4 所示。

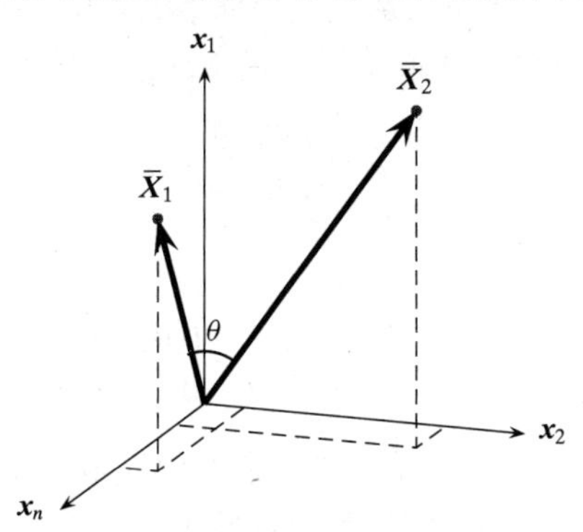

图 2-4　协方差和相关性的几何解释。两个居中属性向量显示在由 n 个点扩张成的 n 维空间 $\mathbb{R}^n$ 中

4. 协方差矩阵

两个属性 X_1 和 X_2 的方差–协方差信息可汇总在 2×2 协方差矩阵中，如下所示：

$$\begin{aligned}\boldsymbol{\Sigma}&=E[(\boldsymbol{X}-\boldsymbol{\mu})(\boldsymbol{X}-\boldsymbol{\mu})^{\mathrm{T}}]\\&=E\left[\begin{pmatrix}X_1-\mu_1\\X_2-\mu_2\end{pmatrix}\begin{pmatrix}X_1-\mu_1 & X_2-\mu_2\end{pmatrix}\right]\\&=\begin{pmatrix}E[(X_1-\mu_1)(X_1-\mu_1)] & E[(X_1-\mu_1)(X_2-\mu_2)]\\E[(X_2-\mu_2)(X_1-\mu_1)] & E[(X_2-\mu_2)(X_2-\mu_2)]\end{pmatrix}\\&=\begin{pmatrix}\sigma_1^2 & \sigma_{12}\\\sigma_{21} & \sigma_2^2\end{pmatrix}\end{aligned} \tag{2.31}$$

因为 $\sigma_{12}=\sigma_{21}$，所以 $\boldsymbol{\Sigma}$ 是对称矩阵。协方差矩阵在主对角线上记录属性方差信息，在反对角线上记录协方差信息。

两个属性的总方差是 $\boldsymbol{\Sigma}$ 对角线上元素之和，也被称为 $\boldsymbol{\Sigma}$ 的迹（trace)，如下所示：

$$\operatorname{tr}(\boldsymbol{\Sigma})=\sigma_1^2+\sigma_2^2$$

因此，$\operatorname{tr}(\boldsymbol{\Sigma})\geqslant 0$。

除了属性方差外，两个属性的广义方差（generalized variance）还考虑协方差，定义为协方差矩阵 $\boldsymbol{\Sigma}$ 的行列式，记为 $|\boldsymbol{\Sigma}|$ 或 $\det(\boldsymbol{\Sigma})$。广义协方差是非负的，因为

$$|\boldsymbol{\Sigma}|=\det(\boldsymbol{\Sigma})=\sigma_1^2\sigma_2^2-\sigma_{12}^2=\sigma_1^2\sigma_2^2-\rho_{12}^2\sigma_1^2\sigma_2^2=(1-\rho_{12}^2)\sigma_1^2\sigma_2^2$$

其中用到了式（2.27），即 $\sigma_{12}=\rho_{12}\sigma_1\sigma_2$。注意，$|\rho_{12}|\leqslant 1$ 意味着 $\rho_{12}^2\leqslant 1$，因此 $\det(\boldsymbol{\Sigma})\geqslant 0$，即行列式是非负的。

样本协方差矩阵如下：

$$\widehat{\boldsymbol{\Sigma}}=\begin{pmatrix}\hat{\sigma}_1^2 & \hat{\sigma}_{12}\\ \hat{\sigma}_{12} & \hat{\sigma}_2^2\end{pmatrix} \tag{2.32}$$

样本协方差矩阵 $\hat{\boldsymbol{\Sigma}}$ 与 $\boldsymbol{\Sigma}$ 具有相同的性质，即它是一个对称矩阵且 $|\hat{\boldsymbol{\Sigma}}|\geqslant 0$。给定 $|\hat{\boldsymbol{\Sigma}}|$ 可以很容易地获取样本广义方差和总方差：

$$\operatorname{var}(\boldsymbol{D})=\operatorname{tr}(\widehat{\boldsymbol{\Sigma}})=\hat{\sigma}_1^2+\hat{\sigma}_2^2 \tag{2.33}$$

例 2.3（样本均值和协方差） 思考鸢尾花数据集的萼片长度和萼片宽度属性，如图 2-5 所示。在 $d=2$ 维属性空间中有 $n=150$ 个点。样本均值向量为

$$\hat{\boldsymbol{\mu}}=\begin{pmatrix}5.843\\3.054\end{pmatrix}$$

样本协方差矩阵表示为

$$\widehat{\boldsymbol{\Sigma}}=\begin{pmatrix}0.681 & -0.039\\ -0.039 & 0.187\end{pmatrix}$$

萼片长度的样本方差为 $\hat{\sigma}_1^2=0.681$，萼片宽度的样本方差为 $\hat{\sigma}_2^2=0.187$。两个属性之间的协方差为 $\hat{\sigma}_{12}=-0.039$，它们之间的相关系数为

$$\hat{\rho}_{12}=\frac{-0.039}{\sqrt{0.681\times 0.187}}=-0.109$$

因此，两个属性之间存在非常弱的负相关关系，如图 2-5 中的最佳线性拟合线所示。我们可以将萼片长度和萼片宽度属性视为 $\mathbb{R}^n$ 中的两个点，相关系数就是它们之间夹角的余弦：

$$\hat{\rho}_{12}=\cos\theta=-0.109$$

这表明，

$$\theta=\arccos(-0.109)=96.26^{\circ}$$

夹角接近 90°，即两个属性向量几乎正交，表示相关性很弱。此外，大于 90° 的夹角表示负相关。

样本总方差为

$$\operatorname{tr}(\widehat{\boldsymbol{\Sigma}}) = 0.681 + 0.187 = 0.868$$

样本广义方差为

$$|\widehat{\boldsymbol{\Sigma}}| = \det(\widehat{\boldsymbol{\Sigma}}) = 0.681 \times 0.187 - (-0.039)^2 = 0.126$$

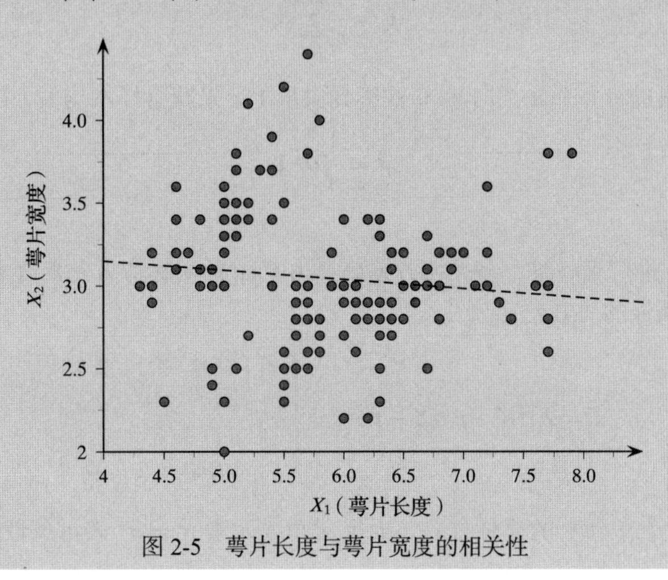

图 2-5 萼片长度与萼片宽度的相关性

2.3 多元分析

多元分析同时考虑多个数值型属性 $X_1, X_2, \cdots, X_d$。假设完整数据矩阵是一个 $n \times d$ 的矩阵，如下所示：

$$\boldsymbol{D} = \begin{pmatrix} X_1 & X_2 & \cdots & X_d \\ \hline x_{11} & x_{12} & \cdots & x_{1d} \\ x_{21} & x_{22} & \cdots & x_{2d} \\ \vdots & \vdots & & \vdots \\ x_{n1} & x_{n2} & \cdots & x_{nd} \end{pmatrix} = (\boldsymbol{X}_1 \ \boldsymbol{X}_2 \cdots \boldsymbol{X}_d) = \begin{pmatrix} \boldsymbol{x}_1^{\mathrm{T}} \\ \boldsymbol{x}_2^{\mathrm{T}} \\ \vdots \\ \boldsymbol{x}_n^{\mathrm{T}} \end{pmatrix}$$

从行来看，以上数据可以看作 d 维属性空间中 n 个点或向量的集合：

$$\boldsymbol{x}_i = (x_{i1}, x_{i2}, \cdots, x_{id})^{\mathrm{T}} \in \mathbb{R}^d$$

从列来看，以上数据可以看作 n 维空间中 d 个点或向量的集合：

$$\boldsymbol{X}_j = (x_{1j}, x_{2j}, \cdots, x_{nj})^{\mathrm{T}} \in \mathbb{R}^n$$

从概率来看，d 个属性被建模为向量随机变量 $\boldsymbol{X} = (X_1, X_2, \cdots, X_d)^{\mathrm{T}}$，并且点 $\boldsymbol{x}_i$ 被认为是从 $\boldsymbol{X}$ 中抽取的随机样本，即它们是独立的且和 $\boldsymbol{X}$ 同分布。

1. 均值

对式（2.22）进行推广，多元均值向量（multivariate mean vector）通过取每个属性的均值得到，如下所示：

$$\boldsymbol{\mu}=E[\boldsymbol{X}]=\begin{pmatrix}E[X_1]\\E[X_2]\\\vdots\\E[X_d]\end{pmatrix}=\begin{pmatrix}\mu_1\\\mu_2\\\vdots\\\mu_d\end{pmatrix}$$

对式（2.23）进行推广，可得样本均值：

$$\hat{\boldsymbol{\mu}}=\frac{1}{n}\sum_{i=1}^{n}\boldsymbol{x}_i \tag{2.34}$$

我们还可以通过将每个属性向量$\boldsymbol{X}_1$投影到向量$\mathbf{1}$上来获得样本均值，该向量可以简写为

$$\hat{\boldsymbol{\mu}}=\frac{1}{n}\boldsymbol{D}^{\mathrm{T}}\mathbf{1}$$

2. 协方差矩阵

将式（2.31）推广到d维，多元协方差信息由$d\times d$的对称协方差矩阵来给出，该协方差矩阵会给出每对属性的协方差：

$$\boldsymbol{\Sigma}=E[(\boldsymbol{X}-\boldsymbol{\mu})(\boldsymbol{X}-\boldsymbol{\mu})^{\mathrm{T}}]=\begin{pmatrix}\sigma_1^2&\sigma_{12}&\cdots&\sigma_{1d}\\\sigma_{21}&\sigma_2^2&\cdots&\sigma_{2d}\\\vdots&\vdots&&\vdots\\\sigma_{d1}&\sigma_{d2}&\cdots&\sigma_d^2\end{pmatrix}$$

对角线元素σ_i^2表示X_i的属性方差，而反对角线元素$\sigma_{ij}=\sigma_{ji}$表示属性对X_i和X_j之间的协方差。

3. 协方差矩阵是半正定的

值得注意的是，$\boldsymbol{\Sigma}$是半正定（positive semidefinite）矩阵，即对于任意的d维向量$\boldsymbol{a}$，有

$$\boldsymbol{a}^{\mathrm{T}}\boldsymbol{\Sigma}\boldsymbol{a}\geqslant 0$$

为了证明这一点，请看下式：

$$\begin{aligned}\boldsymbol{a}^{\mathrm{T}}\boldsymbol{\Sigma}\boldsymbol{a}&=\boldsymbol{a}^{\mathrm{T}}E[(\boldsymbol{X}-\boldsymbol{\mu})(\boldsymbol{X}-\boldsymbol{\mu})^{\mathrm{T}}]\boldsymbol{a}\\&=E[\boldsymbol{a}^{\mathrm{T}}(\boldsymbol{X}-\boldsymbol{\mu})(\boldsymbol{X}-\boldsymbol{\mu})^{\mathrm{T}}\boldsymbol{a}]\\&=E[Y^2]\\&\geqslant 0\end{aligned}$$

其中，Y是随机变量，$Y=\boldsymbol{a}^{\mathrm{T}}(\boldsymbol{X}-\boldsymbol{\mu})=\sum_{i=1}^{d}a_i(X_i-\mu_i)$，利用了随机变量平方的期望非负的性质。

因为$\boldsymbol{\Sigma}$也是对称的，所以$\boldsymbol{\Sigma}$的所有特征值都是非负实数，即$\boldsymbol{\Sigma}$的d个特征值可以从大到小排列如下：$\lambda_1\geqslant\lambda_2\geqslant\cdots\geqslant\lambda_d\geqslant 0$。

4. 总方差和广义方差

总方差用协方差矩阵的迹表示：

$$\operatorname{tr}(\boldsymbol{\Sigma})=\sigma_1^2+\sigma_2^2+\cdots+\sigma_d^2 \tag{2.35}$$

可以看出，总方差非负。

广义方差定义为协方差矩阵的行列式 $\det(\boldsymbol{\Sigma})$，也表示为 $|\boldsymbol{\Sigma}|$。它给出了一个衡量多元变量的分散度的值：

$$\det(\boldsymbol{\Sigma}) = |\boldsymbol{\Sigma}| = \prod_{i=1}^{d} \lambda_i \tag{2.36}$$

由于 $\boldsymbol{\Sigma}$ 的所有特征值都非负 $(\lambda_i \geqslant 0)$，因此 $\det(\boldsymbol{\Sigma}) \geqslant 0$。

5. 样本协方差矩阵

样本协方差矩阵如下：

$$\widehat{\boldsymbol{\Sigma}} = E[(\boldsymbol{X} - \hat{\boldsymbol{\mu}})(\boldsymbol{X} - \hat{\boldsymbol{\mu}})^{\mathrm{T}}] = \begin{pmatrix} \hat{\sigma}_1^2 & \hat{\sigma}_{12} & \cdots & \hat{\sigma}_{1d} \\ \hat{\sigma}_{21} & \hat{\sigma}_2^2 & \cdots & \hat{\sigma}_{2d} \\ \vdots & \vdots & & \vdots \\ \hat{\sigma}_{d1} & \hat{\sigma}_{d2} & \cdots & \hat{\sigma}_d^2 \end{pmatrix} \tag{2.37}$$

不要采用逐个元素计算的方法，可以使用矩阵操作。设 $\overline{\boldsymbol{D}}$ 表示居中数据矩阵，其中 $\overline{\boldsymbol{X}}_i = \boldsymbol{X}_i - \hat{\mu}_i \cdot \mathbf{1}$，其中 $\mathbf{1} \in \mathbb{R}^n$：

$$\overline{\boldsymbol{D}} = \boldsymbol{D} - \mathbf{1} \cdot \hat{\boldsymbol{\mu}}^{\mathrm{T}} = (\overline{\boldsymbol{X}}_1 \ \overline{\boldsymbol{X}}_2 \ \cdots \ \overline{\boldsymbol{X}}_d)$$

另外，居中数据矩阵也可以用居中点 $\bar{\boldsymbol{x}}_i = \boldsymbol{x}_i - \hat{\boldsymbol{\mu}}$ 来表示：

$$\overline{\boldsymbol{D}} = \boldsymbol{D} - \mathbf{1} \cdot \hat{\boldsymbol{\mu}}^{\mathrm{T}} = \begin{pmatrix} \boldsymbol{x}_1^{\mathrm{T}} - \hat{\boldsymbol{\mu}}^{\mathrm{T}} \\ \boldsymbol{x}_2^{\mathrm{T}} - \hat{\boldsymbol{\mu}}^{\mathrm{T}} \\ \vdots \\ \boldsymbol{x}_n^{\mathrm{T}} - \hat{\boldsymbol{\mu}}^{\mathrm{T}} \end{pmatrix} = \begin{pmatrix} \bar{\boldsymbol{x}}_1^{\mathrm{T}} \\ \bar{\boldsymbol{x}}_2^{\mathrm{T}} \\ \vdots \\ \bar{\boldsymbol{x}}_n^{\mathrm{T}} \end{pmatrix}$$

在矩阵表示法中，样本协方差矩阵也可以表示为

$$\widehat{\boldsymbol{\Sigma}} = \frac{1}{n}\left(\overline{\boldsymbol{D}}^{\mathrm{T}} \overline{\boldsymbol{D}}\right) = \frac{1}{n} \begin{pmatrix} \overline{\boldsymbol{X}}_1^{\mathrm{T}} \overline{\boldsymbol{X}}_1 & \overline{\boldsymbol{X}}_1^{\mathrm{T}} \overline{\boldsymbol{X}}_2 & \cdots & \overline{\boldsymbol{X}}_1^{\mathrm{T}} \overline{\boldsymbol{X}}_d \\ \overline{\boldsymbol{X}}_2^{\mathrm{T}} \overline{\boldsymbol{X}}_1 & \overline{\boldsymbol{X}}_2^{\mathrm{T}} \overline{\boldsymbol{X}}_2 & \cdots & \overline{\boldsymbol{X}}_2^{\mathrm{T}} \overline{\boldsymbol{X}}_d \\ \vdots & \vdots & & \vdots \\ \overline{\boldsymbol{X}}_d^{\mathrm{T}} \overline{\boldsymbol{X}}_1 & \overline{\boldsymbol{X}}_d^{\mathrm{T}} \overline{\boldsymbol{X}}_2 & \cdots & \overline{\boldsymbol{X}}_d^{\mathrm{T}} \overline{\boldsymbol{X}}_d \end{pmatrix} \tag{2.38}$$

因此，样本协方差矩阵的元素被指定为居中属性向量的成对内积（点积），并通过样本大小进行归一化。

从居中点 $\bar{\boldsymbol{x}}_i$ 出发，样本协方差矩阵也可以写作通过每个居中点的外积获得的秩一矩阵之和：

$$\widehat{\boldsymbol{\Sigma}} = \frac{1}{n} \sum_{i=1}^{n} \bar{\boldsymbol{x}}_i \cdot \bar{\boldsymbol{x}}_i^{\mathrm{T}} \tag{2.39}$$

此外，样本总方差写作：

$$\mathrm{var}(\boldsymbol{D}) = \mathrm{tr}(\widehat{\boldsymbol{\Sigma}}) = \hat{\sigma}_1^2 + \hat{\sigma}_2^2 + \cdots + \hat{\sigma}_d^2$$

样本广义方差表示为 $|\widehat{\boldsymbol{\Sigma}}| = \det(\widehat{\boldsymbol{\Sigma}})$。

6. 样本散度矩阵

样本散度矩阵（sample scatter matrix）是 $d \times d$ 的半正定矩阵，定义为

$$\boldsymbol{S} = \overline{\boldsymbol{D}}^{\mathrm{T}}\,\overline{\boldsymbol{D}} = \sum_{i=1}^{n} \bar{\boldsymbol{x}}_i \cdot \bar{\boldsymbol{x}}_i^{\mathrm{T}}$$

由于 $\boldsymbol{S} = n \cdot \hat{\boldsymbol{\Sigma}}$，因此它只是一个非标准化的样本协方差矩阵。

例 2.4（样本均值和协方差矩阵） 思考鸢尾花数据集中的四个数值型属性，即萼片长度、萼片宽度、花瓣长度和花瓣宽度。对应的多元均值向量如下：

$$\hat{\boldsymbol{\mu}} = \begin{pmatrix} 5.843 & 3.054 & 3.759 & 1.199 \end{pmatrix}^{\mathrm{T}}$$

样本协方差矩阵如下：

$$\widehat{\boldsymbol{\Sigma}} = \begin{pmatrix} 0.681 & -0.039 & 1.265 & 0.513 \\ -0.039 & 0.187 & -0.320 & -0.117 \\ 1.265 & -0.320 & 3.092 & 1.288 \\ 0.513 & -0.117 & 1.288 & 0.579 \end{pmatrix}$$

样本总方差为

$$\operatorname{var}(\boldsymbol{D}) = \operatorname{tr}(\widehat{\boldsymbol{\Sigma}}) = 0.681 + 0.187 + 3.092 + 0.579 = 4.539$$

广义方差为

$$\det(\widehat{\boldsymbol{\Sigma}}) = 1.853 \times 10^{-3}$$

例 2.5（内积和外积） 为了说明基于内积和外积的样本协方差矩阵的计算，思考如下二维数据集：

$$\boldsymbol{D} = \begin{pmatrix} \boldsymbol{A}_1 & \boldsymbol{A}_2 \\ \hline 1 & 0.8 \\ 5 & 2.4 \\ 9 & 5.5 \end{pmatrix}$$

均值向量为

$$\hat{\boldsymbol{\mu}} = \begin{pmatrix} \hat{\mu}_1 \\ \hat{\mu}_2 \end{pmatrix} = \begin{pmatrix} 15/3 \\ 8.7/3 \end{pmatrix} = \begin{pmatrix} 5 \\ 2.9 \end{pmatrix}$$

居中数据矩阵为

$$\overline{\boldsymbol{D}} = \boldsymbol{D} - \mathbf{1} \cdot \boldsymbol{\mu}^{\mathrm{T}} = \begin{pmatrix} 1 & 0.8 \\ 5 & 2.4 \\ 9 & 5.5 \end{pmatrix} - \begin{pmatrix} 1 \\ 1 \\ 1 \end{pmatrix} \begin{pmatrix} 5 & 2.9 \end{pmatrix} = \begin{pmatrix} -4 & -2.1 \\ 0 & -0.5 \\ 4 & 2.6 \end{pmatrix}$$

用基于内积的方法［式（2.38）］来计算样本协方差矩阵：

$$\widehat{\boldsymbol{\Sigma}} = \frac{1}{n} \overline{\boldsymbol{D}}^{\mathrm{T}}\,\overline{\boldsymbol{D}} = \frac{1}{3} \begin{pmatrix} -4 & 0 & 4 \\ -2.1 & -0.5 & 2.6 \end{pmatrix} \cdot \begin{pmatrix} -4 & -2.1 \\ 0 & -0.5 \\ 4 & 2.6 \end{pmatrix}$$

$$= \frac{1}{3} \begin{pmatrix} 32 & 18.8 \\ 18.8 & 11.42 \end{pmatrix} = \begin{pmatrix} 10.67 & 6.27 \\ 6.27 & 3.81 \end{pmatrix}$$

用基于外积的方法［式（2.39）］来计算样本协方差矩阵：

$$\widehat{\boldsymbol{\Sigma}} = \frac{1}{n}\sum_{i=1}^{n}\bar{\boldsymbol{x}}_i \cdot \bar{\boldsymbol{x}}_i^{\mathrm{T}}$$

$$= \frac{1}{3}\left[\begin{pmatrix}-4\\-2.1\end{pmatrix}\cdot(-4 \quad -2.1) + \begin{pmatrix}0\\-0.5\end{pmatrix}\cdot(0 \quad -0.5) + \begin{pmatrix}4\\2.6\end{pmatrix}\cdot(4 \quad 2.6)\right]$$

$$= \frac{1}{3}\left[\begin{pmatrix}16.0 & 8.4\\8.4 & 4.41\end{pmatrix} + \begin{pmatrix}0.0 & 0.0\\0.0 & 0.25\end{pmatrix} + \begin{pmatrix}16.0 & 10.4\\10.4 & 6.76\end{pmatrix}\right]$$

$$= \frac{1}{3}\begin{pmatrix}32.0 & 18.8\\18.8 & 11.42\end{pmatrix} = \begin{pmatrix}10.67 & 6.27\\6.27 & 3.81\end{pmatrix}$$

在居中点 $\bar{\boldsymbol{x}}_i$ 是 $\bar{\boldsymbol{D}}$ 的各行的情况下，可以看到内积法和外积法都产生了相同的样本协方差矩阵。

2.4　数据归一化

当分析两个或多个属性时，通常需要对属性值进行归一化，尤其是在数据值的尺度相差很大的情况下。

1. 极差归一化

设 X 为属性，$x_1, x_2, \cdots, x_n$ 是从 X 中抽取的随机样本。在进行极差归一化（range normalization）时，每个值按 X 的样本极差 $\hat{r}$ 进行如下处理：

$$x_i' = \frac{x_i - \min_i\{x_i\}}{\hat{r}} = \frac{x_i - \min_i\{x_i\}}{\max_i\{x_i\} - \min_i\{x_i\}}$$

转换后，新属性的值在 [0,1] 范围内。

2. 标准差归一化

在标准差归一化（也称为 z 归一化）中，每个值都由其 z 分数代替：

$$x_i' = \frac{x_i - \hat{\mu}}{\hat{\sigma}}$$

其中，$\hat{\mu}$ 为 X 的样本均值，$\hat{\sigma}^2$ 为 X 的样本方差。转换后，新属性的均值为 $\hat{\mu}' = 0$，标准差为 $\hat{\sigma}' = 1$。

例 2.6　思考表 2-1 中的示例数据集。属性 Age（年龄）和 Income（收入）具有不同的取值范围，后者的取值范围远远大于前者。思考 $\boldsymbol{x}_1$ 和 $\boldsymbol{x}_2$ 之间的距离：

$$\|\boldsymbol{x}_1 - \boldsymbol{x}_2\| = \|(2, 200)^{\mathrm{T}}\| = \sqrt{2^2 + 200^2} = \sqrt{40004} = 200.01$$

正如我们所看到的，Age 的贡献被 Income 的值所掩盖。

Age 的样本极差为 $\hat{r} = 40 - 12 = 28$，最小值为 12。极差归一化后，新属性如下：

$$\texttt{Age}' = (0, 0.071, 0.214, 0.393, 0.536, 0.571, 0.786, 0.893, 0.964, 1)^{\mathrm{T}}$$

例如，对于点 $\boldsymbol{x}_2 = (x_{21}, x_{22}) = (14, 500)$，值 $x_{21} = 14$ 被转换为

$$x_{21}' = \frac{14 - 12}{28} = \frac{2}{28} = 0.071$$

同样，Income 的样本极差为 $6000-300=5700$，最小值为 300。因此，Income 被转换为

$$\texttt{Income}'=(0,0.035,0.123,0.298,0.561,0.649,0.702,1,0.386,0.421)^{\mathrm{T}}$$

$x_{22}=0.035$。极差归一化后，$\boldsymbol{x}_1$ 和 $\boldsymbol{x}_2$ 之间的距离为

$$\|\boldsymbol{x}_1'-\boldsymbol{x}_2'\|=\|(0,0)^{\mathrm{T}}-(0.071,0.035)^{\mathrm{T}}\|=\|(-0.071,-0.035)^{\mathrm{T}}\|=0.079$$

可以观察到，变换后距离不再受 Income 值的影响。

对于 z 归一化，首先计算两个属性的均值和标准差：

	Age	Income
$\hat{\mu}$	27.2	2680
$\hat{\sigma}$	9.77	1726.15

Age 被转换成：

$$\texttt{Age}'=(-1.56,-1.35,-0.94,-0.43,-0.02,0.08,0.70,1.0,1.21,1.31)^{\mathrm{T}}$$

例如，对于点 $\boldsymbol{x}_2=(x_{21},x_{22})=(14,500)$，值 $x_{21}=14$ 被转换为

$$x_{21}'=\frac{14-27.2}{9.77}=-1.35$$

同样，Income 被转换成

$$\texttt{Income}'=(-1.38,-1.26,-0.97,-0.39,0.48,0.77,0.94,1.92,-0.10,0.01)^{\mathrm{T}}$$

因此，$x_{22}=-1.26$。经过 z 归一化后，$\boldsymbol{x}_1$ 和 $\boldsymbol{x}_2$ 的距离为

$$\|\boldsymbol{x}_1'-\boldsymbol{x}_2'\|=\|(-1.56,-1.38)^{\mathrm{T}}-(-1.35,-1.26)^{\mathrm{T}}\|=\|(-0.21,-0.12)^{\mathrm{T}}\|=0.242$$

表 2-1　用于归一化的示例数据集

$\boldsymbol{x}_i$	Age(X_1)	Income(X_2)
$\boldsymbol{x}_1$	12	300
$\boldsymbol{x}_2$	14	500
$\boldsymbol{x}_3$	18	1000
$\boldsymbol{x}_4$	23	2000
$\boldsymbol{x}_5$	27	3500
$\boldsymbol{x}_6$	28	4000
$\boldsymbol{x}_7$	34	4300
$\boldsymbol{x}_8$	37	6000
$\boldsymbol{x}_9$	39	2500
$\boldsymbol{x}_{10}$	40	2700

2.5　正态分布

正态分布是最重要的概率密度函数之一，特别是因为许多物理观测变量都近似遵循正态分布。此外，任意概率分布的均值的抽样分布都服从正态分布。正态分布在聚类、密度估计和分类的参数分布中也起着重要作用。

2.5.1 一元正态分布

如果 X 的概率密度函数形式为

$$f(x|\mu,\sigma^2)=\frac{1}{\sqrt{2\pi\sigma^2}}\ \exp\left\{-\frac{(x-\mu)^2}{2\sigma^2}\right\} \tag{2.40}$$

则随机变量 X 服从正态分布，均值为 μ，方差为 σ^2。$(x-\mu)^2$ 测量值 x 与分布的均值 μ 之间的距离，因此概率密度随着与均值的距离呈指数级下降。密度的最大值出现在 $x=\mu$ 处，最大值为 $f(\mu)=\frac{1}{\sqrt{2\pi\sigma^2}}$，该值与分布的标准差 σ 成反比。

例 2.7 图 2-6 描绘了标准正态分布 $(\mu=0,\sigma^2=1)$ 的图像。正态分布具有典型的钟形形状，并关于均值对称。该图还展示了不同标准差对分布形状的影响。较小的标准差（例如 $\sigma=0.5$）对应的分布呈“峰值”状，而较大的标准差（例如 $\sigma=2$）对应的分布更“扁平”。由于正态分布是对称的，因此均值 μ 与中位数及众数相等。

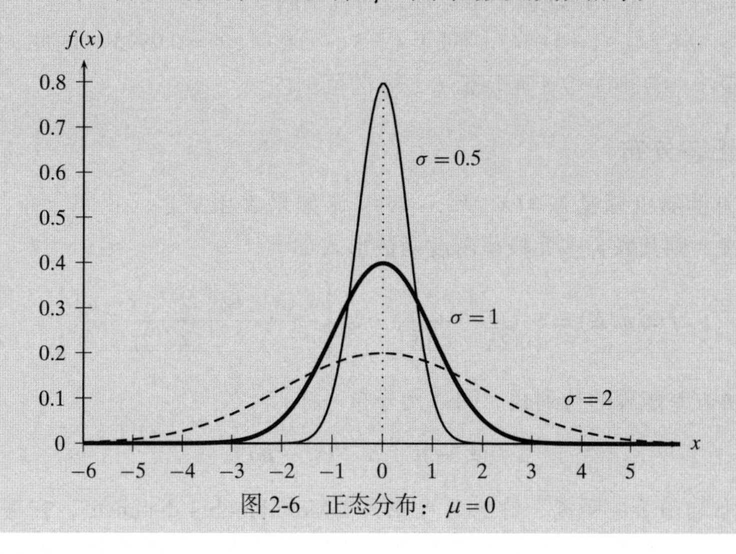

图 2-6 正态分布：$\mu=0$

概率质量

给定区间 $[a,b]$，该区间内正态分布的概率质量为

$$P(a\leqslant x\leqslant b)=\int_a^b f(x|\mu,\sigma^2)\,\mathrm{d}x$$

特别是，我们通常对距离均值 k 个标准差范围内的概率质量感兴趣，即对区间 $[\mu-k\sigma,\mu+k\sigma]$ 内的概率质量感兴趣，它可以计算为

$$P(\mu-k\sigma\leqslant x\leqslant\mu+k\sigma)=\frac{1}{\sqrt{2\pi}\sigma}\int_{\mu-k\sigma}^{\mu+k\sigma}\exp\left\{-\frac{(x-\mu)^2}{2\sigma^2}\right\}\mathrm{d}x$$

通过变量 $z=\frac{x-\mu}{\sigma}$，我们可以等价地得到标准正态分布表示的公式：

$$P(-k\leqslant z\leqslant k)=\frac{1}{\sqrt{2\pi}}\int_{-k}^{k}\mathrm{e}^{-\frac{1}{2}z^2}\mathrm{d}z=\frac{2}{\sqrt{2\pi}}\int_0^k\mathrm{e}^{-\frac{1}{2}z^2}\mathrm{d}z$$

上式的最后一步是根据 $e^{-\frac{1}{2}z^2}$ 是关于纵轴对称的这一事实得出的，因此在区间 $[-k,k]$ 上的积分等于在区间 $[0,k]$ 上积分的 2 倍。最后，再通过一次变量变换 $t=\frac{z}{\sqrt{2}}$，得到：

$$P(-k \leqslant z \leqslant k)=2P\left(0 \leqslant t \leqslant k/\sqrt{2}\right)=\frac{2}{\sqrt{\pi}} \int_0^{k/\sqrt{2}} \mathrm{e}^{-t^2}\mathrm{d}t=\operatorname{erf}\left(k/\sqrt{2}\right) \tag{2.41}$$

其中，erf 是高斯误差函数，定义为

$$\operatorname{erf}(x)=\frac{2}{\sqrt{\pi}} \int_0^x \mathrm{e}^{-t^2}\mathrm{d}t$$

利用式（2.41），我们可以计算距离均值 k 个标准差范围内的概率质量。特别是，当 $k=1$ 时，得到：

$$P(\mu-\sigma \leqslant x \leqslant \mu+\sigma)=\operatorname{erf}\left(1/\sqrt{2}\right)=0.6827$$

这意味着 68.27% 的点位于距均值 1 个标准差的范围内。

当 $k=2$ 时，$\operatorname{erf}(2/\sqrt{2})=0.9545$；对于 $k=3$，$\operatorname{erf}(3/\sqrt{2})=0.9973$。因此，正态分布的几乎整个概率质量（99.73%）位于距均值 $\mu \pm 3\sigma$ 的范围内。

2.5.2 多元正态分布

给定 d 维向量随机变量 $\boldsymbol{X}=(X_1,X_2,\cdots X_d)^{\mathrm{T}}$，如果 $\boldsymbol{X}$ 服从多元正态分布，且均值为 $\boldsymbol{\mu}$，协方差矩阵为 $\boldsymbol{\Sigma}$，则其联合多元概率密度函数形式如下：

$$f(\boldsymbol{x}|\boldsymbol{\mu},\boldsymbol{\Sigma})=\frac{1}{(\sqrt{2\pi})^d\sqrt{|\boldsymbol{\Sigma}|}} \exp\left\{-\frac{(\boldsymbol{x}-\boldsymbol{\mu})^{\mathrm{T}}\boldsymbol{\Sigma}^{-1}(\boldsymbol{x}-\boldsymbol{\mu})}{2}\right\} \tag{2.42}$$

其中，$|\boldsymbol{\Sigma}|$ 是协方差矩阵的行列式。同一元分布一样，

$$(\boldsymbol{x}_i-\boldsymbol{\mu})^{\mathrm{T}}\boldsymbol{\Sigma}^{-1}(\boldsymbol{x}_i-\boldsymbol{\mu}) \tag{2.43}$$

计算点 $\boldsymbol{x}$ 与分布均值 $\boldsymbol{\mu}$ 的距离，称为马氏距离（Mahalanobis distance），它考虑了属性之间的所有方差 - 协方差信息。马氏距离是欧几里得距离的推广，如果上式中 $\boldsymbol{\Sigma}=\boldsymbol{I}$，其中 $\boldsymbol{I}$ 是 $d\times d$ 的单位矩阵（对角线元素为 1，非对角线元素为 0），可得：

$$(\boldsymbol{x}_i-\boldsymbol{\mu})^{\mathrm{T}}\boldsymbol{I}^{-1}(\boldsymbol{x}_i-\boldsymbol{\mu})=\|\boldsymbol{x}_i-\boldsymbol{\mu}\|^2$$

因此，欧几里得距离忽略了属性之间的协方差信息，而马氏距离则明确地将其考虑在内。

标准多元正态分布的参数为 $\boldsymbol{\mu}=\boldsymbol{0}$ 和 $\boldsymbol{\Sigma}=\boldsymbol{I}$。图 2-7a 绘制了标准二元 $(d=2)$ 正态分布的概率密度函数，其中，

$$\boldsymbol{\mu}=\boldsymbol{0}=\begin{pmatrix}0\\0\end{pmatrix}$$

$$\boldsymbol{\Sigma}=\boldsymbol{I}=\begin{pmatrix}1&0\\0&1\end{pmatrix}$$

这对应于两个属性相互独立，且都遵循标准正态分布的情况。标准正态分布的对称性可以在图 2-7b 所示的等值线图中清楚地看到。每一条等值线表示密度为 $f(\boldsymbol{x})$ 的等概率密度点 $\boldsymbol{x}$。

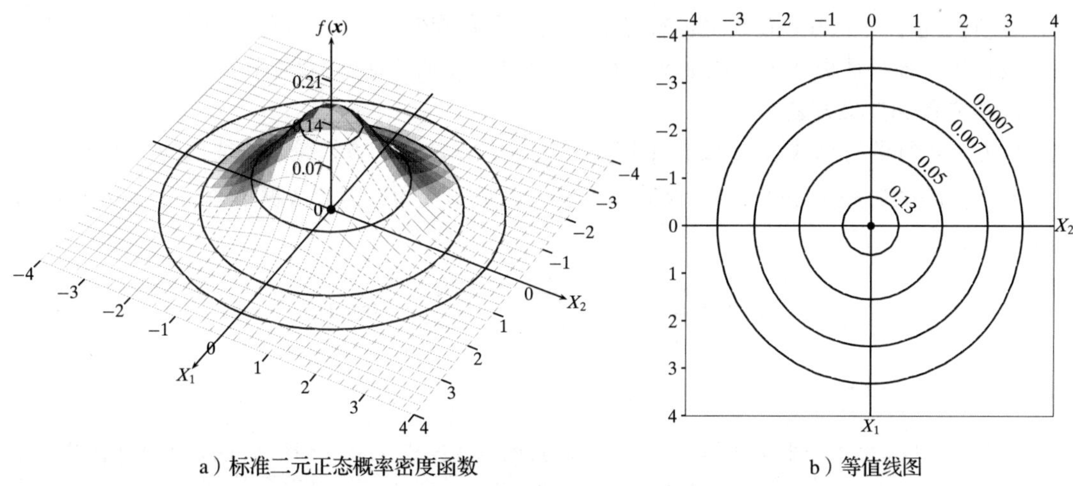

a）标准二元正态概率密度函数　　b）等值线图

图 2-7　标准二元正态密度函数及其等值线图［参数：$\boldsymbol{\mu}=(0,0)^{\mathrm{T}}$，$\boldsymbol{\Sigma}=\boldsymbol{I}$］

1. 多元正态分布的几何结构

思考一下均值为 $\boldsymbol{\mu}$，协方差矩阵为 $\boldsymbol{\Sigma}$ 的多元正态分布的几何结构。与标准正态分布相比，可以预计密度等值线可被移动、缩放和旋转。当均值 $\boldsymbol{\mu}$ 不在原点 $\mathbf{0}$ 时，会发生移动。缩放是属性方差导致的，旋转是属性间协方差导致的。

通过思考协方差矩阵的特征分解，正态分布的形状或几何结构变得清晰。回想一下，$\boldsymbol{\Sigma}$ 是 $d\times d$ 的对称半正定矩阵。$\boldsymbol{\Sigma}$ 的特征向量方程如下：

$$\boldsymbol{\Sigma}\boldsymbol{u}_i=\lambda_i\boldsymbol{u}_i$$

其中，λ_i 是 $\boldsymbol{\Sigma}$ 的特征值，向量 $\boldsymbol{u}_i\in\mathbb{R}^d$ 是对应于 λ_i 的特征向量。因为 $\boldsymbol{\Sigma}$ 是对称半正定矩阵，因此 $\lambda_1\geqslant\lambda_2\geqslant\cdots\geqslant\lambda_d\geqslant 0$，用对角矩阵表示为

$$\boldsymbol{\Lambda}=\begin{pmatrix}\lambda_1 & 0 & \cdots & 0\\ 0 & \lambda_2 & \cdots & 0\\ \vdots & \vdots & & \vdots\\ 0 & 0 & \cdots & \lambda_d\end{pmatrix}$$

此外，特征向量是单位向量（法向量）并且相互正交，即它们是标准正交的：

$$\boldsymbol{u}_i^{\mathrm{T}}\boldsymbol{u}_i=1,\ \text{对于所有}\ i$$

$$\boldsymbol{u}_i^{\mathrm{T}}\boldsymbol{u}_j=0,\ \text{对于所有}\ i\neq j$$

特征向量可以组合成正交矩阵 $\boldsymbol{U}$，其中任意两列都是标准正交的：

$$\boldsymbol{U}=(\boldsymbol{u}_1\ \ \boldsymbol{u}_2\ \ \cdots\ \ \boldsymbol{u}_d)$$

$\boldsymbol{\Sigma}$ 的特征分解可以简洁地表示为

$$\boldsymbol{\Sigma}=\boldsymbol{U}\boldsymbol{\Lambda}\boldsymbol{U}^{\mathrm{T}}$$

这个方程可以从几何角度解释为基向量的变化。从对应 d 个属性 X_j 的 d 个维度，导出 d 个新的维度 $\boldsymbol{u}_i$。$\boldsymbol{\Sigma}$ 是原空间中的协方差矩阵，而 $\boldsymbol{\Lambda}$ 是新空间中的协方差矩阵。因为 $\boldsymbol{\Lambda}$ 是一个对角矩阵，因此经过变换后，每个新的维度 $\boldsymbol{u}_i$ 的方差为 λ_i，并且所有协方差都为零。换言

之，在新空间中，正态分布和坐标轴是对齐的（没有旋转分量），但在每个坐标轴上与特征值 λ_i 成正比，该特征值代表沿该维度上的方差（更多详细信息见 7.2.4 节）。

2. 总方差和广义方差

协方差矩阵的行列式为 $\det(\boldsymbol{\Sigma})=\prod_{i=1}^{d}\lambda_i$。因此，$\boldsymbol{\Sigma}$ 的广义方差是其特征值的乘积。

鉴于方阵的迹经过相似变换（例如基变换）后是不变的，因此数据集 $\boldsymbol{D}$ 的总方差 $\mathrm{var}(\boldsymbol{D})$ 是不变的，即

$$\mathrm{var}(\boldsymbol{D})=\mathrm{tr}(\boldsymbol{\Sigma})=\sum_{i=1}^{d}\sigma_i^2=\sum_{i=1}^{d}\lambda_i=\mathrm{tr}(\boldsymbol{\Lambda})$$

也就是说，$\sigma_1^2+\cdots+\sigma_d^2=\lambda_1+\cdots+\lambda_d$。

例 2.8（二元正态密度函数） 将鸢尾花数据集（见表 1-1）中的萼片长度 (X_1) 和萼片宽度 (X_2) 视为连续随机变量，定义一个连续的二元随机变量 $\boldsymbol{X}=\begin{pmatrix}X_1\\X_2\end{pmatrix}$。

假设 $\boldsymbol{X}$ 服从二元正态分布，我们可以根据样本估计其参数。样本均值如下：

$$\hat{\boldsymbol{\mu}}=(5.843,3.054)^{\mathrm{T}}$$

样本协方差矩阵如下：

$$\widehat{\boldsymbol{\Sigma}}=\begin{pmatrix}0.681 & -0.039\\-0.039 & 0.187\end{pmatrix}$$

两个属性的二元正态密度函数如图 2-8 所示。图中还显示了等值线和数据点。

思考点 $\boldsymbol{x}_2=(6.9,3.1)^{\mathrm{T}}$，得到：

$$\boldsymbol{x}_2-\hat{\boldsymbol{\mu}}=\begin{pmatrix}6.9\\3.1\end{pmatrix}-\begin{pmatrix}5.843\\3.054\end{pmatrix}=\begin{pmatrix}1.057\\0.046\end{pmatrix}$$

$\boldsymbol{x}_2$ 与 $\hat{\boldsymbol{\mu}}$ 之间的马氏距离为

$$\begin{aligned}(\boldsymbol{x}_i-\hat{\boldsymbol{\mu}})^{\mathrm{T}}\widehat{\boldsymbol{\Sigma}}^{-1}(\boldsymbol{x}_i-\hat{\boldsymbol{\mu}})&=(1.057\quad 0.046)\begin{pmatrix}0.681 & -0.039\\-0.039 & 0.187\end{pmatrix}^{-1}\begin{pmatrix}1.057\\0.046\end{pmatrix}\\&=(1.057\quad 0.046)\begin{pmatrix}1.486 & 0.31\\0.31 & 5.42\end{pmatrix}\begin{pmatrix}1.057\\0.046\end{pmatrix}\\&=1.701\end{aligned}$$

它们之间的欧几里得距离的平方为

$$\|(\boldsymbol{x}_2-\hat{\boldsymbol{\mu}})\|^2=(1.057\quad 0.046)\begin{pmatrix}1.057\\0.046\end{pmatrix}=1.119$$

$\hat{\boldsymbol{\Sigma}}$ 的特征值和对应的特征向量分别为

$$\lambda_1=0.684\qquad \boldsymbol{u}_1=(-0.997,0.078)^{\mathrm{T}}$$

$$\lambda_2=0.184\qquad \boldsymbol{u}_2=(-0.078,-0.997)^{\mathrm{T}}$$

这两个特征向量定义了新的坐标轴，其协方差矩阵如下：

$$\boldsymbol{\Lambda}=\begin{pmatrix}0.684 & 0\\0 & 0.184\end{pmatrix}$$

原来的坐标轴 $\boldsymbol{e}_1=(1,0)^{\mathrm{T}}$ 和 $\boldsymbol{u}_1$ 之间的夹角指定了多元正态分布的旋转角度：

$$\cos\theta = \boldsymbol{e}_1^{\mathrm{T}}\boldsymbol{u}_1 = -0.997$$
$$\theta = \arccos(-0.997) = 175.5^\circ$$

图 2-8 显示了新的坐标轴和方差。可以看到，在原来的坐标轴上，等值线旋转了 175.5°（或 −4.5°）。

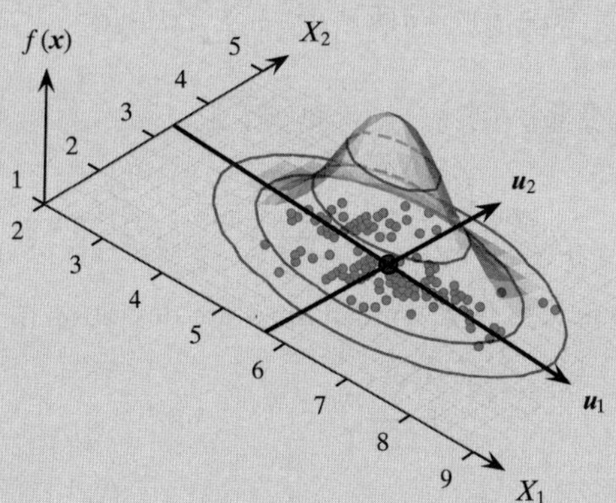

图 2-8 鸢尾花数据萼片长度和萼片宽度，以及它们的二元正态密度函数和等值线

2.6 拓展阅读

有几本很好的教科书更深入地涵盖了本章讨论的主题，参见文献（Evans & Rosenthal，2011；Rencher & Christensen，2012；Wasserman，2004）。

Evans, M. and Rosenthal, J. (2011). *Probability and Statistics: The Science of Uncertainty*. 2nd ed. New York: W. H. Freeman.

Rencher, A. C. and Christensen, W. F. (2012). *Methods of Multivariate Analysis*. 3rd ed. Hoboken, NJ: John Wiley & Sons.

Wasserman, L. (2004). *All of Statistics: A Concise Course in Statistical Inference*. New York: Springer Science + Business Media.

2.7 练习

Q1. 判断对错：

（a）均值对离群值是鲁棒的。

（b）中位数对离群值是鲁棒的。

（c）标准差对离群值是鲁棒的。

Q2. 设 X 和 Y 为两个随机变量，分别表示年龄（岁）和体重（磅）。考虑从这两个变量中随机抽取一个大小为 $n=20$ 的样本：

$$X = (69, 74, 68, 70, 72, 67, 66, 70, 76, 68, 72, 79, 74, 67, 66, 71, 74, 75, 75, 76)$$
$$Y = (153, 175, 155, 135, 172, 150, 115, 137, 200, 130, 140, 265, 185, 112, 140, 150, 165, 185, 210, 220)$$

（a）求 X 的均值、中位数和众数。

（b）Y 的方差是多少？

（c）绘制 X 的正态分布图。

（d）观察到 80 岁或更高年龄的概率有多大？

(e) 求这两个变量的二维均值 $\hat{\boldsymbol{\mu}}$ 和协方差矩阵 $\hat{\boldsymbol{\Sigma}}$。

(f) 年龄和体重之间相关吗?

(g) 画出散点图来显示年龄和体重之间的关系。

Q3. 证明式(2.18)中的等式成立，即

$$\sum_{i=1}^{n}(x_i-\mu)^2=n(\hat{\mu}-\mu)^2+\sum_{i=1}^{n}(x_i-\hat{\mu})^2$$

Q4. 证明如果 x_i 是独立的随机变量，则：

$$\operatorname{var}\left(\sum_{i=1}^{n}x_i\right)=\sum_{i=1}^{n}\operatorname{var}(x_i)$$

Q5. 对于随机变量 X，定义均值绝对偏差(mean absolute deviation)，如下所示：

$$\frac{1}{n}\sum_{i=1}^{n}|x_i-\mu|$$

这个度量是否鲁棒？为什么？

Q6. 证明向量随机变量 $\boldsymbol{X}=(X_1,X_2)^{\mathrm{T}}$ 的期望值仅仅是式(2.22)中给出的随机变量 X_1 和 X_2 的期望值的向量。

Q7. 证明式(2.27)所示的任意两个随机变量 X_1 和 X_2 之间的相关系数在范围 $[-1,1]$ 内。

Q8. 给定表 2-2 中的数据集，计算协方差矩阵和广义方差。

表 2-2　Q8 的数据集

	X_1	X_2	X_3
$\boldsymbol{x}_1^{\mathrm{T}}$	17	17	12
$\boldsymbol{x}_2^{\mathrm{T}}$	11	9	13
$\boldsymbol{x}_3^{\mathrm{T}}$	11	8	19

Q9. 参考表 2-3。假设属性 X 和 Y 都是数值型的，并且表 2-3 给出了整个总体。如果我们知道 X 和 Y 之间的相关系数为零，如何推断出 Y 的值？

表 2-3　Q9 的数据集

X	Y
1	a
0	b
1	c
0	a
0	c

Q10. 证明式(2.39)中样本协方差矩阵的外积等于式(2.37)。

Q11. 假设给定两个一元正态分布 N_A 和 N_B，其均值和标准差分别为 $\mu_A=4$，$\sigma_A=1$，$\mu_B=8$，$\sigma_B=2$。

(a) 对于任意 $x_1\in\{5,6,7\}$，找出哪一个正态分布更可能产生它。

(b) 推导出一个点的表达式，使其满足两个正态分布产生该点的概率相同的条件。

Q12. 在什么条件下协方差矩阵 $\boldsymbol{\Sigma}$ 与相关矩阵相同，相关矩阵的 (i,j) 项给出了属性 X_i 和 X_j 之间的相关系数？关于这两个属性，能得出什么结论？

Q13. 证明数据集 $\boldsymbol{D}$ 的总方差等于样本协方差矩阵 $\hat{\boldsymbol{\Sigma}}$ 的迹，即证明 $\operatorname{var}(\boldsymbol{D})=\operatorname{tr}(\hat{\boldsymbol{\Sigma}})$。

类别型属性

本章将介绍类别型属性的分析方法。因为类别型属性只有符号值，所以许多算术运算不能直接在符号值上执行。但是，我们可以计算这些符号值的频率并使用它们来分析属性。

3.1 一元分析

假设数据由单个类别型属性 X 的值组成，设 X 的定义域由 m 个符号值 $\text{dom}(X)=\{a_1, a_2,\cdots,a_m\}$ 构成。因此，数据 $\boldsymbol{D}$ 是 $n\times 1$ 的符号数据矩阵，如下所示：

$$\boldsymbol{D}=\begin{pmatrix} X \\ \hline x_1 \\ x_2 \\ \vdots \\ x_n \end{pmatrix}$$

其中，每个点 $x_i \in \text{dom}(X)$。

3.1.1 伯努利变量

首先思考类别型属性 X 定义域为 $\{a_1,a_2\}(m=2)$ 的情况。我们将 X 建模为一个伯努利随机变量，根据映射，取值为 1 和 0：

$$X(v)=\begin{cases}1, & v=a_1 \\ 0, & v=a_2\end{cases}$$

X 的概率质量函数（PMF）如下：

$$P(X=x)=f(x)=\begin{cases}p_1, & x=1 \\ p_0, & x=0\end{cases}$$

其中，p_1 和 p_0 是分布的参数，必须满足以下条件：

$$p_1+p_0=1$$

因为只有一个自由参数，所以通常用 $p_1=p$ 表示，由此得出 $p_0=1-p$。伯努利随机变量 X 的 PMF 可以写成：

$$P(X=x)=f(x)=p^x(1-p)^{1-x} \tag{3.1}$$

可以看到，同预期一致，$P(X=1)=p^1(1-p)^0=p$，$P(X=0)=p^0(1-p)^1=1-p$。

1. 均值和方差

X 的均值为

$$\mu=E[X]=1\times p+0\times(1-p)=p \tag{3.2}$$

X的方差为

$$\sigma^2=\text{var}(X)=E[X^2]-(E[X])^2=(1^2\times p+0^2\times(1-p))-p^2=p-p^2$$

这表明：

$$\sigma^2=p(1-p) \tag{3.3}$$

2. 样本均值和样本方差

为了估计伯努利变量X的参数，假设每个符号点都被映射到对应的二元值。因此，集合$\{x_1,x_2,\cdots,x_n\}$是从X中抽取的随机样本（每个x_1都独立且和X同分布）。

样本均值如下：

$$\hat{\mu}=\frac{1}{n}\sum_{i=1}^{n}x_i=\frac{n_1}{n}=\hat{p} \tag{3.4}$$

其中，n_1是随机样本中的$x_i=1$的点的数目（等于符号a_1的出现次数）。

$n_0=n-n_1$表示随机样本中$x_i=0$的数据点数目。样本方差如下：

$$\begin{aligned}\hat{\sigma}^2&=\frac{1}{n}\sum_{i=1}^{n}(x_i-\hat{\mu})^2\\&=\frac{n_1}{n}(1-\hat{p})^2+\frac{n-n_1}{n}(0-\hat{p})^2=\hat{p}(1-\hat{p})^2+(1-\hat{p})\hat{p}^2\\&=\hat{p}(1-\hat{p})(1-\hat{p}+\hat{p})=\hat{p}(1-\hat{p})\end{aligned}$$

样本方差也可以直接从式（3.3）中获得，不过要用$\hat{p}$代替p。

例 3.1 思考表 1-1 中鸢尾花数据集的萼片长度属性(X_1)。将萼片长度在$[7,\infty)$范围内的定义为长萼片（Long），萼片长度在$(-\infty,7)$范围内的定义为短萼片（Short），那么X_1可以被视为定义域为{Long，Short}的类别型属性。从观察到的样本$(n=150)$，我们发现 13 个类别为长萼片的鸢尾花。X_1的样本均值为

$$\hat{\mu}=\hat{p}=13/150\approx0.087$$

样本方差为

$$\hat{\sigma}^2=\hat{p}(1-\hat{p})=0.087(1-0.087)=0.087\times0.913\approx0.079$$

3. 二项分布：出现次数

给定伯努利变量X，设$\{x_1,x_2,\cdots,x_n\}$表示从X抽取的大小为n的随机样本。设N为随机变量，表示样本中符号$a_1(\boldsymbol{X}=1)$的出现次数。N服从二项分布，如下所示：

$$f(N=n_1\mid n,p)=\mathrm{C}_n^{n_1}p^{n_1}(1-p)^{n-n_1} \tag{3.5}$$

实际上，N是n个独立且和X同分布的伯努利随机变量x_i的和，即$N=\sum_{i=1}^{n}x_i$。通过期望的线性关系，符号a_1的出现次数的均值或期望值如下：

$$\mu_N=E[N]=E\left[\sum_{i=1}^{n}x_i\right]=\sum_{i=1}^{n}E[x_i]=\sum_{i=1}^{n}p=np \tag{3.6}$$

因为x_i是完全独立的，所以N的方差为

$$\sigma_N^2 = \text{var}(N) = \sum_{i=1}^{n} \text{var}(x_i) = \sum_{i=1}^{n} p(1-p) = np(1-p) \tag{3.7}$$

例 3.2 继续探讨例 3.1，使用估计的参数 $\hat{p}=0.087$，通过二项分布计算长萼片鸢尾花出现次数 N 的期望值：

$$E[N] = n\hat{p} = 150 \times 0.087 = 13$$

在这种情况下，由于 p 是通过 $\hat{p}$ 从样本中估计出来的，所以长萼片鸢尾花的预期出现次数与实际出现次数一致并不奇怪。然而，更有趣的是，出现次数的方差为

$$\text{var}(N) = n\hat{p}(1-\hat{p}) = 150 \times 0.079 = 11.9$$

随着样本量的增加，式（3.5）中的二项分布趋于正态分布，$\mu=13$，$\sigma=\sqrt{11.9}=3.45$。因此，在置信度大于 95% 的情况下，可以断言 a_1 的出现次数将位于 $\mu \pm 2\sigma = [9.55, 16.45]$ 内，这是因为对于正态分布而言，95.45% 的概率质量位于距均值 2 个标准差的范围内（见 2.5.1 节）。

3.1.2 多元伯努利变量

现在思考当 X 是定义域为 $\{a_1, a_2, \cdots, a_m\}$ 的类别型属性的一般情况。将 X 建模为 m 维伯努利随机变量 $\boldsymbol{X}=(A_1, A_2, \cdots, A_m)^{\mathrm{T}}$，其中每个 A_i 都是一个伯努利变量，参数 p_i 表示观察到符号 a_i 的概率。然而，由于 X 在任何时候都只能取一个符号值，如果 $X=a_i$，则 $A_i=1$，$A_j=0(j \neq i)$。因此，随机变量 $\boldsymbol{X}$ 的值域是集合 $\{0,1\}^m$。如果 $X=a_i$，则 $\boldsymbol{X}=\boldsymbol{e}_i$，其中 $\boldsymbol{e}_i$ 是第 i 个标准基向量，$\boldsymbol{e}_i \in \mathbb{R}^m$，如下所示：

$$\boldsymbol{e}_i = (\overbrace{0, \cdots, 0}^{i-1}, 1, \overbrace{0, \cdots, 0}^{m-i})^{\mathrm{T}}$$

在 $\boldsymbol{e}_i$ 中，只有第 i 个元素是 $1(e_{ii}=1)$，其他元素都是零 $(e_{ii}=0, \forall j \neq 1)$。

这正是多元伯努利变量的定义，是伯努利度量从两个结果到 m 个结果的扩展。因此，我们将类别型属性 X 建模为多元伯努利变量 $\boldsymbol{X}$：

$$\text{如果 } v=a_i\text{，则} \boldsymbol{X}(v)=\boldsymbol{e}_i$$

这也被称为变量 X 的独热编码（one-hot encoding）。$\boldsymbol{X}$ 的值域由 m 个不同的向量值 $\{\boldsymbol{e}_1, \boldsymbol{e}_2, \cdots, \boldsymbol{e}_m\}$ 组成，其中 $\boldsymbol{X}$ 的 PMF 为

$$P(\boldsymbol{X}=\boldsymbol{e}_i) = f(\boldsymbol{e}_i) = p_i$$

其中，p_i 是观察到值 a_i 的概率。这些参数必须满足：

$$\sum_{i=1}^{m} p_i = 1$$

PMF 可以简写为

$$P(\boldsymbol{X}=\boldsymbol{e}_i) = f(\boldsymbol{e}_i) = \prod_{j=1}^{m} p_j^{e_{ij}} \tag{3.8}$$

因为 $e_{ii}=1$，且 $e_{ij}=0(j \neq 1)$，所以可以得到：

$$f(\boldsymbol{e}_i)=\prod_{j=1}^{m} p_j^{e_{ij}}=p_1^{e_{i0}}\times\cdots p_i^{e_{ii}}\cdots\times p_m^{e_{im}}=p_1^0\times\cdots p_i^1\cdots\times p_m^0=p_i$$

例 3.3　思考表 1-2 所示的鸢尾花数据集的萼片长度属性 (X_1)。把萼片长度分成四个等长区间，并对每个区间命名，如表 3-1 所示。这样，就可以将 X_1 视为一个类别型属性，其定义域为

$$\{a_1=\texttt{VeryShort}, a_2=\texttt{Short}, a_3=\texttt{Long}, a_4=\texttt{VeryLong}\}$$

将属性 X_1 建模为多元伯努利变量 $\boldsymbol{X}$:

$$\boldsymbol{X}(v)=\begin{cases}\boldsymbol{e}_1=(1,0,0,0),\ v=a_1\\ \boldsymbol{e}_2=(0,1,0,0),\ v=a_2\\ \boldsymbol{e}_3=(0,0,1,0),\ v=a_3\\ \boldsymbol{e}_4=(0,0,0,1),\ v=a_4\end{cases}$$

例如，符号点 x_1=Short=a_2 可以用向量表示为 $(0,1,0,0)^{\mathrm{T}}=\boldsymbol{e}_2$。本质上，每个值 a_i 都是通过对应的独热（one-hot）向量 $\boldsymbol{e}_i$ 来编码的（“独热”意指 $\boldsymbol{e}_i$ 中只有一个元素是 1，其余的都是零）。

表 3-1　离散化萼片长度属性

区间	定义域	计数
[4.3, 5.2]	VeryShort (a_1)	n_1=45
(5.2, 6.1]	Short (a_2)	n_2=50
(6.1, 7.0]	Long (a_3)	n_3=43
(7.0, 7.9]	VeryLong (a_4)	n_4=12

1. 均值

$\boldsymbol{X}$ 的均值或期望值为

$$\boldsymbol{\mu}=E[\boldsymbol{X}]=\sum_{i=1}^{m}\boldsymbol{e}_i f(\boldsymbol{e}_i)=\sum_{i=1}^{m}\boldsymbol{e}_i p_i=\begin{pmatrix}1\\0\\ \vdots\\0\end{pmatrix}p_1+\cdots+\begin{pmatrix}0\\0\\ \vdots\\1\end{pmatrix}p_m=\begin{pmatrix}p_1\\p_2\\ \vdots\\p_m\end{pmatrix}=\boldsymbol{p} \tag{3.9}$$

2. 样本均值

假设每个符号点 $x_i\in\boldsymbol{D}$ 被映射到变量 $\boldsymbol{x}_i=\boldsymbol{X}(x_i)$。假设映射的数据集 $\boldsymbol{x}_1, \boldsymbol{x}_2,\cdots, \boldsymbol{x}_n$ 被认为是独立的且和 $\boldsymbol{X}$ 同分布。我们通过在每个点赋 $\frac{1}{n}$ 的概率质量来计算样本均值：

$$\hat{\boldsymbol{\mu}}=\frac{1}{n}\sum_{i=1}^{n}\boldsymbol{x}_i=\sum_{i=1}^{m}\frac{n_i}{n}\boldsymbol{e}_i=\begin{pmatrix}n_1/n\\n_2/n\\ \vdots\\n_m/n\end{pmatrix}=\begin{pmatrix}\hat{p}_1\\ \hat{p}_2\\ \vdots\\ \hat{p}_m\end{pmatrix}=\hat{\boldsymbol{p}} \tag{3.10}$$

其中，n_i 是样本中向量值 $\boldsymbol{e}_i$ 的出现次数，相当于符号 a_i 的出现次数。此外，$\sum_{i=1}^{m} n_i=n$，因为 $\boldsymbol{X}$ 只能取 m 个不同的值 $\boldsymbol{e}_i$，每个值的出现次数之和应该等于样本量 n。

例 3.4（样本均值）　思考离散化萼片长度属性值 $a_i(\boldsymbol{e}_i)$ 的观测计数 n_i，如表 3-1 所示。由于总样本量为 $n=150$，因此可得估计值 $\hat{p}_i$：

$$\hat{p}_1=45/150=0.3$$
$$\hat{p}_2=50/150\approx 0.333$$
$$\hat{p}_3=43/150\approx 0.287$$
$$\hat{p}_4=12/150=0.08$$

$\boldsymbol{X}$ 的 PMF 如图 3-1 所示，$\boldsymbol{X}$ 的样本均值如下：

$$\hat{\boldsymbol{\mu}}=\hat{\boldsymbol{p}}=\begin{pmatrix}0.3\\0.333\\0.287\\0.08\end{pmatrix}$$

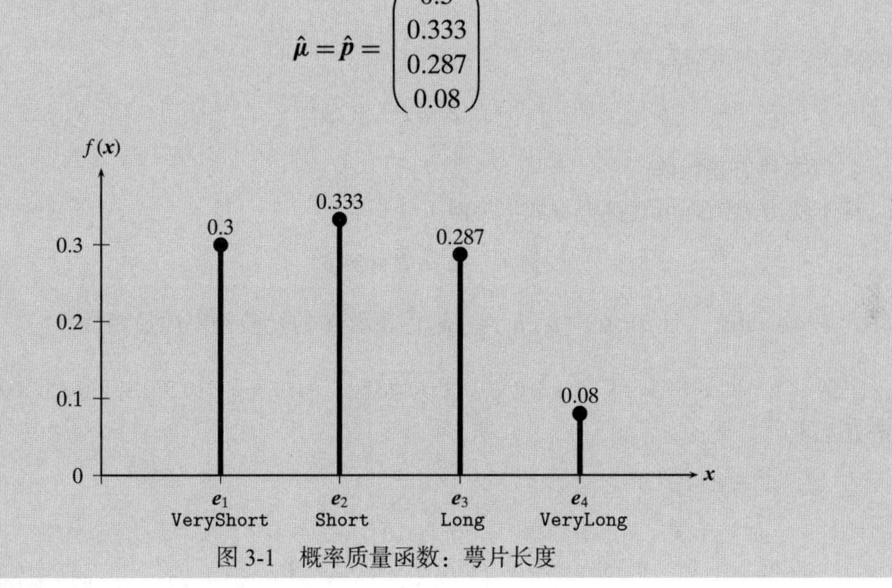

图 3-1　概率质量函数：萼片长度

3. 协方差矩阵

回想一下，m 维多元伯努利变量就是由 m 个伯努利变量构成的向量。例如，$\boldsymbol{X}=(A_1, A_2,\cdots, A_3)^{\mathrm{T}}$，其中 A_i 是对应于符号 a_i 的伯努利变量。根据伯努利变量之间的方差 – 协方差信息可生成 $\boldsymbol{X}$ 的协方差矩阵。

首先思考每个伯努利变量 A_i 的方差。根据式（3.3）得到：

$$\sigma_i^2=\operatorname{var}(A_i)=p_i(1-p_i) \tag{3.11}$$

接着思考 A_i 和 A_j 之间的协方差。利用式（2.25）中的恒等式得到：

$$\sigma_{ij}=E[A_iA_j]-E[A_i]\cdot E[A_j]=0-p_ip_j=-p_ip_j \tag{3.12}$$

其中，$E[A_iA_j]=0$，因为 A_i 和 A_j 不能同时为 1，所以 $A_iA_j=0$。同时，这也导致 A_i 和 A_j 之间呈负相关。有趣的是，负相关的程度与 A_i 和 A_j 的均值的乘积成正比。

根据前面的方差和协方差表达式，$\boldsymbol{X}$ 的 $m\times m$ 协方差矩阵可写作：

$$\boldsymbol{\Sigma}=\begin{pmatrix}\sigma_1^2 & \sigma_{12} & \ldots & \sigma_{1m}\\ \sigma_{12} & \sigma_2^2 & \ldots & \sigma_{2m}\\ \vdots & \vdots & & \vdots\\ \sigma_{1m} & \sigma_{2m} & \ldots & \sigma_m^2\end{pmatrix}=\begin{pmatrix}p_1(1-p_1) & -p_1p_2 & \cdots & -p_1p_m\\ -p_1p_2 & p_2(1-p_2) & \cdots & -p_2p_m\\ \vdots & \vdots & & \vdots\\ -p_1p_m & -p_2p_m & \cdots & p_m(1-p_m)\end{pmatrix}$$

注意，$\boldsymbol{\Sigma}$中的每一行的和均为0。例如，对于第i行，有：

$$-p_i p_1 - p_i p_2 - \cdots + p_i(1-p_i) - \cdots - p_i p_m = p_i - p_i \sum_{j=1}^{m} p_j = p_i - p_i = 0 \tag{3.13}$$

因为$\boldsymbol{\Sigma}$是对称的，所以每列的和也为0。

将$\boldsymbol{P}$定义为$m \times m$的对角矩阵：

$$\boldsymbol{P} = \mathrm{diag}(\boldsymbol{p}) = \mathrm{diag}(p_1, p_2, \cdots, p_m) = \begin{pmatrix} p_1 & 0 & \cdots & 0 \\ 0 & p_2 & \cdots & 0 \\ \vdots & \vdots & & \vdots \\ 0 & 0 & \cdots & p_m \end{pmatrix}$$

$\boldsymbol{X}$的协方差矩阵可简写成：

$$\boldsymbol{\Sigma} = \boldsymbol{P} - \boldsymbol{p} \cdot \boldsymbol{p}^{\mathrm{T}} \tag{3.14}$$

4. 样本协方差矩阵

样本协方差矩阵可直接根据式（3.14）获得：

$$\widehat{\boldsymbol{\Sigma}} = \widehat{\boldsymbol{P}} - \hat{\boldsymbol{p}} \cdot \hat{\boldsymbol{p}}^{\mathrm{T}} \tag{3.15}$$

其中，$\widehat{\boldsymbol{P}} = \mathrm{diag}(\hat{\boldsymbol{p}})$，且$\hat{\boldsymbol{p}} = \hat{\boldsymbol{\mu}} = (\hat{p}_1, \hat{p}_2, \cdots, \hat{p}_m)^{\mathrm{T}}$表示$\boldsymbol{X}$的经验概率质量函数。

例 3.5　回到例3.4中离散化萼片长度属性，有$\hat{\boldsymbol{\mu}} = \hat{\boldsymbol{p}} = (0.3, 0.333, 0.287, 0.08)^{\mathrm{T}}$。样本协方差矩阵如下：

$$\begin{aligned}
\widehat{\boldsymbol{\Sigma}} &= \widehat{\boldsymbol{P}} - \hat{\boldsymbol{p}} \cdot \hat{\boldsymbol{p}}^{\mathrm{T}} \\
&= \begin{pmatrix} 0.3 & 0 & 0 & 0 \\ 0 & 0.333 & 0 & 0 \\ 0 & 0 & 0.287 & 0 \\ 0 & 0 & 0 & 0.08 \end{pmatrix} - \begin{pmatrix} 0.3 \\ 0.333 \\ 0.287 \\ 0.08 \end{pmatrix} \begin{pmatrix} 0.3 & 0.333 & 0.287 & 0.08 \end{pmatrix} \\
&= \begin{pmatrix} 0.3 & 0 & 0 & 0 \\ 0 & 0.333 & 0 & 0 \\ 0 & 0 & 0.287 & 0 \\ 0 & 0 & 0 & 0.08 \end{pmatrix} - \begin{pmatrix} 0.09 & 0.1 & 0.086 & 0.024 \\ 0.1 & 0.111 & 0.096 & 0.027 \\ 0.086 & 0.096 & 0.082 & 0.023 \\ 0.024 & 0.027 & 0.023 & 0.006 \end{pmatrix} \\
&= \begin{pmatrix} 0.21 & -0.1 & -0.086 & -0.024 \\ -0.1 & 0.222 & -0.096 & -0.027 \\ -0.086 & -0.096 & 0.204 & -0.023 \\ -0.024 & -0.027 & -0.023 & 0.074 \end{pmatrix}
\end{aligned}$$

可以验证，$\widehat{\boldsymbol{\Sigma}}$中的每一行（或每一列）的和都是零。

值得强调的是，虽然将类别型属性X建模为多元伯努利变量$\boldsymbol{X} = (A_1, A_2, \cdots, A_m)^{\mathrm{T}}$可以显式给出均值和协方差矩阵，但如果简单地将映射值$\boldsymbol{X}(x_1)$作为新的$n \times m$的二元数据矩阵来处理，并应用多元数值型属性分析的均值和协方差矩阵的标准定义（见2.3节），那么得到的结果也是相同的。从本质上讲，从符号a_i到二元向量$\boldsymbol{e}_i$的映射是类别型属性分析的核心思想。

例 3.6　思考鸢尾花数据集中关于萼片长度属性 X_1 的样本 $\boldsymbol{D}$，大小为 $n=5$，如表 3-2a 所示。和例 3-1 一样，假设 X_1 只有两个值 {Long，Short}。我们将 X_1 建模为多元伯努利变量 $\boldsymbol{X}_1$：

$$\boldsymbol{X}_1(v)=\begin{cases}\boldsymbol{e}_1=(1,0)^{\mathrm{T}},\ v=\texttt{Long}(a_1)\\ \boldsymbol{e}_2=(0,1)^{\mathrm{T}},\ v=\texttt{Short}(a_2)\end{cases}$$

样本均值［见式（3.10）］表示为

$$\hat{\boldsymbol{\mu}}=\hat{\boldsymbol{p}}=(2/5,3/5)^{\mathrm{T}}=(0.4,0.6)^{\mathrm{T}}$$

样本协方差矩阵［见式（3.15）］表示为

$$\widehat{\boldsymbol{\Sigma}}=\widehat{\boldsymbol{P}}-\hat{\boldsymbol{p}}\hat{\boldsymbol{p}}^{\mathrm{T}}=\begin{pmatrix}0.4&0\\0&0.6\end{pmatrix}-\begin{pmatrix}0.4\\0.6\end{pmatrix}\begin{pmatrix}0.4&0.6\end{pmatrix}$$

$$=\begin{pmatrix}0.4&0\\0&0.6\end{pmatrix}-\begin{pmatrix}0.16&0.24\\0.24&0.36\end{pmatrix}=\begin{pmatrix}0.24&-0.24\\-0.24&0.24\end{pmatrix}$$

为了证明通过标准数值型属性分析可得相同的结果，我们将类别型属性 X 映射到两个伯努利属性 A_1 和 A_2，它们分别对应符号值 Long 和 Short。映射数据集如表 3-2b 所示，样本均值为

$$\hat{\boldsymbol{\mu}}=\frac{1}{5}\sum_{i=1}^{5}\boldsymbol{x}_i=\frac{1}{5}(2,3)^{\mathrm{T}}=(0.4,0.6)^{\mathrm{T}}$$

下面通过从每个属性中减去均值来对数据集进行居中。居中后，映射数据集如表 3-2c 所示，其中属性 $\overline{A}_i$ 为 A_i 的居中属性。使用居中列向量的内积［见式（2.38）］来计算协方差矩阵，得到：

$$\sigma_1^2=\frac{1}{5}\overline{\boldsymbol{A}}_1^{\mathrm{T}}\overline{\boldsymbol{A}}_1=1.2/5=0.24$$

$$\sigma_2^2=\frac{1}{5}\overline{\boldsymbol{A}}_2^{\mathrm{T}}\overline{\boldsymbol{A}}_2=1.2/5=0.24$$

$$\sigma_{12}=\frac{1}{5}\overline{\boldsymbol{A}}_1^{\mathrm{T}}\overline{\boldsymbol{A}}_2=-1.2/5=-0.24$$

因此，样本协方差矩阵为

$$\widehat{\boldsymbol{\Sigma}}=\begin{pmatrix}0.24&-0.24\\-0.24&0.24\end{pmatrix}$$

这与多元伯努利建模得到的结果相吻合。

表 3-2　类别型数据集及映射数据集和居中数据集

	X
x_1	Short
x_2	Short
x_3	Long
x_4	Short
x_5	Long

a）类别型数据集

	A_1	A_2
$\boldsymbol{x}_1$	0	1
$\boldsymbol{x}_2$	0	1
$\boldsymbol{x}_3$	1	0
$\boldsymbol{x}_4$	0	1
$\boldsymbol{x}_5$	1	0

b）映射后的二元数据集

	$\overline{A}_1$	$\overline{A}_2$
z_1	−0.4	0.4
z_2	−0.4	0.4
z_3	0.6	−0.6
z_4	−0.4	0.4
z_5	0.6	−0.6

c）居中数据集

5. 多项分布：出现次数

给定一个多元伯努利变量 $\boldsymbol{X}$ 和一个取自 $\boldsymbol{X}$ 的随机样本 $\{\boldsymbol{x}_1, \boldsymbol{x}_2, \cdots, \boldsymbol{x}_n\}$，设 N_i 为样本中符号 a_i 出现次数对应的随机变量，$\boldsymbol{N}=(N_1, N_2, \cdots, N_m)^{\mathrm{T}}$ 表示对应于所有符号出现次数的联合分布的向量随机变量，那么 $\boldsymbol{N}$ 服从多项分布，如下所示：

$$f\big(\boldsymbol{N}=(n_1, n_2, \cdots, n_m) \mid \boldsymbol{p}\big)=\mathrm{C}_n^{n_1 n_2 \cdots n_m} \prod_{i=1}^m p_i^{n_i} \tag{3.16}$$

可以看出，这是对式（3.5）中二项分布的扩展。式：

$$\mathrm{C}_n^{n_1 n_2 \cdots n_m}=\frac{n!}{n_1! n_2! \cdots n_m!}$$

表示从大小为 n 的样本中选择符号 a_i 出现 n_i 次的方式有多少种，其中 $\sum_{i=1}^m n_i=n$。

$\boldsymbol{N}$ 的均值和协方差矩阵是 $\boldsymbol{X}$ 的均值和协方差矩阵的 n 倍，即 $\boldsymbol{N}$ 的均值为

$$\boldsymbol{\mu}_N=E[\boldsymbol{N}]=nE[\boldsymbol{X}]=n \cdot \boldsymbol{\mu}=n \cdot \boldsymbol{p}=\begin{pmatrix} np_1 \\ \vdots \\ np_m \end{pmatrix}$$

协方差矩阵为

$$\boldsymbol{\Sigma}_N=n \cdot (\boldsymbol{P}-\boldsymbol{p}\boldsymbol{p}^{\mathrm{T}})=\begin{pmatrix} np_1(1-p_1) & -np_1p_2 & \cdots & -np_1p_m \\ -np_1p_2 & np_2(1-p_2) & \cdots & -np_2p_m \\ \vdots & \vdots & & \vdots \\ -np_1p_m & -np_2p_m & \cdots & np_m(1-p_m) \end{pmatrix}$$

同理，$\boldsymbol{N}$ 的样本均值和样本协方差矩阵如下：

$$\hat{\boldsymbol{\mu}}_N=n\hat{\boldsymbol{p}} \qquad\qquad \widehat{\boldsymbol{\Sigma}}_N=n\big(\widehat{\boldsymbol{P}}-\hat{\boldsymbol{p}}\hat{\boldsymbol{p}}^{\mathrm{T}}\big)$$

3.2 二元分析

假设数据包含两个类别型属性 X_1 和 X_2，其中，

$$\mathrm{dom}(X_1)=\{a_{11}, a_{12}, \cdots, a_{1m_1}\}$$
$$\mathrm{dom}(X_2)=\{a_{21}, a_{22}, \cdots, a_{2m_2}\}$$

给定 n 个类别型点 $\boldsymbol{x}_i=(x_{i1}, x_{i2})^{\mathrm{T}}$，其中 $x_{i1} \in \mathrm{dom}(X_1)$，$x_{i2} \in \mathrm{dom}(X_2)$。因此，数据集是一个 $n \times 2$ 的符号型数据矩阵：

$$\boldsymbol{D}=\left(\begin{array}{cc} X_1 & X_2 \\ \hline x_{11} & x_{12} \\ x_{21} & x_{22} \\ \vdots & \vdots \\ x_{n1} & x_{n2} \end{array}\right)$$

将 X_1 和 X_2 分别建模为多元伯努利变量 $\boldsymbol{X}_1$ 和 $\boldsymbol{X}_2$，其维数分别为 m_1 和 m_2。$\boldsymbol{X}_1$ 和 $\boldsymbol{X}_2$ 的概

率质量函数由式（3.8）给出：

$$P(\boldsymbol{X}_1=\boldsymbol{e}_{1i})=f_1(\boldsymbol{e}_{1i})=p_i^1=\prod_{k=1}^{m_1}(p_i^1)^{e_{ik}^1}$$

$$P(\boldsymbol{X}_2=\boldsymbol{e}_{2j})=f_2(\boldsymbol{e}_{2j})=p_j^2=\prod_{k=1}^{m_2}(p_j^2)^{e_{jk}^2}$$

其中，$\boldsymbol{e}_{1i}$ 是 $\mathbb{R}^{m_1}$ 的第 i 个标准基向量（对于属性 X_1），其第 k 个分量是 e_{ik}^1。$\boldsymbol{e}_{2j}$ 是 $\mathbb{R}^{m_2}$ 的第 j 个标准基向量（对于属性 X_2），其第 k 个分量是 e_{jk}^2。此外，参数 p_i^1 表示观察到符号 a_{1i} 的概率，p_j^2 表示观察到符号 a_{2j} 的概率。它们必须同时满足条件 $\sum_{i=1}^{m_1} p_i^1=1$ 以及 $\sum_{j=2}^{m_2} p_j^2=1$。

$\boldsymbol{X}_1$ 和 $\boldsymbol{X}_2$ 的联合分布被建模为 $d'=m_1+m_2$ 维向量变量 $\boldsymbol{X}=\begin{pmatrix}\boldsymbol{X}_1\\ \boldsymbol{X}_2\end{pmatrix}$，由以下映射指定：

$$\boldsymbol{X}((v_1,v_2)^{\mathrm{T}})=\begin{pmatrix}\boldsymbol{X}_1(v_1)\\ \boldsymbol{X}_2(v_2)\end{pmatrix}=\begin{pmatrix}\boldsymbol{e}_{1i}\\ \boldsymbol{e}_{2j}\end{pmatrix}$$

其中，$v_1=a_{1i}$，$v_2=a_{2j}$。因此，$\boldsymbol{X}$ 的值域由 $m_1\times m_2$ 个不同的向量对 $\{(\boldsymbol{e}_{1i},\boldsymbol{e}_{2j})^{\mathrm{T}}\}$（$1\leqslant i\leqslant m_1$，$1\leqslant j\leqslant m_2$）组成。$\boldsymbol{X}$ 的联合 PMF 为

$$P(\boldsymbol{X}=(\boldsymbol{e}_{1i},\boldsymbol{e}_{2j})^{\mathrm{T}})=f(\boldsymbol{e}_{1i},\boldsymbol{e}_{2j})=p_{ij}=\prod_{r=1}^{m_1}\prod_{s=1}^{m_2}p_{ij}^{e_{ir}^1\cdot e_{js}^2}$$

其中，p_{ij} 表示观察到符号对 (a_{1i},a_{2j}) 的概率。这些概率参数必须满足：$\sum_{i=1}^{m_1}\sum_{j=1}^{m_2}p_{ij}=1$。$\boldsymbol{X}$ 的联合 PMF 可以表示为 $m_1\times m_2$ 矩阵：

$$\boldsymbol{P}_{12}=\begin{pmatrix}p_{11} & p_{12} & \cdots & p_{1m_2}\\ p_{21} & p_{22} & \cdots & p_{2m_2}\\ \vdots & \vdots & & \vdots\\ p_{m_11} & p_{m_12} & \cdots & p_{m_1m_2}\end{pmatrix}\tag{3.17}$$

例 3.7 思考表 3-1 中离散化萼片长度属性（X_1）。我们还可以将萼片宽度属性（X_2）离散为三个值，如表 3-3 所示。

因此得到：

$$\mathrm{dom}(X_1)=\{a_{11}=\texttt{VeryShort},a_{12}=\texttt{Short},a_{13}=\texttt{Long},a_{14}=\texttt{VeryLong}\}$$

$$\mathrm{dom}(X_2)=\{a_{21}=\texttt{Short},a_{22}=\texttt{Medium},a_{23}=\texttt{Long}\}$$

符号点 $\boldsymbol{x}=(\text{Short, Long})=(a_{12},a_{23})$ 映射到向量：

$$\boldsymbol{X}(\boldsymbol{x})=\begin{pmatrix}\boldsymbol{e}_{12}\\ \boldsymbol{e}_{23}\end{pmatrix}=(0,1,0,0\,|\,0,0,1)^{\mathrm{T}}\in\mathbb{R}^7$$

其中，用“|”区分两个子向量 $\boldsymbol{e}_{12}=(0,1,0,0)^{\mathrm{T}}\in\mathbb{R}^4$ 和 $\boldsymbol{e}_{23}=(0,0,1)^{\mathrm{T}}\in\mathbb{R}^3$，分别对应于符号属性萼片长度和萼片宽度。注意，对于 $\boldsymbol{X}_1$，$\boldsymbol{e}_{12}$ 是 $\mathbb{R}^4$ 中的第二个标准基向量，对于 $\boldsymbol{X}_2$，$\boldsymbol{e}_{23}$ 是 $\mathbb{R}^3$ 中的第三个标准基向量。

表 3-3　离散化萼片宽度属性

萼片宽度区间	定义域	计数
[2.0, 2.8]	Short(a_1)	47
(2.8, 3.6]	Medium(a_2)	88
(3.6, 4.4]	Long(a_3)	15

均值

二元均值可以很容易地从式（3.9）推广得到，如下所示：

$$\boldsymbol{\mu} = E[\boldsymbol{X}] = E\left[\begin{pmatrix} \boldsymbol{X}_1 \\ \boldsymbol{X}_2 \end{pmatrix}\right] = \begin{pmatrix} E[\boldsymbol{X}_1] \\ E[\boldsymbol{X}_2] \end{pmatrix} = \begin{pmatrix} \boldsymbol{\mu}_1 \\ \boldsymbol{\mu}_2 \end{pmatrix} = \begin{pmatrix} \boldsymbol{p}_1 \\ \boldsymbol{p}_2 \end{pmatrix}$$

其中，$\boldsymbol{\mu}_1 = \boldsymbol{p}_1 = (p_1^1, \cdots, p_{m_1}^1)^{\mathrm{T}}$ 和 $\boldsymbol{\mu}_2 = \boldsymbol{p}_2 = (p_1^2, \cdots, p_{m_2}^2)^{\mathrm{T}}$ 是 $\boldsymbol{X}_1$ 和 $\boldsymbol{X}_2$ 的均值向量。向量 $\boldsymbol{p}_1$ 和 $\boldsymbol{p}_2$ 分别表示 $\boldsymbol{X}_1$ 和 $\boldsymbol{X}_2$ 的概率质量函数。

样本均值

通过给每个点赋概率质量 $\frac{1}{n}$，可以根据式（3.10）对样本均值进行扩展：

$$\hat{\boldsymbol{\mu}} = \frac{1}{n}\sum_{i=1}^{n}\boldsymbol{x}_i = \frac{1}{n}\begin{pmatrix} \sum_{i=1}^{m_1} n_i^1 \boldsymbol{e}_{1i} \\ \sum_{j=1}^{m_2} n_j^2 \boldsymbol{e}_{2j} \end{pmatrix} = \frac{1}{n}\begin{pmatrix} n_1^1 \\ \vdots \\ n_{m_1}^1 \\ n_1^2 \\ \vdots \\ n_{m_2}^2 \end{pmatrix} = \begin{pmatrix} \hat{p}_1^1 \\ \vdots \\ \hat{p}_{m_1}^1 \\ \hat{p}_1^2 \\ \vdots \\ \hat{p}_{m_2}^2 \end{pmatrix} = \begin{pmatrix} \hat{\boldsymbol{p}}_1 \\ \hat{\boldsymbol{p}}_2 \end{pmatrix} = \begin{pmatrix} \hat{\boldsymbol{\mu}}_1 \\ \hat{\boldsymbol{\mu}}_2 \end{pmatrix}$$

其中，n_j^i 是在大小为 n 的样本中观察到符号 a_{ij} 的频次，而 $\hat{\boldsymbol{\mu}}_i = \hat{\boldsymbol{p}}_i = (p_1^i, p_2^i, \cdots, p_{m_i}^i)^{\mathrm{T}}$ 是 $\boldsymbol{X}_i$ 的样本均值向量，也是属性 $\boldsymbol{X}_i$ 的经验 PMF。

协方差矩阵

$\boldsymbol{X}$ 的协方差矩阵是 $d' \times d' = (m_1 + m_2) \times (m_1 + m_2)$ 矩阵，如下所示：

$$\boldsymbol{\Sigma} = \begin{pmatrix} \boldsymbol{\Sigma}_{11} & \boldsymbol{\Sigma}_{12} \\ \boldsymbol{\Sigma}_{12}^{\mathrm{T}} & \boldsymbol{\Sigma}_{22} \end{pmatrix} \tag{3.18}$$

其中，$\boldsymbol{\Sigma}_{11}$ 是 $\boldsymbol{X}_1$ 的 $m_1 \times m_1$ 协方差矩阵，$\boldsymbol{\Sigma}_{22}$ 是 $\boldsymbol{X}_2$ 的 $m_2 \times m_2$ 协方差矩阵，可使用式（3.14）计算得出：

$$\boldsymbol{\Sigma}_{11} = \boldsymbol{P}_1 - \boldsymbol{p}_1 \boldsymbol{p}_1^{\mathrm{T}}$$
$$\boldsymbol{\Sigma}_{22} = \boldsymbol{P}_2 - \boldsymbol{p}_2 \boldsymbol{p}_2^{\mathrm{T}}$$

其中，$\boldsymbol{P}_1 = \mathrm{diag}(\boldsymbol{p}_1)$，$\boldsymbol{P}_2 = \mathrm{diag}(\boldsymbol{p}_2)$。此外，$\boldsymbol{\Sigma}_{12}$ 是变量 $\boldsymbol{X}_1$ 和 $\boldsymbol{X}_2$ 之间的 $m_1 \times m_2$ 协方差矩阵：

$$\begin{aligned}\boldsymbol{\Sigma}_{12} &= E[(\boldsymbol{X}_1 - \boldsymbol{\mu}_1)(\boldsymbol{X}_2 - \boldsymbol{\mu}_2)^{\mathrm{T}}] \\ &= E[\boldsymbol{X}_1\boldsymbol{X}_2^{\mathrm{T}}] - E[\boldsymbol{X}_1]E[\boldsymbol{X}_2]^{\mathrm{T}} \\ &= \boldsymbol{P}_{12} - \boldsymbol{\mu}_1\boldsymbol{\mu}_2^{\mathrm{T}} \\ &= \boldsymbol{P}_{12} - \boldsymbol{p}_1\boldsymbol{p}_2^{\mathrm{T}}\end{aligned}$$

$$= \begin{pmatrix} p_{11} - p_1^1 p_1^2 & p_{12} - p_1^1 p_2^2 & \cdots & p_{1m_2} - p_1^1 p_{m_2}^2 \\ p_{21} - p_2^1 p_1^2 & p_{22} - p_2^1 p_2^2 & \cdots & p_{2m_2} - p_2^1 p_{m_2}^2 \\ \vdots & \vdots & & \vdots \\ p_{m_1 1} - p_{m_1}^1 p_1^2 & p_{m_1 2} - p_{m_1}^1 p_2^2 & \cdots & p_{m_1 m_2} - p_{m_1}^1 p_{m_2}^2 \end{pmatrix}$$

其中，$\boldsymbol{P}_{12}$［式（3.17）］表示 $\boldsymbol{X}$ 的联合 PMF。

此外，$\boldsymbol{\Sigma}_{22}$ 每行和每列的和都是零。例如，对于第 i 行和第 j 列：

$$\sum_{k=1}^{m_2}(p_{ik} - p_i^1 p_k^2) = \left(\sum_{k=1}^{m_2} p_{ik}\right) - p_i^1 = p_i^1 - p_i^1 = 0$$

$$\sum_{k=1}^{m_1}(p_{kj} - p_k^1 p_j^2) = \left(\sum_{k=1}^{m_1} p_{kj}\right) - p_j^2 = p_j^2 - p_j^2 = 0$$

这是因为联合概率质量函数在所有 $\boldsymbol{X}_2$ 的值上相加会得到 $\boldsymbol{X}_1$ 的边缘分布，在所有 $\boldsymbol{X}_1$ 的值上相加会得到 $\boldsymbol{X}_2$ 的边缘分布。注意，p_j^2 是观察到符号 a_{2j} 的概率，不应与 p_j 的平方混淆。此外，通过式（3.13）可得 $\boldsymbol{\Sigma}_{11}$ 的行之和与列之和以及 $\boldsymbol{\Sigma}_{22}$ 的行之和与列之和都等于零，因此整个协方差矩阵 $\boldsymbol{\Sigma}$ 的行之和与列之和也都为零。

样本协方差矩阵

样本协方差矩阵如下：

$$\widehat{\boldsymbol{\Sigma}} = \begin{pmatrix} \widehat{\boldsymbol{\Sigma}}_{11} & \widehat{\boldsymbol{\Sigma}}_{12} \\ \widehat{\boldsymbol{\Sigma}}_{12}^{\mathrm{T}} & \widehat{\boldsymbol{\Sigma}}_{22} \end{pmatrix} \tag{3.19}$$

其中，

$$\widehat{\boldsymbol{\Sigma}}_{11} = \widehat{\boldsymbol{P}}_1 - \hat{\boldsymbol{p}}_1 \hat{\boldsymbol{p}}_1^{\mathrm{T}}$$

$$\widehat{\boldsymbol{\Sigma}}_{22} = \widehat{\boldsymbol{P}}_2 - \hat{\boldsymbol{p}}_2 \hat{\boldsymbol{p}}_2^{\mathrm{T}}$$

$$\widehat{\boldsymbol{\Sigma}}_{12} = \widehat{\boldsymbol{P}}_{12} - \hat{\boldsymbol{p}}_1 \hat{\boldsymbol{p}}_2^{\mathrm{T}}$$

这里，$\hat{\boldsymbol{P}}_1 = \mathrm{diag}(\hat{\boldsymbol{p}}_1)$，$\hat{\boldsymbol{P}}_2 = \mathrm{diag}(\hat{\boldsymbol{p}}_2)$，$\hat{\boldsymbol{p}}_1$ 和 $\hat{\boldsymbol{p}}_2$ 分别表示 $\boldsymbol{X}_1$ 和 $\boldsymbol{X}_2$ 的经验 PMF。此外，$\hat{\boldsymbol{P}}_{12}$ 代表 $\boldsymbol{X}_1$ 和 $\boldsymbol{X}_2$ 的经验联合 PMF，如下所示：

$$\widehat{\boldsymbol{P}}_{12}(i,j) = \hat{f}(\boldsymbol{e}_{1i}, \boldsymbol{e}_{2j}) = \frac{1}{n}\sum_{k=1}^{n} I_{ij}(\boldsymbol{x}_k) = \frac{n_{ij}}{n} = \hat{p}_{ij} \tag{3.20}$$

其中，I_{ij} 是指示变量：

$$I_{ij}(\boldsymbol{x}_k) = \begin{cases} 1, & \boldsymbol{x}_{k1} = \boldsymbol{e}_{1i} \text{ 且 } \boldsymbol{x}_{k2} = \boldsymbol{e}_{2j} \\ 0, & \text{其他} \end{cases}$$

取样本中所有 n 个点的 $I_{ij}(\boldsymbol{x}_k)$ 之和，可得样本中符号对 (a_{1i}, a_{2j}) 的出现次数 n_{ij}。跨属性协方差矩阵 $\widehat{\boldsymbol{\Sigma}}_{12}$ 的一个问题是需要估计二次数量的参数，即我们需要获得可靠的计数 n_{ij} 来估计参数 p_{ij}，总计 $O(m_1 \times m_2)$ 的参数需要估计。如果类别型属性有很多符号，这可能是一个问题。此外，估计 $\widehat{\boldsymbol{\Sigma}}_{11}$ 和 $\widehat{\boldsymbol{\Sigma}}_{12}$ 需要分别估计对应于 p_i^1 和 p_j^2 的 m_1 和 m_2 个参数。因此，计算 $\boldsymbol{\Sigma}$ 总共需要估计 $m_1 m_2 + m_1 + m_2$ 个参数。

例 3.8（二元协方差矩阵） 继续使用例 3.7 中的二元类别型属性 X_1 和 X_2。从例 3.4 和表 3-3 中每个萼片宽度值的出现计数可得：

$$\hat{\boldsymbol{\mu}}_1=\hat{\boldsymbol{p}}_1=\begin{pmatrix}0.3\\0.333\\0.287\\0.08\end{pmatrix}\qquad\qquad \hat{\boldsymbol{\mu}}_2=\hat{\boldsymbol{p}}_2=\frac{1}{150}\begin{pmatrix}47\\88\\15\end{pmatrix}=\begin{pmatrix}0.313\\0.587\\0.1\end{pmatrix}$$

因此，$\boldsymbol{X}=\begin{pmatrix}\boldsymbol{X}_1\\\boldsymbol{X}_2\end{pmatrix}$的样本均值为

$$\hat{\boldsymbol{\mu}}=\begin{pmatrix}\hat{\boldsymbol{\mu}}_1\\\hat{\boldsymbol{\mu}}_2\end{pmatrix}=\begin{pmatrix}\hat{\boldsymbol{p}}_1\\\hat{\boldsymbol{p}}_2\end{pmatrix}=(0.3,0.333,0.287,0.08\,|\,0.313,0.587,0.1)^{\mathrm{T}}$$

从例 3.5 可得：

$$\widehat{\boldsymbol{\Sigma}}_{11}=\begin{pmatrix}0.21&-0.1&-0.086&-0.024\\-0.1&0.222&-0.096&-0.027\\-0.086&-0.096&0.204&-0.023\\-0.024&-0.027&-0.023&0.074\end{pmatrix}$$

同理，可得：

$$\widehat{\boldsymbol{\Sigma}}_{22}=\begin{pmatrix}0.215&-0.184&-0.031\\-0.184&0.242&-0.059\\-0.031&-0.059&0.09\end{pmatrix}$$

下面使用表 3-4 中的观测计数，使用式（3.20）获得 $\boldsymbol{X}_1$ 和 $\boldsymbol{X}_2$ 的经验联合 PMF，如图 3-2 所示。根据这些概率质量函数，可得：

$$E[\boldsymbol{X}_1\boldsymbol{X}_2^{\mathrm{T}}]=\widehat{\boldsymbol{P}}_{12}=\frac{1}{150}\begin{pmatrix}7&33&5\\24&18&8\\13&30&0\\3&7&2\end{pmatrix}=\begin{pmatrix}0.047&0.22&0.033\\0.16&0.12&0.053\\0.087&0.2&0\\0.02&0.047&0.013\end{pmatrix}$$

此外，还有：

$$\begin{aligned}E[\boldsymbol{X}_1]E[\boldsymbol{X}_2]^{\mathrm{T}}&=\hat{\boldsymbol{\mu}}_1\hat{\boldsymbol{\mu}}_2^{\mathrm{T}}=\hat{\boldsymbol{p}}_1\hat{\boldsymbol{p}}_2^{\mathrm{T}}\\&=\begin{pmatrix}0.3\\0.333\\0.287\\0.08\end{pmatrix}\begin{pmatrix}0.313&0.587&0.1\end{pmatrix}\\&=\begin{pmatrix}0.094&0.176&0.03\\0.104&0.196&0.033\\0.09&0.168&0.029\\0.025&0.047&0.008\end{pmatrix}\end{aligned}$$

现在，使用式（3.18）计算 $\boldsymbol{X}_1$ 和 $\boldsymbol{X}_2$ 的跨属性样本协方差矩阵 $\widehat{\boldsymbol{\Sigma}}_{12}$，如下所示：

$$\widehat{\boldsymbol{\Sigma}}_{12}=\widehat{\boldsymbol{P}}_{12}-\hat{\boldsymbol{p}}_1\hat{\boldsymbol{p}}_2^{\mathrm{T}}=\begin{pmatrix}-0.047 & 0.044 & 0.003\\ 0.056 & -0.076 & 0.02\\ -0.003 & 0.032 & -0.029\\ -0.005 & 0 & 0.005\end{pmatrix}$$

可以看到，$\widehat{\boldsymbol{\Sigma}}_{12}$中的每行和每列的和都为零。把$\widehat{\boldsymbol{\Sigma}}_{11}$、$\widehat{\boldsymbol{\Sigma}}_{22}$和$\widehat{\boldsymbol{\Sigma}}_{12}$放在一起，便可得到样本协方差矩阵，如下所示：

$$\widehat{\boldsymbol{\Sigma}}=\begin{pmatrix}\widehat{\boldsymbol{\Sigma}}_{11} & \widehat{\boldsymbol{\Sigma}}_{12}\\ \widehat{\boldsymbol{\Sigma}}_{12}^{\mathrm{T}} & \widehat{\boldsymbol{\Sigma}}_{22}\end{pmatrix}=\left(\begin{array}{cccc|ccc}0.21 & -0.1 & -0.086 & -0.024 & -0.047 & 0.044 & 0.003\\ -0.1 & 0.222 & -0.096 & -0.027 & 0.056 & -0.076 & 0.02\\ -0.086 & -0.096 & 0.204 & -0.023 & -0.003 & 0.032 & -0.029\\ -0.024 & -0.027 & -0.023 & 0.074 & -0.005 & 0 & 0.005\\ \hline -0.047 & 0.056 & -0.003 & -0.005 & 0.215 & -0.184 & -0.031\\ 0.044 & -0.076 & 0.032 & 0 & -0.184 & 0.242 & -0.059\\ 0.003 & 0.02 & -0.029 & 0.005 & -0.031 & -0.059 & 0.09\end{array}\right)$$

在$\widehat{\boldsymbol{\Sigma}}$中，每行和每列的和也为零。

表 3-4　观测计数 (n_{ij})：萼片长度和萼片宽度

X_1	X_2		
	Short($\mathbf{e}_{21}$)	Medium($\mathbf{e}_{22}$)	Long($\mathbf{e}_{23}$)
VeryShort($\boldsymbol{e}_{11}$)	7	33	5
Short($\boldsymbol{e}_{22}$)	24	18	8
Long($\boldsymbol{e}_{13}$)	13	30	0
VeryLong($\boldsymbol{e}_{14}$)	3	7	2

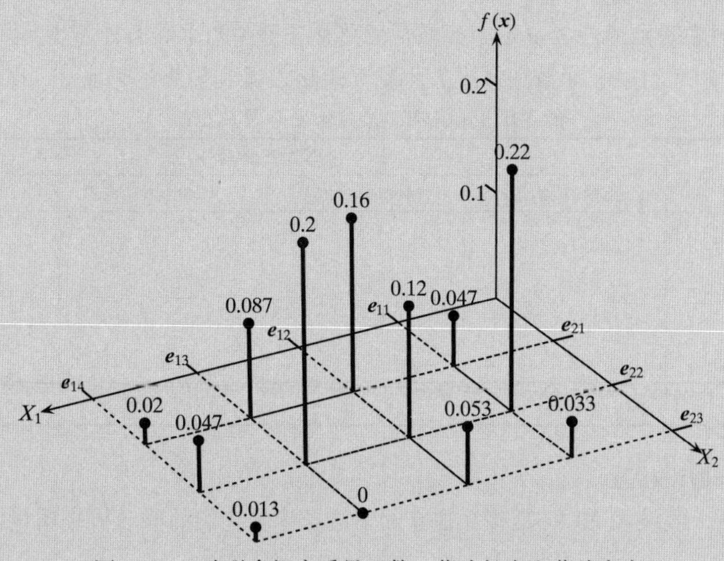

图 3-2　经验联合概率质量函数：萼片长度和萼片宽度

属性依赖：列联表分析

检验两个类别型随机变量 X_1 和 X_2 的独立性，可以通过列联表分析（contingency table analysis）来完成。其主要理念是建立一个零假设检验框架，其中零假设 H_0 为 $\boldsymbol{X}_1$ 和 $\boldsymbol{X}_2$ 相互独立，备择假设 H_1 认为它们是相互依赖的。然后，在零假设下计算卡方统计量（chi-square statistic）χ^2。根据 p 值，我们要么接受零假设，要么拒绝零假设；若拒绝零假设，两个属性被认为是具有依赖关系的。

列联表

$\boldsymbol{X}_1$ 和 $\boldsymbol{X}_2$ 的列联表是给定大小为 n 的样本中，所有值对 $(\boldsymbol{e}_{1i},\boldsymbol{e}_{2j})$ 的观测计数 n_{ij} 的 $m_1 \times m_2$ 矩阵：

$$\boldsymbol{N}_{12} = n \cdot \widehat{\boldsymbol{P}}_{12} = \begin{pmatrix} n_{11} & n_{12} & \cdots & n_{1m_2} \\ n_{21} & n_{22} & \cdots & n_{2m_2} \\ \vdots & \vdots & & \vdots \\ n_{m_{11}} & n_{m_{12}} & \cdots & n_{m_1 m_2} \end{pmatrix}$$

其中，$\widehat{\boldsymbol{P}}_{12}$ 是 $\boldsymbol{X}_1$ 和 $\boldsymbol{X}_2$ 的经验联合 PMF，通过式（3.20）计算。列联表可用行和列的边缘计数进行扩充，如下所示：

$$\boldsymbol{N}_1 = n \cdot \hat{\boldsymbol{p}}_1 = \begin{pmatrix} n_1^1 \\ \vdots \\ n_{m_1}^1 \end{pmatrix} \qquad \boldsymbol{N}_2 = n \cdot \hat{\boldsymbol{p}}_2 = \begin{pmatrix} n_1^2 \\ \vdots \\ n_{m_2}^2 \end{pmatrix}$$

请注意，行和列的边缘计数以及样本大小满足以下约束条件：

$$n_i^1 = \sum_{j=1}^{m_2} n_{ij} \qquad n_j^2 = \sum_{i=1}^{m_1} n_{ij} \qquad n = \sum_{i=1}^{m_1} n_i^1 = \sum_{j=1}^{m_2} n_j^2 = \sum_{i=1}^{m_1}\sum_{j=1}^{m_2} n_{ij}$$

值得注意的是，$\boldsymbol{N}_1$ 和 $\boldsymbol{N}_2$ 都服从多项分布，参数分别为 $\boldsymbol{p}_1 = (p_1^1,\cdots,p_{m_1}^1)$ 和 $\boldsymbol{p}_2 = (p_1^2,\cdots,p_{m_2}^2)$。此外，$\boldsymbol{N}_{12}$ 服从参数为 $\boldsymbol{P}_{12} = \{p_{ij}\}(1 \leqslant i \leqslant m_1, 1 \leqslant j \leqslant m_2)$ 的多项分布。

例 3.9（列联表） 表 3-4 显示了离散化的萼片长度（X_1）和萼片宽度（X_2）属性的观测计数。用行和列的边缘计数和样本大小扩充表格，得到最终的列联表，如表 3-5 所示。

表 3-5 列联表：萼片长度与萼片宽度

萼片长度 (X_1)	萼片宽度 (X_2)			
	Short (a_{21})	Medium (a_{22})	Long (a_{23})	行计数
VeryShort(a_{11})	7	33	5	$n_1^1=45$
Short(a_{12})	24	18	8	$n_2^1=50$
Long(a_{13})	13	30	0	$n_3^1=43$
VeryLong(a_{14})	3	7	2	$n_4^1=12$
列计数	$n_1^2=47$	$n_2^2=88$	$n_3^2=15$	$n=150$

χ^2 统计量与假设检验

在零假设下，假设 $\boldsymbol{X}_1$ 和 $\boldsymbol{X}_2$ 是相互独立的，这意味着它们的联合概率质量函数可以写作：

$$\hat{p}_{ij} = \hat{p}_i^1 \cdot \hat{p}_j^2$$

在这种独立性假设下，每对值的期望频率（计数）为

$$e_{ij}=n\cdot\hat{p}_{ij}=n\cdot\hat{p}_i^1\cdot\hat{p}_j^2=n\cdot\frac{n_i^1}{n}\cdot\frac{n_j^2}{n}=\frac{n_i^1n_j^2}{n} \tag{3.21}$$

然而，我们已经从样本中得到了每对值的观测计数 n_{ij}。我们想确定每对值的观测计数和期望计数之间是否存在显著差异。如果没有显著差异，那么独立性假设是有效的，我们接受零假设。如果存在显著差异，则应拒绝零假设，接受属性之间相互依赖的备择假设。

χ^2 统计量将每对值的观测计数和期望计数之间的差异量化，其定义如下：

$$\chi^2=\sum_{i=1}^{m_1}\sum_{j=1}^{m_2}\frac{(n_{ij}-e_{ij})^2}{e_{ij}} \tag{3.22}$$

此时，需要确定获得计算得出的 χ^2 值的概率。一般来说，如果不知道给定统计量的抽样分布，这可能相当困难。幸运的是，对于 χ^2 统计量，已知其抽样分布遵循具有 q 自由度的 χ^2 密度函数：

$$f(x|q)=\frac{1}{2^{q/2}\Gamma(q/2)}x^{\frac{q}{2}-1}\mathrm{e}^{-\frac{x}{2}} \tag{3.23}$$

其中，Γ 函数定义为

$$\Gamma(k>0)=\int_0^{\infty}x^{k-1}\mathrm{e}^{-x}\,\mathrm{d}x \tag{3.24}$$

自由度 q 表示独立参数的个数。列联表中有 $m_1\times m_2$ 个观测计数 n_{ij}。但是，请注意，每行 (i) 和每列 (j) 的和必须分别等于 n_i^1 和 n_j^2。此外，行边缘计数和列边缘计数之和也必须等于样本大小 n；因此，我们必须从独立参数的数目中减去 (m_1+m_2)。但是，这样做会将一个参数（比如 $n_{m_1m_2}$）删除两次，因此必须要加回来一次。因此，总自由度为

$$\begin{aligned}q&=|\mathrm{dom}(X_1)|\times|\mathrm{dom}(X_2)|-(|\mathrm{dom}(X_1)|+|\mathrm{dom}(X_2)|)+1\\&=m_1m_2-m_1-m_2+1\\&=(m_1-1)(m_2-1)\end{aligned}$$

p 值

统计量的 p 值被定义为在零假设下，获得一个至少与观测值一样极端的值的概率。对于上面计算的 χ^2 统计量，其 p 值定义如下：

$$p(\chi^2)=P(x\geqslant\chi^2)=1-F_q(\chi^2) \tag{3.25}$$

其中，F_q 是具有 q 自由度的累积 χ^2 概率分布。

p 值表示统计量的观测值的惊人程度。如果观测值位于低概率区域，则该值更令人惊讶。一般来说，p 值越低，观测值越令人惊讶，就越有理由拒绝零假设。如果 p 值低于某个显著性水平 α，则拒绝零假设。例如，如果 $\alpha=0.01$，那么当 $p(\chi^2)\leqslant\alpha$ 时拒绝零假设。显著性水平 α 对应于拒绝零假设所需的最低惊讶水平。请注意，值 $1-\alpha$ 也称为置信水平。因此，可以等价地说，如果 $p(\chi^2)\leqslant\alpha$，则我们在 $100(1-\alpha)\%$ 置信水平下拒绝了零假设。

对于给定的显著性水平 α（置信水平为 $1-\alpha$），定义检验统计量的相应临界值 v_α，如下所示：

$$P(x\geqslant v_\alpha)=1-F_q(v_\alpha)=\alpha \text{ 或 } F_q(v_\alpha)=1-\alpha$$

对于给定的显著性水平 α，我们根据分位数函数 F_q^{-1} 寻找临界值：

$$v_\alpha = F_q^{-1}(1-\alpha)$$

另一种拒绝零假设的方法是检验 $\chi^2 \geqslant v_\alpha$ 是否成立，如 $P(x \geqslant \chi^2) \leqslant P(x \geqslant v_\alpha)$，因此，观察到 χ^2 的 p 值以 α 为上界，即 $p(\chi^2) \leqslant p(v_\alpha)=\alpha$。

例 3.10　思考表 3-5 中萼片长度和萼片宽度的列联表。使用式（3.21）计算期望计数，如表 3-6 所示。例如，我们得到：

$$e_{11} = \frac{n_1^1 n_1^2}{n} = \frac{45 \times 47}{150} = \frac{2115}{150} = 14.1$$

下面使用式（3.22）计算 χ^2 统计量的值，得到 $\chi^2 = 21.8$。此外，自由度为

$$q = (m_1 - 1) \cdot (m_2 - 1) = 3 \times 2 = 6$$

图 3-3 显示了自由度为 6 的 χ^2 密度函数。根据 $q = 6$ 自由度的累积 χ^2 分布，可得：

$$p(21.8) = 1 - F_6(21.8) = 1 - 0.9987 = 0.0013$$

在 $\alpha = 0.01$ 的显著性水平下，我们有理由拒绝零假设，因为一个较大的 χ^2 值确实令人惊讶。此外，在 $\alpha = 0.01$ 显著性水平下，统计量的临界值为

$$v_\alpha = F_6^{-1}(1-\alpha) = F_6^{-1}(0.99) = 16.81$$

这个临界值见图 3-3，我们可以清楚地看到，21.8 的观测值处于拒绝零假设的区域，因为 $21.8 > v_\alpha = 16.81$。实际上，我们拒绝了萼片长度和萼片宽度相互独立的零假设，转而接受了它们相互依赖的备择假设。

表 3-6　期望计数

X_1	X_2		
	Short(a_{21})	Medium(a_{22})	Long(a_{23})
VeryShort(a_{11})	14.1	26.4	4.5
Short(a_{12})	15.67	29.33	5.0
Long(a_{13})	13.47	25.23	4.3
VeryLong(a_{14})	3.76	7.04	1.2

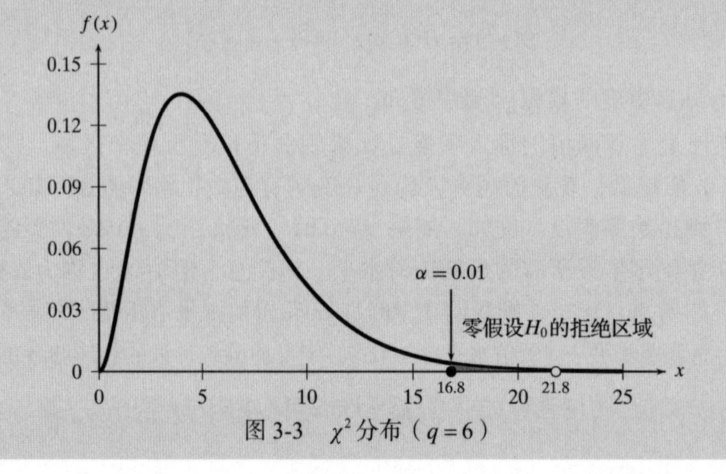

图 3-3　χ^2 分布（$q = 6$）

3.3 多元分析

假设数据集包含 d 个类别型属性 $X_j(1\leqslant j\leqslant d)$，$\mathrm{dom}(X_j)=\{a_{j1},a_{j2},\cdots,a_{jm_j}\}$。给定形式为 $\boldsymbol{x}_i=(x_{i1},x_{i2},\cdots,x_{id})^{\mathrm{T}}$ 的 n 个类别型点，其中 $x_{ij}\in\mathrm{dom}(X_j)$。因此，数据集是一个 $n\times d$ 的符号矩阵：

$$\boldsymbol{D}=\begin{pmatrix} X_1 & X_2 & \cdots & X_d \\ \hline x_{11} & x_{12} & \cdots & x_{1d} \\ x_{21} & x_{22} & \cdots & x_{2d} \\ \vdots & \vdots & & \vdots \\ x_{n1} & x_{n2} & \cdots & x_{nd} \end{pmatrix}$$

每个属性 X_i 都被建模为 m_i 维多元伯努利变量 $\boldsymbol{X}_i$，其联合分布被建模为 $d'=\sum_{j=1}^{d}m_j$ 维向量随机变量：

$$\boldsymbol{X}=\begin{pmatrix} \boldsymbol{X}_1 \\ \vdots \\ \boldsymbol{X}_d \end{pmatrix}$$

每个类别型数据点 $\boldsymbol{v}=(v_1,v_2,\cdots,v_d)^{\mathrm{T}}$ 表示为 d' 维二元向量。

$$\boldsymbol{X}(\boldsymbol{v})=\begin{pmatrix} \boldsymbol{X}_1(v_1) \\ \vdots \\ \boldsymbol{X}_d(v_d) \end{pmatrix}=\begin{pmatrix} \boldsymbol{e}_{1k_1} \\ \vdots \\ \boldsymbol{e}_{dk_d} \end{pmatrix}$$

其中，$v_i=a_{ik_i}$，表示 X_i 的第 k_i 个符号。这里 $\boldsymbol{e}_{ik_i}$ 是 $\mathbb{R}^{m_i}$ 中第 k_i 个标准基向量。

均值

从二元情况进行推广，$\boldsymbol{X}$ 的均值和样本均值可表示为

$$\boldsymbol{\mu}=E[\boldsymbol{X}]=\begin{pmatrix} \boldsymbol{\mu}_1 \\ \vdots \\ \boldsymbol{\mu}_d \end{pmatrix}=\begin{pmatrix} \boldsymbol{p}_1 \\ \vdots \\ \boldsymbol{p}_d \end{pmatrix} \qquad \hat{\boldsymbol{\mu}}=\begin{pmatrix} \hat{\boldsymbol{\mu}}_1 \\ \vdots \\ \hat{\boldsymbol{\mu}}_d \end{pmatrix}=\begin{pmatrix} \hat{\boldsymbol{p}}_1 \\ \vdots \\ \hat{\boldsymbol{p}}_d \end{pmatrix}$$

其中，$\boldsymbol{p}_i=(p_1^i,\cdots,p_{m_i}^i)^{\mathrm{T}}$ 是 $\boldsymbol{X}_i$ 的 PMF，$\hat{\boldsymbol{p}}_i=(\hat{p}_1^i,\cdots,\hat{p}_{m_i}^i)^{\mathrm{T}}$ 是 $\boldsymbol{X}_i$ 的经验 PMF。

协方差矩阵

$\boldsymbol{X}$ 的协方差矩阵及样本协方差矩阵为 $d'\times d'$ 矩阵：

$$\boldsymbol{\Sigma}=\begin{pmatrix} \boldsymbol{\Sigma}_{11} & \boldsymbol{\Sigma}_{12} & \cdots & \boldsymbol{\Sigma}_{1d} \\ \boldsymbol{\Sigma}_{12}^{\mathrm{T}} & \boldsymbol{\Sigma}_{22} & \cdots & \boldsymbol{\Sigma}_{2d} \\ \vdots & \vdots & & \vdots \\ \boldsymbol{\Sigma}_{1d}^{\mathrm{T}} & \boldsymbol{\Sigma}_{2d}^{\mathrm{T}} & \cdots & \boldsymbol{\Sigma}_{dd} \end{pmatrix} \qquad \widehat{\boldsymbol{\Sigma}}=\begin{pmatrix} \widehat{\boldsymbol{\Sigma}}_{11} & \widehat{\boldsymbol{\Sigma}}_{12} & \cdots & \widehat{\boldsymbol{\Sigma}}_{1d} \\ \widehat{\boldsymbol{\Sigma}}_{12}^{\mathrm{T}} & \widehat{\boldsymbol{\Sigma}}_{22} & \cdots & \widehat{\boldsymbol{\Sigma}}_{2d} \\ \vdots & \vdots & & \vdots \\ \widehat{\boldsymbol{\Sigma}}_{1d}^{\mathrm{T}} & \widehat{\boldsymbol{\Sigma}}_{2d}^{\mathrm{T}} & \cdots & \widehat{\boldsymbol{\Sigma}}_{dd} \end{pmatrix}$$

其中，$d'=\sum_{i=1}^{d}m_i$，$\boldsymbol{\Sigma}_{ij}$（和 $\widehat{\boldsymbol{\Sigma}}_{ij}$）是属性 $\boldsymbol{X}_i$ 和 $\boldsymbol{X}_j$ 的 $m_i\times m_j$ 协方差矩阵（及样本协方差矩阵）：

$$\boldsymbol{\Sigma}_{ij}=\boldsymbol{P}_{ij}-\boldsymbol{p}_i\boldsymbol{p}_j^{\mathrm{T}} \qquad \widehat{\boldsymbol{\Sigma}}_{ij}=\widehat{\boldsymbol{P}}_{ij}-\hat{\boldsymbol{p}}_i\hat{\boldsymbol{p}}_j^{\mathrm{T}} \tag{3.26}$$

这里，$\boldsymbol{P}_{ij}$ 是 $\boldsymbol{X}_i$ 和 $\boldsymbol{X}_j$ 的联合 PMF，$\widehat{\boldsymbol{P}}_{ij}$ 是 $\boldsymbol{X}_i$ 和 $\boldsymbol{X}_j$ 的经验联合 PMF，可以用式（3.20）来计算。

例 3.11（多元分析） 思考鸢尾花数据集的三维子集，离散化属性萼片长度（X_1）和萼片宽度（X_2），以及属性鸢尾花类别（X_3）。X_1 和 X_2 的定义域分别在表 3-1 和表 3-3 中给出，并且 dom(X_3) ={Iris-versicolor，Iris-setosa，Iris-virginica}。X_3 的每个值出现 50 次。

类别型数据点 $\boldsymbol{x}$ = (Short, Medium, Iris-versicolor) 被建模为如下向量：

$$\boldsymbol{X}(\boldsymbol{x})=\begin{pmatrix}\boldsymbol{e}_{12}\\ \boldsymbol{e}_{22}\\ \boldsymbol{e}_{31}\end{pmatrix}=(0,1,0,0\mid 0,1,0\mid 1,0,0)^{\mathrm{T}}\in\mathbb{R}^{10}$$

根据例 3.8 和 dom(X_3) 中的每个值在 $n=150$ 的样本中出现 50 次的事实，可得样本均值为

$$\hat{\boldsymbol{\mu}}=\begin{pmatrix}\hat{\boldsymbol{\mu}}_1\\ \hat{\boldsymbol{\mu}}_2\\ \hat{\boldsymbol{\mu}}_3\end{pmatrix}=\begin{pmatrix}\hat{\boldsymbol{p}}_1\\ \hat{\boldsymbol{p}}_2\\ \hat{\boldsymbol{p}}_3\end{pmatrix}=(0.3,0.333,0.287,0.08\mid 0.313,0.587,0.1\mid 0.33,0.33,0.33)^{\mathrm{T}}$$

根据 $\hat{\boldsymbol{p}}_3=(0.33,0.33,0.33)^{\mathrm{T}}$，我们可以利用式（3.15）计算 X_3 的样本协方差矩阵：

$$\widehat{\boldsymbol{\Sigma}}_{33}=\begin{pmatrix}0.222 & -0.111 & -0.111\\ -0.111 & 0.222 & -0.111\\ -0.111 & -0.111 & 0.222\end{pmatrix}$$

利用式（3.26）得到：

$$\widehat{\boldsymbol{\Sigma}}_{13}=\begin{pmatrix}-0.067 & 0.16 & -0.093\\ 0.082 & -0.038 & -0.044\\ 0.011 & -0.096 & 0.084\\ -0.027 & -0.027 & 0.053\end{pmatrix}$$

$$\widehat{\boldsymbol{\Sigma}}_{23}=\begin{pmatrix}0.076 & -0.098 & 0.022\\ -0.042 & 0.044 & -0.002\\ -0.033 & 0.053 & -0.02\end{pmatrix}$$

结合例 3.8 中的 $\widehat{\boldsymbol{\Sigma}}_{11}$、$\widehat{\boldsymbol{\Sigma}}_{22}$ 和 $\widehat{\boldsymbol{\Sigma}}_{12}$，最终的样本协方差矩阵为 10×10 的对称矩阵，如下所示：

$$\widehat{\boldsymbol{\Sigma}}=\begin{pmatrix}\widehat{\boldsymbol{\Sigma}}_{11} & \widehat{\boldsymbol{\Sigma}}_{12} & \widehat{\boldsymbol{\Sigma}}_{13}\\ \widehat{\boldsymbol{\Sigma}}_{12}^{\mathrm{T}} & \widehat{\boldsymbol{\Sigma}}_{22} & \widehat{\boldsymbol{\Sigma}}_{23}\\ \widehat{\boldsymbol{\Sigma}}_{13}^{\mathrm{T}} & \widehat{\boldsymbol{\Sigma}}_{23}^{\mathrm{T}} & \widehat{\boldsymbol{\Sigma}}_{33}\end{pmatrix}$$

多向列联表分析

对于多向相关性分析（multiway dependence analysis），首先确定 $\boldsymbol{X}$ 的经验联合概率质量函数：

$$\hat{f}(\boldsymbol{e}_{1i_1},\boldsymbol{e}_{2i_2},\cdots,\boldsymbol{e}_{di_d})=\frac{1}{n}\sum_{k=1}^{n}I_{i_1i_2\cdots i_d}(\boldsymbol{x}_k)=\frac{n_{i_1i_2\cdots i_d}}{n}=\hat{p}_{i_1i_2\cdots i_d}$$

其中，$I_{i_1i_2\cdots i_d}$ 是指示变量：

$$I_{i_1i_2\cdots i_d}(\boldsymbol{x}_k)=\begin{cases}1, & x_{k1}=\boldsymbol{e}_{1i_1},x_{k2}=\boldsymbol{e}_{2i_2},\cdots,x_{kd}=\boldsymbol{e}_{di_d}\\ 0, & \text{其他}\end{cases}$$

样本中所有 n 个点的 $I_{i_1 i_2 \cdots i_d}$ 之和给出了符号向量 $(a_{1i_1}, a_{2i_2}, \cdots, a_{di_d})$ 的出现次数 $n_{i_1 i_2 \cdots i_d}$。将出现次数除以样本量，可以得到观察到这些符号的概率。使用 $\boldsymbol{i} = (i_1, i_2, \cdots, i_d)$ 表示下标元组，我们可以将联合经验 PMF 写成 d 维矩阵 $\widehat{\boldsymbol{P}}$，其大小为 $m_1 \times m_2 \times \cdots \times m_d = \prod_{i=1}^{d} m_i$，如下所示：

$$\text{对于所有下标元组 } \boldsymbol{i}，\widehat{\boldsymbol{P}}(\boldsymbol{i}) = \left\{\hat{p}_{\boldsymbol{i}}\right\}, 1 \leqslant i_1 \leqslant m_1, \cdots, 1 \leqslant i_d \leqslant m_d$$

其中，$\hat{p}_{\boldsymbol{i}} = \hat{p}_{i_1 i_2 \cdots i_d}$。$d$ 维的列联表如下：

$$\text{对所有的下标元组 } \boldsymbol{i}，\boldsymbol{N} = n \times \widehat{\boldsymbol{P}} = \left\{n_{\boldsymbol{i}}\right\}, 1 \leqslant i_1 \leqslant m_1, \cdots, 1 \leqslant i_d \leqslant m_d$$

其中，$n_{\boldsymbol{i}} = n_{i_1 i_2 \cdots i_d}$。列联表可以利用 d 个属性 $\boldsymbol{X}_i$ 的边缘计数向量 $\boldsymbol{N}_i$：

$$\boldsymbol{N}_i = n\hat{\boldsymbol{p}}_i = \begin{pmatrix} n_1^i \\ \vdots \\ n_{m_i}^i \end{pmatrix}$$

进行扩充，其中 $\hat{\boldsymbol{p}}_i$ 是 $\boldsymbol{X}_i$ 的经验 PMF。

χ^2 检验

使用零假设 H_0 来检验 d 个类别型属性之间的 d 向相关性，即假设 H_0 假设它们是 d 向独立的。备择假设 H_1 假设它们不是 d 向独立的，即它们在某种程度上是相关的。请注意，d 维列联表分析可指出所有 d 个属性组合在一起是否独立。一般情况下，我们可能需要进行 k 向列联表分析来检验 $k \leqslant d$ 个属性的任何子集是否独立。

在零假设下，符号元组 $(a_{1i_1}, a_{2i_2}, \cdots, a_{di_d})$ 的期望出现次数表示为

$$e_{\boldsymbol{i}} = n \cdot \hat{p}_{\boldsymbol{i}} = n \cdot \prod_{j=1}^{d} \hat{p}_{i_j}^{j} = \frac{n_{i_1}^1 n_{i_2}^2 \cdots n_{i_d}^d}{n^{d-1}} \tag{3.27}$$

χ^2 统计量用于测量观测计数 $n_{\boldsymbol{i}}$ 与期望计数 $e_{\boldsymbol{i}}$ 之间的差异：

$$\chi^2 = \sum_{\boldsymbol{i}} \frac{(n_{\boldsymbol{i}} - e_{\boldsymbol{i}})^2}{e_{\boldsymbol{i}}} = \sum_{i_1=1}^{m_1} \sum_{i_2=1}^{m_2} \cdots \sum_{i_d=1}^{m_d} \frac{(n_{i_1, i_2, \cdots, i_d} - e_{i_1, i_2, \cdots, i_d})^2}{e_{i_1, i_2, \cdots, i_d}} \tag{3.28}$$

χ^2 统计量遵循具有 q 自由度的 χ^2 密度函数。对于 d 向列联表，表面上有 $\prod_{i=1}^{d} |\mathrm{dom}(X_i)|$ 个独立参数（计数）来计算 q。但是，我们必须去掉 $\sum_{i=1}^{d} |\mathrm{dom}(X_i)|$ 个自由度，因为每个维度 $\boldsymbol{X}_i$ 的边缘计数向量必须等于 $\boldsymbol{N}_i$。但是，这样做会将某个参数减去 d 次，因此还需要将 $d-1$ 添加到自由参数计数中。自由度总数如下：

$$\begin{aligned} q &= \prod_{i=1}^{d} |\mathrm{dom}(X_i)| - \sum_{i=1}^{d} |\mathrm{dom}(X_i)| + (d-1) \\ &= \left(\prod_{i=1}^{d} m_i\right) - \left(\sum_{i=1}^{d} m_i\right) + d - 1 \end{aligned} \tag{3.29}$$

为了拒绝零假设，需要使用具有 q 自由度的 χ^2 密度函数［见式（3.23）］来检查观察到的 χ^2 值的 p 值是否小于期望的显著性水平 α（例如 α=0.01）。

例 3.12　思考图 3-4 中的 3 向列联表。它显示了三个属性萼片长度（X_1）、萼片宽度（X_2）和类别（X_3）的符号元组 (a_{1i}, a_{2j}, a_{3k}) 的观测计数。根据表 3-5 中 X_1 和 X_2 的边缘计数，以及 X_3 的 3 个值都出现 50 次的事实，我们可以计算每个元组的期望计数［见式（3.27）］，例如：

$$e_{(4,1,1)} = \frac{n_4^1 \cdot n_1^2 \cdot n_1^3}{150^2} = \frac{45 \times 47 \times 50}{150 \times 150} = 4.7$$

X_3 的 3 个值的期望计数相同，见表 3-7。

χ^2 统计量［见式（3.28）］的值如下：

$$\chi^2 = 231.06$$

利用式（3.29），可以得出自由度的数量：

$$q = 4 \times 3 \times 3 - (4+3+3) + 2 = 36 - 10 + 2 = 28$$

在图 3-4 中，粗体显示的计数是相关参数，所有其他计数都是独立的。事实上，任何 8 个不同的单元格的参数都可以被选为相关参数。

对于显著性水平 $\alpha = 0.01$，χ^2 分布的临界值为 $\upsilon_\alpha = 48.28$。观测值 $\chi^2 = 231.06$ 远大于 υ_α，这在零假设下极不可能发生，其 p 值为

$$p(231.06) = 7.91 \times 10^{-34}$$

我们得出结论：这 3 个属性不是 3 向独立的，而是有一定的相关性。这个例子也强调多向列联表分析有一个缺陷。从图 3-4 可以看到，许多计数为零。这是因为样本量很小，我们不能可靠地估计所有多向计数。因此，相关性检验也不一定可靠。

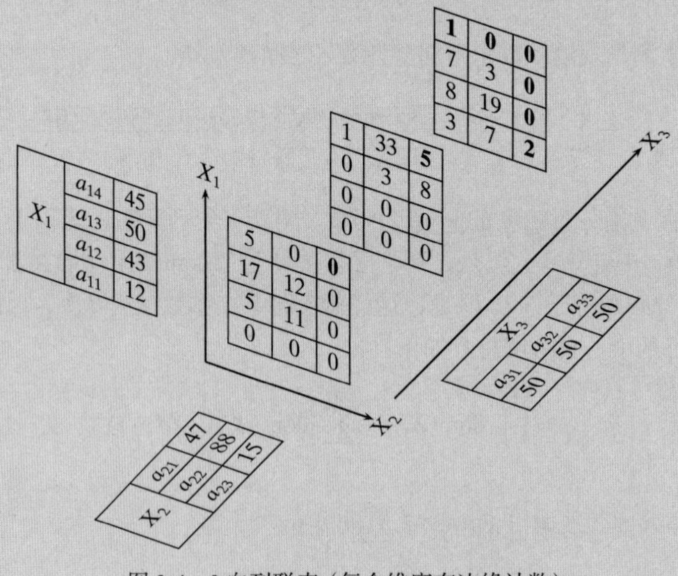

图 3-4　3 向列联表（每个维度有边缘计数）

表 3-7　3 向期望计数

X_1	$X_3(a_{31}/a_{32}/a_{33})$		
	X_2		
	a_{21}	a_{22}	a_{23}
a_{11}	1.25	2.35	0.40
a_{12}	4.49	8.41	1.43
a_{13}	5.22	9.78	1.67
a_{14}	4.70	8.80	1.50

3.4　距离和角度

通过将类别型属性建模为多元伯努利变量，我们可以计算任意两点 $\boldsymbol{x}_i$ 和 $\boldsymbol{x}_j$：

$$\boldsymbol{x}_i = \begin{pmatrix} \boldsymbol{e}_{1i_1} \\ \vdots \\ \boldsymbol{e}_{d\,i_d} \end{pmatrix} \qquad \boldsymbol{x}_j = \begin{pmatrix} \boldsymbol{e}_{1j_1} \\ \vdots \\ \boldsymbol{e}_{d\,j_d} \end{pmatrix}$$

之间的距离或角度。

距离和相似度的不同度量依赖于 d 个属性 $\boldsymbol{X}_k$ 中的匹配值和不匹配值（或符号）的数量。例如，通过点积计算匹配值的数量 s：

$$s = \boldsymbol{x}_i^{\mathrm{T}}\boldsymbol{x}_j = \sum_{k=1}^{d}(\boldsymbol{e}_{ki_k})^{\mathrm{T}}\boldsymbol{e}_{kj_k}$$

此外，不匹配值的数量为 $d-s$。每个点的范数：

$$\|\boldsymbol{x}_i\|^2 = \boldsymbol{x}_i^{\mathrm{T}}\boldsymbol{x}_i = d$$

也很有用。

1. 欧几里得距离

$\boldsymbol{x}_i$ 和 $\boldsymbol{x}_j$ 之间的欧几里得距离表示为

$$\delta(\boldsymbol{x}_i,\boldsymbol{x}_j) = \|\boldsymbol{x}_i - \boldsymbol{x}_j\| = \sqrt{\boldsymbol{x}_i^{\mathrm{T}}\boldsymbol{x}_i - 2\boldsymbol{x}_i\boldsymbol{x}_j + \boldsymbol{x}_j^{\mathrm{T}}\boldsymbol{x}_j} = \sqrt{2(d-s)}$$

因此，任何两点之间的最大欧几里得距离是 $\sqrt{2d}$，当它们之间没有共同符号，即 $s=0$ 时，就会发生这种情况。

2. 汉明距离

$\boldsymbol{x}_i$ 和 $\boldsymbol{x}_j$ 之间的汉明距离定义为不匹配值的数目：

$$\delta_{\mathrm{H}}(\boldsymbol{x}_i,\boldsymbol{x}_j) = d - s = \frac{1}{2}\delta(\boldsymbol{x}_i,\boldsymbol{x}_j)^2$$

因此，汉明距离相当于欧几里得距离平方的一半。

3. 余弦相似度

$\boldsymbol{x}_i$ 和 $\boldsymbol{x}_j$ 之间角度的余弦表示为

$$\cos\theta = \frac{\boldsymbol{x}_i^{\mathrm{T}}\boldsymbol{x}_j}{\|\boldsymbol{x}_i\|\cdot\|\boldsymbol{x}_j\|} = \frac{s}{d}$$

4. Jaccard 系数

Jaccard 系数是两个类别型点之间常用的相似度度量。它定义为 d 个在 $\boldsymbol{x}_i$ 和 $\boldsymbol{x}_j$ 中出现的匹配值的数目除以在 $\boldsymbol{x}_i$ 和 $\boldsymbol{x}_j$ 中同时出现的不同值的数量：

$$J(\boldsymbol{x}_i,\boldsymbol{x}_j)=\frac{s}{2(d-s)+s}=\frac{s}{2d-s}$$

这里利用的观察结果是：当两个点在维度 k 上不匹配时，它们对不同符号计数贡献 2；如果它们匹配，则对不同符号计数 1。在 $d-s$ 个不匹配和 s 个匹配的情况下，不同符号的数目是 $2(d-s)+s$。

例 3.13　思考例 3.11 中的三维类别型数据。符号点（Short, Medium, Iris-versicolor）被建模为向量：

$$\boldsymbol{x}_1=\begin{pmatrix}\boldsymbol{e}_{12}\\ \boldsymbol{e}_{22}\\ \boldsymbol{e}_{31}\end{pmatrix}=(0,1,0,0\mid 0,1,0\mid 1,0,0)^{\mathrm{T}}\in\mathbb{R}^{10}$$

符号点（VeryShort, Medium, Iris-setosa）被建模为

$$\boldsymbol{x}_2=\begin{pmatrix}\boldsymbol{e}_{11}\\ \boldsymbol{e}_{22}\\ \boldsymbol{e}_{32}\end{pmatrix}=(1,0,0,0\mid 0,1,0\mid 0,1,0)^{\mathrm{T}}\in\mathbb{R}^{10}$$

匹配符号的数量为

$$\begin{aligned}s&=\boldsymbol{x}_1^{\mathrm{T}}\boldsymbol{x}_2=(\boldsymbol{e}_{12})^{\mathrm{T}}\boldsymbol{e}_{11}+(\boldsymbol{e}_{22})^{\mathrm{T}}\boldsymbol{e}_{22}+(\boldsymbol{e}_{31})^{\mathrm{T}}\boldsymbol{e}_{32}\\ &=\begin{pmatrix}0&1&0&0\end{pmatrix}\begin{pmatrix}1\\0\\0\\0\end{pmatrix}+\begin{pmatrix}0&1&0\end{pmatrix}\begin{pmatrix}0\\1\\0\end{pmatrix}+\begin{pmatrix}1&0&0\end{pmatrix}\begin{pmatrix}0\\1\\0\end{pmatrix}\\ &=0+1+0=1\end{aligned}$$

欧几里得距离和汉明距离分别为

$$\delta(\boldsymbol{x}_1,\boldsymbol{x}_2)=\sqrt{2(d-s)}=\sqrt{2\times2}=\sqrt{4}=2$$

$$\delta_{\mathrm{H}}(\boldsymbol{x}_1,\boldsymbol{x}_2)=d-s=3-1=2$$

对应的余弦相似度和 Jaccard 系数分别为

$$\cos\theta=\frac{s}{d}=\frac{1}{3}=0.333$$

$$J(\boldsymbol{x}_1,\boldsymbol{x}_2)=\frac{s}{2d-s}=\frac{1}{5}=0.2$$

3.5　离散化

离散化，也称为级距切割（binning），可将数值型属性转换为类别型属性。它通常用于无法处理数值型属性的数据挖掘方法。它也有助于减少属性的取值数量，特别是在数值测量中存在噪声的情况下；离散化能够忽略数值中微小的和不相关的差异。

形式上，给定数值型属性X和从X中提取的大小为n的随机样本$\{x_i\}_{i=1}^n$，离散化目标是要将X的值域划分为k个连续的区间——也称为级距（bin），通过找到$k-1$个边界值$v_1,v_2,\cdots,v_{k-1}$来产生k个区间：

$$[x_{\min}, v_1], (v_1, v_2], \cdots, (v_{k-1}, x_{\max}]$$

其中，X的值域端点取值如下：

$$x_{\min} = \min_i\{x_i\} \qquad x_{\max} = \max_i\{x_i\}$$

产生的k个区间（跨越X的整个值域）通常被映射到符号值，这些符号值构成了新的类别型属性X的定义域。

1. 等宽区间

最简单的级距切割方法是将X的值域划分为k个等宽区间。区间宽度就是X的极差除以k：

$$w = \frac{x_{\max} - x_{\min}}{k}$$

因此，第i个区间的边界为

$$v_i = x_{\min} + iw,\ i = 1, \cdots, k-1$$

2. 等频率区间

在等频率级距切割中，我们将X的值域划分为包含（大约）相等数量点的区间。由于有重复的值，有时候无法保证每个区间的点数完全相等。我们可以根据X的经验分位数函数或经验逆累积分布函数$\hat{F}^{-1}(q)$［见式（2.2）］来计算区间。$\hat{F}^{-1}(q)=\min\{x \mid P(X \leqslant x) \geqslant q\}$ $(q \in [0,1])$。特别地，我们要求每个区间包含$1/k$的概率质量，因此，对应的区间边界如下：

$$v_i = \hat{F}^{-1}(i/k), i = 1, \cdots, k-1$$

例 3.14 思考鸢尾花数据集中的萼片长度属性，其最小值和最大值分别为

$$x_{\min} = 4.3 \qquad x_{\max} = 7.9$$

使用等宽级距切割将其离散为$k=4$个区间，区间宽度如下：

$$w = \frac{7.9-4.3}{4} = \frac{3.6}{4} = 0.9$$

因此区间边界为

$$v_1 = 4.3 + 0.9 = 5.2 \qquad v_2 = 4.3 + 2\times0.9 = 6.1 \qquad v_3 = 4.3 + 3\times0.9 = 7.0$$

表3-1给出了4个萼片长度的区间，还给出了每个区间中点的数量n_i，这些区间内点的数量是不平衡的。

对于等频率离散化，思考图3-5中的萼片长度的经验逆累积分布函数（CDF）。当分为$k=4$个区间时，各个边界为四分位数（以虚线表示）：

$$v_1 = \hat{F}^{-1}(0.25) = 5.1 \qquad v_2 = \hat{F}^{-1}(0.50) = 5.8 \qquad v_3 = \hat{F}^{-1}(0.75) = 6.4$$

产生的区间如表3-8所示。可以看到，尽管区间宽度不同，但它们包含的点的数量更均衡。因为许多值都是重复的，例如，有9个值为5.1，7个值为5.8，所以无法使所有区间有相同的计数。

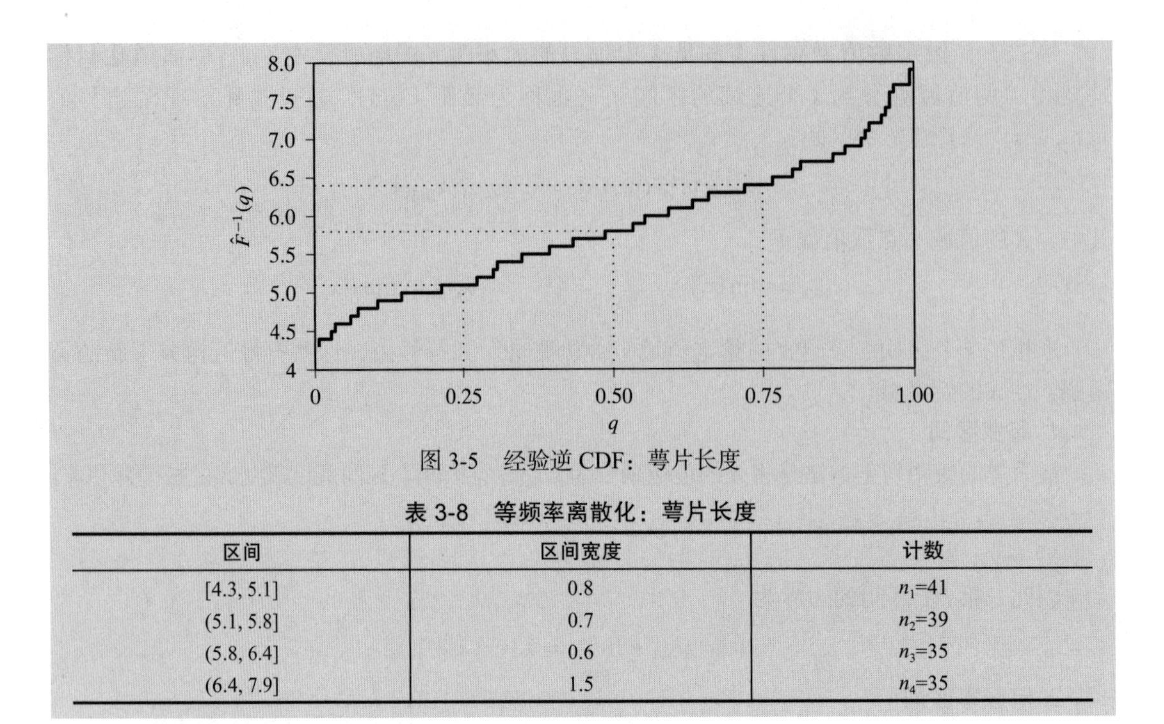

图 3-5　经验逆 CDF：萼片长度

表 3-8　等频率离散化：萼片长度

区间	区间宽度	计数
[4.3, 5.1]	0.8	n_1=41
(5.1, 5.8]	0.7	n_2=39
(5.8, 6.4]	0.6	n_3=35
(6.4, 7.9]	1.5	n_4=35

3.6　拓展阅读

有关类别型数据分析的全面介绍，请参见文献（Agresti，2012）。有些内容可参见文献（Wasserman，2004）。基于熵的监督离散化方法考虑了类别型属性，参见文献（Fayyad & Irani，1993）。

Agresti, A. (2012). *Categorical Data Analysis*. 3rd ed. Hoboken, NJ: John Wiley & Sons.

Fayyad, U. M. and Irani, K. B. (1993). Multi-interval discretization of continuous-valued attributes for classification learning. *Proceedings of the 13th International Joint Conference on Artificial Intelligence*. Morgan-Kaufmann, pp. 1022–1027.

Wasserman, L. (2004). *All of Statistics: A Concise Course in Statistical Inference*. New York: Springer Science + Business Media.

3.7　练习

Q1. 证明对于类别型数据点来说，任意两个向量之间的余弦相似度都满足 $\cos\theta \in [0,1]$，因此 $\theta \in [0°, 90°]$。

Q2. 证明 $E[(\boldsymbol{X}_1 - \boldsymbol{\mu}_1)(\boldsymbol{X}_2 - \boldsymbol{\mu}_2)^{\mathrm{T}}] = E[\boldsymbol{X}_1\boldsymbol{X}_2^{\mathrm{T}}] - E[\boldsymbol{X}_1]E[\boldsymbol{X}_2]^{\mathrm{T}}$。

Q3. 思考表 3-9 所示的属性 X、Y、Z 的 3 向列联表。计算 Y 和 Z 之间相关性的 χ^2 度量。在显著性水平为 5% 的情况下，它们是独立的还是相关的？χ^2 分布的临界值见表 3-10。

表 3-9　Q3 的列联表

	Z=f		Z=g	
	Y=d	Y=e	Y=d	Y=e
X=a	5	10	10	5
X=b	15	5	5	20
X=c	20	10	25	10

表 3-10　不同自由度（q）和显著性水平（α）下 χ^2 分布的临界值，例如，q=5，α=0.1 时临界值为 v_α=9.236

$q\backslash\alpha$	0.995	0.99	0.975	0.95	0.90	0.10	0.05	0.025	0.01	0.005
1	—	—	0.001	0.004	0.016	2.706	3.841	5.024	6.635	7.879
2	0.010	0.020	0.051	0.103	0.211	4.605	5.991	7.378	9.210	10.597
3	0.072	0.115	0.216	0.352	0.584	6.251	7.815	9.348	11.345	12.838
4	0.207	0.297	0.484	0.711	1.064	7.779	9.488	11.143	13.277	14.860
5	0.412	0.554	0.831	1.145	1.610	9.236	11.070	12.833	15.086	16.750
6	0.676	0.872	1.237	1.635	2.204	10.645	12.592	14.449	16.812	18.548

Q4. 思考表 3-11 中给出的“混合”数据。X_1 是数值型属性，X_2 是类别型属性。假设 X_2 的定义域是 dom $(X_2)=\{a,b\}$ 。回答以下问题：

(a) 这个数据集的均值向量是多少？

(b) 协方差矩阵是多少？

Q5. 在表 3-11 中，假设 X_1 离散为 3 个区间：

$$c_1=(-2,-0.5]$$
$$c_2=(-0.5,0.5]$$
$$c_3=(0.5,2]$$

回答以下问题：

(a) 在离散化的 X_1 和 X_2 属性之间构造列联表。包括边缘计数。

(b) 计算它们之间的 χ^2 统计量。

(c) 在显著性水平为 5% 的情况下，确定它们是否有相关性。χ^2 分布的临界值见表 3-10。

表 3-11　Q4 和 Q5 的数据集

X_1	X_2
0.3	a
−0.3	b
0.44	a
−0.60	a
0.40	a
1.20	b
−0.12	a
−1.60	b
1.60	b
−1.32	a

图　数　据

传统的数据分析范式通常假设数据实例之间是相互独立的。然而，通常数据实例之间有各种类型的关系。数据实例本身可以用各种属性来描述。数据实例之间的链接（用边表示）关系可以用实例（或节点）的网络或图来表示。图中的节点和边都可能具有多个属性，这些属性可能是数值型的，也可能是类别型的，甚至可能是更复杂类型的（例如，时间序列数据）。如今的海量数据越来越多地以图或网络的形式出现，例如万维网（包括其网页和超链接）、社交网络（维基、博客、推文和其他社交媒体数据）、语义网络（知识本体）、生物网络（蛋白质相互作用、基因调控网络、代谢途径）、科学文献的引用网络等。本章将分析由这类网络产生的图的链接结构，研究基本的拓扑性质以及产生这种图的模型。

4.1　图的概念

1. 图

在形式上，图 $G=(V,E)$ 是一种数学结构，由一个有限的非空节点（顶点）集合 V 和一个由无序节点对组成的边集合 $E\subseteq V\times V$ 组成。从节点到它自身的边 (v_i,v_i) 称为自环（loop）。没有自环的无向图称为简单图。除非明确提及，否则此处只考虑简单图。v_i 和 v_j 之间的边 $e=(v_i,v_j)$ 附着于节点 v_i 和 v_j；在这种情况下，我们说 v_i 和 v_j 彼此相邻，称它们是邻居。图 G 中的节点数 $|V|=n$，称为图的阶（order），图中的边数 $|E|=m$，称为 G 的尺寸。

有向图的边集 E 是由一组有序的节点对组成的。有向边 (v_i,v_j) 也称为从 v_i 到 v_j 的弧。v_i 是弧的尾节点，v_j 是弧的头节点。

加权图由图和边 $(v_i,v_j)\in E$ 的权重 w_{ij} 组成。每个图都可以被认为是边的权重都为 1 的加权图。

2. 子图

如果 $V_H\in V$ 且 $E_H\in E$，则图 $H=(V_H,E_H)$ 称为 $G=(V,E)$ 的子图。我们也说 G 是 H 的母图。给定节点 $V'\subseteq V$ 的子集，则导出子图 $G'=(V',E')$ 包含了图 G 中所有两个节点都在 V' 中的边。对于所有的 $v_i,v_j\in V',(v_i,v_j)\in E'\Leftrightarrow(v_i,v_j)\in E$。换句话说，当且仅当两个节点在 G' 中相邻，它们在图 G' 中才相邻。如果（子）图中所有节点对之间都存在边，则称其为完全图或团（clique）。

3. 度

节点 $v_i\in V$ 的度（degree）是与其相关的边的数目，用 $d(v_i)$ 或 d_i 表示。图的度序列是按非递增顺序排列的节点的度的列表。

设 N_k 表示度为 k 的节点数，图的度频率分布（degree frequency distribution）为

$$(N_0,N_1,\cdots,N_t)$$

其中，t是节点在图G中的最大度。设X为表示节点的度的随机变量。图的度分布（degree distribution）给出了X的概率质量函数f，如下所示：

$$(f(0), f(1), \cdots, f(t))$$

其中，$f(k)=P(X=k)=\frac{N_k}{n}$是节点度为$k$的概率，其值等于度为$k$的节点数除以总的节点数$n$。在图分析中，我们通常假设输入的图代表一个总体，因此用f代替$\hat{f}$来表示概率分布。

对于有向图，节点v_i的入度（indegree）用$\mathrm{id}(v_i)$表示，是以v_i为头节点的边的数目，即v_i的入边数目。节点v_i的出度（outdegree）用$\mathrm{od}(v_i)$表示，是以v_i为尾节点的边的数目，即v_i的出边数目。

4. 路径和距离

图G中节点x和y之间的通路（walk）是一个有序的节点序列，从x开始到y结束：

$$x=v_0, v_1, \cdots, v_{t-1}, v_t=y$$

因此，序列中每对连续节点之间都有一条边，即$(v_{i-1},v_i)\in E(i=1,2,\cdots,t)$。通路的长度$t$是用跳数（hops）来衡量的，即通路所包含的边的数量。在通路中，给定节点在序列中出现的次数没有限制，因此，节点和边在通路中都可以重复出现。起点和终点重合（即$y=x$）的通路称为闭通路。边两两不同的通路称为迹（trail）；节点两两不同——起点和终点例外的通路称为路径（path）。长度$t\geqslant 3$的闭路径称为圈（cycle），即圈的起点和终点相同，其他节点两两不同。

节点x和y之间长度最短的路径称为最短路径，最短路径的长度称为x和y之间的距离，记为$d(x,y)$。如果两个节点之间不存在路径，则$d(x,y)=\infty$。

5. 连通性

如果两个节点v_i和v_j之间存在路径，则称它们是连通的。如果所有节点对之间都有路径，则称图是连通的。图的连通分支（或分支）是最大连通子图。如果一个图只有一个分支，则该图是连通的；否则就是非连通的，因为根据定义，两个不同的分支之间不能有路径。

对于有向图，如果所有有序节点对之间存在一条（有向）路径，则称它是强连通的。如果只考虑边是无向的，所有节点间才存在路径，则称它是弱连通的。

例 4.1 图 4-1a 显示了一个图，其中有$|V|=8$个节点，$|E|=11$条边。因为$(v_1,v_5)\in E$，所以v_1和v_5是相邻的。v_1的度为$d(v_1)=d_1=4$。图的度序列为

$$(4,4,4,3,2,2,2,1)$$

因此，度频率分布如下：

$$(N_0,N_1,N_2,N_3,N_4)=(0,1,3,1,3)$$

$N_0=0$，因为图中没有孤立的节点；$N_4=3$，因为有3个节点（v_1、v_4和v_5）的度为$k=4$；其他数值可用类似的方式得到。度分布如下：

$$\big(f(0), f(1), f(2), f(3), f(4)\big)=(0,0.125,0.375,0.125,0.375)$$

节点序列$(v_3,v_1,v_2,v_5,v_1,v_2,v_6)$是$v_3$和$v_6$之间长度为6的通路。可以看到，节点$v_1$和$v_2$出现了不止一次。此外，节点序列$(v_3,v_4,v_7,v_8,v_5,v_2,v_6)$是$v_3$和$v_6$之间长度为6的路径。

但是，这并不是它们之间的最短路径，最短路径是长度为 3 的通路 (v_3,v_1,v_2,v_6)。因此，它们之间的距离为 $d(v_3,v_6)=3$。

图 4-1b 显示了有 8 个节点、12 条边的有向图。可以看到，边 (v_5,v_8) 不同于 (v_8,v_5)。v_7 的入度为 $\mathrm{id}(v_7)=2$，出度为 $\mathrm{od}(v_7)=0$。因此，没有从 v_7 到任何其他节点的（有向）路径。

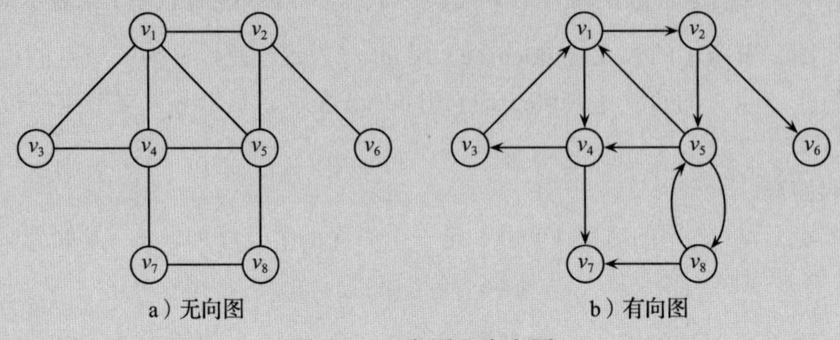

图 4-1 无向图和有向图

6. 邻接矩阵

有 $|V|=n$ 个节点的图 $G=(V,E)$ 可以表示为 $n\times n$ 的对称二元邻接矩阵 $\boldsymbol{A}$：

$$\boldsymbol{A}(i,j)=\begin{cases}1, & v_i\text{ 与 }v_j\text{ 相邻}\\0, & \text{其他}\end{cases}\tag{4.1}$$

如果图是有向的，那么邻接矩阵 $\boldsymbol{A}$ 是非对称的，因为 $(v_i,v_j)\in E$ 显然并不意味着 $(v_j,v_i)\in E$。

如果图是加权的，那么得到的是 $n\times n$ 的加权邻接矩阵 $\boldsymbol{A}$：

$$\boldsymbol{A}(i,j)=\begin{cases}w_{ij}, & v_i\text{ 与 }v_j\text{ 相邻}\\0, & \text{其他}\end{cases}\tag{4.2}$$

其中，w_{ij} 是边 $(v_i,v_j)\in E$ 的权重。如果需要，可以通过对边的权重使用某个阈值 τ，将加权邻接矩阵转换成二元矩阵：

$$\boldsymbol{A}(i,j)=\begin{cases}1, & w_{ij}\geqslant\tau\\0, & \text{其他}\end{cases}\tag{4.3}$$

7. 数据矩阵的图

许多不以图的形式出现的数据集仍然可以转换为图的形式。设 $\boldsymbol{D}=\{\boldsymbol{x}_i\}_{i=1}^{n}(\boldsymbol{x}_i\in\mathbb{R}^d)$，是由 d 维空间中的 n 个点组成的数据集。我们可以定义一个加权图 $G=(V,E)$，其中 $\boldsymbol{D}$ 中的每一个数据点都对应一个节点，每对数据点都对应图中的一条边，且权重为

$$w_{ij}=\mathrm{sim}(\boldsymbol{x}_i,\boldsymbol{x}_j)$$

其中，$\mathrm{sim}(\boldsymbol{x}_i,\boldsymbol{x}_j)$ 表示点 $\boldsymbol{x}_i$ 和 $\boldsymbol{x}_j$ 之间的相似度。例如，相似度可以定义为与两个点间的欧几里得距离逆相关：

$$w_{ij}=\mathrm{sim}(\boldsymbol{x}_i,\boldsymbol{x}_j)=\exp\left\{-\frac{\|\boldsymbol{x}_i-\boldsymbol{x}_j\|^2}{2\sigma^2}\right\}\tag{4.4}$$

其中，σ是扩展参数（相当于正态密度函数中的标准差）。此转换将相似度函数 sim() 的值限制在 [0,1] 范围内。这样就可以选择一个合适的阈值 τ，通过式（4.3）将加权邻接矩阵转换为二元矩阵。

例 4.2 图 4-2 显示了鸢尾花数据集（见表 1-1）的相似度图。利用式（4.4）计算任意两点之间的相似度，$\sigma=1/\sqrt{2}$（为了保持图的简单性，不允许有自环）。点间相似度的均值为 0.197，标准差为 0.290。

使用 $\tau=0.777$ 的阈值，通过式（4.3）可得二元邻接矩阵，因此任意两个相似度大于两个标准差的点之间都有一条边。得到的鸢尾花数据集图有 150 个节点和 753 条边。

图 4-2 所示的鸢尾花数据集图中的节点也根据鸢尾花类别进行了分类。圆圈对应 Iris-versicolor，三角形对应 Iris-virginica，正方形对应 Iris-setosa。该图有两个大的分支，其中一个由标记为 Iris-setosa 的节点组成。

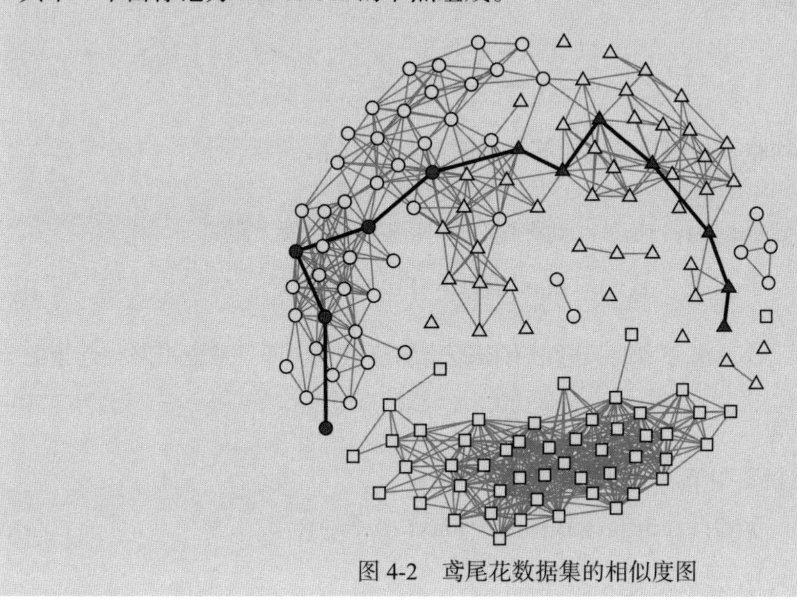

图 4-2 鸢尾花数据集的相似度图

4.2 拓扑属性

本节将研究一些纯拓扑的图属性，即基于边或结构的图属性。如果这些属性仅应用于单个特定的节点或边，则这些属性是局部属性；如果它们适用于整个图，则是全局属性。

1. 度

我们已经将节点 v_i 的度定义为其邻居的数目。更通用的定义（即使对加权图也成立）是：

$$d_i = \sum_j \boldsymbol{A}(i, j) \tag{4.5}$$

度显然是每个节点的局部属性。最简单的全局属性是平均度：

$$\mu_d = \frac{\sum_i d_i}{n} \tag{4.6}$$

前面的定义可以很容易地推广到（加权）有向图。例如，通过对入边和出边求和可以获得入度和出度，如下所示：

$$\mathrm{id}(v_i) = \sum_j \boldsymbol{A}(j,i)$$

$$\mathrm{od}(v_i) = \sum_j \boldsymbol{A}(i,j)$$

同样，我们也可以得到平均入度和平均出度。

2. 平均路径长度

连通图的平均路径长度也称为特征路径长度，计算方式如下：

$$\mu_L = \frac{\sum_i \sum_{j>i} d(v_i, v_j)}{\mathrm{C}_n^2} = \frac{2}{n(n-1)} \sum_i \sum_{j>i} d(v_i, v_j) \tag{4.7}$$

其中，n 是图中的节点数，$d(v_i,v_j)$ 是 v_i 和 v_j 之间的距离。对于有向图，平均路径长度是对所有有序节点对的平均值：

$$\mu_L = \frac{1}{n(n-1)} \sum_i \sum_j d(v_i, v_j) \tag{4.8}$$

对于非连通图，平均路径长度只考虑能够连接的节点对。

3. 离心率

节点 v_i 的离心率（eccentricity）是从 v_i 到图中任何其他节点的最大距离：

$$e(v_i) = \max_j \{d(v_i, v_j)\} \tag{4.9}$$

如果图是非连通的，计算离心率时只考虑有限距离的节点对，即只考虑由路径连接的节点对。

4. 半径和直径

连通图的半径 $r(G)$ 指图中节点的最小偏心率：

$$r(G) = \min_i \{e(v_i)\} = \min_i \{\max_j \{d(v_i, v_j)\}\} \tag{4.10}$$

直径 $d(G)$ 指图中节点的最大离心率：

$$d(G) = \max_i \{e(v_i)\} = \max_{i,j} \{d(v_i, v_j)\} \tag{4.11}$$

对于非连通图，其直径是图的所有连通分支的最大离心率。

图 G 的直径对离群值很敏感。一个更稳健的概念是*有效直径*，它被定义为所有连通节点对中大部分（通常为 90%）可以互达的最小跳数。更正式地说，令 $H(k)$ 表示可以在 k 跳或更少跳数内互达的节点对的数目，有效直径定义为最小的 k 值，且满足 $H(k) \geqslant 0.9H(d(G))$。

例 4.3　对于图 4-1a 的无向图，节点 v_4 的离心率为 $e(v_4)=3$，因为离它最远的节点是 v_6，而 $d(v_4,v_6)=3$。图的半径为 $r(G)=2$，因为 v_1 和 v_5 的离心率最小，为 2。图的直径是 $d(G)=4$，因为所有节点对的节点间的最大距离是 $d(v_6,v_7)=4$。

鸢尾花数据集图的直径为 $d(G)=11$，对应于图 4-2 中连接灰色节点的加粗路径。鸢尾花数据集图的度分布如图 4-3 所示。图中每个柱顶部的数字表示频数。例如，只有 13 个节点的度为 7，对应于概率 $f(7)=\frac{13}{150}\approx 0.0867$。

鸢尾花数据集图的路径长度直方图如图 4-4 所示。例如，1044 个节点对有 2 跳的距离。当有 $n=150$ 个节点时，有 $C_n^2=11\ 175$ 个节点对，其中 6502 个节点对是不连通的，4673 个节点对是连通的，有 $\frac{4175}{4673}\approx 0.89$ 比例的节点在 6 跳内可互达，$\frac{4415}{4673}\approx 0.94$ 比例的节点在 7 跳内可互达。因此，可以确定有效直径为 7。平均路径长度为 3.58。

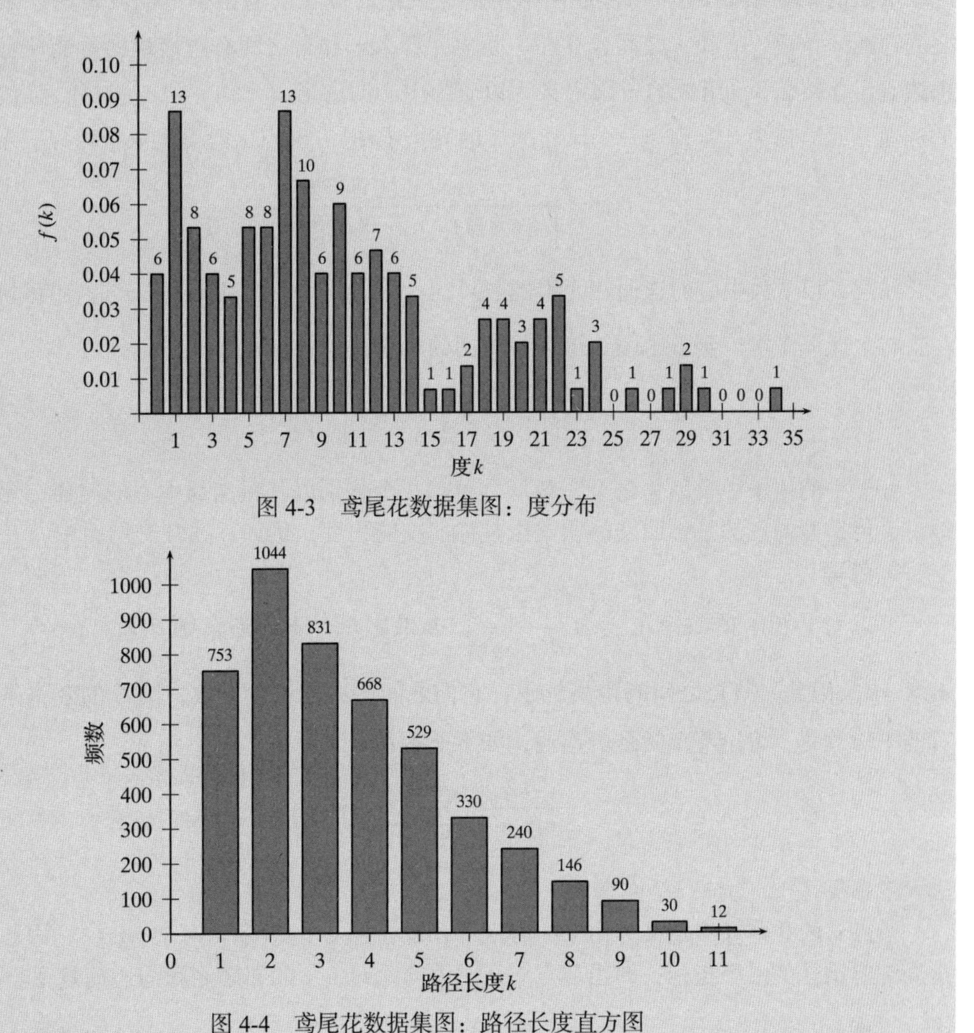

图 4-3　鸢尾花数据集图：度分布

图 4-4　鸢尾花数据集图：路径长度直方图

5. 聚类系数

节点 v_i 的聚类系数是 v_i 相邻边密度的度量。设 $G_i=(V_i,E_i)$ 是由节点 v_i 的邻域导出的子图。假设 G 是简单图，$v_i\notin V_i$。设 $|V_i|=n_i$ 是 v_i 的邻居数，$|E_i|=m_i$ 是与 v_i 的邻居相连的边的数目。v_i 的聚类系数定义为

$$C(v_i)=\frac{G_i\text{中边的数目}}{G_i\text{中最大边数}}=\frac{m_i}{C_{n_i}^2}=\frac{2\cdot m_i}{n_i(n_i-1)}\tag{4.12}$$

由于分母对应于 G_i 是完全图的情况，因此聚类系数给出了节点邻居的“聚团”的程度。图 G 的聚类系数是所有节点聚类系数的均值，如下所示：

$$C(G)=\frac{1}{n}\sum_{i}C(v_i) \tag{4.13}$$

因为 $C(v_i)$ 仅适用于 $d(v_i)\geqslant 2$ 的节点，所以我们可以为度小于 2 的节点定义 $C(v_i)=0$，或者只针对 $d(v_i)\geqslant 2$ 的节点进行聚类系数求和。

节点的聚类系数 $C(v_i)$ 与图或网络中传递关系的概念密切相关。也就是说，如果 v_i 和 v_j 之间存在一条边，v_i 和 v_k 之间也存在一条边，那么 v_j 和 v_k 之间有边连接的可能性有多大？将由边 (v_i,v_j) 和 (v_i,v_k) 组成的子图定义为以 v_i 为中心的*连通三元组*。以 v_i 为中心且包含 (v_j,v_k) 的连通三元组称为*三角形*（一个尺寸为 3 的完全子图）。节点 v_i 的聚类系数可以表示为

$$C(v_i)=\frac{\text{包含}v_i\text{的三角形数目}}{\text{以}v_i\text{为中心的连通三元组的数目}}$$

注意，以 v_i 为中心的连通三元组的数目为 $\mathrm{C}_{d_i}^2=\frac{n_i(n_i-1)}{2}$，其中 $d_i=n_i$ 是 v_i 的邻居数目。

将上述概念推广到整个图，可以得到图的*传递性*（transitivity）：

$$T(G)=\frac{3\times G\text{中三角形的数目}}{G\text{中连通三元组的数目}}$$

分子中的因子 3 是因为每个三角形会贡献 3 个分别以其顶点为中心的连通三元组。通俗地讲，传递性衡量的是你朋友的朋友也是你朋友的程度，例如，在社交网络中。

6. 效率

节点对 v_i 和 v_j 的效率定义为 $\frac{1}{d(v_i,v_j)}$。如果 v_i 和 v_j 不连通，则 $d(v_i,v_j)=\infty$，且效率为 $1/\infty=0$。因此，节点之间的距离越小，它们之间的通信就越有效。图 G 的效率是所有节点对的平均效率，无论节点间是否连通，如下所示：

$$\frac{2}{n(n-1)}\sum_{i}\sum_{j>i}\frac{1}{d(v_i,v_j)}$$

最大效率值是 1，对应一个完全图。

节点 v_i 的*局部效率*定义为由 v_i 的邻居导出的子图 G_i 的效率。由于 $v_i\notin G_i$，因此局部效率是局部容错性的一个指标，即当节点 v_i 从图中移除时，v_i 的邻居之间的通信效率。

例 4.4　对于图 4-1a 中的图，思考节点 v_4，其邻域图如图 4-5 所示。v_4 的聚类系数为

$$C(v_4)=\frac{2}{\mathrm{C}_4^2}=\frac{2}{6}\approx 0.33$$

整个图（所有节点）的聚类系数为

$$C(G)=\frac{1}{8}\left(\frac{1}{2}+\frac{1}{3}+1+\frac{1}{3}+\frac{1}{3}+0+0+0\right)=\frac{2.5}{8}=0.3125$$

v_4 的局部效率为

$$\frac{2}{4\times 3}\left(\frac{1}{d(v_1,v_3)}+\frac{1}{d(v_1,v_5)}+\frac{1}{d(v_1,v_7)}+\frac{1}{d(v_3,v_5)}+\frac{1}{d(v_3,v_7)}+\frac{1}{d(v_5,v_7)}\right)$$

$$= \frac{1}{6}(1+1+0+0.5+0+0) = \frac{2.5}{6} \approx 0.417$$

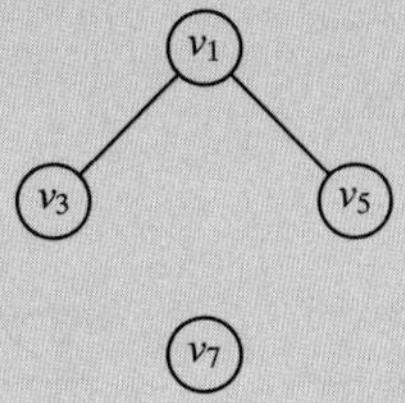

图 4-5 节点 v_4 导出的子图 G_4

4.3 中心度分析

中心度表示图的节点的“居中度”或重要性。中心度可以正式定义为一个函数 $c: V \to \mathbb{R}$，该函数引入 V 上的一个全序。如果 $c(v_i) \geqslant c(v_j)$，那么可以说 v_i 至少和 v_j 一样重要。

4.3.1 基本中心度

1. 度中心度

最简单的中心度是节点 v_i 的度 d_i，度越大，节点就越重要，中心度就越大。对于有向图，可以进一步考虑节点的入度中心度和出度中心度。

2. 离心率中心度

根据这个概念，节点的离心率越小，节点越重要。离心率中心度的定义如下：

$$c(v_i) = \frac{1}{e(v_i)} = \frac{1}{\max_j \{d(v_i, v_j)\}} \tag{4.14}$$

离心率最小的节点 v_i，即离心率等于图半径 $[e(v_i) = r(G)]$ 的节点称为*中心节点*，而离心率最大的节点，即离心率等于图直径 $[e(v_i) = d(G)]$ 的节点称为*边缘节点*。

离心率中心度与*设施选址*（facility location）问题有关，即为资源或设施选择最佳位置。中心节点使到网络中节点的最大距离最小化，因此中心节点是一个理想的位置，例如可以作为医院的位置，因为医院希望任意病人离医院的最大距离尽可能短，以尽快到达医院。

3. 接近中心度

离心率中心度使用距给定节点的最大距离来排列节点的中心度，而接近中心度使用所有距离的和来排列节点的中心度：

$$c(v_i) = \frac{1}{\sum_j d(v_i, v_j)} \tag{4.15}$$

总距离 $\sum_j d(v_i, v_j)$ 最小的节点 v_i 称为*中位节点*（median node）。

接近中心度为设施选址问题优化了不同的目标函数。它试图最小化到所有节点的总距离，因此具有最大接近中心度的中位节点是最佳节点，例如，可以作为咖啡店或购物中心之类的设施的选址位置，在这种情况下，最小化离最远节点的距离并不重要。

4. 中介中心度

对于给定的节点 v_i，中介中心度度量所有节点对之间包含 v_i 的最短路径的数量。这表明 v_i 对不同的节点对所起的中心“监视”作用。设 η_{jk} 表示节点 v_j 和 v_k 之间的最短路径的数量，

$\eta_{jk}(v_i)$ 表示包含 v_i 的最短路径的数量。通过 v_i 的路径的比例表示为

$$\gamma_{jk}(v_i)=\frac{\eta_{jk}(v_i)}{\eta_{jk}}$$

如果两个节点 v_j 和 v_k 不连通，则假设 $\gamma_{jk}(v_i)=0$。

节点 v_i 的中介中心度定义为

$$c(v_i)=\sum_{j\neq i}\sum_{\substack{k\neq i\\k>j}}\gamma_{jk}(v_i)=\sum_{j\neq i}\sum_{\substack{k\neq i\\k>j}}\frac{\eta_{jk}(v_i)}{\eta_{jk}} \tag{4.16}$$

例 4.5　思考图 4-1a，不同节点中心度测量值见表 4-1。根据度中心度，节点 v_1、v_4 和 v_5 是中心节点。中心节点 v_1 和 v_5 的离心率中心度最大。边缘节点 v_6 和 v_7 的离心率中心度最小。

节点 v_1 和 v_5 的中介中心度最大。在中介方面，顶点 v_5 是中心节点，其中介中心度为 6.5。只考虑至少有一条最短路径通过 v_5 的节点对 v_j 和 v_k 即可来计算这个值，因为只有这些节点对的 $\gamma_{jk}(v_5)>0$。我们得到：

$$c(v_5)=\gamma_{18}(v_5)+\gamma_{24}(v_5)+\gamma_{27}(v_5)+\gamma_{28}(v_5)+\gamma_{38}(v_5)+\gamma_{46}(v_5)+\gamma_{48}(v_5)+\gamma_{67}(v_5)+\gamma_{68}(v_5)$$
$$=1+\frac{1}{2}+\frac{2}{3}+1+\frac{2}{3}+\frac{1}{2}+\frac{1}{2}+\frac{2}{3}+1=6.5$$

表 4-1　中心度测量值

中心度	节点							
	v_1	v_2	v_3	v_4	v_5	v_6	v_7	v_8
度中心度	4	3	2	4	4	1	2	2
离心率中心度 $e(v_i)$	0.5 2	0.33 3	0.33 3	0.33 3	0.5 2	0.25 4	0.25 4	0.33 3
接近中心度 $\Sigma_j d(v_i, v_j)$	0.100 10	0.083 12	0.071 14	0.091 11	0.100 10	0.056 18	0.067 15	0.071 14
中介中心度	4.5	6	0	5	6.5	0	0.83	1.17

4.3.2　Web 中心度

现在考虑有向图，特别是 Web 场景中的有向图。例如，超链接文档包含指向其他文档的有向链接，科学论文的引文网络包含从一篇论文指向被引用的论文的有向边，等等。接下来，我们来考虑适合这种 Web 规模的图的中心度概念。

1. 声望

我们首先研究有向图中节点的声望（prestige）或特征向量中心度的概念。作为一种中心度，声望应该是度量节点的重要性或等级的指标。直觉上讲，越多的链接指向给定节点，其声望就越高。然而，声望不仅依赖于入度，还（递归地）依赖于指向它的节点的声望。

设 $G(V,E)$ 是有向图，且 $|V|=n$。G 的邻接矩阵是一个 $n\times n$ 的非对称矩阵：

$$\boldsymbol{A}(u,v)=\begin{cases}1,\ (u,v)\in E\\0,\ (u,v)\notin E\end{cases}$$

设 $p(u)$ 是一个正实数，称为节点 u 的声望分数。利用节点的声望依赖于指向它的其他节点的声望的事实，我们可以得到给定节点 v 的声望分数：

$$p(v) = \sum_u \boldsymbol{A}(u,v) \cdot p(u) = \sum_u \boldsymbol{A}^{\mathrm{T}}(v,u) \cdot p(u)$$

例如，在图 4-6 中，v_5 的声望依赖于 v_2 和 v_4 的声望。

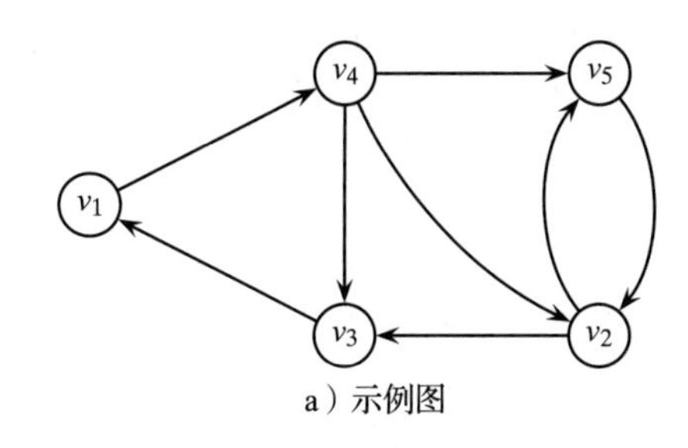

a）示例图

$$\boldsymbol{A} = \begin{pmatrix} 0 & 0 & 0 & 1 & 0 \\ 0 & 0 & 1 & 0 & 1 \\ 1 & 0 & 0 & 0 & 0 \\ 0 & 1 & 1 & 0 & 1 \\ 0 & 1 & 0 & 0 & 0 \end{pmatrix} \qquad \boldsymbol{A}^{\mathrm{T}} = \begin{pmatrix} 0 & 0 & 1 & 0 & 0 \\ 0 & 0 & 0 & 1 & 1 \\ 0 & 1 & 0 & 1 & 0 \\ 1 & 0 & 0 & 0 & 0 \\ 0 & 1 & 0 & 1 & 0 \end{pmatrix}$$

b）邻接矩阵　　　　c）转置矩阵

图 4-6　示例图及其邻接矩阵和转置矩阵

考虑所有节点，可以递归地将声望分数表示为

$$\boldsymbol{p}' = \boldsymbol{A}^{\mathrm{T}}\boldsymbol{p} \tag{4.17}$$

其中，$\boldsymbol{p}$ 是 n 维列向量，对应于每个节点的声望分数。

从初始声望向量开始，利用式（4.17）可以迭代地获得更新后的声望向量。换句话说，如果 $\boldsymbol{p}_{k-1}$ 是第 $k-1$ 次迭代时所有节点的声望向量，则第 k 次迭代的声望向量为

$$\begin{aligned} \boldsymbol{p}_k &= \boldsymbol{A}^{\mathrm{T}}\boldsymbol{p}_{k-1} \\ &= \boldsymbol{A}^{\mathrm{T}}(\boldsymbol{A}^{\mathrm{T}}\boldsymbol{p}_{k-2}) = \left(\boldsymbol{A}^{\mathrm{T}}\right)^2 \boldsymbol{p}_{k-2} \\ &= \left(\boldsymbol{A}^{\mathrm{T}}\right)^2 (\boldsymbol{A}^{\mathrm{T}}\boldsymbol{p}_{k-3}) = \left(\boldsymbol{A}^{\mathrm{T}}\right)^3 \boldsymbol{p}_{k-3} \\ &\vdots \\ &= \left(\boldsymbol{A}^{\mathrm{T}}\right)^k \boldsymbol{p}_0 \end{aligned}$$

其中，$\boldsymbol{p}_0$ 是初始声望向量。众所周知，随着 k 的增加，向量 $\boldsymbol{p}_k$ 将收敛到 $\boldsymbol{A}^{\mathrm{T}}$ 的主特征向量（dominant eigenvector）。

$\boldsymbol{A}^{\mathrm{T}}$ 的主特征向量和相应的特征值可以用幂迭代方法计算，其伪代码见算法 4.1。该方法从向量 $\boldsymbol{p}_0$ 开始，将其初始化为向量 $(1,1,\cdots,1)^{\mathrm{T}} \in \mathbb{R}^n$。在每次迭代中，都左乘 $\boldsymbol{A}^{\mathrm{T}}$，然后将中间向量 $\boldsymbol{p}_k$ 的每一个元素除以最大元素 $\boldsymbol{p}_k[i]$，以防止数值溢出。给定第 k 次迭代与第 $k-1$ 次迭代中的最大元素的比值，可以得到特征值的近似估计值 $\lambda = \dfrac{\boldsymbol{p}_k[i]}{\boldsymbol{p}_{k-1}[i]}$。继续迭代，直到连续特征向量估计值之间的差降到某个阈值 $\epsilon > 0$ 以下。

算法 4.1　幂迭代方法：主特征向量

```
POWERITERATION (A, ε):
1  k ← 0 // iteration
2  p_0 ← 1 ∈ R^n // initial vector
3  repeat
4  |  k ← k+1
5  |  p_k ← A^T p_{k-1} // eigenvector estimate
6  |  i ← argmax_j {p_k[j]} // maximum value index
7  |  λ ← p_k[i]/p_{k-1}[i] // eigenvalue estimate
8  |  p_k ← (1/p_k[i]) p_k // scale vector
9  until ‖p_k − p_{k-1}‖ ≤ ε
10 p ← (1/‖p_k‖) p_k // normalize eigenvector
11 return p, λ
```

例 4.6　思考图 4-6 中的例子。从初始声望向量 $\boldsymbol{p}_0=(1,1,1,1,1)^{\mathrm{T}}$ 开始，表 4-2 展示了计算 $\boldsymbol{A}^{\mathrm{T}}$ 的主特征向量的幂迭代方法的几次迭代过程。在每次迭代中，可得 $\boldsymbol{p}_k=\boldsymbol{A}^{\mathrm{T}}\boldsymbol{p}_{k-1}$。例如，

$$\boldsymbol{p}_1=\boldsymbol{A}^{\mathrm{T}}\boldsymbol{p}_0=\begin{pmatrix}0&0&1&0&0\\0&0&0&1&1\\0&1&0&1&0\\1&0&0&0&0\\0&1&0&1&0\end{pmatrix}\begin{pmatrix}1\\1\\1\\1\\1\end{pmatrix}=\begin{pmatrix}1\\2\\2\\1\\2\end{pmatrix}$$

在下一次迭代之前，将每个元素除以向量中的最大元素（在本例中为 2）以缩放 $\boldsymbol{p}_1$，从而得到：

$$\boldsymbol{p}_1=\frac{1}{2}\begin{pmatrix}1\\2\\2\\1\\2\end{pmatrix}=\begin{pmatrix}0.5\\1\\1\\0.5\\1\end{pmatrix}$$

当 k 变大，得到：

$$\boldsymbol{p}_k=\boldsymbol{A}^{\mathrm{T}}\boldsymbol{p}_{k-1}\simeq\lambda\boldsymbol{p}_{k-1}$$

这意味着 $\boldsymbol{p}_k$ 与 $\boldsymbol{p}_{k-1}$ 的最大元素之比应接近 λ。表 4-2 展示了连续迭代下最大元素之比。图 4-7 显示，在 10 次迭代内，该比值收敛到 $\lambda=1.466$。缩放后的主特征向量收敛到：

$$\boldsymbol{p}_k=\begin{pmatrix}1\\1.466\\1.466\\0.682\\1.466\end{pmatrix}$$

将其归一化为单位向量后，主特征向量为

$$
\boldsymbol{p} = \begin{pmatrix} 0.356 \\ 0.521 \\ 0.521 \\ 0.243 \\ 0.521 \end{pmatrix}
$$

因此，就声望而言，v_2、v_3和v_5的声望值最高，它们的入度均为2，并且具有相同声望值的节点均指向它们。此外，虽然v_1和v_4具有相同的入度，但v_1的排名更高，因为v_3对v_1贡献了它的声望，而v_4只从v_1获得声望。

表 4-2 基于缩放的幂迭代方法

$\boldsymbol{p}_0$	$\boldsymbol{p}_1$	$\boldsymbol{p}_2$	$\boldsymbol{p}_3$
$\begin{pmatrix}1\\1\\1\\1\\1\end{pmatrix}$	$\begin{pmatrix}1\\2\\2\\1\\2\end{pmatrix} \to \begin{pmatrix}0.5\\1\\1\\0.5\\1\end{pmatrix}$	$\begin{pmatrix}1\\1.5\\1.5\\0.5\\1.5\end{pmatrix} \to \begin{pmatrix}0.67\\1\\1\\0.33\\1\end{pmatrix}$	$\begin{pmatrix}1\\1.33\\1.33\\0.67\\1.33\end{pmatrix} \to \begin{pmatrix}0.75\\1\\1\\0.5\\1\end{pmatrix}$
λ	2	1.5	1.33
$\boldsymbol{p}_4$	$\boldsymbol{p}_5$	$\boldsymbol{p}_6$	$\boldsymbol{p}_7$
$\begin{pmatrix}1\\1.5\\1.5\\0.75\\1.5\end{pmatrix} \to \begin{pmatrix}0.67\\1\\1\\0.5\\1\end{pmatrix}$	$\begin{pmatrix}1\\1.5\\1.5\\0.67\\1.5\end{pmatrix} \to \begin{pmatrix}0.67\\1\\1\\0.44\\1\end{pmatrix}$	$\begin{pmatrix}1\\1.44\\1.44\\0.67\\1.44\end{pmatrix} \to \begin{pmatrix}0.69\\1\\1\\0.46\\1\end{pmatrix}$	$\begin{pmatrix}1\\1.46\\1.46\\0.69\\1.46\end{pmatrix} \to \begin{pmatrix}0.68\\1\\1\\0.47\\1\end{pmatrix}$
1.5	1.5	1.444	1.462

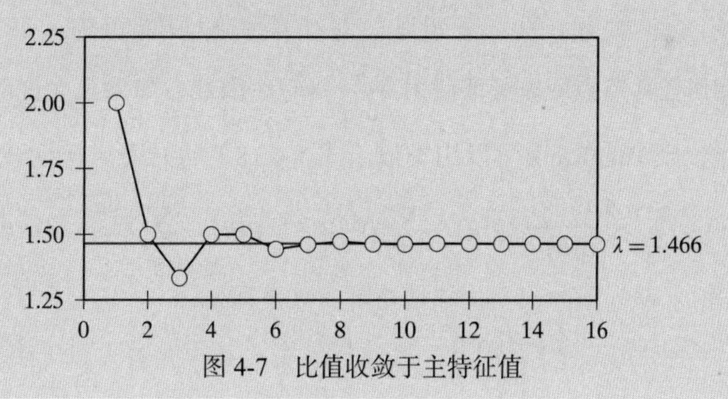

图 4-7 比值收敛于主特征值

2. PageRank

PageRank（网页排名）是一种在Web搜索环境下计算节点声望或中心度的方法。Web图由超链接（边）连接的页面（节点）组成。该方法使用所谓的“随机冲浪”（random surfing）假设，即在网上冲浪的人从当前页面会随机选择一个传出链接，或者以很小的概率随机跳转到Web图中的任何其他页面。Web页面的PageRank被定义为随机冲浪者登录该页面的概率。与声望一样，节点v的PageRank递归地依赖于指向它的其他节点的PageRank。

归一化声望 假设每个节点u的出度至少为1。我们稍后再讨论如何处理节点没有出边的情况。设$\mathrm{od}(u)=\sum_v \boldsymbol{A}(u,v)$表示节点$u$的出度，因为随机冲浪者在节点$u$的任何出链接中进行选择，如果存在从 u 到 v 的链接，则从 u 访问 v 的概率为 $\frac{1}{\mathrm{od}(u)}$。

每个节点的初始概率或 PageRank $p_0(u)$ 要满足：

$$\sum_u p_0(u) = 1$$

计算 v 的 PageRank 向量，如下所示：

$$p(v) = \sum_u \frac{\boldsymbol{A}(u,v)}{\mathrm{od}(u)} \cdot p(u) = \sum_u \boldsymbol{N}(u,v) \cdot p(u) = \sum_u \boldsymbol{N}^{\mathrm{T}}(v,u) \cdot p(u) \tag{4.18}$$

其中，$\boldsymbol{N}$ 是图的归一化邻接矩阵，如下所示：

$$\boldsymbol{N}(u,v) = \begin{cases} \frac{1}{\mathrm{od}(u)}, & (u,v) \in E \\ 0, & (u,v) \notin E \end{cases}$$

考虑所有节点，可以将 PageRank 向量表示为

$$\boldsymbol{p}' = \boldsymbol{N}^{\mathrm{T}} \boldsymbol{p} \tag{4.19}$$

到目前为止，PageRank 向量本质上是归一化的声望向量。

随机跳转 在随机冲浪方法中，从图的一个节点跳到另一个节点的概率很小，即使它们之间没有链接。从本质上讲，我们可以把 Web 图看作一个（虚拟）完全连通的有向图，其邻接矩阵如下：

$$\boldsymbol{A}_r = \mathbf{1}_{n \times n} = \begin{pmatrix} 1 & 1 & \cdots & 1 \\ 1 & 1 & \cdots & 1 \\ \vdots & \vdots & & \vdots \\ 1 & 1 & \cdots & 1 \end{pmatrix}$$

这里，$\mathbf{1}_{n\times n}$ 是所有元素都为 1 的 $n\times n$ 矩阵。对于随机冲浪者矩阵，每个节点的出度为 $\mathrm{od}(u) = n$，从 u 跳到任何节点 v 的概率仅为 $\frac{1}{\mathrm{od}(u)} = \frac{1}{n}$。因此，如果只允许随机地从一个节点跳转到另一个节点，则 PageRank 可以用类似于式（4.18）的方式计算：

$$p(v) = \sum_u \frac{\boldsymbol{A}_r(u,v)}{\mathrm{od}(u)} \cdot p(u) = \sum_u \boldsymbol{N}_r(u,v) \cdot p(u) = \sum_u \boldsymbol{N}_r^{\mathrm{T}}(v,u) \cdot p(u)$$

其中，$\boldsymbol{N}_r$ 是全连通的 Web 图的归一化邻接矩阵，如下所示：

$$\boldsymbol{N}_r = \begin{pmatrix} \frac{1}{n} & \frac{1}{n} & \cdots & \frac{1}{n} \\ \frac{1}{n} & \frac{1}{n} & \cdots & \frac{1}{n} \\ \vdots & \vdots & & \vdots \\ \frac{1}{n} & \frac{1}{n} & \cdots & \frac{1}{n} \end{pmatrix} = \frac{1}{n}\boldsymbol{A}_r = \frac{1}{n}\mathbf{1}_{n \times n}$$

考虑所有节点，随机跳转 PageRank 向量可以表示为

$$\boldsymbol{p}' = \boldsymbol{N}_r^{\mathrm{T}} \boldsymbol{p}$$

PageRank 完整的 PageRank 依赖于某种小概率 α，即随机冲浪者从当前节点 u 跳到任何其他随机节点 v 的概率，$1-\alpha$ 表示用户从 u 到 v 跟踪现有的链接的概率。换句话说，将归一化声望向量和随机跳转向量相结合，可以获得最终的 PageRank 向量，如下所示：

$$p' = (1-\alpha)N^{\mathrm{T}}p + \alpha N_r^{\mathrm{T}}p = ((1-\alpha)N^{\mathrm{T}} + \alpha N_r^{\mathrm{T}})p = M^{\mathrm{T}}p \tag{4.20}$$

其中，$M = (1-\alpha)N + \alpha N_r$ 是组合归一化邻接矩阵。PageRank 向量可以迭代地计算，从初始 PageRank 向量 p_0 开始，并在每次迭代中使用式（4.20）更新它的值。如果节点 u 没有任何出边，也就是说，当 $od(u) = 0$ 时，就会出现一个小问题。这样的节点就像是归一化声望分数的汇点（sink）。由于 u 没有出边，所以 u 唯一的选择就是跳转到另一个随机节点。因此，我们需要确保如果 $od(u) = 0$，那么对于 M 中 u 对应的行（用 M_u 表示），设置 $\alpha = 1$，即：

$$M_u = \begin{cases} M_u, & od(u) > 0 \\ \frac{1}{n}\mathbf{1}_n^{\mathrm{T}}, & od(u) = 0 \end{cases}$$

其中，$\mathbf{1}_n$ 是 n 维的全 1 向量。使用算法 4.1 中的幂迭代方法可计算 M^{T} 的主特征向量。

例 4.7 思考图 4-6 中的图。归一化邻接矩阵为

$$N = \begin{pmatrix} 0 & 0 & 0 & 1 & 0 \\ 0 & 0 & 0.5 & 0 & 0.5 \\ 1 & 0 & 0 & 0 & 0 \\ 0 & 0.33 & 0.33 & 0 & 0.33 \\ 0 & 1 & 0 & 0 & 0 \end{pmatrix}$$

由于图中有 $n = 5$ 个节点，因此归一化随机跳转邻接矩阵为

$$N_r = \begin{pmatrix} 0.2 & 0.2 & 0.2 & 0.2 & 0.2 \\ 0.2 & 0.2 & 0.2 & 0.2 & 0.2 \\ 0.2 & 0.2 & 0.2 & 0.2 & 0.2 \\ 0.2 & 0.2 & 0.2 & 0.2 & 0.2 \\ 0.2 & 0.2 & 0.2 & 0.2 & 0.2 \end{pmatrix}$$

假设 $\alpha = 0.1$，则组合归一化邻接矩阵为

$$M = 0.9N + 0.1N_r = \begin{pmatrix} 0.02 & 0.02 & 0.02 & 0.92 & 0.02 \\ 0.02 & 0.02 & 0.47 & 0.02 & 0.47 \\ 0.92 & 0.02 & 0.02 & 0.02 & 0.02 \\ 0.02 & 0.32 & 0.32 & 0.02 & 0.32 \\ 0.02 & 0.92 & 0.02 & 0.02 & 0.02 \end{pmatrix}$$

计算 M^{T} 的主特征向量和主特征值，得到 $\lambda = 1$ 且

$$p = \begin{pmatrix} 0.419 \\ 0.546 \\ 0.417 \\ 0.422 \\ 0.417 \end{pmatrix}$$

因此，节点 v_2 具有最高的 PageRank 值。

3. hub 分数和权威评分

请注意，节点的 PageRank 值独立于用户可能提出的任何查询，因为它是 Web 页面的一个全局值。但是，对于特定的用户查询，PageRank 值很高的页面可能不那么相关。人们希

望有一个特定于查询的 PageRank 或声望的概念。超链接诱导主题搜索（Hyperlink Induced Topic Search，HITS）方法就是为此而设计的。实际上，它通过计算两个值来判断页面的重要性。页面的权威评分（authority score）类似于 PageRank 或声望，它的值取决于有多少“好”页面指向该页面。此外，hub 分数表示该页面指向多少个“好”页面。换句话说，权威评分高的页面有许多指向它的 hub 页面，而 hub 分数高的页面指向许多权威评分高的页面。

给定一个用户查询，HITS 方法首先使用标准搜索引擎检索相关页面集。然后，它扩展此集合以包括指向集合中某个页面的页面或该集合中某个页面所指向的页面。来自同一主机的任何页面都将被删除。HITS 只应用于这个扩展的查询图 G。

用 $a(u)$ 表示节点 u 的权威评分，$h(u)$ 表示节点 u 的 hub 分数。权威评分取决于 hub 分数，反之亦然：

$$a(v)=\sum_u \boldsymbol{A}^{\mathrm{T}}(v,u)\cdot h(u)$$

$$h(v)=\sum_u \boldsymbol{A}(v,u)\cdot a(u)$$

使用矩阵表示法，可得：

$$\boldsymbol{a}'=\boldsymbol{A}^{\mathrm{T}}\boldsymbol{h} \tag{4.21}$$

$$\boldsymbol{h}'=\boldsymbol{A}\boldsymbol{a} \tag{4.22}$$

实际上，我们可以递归地重写上述内容，如下所示：

$$\boldsymbol{a}_k=\boldsymbol{A}^{\mathrm{T}}\boldsymbol{h}_{k-1}=\boldsymbol{A}^{\mathrm{T}}(\boldsymbol{A}\boldsymbol{a}_{k-1})=(\boldsymbol{A}^{\mathrm{T}}\boldsymbol{A})\boldsymbol{a}_{k-1}$$

$$\boldsymbol{h}_k=\boldsymbol{A}\boldsymbol{a}_{k-1}=\boldsymbol{A}(\boldsymbol{A}^{\mathrm{T}}\boldsymbol{h}_{k-1})=(\boldsymbol{A}\boldsymbol{A}^{\mathrm{T}})\boldsymbol{h}_{k-1}$$

换言之，当 $k\to\infty$ 时，权威评分收敛于 $\boldsymbol{A}^{\mathrm{T}}\boldsymbol{A}$ 的主特征向量，而 hub 分数收敛于 $\boldsymbol{A}\boldsymbol{A}^{\mathrm{T}}$ 的主特征向量。在这两种情况下，都可以用幂迭代方法计算特征向量。从初始权威评分向量 $\boldsymbol{a}=\boldsymbol{1}_n$ 开始，我们可以计算向量 $\boldsymbol{h}=\boldsymbol{A}\boldsymbol{a}$。为了防止数值溢出，我们通过除以最大元素来缩放向量。接着，我们计算 $\boldsymbol{a}=\boldsymbol{A}^{\mathrm{T}}\boldsymbol{h}$，同样也对其进行缩放，从而完成一次迭代。重复这个过程，直到 $\boldsymbol{a}$ 和 $\boldsymbol{h}$ 都收敛。

例 4.8　对于图 4-6 中的图，我们从 $\boldsymbol{a}=(1,1,1,1,1)^{\mathrm{T}}$ 开始迭代计算权威评分向量和 hub 分数向量。在第一次迭代中，得到：

$$\boldsymbol{h}=\boldsymbol{A}\boldsymbol{a}=\begin{pmatrix}0&0&0&1&0\\0&0&1&0&1\\1&0&0&0&0\\0&1&1&0&1\\0&1&0&0&0\end{pmatrix}\begin{pmatrix}1\\1\\1\\1\\1\end{pmatrix}=\begin{pmatrix}1\\2\\1\\3\\1\end{pmatrix}$$

除以最大元素 3 进行缩放，得到：

$$\boldsymbol{h}'=\begin{pmatrix}0.33\\0.67\\0.33\\1\\0.33\end{pmatrix}$$

接下来，更新 $\boldsymbol{a}$：

$$\boldsymbol{a}=\boldsymbol{A}^{\mathrm{T}}\boldsymbol{h}'=\begin{pmatrix}0&0&1&0&0\\0&0&0&1&1\\0&1&0&1&0\\1&0&0&0&0\\0&1&0&1&0\end{pmatrix}\begin{pmatrix}0.33\\0.67\\0.33\\1\\0.33\end{pmatrix}=\begin{pmatrix}0.33\\1.33\\1.67\\0.33\\1.67\end{pmatrix}$$

除以最大元素 1.67 进行缩放，得到：

$$\boldsymbol{a}'=\begin{pmatrix}0.2\\0.8\\1\\0.2\\1\end{pmatrix}$$

这样就可以开启下一次迭代了。继续重复该过程，直到 $\boldsymbol{a}$ 和 $\boldsymbol{h}$ 分别收敛于 $\boldsymbol{A}^{\mathrm{T}}\boldsymbol{A}$ 和 $\boldsymbol{A}\boldsymbol{A}^{\mathrm{T}}$ 的主特征向量，如下所示：

$$\boldsymbol{a}=\begin{pmatrix}0\\0.46\\0.63\\0\\0.63\end{pmatrix}\qquad \boldsymbol{h}=\begin{pmatrix}0\\0.58\\0\\0.79\\0.21\end{pmatrix}$$

根据这些分数，v_4 的 hub 分数最高，因为它指向 3 个权威评分高的节点：v_2、v_3 和 v_5。此外，v_3 和 v_5 的权威评分都很高，因为 hub 分数最高的两个节点 v_4 和 v_2 指向了它们。

4.4 图模型

令人惊讶的是，现实世界中许多网络都表现出某些共同的特征，尽管底层数据可能来自截然不同的领域，如社交网络、生物网络、电信网络等。这就要求我们理解可能产生这种现实世界网络的潜在过程。本节将讨论几种网络性质，这些性质允许我们比较不同的图模型。现实世界中的网络通常是大而稀疏的。所谓“大”是指节点的数量 n 非常大，所谓“稀疏”是指图的大小或边的数目 $m=O(n)$。下面讨论的模型都假设这些图是大而稀疏的。

1. 小世界性质

人们已经观察到，许多现实世界的图表现出所谓的“小世界”（small-world）性质，即任何一对节点之间都有一条较短的路径。如果平均路径长度 μ_L 与图中节点数的对数成正比，即：

$$\mu_L \propto \log n \tag{4.23}$$

则称图 G 具有小世界性质，其中 n 是图中的节点数。如果图的平均路径长度远小于 $\log n$，即 $\mu_L \ll \log n$，则该图具有“超小世界”（ultra-small-world）性质。

2. 无标度性质

在许多现实世界的图中，我们观察到经验度分布 $f(k)$ 具有“无标度”（scale-free）性质，即与 k 呈现出一种幂律关系，即节点的度 k 的概率满足：

$$f(k)\propto k^{-\gamma} \tag{4.24}$$

直观地说，幂律关系表明绝大多数节点的度都很小，而只有少数 hub 节点具有很高的度，即它们与许多节点互连。幂律关系之所以会导致无标度行为或标度不变行为，是因为按某个常数 c 来缩放参数不会改变比例性质。为此，引入一个不依赖于 k 的比例常数 α，将式（4.24）改写为如下等式：

$$f(k)=\alpha k^{-\gamma} \tag{4.25}$$

然后就可以得到：

$$f(ck)=\alpha(ck)^{-\gamma}=(\alpha c^{-\gamma})k^{-\gamma}\propto k^{-\gamma}$$

同样，对式（4.25）两边取对数，得到：

$$\log f(k)=\log(\alpha k^{-\gamma})$$

$$\log f(k)=-\gamma\log k+\log\alpha$$

这是 k 与 $f(k)$ 的双对数曲线图中的一条直线的方程，其中 $-\gamma$ 给出了直线的斜率。因此，检查图是否具有无标度行为的常用方法是将所有的（$\log k$，$\log f(k)$）点用最小二乘法拟合到一条直线上，如图 4-8a 所示。

在实践中，估计图的度分布时遇到的一个问题是度高的部分噪声会比较大，因此该部分的频率较低。解决这个问题的一种方法是使用累积度分布函数 $F(k)$，这有助于消除噪声。特别地，我们使用 $F^c(k)=1-F(k)$ 给出随机选择的节点度大于 k 的概率。如果 $f(k)\propto k^{-\gamma}(\gamma>1)$，那么：

$$F^c(k)=1-F(k)=1-\sum_{0}^{k}f(x)=\sum_{k}^{\infty}f(x)=\sum_{k}^{\infty}x^{-\gamma}$$

$$\simeq\int_k^{\infty}x^{-\gamma}\mathrm{d}x=\left.\frac{x^{-\gamma+1}}{-\gamma+1}\right|_k^{\infty}=\frac{1}{(\gamma-1)}\cdot k^{-(\gamma-1)}$$

$$\propto k^{-(\gamma-1)}$$

换言之，$F^c(k)$ 与 k 的双对数曲线图也将是斜率为 $-(\gamma-1)$ 而不是 $-\gamma$ 的直线。由于平滑效果，绘制 $\log F^c(k)$ 关于 $\log k$ 的图，并观察其斜率就可以更好地估计幂律关系，如图 4-8b 所示。

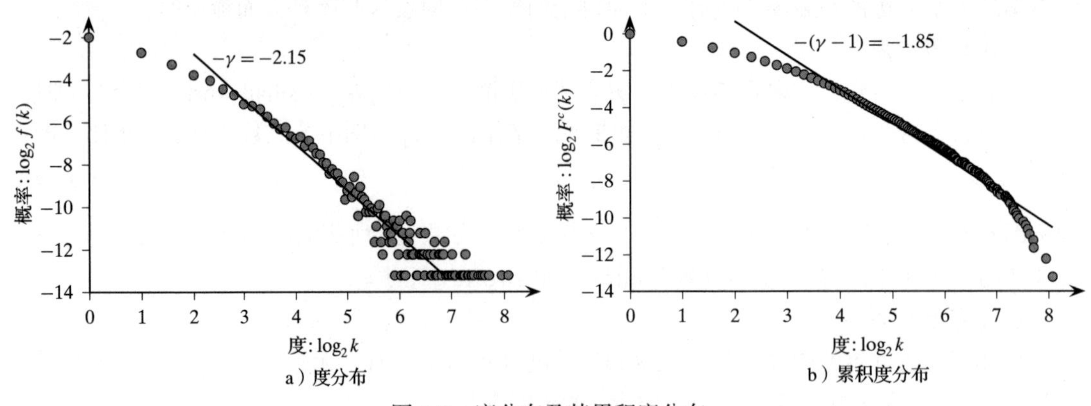

图 4-8　度分布及其累积度分布

3. 聚类效应

现实世界中的图也常常表现出“聚类效应”，即如果两个节点有共同的邻居，则两个节点更有可能连接起来。聚类效应在图 G 中表现出较高的聚类系数。设 $C(k)$ 表示所有度为 k 的节点的平均聚类系数，则聚类效应也表现为 $C(k)$ 与 k 之间的幂律关系：

$$C(k) \propto k^{-\gamma} \tag{4.26}$$

换言之，k 与 $C(k)$ 的双对数曲线图表现为一条斜率为 $-\gamma$ 的直线。直观地说，幂律关系表示为节点之间的层次聚类。也就是说，稀疏连接的节点（即具有较小的度）是高度聚集的区域的一部分（即具有较高的平均聚类系数）。此外，只有少数 hub 节点（具有较大的度）连接这些聚集的区域（hub 节点具有较小的聚类系数）。

例 4.9 图 4-8a 绘制了人类蛋白质相互作用图的度分布图，其中每个节点都表示一个蛋白质，每条边都表示涉及的两个蛋白质是否在实验中相互作用。图中有 n=9521 个节点和 m = 37 060 条边。log k 和 log $f(k)$ 之间的线性关系清晰可见，尽管度很小或度很大的值并不符合线性趋势。忽略极值后的最佳拟合线的斜率为 $\gamma = 2.15$。log k 与 log $F^c(k)$ 的关系图使得线性拟合非常突出，得到的斜率为 $-(\gamma-1)=1.85$，即 $\gamma = 2.85$。因此，我们可以认为该图有无标度行为（除了度的一些极限值），γ 值介于 2 到 3 之间，这是现实世界中许多图的典型特征。

图的直径是 $d(G)=14$，非常接近 $\log_2 n = \log_2(9521) \approx 13.22$。该网络也是小世界网络。

图 4-9 给出了平均聚类系数与度的关系。从最佳拟合线可观察到，该双对数曲线具有非常微弱的线性趋势，斜率为 $-\gamma = -0.55$。我们可以得出这样的结论：该图只有很弱的层次聚类行为。

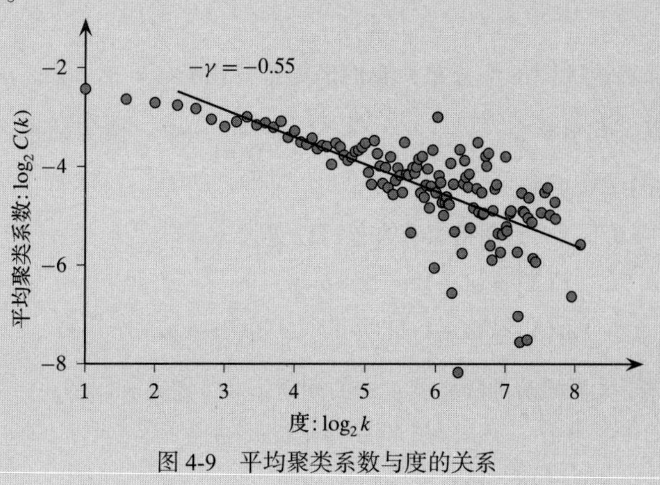

图 4-9 平均聚类系数与度的关系

4.4.1 Erdös-Rényi 随机图模型

Erdös-Rényi（ER）模型生成一个随机图，使得具有固定数目的节点和边的任意图都具有相同的被选择概率。

ER 模型有两个参数：节点数 n 和边数 m。设 M 表示 n 个节点中可能的最大边数，即：

$$M = \mathrm{C}_n^2 = \frac{n(n-1)}{2}$$

ER 模型指定了一组图 $\mathcal{G}(n,m)$，图具有 n 个节点和 m 条边，使得每个图 $G \in \mathcal{G}$ 具有相等的被选择概率：

$$P(G)=\frac{1}{\mathrm{C}_M^m}=(\mathrm{C}_M^m)^{-1}$$

其中，C_M^m 是 M 条可能的边中挑出 m 条边，包含这 m 条边的可能的图（具有 n 个节点）的数目。

设 $V=\{v_1,v_2,\cdots,v_n\}$ 表示 n 个节点的集合。ER 方法通过生成过程选择一个随机图 $G=(V,E) \in \mathcal{G}$。在每一步，它都随机选择两个不同的节点 $v_i,v_j \in V$，并向 E 添加一条边 (v_i,v_j)，前提是该边不在图 G 中。重复该过程，直到有 m 条边被添加到图中。

设 X 为随机变量，表示 $G \in \mathcal{G}$ 的节点的度。p 表示 G 中边的概率：

$$p=\frac{m}{M}=\frac{m}{\mathrm{C}_n^2}=\frac{2m}{n(n-1)}$$

1. 平均度

对于图 G 中任何给定的节点，其度最大为 $n-1$（因为不允许有自环）。因为 p 是节点的一条边的概率，所以对应于节点度的随机变量 X 服从成功概率为 p 的二项分布：

$$f(k)=P(X=k)=\mathrm{C}_{n-1}^k p^k(1-p)^{n-1-k} \tag{4.27}$$

平均度 μ_d 为 X 的期望值：

$$\mu_d=E[X]=(n-1)p$$

我们还可以通过计算 X 的方差来计算节点之间度的方差：

$$\sigma_d^2=\mathrm{var}(X)=(n-1)p(1-p)$$

2. 度分布

为了得到大而稀疏的图的度分布，我们需要推导出 $n\to\infty$ 时 $f(k)=p(X=k)$ 的表达式。设 $m=O(n)$，可以写出 $p=\frac{m}{n(n-1)/2}=\frac{O(n)}{n(n-1)/2}=\frac{1}{O(n)}\to 0$。换句话说，我们对 $n\to\infty$ 和 $p\to 0$ 时图的渐近行为感兴趣。

在 $n\to\infty$，$p\to 0$ 下，X 的期望值和方差可以重写为

$$E[X]=(n-1)p \simeq np,\ n\to\infty$$
$$\mathrm{var}(X)=(n-1)p(1-p) \simeq np,\ n\to\infty \text{且} p\to 0$$

换句话说，对于大而稀疏的随机图，X 的期望值和方差是相同的：

$$E[X]=\mathrm{var}(X)=np$$

二项分布可以用参数 λ 的泊松分布来近似给出：

$$f(k)=\frac{\lambda^k \mathrm{e}^{-\lambda}}{k!} \tag{4.28}$$

其中，$\lambda=np$ 代表分布的期望值和方差。利用阶乘的斯特林近似（Stirling’s approximation）$k!\simeq k^k\mathrm{e}^{-k}\sqrt{2\pi k}$，可得：

$$f(k)=\frac{\lambda^k \mathrm{e}^{-\lambda}}{k!}\simeq\frac{\lambda^k \mathrm{e}^{-\lambda}}{k^k\mathrm{e}^{-k}\sqrt{2\pi k}}=\frac{\mathrm{e}^{-\lambda}}{\sqrt{2\pi}}\frac{(\lambda \mathrm{e})^k}{\sqrt{k}k^k}$$

换句话说，对于 $\alpha = \lambda e = npe$，我们有：

$$f(k) \propto \alpha^k k^{-\frac{1}{2}} k^{-k}$$

我们的结论是大而稀疏的随机图服从泊松度分布，它不表现出幂律关系。因此，ER 随机图模型不足以描述现实世界中的无标度图。

3. 聚类系数

思考图 G 中的一个度为 k 的节点 v_i，假设 v_i 的聚类系数为

$$C(v_i) = \frac{2m_i}{k(k-1)}$$

其中，$k = n_i$ 和 m_i 分别表示由 v_i 的邻居所导出的子图的节点数和边数。然而，由于 p 是边的概率，因此 v_i 的邻居间的边数 m_i 的期望值为

$$m_i = \frac{pk(k-1)}{2}$$

因此，得到：

$$C(v_i) = \frac{2m_i}{k(k-1)} = p$$

换言之，具有各种度的所有节点的期望聚类系数是一致的，因此图的总体聚类系数也是一致的：

$$C(G) = \frac{1}{n} \sum_i C(v_i) = p \tag{4.29}$$

此外，对于稀疏图，有 $p \to 0$，这反过来意味着 $C(G) = C(v_i) \to 0$。因此，大型随机图没有任何聚类效应，这与许多现实世界的网络相反。

4. 直径

前面已经提到，节点的期望度是 $\mu_d = \lambda$，这意味着在一跳之内从一个节点可以到达 λ 个其他节点。由于初始节点的每个邻居的平均度也为 λ，因此我们可以将距离初始节点两跳的节点的数目近似为 λ^2。一般来说，可以粗略（即忽略共享的邻居）地将距离起始节点 v_i 的 k 跳的节点的数目估计为 λ^k。但是，由于图中总共有 n 个不同的节点，因此可以得到：

$$\sum_{k=1}^{t} \lambda^k = n$$

其中，t 表示从 v_i 出发可能的最大跳数。我们得到：

$$\sum_{k=1}^{t} \lambda^k = \frac{\lambda^{t+1} - 1}{\lambda - 1} \simeq \lambda^t$$

代入上面的表达式，得到：

$$\lambda^t \simeq n$$

$$t \log \lambda \simeq \log n$$

$$t \simeq \frac{\log n}{\log \lambda} \propto \log n$$

由于从一个节点到最远节点的路径长度不能超过 t，因此图的直径也受该值的限制，即：

$$d(G) \propto \log n \tag{4.30}$$

其中，假设期望度 λ 是固定的。因此，我们可以得出这样的结论：随机图至少满足现实世界图的一个性质：小世界行为。

4.4.2 Watts-Strogatz 小世界图模型

随机图模型不能表现出很高的聚类系数，但它具有小世界性质。Watts-Strogatz（WS）模型试图通过从一个正则网络开始显式地构建系数较高的局部聚类，在这个网络中，每个节点都与其左右两侧的 k 个邻居连接，并假设初始 n 个节点排列在一个大的环形骨架中。这样的网络会有很高的聚类系数，但不具备小世界性质。令人惊讶的是，在正则网络中加入少量随机性（通过随机重新连接一些边或添加一小部分随机边），就会导致小世界现象的出现。

WS 模型从 n 个节点以圆形布局排列的形式——每个节点都直接与其左、右邻居相连——开始。初始布局中的边称为骨干边（backbone edge）。每个节点到它左右两侧的另外 $k-1$ 个邻居也有边。因此，WS 模型从度为 $2k$ 的正则图开始，图中每个节点都连接到左、右相邻的 k 个邻居，如图 4-10 所示。

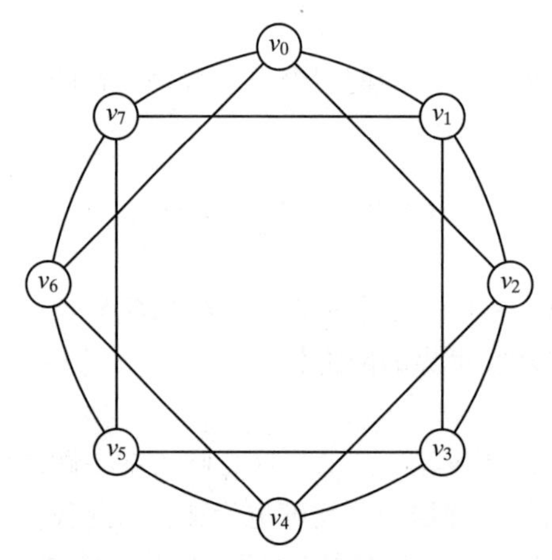

图 4-10　Watts–Strogatz 正则图：$n=8, k=2$

1. 正则图的聚类系数与直径

思考由节点 v 的 $2k$ 个邻居导出的子图 G_v，v 的聚类系数为

$$C(v) = \frac{m_v}{M_v} \tag{4.31}$$

其中，m_v 是 v 的邻居间实际的边数，M_v 是 v 的邻居间可能的最大边数。

为了计算 m_v，考虑从 v 到右边距离 i（$1 \leqslant i \leqslant k$）跳（只考虑骨干边）的某个节点 r_i。节点 r_i 到它右侧直接相邻的 $k-i$ 个邻居有边（仅限于 v 的右邻居），到其左侧直接相邻的 $k-1$ 个邻居有边（所有的 k 个左邻居中除去 v）。由于关于 v 的对称性，v 左边与其距离为 i（$1 \leqslant i \leqslant k$，只考虑骨干边）跳的节点 l_i 具有相同数量的边。因此，G_v 中距离 v 为 i 条骨干边的节点的度为

$$d_i = (k-i) + (k-1) = 2k - i - 1$$

由于每条边都对其两个节点的度有所贡献，因此我们把 v 的所有邻居节点的度相加便可得到：

$$
\begin{aligned}
2m_v &= 2\left(\sum_{i=1}^{k} 2k-i-1\right) \\
m_v &= 2k^2 - \frac{k(k+1)}{2} - k \\
m_v &= \frac{3}{2}k(k-1)
\end{aligned} \tag{4.32}
$$

此外，v的$2k$个邻居间可能的边的数目为

$$M_v = \mathrm{C}_{2k}^2 = \frac{2k(2k-1)}{2} = k(2k-1)$$

将m_v和M_v的公式代入式（4.31），节点v的聚类系数为

$$C(v) = \frac{m_v}{M_v} = \frac{3k-3}{4k-2} \tag{4.33}$$

随着k的增加，聚类系数接近$\frac{3}{4}$，因为随着$k \to \infty, C(G) = C(v) \to \frac{3}{4}$。

因此，WS正则图具有较高的聚类系数。然而，它并不具备小世界性质。请注意，沿主干线，距离v最远的节点的距离最多为$\frac{n}{2}$跳。此外，由于每个节点都与两侧的k个邻居相连，因此最多可以在$\frac{n/2}{k}$跳内到达最远的节点。更准确地说，WS正则图的直径为

$$d(G) = \begin{cases} \left\lceil \frac{n}{2k} \right\rceil, & n\text{为偶数} \\ \left\lceil \frac{n-1}{2k} \right\rceil, & n\text{为奇数} \end{cases} \tag{4.34}$$

正则图的直径与节点数呈线性关系，因此它不具备小世界性质。

2. 正则图的随机扰动

边重连 从度为$2k$的正则图开始，WS模型通过增加随机性来扰动网络的正则结构。一种方法是用概率r随机重连一些边，也就是说，对于图中的每条边(u,v)，使用概率r将v替换为另一个随机选择的节点，并避免自环和重复边的出现。WS正则图有$m = kn$条边，重连后，rm条边是随机的，$(1-r)m$条边是正则的。

快捷边 除了边重连之外，另一种方法是在随机的节点对之间添加快捷边（shortcut edge），如图4-11所示。随机添加到网络中的快捷边总数表示为$mr = knr$，因此r可以被视为每条边添加一条快捷边的概率。图中的边的总数是$m + mr = (1+r)m = (1+r)kn$。因为$r \in [0,1]$，所以边的总数在$[kn, 2kn]$范围内。

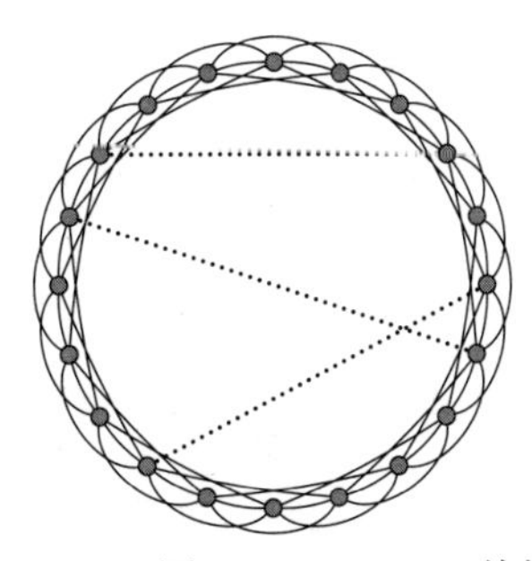

图4-11 Watts-Strogatz图$(n = 20, k = 3)$：快捷边用虚线显示

在这两种方法中，如果边重连或添加快捷边的概率 $r=0$，则得到的是原来的正则图，具有较高的聚类系数，但不具备小世界性质。如果边重连或添加快捷边的概率 $r=1$，则原来的正则图被破坏，图接近于随机图，几乎没有聚类效应，但仍具备小世界性质。令人惊讶的是，只引入少量的随机性就会导致正则网络发生显著变化。如图 4-11 所示，一些长距离的快捷边能显著减小网络的直径。也就是说，即使 r 值很小，WS 模型仍然保留了正则局部聚类结构，但同时也具备小世界性质。

3. Watts-Strogatz 图的性质

度分布　思考一下更容易分析的添加快捷边的方法。在这种方法中，每个节点的度至少为 $2k$，此外，还有一些遵循二项分布的快捷边。每个节点可以有 $n'=n-2k-1$ 条额外的快捷边，因此我们将快捷边条数 n' 作为独立试验次数。因为节点的度为 $2k$，带快捷边的概率为 r，预计该节点上大约有 $2kr$ 条快捷边，但该节点最多有 $n-2k-1$ 条边。因此，成功添加快捷边的概率为

$$p=\frac{2kr}{n-2k-1}=\frac{2kr}{n'} \tag{4.35}$$

设 X 是表示每个节点的快捷边的数量的随机变量，那么节点分配到 j 条快捷边的概率为

$$f(j)=P(X=j)=\mathrm{C}_{n'}^{j}p^{j}(1-p)^{n'-j}$$

其中，$E[X]=n'p=2kr$。网络中每个节点的期望度为

$$2k+E[X]=2k+2kr=2k(1+r)$$

很明显，WS 图的度分布并不满足幂律关系。因此，这种网络不是无标度的。

聚类系数　添加快捷边之后，每个节点 v 的期望度为 $2k(1+r)$，也就是说，每个节点平均连接 $2kr$ 个新邻居，除了原来的 $2k$ 个之外。v 的邻居间可能的边的数目为

$$M_v=\frac{2k(1+r)(2k(1+r)-1)}{2}=(1+r)k(4kr+2k-1)$$

正则 WS 图即使在添加了快捷边之后仍然保持不变，v 的邻居保留所有 $\frac{3k(k-1)}{2}$ 条初始边，如式（4.32）所示。另外，一些快捷边可以连接 v 的相邻节点对。设 Y 为随机变量，表示 v 的 $2k(1+r)$ 个邻居间快捷边的数量，那么 Y 服从成功概率为 p［见式（4.35）］的二项分布。因此，快捷边的期望数量为

$$E[Y]=pM_v$$

设 m_v 为随机变量，表示 v 的邻居间的实际边数，无论是规则边还是快捷边。v 的邻居间的期望边数为

$$E[m_v]=E\left[\frac{3k(k-1)}{2}+Y\right]=\frac{3k(k-1)}{2}+pM_v$$

由于二项分布的取值基本上集中在均值附近，因此我们可以使用期望边数来计算聚类系数的近似值，如下所示：

$$\begin{aligned}C(v)\simeq\frac{E[m_v]}{M_v}&=\frac{\frac{3k(k-1)}{2}+pM_v}{M_v}=\frac{3k(k-1)}{2M_v}+p\\&=\frac{3(k-1)}{(1+r)(4kr+2(2k-1))}+\frac{2kr}{n-2k-1}\end{aligned}$$

其中，p 见式（4.35）。对于大图，我们有 $n \to \infty$，去掉上面的第二项，得到：

$$C(v) \simeq \frac{3(k-1)}{(1+r)(4kr+2(2k-1))} = \frac{3k-3}{4k-2+2r(2kr+4k-1)} \tag{4.36}$$

当 $r \to 0$ 时，上述表达式等价于式（4.31）。因此，对于较小的 r 值，聚类系数仍然很高。

直径　为具有随机快捷边的 WS 模型的直径导出分析表达式并不容易。因此，我们研究 WS 模型在添加较少数量的随机快捷边时的行为。在例 4.10 中，我们发现较小的快捷边概率 r 足以将直径从 $O(n)$ 减小到 $O(\log n)$。因此，WS 模型生成的图既有小世界性质，也能表现出聚类效应。然而，WS 图的度分布并不是无标度的。

例 4.10　图 4-12 模拟了一个 WS 模型（节点数 $n=1000$，$k=3$）。x 轴显示添加随机快捷边的概率 r 的不同值。直径的值对应左侧 y 轴，以圆圈的形式给出，而聚类系数对应右侧 y 轴，以三角形的形式给出。这些值是 WS 模型运行 10 次的平均值。实线给出了用式（4.36）得到的聚类系数，与模拟值完全吻合。

初始正则图的直径为

$$d(G) = \left\lceil \frac{n}{2k} \right\rceil = \left\lceil \frac{1000}{6} \right\rceil = 167$$

其聚类系数为

$$C(G) = \frac{3(k-1)}{2(2k-1)} = \frac{6}{10} = 0.6$$

可以观察到，即使随机添加边的概率很小，图的直径也会迅速减小。$r=0.005$ 时，直径为 61。$r=0.1$ 时，直径缩小到 11，几乎与 $O(\log_2 n)$ 的尺度相同，因为 $\log_2 1000 \simeq 10$。此外，还可以观察到聚类系数的值仍然很高。$r=0.1$ 时，聚类系数为 0.48。因此，模拟研究证实，即使加入少量的随机快捷边，WS 正则图的直径也会从 $O(n)$（大世界）减小到 $O(\log n)$（小世界）。同时，图保持了局部聚类特性。

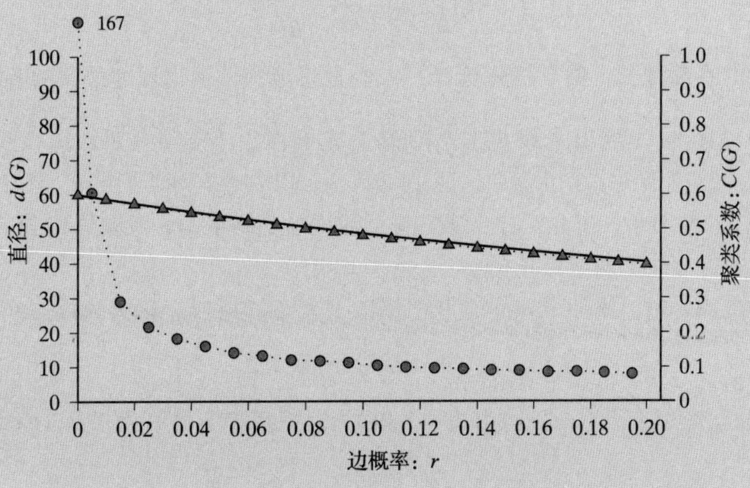

图 4-12　Watts-Strogatz 模型：直径（圆圈）和聚类系数（三角形）

4.4.3 Barabási-Albert 无标度模型

Barabási-Albert（BA）无标度模型试图通过生成过程在每个时间步添加新的节点和新的边，从而捕捉真实的网络的无标度度分布。此外，边的增长基于优先连接（preferential attachment）的概念，也就是说，新节点的边更有可能链接到度更高的节点。因此，BA 模型也被称为“致富”模式。BA 模型通过在每个时间步 $t=1,2,\cdots$ 添加新的节点和边来模拟图的动态增长。令 G_t 表示时间步 t 的图，n_t 表示节点数，m_t 表示 G_t 中的边数。

1. 初始化

BA 模型从时间步 $t=0$ 开始，初始图 G_0 有 n_0 个节点和 m_0 条边。G_0 中的每个节点的度至少为 1；否则它将永远不会被选为优先连接。假设每个节点的初始度为 2，以圆形布局连接到其左、右邻居，因此 $m_0=n_0$。

2. 图的增长和优先连接

通过增加一个节点 u 并增加从 u 到 q 个（$q \leqslant n_0$）不同的节点 $v_j \in G_t$ 的新边，BA 模型从 G_t 中导出新的图 G_{t+1}，其中选择节点 v_j 的概率 $\pi_t(v_j)$ 与其在 G_t 中的度成正比：

$$\pi_t(v_j)=\frac{d_j}{\sum_{v_i\in G_t} d_i} \tag{4.37}$$

因为每步只添加一个新节点，所以 G_t 的节点数为

$$n_t=n_0+t$$

此外，由于每步添加 q 个新边，因此 G_t 的边数为

$$m_t=m_0+qt$$

由于节点的总度是图中边的总数的两倍：

$$\sum_{v_i\in G_t} d(v_i)=2m_t=2(m_0+qt)$$

因此，式（4.37）可改写为

$$\pi_t(v_j)=\frac{d_j}{2(m_0+qt)} \tag{4.38}$$

随着网络的不断增长，由于优先选择，人们直观地预计会出现度很高的 hub 节点。

例 4.11 图 4-13 给出了根据 BA 模型生成的图，参数 $n_0=3$，$q=2$，$t=12$。最初，在 $t=0$ 时，图有 $n_0=3$ 个节点，即 $\{v_0,v_1,v_2\}$（以灰色显示），由 $m_0=3$ 条边连接（加粗显示）。在每个时间步 $t=1,\cdots,12$，节点 v_{t+2} 被添加到网络中，并被连接到 $q=2$ 个节点，所选节点的概率与它们的度成正比。

例如，在 $t=1$ 时，添加节点 v_3，并根据以下分布选择到 v_1 和 v_2 的边：

$$\pi_0(v_i)=1/3,\ i=0,1,2$$

在 $t=2$ 时，添加节点 v_4。利用式（4.38），根据概率分布选择节点 v_2 和 v_3 来进行优先连接：

$$\pi_1(v_0)=\pi_1(v_3)=\frac{2}{10}=0.2$$

$$\pi_1(v_1) = \pi_1(v_2) = \frac{3}{10} = 0.3$$

在 $t=12$ 后，最终图显示了一些 hub 节点，例如 v_1（度为 9）和 v_3（度为 6）。

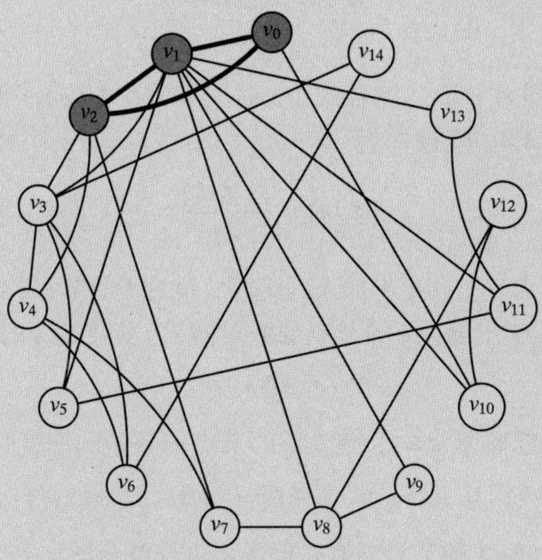

图 4-13 Barabási–Albert 图 $(n_0=3, q=2, t=12)$

3. 度分布

现在研究两种估计 BA 模型度分布的方法，即离散方法和连续方法。

离散方法 离散方法也称为主方程法（master-equation method）。设 X_t 为表示 G_t 中节点的度的随机变量，$f_t(k)$ 表示 X_t 的概率质量函数，也就是说，$f_t(k)$ 是图 G_t 在时间步 t 的度分布。简言之，$f_t(k)$ 是在时间步 t 度为 k 的节点的概率。设 n_t 表示节点数，m_t 表示 G_t 的边数。此外，设 $n_t(k)$ 表示 G_t 中度为 k 的节点数。这样就可以得到：

$$f_t(k) = \frac{n_t(k)}{n_t}$$

由于我们对大型现实世界的图感兴趣，当 $t \to \infty$ 时，G_t 的节点数和边数可以近似为

$$\begin{aligned} n_t &= n_0 + t \simeq t \\ m_t &= m_0 + qt \simeq qt \end{aligned} \tag{4.39}$$

由式（4.37）可知，在时间步 $t+1$ 时，选择在 G_t 中度为 k 的某个节点进行优先连接的概率 $\pi_t(k)$ 可以写成：

$$\pi_t(k) = \frac{k \cdot n_t(k)}{\sum_i i \cdot n_t(i)}$$

分子、分母同时除以 n_t，得到：

$$\pi_t(k) = \frac{k \cdot \frac{n_t(k)}{n_t}}{\sum_i i \cdot \frac{n_t(i)}{n_t}} = \frac{k \cdot f_t(k)}{\sum_i i \cdot f_t(i)} \tag{4.40}$$

注意，分母正是 X_t 的期望值，也就是 G_t 中的平均度，因为：

$$E[X_t]=\mu_d(G_t)=\sum_i i\cdot f_t(i) \tag{4.41}$$

此外，在任意图中平均度均为

$$\mu_d(G_t)=\frac{\sum_i d_i}{n_t}=\frac{2m_t}{n_t}\simeq\frac{2qt}{t}=2q \tag{4.42}$$

这里使用了式（4.39），即 $m_t=qt$。结合式（4.41）和式（4.42），我们可以将度为 k 的节点的优先连接概率［见式（4.40）］改写为

$$\pi_t(k)=\frac{k\cdot f_t(k)}{2q} \tag{4.43}$$

现在思考当一个新节点 u 在 $t+1$ 步加入网络时，度为 k 的节点的数量的变化。度为 k 的节点的数量的净变化量为 $t+1$ 步度为 k 的节点的数量减去 t 步度为 k 的节点的数量，如下所示：

$$(n_t+1)\cdot f_{t+1}(k)-n_t\cdot f_t(k)$$

使用式（4.39）中的近似值 $n_t\simeq t$，度为 k 的节点的数量的净变化量为

$$(n_t+1)\cdot f_{t+1}(k)-n_t\cdot f_t(k)=(t+1)\cdot f_{t+1}(k)-t\cdot f_t(k) \tag{4.44}$$

当 u 连接到 G_t 中度为 $k-1$ 的节点 v_i 时，度为 k 的节点会增加，因为在这种情况下，v_i 在 G_{t+1} 中的度为 k。在 $t+1$ 步添加 q 条边时，选择 G_t 中度为 $k-1$ 的节点与 u 进行连接，所选节点数量为

$$q\pi_t(k-1)=\frac{q\cdot(k-1)\cdot f_t(k-1)}{2q}=\frac{1}{2}\cdot(k-1)\cdot f_t(k-1) \tag{4.45}$$

这里使用式（4.43）计算 $\pi_t(k-1)$。注意，式（4.45）仅在 $k>q$ 时成立，即 v_i 的度至少为 q，因为在 $t\geqslant1$ 步添加的每个节点的初始度都为 q。因此，如果 $d_i=k-1$，那么 $k-1\geqslant q$ 意味着 $k>q$（也可以通过设定 $n_0=q+1$ 确保初始的 n_0 个节点的度为 q）。

同时，每当 u 连接到 G_t 中度为 k 的节点 v_i 时，度为 k 的节点减少，因为在这种情况下，v_i 在 G_{t+1} 中的度将变为 $k+1$。根据式（4.43），在 $t+1$ 步添加 q 条边时，选择连接到 u 的度为 k 的节点的数量为

$$q\cdot\pi_t(k)=\frac{q\cdot k\cdot f_t(k)}{2q}=\frac{1}{2}\cdot k\cdot f_t(k) \tag{4.46}$$

基于前面的讨论，当 $k>q$ 时，度为 k 的节点的数量的净变化量等于式（4.45）和式（4.46）的差：

$$q\cdot\pi_t(k-1)-q\cdot\pi_t(k)=\frac{1}{2}\cdot(k-1)\cdot f_t(k-1)-\frac{1}{2}k\cdot f_t(k) \tag{4.47}$$

令式（4.44）和式（4.47）相等，得到 $k>q$ 时的主方程：

$$(t+1)\cdot f_{t+1}(k)-t\cdot f_t(k)=\frac{1}{2}\cdot(k-1)\cdot f_t(k-1)-\frac{1}{2}\cdot k\cdot f_t(k) \tag{4.48}$$

此外，当 $k=q$ 时，即假设图中没有度小于 q 的节点，则只有新添加的节点使度为 $k=q$ 的节点的数量增加 1。但是，如果 u 连接到一个现有的度为 k 的节点 v_i，那么度为 k 的节点的数量将会减 1，因为在这种情况下，v_i 在 G_{t+1} 中的度将变为 $k+1$。因此，度为 k 的节点的

数量的净变化量为

$$1 - q \cdot \pi_t(k) = 1 - \frac{1}{2} \cdot k \cdot f_t(k) \tag{4.49}$$

令式（4.44）和式（4.49）相等，得到 $k = q$ 时的主方程：

$$(t+1) \cdot f_{t+1}(k) - t \cdot f_t(k) = 1 - \frac{1}{2} \cdot k \cdot f_t(k) \tag{4.50}$$

我们的目标是获得主方程的定常解或时不变解。换句话说，该解需要满足如下条件：

$$f_{t+1}(k) = f_t(k) = f(k) \tag{4.51}$$

定常解给出了与时间无关的度分布。

首先导出 $k = q$ 时的定常解，将式（4.51）代入式（4.50），设 $k = q$，得到：

$$\begin{aligned} (t+1) \cdot f(q) - t \cdot f(q) &= 1 - \frac{1}{2} \cdot q \cdot f(q) \\ 2f(q) &= 2 - q \cdot f(q) \\ f(q) &= \frac{2}{q+2} \end{aligned} \tag{4.52}$$

$k > q$ 时的定常解给出了 $f(k)$ 关于 $f(k-1)$ 的递归形式：

$$\begin{aligned} (t+1) \cdot f(k) - t \cdot f(k) &= \frac{1}{2} \cdot (k-1) \cdot f(k-1) - \frac{1}{2} \cdot k \cdot f(k) \\ 2f(k) &= (k-1) \cdot f(k-1) - k \cdot f(k) \\ f(k) &= \left(\frac{k-1}{k+2}\right) \cdot f(k-1) \end{aligned} \tag{4.53}$$

展开式（4.53），直到边界条件 $k = q$：

$$\begin{aligned} f(k) &= \frac{(k-1)}{(k+2)} \cdot f(k-1) \\ &= \frac{(k-1)(k-2)}{(k+2)(k+1)} \cdot f(k-2) \\ &\vdots \\ &= \frac{(k-1)(k-2)(k-3)(k-4)\cdots(q+3)(q+2)(q+1)(q)}{(k+2)(k+1)(k)(k-1)\cdots(q+6)(q+5)(q+4)(q+3)} \cdot f(q) \\ &= \frac{(q+2)(q+1)q}{(k+2)(k+1)k} \cdot f(q) \end{aligned}$$

代入式（4.52）中 $f(q)$ 的定常解，可得通解：

$$f(k) = \frac{(q+2)(q+1)q}{(k+2)(k+1)k} \cdot \frac{2}{(q+2)} = \frac{2q(q+1)}{k(k+1)(k+2)}$$

对于常数 q 和较大的 k，很容易看出度分布满足：

$$f(k) \propto k^{-3} \tag{4.54}$$

换言之，BA 模型产生了一个幂律度分布，$\gamma = 3$，特别是对于较大的度而言。

连续方法　连续方法也称为平均场法（mean-field method）。在 BA 模型中，早期添加的节点往往具有更大的度，因为它们有更多的机会从稍后添加到网络的节点获取连接。节点度的时间依赖性可以近似为一个连续随机变量。设 $k_i = d_t(i)$ 表示 t 时刻节点 v_i 的度。在时刻 t，新添加的节点 u 连接到 v_i 的概率为 $\pi_t(i)$。此外，每个时间步时 v_i 度的变化表示为 $q \cdot \pi_t(i)$。根据式（4.39）中的近似值 $n_t \simeq t$ 和 $m_t \simeq qt$，k_i 随时间的变化率可写为

$$\frac{\mathrm{d}k_i}{\mathrm{d}t} = q \cdot \pi_t(i) = q \cdot \frac{k_i}{2qt} = \frac{k_i}{2t}$$

重新排列公式 $\frac{\mathrm{d}k_i}{\mathrm{d}t} = \frac{k_i}{2t}$ 中的项，并在两边取积分，得到：

$$\begin{aligned}\int \frac{1}{k_i}\mathrm{d}k_i &= \int \frac{1}{2t}\mathrm{d}t \\ \ln k_i &= \frac{1}{2}\ln t + C \\ \mathrm{e}^{\ln k_i} &= \mathrm{e}^{\ln t^{1/2}} \cdot \mathrm{e}^{C} \\ k_i &= \alpha \cdot t^{1/2}\end{aligned} \tag{4.55}$$

其中，C 是积分常数，因此 $\alpha = \mathrm{e}^C$ 也是常数。

设 t_i 表示节点 i 被添加到网络的时间。由于所有节点的初始度都为 q，因此可以得到在 $t = t_i$ 时刻的边界条件 $k_i = q$。将它们代入式（4.55），得到：

$$\begin{aligned}k_i &= \alpha \cdot t_i^{1/2} = q \\ \alpha &= \frac{q}{\sqrt{t_i}}\end{aligned} \tag{4.56}$$

将式（4.56）代入式（4.55），得到特解：

$$k_i = \alpha \cdot \sqrt{t} = q \cdot \sqrt{t/t_i} \tag{4.57}$$

直观地说，这一解印证了“致富”现象。这表明，如果节点 v_i 较早地添加到了网络中（即 t_i 很小），那么随着时间的推移（即 t 变大），v_i 的度将持续增大（与 t 的平方根成正比）。

现在考虑 t 时刻 v_i 的度小于某个值 k 的概率，即 $P(k_i < k)$。注意，如果 $k_i < k$，那么根据式（4.57）有：

$$\begin{aligned}k_i &< k \\ q \cdot \sqrt{\frac{t}{t_i}} &< k \\ \frac{t}{t_i} &< \frac{k^2}{q^2} \\ t_i &> \frac{q^2 t}{k^2}\end{aligned}$$

因此，可以写成：

$$P(k_i < k) = P\left(t_i > \frac{q^2 t}{k^2}\right) = 1 - P\left(t_i \leqslant \frac{q^2 t}{k^2}\right)$$

换句话说，节点 v_i 的度小于 k 的概率与 v_i 加入图的时刻 t_i 大于 $\frac{q^2}{t^2}t$ 的概率相同，也等于 1 减去 t_i 小于或等于 $\frac{q^2}{k^2}t$ 的概率。

请注意，节点以每个时间步加入一个节点的均匀速度添加到图中，即 $\frac{1}{n_t} \simeq \frac{1}{t}$。因此，

$$
\begin{aligned}
P(k_i < k) &= 1 - P\left(t_i \leqslant \frac{q^2 t}{k^2}\right) \\
&= 1 - \frac{q^2 t}{k^2} \cdot \frac{1}{t} \\
&= 1 - \frac{q^2}{k^2}
\end{aligned}
$$

由于 v_i 是图中的任意一个节点，因此 $P(k_i<k)$ 可以看作 t 时刻的累积度分布 $F_t(k)$。通过取 $F_t(k)$ 对 k 的导数即可得到度分布 $f_t(k)$：

$$
\begin{aligned}
f_t(k) = \frac{\mathrm{d}}{\mathrm{d}k}F_t(k) &= \frac{\mathrm{d}}{\mathrm{d}k}P(k_i < k) \\
&= \frac{\mathrm{d}}{\mathrm{d}k}\left(1 - \frac{q^2}{k^2}\right) \\
&= 0 - \left(\frac{k^2 \cdot 0 - q^2 \cdot 2k}{k^4}\right) \\
&= \frac{2q^2}{k^3} \\
&\propto k^{-3}
\end{aligned}
\tag{4.58}
$$

在式（4.58）中，使用商法则计算 $f(x) = \frac{g(k)}{h(k)}$ 的导数，商法则如下：

$$
\frac{\mathrm{d}f(k)}{\mathrm{d}k} = \frac{h(k) \cdot \frac{\mathrm{d}g(k)}{\mathrm{d}k} - g(k) \cdot \frac{\mathrm{d}h(k)}{\mathrm{d}k}}{h(k)^2}
$$

其中，$g(k) = q^2$，$h(k) = k^2$，$\frac{\mathrm{d}g(k)}{\mathrm{d}k} = 0$，$\frac{\mathrm{d}h(k)}{\mathrm{d}k} = 2k$。

请注意，式（4.58）中给出的连续方法的度分布与式（4.54）中使用离散方法得到的度分布非常接近。两个解都证实了度分布与 k^{-3} 成正比，并遵循 $\gamma = 3$ 的幂律行为。

4. 聚类系数和直径

BA 模型的聚类系数和直径的封闭解很难得到。人们已经证明 BA 图的直径满足：

$$
d(G_t) = O\left(\frac{\log n_t}{\log\log n_t}\right)
$$

这表明当 $q>1$ 时，它们表现出超小世界性质。此外，BA 图的期望聚类系数满足：

$$
E[C(G_t)] = O\left(\frac{(\log n_t)^2}{n_t}\right)
$$

这只比随机图的聚类系数［例如 $O(n_t^{-1})$］稍好。例 4.12 研究了给定参数的 BA 模型的随机实

例的聚类系数和直径。

例 4.12　图 4-14 绘制了 10 个不同的 BA 图的平均经验度分布图（$n_0=3$，$q=3$，$t=997$）。最终的图有 $n=1000$ 个节点。双对数曲线的斜率证实了幂律的存在，斜率为 $-\gamma=-2.64$。

10 个图的平均聚类系数为 $C(G)=0.019$，不是很大，说明 BA 模型并不会产生很强的聚类效应。此外，平均直径为 $d(G)=6$，表明有超小世界性质。

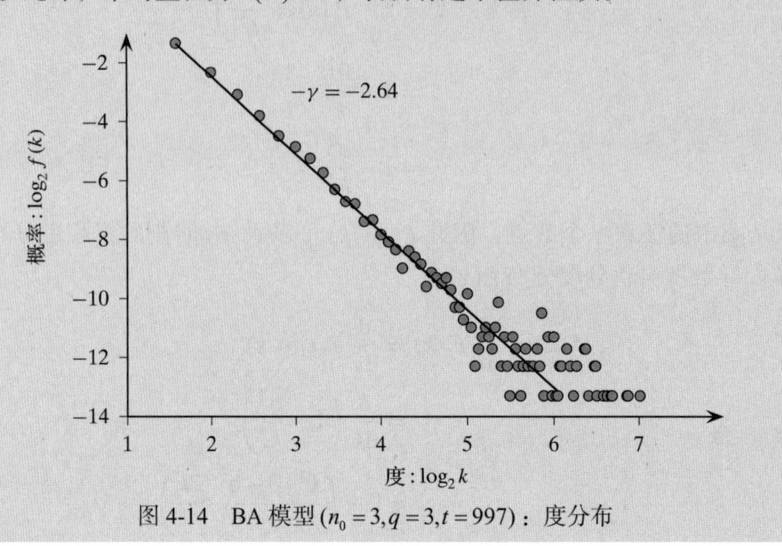

图 4-14　BA 模型 $(n_0=3, q=3, t=997)$：度分布

4.5　拓展阅读

随机图理论是由 Erdös 和 Rényi 建立的（Erdös & Rényi，1959），关于这个主题的详细论述参见文献（Bollobás，2001）。文献（Watts & Strogatz，1998）和（Barabási & Albert，1999）提出了现实世界网络的替代图模型。文献（Wasserman & Faust，1994）给出了一本关于图数据分析的综合性书籍。近期的网络科学书籍包括文献（Lewis, 2009）和（Newman，2010）。关于 PageRank，参见文献（Brin & Page，1998）；关于 hub 分数和权威评分方法，参见文献（Kleinberg，1999）。有关现实世界网络的模式、法则和模型（包括 RMat 生成器）的最新研究，请参见文献（Chakrabarti & Faloutsos，2012）。

Barabási, A.-L. and Albert, R. (1999). Emergence of scaling in random networks. *Science*, 286 (5439), 509–512.

Bollobás, B. (2001). *Random Graphs*. 2nd ed. Vol. 73. New York: Cambridge University Press.

Brin, S. and Page, L. (1998). The anatomy of a large-scale hypertextual Web search engine. *Computer networks and ISDN systems*, 30 (1), 107–117.

Chakrabarti, D. and Faloutsos, C. (2012). Graph Mining: Laws, Tools, and Case Studies. *Synthesis Lectures on Data Mining and Knowledge Discovery*, 7 (1), 1–207.

Erdős, P. and Rényi, A. (1959). On random graphs. *Publicationes Mathematicae Debrecen*, 6, 290–297.

Kleinberg, J. M. (1999). Authoritative sources in a hyperlinked environment. *Journal of the ACM*, 46 (5), 604–632.

Lewis, T. G. (2009). *Network Science: Theory and Applications*. Hoboken, NJ: John Wiley & Sons.

Newman, M. (2010). *Networks: An Introduction*. Oxford: Oxford University Press.

Wasserman, S. and Faust, K. (1994). *Social Network Analysis: Methods and Applications*. Structural Analysis in the Social Sciences. New York: Cambridge University Press.

Watts, D. J. and Strogatz, S. H. (1998). Collective dynamics of 'small-world' networks. *Nature*, 393 (6684), 440–442.

4.6 练习

Q1. 给定图 4-15 中的图，求声望向量的定点。

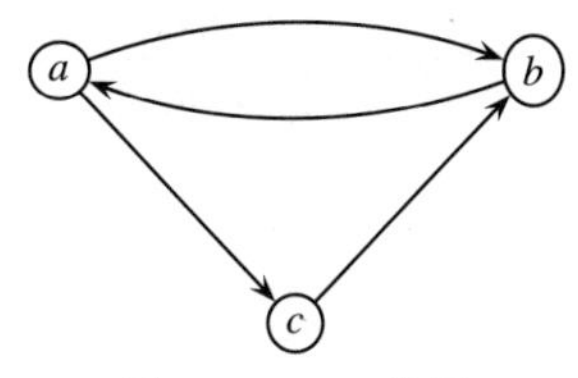

图 4-15 Q1 的图

Q2. 给出图 4-16 中的图，求权威评分向量和 hub 分数向量的定点。

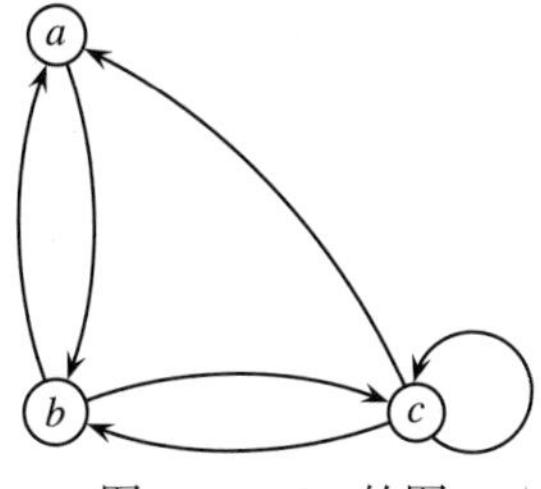

图 4-16 Q2 的图

Q3. 思考图 4-17 中带有 n 个节点的双星图，其中只有节点 1 和节点 2 连接到所有其他节点，除此之外，没有其他连接。回答以下问题（将 n 视为一个变量）:

（a）该图的度分布是什么？

（b）平均度是多少？

（c）节点 1 和节点 3 的聚类系数是多少？

（d）整个图的聚类系数 $C(G)$ 是多少？该聚类系数在 $n \to \infty$ 时会发生什么变化？

（e）该图的传递性 $T(G)$ 是多少？ $T(G)$ 在 $n \to \infty$ 时会发生什么？

（f）该图的平均路径长度是多少？

（g）节点 1 的中介是多少？

（h）该图的度方差是多少？

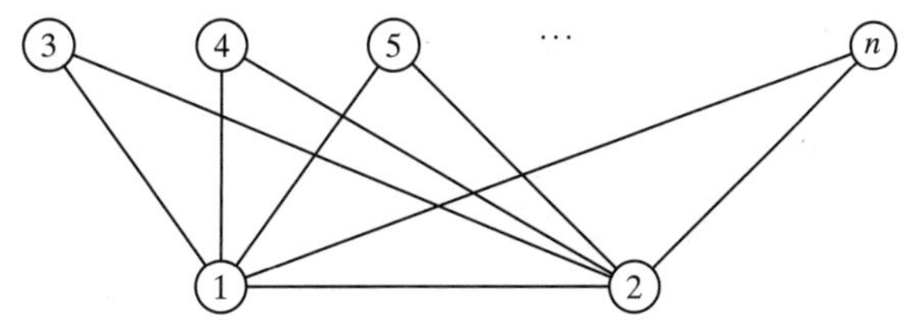

图 4-17 Q3 的图

Q4. 思考图 4-18 中的图。计算 hub 分数向量和权威评分向量。哪些节点是 hub 节点，哪些是权威节点？

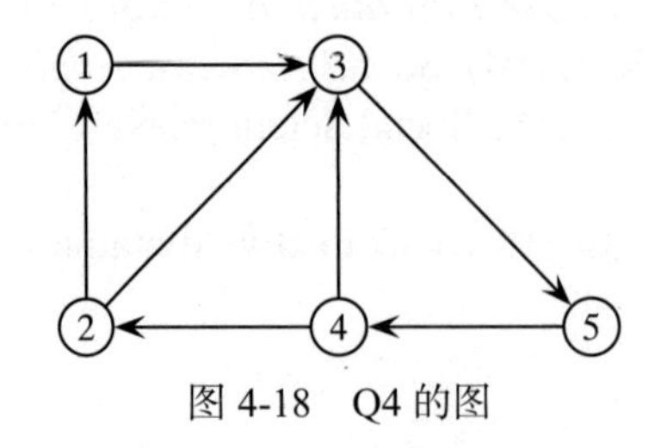

图 4-18 Q4 的图

Q5. 证明 BA 模型在时间步 $t+1$ 时，G_t 中某个度为 k 的节点被选中进行优先连接的概率 $\pi_t(k)$ 为

$$\pi_t(k) = \frac{k \cdot n_t(k)}{\sum_i i \cdot n_t(i)}$$

核 方 法

在介绍数据挖掘之前，首先要找到一种合适的数据表示，方便进行数据分析。例如，对于文本、序列、图像等复杂数据，通常必须提取或构造一组属性或特征，以便将数据实例表示为多元向量，即给定一个数据实例 $\boldsymbol{x}$（例如序列），必须找到一个映射 ϕ，这样 $\phi(\boldsymbol{x})$ 就是 $\boldsymbol{x}$ 的向量表示。即使输入数据是数值型数据矩阵，如果我们希望发现属性间的非线性关系，那么可以使用非线性映射 ϕ，使 $\phi(\boldsymbol{x})$ 表示包含非线性属性的高维空间中的向量。我们使用输入空间表示输入数据 $\boldsymbol{x}$ 的数据空间，使用特征空间表示映射向量 $\phi(\boldsymbol{x})$ 的空间。因此，给定数据对象或实例的集合 $\boldsymbol{x}_i$，并给出映射函数 ϕ，我们可以将它们转换成特征向量 $\phi(\boldsymbol{x}_i)$，这样我们就能通过数值分析方法来分析复杂数据实例。

例 5.1（基于序列的特征） 思考一个由 DNA 序列构成的数据集，序列中的碱基包括 $\boldsymbol{\Sigma}=\{\text{A,C,G,T}\}$。一个简单的特征空间是用 $\boldsymbol{\Sigma}$ 中符号的概率分布来表示每个序列。也就是说，给定长度为 $|\boldsymbol{x}|=m$ 的序列 $\boldsymbol{x}$，从 $\boldsymbol{x}$ 到特征空间的映射如下：

$$\phi(\boldsymbol{x})=\{P(\text{A}),P(\text{C}),P(\text{G}),P(\text{T})\}$$

其中，$P(s)=\frac{n_s}{m}$ 是观察到符号 $s\in\boldsymbol{\Sigma}$ 的概率，n_s 是 s 在序列 $\boldsymbol{x}$ 中出现的次数。输入空间是序列 $\boldsymbol{\Sigma}^*$ 的集合，特征空间是 $\mathbb{R}^4$。例如，如果 $\boldsymbol{x}=\text{ACAGCAGTA}$，$m=|\boldsymbol{x}|=9$，因为 A 出现了 4 次，C 和 G 出现了 2 次，T 出现了 1 次，所以：

$$\phi(\boldsymbol{x})=(4/9,2/9,2/9,1/9)=(0.44,0.22,0.22,0.11)$$

同样，对于另一个序列 $\boldsymbol{y}=\text{AGCAAGCGAG}$，有：

$$\phi(\boldsymbol{y})=(4/10,2/10,4/10,0)=(0.4,0.2,0.4,0)$$

ϕ 映射现在允许我们计算数据样本上的统计信息，从而对总体进行推断。例如，我们可以计算符号构成的均值，也可以定义任意两个序列之间的距离：

$$\|\phi(\boldsymbol{x})-\phi(\boldsymbol{y})\|=\sqrt{(0.44-0.4)^2+(0.22-0.2)^2+(0.22-0.4)^2+(0.11-0)^2}=0.22$$

我们可以计算更大的特征空间，例如，$\boldsymbol{\Sigma}$ 中所有长度不超过 k 的子串或词的概率分布，等等。

例 5.2（非线性特征） 作为非线性映射的一个例子，思考 ϕ 以向量 $\boldsymbol{x}=(x_1,x_2)^{\mathrm{T}}\in\mathbb{R}^2$ 为输入，并通过非线性映射将其映射到“二次”特征空间的情况：

$$\phi(\boldsymbol{x})=(x_1^2,x_2^2,\sqrt{2}x_1x_2)^{\mathrm{T}}\in\mathbb{R}^3$$

例如，点 $\boldsymbol{x}=(5.9,3)^{\mathrm{T}}$ 被映射到如下向量：

$$\phi(\boldsymbol{x})=(5.9^2,3^2,\sqrt{2}\times5.9\times3)^{\mathrm{T}}=(34.81,9,25.03)^{\mathrm{T}}$$

这种转换的主要好处是我们可以在特征空间中应用一些常用的线性分析方法。由于现在的特征是原始属性的非线性组合，我们还可以挖掘非线性的模式和关系。

虽然映射到特征空间可以让人们通过代数和概率建模来分析数据，然而得到的特征空间通常是非常高维的，甚至可能是无限维的。因此，将所有输入点转换为特征空间成本可能非常高昂，甚至不可能实现。“高维”会使我们遇到第 6 章后面强调的“维数灾难”（curse of dimensionality）。

核方法可以避免显式地将输入空间中的每个点 $\boldsymbol{x}$ 转换为特征空间中的映射点 $\phi(\boldsymbol{x})$。相反，输入对象通过其 $n\times n$ 成对相似度值来表示。相似度函数——称为核（kernel）——使其在某个高维特征空间中表示一个点积，不需要直接构造 $\phi(\boldsymbol{x})$ 就可以计算出来。令 $\mathcal{I}$ 表示输入空间，它可以包含任意一组对象，设 $\boldsymbol{D}=\{\boldsymbol{x}_i^{\mathrm{T}}\}_{i=1}^n\subset\mathcal{I}$ 是输入空间中包含 n 个对象的数据集。我们通过 $n\times n$ 核矩阵来表示 $\boldsymbol{D}$ 中各点之间的成对相似度值，如下所示：

$$\boldsymbol{K}=\begin{pmatrix}K(\boldsymbol{x}_1,\boldsymbol{x}_1) & K(\boldsymbol{x}_1,\boldsymbol{x}_2) & \cdots & K(\boldsymbol{x}_1,\boldsymbol{x}_n)\\ K(\boldsymbol{x}_2,\boldsymbol{x}_1) & K(\boldsymbol{x}_2,\boldsymbol{x}_2) & \cdots & K(\boldsymbol{x}_2,\boldsymbol{x}_n)\\ \vdots & \vdots & & \vdots\\ K(\boldsymbol{x}_n,\boldsymbol{x}_1) & K(\boldsymbol{x}_n,\boldsymbol{x}_2) & \cdots & K(\boldsymbol{x}_n,\boldsymbol{x}_n)\end{pmatrix}$$

其中，$K:\mathcal{I}\times\mathcal{I}\to\mathbb{R}$ 是输入空间中任意两点上的核函数。但是，我们要求 K 对应于某个特征空间中的点积，也就是说，对于任意 $\boldsymbol{x}_i\boldsymbol{x}_j\in\mathcal{I}$，核函数都应该满足以下条件：

$$K(\boldsymbol{x}_i,\boldsymbol{x}_j)=\phi(\boldsymbol{x}_i)^{\mathrm{T}}\phi(\boldsymbol{x}_j) \tag{5.1}$$

其中，$\phi:\mathcal{I}\to\mathcal{F}$ 是输入空间 $\mathcal{I}$ 到特征空间 $\mathcal{F}$ 的映射。直观地说，这意味着我们应该能够使用原始的输入表示 $\boldsymbol{x}$ 来计算点积的值，而无须依赖映射 $\phi(\boldsymbol{x})$。显然，并不是任意一个函数都可以作为核函数，有效的核函数必须满足一定的条件，使式（5.1）成立，5.1 节将对此进行详细描述。

值得注意的是，点积的转置算子只在 $\mathcal{F}$ 是向量空间时适用。当 $\mathcal{F}$ 是带内积的抽象向量空间时，核函数被写为 $K(\boldsymbol{x}_i,\boldsymbol{x}_j)=\langle\phi(\boldsymbol{x}_i),\phi(\boldsymbol{x}_j)\rangle$。但是，为了方便起见，本章均使用转置算子，当 $\mathcal{F}$ 是内积空间时，应该理解为

$$\phi(\boldsymbol{x}_i)^{\mathrm{T}}\phi(\boldsymbol{x}_j)\equiv\langle\phi(\boldsymbol{x}_i),\phi(\boldsymbol{x}_j)\rangle$$

例 5.3（线性核和二次核） 思考恒等映射 $\phi(\boldsymbol{x})\to\boldsymbol{x}$，这自然是线性核，它只是两个输入向量之间的点积，并满足式（5.1）：

$$\phi(\boldsymbol{x})^{\mathrm{T}}\phi(\boldsymbol{y})=\boldsymbol{x}^{\mathrm{T}}\boldsymbol{y}=K(\boldsymbol{x},\boldsymbol{y})$$

例如，思考图 5-1a 所示的二维鸢尾花数据集的前 5 个点：

$$\boldsymbol{x}_1=\begin{pmatrix}5.9\\3\end{pmatrix}\quad \boldsymbol{x}_2=\begin{pmatrix}6.9\\3.1\end{pmatrix}\quad \boldsymbol{x}_3=\begin{pmatrix}6.6\\2.9\end{pmatrix}\quad \boldsymbol{x}_4=\begin{pmatrix}4.6\\3.2\end{pmatrix}\quad \boldsymbol{x}_5=\begin{pmatrix}6\\2.2\end{pmatrix}$$

线性核的核矩阵如图 5-1b 所示。例如：

$$K(\boldsymbol{x}_1,\boldsymbol{x}_2)=\boldsymbol{x}_1^{\mathrm{T}}\boldsymbol{x}_2=5.9\times 6.9+3\times 3.1=40.71+9.3=50.01$$

思考例 5.2 中的二次映射 $\phi:\mathbb{R}^2\to\mathbb{R}^3$，它将 $\boldsymbol{x}=(x_1,x_2)^{\mathrm{T}}$ 映射为

$$\phi(\boldsymbol{x})=(x_1^2,x_2^2,\sqrt{2}x_1x_2)^{\mathrm{T}}$$

两个输入点 $\boldsymbol{x},\boldsymbol{y}\in\mathbb{R}^2$ 映射之间的点积为

$$\phi(\boldsymbol{x})^{\mathrm{T}}\phi(\boldsymbol{y})=x_1^2y_1^2+x_2^2y_2^2+2x_1y_1x_2y_2$$

重新排列上式，得到（同质）二次核函数，如下所示：

$$\begin{aligned}\phi(\boldsymbol{x})^{\mathrm{T}}\phi(\boldsymbol{y})&=x_1^2y_1^2+x_2^2y_2^2+2x_1y_1x_2y_2\\&=(x_1y_1+x_2y_2)^2\\&=(\boldsymbol{x}^{\mathrm{T}}\boldsymbol{y})^2\\&=K(\boldsymbol{x},\boldsymbol{y})\end{aligned}$$

由此可以看出，特征空间中的点积可以通过计算核在输入空间中的值来计算，而不必显式地将点映射到特征空间。例如，我们有：

$$\phi(\boldsymbol{x}_1)=(5.9^2,3^2,\sqrt{2}\cdot 5.9\cdot 3)^{\mathrm{T}}=(34.81,9,25.03)^{\mathrm{T}}$$

$$\phi(\boldsymbol{x}_2)=(6.9^2,3.1^2,\sqrt{2}\cdot 6.9\cdot 3.1)^{\mathrm{T}}=(47.61,9.61,30.25)^{\mathrm{T}}$$

$$\phi(\boldsymbol{x}_1)^{\mathrm{T}}\phi(\boldsymbol{x}_2)=34.81\times 47.61+9\times 9.61+25.03\times 30.25\approx 2501$$

我们可以证明同质二次核函数给出了相同的值：

$$K(\boldsymbol{x}_1,\boldsymbol{x}_2)=(\boldsymbol{x}_1^{\mathrm{T}}\boldsymbol{x}_2)^2=(50.01)^2\approx 2501$$

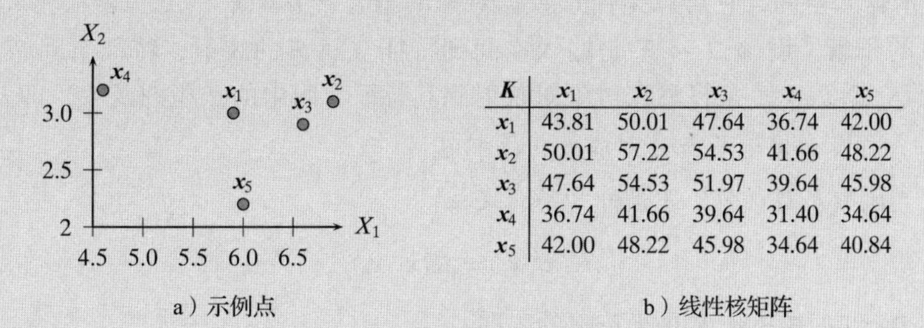

K	$\boldsymbol{x}_1$	$\boldsymbol{x}_2$	$\boldsymbol{x}_3$	$\boldsymbol{x}_4$	$\boldsymbol{x}_5$
$\boldsymbol{x}_1$	43.81	50.01	47.64	36.74	42.00
$\boldsymbol{x}_2$	50.01	57.22	54.53	41.66	48.22
$\boldsymbol{x}_3$	47.64	54.53	51.97	39.64	45.98
$\boldsymbol{x}_4$	36.74	41.66	39.64	31.40	34.64
$\boldsymbol{x}_5$	42.00	48.22	45.98	34.64	40.84

a）示例点　　b）线性核矩阵

图 5-1　示例点及对应的线性核矩阵

可以看到，很多数据挖掘方法都是可以*核化*的，即无须把输入点映射到特征空间，而是用 $n\times n$ 核矩阵 $\boldsymbol{K}$ 来表示数据，所有相关分析都可以通过 $\boldsymbol{K}$ 进行，这通常是通过所谓的*核技巧*（kernel trick）来完成的，也就是说，分析任务只需要特征空间中的点积 $\phi(\boldsymbol{x}_i)^{\mathrm{T}}\phi(\boldsymbol{x}_j)$，而该点积可以用相应的核 $K=(\boldsymbol{x}_i,\boldsymbol{x}_j)=\phi(\boldsymbol{x}_i)^{\mathrm{T}}\phi(\boldsymbol{x}_j)$ 代替，该核可以在输入空间中有效地计算。一旦计算了核矩阵，就不再需要输入点 $\boldsymbol{x}_i$，因为所有特征空间中只涉及点积的运算都可以通过 $n\times n$ 核矩阵 $\boldsymbol{K}$ 计算。直接的结果是当输入数据是典型的 $n\times d$ 数值矩阵 $\boldsymbol{D}$ 时，我们采用线性核，通过分析 $\boldsymbol{K}$ 得到的结果与通过分析 $\boldsymbol{D}$ 得到的结果是等价的（只要分析中只涉及点积）。当然，核方法更灵活，因为我们可以通过引入非线性核来轻松地执行非线性分析，也可以在不显式地构造映射 $\phi(\boldsymbol{x})$ 的情况下分析（非数值的）复杂对象。

例 5.4 思考例 5.3 中的 5 个点以及图 5-1 所示的线性核矩阵。5 个点在特征空间中的均值就是在输入空间中的均值，因为 ϕ 是该线性核的恒等函数：

$$\boldsymbol{\mu}_\phi = \frac{1}{5}\sum_{i=1}^{5}\phi(\boldsymbol{x}_i) = \frac{1}{5}\sum_{i=1}^{5}\boldsymbol{x}_i = (6.00, 2.88)^{\mathrm{T}}$$

现在思考在特征空间中均值大小的平方：

$$\|\boldsymbol{\mu}_\phi\|^2 = \boldsymbol{\mu}_\phi^{\mathrm{T}}\boldsymbol{\mu}_\phi = (6.0^2 + 2.88^2) \approx 44.29$$

因为这只涉及特征空间中的点积运算，因此均值大小的平方可以直接从 $\boldsymbol{K}$ 计算。正如我们稍后将看到的［见式（5.13）］，均值向量在特征空间中的平方范数等于核矩阵 $\boldsymbol{K}$ 的均值。对于图 5-1b 中的核矩阵，我们有：

$$\frac{1}{5^2}\sum_{i=1}^{5}\sum_{j=1}^{5}K(\boldsymbol{x}_i, \boldsymbol{x}_j) = \frac{1107.36}{25} \approx 44.29$$

这与前面计算的 $\|\boldsymbol{\mu}_\phi\|^2$ 值相等。这个例子说明在特征空间中只涉及点积的运算可以转换为核矩阵 $\boldsymbol{K}$ 上的运算。

核方法提供了完全不同的数据视角。我们不再把数据看作输入空间或特征空间中的向量，而是只考虑点对之间的核值。核矩阵也可以看作对应 n 个输入点的完全图的加权邻接矩阵，因此核矩阵分析与图分析（特别是代数图论）之间有很强的联系。

5.1 核矩阵

设 $\mathcal{I}$ 表示输入空间，它可以是任意数据对象的集合，$\boldsymbol{D} = \{\boldsymbol{x}_i^{\mathrm{T}}\}_{i=1}^{n} \subset \mathcal{I}$ 表示输入空间中包含 n 个对象的子集。设 $\phi: \mathcal{I} \to \mathcal{F}$ 是输入空间到特征空间 $\mathcal{F}$ 的映射，特征空间 $\mathcal{F}$ 具有点积和范数。设 $K: \mathcal{I} \times \mathcal{I} \to \mathbb{R}$ 是将输入对象对映射到其特征空间中的点积的函数，即 $K(\boldsymbol{x}_i, \boldsymbol{x}_j) = \phi(\boldsymbol{x}_i)^{\mathrm{T}}\phi(\boldsymbol{x}_j)$，并设 $\boldsymbol{K}$ 是与子集 $\boldsymbol{D}$ 对应的 $n \times n$ 核矩阵。

当且仅当函数 K 对称时，K 被称为半正定核：

$$K(\boldsymbol{x}_i, \boldsymbol{x}_j) = K(\boldsymbol{x}_j, \boldsymbol{x}_i)$$

对应于子集 $\boldsymbol{D} \subset \mathcal{I}$ 的核矩阵 $\boldsymbol{K}$ 是半正定的，即：

$$\boldsymbol{a}^{\mathrm{T}}\boldsymbol{K}\boldsymbol{a} \geqslant 0,\ \boldsymbol{a} \in \mathbb{R}^n$$

这意味着：

$$\sum_{i=1}^{n}\sum_{j=1}^{n} a_i a_j K(\boldsymbol{x}_i, \boldsymbol{x}_j) \geqslant 0,\ a_i \in \mathbb{R}, i \in [1, n] \tag{5.2}$$

我们先验证 $K(\boldsymbol{x}_i, \boldsymbol{x}_j)$ 在某些特征空间中表示点积 $\phi(\boldsymbol{x}_i)^{\mathrm{T}}\phi(\boldsymbol{x}_j)$，再确认 K 是半正定核。考虑数据集 $\boldsymbol{D}$，设 $\boldsymbol{K} = \{K(\boldsymbol{x}_i, \boldsymbol{x}_j)\}$ 是相应的核矩阵。首先，K 是对称的，这也意味着 $\boldsymbol{K}$ 是对称的。其次，$\boldsymbol{K}$ 是半正定的，因为：

$$\boldsymbol{a}^{\mathrm{T}}\boldsymbol{K}\boldsymbol{a} = \sum_{i=1}^{n}\sum_{j=1}^{n} a_i a_j K(\boldsymbol{x}_i, \boldsymbol{x}_j)$$

$$
\begin{aligned}
&= \sum_{i=1}^{n}\sum_{j=1}^{n} a_i a_j \phi(\boldsymbol{x}_i)^{\mathrm{T}}\phi(\boldsymbol{x}_j) \\
&= \left(\sum_{i=1}^{n} a_i \phi(\boldsymbol{x}_i)\right)^{\mathrm{T}} \left(\sum_{j=1}^{n} a_j \phi(\boldsymbol{x}_j)\right) \\
&= \|\sum_{i=1}^{n} a_i \phi(\boldsymbol{x}_i)\|^2 \geqslant 0
\end{aligned}
$$

所以，K 是半正定核。

我们现在知道，如果给定一个半正定核 $K:\mathcal{I}\times\mathcal{I}\to\mathbb{R}$，那么它对应于某个特征空间 $\mathcal{F}$ 中的点积。

5.1.1　再生核映射

对于再生核映射 ϕ，我们将每个点 $\boldsymbol{x}\in\mathcal{I}$ 映射到函数空间 $\{f:\mathcal{I}\to\mathbb{R}\}$ 中的一个函数，该函数空间包含将点从 $\mathcal{I}$ 映射到 $\mathbb{R}$ 的函数。在代数上，这个函数空间是一个抽象向量空间，其中的每个点恰好是一个函数。特别地，输入空间中的任意 $\boldsymbol{x}\in\mathcal{I}$ 都被映射到以下函数：

$$
\phi(\boldsymbol{x}) = K(\boldsymbol{x},\cdot)
$$

其中，点号（ · ）代表 $\mathcal{I}$ 中的任意参数，即输入空间中的每个对象 $\boldsymbol{x}$ 被映射到特征点 $\phi(x)$，这实际上是一个函数 $K(\boldsymbol{x},\cdot)$，表示它与输入空间 $\mathcal{I}$ 中所有其他点的相似度。

设 $\mathcal{F}$ 是所有函数或点的集合，这些函数或点可以作为特征点子集的线性组合获得，定义为

$$
\begin{aligned}
\mathcal{F} &= \operatorname{span}\{K(\boldsymbol{x},\cdot) \mid \boldsymbol{x}\in\mathcal{I}\} \\
&= \left\{\boldsymbol{f} = f(\cdot) = \sum_{i=1}^{m} \alpha_i K(\boldsymbol{x}_i,\cdot) \;\middle|\; m\in\mathbb{N}, \alpha_i\in\mathbb{R}, \{\boldsymbol{x}_1,\cdots,\boldsymbol{x}_m\}\subseteq\mathcal{I}\right\}
\end{aligned}
$$

我们等价地使用对偶符号 $\boldsymbol{f}$ 和 $f(\cdot)$ 来强调特征空间中的每个点 $\boldsymbol{f}$ 实际上都是函数 $f(\cdot)$。注意，根据定义，特征点 $\phi(\boldsymbol{x})=K(\boldsymbol{x},\cdot)$ 属于 $\mathcal{F}$。

设 $\boldsymbol{f},\boldsymbol{g}\in\mathcal{F}$ 为特征空间中的任意两点：

$$
\boldsymbol{f} = f(\cdot) = \sum_{i=1}^{m_a} \alpha_i K(\boldsymbol{x}_i,\cdot) \qquad \boldsymbol{g} = g(\cdot) = \sum_{j=1}^{m_b} \beta_j K(\boldsymbol{x}_j,\cdot)
$$

我们将两点之间的点积定义为

$$
\boldsymbol{f}^{\mathrm{T}}\boldsymbol{g} = f(\cdot)^{\mathrm{T}}g(\cdot) = \sum_{i=1}^{m_a}\sum_{j=1}^{m_b} \alpha_i\beta_j K(\boldsymbol{x}_i,\boldsymbol{x}_j) \tag{5.3}
$$

我们使用表示法 $\boldsymbol{f}^{\mathrm{T}}\boldsymbol{g}$ 只是为了方便起见，它表示内积 $\langle\boldsymbol{f},\boldsymbol{g}\rangle$，因为 $\mathcal{F}$ 是一个抽象向量空间，其内积的定义如上所述。

可以证明，以上点积是双线性的，即在两个参数中都是线性的，因为：

$$
\boldsymbol{f}^{\mathrm{T}}\boldsymbol{g} = \sum_{i=1}^{m_a}\sum_{j=1}^{m_b} \alpha_i\,\beta_j\,K(\boldsymbol{x}_i,\boldsymbol{x}_j) = \sum_{i=1}^{m_a} \alpha_i\, g(\boldsymbol{x}_i) = \sum_{j=1}^{m_b} \beta_j\, f(\boldsymbol{x}_j)
$$

由于 K 是半正定的，因此，

$$\|\boldsymbol{f}\|^2 = \boldsymbol{f}^{\mathrm{T}}\boldsymbol{f} = \sum_{i=1}^{m_a}\sum_{j=1}^{m_a}\alpha_i\alpha_j K(\boldsymbol{x}_i, \boldsymbol{x}_j) \geqslant 0$$

因此，空间$\mathcal{F}$是一个准希尔伯特空间（pre-Hilbert space），被定义为一个赋范内积空间（normed inner product space），因为它被赋予对称双线性点积和范数。通过将所有收敛柯西序列的极限点相加，$\mathcal{F}$可以变成一个希尔伯特空间——定义为完备的赋范内积空间。然而，这一点超出了本章的范围，不再详述。

空间$\mathcal{F}$具有所谓的再生性质，即在$\boldsymbol{x} \in \mathcal{I}$点处用$\boldsymbol{f}$与$\phi(\boldsymbol{x})$的点积求函数$f(\cdot) = \boldsymbol{f}$，即：

$$\boldsymbol{f}^{\mathrm{T}}\phi(\boldsymbol{x}) = f(\cdot)^{\mathrm{T}}K(\boldsymbol{x}, \cdot) = \sum_{i=1}^{m_a}\alpha_i\, K(\boldsymbol{x}_i, \boldsymbol{x}) = f(\boldsymbol{x})$$

因此，空间$\mathcal{F}$也被称为再生核希尔伯特空间。

现在我们要做的是，证明$K(\boldsymbol{x}_i, \boldsymbol{x}_j)$对应特征空间$\mathcal{F}$中的一个点积。这是事实，因为根据式（5.3），任意两个特征点$\phi(\boldsymbol{x}_i), \phi(\boldsymbol{x}_j) \in \mathcal{F}$的点积为

$$\phi(\boldsymbol{x}_i)^{\mathrm{T}}\phi(\boldsymbol{x}_j) = K(\boldsymbol{x}_i, \cdot)^{\mathrm{T}}K(\boldsymbol{x}_j, \cdot) = K(\boldsymbol{x}_i, \boldsymbol{x}_j)$$

再生核映射表明，在某些特征空间中，任何半正定核都对应于一个点积。这意味着我们可以应用众所周知的代数方法和几何方法来理解、分析这些空间中的数据。

经验核映射

再生核映射ϕ将输入空间映射到一个潜在的无限维特征空间中。然而，给定一个数据集$\boldsymbol{D} = \{\boldsymbol{x}_i^{\mathrm{T}}\}_{i=1}^n$，只对$\boldsymbol{D}$中的点计算核即可获得有限维的映射，即如下定义映射$\phi$：

$$\phi(\boldsymbol{x}) = (K(\boldsymbol{x}_1, \boldsymbol{x}), K(\boldsymbol{x}_2, \boldsymbol{x}), \cdots, K(\boldsymbol{x}_n, \boldsymbol{x}))^{\mathrm{T}} \in \mathbb{R}^n$$

它将每个点$x \in \mathcal{L}$映射到一个n维向量，该向量由$\boldsymbol{x}$和每个对象$\boldsymbol{x}_i \in \boldsymbol{D}$的核值构成。我们将特征空间中的点积定义为

$$\phi(\boldsymbol{x}_i)^{\mathrm{T}}\phi(\boldsymbol{x}_j) = \sum_{k=1}^{n} K(\boldsymbol{x}_k, \boldsymbol{x}_i)K(\boldsymbol{x}_k, \boldsymbol{x}_j) = \boldsymbol{K}_i^{\mathrm{T}}\boldsymbol{K}_j \tag{5.4}$$

其中，$\boldsymbol{K}_i$表示$\boldsymbol{K}$的第i列，也是$\boldsymbol{K}$的第i行（被视为列向量），因为$\boldsymbol{K}$是对称的。然而，对于ϕ是有效的映射，我们要求$\phi(\boldsymbol{x}_i)^{\mathrm{T}}\phi(\boldsymbol{x}_j) = K(\boldsymbol{x}_i, \boldsymbol{x}_j)$，这显然不是式（5.4）所满足的。一种解决方案是将式（5.4）中的$\boldsymbol{K}_i^{\mathrm{T}}\boldsymbol{K}_j$替换为$\boldsymbol{K}_i^{\mathrm{T}}\boldsymbol{A}\boldsymbol{K}_j$，其中$\boldsymbol{A}$是一个半正定矩阵，满足：

$$\boldsymbol{K}_i^{\mathrm{T}}\boldsymbol{A}\boldsymbol{K}_j = \boldsymbol{K}(\boldsymbol{x}_i, \boldsymbol{x}_j)$$

如果能找到这样的$\boldsymbol{A}$，那么对于所有的映射点对，都有：

$$\{\boldsymbol{K}_i^{\mathrm{T}}\,\boldsymbol{A}\boldsymbol{K}_j\}_{i,j=1}^n = \{\,K(\boldsymbol{x}_i, \boldsymbol{x}_j)\,\}_{i,j=1}^n$$

简写为

$$\boldsymbol{K}\boldsymbol{A}\boldsymbol{K} = \boldsymbol{K}$$

这就意味着可以得到$\boldsymbol{A} = \boldsymbol{K}^{-1}$，即核矩阵$\boldsymbol{K}$的（伪）逆矩阵。修改后的映射$\phi$称为经验核映射，定义为

$$\phi(\boldsymbol{x}) = \boldsymbol{K}^{-1/2} \cdot (\,K(\boldsymbol{x}_1, \boldsymbol{x}), K(\boldsymbol{x}_2, \boldsymbol{x}), \cdots, K(\boldsymbol{x}_n, \boldsymbol{x}))^{\mathrm{T}} \in \mathbb{R}^n$$

因此，点积可写作：

$$\begin{aligned}\phi(\boldsymbol{x}_i)^{\mathrm{T}}\phi(\boldsymbol{x}_j) &= (\boldsymbol{K}^{-1/2}\,\boldsymbol{K}_i)^{\mathrm{T}}(\boldsymbol{K}^{-1/2}\,\boldsymbol{K}_j) \\ &= \boldsymbol{K}_i^{\mathrm{T}}(\boldsymbol{K}^{-1/2}\boldsymbol{K}^{-1/2})\boldsymbol{K}_j \\ &= \boldsymbol{K}_i^{\mathrm{T}}\,\boldsymbol{K}^{-1}\,\boldsymbol{K}_j\end{aligned}$$

对于所有的映射点对，有：

$$\left\{\boldsymbol{K}_i^{\mathrm{T}}\boldsymbol{K}^{-1}\,\boldsymbol{K}_j\right\}_{i,j=1}^{n} = \boldsymbol{K}\,\boldsymbol{K}^{-1}\,\boldsymbol{K} = \boldsymbol{K}$$

这与预期的结果一样。然而，值得注意的是，这种经验特征表示仅对 $\boldsymbol{D}$ 中的 n 个点有效。如果在 $\boldsymbol{D}$ 中添加或删除点，则必须更新所有点的核映射。

5.1.2 Mercer 核映射

一般来说，对于同一个核 K，可以构造不同的特征空间。下面将介绍如何构造 Mercer 核映射。

1. 数据相关的核映射

Mercer 核映射最好从输入空间中的数据集 $\boldsymbol{D}$ 的核矩阵开始理解。由于 $\boldsymbol{K}$ 是对称的半正定矩阵，因此它的特征值是非负实数，可以进行如下分解：

$$\boldsymbol{K} = \boldsymbol{U}\boldsymbol{\Lambda}\boldsymbol{U}^{\mathrm{T}}$$

其中，$\boldsymbol{U}$ 是由特征向量 $\boldsymbol{u}_i = (u_{i1}, u_{i2}, \cdots, u_{in})^{\mathrm{T}} \in \mathbb{R}^n (i=1,\cdots,n)$ 构成的正交矩阵，$\boldsymbol{\Lambda}$ 是由特征值构成的对角矩阵，特征值按非递增顺序排列：$\lambda_1 \geqslant \lambda_2 \geqslant \cdots \geqslant \lambda_n \geqslant 0$：

$$\boldsymbol{U} = (\,\boldsymbol{u}_1 \quad \boldsymbol{u}_2 \quad \cdots \quad \boldsymbol{u}_n\,) \qquad \boldsymbol{\Lambda} = \begin{pmatrix} \lambda_1 & 0 & \cdots & 0 \\ 0 & \lambda_2 & \cdots & 0 \\ \vdots & \vdots & & \vdots \\ 0 & 0 & \cdots & \lambda_n \end{pmatrix}$$

因此，核矩阵 $\boldsymbol{K}$ 可以重写为

$$\boldsymbol{K} = \lambda_1\boldsymbol{u}_1\boldsymbol{u}_1^{\mathrm{T}} + \lambda_2\boldsymbol{u}_2\boldsymbol{u}_2^{\mathrm{T}} + \cdots + \lambda_n\boldsymbol{u}_n\boldsymbol{u}_n^{\mathrm{T}}$$

特别地，$\boldsymbol{x}_i$ 和 $\boldsymbol{x}_j$ 之间的核函数为

$$\begin{aligned}\boldsymbol{K}(\boldsymbol{x}_i, \boldsymbol{x}_j) &= \lambda_1\,u_{1i}\,u_{1j} + \lambda_2\,u_{2i}\,u_{2j}\cdots + \lambda_n\,u_{ni}\,u_{nj} \\ &= \sum_{k=1}^{n}\lambda_k\,u_{ki}\,u_{kj}\end{aligned} \tag{5.5}$$

其中，u_{ki} 表示特征向量 $\boldsymbol{u}_k$ 的第 i 个分量。因此，如果将 Mercer 映射 ϕ 定义为

$$\phi(\boldsymbol{x}_i) = \left(\sqrt{\lambda_1}\,u_{1i}, \sqrt{\lambda_2}\,u_{2i}, \cdots, \sqrt{\lambda_n}\,u_{ni}\right)^{\mathrm{T}} \tag{5.6}$$

那么 $\boldsymbol{K}(\boldsymbol{x}_i, \boldsymbol{x}_j)$ 是特征空间中的映射点 $\phi(\boldsymbol{x}_i)$ 和 $\phi(\boldsymbol{x}_j)$ 之间的点积，因为：

$$\begin{aligned}\phi(\boldsymbol{x}_i)^{\mathrm{T}}\phi(\boldsymbol{x}_j) &= \left(\sqrt{\lambda_1}\,u_{1i}, \cdots, \sqrt{\lambda_n}\,u_{ni}\right)\left(\sqrt{\lambda_1}\,u_{1j}, \cdots, \sqrt{\lambda_n}\,u_{nj}\right)^{\mathrm{T}} \\ &= \lambda_1\,u_{1i}\,u_{1j} + \cdots + \lambda_n\,u_{ni}\,u_{nj} = K(\boldsymbol{x}_i, \boldsymbol{x}_j)\end{aligned}$$

注意，$\boldsymbol{U}_i=(u_{1i},u_{2i},\cdots,u_{ni})^{\mathrm{T}}$ 是 $\boldsymbol{U}$ 的第 i 行，因此可以将 Mercer 映射 ϕ 重写为

$$\phi(\boldsymbol{x}_i)=\sqrt{\boldsymbol{\Lambda}}\,\boldsymbol{U}_i \tag{5.7}$$

因此，核值只是 $\boldsymbol{U}$ 的行经过缩放后的点积：

$$\phi(\boldsymbol{x}_i)^{\mathrm{T}}\phi(\boldsymbol{x}_j)=\left(\sqrt{\boldsymbol{\Lambda}}\,\boldsymbol{U}_i\right)^{\mathrm{T}}\left(\sqrt{\boldsymbol{\Lambda}}\,\boldsymbol{U}_j\right)=\boldsymbol{U}_i^{\mathrm{T}}\boldsymbol{\Lambda}\boldsymbol{U}_j$$

式（5.6）和式（5.7）中等价地定义了 Mercer 映射，显然它局限于输入数据集 $\boldsymbol{D}$，就像经验核映射一样，因此被称为数据相关的 Mercer 核映射。它定义了一个维数最多为 n 的数据特征空间，由 $\boldsymbol{K}$ 的特征向量组成。

例 5.5　设输入数据集包含图 5-1a 中的 5 个点，相应的核矩阵如图 5-1b 所示。计算 $\boldsymbol{K}$ 的特征分解，可以得到 $\lambda_1=223.95$，$\lambda_2=1.29$，$\lambda_3=\lambda_4=\lambda_5=0$。特征空间的有效维数为 2，包括特征向量 $\boldsymbol{u}_1$ 和 $\boldsymbol{u}_2$。因此，矩阵 $\boldsymbol{U}$ 写作：

$$\boldsymbol{U}=\begin{pmatrix} & \boldsymbol{u}_1 & \boldsymbol{u}_2 \\ \boldsymbol{U}_1 & -0.442 & 0.163 \\ \boldsymbol{U}_2 & -0.505 & -0.134 \\ \boldsymbol{U}_3 & -0.482 & -0.181 \\ \boldsymbol{U}_4 & -0.369 & 0.813 \\ \boldsymbol{U}_5 & -0.425 & -0.512 \end{pmatrix}$$

我们有：

$$\boldsymbol{\Lambda}=\begin{pmatrix}223.95 & 0\\ 0 & 1.29\end{pmatrix}\qquad \sqrt{\boldsymbol{\Lambda}}=\begin{pmatrix}\sqrt{223.95} & 0\\ 0 & \sqrt{1.29}\end{pmatrix}\approx\begin{pmatrix}14.965 & 0\\ 0 & 1.135\end{pmatrix}$$

核映射通过式（5.7）确定。例如，对于 $\boldsymbol{x}_1=(5.9,3)^{\mathrm{T}}$ 和 $\boldsymbol{x}_2=(6.9,3.1)^{\mathrm{T}}$，有：

$$\phi(\boldsymbol{x}_1)=\sqrt{\boldsymbol{\Lambda}}\,\boldsymbol{U}_1=\begin{pmatrix}14.965 & 0\\ 0 & 1.135\end{pmatrix}\begin{pmatrix}-0.442\\ 0.163\end{pmatrix}\approx\begin{pmatrix}-6.616\\ 0.185\end{pmatrix}$$

$$\phi(\boldsymbol{x}_2)=\sqrt{\boldsymbol{\Lambda}}\,\boldsymbol{U}_2=\begin{pmatrix}14.965 & 0\\ 0 & 1.135\end{pmatrix}\begin{pmatrix}-0.505\\ -0.134\end{pmatrix}\approx\begin{pmatrix}-7.563\\ -0.153\end{pmatrix}$$

它们的点积表示为

$$\begin{aligned}\phi(\boldsymbol{x}_1)^{\mathrm{T}}\phi(\boldsymbol{x}_2)&=6.616\times 7.563-0.185\times 0.153\\ &\approx 50.038-0.028=50.01\end{aligned}$$

它与图 5-1b 中的核值 $K(\boldsymbol{x}_1,\boldsymbol{x}_2)$ 一致。

2. Mercer 核映射

对于紧凑连续空间，类似于式（5.5）中的离散情况，任意两点之间的核值可以写成：

$$K(\boldsymbol{x}_i,\boldsymbol{x}_j)=\sum_{k=1}^{\infty}\lambda_k\,\boldsymbol{u}_k(\boldsymbol{x}_i)\,\boldsymbol{u}_k(\boldsymbol{x}_j)$$

式中，$\{\lambda_1,\lambda_2,\cdots\}$ 是无限特征值集，并且 $\{\boldsymbol{u}_1(\cdot),\boldsymbol{u}_2(\cdot),\cdots\}$ 是对应的标准正交特征函数的集合，每个函数 $\boldsymbol{u}_i(\cdot)$ 是积分方程：

$$\int K(\boldsymbol{x},\boldsymbol{y})\ \boldsymbol{u}_i(\boldsymbol{y})\ \mathrm{d}\boldsymbol{y}=\lambda_i \boldsymbol{u}_i(\boldsymbol{x})$$

的解，K 是一个连续的半正定核，即对于所有有限平方积分［即 $\int a(\boldsymbol{x})^2 \mathrm{d}\boldsymbol{x}<\infty$］的函数 $a(\cdot)$，K 满足条件：

$$\int\int K(\boldsymbol{x}_1,\boldsymbol{x}_2)\ a(\boldsymbol{x}_1)\ a(\boldsymbol{x}_2)\ \mathrm{d}\boldsymbol{x}_1\ \mathrm{d}\boldsymbol{x}_2 \geqslant 0$$

可以看到，紧凑连续空间的半正定核与式（5.2）中的离散核相似。此外，与数据相关的 Mercer 核映射［见式（5.6）］类似，通用 Mercer 核映射写作：

$$\phi(\boldsymbol{x}_i)=\left(\sqrt{\lambda_1}\,\boldsymbol{u}_1(\boldsymbol{x}_i),\sqrt{\lambda_2}\,\boldsymbol{u}_2(\boldsymbol{x}_i),\cdots\right)^{\mathrm{T}}$$

核值相当于两个映射点之间的点积：

$$K(\boldsymbol{x}_i,\boldsymbol{x}_j)=\phi(\boldsymbol{x}_i)^{\mathrm{T}}\phi(\boldsymbol{x}_j)$$

5.2 向量核

现在思考两个实践中最常用的向量核。将一个（输入）向量空间映射到另一个（特征）向量空间的核称为向量核。对于多元输入数据，输入向量空间是 d 维实空间 $\mathbb{R}^d$。设 $\boldsymbol{D}=\{\boldsymbol{x}_i^{\mathrm{T}}\}_{i=1}^n$ 包含 n 个输入点 $\boldsymbol{x}_i\in\mathbb{R}^d$。向量数据上常用的（非线性）核函数包括多项式核和高斯核，如下所述。

1. 多项式核

多项式核有两种类型：齐次核和非齐次核。设 $\boldsymbol{x},\boldsymbol{y}\in\mathbb{R}^d$，则齐次多项式核定义为

$$K_q(\boldsymbol{x},\boldsymbol{y})=\phi(\boldsymbol{x})^{\mathrm{T}}\phi(\boldsymbol{y})=(\boldsymbol{x}^{\mathrm{T}}\boldsymbol{y})^q \tag{5.8}$$

其中，q 是多项式的次数。这个核对应于一个特征空间，该空间由 q 个属性所有的积构成。

最典型的核是线性核（$q=1$）和二次核（$q=2$），如下所示：

$$K_1(\boldsymbol{x},\boldsymbol{y})=\boldsymbol{x}^{\mathrm{T}}\boldsymbol{y}$$
$$K_2(\boldsymbol{x},\boldsymbol{y})=(\boldsymbol{x}^{\mathrm{T}}\boldsymbol{y})^2$$

非齐次多项式核定义为

$$K_q(\boldsymbol{x},\boldsymbol{y})=\phi(\boldsymbol{x})^{\mathrm{T}}\phi(\boldsymbol{y})=(c+\boldsymbol{x}^{\mathrm{T}}\boldsymbol{y})^q \tag{5.9}$$

其中，q 是多项式的次数，$c\geqslant 0$ 是某个常数。当 $c=0$ 时，得到齐次核。当 $c>0$ 时，该核对应于一个最多由 q 个属性的积构成的特征空间。这可以从二项式展开式看出：

$$K_q(\boldsymbol{x},\boldsymbol{y})=(c+\boldsymbol{x}^{\mathrm{T}}\boldsymbol{y})^q=\sum_{k=0}^{q}\mathrm{C}_q^k\,c^{q-k}\left(\boldsymbol{x}^{\mathrm{T}}\boldsymbol{y}\right)^k$$

例如，对于典型值 $c=1$，非齐次核是所有次数为 0 到 q 的齐次多项式核的加权和，也就是说：

$$(1+\boldsymbol{x}^{\mathrm{T}}\boldsymbol{y})^q=1+q\boldsymbol{x}^{\mathrm{T}}\boldsymbol{y}+\mathrm{C}_q^2(\boldsymbol{x}^{\mathrm{T}}\boldsymbol{y})^2+\cdots+q\,(\boldsymbol{x}^{\mathrm{T}}\boldsymbol{y})^{q-1}+(\boldsymbol{x}^{\mathrm{T}}\boldsymbol{y})^q$$

例 5.6　思考图 5-1 中的点 $\boldsymbol{x}_1$ 和 $\boldsymbol{x}_2$：

$$\boldsymbol{x}_1 = \begin{pmatrix} 5.9 \\ 3 \end{pmatrix} \qquad \boldsymbol{x}_2 = \begin{pmatrix} 6.9 \\ 3.1 \end{pmatrix}$$

对应的齐次二次核为

$$K(\boldsymbol{x}_1, \boldsymbol{x}_2) = (\boldsymbol{x}_1^{\mathrm{T}} \boldsymbol{x}_2)^2 = 50.01^2 \approx 2501$$

对应的非齐次二次核为

$$K(\boldsymbol{x}_1, \boldsymbol{x}_2) = (1 + \boldsymbol{x}_1^{\mathrm{T}} \boldsymbol{x}_2)^2 = (1 + 50.01)^2 = 51.01^2 \approx 2602.02$$

对于多项式核，可以构造一个从输入空间到特征空间的映射 ϕ。设 $n_0, n_1, \cdots, n_d$ 表示非负整数，且 $\sum_{i=0}^{d} n_i = q$。设 $\boldsymbol{n} = (n_0, n_1, \cdots, n_d)$，且 $|\boldsymbol{n}| = \sum_{i=0}^{d} n_i = q$。同时，设 $\mathrm{C}_q^{\boldsymbol{n}}$ 表示多项式系数：

$$\mathrm{C}_q^{\boldsymbol{n}} = \mathrm{C}_q^{n_0, n_1, \cdots, n_d} = \frac{q!}{n_0! n_1! \ldots n_d!}$$

非齐次核的多项式展开式如下：

$$\begin{aligned}
K_q(\boldsymbol{x}, \boldsymbol{y}) &= (c + \boldsymbol{x}^{\mathrm{T}} \boldsymbol{y})^q = \left(c + \sum_{k=1}^{d} x_k y_k \right)^q = (c + x_1 y_1 + \cdots + x_d y_d)^q \\
&= \sum_{|\boldsymbol{n}|=q} \mathrm{C}_q^{\boldsymbol{n}}\, c^{n_0} (x_1 y_1)^{n_1} (x_2 y_2)^{n_2} \cdots (x_d y_d)^{n_d} \\
&= \sum_{|\boldsymbol{n}|=q} \mathrm{C}_q^{\boldsymbol{n}}\, c^{n_0} \left(x_1^{n_1} x_2^{n_2} \cdots x_d^{n_d} \right) \left(y_1^{n_1} y_2^{n_2} \cdots y_d^{n_d} \right) \\
&= \sum_{|\boldsymbol{n}|=q} \left(\sqrt{a_{\boldsymbol{n}}} \prod_{k=1}^{d} x_k^{n_k} \right) \left(\sqrt{a_{\boldsymbol{n}}} \prod_{k=1}^{d} y_k^{n_k} \right) \\
&= \phi(\boldsymbol{x})^{\mathrm{T}} \phi(\boldsymbol{y})
\end{aligned}$$

其中，$a_{\boldsymbol{n}} = \mathrm{C}_q^{\boldsymbol{n}} c^{n_0}$，且求和是在所有的 $\boldsymbol{n} = (n_0, n_1, \cdots, n_d)$ 上进行的，因此 $|\boldsymbol{n}| = n_0 + n_1 + \cdots + n_d = q$。使用符号 $\boldsymbol{x}^{\boldsymbol{n}} = \prod_{k=1}^{d} x_k^{n_k}$，将 $\phi: \mathbb{R}^d \to \mathbb{R}^m$ 的映射作为向量给出：

$$\phi(\boldsymbol{x}) = (\cdots, a_{\boldsymbol{n}} \boldsymbol{x}^{\boldsymbol{n}}, \cdots)^{\mathrm{T}} = \left(\cdots, \sqrt{\mathrm{C}_q^{\boldsymbol{n}} c^{n_0}} \prod_{k=1}^{d} x_k^{n_k}, \cdots \right)^{\mathrm{T}}$$

其中，变量 $\boldsymbol{n} = (n_0, n_1, \cdots, n_d)$ 覆盖所有可能的赋值，$|\boldsymbol{n}| = q$。可以证明，特征空间的维数为

$$m = \mathrm{C}_{d+q}^{q}$$

例 5.7（二次多项式核）　设 $\boldsymbol{x}, \boldsymbol{y} \in \mathbb{R}^2$，$c = 1$。对应的非齐次二次多项式核如下：

$$K(\boldsymbol{x}, \boldsymbol{y}) = (1 + \boldsymbol{x}^{\mathrm{T}} \boldsymbol{y})^2 = (1 + x_1 y_1 + x_2 y_2)^2$$

所有赋值的集合 $\boldsymbol{n} = (n_0, n_1, n_2)$，$|\boldsymbol{n}| = q = 2$，多项式展开式中的相应项如下：

赋值 $\boldsymbol{n}=(n_0, n_1, n_2)$	系数 $a_n=C_q^n c^{n_0}$	变量 $\boldsymbol{x}^n\boldsymbol{y}^n=\Pi_{k=1}^d (x_i y_i)^{n_i}$
(1, 1, 0)	2	x_1y_1
(1, 0, 1)	2	x_2y_2
(0, 1, 1)	2	$x_1y_1x_2y_2$
(2, 0, 0)	1	1
(0, 2, 0)	1	$(x_1y_1)^2$
(0, 0, 2)	1	$(x_2y_2)^2$

因此，核可以写成：

$$\begin{aligned}K(\boldsymbol{x},\boldsymbol{y}) &= 1+2x_1y_1+2x_2y_2+2x_1y_1x_2y_2+x_1^2y_1^2+x_2^2y_2^2\\ &= \left(1,\sqrt{2}x_1,\sqrt{2}x_2,\sqrt{2}x_1x_2,x_1^2,x_2^2\right)\left(1,\sqrt{2}y_1,\sqrt{2}y_2,\sqrt{2}y_1y_2,y_1^2,y_2^2\right)^{\mathrm{T}}\\ &= \phi(\boldsymbol{x})^{\mathrm{T}}\phi(\boldsymbol{y})\end{aligned}$$

当输入空间为 $\mathbb{R}^2$ 时，特征空间的维数为

$$m = \mathrm{C}_{d+q}^{q} = \mathrm{C}_{2+2}^{2} = \mathrm{C}_{4}^{2} = 6$$

在这种情况下，$c=1$ 的非齐次二次核对应映射 $\phi:\mathbb{R}^2\rightarrow\mathbb{R}^6$，如下所示：

$$\phi(\boldsymbol{x}) = \left(1,\sqrt{2}x_1,\sqrt{2}x_2,\sqrt{2}x_1x_2,\ x_1^2,\ x_2^2\right)^{\mathrm{T}}$$

例如，对于 $\boldsymbol{x}_1=(5.9,3)^{\mathrm{T}}$ 和 $\boldsymbol{x}_2=(6.9,3.1)^{\mathrm{T}}$，有：

$$\begin{aligned}\phi(\boldsymbol{x}_1) &= \left(1,\sqrt{2}\times5.9,\sqrt{2}\times3,\sqrt{2}\times5.9\times3,\ 5.9^2,\ 3^2\right)^{\mathrm{T}}\\ &= (1,8.34,4.24,25.03,34.81,9)^{\mathrm{T}}\\ \phi(\boldsymbol{x}_2) &= \left(1,\sqrt{2}\times6.9,\sqrt{2}\times3.1,\sqrt{2}\times6.9\times3.1,\ 6.9^2,\ 3.1^2\right)^{\mathrm{T}}\\ &= (1,9.76,4.38,30.25,47.61,9.61)^{\mathrm{T}}\end{aligned}$$

因此，非齐次核值为

$$\phi(\boldsymbol{x}_1)^{\mathrm{T}}\phi(\boldsymbol{x}_2) = 1+81.40+18.57+757.16+1657.30+86.49=2601.92$$

此外，当输入空间为 $\mathbb{R}^2$ 时，齐次二次核对应映射 $\phi:\mathbb{R}^2\rightarrow\mathbb{R}^3$，如下所示：

$$\phi(\boldsymbol{x}) = \left(\sqrt{2}x_1x_2,\ x_1^2,\ x_2^2\right)^{\mathrm{T}}$$

因为只有次数为 2 的项才加以考虑。例如，对于 $\boldsymbol{x}_1$ 和 $\boldsymbol{x}_2$，我们有：

$$\begin{aligned}\phi(\boldsymbol{x}_1) &= \left(\sqrt{2}\times5.9\times3,\ 5.9^2,\ 3^2\right)^{\mathrm{T}} = (25.03,34.81,9)^{\mathrm{T}}\\ \phi(\boldsymbol{x}_2) &= \left(\sqrt{2}\times6.9\times3.1,\ 6.9^2,\ 3.1^2\right)^{\mathrm{T}} = (30.25,47.61,9.61)^{\mathrm{T}}\end{aligned}$$

因此，

$$K(\boldsymbol{x}_1,\boldsymbol{x}_2) = \phi(\boldsymbol{x}_1)^{\mathrm{T}}\phi(\boldsymbol{x}_2) = 757.16+1657.3+86.49=2500.95$$

这些值基本上与例 5.6 中显示的值一致，最多四位有效数字。

2. 高斯核

高斯核也称为高斯径向基函数（Radial Basis Function，RBF）核，定义为

$$K(\boldsymbol{x},\boldsymbol{y})=\exp\left\{-\frac{\|\boldsymbol{x}-\boldsymbol{y}\|^2}{2\sigma^2}\right\} \tag{5.10}$$

其中，$\sigma>0$ 是与正态密度函数中的标准差的作用相同的扩展参数。注意，$K(\boldsymbol{x},\boldsymbol{x})=1$，并且核值与两点 $\boldsymbol{x}$ 和 $\boldsymbol{y}$ 之间的距离呈负相关。

例 5.8　思考图 5-1 中的两个点 $\boldsymbol{x}_1$ 和 $\boldsymbol{x}_2$：

$$\boldsymbol{x}_1=\begin{pmatrix}5.9\\3\end{pmatrix}\qquad\qquad \boldsymbol{x}_2=\begin{pmatrix}6.9\\3.1\end{pmatrix}$$

它们之间的距离的平方为

$$\|\boldsymbol{x}_1-\boldsymbol{x}_2\|^2=\|(-1,-0.1)^{\mathrm{T}}\|^2=1^2+0.1^2=1.01$$

$\sigma=1$ 时，高斯核为

$$K(\boldsymbol{x}_1,\boldsymbol{x}_2)=\exp\left\{-\frac{1.01}{2}\right\}\approx\exp\{-0.51\}\approx 0.6$$

有趣的是，高斯核的特征空间具有无限维度。要了解这一点，需要明白指数函数可以写成无限展开式：

$$\exp\{a\}=\sum_{n=0}^{\infty}\frac{a^n}{n!}=1+a+\frac{1}{2!}a^2+\frac{1}{3!}a^3+\cdots$$

此外，使用 $\gamma=\dfrac{1}{2\sigma^2}$ 以及 $\|\boldsymbol{x}-\boldsymbol{y}\|^2=\|\boldsymbol{x}\|^2+\|\boldsymbol{y}\|^2-2\boldsymbol{x}^{\mathrm{T}}\boldsymbol{y}$，可以重写高斯核，如下所示：

$$\begin{aligned}K(\boldsymbol{x},\boldsymbol{y})&=\exp\{-\gamma\|\boldsymbol{x}-\boldsymbol{y}\|^2\}\\&=\exp\{-\gamma\|\boldsymbol{x}\|^2\}\cdot\exp\{-\gamma\|\boldsymbol{y}\|^2\}\cdot\exp\{2\gamma\boldsymbol{x}^{\mathrm{T}}\boldsymbol{y}\}\end{aligned}$$

具体而言，最后一项可以写成无限展开式：

$$\exp\{2\gamma\boldsymbol{x}^{\mathrm{T}}\boldsymbol{y}\}=\sum_{q=0}^{\infty}\frac{(2\gamma)^q}{q!}(\boldsymbol{x}^{\mathrm{T}}\boldsymbol{y})^q=1+(2\gamma)\boldsymbol{x}^{\mathrm{T}}\boldsymbol{y}+\frac{(2\gamma)^2}{2!}(\boldsymbol{x}^{\mathrm{T}}\boldsymbol{y})^2+\cdots$$

利用 $(\boldsymbol{x}^{\mathrm{T}}\boldsymbol{y})^q$ 的多项式展开式将高斯核写成：

$$\begin{aligned}K(\boldsymbol{x},\boldsymbol{y})&=\exp\{-\gamma\|\boldsymbol{x}\|^2\}\exp\{-\gamma\|\boldsymbol{y}\|^2\}\sum_{q=0}^{\infty}\frac{(2\gamma)^q}{q!}\left(\sum_{|\boldsymbol{n}|=q}\mathrm{C}_q^{\boldsymbol{n}}\prod_{k=1}^{d}(x_ky_k)^{n_k}\right)\\&=\sum_{q=0}^{\infty}\sum_{|\boldsymbol{n}|=q}\left(\sqrt{a_{q,\boldsymbol{n}}}\exp\{-\gamma\|\boldsymbol{x}\|^2\}\prod_{k=1}^{d}x_k^{n_k}\right)\left(\sqrt{a_{q,\boldsymbol{n}}}\exp\{-\gamma\|\boldsymbol{y}\|^2\}\prod_{k=1}^{d}y_k^{n_k}\right)\\&=\phi(\boldsymbol{x})^{\mathrm{T}}\phi(\boldsymbol{y})\end{aligned}$$

其中，$a_{q,\boldsymbol{n}}=\dfrac{(2\gamma)^q}{q!}\mathrm{C}_q^{\boldsymbol{n}}$，$\boldsymbol{n}=(n_0,n_1,\cdots,n_d)$，$|\boldsymbol{n}|=n_0+n_1+\cdots+n_d=q$。从输入空间到特征空间的映射对应于函数 $\phi:\mathbb{R}^d\to\mathbb{R}^{\infty}$，如下所示：

$$\phi(\boldsymbol{x})=\left(\cdots,\sqrt{\frac{(2\gamma)^q}{q!}\mathrm{C}_q^{\boldsymbol{n}}}\ \exp\{-\gamma\|\boldsymbol{x}\|^2\}\prod_{k=1}^{d}x_k^{n_k},\ \cdots\right)^{\mathrm{T}}$$

其中，维度包含所有次数 $q=0,\cdots,\infty$，且 $\boldsymbol{n}=(n_1,\cdots,n_d)$ 覆盖所有满足 $|\boldsymbol{n}|=q$（对每个 q 的值）的赋值。由于 ϕ 将输入空间映射到一个无限维的特征空间，我们显然无法将 $\boldsymbol{x}$ 显式地转换为 $\phi(\boldsymbol{x})$，但计算高斯核 $K(\boldsymbol{x},\boldsymbol{y})$ 则很简单。

5.3 特征空间中的基本核运算

我们来看一些基本的数据分析任务，这些任务可以单独通过核执行，而不需要将 $\phi(\boldsymbol{x})$ 实例化。

1. 点的范数

我们可以计算一个点 $\phi(\boldsymbol{x})$ 在特征空间中的范数，如下所示：

$$\|\phi(\boldsymbol{x})\|^2=\phi(\boldsymbol{x})^{\mathrm{T}}\phi(\boldsymbol{x})=K(\boldsymbol{x},\boldsymbol{x}) \tag{5.11}$$

这意味着 $\|\phi(\boldsymbol{x})\|=\sqrt{K(\boldsymbol{x},\boldsymbol{x})}$。

2. 点之间的距离

两个点 $\phi(\boldsymbol{x}_i)$ 和 $\phi(\boldsymbol{x}_j)$ 之间距离的平方为

$$\begin{aligned}\|\phi(\boldsymbol{x}_i)-\phi(\boldsymbol{x}_j)\|^2&=\|\phi(\boldsymbol{x}_i)\|^2+\|\phi(\boldsymbol{x}_j)\|^2-2\phi(\boldsymbol{x}_i)^{\mathrm{T}}\phi(\boldsymbol{x}_j)\\&=K(\boldsymbol{x}_i,\boldsymbol{x}_i)+K(\boldsymbol{x}_j,\boldsymbol{x}_j)-2K(\boldsymbol{x}_i,\boldsymbol{x}_j)\end{aligned} \tag{5.12}$$

这意味着距离为

$$\|\phi(\boldsymbol{x}_i)-\phi(\boldsymbol{x}_j)\|=\sqrt{K(\boldsymbol{x}_i,\boldsymbol{x}_i)+K(\boldsymbol{x}_j,\boldsymbol{x}_j)-2K(\boldsymbol{x}_i,\boldsymbol{x}_j)}$$

重新排列式（5.12），可以看到，核值可以看作两点之间相似度的度量，因为：

$$\frac{1}{2}(\|\phi(\boldsymbol{x}_i)\|^2+\|\phi(\boldsymbol{x}_j)\|^2-\|\phi(\boldsymbol{x}_i)-\phi(\boldsymbol{x}_j)\|^2)=K(\boldsymbol{x}_i,\boldsymbol{x}_j)=\phi(\boldsymbol{x}_i)^{\mathrm{T}}\phi(\boldsymbol{x}_j)$$

特征空间中两点间的距离 $\|\phi(\boldsymbol{x}_i)-\phi(\boldsymbol{x}_j)\|$ 越大，核值就越小，相似度越低。

例 5.9 思考图 5-1 中的两点 $\boldsymbol{x}_1$ 和 $\boldsymbol{x}_2$：

$$\boldsymbol{x}_1=\begin{pmatrix}5.9\\3\end{pmatrix} \qquad \boldsymbol{x}_2=\begin{pmatrix}6.9\\3.1\end{pmatrix}$$

使用齐次二次核，$\phi(\boldsymbol{x}_1)$ 的范数为

$$\|\phi(\boldsymbol{x}_1)\|^2=K(\boldsymbol{x}_1,\boldsymbol{x}_1)=(\boldsymbol{x}_1^{\mathrm{T}}\boldsymbol{x}_1)^2=43.81^2\approx 1919.32$$

转换后的点的范数为 $\|\phi(\boldsymbol{x}_1)\|=\sqrt{43.81^2}=43.81$。

特征空间中 $\phi(\boldsymbol{x}_1)$ 和 $\phi(\boldsymbol{x}_2)$ 之间的距离为

$$\begin{aligned}\|\phi(\boldsymbol{x}_1)-\phi(\boldsymbol{x}_2)\|&=\sqrt{K(\boldsymbol{x}_1,\boldsymbol{x}_1)+K(\boldsymbol{x}_2,\boldsymbol{x}_2)-2K(\boldsymbol{x}_1,\boldsymbol{x}_2)}\\&=\sqrt{1919.32+3274.13-2\times 2501}=\sqrt{191.45}\approx 13.84\end{aligned}$$

3. 特征空间中的均值

特征空间中点的均值如下：

$$\boldsymbol{\mu}_\phi = \frac{1}{n}\sum_{i=1}^{n}\phi(\boldsymbol{x}_i)$$

我们一般不清楚 $\phi(\boldsymbol{x}_i)$ 的具体形式，所以不能明确地计算特征空间中的均值点。但是，我们可以计算均值的平方范数：

$$\|\boldsymbol{\mu}_\phi\|^2 = \boldsymbol{\mu}_\phi^{\mathrm{T}}\boldsymbol{\mu}_\phi = \left(\frac{1}{n}\sum_{i=1}^{n}\phi(\boldsymbol{x}_i)\right)^{\mathrm{T}}\left(\frac{1}{n}\sum_{j=1}^{n}\phi(\boldsymbol{x}_j)\right) = \frac{1}{n^2}\sum_{i=1}^{n}\sum_{j=1}^{n}\phi(\boldsymbol{x}_i)^{\mathrm{T}}\phi(\boldsymbol{x}_j)$$

这意味着，

$$\|\boldsymbol{\mu}_\phi\|^2 = \frac{1}{n^2}\sum_{i=1}^{n}\sum_{j=1}^{n}K(\boldsymbol{x}_i,\boldsymbol{x}_j) \tag{5.13}$$

因此，特征空间中均值的平方范数就是核矩阵 $\boldsymbol{K}$ 中数值的平均值。

例 5.10 思考例 5.3 中的 5 个点，如图 5-1 所示。例 5.4 给出了线性核的均值的范数。这里考虑 $\sigma=1$ 的高斯核。高斯核矩阵如下所示：

$$\boldsymbol{K} = \begin{pmatrix} 1.00 & 0.60 & 0.78 & 0.42 & 0.72 \\ 0.60 & 1.00 & 0.94 & 0.07 & 0.44 \\ 0.78 & 0.94 & 1.00 & 0.13 & 0.65 \\ 0.42 & 0.07 & 0.13 & 1.00 & 0.23 \\ 0.72 & 0.44 & 0.65 & 0.23 & 1.00 \end{pmatrix}$$

因此，特征空间中均值的平方范数为

$$\|\boldsymbol{\mu}_\phi\|^2 = \frac{1}{25}\sum_{i=1}^{5}\sum_{j=1}^{5}K(\boldsymbol{x}_i,\boldsymbol{x}_j) = \frac{14.98}{25} \approx 0.599$$

这意味着 $\|\boldsymbol{\mu}_\phi\| = \sqrt{0.599} \approx 0.774$。

4. 特征空间中的总方差

首先，导出特征空间中点 $\phi(\boldsymbol{x}_i)$ 点到均值 $\boldsymbol{\mu}_\phi$ 的距离的平方：

$$\begin{aligned}\|\phi(\boldsymbol{x}_i) - \boldsymbol{\mu}_\phi\|^2 &= \|\phi(\boldsymbol{x}_i)\|^2 - 2\phi(\boldsymbol{x}_i)^{\mathrm{T}}\boldsymbol{\mu}_\phi + \|\boldsymbol{\mu}_\phi\|^2 \\ &= K(\boldsymbol{x}_i,\boldsymbol{x}_i) - \frac{2}{n}\sum_{j=1}^{n}K(\boldsymbol{x}_i,\boldsymbol{x}_j) + \frac{1}{n^2}\sum_{a=1}^{n}\sum_{b=1}^{n}K(\boldsymbol{x}_a,\boldsymbol{x}_b)\end{aligned} \tag{5.14}$$

特征空间中的总方差［见式（1.8）］是通过取特征空间中各点与均值之间距离的平方的均值得到的：

$$\begin{aligned}\sigma_\phi^2 &= \frac{1}{n}\sum_{i=1}^{n}\|\phi(\boldsymbol{x}_i) - \boldsymbol{\mu}_\phi\|^2 \\ &= \frac{1}{n}\sum_{i=1}^{n}\left(K(\boldsymbol{x}_i,\boldsymbol{x}_i) - \frac{2}{n}\sum_{j=1}^{n}K(\boldsymbol{x}_i,\boldsymbol{x}_j) + \frac{1}{n^2}\sum_{a=1}^{n}\sum_{b=1}^{n}K(\boldsymbol{x}_a,\boldsymbol{x}_b)\right)\end{aligned}$$

$$= \frac{1}{n}\sum_{i=1}^{n} K(\boldsymbol{x}_i, \boldsymbol{x}_i) - \frac{2}{n^2}\sum_{i=1}^{n}\sum_{j=1}^{n} K(\boldsymbol{x}_i, \boldsymbol{x}_j) + \frac{n}{n^3}\sum_{a=1}^{n}\sum_{b=1}^{n} K(\boldsymbol{x}_a, \boldsymbol{x}_b)$$

即：

$$\sigma_\phi^2 = \frac{1}{n}\sum_{i=1}^{n} K(\boldsymbol{x}_i, \boldsymbol{x}_i) - \frac{1}{n^2}\sum_{i=1}^{n}\sum_{j=1}^{n} K(\boldsymbol{x}_i, \boldsymbol{x}_j) \tag{5.15}$$

换言之，特征空间中的总方差是核矩阵 $\boldsymbol{K}$ 中的对角线元素的均值与矩阵所有元素的均值的差。请注意，根据式（5.13），上式的第二项正是 $\|\boldsymbol{\mu}_\phi\|^2$。

例 5.11　继续例 5.10，对于高斯核，5 个点在特征空间中的总方差为

$$\sigma_\phi^2 = \left(\frac{1}{n}\sum_{i=1}^{n} K(\boldsymbol{x}_i, \boldsymbol{x}_i)\right) - \|\boldsymbol{\mu}_\phi\|^2 = \frac{1}{5} \times 5 - 0.599 = 0.401$$

特征空间中 $\phi(\boldsymbol{x}_i)$ 与均值 $\boldsymbol{\mu}_\phi$ 之间的距离为

$$\begin{aligned}\|\phi(\boldsymbol{x}_1) - \boldsymbol{\mu}_\phi\|^2 &= K(\boldsymbol{x}_1, \boldsymbol{x}_1) - \frac{2}{5}\sum_{j=1}^{5} K(\boldsymbol{x}_1, \boldsymbol{x}_j) + \|\boldsymbol{\mu}_\phi\|^2 \\ &= 1 - \frac{2}{5}(1 + 0.6 + 0.78 + 0.42 + 0.72) + 0.599 \\ &= 1 - 1.410 + 0.599 = 0.189\end{aligned}$$

5. 特征空间中的居中

在特征空间中通过从每个点减去均值，便可将点居中，如下所示：

$$\bar{\phi}(\boldsymbol{x}_i) = \phi(\boldsymbol{x}_i) - \boldsymbol{\mu}_\phi$$

因为我们没有 $\phi(\boldsymbol{x}_i)$ 或 $\boldsymbol{\mu}_\phi$ 明确的表示，所以不能明确地将各个点居中。但是，我们可以计算*居中核矩阵*，即居中点的核矩阵。

居中核矩阵可表示为

$$\overline{\boldsymbol{K}} = \{\overline{K}(\boldsymbol{x}_i, \boldsymbol{x}_j)\}_{i,j=1}^{n}$$

其中，每个元素对应于居中点之间的核值，即：

$$\begin{aligned}\overline{K}(\boldsymbol{x}_i, \boldsymbol{x}_j) &= \bar{\phi}(\boldsymbol{x}_i)^{\mathrm{T}}\bar{\phi}(\boldsymbol{x}_j) \\ &= (\phi(\boldsymbol{x}_i) - \boldsymbol{\mu}_\phi)^{\mathrm{T}}(\phi(\boldsymbol{x}_j) - \boldsymbol{\mu}_\phi) \\ &= \phi(\boldsymbol{x}_i)^{\mathrm{T}}\phi(\boldsymbol{x}_j) - \phi(\boldsymbol{x}_i)^{\mathrm{T}}\boldsymbol{\mu}_\phi - \phi(\boldsymbol{x}_j)^{\mathrm{T}}\boldsymbol{\mu}_\phi + \boldsymbol{\mu}_\phi^{\mathrm{T}}\boldsymbol{\mu}_\phi \\ &= K(\boldsymbol{x}_i, \boldsymbol{x}_j) - \frac{1}{n}\sum_{k=1}^{n}\phi(\boldsymbol{x}_i)^{\mathrm{T}}\phi(\boldsymbol{x}_k) - \frac{1}{n}\sum_{k=1}^{n}\phi(\boldsymbol{x}_j)^{\mathrm{T}}\phi(\boldsymbol{x}_k) + \|\boldsymbol{\mu}_\phi\|^2 \\ &= K(\boldsymbol{x}_i, \boldsymbol{x}_j) - \frac{1}{n}\sum_{k=1}^{n} K(\boldsymbol{x}_i, \boldsymbol{x}_k) - \frac{1}{n}\sum_{k=1}^{n} K(\boldsymbol{x}_j, \boldsymbol{x}_k) + \frac{1}{n^2}\sum_{a=1}^{n}\sum_{b=1}^{n} K(\boldsymbol{x}_a, \boldsymbol{x}_b)\end{aligned}$$

换言之，我们可以只使用核函数来计算居中核矩阵。考虑所有点对，居中核矩阵可以紧凑地写为

$$\bar{\boldsymbol{K}}=\boldsymbol{K}-\frac{1}{n}\mathbf{1}_{n\times n}\boldsymbol{K}-\frac{1}{n}\boldsymbol{K}\mathbf{1}_{n\times n}+\frac{1}{n^2}\mathbf{1}_{n\times n}\boldsymbol{K}\mathbf{1}_{n\times n}=\left(\boldsymbol{I}-\frac{1}{n}\mathbf{1}_{n\times n}\right)\boldsymbol{K}\left(\boldsymbol{I}-\frac{1}{n}\mathbf{1}_{n\times n}\right) \tag{5.16}$$

其中，$\mathbf{1}_{n\times n}$ 是 $n\times n$ 的奇异矩阵，其所有元素都等于 1。

例 5.12　思考图 5-1a 所示的二维鸢尾花数据集的前 5 个点：

$$\boldsymbol{x}_1=\begin{pmatrix}5.9\\3\end{pmatrix}\quad \boldsymbol{x}_2=\begin{pmatrix}6.9\\3.1\end{pmatrix}\quad \boldsymbol{x}_3=\begin{pmatrix}6.6\\2.9\end{pmatrix}\quad \boldsymbol{x}_4=\begin{pmatrix}4.6\\3.2\end{pmatrix}\quad \boldsymbol{x}_5=\begin{pmatrix}6\\2.2\end{pmatrix}$$

思考图 5-1b 所示的线性核矩阵。为了将其居中，首先计算：

$$\boldsymbol{I}-\frac{1}{5}\mathbf{1}_{5\times 5}=\begin{pmatrix}0.8&-0.2&-0.2&-0.2&-0.2\\-0.2&0.8&-0.2&-0.2&-0.2\\-0.2&-0.2&0.8&-0.2&-0.2\\-0.2&-0.2&-0.2&0.8&-0.2\\-0.2&-0.2&-0.2&-0.2&0.8\end{pmatrix}$$

居中核矩阵［见式（5.16）］为

$$\bar{\boldsymbol{K}}=\left(\boldsymbol{I}-\frac{1}{5}\mathbf{1}_{5\times 5}\right)\cdot\begin{pmatrix}43.81&50.01&47.64&36.74&42.00\\50.01&57.22&54.53&41.66&48.22\\47.64&54.53&51.97&39.64&45.98\\36.74&41.66&39.64&31.40&34.64\\42.00&48.22&45.98&34.64&40.84\end{pmatrix}\cdot\left(\boldsymbol{I}-\frac{1}{5}\mathbf{1}_{5\times 5}\right)$$

$$=\begin{pmatrix}0.02&-0.06&-0.06&0.18&-0.08\\-0.06&0.86&0.54&-1.19&-0.15\\-0.06&0.54&0.36&-0.83&-0.01\\0.18&-1.19&-0.83&2.06&-0.22\\-0.08&-0.15&-0.01&-0.22&0.46\end{pmatrix}$$

为了验证 $\bar{\boldsymbol{K}}$ 是居中点的核矩阵，我们首先通过减去均值 $\boldsymbol{\mu}=(6.0,2.88)^{\mathrm{T}}$ 将各点居中。特征空间中的居中点如下：

$$\bar{\boldsymbol{x}}_1=\begin{pmatrix}-0.1\\0.12\end{pmatrix}\quad \bar{\boldsymbol{x}}_2=\begin{pmatrix}0.9\\0.22\end{pmatrix}\quad \bar{\boldsymbol{x}}_3=\begin{pmatrix}0.6\\0.02\end{pmatrix}\quad \bar{\boldsymbol{x}}_4=\begin{pmatrix}-1.4\\0.32\end{pmatrix}\quad \bar{\boldsymbol{x}}_5=\begin{pmatrix}0.0\\-0.68\end{pmatrix}$$

例如，$\phi(\bar{\boldsymbol{x}}_1)$ 与 $\phi(\bar{\boldsymbol{x}}_2)$ 之间的核值为

$$\phi(\bar{\boldsymbol{x}}_1)^{\mathrm{T}}\phi(\bar{\boldsymbol{x}}_2)=\bar{\boldsymbol{x}}_1^{\mathrm{T}}\bar{\boldsymbol{x}}_2=-0.09+0.03=-0.06$$

与预期的一样，与 $\bar{\boldsymbol{K}}(\boldsymbol{x}_1,\boldsymbol{x}_2)$ 一致。其他项也可以用类似的方式进行验证。因此，将数据居中然后计算核得到的核矩阵与通过式（5.16）获得的核矩阵相同。

6. 特征空间的归一化

归一化通常指用相应的单位向量 $\phi_n(\boldsymbol{x}_i)=\frac{\phi(\boldsymbol{x}_i)}{\|\phi(\boldsymbol{x}_i)\|}$ 代替 $\phi(\boldsymbol{x}_i)$，从而保证特征空间中的点均为单位长度。特征空间中的点积对应于两个映射点之间角度的余弦，因为：

$$\phi_n(\boldsymbol{x}_i)^{\mathrm{T}}\phi_n(\boldsymbol{x}_j)=\frac{\phi(\boldsymbol{x}_i)^{\mathrm{T}}\phi(\boldsymbol{x}_j)}{\|\phi(\boldsymbol{x}_i)\|\cdot\|\phi(\boldsymbol{x}_j)\|}=\cos\theta$$

如果映射点既是居中的，也是归一化的，则两个点在特征空间中的相关系数与它们间的点积相对应。

归一化的核矩阵 $\boldsymbol{K}_n$ 只能用核函数 K 来计算，因为：

$$\boldsymbol{K}_n(\boldsymbol{x}_i,\boldsymbol{x}_j)=\frac{\phi(\boldsymbol{x}_i)^{\mathrm{T}}\phi(\boldsymbol{x}_j)}{\|\phi(\boldsymbol{x}_i)\|\cdot\|\phi(\boldsymbol{x}_j)\|}=\frac{K(\boldsymbol{x}_i,\boldsymbol{x}_j)}{\sqrt{K(\boldsymbol{x}_i,\boldsymbol{x}_i)\cdot K(\boldsymbol{x}_j,\boldsymbol{x}_j)}} \tag{5.17}$$

$\boldsymbol{K}_n$ 的所有对角线元素都为 1。

设 $\boldsymbol{W}$ 表示包含 $\boldsymbol{K}$ 的对角线元素的对角矩阵：

$$\boldsymbol{W}=\operatorname{diag}(\boldsymbol{K})=\begin{pmatrix}K(\boldsymbol{x}_1,\boldsymbol{x}_1) & 0 & \cdots & 0\\ 0 & K(\boldsymbol{x}_2,\boldsymbol{x}_2) & \cdots & 0\\ \vdots & \vdots & & \vdots\\ 0 & 0 & \cdots & K(\boldsymbol{x}_n,\boldsymbol{x}_n)\end{pmatrix}$$

归一化的核矩阵可以紧凑地表示为

$$\boldsymbol{K}_n=\boldsymbol{W}^{-1/2}\cdot\boldsymbol{K}\cdot\boldsymbol{W}^{-1/2}$$

其中，$\boldsymbol{W}^{-1/2}$ 是对角矩阵，定义为 $\boldsymbol{W}^{-1/2}(\boldsymbol{x}_i,\boldsymbol{x}_i)=\frac{1}{\sqrt{K(\boldsymbol{x}_i,\boldsymbol{x}_i)}}$，其他元素为零。

例 5.13　思考图 5-1 所示的 5 个点和线性核矩阵，我们得到：

$$\boldsymbol{W}=\begin{pmatrix}43.81 & 0 & 0 & 0 & 0\\ 0 & 57.22 & 0 & 0 & 0\\ 0 & 0 & 51.97 & 0 & 0\\ 0 & 0 & 0 & 31.40 & 0\\ 0 & 0 & 0 & 0 & 40.84\end{pmatrix}$$

归一化核如下：

$$\boldsymbol{K}_n=\boldsymbol{W}^{-1/2}\cdot\boldsymbol{K}\cdot\boldsymbol{W}^{-1/2}=\begin{pmatrix}1.0000 & 0.9988 & 0.9984 & 0.9906 & 0.9929\\ 0.9988 & 1.0000 & 0.9999 & 0.9828 & 0.9975\\ 0.9984 & 0.9999 & 1.0000 & 0.9812 & 0.9980\\ 0.9906 & 0.9828 & 0.9812 & 1.0000 & 0.9673\\ 0.9929 & 0.9975 & 0.9980 & 0.9673 & 1.0000\end{pmatrix}$$

如果先将特征向量归一化为长度为 1 的向量，然后取点积，则得到相同的核。例如，对于线性核，归一化的点 $\phi_n(\boldsymbol{x}_1)$ 为

$$\phi_n(\boldsymbol{x}_1)=\frac{\phi(\boldsymbol{x}_1)}{\|\phi(\boldsymbol{x}_1)\|}=\frac{\boldsymbol{x}_1}{\|\boldsymbol{x}_1\|}=\frac{1}{\sqrt{43.81}}\begin{pmatrix}5.9\\ 3\end{pmatrix}\approx\begin{pmatrix}0.8914\\ 0.4532\end{pmatrix}$$

同样，我们有 $\phi_n(\boldsymbol{x}_2)=\frac{1}{\sqrt{57.22}}\begin{pmatrix}6.9\\ 3.1\end{pmatrix}\approx\begin{pmatrix}0.9122\\ 0.4098\end{pmatrix}$。它们的点积为

$$\phi_n(\boldsymbol{x}_1)^{\mathrm{T}}\phi_n(\boldsymbol{x}_2)=0.8914\times0.9122+0.4532\times0.4098\approx0.9988$$

这与 $\boldsymbol{K}_n(\boldsymbol{x}_1,\boldsymbol{x}_2)$ 一致。

如果从例 5.12 中的居中核矩阵 $\bar{\boldsymbol{K}}$ 开始，然后对其进行归一化，将得到如下归一化的

居中核矩阵 $\bar{\boldsymbol{K}}_n$：

$$\bar{\boldsymbol{K}}_n=\begin{pmatrix} 1.00 & -0.44 & -0.61 & 0.80 & -0.77 \\ -0.44 & 1.00 & 0.98 & -0.89 & -0.24 \\ -0.61 & 0.98 & 1.00 & -0.97 & -0.03 \\ 0.80 & -0.89 & -0.97 & 1.00 & -0.22 \\ -0.77 & -0.24 & -0.03 & -0.22 & 1.00 \end{pmatrix}$$

如前所述，核值 $\bar{\boldsymbol{K}}_n(\boldsymbol{x}_i,\boldsymbol{x}_j)$ 表示特征空间中的 $\boldsymbol{x}_i$ 和 $\boldsymbol{x}_j$ 之间的相关系数，即居中点 $\phi(\boldsymbol{x}_i)$ 和 $\phi(\boldsymbol{x}_j)$ 之间夹角的余弦。

5.4　复杂对象的核

本章结束前将讨论一些复杂数据（如字符串和图）的核示例。7.3 节介绍如何使用核函数进行降维，13.2 节和第 16 章介绍聚类中的核函数，20.2 节介绍判别分析中的核函数，21.4 节和 21.5 节介绍分类中的核函数，23.5 节介绍回归中的核函数。

5.4.1　字符串的谱核

考虑在字母表 Σ 上定义的文本或序列数据。l 谱特征映射 $\phi:\Sigma^*\to\mathbb{R}^{|\Sigma|^l}$ 是从 Σ 的子串的集合到 $|\Sigma|^l$ 维空间的映射，表示长度为 l 的子串的出现次数，定义为

$$\phi(\boldsymbol{x})=(\cdots,\#(\alpha),\cdots)^{\mathrm{T}}_{\alpha\in\Sigma^l}$$

其中，$\#(\alpha)$ 是长度为 l 的字符串 α 在 $\boldsymbol{x}$ 中出现的次数。

全谱映射是 l 谱映射的扩展，考虑了从 $l=0$ 到 $l=\infty$ 的所有长度，得到的是一个无限维特征映射 $\phi:\Sigma^*\to\mathbb{R}^\infty$：

$$\phi(\boldsymbol{x})=(\cdots,\#(\alpha),\cdots)^{\mathrm{T}}_{\alpha\in\Sigma^*}$$

其中，$\#(\alpha)$ 是字符串 α 在 $\boldsymbol{x}$ 中出现的次数。

两个字符串 $\boldsymbol{x}_i$ 和 $\boldsymbol{x}_j$ 之间的 l 谱核就是它们的 l 谱映射之间的点积：

$$K(\boldsymbol{x}_i,\boldsymbol{x}_j)=\phi(\boldsymbol{x}_i)^{\mathrm{T}}\phi(\boldsymbol{x}_j)$$

简单的 l 谱核计算需要 $O(|\Sigma|^l)$ 的时间。但是，对于给定的长度为 n 的字符串 $\boldsymbol{x}$，绝大多数长度为 l 的字符串的出现次数为零，可以忽略不计。对于长度为 n 的字符串（假设 $n\gg l$），可以在 $O(n)$ 时间内有效地计算 l 谱映射，因为长度为 l 的子串最多可以有 $n-l+1$ 个，所以可以在 $O(n+m)$ 时间内计算长度分别为 n 和 m 的任意两个字符串的 l 谱核。

全谱核的特征映射是无限维的，但同样，对于给定的长度为 n 的字符串 $\boldsymbol{x}$，绝大多数字符串的出现次数为零。长度为 n 的字符串 $\boldsymbol{x}$ 的谱映射可以直接在 $O(n^2)$ 时间内计算出来，因为 $\boldsymbol{x}$ 最多可以有 $\sum_{l=1}^{n}(n-l+1)=n(n+1)/2$ 个不同的非空子串。因此，可以在 O（n^2+m^2）内计算两个长度分别为 n 和 m 的字符串的谱核。然而，更有效的计算方式是通过后缀树（见第 10 章）实现，总时间为 $O(n+m)$。

例 5.14　思考由 DNA 碱基表 $\Sigma=\{\mathrm{A,C,G,T}\}$ 中碱基组成的序列。设 $\boldsymbol{x}_1=\mathrm{ACAGCAGTA}$，$\boldsymbol{x}_2=\mathrm{AGCAAGCGAG}$。对于 $l=3$，特征空间的维数为 $|\Sigma|^l=4^3=64$。然而，我们不必将

输入点映射到整个特征空间，只需通过计算每个输入序列中出现的长度为 3 的子串的出现次数来计算简化的 3 谱映射，如下所示：

$$\phi(\boldsymbol{x}_1) = (\text{ACA}:1, \text{AGC}:1, \text{AGT}:1, \text{CAG}:2, \text{GCA}:1, \text{GTA}:1)$$

$$\phi(\boldsymbol{x}_2) = (\text{AAG}:1, \text{AGC}:2, \text{CAA}:1, \text{CGA}:1, \text{GAG}:1, \text{GCA}:1, \text{GCG}:1)$$

其中，$\alpha:\#(\alpha)$ 表示子串 α 在 $\boldsymbol{x}_i$ 上出现了 $\#(\alpha)$ 次。然后，只考虑公共子串来计算点积，如下所示：

$$K(\boldsymbol{x}_1, \boldsymbol{x}_2) = 1\times 2 + 1\times 1 = 2 + 1 = 3$$

点积中的第一项对应子串 AGC，第二项对应 GCA，这是 $\boldsymbol{x}_1$ 和 $\boldsymbol{x}_2$ 之间唯一的长度为 3 的公共子串。

全谱可以通过考虑所有可能长度的公共子串的出现次数来计算。对于 $\boldsymbol{x}_1$ 和 $\boldsymbol{x}_2$，公共子串及其出现次数如下：

α	A	C	G	AG	CA	AGC	GCA	AGCA
$\boldsymbol{x}_1$ 中 $\#(\alpha)$	4	2	2	2	2	1	1	1
$\boldsymbol{x}_2$ 中 $\#(\alpha)$	4	2	4	3	1	2	1	1

因此，全谱核值如下：

$$K(\boldsymbol{x}_1, \boldsymbol{x}_2) = 16 + 4 + 8 + 6 + 2 + 2 + 1 + 1 = 40$$

5.4.2 图节点的扩散核

设 $\boldsymbol{S}$ 是图 $G=(V,E)$ 中节点间的对称相似度矩阵。例如，$\boldsymbol{S}$ 可以是（加权）邻接矩阵 $\boldsymbol{A}$［见式（4.2）］或拉普拉斯矩阵 $\boldsymbol{L}=\boldsymbol{A}-\boldsymbol{\Delta}$（或负拉普拉斯矩阵），其中 $\boldsymbol{\Delta}$ 是无向图 G 的度矩阵，$\boldsymbol{\Delta}(i,i)=d_i$，对于所有 $i\neq j$，$\boldsymbol{\Delta}(i,j)=0$，$d_i$ 是节点 i 的度。

考虑任意两个节点之间的相似度，通过对长度为 2 的通路（walk）的相似度的乘积之和得到：

$$S^{(2)}(\boldsymbol{x}_i, \boldsymbol{x}_j) = \sum_{a=1}^{n} S(\boldsymbol{x}_i, \boldsymbol{x}_a) S(\boldsymbol{x}_a, \boldsymbol{x}_j) = \boldsymbol{S}_i^{\mathrm{T}} \boldsymbol{S}_j$$

其中，

$$\boldsymbol{S}_i = (S(\boldsymbol{x}_i, \boldsymbol{x}_1), S(\boldsymbol{x}_i, \boldsymbol{x}_2), \cdots, S(\boldsymbol{x}_i, \boldsymbol{x}_n))^{\mathrm{T}}$$

表示 $\boldsymbol{S}$ 的第 i 行的（列）向量（由于 $\boldsymbol{S}$ 是对称的，它也表示 $\boldsymbol{S}$ 的第 i 列）。因此，考虑所有节点对，通路长度为 2 的节点相似度矩阵 $\boldsymbol{S}^{(2)}$ 可以用相似度基矩阵 $\boldsymbol{S}$ 的平方给出：

$$\boldsymbol{S}^{(2)} = \boldsymbol{S} \times \boldsymbol{S} = \boldsymbol{S}^2$$

一般来说，如果将两个节点之间所有长度为 l 的通路的基本相似度累积起来，则得到 l 长度相似度矩阵 $\boldsymbol{S}^{(l)}$ 正是 $\boldsymbol{S}$ 的 l 次方，即：

$$\boldsymbol{S}^{(l)} = \boldsymbol{S}^l$$

1. 幂核

偶数长度的通路会生成半正定核，奇数长度的通路则不一定，除非基矩阵 $\boldsymbol{S}$ 本身是半正定矩阵。特别地，$\boldsymbol{K}=\boldsymbol{S}^2$ 是一个有效核。为了说明这一点，假设 $\boldsymbol{S}$ 的第 i 行表示 $\boldsymbol{x}_i$ 的特征映射，即 $\phi(\boldsymbol{x}_i)=\boldsymbol{S}_i$。任意两点之间的核值就是特征空间中的一个点积：

$$K(\boldsymbol{x}_i,\boldsymbol{x}_j)=S^{(2)}(\boldsymbol{x}_i,\boldsymbol{x}_j)=\boldsymbol{S}_i^{\mathrm{T}}\boldsymbol{S}_j=\phi(\boldsymbol{x}_i)^{\mathrm{T}}\phi(\boldsymbol{x}_j)$$

如果通路长度为 l，设 $\boldsymbol{K}=\boldsymbol{S}^l$。考虑 $\boldsymbol{S}$ 的特征分解：

$$\boldsymbol{S}=\boldsymbol{U}\boldsymbol{\Lambda}\boldsymbol{U}^{\mathrm{T}}=\sum_{i=1}^{n}\boldsymbol{u}_i\lambda_i\boldsymbol{u}_i^{\mathrm{T}}$$

其中，$\boldsymbol{U}$ 是特征向量构成的正交矩阵，$\boldsymbol{\Lambda}$ 是 $\boldsymbol{S}$ 的特征值构成的对角矩阵：

$$\boldsymbol{U}=\begin{pmatrix}\boldsymbol{u}_1 & \boldsymbol{u}_2 & \cdots & \boldsymbol{u}_n\end{pmatrix}\qquad\qquad \boldsymbol{\Lambda}=\begin{pmatrix}\lambda_1 & 0 & \cdots & 0\\ 0 & \lambda_2 & \cdots & 0\\ \vdots & \vdots & & 0\\ 0 & 0 & \cdots & \lambda_n\end{pmatrix}$$

$\boldsymbol{K}$ 的特征分解如下：

$$\boldsymbol{K}=\boldsymbol{S}^l=(\boldsymbol{U}\boldsymbol{\Lambda}\boldsymbol{U}^{\mathrm{T}})^l=\boldsymbol{U}(\boldsymbol{\Lambda}^l)\boldsymbol{U}^{\mathrm{T}}$$

这里利用了 $\boldsymbol{S}$ 和 $\boldsymbol{S}^l$ 的特征向量相同的事实，因此 $\boldsymbol{S}^l$ 的特征值为 $(\lambda_i)^l(i=1,\cdots,n)$，其中 λ_i 是 $\boldsymbol{S}$ 的特征值。若 $\boldsymbol{K}=\boldsymbol{S}^l$ 为半正定矩阵，其所有特征值必须是非负的，这对于所有偶数长度的通路都成立。因为当 l 为奇数且 λ_i 为负时，$(\lambda_i)^l$ 为负，所以只有当 $\boldsymbol{S}$ 为半正定矩阵时，通路长度为奇数的核才是半正定的。

2. 指数扩散核

我们不需要预先针对通路长度固定一个先验值，而是考虑所有可能的通路长度，从而获得图的节点之间的新核，但是对较长通路的贡献施加阻尼，得到的指数扩散核定义为

$$\boldsymbol{K}=\sum_{l=0}^{\infty}\frac{1}{l!}\beta^l\boldsymbol{S}^l=\boldsymbol{I}+\beta\boldsymbol{S}+\frac{1}{2!}\beta^2\boldsymbol{S}^2+\frac{1}{3!}\beta^3\boldsymbol{S}^3+\cdots=\exp\{\beta\boldsymbol{S}\}\tag{5.18}$$

其中，β 是阻尼系数，exp $\{\beta\boldsymbol{S}\}$ 是矩阵指数。右侧的级数在 $\beta\geqslant 0$ 时收敛。

将 $\boldsymbol{S}=\boldsymbol{U}\boldsymbol{\Lambda}\boldsymbol{U}^{\mathrm{T}}=\sum_{i=1}^{n}\lambda_i\boldsymbol{u}_i\boldsymbol{u}_i^{\mathrm{T}}$ 代入式（5.18）中，结合 $\boldsymbol{U}\boldsymbol{U}^{\mathrm{T}}=\sum_{i=1}^{n}\boldsymbol{u}_i\boldsymbol{u}_i^{\mathrm{T}}=\boldsymbol{I}$，得到：

$$\begin{aligned}\boldsymbol{K}&=\boldsymbol{I}+\beta\boldsymbol{S}+\frac{1}{2!}\beta^2\boldsymbol{S}^2+\cdots\\&=\left(\sum_{i=1}^{n}\boldsymbol{u}_i\boldsymbol{u}_i^{\mathrm{T}}\right)+\left(\sum_{i=1}^{n}\boldsymbol{u}_i\beta\lambda_i\boldsymbol{u}_i^{\mathrm{T}}\right)+\left(\sum_{i=1}^{n}\boldsymbol{u}_i\frac{1}{2!}\beta^2\lambda_i^2\boldsymbol{u}_i^{\mathrm{T}}\right)+\cdots\\&=\sum_{i=1}^{n}\boldsymbol{u}_i\left(1+\beta\lambda_i+\frac{1}{2!}\beta^2\lambda_i^2+\cdots\right)\boldsymbol{u}_i^{\mathrm{T}}\\&=\sum_{i=1}^{n}\boldsymbol{u}_i\exp\{\beta\lambda_i\}\,\boldsymbol{u}_i^{\mathrm{T}}\\&=\boldsymbol{U}\begin{pmatrix}\exp\{\beta\lambda_1\} & 0 & \cdots & 0\\ 0 & \exp\{\beta\lambda_2\} & \cdots & 0\\ \vdots & \vdots & & 0\\ 0 & 0 & \cdots & \exp\{\beta\lambda_n\}\end{pmatrix}\boldsymbol{U}^{\mathrm{T}}\end{aligned}\tag{5.19}$$

因此，$\boldsymbol{K}$ 的特征向量与 $\boldsymbol{S}$ 的特征向量相同，它的特征值为 exp $\{\beta\lambda_i\}$，其中 λ_i 是 $\boldsymbol{S}$ 的特征值。此外，$\boldsymbol{K}$ 是对称的，因为 $\boldsymbol{S}$ 是对称的；它的特征值是非负实数，因为实数的指数也是

非负的。因此，$\boldsymbol{K}$ 是一个半正定核矩阵。计算扩散核的时间复杂度为 $O(n^3)$，与计算特征分解的复杂度相对应。

3. 冯 · 诺依曼扩散核

基于 $\boldsymbol{S}$ 的幂的核是冯 · 诺依曼扩散核，定义为

$$\boldsymbol{K} = \sum_{l=0}^{\infty} \beta^l \boldsymbol{S}^l \tag{5.20}$$

其中，$\beta \geqslant 0$。展开式（5.20），得到：

$$\begin{aligned}
\boldsymbol{K} &= \boldsymbol{I} + \beta \boldsymbol{S} + \beta^2 \boldsymbol{S}^2 + \beta^3 \boldsymbol{S}^3 + \cdots \\
&= \boldsymbol{I} + \beta \boldsymbol{S}(\boldsymbol{I} + \beta \boldsymbol{S} + \beta^2 \boldsymbol{S}^2 + \cdots) \\
&= \boldsymbol{I} + \beta \boldsymbol{S} \boldsymbol{K}
\end{aligned}$$

重新排列上述方程中的各项，可得冯 · 诺依曼扩散核的闭型表达式：

$$\begin{aligned}
\boldsymbol{K} - \beta \boldsymbol{S} \boldsymbol{K} &= \boldsymbol{I} \\
(\boldsymbol{I} - \beta \boldsymbol{S}) \boldsymbol{K} &= \boldsymbol{I} \\
\boldsymbol{K} &= (\boldsymbol{I} - \beta \boldsymbol{S})^{-1}
\end{aligned} \tag{5.21}$$

代入特征分解 $\boldsymbol{S} = \boldsymbol{U} \boldsymbol{\Lambda} \boldsymbol{U}^{\mathrm{T}}$，重写 $\boldsymbol{I} = \boldsymbol{U} \boldsymbol{U}^{\mathrm{T}}$，我们有：

$$\begin{aligned}
\boldsymbol{K} &= (\boldsymbol{U} \boldsymbol{U}^{\mathrm{T}} - \boldsymbol{U}(\beta \boldsymbol{\Lambda}) \boldsymbol{U}^{\mathrm{T}})^{-1} \\
&= (\boldsymbol{U}(\boldsymbol{I} - \beta \boldsymbol{\Lambda}) \boldsymbol{U}^{\mathrm{T}})^{-1} \\
&= \boldsymbol{U}(\boldsymbol{I} - \beta \boldsymbol{\Lambda})^{-1} \boldsymbol{U}^{\mathrm{T}}
\end{aligned}$$

其中，$(\boldsymbol{I} - \beta \boldsymbol{\Lambda})^{-1}$ 是一个对角矩阵，其第 i 个对角项为 $(1 - \beta \lambda_i)^{-1}$。$\boldsymbol{K}$ 和 $\boldsymbol{S}$ 的特征向量相同，但 $\boldsymbol{K}$ 的特征值为 $1/(1 - \beta \lambda_i)$。若 $\boldsymbol{K}$ 是一个半正定核，则它的所有特征值都应该是非负的，这又意味着：

$$\begin{aligned}
(1 - \beta \lambda_i)^{-1} &\geqslant 0 \\
1 - \beta \lambda_i &\geqslant 0 \\
\beta &\leqslant 1/\lambda_i
\end{aligned}$$

此外，仅当：

$$\det(\boldsymbol{I} - \beta \boldsymbol{\Lambda}) = \prod_{i=1}^{n} (1 - \beta \lambda_i) \neq 0$$

逆矩阵 $(\boldsymbol{I} - \beta \boldsymbol{\Lambda})^{-1}$ 存在，这意味着对于所有 i 而言，$\beta \neq 1/\lambda_i$。因此，如果 $\boldsymbol{K}$ 是一个有效核，则要求 $\beta < 1/\lambda_i$（$i = 1, \cdots, n$）。因此，如果 $|\beta| < 1/\rho(\boldsymbol{S})$，则冯 · 诺依曼核是半正定的，其中 $\rho(\boldsymbol{S}) - \max_i\{|\lambda_i|\}$ 被称为 $\boldsymbol{S}$ 的谱半径，定义为 $\boldsymbol{S}$ 最大的绝对值特征值。

例 5.15 思考图 5-2 中的图，其邻接矩阵和度矩阵如下：

$$\boldsymbol{A} = \begin{pmatrix} 0 & 0 & 1 & 1 & 0 \\ 0 & 0 & 1 & 0 & 1 \\ 1 & 1 & 0 & 1 & 0 \\ 1 & 0 & 1 & 0 & 1 \\ 0 & 1 & 0 & 1 & 0 \end{pmatrix} \qquad \boldsymbol{\Delta} = \begin{pmatrix} 2 & 0 & 0 & 0 & 0 \\ 0 & 2 & 0 & 0 & 0 \\ 0 & 0 & 3 & 0 & 0 \\ 0 & 0 & 0 & 3 & 0 \\ 0 & 0 & 0 & 0 & 2 \end{pmatrix}$$

因此，图的负拉普拉斯矩阵为

$$S=-L=A-\Delta=\begin{pmatrix}-2&0&1&1&0\\0&-2&1&0&1\\1&1&-3&1&0\\1&0&1&-3&1\\0&1&0&1&-2\end{pmatrix}$$

S 的特征值如下：

$$\lambda_1=0\qquad \lambda_2=-1.38\qquad \lambda_3=-2.38\qquad \lambda_4=-3.62\qquad \lambda_5=-4.62$$

S 的特征向量如下：

$$U=\begin{pmatrix}\boldsymbol{u}_1&\boldsymbol{u}_2&\boldsymbol{u}_3&\boldsymbol{u}_4&\boldsymbol{u}_5\\\hline 0.45&-0.63&0.00&0.63&0.00\\0.45&0.51&-0.60&0.20&-0.37\\0.45&-0.20&-0.37&-0.51&0.60\\0.45&-0.20&0.37&-0.51&-0.60\\0.45&0.51&0.60&0.20&0.37\end{pmatrix}$$

假设 $\beta=0.2$，则指数扩散核矩阵为

$$K=\exp\{0.2S\}=U\begin{pmatrix}\exp\{0.2\lambda_1\}&0&\cdots&0\\0&\exp\{0.2\lambda_2\}&\cdots&0\\\vdots&\vdots&&\vdots\\0&0&\cdots&\exp\{0.2\lambda_n\}\end{pmatrix}U^{\mathrm{T}}$$

$$=\begin{pmatrix}0.70&0.01&0.14&0.14&0.01\\0.01&0.70&0.13&0.03&0.14\\0.14&0.13&0.59&0.13&0.03\\0.14&0.03&0.13&0.59&0.13\\0.01&0.14&0.03&0.13&0.70\end{pmatrix}$$

对于冯·诺依曼扩散核，我们有：

$$(I-0.2\Lambda)^{-1}=\begin{pmatrix}1&0.00&0.00&0.00&0.00\\0&0.78&0.00&0.00&0.00\\0&0.00&0.68&0.00&0.00\\0&0.00&0.00&0.58&0.00\\0&0.00&0.00&0.00&0.52\end{pmatrix}$$

例如，因为 $\lambda_2=-1.38$，所以 $1-\beta\lambda_2=1+0.2\times1.38\approx1.28$，因此第二个对角项是 $(1-\beta\lambda_2)^{-1}=1/1.28\approx0.78$。冯·诺依曼扩散核为

$$K=U(I-0.2\Lambda)^{-1}U^{\mathrm{T}}=\begin{pmatrix}0.75&0.02&0.11&0.11&0.02\\0.02&0.74&0.10&0.03&0.11\\0.11&0.10&0.66&0.10&0.03\\0.11&0.03&0.10&0.66&0.10\\0.02&0.11&0.03&0.10&0.74\end{pmatrix}$$

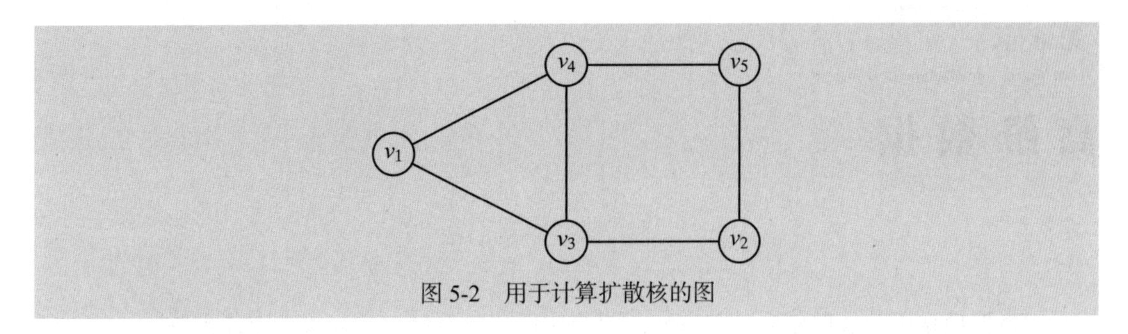

图 5-2 用于计算扩散核的图

5.5 拓展阅读

核方法在机器学习和数据挖掘领域得到了广泛的研究。关于核方法更深入的介绍和进阶主题，参见文献（Schö lkopf & Smola，2002 ；Shawe-Taylor & Cristianini，2004）。关于核方法在生物信息学中的应用，参见文献（Schö lkopf et al.，2004）。

Schölkopf, B. and Smola, A. J. (2002). *Learning with Kernels: Support Vector Machines, Regularization, Optimization, and Beyond*. Cambridge, MA: MIT Press.

Schölkopf, B., Tsuda, K., and Vert, J.-P. (2004). *Kernel Methods in Computational Biology*. Cambridge, MA: MIT press.

Shawe-Taylor, J. and Cristianini, N. (2004). *Kernel Methods for Pattern Analysis*. New York: Cambridge University Press.

5.6 练习

Q1. 证明度为 q 的非齐次多项式核的特征空间的维数为$m = \mathrm{C}_{d+q}^{q}$。

Q2. 思考表 5-1 中所示的数据。假设核函数为 $K(\boldsymbol{x}_i,\boldsymbol{x}_j)=\|\boldsymbol{x}_i-\boldsymbol{x}_j\|^2$，计算对应的核矩阵 $\boldsymbol{K}$。

表 5-1 Q2 的数据集

	X_1	X_2
$\boldsymbol{x}_1^{\mathrm{T}}$	4	2.9
$\boldsymbol{x}_2^{\mathrm{T}}$	2.5	1
$\boldsymbol{x}_3^{\mathrm{T}}$	3.5	4
$\boldsymbol{x}_4^{\mathrm{T}}$	2	2.1

Q3. 证明 $\boldsymbol{S}$ 和 $\boldsymbol{S}^l$ 的特征向量相同，$\boldsymbol{S}^l$ 的特征值为 $(\lambda_i)^l(i=1,\cdots,n)$，其中 λ_i 是 $\boldsymbol{S}$ 的特征值，$\boldsymbol{S}$ 是一个 $n\times n$ 的对称相似度矩阵。

Q4. 当 $|\beta|<\dfrac{1}{\rho(\boldsymbol{S})}$ 时，冯·诺依曼扩散核是一个有效的半正定核，其中 $\rho(\boldsymbol{S})$ 是 $\boldsymbol{S}$ 的谱半径。

当 $\beta>0$ 和 $\beta<0$ 时，你能推导出更好的边界条件吗?

Q5. 给定 3 个点 $\boldsymbol{x}_1=(2.5,1)^{\mathrm{T}}$，$\boldsymbol{x}_2=(3.5,4)^{\mathrm{T}}$，$\boldsymbol{x}_3=(2,2.1)^{\mathrm{T}}$。

（a）假设 $\sigma^2=5$，计算高斯核的核矩阵。

（b）计算点 $\phi(\boldsymbol{x}_1)$ 与特征空间中均值的距离。

（c）计算（a）中核矩阵的主特征向量和主特征值。

高维数据

在数据挖掘中，数据通常是高维的，因为属性的数量很容易就达到成百上千。理解高维空间——又称为超空间（hyperspace）的性质是非常重要的，因为超空间与我们熟悉的二维或三维空间的几何差异很大。

6.1 高维对象

思考 $n\times d$ 数据矩阵：

$$\boldsymbol{D}=\begin{pmatrix} & X_1 & X_2 & \cdots & X_d \\ \boldsymbol{x}_1 & x_{11} & x_{12} & \cdots & x_{1d} \\ \boldsymbol{x}_2 & x_{21} & x_{22} & \cdots & x_{2d} \\ \vdots & \vdots & \vdots & & \vdots \\ \boldsymbol{x}_n & x_{n1} & x_{n2} & \cdots & x_{nd} \end{pmatrix}$$

其中，$\boldsymbol{x}_i \in \mathbb{R}^d$，$X_j \in \mathbb{R}^n$。

1. 超立方体

将每个属性 X_j 的最小值和最大值表示为

$$\min(X_j)=\min_i\{x_{ij}\} \qquad \max(X_j)=\max_i\{x_{ij}\}$$

数据超空间可以看作 d 维*超矩形*（hyper-rectangle），定义为

$$\begin{aligned} R_d &= \prod_{j=1}^{d}[\min(X_j),\max(X_j)] \\ &= \{\boldsymbol{x}=(x_1,x_2,\cdots,x_d)^{\mathrm{T}} \mid x_j\in[\min(X_j),\max(X_j)], j=1,\cdots,d\} \end{aligned}$$

假设数据已居中，均值为 $\boldsymbol{\mu}=\mathbf{0}$。设 m 表示 $\boldsymbol{D}$ 中的最大绝对值：

$$m=\max_{j=1}^{d}\max_{i=1}^{n}\{|x_{ij}|\}$$

数据超空间可以表示为*超立方体*（hypercube），以 $\mathbf{0}$ 为中心，所有边的长度 $l=2m$，如下所示：

$$H_d(l)=\{\boldsymbol{x}=(x_1,x_2,\cdots,x_d)^{\mathrm{T}} \mid \forall i,\ x_i\in[-l/2,l/2]\}$$

一维超立方体 $H_1(l)$ 代表一个区间，二维超立方体 $H_2(l)$ 代表正方形，三维超立方体 $H_3(l)$ 代表立方体，依次类推。*单位超立方体*（unit hypercube）的所有边的长度为 $l=1$，表示为 $H_d(l)$。

2. 超球面

假设数据已居中，即$\boldsymbol{\mu}=\mathbf{0}$。设$r$表示所有点最大的幅值：

$$r=\max_i\{\|\boldsymbol{x}_i\|\}$$

数据超空间也可以表示为以$\mathbf{0}$为中心，半径为r的d维超球体，定义为

$$B_d(r)=\{\boldsymbol{x}\mid \|\boldsymbol{x}\|\leqslant r\} \tag{6.1}$$

$$B_d(r)=\left\{\boldsymbol{x}=(x_1,x_2,\cdots,x_d)^{\mathrm{T}}\mid \sum_{j=1}^{d}x_j^2\leqslant r^2\right\} \tag{6.2}$$

超球体的表面被称为*超球面*（hypersphere），它由距离超球体中心为r的所有点组成，定义为

$$S_d(r)=\{\boldsymbol{x}\mid \|\boldsymbol{x}\|=r\} \tag{6.3}$$

$$S_d(r)=\left\{\boldsymbol{x}=(x_1,x_2,\cdots,x_d)^{\mathrm{T}}\mid \sum_{j=1}^{d}(x_j)^2=r^2\right\} \tag{6.4}$$

由于超球体由所有表面点和内部点组成，因此它也被称为*闭超球面*。

例6.1 思考图6-1中绘制的二维居中鸢尾花数据集。任意维度的最大绝对值$m=2.06$，最大值点为（2.06, 0.75），半径为$r=2.19$。在二维空间中，表示数据空间的超立方体是边长为$l=2m=4.12$的正方形。标记空间范围的超球面用半径$r=2.19$的虚线圆圈表示。

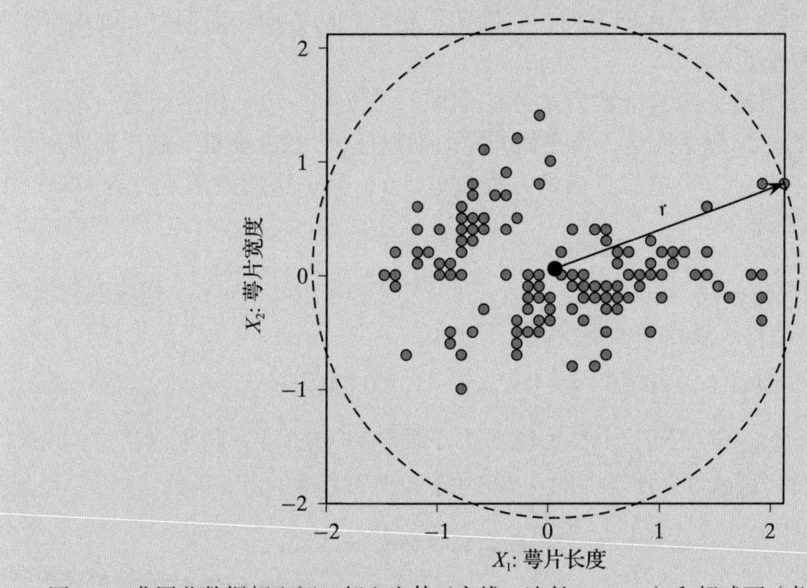

图6-1 鸢尾花数据超空间：超立方体（实线，边长$l=4.12$）和超球面（虚线，半径$r=2.19$）

3. 超平面

d维超平面是满足方程$h(\boldsymbol{x})=0$的所有点$\boldsymbol{x}\in\mathbb{R}^d$的集合，其中$h(\boldsymbol{x})$是超平面函数，其定义如下：

$$h(\boldsymbol{x})=\boldsymbol{w}^{\mathrm{T}}\boldsymbol{x}+b=w_1x_1+w_2x_2+\cdots+w_dx_d+b$$

这里，$\boldsymbol{w}$是d维权向量，b是标量，称为偏差。对于构成超平面的点，我们有：

$$h(\boldsymbol{x})=\boldsymbol{w}^{\mathrm{T}}\boldsymbol{x}+b=0 \tag{6.5}$$

因此，超平面被定义为所有点的集合，这些点满足 $\boldsymbol{w}^{\mathrm{T}}\boldsymbol{x}=-b$。

为了看到 b 所发挥的作用，假设 $w_1\neq 0$，并且对于所有 $i>1$，$x_i=0$，得到超平面与第一轴相交的偏差，根据式（6.5），我们有：

$$w_1x_1=-b$$
$$x_1=-\frac{b}{w_1}$$

换句话说，点 $\left(-\frac{b}{w_1},0,\cdots,0\right)$ 位于超平面上。以类似的方式，可得超平面与每个轴相交处的偏差，即 $-\frac{b}{w_i}$（$w_i\neq 0$）。

设 $\boldsymbol{x}_1$ 和 $\boldsymbol{x}_2$ 是位于超平面上的任意两个点。根据式（6.5），我们有：

$$h(\boldsymbol{x}_1)=\boldsymbol{w}^{\mathrm{T}}\boldsymbol{x}_1+b=0$$
$$h(\boldsymbol{x}_2)=\boldsymbol{w}^{\mathrm{T}}\boldsymbol{x}_2+b=0$$

二者相减，可得：

$$\boldsymbol{w}^{\mathrm{T}}(\boldsymbol{x}_1-\boldsymbol{x}_2)=0$$

这意味着权向量 $\boldsymbol{w}$ 与超平面正交，因为它与超平面上的任意向量 $(\boldsymbol{x}_1-\boldsymbol{x}_2)$ 正交。换句话说，权向量 $\boldsymbol{w}$ 指定了垂直于超平面的方向，它确定了超平面的方向，而偏差 b 则确定了超平面在 d 维空间中的偏差量。

需要注意的是，d 维超平面的维数为 $d-1$。例如，二维（$d=2$）超平面是一条线，它的维数是 1；三维（$d=3$）超平面是一个平面，它的维数是 2，依次类推。超平面将原始的 d 维空间分割成两个半空间。一边的点满足方程 $h(\boldsymbol{x})>0$，另一边的点满足方程 $h(\boldsymbol{x})<0$，超平面上的点满足 $h(\boldsymbol{x})=0$。

例 6.2　思考由属性萼片长度（X_1）、花瓣长度（X_2）和花瓣宽度（X_3）构成的三维鸢尾花数据集。图 6-2 给出了散点图，还绘制了超平面：

$$h(\boldsymbol{x})=-0.082\cdot X_1+0.45\cdot X_2-X_3-0.014=0$$

其中，权向量 $\boldsymbol{w}=(w_1,w_2,w_3)^{\mathrm{T}}=(-0.082,0.45,-1)^{\mathrm{T}}$，偏差 $b=-0.014$。超平面将空间分割为两个半空间，它们分别包含平面之上的点（白色）和平面之下的点（灰色）。

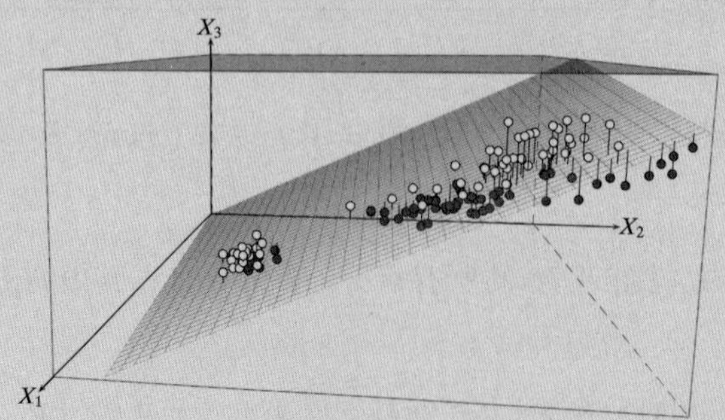

图 6-2　三维鸢尾花数据超空间的二维超平面，白色的点位于平面之上，而灰色的点位于平面之下

6.2　高维体积

1. 超立方体

边长为 l 的超立方体的体积为

$$\mathrm{vol}(H_d(l)) = l^d \tag{6.6}$$

2. 超球面

超球体的体积和它对应的超球面的体积是相同的，因为体积测量的是对象的总空间，包括所有内部空间。考虑已知的低维空间中的超球面体积的公式：

$$\mathrm{vol}(S_1(r)) = 2r \tag{6.7}$$

$$\mathrm{vol}(S_2(r)) = \pi r^2 \tag{6.8}$$

$$\mathrm{vol}(S_3(r)) = \frac{4}{3}\pi r^3 \tag{6.9}$$

根据 6.7 节的推导，d 维超球面的体积的一般方程如下：

$$\mathrm{vol}(S_d(r)) = K_d \cdot r^d = \left(\frac{\pi^{\frac{d}{2}}}{\Gamma\left(\frac{d}{2}+1\right)}\right) r^d \tag{6.10}$$

其中，

$$K_d = \frac{\pi^{d/2}}{\Gamma(\frac{d}{2}+1)} \tag{6.11}$$

是依赖于维数 d 的标量，Γ 是伽马函数［见式（3.24）］，定义为（对于 $\alpha > 0$）：

$$\Gamma(\alpha) = \int_0^{\infty} x^{\alpha-1} \mathrm{e}^{-x} \,\mathrm{d}x \tag{6.12}$$

通过式（6.12），得到：

$$\Gamma(1) = 1 \quad , \quad \Gamma\left(\frac{1}{2}\right) = \sqrt{\pi} \tag{6.13}$$

对于任意 $\alpha > 1$，伽马函数也具有以下特性：

$$\Gamma(\alpha) = (\alpha - 1)\Gamma(\alpha - 1) \tag{6.14}$$

对于任意整数 $n \geqslant 1$，我们立即得到：

$$\Gamma(n) = (n-1)! \tag{6.15}$$

回到式（6.10），当 d 是偶数时，那么 $\frac{d}{2}+1$ 为整数，根据式（6.15），有：

$$\Gamma\left(\frac{d}{2}+1\right) = \left(\frac{d}{2}\right)!$$

当 d 是奇数时，根据式（6.14）和式（6.13），我们有

$$\Gamma\left(\frac{d}{2}+1\right) = \left(\frac{d}{2}\right)\left(\frac{d-2}{2}\right)\left(\frac{d-4}{2}\right)\cdots\left(\frac{d-(d-1)}{2}\right)\Gamma\left(\frac{1}{2}\right) = \left(\frac{d!!}{2^{(d+1)/2}}\right)\sqrt{\pi}$$

其中，$d!!$ 表示双阶乘（或多阶乘）：

$$d!! = \begin{cases} 1 & , d=0 \text{ 或 } d=1 \\ d \cdot (d-2)!!, & d \geqslant 2 \end{cases}$$

整理可得：

$$\Gamma\left(\frac{d}{2}+1\right) = \begin{cases} \left(\frac{d}{2}\right)! & , d \text{ 为偶数} \\ \sqrt{\pi}\left(\frac{d!!}{2^{(d+1)/2}}\right), & d \text{ 为奇数} \end{cases} \tag{6.16}$$

在式（6.10）中代入 $\Gamma(d/2+1)$ 的值，可得不同维数的超球面体积的公式。

例 6.3　根据式（6.16），对于 $d=1$，$d=2$ 和 $d=3$，有：

$$\Gamma(1/2+1) = \frac{1}{2}\sqrt{\pi}$$

$$\Gamma(2/2+1) = 1! = 1$$

$$\Gamma(3/2+1) = \frac{3}{4}\sqrt{\pi}$$

因此，我们可以验证一维、二维和三维超球面的体积：

$$\text{vol}(S_1(r)) = \frac{\sqrt{\pi}}{\frac{1}{2}\sqrt{\pi}} r = 2r$$

$$\text{vol}(S_2(r)) = \frac{\pi}{1} r^2 = \pi r^2$$

$$\text{vol}(S_3(r)) = \frac{\pi^{3/2}}{\frac{3}{4}\sqrt{\pi}} r^3 = \frac{4}{3}\pi r^3$$

这分别与式（6.7）、式（6.8）和式（6.9）一致。

表面面积　超球面的表面面积可以通过其体积相对于 r 的微分得到，如下所示：

$$\text{area}(S_d(r)) = \frac{\mathrm{d}}{\mathrm{d}r}\text{vol}(S_d(r)) = \left(\frac{\pi^{\frac{d}{2}}}{\Gamma\left(\frac{d}{2}+1\right)}\right) \mathrm{d}r^{d-1} = \left(\frac{2\pi^{\frac{d}{2}}}{\Gamma\left(\frac{d}{2}\right)}\right) r^{d-1}$$

我们可以快速证明，在二维情况下，圆的表面面积是 $2\pi r$；在三维情况下，球体的表面面积是 $4\pi r^2$。

渐近体积　对于超球面体积，有趣的是，随着维数的增加，体积先增大后减小，最终减为零。具体来说，对于 $r=1$ 的单位超球面：

$$\lim_{d\to\infty} \text{vol}(S_d(1)) = \lim_{d\to\infty} \frac{\pi^{\frac{d}{2}}}{\Gamma(\frac{d}{2}+1)} \to 0 \tag{6.17}$$

例 6.4　图 6-3 展示了式（6.10）中单位超球面的体积随维数的变化情况。我们看到，体积先逐渐增大，当 $d=5$ 时，体积最大，为 $\text{vol}(S_5(1))=5.263$。此后，体积迅速减小，基本上在 $d=30$ 时变为零。

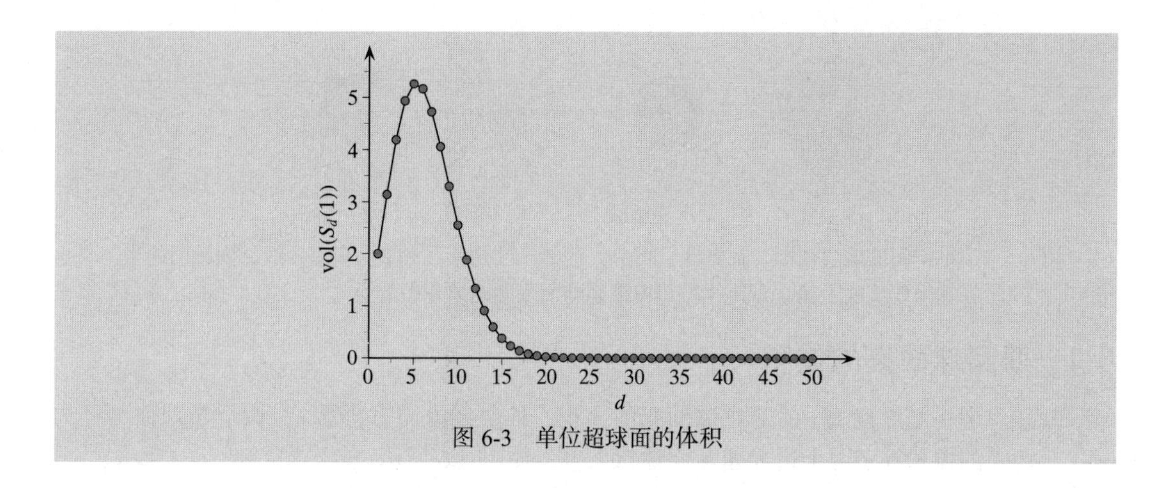

图 6-3 单位超球面的体积

6.3 超立方体的内接超球面

接下来，我们来看超立方体（数据空间）所能容纳的最大超球面。考虑半径为 r 的超球面内接于边长为 $2r$ 的超立方体，当计算半径为 r 的超球面的体积与边长为 $l=2r$ 的超立方体的体积之比时，我们观察到以下趋势。

在二维情况下，我们有

$$\frac{\text{vol}(S_2(r))}{\text{vol}(H_2(2r))}=\frac{\pi r^2}{4r^2}=\frac{\pi}{4}=78.5\%$$

因此，内接的圆占据包围其的正方形体积的 $\frac{\pi}{4}$，如图 6-4a 所示。

在三维情况下，比值为

$$\frac{\text{vol}(S_3(r))}{\text{vol}(H_3(2r))}=\frac{\frac{4}{3}\pi r^3}{8r^3}=\frac{\pi}{6}=52.4\%$$

内接的球面只占包围其的立方体体积的 $\frac{\pi}{6}$，如图 6-4b 所示，远远低于二维情况。

对于一般情况，当维数 d 渐近增加时，得到：

$$\lim_{d\to\infty}\frac{\text{vol}(S_d(r))}{\text{vol}(H_d(2r))}=\lim_{d\to\infty}\frac{\pi^{d/2}}{2^d\Gamma(\frac{d}{2}+1)}\to 0 \tag{6.18}$$

这意味着随着维数的增加，超立方体的大部分体积都在“角落”中，而中心实际上是空的。这样，我们脑海中浮现的画面应该是，高维空间看起来像一只卷起的豪猪，如图 6-5 所示。

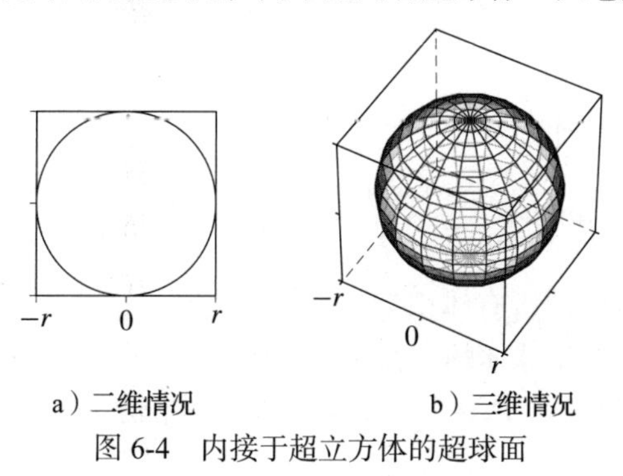

a）二维情况　b）三维情况

图 6-4 内接于超立方体的超球面

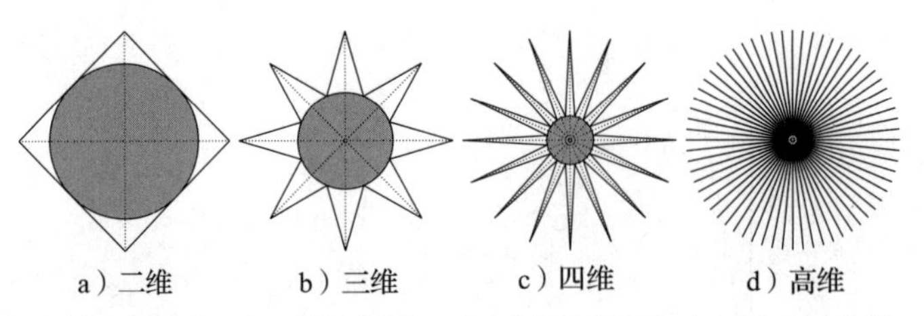

图 6-5 高维空间的概念视图，在d维空间中，有2^d个“角落”和2^{d-1}个对角线，内接圆的半径精确地反映了超立方体体积与内接超球面之间的体积差异

6.4 薄超球面壳的体积

现在思考一个厚度为ϵ的薄超球面壳的体积，外层超球面半径为r，内层超球面半径为$r-\epsilon$。薄壳的体积等于两个边界超球面体积之差，如图 6-6 所示。

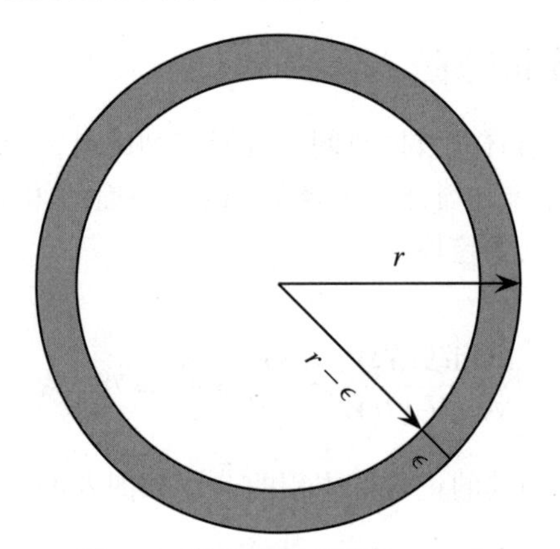

图 6-6 薄壳体积（厚度$\epsilon>0$）

设$S_d(r,\epsilon)$表示厚度为ϵ的薄超球面壳，其体积为

$$\mathrm{vol}(S_d(r,\epsilon))=\mathrm{vol}(S_d(r))-\mathrm{vol}(S_d(r-\epsilon))=K_d r^d-K_d(r-\epsilon)^d$$

思考薄壳的体积与外层超球面的体积之比：

$$\frac{\mathrm{vol}(S_d(r,\epsilon))}{\mathrm{vol}(S_d(r))}=\frac{K_d r^d-K_d(r-\epsilon)^d}{K_d r^d}=1-\left(1-\frac{\epsilon}{r}\right)^d$$

例 6.5 例如，对于二维空间中的圆环，当$r=1$且$\epsilon=0.01$时，薄壳的体积为$1-(0.99)^2=0.0199\simeq 2\%$。正如所料，在二维空间中，薄壳只包含了原始超球面体积的一小部分。在三维空间中，这个比例变为$1-(0.99)^3=0.0297\simeq 3\%$，仍然是相对较小的比例。

渐近体积

随着d的增加，可以得到：

$$\lim_{d\to\infty}\frac{\mathrm{vol}(S_d(r,\epsilon))}{\mathrm{vol}(S_d(r))}=\lim_{d\to\infty}1-\left(1-\frac{\epsilon}{r}\right)^d\to 1 \tag{6.19}$$

即当$d\to\infty$时，几乎超球面的所有体积都包含在薄壳中。这意味着在高维空间中，不同于低维空间，大部分体积集中在超球体的表面（在厚度为ϵ的薄壳内），而中心基本上是空的。如果数据均匀分布在d维空间中，那么所有的点基本上都位于空间的边界（这是一个$d-1$维对象）上。再加上超立方体的大部分体积都在“角落”里，我们可以观察到，在高维空间中，数据往往会分散在空间的边界和角落。

6.5 超空间的对角线

高维空间的另一个违反直觉的行为涉及对角线。假设有一个 d 维超立方体，其原点为 $\mathbf{0}_d=(0_1,0_2,\cdots,0_d)^{\mathrm{T}}$，在每个维度上都位于 $[-1, 1]$ 内，那么超空间的每个“角落”都是形式为 $(\pm 1_1,\pm 1_2,\cdots,\pm 1_d)^{\mathrm{T}}$ 的 d 维向量。设 $\boldsymbol{e}_i=(0_1,\cdots,0_i,\cdots,0_d)^{\mathrm{T}}$ 表示第 i 个维度上的 d 维正则单位向量，即第 i 个标准基向量，设 $\mathbf{1}$ 表示 d 维全 1 向量 $(1_1,1_2,\cdots,1_d)^{\mathrm{T}}$。

思考 d 维空间中全 1 向量 $\mathbf{1}$ 和第一个标准基向量 $\boldsymbol{e}_1$ 之间的角度 θ_d：

$$\cos\theta_d=\frac{\boldsymbol{e}_1^{\mathrm{T}}\mathbf{1}}{\|\boldsymbol{e}_1\|\,\|\mathbf{1}\|}=\frac{\boldsymbol{e}_1^{\mathrm{T}}\mathbf{1}}{\sqrt{\boldsymbol{e}_1^{\mathrm{T}}\boldsymbol{e}_1}\sqrt{\mathbf{1}^{\mathrm{T}}\mathbf{1}}}=\frac{1}{\sqrt{1}\sqrt{d}}=\frac{1}{\sqrt{d}}$$

顾名思义，全 1 向量 $\mathbf{1}$ 与标准基向量 $\boldsymbol{e}_i(i=1,2,\cdots,d)$ 的夹角都相同，即 $\cos\theta_d$ 都为 $\frac{1}{\sqrt{d}}$。

例 6.6 图 6-7 展示了 $d=2$ 和 $d=3$ 时，全 1 向量 $\mathbf{1}$ 和 $\boldsymbol{e}_1$ 之间的角度。在二维空间中，有 $\cos\theta_2=\frac{1}{\sqrt{2}}$；在三维空间中，有 $\cos\theta_3=\frac{1}{\sqrt{3}}$。

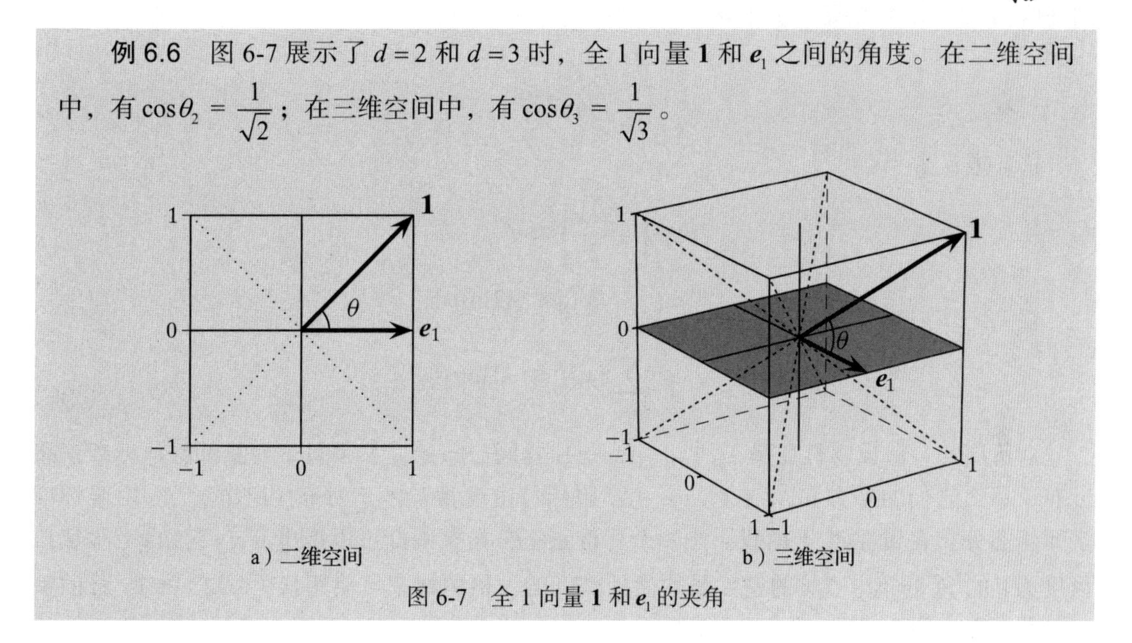

a）二维空间 b）三维空间

图 6-7 全 1 向量 $\mathbf{1}$ 和 $\boldsymbol{e}_1$ 的夹角

渐近角度

随着 d 的增加，d 维全 1 向量 $\mathbf{1}$ 和第一轴向量 $\boldsymbol{e}_1$ 之间的夹角为

$$\lim_{d\to\infty}\cos\theta_d=\lim_{d\to\infty}\frac{1}{\sqrt{d}}\to 0$$

这意味着：

$$\lim_{d\to\infty}\theta_d\to\frac{\pi}{2}=90^{\circ} \tag{6.20}$$

这种分析适用于全 1 向量 $\mathbf{1}_d$ 与 d 个主轴向量 $\boldsymbol{e}_i(i\in[1,d])$ 之间的夹角。事实上，任何对角向量和任何主轴向量（在两个方向上）都有类似的结果。这意味着在高维空间中，所有的对角向量都垂直（或正交）于所有的坐标轴！因为 d 维超空间中有 2^d 个“角落”，所以从原点

到每个“角落”共有 2^d 个对角向量。相反方向的两个对角向量定义一个新轴，因此我们得到 2^{d-1} 个新轴，每个轴基本上都与所有的 d 个主坐标轴正交！因此，实际上，高维空间有指数级数量的正交轴。高维空间这种奇怪的性质导致：如果在对角线附近有一个点或一组点（比如一个感兴趣的点簇），那么这些点将被投影到原点，并且在低维投影中不可见。

6.6　多元正态分布的密度

思考一下，对于标准的多元正态分布，d 维空间中均值周围的点的密度是如何变化的。特别是，考虑一个点在均值的峰值密度的 $\alpha>0$ 范围内的概率。

对于多元正态分布［见式（2.42）］，$\boldsymbol{\mu}=\mathbf{0}_d$（$d$ 维零向量），$\boldsymbol{\Sigma}=\boldsymbol{I}_d$（$d\times d$ 单位矩阵），有：

$$f(\boldsymbol{x})=\frac{1}{(\sqrt{2\pi})^d}\exp\left\{-\frac{\boldsymbol{x}^{\mathrm{T}}\boldsymbol{x}}{2}\right\}\tag{6.21}$$

在均值 $\boldsymbol{\mu}=\mathbf{0}_d$ 时，密度达到峰值，为 $f(\mathbf{0}_d)=\dfrac{1}{(\sqrt{2\pi})^d}$。因此，点 $\boldsymbol{x}$ 的密度是均值处密度的 α 倍 $(0<\alpha<1)$ 的集合如下：

$$\frac{f(\boldsymbol{x})}{f(\mathbf{0})}\geqslant\alpha$$

这意味着：

$$\exp\left\{-\frac{\boldsymbol{x}^{\mathrm{T}}\boldsymbol{x}}{2}\right\}\geqslant\alpha$$

$$\boldsymbol{x}^{\mathrm{T}}\boldsymbol{x}\leqslant-2\ln(\alpha)$$

$$\sum_{i=1}^{d}(x_i)^2\leqslant-2\ln(\alpha)\tag{6.22}$$

众所周知，假设随机变量 $X_1,X_2,\cdots,X_k$ 是独立同分布的，如果每个变量都服从标准正态分布，那么它们的平方和 $X_1^2+X_2^2+\cdots+X_k^2$ 服从自由度为 k 的 χ^2 分布（记作 χ_k^2）。由于标准多元正态分布在属性 X_j 上的投影是一个标准正态分布，因此可以得出 $\boldsymbol{x}^{\mathrm{T}}\boldsymbol{x}=\sum_{i=1}^{d}(x_i)^2$ 服从自由度为 d 的 χ^2 分布。点 $\boldsymbol{x}$ 的密度是均值处密度的 α 倍的概率可使用式（6.22）根据 χ_d^2 的密度函数计算，如下所示：

$$P\left(\frac{f(\boldsymbol{x})}{f(\mathbf{0})}\geqslant\alpha\right)=P(\boldsymbol{x}^{\mathrm{T}}\boldsymbol{x}\leqslant-2\ln(\alpha))=\int_0^{-2\ln(\alpha)}f_{\chi_d^2}(\boldsymbol{x}^{\mathrm{T}}\boldsymbol{x})\,\mathrm{d}\boldsymbol{x}=F_{\chi_d^2}(-2\ln(\alpha))\tag{6.23}$$

其中，$f_{\chi_d^2}(x)$ 是自由度为 d 的卡方概率密度函数［见式（3.23）］：

$$f_{\chi_d^2}(x)=\frac{1}{2^{d/2}\Gamma(d/2)}x^{\frac{d}{2}-1}\mathrm{e}^{-\frac{x}{2}}$$

$F_{\chi_d^2}(x)$ 是其累积分布函数。

随着维数的增加，这个概率急剧下降，最终趋于零，也就是说：

$$\lim_{d\to\infty}P\left(\boldsymbol{x}^{\mathrm{T}}\boldsymbol{x}\leqslant-2\ln(\alpha)\right)\to 0\tag{6.24}$$

因此，在高维空间中，远离均值时，均值周围的概率密度迅速降低。本质上，整个概率质量迁移到尾部区域。

例 6.7　思考点 $\boldsymbol{x}$ 的密度是均值处密度的 50%（即 $\alpha=0.5$）范围内的概率。根据式（6.23），有：

$$P(\boldsymbol{x}^{\mathrm{T}}\boldsymbol{x} \leqslant -2\ln(0.5)) = F_{\chi_d^2}(1.386)$$

通过计算不同自由度（维数）的累积 χ^2 分布，我们可以计算一个点的密度是均值处密度的 50% 的概率。$d=1$ 时，概率为 $F_{\chi_1^2}(1.386)=76.1\%$。$d=2$ 时，概率降低到 $F_{\chi_2^2}(1.386)=50\%$，$d=3$ 时，概率降低到 29.12%。从图 6-8 可以看出，对于一维空间，只有约 24% 的密度位于尾部区域，而对于二维空间，超过 50% 的密度位于尾部区域。图 6-9 绘制了 χ_d^2 分布图，展示了在二维空间和三维空间下的概率 $P(\boldsymbol{x}^{\mathrm{T}}\boldsymbol{x} \leqslant 1.386)$。这个概率随着维数的增加而迅速减小，$d=10$ 时，概率减小到 0.075%，即 99.925% 的点位于极端值区域或尾部区域。

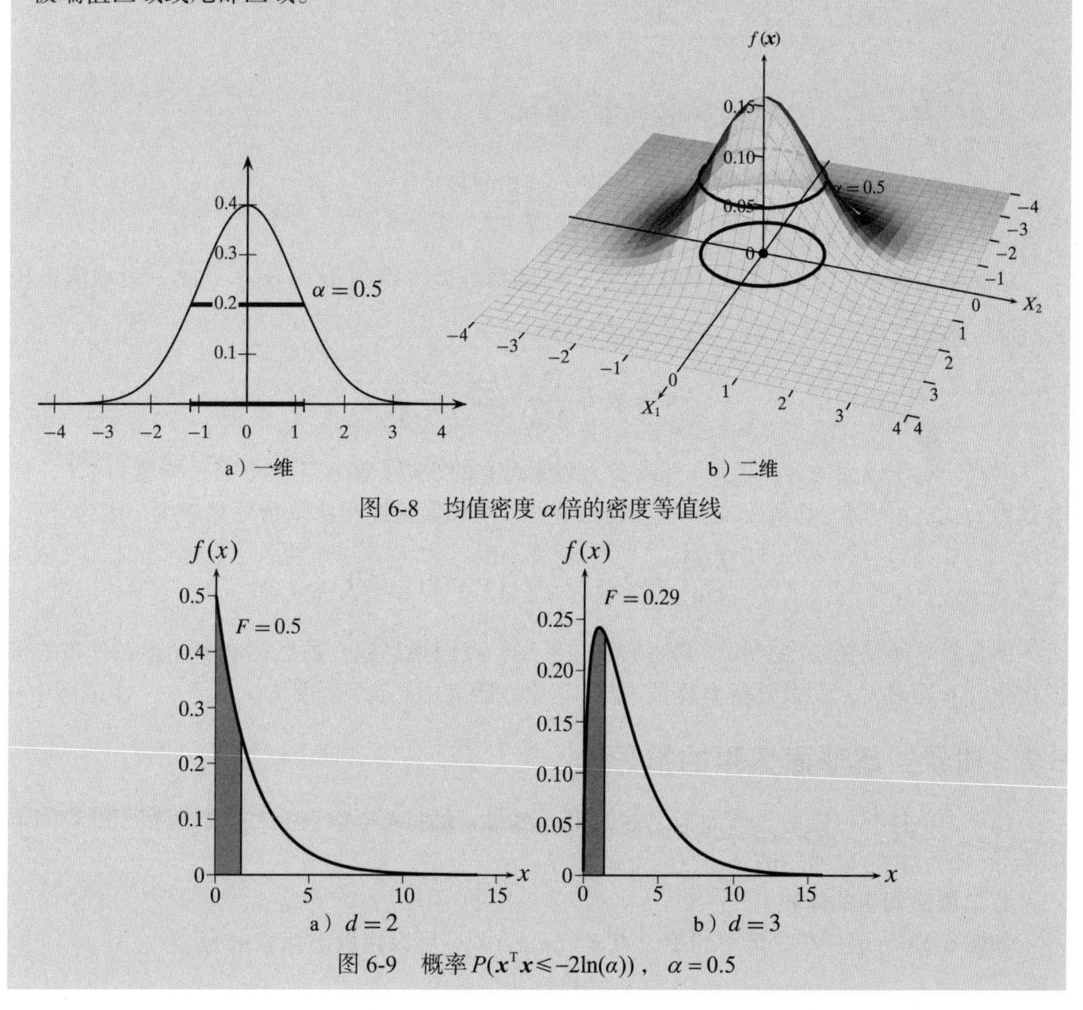

a）一维　b）二维

图 6-8　均值密度 α 倍的密度等值线

a）$d=2$　b）$d=3$

图 6-9　概率 $P(\boldsymbol{x}^{\mathrm{T}}\boldsymbol{x} \leqslant -2\ln(\alpha))$，$\alpha=0.5$

点与均值的距离

思考点 $\boldsymbol{x}$ 到标准多元正态分布的中心的平均距离。设 r^2 表示点 $\boldsymbol{x}$ 到中心 $\boldsymbol{\mu}=\mathbf{0}$ 的距离的

平方，如下所示：

$$r^2 = \|\boldsymbol{x} - \boldsymbol{0}\|^2 = \boldsymbol{x}^{\mathrm{T}}\boldsymbol{x} = \sum_{i=1}^{d} x_i^2$$

$\boldsymbol{x}^{\mathrm{T}}\boldsymbol{x}$ 服从自由度为 d 的 χ^2 分布，其均值为 d，方差为 $2d$。因此，随机变量 r^2 的均值和方差分别为

$$\mu_{r^2} = d \qquad \sigma_{r^2}^2 = 2d$$

根据中心极限定理，随着 $d \to \infty$，r^2 近似服从均值为 d、方差为 $2d$ 的正态分布，这意味着 r^2 集中在其均值 d 附近。因此，点 $\boldsymbol{x}$ 到标准多元正态分布中心的距离 r 也近似集中在其均值 $\sqrt{d}$ 附近。

接下来，要估计距离 r 在其均值附近的扩展情况，我们需要从 r^2 的标准差推导出 r 的标准差。假设 σ_r 比 r 小得多，那么利用 $\frac{\mathrm{d}\log r}{\mathrm{d}r} = \frac{1}{r}$，重新排列这些项之后，得到：

$$\frac{\mathrm{d}r}{r} = \mathrm{d}\log r = \frac{1}{2}\mathrm{d}\log r^2$$

利用 $\frac{\mathrm{d}\log r^2}{\mathrm{d}r^2} = \frac{1}{r^2}$，并重新排列这些项，得到：

$$\frac{\mathrm{d}r}{r} = \frac{1}{2}\frac{\mathrm{d}r^2}{r^2}$$

这意味着 $\mathrm{d}r = \frac{1}{2r}\mathrm{d}r^2$。设 r^2 的变化等于 r^2 的标准差，得到 $\mathrm{d}r^2 = \sigma_{r^2} = \sqrt{2d}$，设均值半径 $r = \sqrt{d}$，得到：

$$\sigma_r = \mathrm{d}r = \frac{1}{2\sqrt{d}}\sqrt{2d} = \frac{1}{\sqrt{2}}$$

因此，对于较大的 d，半径 r（或点 $\boldsymbol{x}$ 到原点 $\boldsymbol{0}$ 的距离）服从正态分布，均值为 $\sqrt{d}$，标准差为 $1/\sqrt{2}$。然而，均值距离 $r = \sqrt{d}$ 处的密度，与峰值密度相比呈指数级减少，因为

$$\frac{f(\boldsymbol{x})}{f(\boldsymbol{0})} = \exp\{-\boldsymbol{x}^{\mathrm{T}}\boldsymbol{x}/2\} = \exp\{-d/2\}$$

结合概率质量在高维空间中偏离均值的事实，我们观察到：虽然标准多元正态分布的密度在中心 $\boldsymbol{0}$ 处最大，大多数概率质量（点）集中在距离中心为平均距离 $\sqrt{d}$ 的一个小范围中。

6.7　附录：超球面体积的推导

超球面的体积可以通过球面极坐标的积分得到。我们先考虑它在二维空间和三维空间下的推导，然后再考虑通用的 d 维空间下的推导。

1. 二维空间中的体积

如图 6-10 所示，在二维空间中，点 $\boldsymbol{x} = (x_1, x_2) \in \mathbb{R}^2$ 可以用极坐标表示为

$$x_1 = r\cos\theta_1 = rc_1$$

$$x_2 = r\sin\theta_1 = rs_1$$

其中，$r = \|\boldsymbol{x}\|$，为了方便起见，使用 $\cos\theta_1 = c_1$ 和 $\sin\theta_1 = s_1$ 的表示法。

雅可比矩阵（Jacobian matrix）如下：

$$\boldsymbol{J}(\theta_1)=\begin{pmatrix}\frac{\partial x_1}{\partial r} & \frac{\partial x_1}{\partial \theta_1}\\ \frac{\partial x_2}{\partial r} & \frac{\partial x_2}{\partial \theta_1}\end{pmatrix}=\begin{pmatrix}c_1 & -rs_1\\ s_1 & rc_1\end{pmatrix}$$

雅可比矩阵的行列式称为雅可比行列式。对于 $\boldsymbol{J}(\theta_1)$，雅可比行列式为

$$\det(\boldsymbol{J}(\theta_1))=rc_1^2+rs_1^2=r(c_1^2+s_1^2)=r \tag{6.25}$$

利用式（6.25）中的雅可比行列式，通过对 r 和 $\theta_1(r>0,\text{且}0\leqslant\theta_1\leqslant 2\pi)$ 求积分即可得到二维超球面的体积：

$$\begin{aligned}\mathrm{vol}(S_2(r))&=\int\limits_r\int\limits_{\theta_1}\left|\det(\boldsymbol{J}(\theta_1))\right|\mathrm{d}r\ \mathrm{d}\theta_1\\&=\int_0^r\int_0^{2\pi} r\ \mathrm{d}r\ \mathrm{d}\theta_1=\int_0^r r\ \mathrm{d}r\int_0^{2\pi}\mathrm{d}\theta_1\\&=\frac{r^2}{2}\bigg|_0^r\cdot\theta_1\bigg|_0^{2\pi}=\pi r^2\end{aligned}$$

2. 三维空间中的体积

如图 6-11 所示，在三维空间中，点 $\boldsymbol{x}=(x_1,x_2,x_3)\in\mathbb{R}^3$ 可以用极坐标表示为

$$x_1=r\cos\theta_1\cos\theta_2=rc_1c_2$$
$$x_2=r\cos\theta_1\sin\theta_2=rc_1s_2$$
$$x_3=r\sin\theta_1=rs_1$$

其中，$r=\|\boldsymbol{x}\|$，这里利用了一个事实，即图 6-11 中位于 X_1X_2 平面的虚线向量的大小为 $r\cos\theta_1$。

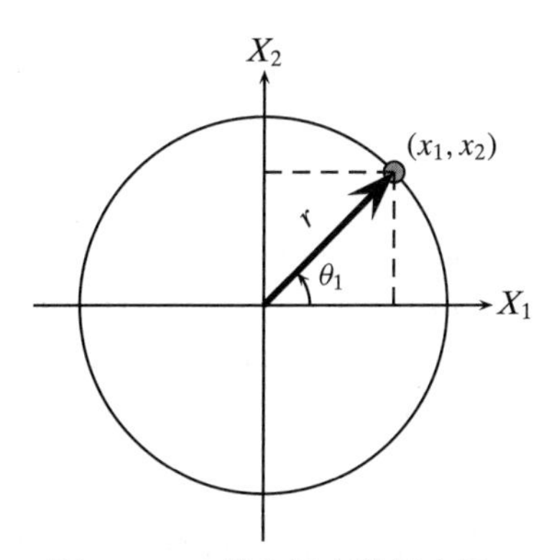

图 6-10 二维空间中的极坐标

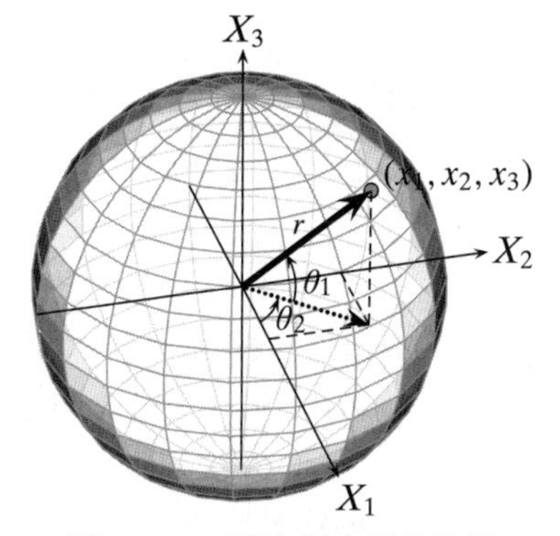

图 6-11 三维空间中的极坐标

雅可比矩阵如下：

$$\boldsymbol{J}(\theta_1,\theta_2)=\begin{pmatrix}\frac{\partial x_1}{\partial r} & \frac{\partial x_1}{\partial \theta_1} & \frac{\partial x_1}{\partial \theta_2}\\ \frac{\partial x_2}{\partial r} & \frac{\partial x_2}{\partial \theta_1} & \frac{\partial x_2}{\partial \theta_2}\\ \frac{\partial x_3}{\partial r} & \frac{\partial x_3}{\partial \theta_1} & \frac{\partial x_3}{\partial \theta_2}\end{pmatrix}=\begin{pmatrix}c_1c_2 & -rs_1c_2 & -rc_1s_2\\ c_1s_2 & -rs_1s_2 & rc_1c_2\\ s_1 & rc_1 & 0\end{pmatrix}$$

雅可比行列式为

$$\begin{aligned}\det(\boldsymbol{J}(\theta_1,\theta_2)) &= s_1(-rs_1)(c_1)\det(\boldsymbol{J}(\theta_2)) - rc_1c_1c_1\det(\boldsymbol{J}(\theta_2)) \\ &= -r^2c_1(s_1^2+c_1^2) = -r^2c_1\end{aligned} \quad (6.26)$$

在计算这个行列式时，我们利用了这样一个事实：如果矩阵 $\boldsymbol{A}$ 的一列乘以一个标量 s，那么得到的行列式就是 $s\cdot\det(\boldsymbol{A})$。我们还利用另一个事实：$\boldsymbol{J}(\theta_1,\theta_2)$ 的（3,1）余子阵——删除 $\boldsymbol{J}(\theta_1,\theta_2)$ 的第 3 行和第 1 列得到的矩阵，实际等于 $\boldsymbol{J}(\theta_2)$ 的第 1 列乘以 $-rs_1$，第 2 列乘以 c_1。同样，$\boldsymbol{J}(\theta_1,\theta_2)$ 的（3,2）余子阵为 $\boldsymbol{J}(\theta_2)$ 的两列都乘以 c_1。

通过 $r>0$, $-\pi/2\leqslant\theta_1\leqslant\pi/2$，以及 $0\leqslant\theta_2\leqslant2\pi$ 的三重积分，可以得到三维空间中超球面的体积：

$$\begin{aligned}\operatorname{vol}(S_3(r)) &= \int_r\int_{\theta_1}\int_{\theta_2}\left|\det(\boldsymbol{J}(\theta_1,\theta_2))\right| \mathrm{d}r\ \mathrm{d}\theta_1\ \mathrm{d}\theta_2 \\ &= \int_0^r\int_{-\pi/2}^{\pi/2}\int_0^{2\pi} r^2\cos\theta_1\ \mathrm{d}r\ \mathrm{d}\theta_1\ \mathrm{d}\theta_2 = \int_0^r r^2\,\mathrm{d}r\int_{-\pi/2}^{\pi/2}\cos\theta_1\mathrm{d}\theta_1\int_0^{2\pi}\mathrm{d}\theta_2 \\ &= \frac{r^3}{3}\Big|_0^r \times \sin\theta_1\Big|_{-\pi/2}^{\pi/2}\cdot\theta_2\Big|_0^{2\pi} = \frac{r^3}{3}\times2\times2\pi = \frac{4}{3}\pi r^3\end{aligned} \quad (6.27)$$

3. d 维空间中的体积

在推导 d 维超球面体积的一般表达式之前，先思考一下四维空间中的雅可比行列式。将图 6-11 中的三维极坐标推广到四维空间，得到：

$$x_1 = r\cos\theta_1\cos\theta_2\cos\theta_3 = rc_1c_2c_3$$
$$x_2 = r\cos\theta_1\cos\theta_2\sin\theta_3 = rc_1c_2s_3$$
$$x_3 = r\cos\theta_1\sin\theta_2 = rc_1s_2$$
$$x_4 = r\sin\theta_1 = rs_1$$

雅可比矩阵如下：

$$\boldsymbol{J}(\theta_1,\theta_2,\theta_3) = \begin{pmatrix} \frac{\partial x_1}{\partial r} & \frac{\partial x_1}{\partial\theta_1} & \frac{\partial x_1}{\partial\theta_2} & \frac{\partial x_1}{\partial\theta_3} \\ \frac{\partial x_2}{\partial r} & \frac{\partial x_2}{\partial\theta_1} & \frac{\partial x_2}{\partial\theta_2} & \frac{\partial x_2}{\partial\theta_3} \\ \frac{\partial x_3}{\partial r} & \frac{\partial x_3}{\partial\theta_1} & \frac{\partial x_3}{\partial\theta_2} & \frac{\partial x_3}{\partial\theta_3} \\ \frac{\partial x_4}{\partial r} & \frac{\partial x_4}{\partial\theta_1} & \frac{\partial x_4}{\partial\theta_2} & \frac{\partial x_4}{\partial\theta_3} \end{pmatrix} = \begin{pmatrix} c_1c_2c_3 & -rs_1c_2c_3 & -rc_1s_2c_3 & -rc_1c_2s_3 \\ c_1c_2s_3 & -rs_1c_2s_3 & -rc_1s_2s_3 & rc_1c_2c_3 \\ c_1s_2 & -rs_1s_2 & rc_1c_2 & 0 \\ s_1 & rc_1 & 0 & 0 \end{pmatrix}$$

利用三维空间中的雅可比行列式［见式（6.26）］，四维空间中的雅可比行列式可写作：

$$\begin{aligned}\det(\boldsymbol{J}(\theta_1,\theta_2,\theta_3)) &= s_1(-rs_1)(c_1)(c_1)\det(\boldsymbol{J}(\theta_2,\theta_3)) - rc_1(c_1)(c_1)(c_1)\det(\boldsymbol{J}(\theta_2,\theta_3)) \\ &= r^3s_1^2c_1^2c_2 + r^3c_1^4c_2 = r^3c_1^2c_2(s_1^2+c_1^2) = r^3c_1^2c_2\end{aligned}$$

d 维空间中的雅可比行列式　通过归纳，我们得到 d 维空间中的雅可比行列式：

$$\det(J(\theta_1,\theta_2,\cdots,\theta_{d-1})) = (-1)^d r^{d-1}c_1^{d-2}c_2^{d-3}\cdots c_{d-2}$$

超球面的体积可以通过 d 重积分给出，其中 $r>0$, $-\pi/2\leqslant\theta_i\leqslant\pi/2(i=1,\cdots,d-2)$ 且 $0\leqslant\theta_{d-1}\leqslant2\pi$：

$$\begin{aligned}\operatorname{vol}(S_d(r)) &= \int_r \int_{\theta_1} \int_{\theta_2} \cdots \int_{\theta_{d-1}} \left|\det(\boldsymbol{J}(\theta_1, \theta_2, \cdots, \theta_{d-1}))\right| \mathrm{d}r\, \mathrm{d}\theta_1\, \mathrm{d}\theta_2 \cdots \mathrm{d}\theta_{d-1} \\ &= \int_0^r r^{d-1} \mathrm{d}r \int_{-\pi/2}^{\pi/2} c_1^{d-2} \mathrm{d}\theta_1 \cdots \int_{-\pi/2}^{\pi/2} c_{d-2}\, \mathrm{d}\theta_{d-2} \int_0^{2\pi} \mathrm{d}\theta_{d-1}\end{aligned} \tag{6.28}$$

思考中间的积分：

$$\int_{-\pi/2}^{\pi/2} (\cos\theta)^k \,\mathrm{d}\theta = 2\int_0^{\pi/2} \cos^k\theta \,\mathrm{d}\theta \tag{6.29}$$

令 $u=\cos^2\theta$，得到 $\theta=\arccos(u^{1/2})$，雅可比行列式为

$$J = \frac{\partial\theta}{\partial u} = -\frac{1}{2}u^{-1/2}(1-u)^{-1/2} \tag{6.30}$$

将式（6.30）代入式（6.29），得到新的积分：

$$\begin{aligned}2\int_0^{\pi/2} \cos^k\theta \mathrm{d}\theta &= \int_0^1 u^{(k-1)/2}(1-u)^{-1/2}\mathrm{d}u \\ &= \mathrm{B}\left(\frac{k+1}{2}, \frac{1}{2}\right) = \frac{\Gamma\left(\frac{k+1}{2}\right)\Gamma\left(\frac{1}{2}\right)}{\Gamma\left(\frac{k}{2}+1\right)}\end{aligned} \tag{6.31}$$

其中，$\mathrm{B}(\alpha,\beta)$ 是贝塔函数：

$$\mathrm{B}(\alpha, \beta) = \int_0^1 u^{\alpha-1}(1-u)^{\beta-1}\mathrm{d}u$$

可以用式（6.12）中的伽马函数表示为

$$\mathrm{B}(\alpha, \beta) = \frac{\Gamma(\alpha)\Gamma(\beta)}{\Gamma(\alpha+\beta)}$$

由于 $\Gamma(1/2)=\sqrt{\pi}$，$\Gamma(1)=1$，将式（6.31）代入式（6.28），得到：

$$\begin{aligned}\operatorname{vol}(S_d(r)) &= \frac{r^d}{d} \frac{\Gamma\left(\frac{d-1}{2}\right)\Gamma\left(\frac{1}{2}\right)}{\Gamma\left(\frac{d}{2}\right)} \frac{\Gamma\left(\frac{d-2}{2}\right)\Gamma\left(\frac{1}{2}\right)}{\Gamma\left(\frac{d-1}{2}\right)} \cdots \frac{\Gamma(1)\Gamma\left(\frac{1}{2}\right)}{\Gamma\left(\frac{3}{2}\right)} 2\pi \\ &= \frac{\pi\Gamma\left(\frac{1}{2}\right)^{d/2-1} r^d}{\frac{d}{2}\Gamma\left(\frac{d}{2}\right)} \\ &= \left(\frac{\pi^{d/2}}{\Gamma\left(\frac{d}{2}+1\right)}\right) r^d\end{aligned}$$

与式（6.10）中的表达式一致。

6.8　拓展阅读

有关 d 维空间的几何介绍，请参见文献（Kendall，1961；Scott，1992）。多元正态分布的均值距离的推导请见文献（MacKay，2003）。

Kendall, M. G. (1961). *A Course in the Geometry of n Dimensions*. New York: Hafner.
MacKay, D. J. (2003). *Information Theory, Inference and Learning Algorithms*. New

York: Cambridge University Press.
Scott, D. W. (1992). *Multivariate Density Estimation: Theory, Practice, and Visualization*. New York: John Wiley & Sons.

6.9 练习

Q1. 给出式（6.12）中的伽马函数，证明：

（a）$\Gamma(1)=1$。

（b）$\Gamma\left(\frac{1}{2}\right)=\sqrt{\pi}$。

（c）$\Gamma(\alpha)=(\alpha-1)\Gamma(\alpha-1)$。

Q2. 证明对于任意半径 r，超球面 $S_d(r)$ 的渐近体积随着 d 的增大最终趋于零。

Q3. 中心为 $\boldsymbol{c}\in\mathbb{R}^d$，半径为 r 的球体定义为

$$\mathrm{B}_d(\boldsymbol{c},r)=\left\{\boldsymbol{x}\in\mathbb{R}^d \mid \delta(\boldsymbol{x},\boldsymbol{c})\leqslant r\right\}$$

其中，$\delta(\boldsymbol{x},\boldsymbol{c})$ 是 $\boldsymbol{x}$ 和 $\boldsymbol{c}$ 之间的距离，可以使用 L_p 范数来表示：

$$L_p(\boldsymbol{x},\boldsymbol{c})=\left(\sum_{i=1}^{d}|x_i-c_i|^p\right)^{\frac{1}{p}}$$

其中，$p\neq 0$，是任意实数。也可以使用 L_∞ 范数来表示该距离：

$$L_\infty(\boldsymbol{x},\boldsymbol{c})=\max_i\left\{|x_i-c_i|\right\}$$

回答以下问题：

（a）当 $d=2$ 时，设 L_p 距离的 $p=0.5$，中心 $\boldsymbol{c}=(0.5,0.5)^{\mathrm{T}}$，绘制单位正方形内的超球体。

（b）当 $d=2$，$\boldsymbol{c}=(0.5,0.5)^{\mathrm{T}}$ 时，使用 L_∞ 范数在单位正方形内绘制半径为 $r=0.25$ 的超球体。

（c）用 L_p 范数计算 d 维空间中单位超立方体中任意两点间最大距离的公式。当 $d=2$ 时，$p=0.5$ 对应的最大距离是多少？如果使用 L_∞ 范数，最大距离是多少？

Q4. 考虑单位超立方体的角落超立方体，长度 $\epsilon\leqslant 1$。对应的二维情况如图 6-12 所示。回答以下问题：

（a）设 $\epsilon=0.1$，在二维空间中，角落超立方体所占总体积的比例是多少？

（b）推导出 d 维空间中，长度为 $\epsilon<1$ 的角落超立方体所占体积的表达式。角落的体积的比例在 $d\to\infty$ 时会发生什么变化？

（c）厚度 $\epsilon<1$ 的超立方体薄壳的体积占外层单位超立方体的体积的比例，在 $d\to\infty$ 时会发生什么变化？例如，在二维空间中，薄壳是外部正方形（实线）和内部正方形（虚线）之间的空间。

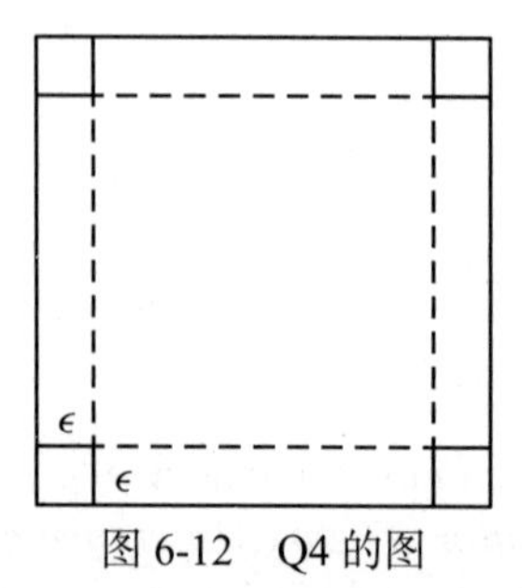

图 6-12　Q4 的图

Q5. 证明式（6.24）成立，即对于任意 $\alpha \in (0,1)$ 及 $\boldsymbol{x} \in \mathbb{R}^d$，$\lim_{d\to\infty} P(\boldsymbol{x}^{\mathrm{T}}\boldsymbol{x} \leqslant -2\ln(\alpha)) \to 0$。

Q6. 思考图 6-5 所示的高维空间的概念视图。推导内接圆半径的表达式，使得"辐条"部分的面积准确地反映 d 维空间中超立方体体积与内接超球面体积的差。例如，如果半对角线的长度固定为 1，则图 6-5a 中内接圆的半径为 $\frac{1}{\sqrt{2}}$。

Q7. 思考单位超球面（半径 $r=1$）内部有一个超立方体（即超球面中可以容纳的最大的超立方体）。对应的二维情况如图 6-13 所示。回答以下问题：

（a）推导 d 维空间下内接超立方体体积的表达。先给出一维、二维、三维空间下的表达式，然后将其推广到更高维空间中。

（b）内接超立方体的体积与包围其的超球面的体积之比，在 $d\to\infty$ 时会发生什么变化？同样，先给出一维、二维和三维空间下的表达式，然后将其推广到更高维空间中。

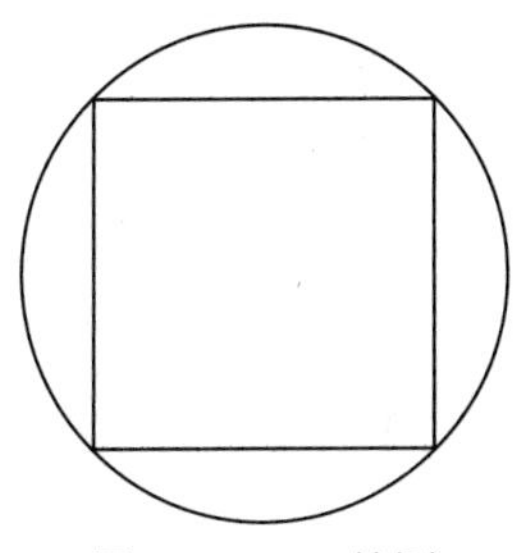

图 6-13　Q7 的图

Q8. 假设单位超立方体是 $[0,1]^d$，也就是说，其每个维度的范围都是 $[0,1]$。超立方体的主对角线定义为 $(\mathbf{0},0)=(\overbrace{0,\cdots,0}^{d-1},0)$ 至 $(\mathbf{1},1)=(\overbrace{1,\cdots,1}^{d-1},1)$ 的向量。例如，当 $d=2$ 时，主对角线是从 $(0,0)$ 到 $(1,1)$ 的向量。此外，反对角线定义为 $(\mathbf{1},0)=(\overbrace{1,\cdots,1}^{d-1},0)$ 至 $(\mathbf{0},1)=(\overbrace{0,\cdots,0}^{d-1},1)$ 的向量。例如，当 $d=2$ 时，反对角线是从 $(1,0)$ 到 $(0,1)$ 的向量。

（a）在三维空间中绘制对角线和反对角线，并计算它们之间的夹角。

（b）主对角线和反对角线之间的夹角在 $d\to\infty$ 时会发生什么变化？首先计算 d 维空间下的一般表达式，然后再取 $d\to\infty$ 时的极限。

Q9. 绘制四维空间中超球面的草图。

降　　维

第 6 章提到高维数据有一些特殊的特征，其中有些是违反直觉的。例如，在高维空间中，空间的中心几乎没有点，大多数点散落在空间的表面或角落。同时，正交轴也明显增多。因此，高维数据会给数据挖掘和分析带来挑战，尽管在某些情况下，高维数据有助于进行非线性分类。但是，检查是否可以在保持完整数据矩阵的本质属性的同时降低维数也很重要。这有助于实现数据可视化和数据挖掘。本章将研究如何获得数据的最优低维投影。

7.1　背景介绍

设数据 $\boldsymbol{D}$ 由 n 个含 d 个属性的点组成，即它是一个 $n \times d$ 矩阵：

$$\boldsymbol{D} = \left(\begin{array}{c|cccc} & X_1 & X_2 & \cdots & X_d \\ \hline \boldsymbol{x}_1^{\mathrm{T}} & x_{11} & x_{12} & \cdots & x_{1d} \\ \boldsymbol{x}_2^{\mathrm{T}} & x_{21} & x_{22} & \cdots & x_{2d} \\ \vdots & \vdots & \vdots & & \vdots \\ \boldsymbol{x}_n^{\mathrm{T}} & x_{n1} & x_{n2} & \cdots & x_{nd} \end{array}\right)$$

每个点 $\boldsymbol{x}_i = (x_{i1}, x_{i2}, \cdots, x_{id})^{\mathrm{T}}$ 都是 d 维向量空间中的向量，该空间由 d 个标准基向量 $\boldsymbol{e}_1, \boldsymbol{e}_2, \cdots, \boldsymbol{e}_d$ 构成，其中 $\boldsymbol{e}_i$ 对应于第 i 个属性 X_i。由于标准基是数据空间的规范正交基，即基向量成对正交，$\boldsymbol{e}_i^{\mathrm{T}}\boldsymbol{e}_j = 0$，且 $\|\boldsymbol{e}_i\| = 1$。

同样，任意给定 d 个规范正交向量 $\boldsymbol{u}_1, \boldsymbol{u}_2, \cdots, \boldsymbol{u}_d$，其中 $\boldsymbol{u}_i^{\mathrm{T}}\boldsymbol{u}_j = 0$，$\|\boldsymbol{u}_i\| = 1$（$\boldsymbol{u}_i^{\mathrm{T}}\boldsymbol{u}_i = 1$），我们可以将点 $\boldsymbol{x}$ 重新表示为线性组合：

$$\boldsymbol{x} = a_1\boldsymbol{u}_1 + a_2\boldsymbol{u}_2 + \cdots + a_d\boldsymbol{u}_d \tag{7.1}$$

其中，向量 $\boldsymbol{a} = (a_1, a_2, \cdots, a_d)^{\mathrm{T}}$ 表示新基中 $\boldsymbol{x}$ 的坐标。上述线性组合也可表示为矩阵乘法：

$$\boldsymbol{x} = \boldsymbol{U}\boldsymbol{a} \tag{7.2}$$

其中，$\boldsymbol{U}$ 是 $d \times d$ 矩阵，其第 i 列包含第 i 个基向量 $\boldsymbol{u}_i$：

$$\boldsymbol{U} = (\boldsymbol{u}_1 \quad \boldsymbol{u}_2 \quad \cdots \quad \boldsymbol{u}_d)$$

矩阵 $\boldsymbol{U}$ 是正交矩阵，其列（基向量）是规范正交的，即它们是成对正交的且长度为单位长度：

$$\boldsymbol{u}_i^{\mathrm{T}}\boldsymbol{u}_j = \begin{cases} 1, & i = j \\ 0, & i \neq j \end{cases}$$

因为 $\boldsymbol{U}$ 是正交的，所以它的逆矩阵等于它的转置矩阵：

$$\boldsymbol{U}^{-1} = \boldsymbol{U}^{\mathrm{T}}$$

这意味着 $\boldsymbol{U}^{\mathrm{T}}\boldsymbol{U}=\boldsymbol{I}$，其中 $\boldsymbol{I}$ 是 $d\times d$ 单位矩阵。

将式（7.2）两边乘以 $\boldsymbol{U}^{\mathrm{T}}$，得到计算新基中 $\boldsymbol{x}$ 坐标的表达式：

$$\begin{aligned}\boldsymbol{U}^{\mathrm{T}}\boldsymbol{x}&=\boldsymbol{U}^{\mathrm{T}}\boldsymbol{U}\boldsymbol{a}\\ \boldsymbol{a}&=\boldsymbol{U}^{\mathrm{T}}\boldsymbol{x}\end{aligned} \tag{7.3}$$

例 7.1　图 7-1a 给出了三维空间中居中的鸢尾花数据集，其中包含 $n=150$ 个点，属性包括萼片长度（X_1）、萼片宽度（X_2）和花瓣长度（X_3）。空间由如下标准基向量构成：

$$\boldsymbol{e}_1=\begin{pmatrix}1\\0\\0\end{pmatrix}\qquad \boldsymbol{e}_2=\begin{pmatrix}0\\1\\0\end{pmatrix}\qquad \boldsymbol{e}_3=\begin{pmatrix}0\\0\\1\end{pmatrix}$$

图 7-1b 给出了同一批点在新基向量所构成的空间中的表示：

$$\boldsymbol{u}_1=\begin{pmatrix}-0.390\\0.089\\-0.916\end{pmatrix}\qquad \boldsymbol{u}_2=\begin{pmatrix}-0.639\\-0.742\\0.200\end{pmatrix}\qquad \boldsymbol{u}_3=\begin{pmatrix}-0.663\\0.664\\0.346\end{pmatrix}$$

例如，居中点 $\boldsymbol{x}=(-0.343,-0.754,0.241)^{\mathrm{T}}$ 的新坐标为

$$\boldsymbol{a}=\boldsymbol{U}^{\mathrm{T}}\boldsymbol{x}=\begin{pmatrix}-0.390&0.089&-0.916\\-0.639&-0.742&0.200\\-0.663&0.664&0.346\end{pmatrix}\begin{pmatrix}-0.343\\-0.754\\0.241\end{pmatrix}=\begin{pmatrix}-0.154\\0.828\\-0.190\end{pmatrix}$$

可以证明，$\boldsymbol{x}$ 可以写成如下线性组合：

$$\boldsymbol{x}=-0.154\boldsymbol{u}_1+0.828\boldsymbol{u}_2-0.190\boldsymbol{u}_3$$

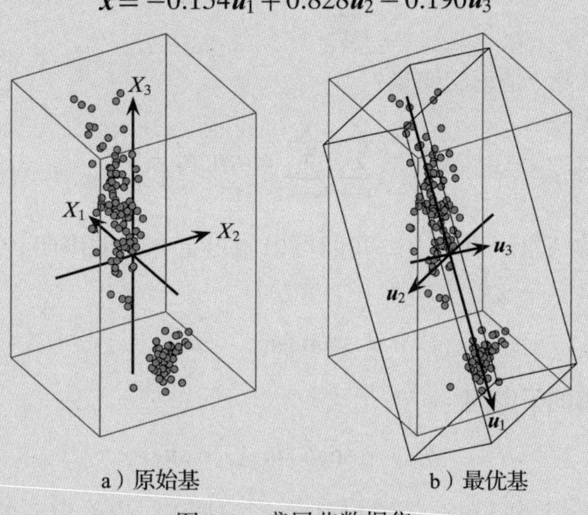

a）原始基　　b）最优基

图 7-1　鸢尾花数据集

因为正交基向量的集合可能有无数选择，所以自然就有一个问题：是否存在一个最优基。此外，通常情况下，输入维数 d 非常大，可能会由于维数灾难而导致各种问题（见第 6 章）。我们自然会问，是否能找到一个仍然保留数据基本特征的降维子空间。也就是说，我们希望找到 $\boldsymbol{D}$ 的最优 r 维表示，$r\ll d$。换句话说，给定一个点 $\boldsymbol{x}$，假设基向量已按重要性降序排序，我们可以截取它的线性展开式［见式（7.1）］的前 r 项，从而得到：

$$\boldsymbol{x}'=a_1\boldsymbol{u}_1+a_2\boldsymbol{u}_2+\cdots+a_r\boldsymbol{u}_r=\sum_{i=1}^{r}a_i\boldsymbol{u}_i \tag{7.4}$$

这里，$\boldsymbol{x}'$是$\boldsymbol{x}$在前r个基向量上的投影，用矩阵表示法表示为

$$\boldsymbol{x}' = (\boldsymbol{u}_1 \quad \boldsymbol{u}_2 \quad \cdots \quad \boldsymbol{u}_r)\begin{pmatrix} a_1 \\ a_2 \\ \vdots \\ a_r \end{pmatrix} = \boldsymbol{U}_r\boldsymbol{a}_r \tag{7.5}$$

其中，$\boldsymbol{U}_r$是由前r个基向量构成的矩阵，$\boldsymbol{a}_r$是由前r个坐标构成的向量。此外，根据式（7.3），取前r项，得到：

$$\boldsymbol{a}_r = \boldsymbol{U}_r^{\mathrm{T}}\boldsymbol{x} \tag{7.6}$$

将其代入式（7.5）中，$\boldsymbol{x}$在前r个基向量上的投影可以简洁地写成：

$$\boldsymbol{x}' = \boldsymbol{U}_r\boldsymbol{U}_r^{\mathrm{T}}\boldsymbol{x} = \boldsymbol{P}_r\boldsymbol{x} \tag{7.7}$$

其中，$\boldsymbol{P}_r = \boldsymbol{U}_r\boldsymbol{U}_r^{\mathrm{T}}$是由前$r$个基向量构成的子空间的正交投影矩阵。也就是说，$\boldsymbol{P}_r$是对称的，且$\boldsymbol{P}_r^2 = \boldsymbol{P}_r$。这很容易验证，因为$\boldsymbol{P}_r^{\mathrm{T}} = (\boldsymbol{U}_r\boldsymbol{U}_r^{\mathrm{T}})^{\mathrm{T}} = \boldsymbol{U}_r\boldsymbol{U}_r^{\mathrm{T}} = \boldsymbol{P}_r$，$\boldsymbol{P}_r^2 = (\boldsymbol{U}_r\boldsymbol{U}_r^{\mathrm{T}})(\boldsymbol{U}_r\boldsymbol{U}_r^{\mathrm{T}}) = \boldsymbol{U}_r\boldsymbol{U}_r^{\mathrm{T}} = \boldsymbol{P}_r$，其中用到了$\boldsymbol{U}_r^{\mathrm{T}}\boldsymbol{U}_r = \boldsymbol{I}_{r\times r}$（$r\times r$单位矩阵）。投影矩阵$\boldsymbol{P}_r$也可以写成分解形式：

$$\boldsymbol{P}_r = \boldsymbol{U}_r\boldsymbol{U}_r^{\mathrm{T}} = \sum_{i=1}^{r}\boldsymbol{u}_i\boldsymbol{u}_i^{\mathrm{T}} \tag{7.8}$$

根据式（7.1）和式（7.4），$\boldsymbol{x}$在剩余维度上的投影即为误差向量：

$$\boldsymbol{\epsilon} = \sum_{i=r+1}^{d} a_i\boldsymbol{u}_i = \boldsymbol{x} - \boldsymbol{x}' \tag{7.9}$$

值得注意的是，$\boldsymbol{x}'$和$\boldsymbol{\epsilon}$是正交向量：

$$\boldsymbol{x}'^{\mathrm{T}}\boldsymbol{\epsilon} = \sum_{i=1}^{r}\sum_{j=r+1}^{d} a_i a_j \boldsymbol{u}_i^{\mathrm{T}}\boldsymbol{u}_j = 0$$

这是基正交导致的结果。事实上，我们可以做出更有力的声明。由前r个基向量构成的子空间

$$S_r = \mathrm{span}\,(\boldsymbol{u}_1, \cdots, \boldsymbol{u}_r)$$

以及由剩余基向量构成的子空间

$$S_{d-r} = \mathrm{span}\,(\boldsymbol{u}_{r+1}, \cdots, \boldsymbol{u}_d)$$

均为正交子空间，即$\boldsymbol{x} \in S_r$和$\boldsymbol{y} \in S_{d-r}$必须正交。子空间$S_{d-r}$也称为$S_r$的正交补。

例 7.2　继续例 7.1，仅使用第一个基向量$\boldsymbol{u}_1 = (-0.390, 0.089, -0.916)^{\mathrm{T}}$来近似居中点$\boldsymbol{x} = (-0.343, -0.754, 0.241)^{\mathrm{T}}$，得到：

$$\boldsymbol{x}' = a_1\boldsymbol{u}_1 = -0.154\boldsymbol{u}_1 = \begin{pmatrix} 0.060 \\ -0.014 \\ 0.141 \end{pmatrix}$$

$\boldsymbol{x}$在$\boldsymbol{u}_1$上的投影可以直接从投影矩阵

$$P_1 = u_1 u_1^{\mathrm{T}} = \begin{pmatrix} -0.390 \\ 0.089 \\ -0.916 \end{pmatrix} \begin{pmatrix} -0.390 & 0.089 & -0.916 \end{pmatrix}$$

$$= \begin{pmatrix} 0.152 & -0.035 & 0.357 \\ -0.035 & 0.008 & -0.082 \\ 0.357 & -0.082 & 0.839 \end{pmatrix}$$

中得到，即

$$x' = P_1 x = \begin{pmatrix} 0.060 \\ -0.014 \\ 0.141 \end{pmatrix}$$

误差向量如下：

$$\epsilon = a_2 u_2 + a_3 u_3 = x - x' = \begin{pmatrix} -0.40 \\ -0.74 \\ 0.10 \end{pmatrix}$$

证明 x' 和 ϵ 是正交的，即

$$x'^{\mathrm{T}} \epsilon = \begin{pmatrix} 0.060 & -0.014 & 0.141 \end{pmatrix} \begin{pmatrix} -0.40 \\ -0.74 \\ 0.10 \end{pmatrix} = 0$$

降维的目的是寻找一个 r 维的基，从而得到所有点 $x_i \in D$ 的最佳近似 x_i'。另外，我们也可以设法找出所有点上的最小误差 $\epsilon_i = x_i - x_i'$。

7.2　主成分分析

主成分分析（Principal Component Analysis，PCA）是一种寻找 r 维基的技术，它能很好地捕捉数据中的方差。投影方差最大的方向称为第一主成分，与其正交的具有第二大投影方差的方向称为第二主成分，依次类推。可以看到，使方差最大化的方向也是使均方误差最小的方向。

7.2.1　最优一维近似

我们从 $r=1$ 开始，即从最能体现投影点差异的逼近 D 的一维子空间或直线 u 开始。将其推广到一般的 PCA 技术，从而求出 D 的最佳 $1 \leqslant r \leqslant d$ 维基。

不失一般性，假设 u 的模为 $\|u\|^2 = u^{\mathrm{T}} u = 1$，否则，随着 u 的长度的增加，投影方差增大。此外，假设数据矩阵 D 已经通过减去均值 μ 进行了居中处理，即

$$\bar{D} = D - \mathbf{1} \cdot \mu^{\mathrm{T}}$$

其中，$\bar{D}$ 是居中的数据矩阵，其均值 $\bar{\mu} = \mathbf{0}$。

居中点 $\bar{x}_i \in \bar{D}$ 在向量 u ［见式（1.11）］的投影如下：

$$x_i' = \left(\frac{u^{\mathrm{T}} \bar{x}_i}{u^{\mathrm{T}} u} \right) u = (u^{\mathrm{T}} \bar{x}_i) u = a_i u$$

其中，

$$a_i = \boldsymbol{u}^{\mathrm{T}}\bar{\boldsymbol{x}}_i \tag{7.10}$$

是 $\boldsymbol{x}_i$ 在 $\boldsymbol{u}$ 上的偏差量或标量投影［见式（1.12）］，也称 a_i 为投影点。注意，均值 $\bar{\boldsymbol{\mu}}$ 的标量投影为 0。因此，投影点 a_i 的均值也为零，因为：

$$\mu_a = \frac{1}{n}\sum_{i=1}^{n} a_i = \frac{1}{n}\sum_{i=1}^{n} \boldsymbol{u}^{\mathrm{T}}(\bar{\boldsymbol{x}}_i) = \boldsymbol{u}^{\mathrm{T}}\bar{\boldsymbol{\mu}} = 0$$

我们必须选择方向 $\boldsymbol{u}$，以使投影点的方差最大化。沿 $\boldsymbol{u}$ 方向的投影方差如下：

$$\sigma_{\boldsymbol{u}}^2 = \frac{1}{n}\sum_{i=1}^{n}(a_i - \mu_a)^2 = \frac{1}{n}\sum_{i=1}^{n}(\boldsymbol{u}^{\mathrm{T}}\bar{\boldsymbol{x}}_i)^2 = \frac{1}{n}\sum_{i=1}^{n}\boldsymbol{u}^{\mathrm{T}}\left(\bar{\boldsymbol{x}}_i\bar{\boldsymbol{x}}_i^{\mathrm{T}}\right)\boldsymbol{u} = \boldsymbol{u}^{\mathrm{T}}\left(\frac{1}{n}\sum_{i=1}^{n}\bar{\boldsymbol{x}}_i\bar{\boldsymbol{x}}_i^{\mathrm{T}}\right)\boldsymbol{u}$$

因此，得到：

$$\sigma_{\boldsymbol{u}}^2 = \boldsymbol{u}^{\mathrm{T}}\boldsymbol{\Sigma}\mathbf{u} \tag{7.11}$$

其中，$\boldsymbol{\Sigma}$ 是居中数据矩阵 $\bar{\boldsymbol{D}}$ 的样本协方差矩阵[⊖]。

为了使投影方差最大化，必须求解约束优化问题，即在 $\boldsymbol{u}^{\mathrm{T}}\boldsymbol{u}=1$ 的约束下使 $\sigma_{\boldsymbol{u}}^2$ 最大化。我们通过引入拉格朗日乘子 α 来表示约束，从而得到以下无约束最大化问题：

$$\max_{\boldsymbol{u}} J(\boldsymbol{u}) = \boldsymbol{u}^{\mathrm{T}}\boldsymbol{\Sigma}\boldsymbol{u} - \alpha(\boldsymbol{u}^{\mathrm{T}}\boldsymbol{u} - 1) \tag{7.12}$$

将 $J(\boldsymbol{u})$ 对 $\boldsymbol{u}$ 的导数设为零向量，得到：

$$\begin{aligned}
\frac{\partial}{\partial \boldsymbol{u}} J(\boldsymbol{u}) &= \boldsymbol{0} \\
\frac{\partial}{\partial \boldsymbol{u}}(\boldsymbol{u}^{\mathrm{T}}\boldsymbol{\Sigma}\boldsymbol{u} - \alpha(\boldsymbol{u}^{\mathrm{T}}\boldsymbol{u} - 1)) &= \boldsymbol{0} \\
2\boldsymbol{\Sigma}\boldsymbol{u} - 2\alpha\boldsymbol{u} &= \boldsymbol{0} \\
\boldsymbol{\Sigma}\boldsymbol{u} &= \alpha\boldsymbol{u}
\end{aligned} \tag{7.13}$$

这意味着 α 是协方差矩阵 $\boldsymbol{\Sigma}$ 的特征值，对应的特征向量为 $\boldsymbol{u}$。此外，将式（7.13）两边同时左乘 $\boldsymbol{u}^{\mathrm{T}}$，得到：

$$\boldsymbol{u}^{\mathrm{T}}\boldsymbol{\Sigma}\boldsymbol{u} = \boldsymbol{u}^{\mathrm{T}}\alpha\boldsymbol{u} = \alpha\boldsymbol{u}^{\mathrm{T}}\boldsymbol{u} = \alpha \tag{7.14}$$

为了使投影方差 $\sigma_{\boldsymbol{u}}^2$ 最大化，应选择 $\boldsymbol{\Sigma}$ 的最大特征值。换言之，主特征向量 $\boldsymbol{u}_1$ 指定了最大方差的方向，也称为第一主成分，即 $\boldsymbol{u}=\boldsymbol{u}_1$。此外，最大特征值 λ_1 指定投影方差，即 $\sigma_{\boldsymbol{u}}^2 = \alpha = \lambda_1$。

最小平方误差方法

现在证明，使投影方差最大化的方向也是使均方误差最小的方向。如前所述，假设数据集 $\boldsymbol{D}$ 已通过减去均值而居中。对于 $\bar{\boldsymbol{x}}_i \in \bar{\boldsymbol{D}}$，$\boldsymbol{x}_i'$ 表示它在 $\boldsymbol{u}$ 上的投影，$\epsilon_i = \bar{\boldsymbol{x}}_i - \boldsymbol{x}_i'$ 表示误差向量。均方误差（Mean Squared Error，MSE）优化条件定义为

⊖　样本协方差距阵应表示为 $\widehat{\boldsymbol{\Sigma}}$，但这里省略了“帽子”以避免杂乱。

$$
\begin{aligned}
\mathrm{MSE}(\boldsymbol{u}) &= \frac{1}{n}\sum_{i=1}^{n}\|\epsilon_i\|^2 = \frac{1}{n}\sum_{i=1}^{n}\|\bar{\boldsymbol{x}}_i - \boldsymbol{x}_i'\|^2 = \frac{1}{n}\sum_{i=1}^{n}(\bar{\boldsymbol{x}}_i - \boldsymbol{x}_i')^{\mathrm{T}}(\bar{\boldsymbol{x}}_i - \boldsymbol{x}_i') \\
&= \frac{1}{n}\sum_{i=1}^{n}\left(\|\bar{\boldsymbol{x}}_i\|^2 - 2\bar{\boldsymbol{x}}_i^{\mathrm{T}}\boldsymbol{x}_i' + (\boldsymbol{x}_i')^{\mathrm{T}}\boldsymbol{x}_i'\right) \\
&= \frac{1}{n}\sum_{i=1}^{n}\left(\|\bar{\boldsymbol{x}}_i\|^2 - 2\bar{\boldsymbol{x}}_i^{\mathrm{T}}(\boldsymbol{u}^{\mathrm{T}}\bar{\boldsymbol{x}}_i)\boldsymbol{u} + \left((\boldsymbol{u}^{\mathrm{T}}\bar{\boldsymbol{x}}_i)\boldsymbol{u}\right)^{\mathrm{T}}(\boldsymbol{u}^{\mathrm{T}}\bar{\boldsymbol{x}}_i)\boldsymbol{u}\right),\text{因为 } \boldsymbol{x}_i' = (\boldsymbol{u}^{\mathrm{T}}\bar{\boldsymbol{x}}_i)\boldsymbol{u} \\
&= \frac{1}{n}\sum_{i=1}^{n}\left(\|\bar{\boldsymbol{x}}_i\|^2 - 2(\boldsymbol{u}^{\mathrm{T}}\bar{\boldsymbol{x}}_i)(\bar{\boldsymbol{x}}_i^{\mathrm{T}}\boldsymbol{u}) + (\boldsymbol{u}^{\mathrm{T}}\bar{\boldsymbol{x}}_i)(\bar{\boldsymbol{x}}_i^{\mathrm{T}}\boldsymbol{u})\boldsymbol{u}^{\mathrm{T}}\boldsymbol{u}\right) \qquad (7.15) \\
&= \frac{1}{n}\sum_{i=1}^{n}\left(\|\bar{\boldsymbol{x}}_i\|^2 - (\boldsymbol{u}^{\mathrm{T}}\bar{\boldsymbol{x}}_i)(\bar{\boldsymbol{x}}_i^{\mathrm{T}}\boldsymbol{u})\right) \\
&= \frac{1}{n}\sum_{i=1}^{n}\|\bar{\boldsymbol{x}}_i\|^2 - \frac{1}{n}\sum_{i=1}^{n}\boldsymbol{u}^{\mathrm{T}}(\bar{\boldsymbol{x}}_i\bar{\boldsymbol{x}}_i^{\mathrm{T}})\boldsymbol{u} \\
&= \frac{1}{n}\sum_{i=1}^{n}\|\bar{\boldsymbol{x}}_i\|^2 - \boldsymbol{u}^{\mathrm{T}}\left(\frac{1}{n}\sum_{i=1}^{n}\bar{\boldsymbol{x}}_i\bar{\boldsymbol{x}}_i^{\mathrm{T}}\right)\boldsymbol{u}
\end{aligned}
$$

这表明，

$$
\mathrm{MSE} = \sum_{i=1}^{n}\frac{\|\bar{\boldsymbol{x}}_i\|^2}{n} - \boldsymbol{u}^{\mathrm{T}}\boldsymbol{\Sigma}\boldsymbol{u} \qquad (7.16)
$$

注意，根据式（1.8），居中数据（$\bar{\boldsymbol{\mu}} = \mathbf{0}$）的总方差为

$$
\mathrm{var}(\bar{\boldsymbol{D}}) = \frac{1}{n}\sum_{i=1}^{n}\|\bar{\boldsymbol{x}}_i - \mathbf{0}\|^2 = \frac{1}{n}\sum_{i=1}^{n}\|\bar{\boldsymbol{x}}_i\|^2 = \frac{1}{n}\sum_{i=1}^{n}\|\boldsymbol{x}_i - \boldsymbol{\mu}\|^2 = \mathrm{var}(\boldsymbol{D})
$$

此外，根据式（2.35），得到

$$
\mathrm{var}(\boldsymbol{D}) = \mathrm{tr}\,(\boldsymbol{\Sigma}) = \sum_{i=1}^{d}\sigma_i^2 \qquad (7.17)
$$

因此，可以将式（7.16）改写为

$$
\mathrm{MSE}(\boldsymbol{u}) = \mathrm{var}(\boldsymbol{D}) - \boldsymbol{u}^{\mathrm{T}}\boldsymbol{\Sigma}\boldsymbol{u} = \sum_{i=1}^{d}\sigma_i^2 - \boldsymbol{u}^{\mathrm{T}}\boldsymbol{\Sigma}\boldsymbol{u} \qquad (7.18)
$$

由于第一项 var $(\boldsymbol{D})$ 是给定数据集 $\boldsymbol{D}$ 的方差，为常数，因此使 MSE$(\boldsymbol{u})$ 最小的向量 $\boldsymbol{u}$ 便是使第二项（即投影方差）$\boldsymbol{u}^{\mathrm{T}}\boldsymbol{\Sigma}\boldsymbol{u}$ 最大的向量 $\boldsymbol{u}$。因为 $\boldsymbol{\Sigma}$ 的主特征向量为 $\boldsymbol{u}_1$，所以它使投影方差最大，我们得到：

$$
\mathrm{MSE}(\boldsymbol{u}_1) = \mathrm{var}(\boldsymbol{D}) - \boldsymbol{u}_1^{\mathrm{T}}\boldsymbol{\Sigma}\boldsymbol{u}_1 = \mathrm{var}(\boldsymbol{D}) - \boldsymbol{u}_1^{\mathrm{T}}\lambda_1\boldsymbol{u}_1 = \mathrm{var}(\boldsymbol{D}) - \lambda_1 \qquad (7.19)
$$

因此，主成分 $\boldsymbol{u}_1$ 既能使其方向上的投影方差最大化，又能使其方向上的均方误差最小。

例 7.3　图 7-2 给出了图 7-1a 所示的三维鸢尾花数据集的第一主成分，即最优一维近似。此数据集的协方差矩阵如下：

$$\boldsymbol{\Sigma}=\begin{pmatrix}0.681 & -0.039 & 1.265\\ -0.039 & 0.187 & -0.320\\ 1.265 & -0.320 & 3.092\end{pmatrix}$$

每个原始维度的方差值σ_i^2沿$\boldsymbol{\Sigma}$的主对角线给出，即$\sigma_1^2=0.681$，$\sigma_2^2=0.187$，$\sigma_3^2=3.092$。$\boldsymbol{\Sigma}$的最大特征值为$\lambda_1=3.662$，相应的主特征向量为$\boldsymbol{u}_1=(-0.390,0.089,-0.916)^{\mathrm{T}}$。因此，单位向量$\boldsymbol{u}_1$使投影方差最大，表示为$J(\boldsymbol{u}_1)=\alpha=\lambda_1=3.662$。图 7-2 绘制了主成分$\boldsymbol{u}_1$。它还将误差向量$\epsilon_i$显示为灰色细线段。

数据的总方差如下：

$$\operatorname{var}(\boldsymbol{D})=\frac{1}{n}\sum_{i=1}^{n}\|\bar{\boldsymbol{x}}\|^2=\frac{1}{150}\times 594.04=3.96$$

也可以通过协方差矩阵的迹直接得到总方差：

$$\operatorname{var}(\boldsymbol{D})=\operatorname{tr}(\boldsymbol{\Sigma})=\sigma_1^2+\sigma_2^2+\sigma_3^2=0.681+0.187+3.092=3.96$$

因此，根据式（7.19），均方误差的最小值为

$$\operatorname{MSE}(\boldsymbol{u}_1)=\operatorname{var}(\boldsymbol{D})-\lambda_1=3.96-3.662=0.298$$

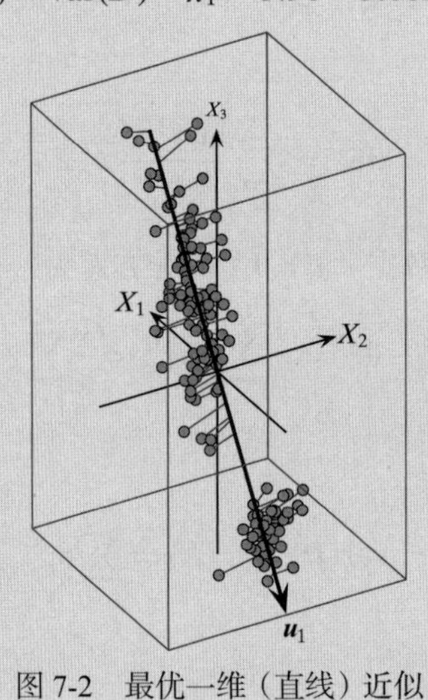

图 7-2　最优一维（直线）近似

7.2.2　最优二维近似

我们现在来看$\boldsymbol{D}$的最优二维近似。和之前一样，将数据居中以获得$\bar{\boldsymbol{D}}$，因此$\bar{\boldsymbol{\mu}}=\boldsymbol{0}$。我们已经计算出了方差最大的方向$\boldsymbol{u}_1$，它是对应$\boldsymbol{\Sigma}$的最大特征值$\lambda_1$的特征向量。现在，我们要找到另一个方向$\boldsymbol{v}$，它也使投影方差最大，但与$\boldsymbol{u}_1$正交。根据式（7.11），沿$\boldsymbol{v}$方向的投影方差如下：

$$\sigma_{\boldsymbol{v}}^2=\boldsymbol{v}^{\mathrm{T}}\boldsymbol{\Sigma}\boldsymbol{v}$$

我们进一步要求$\boldsymbol{v}$是一个与$\boldsymbol{u}_1$正交的单位向量，即

$$\boldsymbol{v}^{\mathrm{T}}\boldsymbol{u}_1=0$$
$$\boldsymbol{v}^{\mathrm{T}}\boldsymbol{v}=1$$

然后，优化条件变为

$$\max_{\boldsymbol{v}} J(\boldsymbol{v})=\boldsymbol{v}^{\mathrm{T}}\boldsymbol{\Sigma}\boldsymbol{v}-\alpha(\boldsymbol{v}^{\mathrm{T}}\boldsymbol{v}-1)-\beta(\boldsymbol{v}^{\mathrm{T}}\boldsymbol{u}_1-0) \tag{7.20}$$

取 $J(\boldsymbol{v})$ 对 $\boldsymbol{v}$ 的导数，并将其设为零向量，得到：

$$2\boldsymbol{\Sigma}\boldsymbol{v}-2\alpha\boldsymbol{v}-\beta\boldsymbol{u}_1=\boldsymbol{0} \tag{7.21}$$

左边左乘 $\boldsymbol{u}_1^{\mathrm{T}}$，得到：

$$2\boldsymbol{u}_1^{\mathrm{T}}\boldsymbol{\Sigma}\boldsymbol{v}-2\alpha\boldsymbol{u}_1^{\mathrm{T}}\boldsymbol{v}-\beta\boldsymbol{u}_1^{\mathrm{T}}\boldsymbol{u}_1=0$$

$$2\boldsymbol{v}^{\mathrm{T}}\boldsymbol{\Sigma}\boldsymbol{u}_1-\beta=0$$

$$\beta=2\boldsymbol{v}^{\mathrm{T}}\lambda_1\boldsymbol{u}_1=2\lambda_1\boldsymbol{v}^{\mathrm{T}}\boldsymbol{u}_1=0$$

上面的推导利用了 $\boldsymbol{u}_1^{\mathrm{T}}\boldsymbol{\Sigma}\boldsymbol{v}=\boldsymbol{v}^{\mathrm{T}}\boldsymbol{\Sigma}\boldsymbol{u}_1$，$\boldsymbol{v}$ 与 $\boldsymbol{u}_1$ 正交的事实。将 $\beta=0$ 代入式（7.21），得到：

$$2\boldsymbol{\Sigma}\boldsymbol{v}-2\alpha\boldsymbol{v}=\boldsymbol{0}$$

$$\boldsymbol{\Sigma}\boldsymbol{v}=\alpha\boldsymbol{v}$$

这说明 $\boldsymbol{v}$ 是 $\boldsymbol{\Sigma}$ 的另一个特征向量。同样，根据式（7.14），$\sigma_v^2=\alpha$。为了使沿 $\boldsymbol{v}$ 方向的方差最大化，应该选择 $\alpha=\lambda_2$，即 $\boldsymbol{\Sigma}$ 的第二大特征值，第二主成分由相应的特征向量给出，即 $\boldsymbol{v}=\boldsymbol{u}_2$。

1. 总投影方差

设 $\boldsymbol{U}_2$ 为一个矩阵，其两列分别对应于两个主成分，如下所示：

$$\boldsymbol{U}_2=\begin{pmatrix}\boldsymbol{u}_1 & \boldsymbol{u}_2\end{pmatrix}$$

给定点 $\bar{\boldsymbol{x}}_i\in\bar{\boldsymbol{D}}$，它在 $\boldsymbol{u}_1$ 和 $\boldsymbol{u}_2$ 所构成的二维子空间中的坐标可以通过式（7.6）计算，如下所示：

$$\boldsymbol{a}_i=\boldsymbol{U}_2^{\mathrm{T}}\bar{\boldsymbol{x}}_i$$

假设 $\bar{\boldsymbol{D}}$ 中的每个点 $\bar{\boldsymbol{x}}_i\in\mathbb{R}^d$ 都通过投影获得了对应的坐标点 $\boldsymbol{a}_i\in\mathbb{R}^2$，从而产生了新的数据集 $\boldsymbol{A}$。此外，因为 $\bar{\boldsymbol{D}}$ 是居中的（$\bar{\boldsymbol{\mu}}=\boldsymbol{0}$），所以均值点的投影的坐标也为零，因为 $\boldsymbol{U}_2^{\mathrm{T}}\bar{\boldsymbol{\mu}}=\boldsymbol{U}_2^{\mathrm{T}}\boldsymbol{0}=\boldsymbol{0}$。$\boldsymbol{A}$ 的总方差如下：

$$\begin{aligned}\operatorname{var}(\boldsymbol{A})&=\frac{1}{n}\sum_{i=1}^{n}\|\boldsymbol{a}_i-\boldsymbol{0}\|^2=\frac{1}{n}\sum_{i=1}^{n}\left(\boldsymbol{U}_2^{\mathrm{T}}\bar{\boldsymbol{x}}_i\right)^{\mathrm{T}}\left(\boldsymbol{U}_2^{\mathrm{T}}\bar{\boldsymbol{x}}_i\right)=\frac{1}{n}\sum_{i=1}^{n}\bar{\boldsymbol{x}}_i^{\mathrm{T}}\left(\boldsymbol{U}_2\boldsymbol{U}_2^{\mathrm{T}}\right)\bar{\boldsymbol{x}}_i\\&=\frac{1}{n}\sum_{i=1}^{n}\bar{\boldsymbol{x}}_i^{\mathrm{T}}\boldsymbol{P}_2\bar{\boldsymbol{x}}_i\end{aligned} \tag{7.22}$$

其中，$\boldsymbol{P}_2$ 是正交投影矩阵［见式（7.8）］，如下所示：

$$\boldsymbol{P}_2=\boldsymbol{U}_2\boldsymbol{U}_2^{\mathrm{T}}=\boldsymbol{u}_1\boldsymbol{u}_1^{\mathrm{T}}+\boldsymbol{u}_2\boldsymbol{u}_2^{\mathrm{T}}$$

将其代入式（7.22），总投影方差如下：

$$\begin{aligned}\operatorname{var}(\boldsymbol{A})&=\frac{1}{n}\sum_{i=1}^{n}\bar{\boldsymbol{x}}_i^{\mathrm{T}}\boldsymbol{P}_2\bar{\boldsymbol{x}}_i\\&=\frac{1}{n}\sum_{i=1}^{n}\bar{\boldsymbol{x}}_i^{\mathrm{T}}\left(\boldsymbol{u}_1\boldsymbol{u}_1^{\mathrm{T}}+\boldsymbol{u}_2\boldsymbol{u}_2^{\mathrm{T}}\right)\bar{\boldsymbol{x}}_i\end{aligned} \tag{7.23}$$

$$= \frac{1}{n}\sum_{i=1}^{n}(\boldsymbol{u}_1^{\mathrm{T}}\bar{\boldsymbol{x}}_i)(\bar{\boldsymbol{x}}_i^{\mathrm{T}}\boldsymbol{u}_1) + \frac{1}{n}\sum_{i=1}^{n}(\boldsymbol{u}_2^{\mathrm{T}}\bar{\boldsymbol{x}}_i)(\bar{\boldsymbol{x}}_i^{\mathrm{T}}\boldsymbol{u}_2)$$

$$= \boldsymbol{u}_1^{\mathrm{T}}\boldsymbol{\Sigma}\boldsymbol{u}_1 + \boldsymbol{u}_2^{\mathrm{T}}\boldsymbol{\Sigma}\boldsymbol{u}_2 \tag{7.24}$$

因为 $\boldsymbol{u}_1$ 和 $\boldsymbol{u}_2$ 是 $\boldsymbol{\Sigma}$ 的特征向量，$\boldsymbol{\Sigma}\boldsymbol{u}_1 = \lambda_1\boldsymbol{u}_1$，$\boldsymbol{\Sigma}\boldsymbol{u}_2 = \lambda_2\boldsymbol{u}_2$，所以：

$$\mathrm{var}(\boldsymbol{A}) = \boldsymbol{u}_1^{\mathrm{T}}\boldsymbol{\Sigma}\boldsymbol{u}_1 + \boldsymbol{u}_2^{\mathrm{T}}\boldsymbol{\Sigma}\boldsymbol{u}_2 = \boldsymbol{u}_1^{\mathrm{T}}\lambda_1\boldsymbol{u}_1 + \boldsymbol{u}_2^{\mathrm{T}}\lambda_2\boldsymbol{u}_2 = \lambda_1 + \lambda_2 \tag{7.25}$$

因此，特征值之和就是投影点的总方差，前两个主成分使该方差最大化。

2. 均方误差

现在，我们来证明前两个主成分也使均方误差（MSE）最小。均方误差如下：

$$\begin{aligned}
\mathrm{MSE} &= \frac{1}{n}\sum_{i=1}^{n}\|\bar{\boldsymbol{x}}_i - \boldsymbol{x}_i'\|^2 \\
&= \frac{1}{n}\sum_{i=1}^{n}\left(\|\bar{\boldsymbol{x}}_i\|^2 - 2\bar{\boldsymbol{x}}_i^{\mathrm{T}}\boldsymbol{x}_i' + (\boldsymbol{x}_i')^{\mathrm{T}}\boldsymbol{x}_i'\right), \text{利用式 (7.15)} \\
&= \mathrm{var}(\boldsymbol{D}) + \frac{1}{n}\sum_{i=1}^{n}\left(-2\bar{\boldsymbol{x}}_i^{\mathrm{T}}\boldsymbol{P}_2\bar{\boldsymbol{x}}_i + (\boldsymbol{P}_2\bar{\boldsymbol{x}}_i)^{\mathrm{T}}\boldsymbol{P}_2\bar{\boldsymbol{x}}_i\right), \text{利用式 (7.7)}\ (\boldsymbol{x}_i' = \boldsymbol{P}_2\bar{\boldsymbol{x}}_i) \\
&= \mathrm{var}(\boldsymbol{D}) - \frac{1}{n}\sum_{i=1}^{n}\left(\bar{\boldsymbol{x}}_i^{\mathrm{T}}\boldsymbol{P}_2\bar{\boldsymbol{x}}_i\right) \\
&= \mathrm{var}(\boldsymbol{D}) - \mathrm{var}(\boldsymbol{A}), \text{利用式 (7.23)}
\end{aligned} \tag{7.26}$$

因此，当总投影方差 var($\boldsymbol{A}$) 最大时，MSE 被精确地最小化。根据式（7.25），得到：

$$\mathrm{MSE} = \mathrm{var}(\boldsymbol{D}) - \lambda_1 - \lambda_2$$

例 7.4　对于例 7.1 中的鸢尾花数据集，两个最大特征值分别为 $\lambda_1 = 3.662$ 和 $\lambda_1 = 0.239$，对应的特征向量分别为

$$\boldsymbol{u}_1 = \begin{pmatrix} -0.390 \\ 0.089 \\ -0.916 \end{pmatrix} \qquad \boldsymbol{u}_2 = \begin{pmatrix} -0.639 \\ -0.742 \\ 0.200 \end{pmatrix}$$

投影矩阵如下：

$$\boldsymbol{P}_2 = \boldsymbol{U}_2\boldsymbol{U}_2^{\mathrm{T}} = (\boldsymbol{u}_1 \quad \boldsymbol{u}_2)\begin{pmatrix} \boldsymbol{u}_1^{\mathrm{T}} \\ \boldsymbol{u}_2^{\mathrm{T}} \end{pmatrix} = \boldsymbol{u}_1\boldsymbol{u}_1^{\mathrm{T}} + \boldsymbol{u}_2\boldsymbol{u}_2^{\mathrm{T}}$$

$$= \begin{pmatrix} 0.152 & -0.035 & 0.357 \\ -0.035 & 0.008 & -0.082 \\ 0.357 & -0.082 & 0.839 \end{pmatrix} + \begin{pmatrix} 0.408 & 0.474 & -0.128 \\ 0.474 & 0.551 & -0.148 \\ -0.128 & -0.148 & 0.04 \end{pmatrix}$$

$$= \begin{pmatrix} 0.560 & 0.439 & 0.229 \\ 0.439 & 0.558 & -0.230 \\ 0.229 & -0.230 & 0.879 \end{pmatrix}$$

因此，每个居中点 $\bar{\boldsymbol{x}}_i$ 可以通过前两个主成分的投影 $\boldsymbol{x}_i' = \boldsymbol{P}_2\bar{\boldsymbol{x}}_i$ 来近似。图 7-3a 绘制了由 $\boldsymbol{u}_1$ 和 $\boldsymbol{u}_2$ 构成的最优二维子空间。每个点的误差向量 $\boldsymbol{\epsilon}_i$ 显示为细线段。灰色点在二维子

空间的后面，而白色点在二维子空间的前面。子空间捕获的总方差如下：

$$\lambda_1+\lambda_2=3.662+0.239=3.901$$

均方误差如下：

$$\mathrm{MSE}=\mathrm{var}(\boldsymbol{D})-\lambda_1-\lambda_2=3.96-3.662-0.239=0.059$$

图 7-3b 绘制了一个非最优二维子空间。可以看到，最优子空间使方差最大化，均方误差最小化，而非最优子空间只能捕获到较小的方差，并且具有较高的均方误差，这可以从误差向量（线段）的长度中直观地看到。事实上，这是最差的二维子空间，它的 MSE 是 3.662。

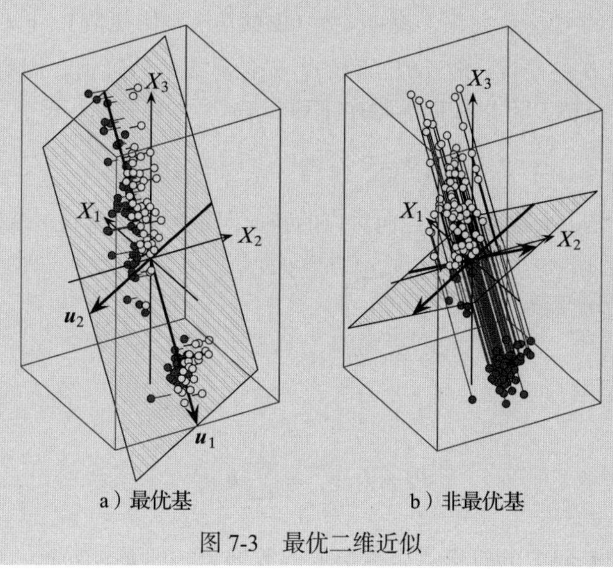

a）最优基　　b）非最优基

图 7-3　最优二维近似

7.2.3　最优 r 维近似

现在思考 $\boldsymbol{D}$ 的最优 r 维近似，其中 $2<r\leqslant d$。假设我们已经计算了前 $j-1$ 个主成分或特征向量 $\boldsymbol{u}_1,\boldsymbol{u}_2,\cdots,\boldsymbol{u}_{j-1}$，对应于 $\boldsymbol{\Sigma}$ 的前 $j-1$ 个最大特征值，$1\leqslant j\leqslant r$。为了计算第 j 个新的基向量 $\boldsymbol{v}$，必须确保它归一化为单位长度，即 $\boldsymbol{v}^{\mathrm{T}}\boldsymbol{v}=1$，并且它与先前的所有成分 $\boldsymbol{u}_i$ 正交，即 $\boldsymbol{u}_i^{\mathrm{T}}\boldsymbol{v}=0$，$1\leqslant i<j$。如前所述，沿 $\boldsymbol{v}$ 方向的投影方差如下：

$$\sigma_{\boldsymbol{v}}^2=\boldsymbol{v}^{\mathrm{T}}\boldsymbol{\Sigma}\boldsymbol{v}$$

结合对 $\boldsymbol{v}$ 的限制，可得下列拉格朗日乘子的最大化问题：

$$\max_{\boldsymbol{v}} J(\boldsymbol{v})=\boldsymbol{v}^{\mathrm{T}}\boldsymbol{\Sigma}\boldsymbol{v}-\alpha(\boldsymbol{v}^{\mathrm{T}}\boldsymbol{v}-1)-\sum_{i=1}^{j-1}\beta_i(\boldsymbol{u}_i^{\mathrm{T}}\boldsymbol{v}-0)$$

取 $J(\boldsymbol{v})$ 对 $\boldsymbol{v}$ 的导数并将其设为零向量，得到：

$$2\boldsymbol{\Sigma}\boldsymbol{v}-2\alpha\boldsymbol{v}-\sum_{i=1}^{j-1}\beta_i\boldsymbol{u}_i=\boldsymbol{0} \tag{7.27}$$

如果左乘 $\boldsymbol{u}_k^{\mathrm{T}}$（$1\leqslant k<j$），则得到：

$$2\boldsymbol{u}_k^{\mathrm{T}}\boldsymbol{\Sigma}\boldsymbol{v}-2\alpha\boldsymbol{u}_k^{\mathrm{T}}\boldsymbol{v}-\beta_k\boldsymbol{u}_k^{\mathrm{T}}\boldsymbol{u}_k-\sum_{\substack{i=1\\i\neq k}}^{j-1}\beta_i\boldsymbol{u}_k^{\mathrm{T}}\boldsymbol{u}_i=0$$

$$2\boldsymbol{v}^{\mathrm{T}}\boldsymbol{\Sigma}\boldsymbol{u}_k-\beta_k=0$$

$$\beta_k=2\boldsymbol{v}^{\mathrm{T}}\lambda_k\boldsymbol{u}_k=2\lambda_k\boldsymbol{v}^{\mathrm{T}}\boldsymbol{u}_k=0$$

其中，$\boldsymbol{\Sigma}\boldsymbol{u}_k=\lambda_k\boldsymbol{u}_k$，因为$\boldsymbol{u}_k$是对应于$\boldsymbol{\Sigma}$的第$k$大特征值$\lambda_k$的特征向量。因此，式（7.27）中$\beta_i=0$对所有的$i<j$成立，这表明：

$$\boldsymbol{\Sigma}\boldsymbol{v}=\alpha\boldsymbol{v}$$

为了使$\boldsymbol{v}$方向上的方差最大化，设$\alpha=\lambda_j$（$\boldsymbol{\Sigma}$的第j大特征值），$\boldsymbol{v}=\boldsymbol{u}_j$是第$j$个主成分。

总之，为了找到$\boldsymbol{D}$的最优r维近似，我们首先计算$\boldsymbol{\Sigma}$的特征值。因为$\boldsymbol{\Sigma}$是半正定的，所以其特征值必须是非负的，可以按以下降序排列：

$$\lambda_1\geqslant\lambda_2\geqslant\cdots\geqslant\lambda_r\geqslant\lambda_{r+1}\geqslant\cdots\geqslant\lambda_d\geqslant0$$

然后，选取最大的r个特征值，它们对应的特征向量形成了最优r维近似。

1. 总投影方差

设$\boldsymbol{U}_r$为r维基向量矩阵：

$$\boldsymbol{U}_r=(\boldsymbol{u}_1\quad\boldsymbol{u}_2\quad\cdots\quad\boldsymbol{u}_r)$$

其投影矩阵为

$$\boldsymbol{P}_r=\boldsymbol{U}_r\boldsymbol{U}_r^{\mathrm{T}}=\sum_{i=1}^{r}\boldsymbol{u}_i\boldsymbol{u}_i^{\mathrm{T}}$$

设$\boldsymbol{A}$表示r维子空间中的投影点坐标形成的数据集，即$\boldsymbol{a}_i=\boldsymbol{U}_r^{\mathrm{T}}\bar{\boldsymbol{x}}_i$，并令$\boldsymbol{x}_i'=\boldsymbol{P}_r\bar{\boldsymbol{x}}_i$表示原始$d$维空间中的投影点。根据式（7.22）、式（7.24）和式（7.25），总投影方差为

$$\operatorname{var}(\boldsymbol{A})=\frac{1}{n}\sum_{i=1}^{n}\bar{\boldsymbol{x}}_i^{\mathrm{T}}\boldsymbol{P}_r\bar{\boldsymbol{x}}_i=\sum_{i=1}^{r}\boldsymbol{u}_i^{\mathrm{T}}\boldsymbol{\Sigma}\boldsymbol{u}_i=\sum_{i=1}^{r}\lambda_i$$

因此，总投影方差是$\boldsymbol{\Sigma}$的r个最大特征值之和。

2. 均方误差

根据式（7.26）的推导，r维均方误差（MSE）目标值可以写成：

$$\mathrm{MSE}=\frac{1}{n}\sum_{i=1}^{n}\|\bar{\boldsymbol{x}}_i-\boldsymbol{x}_i'\|^2=\operatorname{var}(\boldsymbol{D})-\operatorname{var}(\boldsymbol{A})$$

$$=\operatorname{var}(\boldsymbol{D})-\sum_{i=1}^{r}\boldsymbol{u}_i^{\mathrm{T}}\boldsymbol{\Sigma}\boldsymbol{u}_i=\operatorname{var}(\boldsymbol{D})-\sum_{i=1}^{r}\lambda_i$$

前r个主成分使总投影方差$\operatorname{var}(\boldsymbol{A})$最大化，因此它们也使均方误差最小化。

3. 总方差

注意，$\boldsymbol{D}$的总方差在基向量变化时是不变的，因此有以下等式：

$$\operatorname{var}(\boldsymbol{D})=\sum_{i=1}^{d}\sigma_i^2=\sum_{i=1}^{d}\lambda_i\tag{7.28}$$

4. 维数选择

通常我们可能不知道要用多大的 r（维数）来获得一个好的近似。选择 r 的一个标准是计算由前 r 个主成分捕获的方差占总方差的比例，如下所示：

$$f(r) = \frac{\lambda_1 + \lambda_2 + \cdots + \lambda_r}{\lambda_1 + \lambda_2 + \cdots + \lambda_d} = \frac{\sum_{i=1}^{r} \lambda_i}{\sum_{i=1}^{d} \lambda_i} = \frac{\sum_{i=1}^{r} \lambda_i}{\text{var}(\boldsymbol{D})} \tag{7.29}$$

给定一个期望的方差阈值，假设为 α，从第一主成分开始，不断地添加额外的成分，并在满足 $f(r) \geqslant \alpha$ 的最小值 r 处停止，如下所示：

$$r = \min\{r' \mid f(r') \geqslant \alpha\} \tag{7.30}$$

换言之，我们选择尽可能小的维数 r，使得由 r 个维度产生的子空间至少捕获到 α 比例的总方差。在实践中，α 通常被设置为 0.9 或更高，因此降维后的数据集至少捕获 90% 的总方差。

算法 7.1 给出了主成分分析算法的伪代码。给定输入数据 $\boldsymbol{D} \in \mathbb{R}^{n \times d}$，首先通过从每个点减去均值来进行居中处理。接下来，计算协方差矩阵 $\boldsymbol{\Sigma}$ 的特征向量和特征值。给定期望的方差阈值 α，该算法选择能够使捕获的方差占总方差的比例至少为 α 的最小维数 r。最后，计算新的 r 维主成分子空间中各点的坐标，得到新的数据矩阵 $\boldsymbol{A} \in \mathbb{R}^{n \times r}$。

算法 7.1　主成分分析

PCA ($\boldsymbol{D}, \alpha$):

1 $\boldsymbol{\mu} = \frac{1}{n}\sum_{i=1}^{n} \boldsymbol{x}_i$ `// compute mean`
2 $\overline{\boldsymbol{D}} = \boldsymbol{D} - \boldsymbol{1} \cdot \boldsymbol{\mu}^{\mathrm{T}}$ `// center the data`
3 $\boldsymbol{\Sigma} = \frac{1}{n}\left(\overline{\boldsymbol{D}}^{\mathrm{T}} \overline{\boldsymbol{D}}\right)$ `// compute covariance matrix`
4 $(\lambda_1, \lambda_2, \cdots, \lambda_d) = \text{eigenvalues}(\boldsymbol{\Sigma})$ `// compute eigenvalues`
5 $\boldsymbol{U} = \begin{pmatrix} \boldsymbol{u}_1 & \boldsymbol{u}_2 & \cdots & \boldsymbol{u}_d \end{pmatrix} = \text{eigenvectors}(\boldsymbol{\Sigma})$ `// compute eigenvectors`
6 $f(r) = \frac{\sum_{i=1}^{r} \lambda_i}{\sum_{i=1}^{d} \lambda_i}$, for all $r = 1, 2, \cdots, d$ `// fraction of total variance`
7 Choose smallest r so that $f(r) \geqslant \alpha$ `// choose dimensionality`
8 $\boldsymbol{U}_r = \begin{pmatrix} \boldsymbol{u}_1 & \boldsymbol{u}_2 & \cdots & \boldsymbol{u}_r \end{pmatrix}$ `// reduced basis`
9 $\boldsymbol{A} = \{\boldsymbol{a}_i \mid \boldsymbol{a}_i = \boldsymbol{U}_r^{\mathrm{T}} \overline{\boldsymbol{x}}_i, \text{for } i = 1, \cdots, n\}$ `// reduced dimensionality data`

例 7.5　给定图 7-1a 中的三维鸢尾花数据集，其协方差矩阵为

$$\boldsymbol{\Sigma} = \begin{pmatrix} 0.681 & -0.039 & 1.265 \\ -0.039 & 0.187 & -0.320 \\ 1.265 & -0.32 & 3.092 \end{pmatrix}$$

$\boldsymbol{\Sigma}$ 的特征值和特征向量为

$$\lambda_1 = 3.662 \qquad \lambda_2 = 0.239 \qquad \lambda_3 = 0.059$$

$$\boldsymbol{u}_1 = \begin{pmatrix} -0.390 \\ 0.089 \\ -0.916 \end{pmatrix} \qquad \boldsymbol{u}_2 = \begin{pmatrix} -0.639 \\ -0.742 \\ 0.200 \end{pmatrix} \qquad \boldsymbol{u}_3 = \begin{pmatrix} -0.663 \\ 0.664 \\ 0.346 \end{pmatrix}$$

因此，总方差为 $\lambda_1 + \lambda_2 + \lambda_3 = 3.662 + 0.239 + 0.059 = 3.96$。最优三维基如图 7-1b 所示。

为了找到低维近似值，设 $\alpha = 0.95$ 。不同 r 值对应的方差占总方差的比例如下：

r	1	2	3
$f(r)$	0.925	0.985	1.0

例如，对于 $r=1$ ，占总方差的比例为 $f(1)=\dfrac{3.662}{3.96}\approx 0.925$ 。因此，至少需要 $r=2$ 维才能捕获 95% 以上的总方差。该最优二维子空间如图 7-3a 中的阴影平面所示。降维数据集 $\boldsymbol{A}$ 如图 7-4 所示，它包括以 $\boldsymbol{u}_1$ 和 $\boldsymbol{u}_2$ 为基的新二维主成分下点的坐标 $\boldsymbol{a}_i = \boldsymbol{U}_2^{\mathrm{T}}\overline{\boldsymbol{x}}_i$ 。

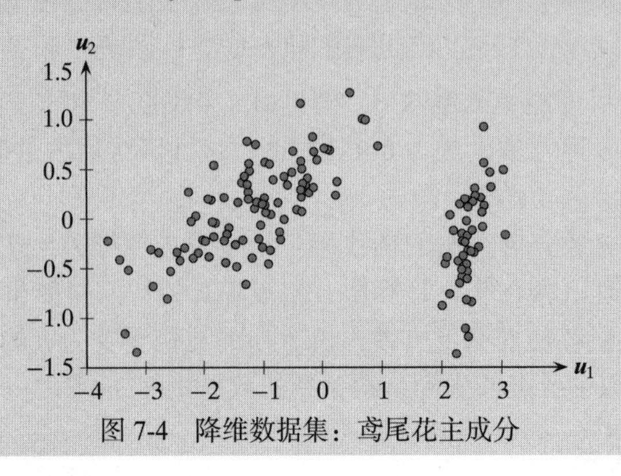

图 7-4　降维数据集：鸢尾花主成分

7.2.4　主成分分析的几何意义

从几何角度来讲，当 $r=d$ 时，主成分分析（PCA）的结果对应于不同的正交基，因此总方差由沿每个主方向 $\boldsymbol{u}_1,\boldsymbol{u}_2,\cdots,\boldsymbol{u}_d$ 上的方差和构成，而且所有协方差都为零。这可以通过观察所有主成分看出，这些主成分可以构成一个 $d\times d$ 的正交矩阵：

$$\boldsymbol{U} = (\boldsymbol{u}_1 \quad \boldsymbol{u}_2 \quad \cdots \quad \boldsymbol{u}_d)$$

其中， $\boldsymbol{U}^{-1}=\boldsymbol{U}^{\mathrm{T}}$ 。

每个主成分 $\boldsymbol{u}_i$ 对应于协方差矩阵 $\boldsymbol{\Sigma}$ 的特征向量，即

$$\boldsymbol{\Sigma}\boldsymbol{u}_i = \lambda_i \boldsymbol{u}_i, 1 \leqslant i \leqslant d$$

用矩阵表示法重写为

$$\boldsymbol{\Sigma}(\boldsymbol{u}_1 \quad \boldsymbol{u}_2 \quad \cdots \quad \boldsymbol{u}_d) = (\lambda_1\boldsymbol{u}_1 \quad \lambda_2\boldsymbol{u}_2 \quad \cdots \quad \lambda_d\boldsymbol{u}_d)$$

$$\boldsymbol{\Sigma}\boldsymbol{U} = \boldsymbol{U}\begin{pmatrix} \lambda_1 & 0 & \cdots & 0 \\ 0 & \lambda_2 & \cdots & 0 \\ \vdots & \vdots & & \vdots \\ 0 & 0 & \cdots & \lambda_d \end{pmatrix}$$

$$\boldsymbol{\Sigma}\boldsymbol{U} = \boldsymbol{U}\boldsymbol{\Lambda} \tag{7.31}$$

如果对式（7.31）左乘 $\boldsymbol{U}^{-1}=\boldsymbol{U}^{\mathrm{T}}$ ，则得到：

$$\boldsymbol{U}^{\mathrm{T}}\boldsymbol{\Sigma}\boldsymbol{U} = \boldsymbol{U}^{\mathrm{T}}\boldsymbol{U}\boldsymbol{\Lambda} = \boldsymbol{\Lambda} = \begin{pmatrix} \lambda_1 & 0 & \cdots & 0 \\ 0 & \lambda_2 & \cdots & 0 \\ \vdots & \vdots & & \vdots \\ 0 & 0 & \cdots & \lambda_d \end{pmatrix}$$

这意味着如果把基改成 $\boldsymbol{U}$，协方差矩阵 $\boldsymbol{\Sigma}$ 就会变成一个类似的矩阵 $\boldsymbol{\Lambda}$，这实际上就是新基中的协方差矩阵。$\boldsymbol{\Lambda}$ 是对角矩阵的事实证实了在基变化之后，所有协方差都消失了，只剩下沿每个主成分方向上的方差，沿每个新方向 $\boldsymbol{u}_i$ 的方差由相应的特征值 λ_i 给出。

值得注意的是，在新的基上，下式：

$$\boldsymbol{x}^{\mathrm{T}}\boldsymbol{\Sigma}^{-1}\boldsymbol{x}=1 \tag{7.32}$$

定义一个 d 维椭球体（或超椭圆）。$\boldsymbol{\Sigma}$ 的特征向量 $\boldsymbol{u}_i$（主成分）是椭球体主轴的方向。特征值的平方根 $\sqrt{\lambda_i}$ 给出了半轴的长度。

对式（7.31）右乘 $\boldsymbol{U}^{-1}=\boldsymbol{U}^{\mathrm{T}}$，得到：

$$\boldsymbol{\Sigma}=\boldsymbol{U}\boldsymbol{\Lambda}\boldsymbol{U}^{\mathrm{T}} \tag{7.33}$$

这个公式也称为 $\boldsymbol{\Sigma}$ 的特征分解，因为：

$$\boldsymbol{\Sigma}=\boldsymbol{U}\boldsymbol{\Lambda}\boldsymbol{u}^{\mathrm{T}}=\lambda_1\boldsymbol{u}_1\boldsymbol{u}_1^{\mathrm{T}}+\lambda_2\boldsymbol{u}_2\boldsymbol{u}_2^{\mathrm{T}}+\cdots+\lambda_d\boldsymbol{u}_d\boldsymbol{u}_d^{\mathrm{T}}=\sum_{i=1}^{d}\lambda_i\boldsymbol{u}_i\boldsymbol{u}_i^{\mathrm{T}} \tag{7.34}$$

换句话说，协方差矩阵 $\boldsymbol{\Sigma}$ 可以表示为从特征向量导出的秩一矩阵的和，由特征值按重要性降序加权。

此外，假设 $\boldsymbol{\Sigma}$ 是可逆的或非奇异的，我们有：

$$\boldsymbol{\Sigma}^{-1}=(\boldsymbol{U}\boldsymbol{\Lambda}\boldsymbol{U}^{\mathrm{T}})^{-1}=(\boldsymbol{U}^{-1})^{\mathrm{T}}\boldsymbol{\Lambda}^{-1}\boldsymbol{U}^{-1}=\boldsymbol{U}\boldsymbol{\Lambda}^{-1}\boldsymbol{U}^{\mathrm{T}}$$

其中，

$$\boldsymbol{\Lambda}^{-1}=\begin{pmatrix}\frac{1}{\lambda_1} & 0 & \cdots & 0\\ 0 & \frac{1}{\lambda_2} & \cdots & 0\\ \vdots & \vdots & & \vdots\\ 0 & 0 & \cdots & \frac{1}{\lambda_d}\end{pmatrix}$$

将 $\boldsymbol{\Sigma}^{-1}$ 代入式（7.32），并使用式（7.2）的 $\boldsymbol{x}=\boldsymbol{U}\boldsymbol{a}$ 的事实［其中 $\boldsymbol{a}=(a_1,a_2,\cdots,a_d)^{\mathrm{T}}$ 表示 $\boldsymbol{x}$ 在新基上的坐标］，得到：

$$\begin{aligned}\boldsymbol{x}^{\mathrm{T}}\boldsymbol{\Sigma}^{-1}\boldsymbol{x}&=1\\ \left(\boldsymbol{a}^{\mathrm{T}}\boldsymbol{U}^{\mathrm{T}}\right)\boldsymbol{U}\boldsymbol{\Lambda}^{-1}\boldsymbol{U}^{\mathrm{T}}\left(\boldsymbol{U}\boldsymbol{a}\right)&=1\\ \boldsymbol{a}^{\mathrm{T}}\boldsymbol{\Lambda}^{-1}\boldsymbol{a}&=1\\ \sum_{i=1}^{d}\frac{a_i^2}{\lambda_i}&=1\end{aligned}$$

这正是以 $\boldsymbol{0}$ 为中心的椭球体，半轴长度为 $\sqrt{\lambda_i}$。因此，$\boldsymbol{x}^{\mathrm{T}}\boldsymbol{\Sigma}^{-1}\boldsymbol{x}=1$（或者新的主成分基中 $\boldsymbol{a}^{\mathrm{T}}\boldsymbol{\Lambda}^{-1}\boldsymbol{a}=1$），定义了一个 d 维椭球体，其中半轴长度等于沿每个轴的标准差（方差的平方根 $\sqrt{\lambda_i}$）。同样，对于标量 s，$\boldsymbol{x}^{\mathrm{T}}\boldsymbol{\Sigma}^{-1}\boldsymbol{x}=s$（或者新的主成分基中 $\boldsymbol{a}^{\mathrm{T}}\boldsymbol{\Lambda}^{-1}\boldsymbol{a}=s$）表示同心椭球体。

例 7.6　图 7-5b 给出了新主成分基中的椭球体 $\boldsymbol{x}^{\mathrm{T}}\boldsymbol{\Sigma}^{-1}\boldsymbol{x}=\boldsymbol{a}^{\mathrm{T}}\boldsymbol{\Lambda}^{-1}\boldsymbol{a}=1$。每个半轴长度对应于沿该轴的标准差 $\sqrt{\lambda_i}$。因为主成分基下所有两两协方差都为零，所以椭球体是轴平

行的，也就是说，每个轴与一个基向量重合。

此外，在 $\boldsymbol{D}$ 矩阵的 d 维原始基上，椭球体不是轴线平行的，如图 7-5a 中的等值线所示。在这里，半轴长度对应于每个方向上的值域长度的一半；选择该长度是为了使椭球体包含大多数点。

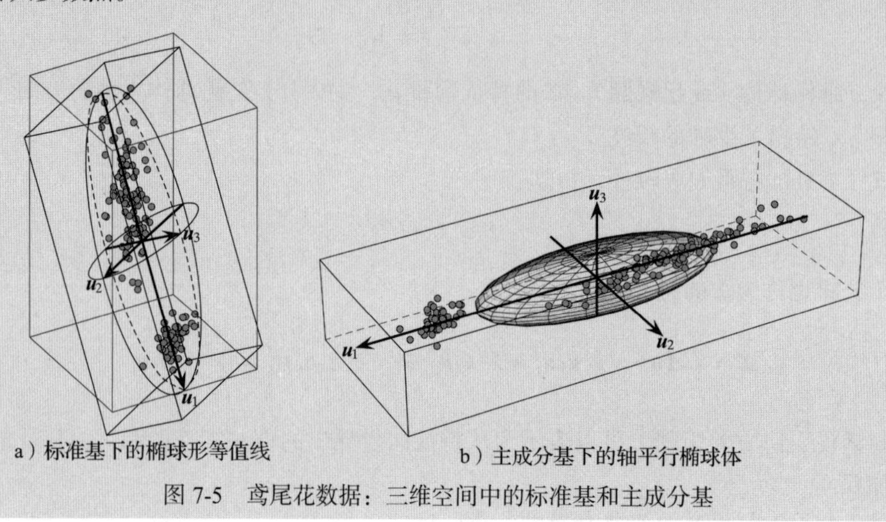

a）标准基下的椭球形等值线　　b）主成分基下的轴平行椭球体

图 7-5　鸢尾花数据：三维空间中的标准基和主成分基

7.3　核主成分分析

主成分分析可以推广到用核方法寻找数据中的非线性"方向"的情形。核主成分分析在特征空间而不是输入空间中寻找方差最大的方向。也就是说，核主成分分析不是试图寻找输入维度的线性组合，而是通过输入维度的一些非线性变换在高维特征空间中寻找线性组合。因此，特征空间中的线性主成分对应于输入空间中的非线性方向。正如我们将看到的，使用*核技巧*（kernel trick），所有的运算都可以在输入空间中用核函数进行，而不必将数据转换为特征空间的数据。

例 7.7　思考图 7-6 所示的非线性鸢尾花数据集，该数据集是通过对居中鸢尾花数据进行非线性变换获得的。特别地，萼片长度属性（A_1）和萼片宽度属性（A_2）的转换如下：

$$X_1 = 0.2A_1^2 + A_2^2 + 0.1A_1A_2$$
$$X_2 = A_2$$

转换后的数据点展示了两个变量之间明显的二次（非线性）关系。线性 PCA 产生以下两个方差最大的方向：

$$\lambda_1 = 0.197 \qquad \lambda_2 = 0.087$$
$$\boldsymbol{u}_1 = \begin{pmatrix} 0.301 \\ 0.953 \end{pmatrix} \qquad \boldsymbol{u}_2 = \begin{pmatrix} -0.953 \\ 0.301 \end{pmatrix}$$

这两个主成分如图 7-6 所示。图中的直线表示主成分上的常数投影，即输入空间中的所有点在分别投影到 $\boldsymbol{u}_1$ 和 $\boldsymbol{u}_2$ 上时具有相同的坐标。例如，图 7-6a 中的直线对应不同的 s 值下 $\boldsymbol{u}_1^{\mathrm{T}}\boldsymbol{x} = s$ 的解。

图 7-7 给出了由 $\boldsymbol{u}_1$ 和 $\boldsymbol{u}_2$ 组成的主成分空间中每个点的坐标。从图中可以清楚地看出，$\boldsymbol{u}_1$ 和 $\boldsymbol{u}_2$ 没有完全捕捉到 X_1 和 X_2 之间的非线性关系。我们将在本节后面看到，核 PCA 能够更好地捕获这种非线性关系。

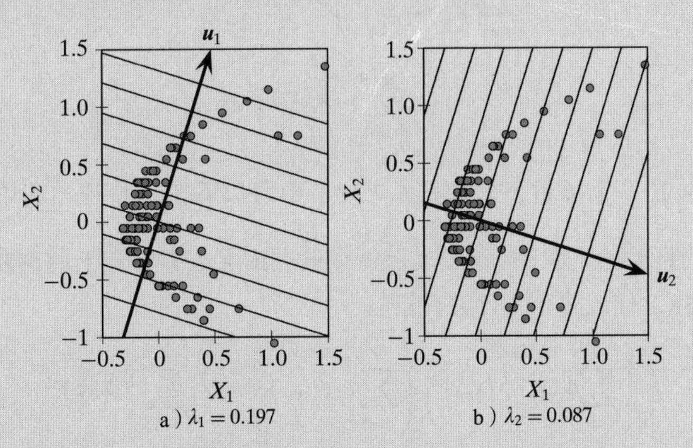

图 7-6 非线性鸢尾花数据集：输入空间中的主成分分析

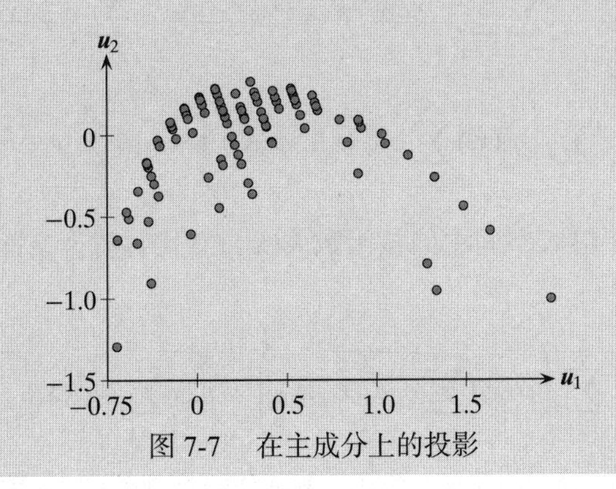

图 7-7 在主成分上的投影

设 ϕ 对应于从输入空间到特征空间的映射。特征空间中的每个点都被作为输入空间中的点 $\boldsymbol{x}_i$ 的图像 $\phi(\boldsymbol{x}_i)$。在输入空间中，第一主成分代表投影后方差最大的方向，它是协方差矩阵最大特征值对应的特征向量。同样，在特征空间中，通过求解特征空间中协方差矩阵的最大特征值对应的特征向量即可找到第一核主成分 $\boldsymbol{u}_1$（其中 $\boldsymbol{u}_1^{\mathrm{T}}\boldsymbol{u}_1=1$）：

$$\boldsymbol{\Sigma}_\phi \boldsymbol{u}_1 = \lambda_1 \boldsymbol{u}_1 \tag{7.35}$$

其中，$\boldsymbol{\Sigma}_\phi$ 为特征空间中的协方差矩阵，如下所示：

$$\boldsymbol{\Sigma}_\phi = \frac{1}{n}\sum_{i=1}^{n}\left(\phi(\boldsymbol{x}_i)-\boldsymbol{\mu}_\phi\right)\left(\phi(\boldsymbol{x}_i)-\boldsymbol{\mu}_\phi\right)^{\mathrm{T}} = \frac{1}{n}\sum_{i=1}^{n}\bar{\phi}(\boldsymbol{x}_i)\bar{\phi}(\boldsymbol{x}_i)^{\mathrm{T}} \tag{7.36}$$

其中，$\boldsymbol{\mu}_\phi$ 是特征空间中的均值，$\bar{\phi}(\boldsymbol{x}_i)=\phi(\boldsymbol{x}_i)-\boldsymbol{\mu}_\phi$ 是特征空间中的居中点。

把式（7.36）中 $\boldsymbol{\Sigma}_\phi$ 的展开式代入式（7.35），得到：

$$\left(\frac{1}{n}\sum_{i=1}^{n}\bar{\phi}(\boldsymbol{x}_i)\bar{\phi}(\boldsymbol{x}_i)^{\mathrm{T}}\right)\boldsymbol{u}_1 = \lambda_1 \boldsymbol{u}_1 \tag{7.37}$$

$$\frac{1}{n}\sum_{i=1}^{n}\bar{\phi}(\boldsymbol{x}_i)\left(\bar{\phi}(\boldsymbol{x}_i)^{\mathrm{T}}\boldsymbol{u}_1\right)=\lambda_1\boldsymbol{u}_1$$

$$\sum_{i=1}^{n}\left(\frac{\bar{\phi}(\boldsymbol{x}_i)^{\mathrm{T}}\boldsymbol{u}_1}{n\lambda_1}\right)\bar{\phi}(\boldsymbol{x}_i)=\boldsymbol{u}_1$$

$$\sum_{i=1}^{n}c_i\bar{\phi}(\boldsymbol{x}_i)=\boldsymbol{u}_1 \tag{7.38}$$

其中，$c_i=\dfrac{\bar{\phi}(\boldsymbol{x}_i)^{\mathrm{T}}\boldsymbol{u}_1}{n\lambda_1}$是一个标量值。从式（7.38）中可以看出，特征空间中的最优方向 $\boldsymbol{u}_1$ 只是变换后的点的线性组合，其中标量 c_i 表示每个点在最大方差方向上的重要性。

现在将式（7.38）代入式（7.37），得到：

$$\left(\frac{1}{n}\sum_{i=1}^{n}\bar{\phi}(\boldsymbol{x}_i)\bar{\phi}(\boldsymbol{x}_i)^{\mathrm{T}}\right)\left(\sum_{j=1}^{n}c_j\bar{\phi}(\boldsymbol{x}_j)\right)=\lambda_1\sum_{i=1}^{n}c_i\bar{\phi}(\boldsymbol{x}_i)$$

$$\frac{1}{n}\sum_{i=1}^{n}\sum_{j=1}^{n}c_j\bar{\phi}(\boldsymbol{x}_i)\bar{\phi}(\boldsymbol{x}_i)^{\mathrm{T}}\bar{\phi}(\boldsymbol{x}_j)=\lambda_1\sum_{i=1}^{n}c_i\bar{\phi}(\boldsymbol{x}_i)$$

$$\sum_{i=1}^{n}\left(\bar{\phi}(\boldsymbol{x}_i)\sum_{j=1}^{n}c_j\bar{\phi}(\boldsymbol{x}_i)^{\mathrm{T}}\bar{\phi}(\boldsymbol{x}_j)\right)=n\lambda_1\sum_{i=1}^{n}c_i\bar{\phi}(\boldsymbol{x}_i)$$

在前面的公式中，用输入空间中的核函数 $\bar{K}(\boldsymbol{x}_i,\boldsymbol{x}_j)$ 代替特征空间中的点积 $\bar{\phi}(\boldsymbol{x}_i)^{\mathrm{T}}\bar{\phi}(\boldsymbol{x}_j)$，得到：

$$\sum_{i=1}^{n}\left(\bar{\phi}(\boldsymbol{x}_i)\sum_{j=1}^{n}c_j\bar{K}(\boldsymbol{x}_i,\boldsymbol{x}_j)\right)=n\lambda_1\sum_{i=1}^{n}c_i\bar{\phi}(\boldsymbol{x}_i) \tag{7.39}$$

注意，我们假设特征空间中的点已居中，即假设核矩阵 $\boldsymbol{K}$ 已经使用式（5.16）进行了居中处理：

$$\bar{\boldsymbol{K}}=\left(\boldsymbol{I}-\frac{1}{n}\mathbf{1}_{n\times n}\right)\boldsymbol{K}\left(\boldsymbol{I}-\frac{1}{n}\mathbf{1}_{n\times n}\right)$$

其中，$\boldsymbol{I}$ 是 $n\times n$ 的单位矩阵，$\mathbf{1}_{n\times n}$ 是所有元素都是 1 的 $n\times n$ 矩阵。

到目前为止，我们已经用核函数代替了一个点积。为了保证特征空间中的所有计算都是点积的形式，我们取任意一点 $\bar{\phi}(\boldsymbol{x}_k)$，将式（7.39）两边左乘 $\bar{\phi}(\boldsymbol{x}_k)^{\mathrm{T}}$，得到：

$$\sum_{i=1}^{n}\left(\bar{\phi}(\boldsymbol{x}_k)^{\mathrm{T}}\bar{\phi}(\boldsymbol{x}_i)\sum_{j=1}^{n}c_j\bar{K}(\boldsymbol{x}_i,\boldsymbol{x}_j)\right)=n\lambda_1\sum_{i=1}^{n}c_i\bar{\phi}(\boldsymbol{x}_k)^{\mathrm{T}}\bar{\phi}(\boldsymbol{x}_i)$$

$$\sum_{i=1}^{n}\left(\bar{K}(\boldsymbol{x}_k,\boldsymbol{x}_i)\sum_{j=1}^{n}c_j\bar{K}(\boldsymbol{x}_i,\boldsymbol{x}_j)\right)=n\lambda_1\sum_{i=1}^{n}c_i\bar{K}(\boldsymbol{x}_k,\boldsymbol{x}_i) \tag{7.40}$$

此外，设 $\bar{\boldsymbol{K}}_i$ 表示居中核矩阵的第 i 行，写作列向量：

$$\bar{\boldsymbol{K}}_i=\left(\bar{K}(\boldsymbol{x}_i,\boldsymbol{x}_1)\ \ \bar{K}(\boldsymbol{x}_i,\boldsymbol{x}_2)\ \ \cdots\ \ \bar{K}(\boldsymbol{x}_i,\boldsymbol{x}_n)\right)^{\mathrm{T}}$$

设 $\boldsymbol{c}$ 表示以上列向量的权重：

$$\boldsymbol{c} = (c_1 \ c_2 \ \cdots \ c_n)^{\mathrm{T}}$$

把 $\overline{\boldsymbol{K}}_i$ 和 $\boldsymbol{c}$ 代入式（7.40），重写为

$$\sum_{i=1}^{n} \overline{K}(\boldsymbol{x}_k, \boldsymbol{x}_i) \overline{\boldsymbol{K}}_i^{\mathrm{T}} \boldsymbol{c} = n\lambda_1 \overline{\boldsymbol{K}}_k^{\mathrm{T}} \boldsymbol{c}$$

事实上，因为我们可以在特征空间中选择任意 n 个点 $\overline{\phi}(\boldsymbol{x}_k)$ 来获得式（7.40），所以得到以下 n 个公式：

$$\sum_{i=1}^{n} \overline{K}(\boldsymbol{x}_1, \boldsymbol{x}_i) \overline{\boldsymbol{K}}_i^{\mathrm{T}} \boldsymbol{c} = n\lambda_1 \overline{\boldsymbol{K}}_1^{\mathrm{T}} \boldsymbol{c}$$

$$\sum_{i=1}^{n} \overline{K}(\boldsymbol{x}_2, \boldsymbol{x}_i) \overline{\boldsymbol{K}}_i^{\mathrm{T}} \boldsymbol{c} = n\lambda_1 \overline{\boldsymbol{K}}_2^{\mathrm{T}} \boldsymbol{c}$$

$$\vdots$$

$$\sum_{i=1}^{n} \overline{K}(\boldsymbol{x}_n, \boldsymbol{x}_i) \overline{\boldsymbol{K}}_i^{\mathrm{T}} \boldsymbol{c} = n\lambda_1 \overline{\boldsymbol{K}}_n^{\mathrm{T}} \boldsymbol{c}$$

我们可以简洁地将以上 n 个公式表示为

$$\overline{\boldsymbol{K}}^2 \boldsymbol{c} = n\lambda_1 \overline{\boldsymbol{K}} \boldsymbol{c}$$

其中，$\overline{\boldsymbol{K}}$ 是居中核矩阵。

$\overline{\boldsymbol{K}}$ 的所有非零特征值和相应的特征向量都是上述公式的解。特别地，如果 η_1 是 $\overline{\boldsymbol{K}}$ 的最大特征值，对应于主特征向量 $\boldsymbol{c}$，则可以证明：

$$\overline{\boldsymbol{K}}(\overline{\boldsymbol{K}} \boldsymbol{c}) = n\lambda_1 \overline{\boldsymbol{K}} \boldsymbol{c}$$

$$\overline{\boldsymbol{K}}(\eta_1 \cdot \boldsymbol{c}) = n\lambda_1 \eta_1 \boldsymbol{c}$$

$$\overline{\boldsymbol{K}} \boldsymbol{c} = n\lambda_1 \boldsymbol{c}$$

这表明，

$$\overline{\boldsymbol{K}} \boldsymbol{c} = \eta_1 \boldsymbol{c} \tag{7.41}$$

其中，$\eta_1 = \eta\lambda_1$。因此，权向量 $\boldsymbol{c}$ 是对应核矩阵 $\overline{\boldsymbol{K}}$ 的最大特征值 η_1 的特征向量。

一旦求出 $\boldsymbol{c}$，便可以把它代入式（7.38），从而得到第一个核主成分 $\boldsymbol{u}_1$。我们施加的唯一约束是 $\boldsymbol{u}_1$ 应该归一化为单位向量，如下所示：

$$\boldsymbol{u}_1^{\mathrm{T}} \boldsymbol{u}_1 = 1$$

$$\sum_{i=1}^{n} \sum_{j=1}^{n} c_i \, c_j \, \overline{\phi}(\boldsymbol{x}_i)^{\mathrm{T}} \overline{\phi}(\boldsymbol{x}_j) = 1$$

$$\boldsymbol{c}^{\mathrm{T}} \overline{\boldsymbol{K}} \boldsymbol{c} = 1$$

根据式（7.41）的 $\overline{\boldsymbol{K}}\boldsymbol{c} = \eta_1 \boldsymbol{c}$，得到：

$$\boldsymbol{c}^{\mathrm{T}}(\eta_1 \boldsymbol{c}) = 1$$

$$\eta_1 \boldsymbol{c}^{\mathrm{T}} \boldsymbol{c} = 1$$

$$\|\boldsymbol{c}\|^2 = \frac{1}{\eta_1}$$

然而，因为 $\boldsymbol{c}$ 是 $\overline{\boldsymbol{K}}$ 的特征向量，所以有单位范数。因此，为了确保 $\boldsymbol{u}_1$ 是单位向量，必须缩放权向量 $\boldsymbol{c}$，使其范数为 $\|\boldsymbol{c}\|=\sqrt{\frac{1}{\eta_1}}$，这可以通过将 $\boldsymbol{c}$ 乘以 $\sqrt{\frac{1}{\eta_1}}$ 来实现。

一般来说，由于我们没有通过 ϕ 将输入点映射到特征空间，因此无法直接计算主方向，因为主方向是以式（7.38）中的 $\bar{\phi}(\boldsymbol{x}_i)$ 的形式来指定的。但是，我们可以将任意点 $\bar{\phi}(\boldsymbol{x})$ 投影到主方向 $\boldsymbol{u}_1$ 上，如下所示：

$$\boldsymbol{u}_1^{\mathrm{T}} \bar{\phi}(\boldsymbol{x}) = \sum_{i=1}^{n} c_i \bar{\phi}(\boldsymbol{x}_i)^{\mathrm{T}} \bar{\phi}(\boldsymbol{x}) = \sum_{i=1}^{n} c_i \overline{K}(\boldsymbol{x}_i, \boldsymbol{x})$$

以上只需要进行核运算。当 $\boldsymbol{x}=\boldsymbol{x}_i$ 是输入点之一时，$\bar{\phi}(\boldsymbol{x}_i)$ 在主成分 $\boldsymbol{u}_1$ 上的投影可以写为如下点积：

$$a_{i1} = \boldsymbol{u}_1^{\mathrm{T}} \bar{\phi}(\boldsymbol{x}_i) = \overline{\boldsymbol{K}}_i^{\mathrm{T}} \boldsymbol{c} \tag{7.42}$$

其中，$\overline{\boldsymbol{K}}_i$ 是对应核矩阵第 i 行的列向量。因此，我们证明了所有的计算，无论是主成分的求解还是点的投影，都可以只用核函数来完成。

通过求解式（7.41）的其他特征值和特征向量即可获得剩余的主成分。换言之，如果将 $\overline{\boldsymbol{K}}$ 的特征值按 $\eta_1 \geqslant \eta_2 \geqslant \cdots \geqslant \eta_n \geqslant 0$ 降序排序，便可由特征向量 $\boldsymbol{c}_j$ 得到第 j 个主成分。如果 $\eta_j > 0$，则必须对其进行归一化，使范数为 $\|\boldsymbol{c}_j\|=\sqrt{\frac{1}{\eta_j}}$。此外，由于 $\eta_j = n\lambda_j$，因此沿第 j 个主成分方向的方差为 $\lambda_j = \frac{\eta_j}{n}$。为了获得降维数据集（维数 $r \ll n$），计算每个点 $\boldsymbol{x}_i$ 在主成分 $\boldsymbol{u}_j(j=1,2,\cdots,r)$ 的 $\bar{\phi}(\boldsymbol{x}_i)$ 的投影，如下所示：

$$a_{ij} = \boldsymbol{u}_j^{\mathrm{T}} \bar{\phi}(\boldsymbol{x}_i) = \overline{\boldsymbol{K}}_i^{\mathrm{T}} \boldsymbol{c}_j$$

$\boldsymbol{x}_i$ 对应的新的 r 维点为

$$\boldsymbol{a}_i = (a_{i1}, a_{i2}, \cdots, a_{ir})^{\mathrm{T}}$$

也可以得到 $\boldsymbol{a}_i \in \mathbb{R}^r$，如下所示：

$$\boldsymbol{a}_i = \boldsymbol{C}_r^{\mathrm{T}} \overline{\boldsymbol{K}}_i \tag{7.43}$$

其中，$\boldsymbol{C}_r$ 是权重矩阵，其列包括前 r 个特征向量 $\boldsymbol{c}_1, \boldsymbol{c}_2, \cdots, \boldsymbol{c}_r$。算法 7.2 给出了核主成分分析方法的伪代码。

算法 7.2　核主成分分析

KernelPCA ($\boldsymbol{D}, K, \alpha$):

1 $\boldsymbol{K} = \{K(\boldsymbol{x}_i, \boldsymbol{x}_j)\}_{i,j=1,\cdots,n}$ // compute $n \times n$ kernel matrix

2 $\overline{\boldsymbol{K}} = (\boldsymbol{I} - \frac{1}{n}\mathbf{1}_{n\times n})\boldsymbol{K}(\boldsymbol{I} - \frac{1}{n}\mathbf{1}_{n\times n})$ // center the kernel matrix

3 $(\eta_1, \eta_2, \cdots, \eta_n) = \text{eigenvalues}(\overline{\boldsymbol{K}})$ // compute eigenvalues

4 $(\boldsymbol{c}_1 \quad \boldsymbol{c}_2 \quad \cdots \quad \boldsymbol{c}_n) = \text{eigenvectors}(\overline{\boldsymbol{K}})$ // compute eigenvectors

5 $\lambda_i = \frac{\eta_i}{n}$ for all $i = 1, \cdots, n$ `// compute variance for each component`
6 $\boldsymbol{c}_i = \sqrt{\frac{1}{\eta_i}} \cdot \boldsymbol{c}_i$ for all $i = 1, \cdots, n$ `// ensure that` $\boldsymbol{u}_i^{\mathrm{T}}\boldsymbol{u}_i = 1$
7 $f(r) = \frac{\sum_{i=1}^{r}\lambda_i}{\sum_{i=1}^{d}\lambda_i}$, for all $r = 1, 2, \cdots, d$ `// fraction of total variance`
8 Choose smallest r so that $f(r) \geqslant \alpha$ `// choose dimensionality`
9 $\boldsymbol{C}_r = (\boldsymbol{c}_1 \quad \boldsymbol{c}_2 \quad \cdots \quad \boldsymbol{c}_r)$ `// reduced basis`
10 $\boldsymbol{A} = \{\boldsymbol{a}_i \mid \boldsymbol{a}_i = \boldsymbol{C}_r^{\mathrm{T}}\overline{\boldsymbol{K}}_i, \text{for } i = 1, \cdots, n\}$ `// reduced dimensionality data`

例 7.8　思考例 7.7 中的非线性鸢尾花数据，它包含 $n=150$ 个点。使用式（5.8）中的齐次二次多项式核：

$$K(\boldsymbol{x}_i, \boldsymbol{x}_j) = \left(\boldsymbol{x}_i^{\mathrm{T}}\boldsymbol{x}_j\right)^2$$

居中核矩阵 $\overline{\boldsymbol{K}}$ 有 3 个非零特征值：

$$\eta_1 = 31.0 \qquad \eta_2 = 8.94 \qquad \eta_3 = 2.76$$

$$\lambda_1 = \frac{\eta_1}{150} \approx 0.2067 \qquad \lambda_2 = \frac{\eta_2}{150} = 0.0596 \qquad \lambda_3 = \frac{\eta_3}{150} = 0.0184$$

相应的特征向量 $\boldsymbol{c}_1$、$\boldsymbol{c}_2$ 和 $\boldsymbol{c}_3$ 未显示，因为它们位于 $\mathbb{R}^{150}$ 中。

图 7-8 给出了前 3 个核主成分的等值线投影。对于不同的投影值 s，及核矩阵的每个特征向量 $\boldsymbol{c}_i = (c_{i1}, c_{i2}, \cdots, c_{in})^{\mathrm{T}}$ 求解 $\boldsymbol{u}_i^{\mathrm{T}}\overline{\phi}(\boldsymbol{x}) = \sum_{j=1}^{n} c_{ij}\overline{K}(\boldsymbol{x}_j, \boldsymbol{x}) = s$ 即可获得这些等值线。例如，对于第一个主成分，对应于以下等式的解 $\boldsymbol{x} = (x_1, x_2)^{\mathrm{T}}$（如等值线所示）：

$$1.0426x_1^2 + 0.995x_2^2 + 0.914x_1x_2 = s$$

主成分也没有显示在图中，因为将点映射到特征空间通常是不可能或不可行的，所以无法推导出 $\boldsymbol{u}_i$ 的显式表达式。然而，由于主成分上的投影可以通过核运算［见式（7.42）］进行，因此图 7-9 显示了投影到前两个核主成分上的点 $\boldsymbol{a}_i$，并且可以捕获 $\frac{\lambda_1 + \lambda_2}{\lambda_1 + \lambda_2 + \lambda_3} = \frac{0.2663}{0.2847} \approx 93.5\%$ 的总方差。

此外，使用线性核 $K(\boldsymbol{x}_i, \boldsymbol{x}_j) = \boldsymbol{x}_i^{\mathrm{T}}\boldsymbol{x}_j$ 可产生完全相同的主成分，如图 7-7 所示。

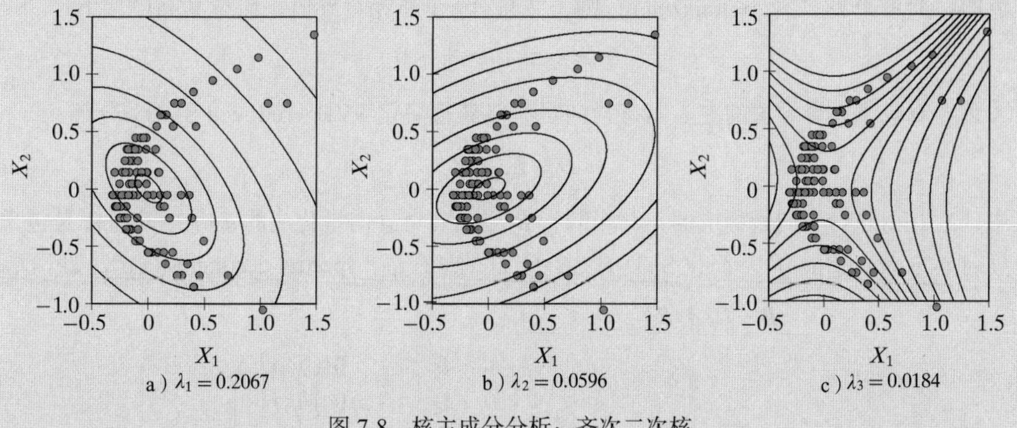

图 7-8　核主成分分析：齐次二次核

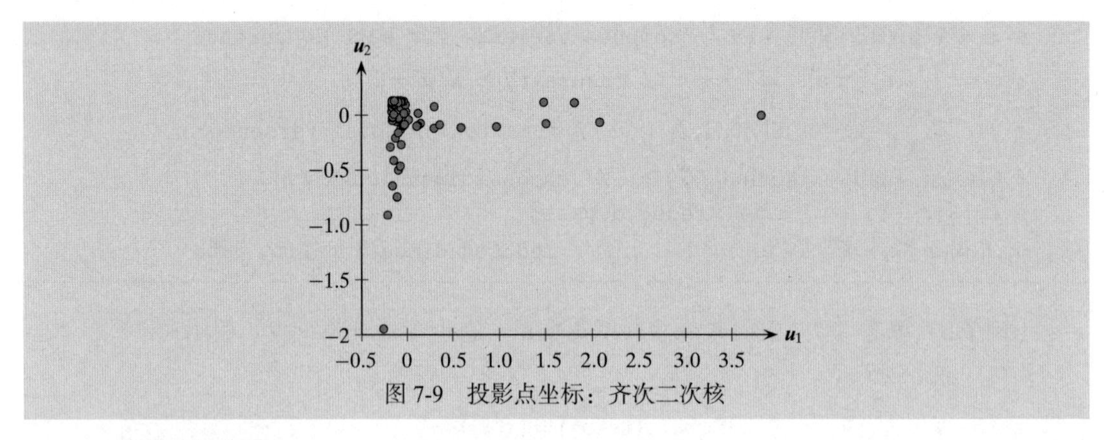

图 7-9　投影点坐标：齐次二次核

7.4　奇异值分解

主成分分析是通用的矩阵分解的一种特例，这种通用的矩阵分解又称为奇异值分解（Singular Value Decomposition，SVD）。式（7.33）显示，PCA 产生如下的协方差矩阵分解：

$$\boldsymbol{\Sigma}=\boldsymbol{U}\boldsymbol{\Lambda}\boldsymbol{U}^{\mathrm{T}} \tag{7.44}$$

其中，协方差矩阵已分解为包含其特征向量的正交矩阵 $\boldsymbol{U}$ 和包含其特征值（按降序排序）的对角矩阵 $\boldsymbol{\Sigma}$。SVD 将上述分解过程推广到任意矩阵。特别是 SVD 将具有 n 个点和 d 列的 $n\times d$ 数据矩阵 $\boldsymbol{D}$ 分解如下：

$$\boldsymbol{D}=\boldsymbol{L}\boldsymbol{\Delta}\boldsymbol{R}^{\mathrm{T}} \tag{7.45}$$

其中，$\boldsymbol{L}$ 是一个 $n\times n$ 的正交矩阵，$\boldsymbol{R}$ 是一个 $d\times d$ 的正交矩阵，$\boldsymbol{\Delta}$ 是一个 $n\times d$ 的“对角”矩阵。$\boldsymbol{L}$ 的各列称为*左奇异向量*（left singular vector），$\boldsymbol{R}$ 的各列（或 $\boldsymbol{R}^{\mathrm{T}}$ 的各行）称为*右奇异向量*。矩阵 $\boldsymbol{\Delta}$ 定义为

$$\boldsymbol{\Delta}(i,j)=\begin{cases}\delta_i, & i=j\\ 0, & i\neq j\end{cases}$$

其中，$i=1,\cdots,n$ 且 $j=1,\cdots,d$。沿 $\boldsymbol{\Delta}$ 主对角线方向的值 $\boldsymbol{\Delta}(i,i)=\delta_i$ 称为 $\boldsymbol{D}$ 的*奇异值*，它们都是非负的。如果 $\boldsymbol{D}$ 的秩为 $r\leqslant\min(n,d)$，则一共只有 r 个非零奇异值，假设其顺序如下：

$$\delta_1\geqslant\delta_2\geqslant\cdots\geqslant\delta_r>0$$

丢弃对应于 0 奇异值的左、右奇异向量，以获得简化 SVD（reduced SVD）分解：

$$\boldsymbol{D}=\boldsymbol{L}_r\boldsymbol{\Delta}_r\boldsymbol{R}_r^{\mathrm{T}} \tag{7.46}$$

其中，$\boldsymbol{L}_r$ 是由左奇异向量构成的 $n\times r$ 矩阵，$\boldsymbol{R}_r$ 是由右奇异向量构成的 $d\times r$ 矩阵，$\boldsymbol{\Delta}_r$ 是包含正奇异向量的 $r\times r$ 对角矩阵。简化 SVD 直接导致 $\boldsymbol{D}$ 的*谱分解*（spectral decomposition），如下所示：

$$\begin{aligned}\boldsymbol{D}&=\boldsymbol{L}_r\boldsymbol{\Delta}_r\boldsymbol{R}_r^{\mathrm{T}}\\ &=\begin{pmatrix}\boldsymbol{l}_1 & \boldsymbol{l}_2 & \cdots & \boldsymbol{l}_r\end{pmatrix}\begin{pmatrix}\delta_1 & 0 & \cdots & 0\\ 0 & \delta_2 & \cdots & 0\\ \vdots & \vdots & & \vdots\\ 0 & 0 & \cdots & \delta_r\end{pmatrix}\begin{pmatrix}\boldsymbol{r}_1^{\mathrm{T}}\\ \boldsymbol{r}_2^{\mathrm{T}}\\ \vdots\\ \boldsymbol{r}_r^{\mathrm{T}}\end{pmatrix}\\ &=\delta_1\boldsymbol{l}_1\boldsymbol{r}_1^{\mathrm{T}}+\delta_2\boldsymbol{l}_2\boldsymbol{r}_2^{\mathrm{T}}+\cdots+\delta_r\boldsymbol{l}_r\boldsymbol{r}_r^{\mathrm{T}}\end{aligned}$$

即

$$D = \sum_{i=1}^{r} \delta_i \boldsymbol{l}_i \boldsymbol{r}_i^{\mathrm{T}} \tag{7.47}$$

谱分解将 $\boldsymbol{D}$ 表示为秩一矩阵 $\delta_i \boldsymbol{l}_i \boldsymbol{r}_i^{\mathrm{T}}$ 的和。选择最大的 q 个奇异值 $\delta_1, \delta_2, \cdots, \delta_q$ 以及相应的左、右奇异向量，我们得到对原始矩阵 $\boldsymbol{D}$ 的秩 q 最优近似。即如果 $\boldsymbol{D}_q$ 定义为

$$\boldsymbol{D}_q = \sum_{i=1}^{q} \delta_i \boldsymbol{l}_i \boldsymbol{r}_i^{\mathrm{T}}$$

那么可以证明 $\boldsymbol{D}_q$ 是使如下表达式最小化的秩 q 矩阵：

$$\|\boldsymbol{D} - \boldsymbol{D}_q\|_F$$

其中，$\|\boldsymbol{A}\|_F$ 称为 $n \times d$ 矩阵 $\boldsymbol{A}$ 的弗罗贝尼乌斯范数（Frobenius Norm），定义为

$$\|\boldsymbol{A}\|_F = \sqrt{\sum_{i=1}^{n} \sum_{j=1}^{d} \boldsymbol{A}(i, j)^2}$$

7.4.1 奇异值分解中的几何意义

一般来说，任意 $n \times d$ 矩阵 $\boldsymbol{D}$ 都表示从 d 维向量空间到 n 维向量空间的线性变换 $\boldsymbol{D}: \mathbb{R}^d \to \mathbb{R}^n$，因为对于任意 $\boldsymbol{x} \in \mathbb{R}^d$，存在 $\boldsymbol{y} \in \mathbb{R}^n$，使得：

$$\boldsymbol{D}\boldsymbol{x} = \boldsymbol{y}$$

对于每个可能的 $\boldsymbol{x} \in \mathbb{R}^d$，所有满足 $\boldsymbol{D}\boldsymbol{x} = \boldsymbol{y}$ 的向量 $\boldsymbol{y} \in \mathbb{R}^n$ 的集合称为 $\boldsymbol{D}$ 的列空间；对于每个可能的 $\boldsymbol{y} \in \mathbb{R}^n$，所有满足 $\boldsymbol{D}^{\mathrm{T}} \boldsymbol{y} = \boldsymbol{x}$ 的向量 $\boldsymbol{x} \in \mathbb{R}^d$ 的集合称为 $\boldsymbol{D}$ 的行空间，相当于 $\boldsymbol{D}^{\mathrm{T}}$ 的列空间。换句话说，$\boldsymbol{D}$ 的列空间可以作为所有通过 $\boldsymbol{D}$ 的列的线性组合获得的向量的集合，$\boldsymbol{D}$ 的行空间可以作为所有通过 $\boldsymbol{D}$ 的行（或 $\boldsymbol{D}^{\mathrm{T}}$ 的列）的线性组合获得的所有向量的集合。还要注意的是，所有使得 $\boldsymbol{D}\boldsymbol{x} = \boldsymbol{0}$ 的向量 $\boldsymbol{x} \in \mathbb{R}^d$ 的集合，被称为 $\boldsymbol{D}$ 的零空间（null space），所有使得 $\boldsymbol{D}^{\mathrm{T}} \boldsymbol{y} = \boldsymbol{0}$ 的向量 $\boldsymbol{y} \in \mathbb{R}^n$ 的集合被称为 $\boldsymbol{D}$ 的左零空间。

SVD 的一个主要特点是它为与矩阵 $\boldsymbol{D}$ 有关的 4 个基本空间都提供了一个基。如果 $\boldsymbol{D}$ 的秩为 r，则意味着它只有 r 个独立的列，也只有 r 个独立的行。因此，对应式（7.45）中 $\boldsymbol{D}$ 的 r 个非零奇异值的 r 个左奇异向量 $\boldsymbol{l}_1, \boldsymbol{l}_2, \cdots, \boldsymbol{l}_r$ 代表了 $\boldsymbol{D}$ 的列空间的一个基。剩余的 $n-r$ 个左奇异向量 $\boldsymbol{l}_{r+1}, \cdots, \boldsymbol{l}_n$ 表示 $\boldsymbol{D}$ 的左零空间的一个基。对于行空间，对应 r 个非零奇异值的 r 个右奇异向量 $\boldsymbol{r}_1, \boldsymbol{r}_2, \cdots, \boldsymbol{r}_r$ 代表了 $\boldsymbol{D}$ 的行空间的一个基，剩余的 $d-r$ 个右奇异向量 $\boldsymbol{r}_j (j = r+1, \cdots, d)$ 表示 $\boldsymbol{D}$ 的零空间的一个基。

考虑式（7.46）中的简化 SVD 表达式。两边右乘 $\boldsymbol{R}_r$，由于 $\boldsymbol{R}_r^{\mathrm{T}} \boldsymbol{R}_r = \boldsymbol{I}$（$\boldsymbol{I}_r$ 是 $r \times r$ 的单位矩阵），因此：

$$\boldsymbol{D}\boldsymbol{R}_r = \boldsymbol{L}_r \boldsymbol{\Delta}_r \boldsymbol{R}_r^{\mathrm{T}} \boldsymbol{R}_r$$

$$\boldsymbol{D}\boldsymbol{R}_r = \boldsymbol{L}_r \boldsymbol{\Delta}_r$$

$$\boldsymbol{D}\boldsymbol{R}_r = \boldsymbol{L}_r \begin{pmatrix} \delta_1 & 0 & \cdots & 0 \\ 0 & \delta_2 & \cdots & 0 \\ \vdots & \vdots & & \vdots \\ 0 & 0 & \cdots & \delta_r \end{pmatrix}$$

$$\boldsymbol{D}\begin{pmatrix}\boldsymbol{r}_1 & \boldsymbol{r}_2 & \cdots & \boldsymbol{r}_r\end{pmatrix}=\begin{pmatrix}\delta_1\boldsymbol{l}_1 & \delta_2\boldsymbol{l}_2 & \cdots & \delta_r\boldsymbol{l}_r\end{pmatrix}$$

综上所述：

$$\boldsymbol{D}\boldsymbol{r}_i=\delta_i\boldsymbol{l}_i,\ i=1,\cdots,r$$

换句话说，SVD 是矩阵 $\boldsymbol{D}$ 的特殊分解，使得行空间的任何基向量 $\boldsymbol{r}_i$ 被映射到列空间中的相应基向量 $\boldsymbol{l}_i$（按奇异值 δ_i 进行缩放）。因此，我们可以把 SVD 看作从 $\mathbb{R}^d$（行空间）中的一个正交基 $(\boldsymbol{r}_1,\boldsymbol{r}_2,\cdots,\boldsymbol{r}_r)$ 到 $\mathbb{R}^n$（列空间）中的规范正交基 $(\boldsymbol{l}_1,\boldsymbol{l}_2,\cdots,\boldsymbol{l}_r)$，对应的轴均根据奇异值 $\delta_1,\delta_2,\cdots,\delta_r$ 缩放。

7.4.2　SVD 和 PCA 之间的联系

假设矩阵 $\boldsymbol{D}$ 已经居中，并且已经通过 SVD［见式（7.45）］分解为 $\bar{\boldsymbol{D}}=\boldsymbol{L\Delta R}^{\mathrm{T}}$。考虑 $\bar{\boldsymbol{D}}$ 的散度矩阵（scatter matrix），记作 $\bar{\boldsymbol{D}}^{\mathrm{T}}\bar{\boldsymbol{D}}$，我们得到：

$$\begin{aligned}\bar{\boldsymbol{D}}^{\mathrm{T}}\bar{\boldsymbol{D}}&=\left(\boldsymbol{L\Delta R}^{\mathrm{T}}\right)^{\mathrm{T}}\left(\boldsymbol{L\Delta R}^{\mathrm{T}}\right)\\&=\boldsymbol{R\Delta}^{\mathrm{T}}\boldsymbol{L}^{\mathrm{T}}\boldsymbol{L\Delta R}^{\mathrm{T}}\\&=\boldsymbol{R}(\boldsymbol{\Delta}^{\mathrm{T}}\boldsymbol{\Delta})\boldsymbol{R}^{\mathrm{T}}\\&=\boldsymbol{R\Delta}_d^2\boldsymbol{R}^{\mathrm{T}}\end{aligned}\tag{7.48}$$

其中，$\boldsymbol{\Delta}_d^2$ 是定义为 $\boldsymbol{\Delta}_d^2(i,i)=\delta_i^2(i=1,\cdots,d)$ 的 $d\times d$ 对角矩阵。$\boldsymbol{r}_i$ 是 $\bar{\boldsymbol{D}}^{\mathrm{T}}\bar{\boldsymbol{D}}$ 的特征向量，对应特征值为 δ_i^2。这些特征值中只有 $r\leqslant\min(d,n)$ 个为正，其余均为零。

因为 $\bar{\boldsymbol{D}}$ 的协方差矩阵为 $\boldsymbol{\Sigma}=\frac{1}{n}\bar{\boldsymbol{D}}^{\mathrm{T}}\bar{\boldsymbol{D}}$，并且通过 PCA 可分解为 $\boldsymbol{\Sigma}=\boldsymbol{U\Lambda U}^{\mathrm{T}}$［见式（7.44）］，所以有：

$$\begin{aligned}\bar{\boldsymbol{D}}^{\mathrm{T}}\bar{\boldsymbol{D}}&=n\boldsymbol{\Sigma}\\&=n\boldsymbol{U\Lambda U}^{\mathrm{T}}\\&=\boldsymbol{U}(n\boldsymbol{\Lambda})\boldsymbol{U}^{\mathrm{T}}\end{aligned}\tag{7.49}$$

将式（7.48）和式（7.49）结合，得出结论：右奇异向量 $\boldsymbol{R}$ 与 $\boldsymbol{\Sigma}$ 的特征向量相同。此外，$\bar{\boldsymbol{D}}$ 对应的奇异值与 $\boldsymbol{\Sigma}$ 的特征值相关：

$$\begin{aligned}n\lambda_i&=\delta_i^2\\\lambda_i&=\frac{\delta_i^2}{n},\ i=1,\cdots,d\end{aligned}\tag{7.50}$$

现在思考矩阵 $\bar{\boldsymbol{D}}\bar{\boldsymbol{D}}^{\mathrm{T}}$，我们得到：

$$\begin{aligned}\bar{\boldsymbol{D}}\bar{\boldsymbol{D}}^{\mathrm{T}}&=(\boldsymbol{L\Delta R}^{\mathrm{T}})(\boldsymbol{L\Delta R}^{\mathrm{T}})^{\mathrm{T}}\\&=\boldsymbol{L\Delta R}^{\mathrm{T}}\boldsymbol{R\Delta}^{\mathrm{T}}\boldsymbol{L}^{\mathrm{T}}\\&=\boldsymbol{L}(\boldsymbol{\Delta\Delta}^{\mathrm{T}})\boldsymbol{L}^{\mathrm{T}}\\&=\boldsymbol{L\Delta}_n^2\boldsymbol{L}^{\mathrm{T}}\end{aligned}$$

其中，$\boldsymbol{\Delta}_n^2$ 是一个 $n\times n$ 的对角矩阵，表示为 $\boldsymbol{\Delta}_n^2(i,i)=\delta_i^2(i=1,\cdots,n)$。这些奇异值中只有 r 个是正的，其余的都为零。因此，$\boldsymbol{L}$ 中的左奇异向量是 $n\times n$ 矩阵 $\bar{\boldsymbol{D}}\bar{\boldsymbol{D}}^{\mathrm{T}}$ 的特征向量，相应的特征值为 δ_i^2。

例 7.9 思考例 7.1 中的 $n \times d$ 居中鸢尾花数据矩阵 $\boldsymbol{D}$，其中 $n=150$，$d=3$。在例 7.5 中，我们计算了协方差矩阵 $\boldsymbol{\Sigma}$ 的特征向量和特征值：

$$\lambda_1 = 3.662 \qquad \lambda_2 = 0.239 \qquad \lambda_3 = 0.059$$

$$\boldsymbol{u}_1 = \begin{pmatrix} -0.390 \\ 0.089 \\ -0.916 \end{pmatrix} \qquad \boldsymbol{u}_2 = \begin{pmatrix} -0.639 \\ -0.742 \\ 0.200 \end{pmatrix} \qquad \boldsymbol{u}_3 = \begin{pmatrix} -0.663 \\ 0.664 \\ 0.346 \end{pmatrix}$$

计算 $\bar{\boldsymbol{D}}$ 的 SVD，得到以下非零奇异值和相应的右奇异向量：

$$\delta_1 = 23.437 \qquad \delta_2 = 5.992 \qquad \delta_3 = 2.974$$

$$\boldsymbol{r}_1 = \begin{pmatrix} -0.390 \\ 0.089 \\ -0.916 \end{pmatrix} \qquad \boldsymbol{r}_2 = \begin{pmatrix} 0.639 \\ 0.742 \\ -0.200 \end{pmatrix} \qquad \boldsymbol{r}_3 = \begin{pmatrix} -0.663 \\ 0.664 \\ 0.346 \end{pmatrix}$$

此处没有给出左奇异向量 $\boldsymbol{l}_1, \boldsymbol{l}_2, \boldsymbol{l}_3$，因为它们位于 $\mathbb{R}^{150}$。利用式（7.50）可以验证 $\lambda_i = \frac{\delta_i^2}{n}$。例如，

$$\lambda_1 = \frac{\delta_1^2}{n} = \frac{23.437^2}{150} \approx \frac{549.29}{150} \approx 3.662$$

请注意，右奇异向量与 $\boldsymbol{\Sigma}$ 的主成分或特征向量等价，即具有同构性。也就是说，它们的方向可能是相反的。对于鸢尾花数据集，$\boldsymbol{r}_1 = \boldsymbol{u}_1$，$\boldsymbol{r}_2 = -\boldsymbol{u}_2$，$\boldsymbol{r}_3 = \boldsymbol{u}_3$。这里，第二个右奇异向量与第二个主成分在符号上是相反的。

7.5 拓展阅读

主成分分析是由 Pearson 提出的（Pearson，1901）。关于 PCA 的详细描述，参见（Jolliffe，2002）。核 PCA 最早出现于文献（Schölkopf et al.，1998）。关于非线性降维方法的进一步讨论，参见文献（Lee&Verleysen，2007）。必要的线性代数背景知识可以在（Strang，2006）中找到。

Jolliffe, I. (2002). *Principal Component Analysis*. 2nd ed. Springer Series in Statistics. New York: Springer Science + Business Media.

Lee, J. A. and Verleysen, M. (2007). *Nonlinear Dimensionality Reduction*. New York: Springer Science + Business Media.

Pearson, K. (1901). On lines and planes of closest fit to systems of points in space. *The London, Edinburgh, and Dublin Philosophical Magazine and Journal of Science*, 2 (11), 559–572.

Schölkopf, B., Smola, A. J., and Müller, K.-R. (1998). Nonlinear component analysis as a kernel eigenvalue problem. *Neural Computation*, 10 (5), 1299–1319.

Strang, G. (2006). *Linear Algebra and Its Applications*. 4th ed. Independence, KY: Thomson Brooks/Cole, Cengage learning.

7.6 练习

Q1. 思考以下数据矩阵 $\boldsymbol{D}$：

X_1	X_2
8	−20
0	−1
10	−19
10	−20
2	0

（a）计算 $\boldsymbol{D}$ 的均值 $\boldsymbol{\mu}$ 和协方差矩阵 $\boldsymbol{\Sigma}$。

（b）计算 $\boldsymbol{\Sigma}$ 的特征值。

（c）这个数据集的“本质”维数是多少（去掉一小部分方差）？

（d）计算第一主成分。

（e）如果 $\boldsymbol{\mu}$ 和 $\boldsymbol{\Sigma}$ 表示生成以上点的正态分布的参数，则绘制二维正态密度函数相关的方向和范围。

Q2. 给定协方差矩阵 $\boldsymbol{\Sigma}=\begin{pmatrix}5 & 4\\ 4 & 5\end{pmatrix}$：

（a）通过方程 $(\boldsymbol{\Sigma}-\lambda\boldsymbol{I})=0$，计算 $\boldsymbol{\Sigma}$ 的特征值。

（b）通过方程 $\boldsymbol{\Sigma}\boldsymbol{u}_i=\lambda_i\boldsymbol{u}_i$，求解对应的特征向量。

Q3. 计算矩阵 $\boldsymbol{A}=\begin{pmatrix}1 & 1 & 0\\ 0 & 0 & 1\end{pmatrix}$ 的奇异值和左、右奇异向量。

Q4. 思考表 7-1 中的数据。使用线性核：

（a）计算核矩阵 $\boldsymbol{K}$ 和居中核矩阵 $\bar{\boldsymbol{K}}$。

（b）找到第一核主成分。

表 7-1　Q4 的数据集

	X_1	X_2
$\boldsymbol{x}_1^{\mathrm{T}}$	4	2.9
$\boldsymbol{x}_2^{\mathrm{T}}$	2.5	1
$\boldsymbol{x}_3^{\mathrm{T}}$	3.5	4
$\boldsymbol{x}_4^{\mathrm{T}}$	2	2.1

Q5. 给定两个点 $\boldsymbol{x}_1=(1,2)^{\mathrm{T}}$ 和 $\boldsymbol{x}_2=(2,1)^{\mathrm{T}}$，使用核函数 $K(\boldsymbol{x}_i,\boldsymbol{x}_j)=(\boldsymbol{x}_i^{\mathrm{T}}\boldsymbol{x}_j)^2$，通过求解方程 $\bar{\boldsymbol{K}}\boldsymbol{c}=\eta_1\boldsymbol{c}$，找到核主成分。

Q6. 证明对于数据集 $\boldsymbol{D}$ 的总方差，有 $\mathrm{var}(\boldsymbol{D})=\mathrm{tr}(\boldsymbol{\Sigma})=\mathrm{tr}(\boldsymbol{\Lambda})$，其中 $\boldsymbol{\Sigma}$ 是 $\boldsymbol{D}$ 的样本协方差矩阵，$\boldsymbol{\Lambda}$ 是 $\boldsymbol{\Sigma}$ 的特征值按降序排列的对角矩阵。

Q7. 证明：如果 $\lambda_i\neq\lambda_j$ 是 $\boldsymbol{\Sigma}$ 的两个不同的特征值，则相应的特征向量 $\boldsymbol{u}_i$ 和 $\boldsymbol{u}_j$ 是正交的。

Q8. 设 $\boldsymbol{U}$ 为 $\boldsymbol{\Sigma}$ 的特征向量矩阵，证明它的左、右逆都是 $\boldsymbol{U}^{\mathrm{T}}$。

Q9. 设 $\eta_i>0$ 是 $\boldsymbol{K}$ 的一个非零特征值，证明：当且仅当 $\boldsymbol{K}^2\boldsymbol{c}_i=\eta_i\boldsymbol{K}\boldsymbol{c}_i$ 时，$\boldsymbol{c}_i$ 是 $\boldsymbol{K}$ 对应于 η_i 的特征向量。

Q10. 设 $\boldsymbol{u}_i=\sum_{j=1}^{n}c_{ij}\phi(\boldsymbol{x}_j)$ 表示第 i 个核主成分，$\boldsymbol{c}_i=(c_{i1},c_{i2},\cdots,c_{in})^{\mathrm{T}}$ 是核矩阵 $\boldsymbol{K}$ 的第 i 个特征向量（特征值为 η_i）。证明：任意两个核主成分 $\boldsymbol{u}_i$ 和 $\boldsymbol{u}_j$ 相互正交。

第二部分

Data Mining and Machine Learning

频繁模式挖掘

频繁模式挖掘是指在海量复杂的数据集中提取有用信息的模式。模式包括简单的一组同时出现的属性值——称为项集（itemset)，复杂的模式——例如考虑显式优先关系（位置或时间）的序列，以及考虑实体之间任意关系的图三种形式。关键目标是发现数据中隐藏的关系，以便更好地理解数据点和属性之间的交互。

本部分第 8 章介绍有效的频繁项集挖掘算法，关键方法包括逐层 Apriori 算法、基于“垂直”交集的 Eclat 算法、基于频繁模式树和投影的 FPGrowth 算法。通常，挖掘过程会产生太多难以解释的频繁模式。第 9 章介绍总结挖掘模式的方法，包括最大项集（GenMax 算法)、闭项集（Charm 算法）和不可导项集。

第 10 章介绍有效的频繁序列挖掘方法，包括逐层 GSP 方法、垂直 SPADE 算法和基于投影的 PrefixSpan 方法，还介绍如何通过 Ukkonen 的线性时间和线性空间后缀树方法更有效地挖掘连续子序列（也称为子串)。

从序列到任意图，第 11 章介绍流行且有效的频繁子图挖掘的 gSpan 算法。图挖掘涉及两个关键步骤，即在模式枚举过程中消除重复模式的图同构检查和在频率计算过程中的子图同构检查。对于集合和序列，这些运算可以在多项式时间内进行，但是对于图来讲，子图同构是 NP 困难的，因此不可能有多项式时间方法，除非 P=NP。gSpan 算法提出了一种新的规范码和一种系统化的子图扩展方法，使它能够有效地检测重复项，执行多个子图同构检查，并且比单独进行子图同构检查更有效。

由于模式挖掘方法产生了大量的输出结果，因此对挖掘出的模式进行评估是非常重要的。第 12 章将讨论评估频繁模式和规则的策略，重点介绍显著性检验的方法。

项集挖掘

在许多应用中，人们感兴趣的是两个或两个以上对象同时出现的频率。例如，思考一下流行的网站，它以网络日志（weblog）的形式将所有访问的流量记录下来。网络日志通常记录用户请求的源页面和目标页面，以及访问时间、标志访问成功与否的返回代码等。对于这样的网络日志，人们可能有兴趣知道是否有许多用户在访问网站时倾向于浏览的网页集。这种“频繁”的网页集可以提供用户浏览行为的线索，可用来改善浏览体验。

挖掘频繁模式的探索也出现在许多其他领域。典型的应用是*购物篮分析*（market basket analysis），即通过分析客户购物车（所谓的“购物篮”）来挖掘在超市经常一起被购买的商品集。挖掘到频繁集之后，我们就可以提取项集之间的*关联规则*，在这里我们对两个项集同时出现或有条件出现的可能情况做一些陈述。例如，在网络日志中，频繁集允许我们提取规则——“访问主页、笔记本电脑和折扣页面的用户也会访问购物车和结算页面”，这可能表明，特别折扣优惠可以导致笔记本电脑销量增加。以购物篮为例，我们可以找到“购买牛奶和谷类食品的顾客也倾向于购买香蕉”这样的规则，这可能促使百货商店在摆放谷类食品的过道里同时放置香蕉。本章首先介绍挖掘频繁项集的算法，然后介绍如何使用这些算法提取关联规则。

8.1 频繁项集和关联规则

1. 项集和事务标识符集

设 $\mathcal{I}=\{x_1,x_2,\cdots,x_m\}$ 是一组名为*项*（item）的元素的集合。集合 $X\subseteq\mathcal{I}$ 称为*项集*。$\mathcal{I}$ 表示项集，例如超市销售的所有商品的集合、网站上所有网页的集合等。基数（或大小）为 k 的项集称为 k 项集。此外，用 $\mathcal{I}^{(k)}$ 表示所有 k 项集的集合，即大小为 k 的 $\mathcal{I}$ 的子集。设 $\mathcal{T}=\{t_1,t_2,\cdots,t_n\}$ 是另一组称为*事务标识符*（tid）的元素的集合。集合 $T\subseteq\mathcal{T}$ 称为*事务标识符集*。假设项集和事务标识符集是按字典顺序排序的。

事务（transaction）是 $\langle t,X\rangle$ 形式的元组，其中 $t\subseteq\mathcal{T}$ 是唯一的事务标识符，X 是项集。事务的集合 $\mathcal{T}$ 表示超市中所有客户、网站的所有访问者等。为了方便起见，用事务标识符 t 来指代事务 $\langle t,X\rangle$。

2. 数据库表示

二元数据库 $\boldsymbol{D}$ 表示事务标识符集和项集的二元关系，即 $\boldsymbol{D}\subseteq\mathcal{T}\times\mathcal{I}$。当且仅当 $(t,x)\in\boldsymbol{D}$ 时，事务标识符 $t\in\mathcal{T}$ 包含项 $x\in\mathcal{I}$。换句话说，当且仅当 $x\in X$ 在元组 $\langle t,X\rangle$ 中时，$(t,x)\in\boldsymbol{D}$。当且仅当 $(t,x_i)\in\boldsymbol{D}$ $(i=1,2,\cdots,k)$ 时，我们说事务标识符 t 包含项集 $X=\{x_1,x_2,\cdots,x_k\}$。

例 8.1 图 8-1a 给出了一个二元数据库示例。这里 $\mathcal{I}=\{A,B,C,D,E\}$，$\mathcal{T}=\{1,2,3,4,5,6\}$。在二元数据库中，当且仅当 $(t,x)\in\boldsymbol{D}$ 时，第 t 行和第 x 列的单元为 1，否则为 0。可以看到，事务 1 包含项 B，还包含项集 BE，等等。

D	A	B	C	D	E
1	1	1	0	1	1
2	0	1	1	0	1
3	1	1	0	1	1
4	1	1	1	0	1
5	1	1	1	1	1
6	0	1	1	1	0

a）二元数据库

t	i(t)
1	ABDE
2	BCE
3	ABDE
4	ABCE
5	ABCDE
6	BCD

b）事务数据库

x	A	B	C	D	E
t(x)	1	1	2	1	1
	3	2	4	3	2
	4	3	5	5	3
	5	4	6	6	4
		5			5
		6			

c）垂直数据库

图 8-1　数据库示例

对于集合 X，用 2^X 表示 X 的幂集，即 X 所有子集的集合。设 $\boldsymbol{i}:2^{\mathcal{T}} \to 2^{\mathcal{I}}$ 是一个函数，其定义如下：

$$\boldsymbol{i}(T)=\{x \mid \forall t \in T,\ t \text{ 包含 } x\} \tag{8.1}$$

其中，$T \subseteq \mathcal{T}$ 且 $\boldsymbol{i}(T)$ 是事务标识符集 T 中所有事务的公共项集。具体来说，$\boldsymbol{i}(t)$ 是事务标识符 $t \in \mathcal{T}$ 中包含的项集。请注意，在本章中，为了方便起见，我们没有严格使用集合的表示法［例如，我们用 $\boldsymbol{i}(t)$ 代替 $i(\{t\})$］。有时，可以将二元数据库 $\boldsymbol{D}$ 看作一个事务数据库，它由 $\langle t,\boldsymbol{i}(t)\rangle(t \in \mathcal{T})$ 形式的元组组成。该事务数据库或项集数据库可以看作二元数据库的水平表示，其中忽略了不包含在给定事务标识符中的项。

设 $\boldsymbol{t}:2^{\mathcal{I}} \to 2^{\mathcal{T}}$ 是一个函数，其定义如下：

$$\boldsymbol{t}(X)=\{t \mid t \in \mathcal{T} \text{ 且 } t \text{ 包含 } X\} \tag{8.2}$$

其中，$X \subseteq \mathcal{I}$ 且 $\boldsymbol{t}(X)$ 是包含项集 X 中所有项的事务标识符集。具体而言，$\boldsymbol{t}(x)$ 是包含单个项 $x \in \mathcal{I}$ 的事务标识符的集合。有时，也可以将二元数据库 $\boldsymbol{D}$ 视为包含形式为 $\langle x,\boldsymbol{t}(x)\rangle(x \in \mathcal{I})$ 的元组的事务标识符集数据库。事务标识符集数据库是二元数据库的一种垂直表示，我们忽略了不包含给定项的事务标识符。

例 8.2　图 8-1b 展示了图 8-1a 中二元数据库的事务数据库。例如，第一个事务是 $\langle 1,\{A,B,D,E\}\rangle$，这里省略了项 C，因为 $(1,C) \notin \boldsymbol{D}$。为了方便起见，如果不会混淆，就不采用项集和事务标识符集的集合表示法。因此，我们把 $\langle 1,\{A,B,D,E\}\rangle$ 写成 $\langle 1,ABDE\rangle$。

图 8-1c 展示了图 8-1a 中二元数据库对应的垂直数据库。例如，对应第一个项 A 的元组（即第一列）为 $\langle A,\{1,3,4,5\}\rangle$，为了方便起见，我们将其写成 $\langle A,1345\rangle$；此处忽略事务标识符 2 和 6，因为 $(2,A) \notin \boldsymbol{D}$，$(6,A) \notin \boldsymbol{D}$。

3. 支持度和频繁项集

数据集 $\boldsymbol{D}$ 中项集 X 的支持度（support）记为 $\sup(X,\boldsymbol{D})$，即 $\boldsymbol{D}$ 中包含 X 的事务的数目：

$$\sup(X,\boldsymbol{D})=|\{t \mid \langle t,\boldsymbol{i}(t)\rangle \in \boldsymbol{D} \text{ 且 } X \subseteq \boldsymbol{i}(t)\}|=|\boldsymbol{t}(X)| \tag{8.3}$$

X 的相对支持度是包含 X 的事务的比例：

$$\operatorname{rsup}(X,\boldsymbol{D})=\frac{\sup(X,\boldsymbol{D})}{|\boldsymbol{D}|} \tag{8.4}$$

它是对包含 X 的项的联合概率的估计。

如果 $\sup(X,\boldsymbol{D}) \geqslant \text{minsup}$，则称项集 X 在 $\boldsymbol{D}$ 中是频繁的，其中 minsup 是用户定义的最小支持度阈值。当数据库 $\boldsymbol{D}$ 不会混淆时，将支持度表示为 $\sup(X)$，相对支持度表示为 $\operatorname{rsup}(X)$。

如果 minsup 被指定为一个比例，那么默认使用相对支持度。我们用集合 $\mathcal{F}$ 表示所有频繁项集的集合，$\mathcal{F}^{(k)}$ 表示频繁 k 项集的集合。

例 8.3　给定图8-1中的示例数据集，令 $\text{minsup}=3$（如果是相对支持度的话，$\text{minsup}=0.5$）。表 8-1 给出了数据库中的所有 19 个频繁项集，按它们的支持度分组。例如，事务 2、4 和 5 包含项集 BCE，即 $\boldsymbol{t}(BCE)=245$，且 $\sup(BCE)=|\boldsymbol{t}(BCE)|=3$。因此，$BCE$ 是一个频繁项集。表中所示的 19 个频繁项集构成了集合 $\mathcal{F}$。所有频繁 k 项集为

表 8-1　minsup=3 时的频繁项集

sup	项集
6	B
5	E, BE
4	$A, C, D, AB, AE, BC, BD, ABE$
3	$AD, CE, DE, ABD, ADE, BCE, BDE, ABDE$

$$\mathcal{F}^{(1)}=\{A,B,C,D,E\}$$
$$\mathcal{F}^{(2)}=\{AB,AD,AE,BC,BD,BE,CE,DE\}$$
$$\mathcal{F}^{(3)}=\{ABD,ABE,ADE,BCE,BDE\}$$
$$\mathcal{F}^{(4)}=\{ABDE\}$$

4. 关联规则

关联规则（association rule）是一个表达式 $X\xrightarrow{s,c}Y$，其中 X 和 Y 是项集且不相交，即 $X,Y\subseteq\mathcal{I}$ 且 $X\cap Y=\varnothing$。令项集 $X\cup Y$ 表示为 XY。该规则的支持度是 X 和 Y 同时作为子集出现的事务的数目：

$$s=\sup(X\to Y)=|\boldsymbol{t}(XY)|=\sup(XY)$$

该规则的相对支持度定义为 X 和 Y 同时出现的事务的比例，它提供了对 X 和 Y 的联合概率的估计：

$$\text{rsup}(X\to Y)=\frac{\sup(XY)}{|\boldsymbol{D}|}=P(X\wedge Y)$$

规则的置信度（confidence）是对事务在包含 X 的情况下也包含 Y 的条件概率的估计：

$$c=\text{conf}(X\to Y)=P(Y|X)=\frac{P(X\wedge Y)}{P(X)}=\frac{\sup(XY)}{\sup(X)}$$

如果规则对应的项集 XY 是频繁的［$\sup(XY)\geqslant\text{minsup}$］，则称该规则是频繁的；如果 $\text{conf}\geqslant\text{minconf}$，则规则是强规则，其中 minconf 是用户定义的最小置信度阈值。

例 8.4　思考关联规则 $BC\to E$。使用表 8-1 中所示的项集支持度，规则的支持度和置信度分别为

$$s=\sup(BC\to E)=\sup(BCE)=3$$
$$c=\text{conf}(BC\to E)=\frac{\sup(BCE)}{\sup(BC)}=3/4=0.75$$

5. 项集与规则挖掘

从规则的支持度和置信度的定义可以看出，要生成频繁且置信度高的关联规则，首先需

要枚举所有频繁项集及其支持度值。形式上，给定二元数据库 $\boldsymbol{D}$ 和用户定义的最小支持度阈值 minsup，频繁项集挖掘的任务是枚举所有频繁项集，即支持度大于或等于 minsup 的项集。其次，在给定频繁项集 $\mathcal{F}$ 和最小置信度阈值 minconf 的情况下，关联规则挖掘的任务是寻找所有频繁的强规则。

8.2 项集挖掘算法

我们首先介绍一个简单蛮力的算法，该算法枚举所有可能的项集 $X \subseteq \mathcal{I}$，并为每个子集确定其在输入数据集 $\boldsymbol{D}$ 中的支持度。该算法包括两个主要步骤：（1）候选项集生成；（2）支持度计算。

1. 候选项集生成

这一步生成 $\mathcal{I}$ 的所有项集，称为候选项集（candidate），因为每个项集都可能是候选的频繁模式。候选项集的搜索空间显然是指数级的，因为有 $2^{|\mathcal{I}|}$ 个潜在的频繁项集。请注意，项集的搜索空间的结构也是值得一提的，所有项集的集合形成一个格栅结构，其中任意两个项集 X 和 Y 通过一个链接连接，当且仅当 X 是 Y 的直接子集，即 $X \subseteq Y$ 且 $|X|=|Y|-1$。根据一种实用的搜索策略，可以使用前缀树上的宽度优先搜索（Breadth-First Search，BFS）或深度优先搜索（Depth-First Search，DFS）来枚举格栅中的项集，其中两个项集 X 和 Y 通过一条边连接，当且仅当 X 是 Y 的直接子集和前缀。我们可以从空集开始枚举项集，然后每次加入一个项。

2. 支持度计算

这一步计算每个候选模式 X 的支持度并确定它是否频繁。对于数据库中的每个事务 $\langle t, \boldsymbol{i}(t)\rangle$，确定 X 是不是 $\boldsymbol{i}(t)$ 的子集。如果是，则 X 的支持度加 1。

蛮力算法的伪代码如算法 8.1 所示。它枚举每个项集 $X \subseteq \mathcal{I}$，然后检查对于所有 $t \in \mathcal{T}$，$X \subseteq \boldsymbol{i}(t)$ 是否成立，从而计算其支持度。

算法 8.1　蛮力算法

```
   BRUTEFORCE (D, I, minsup):
1  F ← ∅ // set of frequent itemsets
2  foreach X ⊆ I do
3      sup(X) ← COMPUTESUPPORT (X, D)
4      if sup(X) ≥ minsup then
5          F ← F ∪ {(X, sup(X))}
6  return F

   COMPUTESUPPORT(X, D):
7  sup(X) ← 0
8  foreach ⟨t, i(t)⟩ ∈ D do
9      if X ⊆ i(t) then
10         sup(X) ← sup(X) + 1
11 return sup(X)
```

例 8.5　图 8-2 展示了项集 $\mathcal{I}=\{A,B,C,D,E\}$ 的项集格栅，它有 $2^{|\mathcal{I}|}=2^5=32$ 个可能的

项集，包括空集。相应的前缀搜索树用粗体显示。蛮力算法探索整个项集搜索空间，不考虑使用的阈值 minsup。如果 minsup = 3，则蛮力算法将输出表 8-1 中所示的频繁项集。

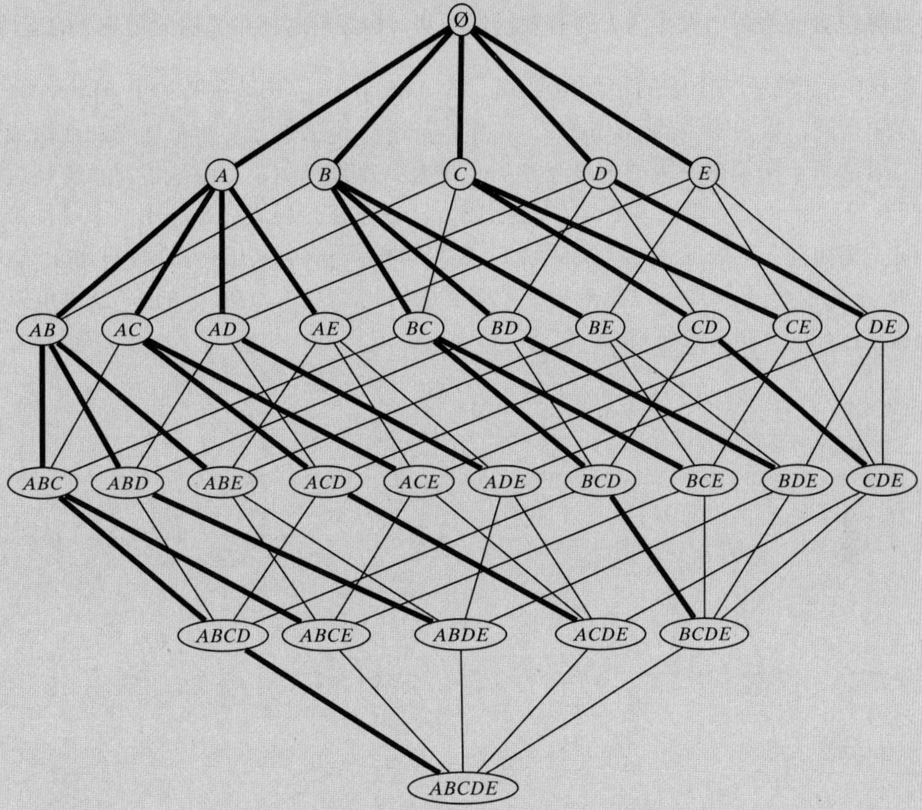

图 8-2　基于项集格栅和前缀的搜索树（粗体）

3. 计算复杂度

支持度的计算在最坏的情况下需要 $O(|\mathcal{I}|\cdot|\boldsymbol{D}|)$ 的时间，由于有 $O(2^{|\mathcal{I}|})$ 个可能的候选子集，蛮力算法的计算复杂度是 $O(|\mathcal{I}|\cdot|\boldsymbol{D}|\cdot 2^{|\mathcal{I}|})$。数据库 $\boldsymbol{D}$ 可能非常大，所以衡量输入 / 输出（I/O）的复杂度也很重要。因为我们需要进行一次完整的数据库扫描来计算每个候选项集的支持度，所以蛮力算法的 I / O 复杂度是 $O(2^{|\mathcal{I}|})$ 次数据库扫描。因此，即使对于很小的项集空间，蛮力算法在计算上也是不可行的，而在实践中，$\mathcal{I}$ 可以非常大（例如，一个超市有数千个物品）。从 I / O 的角度来看，这种方法也是不切实际的。

接下来将探讨如何通过改进候选项集生成和支持度计算过程，系统地改进蛮力算法。

8.2.1　逐层方法：Apriori 算法

蛮力算法枚举所有可能的项集来确定频繁项集。这将导致大量多余的计算，因为许多候选项集可能并不频繁。设 $X,Y\subseteq\mathcal{I}$ 为任意两个项集。注意，如果 $X\subseteq Y$，那么 $\sup(X)\geqslant\sup(Y)$，这将导致以下两个观察结果：（1）如果 X 是频繁的，那么子集 $Y\subseteq X$ 也是频繁的；（2）如果 X 不是频繁的，那么任何超集 $Y\supseteq X$ 都不能是频繁的。Apriori 算法利用这两个特性显著改进了蛮力算法。它采用逐层或宽度优先的方式探索项集搜索空间，并删减任何非频繁候选项集的超集，因为非频繁项集的超集都不可能是频繁的。这还避免了生成任何具有不频繁子集的候选项集。Apriori 算法除了通过项集修剪改进候选项集生成步骤外，还显著降低了 I/O 复杂度。它不计算单个项集的支持度，而是以宽度优先的方式探索前缀树，并计算包含前缀树中大小为 k 的有效候选项集（构成前缀树第 k 层的项集）的支持度。

例 8.6　思考图 8-1 中的示例数据集，令 minsup = 3。图 8-3 展示了 Apriori 算法的项集搜索空间，以前缀树的形式展现，其中，如果一个项集是另一个项集的前缀或直接子集，则这两个项集在前缀树中是互连的。每个节点都显示了一个项集及其支持度，因此 $AC(2)$ 表示 $\sup(AC) = 2$。Apriori 以逐层的方式枚举候选模式，并利用两个特性修剪搜索空间。例如，一旦确定 AC 是不频繁的，就可以删减任何以 AC 为前缀的项集，也就是说，AC 下的整个子树都可以删减掉，CD 也是如此。另外，BC 下的 BCD 也可以删减掉，因为它有一个非频繁项集 CD。

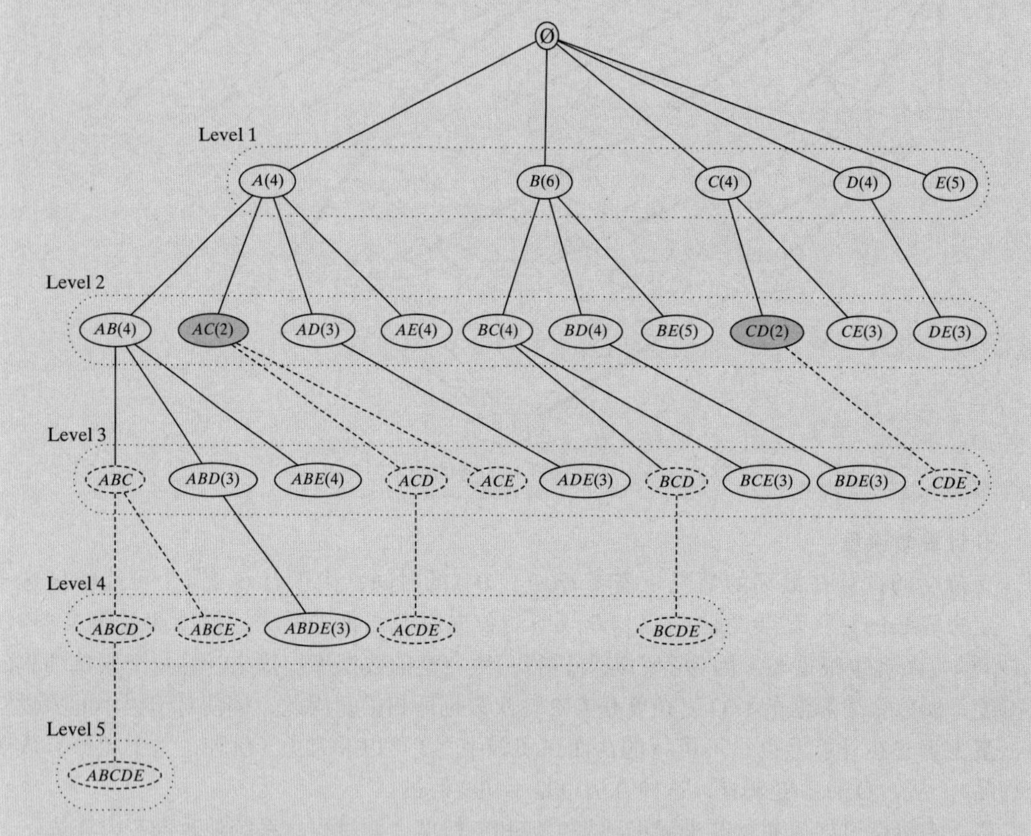

图 8-3　Apriori：前缀搜索树和修剪效果。着色节点表示非频繁项集，虚线节点和虚线连线表示所有可修剪掉的节点和分支，实线节点表示频繁的项集

算法 8.2 给出了 Apriori 算法的伪代码。设 $\mathcal{C}^{(k)}$ 表示包含所有候选 k 项集的前缀树。该算法首先将单个项插入一个初始为空的前缀树中，得到 $\mathcal{C}^{(1)}$。while 循环（第 5 ～ 11 行）先通过 COMPUTESUPPORT 过程计算 k 层当前候选项集的支持度，该过程生成数据库 $\boldsymbol{D}$ 中每个事务的 k 子集，并且对于每个这样的子集，使 $\mathcal{C}^{(k)}$ 中相应候选项集（如果存在）的支持度加 1。这样，每层只扫描一次数据库，并且在扫描期间增加所有候选 k 项集的支持度。其

次，删除任意非频繁候选项集（第 9 行）。剩余的前缀树的“叶子”（leaf）包含一组频繁 k 项集 $\mathcal{F}^{(k)}$，用于为下一层生成候选 $(k+1)$ 项集（第 10 行）。EXTENDPREFIXTREE 过程使用基于前缀的扩展来生成候选项集。给定两个具有长度 $k-1$ 的公共前缀的频繁 k 项集 X_a 和 X_b，即给定两个具有公共父节点的兄弟叶子节点，生成长度为 $k+1$ 的候选项集 $X_{ab}=X_a \cup X_b$。只有当这个候选项集没有非频繁子集时才保留该候选项集。最后，如果 k 项集 X_a 无法再扩展，则将它从前缀树中剪除，并且递归地剪除任何没有 k 项集扩展的祖先项集，这样在 $\mathcal{C}^{(k)}$ 中，所有的叶子都处于第 k 层。如果添加了新的候选项集，则对下一层重复以上过程。这个过程一直持续到没有新的候选项集加入为止。

算法 8.2 Apriori 算法

APRIORI ($\boldsymbol{D}$ $\mathcal{I}$, minsup):
1 $\mathcal{F} \leftarrow \emptyset$
2 $\mathcal{C}^{(1)} \leftarrow \{\emptyset\}$ `// Initial prefix tree with single items`
3 **foreach** $i \in \mathcal{I}$ **do** Add i as child of $\emptyset$ in $\mathcal{C}^{(1)}$ with $\sup(i) \leftarrow 0$
4 $k \leftarrow 1$ `// k denotes the level`
5 **while** $\mathcal{C}^{(k)} \neq \emptyset$ **do**
6 　COMPUTESUPPORT ($\mathcal{C}^{(k)}, \boldsymbol{D}$)
7 　**foreach** leaf $X \in \mathcal{C}^{(k)}$ **do**
8 　　**if** $\sup(X) \geqslant$ minsup **then** $\mathcal{F} \leftarrow \mathcal{F} \cup \{(X, \sup(X))\}$
9 　　**else** remove X from $\mathcal{C}^{(k)}$
10 　$\mathcal{C}^{(k+1)} \leftarrow$ EXTENDPREFIXTREE ($\mathcal{C}^{(k)}$)
11 　$k \leftarrow k+1$
12 **return** $\mathcal{F}^{(k)}$

COMPUTESUPPORT ($\mathcal{C}^{(k)}, \boldsymbol{D}$):
13 **foreach** $\langle t, \boldsymbol{i}(t)\rangle \in \boldsymbol{D}$ **do**
14 　**foreach** k- subset $X \subseteq \boldsymbol{i}(t)$ **do**
15 　　**if** $X \in \mathcal{C}^{(k)}$ **then** $\sup(X) \leftarrow \sup(X)+1$

EXTENDPREFIXTREE ($\mathcal{C}^{(k)}$):
16 **foreach** leaf $X_a \in \mathcal{C}^{(k)}$ **do**
17 　**foreach** leaf $X_b \in$ SIBLING(X_a), such that $b > a$ **do**
18 　　$X_{ab} \leftarrow X_a \cup X_b$
　　`// prune candidate if there are any infrequent subsets`
19 　　**if** $X_j \in \mathcal{C}^{(k)}$, **for all** $X_j \subset X_{ab}$, such that $|X_j| = |X_{ab}|-1$ **then**
20 　　　Add X_{ab} as child of X_a with $\sup X_{ab}) \leftarrow 0$
21 　**if** *no extensions from* X_a **then**
22 　　remove X_a, and all ancestors of X_a with no extensions, from $\mathcal{C}^{(k)}$
23 **return** $\mathcal{C}^{(k)}$

例 8.7 图 8-4 展示了对图 8-1 中示例数据集使用 Apriori 算法（minsup=3）的效果。所有 $\mathcal{C}^{(1)}$ 候选项集都是频繁的（见图 8-4a）。在扩展过程中，考虑所有的成对组合，因为它们都将空前缀 $\emptyset$ 作为父节点，组成了图 8-4b 中的新前缀树 $\mathcal{C}^{(2)}$；因为 E 没有基于前缀的扩展，所以将其从前缀树中剪除。在支持度计算之后，$AC(2)$ 和 $CD(2)$ 被消除（以灰色显示），因为它们是非频繁的。下一层前缀树如图 8-4c 所示。候选项集 BCD 因为存在非频繁的子集 CD 而被剪除。所有第 3 层的候选项集都是频繁的。最后，如图 8-4d 所示，$\mathcal{C}^{(4)}$ 只有一个候选项集 $X_{ab} = ABDE$，它是由 $X_a = ABD$ 和 $X_b = ABE$ 生成的，因为这是唯一的一对兄弟节点。挖掘过程在此步骤之后停止，因为无法再进行扩展。

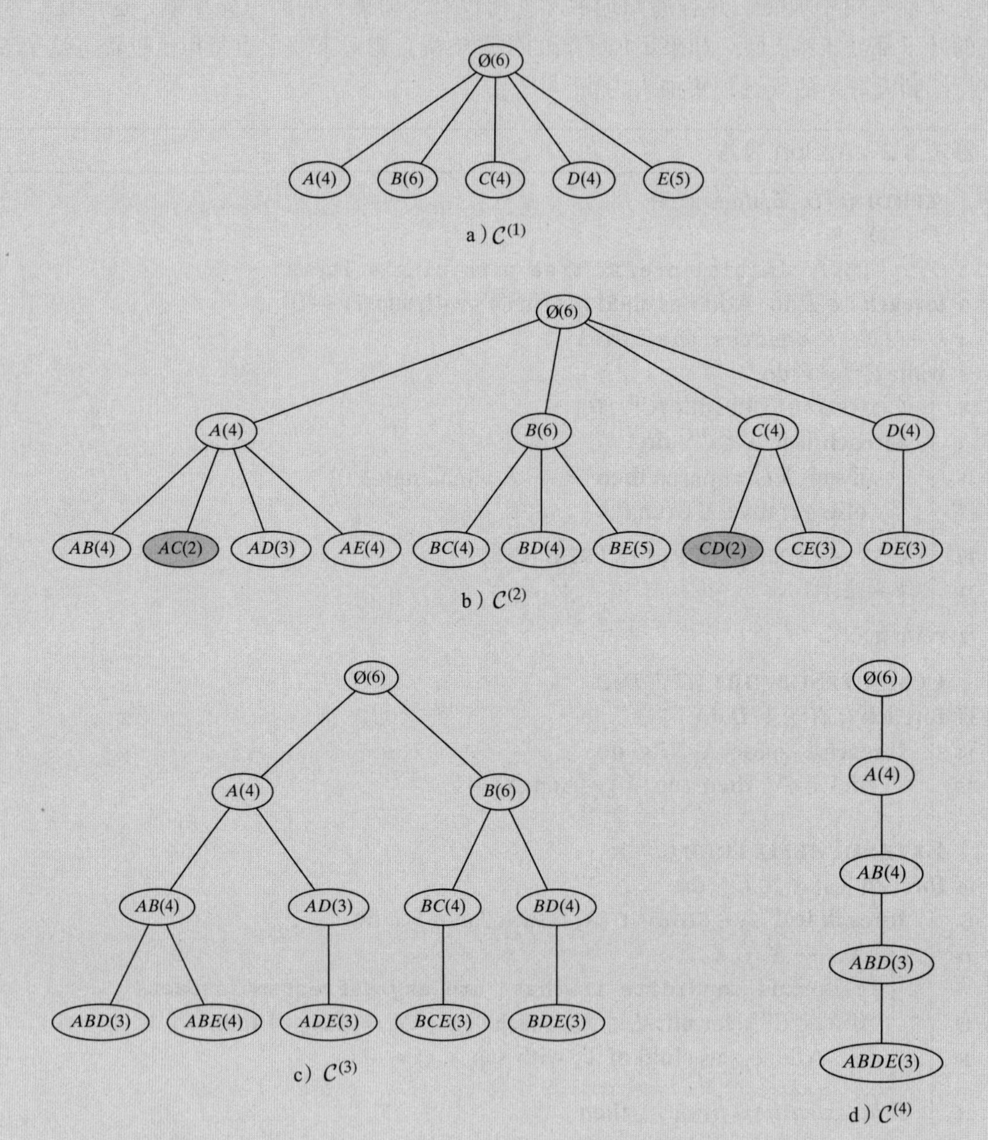

图 8-4　项集挖掘：Apriori 算法。图中显示了每一层的前缀搜索树 $\mathcal{C}^{(k)}$。叶子节点（无阴影）包括频繁 k 项集 $\mathcal{F}^{(k)}$

Apriori 算法在最坏情况下的计算复杂度仍然是 $O(|\mathcal{I}|\cdot|\boldsymbol{D}|\cdot 2^{|\mathcal{I}|})$，因为所有项集都可能是频繁的。在实际应用中，由于对搜索空间进行了删减，成本大大降低。然而，就 I/O 成本而言，Apriori 算法需要 $O(|\mathcal{I}|)$ 次数据库扫描，而不是像蛮力算法那样需要 $O(2^{|\mathcal{I}|})$ 次扫描。实际上，Apriori 算法只需要 l 次数据库扫描，其中 l 是最长频繁项集的长度。

8.2.2 事务标识符集的交集方法：Eclat 算法

如果我们能够以允许快速频率计算的方式索引数据库，那么支持度计算步骤的效率可以显著提升。请注意，在逐层方法中，为了计算支持度，必须生成每个事务的子集，并检查它们是否存在于前缀树中。这样做的代价可能会很高昂，因为最终可能会生成许多前缀树中不存在的子集。

Eclat 算法直接利用事务标识符集进行支持度计算。其基本思路是，候选项集的支持度可以通过对适当子集的事务标识符集求交集来计算。一般来说，给定任意两个频繁项集 X 和 Y 的 $\boldsymbol{t}(X)$ 和 $\boldsymbol{t}(Y)$，我们有：

$$\boldsymbol{t}(XY)=\boldsymbol{t}(X)\cap\boldsymbol{t}(Y)$$

候选项集 XY 的支持度就是 $\boldsymbol{t}(XY)$ 的基数，即 $\sup(XY)=|\boldsymbol{t}(XY)|$。Eclat 只对具有公共前缀的频繁项集求交集，并且它以类似深度优先的方式遍历前缀搜索树，并处理一组具有相同前缀的项集——也称为前缀等价类（prefix equivalence class）。

例 8.8　例如，如果我们知道项 A 和项 C 的事务标识符集分别为 $\boldsymbol{t}(A)=1345$ 和 $\boldsymbol{t}(C)=2456$，那么可以通过对两个事务标识符集求交集 $\boldsymbol{t}(AC)=\boldsymbol{t}(A)\cap\boldsymbol{t}(C)=1345\cap 2456=45$ 来确定 AC 的支持度。在这种情况下，可得 $\sup(AC)=|45|=2$。前缀等价类的一个例子是集合 $P_A=\{AB,AC,AD,AE\}$，因为 P_A 的所有元素的前缀都为 A。

Eclat 算法的伪代码见算法 8.3。它采用二元数据库 $\boldsymbol{D}$ 的垂直表示。因此，输入是元组 $\langle i,\boldsymbol{t}(i)\rangle$（频繁项 $i\in\mathcal{I}$）的集合，其中包含一个等价类 P（都共享空前缀）。假设 P 只包含频繁项集。一般来说，给定一个前缀等价类 P，对于每个频繁项集 $X_a\in P$，我们尝试求它的事务标识符集和其他项集 $X_b\in P$ 的事务标识符集的交集。候选模式是 $X_{ab}=X_a\cup X_b$，检查交集 $\boldsymbol{t}(X_a)\cap\boldsymbol{t}(X_b)$ 的基数以确定它是不是频繁的。如果是频繁的，则将 X_{ab} 添加到新的等价类 P_a 中，该类包含所有以 X_a 为前缀的项集。然后，对 Eclat 的递归调用会在搜索树中找到 X_a 分支的所有扩展。重复此过程，直到所有分支都无法进行扩展。

例 8.9　图 8-5 展示了 Eclat 算法，其中 $\text{minsup}=3$，初始的前缀等价类为

$$P_{\varnothing}=\{\langle A,1345\rangle,\langle B,123456\rangle,\langle C,2456\rangle,\langle D,1356\rangle,\langle E,12345\rangle\}$$

Eclat 将 $\boldsymbol{t}(A)$ 分别与 $\boldsymbol{t}(B)$、$\boldsymbol{t}(C)$、$\boldsymbol{t}(D)$ 和 $\boldsymbol{t}(E)$ 相交，获得 AB、AC、AD 和 AE 的事务标识符集。其中，AC 是非频繁的并且被修剪（标记为灰色）。频繁项集和它们的事务标识符集构成了新的前缀等价类：

$$P_A=\{\langle AB,1345\rangle,\langle AD,135\rangle,\langle AE,1345\rangle\}$$

依次对它们进行递归处理。调用返回时，Eclat 将 $\boldsymbol{t}(B)$ 分别与 $\boldsymbol{t}(C)$、$\boldsymbol{t}(D)$ 和 $\boldsymbol{t}(E)$ 相交，得到如下等价类：

$$P_B=\{\langle BC,2456\rangle,\langle BD,1356\rangle,\langle BE,12345\rangle\}$$

其他分支以类似的方式处理，Eclat 处理的整个搜索空间如图 8-5 所示。灰色节点表示非频繁项集，其余节点则构成频繁项集的集合。

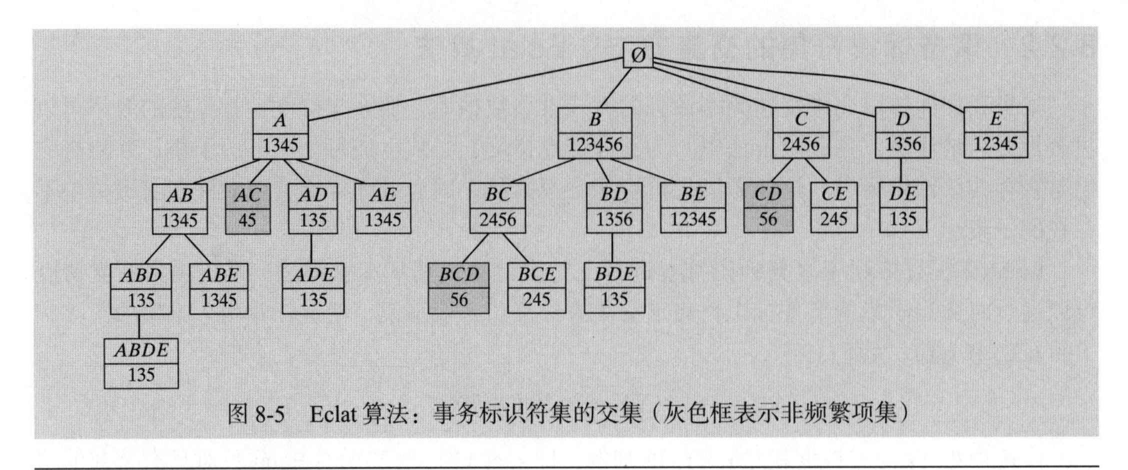

图 8-5 Eclat 算法：事务标识符集的交集（灰色框表示非频繁项集）

算法 8.3 Eclat 算法

```
// Initial Call: F ← ∅, P ← {⟨i, t(i)⟩ | i ∈ I, |t(i)| ≥ minsup}
ECLAT (P, minsup, F):
1 foreach ⟨X_a, t(X_a)⟩ ∈ P do
2     F ← F ∪ {(X_a, sup(X_a))}
3     P_a ← ∅
4     foreach ⟨X_b, t(X_b)⟩ ∈ P, with X_b > X_a do
5         X_ab = X_a ∪ X_b
6         t(X_ab) = t(X_a) ∩ t(X_b)
7         if sup(X_ab) ≥ minsup then
8             P_a ← P_a ∪ {⟨X_ab, t(X_ab)⟩}
9     if P_a ≠ ∅ then ECLAT (P_a, minsup, F)
```

在最坏的情况下，Eclat 算法的计算复杂度为 $O(|\boldsymbol{D}|\cdot 2^{|\mathcal{I}|})$，因为最多可能存在 $2^{|\mathcal{I}|}$ 个频繁项集，并且计算两个项集的交集最多需要 $O(|\boldsymbol{D}|)$ 时间。Eclat 的 I/O 复杂度更难描述，因为它取决于中间事务标识符集的大小。假设事务标识符集的平均大小为 t，初始数据库大小为 $O(t\cdot|\mathcal{I}|)$，所有中间事务标识符集的总大小为 $O(t\cdot 2^{|\mathcal{I}|})$。因此，在最坏的情况下，Eclat 算法需要 $\dfrac{t\cdot 2^{|\mathcal{I}|}}{t\cdot|\mathcal{I}|}=O(2^{|\mathcal{I}|}/|\mathcal{I}|)$ 次数据库扫描。

差集：事务标识符集的差

如果能够缩小中间事务标识符集的大小，则 Eclat 算法可以得到显著的改进。这可以通过跟踪事务标识符集的差，而不是所有完整的事务标识符集来实现。形式上，设 $X_k=\{x_1,x_2,\cdots,x_{k-1},x_k\}$ 是 k 项集。将 X_k 的差集（diffset）定义为包含前缀 $X_{k-1}=\{x_1,\cdots,x_{k-1}\}$，但不包含项 x_k 的事务标识符集，如下所示：

$$\boldsymbol{d}(X_k)=\boldsymbol{t}(X_{k-1})\setminus\boldsymbol{t}(X_k)$$

假设两个 k 项集 $X_a=\{x_1,\cdots,x_{k-1},x_a\}$ 和 $X_b=\{x_1,\cdots,x_{k-1},x_b\}$ 都将 $(k-1)$ 项集 $X=\{x_1,x_2,\cdots,x_{k-1}\}$ 作为前缀，则 X_a 和 X_b 的差集如下：

$$\boldsymbol{d}(X_a)=\boldsymbol{t}(X)\setminus\boldsymbol{t}(X_a) \qquad \boldsymbol{d}(X_b)=\boldsymbol{t}(X)\setminus\boldsymbol{t}(X_b)$$

由于 $\boldsymbol{t}(X_a)\subseteq\boldsymbol{t}(X)$，$\boldsymbol{t}(X_b)\subseteq\boldsymbol{t}(X)$，因此：

$$t(X_a)=t(X)\setminus d(X_a) \qquad t(X_b)=t(X)\setminus d(X_b)$$

请注意，对于任意集合 X 和 Y，有：

$$t(X)\setminus t(Y)=t(X)\cap\overline{t(Y)}$$

现在，考虑 $X_{ab}=X_a\cup X_b=\{x_1,\cdots,x_{k-1},x_a,x_b\}$，有：

$$\begin{aligned}d(X_{ab})&=t(X_a)\setminus t(X_{ab})\\&=t(X_a)\setminus t(X_b)\\&=(t(X)\setminus d(X_a))\setminus(t(X)\setminus d(X_b))\\&=(t(X)\cap\overline{d(X_a)})\cap\overline{(t(X)\cap\overline{d(X_b)})}\\&=(t(X)\cap\overline{d(X_a)})\cap(d(X_b)\cup\overline{t(X)})\\&=t(X)\cap d(X_b)\cap\overline{d(X_a)}\\&=d(X_b)\setminus d(X_a)\end{aligned} \tag{8.5}$$

因此，X_{ab} 的差集可以从其子集 X_a 和 X_b 的差集获得，这意味着我们可以用差集运算替代所有求交集的运算。使用差集，我们可以通过从前缀项集的支持度中减去差集大小来获得候选项集的支持度：

$$\sup(X_{ab})=\sup(X_a)-|d(X_{ab})| \tag{8.6}$$

这可以直接从式（8.5）得出。

使用差集优化的 Eclat 算法称为 dEclat，其伪代码如算法 8.4 所示。输入由所有频繁的单项 $i\in\mathcal{I}$ 及其差集构成，差集计算如下：

$$d(i)=t(\emptyset)\setminus t(i)=\mathcal{T}\setminus t(i)$$

给定一个等价类 P，对于每对不同的项集 X_a 和 X_b，生成候选模式 $X_{ab}=X_a\cup X_b$，并通过差集检查它是否频繁（第 6 ～ 7 行）。递归调用以查找进一步的扩展。重要的是要注意，从事务标识符集到差集的切换可以在对方法的任何递归调用期间进行。特别是，如果初始的事务标识符集的基数很小，那么初始调用应该使用事务标识符集的交集，从 2 项集开始切换到差集。为清楚起见，伪代码中没有描述此类优化。

算法 8.4　dEclat 算法

```
// Initial Call: F ← Ø,
    P ← {⟨i, d(i), sup(i)⟩ | i ∈ I, d(i) = T \ t(i), sup(i) ≥ minsup}
DECLAT (P, minsup, F):
1  foreach ⟨X_a, d(X_a), sup(X_a)⟩ ∈ P do
2      F ← F ∪ {(X_a, sup(X_a))}
3      P_a ← Ø
4      foreach ⟨X_b, d(X_b), sup(X_b)⟩ ∈ P, with X_b > X_a do
5          X_ab = X_a ∪ X_b
6          d(X_ab) = d(X_b) \ d(X_a)
7          sup(X_ab) = sup(X_a) − |d(X_ab)|
8          if sup(X_ab) ≥ minsup then
9              P_a ← P_a ∪ {⟨X_ab, d(X_ab), sup(X_ab)⟩}
10     if P_a ≠ Ø then DECLAT (P_a, minsup, F)
```

例 8.10　图 8-6 展示了 dEclat 算法的效果，其中 minsup = 3，初始前缀等价类包含所有频繁项及其差集，差集计算如下：

$$\boldsymbol{d}(A) = \mathcal{T} \setminus 1345 = 26$$

$$\boldsymbol{d}(B) = \mathcal{T} \setminus 123456 = \varnothing$$

$$\boldsymbol{d}(C) = \mathcal{T} \setminus 2456 = 13$$

$$\boldsymbol{d}(D) = \mathcal{T} \setminus 1356 = 24$$

$$\boldsymbol{d}(E) = \mathcal{T} \setminus 12345 = 6$$

其中，$\mathcal{T}$=123456。为了处理以 A 为前缀的候选项集，dEclat 计算 AB、AC、AD 和 AE 的差集。例如，AB 和 AC 的差集如下：

$$\boldsymbol{d}(AB) = \boldsymbol{d}(B) \setminus \boldsymbol{d}(A) = \varnothing \setminus \{2,6\} = \varnothing$$

$$\boldsymbol{d}(AC) = \boldsymbol{d}(C) \setminus \boldsymbol{d}(A) = \{1,3\} \setminus \{2,6\} = 13$$

其支持度为

$$\sup(AB) = \sup(A) - |\boldsymbol{d}(AB)| = 4 - 0 = 4$$

$$\sup(AC) = \sup(A) - |\boldsymbol{d}(AC)| = 4 - 2 = 2$$

其中，AB 是频繁的，我们可以修剪 AC，因为它是非频繁的。频繁项集及其差集和支持度组成了新的前缀等价类：

$$P_A = \{\langle AB, \varnothing, 4\rangle, \langle AD, 4, 3\rangle, \langle AE, \varnothing, 4\rangle\}$$

对其进行递归处理。其他分支也进行类似的处理。dEclat 的整个搜索空间如图 8-6 所示。项集的支持度在括号中显示。例如，A 的支持度为 4，且差集为 $\boldsymbol{d}(A) = 26$。

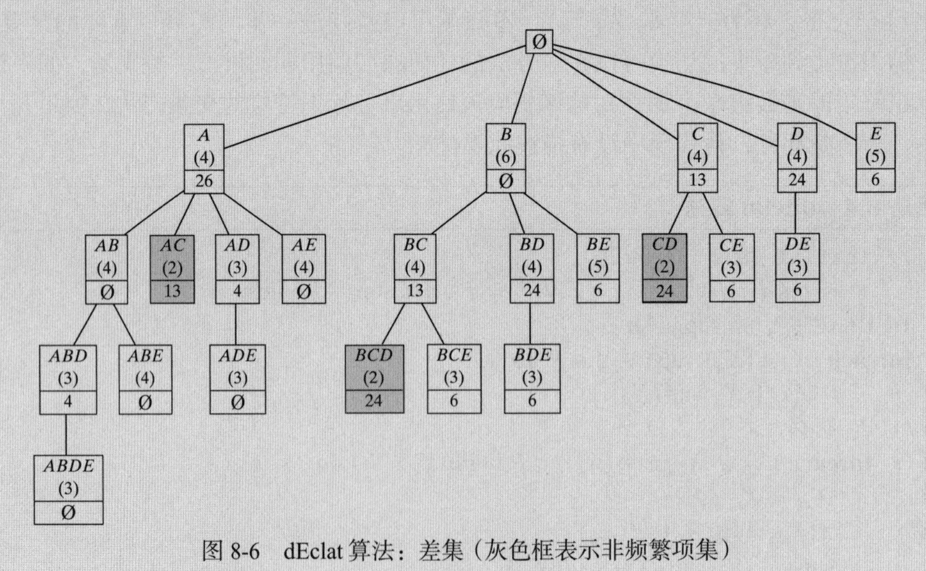

图 8-6　dEclat 算法：差集（灰色框表示非频繁项集）

8.2.3　频繁模式树方法：FPGrowth 算法

FPGrowth 方法通过称为频繁模式树（Frequent Pattern tree，FP 树）的增强前缀树对数据库进行索引，以便快速计算支持度。树中的每个节点都用单个项标记，每个子节点表示不同的项。每个节点还存储项集（包含从根节点到该节点的路径上的项）的支持度信息。FP 树的构造如下。最初，树的根节点为空项 $\varnothing$。接下来，对于每个元组 $\langle t,X\rangle\in\boldsymbol{D}[X=\boldsymbol{i}(t)]$，将项集 X 插入 FP 树，表示 X 的路径上所有节点的计数值都加 1。如果 X 与以前插入的事务共享一个前缀，那么 X 将沿着相同的路径扩展，直至共同的前缀。对于 X 中的其余项，将在共同前缀下创建新的节点，计数初始化为 1。插入所有事务后，FP 树就完成了。

FP 树可以看作 $\boldsymbol{D}$ 的前缀压缩表示。因为我们希望树尽可能紧凑，所以最频繁的项应该位于树的顶部。因此，FPGrowth 按支持度的降序对各项进行重新排序，即从初始数据库开始，首先计算所有单项 $i\in\mathcal{I}$ 的支持度，然后丢弃非频繁项，并按支持度的降序对频繁项进行排序。最后，按项的支持度降序对 X 重新排序后，将每一元组 $\langle t,X\rangle\in\boldsymbol{D}$ 插入 FP 树中。

例 8.11　思考图 8-1 中的示例数据库。我们逐一将每个事务添加到 FP 树中，并跟踪每个节点的计数。对于示例数据库，排序项的顺序是 $\{B(6),E(5),A(4),C(4),D(4)\}$。接着，每个事务按照相同的顺序重新排序，例如，$\langle 1,ABDE\rangle$ 变成 $\langle 1,BEAD\rangle$。图 8-7 展示了当每个排序的事务被添加到 FP 树中时，逐步构建 FP 树的过程。最终的 FP 树如图 8-7f 所示。

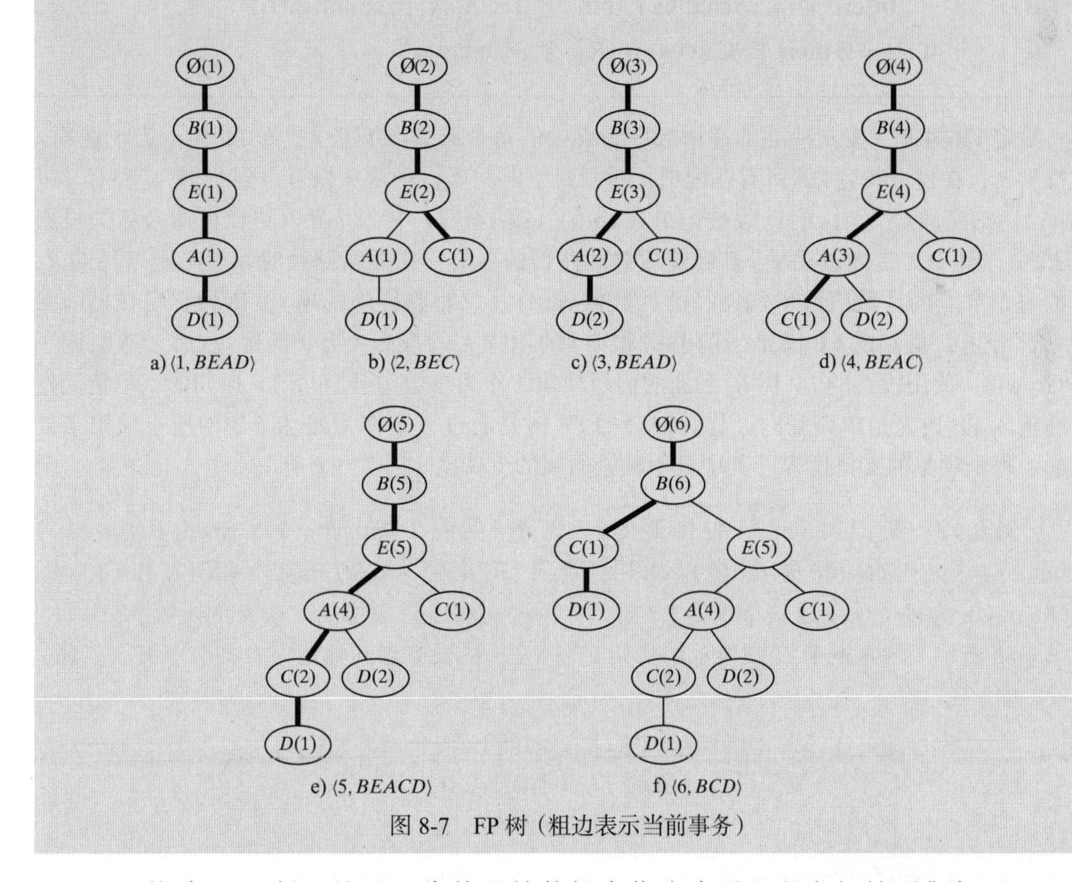

图 8-7　FP 树（粗边表示当前事务）

一旦构建了 FP 树，就可以代替原始数据库作为索引。所有频繁项集都可以通过 FPGrowth 直接从树中挖掘出来，FPGrowth 的伪代码如算法 8.5 所示。该算法接受由输入数据库 $\boldsymbol{D}$ 构造的 FP 树 R 和当前的项集前缀 P（最初为空）作为输入。

算法 8.5　FPGrowth 算法

```
   // Initial Call: R ← FP-tree(D), P ← ∅, F ← ∅
   FPGROWTH (R, P, F, minsup):
1  Remove infrequent items from R
2  if ISPATH(R) then // insert subsets of R into F
3      foreach Y ⊆ R do
4          X ← P ∪ Y
5          sup(X) ← min_{x∈Y}{cnt(x)}
6          F ← F ∪ {(X, sup(X))}
7  else    // process projected FP-trees for each frequent item i
8      foreach i ∈ R in increasing order of sup(i) do
9          X ← P ∪ {i}
10         sup(X) ← sup(i) // sum of cnt(i) for all nodes labeled i
11         F ← F ∪ {(X, sup(X))}
12         R_X ← ∅ // projected FP-tree for X
13         foreach path ∈ PATHFROMROOT(i) do
14             cnt(i) ← count of i in path
15             Insert path, excluding i, into FP-tree R_X with count cnt(i)
16         if R_X ≠ ∅ then FPGROWTH (R_X, X, F, minsup)
```

给定 FP 树 R，按支持度的递增顺序为 R 中的每个频繁项 i 建立投影 FP 树。为了在项 i 上投影 R，在树中找到 i 的所有匹配项，对于每个匹配项，确定从根节点到 i 的对应路径（第 13 行）。给定路径上项 i 的计数被记录在 cnt(i)（第 14 行）中，并且该路径被插入新的投影树 R_X 中，其中 X 是通过用项 i 扩展前缀 P 而获得的项集。在插入路径时，沿给定路径的 R_X 中的每个节点的计数值都增加路径的计数值 cnt(i)。忽略路径中的项 i，因为它现在是前缀的一部分了。得到的 FP 树是当前前缀和项 i 的项集 X 的投影（第 9 行）。然后，递归调用 FPGrowth，使用投影的 FP 树 R_X 和新的前缀项集 X 作为参数（第 16 行）。递归的基本情况发生在输入 FP 树 R 是单路径时。作为路径的 FP 树是通过枚举作为路径子集的所有项集来处理的，每个项集的支持度等于其中最不频繁的项的支持度（第 2 ～ 6 行）。

例 8.12　我们用例 8.11 中构建的 FP 树 R（见图 8-7f）演示 FPGrowth 算法。令 $\text{minsup}=3$。初始前缀为 $P=\varnothing$，R 中频繁项 i 的集合为 $B(6),E(5),A(4),C(4)$ 和 $D(4)$。FPGrowth 为每个项创建一个投影 FP 树，支持度的顺序是递增的。项 D 的投影 FP 树如图 8-8c 所示。给定图 8-7f 中所示的初始 FP 树 R，从根节点到标记为 D 的节点有 3 条路径，即

$$BCD,\quad \text{cnt}(D)=1$$
$$BEACD,\quad \text{cnt}(D)=1$$
$$BEAD,\quad \text{cnt}(D)=2$$

这 3 条路径（不包括最后一项 $i=D$）被插入新的 FP 树 R_D 中，其计数按相应的 cnt(D) 值增加，即将路径 BC、$BEAC$、BEA 插入 R_D 中，路径 BC 的计数为 1，路径 $BEAC$ 的计数为 1，路径 BEA 的计数为 2，如图 8-8a ～ c 所示。D 的投影 FP 树如图 8-8c

所示，它进行了递归处理。

当处理 R_D 时，有前缀项集 $P=D$，在去掉非频繁项 C（支持度为 2）之后，我们发现得到的 FP 树是一条单一路径 $B(4)-E(3)-A(3)$。因此，我们枚举这条路径的所有子集并给它们加上前缀 D，以获得频繁项集 $DB(4), DE(3), DA(3), DBE(3), DBA(3), DEA(3)$ 和 $DBEA(3)$。此时，来自 D 的调用返回。

以类似的方式在顶层处理剩余的项。C、A 和 E 的投影树都是单一路径，这允许我们分别生成频繁项集 $\{CB(4), CE(3), CBE(3)\}$、$\{AE(4), AB(4), AEB(4)\}$ 和 $\{EB(5)\}$。该过程如图 8-9 所示。

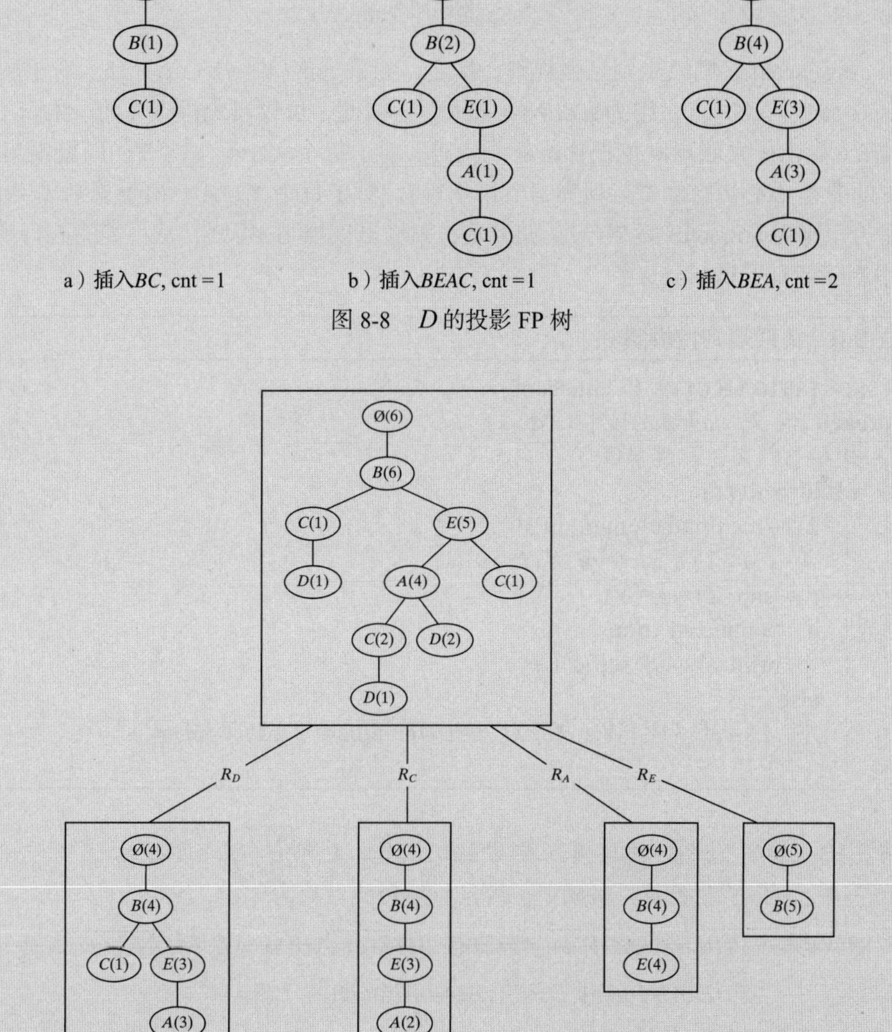

a）插入 BC, cnt = 1　　b）插入 $BEAC$, cnt = 1　　c）插入 BEA, cnt = 2

图 8-8　D 的投影 FP 树

图 8-9　FPGrowth 算法：FP 树投影

8.3 生成关联规则

给定一组频繁项集的集合 $\mathcal{F}$，为了生成关联规则，我们迭代所有项集 $Z \in \mathcal{F}$，并计算该项集导出的各种规则的置信度。形式上，给定一个频繁项集 $Z \in \mathcal{F}$，我们研究所有适当的子集 $X \subset Z$，以计算如下形式的规则：

$$X \overset{s,c}{\to} Y, Y = Z \setminus X$$

其中，$Z \setminus X = Z - X$。规则必须为频繁的，因为：

$$s = \sup(XY) = \sup(Z) \geqslant \text{minsup}$$

因此，只需要检查规则置信度是否满足大于阈值 minconf。计算的置信度如下：

$$c = \frac{\sup(X \cup Y)}{\sup(X)} = \frac{\sup(Z)}{\sup(X)} \tag{8.7}$$

如果 $c \geqslant \text{minconf}$，则该规则是强规则。反之，如果 $\text{conf}(X \to Y) < c$，那么对于所有子集 $W \subset X$，$\text{conf}(W \to Z) < c$，因为 $\sup(W) \geqslant \sup(X)$。因此，可以避免检查 X 的子集。

算法 8.6 给出了关联规则挖掘算法的伪代码。对于每个大小至少为 2 的频繁项集 $Z \in \mathcal{F}$，我们用 Z 的非空子集初始化先行项集 $\mathcal{A}$（第 2 行）。对于每个 $X \in \mathcal{A}$，检查规则 $X \to Z \setminus X$ 的置信度是否至少为 minconf(第 7 行)。如果是，则输出该规则；否则，从可能的先行项集（第 10 行）中删除所有子集 $W \subset X$。

算法 8.6 关联规则挖掘算法

```
ASSOCIATIONRULES (F, minconf):
1  foreach Z ∈ F, such that |Z| ≥ 2 do
2      A ← {X | X ⊂ Z, X ≠ Ø}
3      while A ≠ Ø do
4          X ← maximal element in A
5          A ← A \ X// remove X from A
6          c ← sup (Z)/sup(X)
7          if c ≥ minconf then
8              print X → Y, sup (Z), c
9          else
10             A ← A \ {W | W ⊂ X} // remove subsets of X from A
```

例 8.13 思考表 8-1 中的频繁项集 $ABDE(3)$，对应的支持度显示在括号中。设 $\text{minconf} = 0.9$。为了生成强关联规则，将先行项集初始化为

$$\mathcal{A} = \{ABD(3), ABE(4), ADE(3), BDE(3), AB(4), AD(3), AE(4), BD(4), BE(5), DE(3), A(4), B(6), D(4), E(5)\}$$

第一个子集是 $X = ABD$，$ABD \to E$ 的置信度是 $3/3 = 1.0$，因此我们输出它。第二个子集是 $X = ABE$，但是相应的规则 $ABE \to D$ 非强规则，因为 $\text{conf}(ABE \to D) = 3/4 = 0.75$。因此，可以从 $\mathcal{A}$ 中移除所有 ABE 的子集。更新的先行项集为

$$\mathcal{A} = \{ADE(3), BDE(3), AD(3), BD(4), DE(3), D(4)\}$$

接下来，选择 $X = ADE$，这将产生一个强规则，$X = BDE$ 和 $X = AD$ 也是如此。然而，当处理 $X = BD$ 时，我们发现 $\text{conf}(BD \to AE) = 3/4 = 0.75$，因此从 $\mathcal{A}$ 中删去 BD 的所有子集，从而得到：

$$\mathcal{A} = \{DE(3)\}$$

最后一个要尝试的规则是 $DE \to AB$，它也是强规则。最终输出的强规则如下所示：

$$ABD \longrightarrow E, \text{conf} = 1.0$$
$$ADE \longrightarrow B, \text{conf} = 1.0$$
$$BDE \longrightarrow A, \text{conf} = 1.0$$
$$AD \longrightarrow BE, \text{conf} = 1.0$$
$$DE \longrightarrow AB, \text{conf} = 1.0$$

8.4 拓展阅读

关联规则挖掘问题由文献（Agrawal et al.，1993）提出。文献（Agrawal & Srikant，1994）提出了 Apriori 方法，文献（Mannila et al.，1994）提出了类似的方法。基于事务标识符集交集的 Eclat 方法由文献（Zaki et al.，1997）提出，使用差集的 dEclat 方法由文献（Zaki & Gouda，2003）提出。最后，文献（Han et al.，2000）提出了 FPGrowth 算法。有关几种频繁项集挖掘算法的实验比较，请参见文献（Goethals & Zaki，2004）。文献（Ganter et al.，1997）在频繁项集挖掘和关联规则挖掘之间建立了非常密切的联系，并进行了形式化概念分析。例如，关联规则可以被认为是具有频率约束的部分蕴涵（partial implication），参见文献（Luxenburger，1991）。

Agrawal, R., Imieliński, T., and Swami, A. (1993). Mining association rules between sets of items in large databases. *Proceedings of the ACM SIGMOD International Conference on Management of Data*. ACM, pp. 207–216.

Agrawal, R. and Srikant, R. (1994). Fast algorithms for mining association rules. *Proceedings of the 20th International Conference on Very Large Data Bases*, pp. 487–499.

Ganter, B., Wille, R., and Franzke, C. (1997). *Formal Concept Analysis: Mathematical Foundations*. New York: Springer-Verlag.

Goethals, B. and Zaki, M. J. (2004). Advances in frequent itemset mining implementations: Report on FIMI'03. *ACM SIGKDD Explorations Newsletter*, 6 (1), 109–117.

Han, J., Pei, J., and Yin, Y. (2000). Mining frequent patterns without candidate generation. *Proceedings of the ACM SIGMOD International Conference on Management of Data*. ACM, pp. 1–12.

Luxenburger, M. (1991). Implications partielles dans un contexte. *Mathématiques et Sciences Humaines*, 113, 35–55.

Mannila, H., Toivonen, H., and Verkamo, I. A. (1994). Efficient algorithms for discovering association rules. *AAAI Workshop on Knowledge Discovery in*

Databases. AAAI Press, pp. 181–192.

Zaki, M. J. and Gouda, K. (2003). Fast vertical mining using diffsets. *Proceedings of the 9th ACM SIGKDD International Conference on Knowledge Discovery and Data Mining*. ACM, pp. 326–335.

Zaki, M. J., Parthasarathy, S., Ogihara, M., and Li, W. (1997). New algorithms for fast discovery of association rules. *Proceedings of the 3rd International Conference on Knowledge Discovery and Data Mining*, pp. 283–286.

8.5 练习

Q1. 给定表 8-2 中的数据库：

(a) 当 minsup = 3 / 8 时，说明 Apriori 算法如何枚举此数据集中的所有频繁模式。

(b) 当 minsup = 2 / 8 时，说明 FPGrowth 如何枚举频繁项集。

表 8-2　Q1 的事务数据库

事务标识符	项集
t_1	*ABCD*
t_2	*ACDF*
t_3	*ACDEG*
t_4	*ABDF*
t_5	*BCG*
t_6	*DFG*
t_7	*ABG*
t_8	*CDFG*

Q2. 思考表 8-3 所示的垂直数据库。假设 minsup = 3 ，使用 Eclat 方法枚举所有频繁项集。

表 8-3　Q2 的数据集

A	*B*	*C*	*D*	*E*
1	2	1	1	2
3	3	2	6	3
5	4	3		4
6	5	5		5
	6	6		

Q3. 假设两个 k 项集 $X_a=\{x_1,\cdots,x_{k-1},x_a\}$ 和 $X_b=\{x_1,\cdots,x_{k-1},x_b\}$ 都将 $(k-1)$ 项集 $X=\{x_1,x_2,\cdots,x_{k-1}\}$ 作为前缀，证明：

$$\sup(X_{ab})=\sup(X_a)-|\boldsymbol{d}(X_{ab})|$$

其中，$X_{ab}=X_a\cup X_b$，且 $\boldsymbol{d}(X_{ab})$ 是 X_{ab} 的差集。

Q4. 给定表 8-4 中的数据集。给出可以从集合 *ABE* 生成的所有规则。

表 8-4　Q4 的数据集

事务标识符	项集
t_1	*ACD*
t_2	*BCE*
t_3	*ABCE*
t_4	*BDE*

（续）

事务标识符	项集
t_5	*ABCE*
t_6	*ABCD*

Q5. 思考项集挖掘的划分算法。它将数据库划分为 k 份（每份不一定均等），因此 $\boldsymbol{D}=\bigcup_{i=1}^{k}\boldsymbol{D}_i$，其中 $\boldsymbol{D}_i$ 是第 i 份。对于任何 $i \neq j$，有 $\boldsymbol{D}_i \cap \boldsymbol{D}_j = \varnothing$。令 $n_i = |\boldsymbol{D}_i|$ 表示在 $\boldsymbol{D}_i$ 中的事务的数目。该算法首先挖掘局部频繁项集，即相对支持度大于阈值 minsup 的项集。接着，求所有局部频繁项集的并集，并计算它们在整个数据库 $\boldsymbol{D}$ 中的支持度，以确定哪些是全局频繁项集。证明：如果模式在数据库中是全局频繁的，那么它在至少一份中是局部频繁的。

Q6. 思考图 8-10。它展示了一些食物的简单分类。每个叶子节点都是一个简单项，内部节点表示更高级别的类别或项。每个项都有唯一的整数标签。思考由表 8-5 所示的简单项组成的数据库，回答以下问题：

（a）如果仅限于由简单项组成的项集，则项集搜索空间有多大？

（b）设 $X=\{x_1,x_2,\cdots,x_k\}$ 为频繁项集。如果用 $x_i \in X$ 在分类树中的父节点（如果存在的话）替换 $x_i \in X$，从而获得 X'，则新项集 X' 的支持度（　　）。

a. 大于 X 的支持度

b. 小于 X 的支持度

c. 不等于 X 的支持度

d. 大于或等于 X 的支持度

e. 小于或等于 X 的支持度

（c）令 $\text{minsup}=7/8$。查找仅由分类树中的高层项组成的所有频繁项集。请注意，如果一个简单项出现在事务中，那么它的高层祖先项也会出现在事务中。

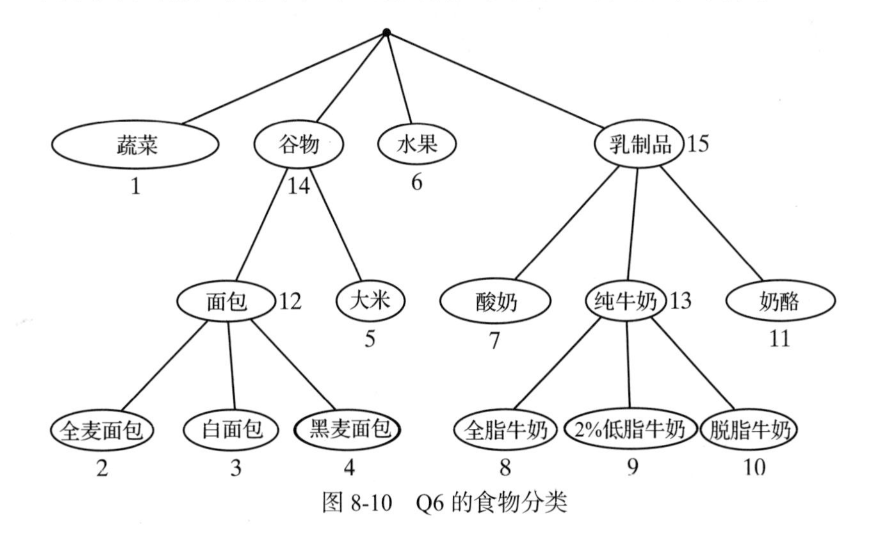

图 8-10　Q6 的食物分类

表 8-5　Q6 的数据集

事务标识符	项集
1	2 3 6 7
2	1 3 4 8 11
3	3 9 11

（续）

事务标识符	项集
4	1 5 6 7
5	1 3 8 10 11
6	3 5 7 9 11
7	4 6 8 10 11
8	1 3 5 8 11

Q7. 设 $\boldsymbol{D}$ 是一个有 n 个事务的数据库。思考一种挖掘频繁项集的抽样方法，提取随机样本 $\boldsymbol{S} \subset \boldsymbol{D}$，其中包含 m 个事务。然后，挖掘样本中所有的频繁项集，表示为 $\mathcal{F}_S$。接着，对 $\boldsymbol{D}$ 进行一次完整的扫描，对于每个 $X \in \mathcal{F}_S$，寻找它在整个数据库中的实际支持度。样本中的某些项集在数据库中可能并非频繁项集，它们称为假阳性（false positive）项集。另外，原始数据库中一些真正的频繁项集可能根本就没有出现在样本中，它们称为假阴性（false negative）项集。

证明如果 X 是假阴性项集，那么可以通过计算属于 $\mathcal{F}_S$ 的负边界（表示为 $\mathrm{Bd}^{-}\mathcal{F}_S$）的每个项集在 $\boldsymbol{D}$ 中的支持度来检测，负边界定义为样本 $\boldsymbol{S}$ 中最小非频繁项集的集合，如下所示：

$$\mathrm{Bd}^{-}(\mathcal{F}_S) = \inf\{Y \mid \sup(Y) < \text{minsup} \text{ 且 } \forall Z \subset Y, \sup(Z) \geqslant \text{minsup}\}$$

其中，inf 返回集合的最小元素。

Q8. 假设需要从关系表中挖掘频繁模式。例如，思考表 8-6，其中有 3 个属性 A 、B 和 C，6 条记录。每个属性都有自己的定义域，例如，A 的定义域是 $\mathrm{dom}(A) = \{a_1, a_2, a_3\}$。请注意，对于给定的属性，任何记录都不能有多个值。

表 8-6　Q8 的数据集

事务标识符	A	B	C
1	a_1	b_1	c_1
2	a_2	b_3	c_2
3	a_2	b_3	c_3
4	a_2	b_1	c_1
5	a_2	b_3	c_3
6	a_3	b_3	c_3

k 个属性 $X_1, X_2, \cdots, X_k$ 上的关系模式（relational pattern）P 定义为属性定义域的笛卡儿乘积，即 $P \subseteq \mathrm{dom}(X_1) \times \mathrm{dom}(X_2) \times \cdots \times \mathrm{dom}(X_k)$。也就是说，$P = P_1 \times P_2 \times \cdots \times P_k$，其中 $P_i \subseteq \mathrm{dom}(X_i)$。例如，$\{a_1, a_2\} \times \{c_1\}$ 是属性 A 和 C 上的一种可能模式，而 $\{a_1\} \times \{b_1\} \times \{c_1\}$ 是属性 A 、B 和 C 上的另一种模式。

数据集 $\boldsymbol{D}$ 中关系模式 $P = P_1 \times P_2 \times \cdots \times P_k$ 的支持度定义为该数据集中记录的条数，如下所示：

$$\sup(P) = |\{r = (r_1, r_2, \cdots, r_n) \in \boldsymbol{D} : r_i \in P_i, \text{对于所有} P \text{中的} P_i\}|$$

例如，$\sup(\{a_1, a_2\} \times \{c_1\}) = 2$，因为记录 1 和记录 4 都属于该模式。请注意，模式 $\{a_1\} \times \{c_1\}$ 的支持度为 1，因为只有记录 1 属于它。因此，关系模式不满足用于频繁项集的 Apriori 属性，也就是说，频繁关系模式的子集可能是非频繁的。

当且仅当对于所有 $u \in P_i$ 和所有 $v \in P_j$，这对值 $(X_i = u, X_i = v)$ 一起出现在某个记录中，我们称属性 $X_1, \cdots, X_k$ 上的关系模式 $P = P_1 \times P_2 \times \cdots \times P_k$ 是有效的。例如，$\{a_1, a_2\} \times \{c_1\}$ 是一个有效的模式，因为 $(A = a_1, C = c_1)$ 和 $(A = a_2, C = c_1)$ 都出现在一些记录中（分别是记录 1 和记录 4），而 $\{a_1, a_2\} \times \{c_2\}$ 不是有效的模式，因为没有具有值 $(A = a_1, C = c_2)$ 的记录。因此，为了使模式有效，P 中来自不同属性的每一对值必须属于某个记录。

假设 minsup = 2，找到表 8-6 中数据集的所有频繁有效的关系模式。

Q9. 给定以下多集数据集：

事务标识符	多集
1	*ABCA*
2	*ABABA*
3	*CABBA*

设 minsup = 2，回答以下问题：

（a）查找所有频繁的多集。回想一下，多集仍然是一个集合（元素顺序并不重要），但它允许一个项多次出现。

（b）找到所有最小的非频繁多集，即那些没有非频繁子多集的多集。

第 9 章

Data Mining and Machine Learning

项 集 概 览

频繁项集的搜索空间通常非常大，并且随着项集数量的增长呈指数增长。特别地，较低的支持度阈值可能产生众多难以处理的频繁项集。本章研究的另一种方法是如何在保持关键特性的前提下给出频繁项集的紧凑表示。使用紧凑表示不仅可以减少计算和存储需求，而且可以更容易地分析挖掘出的模式。本章讨论其中的三种表示：闭项集、最大项集和非可导项集。

9.1 最大频繁项集和闭频繁项集

给定一个二元数据库 $\boldsymbol{D} \subseteq \mathcal{T} \times \mathcal{I}$，$\mathcal{T}$为事务标识符集，$\mathcal{I}$ 为项集，设 $\mathcal{F}$ 表示所有频繁项集的集合，即：

$$\mathcal{F}=\{X \mid X \subseteq \mathcal{I}, \ \sup(X) \geqslant \text{minsup}\} \tag{9.1}$$

1. 最大频繁项集

如果频繁项集 $X \in \mathcal{F}$ 没有频繁超集，则称其为最大频繁项集。令 $\mathcal{M}$ 表示所有最大频繁项集的集合，定义如下：

$$\mathcal{M}=\{X \mid X \in \mathcal{F} \text{ 且 } \nexists Y \supset X, \text{ 使得 } Y \in \mathcal{F}\} \tag{9.2}$$

集合 $\mathcal{M}$ 是所有频繁项集的集合 $\mathcal{F}$ 的紧凑表示，因为我们可以用 $\mathcal{M}$ 来确定任何项集 X 是不是频繁的。如果存在一个最大项集 Z 使得 $X \subseteq Z$，那么 X 一定是频繁的，否则 X 不是频繁的。此外，不能单独用 $\mathcal{M}$ 来确定 $\sup(X)$，尽管我们可以确定它的下界，即当 $X \subseteq Z \in \mathcal{M}$ 时，$\sup(X) \geqslant \sup(Z)$。

例 9.1 思考图 9-1a 中的数据集。使用第 8 章中讨论的算法，令 $\text{minsup}=3$，得到图 9-1b 中所示的频繁项集。请注意，在 $2^5-1=31$ 个可能的非空项集中，有 19 个频繁项集，其中只有两个最大频繁项集 $ABDE$ 和 BCE。任何其他频繁项集必须是其中一个最大频繁项集的子集。例如，我们可以确定 ABE 是频繁的，因为 $ABE \subset ABDE$，所以 $\sup(ABE) \geqslant \sup(ABDE)=3$。

事务标识符	项集
1	*ABDE*
2	*BCE*
3	*ABDE*
4	*ABCE*
5	*ABCDE*
6	*BCD*

a）事务数据库

sup	项集
6	*B*
5	*E,BE*
4	*A,C,D,AB,AE,BC,BD,ABE*
3	*AD,CE,DE,ABD,ADE,BCE,BDE,ABDE*

b）频繁项集（minsup=3）

图 9-1 示例数据库

2. 闭频繁项集

回想一下，函数 $\boldsymbol{t}:2^{\mathcal{I}} \to 2^{\mathcal{T}}$ [见式（8.2）] 将项集映射到事务标识符集，函数 $\boldsymbol{i}:2^{\mathcal{T}} \to 2^{\mathcal{I}}$ [见式（8.1）] 将事务标识符集映射到项集，即给定 $T \subseteq \mathcal{T}$ 和 $X \subseteq \mathcal{I}$，有：

$$\boldsymbol{t}(X) = \{t \in \mathcal{T} \mid t \text{ 包含 } X\}$$

$$\boldsymbol{i}(T) = \{x \in \mathcal{I} \mid \forall t \in T, t \text{ 包含 } x\}$$

设闭包算子（closure operator）定义为 $\boldsymbol{c}:2^{\mathcal{I}} \to 2^{\mathcal{I}}$，如下所示：

$$\boldsymbol{c}(X) = \boldsymbol{i} \circ \boldsymbol{t}(X) = \boldsymbol{i}(\boldsymbol{t}(X))$$

闭包算子 $\boldsymbol{c}$ 将项集映射到项集，具有以下三个性质：

- 递增：$X \subseteq \boldsymbol{c}(X)$。
- 单调：如果 $X_i \subseteq X_j$，则 $\boldsymbol{c}(X_i) \subseteq \boldsymbol{c}(X_j)$。
- 幂等：$\boldsymbol{c}(\boldsymbol{c}(X)) = \boldsymbol{c}(X)$。

如果 $\boldsymbol{c}(X) = X$，即 X 是闭包算子 $\boldsymbol{c}$ 的不动点，则称项集 X 是封闭的（closed）。如果 $X \neq \boldsymbol{c}(X)$，则 X 是不封闭的，但集 $\boldsymbol{c}(X)$ 称为 X 的闭包。从闭包算子的性质来看，X 和 $\boldsymbol{c}(X)$ 具有相同的事务标识符集。因此，如果频繁项集 $X \in \mathcal{F}$ 没有与之频率相同的频繁超集，则它是封闭的，因为根据定义，它是事务标识符集 $\boldsymbol{t}(X)$ 中所有事务标识符的最大公共项集。所有闭频繁项集的集合定义为

$$\mathcal{C} = \{X \mid X \in \mathcal{F} \text{ 且 } \nexists Y \supset X\text{，使得} \sup(X) = \sup(Y)\} \tag{9.3}$$

换言之，如果所有 X 的超集的支持度都较小，即对于所有的 $Y \supset X$，都有 $\sup(X) > \sup(Y)$，则 X 是封闭的。

所有闭频繁项集的集合 $\mathcal{C}$ 是一种紧凑表示，只用 $\mathcal{C}$ 就可以确定项集 X 是否频繁，还能确定 X 的确切支持度。如果存在闭频繁项集 $Z \in \mathcal{C}$，使得 $X \subseteq Z$，则 X 是频繁项集。此外，X 的支持度为

$$\sup(X) = \max\{\sup(Z) \mid Z \in \mathcal{C}, X \subseteq Z\}$$

所有频繁项集闭频繁项集和最大频繁项集之间满足以下关系：

$$\mathcal{M} \subseteq \mathcal{C} \subseteq \mathcal{F} \tag{9.4}$$

3. 最小生成器

如果频繁项集 X 没有具有相同支持度的子集，则称其为最小生成器（minimal generator）：

$$\mathcal{G} = \{X \mid X \in \mathcal{F} \text{ 且 } \nexists Y \subset X\text{，使得} \sup(X) = \sup(Y)\} \tag{9.5}$$

换句话说，X 的所有子集都有更大的支持度，即对于所有 $Y \subset X$，都有 $\sup(X) < \sup(Y)$。最小生成器的概念与闭项集的概念密切相关。给定一个具有相同事务标识符集的等价项集类，闭项集是该类的唯一最大元素，而最小生成器是该类的最小元素。

例 9.2 思考图 9-1a 中的示例数据集。minsup = 3 对应的闭频繁项集（以及最大频繁项集）如图 9-2 所示。例如，我们可以看到，项集 AD、DE、ABD、ADE、BDE 和 $ABDE$ 都在 3 个事务（即 135）中出现，因此构成了一个等价类。其中最大的项集 $ABDE$ 是闭项集。使用闭包算子可以得到相同的结果：$\boldsymbol{c}(AD) = \boldsymbol{i}(\boldsymbol{t}(AD)) = \boldsymbol{i}(135) = ABDE$，这表明 AD 的闭包

是 $ABDE$。要证明 $ABDE$ 是闭项集，需要注意到 $\boldsymbol{c}(ABDE)=\boldsymbol{i}(\boldsymbol{t}(ABDE))=\boldsymbol{i}(135)=ABDE$。等价类的最小元素 AD 和 DE 是最小生成器。这些项集的任何子集都不共享同一个事务标识符集。

所有闭频繁项集的集合以及相应的最小生成器集合如下：

事务标识符集	$\mathcal{C}$	$\mathcal{G}$
1345	ABE	A
123456	B	B
1356	BD	D
12345	BE	E
2456	BC	C
135	$ABDE$	AD,DE
245	BCE	CE

在闭项集中，最大的是 $ABDE$ 和 BCE。考虑项集 AB，使用 C 可以得到：

$$\sup(AB)=\max\{\sup(ABE),\sup(ABDE)\}=\max\{4,3\}=4$$

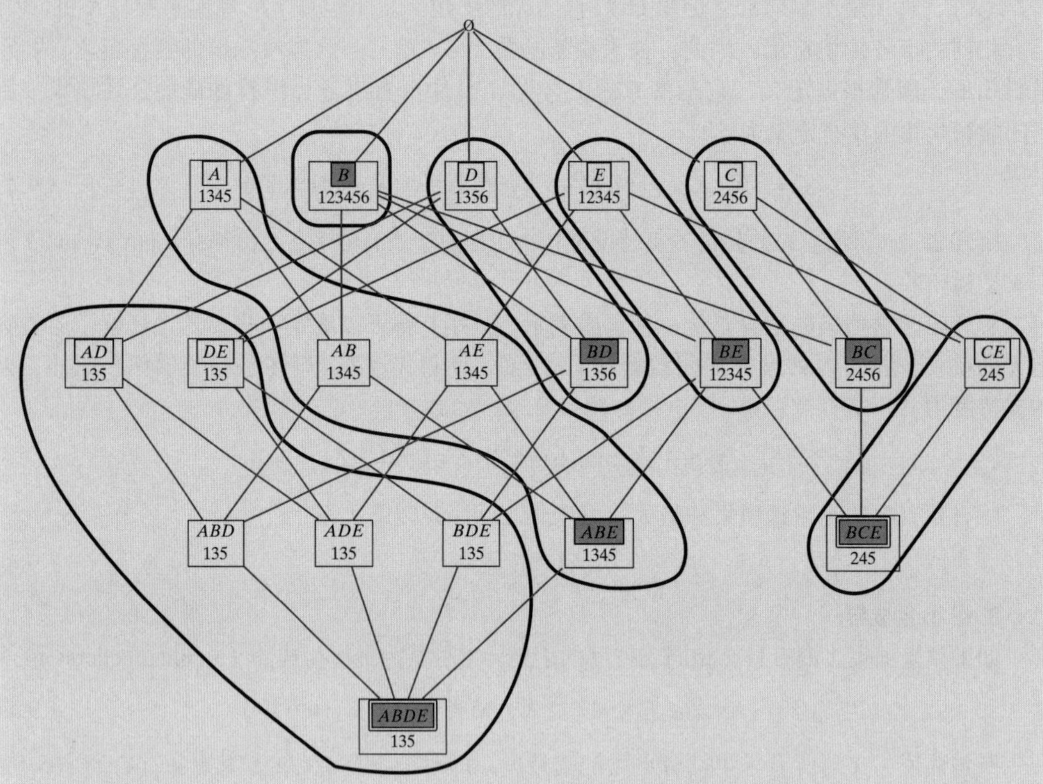

图 9-2 频繁项集、闭项集、最小生成器和最大频繁项集。项集用方框表示，带阴影的为闭项集，带方框但无阴影的为最小生成器，双线框的为最大项集。

9.2 挖掘最大频繁项集：GenMax 算法

挖掘最大频繁项集需要额外的步骤，而不仅是简单地确定频繁项集。假设最大频繁项集的集合最初为空集，即 $\mathcal{M}=\emptyset$，每次生成新的频繁项集 X 时，必须执行以下最大性检查：

- **子集检查**：$\nexists Y \in \mathcal{M}$，使得 $X \subset Y$。如果存在这样的 Y，那么 X 显然不是最大频繁项集。否则，将 X 添加到 $\mathcal{M}$，作为潜在的最大频繁项集。
- **超集检验**：$\nexists Y \in \mathcal{M}$，使得 $Y \subset X$。如果存在这样的 Y，那么 Y 不可能是最大频繁项集，必须把它从 $\mathcal{M}$ 中去掉。

这两个最大性检查需要 $O(|\mathcal{M}|)$ 的时间，尤其当 $\mathcal{M}$ 增长时会更耗时，因此，出于效率原因，将执行这些检查的次数最小化至关重要。因此，第 8 章中的任何频繁项集挖掘算法都可以通过增加最大性检查步骤得到扩展，从而实现最大频繁项集的挖掘。这里我们考虑 GenMax 算法，它基于 Eclat 的事务标识符集交集（见 8.2.2 节）。该算法从不在 $\mathcal{M}$ 中插入非最大项集，因此避免了超集检查，只需要进行子集检查来确定最大性。

算法 9.1 给出了 GenMax 的伪代码。初始调用将频繁项集的集合及其事务标识符集 $\langle i, \boldsymbol{t}(i) \rangle$，以及初始为空的最大项集集合 $\mathcal{M}$ 作为输入。给定一组项集 – 事务标识符集（Itemset-Tidset）对（称为 IT 对），其形式为 $\langle X, \boldsymbol{t}(X) \rangle$，递归的 GenMax 算法的工作原理如下。在第 1 ～ 3 行中，检查所有项集的并集 $Y = \bigcup X_i$ 是否已经被包含在某个最大模式 $Z \in \mathcal{M}$ 中，以此判断是否可以修剪整个分支。如果可以修剪分支，则不能从当前分支生成任何最大项集，因此可以进行修剪。如果没有修剪分支，则将每个 IT 对 $\langle X_i, \boldsymbol{t}(X_i) \rangle$ 与所有其他 IT 对 $\langle X_j, \boldsymbol{t}(X_j) \rangle (j>i)$ 进行交集运算，以生成新的候选项集 X_{ij}，这些候选项集 X_{ij} 被添加到 IT 对集 P_i 中（第 6 ～ 9 行）。如果 P_i 不为空，则对 GenMax 进行递归调用，以查找 X_i 的其他可能扩展。如果 P_i 为空，则表示 X_i 不能扩展，并且它可能是最大的。在这种情况下，将 X_i 添加到集合 $\mathcal{M}$ 中（第 12 行），前提是 X_i 没有包含在任何先前添加的最大项集集合 $Z \in \mathcal{M}$ 中。请注意，由于在将项集插入 $\mathcal{M}$ 之前检查了最大性，因此我们不必从 $\mathcal{M}$ 中移除任何项集。换句话说，$\mathcal{M}$ 中的所有项集都是最大项集。在 GenMax 终止时，集合 $\mathcal{M}$ 包含所有最大频繁项集。GenMax 算法还包括许多其他优化功能，可以减少最大性检查，改进支持度计算。此外，GenMax 利用差集（事务标识符集的差）进行快速支持度计算，如 8.2.2 节所述。为了清晰起见，此处省略了这些优化。

算法 9.1 GenMax 算法

```
   // Initial Call: M ← Ø, P ← {⟨i, t(i)⟩ | i ∈ I, sup(i) ≥ minsup}
   GENMAX (P, minsup, M):
1  Y ← ⋃ X_i
2  if ∃Z ∈ M, such that Y ⊆ Z then
3      return // prune entire branch
4  foreach ⟨X_i, t(X_i)⟩ ∈ P do
5      P_i ← Ø
6      foreach ⟨X_j, t(X_j)⟩ ∈ P, with j > i do
7          X_ij ← X_i ∪ X_j
8          t(X_ij) = t(X_i) ∩ t(X_j)
9          if sup(X_ij) ≥ minsup then P_i ← P_i ∪ {⟨X_ij, t(X_ij)⟩}
10     if P_i ≠ Ø then GENMAX (P_i, minsup, M)
11     else if ∄Z ∈ M, X_i ⊆ Z then
12         M = M ∪ X_i    // add X_i to maximal set
```

例 9.3　图 9-3 展示了 minsup = 3 时在图 9-1a 中的示例数据库上执行 GenMax 的过程。最大项集最初为空集。树的根节点表示初始调用，参数为所有 IT 对（由单频繁项及其事务标识符集组成）。首先将 $\boldsymbol{t}(A)$ 与其他项的事务标识符集相交。从 A 得到的频繁扩展如下：

$$P_A = \{\langle AB, 1345\rangle, \langle AD, 135\rangle, \langle AE, 1345\rangle\}$$

选择 $X_i = AB$，可以得到下一组扩展，即：

$$P_{AB} = \{\langle ABD, 135\rangle, \langle ABE, 1345\rangle\}$$

最后，到达 $P_{ABD} = \{\langle ABDE, 135\rangle\}$ 对应的最左边的叶子节点。此时，将 $ABDE$ 添加到最大频繁项集的集合中，因为它没有其他扩展，此时 $\mathcal{M} = \{ABDE\}$。

然后回溯一层，尝试处理 ABE，它也是一个候选最大项集。但是，它包含在 $ABDE$ 中，因此被剪去。同样，当我们处理 $P_{AD} = \{\langle ADE, 135\rangle\}$ 时，它也会被剪去，因为它也被 $ABDE$ 所包含，对于 AE，也是如此。此时，所有以 A 开头的最大项集都被找到了，下面继续处理 B 分支。最左边的 B 分支，即 BCE，不能再扩展了。因为 BCE 不是 $\mathcal{M}$ 中最大项集的子集，所以将它作为最大项集插入，得到 $\mathcal{M} = \{ABDE, BCE\}$。剩余的分支都是 $\mathcal{M}$ 中两个最大项集的子集，因此被剪去。

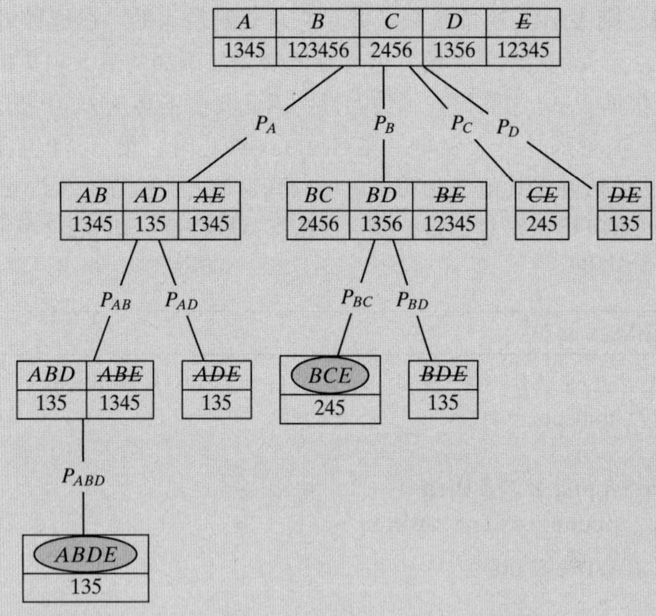

图 9-3　挖掘最大频繁项集。最大项集显示为带阴影的椭圆，而剪掉的分支用删除线表示，不显示非频繁项集

9.3　挖掘闭频繁项集：Charm 算法

挖掘闭频繁项集需要执行闭包检查，即 $X = \boldsymbol{c}(X)$ 是否成立。直接进行闭包检查可能成本非常高昂，因为必须验证 X 是 $\boldsymbol{t}(X)$ 中所有事务标识符的最大公共项集，即 $X = \bigcap_{t \in \boldsymbol{t}(X)} \boldsymbol{i}(t)$。因此，我们将讨论另一种基于垂直事务标识符集交集的方法 Charm，它可以执行更有效的闭包

检查。给定 IT 对 $\{X_i, \boldsymbol{t}(X_i)\}$，有以下三个性质：

- 性质 1　如果 $\boldsymbol{t}(X_i)=\boldsymbol{t}(X_j)$，则 $\boldsymbol{c}(X_i)=\boldsymbol{c}(X_j)=\boldsymbol{c}(X_i\cup X_j)$，这意味着可以用 $X_i\cup X_j$ 替换 X_i 的每个匹配，并剪去 X_j 下的分支，因为它的闭包与 $X_i\cup X_j$ 的闭包相同。
- 性质 2　如果 $\boldsymbol{t}(X_i)\subset\boldsymbol{t}(X_j)$，则 $\boldsymbol{c}(X_i)\neq\boldsymbol{c}(X_j)$，但是 $\boldsymbol{c}(X_i)=\boldsymbol{c}(X_i\cup X_j)$，这意味着可以用 $X_i\cup X_j$ 替换 X_i 的每个匹配，但不能剪去 X_j 的分支，因为它生成不同的闭包。注意，如果 $\boldsymbol{t}(X_i)\supset\boldsymbol{t}(X_j)$，则可以简单交换 X_i 和 X_j 的角色。
- 性质 3　如果 $\boldsymbol{t}(X_i)\neq\boldsymbol{t}(X_j)$，则 $\boldsymbol{c}(X_i)\neq\boldsymbol{c}(X_j)\neq\boldsymbol{c}(X_i\cup X_j)$。在这种情况下，不能剪去 X_i 或 X_j，因为它们各自生成不同的闭包。

算法 9.2 给出了 Charm 的伪代码，它也是基于 8.2.2 节中描述的 Eclat 的算法。它将所有频繁单项及其事务标识符集的集合作为输入。所有闭项集的集合 $\mathcal{C}$ 初始化为空集。给定任何 IT 对集 $P=\{\langle X_i, \boldsymbol{t}(X_i)\rangle\}$，该算法首先按支持度升序排序 IT 对。对于每个项集 X_i，尝试按排序的顺序用所有其他项 X_j 对其进行扩展，并在可能的情况下应用上述三个性质来修剪分支。首先，通过检查 $\boldsymbol{t}(X_{ij})$ 的基数来确定 $X_{ij}=X_i\cup X_j$ 是否频繁。如果是，则检查性质 1 和性质 2（第 8 行和第 12 行）。请注意，每当我们用 $X_{ij}=X_i\cup X_j$ 替换 X_i 时，都要确保在当前集合 P 以及新集合 P_i 中这样做。只有当性质 3 成立时，才可以将新的扩展 X_{ij} 添加到集合 P_i 中（第 14 行）。如果集合 P_i 是非空的，则对 Charm 进行递归调用。最后，如果 X_i 不是具有相同支持度的任何闭集 Z 的子集，则可以安全地将其添加到闭项集的集合 $\mathcal{C}$ 中（第 18 行）。为了快速进行支持度计算，Charm 使用了 8.2.2 节中描述的差集优化。为了清晰起见，这里省略了它。

算法 9.2　Charm 算法

```
   // Initial Call: C ← ∅, P ← {⟨i, t(i)⟩ : i ∈ I, sup(i) ≥ minsup}
   CHARM (P, minsup, C):
1  Sort P in increasing order of support (i.e., by increasing |t(X_i)|)
2  foreach ⟨X_i, t(X_i)⟩ ∈ P do
3      P_i ← ∅
4      foreach ⟨X_j, t(X_j)⟩ ∈ P, with j > i do
5          X_ij = X_i ∪ X_j
6          t(X_ij) = t(X_i) ∩ t(X_j)
7          if sup(X_ij) ≥ minsup then
8              if t(X_i) = t(X_j) then // Property 1
9                  Replace X_i with X_ij in P and P_i
10                 Remove ⟨X_j, t(X_j)⟩ from P
11             else
12                 if t(X_i) ⊂ t(X_j) then // Property 2
13                     Replace X_i with X_ij in P and P_i
14                 else // Property 3
15                     P_i ← P_i ∪ {⟨X_ij, t(X_ij)⟩}
16     if P_i ≠ ∅ then CHARM (P_i, minsup, C)
17     if ∄Z ∈ C, such that X_i ⊆ Z and t(X_i) = t(Z) then
18         C = C ∪ X_i    // Add X_i to closed set
```

例 9.4 使用 minsup = 3 演示从图 9-1a 中的示例数据库中挖掘闭频繁项集的 Charm 算法。图 9-4 给出了执行步骤。在基于支持度排序之后，初始 IT 对的集合位于搜索树的根节点。排序后的顺序是 A、C、D、E、B。首先处理从 A 开始的扩展，如图 9-4a 所示。因为 AC 是非频繁的，所以将其剪去。AD 是频繁的且 $\mathbf{t}(A) \neq \mathbf{t}(D)$，因此将 $\langle AD, 135\rangle$ 添加到集合 P_A（性质性 3）。当我们把 A 和 E 结合起来时，性质 2 成立，我们简单地用 AE 替换 P 和 P_A 中出现的所有 A，用删除线表示。同样，因为 $\mathbf{t}(A) \subset \mathbf{t}(B)$，所有 A（实际上是 AE），在 P 和 P_A 中都被 AEB 所取代。因此，集合 P_A 只包含一个项集 $\{\langle ADEB, 135\rangle\}$。当用 P_A 作为 IT 对调用 Charm 时，它直接跳到第 18 行，并将 $ADEB$ 添加到闭项集的集合 $\mathcal{C}$ 中。当调用返回时，检查 AEB 是否可以作为闭项集添加。AEB 是 $ADEB$ 的一个子集，但它没有相同的支持度，因此 AEB 也被添加到 $\mathcal{C}$ 中。此时，所有包含 A 的闭项集都已找到。

用 Charm 算法继续处理剩余的分支，如图 9-4b 所示。例如，接下来处理 C。CD 是非频繁的，因此被剪去。CE 是频繁的，因此作为一个新的扩展被添加到 P_C 中（性质 3）。由于 $\mathbf{t}(C) \subset \mathbf{t}(B)$，因此所有出现的 C 都被 CB 替换，且 $P_C = \{\langle CEB, 245\rangle\}$。$CEB$ 和 CB 都是闭集。按照这样的方式继续计算，直到枚举完所有闭频繁项集。注意，当到达 DEB 并执行闭包检查时，我们发现它是 $ADEB$ 的子集，并且具有相同的支持度，因此 DEB 不是闭集。

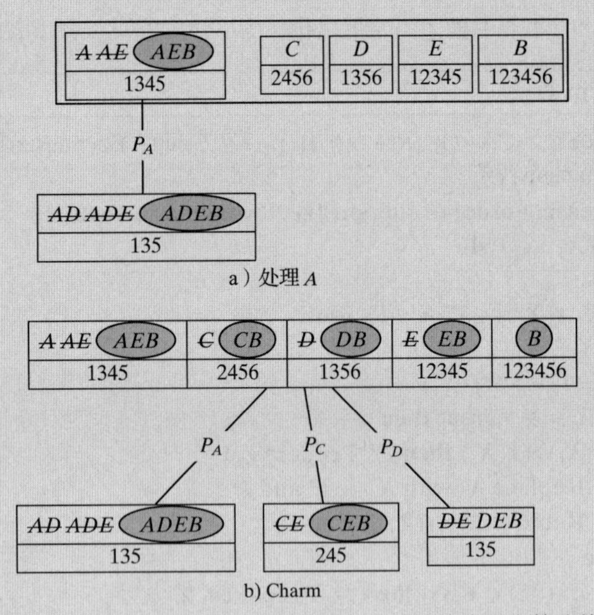

图 9-4 挖掘闭频繁项集。闭项集用带阴影的椭圆表示，删除线表示在算法执行期间由 $X_i \cup X_j$ 替换的项集 X_i，不显示非频繁项集

9.4 非可导项集

如果项集的支持度不能由其子集的支持度推导出来，则称之为非可导项集。所有频繁非可导项集的集合是所有频繁项集的集合的紧凑表示。此外，它的支持度是无损的，也就是

说，所有其他频繁项集的准确支持度都可以从中推导出来。

1. 泛化项集

设$\mathcal{T}$是事务标识符的集合，$\mathcal{I}$是一个项集，X是一个 k 项集，即$X=\{x_1,x_2,\cdots,x_k\}$。思考事务标识符集$\boldsymbol{t}(x_i)(x_i\in X)$。$k$ 个事务标识符集可以将所有的事务标识符划分成2^k份，其中一些可能是空的，每份包含子集$Y\subseteq X$的所有事务标识符，但不包含剩余的项$Z=X\setminus Y$的事务标识符。因此，每份都对应一个包含X中项或负项的泛化项集（generalized itemset）的事务标识符集。这样的泛化项集可以表示为$Y\overline{Z}$，其中Y由常规项组成，Z由负项组成。我们将泛化项集$Y\overline{Z}$的支持度定义为包含Y中所有项但不含Z中项的事务数目：

$$\sup(Y\overline{Z})=|\{t\in\mathcal{T}\mid Y\subseteq\boldsymbol{i}(t)\text{且 }Z\cap\boldsymbol{i}(t)=\varnothing\}| \tag{9.6}$$

例 9.5 思考图 9-1a 中的示例数据集。设$X=ACD$，则$\boldsymbol{t}(A)=1345$，$\boldsymbol{t}(C)=2456$，$\boldsymbol{t}(D)=1356$。如图 9-5 的维恩图所示，这三个事务标识符集对包含所有事务标识符的空间进行了划分。例如，标记为$\boldsymbol{t}(AC\overline{D})=4$的区域表示包含$A$和$C$但不包含$D$的所有事务标识符。因此，泛化项集$AC\overline{D}$的支持度为 1。图中给出了所有 8 个区域的事务标识符归属。某些区域是空的，这意味着对应的泛化项集的支持度为 0。

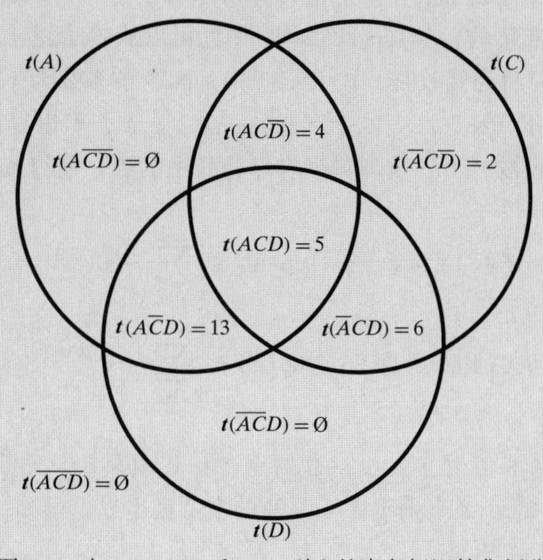

图 9-5 由$\boldsymbol{t}(A)$、$\boldsymbol{t}(C)$和$\boldsymbol{t}(D)$引入的事务标识符集划分

2. 容斥原理

设$Y\overline{Z}$为一个泛化项集，$X=Y\cup Z=YZ$。容斥原理（inclusion–exclusion principle）使得我们可以用所有满足$Y\subseteq W\subseteq X$的项集W的支持度来直接计算$Y\overline{Z}$的支持度：

$$\sup(Y\overline{Z})=\sum_{Y\subseteq W\subseteq X}-1^{|W\setminus Y|}\cdot\sup(W) \tag{9.7}$$

例 9.6 计算泛化项集$\overline{A}C\overline{D}=C\overline{AD}$的支持度，其中$Y=C$，$Z=AD$，$X=YZ=ACD$。在图 9-5 所示的维恩图中，从$\boldsymbol{t}(C)$中的所有事务标识符开始，移除$\boldsymbol{t}(AC)$和$\boldsymbol{t}(CD)$中包含的事务标识符。但是，在支持度方面，$\sup(ACD)$的支持度会被删除两次，因此我们需

要将其添加回去。也就是说，$C\overline{AD}$ 的支持度为

$$\begin{aligned}\sup(C\overline{AD}) &= \sup(C) - \sup(AC) - \sup(CD) + \sup(ACD)\\ &= 4-2-2+1=1\end{aligned}$$

这正是容斥原理给出的结果：

$$\begin{aligned}\sup(C\overline{AD}) = &(-1)^0\sup(C)+ && W=C, |W\setminus Y|=0\\ &(-1)^1\sup(AC)+ && W=AC, |W\setminus Y|=1\\ &(-1)^1\sup(CD)+ && W=CD, |W\setminus Y|=1\\ &(-1)^2\sup(ACD) && W=ACD, |W\setminus Y|=2\\ = &\sup(C)-\sup(AC)-\sup(CD)+\sup(ACD)\end{aligned}$$

可以看到，$C\overline{AD}$ 的支持度是满足 $C\subseteq W\subseteq ACD$ 的项集 W 的支持度的组合。

3. 项集的支持度边界

请注意，式（9.7）中计算 $Y\overline{Z}$ 的支持度的容斥公式包含了 Y 和 $X=YZ$ 之间的所有子集的项。换言之，给定一个 k 项集 X，有 2^k 个 $Y\overline{Z}$ 形式的泛化项集，其中 $Y\subseteq X$ 且 $Z=X\setminus Y$，且每个泛化项集在容斥公式中都有一个对应的 $\sup(X)$ 项（对应于 $W=X$ 的情况）。由于任何（泛化）项集的支持度都是非负的，令 $\sup(Y\overline{Z})\geqslant 0$，因此可以从 2^k 个泛化项集中得到 X 的支持度的边界。请注意，当 $|X\setminus Y|$ 为偶数时，式（9.7）中 $\sup(X)$ 的系数为 +1；当 $|X\setminus Y|$ 为奇数时，中的 $\sup(X)$ 的系数为 −1。因此，从 2^k 个可能的子集 $Y\subseteq X$，可以导出 $\sup(X)$ 的 2^{k-1} 个下界和 2^{k-1} 个上界，其中 $\sup(Y\overline{Z})\geqslant 0$，重新排列容斥公式中的项，使得 $\sup(X)$ 位于公式的左边，其余项位于公式右边：

$$\text{上界（}|X\setminus Y|\text{是奇数）：}\quad \sup(X)\leqslant \sum_{Y\subseteq W\subset X} -1^{(|X\setminus W|+1)}\sup(W) \tag{9.8}$$

$$\text{下界（}|X\setminus Y|\text{是偶数）：}\quad \sup(X)\geqslant \sum_{Y\subseteq W\subset X} -1^{(|X\setminus W|+1)}\sup(W) \tag{9.9}$$

例 9.7 思考图 9-5 中由 A、C、D 的事务标识符集引入的划分。我们希望使用 $Y\subseteq X$ 中的每个泛化项集 $Y\overline{Z}$ 来确定 $X=ACD$ 的支持度边界。例如，如果 $Y=C$，则根据容斥原理［见式（9.7）］可得：

$$\sup(C\overline{AD}) = \sup(C)-\sup(AC)-\sup(CD)+\sup(ACD)$$

令 $\sup(C\overline{AD})\geqslant 0$，并重新排列各项，得到：

$$\sup(ACD)\geqslant -\sup(C)+\sup(AC)+\sup(CD)$$

这正是式（9.9）中下界公式的表达式，因为 $|X\setminus Y|=|ACD-C|=|AD|=2$，是偶数。

再举一个例子，令 $Y=\varnothing$ 且 $\sup(\overline{ACD})\geqslant 0$，得到：

$$\begin{aligned}\sup(\overline{ACD}) &= \sup(\varnothing)-\sup(A)-\sup(C)-\sup(D)+\\ &\quad \sup(AC)+\sup(AD)+\sup(CD)-\sup(ACD)\geqslant 0\\ \Longrightarrow \sup(ACD) &\leqslant \sup(\varnothing)-\sup(A)-\sup(C)-\sup(D)+\\ &\quad \sup(AC)+\sup(AD)+\sup(CD)\end{aligned}$$

注意，上式给出了 ACD 支持度的上界，它也遵循式（9.8），因为 $|X \setminus Y| = 3$，是奇数。

事实上，图 9-5 中的每一个区域，都可以给出一个边界，4 个给出 ACD 的支持度上界，另 4 个给出 ACD 的支持度下界：

$$
\begin{array}{lll}
\sup(ACD) & \geq 0 & Y = ACD \\
& \leq \sup(AC) & Y = AC \\
& \leq \sup(AD) & Y = AD \\
& \leq \sup(CD) & Y = CD \\
& \geq \sup(AC) + \sup(AD) - \sup(A) & Y = A \\
& \geq \sup(AC) + \sup(CD) - \sup(C) & Y = C \\
& \geq \sup(AD) + \sup(CD) - \sup(D) & Y = D \\
& \leq \sup(AC) + \sup(AD) + \sup(CD) - & \\
& \quad \sup(A) - \sup(C) - \sup(D) + \sup(\varnothing) & Y = \varnothing
\end{array}
$$

图 9-6 对边界的推导过程进行了直观的总结。例如，在第 2 层，不等式符号是≥，这意味着如果 Y 是这一层的项集，则会得到一个下界。不同层上的符号表示通过式（9.8）和式（9.9）进行上界或下界计算时对应项集的系数。最后，子集格栅展示了求和时必须考虑的中间项 W。例如，如果 $Y = A$，则中间项是 $W \in \{AC, AD, A\}$，对应符号为 $\{+1, +1, -1\}$，因此得到如下下界规则：

$$\sup(ACD) \geq \sup(AC) + \sup(AD) - \sup(A)$$

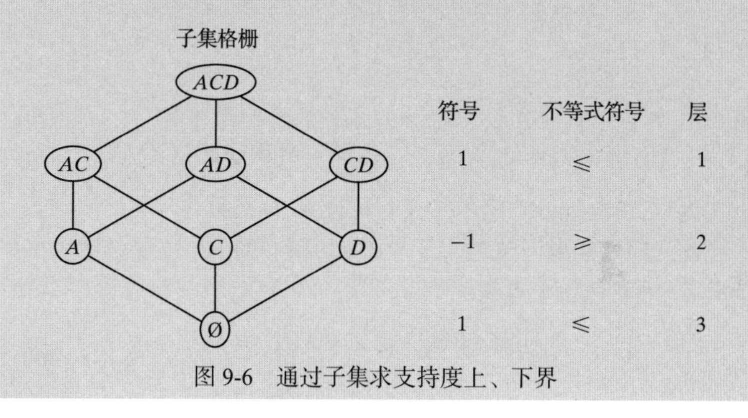

图 9-6　通过子集求支持度上、下界

4. 非可导项集

给定项集 X 且 $Y \subseteq X$，令 $\mathrm{IE}(Y)$ 表示总和：

$$\mathrm{IE}(Y) = \sum_{Y \subseteq W \subset X} -1^{(|X \setminus W|+1)} \cdot \sup(W)$$

然后，$\sup(X)$ 的所有上界和下界的集合如下：

$$\mathrm{UB}(X) = \{\mathrm{IE}(Y) \mid Y \subseteq X, |X \setminus Y| \text{是奇数}\} \tag{9.10}$$

$$\mathrm{LB}(X) = \{\mathrm{IE}(Y) \mid Y \subseteq X, |X \setminus Y| \text{是偶数}\} \tag{9.11}$$

如果 $\max\{\mathrm{LB}(X)\} \neq \min\{\mathrm{UB}(X)\}$，则称项集 X 为非可导项集，这意味着 X 的支持度不能通过其子集的支持度得到，我们只知道可能的值的范围，即：

$$\sup(X) \in [\max\{\mathrm{LB}(X)\}, \min\{\mathrm{UB}(X)\}]$$

此外，如果 $\sup(X)=\max\{LB(X)\}=\min\{UB(X)\}$ ，则 X 是可导项集，因为在此情况下，$\sup(X)$ 可以使用其子集的支持度精确地导出。因此，所有频繁非可导项集如下：

$$\mathcal{N}=\{X\in\mathcal{F}\mid \max\{LB(X)\}\neq\min\{UB(X)\}\}$$

其中，$\mathcal{F}$ 是所有频繁项集的集合。

例 9.8　思考例 9.7 中列出的 $\sup(ACD)$ 的上界和下界的公式。使用图 9-5 中的事务标识符集信息，支持度下界为

$$\begin{aligned}\sup(ACD)&\geqslant 0\\&\geqslant \sup(AC)+\sup(AD)-\sup(A)=2+3-4=1\\&\geqslant \sup(AC)+\sup(CD)-\sup(C)=2+2-4=0\\&\geqslant \sup(AD)+\sup(CD)-\sup(D)=3+2-4=0\end{aligned}$$

上界为

$$\begin{aligned}\sup(ACD)&\leqslant \sup(AC)=2\\&\leqslant \sup(AD)=3\\&\leqslant \sup(CD)=2\\&\leqslant \sup(AC)+\sup(AD)+\sup(CD)-\sup(A)-\sup(C)-\\&\quad\sup(D)+\sup(\varnothing)=2+3+2-4-4-4+6=1\end{aligned}$$

因此，得到：

$$LB(ACD)=\{0,1\}\qquad \max\{LB(ACD)\}=1$$

$$UB(ACD)=\{1,2,3\}\qquad \min\{UB(ACD)\}=1$$

由于 $\max\{LB(ACD)\}=\min\{UB(ACD)\}$ ，因此 ACD 是可导项集。

请注意，在确认项集是否可导之前，不必推导所有的上、下界。例如，令 $X=ABDE$ 。考虑到其直接子集，得到以下上界值：

$$\begin{aligned}\sup(ABDE)&\leqslant \sup(ABD)=3\\&\leqslant \sup(ABE)=4\\&\leqslant \sup(ADE)=3\\&\leqslant \sup(BDE)=3\end{aligned}$$

根据这些上界，可以确定 $\sup(ABDE)\leqslant 3$ 。现在思考由 $Y=AB$ 导出的下界：

$$\sup(ABDE)\geqslant \sup(ABD)+\sup(ABE)-\sup(AB)=3+4-4=3$$

此时，我们知道 $\sup(ABDE)\geqslant 3$ ，因此不需要进一步处理其他上下界，就可以得出 $\sup(ABDE)\in[3,3]$ ，这意味着 $ABDE$ 是可导的。

对于图 9-1a 中的示例数据库，所有频繁非可导项集的集合及其支持度边界为

$$\begin{aligned}\mathcal{N}=\{&A[0,6],B[0,6],C[0,6],D[0,6],E[0,6],\\&AD[2,4],AE[3,4],CE[3,4],DE[3,4]\}\end{aligned}$$

请注意，根据定义，单个项始终是非可导的。

9.5 拓展阅读

闭项集的概念是基于文献（Ganter et al.，1997）提出的正式概念分析的格栅理论框架，文献（Zaki & Hsiao，2005）提出了挖掘闭频繁项集的 Charm 算法，文献（Gouda & Zaki，2005）提出了挖掘最大频繁项集的 GenMax 方法。挖掘最大模式的 Apriori 算法称为 MaxMiner，它具有非常有效的基于支持度下界的项集修剪功能，请参见文献（Bayardo Jr，1998）。文献（Bastide et al.，2000）提出了最小生成器的概念，作者将其称为关键模式（key pattern）。文献（Calders & Goethals，2007）引入了非可导项集挖掘任务。

Bastide, Y., Taouil, R., Pasquier, N., Stumme, G., and Lakhal, L. (2000). Mining frequent patterns with counting inference. *ACM SIGKDD Explorations Newsletter*, 2 (2), 66–75.

Bayardo Jr, R. J. (1998). Efficiently mining long patterns from databases. *Proceedings of the ACM SIGMOD International Conference on Management of Data*. ACM, pp. 85–93.

Calders, T. and Goethals, B. (2007). Non-derivable itemset mining. *Data Mining and Knowledge Discovery*, 14 (1), 171–206.

Ganter, B., Wille, R., and Franzke, C. (1997). *Formal Concept Analysis: Mathematical Foundations*. New York: Springer-Verlag.

Gouda, K. and Zaki, M. J. (2005). Genmax: An efficient algorithm for mining maximal frequent itemsets. *Data Mining and Knowledge Discovery*, 11 (3), 223–242.

Zaki, M. J. and Hsiao, C.-J. (2005). Efficient algorithms for mining closed itemsets and their lattice structure. *IEEE Transactions on Knowledge and Data Engineering*, 17 (4), 462–478.

9.6 练习

Q1. 判断对错：

（a）仅用最大频繁项集足以确定所有频繁项集及其支持度。

（b）项集及其闭包共享相同的事务集合。

（c）所有最大频繁项集的集合是所有闭频繁项集的集合的子集。

（d）所有最大频繁项集的集合是最长的可能频繁项集的集合。

Q2. 给定表 9-1 中的数据库。

（a）计算 AE 的闭包 $\boldsymbol{c}(AE)$。AE 是封闭的吗？

（b）使用 minsup = 2 / 6 查找所有频繁项集、闭项集和最大项集。

表 9-1　Q2 的数据集

事务标识符	项集
t_1	ACD
t_2	BCE
t_3	$ABCE$
t_4	BDE
t_5	$ABCE$
t_6	$ABCD$

Q3. 给定表 9-2 中的数据库，使用 minsup = 1 查找所有最小生成器。

表 9-2　Q3 的数据集

事务标识符	项集
1	*ACD*
2	*BCD*
3	*AC*
4	*ABD*
5	*ABCD*
6	*BCD*

Q4. 思考图 9-7 所示的闭频繁项集格栅。假设项空间是 $\mathcal{I}=\{A,B,C,D,E\}$。回答以下问题：

(a) *CD* 的频率是多少？

(b) 对于子集区间 $[B, ABD]$ 中的项集，查找所有频繁项集及其频率。

(c) *ADE* 是频繁的吗？如果是，给出它的支持度。如果不是，为什么？

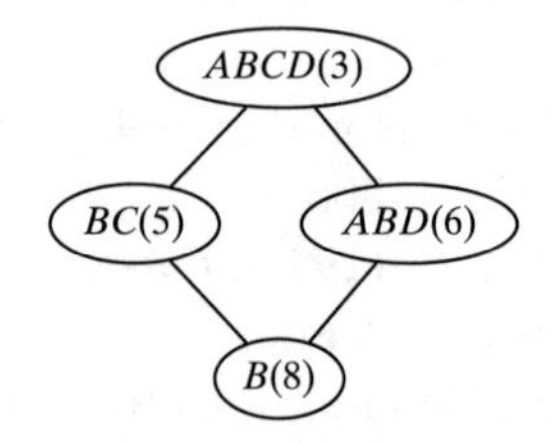

图 9-7　Q4 的闭频繁项集格栅

Q5. 对于某个给定的数据库，设 $\mathcal{C}$ 是所有闭频繁项集的集合，$\mathcal{M}$ 是所有最大频繁项集的集合。证明：$\mathcal{M}\subseteq\mathcal{C}$。

Q6. 证明闭包算子 $\boldsymbol{c}=\boldsymbol{i}\circ\boldsymbol{t}$ 具有下列性质（X 和 Y 是项集）：

(a) 递增：$X\subseteq\boldsymbol{c}(X)$。

(b) 单调：如果 $X\subseteq Y$，那么 $\boldsymbol{c}(X)\subseteq\boldsymbol{c}(Y)$。

(c) 幂等：$\boldsymbol{c}(X)=\boldsymbol{c}(\boldsymbol{c}(X))$。

Q7. 设 δ 为整数。当且仅当对于所有的子集 $Y\subset X$，有 $\sup(Y)-\sup(X)>\delta$，称项集 X 为 δ 自由项集。对于任意项集 X，X 的 δ 闭包定义如下：

$$\delta\text{-closure}(X)=\{Y\mid X\subset Y, \sup(X)-\sup(Y)\leqslant\delta, \text{且}Y\text{是最大项集}\}$$

思考表 9-3 中所示的数据库。回答以下问题：

(a) 给定 $\delta=1$，计算所有 δ 自由项集。

(b) 对于每个 δ 自由项集，计算其 δ 闭包，其中 $\delta=1$。

表 9-3　Q7 的数据集

事务标识符	项集
1	*ACD*
2	*BCD*
3	*ACD*
4	*ABD*
5	*ABCD*
6	*BC*

Q8. 给出图 9-8 所示的频繁项集（及其支持度）格栅，回答以下问题：

(a) 列出所有闭项集。

(b) *BCD* 是否可导？*ABCD* 呢？它们的支持度边界是多少？

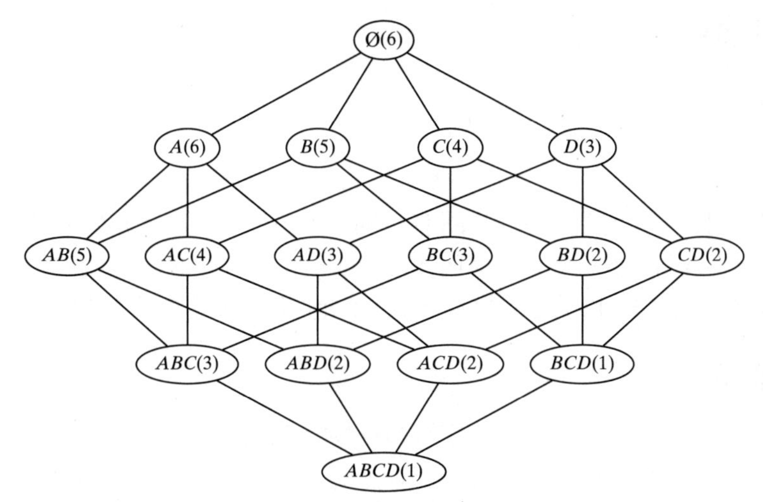

图 9-8　Q8 的频繁项集格栅

Q9. 证明：如果项集 X 是可导的，那么超集 $Y \supset X$ 也是可导的。利用这个特点描述挖掘所有非可导项集的算法。

Q10. 证明：如果 X 是最小生成器，那么所有的子集 $Y \subset X$ 也是最小生成器（具有与 X 不同的支持度）。

第 10 章

Data Mining and Machine Learning

序列挖掘

许多实际应用，如生物信息学、Web 挖掘和文本挖掘等，都需要处理序列和时态数据。序列挖掘有助于发现给定数据集中跨时间或位置的模式。本章将介绍挖掘频繁序列（允许元素之间存在间隙）的方法，以及挖掘频繁子串（不允许连续元素之间存在间隙）的方法。

10.1 频繁序列

设Σ表示一个字母表，定义为一组字符和符号的有限集合，设$|\Sigma|$表示其基数。序列或字符串定义为有序的符号列表，表示为$\boldsymbol{s}=s_1s_2\cdots s_k$，其中$s_i\in\Sigma$是$i$处的符号，也记作$\boldsymbol{s}[i]$。这里$|\boldsymbol{s}|=k$表示序列的长度。长度为$k$的序列也称为$k$序列。$\boldsymbol{s}[i:j]=s_is_{i+1}\cdots s_{j-1}s_j$表示子串或从$i$到$j$（$j>i$）的连续符号序列。将序列$\boldsymbol{s}$的前缀定义为形为$\boldsymbol{s}[1:i]=s_1s_2\cdots s_i$的子串，其中$0\leqslant i\leqslant n$。同时，将$\boldsymbol{s}$的后缀定义为形为$\boldsymbol{s}[i:n]=s_is_{i+1}\cdots s_n$的子串，其中$1\leqslant i\leqslant n+1$。注意，$\boldsymbol{s}[1:0]$表示空前缀，$\boldsymbol{s}[n+1:n]$表示空后缀。设$\Sigma^*$为所有可能序列的集合，这些序列可以使用$\Sigma$中的符号构造，包括空序列$\varnothing$（长度为零）。

设$\boldsymbol{s}=s_1s_2\cdots s_n$和$\boldsymbol{r}=r_1r_2\cdots r_m$是$\Sigma$的两个序列。如果存在一一映射$\phi:[1,m]\rightarrow[1,n]$，使得$\boldsymbol{r}[i]=\boldsymbol{s}[\phi(i)]$，且对于$\boldsymbol{r}$中任意两个位置$i$，$j$，有$i<j\Rightarrow\phi(i)<\phi(j)$，则称$\boldsymbol{r}$是$\boldsymbol{s}$的子序列，表示为$\boldsymbol{r}\subseteq\boldsymbol{s}$。换句话说，$\boldsymbol{r}$中的每个位置被映射到$\boldsymbol{s}$中的某个位置，并且保持符号的顺序不变，但映射后$\boldsymbol{r}$中元素之间可能存在间隙。如果$\boldsymbol{r}\subseteq\boldsymbol{s}$，则称$\boldsymbol{s}$包含$\boldsymbol{r}$。序列$\boldsymbol{r}$称为$\boldsymbol{s}$的连续子序列或子串，只要满足$r_1r_2\cdots r_m=s_js_{j+1}\cdots s_{j+m-1}$，即$\boldsymbol{r}[1:m]=\boldsymbol{s}[j:j+m-1]$，其中$1\leqslant j\leqslant n-m+1$。对于子串，不允许$\boldsymbol{r}$中的元素在映射中有间隙。

例 10.1 设$\Sigma=\{\mathrm{A,C,G,T}\}$，$\boldsymbol{s}=\mathrm{ACTGAACG}$，则$\boldsymbol{r}_1=\mathrm{CGAAG}$是$\boldsymbol{s}$的子序列，$\boldsymbol{r}_2=\mathrm{CTGA}$是$\boldsymbol{s}$的子串。序列$\boldsymbol{r}_3=\mathrm{ACT}$是$\boldsymbol{s}$的前缀，$\boldsymbol{r}_4=\mathrm{ACTGA}$也是$\boldsymbol{s}$的前缀，$\boldsymbol{r}_5=\mathrm{GAACG}$是$\boldsymbol{s}$的后缀。

给定一个包含N个序列的数据库$\boldsymbol{D}=\{\boldsymbol{s}_1,\boldsymbol{s}_2,\cdots,\boldsymbol{s}_N\}$，以及某个序列$\boldsymbol{r}$，$\boldsymbol{r}$在数据库$\boldsymbol{D}$中的支持度定义为$\boldsymbol{D}$中包含$\boldsymbol{r}$的序列的总数：

$$\sup(\boldsymbol{r})=|\{\boldsymbol{s}_i\in\boldsymbol{D}\mid\boldsymbol{r}\subseteq\boldsymbol{s}_i\}| \tag{10.1}$$

$\boldsymbol{r}$的相对支持度是包含$\boldsymbol{r}$的序列的比例：

$$\mathrm{rsup}(\boldsymbol{r})=\sup(\boldsymbol{r})/N$$

给定一个用户指定的阈值 minsup，如果$\sup(\boldsymbol{r})\geqslant\mathrm{minsup}$，则表示序列$\boldsymbol{r}$在数据库$\boldsymbol{D}$中是频繁的。如果频繁序列不是任何其他频繁序列的子序列，则它是最大频繁序列；如果频繁序列不是具有相同支持度的任何其他频繁序列的子序列，则它是闭频繁序列。

10.2 挖掘频繁序列

在序列挖掘中，符号的顺序很重要，因此必须考虑符号的所有可能排列，将它们作为可能的候选频繁序列。与此相比，项集挖掘只需考虑项的组合。序列搜索空间可以按前缀搜索树组织。树的根节点（第0层）对应的是空序列，每个符号$x \in \Sigma$都是根节点的一个子元素。因此，第k层标识为序列$\mathbf{s} = s_1 s_2 \cdots s_k$的节点的子节点有第$k+1$层的形如$\mathbf{s}' = s_1 s_2 \cdots s_k s_{k+1}$的序列。换句话说，$\mathbf{s}$是每个子节点$\mathbf{s}'$的前缀，$\mathbf{s}'$也称为$\mathbf{s}$的扩展。

例 10.2 设$\Sigma = \{A, C, G, T\}$，数据库$\boldsymbol{D}$由表10-1所示的三个序列组成。按前缀搜索树组织的序列搜索空间如图10-1所示。括号内的数值表示每个序列的支持度。例如，标记为A的节点有三个扩展AA、AG和AT，其中，AT在minsup = 3时是非频繁的。

表 10-1 示例序列数据库

标识符	序列
$\mathbf{s}_1$	CAGAAGT
$\mathbf{s}_2$	TGACAG
$\mathbf{s}_3$	GAAGT

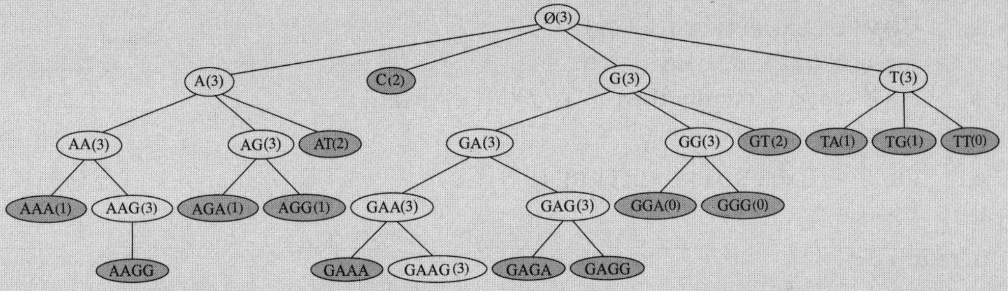

图 10-1 序列搜索空间：带阴影的椭圆表示非频繁候选序列；括号中没有支持度的候选序列可以根据非频繁子序列进行修剪，无阴影椭圆表示频繁序列

子序列搜索空间在概念上是无限的，因为它包含Σ^*的所有序列，即使用Σ中符号创建的长度大于或等于零的序列。实际上，数据库$\boldsymbol{D}$由有界长度的序列组成。设l表示数据库中最长序列的长度，那么，在最坏的情况下，需要考虑所有长度最长达到l的候选序列，这就给出了搜索空间大小的以下界限：

$$|\Sigma|^1 + |\Sigma|^2 + \cdots + |\Sigma|^l = O(|\Sigma|^l) \tag{10.2}$$

因为在第k层，一共可能有$|\Sigma|^k$个长度为k的子序列。

10.2.1 逐层挖掘：GSP

我们设计一个有效的序列挖掘算法，使用逐层或宽度优先的策略来搜索序列前缀树。给定第k层的频繁序列的集合，在$k+1$层生成所有可能的扩展序列或候选序列。接着计算每个候选序列的支持度，并剪去那些非频繁的序列。当没有频繁扩展序列时，停止算法。

逐层通用序列模式（Generalized Sequential Pattern，GSP）挖掘算法的伪代码如算法10.1所示。该算法利用支持度的反单调（antimonotonic）性质对候选模式进行修剪，该性质表明非频繁序列的超序列不可能是频繁的，而频繁序列的所有子序列都必须是频繁的。前缀搜索树的第 k 层表示为 $\mathcal{C}^{(k)}$。初始化时，$\mathcal{C}^{(1)}$ 包含 Σ 中的所有符号。给定当前候选 k 序列的集合 $\mathcal{C}^{(k)}$，该算法首先计算它们的支持度（第 6 行）。对于数据库中的每个序列 $\boldsymbol{s}_i \in \boldsymbol{D}$，检查候选序列 $\boldsymbol{r} \in \mathcal{C}^{(k)}$ 是不是 $\boldsymbol{s}_i$ 的子序列。如果是，将 $\boldsymbol{r}$ 的支持度增加 1。第 k 层的频繁序列都找到后，就生成第 $k+1$ 层的候选序列（第 10 行）。对于扩展，每个叶子节点 $\boldsymbol{r}_a$ 都用任意其他有共同前缀（即有相同的父节点）的叶子节点 $\boldsymbol{r}_b$ 的最后一个字符进行扩展，以获得新的候选（k+1）序列 $\boldsymbol{r}_{ab}=\boldsymbol{r}_a+\boldsymbol{r}_b[k]$（第 18 行）。如果新的候选序列 $\boldsymbol{r}_{ab}$ 包含非频繁 k 序列，就将其剪去。

根据式（10.2），GSP 的计算复杂度为 $O(|\Sigma|^l)$，其中 l 是最长频繁序列的长度。I/O 复杂度是 $O(l \cdot \boldsymbol{D})$，因为需要在数据库的一次扫描中计算整层序列的支持度。

算法 10.1　GSP 算法

```
   GSP (D, Σ, minsup):
1  F ← Ø
2  C^(1) ← {Ø} // Initial prefix tree with single symbols
3  foreach s ∈ Σ do Add s as child of Ø in C^(1) with sup(s) ← 0
4  k ← 1 // k denotes the level
5  while C^(k) ≠ Ø do
6  |  COMPUTESUPPORT (C^(k), D)
7  |  foreach leaf s ∈ C^(k) do
8  |  |  if sup(r) ≥ minsup then F ← F ∪ {(r, sup(r))}
9  |  |  else remove s from C^(k)
10 |  C^(k+1) ← EXTENDPREFIXTREE (C^(k))
11 |  k ← k+1
12 return F^(k)

   COMPUTESUPPORT (C^(k), D):
13 foreach s_i ∈ D do
14 |  foreach r ∈ C^(k) do
15 |  |  if r ⊆ s_i then sup(r) ← sup(r) + 1

   EXTENDPREFIXTREE (C^(k)):
16 foreach leaf r_a ∈ C^(k) do
17 |  foreach leaf r_b ∈ CHILDREN(PARENT(r_a)) do
18 |  |  r_ab ← r_a + r_b[k] // extend r_a with last item of r_b
   |  |  // prune if there are any infrequent subsequences
19 |  |  if r_c ∈ C^(k), for all r_c ⊂ r_ab, such that |r_c| = |r_ab| − 1 then
20 |  |  |  Add r_ab as child of r_a with sup(r_ab) ← 0
21 |  if no extensions from r_a then
22 |  |  remove r_a, and all ancestors of r_a with no extensions, from C^(k)
23 return C^(k)
```

例 10.3　例如，使用 minsup=3 挖掘表 10-1 所示的数据库。我们只想找到出现在 3 个数据库序列中的子序列。如图 10-1 所示，首先扩展第 0 层的空序列 $\varnothing$，获得第 1 层的候选序列 A、C、G、T 的过程，其中 C 可以被剪除，因为它是非频繁的。接着，生成第 2 层所有可能的候选序列。注意，将 A 作为前缀，生成扩展序列 AA、AG、AT。对另外两个符号 G 和 T 重复类似的过程。一些候选扩展序列可以在不进行计数的情况下剪去。例如，可以删减从 GAA 获得的扩展序列 GAAA，因为它具有非频繁子序列 AAA。图中显示了所有的频繁序列（无阴影），其中 GAAG(3) 和 T(3) 是最大频繁序列。

10.2.2 垂直序列挖掘：Spade

Spade 算法使用数据库的垂直表示进行序列挖掘，其主要理念是针对每个符号记录序列标识符和它出现的位置。对于每个符号 $s \in \Sigma$，记录元组 $\langle i, \text{pos}(s)\rangle$ 的集合，其中 pos(s) 是数据库序列 $\boldsymbol{s}_i \in \boldsymbol{D}$ 中符号 s 出现的位置的集合。设 $\mathcal{L}(s)$ 表示符号 s 的序列－位置元组的集合，称为位置列表（poslist）。每个符号 $s \in \Sigma$ 的位置列表集合构成了输入数据库的垂直表示。一般来说，给定 k 序列 $\boldsymbol{r}$，其位置列表 $\mathcal{L}(\boldsymbol{r})$ 维护每个数据库序列 $\boldsymbol{s}_i$ 中最后一个符号 $\boldsymbol{r}[k]$ 出现的位置，其中 $\boldsymbol{r} \subseteq \boldsymbol{s}_i$。序列 $\boldsymbol{r}$ 的支持度即包含 $\boldsymbol{r}$ 的所有不同序列的数目，即 $\sup(\boldsymbol{r}) = |\mathcal{L}(\boldsymbol{r})|$。

例 10.4 在表 10-1 中，符号 A 出现在 $\boldsymbol{s}_1$ 的 2、4、5 位置处。因此，将元组 $\langle 1, \{2,4,5\}\rangle$ 添加到 $\mathcal{L}(\text{A})$。因为 A 也出现在序列 $\boldsymbol{s}_2$ 的 3、5 位置处，以及 $\boldsymbol{s}_3$ 的 2、3 位置处，所以 A 的完整位置列表是 $\{\langle 1,\{2,4,5\}\rangle, \langle 2,\{3,5\}\rangle, \langle 1,\{2,3\}\rangle\}$。$\sup(\text{A}) = 3$，因为它的位置列表包含 3 个元组。图 10-2 给出了每个符号以及其他序列的位置列表。

例如，对于序列 GT，我们发现它是 $\boldsymbol{s}_1$ 和 $\boldsymbol{s}_3$ 的子序列。即使 GT 在 $\boldsymbol{s}_1$ 中出现了两次，最后一个符号 T 在 $\boldsymbol{s}_1$ 中出现在位置 7 处，因此 GT 的位置列表是元组 $\langle 1,7\rangle$。GT 的完整位置列表是 $\mathcal{L}(\text{GT}) = \{\langle 1,7\rangle, \langle 3,5\rangle\}$。GT 的支持度是 $\sup(\text{GT}) = |\mathcal{L}(\text{GT})| = 2$。

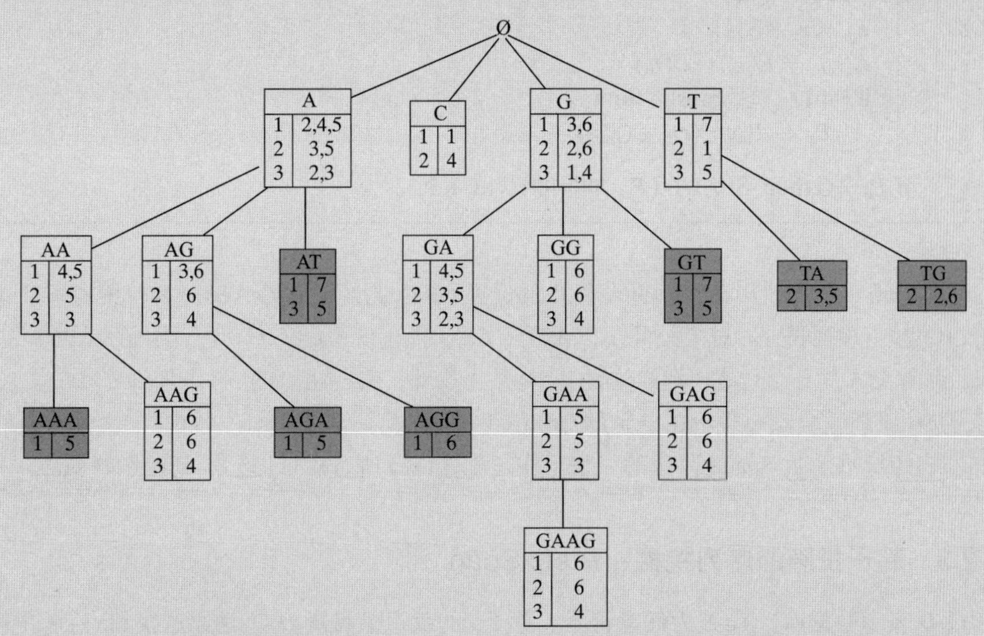

图 10-2 通过 Spade 进行序列挖掘：至少出现一次的非频繁序列显示为阴影，没有显示支持度为 0 的序列

Spade 的支持度计算是通过序列联合（sequential join）操作完成的，给定任意两个共享长度为 $(k-1)$ 的前缀的 k 序列 $\boldsymbol{r}_a$ 和 $\boldsymbol{r}_b$ 的位置列表，其理念是在位置列表上执行序列联合，以计算新的长度为 $(k+1)$ 的候选序列 $\boldsymbol{r}_{ab}=\boldsymbol{r}_a+\boldsymbol{r}_b[k]$ 的支持度。给定元组 $\langle i,\text{pos}(\boldsymbol{r}_b[k])\rangle\in\mathcal{L}(\boldsymbol{r}_b)$，首先检查是否存在元组 $\langle i,\text{pos}(\boldsymbol{r}_a[k])\rangle\in\mathcal{L}(\boldsymbol{r}_a)$，即两个序列必须出现在同一个数据库序列 $\boldsymbol{s}_i$ 中。接着，对于每个位置 $p\in\text{pos}(\boldsymbol{r}_b[k])$，检查是否存在位置 $q\in\text{pos}(\boldsymbol{r}_a[k])$，使得 $q<p$。如果存在，则意味着 $\boldsymbol{r}_b[k]$ 出现在 $\boldsymbol{r}_a$ 的最后一个位置之后，因此保留 p 作为 $\boldsymbol{r}_{ab}$ 的有效出现位置。位置列表 $\mathcal{L}(\boldsymbol{r}_{ab})$ 包含所有这样的有效出现位置。请注意，我们只跟踪候选序列中最后一个符号的位置，因为我们从共同的前缀扩展获得序列，不需要保留前缀中符号的所有出现位置。序列联合表示为 $\mathcal{L}(\boldsymbol{r}_{ab})=\mathcal{L}(\boldsymbol{r}_a)\cap\mathcal{L}(\boldsymbol{r}_b)$。

垂直表示的主要优点是，它可以在序列搜索空间中使用不同的搜索策略，包括深度优先或宽度优先策略。算法 10.2 给出了 Spade 的伪代码。给定一个具有相同前缀的序列集合 P 及其位置列表，通过与每个序列 $\boldsymbol{r}_b\in P$ 进行序列联合（包括自联合），Spade 算法为每个序列 $\boldsymbol{r}_a\in P$ 创建新的前缀等价类 P_a。在删除非频繁扩展序列之后，对新的等价类 P_a 进行递归处理。

算法 10.2　Spade 算法

```
   // Initial Call: 𝓕 ← ∅, k ← 0,
      P ← {⟨s, 𝓛(s)⟩ | s ∈ Σ, sup(s) ≥ minsup}
   SPADE (P, minsup, 𝓕, k):
1  foreach r_a ∈ P do
2      𝓕 ← 𝓕 ∪ {(r_a, sup(r_a))}
3      P_a ← ∅
4      foreach r_b ∈ P do
5          r_ab = r_a + r_b[k]
6          𝓛(r_ab) = 𝓛(r_a) ∩ 𝓛(r_b)
7          if sup(r_ab) ≥ minsup then
8              P_a ← P_a ∪ {⟨r_ab, 𝓛(r_ab)⟩}
9      if P_a ≠ ∅ then SPADE (P_a, minsup, 𝓕, k+1)
```

例 10.5　思考图 10-2 所示的 A 和 G 的位置列表。为了得到 $\mathcal{L}(\text{AG})$，对位置列表 $\mathcal{L}(\text{A})$ 和 $\mathcal{L}(\text{G})$ 执行序列联合。对于元组 $\langle 1,\{2,4,5\}\rangle\in\mathcal{L}(\text{A})$ 和 $\langle 1,\{3,6\}\rangle\in\mathcal{L}(\text{G})$，$G$ 出现在位置 3 和 6 处，都是在 A 的某个位置（例如位置 2）之后。因此，将元组 $\langle 1,\{3,6\}\rangle$ 添加到 $\mathcal{L}(\text{AG})$。AG 的完整位置列表是 $\mathcal{L}(\text{AG})=\{\langle 1,\{3,6\}\rangle,\langle 2,6\rangle,\langle 3,4\rangle\}$。

图 10-2 展示了 Spade 算法的完整工作过程，以及所有候选序列及其位置列表。

10.2.3　基于投影的序列挖掘：PrefixSpan

设 $\boldsymbol{D}$ 表示数据库，$s\in\Sigma$ 为任意符号。关于 s 的投影数据库 $\boldsymbol{D}_s$，是通过找到 s 在 $\boldsymbol{s}_i$ 中第一次出现的位置（比如位置 p）获得的。接下来，在 $\boldsymbol{D}_s$ 中只保留从 $p+1$ 位置开始的 $\boldsymbol{s}_i$ 后缀。此

外，从后缀中删除非频繁符号。对每个 $\boldsymbol{s}_i \in \boldsymbol{D}$ 都进行这样的操作。

例 10.6 思考表 10-1 中的 3 个数据库序列。假设符号 G 在 $\boldsymbol{s}_i$ = CAGAAGT 中首先出现在位置 3 处，$\boldsymbol{s}_i$ 关于 G 的投影是后缀 AAGT。因此，G 的投影数据库 $\boldsymbol{D}_{\mathrm{G}}$ 为 $\{\boldsymbol{s}_1:\mathrm{AAGT}, \boldsymbol{s}_2:\mathrm{AAG}, \boldsymbol{s}_3:\mathrm{AAGT}\}$。

PrefixSpan 的主要理念是只计算投影数据库 $\boldsymbol{D}_s$ 中单个符号的支持度，然后以深度优先的方式对频繁符号进行递归投影。PrefixSpan 算法的伪代码见算法 10.3。这里，$\boldsymbol{r}$ 是一个频繁子序列，$\boldsymbol{D}_r$ 是 $\boldsymbol{r}$ 的投影数据集。$\boldsymbol{r}$ 初始为空，$\boldsymbol{D}_r$ 初始是整个输入数据集 $\boldsymbol{D}$。给定（投影）序列数据库 $\boldsymbol{D}_r$，PrefixSpan 首先查找投影数据库中的所有频繁符号。对于每个这样的符号 s，通过附加 s 来扩展 $\boldsymbol{r}$ 以获得新的频繁子序列 $\boldsymbol{r}_s$。接着，通过在符号 s 上投影 $\boldsymbol{D}_r$ 来创建投影数据集 $\boldsymbol{D}_s$。然后，用 $\boldsymbol{r}_s$ 和 $\boldsymbol{D}_s$ 递归调用 PrefixSpan。

算法 10.3 PrefixSpan 算法

```
   // Initial Call: D_r ← D, r ← ∅, F ← ∅
   PREFIXSPAN (D_r, r, minsup, F):
1  foreach s ∈ Σ such that sup(s, D_r) ≥ minsup do
2      r_s = r + s // extend r by symbol s
3      F ← F ∪ {(r_s, sup(s, D_r))}
4      D_s ← ∅ // create projected data for symbol s
5      foreach s_i ∈ D_r do
6          s'_i ← projection of s_i w.r.t symbol s
7          Remove any infrequent symbols from s'_i
8          Add s'_i to D_s if s'_i ≠ ∅
9      if D_s ≠ ∅ then PREFIXSPAN (D_s, r_s, minsup, F)
```

例 10.7 图 10-3 展示了基于投影的 PrefixSpan 挖掘方法应用于表 10-1 中的示例数据集（minsup=3）的情况。首先从整个数据库 $\boldsymbol{D}$（也表示为 $\boldsymbol{D}_{\varnothing}$）开始，计算每个符号的支持度，发现 C 是非频繁的（用删除线划去）。在频繁符号中，首先创建新的投影数据集 $\boldsymbol{D}_{\mathrm{A}}$。对于 $\boldsymbol{s}_1$，我们发现第一个 A 出现在位置 2 处，所以只保留后缀 GAAGT。在 $\boldsymbol{s}_2$ 中，第一个 A 出现在位置 3 处，因此保留后缀 CAG。去掉 C 后（因为它是非频繁的），只剩下 AG 作为 $\boldsymbol{s}_2$ 在 A 上的投影。同样，得到 $\boldsymbol{s}_3$ 的投影 AGT。根节点的左子节点展示最终投影的数据集 $\boldsymbol{D}_{\mathrm{A}}$。现在，递归进行挖掘过程。给定 $\boldsymbol{D}_{\mathrm{A}}$，计算 $\boldsymbol{D}_{\mathrm{A}}$ 中的符号的支持度，发现只有 A 和 G 是频繁的，这将产生投影 $\boldsymbol{D}_{\mathrm{AA}}$ 和 $\boldsymbol{D}_{\mathrm{AG}}$，依次类推。完整的基于投影的算法执行过程如图 10-3 所示。

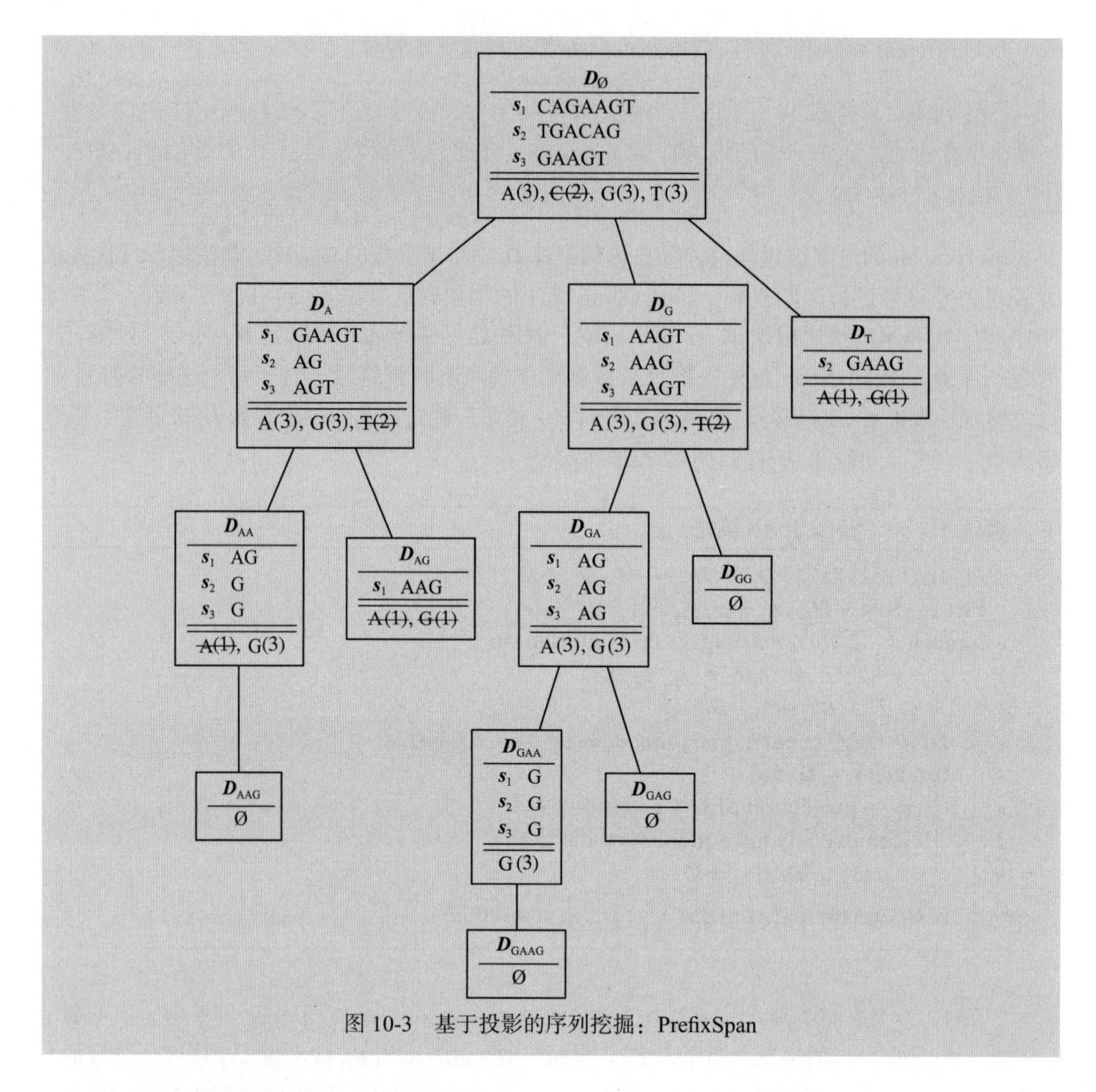

图 10-3　基于投影的序列挖掘：PrefixSpan

10.3　基于后缀树的子串挖掘

现在来看挖掘频繁子串的有效方法。设 $\boldsymbol{s}$ 是长度为 n 的序列，那么 $\boldsymbol{s}$ 中最多有 $O(n^2)$ 个不同的子串。请考虑长度为 w 的子串，$\boldsymbol{s}$ 中一共有 $n-w+1$ 个可能的子串。将所有可能长度的子串数相加，得到：

$$\sum_{w=1}^{n}(n-w+1)=n+(n-1)+\cdots+2+1=O(n^2)$$

与子序列相比，这是一个更小的搜索空间，因此可以设计更有效的算法来解决频繁子串挖掘的问题。事实上，在最坏的情况下，可以在 $O(Nn^2)$ 的时间内挖掘出具有 N 个序列的数据集 $\boldsymbol{D}=\{\boldsymbol{s}_1,\boldsymbol{s}_2,\cdots,\boldsymbol{s}_N\}$ 中的所有频繁子串。

10.3.1　后缀树

设 Σ 表示字母表，设 $\$\neq\Sigma$ 表示标记字符串结尾的终止符。给定序列 $\boldsymbol{s}$，添加终止符，使

得 $\boldsymbol{s}=s_1s_2\cdots s_ns_{n+1}$，其中 $s_{n+1}=\$$，$\boldsymbol{s}$ 的第 j 个后缀为 $\boldsymbol{s}[j:n+1]=s_js_{j+1}\cdots s_{n+1}$。数据库 $\boldsymbol{D}$ 中序列的后缀树（表示为 $\mathcal{T}$）将每个 $\boldsymbol{s}_i\in\boldsymbol{D}$ 的所有后缀存储在树形结构中，其中共享相同前缀的后缀位于从树根节点出发的同一路径上。从根节点到节点 v 经过的所有符号连接起来的子串称为 v 的节点标签（node label），表示为 $L(v)$。出现在边 (v_a,v_b) 上的子串称为边标签（edge label），表示为 $L(v_a,v_b)$。后缀树有两种节点：内部节点和叶子节点。后缀树中的内部节点（根节点除外）至少有两个子节点，其中子节点的每个边标签都以不同的符号开头。因为终止符是唯一的，所以后缀树中的叶子节点和所有不同序列的后缀的数目一样多。每个叶子节点对应于 $\boldsymbol{D}$ 中一个或多个序列的后缀。

得到一种二次时空复杂度的后缀树构造算法很容易。后缀树 $\mathcal{T}$ 初始为空。接着，对每个序列 $\boldsymbol{s}_i\in\boldsymbol{D}(|\boldsymbol{s}_i|=n_i)$，生成它的所有后缀 $\boldsymbol{s}_i[j:n_i+1](1\leqslant j\leqslant n_i)$，然后沿着从根节点开始的路径，将每一个后缀插入树中，直到遇到叶子节点或者某个符号与边不匹配的情况。如果遇到的是叶子节点，则将 (i,j) 对插入叶子节点，注意这是序列 $\boldsymbol{s}_i$ 的第 j 个后缀。如果其中某个符号不匹配，比如在位置 $p\geqslant j$ 处，则在不匹配的地方之前添加一个额外的节点，并创建一个包含 (i,j) 且边标签为 $\boldsymbol{s}_i[p:n_i+1]$ 的新的叶子节点。

例 10.8 思考表 10-1 中有 3 个序列的数据库。特别地，思考 $\boldsymbol{s}_1=\text{CAGAAGT}$。图 10-4 展示了将 $\boldsymbol{s}_1$ 的第 j 个后缀插入后缀树 $\mathcal{T}$ 的情况。第一个后缀是整个序列 $\boldsymbol{s}_1$ 加上终止符；因此后缀树包含一个在根节点下的唯一叶子节点［包含 (1,1)］（见图 10-4a）。第二个后缀是 AGAAGT\$，图 10-4b 展示了处理后的后缀树，它现在有两个叶子节点。第三个后缀 GAAGT\$ 以 G 开头，这还没有被观察到，因此在根节点下 $\mathcal{T}$ 中创建了一个新的叶子节点。第四个后缀 AAGT\$ 与第二个后缀共享前缀 A，因此它遵循从根节点出发沿 A 的路径。但是，由于位置 2 处存在不匹配，因此在它前面创建一个新的内部节点并插入叶子节点 (1,4)，如图 10-4d 所示。将 $\boldsymbol{s}_1$ 的所有后缀插入之后的后缀树如图 10-4g 所示，3 个序列的完整后缀树如图 10-5 所示。

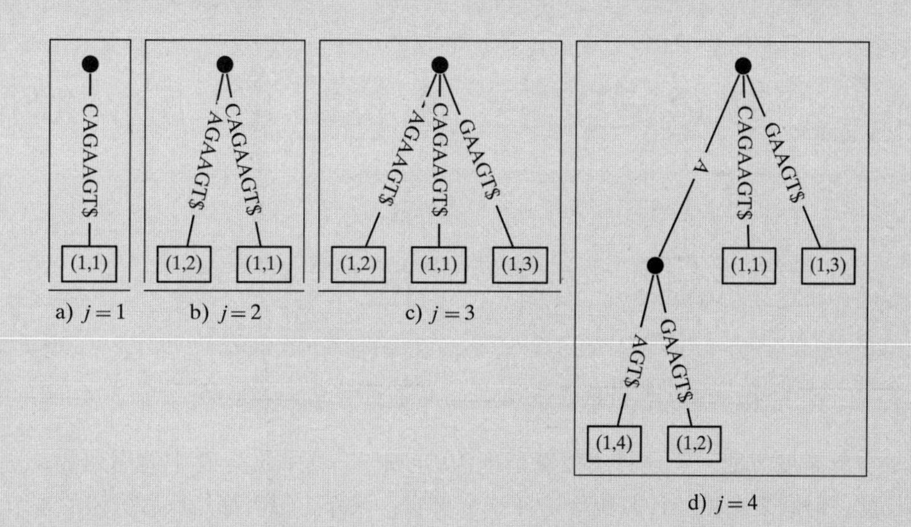

图 10-4 后缀树构建过程：展示树在加入 $\boldsymbol{s}_1$=CAGAAGT\$ 的第 $j(j=1,\cdots,7)$ 个后缀的过程中的变化

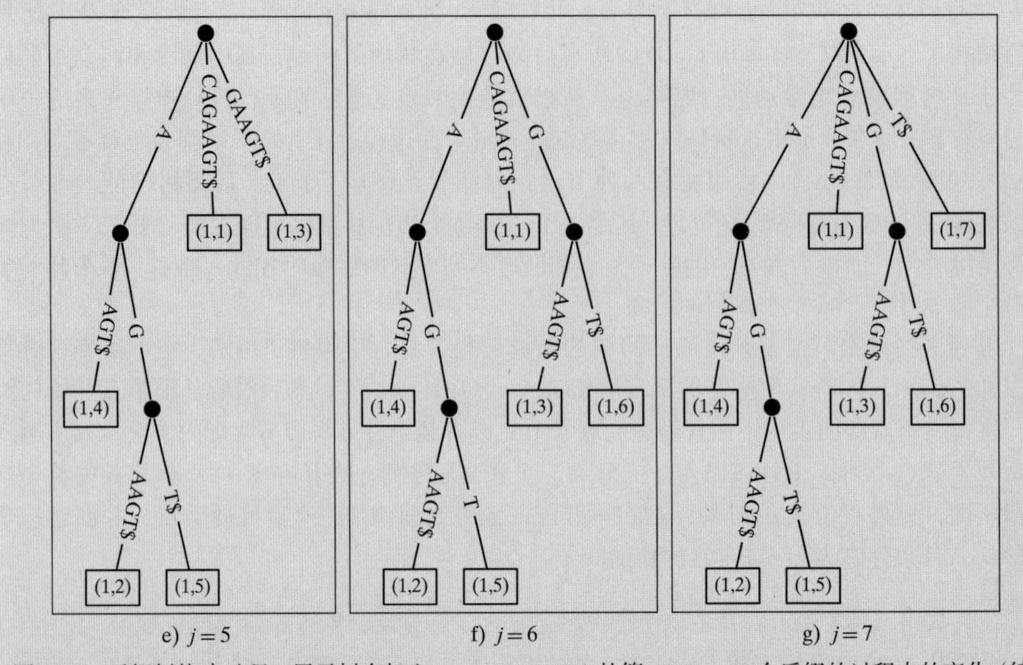

图 10-4　后缀树构建过程：展示树在加入 $\boldsymbol{s}_1$=CAGAAGT$ 的第 $j(j=1,\cdots,7)$ 个后缀的过程中的变化（续）

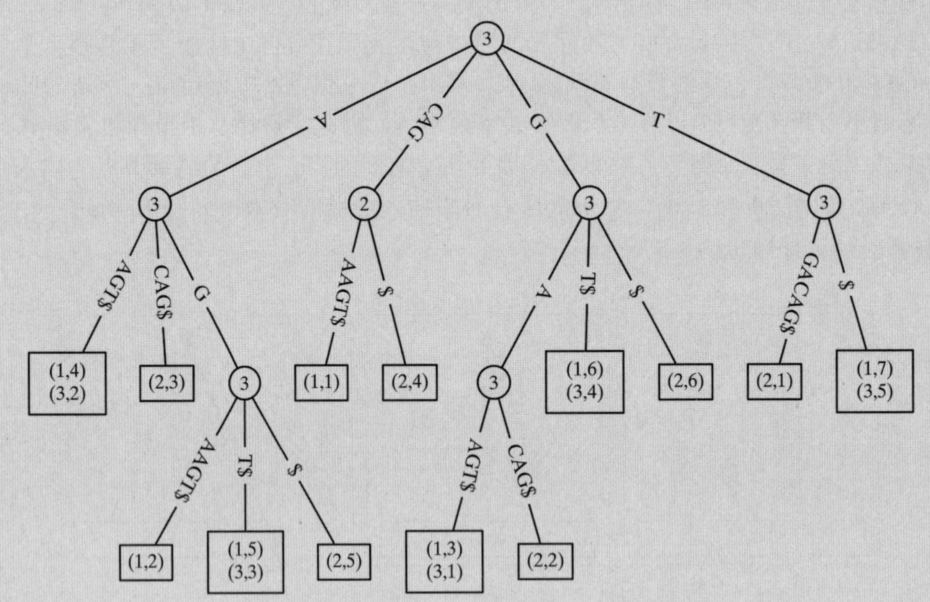

图 10-5　表 10-1 中 3 个序列对应的后缀树。内部节点存储支持度信息，叶子节点也记录了支持度信息，但未在图中显示

在时空复杂度方面，上述算法的复杂度为 $O(Nn^2)$，其中 N 是 $\boldsymbol{D}$ 中的序列数，n 是最长序列的长度。时间复杂度的计算源于这样一个事实：该算法每次都是从后缀树的根节点开始插入新的后缀。这意味着在最坏的情况下，每次插入后缀都需要比较 $O(n)$ 个符号，所以插入 n 个后缀需要进行 $O(n^2)$ 次比较。空间复杂度的计算源于这样一个事实：每个后缀都在后

缀树中显式表示，需要 $n+(n-1)+\cdots+1=O(n^2)$ 的空间。对于数据库中的所有 N 个序列，最坏情况下的时空复杂度为 $O(Nn^2)$ 。

频繁子串

一旦建立了后缀树，就可以通过检查叶子节点或内部节点下出现了多少不同的序列来计算所有的频繁子串。支持度大于或等于 minsup 的节点的节点标签产生频繁子串的集合，这些节点标签的前缀也是频繁的。后缀树还支持查询任何子串 $\boldsymbol{q}$ 在数据库中的所有出现位置。对于 $\boldsymbol{q}$ 中的每个符号，我们沿着从后缀数的根节点开始的路径，直到看到 $\boldsymbol{q}$ 中的所有符号都已找到或发现某些位置不匹配。如果找到 $\boldsymbol{q}$，则该路径下的所有叶子节点的集合就是查询 $\boldsymbol{q}$ 的出现列表。此外，如果存在不匹配的情况，则表示该查询不会出现在数据库中。在查询时间复杂度方面，我们必须匹配 $\boldsymbol{q}$ 中的每个符号，因此可以立即得到 $O(|\boldsymbol{q}|)$ 作为查询的时间复杂度边界（假设 $|\Sigma|$ 是一个常数），它与数据库的大小无关。列出所有的匹配项需要额外的时间：如果有 k 个匹配项，则总时间复杂度为 $O(|\boldsymbol{q}|+k)$ 。

例 10.9　思考图 10-5 所示的后缀树，它存储了表 10-1 中的数据库序列的所有后缀。为了方便进行频繁子串的枚举，我们存储了每个内部节点和叶子节点的支持度信息，也就是说，存储了出现在每个节点及其之下的不同序列的标识符。例如，从根节点出发沿着标示为 A 的路径的最左边子节点的支持度为 3，因为在该子树下有 3 个不同的序列。如果 minsup=3，则频繁子串为 A、AG、G、GA、T，其中最大频繁子串为 AG、GA 和 T。如果 minsup=2，则最大频繁子串为 GAAGT 和 CAG。

对于特殊查询，请思考 $\boldsymbol{q}$=GAA。从根节点开始查询 $\boldsymbol{q}$ 中的符号可以到达包含出现位置（1,3）和（3,1）的叶子节点，这意味着 GAA 在 $\boldsymbol{s}_1$ 的位置 3 处和 $\boldsymbol{s}_3$ 的位置 1 处都出现了。此外，如果 $\boldsymbol{q}$=CAA，则沿着从根节点到标签为 CAG 的分支，在位置 3 处会遇到不匹配的情况而终止查询。这意味着 $\boldsymbol{q}$ 并未出现在数据库中。

10.3.2　Ukkonen 线性时间复杂度算法

现在展示用线性时空复杂度的算法来构造后缀树。首先思考如何为单个序列 $\boldsymbol{s}=s_1s_2\cdots s_ns_{n+1}(s_{n+1}=\$)$ 建立后缀树。逐个插入序列，即可得到对应整个数据集的 N 个序列的后缀树。

1. 实现线性空间复杂度

下面看看如何减少后缀树的空间需求。如果算法将所有符号存储在每个边标签上，那么空间复杂度为 $O(n^2)$ ，也无法实现线性时间复杂度。诀窍是不显式地存储所有边标签，而是使用边压缩（edge-compression）技术，只存储输入字符串 $\boldsymbol{s}$ 中边标签的起始位置和结束位置。如果边标签为 $\boldsymbol{s}[i:j]$ ，则将其表示为区间 $[i,j]$ 。

例 10.10　思考 $\boldsymbol{s}_1$=CAGAAGT$ 的后缀树，如图 10-4g 所示。对应后缀（1,1）的边标签 CAGAAGT$ 可用区间 [1,8] 表示，因为边标签对应子串 $\boldsymbol{s}_1$[1:8]。同样，对应后缀（1,2）的边标签 AAGT$ 可以压缩为 [4,8]，因为 AAGT$=$\boldsymbol{s}_1$[4:8]。带有压缩边标签的 $\boldsymbol{s}_1$ 的完整后缀树如图 10-6 所示。

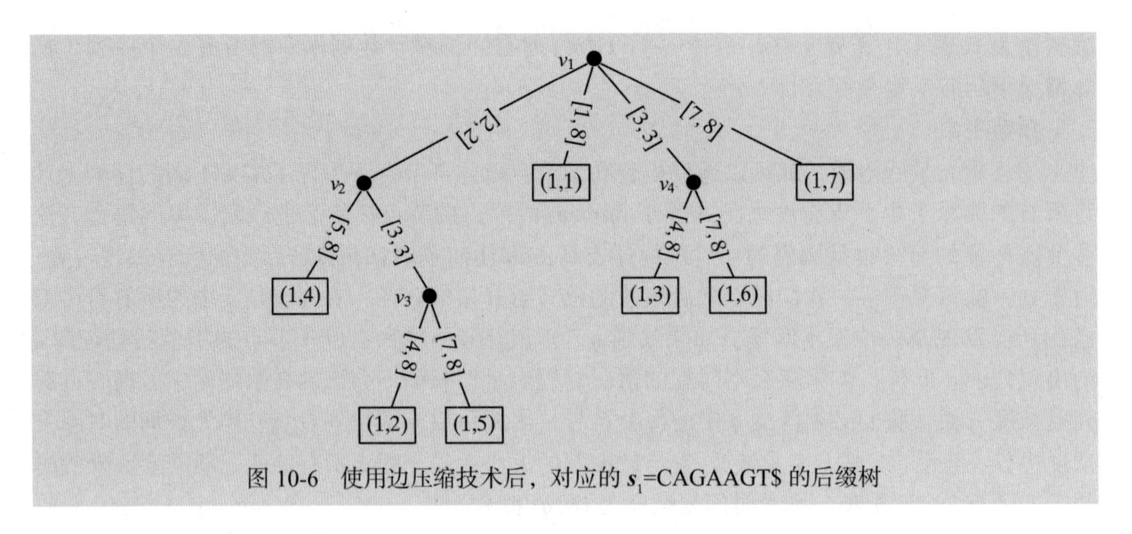

图 10-6　使用边压缩技术后，对应的 s_1=CAGAAGT$ 的后缀树

在空间复杂度方面，请注意，当向树 $\mathcal{T}$ 添加新的后缀时，它最多可以创建一个新的内部节点。因为有 n 个后缀，所以 $\mathcal{T}$ 中有 n 个叶子节点，最多有 n 个内部节点。整棵树最多有 $2n$ 个节点，最多有 $2n-1$ 条边，因此存储每条边对应的区间需要的总空间为 $2(2n-1)=4n-2=O(n)$。

2. 实现线性时间复杂度

Ukkonen 算法是一个在线算法，即给定一个字符串 $\boldsymbol{s}=s_1s_2\cdots s_n\$$，Ukkonen 算法会分阶段构造整个后缀树。截至第 i 步，所构建的树最多包含到 $\boldsymbol{s}$ 中的第 i 个符号，它通过添加下一个符号 $\boldsymbol{s}_i$ 来更新上一阶段的后缀树。设 $\mathcal{T}_i$ 表示对应第 i 个前缀 $\boldsymbol{s}[1:i](1\leqslant i\leqslant n)$ 的后缀树。为了从 $\mathcal{T}_{i-1}$ 构造 $\mathcal{T}_i$，Ukkonen 算法要确保包括当前符号 s_i 的所有后缀都插入 $\mathcal{T}_i$ 中。换句话说，在第 i 个阶段，Ukkonen 算法将从 $j=1$ 到 $j=i$ 的所有后缀 $\boldsymbol{s}[j:i]$ 插入树 $\mathcal{T}_i$ 中。每个这样的插入都被称为第 i 个阶段的第 j 次扩展。一旦处理完 $n+1$ 位置处的终止符，就得到了 $\boldsymbol{s}$ 对应的最终后缀树 $\mathcal{T}$。

算法 10.4 给出了 Ukkonen 算法的简单实现代码。该算法的时间复杂度是 3 次幂的，因为从 $\mathcal{T}_{i-1}$ 获得 $\mathcal{T}_i$ 需要 $O(i^2)$ 的时间，而最后一个阶段需要 $O(n^2)$ 的时间。对于有 n 个阶段的情况而言，总时间为 $O(n^3)$。我们的目标是通过下面几段中描述的优化方法来证明这个时间可以减少到 $O(n)$。

算法 10.4　朴素 Ukkonen 算法

```
NAIVEUKKONEN (s):
1 n ← |s|
2 s[n+1] ← $ // append terminal character
3 T ← Ø // add empty string as root
4 foreach i = 1,···,n+1 do // phase i - construct T_i
5 |  foreach j = 1,···,i do // extension j for phase i
  |  |  // Insert s[j:i] into the suffix tree
6 |  |  Find end of the path with label s[j:i-1] in T
7 |  |  Insert s_i at end of path;
8 return T
```

隐式后缀 对于这种优化，在阶段 i，如果在树中找到 $\mathbf{s}[j:i]$ 的第 j 个扩展，那么也会找到任何后续扩展，因此不需要在阶段 i 处理进一步的扩展，阶段 i 结束时的后缀树 $\mathcal{T}_i$ 具有从 $j+1$ 到 i 的隐式后缀。需要注意的是，当我们第一次遇到树中不存在的新子串时，所有后缀都将变为显式的。当我们处理终止符 \$ 时，这肯定会发生在阶段 $n+1$，因为 $\mathbf{s}$ 中的任何其他地方并没有 $\$(\$ \notin \Sigma)$。

隐式扩展 将当前阶段记为 i，$l \leqslant i-1$ 为前一阶段的后缀树 $\mathcal{T}_{i-1}$ 的最后一个显式后缀。$\mathcal{T}_{i-1}$ 中的所有显式后缀都具有 $[x,i-1]$ 形式的边标签，指向相应的叶子节点，其中起始位置 x 与节点相关，但结束位置必须是 $i-1$，因为 s_{i-1} 在阶段 $i-1$ 中被添加到这些路径的末尾。在当前阶段 i 中，我们本来要在末尾添加 s_i 以扩展这些路径。然而，我们不必显式地递增所有的结束位置，而是用一个跟踪当前处理阶段的指针 e 来替换结束位置。如果用 $[x,e]$ 替换 $[x,i-1]$，那么在阶段 i，如果设 $e=i$，则所有的 l 个已有的后缀立即隐式地扩展到 $[x,i]$。因此，在递增 e 的操作中，实际上就处理了阶段 i 中从 1 到 l 的扩展。

例 10.11 设 s_1=CAGAAGT\$。假设已经执行了前 6 个阶段，得到了图 10-7a 所示的树 $\mathcal{T}_6$。$\mathcal{T}_6$ 中最后一个显式后缀是 $l=4$。在第 7 阶段，我们必须执行以下扩展：

CAGAAGT	扩展 1
AGAAGT	扩展 2
GAAGT	扩展 3
AAGT	扩展 4
AGT	扩展 5
GT	扩展 6
T	扩展 7

在第 7 阶段开始时，设 $e=7$，这将为树中所有显式后缀生成隐式扩展，如图 10-7b 所示。注意符号 $s_7=T$ 现在是如何隐式地位于每个叶子边的，例如，$\mathcal{T}_6$ 中的标签 $[5,e]=\text{AG}$ 现在变成 $\mathcal{T}_7$ 中的 $[5,e]=\text{AGT}$。因此，上面列出的前 4 个扩展通过简单地对 e 增加 1 来实现。为了完成第 7 阶段，必须处理剩余的扩展。

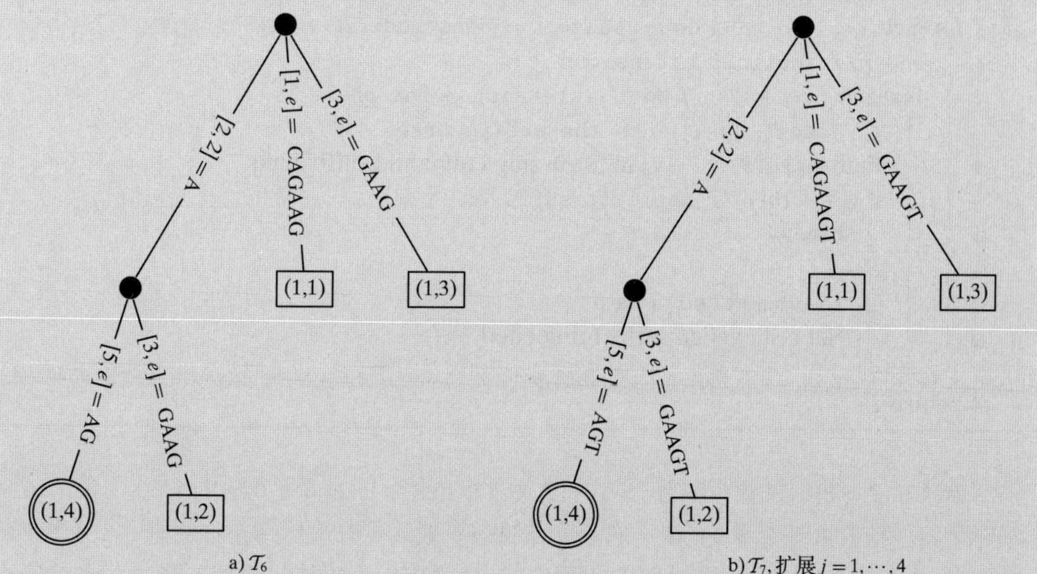

图 10-7 第 7 阶段的隐式扩展。$\mathcal{T}_6$ 中最后一个显式后缀是 $l=4$（显示为双圈）。为方便起见，边标签在图中给出，实际上只存储了区间

跳跃/计数技巧　对于阶段i的第j个扩展，必须搜索子串$\mathbf{s}[j:i-1]$，以便在末尾添加s_i。但是，请注意，该子串必须存在于$\mathcal{T}_{i-1}$中，因为我们已经在上一阶段处理了符号s_{i-1}。因此，我们不是从根节点开始搜索$\mathbf{s}[j:i-1]$中的每个符号，而是首先对以s_j开始的边上的符号进行计数，设此长度为m。如果m大于子串的长度（即如果$m>i-j$），则该子串必须在此边上结束，所以我们直接跳到位置$i-j$，并插入s_i。此外，如果$m \leqslant i-j$，那么可以直接跳跃到子节点（如v_c），并使用相同的跳跃/计数技巧从v_c中搜索剩余子串$\mathbf{s}[j+m:i-1]$。通过这种优化，实现了扩展的成本与路径上的节点数成正比，而不是与$\mathbf{s}[j:i-1]$中的符号数成正比的目标。

后缀链接　我们看到，通过跳跃/计数优化，可以从父节点到子节点来搜索子串$\mathbf{s}[j:i-1]$。但是，每次搜索仍然必须从根节点开始。为了避免这一点，我们使用后缀链接（suffix link）。对于每个内部节点v_a，我们维护一个到内部节点v_b的链接，其中$L(v_b)$是$L(v_a)$的直接后缀。在第$j-1$个扩展中，令v_p表示要寻找$\mathbf{s}[j-1:i]$的内部节点，m表示v_p的节点标签的长度。为了插入第j个扩展$\mathbf{s}[j:i]$，我们沿着从v_p到另一个节点v_s的后缀链接，从v_s中搜索剩余子串$\mathbf{s}[j+m-1:i-1]$。后缀链接的使用允许我们在树的内部进行跳转以进行不同的扩展，而不是每次都从树的根节点进行搜索。最后，如果第j个扩展创建了一个新的内部节点，那么它的后缀链接将指向第j+1个扩展中创建的新内部节点。

优化的Ukkonen算法的伪代码如算法10.5所示。需要注意的是，它仅通过所有优化[即隐式扩展（第6行）、隐式后缀（第9行）、跳跃/计数技巧和后缀链接（第8行）]来实现线性时空复杂度。

算法10.5　优化的Ukkonen算法

```
UKKONEN (s):
1  n ← |s|
2  s[n+1] ← $ // append terminal character
3  T ← Ø // add empty string as root
4  l ← 0 // last explicit suffix
5  foreach i = 1,…,n+1 do // phase i - construct T_i
6      e ← i // implicit extensions
7      foreach j = l+1,…,i do // extension j for phase i
           // Insert s[j:i] into the suffix tree
8          Find end of s[j:i−1] in T via skip/count and suffix links
9          if s_i ∈ T then // implicit suffixes
10             break
11         else
12             Insert s_i at end of path
13             Set last explicit suffix l if needed
14 return T
```

例10.12　我们来看在序列$\mathbf{s}_1=\text{CAGAAGT\$}$上执行Ukkonen算法的情况，如图10-8所示。第1阶段处理符号$s_1=\text{C}$，并将后缀（1,1）插入带有边标签$[1,e]$的树中（见图10-8a）。第2和第3阶段分别添加了新的后缀（1,2）和（1,3）（见图10-8b～图10-8c）。第4阶段要处理$s_4=\text{A}$，注意到所有长度最大为$l=3$的后缀都是显式的。设$e=4$可以隐式地扩展它们，所以只需确保由单个字母 A 组成的最后扩展（j=4）在树中。从树的根节点开始搜索，隐式地在树中找到 A，因此我们进入下一阶段。设 $e=5$，当我们尝试添加扩展 AA（它不在树中）时，后缀（1,4）变为显式的。对于 $e=6$，我们发现扩展 AG 已经在树中，因此我们跳到下一阶段。此时，最后一个显式后缀仍然是（1,4）。对于 $e=7$，T 是以前看不到的符号，因此所有后缀都变为显式的，如图 10-8g 所示。

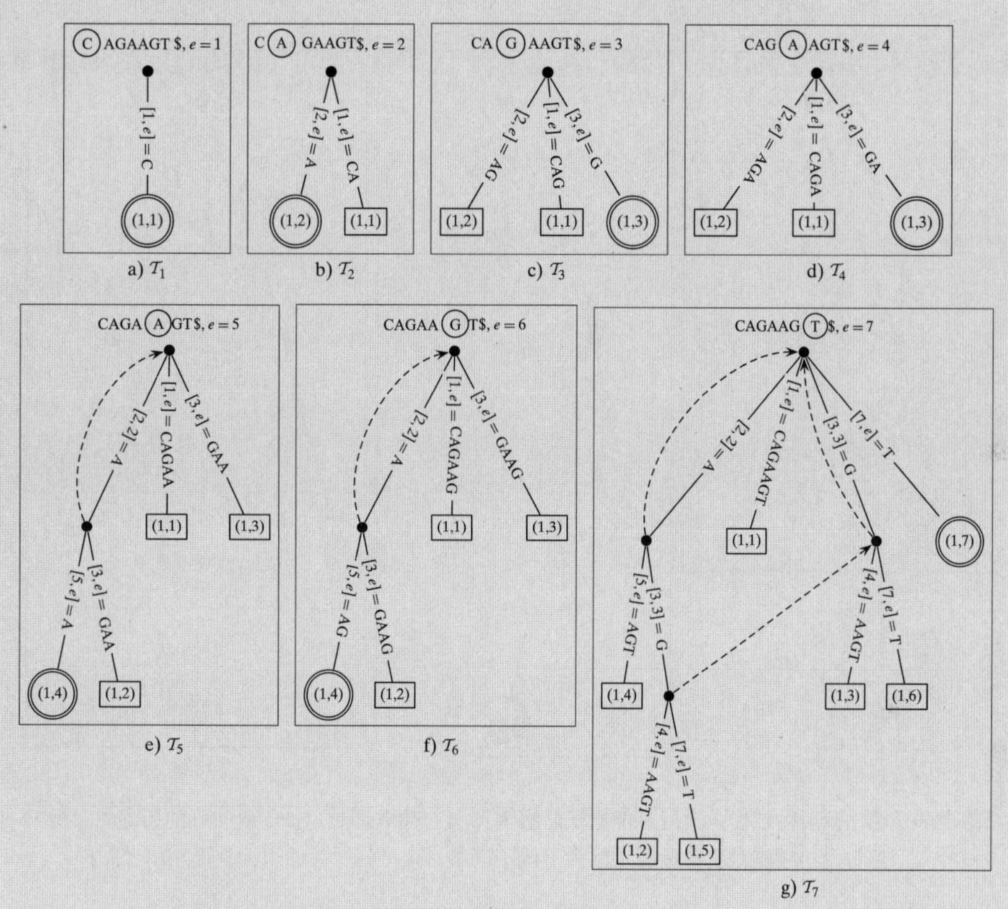

图 10-8 构造后缀树的 Ukkonen 线性时间复杂度算法。步骤 a）～ g）显示了到第 i 阶段对树的连续更改。后缀链接用虚线表示，双圈叶子节点表示树中最后一个显式后缀。最后一步没有显示，因为当 $e=8$ 时，终止符 \$ 不会改变树。尽管实际的后缀树只保留每个边标签对应的区间，但为了便于理解，这里将所有的边标签都显示在图中

最后一个阶段（i=7）的扩展是很有启发性的。如例 10.11 所述，前 4 个扩展都隐式地完成。图 10-9a 展示了这 4 个扩展之后的后缀树。对于第 5 个扩展，我们从最后一个显式叶子节点开始，跟随其父节点的后缀链接，然后从该点开始搜索剩余的符号。在本例中，后缀链接指向根节点，因此从根节点搜索 $\boldsymbol{s}[5:7]=\text{AGT}$。跳到节点 v_A，寻找剩余的字符串 GT，它在边 [3,e] 中出现不匹配项，因此我们在 G 之后创建一个新的内部节点，并插入显式后缀（1,5），如图 10-9b 所示。下一个扩展 $\boldsymbol{s}[6:7]=\text{GT}$ 从新创建的叶子节点（1,5）开始。因为最接近的后缀链接返回到根节点，在从根节点到叶子节点（1,3）的边上搜索 GT 会出现一个不匹配项。然后，我们在该点创建一个新的内部节点 v_G，添

加一个从以前的内部节点 v_{AG} 到 v_G 的后缀链接，并添加一个新的显式叶子节点（1,6），如图 10-9c 所示。最后一个扩展（j=7）对应于 $\boldsymbol{s}[7:7]=\mathrm{T}$，将使所有后缀都变为显式的，因为 T 是第一次出现。最终的树如图 10-8g 所示。

一旦 $\boldsymbol{s}_1$ 处理完了，就可以将数据库 $\boldsymbol{D}$ 中剩余的序列插入现有的后缀树中。对应所有序列的后缀树的最终形态如图 10-5 所示，其中所有内部节点都加上了后缀链接（未显示在图中）。

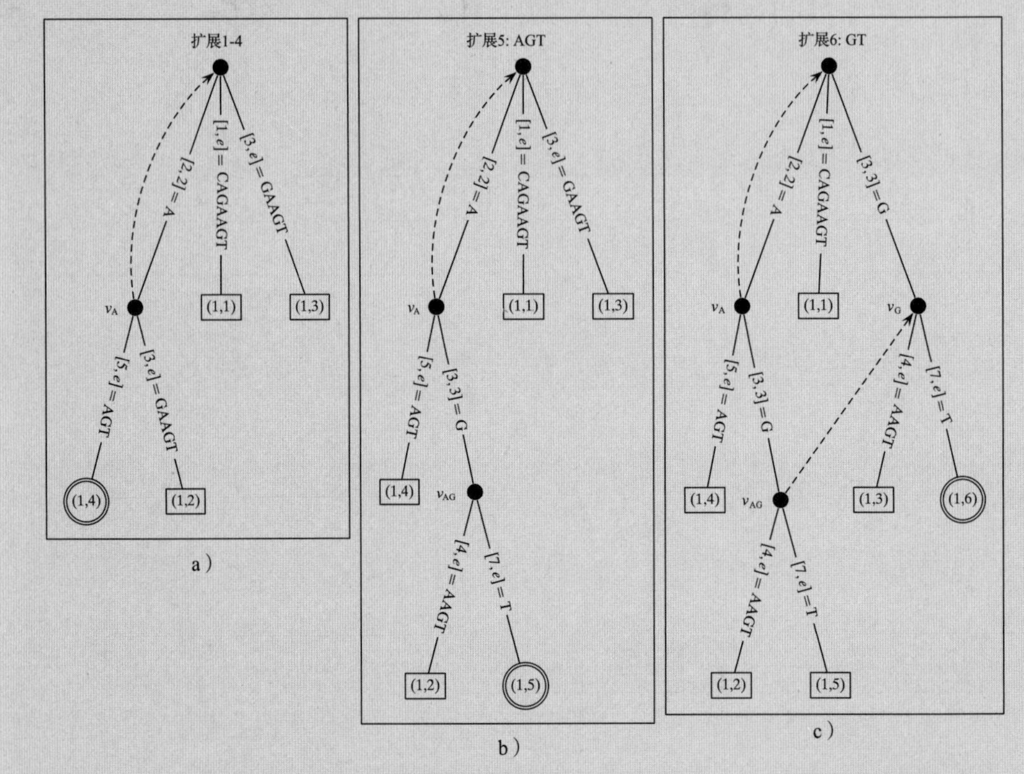

图 10-9 第 7 阶段的扩展。最后一个显式后缀为 $l=4$，用双圈表示。尽管实际的后缀树只保留每个边标签对应的区间，但为了便于理解，这里将所有的边标签都显示在图中

对于长度为 n 的序列，Ukkonen 算法的时间复杂度为 $O(n)$，因为它使每个后缀显式化的工作量恒定（分期进行）。注意，每个阶段通过增加 e 的值只进行一定数量的隐式扩展。在从 $j=1$ 到 $j=i$ 的 i 个扩展中，假设其中的 l 个是隐式扩展。对于其余的扩展，我们在树中某个隐式的扩展 k 处停止。因此，第 i 阶段只需要将后缀 $l+1$ 到 $k-1$ 添加为显式后缀。在创建每个显式后缀时，我们执行固定数量的操作，包括跟踪最近的后缀链接、跳跃/计数以查找第一个不匹配项，以及在需要时插入新的后缀叶子节点。由于每个叶子节点只显式一次，且跳跃/计数的次数在整棵树上以 $O(n)$ 为界，因此在算法最坏情况下时间复杂度为 $O(n)$ 的算法。因此，如果 n 是最长序列的长度，则包含 N 个序列的数据库的总时间为 $O(Nn)$。

10.4 拓展阅读

文献（Srikant & Agrawal，1996）提出了用于挖掘序列模式的逐层 GSP 方法。Spade 算

法参见文献（Zaki，2001），PrefixSpan 算法参见文献（Pei et al.，2004）。Ukkonen 的线性时间复杂度后缀树构造方法参见文献（Ukkonen，1995）。有关后缀树及其众多应用的介绍，参见文献（Gusfield，1997），本章中的后缀树描述受它的影响很大。

Gusfield, D. (1997). *Algorithms on Strings, Trees and Sequences: Computer Science and Computational Biology*. New York: Cambridge University Press.

Pei, J., Han, J., Mortazavi-Asl, B., Wang, J., Pinto, H., Chen, Q., Dayal, U., and Hsu, M.-C. (2004). Mining sequential patterns by pattern-growth: The Prefixspan approach. *IEEE Transactions on Knowledge and Data Engineering*, 16 (11), 1424–1440.

Srikant, R. and Agrawal, R. (Mar. 1996). Mining sequential patterns: Generalizations and performance improvements. *Proceedings of the 5th International Conference on Extending Database Technology*. New York: Springer-Verlag, pp. 1–17.

Ukkonen, E. (1995). On-line construction of suffix trees. *Algorithmica*, 14 (3), 249–260.

Zaki, M. J. (2001). SPADE: An efficient algorithm for mining frequent sequences. *Machine Learning*, 42 (1-2), 31–60.

10.5 练习

Q1. 思考表 10-2 所示的数据库。回答以下问题：

（a）设 minsup=4。找出所有频繁序列。

（b）假设字母表是 $\Sigma=\{A,C,G,T\}$。长度为 k 的序列有多少？

表 10-2 Q1 的序列数据库

标识符	序列
s_1	AATACAAGAAC
s_2	GTATGGTGAT
s_3	AACATGGCCAA
s_4	AAGCGTGGTCAA

Q2. 给定表 10-3 中的 DNA 序列数据库，设 minsup=4，回答以下问题：

（a）找出所有最大频繁序列。

（b）找出所有闭频繁序列。

（c）找出所有最大频繁子串。

（d）说明 Spade 方法如何处理此数据集。

（e）说明 PrefixSpan 算法的步骤。

表 10-3 Q2 的序列数据库

标识符	序列
s_1	ACGTCACG
s_2	TCGA
s_3	GACTGCA
s_4	CAGTC
s_5	AGCT
s_6	TGCAGCTC
s_7	AGTCAG

Q3. 给定 $s = AABBACBBAA$，且 $\Sigma = \{A,B,C\}$。将支持度定义为子序列在 s 中出现的次数。设 minsup=2，回答以下问题：

(a) 说明如何将垂直 Spade 方法扩展应用到挖掘 s 中的所有频繁子串（即连续子序列）。

(b) 使用 Ukkonen 算法构造 s 的后缀树。给出所有中间步骤，包括所有后缀链接。

(c) 使用上一步中的后缀树，查询 $q = ABBA$ 出现的次数，最多允许两次不匹配的情况。

(d) 如果在 \$ 前添加另一个符号 A，给出对应的后缀树。也就是说，必须撤销添加 \$ 符号所带来的影响，先添加新符号 A，然后再添加 \$ 符号。

(e) 描述一种从后缀树中提取所有最大频繁子串的算法。给出 s 中的所有最大频繁子串。

Q4. 思考一种基于位向量的频繁子序列挖掘方法。例如，在表 10-2 中，s_1 中符号 C 出现在位置 5 和 11 处。因此，s_1 中 C 的对应位向量为 00001000001。因为 C 没有出现在 s_2 中，所以可以忽略 s_2 中对应的位向量。符号 C 的完整位向量集合如下：

$$(s_1,00001000001)$$

$$(s_3,00100001100)$$

$$(s_4,000100000100)$$

给出每个符号对应的位向量，说明如何通过对位向量进行位操作来挖掘所有子序列。设 minsup=4，给出所有频繁子序列及其对应的位向量。

Q5. 思考表 10-4 所示的数据库。每个序列包含同时发生的项集事件。例如，序列 s_1 可以看作一个项集的序列 $(AB)_{10}(B)_{20}(AB)_{30}(AC)_{40}$，其中括号内的符号被认为同时出现，出现的时间则以下标显示。给出一个可以挖掘项集事件的所有频繁子序列的算法。项集可以是任意长度的，只要它们是频繁的。找出 minsup=3 时的所有频繁项集序列。

表 10-4　Q5 的序列

标识符	时间	项
s_1	10	A,B
	20	B
	30	A,B
	40	A,C
s_2	20	A,C
	30	A,B,C
	50	B
s_3	10	A
	30	B
	40	A
	50	C
	60	B
s_4	30	A,B
	40	A
	50	B
	60	C

Q6. 图 10-5 所示的后缀树包含表 10-1 中 3 个序列 s_1、s_2、s_3 的所有后缀。注意，叶子节点中的 (i,j) 表示序列 s_i 的第 j 个后缀。

（a）使用 Ukkonen 算法向现有后缀树添加一个新序列 s_4 = GAAGCAGAA 。给出最后一个符号位置（e），以及 s_4 中所有变为显示的后缀（l），以及最终的后缀树。

（b）使用最终的后缀树，查找 minsup=2 时的所有闭频繁子串。

Q7. 给定以下 3 个序列：

s_1：GAAGT

s_2：CAGAT

s_3：ACGT

找到 minsup=2 时的所有频繁子序列，但在连续序列元素之间最多允许一个位置的间隙。

图模式挖掘

在当今的互联网世界中，图数据正变得越来越普遍，例如社交网络、手机网络和博客。互联网，即万维网（World Wide Web，WWW）的超链接结构，也是图数据。生物信息学，特别是系统生物学，涉及各种类型的生物分子之间的相互作用网络，例如蛋白质－蛋白质相互作用网络、代谢网络、基因网络等。图数据的另一个重要来源是语义网（Semantic Web）和开放互联数据，其中的图使用资源描述框架（Resource Description Framework，RDF）数据模型来表示。

图挖掘的目标是从单个大型图（例如社交网络）或包含多个图的数据库中提取感兴趣的子图。在不同的应用中，我们可能对不同类型的子图模式感兴趣，例如子树、完全图或团（clique）、二分团（bipartite clique）、密集子图等。这些模式可能代表社交网络中的社区、万维网中的 hub 页面和权威页面（authority page）、具有类似生化功能的蛋白质簇等。本章将讨论从图数据库中挖掘所有频繁子图的方法。

11.1 同构与支持度

图定义为 $G=(V,E)$，其中 V 是一组节点，$E\subseteq V\times V$ 是一组边。假设所有的边都是无序的，则该图是无向的。如果（u,v）是一条边，则称 u 和 v 是邻接的，v 是 u 的邻居，反之亦然。G 中 u 的所有邻居的集合表示为 $N(u)=\{v\in V\mid(u,v)\in E\}$。标定图（labeled graph）是指节点和边带有标签的图。设 $L(u)$ 表示节点 u 的标签，$L(u,v)$ 表示边（u,v）的标签，节点的标签集合表示为 Σ_V，所有边的标签集合表示为 Σ_E。给定边 $(u,v)\in G$，用节点标签和边标签扩充的元组 $\langle u,v,L(u),L(v),L(u,v)\rangle$ 称为扩展边（extended edge）。

例 11.1 图 11-1a 给出了一个非标定图的示例，图 11-1b 显示了相同的图，但节点上有标签，节点标签集合为 $\Sigma_V=\{a,b,c,d\}$。在本例中，假定所有边都是无标签的，因此不显示边的标签。考虑图 11-1b，节点 v_4 的标签是 $L(v_4)=a$，其邻居是 $N(v_4)=\{v_1,v_2,v_3,v_5,v_7,v_8\}$。由边 (v_4,v_1) 可以得到扩展边 $\langle v_4,v_1,a,a\rangle$，此处忽略边标签 $L(v_4,v_1)$，因为它是空的。

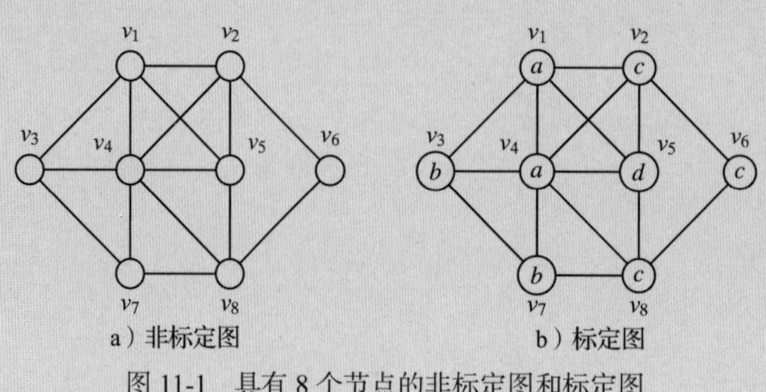

图 11-1 具有 8 个节点的非标定图和标定图

1. 子图

如果 $V' \subseteq V$ 且 $E' \subseteq E$，则称图 $G' = (V', E')$ 是图 $G = (V, E)$ 的子图。注意，这一定义允许子图是非连通的。然而，典型的数据挖掘应用需要的是连通子图。如果 $V' \subseteq V$ 且 $E' \subseteq E$，并且对于任意两个节点 u ，$v \in V'$ ，图 $G' = (V', E')$ 中存在从 u 到 v 的一条路径，则称子图 G' 为连通子图。

例 11.2　图 11-2a 中粗体边定义的图是整个大图的一个子图，其节点集合为 $V' = \{v_1, v_2, v_4, v_5, v_6, v_8\}$ 。但是，它是一个非连通子图。图 11-2b 展示了同一节点集 V' 上的连通子图示例。

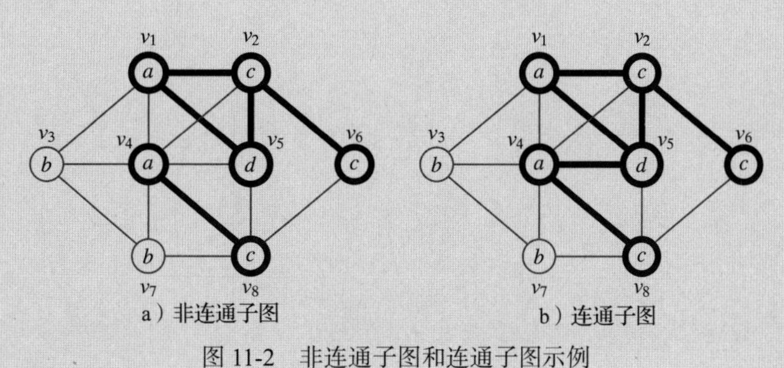

图 11-2　非连通子图和连通子图示例

2. 图与子图同构

如果存在一个双射函数 $\phi: V' \to V$，它既是内射，又是满射：

- $(u, v) \in E' \iff (\phi(u), \phi(v)) \in E$
- $\forall u \in V',\ L(u) = L(\phi(u))$
- $\forall (u, v) \in E',\ L(u, v) = L(\phi(u), \phi(v))$

则称图 $G' = (V', E')$ 和图 $G = (V, E)$ 是同构的。

换句话说，同构 ϕ 保留了边的邻接性以及节点标签和边标签。换言之，当且仅当 $\langle \phi(u), \phi(v), L(\phi(u)), L(\phi(v)), L(\phi(u), \phi(v)) \rangle \in G$ ，扩展元组 $\langle u, v, L(u), L(v), L(u, v) \rangle \in G'$ 。

如果函数 ϕ 只是内射而不是满射，则称映射 ϕ 是 G' 到 G 的一个子图同构。在这种情况下，我们说 G' 同构于 G 的某个子图，即 G' 子图同构于 G，表示为 $G' \subseteq G$，也可以说 G 包含 G' 。

例 11.3　在图 11-3 中，$G_1 = (V_1, E_1)$ 和 $G_2 = (V_2, E_2)$ 是同构图。G_1 和 G_2 之间有多种可能的同构。例如，同构 $\phi: V_2 < V_1$，其中

$$\phi(v_1) = u_1 \qquad \phi(v_2) = u_3 \qquad \phi(v_3) = u_2 \qquad \phi(v_4) = u_4$$

逆映射 ϕ^{-1} 定义了从 G_1 到 G_2 的同构。例如，$\phi^{-1}(u_1) = v_1$ ，$\phi^{-1}(u_2) = v_3$ ，依次类推。从 G_2 到 G_1 的所有可能同构如下：

	v_1	v_2	v_3	v_4
ϕ_1	u_1	u_3	u_2	u_4
ϕ_2	u_1	u_4	u_2	u_3
ϕ_3	u_2	u_3	u_1	u_4
ϕ_4	u_2	u_4	u_1	u_3

图 G_3 子图同构于 G_1 和 G_2。从 G_3 到 G_1 所有可能的子图同构如下：

	w_1	w_2	w_3
ϕ_1	u_1	u_2	u_3
ϕ_2	u_1	u_2	u_4
ϕ_3	u_2	u_1	u_3
ϕ_4	u_2	u_1	u_4

图 G_4 既不是 G_1 或 G_2 的子图同构，也不同构于 G_3，因为扩展边 $\{x_1,x_3,b,b\}$ 在 G_1、G_2、G_3 中没有可能的映射。

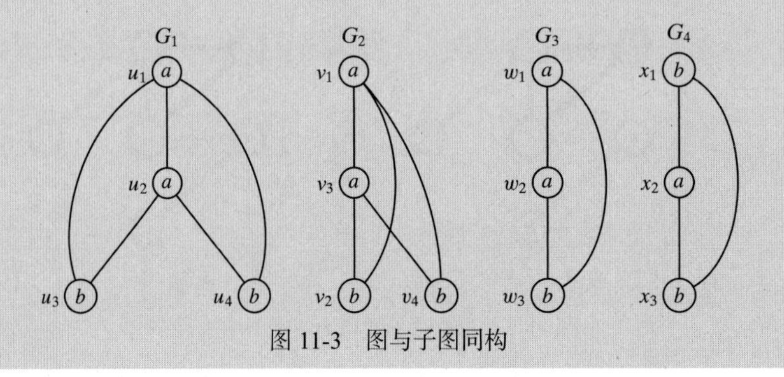

图 11-3　图与子图同构

3. 子图支持度

给定图数据库 $\boldsymbol{D}=\{G_1,G_2,\cdots,G_n\}$ 及某个图 G，G 在 $\boldsymbol{D}$ 中的支持定义如下：

$$\sup(G)=|\{G_i\in\boldsymbol{D}\mid G\subseteq G_i\}| \tag{11.1}$$

支持度就是数据库中包含图 G 的图的数量。在给定阈值 minsup 的情况下，图挖掘的目标是挖掘所有满足 $\sup(G)\geqslant \text{minsup}$ 的频繁连通子图。

为了挖掘所有的频繁子图，我们必须在所有可能的图模式的空间中进行搜索，这个空间的大小是指数级的。如果考虑有 m 个节点的子图，那么一共有 $\mathrm{C}_m^2=O(m^2)$ 条可能的边。因此，所有包含 m 个节点的子图的数目是 $O(2^{m^2})$，我们可以决定包含或排除任意一条边。这些子图中有许多是非连通的，但 $O(2^{m^2})$ 是一个很方便使用的上界。当我们在节点和边上添加标签时，标定图的数量会更多。假设 $|\Sigma_V|=|\Sigma_E|=s$，那么一共有 s^m 种可能的方法来标记节点，有 s^{m^2} 种方法来标记边。因此，具有 m 个节点的可能标定子图的数目是 $2^{m^2}s^m s^{m^2}=O((2s)^{m^2})$。这是最坏情况下的上界，因为这些子图很多都是彼此同构的，互不相同的子图的数目会大大减少。然而，搜索空间仍然是巨大的，因为我们通常需要搜索所有频繁子图，这些子图的节点数目从 1 到最大频繁子图的节点数目不等。

频繁子图挖掘面临两大挑战。第一个挑战是系统地生成候选子图。我们使用边生长（edge-growth）作为扩展候选子图的基本机制。挖掘过程以宽度优先（逐层）或深度优先的方式进行，从空子图（即没有边）开始，每次添加一条新边。新加入的边可以连接图中现有的两个节点，也可以引入一个新的节点。关键是执行非冗余的子图枚举，这样我们就不会多次生成同一个候选图。这意味着我们必须执行图同构检查以确保删除重复的图。第二个挑战是计算数据库中图的支持度。这也涉及图同构检查，因为我们必须找到包含给定候选图的图的集合。

11.2 候选图生成

枚举子图模式的有效策略是所谓的*最右路径扩展*。给定图 G，对其节点执行深度优先搜索（DFS），并创建一棵 DFS 生成树，要覆盖或跨越所有节点。DFS 生成树中包含的边称为*前向边*，其他边都称为*后向边*。后向边在图中创建循环。一旦有了 DFS 生成树，就将*最右路径*定义为从根节点到最右端叶子节点的路径，也就是到 DFS 下标顺序最大的叶子节点的路径。

例 11.4　思考图 11-4a 所示的图。图 11-4b 给出了一个可能的 DFS 生成树（用加粗边表示），该生成树从 v_1 开始，然后在每一步选择下标最小的节点。图 11-5 展示了同一个图（忽略虚线边），只不过重新进行了排列以强调 DFS 生成树的结构。例如，边 (v_1,v_2) 和 (v_2,v_3) 是前向边，而 (v_3,v_1) 、(v_4,v_1) 和 (v_6,v_1) 是后向边。加粗边 (v_1,v_5) 、(v_5,v_7) 和 (v_7,v_8) 构成最右路径。

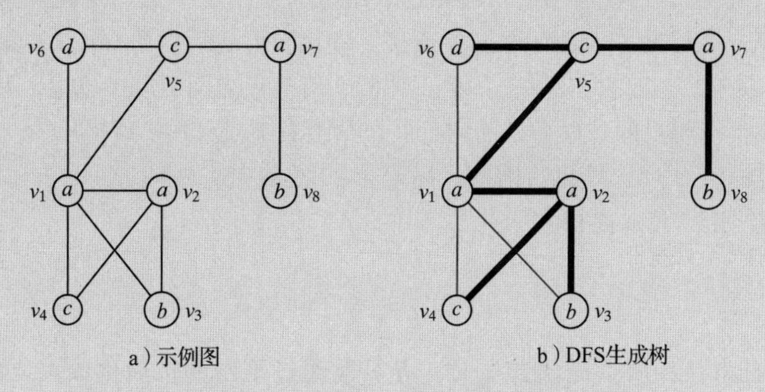

图 11-4　示例图和可能的 DFS 生成树

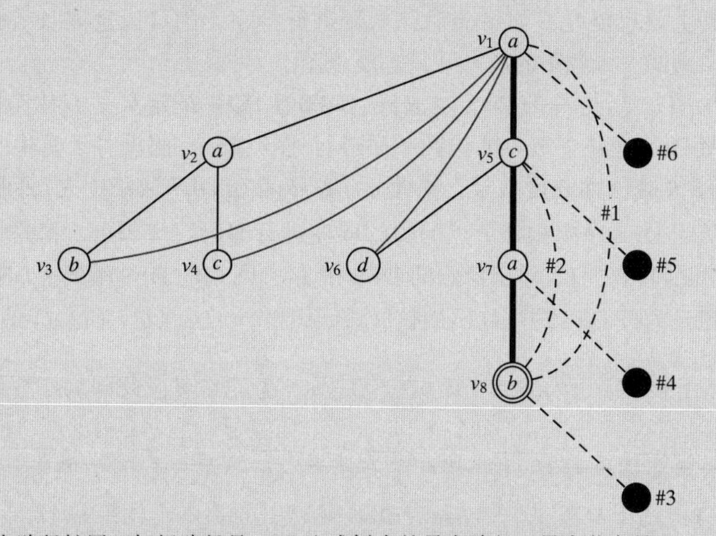

图 11-5　最右路径扩展。加粗路径是 DFS 生成树中的最右路径。最右节点是 v_8，显示为双圈。黑色实线（粗细都有）表示前向边，这是 DFS 生成树的一部分。后向边（根据定义不是 DFS 生成树的一部分）以灰色线显示。最右路径上的所有可能扩展用虚线表示。扩展的优先顺序也显示在图中

为了从给定的图 G 中生成新的候选图，添加一条新边，与最右路径上的节点相连。我们可以通过添加最右节点到最右路径中某个节点的后向边（不允许有自环或多边）来扩展 G，也可以通过添加最右路径上任意节点的前向边来扩展 G。向后扩展不会添加新的节点，而向前扩展会添加新的节点。

为了系统地生成候选项，对扩展引入一个新的全序，如下所示。首先，尝试从最右节点开始向后扩展，然后从最右路径上的节点开始向前扩展。在后向边扩展中，如果 u_r 是最右节点，则先尝试扩展 (u_r,v_i)，然后再尝试扩展 $(u_r,v_j)(i<j)$。换句话说，先考虑靠近根节点的后向扩展，然后考虑沿最右路径距根节点较远的后向扩展。在前向边扩展中，如果 v_x 是要添加的新节点，则先尝试扩展 (u_i,v_x)，然后再尝试扩展 $(v_j,v_x)(i>j)$。换句话说，距离根节点较远的节点（较深的节点）先扩展，距离根节点较近的节点后扩展。还要注意，新的节点编号为 $x=r+1$，它将成为扩展后新的最右节点。

例 11.5　思考图 11-5 所示的扩展顺序。节点 v_8 是最右节点，因此我们只尝试从 v_8 向后扩展。第一个扩展（标记为 #1）是连接 v_8 和根节点的后向边 (v_8,v_1)，第二个扩展是 (v_8,v_5)，标记为 #2，也是向后的。如果不在同一对节点之间引入多条边，就不可能进行其他向后扩展。以相反的顺序尝试前向扩展，从最右节点 v_8（扩展标记为 #3）开始，到根节点（扩展标记为 #6）结束。因此，标记为 #3 的前向扩展 (v_8,v_x) 位于标记为 #4 的前向扩展 (v_7,v_x) 之前，依次类推。

权威编码

当使用最右路径扩展生成候选项时，有可能通过不同的扩展生成重复的（同构）图。在同构候选项中，只需要保留一个以进行进一步的扩展，而其他候选项可以被剪去以避免冗余计算。其主要思路是，如果能对同构图进行排序，则可以选取权威代表（canonical representative），例如序号最小的图，并只扩展该图。

设 G 是一个图，T_G 是 G 的 DFS 生成树。DFS 生成树 T_G 定义了 G 中节点和边的顺序。DFS 节点序按照 DFS 通路中节点的访问顺序进行连续编号。假设对于模式图 G，节点根据其在 DFS 节点序中的位置进行编号，因此 $i<j$ 意味着在 DFS 通路中先访问 v_i，再访问 v_j。DFS 边序按照访问 DFS 序中相邻节点的边的顺序进行编码，与节点 v_i 相关联的所有后向边都列在该节点的前向边之前。对于给定的 DFS 树 T_G，图 G 的 DFS 编码（DFS code）表示为 DFScode(G)，定义为按 DFS 边序列出的扩展边元组 $\langle v_i,v_j,L(v_i),L(v_j),L(v_i,v_j)\rangle$ 的序列。

例 11.6　图 11-6 展示了 3 个图的 DFS 编码，这三个图彼此同构。它们的节点标签和边标签来自标签集 $\Sigma_V=\{a,b\}$ 和 $\Sigma_E=\{q,r\}$。边标签显示在边的中心。加粗的边组成了每个图的 DFS 生成树。G_1 的 DFS 节点序为 v_1，v_2，v_3，v_4，DFS 边序为 (v_1,v_2)，(v_2,v_3)，(v_3,v_1)，(v_2,v_4)。基于 DFS 边序，G_1 的 DFS 编码中的第一个元组是 $\langle v_1,v_2,a,a,q\rangle$，第二个元组是 $\langle v_2,v_3,a,a,r\rangle$，依次类推。每个图的 DFS 编码都显示在图下方的框中。

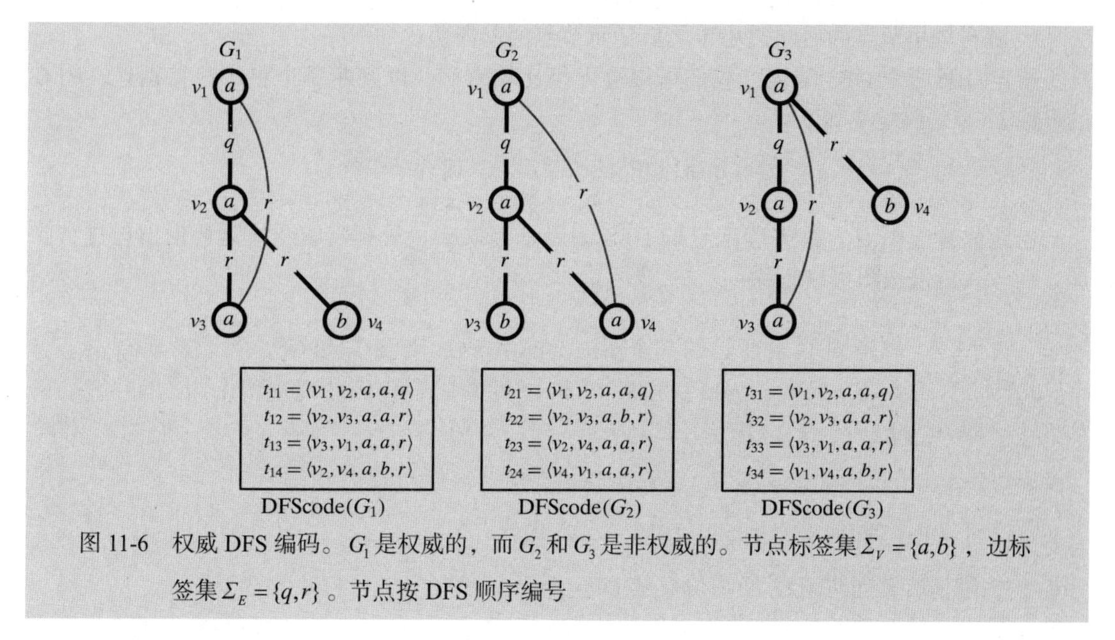

图 11-6 权威 DFS 编码。G_1 是权威的，而 G_2 和 G_3 是非权威的。节点标签集 $\Sigma_V = \{a,b\}$，边标签集 $\Sigma_E = \{q,r\}$。节点按 DFS 顺序编号

权威 DFS 编码

在所有可能的同构图中，DFS 编码最小的子图称为权威子图，编码间的顺序定义如下。设 t_1 和 t_2 为任意两个 DFS 编码元组：

$$t_1 = \langle v_i, v_j, L(v_i), L(v_j), L(v_i, v_j) \rangle$$
$$t_2 = \langle v_x, v_y, L(v_x), L(v_y), L(v_x, v_y) \rangle$$

我们称 t_1 小于 t_2，表示为 $t_1 < t_2$，当且仅当：

$$\begin{aligned} &\text{i) } (v_i, v_j) <_e (v_x, v_y) \text{或} \\ &\text{ii) } (v_i, v_j) = (v_x, v_y) \text{ 且} \\ &\langle L(v_i), L(v_j), L(v_i, v_j) \rangle <_l \langle L(v_x), L(v_y), L(v_x, v_y) \rangle \end{aligned} \quad (11.2)$$

其中，$<_e$ 是边序，$<_l$ 是节点标签序和边标签序。标签序 $<_l$ 是节点标签和边标签的标准字典序。边序 $<_e$ 源于最右路径扩展的规则，即考虑节点的前向边之前必须先考虑其后向扩展，并且较深的 DFS 生成树优先于多叶的 DFS 生成树。形式上，设 $e_{ij} = (v_i, v_j)$ 和 $e_{xy} = (v_x, v_y)$ 是任意两条边，我们说 $e_{ij} <_e e_{xy}$，当且仅当：

- **条件（1）** 如果 e_{ij} 和 e_{xy} 都是前向边，则 $j < y$，或 $j = y$ 但 $i > x$。也就是说，在 DFS 节点序中，指向较早节点的前向扩展较小；在具有相同 DFS 节点序的情况下，如果两条前向边指向相同的节点，那么来自 DFS 树中更深处的节点的前向扩展较小。
- **条件（2）** 如果 e_{ij} 和 e_{xy} 都是后向边，则 $i < x$，或 $i = x$ 但 $j < y$。也就是说，在 DFS 节点序中，较早节点的后向边较小；在具有相同 DFS 节点序的情况下，如果两条后向边均源自同一节点，则指向 DFS 节点序较早节点（更靠近根节点）的后向边更小。
- **条件（3）** 如果 e_{ij} 是前向边，e_{xy} 是后向边，则 $j \leqslant x$。也就是说，在 DFS 节点序中，指向较早节点的前向边小于从该节点或其后任何节点的后向边。
- **条件（4）** 如果 e_{ij} 是后向边，e_{xy} 是前向边，则 $i < y$。也就是说，在 DFS 节点序中，

源自较早节点的后向边小于之后任意节点的前向边。

给定任意两个 DFS 编码，我们可以逐元组比较它们，以判断哪个更小。特别地，图 G 的权威 DFS 编码定义如下：

$$\mathcal{C}=\min_{G'}\{\text{DFScode}(G') \mid G' \text{ 同构于} G\}$$

给定候选子图 G，首先确定它的 DFS 编码是否权威。只有权威图才需要保留以进行扩展，而非权威候选图可以删除。

例 11.7　思考图 11-6 所示的 3 个图的 DFS 编码。比较 G_1 和 G_2，我们发现 $t_{11}=t_{21}$，但 $t_{12}<t_{22}$，因为 $\langle a,a,r\rangle<_l\langle a,b,r\rangle$。比较 G_1 和 G_3 的编码，我们发现这两个图的前 3 个元组是相等的，但是 $t_{14}<t_{34}$，因为：

$$(v_i,v_j)=(v_2,v_4)<_e(v_1,v_4)=(v_x,v_y)$$

参见条件（1）。即两个都是前向边，$v_j=v_4=v_y$，且 $v_i=v_2>v_1=v_x$。事实上，可以证明 G_1 的编码是所有同构于 G_1 的图的权威 DFS 编码。因此，G_1 是权威候选子图。

11.3　gSpan 算法

下面介绍如何使用 gSpan 算法从图数据库中挖掘所有频繁子图。给定包含 n 个图的数据库 $\boldsymbol{D}=\{G_1,G_2,\cdots,G_n\}$，以及支持度阈值 minsup，我们的目标是枚举所有频繁（连通）子图 G，即 $\sup(G)\geqslant$ minsup。在 gSpan 中，每个图都用它的权威 DFS 编码来表示，因此枚举频繁子图相当于为频繁子图生成所有权威 DFS 编码。算法 11.1 给出了 gSpan 的伪代码。

算法 11.1　gSpan 算法

```
  // Initial Call: C ← Ø
  GSPAN (C, D, minsup):
1 ℰ ← RIGHTMOSTPATH-EXTENSIONS(C, D) // extensions and
      supports
2 foreach (t, sup(t)) ∈ ℰ do
3     C′ ← C∪t // extend the code with extended edge tuple t
4     sup(C′) ← sup (t) // record the support of new extension
      // recursively call GSPAN if code is frequent and
         canonical
5     if sup (C′) ⩾ minsup and ISCANONICAL (C′) then
6         GSPAN (C′, D, minsup)
```

gSpan 以深度优先的方式枚举模式，从空编码开始。给定一个权威且频繁的编码 C，gSpan 首先确定沿最右路径可能的边扩展的集合（第 1 行）。函数 RIGHTMOSTPATH-EXTENSIONS 返回边扩展及它们的支持度的集合 $\mathcal{E}$。$\mathcal{E}$ 中的每个扩展边 t 都给出一个新的候选 DFS 编码 $C'=C\cup\{t\}$，其支持度为 $\sup(C')=\sup(t)$（第 3 ～ 4 行）。对于每个新的候选编码，gSpan 检查它是不是频繁且权威的，如果是，则递归地扩展 C'（第 5 ～ 6 行）。当没有频繁且权威的扩展时，算法停止。

例 11.8 思考由图 11-7 所示的 G_1 和 G_2 组成的示例图数据库。令 minsup=2，假设我们只对同时在数据库中两个图中出现的子图感兴趣。每个图都给出了每个节点的节点标签和节点号，例如，G_1 中的节点 a^{10} 表示节点 10 的标签为 a。

图 11-8 给出了 gSpan 枚举的候选模式。对于每个候选模式，节点按 DFS 生成树的序编号。实线框表示频繁子图，而点线框表示非频繁子图。虚线框表示非权威子图。图中未给出一次都没有出现的子图。图中还给出了 DFS 编码及对应的图。

挖掘过程从对应空子图的空 DFS 编码 C_0 开始。可能的 1 边扩展的集合构成了新的候选集。其中，C_3 被剪去，因为它是非权威的（与 C_2 同构），C_4 也被剪去，因为它是非频繁的。剩下的两个候选项 C_1 和 C_2，都是频繁且权威的，因此考虑进一步扩展。深度优先搜索在 C_2 之前先考虑 C_1，C_1 的最右路径扩展是 C_5 和 C_6。但是，C_6 是非权威的，它与 C_5 同构，C_5 具有权威 DFS 编码。进一步递归地处理 C_5 的扩展。一旦递归处理完 C_1，gSpan 将接着递归地处理 C_2，C_2 将通过最右路径的边扩展进行递归扩展，如 C_2 下的子树所示。处理完 C_2，gSpan 终止，因为没有更多频繁且权威的扩展了。在本例中，C_{12} 是最大频繁子图，即 C_{12} 的所有超图都是非频繁的。

本例还显示了通过权威性检查消除重复的重要性。gSpan 执行过程中遇到的同构子图组如下：$\{C_2,C_3\}$、$\{C_5,C_6,C_{17}\}$、$\{C_7,C_{19}\}$、$\{C_9,C_{25}\}$、$\{C_{20},C_{21},C_{22},C_{24}\}$、$\{C_{12},C_{13},C_{14}\}$。在每一组中，第一个图是权威的，因此剩余的编码都可剪去。

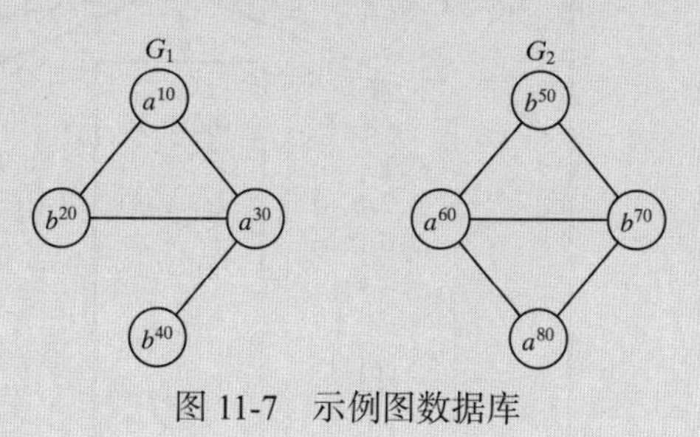

图 11-7 示例图数据库

为了完整描述 gSpan，必须确定枚举最右路径扩展及其支持度的算法，以便消除非频繁模式，并指定检查给定 DFS 编码是否权威的步骤，以便删除重复的模式。下面将详细介绍这些。

11.3.1 扩展和支持度计算

支持度计算的任务是找出数据库 $\boldsymbol{D}$ 中包含某个候选子图的图的数目，这个成本非常高，因为它涉及子图同构检查。gSpan 将枚举候选扩展和支持度计算结合在一起。

假设 $\boldsymbol{D}=\{G_1,G_2,\cdots,G_n\}$ 包含 n 个图。设 $C=\{t_1,t_2,\cdots,t_k\}$ 表示由 k 个边组成的频繁权威 DFS 编码，$G(C)$ 表示对应于编码 C 的图。任务是计算从 C 出发的可能的最右路径扩展的集合及其支持度，伪代码如算法 11.2 所示。

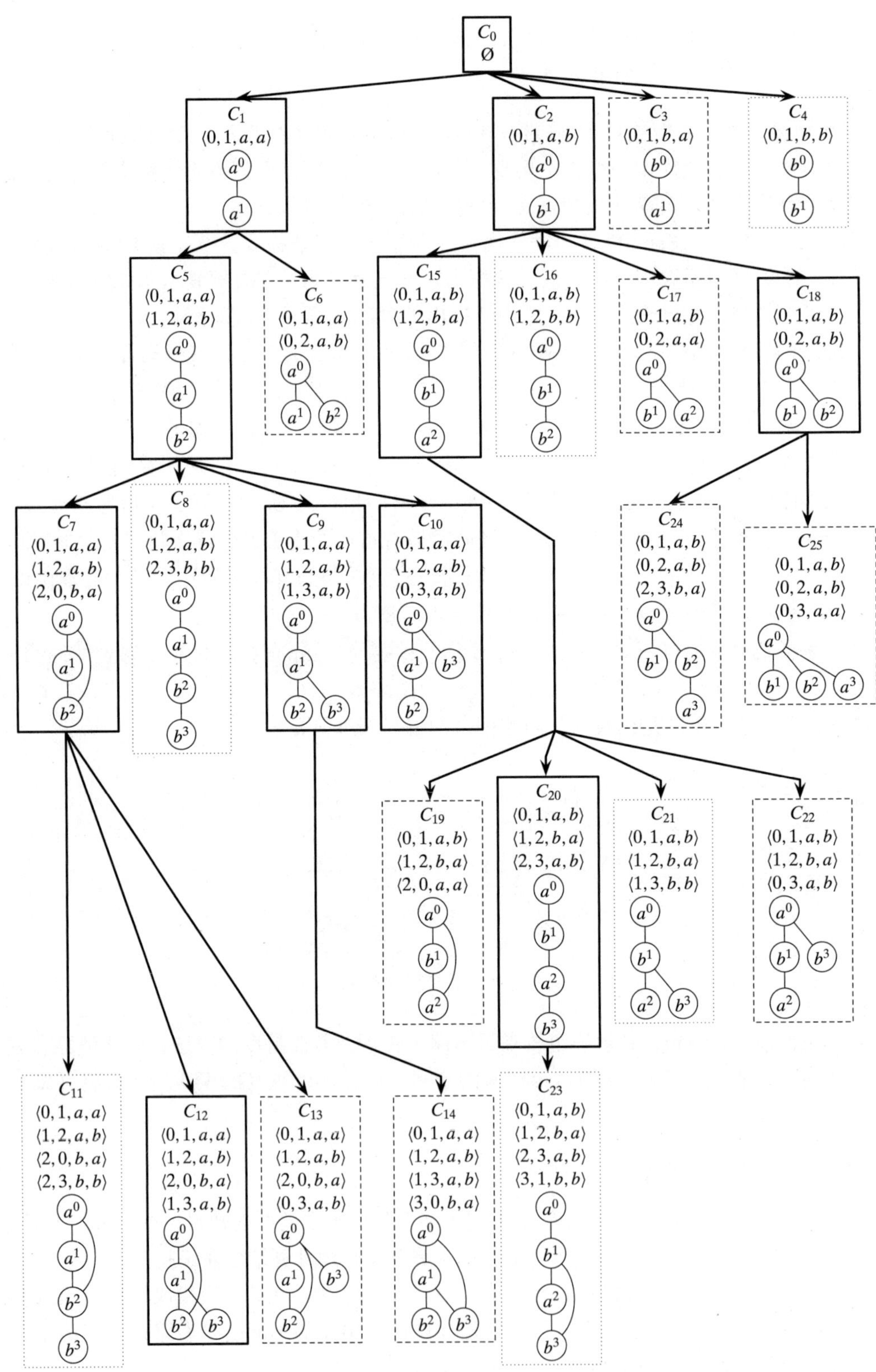

图 11-8　频繁图挖掘：minsup=2。实线框表示频繁子图，点线框表示非频繁子图（………），虚线框（------）表示非权威子图

算法 11.2　最右路径扩展及其支持度

```
RightMostPath-Extensions (C, D):
1  R ← nodes on the rightmost path in C
2  u_r ← rightmost child in C // dfs number
3  ℰ ← ∅ // set of extensions from C
4  foreach G_i ∈ D, i = 1, ..., n do
5      if C = ∅ then
           // add distinct label tuples in G_i as forward
              extensions
6          foreach distinct ⟨L(x), L(y), L(x, y)⟩ ∈ G_i do
7              f = ⟨0, 1, L(x), L(y), L(x, y)⟩
8              Add tuple f to ℰ along with graph id i
9      else
10         Φ_i = SubgraphIsomorphisms(C, G_i)
11         foreach isomorphism φ ∈ Φ_i do
               // backward extensions from rightmost child
12             foreach x ∈ N_{G_i}(φ(u_r)) such that ∃v ← φ^{-1}(x) do
13                 if v ∈ R and (u_r, v) ∉ G(C) then
14                     b = ⟨u_r, v, L(φ(u_r)), L(φ(v)), L(φ(u_r), φ(v))⟩
15                     Add tuple b to ℰ along with graph id i
               // forward extensions from nodes on rightmost path
16             foreach u ∈ R do
17                 foreach x ∈ N_{G_i}(φ(u)) and ∄φ^{-1}(x) do
18                     f = ⟨u, u_r + 1, L(φ(u)), L(x), L(φ(u), x)⟩
19                     Add tuple f to ℰ along with graph id i
   // Compute the support of each extension
20 foreach distinct extension s ∈ ℰ do
21     sup(s) = number of distinct graph ids that support tuple s
22 return set of pairs ⟨s, sup(s)⟩ for extensions s ∈ ℰ, in tuple sorted order
```

给定编码 C，gSpan 首先记录最右路径 (R) 上的节点以及最右子节点 (u_r)。接着，gSpan 考虑每个 $G_i \in \boldsymbol{D}$。如果 $C=\varnothing$，则 G_i 中相邻节点 x 和 y 的标签元组 $\langle L(x),L(y),L(x,y)\rangle$ 可以贡献一个前向扩展 $\langle 0,1,L(x),L(y),L(x,y)\rangle$（第 6 ～ 8 行）。如果 C 是非空的，则 gSpan 通过函数 SUBGRAPHISOMORPHISMS（第 10 行）枚举编码 C 和图 G_i 之间所有可能的子图同构 Φ_i。给定子图同构 $\phi \in \Phi_i$，gSpan 寻找所有可能的前向边扩展和后向边扩展，并将它们存储在扩展集合 $\mathcal{E}$ 中。

仅允许从 C 中最右子节点 u_r 向后扩展（第 12 ～ 15 行）到最右路径 R 上的某个节点。该算法考虑 G_i 中每个 $\phi(u_r)$ 的邻居 x，并检查它是不是沿 C 中最右路径 R 的某个节点 $v=\phi^{-1}(x)$ 的映射。如果边 (u_r,v) 在 C 中不存在，则它是一个新的扩展，将扩展元组 $b=\langle u_r,v,L(u_r),L(v),L(u_r,v)\rangle$ 添加到扩展集合 $\mathcal{E}$ 中，同时添加该扩展的图标识符 i。

仅允许从最右路径 R 上节点向前扩展到新节点（第 16 ～ 19 行）。对于 R 中的每个节点

u，该算法在 G_i 中找到邻居 x，其中 x 不是 C 中某个节点发出的映射。对于每个这样的节点 x，前向扩展 $f=\langle u,u_r+1,L(\phi(u)),L(x),L(\phi(u),x)\rangle$ 与图的标识符 i 一起添加到 $\mathcal{E}$ 中。由于前向扩展向图 $G(C)$ 中添加了一个新的节点，所以 C 中新节点的标识符是 u_r+1，即比 C 中编号最大的节点（根据定义是最右子节点 u_r）号大 1。

一旦数据库 $\boldsymbol{D}$ 中的所有图 G_i 上的所有后向扩展和前向扩展都已生成，我们就通过计算每个扩展中不同图标识符的数量来计算它们的支持度。最后，该算法基于式（11.2）中的元组比较算子，按排序顺序（递增顺序）返回所有扩展及其支持度的集合。

例 11.9 思考图 11-9a 所示的权威编码 C 和相应的图 $G(C)$。对于这一编码，所有节点都在最右路径 $R=\{0,1,2\}$ 上，最右子节点是 $u_r=2$。

从 C 到数据库中图 G_1 和 G_2（见图 11-7）的所有可能同构的集合在图 11-9b 中列为 Φ_1 和 Φ_2。例如，第一个同构 $\phi_1:G(C)\to G_1$ 定义为

$$\phi_1(0)=10 \qquad \phi_1(1)=30 \qquad \phi_1(2)=20$$

图 11-9c 给出了每个同构可能的后向和前向扩展。例如，同构 ϕ_1 有两个可能的边扩展。第一个是后向边扩展 $\langle 2,0,b,a\rangle$，因为 $(20,10)$ 是 G_1 中的有效后向边，在 G_1 中，节点 $x=10$ 是 $\phi(2)=20$ 的邻居，$\phi^{-1}(10)=0=v$ 在最右路径上，边 $(2,0)$ 不在 $G(C)$ 中，这符合算法 11.2 中第 12 ～ 15 行中的后向扩展步骤。第二个扩展是前向扩展 $\langle 1,3,a,b\rangle$，因为 $\langle 30,40,a,b\rangle$ 是 G_1 中的有效扩展边，即 G_1 中 x=40 是 $\phi(1)$=30 的邻居，节点 40 尚未被映射到 $G(C)$ 中的任何节点，也就是说 $\phi_1^{-1}(40)$ 不存在。这些符合算法 11.2 第 16 ～ 19 行中的前向扩展步骤。

给定所有边扩展的集合，以及对应的图标识符，通过计算每个扩展对应的图标识符数量可以获得其支持度。图 11-9d 给出了排序后的最终扩展集合及其对应的支持度。设 minsup=2，唯一的非频繁扩展是 $\langle 2,3,b,b\rangle$。

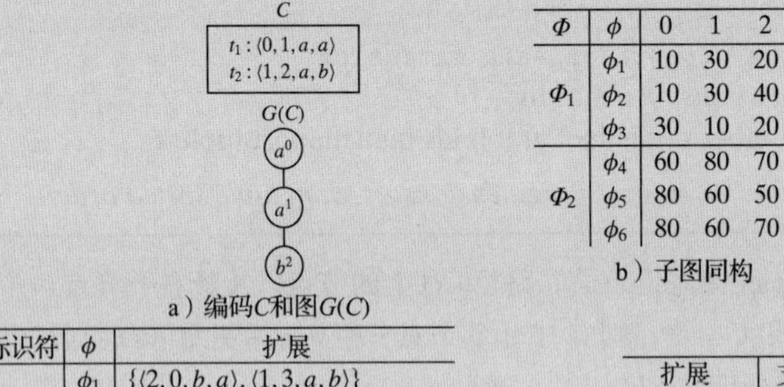

Φ	ϕ	0	1	2
Φ_1	ϕ_1	10	30	20
	ϕ_2	10	30	40
	ϕ_3	30	10	20
Φ_2	ϕ_4	60	80	70
	ϕ_5	80	60	50
	ϕ_6	80	60	70

a）编码 C 和图 $G(C)$　　b）子图同构

标识符	ϕ	扩展
G_1	ϕ_1	$\{\langle 2,0,b,a\rangle,\langle 1,3,a,b\rangle\}$
	ϕ_2	$\{\langle 1,3,a,b\rangle,\langle 0,3,a,b\rangle\}$
	ϕ_3	$\{\langle 2,0,b,a\rangle,\langle 0,3,a,b\rangle\}$
G_2	ϕ_4	$\{\langle 2,0,b,a\rangle,\langle 2,3,b,b\rangle,\langle 0,3,a,b\rangle\}$
	ϕ_5	$\{\langle 2,3,b,b\rangle,\langle 1,3,a,b\rangle,\langle 0,3,a,b\rangle\}$
	ϕ_6	$\{\langle 2,0,b,a\rangle,\langle 2,3,b,b\rangle,\langle 1,3,a,b\rangle\}$

c）边扩展

扩展	支持度
$\langle 2,0,b,a\rangle$	2
$\langle 2,3,b,b\rangle$	1
$\langle 1,3,a,b\rangle$	2
$\langle 0,3,a,b\rangle$	2

d）扩展（已排序）和支持度

图 11-9 最右路径扩展

子图同构

给定编码 C，列出对应的边扩展的关键步骤是，枚举所有与 C 同构的图 $G_i\in\boldsymbol{D}$。算法 11.3 中所示的函数 SUBGRAPHI SOMORPHISMS，以编码 C 和图 G 作为输入，并返回 C

和 G 之间的所有同构。初始化同构集合 Φ，将 C 中的节点 0 映射到 G 中每一个有相同标签（即 0）的节点 x，即 $L(x)=L(0)$（第 1 行）。该方法考虑了 C 中的每个元组 t_i，并扩展了当前的部分同构集合。设 $t_i=\langle u,v,L(u),L(v),L(u,v)\rangle$。检查每个同构 $\phi\in\Phi$ 在 G 中是否可以使用 t_i 的信息进行扩展（第 5 ～ 12 行）。如果 t_i 是一条前向边，那么我们在 G 中寻找 $\phi(u)$ 的邻居 x，使得 x 还没有被映射到 C 中的某个节点，即 $\phi^{-1}(x)$ 不应该存在，并且节点标签和边标签应该匹配，即 $L(x)=L(v)$，$L(\phi(u),x)=L(u,v)$。如果确实如此，则 ϕ 可以用映射 $\phi(v)\to x$ 来扩展。新扩展的同构表示为 ϕ'，被添加到初始为空的同构集合 Φ' 中。如果 t_i 是后向边，则必须检查在 G 中 $\phi(v)$ 是不是 $\phi(u)$ 的邻居。如果是，则将当前同构 ϕ 加到 Φ'。因此，只有那些可以前向扩展的同构，或者那些可以后向扩展的同构，才被保留以供进一步检查。一旦 C 中所有扩展边都被处理，集合 Φ 就包含了从 C 到 G 的所有有效同构。

算法 11.3　枚举子图同形

```
SUBGRAPHISOMORPHISMS(C = {t_1, t_2, ..., t_k}, G):
1  Φ ← {φ(0) → x | x ∈ G and L(x) = L(0)}
2  foreach t_i ∈ C, i = 1, ..., k do
3      ⟨u, v, L(u), L(v), L(u, v)⟩ ← t_i // expand extended edge t_i
4      Φ' ← Ø // partial isomorphisms including t_i
5      foreach partial isomorphism φ ∈ Φ do
6          if v > u then
               // forward edge
7              foreach x ∈ N_G(φ(u)) do
8                  if ∄φ^{-1}(x) and L(x) = L(v) and L(φ(u), x) = L(u, v) then
9                      φ' ← φ ∪ {φ(v) → x}
10                     Add φ' to Φ'
11         else
               // backward edge
12             if φ(v) ∈ N_G(φ(u)) then Add φ to Φ' // valid isomorphism
13     Φ ← Φ' // update partial isomorphisms
14 return Φ
```

例 11.10　图 11-10 展示了子图同构枚举算法在编码 C 和图 11-7 所示数据库中的两个图 G_1、G_2 之间的执行情况。

对于 G_1，通过将 C 的第一个节点映射到 G_1 中所有标签为 a［因为 $L(0)=a$］的节点来初始化同构集合 Φ。因此，$\Phi=\{\phi_1(0)\to 10,\phi_2(0)\to 30\}$。接下来考虑 C 中的每个元组，看看哪些同构可以扩展。第一个元组 $t_1=\langle 0,1,a,a\rangle$ 是一条前向边，因此对于 ϕ_1，考虑 10 的邻居 x 中标签为 a 且还没有被包含在同构中的节点。另一个满足此条件的节点是 30，因此同构通过映射 $\phi_1(1)\to 30$ 得到扩展。以类似的方式，通过映射 $\phi_2(1)\to 10$ 来扩展第二个同构 ϕ_2，如图 11-10 所示。对于第二个元组 $t_2=\langle 1,2,a,b\rangle$，同构 ϕ_1 有两个可能的扩展，因为 30 有两个标签为 b 的邻居，即 20 和 40。扩展后的映射表示为 ϕ_1' 和 ϕ_1''。ϕ_2 只有一个扩展。

G_2 中 C 的同构可以用类似的方式找到。每个数据库图对应的同构的完整集合如

图 11-10 所示。

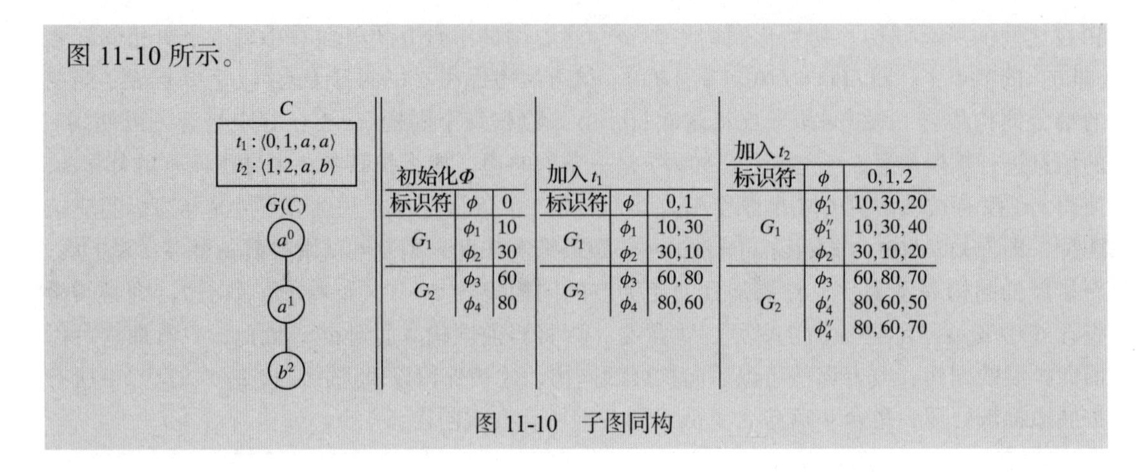

初始化Φ

标识符	φ	0
G_1	ϕ_1	10
	ϕ_2	30
G_2	ϕ_3	60
	ϕ_4	80

加入 t_1

标识符	φ	0,1
G_1	ϕ_1	10, 30
	ϕ_2	30, 10
G_2	ϕ_3	60, 80
	ϕ_4	80, 60

加入 t_2

标识符	φ	0,1,2
G_1	ϕ_1'	10, 30, 20
	ϕ_1''	10, 30, 40
	ϕ_2	30, 10, 20
G_2	ϕ_3	60, 80, 70
	ϕ_4'	80, 60, 50
	ϕ_4''	80, 60, 70

图 11-10　子图同构

11.3.2　权威性检测

给定一个由 k 个扩展边元组构成的 DFS 编码 $C=\{t_1,t_2,\cdots,t_k\}$ 及对应的图 $G(C)$，该任务是检查编码 C 是否权威。实现方式如下：尝试以迭代方式从空编码开始重构 $G(C)$ 的权威编码 C^*，并在每一步选择最小的最右路径扩展，其中最小边扩展通过式（11.2）中的扩展元组比较算子确定。如果在任何步骤中，当前（部分）权威 DFS 编码 C^* 小于 C，则可知 C 不是权威的，因此可以剪去。此外，如果在 k 次扩展之后找不到比 C 更小的编码，则 C 是权威的。权威性检测的伪代码如算法 11.4 所示。该算法可视为 gSpan 的一个受限版本，因为图 $G(C)$ 相当于图数据库的图，C^* 相当于候选扩展。关键的区别在于，该算法在所有可能的候选扩展中，只考虑最小的最右路径边扩展。

算法 11.4　权威性检测：ISCANONICAL 算法

```
IsCanonical (C = {t1, t2, ..., tk}):
1 D_C ← {G(C)} // graph corresponding to code C
2 C* ← ∅ // initialize canonical DFScode
3 for i = 1 ... k do
4     E = RightMostPath-Extensions(C*, D_C) // extensions of
          C*
5     (s_i, sup(s_i)) ← min{E} // least rightmost edge extension of C*
6     if s_i < t_i then
7         return false // C* is smaller, thus C is not canonical
8     C* ← C* ∪ s_i
9 return true // no smaller code exists; C is canonical
```

例 11.11　思考图 11-8 中的候选子图 C_{14}，它在图 11-11 中表示为图 G 及其 DFS 编码 C。从初始的权威编码 $C^*=\varnothing$ 开始，在第一步中添加最小的最右边扩展 s_1。因为 $s_1=t_1$，所以下一步继续寻找最小的边扩展 s_2。此时 $s_2=t_2$，继续第三步。图 C^* 可能的最小边扩展是扩展边 s_3，但 $s_3<t_3$，这意味着 C 不是权威的，没有必要尝试进一步的边扩展。

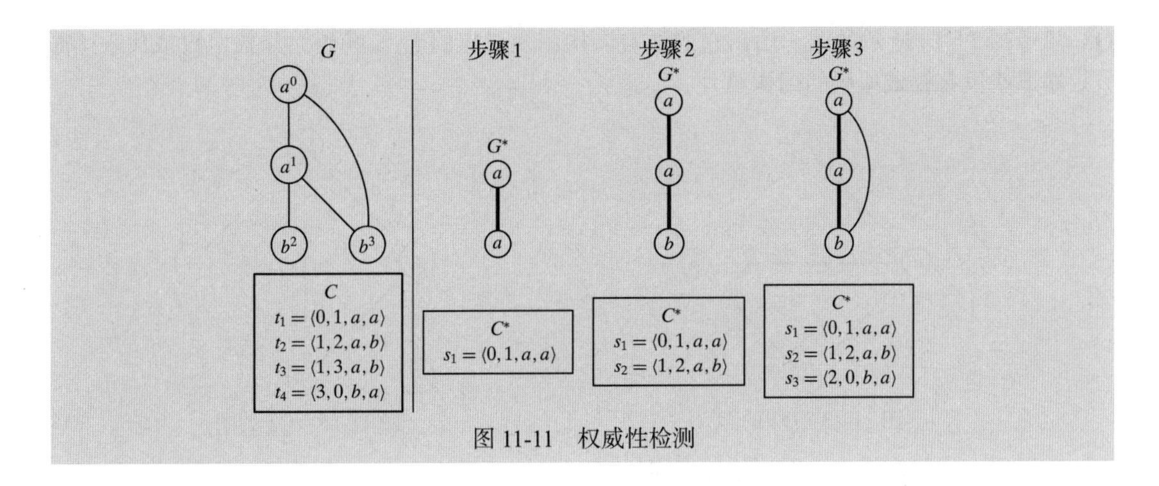

图 11-11　权威性检测

11.4 拓展阅读

文献（Yan & Han，2002）提出了 gSpan 算法以及权威 DFS 编码的概念。文献（Huan et al.，2003）介绍了一种不同的权威图表示——权威邻接矩阵。文献（Kuramochi & Karypis，2001；Inokuchi et al.，2000）均提出了挖掘频繁子图的逐层算法。文献（Al-Hasan & Zaki，2009）提出了一种马尔可夫链蒙特卡罗方法来对一组具有代表性的图模式进行抽样。有关挖掘频繁树模式的有效算法，请参见（Zaki，2002）。

Al Hasan, M. and Zaki, M. J. (2009). Output space sampling for graph patterns. *Proceedings of the VLDB Endowment*, 2 (1), 730–741.

Huan, J., Wang, W., and Prins, J. (2003). Efficient mining of frequent subgraphs in the presence of isomorphism. *Proceedings of the IEEE International Conference on Data Mining*. IEEE, pp. 549–552.

Inokuchi, A., Washio, T., and Motoda, H. (2000). An apriori-based algorithm for mining frequent substructures from graph data. *Proceedings of the European Conference on Principles of Data Mining and Knowledge Discovery*. Springer, pp. 13–23.

Kuramochi, M. and Karypis, G. (2001). Frequent subgraph discovery. *Proceedings of the IEEE International Conference on Data Mining*. IEEE, pp. 313–320.

Yan, X. and Han, J. (2002). gSpan: Graph-based substructure pattern mining. *Proceedings of the IEEE International Conference on Data Mining*. IEEE, pp. 721–724.

Zaki, M. J. (2002). Efficiently mining frequent trees in a forest. *Proceedings of the 8th ACM SIGKDD International Conference on Knowledge Discovery and Data Mining*. ACM, pp. 71–80.

11.5 练习

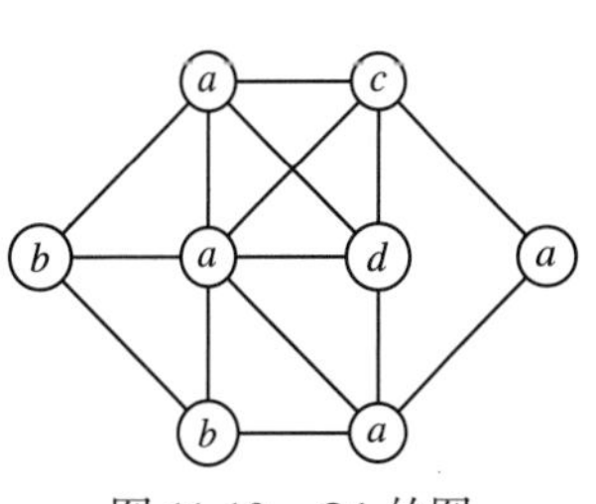

图 11-12　Q1 的图

Q1. 找出图 11-12 中的图的权威 DFS 编码。尝试在不生成完整搜索树的情况下，删除某些编码。例如，如果可以证明某个编码比其他编码大，则可以删除该编码。

Q2. 对于图 11-13 所示的图，挖掘 minsup=1 时的所有频繁子图。对于每个频繁子图，显示其对应的权威编码。

Q3. 思考图 11-14 所示的图，给出它的所有同构图及对应的 DFS 编码，并找出权威代表（省略那些没有权威编码的同构图）。

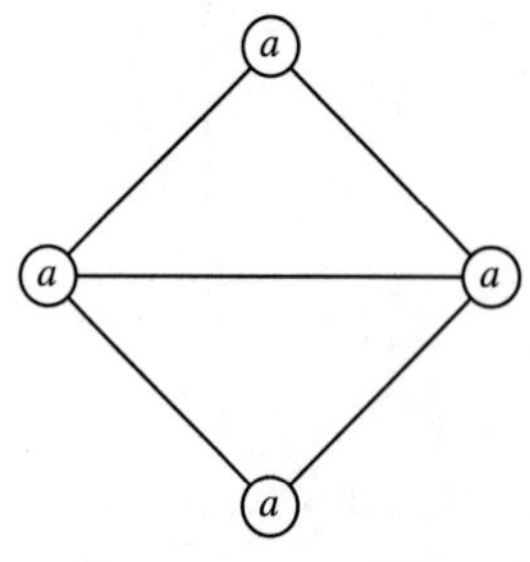

图 11-13 Q2 的图

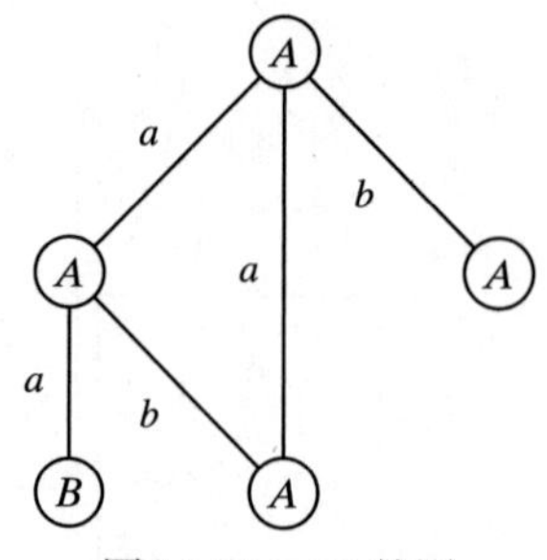

图 11-14 Q3 的图

Q4. 给定图 11-15 中的图，将它们分成同构组。

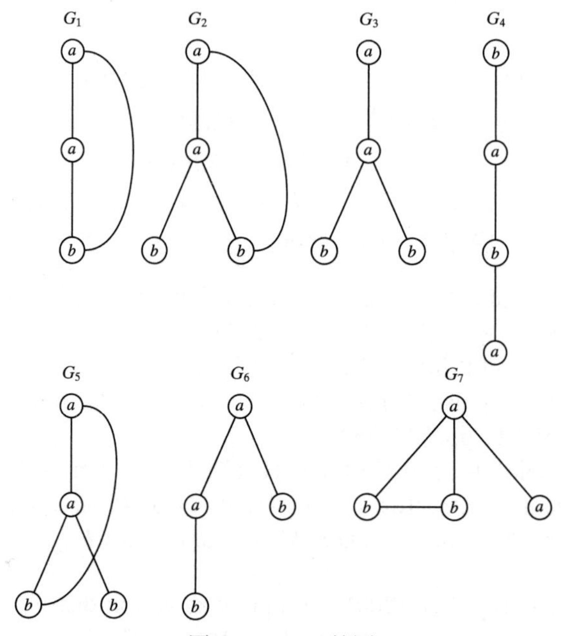

图 11-15 Q4 的图

Q5. 给定图 11-16 所示的图，在所有扩展（前向或后向）都只在最右路径上进行的约束下，查找该图的最大 DFS 编码。

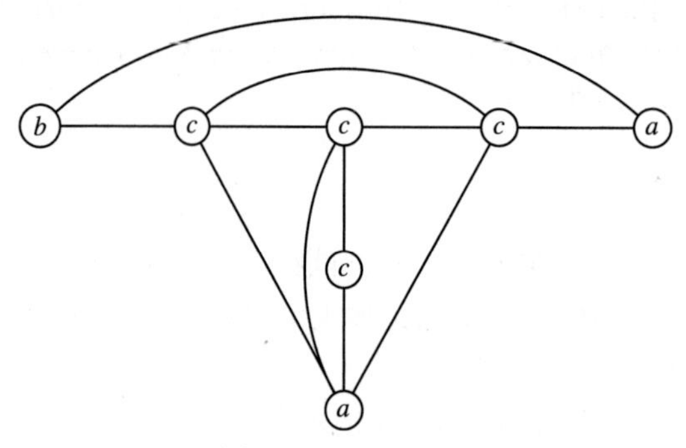

图 11-16 Q5 的图

Q6. 对于带边标签的无向图 $G=(V,E)$，其标签邻接矩阵 $\boldsymbol{A}$ 定义如下：

$$\boldsymbol{A}(i,j)=\begin{cases}L(v_i) & ,i=j\\ L(v_i,v_j) & ,(v_i,v_j)\in E\\ 0 & ,\text{其他}\end{cases}$$

其中，$L(v_i)$ 是节点 v_i 的标签，$L(v_i,v_j)$ 是边 (v_i,v_j) 的标签。换句话说，标签邻接矩阵的主对角线是节点标签，$\boldsymbol{A}(i,j)$ 为边 (v_i,v_j) 的标签。$\boldsymbol{A}(i,j)$ 处为 0，表示 v_i 和 v_j 之间没有边。

给定一个特定的节点排列，逐行连接 $\boldsymbol{A}$ 的下三角子矩阵即可得到图对应的矩阵编码。例如，对于图 11-17 中的图，默认节点排列 $v_0v_1v_2v_3v_4v_5$ 对应的矩阵如下：

a					
x	*b*				
0	*y*	*b*			
0	*y*	*y*	*b*		
0	0	*y*	*y*	*b*	
0	0	0	0	*z*	*a*

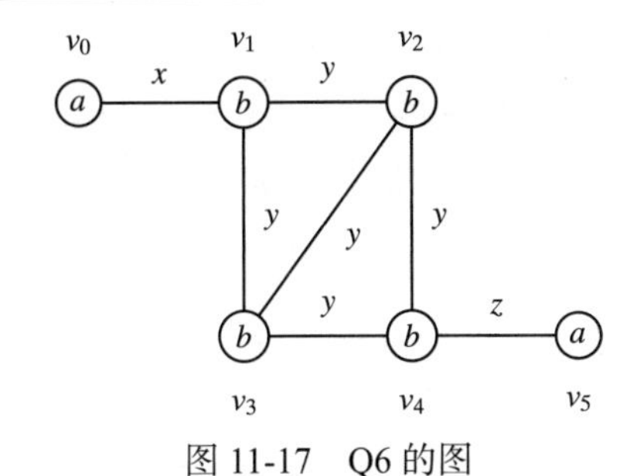

图 11-17　Q6 的图

该矩阵的编码是 $axb0yb0yyb00yyb000za$ 。标签的全序为

$$0<a<b<x<y<z$$

因此可找到图 11-17 中图的最大矩阵编码。即在所有可能的节点排序和对应的矩阵编码中，必须选择字典序最大的编码。

模式评估与规则评估

本章将讨论如何评估挖掘出的频繁模式，以及从中衍生的关联规则。理想情况下，挖掘出的模式和规则应该满足某些属性，例如简洁性、新颖性、实用性等。本章介绍几种评估规则和模式的方法，这些方法旨在量化挖掘结果的不同特性。通常，判断模式或规则是否有意义，在很大程度上是一个主观问题。我们可以尝试消除那些统计意义不大的规则和模式。本章还讨论了检验统计显著性和获得检验统计量的置信区间的方法。

12.1 模式评估和规则评估的度量

设 $\mathcal{I}$ 是项的集合，$\mathcal{T}$ 是事务标识符的集合，$\boldsymbol{D} \subseteq \mathcal{T} \times \mathcal{I}$ 是一个二进制数据库。回想一下，关联规则是一个表达式 $X \to Y$，其中 X 和 Y 是项集，即 $X,Y \subseteq \mathcal{I}$ 且 $X \cap Y = \varnothing$。我们称 X 为规则的先导或前件（antecedent），Y 为规则的后继或后件（consequent）。

项集 X 的事务标识符集是包含 X 的所有事务标识符的集合，如下所示：

$$\boldsymbol{t}(X) = \{t \in \mathcal{T} \mid X \text{ 被包含于 } t\}$$

X 的支持度为 $\sup(X) = |\boldsymbol{t}(X)|$。在下面的讨论中，我们用缩写 XY 表示两个集合的并集 $X \cup Y$。

给定频繁项集 $Z \in \mathcal{F}$，其中 $\mathcal{F}$ 是所有频繁项集的集合，我们可以将 Z 的每个真子集作为先导，其余项作为后继，从而导出不同的关联规则，即对于任意 $Z \in \mathcal{F}$，可以导出一组形式为 $X \to Y$ 的规则，其中 $X \subset Z$ 和 $Y = Z \setminus X$。

12.1.1 规则评估度量

不同规则的度量旨在量化后继和先导之间的依赖关系。下面，我们回顾一些常见的规则评估度量，从支持度和置信度开始。

1. 支持度

规则的支持度定义为同时包含 X 和 Y 的事务数目，即：

$$\sup(X \to Y) = \sup(XY) = |\boldsymbol{t}(XY)| \tag{12.1}$$

相对支持度是同时包含 X 和 Y 的事务的比例，即规则所包含的项的经验联合概率：

$$\operatorname{rsup}(X \to Y) = P(XY) = \operatorname{rsup}(XY) = \frac{\sup(XY)}{|\boldsymbol{D}|} \tag{12.2}$$

通常，我们感兴趣的是频繁规则，即 $\sup(X \to Y) \geqslant \text{minsup}$，其中 minsup 是用户定义的最小支持度阈值。当最小支持度以小数的形式给出，则表示使用相对支持度。请注意，（相对）支持度是一个对称的度量，因为 $\sup(X \to Y) = \sup(Y \to X)$。

例 12.1　使用表 12-1 的示例二元数据库 $\boldsymbol{D}$ 来说明规则评估度量。该数据库中包含 5 个项的集合 $\mathcal{I}=\{A,B,C,D,E\}$ 上有 6 个事务。所有频繁项集（minsup=3）的集合都在表 12-2 中。该表给出了每个频繁项集的支持度和相对支持度。由项集 $ABDE$ 导出的关联规则 $AB \to DE$ 的支持度为 $\mathrm{sup}(AB \to DE)=\mathrm{sup}(ABDE)=3$，相对支持度为 $\mathrm{rsup}(AB \to DE)=\mathrm{sup}(ABDE)/|\boldsymbol{D}|=3/6=0.5$。

表 12-1　示例数据集

事务标识符	项
1	*ABDE*
2	*BCE*
3	*ABDE*
4	*ABCE*
5	*ABCDE*
6	*BCD*

表 12-2　minsup=3 时的频繁项集（最小相对支持度为 0.5）

sup	rsup	项集
3	0.5	*ABD,ABDE,AD,ADE,BCE,BDE,CE,DE*
4	0.67	*A,C,D,AB,ABE,AE,BC,BD*
5	0.83	*E,BE*
6	1.0	*B*

2. 置信度

规则的置信度是事务在包含先导 X 时包含后继 Y 的条件概率：

$$\mathrm{conf}(X \to Y)=P(Y|X)=\frac{P(XY)}{P(X)}=\frac{\mathrm{rsup}(XY)}{\mathrm{rsup}\ (X)}=\frac{\mathrm{sup}(XY)}{\mathrm{sup}\ (X)} \tag{12.3}$$

通常，我们感兴趣的是高置信度的规则，即 $\mathrm{conf}(X \to Y) \geqslant \mathrm{minconf}$，其中 minconf 是用户定义的最小置信度。置信度不是对称的度量，因为根据定义，它是以先导为条件的。

例 12.2　表 12-3 给出了由表 12-1 的示例数据集生成的关联规则及对应的置信度。例如，规则 $A \to E$ 的置信度为 $\mathrm{sup}(AE)/\mathrm{sup}(A)=4/4=1.0$。注意置信度的非对称性，例如规则 $E \to A$ 的置信度为 $\mathrm{sup}(AE)/\mathrm{sup}(E)=4/5=0.8$。

在解释规则的好坏时必须小心。例如，规则 $E \to BC$ 的置信度为 $P(BC|E)=0.60$，即在给定 E 的条件找到 BC 的概率为 60%。然而，BC 无条件出现的概率是 $P(BC)=4/6\approx 67\%$，这说明 E 实际上对 BC 有负面影响。

表 12-3　规则置信度

规则	conf
$A \to E$	1.00
$E \to A$	0.80
$B \to E$	0.83
$E \to B$	1.00
$E \to BC$	0.60
$BC \to E$	0.75

3. 提升度

提升度（lift）定义为观察到的 X 和 Y 的联合概率与期望联合概率的比值，假设它们在统计上是独立的，即：

$$\mathrm{lift}(X \to Y) = \frac{P(XY)}{P(X) \cdot P(Y)} = \frac{\mathrm{rsup}(XY)}{\mathrm{rsup}(X) \cdot \mathrm{rsup}(Y)} = \frac{\mathrm{conf}(X \longrightarrow Y)}{\mathrm{rsup}\ (Y)} \qquad (12.4)$$

提升度的一个常见用法是度量规则出其不意的程度。提升度接近 1 意味着规则的支持度考虑了两个分量的支持度。我们通常会寻找大于 1（即高于预期）或小于 1（即低于预期）的提升度值。

请注意，提升度是一个对称的度量，它总是大于或等于置信度，因为它等于置信度除以后继的概率。提升度也不是向下封闭的，假设 $X' \subset X$ 且 $Y' \subset Y$，$\mathrm{lift}(X' \to Y')$ 可能大于 lift $(X \to Y)$。在小数据集中，提升度很容易受到噪声的影响，因为稀有或非频繁项集的提升度可能非常高。

例 12.3　表 12-4 给出了表 12-1 的示例数据库中，由项集 $ABCE$ 导出的 3 个规则及对应的提升度，其中 $\mathrm{sup}(ABCE) = 2$。

规则 $AE \to BC$ 的提升度如下：

$$\mathrm{lift}(AE \to BC) = \frac{\mathrm{rsup}(ABCE)}{\mathrm{rsup}(AE) \cdot \mathrm{rsup}(BC)} = \frac{2/6}{4/6 \times 4/6} = 6/8 = 0.75$$

表 12-4　规则提升度

规则	lift
$AE \to BC$	0.75
$CE \to AB$	1.00
$BE \to AC$	1.20

由于该提升度小于 1，因此观察到的规则支持度小于预期支持度。此外，规则 $BE \to AC$ 的提升度为

$$\mathrm{lift}(BE \to AC) = \frac{2/6}{2/6 \times 5/6} = 6/5 = 1.2$$

这说明该规则发生的次数超出预期。最后，规则 $CE \to AB$ 的提升度为 1，这表明观察到的支持度和期望支持度匹配。

例 12.4　比较置信度和提升度可以得到有趣的结论。思考表 12-5 所示的 3 条规则以及它们的相对支持度、置信度和提升度。比较前两条规则，可以看到，尽管提升度大于 1，但它们提供的信息不同。$E \to AC$ 是弱规则（conf = 0.4），$E \to AB$ 不仅在置信度方面更强，而且在支持度方面也更强。比较第二条和第三条规则，可以看到，尽管 $B \to E$ 的提升度为 1，这意味着 B 和 E 是独立事件，但它的置信度和支持度较高。这个例子强调了一点：当我们分析关联规则时，应该使用多个度量进行评估。

表 12-5　比较不同规则的相对支持度、置信度和提升度

规则	rsup	conf	lift
$E \to AC$	0.33	0.40	1.20
$E \to AB$	0.67	0.80	1.20
$B \to E$	0.83	0.83	1.00

4. 杠杆率

杠杆率（leverage）衡量观察到的 XY 的联合概率和期望联合概率之间的差异，假设 X 和 Y 是相互独立的：

$$\text{leverage}(X \to Y) = P(XY) - P(X) \cdot P(Y) = \text{rsup}(XY) - \text{rsup}(X) \cdot \text{rsup}(Y) \tag{12.5}$$

杠杆率给出了规则出乎意料程度的“绝对”度量，它应该与提升度一起使用。杠杆率也是对称的。

例 12.5　思考表 12-6 所示的规则，这些规则基于表 12-1 的示例数据集。规则 $ACD \to E$ 的杠杆率为

$$\text{leverage}(ACD \to E) = P(ACDE) - P(ACD) \cdot P(E) = 1/6 - 1/6 \times 5/6 = 0.03$$

类似地，可以计算其他规则的杠杆率。前两条规则有相同的提升度，但是，第一条规则的杠杆率是第二条规则的杠杆率的一半，主要是因为 ACE 的支持度更高。因此，单独考虑提升度可能会产生误导性结果，因为具有不同支持度的规则可能有相同的提升度。此外，第二条规则和第三条规则的提升度不同，但杠杆率相同。最后，我们通过比较第一、第二和第四条规则，强调将杠杆率与其他度量结合起来考虑，尽管这些规则具有相同的提升度，但它们的杠杆率不同。事实上，第四条规则 $A \to E$ 可能优于前两条规则，因为它更简单，杠杆率更高。

表 12-6　规则杠杆率

规则	rsup	lift	leverage
$ACD \to E$	0.17	1.20	0.03
$AC \to E$	0.33	1.20	0.06
$AB \to D$	0.50	1.12	0.06
$A \to E$	0.67	1.20	0.11

5. Jaccard 系数

Jaccard 系数衡量两个集合之间的相似度。当作为规则评估度量时，它计算 X 和 Y 的事务标识符集的相似度：

$$\text{jaccard}(X \to Y) = \frac{|\boldsymbol{t}(X) \cap \boldsymbol{t}(Y)|}{|\boldsymbol{t}(X) \cup \boldsymbol{t}(Y)|} = \frac{\sup(XY)}{\sup(X) + \sup(Y) - \sup(XY)}$$

$$= \frac{P(XY)}{P(X) + P(Y) - P(XY)} \tag{12.6}$$

Jaccard 系数是对称度量。

例 12.6　思考表 12-7 所示的 3 条规则及其 Jaccard 系数。例如：

$$\text{jaccard}(A \to C) = \frac{\sup(AC)}{\sup(A) + \sup(C) - \sup(AC)} = \frac{2}{4+4-2} = 2/6 \approx 0.33$$

表 12-7　Jaccard 系数

规则	rsup	lift	jaccard
$A \to C$	0.33	0.75	0.33
$A \to E$	0.67	1.20	0.80
$A \to B$	0.67	1.00	0.67

6. 确信度

上面考虑的所有规则度量都只使用X和Y的联合概率。将$\neg X$定义为X没有出现在事务的事件，即$X \not\subseteq t \in \mathcal{T}$，$\neg Y$也这样定义。一般来说，如表12-8所示，有四个可能的事件，分别对应项集X和Y出现或不出现的情况。

表 12-8　X 和 Y 的列联表

	Y	¬Y	
X	$\sup(XY)$	$\sup(X\neg Y)$	$\sup(X)$
$\neg X$	$\sup(\neg XY)$	$\sup(\neg X\neg Y)$	$\sup(\neg X)$
	$\sup(Y)$	$\sup(\neg Y)$	$\|\boldsymbol{D}\|$

确信度（conviction）衡量规则的期望错误数，即X出现的时候Y不在同一事务的次数。因此，它衡量规则相对于后继的补集的强度，定义如下：

$$\operatorname{conv}(X \to Y) = \frac{P(X) \cdot P(\neg Y)}{P(X\neg Y)} = \frac{1}{\operatorname{lift}(X \to \neg Y)} \tag{12.7}$$

如果$X\neg Y$的联合概率小于X和$\neg Y$相互独立时的预期联合概率，则确信度很高，反之，如果确信度很高，则$X\neg Y$的联合概率小于X和$\neg Y$相互独立时的预期联合概率。这是一种非对称的度量。

从表12-8中观察到$P(X) = P(XY) + P(X\neg Y)$，这意味着$P(X\neg Y) = P(X) - P(XY)$，以及$P(\neg Y) = 1 - P(Y)$。因此，可得：

$$\operatorname{conv}(X \to Y) = \frac{P(X) \cdot P(\neg Y)}{P(X) - P(XY)} = \frac{P(\neg Y)}{1 - P(XY)/P(X)} = \frac{1 - \operatorname{rsup}(Y)}{1 - \operatorname{conf}(X \to Y)}$$

我们的结论是，如果置信度是1，则确信度是无穷的。如果X和Y彼此独立，则确信度是1。

例 12.7　对于规则$A \to DE$，我们有：

$$\operatorname{conv}(A \to DE) = \frac{1 - \operatorname{rsup}(DE)}{1 - \operatorname{conf}(A)} = 2.0$$

表12-9给出了这一规则及其他规则，以及它们的确信度、支持度、置信度和提升度值。

表 12-9　规则确信度

规则	rsup	conf	lift	conv
$A \to DE$	0.50	0.75	1.50	2.00
$DE \to A$	0.50	1.00	1.50	∞
$E \to C$	0.50	0.60	0.90	0.83
$C \to E$	0.50	0.75	0.90	0.68

7. 优势比

优势比（odds ratio）利用了表12-8列联表的四个条目。我们将数据集分为两组事务：包含X的和不包含X的。Y在这两组中的优势定义为

$$\operatorname{odds}(Y|X) = \frac{P(XY)/P(X)}{P(X\neg Y)/P(X)} = \frac{P(XY)}{P(X\neg Y)}$$

$$\text{odds}(Y|\neg X)=\frac{P(\neg XY)/P(\neg X)}{P(\neg X\neg Y)/P(\neg X)}=\frac{P(\neg XY)}{P(\neg X\neg Y)}$$

优势比定义为这两个优势的比值：

$$\text{oddsratio}(X\rightarrow Y)=\frac{\text{odds}(Y|X)}{\text{odds}(Y|\neg X)}=\frac{P(XY)\cdot P(\neg X\neg Y)}{P(X\neg Y)\cdot P(\neg XY)}$$

$$=\frac{\sup(XY)\cdot\sup(\neg X\neg Y)}{\sup(X\neg Y)\cdot\sup(\neg XY)} \tag{12.8}$$

优势比是一个对称的度量，如果 X 和 Y 相互独立，则优势比为 1。因此，优势比接近 1 可能表明 X 和 Y 之间的依赖性很小。优势比大于 1 意味着 Y 在 X 存在时的优势高于 $\neg X$，优势比小于 1 意味着 Y 在 $\neg X$ 存在时的优势更高。

例 12.8 使用表 12-1 的示例数据，比较两条规则 $C\rightarrow A$ 和 $D\rightarrow A$ 的优势比。A 和 C 以及 A 和 D 的列联表如下：

	C	$\neg C$
A	2	2
$\neg A$	2	0

	D	$\neg D$
A	3	1
$\neg A$	1	1

两条规则的优势比如下：

$$\text{oddsratio}(C\rightarrow A)=\frac{\sup(AC)\cdot\sup(\neg A\neg C)}{\sup(A\neg C)\cdot\sup(\neg AC)}=\frac{2\times 0}{2\times 2}=0$$

$$\text{oddsratio}(D\rightarrow A)=\frac{\sup(AD)\cdot\sup(\neg A\neg D)}{\sup(A\neg D)\cdot\sup(\neg AD)}=\frac{3\times 1}{1\times 1}=3$$

因此，$D\rightarrow A$ 是比 $C\rightarrow A$ 更强的规则，这也可以从提升度和置信度等其他度量看出：

$$\text{conf}(C\rightarrow A)=2/4=0.5 \qquad \text{conf}(D\rightarrow A)=3/4=0.75$$

$$\text{lift}(C\rightarrow A)=\frac{2/6}{4/6\times 4/6}=0.75 \qquad \text{lift}(D\rightarrow A)=\frac{3/6}{4/6\times 4/6}=1.125$$

$C\rightarrow A$ 的置信度和提升度比 $D\rightarrow A$ 的都要小。

例 12.9 本例在鸢尾花数据集的类别属性和四个数值属性（萼片长度、萼片宽度、花瓣长度和花瓣宽度）上应用不同的规则评估度量，该数据集有 $n=150$ 个样本。为了生成关联规则，首先对数值属性进行离散化处理，如表 12-10 所示。特别地，我们要确定具有代表性的每一类鸢尾花（Iris-setosa、Iris-virginica、Iris-versicolor）的特定规则，也就是说，生成形式为 $X\rightarrow y$ 的规则，其中 X 是离散化数值属性上的项集，y 是表示鸢尾花类别的单个项。

首先，使用 minsup=10 和最小提升度值 0.1 生成所有特定于类别的关联规则，共有 79 条。图 12-1a 绘制了这 79 条规则的相对支持度和置信度，三个类别用不同的符号表示。为了寻找最出乎意料的规则，图 12-1b 给出了这 79 条规则的提升度和确信度。对于每一类别，选择相对支持度和置信度最高，以及确信度和提升度最高（即有最大后继）的规则。所选规则分别列于表 12-11 和表 12-12 中。它们在图 12-1 中用较大的白底符号突出显示。

与支持度和置信度较高的规则相比，我们发现 c_1 的最佳规则是相同的，但是 c_2 和 c_3 的规则是不相同的，这表明在这些规则中支持度和新颖性之间存在一种权衡取舍。

表 12-10 鸢尾花数据集离散化及对应的标签

属性	取值范围	标签
萼片长度	4.30 ~ 5.55	sl_1
	5.55 ~ 6.15	sl_2
	6.15 ~ 7.90	sl_3
萼片宽度	2.00 ~ 2.95	sw_1
	2.95 ~ 3.35	sw_2
	3.35 ~ 4.40	sw_3
花瓣长度	1.00 ~ 2.45	pl_1
	2.45 ~ 4.75	pl_2
	4.75 ~ 6.90	pl_3
花瓣宽度	0.10 ~ 0.80	pw_1
	0.80 ~ 1.75	pw_2
	1.75 ~ 2.50	pw_3
类别	Iris-setosa	c_1
	Iris-versicolor	c_2
	Iris-virginica	c_3

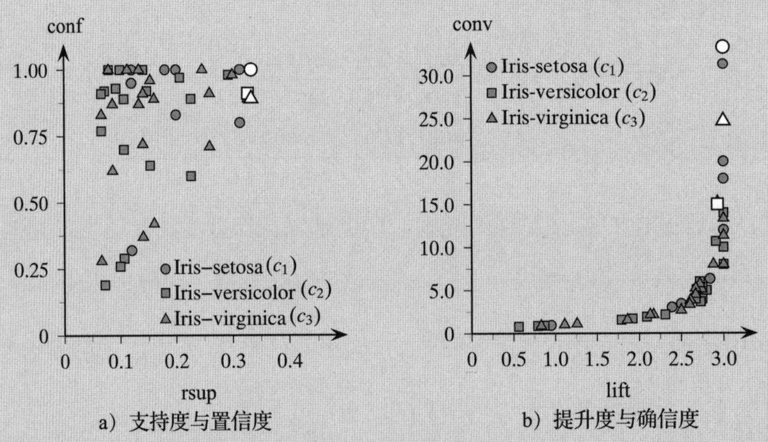

图 12-1 鸢尾花：不同类别下规则的支持度与置信度，以及确信度与提升度。每个类别的最佳规则用白底符号显示

表 12-11 鸢尾花：根据支持度和置信度得到的每一类别的最佳规则

规则	rsup	conf	lift	conv
$\{pl_1,pw_1\} \rightarrow c_1$	0.333	1.00	3.00	33.33
$pw_2 \rightarrow c_2$	0.327	0.91	2.72	6.00
$pl_3 \rightarrow c_3$	0.327	0.89	2.67	5.24

表 12-12 鸢尾花：根据提升度和确信度得到的每一类别的最佳规则

规则	rsup	conf	lift	conv
$\{pl_1,pw_1\} \rightarrow c_1$	0.33	1.00	3.00	33.33
$\{pl_2,pw_2\} \rightarrow c_2$	0.29	0.98	2.93	15.00
$\{sl_3,pl_3,pw_3\} \rightarrow c_3$	0.25	1.00	3.00	24.67

12.1.2　模式评估度量

现在，我们将重点放在模式评估度量上。

1. 支持度

最基本的度量是支持度和相对支持度，即数据库 $\boldsymbol{D}$ 中包含项集 X 的事务的数目和比例：

$$\sup(X)=|\boldsymbol{t}(X)| \qquad\qquad \operatorname{rsup}(X)=\frac{\sup(X)}{|\boldsymbol{D}|}$$

2. 提升度

数据集 $\boldsymbol{D}$ 中 k 项集 $X=\{x_1,x_2,\cdots,x_k\}$ 的提升度为

$$\operatorname{lift}(X,\boldsymbol{D})=\frac{P(X)}{\prod_{i=1}^{k}P(x_i)}=\frac{\operatorname{rsup}(X)}{\prod_{i=1}^{k}\operatorname{rsup}(x_i)} \tag{12.9}$$

这也是观察到的 X 中项的联合概率与所有 $x_i\in X$ 彼此独立的情况下的期望联合概率的比值。

通过将项集 X 划分为若干非空互斥子集，可以进一步泛化项集 X 的提升度的表示。例如，假设集合 $\{X_1,X_2,\cdots,X_q\}$ 是 X 的一个 q 分区，即将 X 划分为 q 个非空互斥子集 X_i，$X_i\cap X_j=\varnothing$ 且 $\bigcup_i X_i=X$。X 在 q 分区上的泛化提升度定义如下：

$$\operatorname{lift}_q(X)=\min_{X_1,\cdots,X_q}\left\{\frac{P(X)}{\prod_{i=1}^{q}P(X_i)}\right\} \tag{12.10}$$

即 X 的 q 个分区上的最小提升度。由此可见，$\operatorname{lift}(X)=\operatorname{lift}_k(X)$，即提升度是从 X 的一个特殊 k 分区获得的值。

3. 基于规则的度量

给定项集 X，通过考虑从 X 生成的所有可能规则，使用规则评估度量对其进行衡量。设 Θ 为某个规则评估度量。从 X 生成所有可能的规则，规则的形式为 $X_1\rightarrow X_2$ 和 $X_2\rightarrow X_1$，其中 $\{X_1,X_2\}$ 是 X 的一个二分区。然后计算每个这样的规则的度量 Θ，并使用诸如均值、最大值和最小值等概述性的统计量来表征 X。如果 Θ 是对称度量，则 $\Theta(X_1\rightarrow X_2)=\Theta(X_2\rightarrow X_1)$，只需要考虑一半的规则。例如，如果 Θ 是规则提升度，则可以定义 X 的平均、最大和最小提升度，如下所示：

$$\operatorname{AvgLift}(X)=\operatorname*{avg}_{X_1,X_2}\{\operatorname{lift}(X_1\rightarrow X_2)\}$$

$$\operatorname{MaxLift}(X)=\max_{X_1,X_2}\{\operatorname{lift}(X_1\rightarrow X_2)\}$$

$$\operatorname{MinLift}(X)=\min_{X_1,X_2}\{\operatorname{lift}(X_1\rightarrow X_2)\}$$

对于杠杆率、置信度等其他规则度量，也可以进行同样的处理。特别地，当使用规则提升度时，$\operatorname{MinLift}(X)$ 与 X 的所有二分区上的泛化提升度 $\operatorname{lift}_2(X)$ 是相同的。

例 12.10　思考项集 $X=\{pl_2,pw_2,c_2\}$，其（以及所有子集）在离散化鸢尾花数据集中的支持度如表 12-13 所示。注意，数据库的大小是 $|\boldsymbol{D}|=n=150$。

根据式（12.9），X 的提升度为

$$\operatorname{lift}(X)=\frac{\operatorname{rsup}(X)}{\operatorname{rsup}(pl_2)\cdot\operatorname{rsup}(pw_2)\cdot\operatorname{rsup}(c_2)}=\frac{0.293}{0.3\times0.36\times0.333}\approx 8.16$$

表 12-13　$\{pl_2,pw_2,c_2\}$ 及其子集的支持度

项集	sup	rsup
$\{pl_2,pw_2,c_2\}$	44	0.293
$\{pl_2,pw_2\}$	45	0.300
$\{pl_2,c_2\}$	44	0.293
$\{pw_2,c_2\}$	49	0.327
$\{pl_2\}$	45	0.300
$\{pw_2\}$	54	0.360
$\{c_2\}$	50	0.333

表 12-14 给出了从 X 生成的所有可能规则，以及对应的规则提升度和杠杆率。注意，因为这两个度量都是对称的，所以只需要考虑 3 个不同的二分区，如表所示。最大、最小和平均提升度如下：

$$\text{MaxLift}(X) = \max\{2.993, 2.778, 2.933\} = 2.998$$

$$\text{MinLift}(X) = \min\{2.993, 2.778, 2.933\} = 2.778$$

$$\text{AvgLift}(X) = \text{avg}\{2.993, 2.778, 2.933\} = 2.901$$

也可以采用其他度量。例如，X 的平均杠杆率为

$$\text{AvgLeverage}(X) = \text{avg}\{0.195, 0.188, 0.193\} = 0.192$$

然而，由于置信度不是对称度量，因此必须考虑所有的 6 条规则及对应的置信度，如表 12-14 所示。X 的平均置信度为

$$\text{AvgConf}(X) = \text{avg}\{0.978, 0.898, 0.815, 1.0, 0.88, 0.978\} = 5.549/6 = 0.925$$

表 12-14　从项集 $\{pl_2,pw_2,c_2\}$ 生成的规则

二分区	规则	lift	leverage	conf
$\{\{pl_2\},\{pw_2,c_2\}\}$	$pl_2 \rightarrow \{pw_2,c_2\}$	2.993	0.195	0.978
	$\{pw_2,c_2\} \rightarrow pl_2$	2.993	0.195	0.898
$\{\{pw_2\},\{pl_2,c_2\}\}$	$pw_2 \rightarrow \{pl_2,c_2\}$	2.778	0.188	0.815
	$\{pl_2,c_2\} \rightarrow pw_2$	2.778	0.188	1.000
$\{\{c_2\},\{pl_2,pw_2\}\}$	$c_2 \rightarrow \{pl_2,pw_2\}$	2.933	0.193	0.880
	$\{pl_2,pw_2\} \rightarrow c_2$	2.933	0.193	0.978

例 12.11　思考例 12.9 中离散化鸢尾花数据集中的所有频繁项集，其中 minsup=1。我们分析了从这些频繁项集生成的所有可能的规则。图 12-2 绘制了大小至少为 2 的所有 306 个频繁模式的相对支持度和平均提升度，因为只有大于 2 的项集生成的规则才是有意义的。可以看到，除了低支持度项集外，平均提升度在 3.0 以上。从这些模式中选择支持度最高的模式进行进一步分析。例如，项集 $X=\{pl_2, pw_2, c_2\}$ 是支持度为 $\text{rsup}(X)=0.33$ 的最大项集，其所有子集的支持度为 $\text{rsup}=0.33$。因此，所有从中导出的规则的提升度都是 3.0，X 的最小提升度是 3.0。

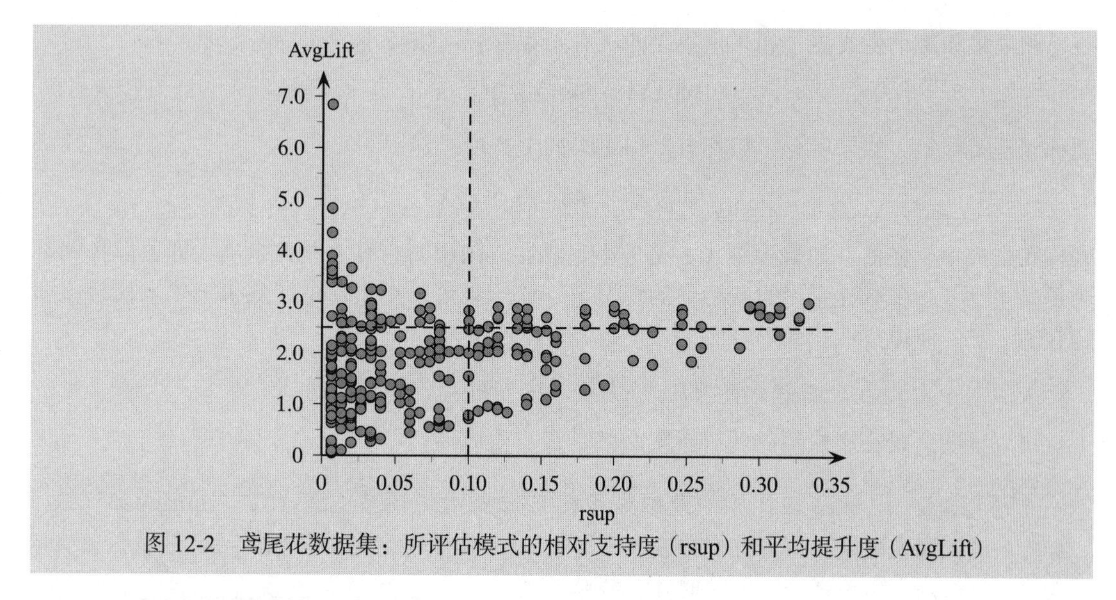

图 12-2 鸢尾花数据集：所评估模式的相对支持度（rsup）和平均提升度（AvgLift）

12.1.3 比较多条规则和模式

现在来比较不同的规则和模式。一般来说，频繁项集和关联规则的数量可能非常大，其中许多可能不太相关。我们重点关注某些模式和规则可以剪去的情况，因为其中包含的信息可能已经体现在其他相关的模式和规则中。

1. 比较项集

在比较多个项集时，可以选择关注满足某些性质的最大项集，也可以关注包含所有支持度信息的闭项集。

最大项集 如果频繁项集 X 的任意超集都不是频繁的，则称其是最大频繁项集。也就是说，当且仅当：

$$\sup(X) \geqslant \text{minsup}, \text{且对于所有} Y \supset X, \text{有} \sup(Y) < \text{minsup}$$

X 是最大频繁项集。给定一组频繁项集，选择只保留最大频繁项集，特别是那些已经满足其他约束或模式评估度量（如提升度或杠杆率）的。

例 12.12 思考例 12.9 中的离散化鸢尾花数据集。为了深入了解与每个鸢尾花类别相关的最大项集，我们将注意力集中在特定于类别的项集，即包含一个类别项的项集 X 上。根据图 12-2 中的项集，令 minsup(X)≥15（对应 10% 的相对支持度）并只保留平均提升度至少为 2.5 的项集，我们保留了 37 个特定于类别的项集（在右上象限）。其中，最大项集如表 12-15 所示，突出了 3 个类别的相关特征。例如，对于类别 c_1（Iris-setosa），关键的项是 sl_1、pl_1、pw_1 和 sw_2（或 sw_3）。参照表 12-10 中的取值范围，我们得出结论：Iris-setosa 的萼片长度在 $sl_1=[4.30,5.55]$ 内，花瓣长度在 $pl_1=[1,2.45]$ 内，依次类推。对于其他两类鸢尾花，也可以进行类似的解释。

表 12-15 鸢尾花数据集：根据平均提升度得到的最大模式

模式	AvgLift
$\{sl_1,sw_2,pl_1,pw_1,c_1\}$	2.90
$\{sl_1,sw_3,pl_1,pw_1,c_1\}$	2.86
$\{sl_2,sw_1,pl_2,pw_2,c_2\}$	2.83
$\{sl_3,sw_2,pl_3,pw_3,c_3\}$	2.88
$\{sw_1,pl_3,pw_3,c_3\}$	2.52

闭项集和最小生成器　如果项集 X 的所有超集都有严格较小的支持度，即：

$$\sup(X) > \sup(Y),\ Y \supset X$$

则称 X 是闭项集。如果所有子集都有严格更大的支持度，即：

$$\sup(X) < \sup(Y), Y \subset X$$

则称 X 是最小生成器。如果项集 X 不是最小生成器，则说明它有一些冗余项，即可以找到某个子集 $Y \subset X$，在不改变 X 的支持度的情况下，该子集可以用更小的子集 $W \subset Y$ 来代替，即存在 $W \subset Y$，使得：

$$\sup(X) = \sup(Y \cup (X \setminus Y)) = \sup(W \cup (X \setminus Y))$$

可以证明，最小生成器的所有子集必然是最小生成器。

例 12.13　思考表 12-1 中的数据集和表 12-2 所示的频繁项集，其中 minsup=3。只有两个最大频繁项集，即 $ABDE$ 和 BCE，它们包含其他项集是否频繁的关键信息：只有当项集是这两个项集之一的子集时才是频繁的。

表 12-16 给出了 7 个闭项集和相应的最小生成器。这两个集合都可以让我们推断出任意其他频繁项集的准确支持度。项集 X 的支持度是包含它的所有闭项集中的最大支持度。另外，X 的支持度是 X 子集中所有最小生成器中的最小支持度。例如，项集 AE 是闭项集 ABE 和 $ABDE$ 的子集，它同时又是最小生成器 A 和 E 的超集，可以观察到：

表 12-16　闭项集与最小生成器

sup	闭项集	最小生成器
3	$ABDE$	AD, DE
3	BCE	CE
4	ABE	A
4	BC	C
4	BD	D
5	BE	E
6	B	B

$$\sup(AE) = \max\{\sup(ABE), \sup(ABDE)\} = 4$$

$$\sup(AE) = \min\{\sup(A), \sup(E)\} = 4$$

产生式项集　如果项集 X 的相对支持度高于它所有二分区（假设它们是独立的）的期望相对支持度，则称其是产生式的（productive）。更形象化的表达是，设 $|X| \geqslant 2$，$\{X_1, X_2\}$ 是 X 的二分区，如果满足以下条件：

$$\mathrm{rsup}(X) > \mathrm{rsup}(X_1) \times \mathrm{rsup}(X_2), \text{对于} X \text{的所有二分区} \{X_1, X_2\} \tag{12.11}$$

则称 X 是产生式的。这意味着，如果 X 的最小提升度大于 1，则 X 是产生式的，因为：

$$\mathrm{MinLift}(X) = \min_{X_1, X_2}\left\{\frac{\mathrm{rsup}(X)}{\mathrm{rsup}(X_1) \cdot \mathrm{rsup}(X_2)}\right\} > 1$$

就杠杆率而言，如果 X 的最小杠杆率大于零，则 X 是产生式的，因为：

$$\mathrm{MinLeverage}(X) = \min_{X_1, X_2}\{\mathrm{rsup}(X) - \mathrm{rsup}(X_1) \times \mathrm{rsup}(X_2)\} > 0$$

例 12.14　思考表 12-2 中的频繁项集，集合 $ABDE$ 不是产生式的，因为存在一个提升度为 1 的二分区。例如，对于二分区 $\{B, ADE\}$，我们有：

$$\text{lift}(B \to ADE) = \frac{\text{rsup}(ABDE)}{\text{rsup}(B) \cdot \text{rsup}(ADE)} = \frac{3/6}{6/6 \cdot 3/6} = 1$$

此外，ADE 是产生式的，因为它有 3 个不同的二分区，它们的提升度都大于 1：

$$\text{lift}(A \to DE) = \frac{\text{rsup}(ADE)}{\text{rsup}(A) \cdot \text{rsup}(DE)} = \frac{3/6}{4/6 \cdot 3/6} = 1.5$$

$$\text{lift}(D \to AE) = \frac{\text{rsup}(ADE)}{\text{rsup}(D) \cdot \text{rsup}(AE)} = \frac{3/6}{4/6 \cdot 4/6} = 1.125$$

$$\text{lift}(E \to AD) = \frac{\text{rsup}(ADE)}{\text{rsup}(E) \cdot \text{rsup}(AD)} = \frac{3/6}{5/6 \cdot 3/6} = 1.2$$

2. 比较规则

给定两个具有相同后继的规则 $R: X \to Y$ 和 $R': W \to Y$，如果 $W \subset X$，则称 R 比 R' 更具体，或者说 R' 比 R 更泛化。

非冗余规则 给定规则 $R: X \to Y$，只要存在更泛化的规则 $R': W \to Y$ 具有相同的支持度，即 $W \subset X$，$\text{sup}(R) = \text{sup}(R')$，则称 R 是冗余的。此外，如果对 R 所有的泛化规则 R'，都满足 $\text{sup}(R) < \text{sup}(R')$，则 R 是非冗余的。

改进度和产生式规则 定义规则 $X \to Y$ 的改进度（improvement），如下所示：

$$\text{imp}(X \to Y) = \text{conf}(X \to Y) - \max_{W \subset X}\{\text{conf}(W \to Y)\} \tag{12.12}$$

改进度量化了规则的置信度与其任何泛化之间的最小差距。如果规则 $R: X \to Y$ 的改进度大于 0，则它是产生式的，这意味着对于所有泛化规则 $R': W \to Y$，有 $\text{conf}(R) > \text{conf}(R')$。此外，如果存在泛化规则 R'，使得 $\text{conf}(R') \geqslant \text{conf}(R)$，则 R 是非产生式的。如果规则是冗余的，则它必然是非产生式的，因为它的改进度是 0。

规则 $R: X \to Y$ 的改进度越小，就越有可能是非产生式的。将这一概念进行推广，并考虑改进度大于某一最低水平的规则，即要求 $\text{imp}(X \to Y) \geqslant t$，其中 t 是用户定义的最小改进度阈值。

例 12.15 思考表 12-1 中的示例数据集和表 12-2 中的频繁项集集合。思考规则 $R: BE \to C$，它的支持度为 3，置信度为 3/5=0.60。它有两个泛化规则，即：

$$R'_1: E \to C, \quad \text{sup} = 3, \text{conf} = 3/5 = 0.60$$
$$R'_2: B \to C, \quad \text{sup} = 4, \text{conf} = 4/6 = 0.67$$

因此，$BE \to C$ 对于 $E \to C$ 是冗余的，因为它们具有相同的支持度，即 $\text{sup}(BCE) = \text{sup}(BC)$。此外，$BE \to C$ 也是非产生式的，因为 $\text{imp}(BE \to C) = 0.60 - \max\{0.60, 0.67\} = -0.07$，它有一个更泛化的规则 R'_2，其置信度更高。

12.2 显著性检验和置信区间

现在思考如何评估模式和规则的统计显著性，以及如何导出给定评估度量的置信区间。

12.2.1　产生式规则的费希尔精确检验

首先讨论规则改进度的费希尔精确检验（Fisher exact test）。也就是说，我们直接通过与每一个泛化规则 $R':W\to Y$（包括默认规则 $\varnothing\to Y$）的置信度进行比较来检验规则 $R:X\to Y$ 是不是产生式的。

设 $R:X\to Y$ 为一条关联规则。考虑它的泛化规则 $R':W\to Y$，其中 $W=X\setminus Z$ 是从 X 中去掉子集 $Z\subseteq X$ 而形成的新的先导。给定输入数据集 $\boldsymbol{D}$，在 W 出现的条件下，可以在 Z 和后继 Y 之间创建一个 2×2 的列联表，如表 12-17 所示。不同单元格的值的计算如下：

$$a=\sup(WZY)=\sup(XY) \qquad b=\sup(WZ\neg Y)=\sup(X\neg Y)$$
$$c=\sup(W\neg ZY) \qquad d=\sup(W\neg Z\neg Y)$$

这里，a 表示同时包含 X 和 Y 的事务的数目，b 表示包含 X 但不包含 Y 的事务的数目，c 表示包含 W 和 Y 但不包含 Z 的事务的数目，d 表示包含 W 但不包含 Z 和 Y 的事务的数目。边缘计数如下所示：

$$\text{行边缘计数}: a+b=\sup(WZ)=\sup(X), \quad c+d=\sup(W\neg Z)$$
$$\text{列边缘计数}: a+c=\sup(WY), \quad b+d=\sup(W\neg Y)$$

其中，行边缘计数给出了有 Z 和无 Z 时 W 的出现频率，列边缘计数给出了有 Y 和无 Y 时 W 的出现频率。最后，可以观察到所有单元格的总和是 $n=a+b+c+d=\sup(W)$。注意，当 $Z=X$ 时，有 $W=\varnothing$，列联表默认为表 12-8 所示的列联表。

表 12-17　Z 和 Y 的列联表，给定 W=X/Z

W	Y	¬Y	
Z	a	b	$a+b$
¬Z	c	d	$c+d$
	$a+c$	$b+d$	$n=\sup(W)$

给定一个以 W 为条件的列联表，我们感兴趣的是 Z 出现和 Z 不出现时的优势比，即：

$$\text{oddsratio}=\frac{a/(a+b)}{b/(a+b)}\bigg/\frac{c/(c+d)}{d/(c+d)}=\frac{ad}{bc} \tag{12.13}$$

优势比衡量的是 X（即 W 和 Z）与 Y 同时出现的优势以及它的子集 W（不含 Z）与 Y 同时出现的优势。给定 W，在零假设 H_0 下，Z 和 Y 是彼此独立的，该优势比是 1。要看到这一点，需要注意在独立性假设下，列联表单元格中的值等于相对应的行边缘计数和列边缘计数的乘积除以 n，即在 H_0 下：

$$a=(a+b)(a+c)/n \qquad b=(a+b)(b+d)/n$$
$$c=(c+d)(a+c)/n \qquad d=(c+d)(b+d)/n$$

将这些值代入式（12.13），得到：

$$\text{oddsratio}=\frac{ad}{bc}=\frac{(a+b)(c+d)(b+d)(a+c)}{(a+c)(b+d)(a+b)(c+d)}=1$$

因此，零假设对应 $H_0:\text{oddsratio}=1$，备择假设为 $H_a:\text{oddsratio}>1$。在零假设下，如果进一步假设列边缘计数和行边缘计数是固定的，那么 a 将唯一地确定其他 3 个值 b、c、d，在列联表中观察到 a 的概率质量函数由超几何分布给出。超几何分布给出了在 t 次试验中成

功 s 次的概率，如果我们进行无放回抽样，总体大小为 T，最大可能成功次数为 S，则：

$$P(s|t,S,T)=\mathrm{C}_S^s\cdot\mathrm{C}_{T-S}^{t-s}/\mathrm{C}_T^t$$

根据上文，将 Z 出现视为成功。总体大小是 $T=\sup(W)=n$，因为我们假设 W 总是出现，可能的最大成功次数等于给定 W 时 Z 的支持度，即 $S=a+b$。在 $t=a+c$ 次试验中，超几何分布给出 $s=a$ 次成功的概率：

$$\begin{aligned}P(a|(a+c),(a+b),n)&=\frac{\mathrm{C}_{a+b}^{a}\cdot\mathrm{C}_{n-(a+b)}^{(a+c)-a}}{\mathrm{C}_n^{a+c}}=\frac{\mathrm{C}_{a+b}^{a}\cdot\mathrm{C}_{c+d}^{c}}{\mathrm{C}_n^{a+c}}\\&=\frac{(a+b)!\,(c+d)!}{a!\,b!\,c!\,d!}\bigg/\frac{n!}{(a+c)!\,(n-(a+c))!}\\&=\frac{(a+b)!\,(c+d)!\,(a+c)!\,(b+d)!}{n!\,a!\,b!\,c!\,d!}\end{aligned}\tag{12.14}$$

我们要将零假设 $H_0:\text{oddsratio}=1$ 与备择假设 $H_a:\text{oddsratio}>1$ 进行对比。因为在给定行边缘计数和列边缘计数的情况下，a 决定了列联表中其余单元格的值。由式（12.13）可知，a 越大，优势比越大，因此证明 H_a 成立的证据也就越多。通过将所有可能值 a 对应的式（12.14）的值求和，得到极端的列联表的 p 值，如表 12-17 所示。

$$\begin{aligned}p(a)&=\sum_{i=0}^{\min(b,c)}P(a+i\mid(a+c),(a+b),n)\\&=\sum_{i=0}^{\min(b,c)}\frac{(a+b)!\,(c+d)!\,(a+c)!\,(b+d)!}{n!\,(a+i)!\,(b-i)!\,(c-i)!\,(d+i)!}\end{aligned}\tag{12.15}$$

这是因为给定行边缘计数和列边缘计数，当 a 增加 i 时，b 和 c 必定减少 i，d 增加 i，如表 12-18 所示。p 值越低，说明优势比大于 1 的证据越有力，因此，如果 $p\leqslant\alpha$，我们可以拒绝零假设 H_0，其中 α 是显著性水平（例如，$\alpha=0.01$）。以上检验被称为费希尔精确检验。

表 12-18　将 a 增加 i 之后的列联表

W	Y	¬Y	
Z	$a+i$	$b-i$	$a+b$
$\neg Z$	$c-i$	$d+i$	$c+d$
	$a+c$	$b+d$	$n=\sup(W)$

综上所述，为了检验规则 $R:X\to Y$ 是否为产生式的，必须计算从每一个泛化规则 $R':W\to Y(W=X\setminus Z,Z\subseteq X)$ 得到的列联表的 $p(a)=p(\sup(XY))$。如果都满足 $p(\sup(XY))>\alpha$，则可以拒绝规则 $R:X\to Y$ 是非产生式的假设。此外，如果对于所有泛化规则，都有 $p\ (\sup(XY))\leqslant\alpha$，则 R 是产生式的。请注意，如果 $|X|=k$，则有 2^k-1 个可能的泛化规则。为了避免较大先导集合的指数级复杂度，我们通常只关注形如 $R':X\setminus z\to Y$ 的直接泛化规则，其中 $z\in X$ 是先导中的属性值之一。但是，我们确实包含了无意义的规则 $\varnothing\to Y$，因为条件概率 $P(Y|X)=\mathrm{conf}(X\to Y)$ 应该高于先验概率 $P(Y)=\mathrm{conf}(\varnothing\to Y)$。

例 12.16　思考从离散化鸢尾花数据集获得的规则 $R{:}pw_2\to c_2$。为了检验它是不是产生式的，只需将它与默认规则 $\varnothing\to c_2$（因为先导中只有一个单项）进行比较。根据表

12-17，各个单元格的值如下：

$$a=\sup(pw_2,c_2)=49 \qquad b=\sup(pw_2,\neg c_2)=5$$

$$c=\sup(\neg pw_2,c_2)=1 \qquad d=\sup(\neg pw_2,\neg c_2)=95$$

列联表如下：

	c_2	$\neg c_2$	
pw_2	49	5	54
$\neg pw_2$	1	95	96
	50	100	150

因此，p 值如下：

$$p=\sum_{i=0}^{\min(b,c)} P(a+i \mid (a+c),(a+b),n)$$

$$=P(49 \mid 50,54,150)+P(50 \mid 50,54,150)$$

$$=\mathrm{C}_{54}^{49}\cdot \mathrm{C}_{96}^{95} \Big/ \mathrm{C}_{150}^{50}+\mathrm{C}_{54}^{50}\cdot \mathrm{C}_{96}^{96} \Big/ \mathrm{C}_{150}^{50}$$

$$=1.51\times 10^{-32}+1.57\times 10^{-35}=1.51\times 10^{-32}$$

由于 p 值非常小，因此可以安全地拒绝优势比为 1 的零假设。此外，$X=pw_2$ 和 $Y=c_2$ 之间有很强的关系，且 $R:pw_2\rightarrow c_2$ 是产生式的。

例 12.17　思考另一个规则 $\{sw_1, pw_2\}\rightarrow c_2$，$X=\{sw_1, pw_2\}$，$Y=c_2$。思考它的 3 个泛化规则，以及相应的列联表和 p 值：

$R'_1: pw_2\rightarrow c_2$

$Z=\{sw_1\}$
$W=X\setminus Z=\{pw_2\}$
$p=0.84$

$W=pw_2$	c_2	$\neg c_2$	
sw_1	34	4	38
$\neg sw_1$	15	1	16
	49	5	54

$R'_2: sw_1\rightarrow c_2$

$Z=\{pw_2\}$
$W=X\setminus Z=\{sw_1\}$
$p=1.39\times 10^{-11}$

$W=sw_1$	c_2	$\neg c_2$	
pw_2	34	4	38
$\neg pw_2$	0	19	19
	34	23	57

$R'_3: \emptyset\rightarrow c_2$

$Z=\{sw_1, pw_2\}$
$W=X\setminus Z=\emptyset$
$p=3.55\times 10^{-17}$

$W=\emptyset$	c_2	$\neg c_2$	
$\{sw_1, pw_2\}$	34	4	38
$\neg\{sw_1, pw_2\}$	16	96	112
	50	100	150

可以看到，虽然 R'_2 和 R'_3 的 p 值很小，但 R'_1 的 p 值高达 0.84，因此不能拒绝零假设。得到的结论是，$R:\{sw_1, pw_2\}\rightarrow c_2$ 是非产生式的。实际上，它的泛化规则 R'_1 是产生式的，见例 12.16。

多重假设检验

给定输入数据集 $\boldsymbol{D}$，可能有指数级数量的规则需要检验，以检查它们是不是产生式的。因此，我们遇到了多重假设检验问题，即仅凭假设检验的绝对数量，某些非产生式规则会随机地满足 $p \leqslant \alpha$。克服这个问题的一种策略是对显著性水平进行 Bonferroni 校正，该校正显式地考虑在假设检验过程中执行的实验数量，不直接使用给定的 α 阈值，而是使用调整后的阈值 $\alpha' = \frac{\alpha}{\#r}$，其中 $\#r$ 是要检验的规则数量或其估计量。这种校正可以确保规则错误发现率（false discovery）不高于 α，其中错误发现是指规则不是产生式的却被判定为产生式的。

例 12.18 思考表 12-10 所示的离散化鸢尾花数据集。此处只关注特定于类别的规则，即形如 $X \to c_i$ 的规则。每个样例中某一个给定的属性只能取一个值，因此最大先导长度为 4，并且从鸢尾花数据集生成的与类别相关的规则的最大数目：

$$\#r = c \times \left(\sum_{i=1}^{4} \mathrm{C}_4^i b^i \right)$$

其中，c 是鸢尾花类别数，b 是任何其他属性对应的最大可取值数量。对先导的大小 i（即先导中使用的属性数量）求和。最后，对于所选的 i 个属性的集合，一共有 b^i 种可能的组合。因为有 3 个鸢尾花类别，每个属性可能去 3 个不同的值，因此 $c=3$，$b=3$，所以可能的规则数目是：

$$\#r = 3 \times \left(\sum_{i=1}^{4} \mathrm{C}_4^i 3^i \right) = 3(12+54+108+81) = 3 \times 255 = 765$$

因此，如果输入的显著性水平为 $\alpha = 0.01$，则使用 Bonferroni 校正调整后的显著性水平为 $\alpha' = \alpha / \#r = 0.01/765 = 1.31 \times 10^{-5}$。例 12.16 中的规则 $pw_2 \to c_2$ 的 p 值为 1.51×10^{-32}，因此即使使用 α'，该规则也依然是产生式的。

12.2.2 显著性的置换检验

置换检验（permutation test）或随机化检验（randomization test）通过多次随机修改观察到的数据来获取数据集的随机样本，从而确定给定检验统计量 Θ 的分布，这些样本也可用于显著性检验。在模式评估中，给定输入数据集 $\boldsymbol{D}$，首先生成 k 个随机置换了的数据集 $\boldsymbol{D}_1, \boldsymbol{D}_2, \cdots, \boldsymbol{D}_k$。然后进行不同类型的显著性检验。例如，给定一个模式或规则，检验其是否具有统计显著性，首先计算检验统计量 Θ 的经验概率质量函数（Empirical Probability Mass function，EPMF），然后计算第 i 个随机化数据集 $\boldsymbol{D}_i (i \in [1, k])$ 中的值 θ_i，从而检查其是否具有统计显著性。利用这些值可以得到经验累积分布函数：

$$\hat{F}(x) = \hat{P}(\Theta \leqslant x) = \frac{1}{k} \sum_{i=1}^{k} I(\theta_i \leqslant x)$$

其中，I 是指示变量，当其参数为真时取 1，否则取值 0。假设 θ 是输入数据集 $\boldsymbol{D}$ 的检验统计量的值，那么 $p(\theta)$，即随机获得和 θ 一样大的值的概率可以计算为

$$p(\theta) = 1 - \hat{F}(\theta)$$

给定显著性水平 α，如果 $p(\theta)>\alpha$，则接受模式或规则不具有统计显著性的零假设。如果 $p(\theta)\leqslant\alpha$，则可以拒绝零假设，并得出模式显著的结论，因为和 θ 一样大的值是非常不可能的。置换检验也可用于评估一组规则或模式。例如，通过将 $\boldsymbol{D}$ 中的频繁项集的数量与从置换数据集 $\boldsymbol{D}_i$ 中导出的频繁项集的数量的分布进行比较，我们可以对一组频繁项集进行检验。也可以用关于 minsup 的函数进行分析，等等。

1. 交换随机化

生成置换数据集 $\boldsymbol{D}_i$ 的一个关键问题是，应该保留输入数据集 $\boldsymbol{D}$ 的哪些特征。交换随机化（swap randomization）方法将给定数据集的列边缘计数和行边缘计数保持不变，即置换后的数据集保留对每个项的支持度（列边缘计数）以及每个事务中的项的数目（行边缘计数）。给定数据集 $\boldsymbol{D}$，随机创建 k 个具有相同行边缘和列边缘的数据集。然后从 $\boldsymbol{D}$ 中挖掘频繁模式，检查模式的统计量是否与那些随机创建的数据集的统计量不同。如果差异不显著，则可以得出这样的结论：模式仅来自行边缘和列边缘，而不是来自数据的任何有趣属性。

给定二元矩阵 $\boldsymbol{D}\subseteq\mathcal{T}\times\mathcal{I}$，交换随机化方法通过一次保持行边缘和列边缘不变的操作来交换（swap）矩阵的两个非零单元格。为了说明如何进行交换，考虑任意两个事务 $t_a,t_b\in\mathcal{T}$ 和任意两个项 $i_a,i_b\in\mathcal{I}$，使得 $(t_a,i_a),(t_b,i_b)\in\boldsymbol{D}$ 且 $(t_a,i_b),(t_b,i_a)\notin\boldsymbol{D}$，对应于 $\boldsymbol{D}$ 中的 2×2 子矩阵，如下所示：

$$\boldsymbol{D}(t_a,i_a;t_b,i_b)=\begin{pmatrix}1&0\\0&1\end{pmatrix}$$

在交换操作之后，得到新的子矩阵：

$$\boldsymbol{D}(t_a,i_b;t_b,i_a)=\begin{pmatrix}0&1\\1&0\end{pmatrix}$$

这里交换了 $\boldsymbol{D}$ 中的元素，使得 $(t_a,i_b),(t_b,i_a)\in\boldsymbol{D}$，且 $(t_a,i_a),(t_b,i_b)\notin\boldsymbol{D}$。把这个操作表示为 $\text{Swap}(t_a,i_a;t_b,i_b)$。请注意，一次交换不会影响行边缘和列边缘，因此可以通过一系列的交换生成具有与 $\boldsymbol{D}$ 相同行边缘和列边缘的置换数据集。算法 12.1 给出了生成随机交换数据集的伪代码。该算法通过随机选择 $(t_a,i_a),(t_b,i_b)\in\boldsymbol{D}$ 进行 t 次交换，只有当 $(t_a,i_b),(t_b,i_a)\notin\boldsymbol{D}$ 时，交换才算成功。

算法 12.1　生成随机交换数据集

```
SwapRandomization(t, D ⊆ T × I):
1 while t > 0 do
2     Select pairs (t_a, i_a), (t_b, i_b) ∈ D randomly
3     if (t_a, i_b) ∉ D and (t_b, i_a) ∉ D then
4         D ← D \ {(t_a, i_a), (t_b, i_b)} ∪ {(t_a, i_b), (t_b, i_a)}
5     t ← t − 1
6 return D
```

例 12.19　思考表 12-19a 中所示的输入二元数据集 $\boldsymbol{D}$，其行之和和列之和也给了出来。表 12-19b 给出了单个交换操作 $\text{Swap}(1,D;4,C)$ 后的结果，由灰色单元格突出显示交换位置。再进行一次交换，即 $\text{Swap}(2,C;4,A)$，得到表 12-19c 中的数据。可以看到，边缘计数保持不变。

根据表 12-19a 中的输入数据集 $\boldsymbol{D}$，生成 $k=100$ 个交换随机数据集，每个数据集通过执行 150（所有可能的事务对和项对的数目的乘积，即 $C_6^2 \cdot C_5^2=150$）次交换获得。令检验统计量为 minsup=3 时的频繁项集的总数目。挖掘 $\boldsymbol{D}$，得到 $|\mathcal{F}|=19$ 个频繁项集。同样，挖掘 $k=100$ 个置换数据集中的每个数据集会产生以下关于 $|\mathcal{F}|$ 的经验 PMF：

$$P(|\mathcal{F}|=19)=0.67 \qquad P(|\mathcal{F}|=17)=0.33$$

因为 $p(19)=0.67$，所以频繁项集的集合本质上是由行边缘计数和列边缘计数决定的。

针对某个特定的项集 $ABDE$（它是 $\boldsymbol{D}$ 中的一个最大频繁项集），$\sup(ABDE)=3$。$ABDE$ 为频繁项集的概率是 $17/100=0.17$，因为它在 100 个置换数据集中的 17 个中是频繁的。由于这个概率很低，因此我们可以得出结论：$ABDE$ 不是一种统计上显著的模式，它在随机数据集中也有很大可能是频繁的。考虑另一个在 $\boldsymbol{D}$ 中非频繁的项集 BCD，因为 $\sup(BCD)=2$。BCD 的支持度的经验 PMF 如下：

$$P(\sup=2)=0.54 \qquad P(\sup=3)=0.44 \qquad P(\sup=4)=0.02$$

在大多数数据集中，BCD 都是非频繁的，如果 minsup=4，那么 $p(\sup=4)=0.02$ 意味着 BCD 不太可能是一种频繁模式。

表 12-19 输入数据集 $\boldsymbol{D}$ 和交换随机化

事务标识符	项 A	B	C	D	E	和
1	1	1	0	1	1	4
2	0	1	1	0	1	3
3	1	1	0	1	1	4
4	1	1	1	0	1	4
5	1	1	1	1	1	5
6	0	1	1	1	0	3
和	4	6	4	4	5	

a）输入二元数据集 $\boldsymbol{D}$

事务标识符	项 A	B	C	D	E	和
1	1	1	1	0	1	4
2	0	1	1	0	1	3
3	1	1	0	1	1	4
4	1	1	0	1	1	4
5	1	1	1	1	1	5
6	0	1	1	1	0	3
和	4	6	4	4	5	

b）Swap（1,D; 4,C）

事务标识符	项 A	B	C	D	E	和
1	1	1	1	0	1	4
2	1	1	0	0	1	3
3	1	1	0	1	1	4
4	0	1	1	1	1	4
5	1	1	1	1	1	5
6	0	1	1	1	0	3
和	4	6	4	4	5	

c）Swap（2,D; 4,A）

例 12.20 将交换随机化方法应用于离散化的鸢尾花数据集。图 12-3 给出了在不同最小支持度水平下，$\boldsymbol{D}$ 中频繁项集的数量的累积分布。选择 minsup=10，其中 $\hat{F}(10)=P(\sup<10)=0.517$。换句话说，$P(\sup\geqslant 10)=1-0.517=0.483$，即至少出现一次的项集中有 48.3% 是频繁的，其中 minsup=10。

将检验统计量定义为相对提升度（relative lift），即项集 X 的提升度在输入数据集 $\boldsymbol{D}$ 中和随机数据集 $\boldsymbol{D}_i$ 中的相对变化，即：

$$\text{rlift}(X,\boldsymbol{D},\boldsymbol{D}_i)=\frac{\text{lift}(X,\boldsymbol{D})-\text{lift}(X,\boldsymbol{D}_i)}{\text{lift}(X,\boldsymbol{D})}$$

对于 m 项集 $X=\{x_1,\cdots,x_m\}$，由式（12.9）可知：

$$\text{lift}(X,\boldsymbol{D})=\text{rsup}(X,\boldsymbol{D})\Big/\prod_{j=1}^{m}\text{rsup}(x_j,\boldsymbol{D})$$

因为交换随机化过程使项的支持度（列边缘计数）保持不变，并且不改变事务的数量，所以有 $\mathrm{rsup}(x_j, \boldsymbol{D}) = \mathrm{rsup}(x_j, \boldsymbol{D}_i)$，且 $|\boldsymbol{D}| = |\boldsymbol{D}_i|$。因此，可以将相对提升度重写为

$$\mathrm{rlift}(X, \boldsymbol{D}, \boldsymbol{D}_i) = \frac{\mathrm{sup}(X, \boldsymbol{D}) - \mathrm{sup}(X, \boldsymbol{D}_i)}{\mathrm{sup}(X, \boldsymbol{D})}$$

$$= 1 - \frac{\mathrm{sup}(X, \boldsymbol{D}_i)}{\mathrm{sup}(X, \boldsymbol{D})}$$

生成 $k=100$ 个随机数据集，并计算 140 个大于或等于 2 的频繁项集在输入数据集中的平均相对提升度，单个项无提升度定义。图 12-4 给出了平均相对提升度的累积分布，其范围为 $-0.55 \sim 0.998$。平均相对提升度接近 1 意味着相应的频繁模式几乎不会出现在任何随机数据集中。此外，绝对值较大的负平均提升度意味着在随机数据集中的支持度大于在输入数据集中的支持度。最后，平均相对提升度接近 0 意味着在原始输入数据集和随机数据集中的支持度是相同的；它主要是边缘计数的结果，因此没有什么意义。

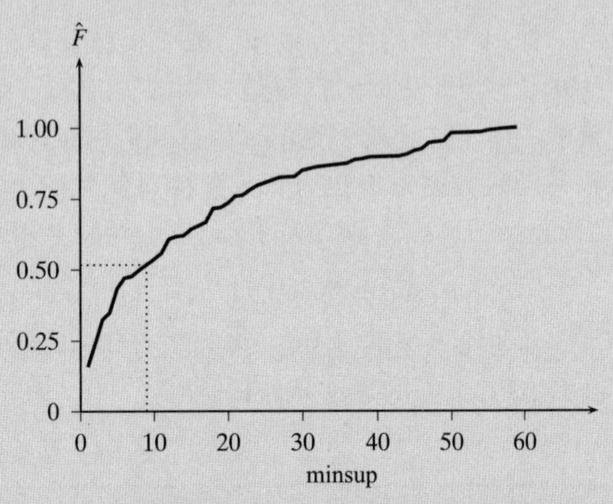

图 12-3　频繁项集的数目的累积分布关于最小支持度的函数

图 12-4 表明 44% 的频繁项集的平均相对提升度高于 0.8。这些模式可能会引起人们的兴趣。具有最高提升度值 0.998 的模式为 $\{sl_1, sw_3, pl_1, pw_1, c_1\}$。在输入数据集和随机数据集中具有相同支持度的项集是 $\{sl_2, c_3\}$；它的平均相对提升度是 -0.002。此外，5% 的频繁项集的平均相对提升度小于 -0.2。这些也很有趣，因为它们表示存在一些不关联的项，即在随机情况下更频繁的项集。这种模式的一个例子是 $\{sl_1, pw_2\}$。图 12-5 给出了它在 100 个随机数据集中的相对提升度的经验概率质量函数。它的平均相对提升度为 -0.55，$p(-0.2)=0.069$，这表明该项集很有可能不关联。

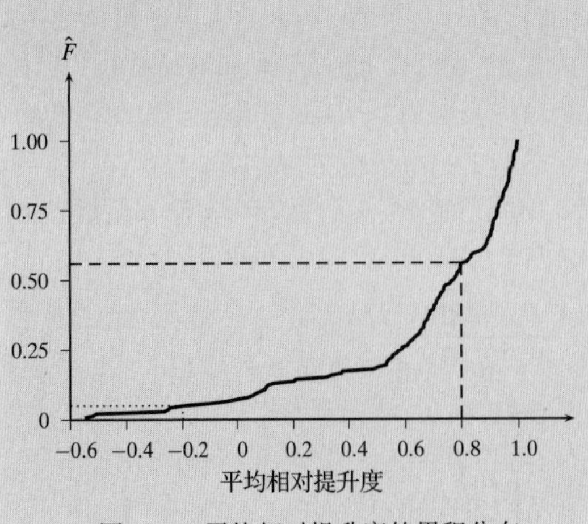

图 12-4　平均相对提升度的累积分布

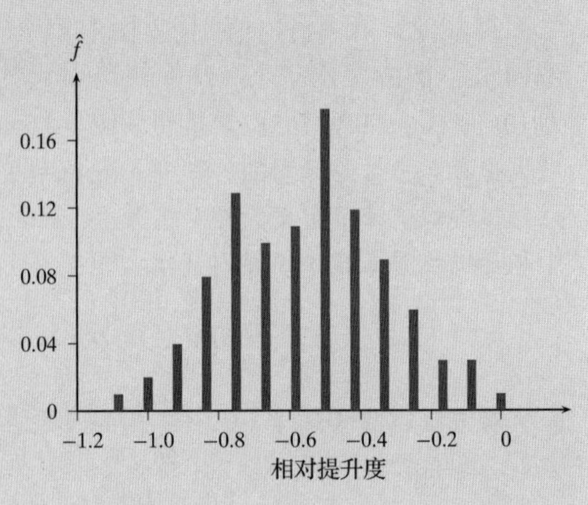

图 12-5　$\{sl_1, pw_2\}$ 的相对提升度的 PMF

12.2.3 置信区间内的自助抽样

通常，输入事务数据库 $\boldsymbol{D}$ 只是总体的一个样本，仅声明支持度为 $\sup(X)$ 的模式 X 在 $\boldsymbol{D}$ 中是频繁的是不够的。对于 X 的可能支持度的范围，可以得出什么样的结论？同样，对于 $\boldsymbol{D}$ 中一个给定提升度的规则 R，对于 R 在不同样本中提升度值的范围，该如何判断？一般来说，给定检验评估统计量 Θ，自助抽样（bootstrap sampling）允许我们在期望的置信水平 $1-\alpha$ 下推断 Θ 可能的值的置信区间，其中 $\alpha \in (0,1)$ 是显著性水平。例如，如果 $1-\alpha=0.95$，对应于 95% 置信水平，则相应的显著性水平为 $\alpha=0.05$。

自助抽样的主要思想是使用有放回（replacement）抽样，从 $\boldsymbol{D}$ 生成 k 个自助样本，即假设 $|\boldsymbol{D}|=n$，通过从 $\boldsymbol{D}$ 中随机选择 n 个事务（有放回）来获得每个样本 $\boldsymbol{D}_i$。给定模式 X 或规则 $R:X \to Y$，可以得到每个自助样本的检验统计量值，令 θ_i 表示样本 $\boldsymbol{D}_i$ 的对应值。根据这些值，生成统计量的经验累积分布函数：

$$\hat{F}(x)=\hat{P}(\Theta \leqslant x)=\frac{1}{k}\sum_{i=1}^{k} I(\theta_i \leqslant x)$$

其中，I 是指示变量，当它的参数为真时取 1，否则取 0。给定期望的置信水平 $1-\alpha$（例如，$1-\alpha=0.95$），通过将 $\hat{F}$ 两端包含 $\alpha/2$ 的概率质量的值丢弃来计算检验统计量的区间。令 v_t 表示检验统计量的临界值，定义为

$$P(x \geqslant v_t)=1-\hat{F}(v_t)=t \text{ 或 } \hat{F}(v_t)=1-t$$

临界值可以通过分位数函数得到，即 $v_t=\hat{F}^{-1}(1-t)$。我们有：

$$\begin{aligned}P(\Theta \in [v_{1-\alpha/2}, v_{\alpha/2}]) &= \hat{F}(v_{\alpha/2})-\hat{F}(v_{1-\alpha/2})=1-\tfrac{\alpha}{2}-(1-(1-\tfrac{\alpha}{2}))\\ &=1-\tfrac{\alpha}{2}-\tfrac{\alpha}{2}=1-\alpha\end{aligned}$$

换句话说，区间 $[v_{1-\alpha/2}, v_{\alpha/2}]$ 包含的概率质量的比例为 $1-\alpha$，因此它被称为所选检验统计量 Θ 的 $100(1-\alpha)$% 置信区间。用于估计置信区间的自助抽样的伪代码如算法 12.2 所示。

算法 12.2　自助抽样方法

BOOTSTRAP-CONFIDENCEINTERVAL($X, 1-\alpha, k, \boldsymbol{D}$):
1 **for** $i \in [1,k]$ **do**
2 　$\boldsymbol{D}_i \leftarrow$ sample of size n with replacement from $\boldsymbol{D}$
3 　$\theta_i \leftarrow$ compute test statistic for X on $\boldsymbol{D}_i$
4 $\hat{F}(x) \leftarrow P(\Theta \leqslant x)=\frac{1}{k}\sum_{i=1}^{k} I(\theta_i \leqslant x)$
5 $v_{\alpha/2} \leftarrow \hat{F}^{-1}\left(1-\frac{\alpha}{2}\right)$
6 $v_{1-\alpha/2} \leftarrow \hat{F}^{-1}\left(\frac{\alpha}{2}\right)$
7 **return** $[v_{1-\alpha/2}, v_{\alpha/2}]$

例 12.21　令相对支持度 rsup 为检验统计量。思考项集 $X=\{sw_1, pl_3, pw_3, cl_3\}$，它在鸢尾花数据集中的相对支持度 $\mathrm{rsup}(X,\boldsymbol{D})=0.113$, $\sup(X,\boldsymbol{D})=17$。

使用 $k=100$ 个自助样本，首先计算每个样本中 X 的相对支持度 $\mathrm{rsup}(X, \boldsymbol{D}_i)$。$X$ 的相对支持度的经验概率质量函数如图 12-6 所示，相应的经验累积分布如图 12-7 所示。设

置信水平为 $1-\alpha=0.9$，相当于显著性水平 $\alpha=0.1$。为了获得置信区间，我们必须丢弃相对支持度两端各对应 $\alpha/2=0.05$ 的概率质量的值。左右两端的临界值如下所示：

$$v_{1-\alpha/2}=v_{0.95}=0.073$$
$$v_{\alpha/2}=v_{0.05}=0.16$$

因此，X 的相对支持度的 90% 置信区间为 $[0.073, 0.16]$，对应绝对支持度区间 $[11, 24]$。请注意，输入数据集中 X 的相对支持度为 0.113，$p(0.113)=0.45$，X 的期望相对支持度为 $\mu_{\text{rsup}}=0.115$。

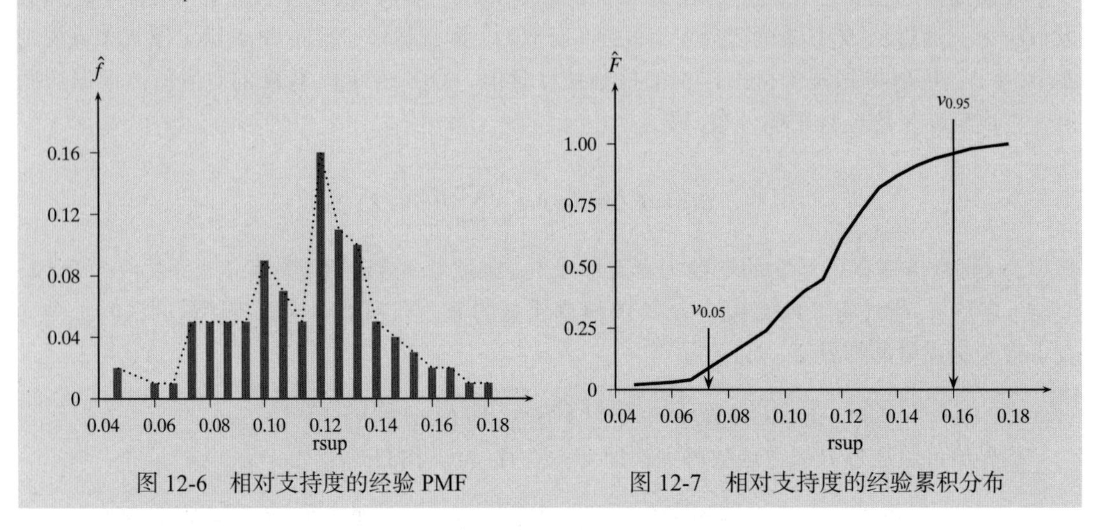

图 12-6　相对支持度的经验 PMF　　图 12-7　相对支持度的经验累积分布

12.3　拓展阅读

文献（Tan et al.，2002；Geng & Hamilton，2006；Lallich et al.，2007）介绍了关于规则和模式的各种度量。文献（Megiddo & Srikant，1998；Gionis et al.，2007）描述了显著性检验和置信区间估计的随机化和再抽样方法。统计检验和验证方法可以参阅文献（Webb，2006；Lallich et al.，2007）中。

Geng, L. and Hamilton, H. J. (2006). Interestingness measures for data mining: A survey. *ACM Computing Surveys*, 38 (3), 9.

Gionis, A., Mannila, H., Mielikäinen, T., and Tsaparas, P. (2007). Assessing data mining results via swap randomization. *ACM Transactions on Knowledge Discovery from Data*, 1 (3), 14.

Lallich, S., Teytaud, O., and Prudhomme, E. (2007). "Association rule interestingness: measure and statistical validation". In: *Quality Measures in Data Mining*. New York: Springer Science + Business Media, pp. 251–275.

Megiddo, N. and Srikant, R. (1998). Discovering predictive association rules. *Proceedings of the 4th International Conference on Knowledge Discovery in Databases and Data Mining*, pp. 274–278.

Tan, P.-N., Kumar, V., and Srivastava, J. (2002). Selecting the right interestingness measure for association patterns. *Proceedings of the 8th ACM SIGKDD International Conference on Knowledge Discovery and Data Mining*. ACM, pp. 32–41.

Webb, G. I. (2006). Discovering significant rules. *Proceedings of the 12th ACM*

SIGKDD International Conference on Knowledge Discovery and Data Mining. ACM, pp. 434–443.

12.4　练习

Q1. 证明：如果 X 和 Y 相互独立，则 $\text{conv}(X \to Y)=1$。

Q2. 证明：如果 X 和 Y 相互独立，则 $\text{oddsratio}(X \to Y)=1$。

Q3. 证明：对于频繁项集 X，例 12.20 中定义的相对提升度统计量的取值范围为 $[1-|\boldsymbol{D}|/minsup, 1]$。

Q4. 设 $\boldsymbol{D}$ 是一个二元数据库，包含 10^9 个事务。由于直接挖掘太费时，因此我们使用蒙特卡罗抽样方法来寻找给定项集 X 的频率的边界。运行 200 次抽样试验 $\boldsymbol{D}_i(i=1,\cdots,200)$，其中每个样本的大小为 100 000，我们得到 X 在不同样本的支持度，如表 12-20 所示。表中给出了项集取给定支持度值的样本的数量。例如，在 5 个样本中支持度为 10 000。回答以下问题：

(a) 根据表格绘制直方图，并计算不同样本下支持度的均值和方差。

(b) 在 95% 置信水平下，求 X 的支持度的上下界。给定的支持度应适用于整个数据库 $\boldsymbol{D}$。

(c) 假设 minsup=0.25，样本中观察到的 X 的支持度为 $\text{sup}(X)=32\,500$。建立一个假设检验框架，检验 X 的支持度是否显著大于 minsup 值。p 值是多少？

表 12-20　Q4 的数据

支持度	样本数量	支持度	样本数量
10 000	5	30 000	20
15 000	20	35 000	50
20 000	40	40 000	5
25 000	50	45 000	10

Q5. 设 A 和 B 是两个二元属性。在以 30% 的最小支持度和 60% 的最小置信度挖掘关联规则时，得到规则 $A \to B$，其中 $\text{sup}=0.4$，$\text{conf}=0.66$。假设总共有 10 000 个客户，其中 4000 个客户同时购买 A 和 B，2000 个客户购买 A 但不购买 B，3500 个客户购买 B 但不购买 A，500 个客户既不购买 A 也不购买 B。

通过相应列联表中的 χ^2 统计量计算 A 和 B 之间的相关度。你认为这个关联规则是强规则吗？也就是说，A 对 B 的预测能力强吗？建立一个假设检验框架，写出零假设和备择假设，在 5% 的显著性水平下回答上述问题。不同自由度（df）的 χ^2 统计量在 5% 显著性水平下的临界值如下所示：

df	χ^2	df	χ^2
1	3.84	4	9.49
2	5.99	5	11.07
3	7.82	6	12.59

聚　类

将不同数据点划分到各个**自然组**的过程叫作聚类，每个自然组就是一个簇，聚类使得同一组的数据点尽可能地彼此相似，不同组的数据点尽可能地彼此相异。根据具体数据与期望的簇的不同特征，聚类可分为多种类型，包括基于代表点的聚类（representative-based clustering）、层次式聚类（hierarchical clustering）、密度聚类（density-based clustering）、图聚类（graph-based clustering）和谱聚类（spectral clustering）。由于聚类不必为训练模型参数而单独设置一个训练数据集，因此属于**无监督学习**。

本部分将从基于代表点的聚类（第 13 章）讲起，包括 K-means 算法与期望最大化算法（EM 算法）。K-means 算法是一种贪心算法，旨在将各点与其所在簇中心的距离平方最小化，因此这也是一种**硬聚类**，即每个点只能隶属于一个簇。此外，本章还介绍如何利用核 K 均值来处理非线性簇问题。K-means 算法是 EM 算法的一种特例，EM 算法将不同数据视为正态分布的混合态，通过寻找数据的最大似然值来确定簇的参数（均值矩阵及协方差矩阵）。这属于**软聚类**，即计算每个点隶属于各个簇的概率，而非明确判定哪个点必定隶属于哪个簇。

第 14 章介绍各种聚合型层次式聚类算法，即从由各个点组成的单元素簇开始，不断合并（或聚合）相似的簇对，最终得到期望的簇数。根据不同的簇邻近度，得到不同的层次算法。在某些数据集中，如果有非凸簇，那么异簇对象间距离可能会小于同簇对象间距离。

第 15 章讨论各种使用密度与连通性性质的密度聚类，这种算法可以解决非凸簇的聚类问题。本章主要讨论两种基于核密度估计的算法——DBSCAN 算法及其泛化算法 DENCLUE。

第 16 章讨论图聚类算法，主要基于图数据的谱分析。图聚类相当于一种涉及图片 k 路割的优化问题，不同的目标即不同图矩阵的谱分解。这些矩阵包括邻接矩阵、拉普拉斯矩阵等，由原始图数据或核矩阵衍化而来。

最后，考虑到聚类算法种类繁多，衡量各个挖掘的簇在数据自然分组方面的性能显得尤为重要。因此，第 17 章讨论各种聚类分析的验证与评估策略（涉及外部度量与内部度量），以比较聚类值与真值（若存在真值的话）的关系或两种聚类值的关系。此外，本章还介绍簇稳定性（即聚类分析对数据扰动的敏感性）和聚类趋向性（即数据的可聚类性）。本章也介绍了选取参数 k 的方法，参数 k 由用户自行确定，是最终所得簇的数量。

基于代表点的聚类

假定d维空间中有一个包含n个点的数据集$\boldsymbol{D}=\{\boldsymbol{x}_i^{\mathrm{T}}\}_{i=1}^n$，设预期的聚类簇数为$k$，基于代表点的聚类的目标是将数据分成$k$组或$k$个簇（cluster），该过程即为聚类（clustering），表示为$\mathcal{C}=\{C_1,C_2,\cdots,C_k\}$。接着，对于每个簇$C_i$，存在一个代表性的点，也称为中心点（centroid）。通常而言，这个点会是该簇内所有点的均值$\boldsymbol{\mu}_i$，即：

$$\boldsymbol{\mu}_i=\frac{1}{n_i}\sum_{x_j\in C_i}\boldsymbol{x}_j$$

其中，$n_i=|C_i|$是簇C_i中点的数目。

想要找到合适的聚类算法，可以采用蛮力算法或穷举算法，即枚举出所有潜在的划分方法，将n个点分成k个簇，衡量每种方法的优化值，最终选用优化效果最佳的聚类算法。将n个点分成k个非空互斥集合的方法的确切数目可由第二类斯特林（Stirling numbers of the second kind）数给出：

$$S(n,k)=\frac{1}{k!}\sum_{t=0}^{k}(-1)^t\,\mathrm{C}_k^t\,(k-t)^n$$

非正式地，每个点都可以赋给k个簇中的任意一簇，因此最多可能有k^n种聚类。然而，在给定的聚类中，交换任意两簇都会得到等价聚类，因此，如果将n个点分成k个簇，则共有$O(k^n/k!)$种聚类方式。显然，枚举所有可能的聚类并逐一评分实际上并不可行。为此，本章将讨论两种基于代表点的聚类方法：K-means和期望最大化算法。

13.1 K-means算法

给定聚类$\mathcal{C}=\{C_1,C_2,\cdots,C_k\}$，我们需要某个评分函数来评估其质量或优点。平方误差和（Sum of Squared Error，SSE）评分函数定义如下：

$$\mathrm{SSE}(\mathcal{C})=\sum_{i=1}^{k}\sum_{x_j\in C_i}\|\boldsymbol{x}_j-\boldsymbol{\mu}_i\|^2 \tag{13.1}$$

目标是找到使SSE最小的聚类：

$$\mathcal{C}^*=\arg\min_{\mathcal{C}}\{\mathrm{SSE}(\mathcal{C})\}$$

K-means算法采用一种贪心的迭代方法来找到使SSE目标函数值［见式（13.1）］最小的聚类。因此，它可能会收敛到局部最优点，而不是全局最优点。

通过在数据空间中随机生成k个点来将K-means的簇均值初始化。通常而言，这通过在各个维度内随机均匀地生成一个一定范围内的值来完成。K-means的每次迭代都包含两个步骤：（1）簇赋值；（2）中心点更新。给定k个簇均值，在簇赋值步骤中，每个点$\boldsymbol{x}_j \in \boldsymbol{D}$都被赋给最近的均值，由此产生一种聚类方式。对于每个簇C_i而言，它包含距离$\boldsymbol{\mu}_i$更近的点。即点$\boldsymbol{x}_j$被赋给簇C_{i^*}，其中：

$$i^* = \arg\min_{i=1}^{k} \{\|\boldsymbol{x}_j - \boldsymbol{\mu}_i\|^2\} \tag{13.2}$$

给定一组簇$C_i(i=1,\cdots,k)$，在中心点更新时，根据C_i中的点来计算每个簇的新均值。簇赋值和中心点更新会不断迭代，直到得出一个固定点或局部最小值点。一般来说，当中心点不再随迭代而变化时，便可视为K-means已完全收敛。例如，如果$\sum_{i=1}^{k}\|\boldsymbol{\mu}_i^t - \boldsymbol{\mu}_i^{t-1}\|^2 \leqslant \epsilon$，便可以停止迭代。其中，$\epsilon>0$是收敛阈值，$t$代表当前的迭代，$\boldsymbol{\mu}_i^t$表示迭代$t$中簇$C_i$的均值。

K-means算法的伪代码见算法13.1。由于K-means算法最开始以随机的形式对中心点进行初始化，因此K-means算法往往要执行多次，最终选取SSE值最小的一次运行结果作为最后的聚类。值得注意的是，K-means生成的都是凸形簇，因为数据空间中与每一个簇相对应的区域可以通过半空间的交集得到，该半空间缘于平分且垂直于连接中心点对的线段的超平面。

关于K-means的计算复杂度，要计算每个点（共n个点）与k个簇之间的距离，需要在d维空间中进行d次操作，所以簇赋值需要的时间为$O(nkd)$。由于总计需要处理n个d维的点，因此重计算中心点需要的时间为$O(nd)$。假设一共进行了t次迭代，则K-means算法的总时间为$O(tnkd)$。关于I/O开销，因为每次迭代都需要读取整个数据库，所以一共要进行$O(t)$次全数据库扫描。

算法13.1　K-means算法

```
K-MEANS (D, k, ε):
1  t = 0
2  Randomly initialize k centroids: μ_1^t, μ_2^t, ..., μ_k^t ∈ R^d
3  repeat
4      t ← t+1
5      C_i ← Ø for all i = 1, ..., k
       // Cluster Assignment Step
6      foreach x_j ∈ D do
7          i* ← argmin_i {||x_j − μ_i^{t−1}||^2}
8          C_{i*} ← C_{i*} ∪ {x_j} // Assign x_j to closest centroid
       // Centroid Update Step
9      foreach i = 1, ..., k do
10         μ_i^t ← (1/|C_i|) Σ_{x_j ∈ C_i} x_j
11 until Σ_{i=1}^k ||μ_i^t − μ_i^{t−1}||^2 ≤ ε
```

例13.1　如图13-1a所示，有如下一维数据。假设将该数据分为$k=2$组，设初始中心点$\mu_1=2$，$\mu_2=4$。在第一次迭代中，首先计算簇，将每个点赋给离它最近的均值对应的簇，得到：

$$C_1=\{2,3\} \qquad C_2=\{4,10,11,12,20,25,30\}$$

接着更新均值，具体如下：

$$\mu_1=\frac{2+3}{2}=\frac{5}{2}=2.5$$

$$\mu_2=\frac{4+10+11+12+20+25+30}{7}=\frac{112}{7}=16$$

图 13-1b 给出了首次迭代后的新簇与新的中心点。如图 13-1c 所示，对于第二次迭代，重复簇赋值和中心点更新的步骤，得到如下新簇：

$$C_1=\{2,3,4\} \qquad C_2=\{10,11,12,20,25,30\}$$

新的均值为

$$\mu_1=\frac{2+3+4}{4}=\frac{9}{3}=3$$

$$\mu_2=\frac{10+11+12+20+25+30}{6}=\frac{108}{6}=18$$

直到收敛的迭代全过程如图 13-1 所示，最终得到的簇为

$$C_1=\{2,3,4,10,11,12\} \qquad C_2=\{20,25,30\}$$

代表中心点分别为 $\mu_1=7$ 和 $\mu_2=25$。

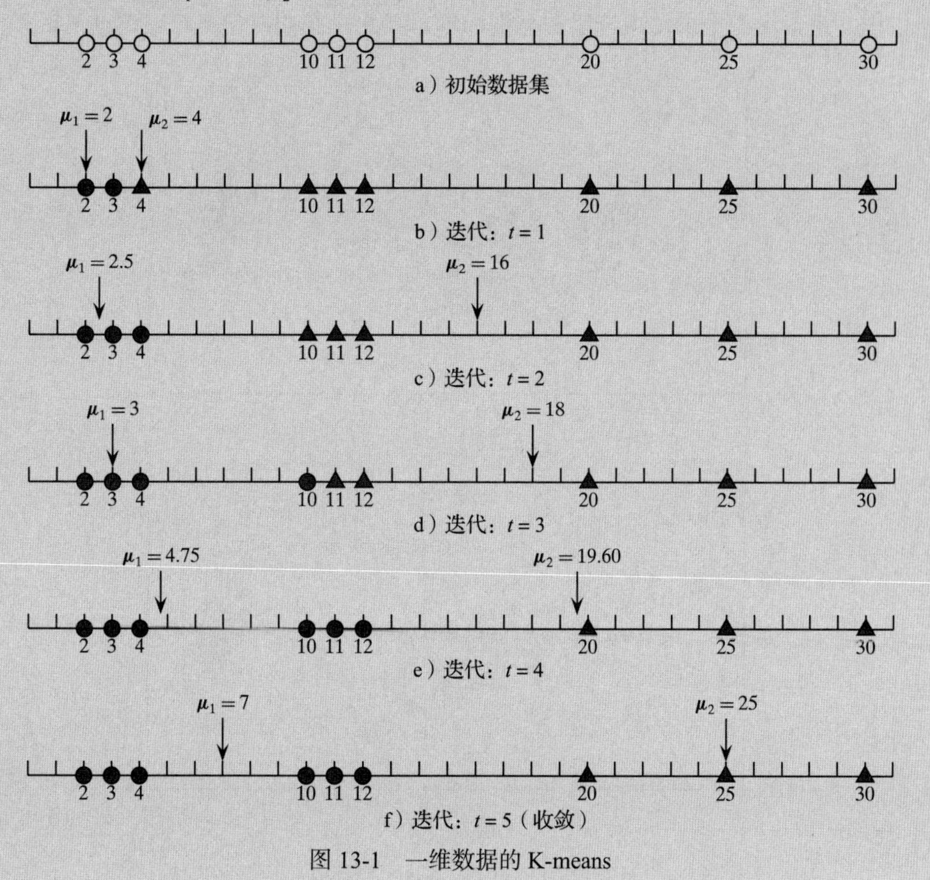

图 13-1　一维数据的 K-means

例 13.2（二维数据的 K-means） 如图 13-2 所示，我们演示了 K-means 算法在鸢尾花数据集上的运作情况，使用前两个主成分作为两个不同的维度。该数据集一共有 $n=150$ 个点，期望分成 $k=3$ 个簇，对应鸢尾花的三种类别。如图 13-2a 所示，对簇均值进行随机初始化可以得到：

$$\boldsymbol{\mu}_1=(-0.98,-1.24)^{\mathrm{T}} \qquad \boldsymbol{\mu}_2=(-2.96,1.16)^{\mathrm{T}} \qquad \boldsymbol{\mu}_3=(-1.69,-0.80)^{\mathrm{T}}$$

利用以上初始簇，K-means 迭代 8 次后，数据完全收敛。第一次迭代后的簇及其均值如图 13-2b 所示：

$$\boldsymbol{\mu}_1=(1.56,-0.08)^{\mathrm{T}} \qquad \boldsymbol{\mu}_2=(-2.86,0.53)^{\mathrm{T}} \qquad \boldsymbol{\mu}_3=(-1.50,-0.05)^{\mathrm{T}}$$

最终，完全收敛后的簇如图 13-2c 所示，最终的均值为

$$\boldsymbol{\mu}_1=(2.64,0.19)^{\mathrm{T}} \qquad \boldsymbol{\mu}_2=(-2.35,0.27)^{\mathrm{T}} \qquad \boldsymbol{\mu}_3=(-0.66,-0.33)^{\mathrm{T}}$$

如图 13-2 所示，簇均值用黑点表示，并给出了与每个簇对应的数据空间的凸区域。虚线（超平面）为连接两个簇中心点的线段的垂直等分线，对应的点的凸划分构成了聚类的划分结果。

图 13-2c 给出了最终的 3 个簇，C_1 用圆圈表示，C_2 用方块表示，C_3 用三角形表示，白点表示与已知类别不符。因此可以看到，C_1 与 Iris-setosa 完美匹配，C_2 的绝大部分与 Iris-virginica 匹配，C_3 的绝大部分与 Iris-versicolor 匹配。例如，有 3 个 Iris-versicolor 点（白方块）被错误地划分到 C_2 中，有 14 个 Iris-virginica 点（白色三角形）被错误地划分到 C_3 中。由于聚类中未使用鸢尾花类别标签，因此没有获得完美的聚类也很正常。

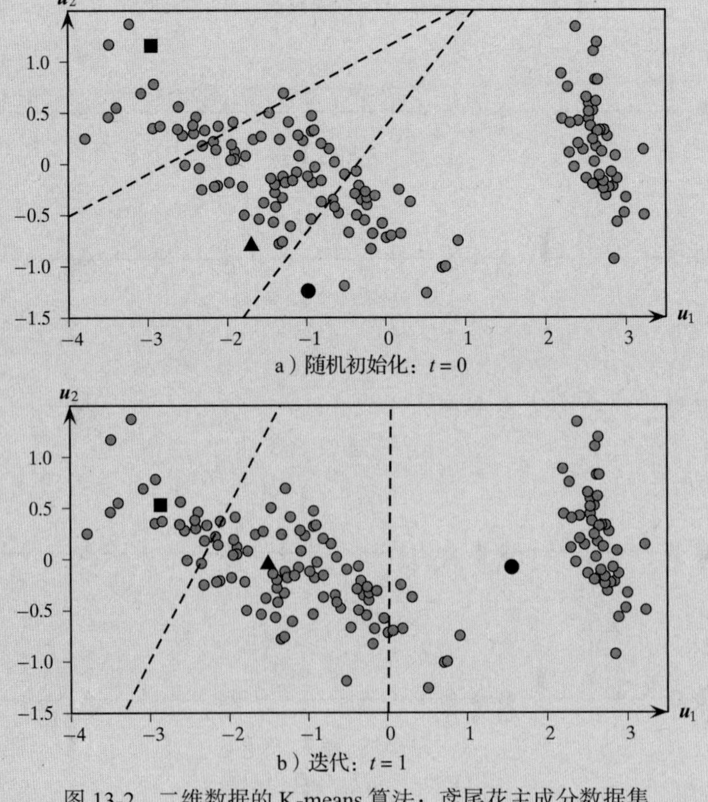

a）随机初始化：$t=0$

b）迭代：$t=1$

图 13-2　二维数据的 K-means 算法：鸢尾花主成分数据集

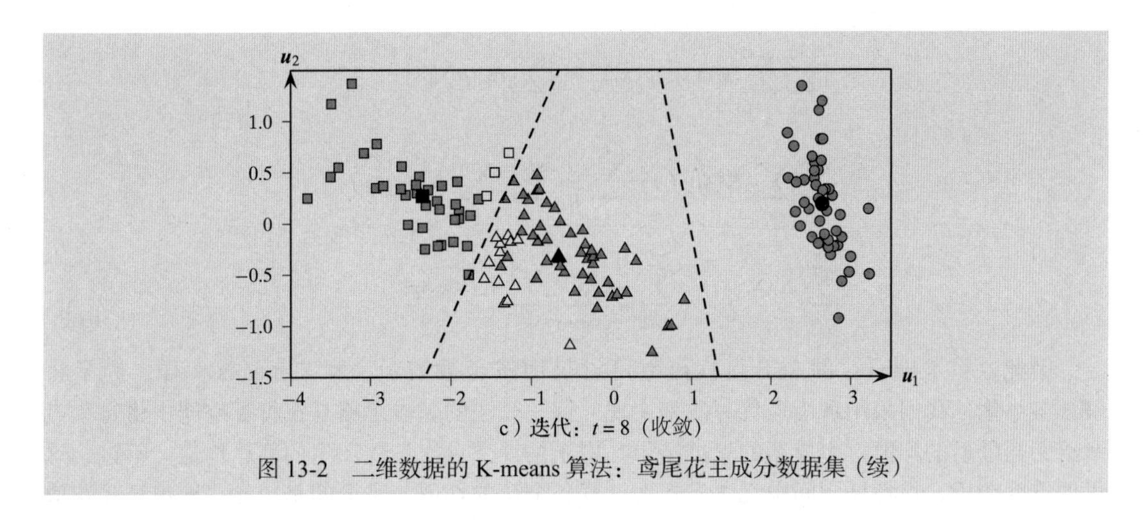

c）迭代：$t=8$（收敛）

图 13-2 二维数据的 K-means 算法：鸢尾花主成分数据集（续）

13.2 核 K-means

在 K-means 中，簇与簇之间的分割边界是线性的。然而，核 K-means 可以采用第 5 章所述的核技巧来提取簇与簇之间的非线性边界。此方法可以用于检测非凸簇。

核 K-means 的主要思想是，在概念上将输入空间上的一个点 $\boldsymbol{x}_i$ 映射到某个高维特征空间中的一个点 $\phi(\boldsymbol{x}_i)$，其中 ϕ 是非线性映射。使用核技巧可以在特征空间中只使用核函数 $K(\boldsymbol{x}_i,\boldsymbol{x}_j)$ 进行聚类，该函数的计算可以在输入空间完成，对应于特征空间中的一个内积（或点积）$\phi(\boldsymbol{x}_i)^{\mathrm{T}}\phi(\boldsymbol{x}_j)$。

假设所有的点 $\boldsymbol{x}_i \in \boldsymbol{D}$ 都映射到特征空间中的 $\phi(\boldsymbol{x}_i)$，设 $\boldsymbol{K}=\{K(\boldsymbol{x}_i,\boldsymbol{x}_j)\}_{i,j=1,\cdots,n}$ 表示 $n\times n$ 的对称核矩阵，其中 $K(\boldsymbol{x}_i,\boldsymbol{x}_j)=\phi(\boldsymbol{x}_i)^{\mathrm{T}}\phi(\boldsymbol{x}_j)$。设 $\{C_1,\cdots,C_k\}$ 为将 n 个点聚类为 k 个簇的划分结果，对应的簇均值在特征空间中为 $\{\boldsymbol{\mu}_1^{\phi},\cdots,\boldsymbol{\mu}_k^{\phi}\}$，其中，

$$\boldsymbol{\mu}_i^{\phi}=\frac{1}{n_i}\sum_{x_j\in C_i}\phi(\boldsymbol{x}_j)$$

是 C_i 在特征空间中的均值，$n_i=|C_i|$。

在特征空间中，核 K-means 的平方误差和目标函数可以记作：

$$\min_{\mathcal{C}}\ \mathrm{SSE}(\mathcal{C})=\sum_{i=1}^{k}\sum_{x_j\in C_i}\|\phi(\boldsymbol{x}_j)-\boldsymbol{\mu}_i^{\phi}\|^2$$

将 SSE 展开，用核函数表示，可得：

$$\begin{aligned}
\mathrm{SSE}(\mathcal{C})&=\sum_{i=1}^{k}\sum_{x_j\in C_i}\|\phi(\boldsymbol{x}_j)-\boldsymbol{\mu}_i^{\phi}\|^2\\
&=\sum_{i=1}^{k}\sum_{x_j\in C_i}\|\phi(\boldsymbol{x}_j)\|^2-2\phi(\boldsymbol{x}_j)^{\mathrm{T}}\boldsymbol{\mu}_i^{\phi}+\|\boldsymbol{\mu}_i^{\phi}\|^2\\
&=\sum_{i=1}^{k}\left(\left(\sum_{x_j\in C_i}\|\phi(\boldsymbol{x}_j)\|^2\right)-2n_i\left(\frac{1}{n_i}\sum_{x_j\in C_i}\phi(\boldsymbol{x}_j)\right)^{\mathrm{T}}\boldsymbol{\mu}_i^{\phi}+n_i\|\boldsymbol{\mu}_i^{\phi}\|^2\right)
\end{aligned}$$

$$
\begin{aligned}
&= \left(\sum_{i=1}^{k}\sum_{x_j\in C_i}\phi(\boldsymbol{x}_j)^{\mathrm{T}}\phi(\boldsymbol{x}_j)\right) - \left(\sum_{i=1}^{k} n_i \|\boldsymbol{\mu}_i^{\phi}\|^2\right) \\
&= \sum_{i=1}^{k}\sum_{x_j\in C_i} K(\boldsymbol{x}_j,\boldsymbol{x}_j) - \sum_{i=1}^{k}\frac{1}{n_i}\sum_{x_a\in C_i}\sum_{x_b\in C_i} K(\boldsymbol{x}_a,\boldsymbol{x}_b) \\
&= \sum_{j=1}^{n} K(\boldsymbol{x}_j,\boldsymbol{x}_j) - \sum_{i=1}^{k}\frac{1}{n_i}\sum_{x_a\in C_i}\sum_{x_b\in C_i} K(\boldsymbol{x}_a,\boldsymbol{x}_b)
\end{aligned} \tag{13.3}
$$

因此，核 K-means 的 SSE 目标函数可以仅用核函数表示。和 K-means 一样，为了将 SSE 最小化，我们采用贪心迭代算法来实现。这一算法的基本思路是在特征空间中将每个点赋给距其最近的均值，生成新的聚类结果，用于估计下一次迭代产生的新簇均值。不过，这里的难度在于，在特征空间中无法显式地计算各个簇的均值。幸运的是，显式地计算簇均值并不是必需的，所有的操作都可以通过核函数 $K(\boldsymbol{x}_i,\boldsymbol{x}_j)=\phi(\boldsymbol{x}_i)^{\mathrm{T}}\phi(\boldsymbol{x}_j)$ 来完成。

特征空间中点 $\phi(\boldsymbol{x}_j)$ 到均值 $\boldsymbol{\mu}_i^{\phi}$ 的距离的计算公式如下：

$$
\begin{aligned}
\|\phi(\boldsymbol{x}_j)-\boldsymbol{\mu}_i^{\phi}\|^2 &= \|\phi(\boldsymbol{x}_j)\|^2 - 2\phi(\boldsymbol{x}_j)^{\mathrm{T}}\boldsymbol{\mu}_i^{\phi} + \|\boldsymbol{\mu}_i^{\phi}\|^2 \\
&= \phi(\boldsymbol{x}_j)^{\mathrm{T}}\phi(\boldsymbol{x}_j) - \frac{2}{n_i}\sum_{x_a\in C_i}\phi(\boldsymbol{x}_j)^{\mathrm{T}}\phi(\boldsymbol{x}_a) + \frac{1}{n_i^2}\sum_{x_a\in C_i}\sum_{x_b\in C_i}\phi(\boldsymbol{x}_a)^{\mathrm{T}}\phi(\boldsymbol{x}_b) \\
&= K(\boldsymbol{x}_j,\boldsymbol{x}_j) - \frac{2}{n_i}\sum_{x_a\in C_i}K(\boldsymbol{x}_a,\boldsymbol{x}_j) + \frac{1}{n_i^2}\sum_{x_a\in C_i}\sum_{x_b\in C_i}K(\boldsymbol{x}_a,\boldsymbol{x}_b)
\end{aligned} \tag{13.4}
$$

因此，特征空间中的点到簇均值的距离只用核函数就可以计算出来。在核 K-means 算法的簇赋值步骤中，按如下方式将点赋给最近的簇均值对应的簇：

$$
\begin{aligned}
C^*(\boldsymbol{x}_j) &= \arg\min_i\left\{\|\phi(\boldsymbol{x}_j)-\boldsymbol{\mu}_i^{\phi}\|^2\right\} \\
&= \arg\min_i\left\{K(\boldsymbol{x}_j,\boldsymbol{x}_j) - \frac{2}{n_i}\sum_{x_a\in C_i}K(\boldsymbol{x}_a,\boldsymbol{x}_j) + \frac{1}{n_i^2}\sum_{x_a\in C_i}\sum_{x_b\in C_i}K(\boldsymbol{x}_a,\boldsymbol{x}_b)\right\} \\
&= \arg\min_i\left\{\frac{1}{n_i^2}\sum_{x_a\in C_i}\sum_{x_b\in C_i}K(\boldsymbol{x}_a,\boldsymbol{x}_b) - \frac{2}{n_i}\sum_{x_a\in C_i}K(\boldsymbol{x}_a,\boldsymbol{x}_j)\right\}
\end{aligned} \tag{13.5}
$$

其中，去掉了项 $K(\boldsymbol{x}_i,\boldsymbol{x}_j)$，因为所有的 k 个簇都有此项，并且不影响簇赋值。此外，第一项是簇 C_i 的成对核值的平均值，与数据点 $\boldsymbol{x}_j$ 无关。这实际上是簇均值在特征空间中的平方范数。第二项是 C_i 中所有点关于 $\boldsymbol{x}_j$ 核值的平均值的两倍。

算法 13.2 展示了核 K-means 算法的伪代码。在初始化阶段将所有点随机划分为 k 个簇，然后通过式（13.5）在特征空间中将每个点赋给最近的均值对应的簇，从而迭代地更新簇赋值。为了更好地进行距离计算，首先计算各个簇的平均核值，即每个簇的簇均值的平方范数（第 5 行的 for 循环）。接着，计算每个点 $\boldsymbol{x}_j$ 和簇 C_i 中的点的核值（第 7 行的 for 循环）。簇赋值步骤需要上述数值来计算 $\boldsymbol{x}_j$ 与每个簇 C_i 的距离，并将 $\boldsymbol{x}_j$ 赋给最近的均值对应的簇。以上步骤将点重新分配给一组新的簇，即所有距离 C_i 均值更近的点 $\boldsymbol{x}_j$ 构成了下一次迭代的簇。重复这一迭代过程，直至收敛。

算法 13.2　核 K-means 算法

```
KERNEL-KMEANS(K, k, ε):
1  t ← 0
2  C^t ← {C_1^t, ···, C_k^t}// Randomly partition points into k clusters
3  repeat
4      t ← t+1
5      foreach C_i ∈ C^{t-1} do // Compute squared norm of cluster means
6          sqnorm_i ← (1/n_i^2) Σ_{x_a∈C_i} Σ_{x_b∈C_i} K(x_a, x_b)
7      foreach x_j ∈ D do // Average kernel value for x_j and C_i
8          foreach C_i ∈ C^{t-1} do
9              avg_ji ← (1/n_i) Σ_{x_a∈C_i} K(x_a, x_j)
       // Find closest cluster for each point
10     foreach x_j ∈ D do
11         foreach C_i ∈ C^{t-1} do
12             d(x_j, C_i) ← sqnorm_i − 2·avg_ji
13         i* ← argmin_i {d(x_j, C_i)}
14         C_{i*}^t ← C_{i*}^t ∪ {x_j} // Cluster reassignment
15     C^t ← {C_1^t, ···, C_k^t}
16 until 1 − (1/n) Σ_{i=1}^k |C_i^t ∩ C_i^{t-1}| ≤ ε
```

对于收敛测试，检查所有点的簇赋值结果是否变化。未发生簇变化的点的数目为 $\sum_{i=1}^{k}|C_i^t \cap C_i^{t-1}|$，其中 t 表示当前迭代。被赋予新簇的点的比例为

$$\frac{n-\sum_{i=1}^{k}|C_i^t \cap C_i^{t-1}|}{n}=1-\frac{1}{n}\sum_{i=1}^{k}|C_i^t \cap C_i^{t-1}|$$

如果以上比例小于某一阈值 $\epsilon \geqslant 0$，则核 K-means 终止。例如，当没有点的簇赋值变化时，终止迭代。

算法计算复杂度

计算每个簇 C_i 的平均核值需要 $O(n^2)$ 的时间。计算每个点与 k 个簇中的每一个簇的平均核值也需要 $O(n^2)$ 的时间。最后，计算每个点的最近均值和簇赋值需要 $O(kn)$ 的时间。因此，核 K-means 算法的总计算复杂度为 $O(tn^2)$，其中 t 是完全收敛时迭代的次数，I/O 复杂度为 $O(t)$ 次核矩阵 $\boldsymbol{K}$ 扫描。

例 13.3　如图 13-3 所示，用核 K-means 算法分析包含 3 个簇的合成数据集。每个簇有 100 个点，数据集共有 $n=300$ 个点。

采用线性核 $K(\boldsymbol{x}_i,\boldsymbol{x}_j)=\boldsymbol{x}_i^{\mathrm{T}}\boldsymbol{x}_j$ 时与 K-means 算法完全等价，因为本例中，式（13.5）与式（13.2）完全相同，得到的聚类结果详见图 13-3a，C_1 中的点用方块表示，C_2 中的点用三角形表示，C_3 中的点用圆圈表示。由图可知，由于有簇呈抛物线状，K-means 无法区分这 3 个簇。与预设值相比，白点表示分簇错误的点。

使用式（5.10）中的高斯核 $K(\boldsymbol{x}_i,\boldsymbol{x}_j)=\exp\left\{-\frac{\|\boldsymbol{x}_i-\boldsymbol{x}_j\|^2}{2\sigma^2}\right\}(\sigma=1.5)$，可以生成近乎完

美的聚类，如图 13-3b 所示。只有 4 个属于 C_1 的点（白底三角形）被错判为簇 C_2。由此可见，核 K-means 可以处理非线性簇边界。需要注意的是，必须要通过不断试错来设置参数 σ。

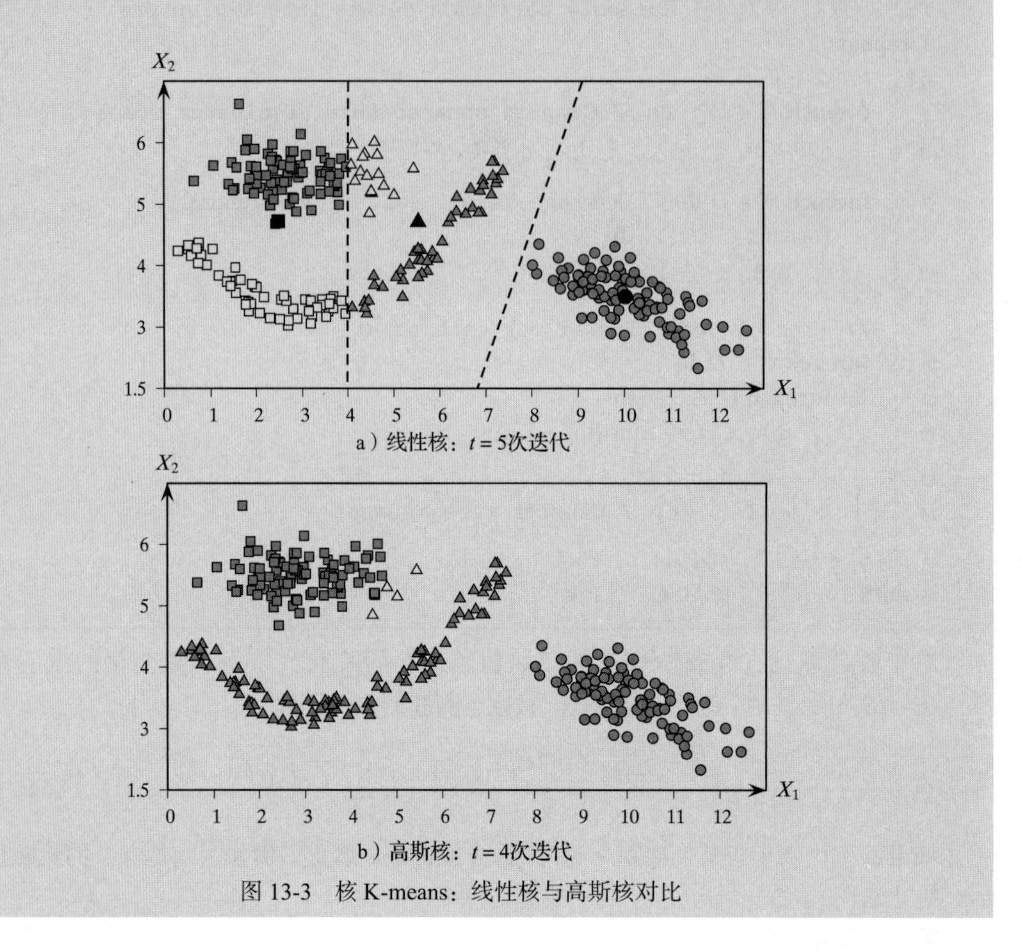

图 13-3 核 K-means：线性核与高斯核对比

13.3 期望最大化聚类

K-means 算法是硬分（hard assignment）聚类方法的一种，每个点只隶属于一个簇。我们现在将其进行推广，对点进行软分（soft assignment），因此每个点都有属于每个簇的概率。

设 d 维空间 $\mathbb{R}^d$ 中，$\boldsymbol{D}$ 由 n 个点 $\boldsymbol{x}_j$ 组成。设 $\boldsymbol{X}_a$ 表示对应第 a 个属性的随机变量。此外，$\boldsymbol{X}_a$ 表示第 a 个列向量，与 $\boldsymbol{X}_a$ 中 n 个数据样本相对应。设 $\boldsymbol{X}=(\boldsymbol{X}_1,\boldsymbol{X}_2,\cdots,\boldsymbol{X}_d)$ 代表对应 d 个属性的向量随机变量，其中，$\boldsymbol{x}_j$ 是 $\boldsymbol{X}$ 中的一个数据样本。

1. 高斯混合模型

假设每个簇 C_i 都由一个多元正态分布刻画，即：

$$f_i(\boldsymbol{x})=f(\boldsymbol{x}|\boldsymbol{\mu}_i,\boldsymbol{\Sigma}_i)=\frac{1}{(2\pi)^{\frac{d}{2}}|\boldsymbol{\Sigma}_i|^{\frac{1}{2}}}\exp\left\{-\frac{(\boldsymbol{x}-\boldsymbol{\mu}_i)^{\mathrm{T}}\boldsymbol{\Sigma}_i^{-1}(\boldsymbol{x}-\boldsymbol{\mu}_i)}{2}\right\} \tag{13.6}$$

其中，簇均值 $\boldsymbol{\mu}_i\in\mathbb{R}^d$ 与协方差矩阵 $\boldsymbol{\Sigma}_i\in\mathbb{R}^{d\times d}$ 都是未知参数。$f_i(\boldsymbol{x})$ 是簇 C_i 中 $\boldsymbol{x}$ 属性的概率密度。假设 $\boldsymbol{X}$ 的概率密度函数是所有 k 个簇的高斯混合模型，定义为

$$f(\boldsymbol{x})=\sum_{i=1}^{k} f_i(\boldsymbol{x})P(C_i)=\sum_{i=1}^{k} f(\boldsymbol{x}|\boldsymbol{\mu}_i,\boldsymbol{\Sigma}_i)P(C_i) \tag{13.7}$$

其中，先验概率 $P(C_i)$ 是混合参数（mixture parameter），必须满足以下条件：

$$\sum_{i=1}^{k} P(C_i)=1$$

因此，高斯混合模型是由均值 $\boldsymbol{\mu}_i$、协方差矩阵 $\boldsymbol{\Sigma}_i$，以及 k 个正态分布对应的混合密度 $P(C_i)(1 \leqslant i \leqslant k)$ 刻画的。我们将所有模型参数简洁地表示为

$$\boldsymbol{\theta}=\{\boldsymbol{\mu}_1,\boldsymbol{\Sigma}_1,P(C_1),\cdots,\boldsymbol{\mu}_k,\boldsymbol{\Sigma}_k,P(C_k)\}$$

2. 最大似然估计

给定数据集 $\boldsymbol{D}$，$\boldsymbol{\theta}$ 的似然值（likelihood）定义为数据集 $\boldsymbol{D}$ 在给定模型参数 $\boldsymbol{\theta}$ 下的条件概率，表示为 $P(\boldsymbol{D}|\boldsymbol{\theta})$。由于 n 个点 $\boldsymbol{x}_j$ 中的每一个都可以看作从 $\boldsymbol{X}$ 抽样得到的随机样本（即与 $\boldsymbol{X}$ 独立同分布），所以 $\boldsymbol{\theta}$ 的似然值为

$$P(\boldsymbol{D}|\boldsymbol{\theta})=\prod_{j=1}^{n} f(\boldsymbol{x}_j)$$

最大似然估计（Maximum Likelihood Estimation，MLE）旨在选择实现似然最大化的参数 $\boldsymbol{\theta}$，即：

$$\boldsymbol{\theta}^*=\arg\max_{\boldsymbol{\theta}}\{P(\boldsymbol{D}|\boldsymbol{\theta})\}$$

通常，我们会求使似然函数的对数最大的参数值，因为对数运算可以将点之间的乘法运算转换为加法运算，且最大似然值和最大似然对数值是对应的。换言之，MLE 的最大化如下：

$$\boldsymbol{\theta}^*=\arg\max_{\boldsymbol{\theta}}\{\ln P(\boldsymbol{D}|\boldsymbol{\theta})\}$$

其中，对数似然函数可写作：

$$\ln P(\boldsymbol{D}|\boldsymbol{\theta})=\sum_{j=1}^{n}\ln f(\boldsymbol{x}_j)=\sum_{j=1}^{n}\ln\left(\sum_{i=1}^{k} f(\boldsymbol{x}_j|\boldsymbol{\mu}_i,\boldsymbol{\Sigma}_i)P(C_i)\right) \tag{13.8}$$

直接求使对数似然函数最大的参数 $\boldsymbol{\theta}$ 很难。不过，我们使用期望最大化（Expectation-Maximization，EM）算法来寻找针对参数 $\boldsymbol{\theta}$ 的最大似然估计。EM 是一种两步迭代算法，初始化步骤对参数 $\boldsymbol{\theta}$ 进行一次猜测，给定 $\boldsymbol{\theta}$ 的当前猜测，EM 算法在期望步骤利用贝叶斯定理计算簇的后验概率 $P(C_i|\boldsymbol{x}_j)$：

$$P(C_i|\boldsymbol{x}_j)=\frac{P(C_i,\boldsymbol{x}_j)}{P(\boldsymbol{x}_j)}=\frac{P(\boldsymbol{x}_j|C_i)P(C_i)}{\sum_{a=1}^{k}P(\boldsymbol{x}_j|C_a)P(C_a)}$$

由于每个簇都建模为一个多元正态分布［见式（13.6）］，给定簇 C_i 时 $\boldsymbol{x}_j$ 的概率可以通过以 $\boldsymbol{x}_j$ 为中心的小区间 $(\epsilon>0)$ 获得，如下所示：

$$P(\boldsymbol{x}_j|C_i)\simeq 2\epsilon\cdot f(\boldsymbol{x}_j|\boldsymbol{\mu}_i,\boldsymbol{\Sigma}_i)=2\epsilon\cdot f_i(\boldsymbol{x}_j)$$

于是，给定 $\boldsymbol{x}_j$ 时，簇 C_i 的后验概率为

$$P(C_i|\boldsymbol{x}_j) = \frac{f_i(\boldsymbol{x}_j) \cdot P(C_i)}{\sum_{a=1}^{k} f_a(\boldsymbol{x}_j) \cdot P(C_a)} \tag{13.9}$$

$P(C_i|\boldsymbol{x}_j)$ 可视为 $\boldsymbol{x}_j$ 在簇 C_i 中的权重或贡献。接着，在最大化步骤中，使用权重 $P(C_i|\boldsymbol{x}_j)$ 重新估计 $\boldsymbol{\theta}$，即重新估计每个簇 C_i 的参数 $\boldsymbol{\mu}_i$、$\boldsymbol{\Sigma}_i$ 和 $P(C_i)$。重新估计的均值就是所有点的加权平均值，重新估计的协方差矩阵是所有维度对的加权协方差，而重新估计的各簇的先验概率是对该簇有贡献的权重的比例。13.3.3 节将正式推导 MLE 簇参数的相关公式，13.3.4 节将更细致地讨论 EM 算法。接下来，先来看看将 EM 聚类算法应用于一维数据并推广到 d 维数据的情况。

13.3.1　一维数据的 EM

设数据集 $\boldsymbol{D}$ 包含单个属性 X，其中每个点 $x_i \in \mathbb{R}(i=1,\cdots,n)$ 是 X 的随机样本。在混合模型［见式（13.7）］中，每个簇用一元正态分布表示，即：

$$f_i(x) = f(x|\mu_i, \sigma_i^2) = \frac{1}{\sqrt{2\pi}\sigma_i} \exp\left\{-\frac{(x-\mu_i)^2}{2\sigma_i^2}\right\}$$

其中，簇参数为 μ_i、σ_i^2 和 $P(C_i)$。EM 算法包含三个步骤：初始化步骤、期望步骤与最大化步骤。

1. 初始化步骤

对每个簇 $C_i(i=1,2,\cdots,k)$，随机初始化簇参数 μ_i、σ_i^2 和 $P(C_i)$。均值 μ_i 按照均匀分布随机地选取 X 中各个可能的值。通常假设初始方差为 $\sigma_i^2=1$。最后，令簇的先验概率初始化为 $P(C_i)=\frac{1}{k}$，使得各簇概率相等。

2. 期望步骤

假设对于每个簇，我们都有其参数 μ_i、σ_i^2、$P(C_i)$ 的估计值。参照式（13.9），根据这些值计算簇的后验概率：

$$P(C_i|x_j) = \frac{f(x_j|\mu_i, \sigma_i^2) \cdot P(C_i)}{\sum_{a=1}^{k} f(x_j|\mu_a, \sigma_a^2) \cdot P(C_a)}$$

为方便起见，将后验概率记作 x_j 对 C_i 的权重或贡献，记作 $w_{ij}=P(C_i|x_j)$。接着，令

$$\boldsymbol{w}_i = (w_{i1}, \cdots, w_{in})^{\mathrm{T}}$$

表示 n 个点对应簇 C_i 的权向量。

3. 最大化步骤

假设所有的后验概率值或权重值 $w_{ij}=P(C_i|x_j)$ 均已知。顾名思义，最大化步骤通过重新估计参数 μ_i、σ_i^2 与 $P(C_i)$，得出簇参数的最大似然估计。

重新估计的簇均值 μ_i 等于所有点的加权均值：

$$\mu_i = \frac{\sum_{j=1}^{n} w_{ij} \cdot x_j}{\sum_{j=1}^{n} w_{ij}}$$

利用权向量 $\boldsymbol{w}_i$ 和属性向量 $\boldsymbol{X}=(x_1,x_2,\cdots,x_n)^{\mathrm{T}}$ 将上式化简为

$$\mu_i = \frac{\boldsymbol{w}_i^{\mathrm{T}}\boldsymbol{X}}{\boldsymbol{w}_i^{\mathrm{T}}\boldsymbol{1}}$$

重新估计的簇方差等于所有点的加权方差：

$$\sigma_i^2 = \frac{\sum_{j=1}^{n} w_{ij}(x_j - \mu_i)^2}{\sum_{j=1}^{n} w_{ij}}$$

设 $\bar{\boldsymbol{X}}_i = \boldsymbol{X} - \mu_1 \mathbf{1} = (x_1 - \mu_i, x_2 - \mu_i, \cdots, x_n - \mu_i)^{\mathrm{T}} = (\bar{x}_{i1}, \bar{x}_{i2}, \cdots, \bar{x}_{in})^{\mathrm{T}}$ 是簇 C_i 的居中属性向量，$\bar{\boldsymbol{X}}_i^s$ 是平方向量，记作 $\bar{\boldsymbol{X}}_i^s = (\bar{x}_{i1}^2, \cdots, \bar{x}_{in}^2)^{\mathrm{T}}$ 。方差可用权向量与平方居中向量的点积来表示：

$$\sigma_i^2 = \frac{\boldsymbol{w}_i^{\mathrm{T}} \bar{\boldsymbol{X}}_i^s}{\boldsymbol{w}_i^{\mathrm{T}} \mathbf{1}}$$

最后，簇的先验概率重新估计为属于 C_i 的总权重的比例，即：

$$P(C_i) = \frac{\sum_{j=1}^{n} w_{ij}}{\sum_{a=1}^{k} \sum_{j=1}^{n} w_{aj}} = \frac{\sum_{j=1}^{n} w_{ij}}{\sum_{j=1}^{n} 1} = \frac{\sum_{j=1}^{n} w_{ij}}{n} \tag{13.10}$$

其中利用了事实：

$$\sum_{i=1}^{k} w_{ij} = \sum_{i=1}^{k} P(C_i | x_j) = 1$$

使用向量表示，先验概率可以写为

$$P(C_i) = \frac{\boldsymbol{w}_i^{\mathrm{T}} \mathbf{1}}{n}$$

4. 迭代

EM 算法从一组初始的簇参数 μ_i ， σ_i^2 和 $P(C_i)(i=1,\cdots,k)$ 开始。然后应用期望步骤来计算权重 $w_{ij} = P(C_i | x_j)$ 。在最大化步骤中，应用这些值来计算更新的簇参数 μ_i 、 σ_i^2 和 $P(C_i)$ 。不断迭代期望步骤和最大化步骤，直至收敛，例如一直到均值在两次迭代间几乎不会发生变化为止。

例 13.4（一维数据的 EM） 如图 13-4 所示，应用 EM 算法分析下列一维数据集：

$x_1 = 1.0$　$x_2 = 1.3$　$x_3 = 2.2$　$x_4 = 2.6$　$x_5 = 2.8$

$x_6 = 5.0$　$x_7 = 7.3$　$x_8 = 7.4$　$x_9 = 7.5$　$x_{10} = 7.7$　$x_{11} = 7.9$

假设 $k = 2$ ，初始的随机均值如图 13-4a 所示，初始参数为

$\mu_1 = 6.63$　$\sigma_1^2 = 1$　$P(C_2) = 0.5$

$\mu_2 = 7.57$　$\sigma_2^2 = 1$　$P(C_2) = 0.5$

不断重复期望步骤与最大化步骤，EM 算法在 5 次迭代后收敛。如图 13-4b 所示，第一次迭代（t=1）后，得到：

$\mu_1 = 3.72$　$\sigma_1^2 = 6.13$　$P(C_1) = 0.71$

$\mu_2 = 7.4$　$\sigma_2^2 = 0.69$　$P(C_2) = 0.29$

如图 13-4c 所示，最后一次迭代（t=5）后，得到：

$\mu_1 = 2.48$　$\sigma_1^2 = 1.69$　$P(C_1) = 0.55$

$\mu_2 = 7.56$　$\sigma_2^2 = 0.05$　$P(C_2) = 0.45$

EM 算法相较于 K-means 的一个优势在于，它返回每个点 $\boldsymbol{x}_j$ 属于每个簇 C_i 的概率 $P(C_i\,|\,\boldsymbol{x}_j)$。在一维条件下，这些值几乎可分类为两簇，将每个点赋给后验概率最大的簇，如图 13-4c 所示，所得硬聚类如下：

$$C_1=\{x_1,x_2,x_3,x_4,x_5,x_6\}(\text{白色点})$$

$$C_2=\{x_7,x_8,x_9,x_{10},x_{11}\}(\text{灰色点})$$

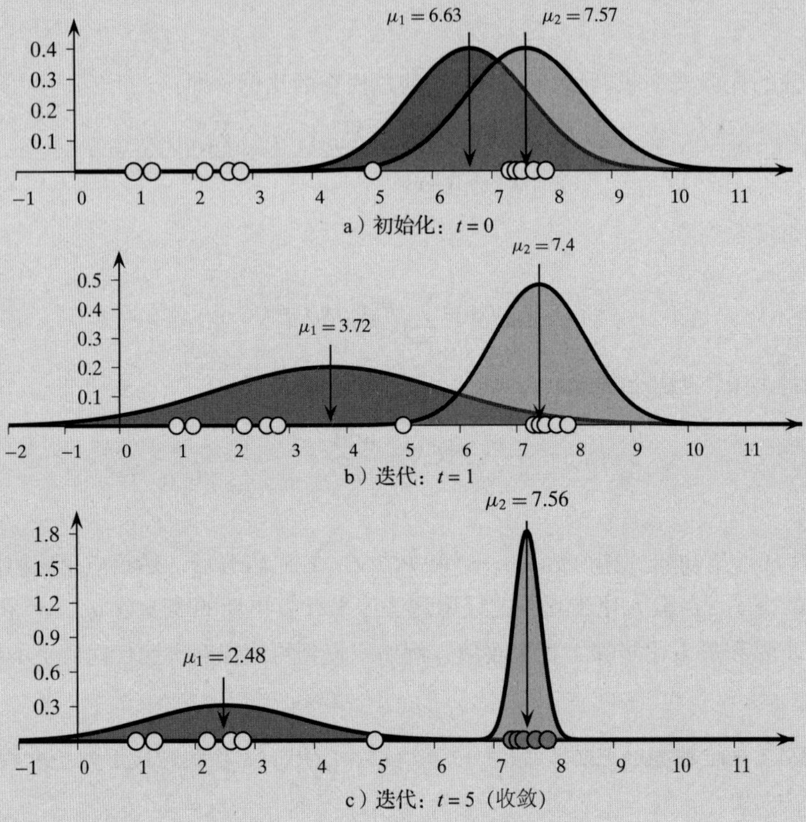

$\mu_1=6.63$　$\mu_2=7.57$

a）初始化：$t=0$

$\mu_2=7.4$　$\mu_1=3.72$

b）迭代：$t=1$

$\mu_2=7.56$　$\mu_1=2.48$

c）迭代：$t=5$（收敛）

图 13-4　一维数据的 EM

13.3.2　d 维数据的 EM

现在讨论 d 维数据的 EM 算法，其中每个簇都由一个多元正态分布刻画［见式（13.6）］，参数为 $\boldsymbol{\mu}_i$、$\boldsymbol{\Sigma}_i$ 和 $P(C_i)$。对每一个簇 C_i 而言，需要估计 d 维均值向量：

$$\boldsymbol{\mu}_i=(\mu_{i1},\mu_{i2},\cdots,\mu_{id})^{\mathrm{T}}$$

以及 $d\times d$ 的协方差矩阵：

$$\boldsymbol{\Sigma}_i=\begin{pmatrix}(\sigma_1^i)^2 & \sigma_{12}^i & \cdots & \sigma_{1d}^i\\ \sigma_{21}^i & (\sigma_2^i)^2 & \cdots & \sigma_{2d}^i\\ \vdots & \vdots & & \vdots\\ \sigma_{d1}^i & \sigma_{d2}^i & \cdots & (\sigma_d^i)^2\end{pmatrix}$$

由于协方差矩阵具有对称性，因此要估计 $C_d^2=\frac{d(d-1)}{2}$ 对协方差和 d 个方差，$\boldsymbol{\Sigma}_i$ 一共有 $\frac{d(d+1)}{2}$ 个参数。从实际角度出发，我们很难找到足够的数据来对这么多的参数进行可靠估计。例如，如果 $d=100$，则需要估计 $100\times100/2=5050$ 个参数。一个简化方法是假设所有维度彼此独立，从而得到一个对角协方差矩阵：

$$\boldsymbol{\Sigma}_i=\begin{pmatrix}(\sigma_1^i)^2 & 0 & \dots & 0\\ 0 & (\sigma_2^i)^2 & \dots & 0\\ \vdots & \vdots & & \vdots\\ 0 & 0 & \dots & (\sigma_d^i)^2\end{pmatrix}$$

在这种独立性假设下，只需要估计 d 个参数就可以得到对角协方差矩阵。

1. 初始化步骤

对于每个簇 $C_i(i=1,2,\cdots,k)$，随机初始化均值 $\boldsymbol{\mu}_i$：从每个维度 X_a 中，在其取值范围内随机均匀地选择一个值 μ_{ia}。协方差矩阵初始化为 $d\times d$ 的单位矩阵 $\boldsymbol{\Sigma}_i=\boldsymbol{I}$。簇的先验概率初始化为 $P(C_i)=\frac{1}{k}$，使各簇概率相等。

2. 期望步骤

在期望步骤中，给定点 $\boldsymbol{x}_j(j=1,\cdots,n)$，根据式（13.9）计算簇 $C_i(i=1,\cdots,k)$ 的后验概率。与之前一样，使用简化的记法 $w_{ij}=P(C_i\mid\boldsymbol{x}_j)$ 来表示 $P\ (C_i\mid\boldsymbol{x}_j)$ 可以作为点 $\boldsymbol{x}_j$ 对簇 C_i 的权重或贡献，使用 $\boldsymbol{w}_i=(w_{i1},w_{i2},\cdots,w_{in})^{\mathrm{T}}$ 表示簇 C_i 在所有 n 个点上的权向量。

3. 最大化步骤

在最大化步骤中，给定权重 w_{ij}，重新估计 $\boldsymbol{\mu}_i$、$\boldsymbol{\Sigma}_i$ 和 $P(C_i)$。簇 C_i 的均值 $\boldsymbol{\mu}_i$ 可以估计为

$$\boldsymbol{\mu}_i=\frac{\sum_{j=1}^n w_{ij}\cdot\boldsymbol{x}_j}{\sum_{j=1}^n w_{ij}} \tag{13.11}$$

上式可以简洁地用矩阵形式表示为

$$\boldsymbol{\mu}_i=\frac{\boldsymbol{D}^{\mathrm{T}}\boldsymbol{w}_i}{\boldsymbol{w}_i^{\mathrm{T}}\boldsymbol{1}}$$

设 $\bar{\boldsymbol{D}}_i=\boldsymbol{D}-\boldsymbol{1}\cdot\boldsymbol{\mu}_i^{\mathrm{T}}$ 是簇 C_i 的居中数据矩阵。设 $\bar{\boldsymbol{x}}_{ji}=\boldsymbol{x}_j-\boldsymbol{\mu}_i\in\mathbb{R}^d$ 表示 $\bar{\boldsymbol{D}}_i$ 中的第 j 个居中点。我们将 $\boldsymbol{\Sigma}_i$ 表示为外积形式：

$$\boldsymbol{\Sigma}_i=\frac{\sum_{j=1}^n w_{ij}\bar{\boldsymbol{x}}_{ji}\bar{\boldsymbol{x}}_{ji}^{\mathrm{T}}}{\boldsymbol{w}_i^{\mathrm{T}}\boldsymbol{1}} \tag{13.12}$$

鉴于对称性，维度 X_a 和 X_b 之间的协方差可以估计为

$$\sigma_{ab}^i=\frac{\sum_{j=1}^n w_{ij}(x_{ja}-\mu_{ia})(x_{jb}-\mu_{ib})}{\sum_{j=1}^n w_{ij}}$$

其中，x_{ja} 和 μ_{ia} 分别指 $\boldsymbol{x}_j$ 和 $\boldsymbol{\mu}_i$ 在第 a 个维度的值。

最后，每个簇的先验概率 $P(C_i)$ 与一维的情况相同，参见式（13.10），表示为

$$P(C_i)=\frac{\sum_{j=1}^n w_{ij}}{n}=\frac{\boldsymbol{w}_i^{\mathrm{T}}\boldsymbol{1}}{n} \tag{13.13}$$

13.3.3 节给出了对 $\boldsymbol{\mu}_i$ [见式(13.11)]、$\boldsymbol{\Sigma}_i$ [见式(13.12)] 和 $P(C_i)$ [见式(13.13)] 进行重新估计的形式化推导。

4. EM 聚类算法

多元 EM 聚类算法的伪代码详见算法 13.3。首先初始化 $\boldsymbol{\mu}_i$、$\boldsymbol{\Sigma}_i$ 和 $P(C_i)(i=1,\cdots,k)$，然后重复期望步骤与最大化步骤，直至收敛。对于收敛测试，检查 $\sum_i \|\boldsymbol{\mu}_i^t - \boldsymbol{\mu}_i^{t-i}\|^2 \leqslant \epsilon$ 是否成立，其中 $\epsilon>0$ 是收敛阈值，t 指迭代次数。也就是说，不断迭代期望步骤和最大化步骤，直至簇均值的变化很小为止。

算法 13.3　EM 算法

```
EXPECTATION-MAXIMIZATION (D, k, ϵ):
1  t ← 0
   // Initialization
2  Randomly initialize μ_1^t, ···, μ_k^t
3  Σ_i^t ← I, ∀i = 1, ···, k
4  P^t(C_i) ← 1/k, ∀i = 1, ···, k
5  repeat
6      t ← t + 1
       // Expectation Step
7      for i = 1, ···, k and j = 1, ···, n do
8          w_ij ← f(x_j|μ_i, Σ_i)·P(C_i) / Σ_{a=1}^k f(x_j|μ_a, Σ_a)·P(C_a)  // posterior probability P^t(C_i|x_j)
       // Maximization Step
9      for i = 1, ···, k do
10         μ_i^t ← Σ_{j=1}^n w_ij·x_j / Σ_{j=1}^n w_ij  // re-estimate mean
11         Σ_i^t ← Σ_{j=1}^n w_ij(x_j − μ_i)(x_j − μ_i)^T / Σ_{j=1}^n w_ij  // re-estimate covariance matrix
12         P^t(C_i) ← Σ_{j=1}^n w_ij / n  // re-estimate priors
13 until Σ_{i=1}^k ‖μ_i^t − μ_i^{t−1}‖^2 ≤ ϵ
```

例 13.5（二维数据中的 EM） 如图 13-5 所示，我们将 EM 算法应用于二维鸢尾花数据集，两个属性为前两个主成分。该数据集有 $n=150$ 个点，运行 EM 算法，令 $k=3$，每个簇都有完整的协方差矩阵。初始的簇参数为 $\boldsymbol{\Sigma}_i=\begin{pmatrix}1 & 0\\ 0 & 1\end{pmatrix}$，$P(C_i)=1/3$，均值为

$$\boldsymbol{\mu}_1=(-3.59,0.25)^{\mathrm{T}} \qquad \boldsymbol{\mu}_2=(-1.09,-0.46)^{\mathrm{T}} \qquad \boldsymbol{\mu}_3=(0.75,1.07)^{\mathrm{T}}$$

图 13-5a 给出了簇均值（用黑色显示）以及联合概率密度函数。

EM 算法迭代 36 次后收敛（$\epsilon=0.001$）。中间阶段的聚类结果如图 13-5b 所示（$t=1$），最终迭代后的聚类结果（$t=36$）如图 13-5c 所示，其中 3 个簇已经被正确区分，具体参数如下：

$$\boldsymbol{\mu}_1=(-2.02,0.017)^{\mathrm{T}} \qquad \boldsymbol{\mu}_2=(-0.51,-0.23)^{\mathrm{T}} \qquad \boldsymbol{\mu}_3=(2.64,0.19)^{\mathrm{T}}$$

$$\boldsymbol{\Sigma}_1=\begin{pmatrix}0.56 & -0.29\\ -0.29 & 0.23\end{pmatrix} \qquad \boldsymbol{\Sigma}_2=\begin{pmatrix}0.36 & -0.22\\ -0.22 & 0.19\end{pmatrix} \qquad \boldsymbol{\Sigma}_3=\begin{pmatrix}0.05 & -0.06\\ -0.06 & 0.21\end{pmatrix}$$

$$P(C_1)=0.36 \qquad P(C_2)=0.31 \qquad P(C_3)=0.33$$

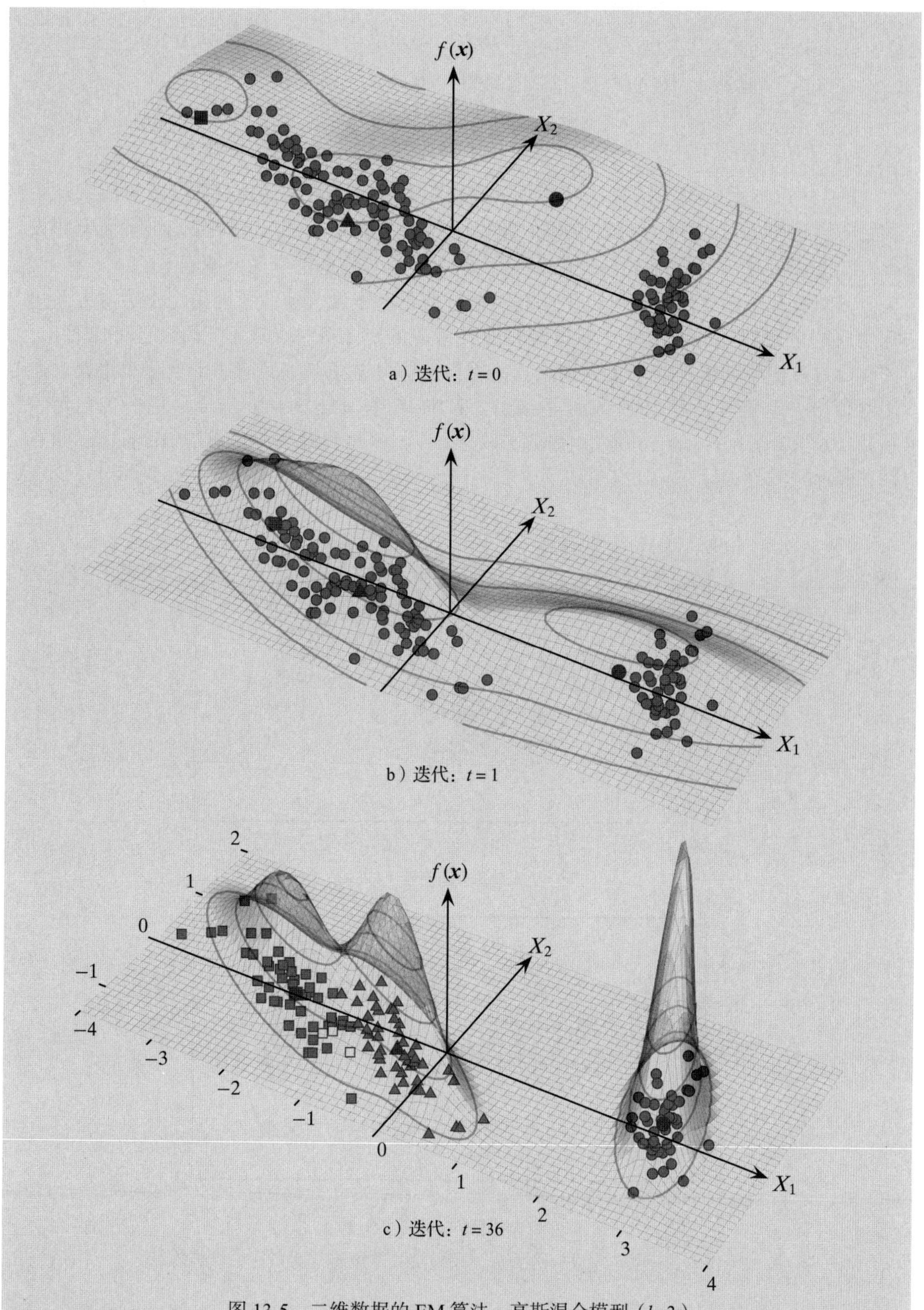

图 13-5 二维数据的 EM 算法：高斯混合模型（k=3）

为完整地展现协方差矩阵与对角协方差矩阵的差异，我们使用独立性假设，在鸢尾花主成分数据集上运行 EM 算法，经过 $t = 29$ 次迭代后收敛。最后的簇参数如下：

$$\boldsymbol{\mu}_1=(-2.1,0.28)^{\mathrm{T}} \qquad \boldsymbol{\mu}_2=(-0.67,-0.40)^{\mathrm{T}} \qquad \boldsymbol{\mu}_3=(2.64,0.19)^{\mathrm{T}}$$

$$\boldsymbol{\Sigma}_1=\begin{pmatrix}0.59 & 0\\ 0 & 0.11\end{pmatrix} \qquad \boldsymbol{\Sigma}_2=\begin{pmatrix}0.49 & 0\\ 0 & 0.11\end{pmatrix} \qquad \boldsymbol{\Sigma}_3=\begin{pmatrix}0.05 & 0\\ 0 & 0.21\end{pmatrix}$$

$$P(C_1)=0.30 \qquad P(C_2)=0.37 \qquad P(C_3)=0.33$$

图 13-6b 展示了聚类结果，以及每个簇的正态密度函数的等值线图（以等值线互不重叠的形式展示）。完整的协方差矩阵如图 13-6a 所示，这是图 13-5c 在二维平面上的投影。C_1 中的点用方块表示，C_2 中的点用三角形表示，C_3 中的点用圆圈表示。

由图可知，独立性假设可以生产与轴平行的正态密度等值线，而用完整的协方差矩阵生成的是旋转过的等值线。通过观察分类错误的点（用白点表示）的数目可以看出，完整协方差矩阵的聚类结果更为理想。使用完整协方差矩阵，只有 3 个点分类错误，使用对角协方差矩阵，有 25 个点分类错误，其中 15 个来自 Iris-virginica（用白色三角表示），10 个来自 Iris-versicolor（用白色方块表示）。在两种聚类中，对应 Iris-setosa 的点都正确地聚类为 C_3。

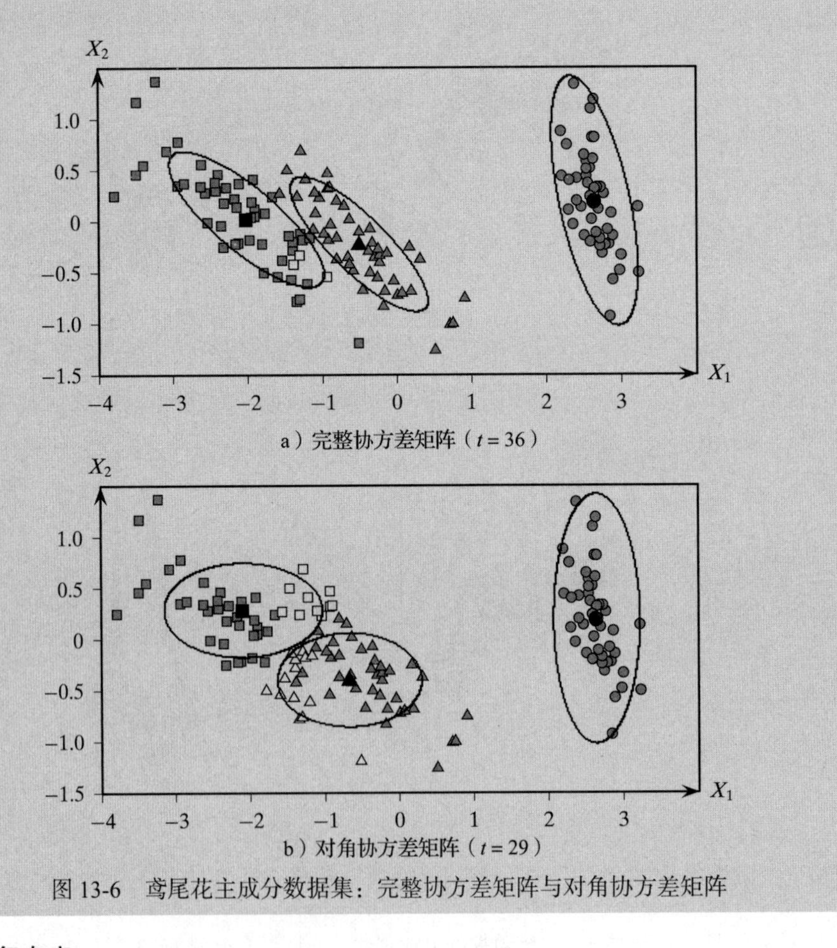

图 13-6　鸢尾花主成分数据集：完整协方差矩阵与对角协方差矩阵

5. 计算复杂度

在期望步骤中，为了计算簇的后验概率，需要求 $\boldsymbol{\Sigma}_i$ 的逆并计算行列式 $|\boldsymbol{\Sigma}_i|$，这需要 $O(d^3)$ 的时间。处理 k 个簇需要的时间为 $O(kd^3)$。在期望步骤中，计算密度函数 $f(\boldsymbol{x}_j|\boldsymbol{\mu}_i,\boldsymbol{\Sigma}_i)$

需要的时间为 $O(d^2)$，处理 n 个点 k 个簇需要的时间为 $O(knd^2)$。在最大化步骤中，时间主要用于更新 $\boldsymbol{\Sigma}_i$，处理 k 个簇需要的时间为 $O(knd^2)$。因此 EM 算法的计算复杂度为 $O(t(kd^3+nkd^2))$，其中 t 为迭代次数。如果使用对角协方差矩阵，则计算 $\boldsymbol{\Sigma}_i$ 的逆和行列式的时间为 $O(d)$，每个点的密度计算时间为 $O(d)$，因此期望步骤所需的时间为 $O(knd)$。最大化步骤也需要 $O(knd)$ 的时间来重新估计 $\boldsymbol{\Sigma}_i$。因此，使用对角协方差矩阵的总时间为 $O(tnkd)$。因为每次迭代都需要读取所有的点，所以 EM 算法的 I/O 复杂度为 $O(t)$ 次完全数据扫描。

6. K-means 是 EM 的特例

虽然我们假设簇符合正态混合模型，但 EM 算法也可以用其他模型来计算簇密度函数 $P(\boldsymbol{x}_j|C_i)$。例如，K-means 可以看作 EM 的一种特例，具体推导如下：

$$P(\boldsymbol{x}_j|C_i)=\begin{cases}1, & C_i=\arg\min\limits_{C_a}\{\|\boldsymbol{x}_j-\boldsymbol{\mu}_a\|^2\}\\ 0, & \text{其他}\end{cases}$$

利用式（13.9），后验概率 $P(C_i|\boldsymbol{x}_j)$ 表示为

$$P(C_i|\boldsymbol{x}_j)=\frac{P(\boldsymbol{x}_j|C_i)P(C_i)}{\sum_{a=1}^{k}P(\boldsymbol{x}_j|C_a)P(C_a)}$$

可以看到，如果 $P(\boldsymbol{x}_j|C_i)=0$，则 $P(C_i|\boldsymbol{x}_j)=0$。如果 $P(\boldsymbol{x}_j|C_i)=0$，则 $P(\boldsymbol{x}_j|C_a)=0(a\neq i)$，因此 $P(C_i|\boldsymbol{x}_j)=\frac{1\cdot P(C_i)}{1\cdot P(C_i)}=1$。将两者相结合，可得后验概率：

$$P(C_i|\boldsymbol{x}_j)=\begin{cases}1, & \boldsymbol{x}_j\in C_i, C_i=\arg\min\limits_{C_a}\{\|\boldsymbol{x}_j-\boldsymbol{\mu}_a\|^2\}\\ 0, & \text{其他}\end{cases}\tag{13.14}$$

显而易见，K-means 算法的簇参数是 $\boldsymbol{\mu}_i$ 和 $P(C_i)$，在这种情况下协方差矩阵的作用微乎其微。

13.3.3　最大似然估计

本节将推导簇参数 $\boldsymbol{\mu}_i$、$\boldsymbol{\Sigma}_i$ 和 $P(C_i)$ 的最大似然估计，求对数似然函数关于每个参数的导数，并将导数设为零。

某个簇 C_i 的对数似然函数［见式（13.8）］关于某个参数 $\boldsymbol{\theta}_i$ 的偏导数如下：

$$\begin{aligned}\frac{\partial}{\partial\boldsymbol{\theta}_i}\ln(P(\boldsymbol{D}|\boldsymbol{\theta}))&=\frac{\partial}{\partial\boldsymbol{\theta}_i}\left(\sum_{j=1}^{n}\ln f(\boldsymbol{x}_j)\right)\\&=\sum_{j=1}^{n}\left(\frac{1}{f(\boldsymbol{x}_j)}\cdot\frac{\partial f(\boldsymbol{x}_j)}{\partial\boldsymbol{\theta}_i}\right)\\&=\sum_{j=1}^{n}\left(\frac{1}{f(\boldsymbol{x}_j)}\sum_{a=1}^{k}\frac{\partial}{\partial\boldsymbol{\theta}_i}\left(f(\boldsymbol{x}_j|\boldsymbol{\mu}_a,\boldsymbol{\Sigma}_a)P(C_a)\right)\right)\\&=\sum_{j=1}^{n}\left(\frac{1}{f(\boldsymbol{x}_j)}\cdot\frac{\partial}{\partial\boldsymbol{\theta}_i}\left(f(\boldsymbol{x}_j|\boldsymbol{\mu}_i,\boldsymbol{\Sigma}_i)P(C_i)\right)\right)\end{aligned}$$

在最后一步中，由于 $\boldsymbol{\theta}_i$ 是第 i 个簇的参数，因此其他簇相对于 $\boldsymbol{\theta}_i$ 的混合成分是常数。利用式 $|\boldsymbol{\Sigma}_i|=\frac{1}{|\boldsymbol{\Sigma}_i^{-1}|}$，式（13.6）中的多元正态密度函数可以写作：

$$f(\boldsymbol{x}_j|\boldsymbol{\mu}_i,\boldsymbol{\Sigma}_i)=(2\pi)^{-\frac{d}{2}}|\boldsymbol{\Sigma}_i^{-1}|^{\frac{1}{2}}\exp\{g(\boldsymbol{\mu}_i,\boldsymbol{\Sigma}_i)\} \tag{13.15}$$

其中，

$$g(\boldsymbol{\mu}_i,\boldsymbol{\Sigma}_i)=-\frac{1}{2}(\boldsymbol{x}_j-\boldsymbol{\mu}_i)^{\mathrm{T}}\boldsymbol{\Sigma}_i^{-1}(\boldsymbol{x}_j-\boldsymbol{\mu}_i) \tag{13.16}$$

因此，对数似然函数的导数为

$$\frac{\partial}{\partial\boldsymbol{\theta}_i}\ln(P(\boldsymbol{D}|\boldsymbol{\theta}))=\sum_{j=1}^{n}\left(\frac{1}{f(\boldsymbol{x}_j)}\cdot\frac{\partial}{\partial\boldsymbol{\theta}_i}((2\pi)^{-\frac{d}{2}}|\boldsymbol{\Sigma}_i^{-1}|^{\frac{1}{2}}\exp\{g(\boldsymbol{\mu}_i,\boldsymbol{\Sigma}_i)\}P(C_i))\right) \tag{13.17}$$

下面，运用如下事实：

$$\frac{\partial}{\partial\boldsymbol{\theta}_i}\exp\{g(\boldsymbol{\mu}_i,\boldsymbol{\Sigma}_i)\}=\exp\{g(\boldsymbol{\mu}_i,\boldsymbol{\Sigma}_i)\}\cdot\frac{\partial}{\partial\boldsymbol{\theta}_i}g(\boldsymbol{\mu}_i,\boldsymbol{\Sigma}_i) \tag{13.18}$$

1. 均值的估计

为了推导出均值 $\boldsymbol{\mu}_i$ 的最大似然估计，需要求出对数似然函数关于 $\boldsymbol{\theta}_i=\boldsymbol{\mu}_i$ 的导数。根据式（13.17），唯一与 $\boldsymbol{\mu}_i$ 相关的项是 $\exp\{g(\boldsymbol{\mu}_i,\boldsymbol{\Sigma}_i)\}$，利用以下事实：

$$\frac{\partial}{\partial\boldsymbol{\mu}_i}g(\boldsymbol{\mu}_i,\boldsymbol{\Sigma}_i)=\boldsymbol{\Sigma}_i^{-1}(\boldsymbol{x}_j-\boldsymbol{\mu}_i) \tag{13.19}$$

以及式（13.18），对数似然函数关于 $\boldsymbol{\mu}_i$ 的偏导数［见式（13.17）］为

$$\begin{aligned}\frac{\partial}{\partial\boldsymbol{\mu}_i}\ln(P(\boldsymbol{D}|\boldsymbol{\theta}))&=\sum_{j=1}^{n}\left(\frac{1}{f(\boldsymbol{x}_j)}(2\pi)^{-\frac{d}{2}}|\boldsymbol{\Sigma}_i^{-1}|^{\frac{1}{2}}\exp\{g(\boldsymbol{\mu}_i,\boldsymbol{\Sigma}_i)\}P(C_i)\boldsymbol{\Sigma}_i^{-1}(\boldsymbol{x}_j-\boldsymbol{\mu}_i)\right)\\&=\sum_{j=1}^{n}\left(\frac{f(\boldsymbol{x}_j|\boldsymbol{\mu}_i,\boldsymbol{\Sigma}_i)P(C_i)}{f(\boldsymbol{x}_j)}\cdot\boldsymbol{\Sigma}_i^{-1}(\boldsymbol{x}_j-\boldsymbol{\mu}_i)\right)\\&=\sum_{j=1}^{n}w_{ij}\boldsymbol{\Sigma}_i^{-1}(\boldsymbol{x}_j-\boldsymbol{\mu}_i)\end{aligned}$$

其中运用了式（13.15）和式（13.9），以及如下事实：

$$w_{ij}=P(C_i|\boldsymbol{x}_j)=\frac{f(\boldsymbol{x}_j|\boldsymbol{\mu}_i,\boldsymbol{\Sigma}_i)P(C_i)}{f(\boldsymbol{x}_j)}$$

将对数似然函数的偏导数设为零向量，两边同时乘以 $\boldsymbol{\Sigma}_i$，得到：

$$\sum_{j=1}^{n}w_{ij}(\boldsymbol{x}_j-\boldsymbol{\mu}_i)=\boldsymbol{0}$$

$$\sum_{j=1}^{n}w_{ij}\boldsymbol{x}_j=\boldsymbol{\mu}_i\sum_{j=1}w_{ij}$$

$$\boldsymbol{\mu}_i=\frac{\sum_{j=1}^{n}w_{ij}\boldsymbol{x}_j}{\sum_{j=1}^{n}w_{ij}} \tag{13.20}$$

这也与式（13.11）一致。

2. 协方差矩阵的估计

为了重新估计协方差矩阵 $\boldsymbol{\Sigma}_i$，需要求式（13.17）关于 $\boldsymbol{\Sigma}_i^{-1}$ 的偏导数，并将乘积法则应用在项 $|\boldsymbol{\Sigma}_i^{-1}|^{\frac{1}{2}}\exp\{g(\boldsymbol{\mu}_i,\boldsymbol{\Sigma}_i)\}$ 的微分中。

对于任意方阵 $\boldsymbol{A}$，都有 $\frac{\partial|\boldsymbol{A}|}{\partial\boldsymbol{A}}=|\boldsymbol{A}|\cdot(\boldsymbol{A}^{-1})^{\mathrm{T}}$，因此，$|\boldsymbol{\Sigma}_i^{-1}|^{\frac{1}{2}}$ 关于 $\boldsymbol{\Sigma}_i^{-1}$ 的导数为

$$\frac{\partial|\boldsymbol{\Sigma}_i^{-1}|^{\frac{1}{2}}}{\partial\boldsymbol{\Sigma}_i^{-1}}=\frac{1}{2}\cdot|\boldsymbol{\Sigma}_i^{-1}|^{-\frac{1}{2}}\cdot|\boldsymbol{\Sigma}_i^{-1}|\cdot\boldsymbol{\Sigma}_i=\frac{1}{2}\cdot|\boldsymbol{\Sigma}_i^{-1}|^{\frac{1}{2}}\cdot\boldsymbol{\Sigma}_i \tag{13.21}$$

对于方阵 $\boldsymbol{A}\in\mathbb{R}^{d\times d}$ 与向量 $\boldsymbol{a},\boldsymbol{b}\in\mathbb{R}^d$，可得 $\frac{\partial}{\partial\boldsymbol{A}}\boldsymbol{a}^{\mathrm{T}}\boldsymbol{A}\boldsymbol{b}=\boldsymbol{a}\boldsymbol{b}^{\mathrm{T}}$。利用式（13.18），可求出 $\exp\{g(\boldsymbol{\mu}_i,\boldsymbol{\Sigma}_i)\}$ 关于 $\boldsymbol{\Sigma}_i^{-1}$ 的导数：

$$\frac{\partial}{\partial\boldsymbol{\Sigma}_i^{-1}}\exp\{g(\boldsymbol{\mu}_i,\boldsymbol{\Sigma}_i)\}=-\frac{1}{2}\exp\{g(\boldsymbol{\mu}_i,\boldsymbol{\Sigma}_i)\}(\boldsymbol{x}_j-\boldsymbol{\mu}_i)(\boldsymbol{x}_j-\boldsymbol{\mu}_i)^{\mathrm{T}} \tag{13.22}$$

对式（13.21）和式（13.22）应用乘积法则，可得：

$$\begin{aligned}
&\frac{\partial}{\partial\boldsymbol{\Sigma}_i^{-1}}|\boldsymbol{\Sigma}_i^{-1}|^{\frac{1}{2}}\exp\{g(\boldsymbol{\mu}_i,\boldsymbol{\Sigma}_i)\}\\
&=\frac{1}{2}|\boldsymbol{\Sigma}_i^{-1}|^{\frac{1}{2}}\boldsymbol{\Sigma}_i\exp\{g(\boldsymbol{\mu}_i,\boldsymbol{\Sigma}_i)\}-\frac{1}{2}|\boldsymbol{\Sigma}_i^{-1}|^{\frac{1}{2}}\exp\{g(\boldsymbol{\mu}_i,\boldsymbol{\Sigma}_i)\}(\boldsymbol{x}_j-\boldsymbol{\mu}_i)(\boldsymbol{x}_j-\boldsymbol{\mu}_i)^{\mathrm{T}}\\
&=\frac{1}{2}\cdot|\boldsymbol{\Sigma}_i^{-1}|^{\frac{1}{2}}\cdot\exp\{g(\boldsymbol{\mu}_i,\boldsymbol{\Sigma}_i)\}(\boldsymbol{\Sigma}_i-(\boldsymbol{x}_j-\boldsymbol{\mu}_i)(\boldsymbol{x}_j-\boldsymbol{\mu}_i)^{\mathrm{T}})
\end{aligned} \tag{13.23}$$

将式（13.23）代入式（13.17），可得对数似然函数关于 $\boldsymbol{\Sigma}_i^{-1}$ 的导数：

$$\begin{aligned}
\frac{\partial}{\partial\boldsymbol{\Sigma}_i^{-1}}\ln(P(\boldsymbol{D}|\boldsymbol{\theta}))&=\frac{1}{2}\sum_{j=1}^{n}\frac{(2\pi)^{-\frac{d}{2}}|\boldsymbol{\Sigma}_i^{-1}|^{\frac{1}{2}}\exp\{g(\boldsymbol{\mu}_i,\boldsymbol{\Sigma}_i)\}P(C_i)}{f(\boldsymbol{x}_j)}(\boldsymbol{\Sigma}_i-(\boldsymbol{x}_j-\boldsymbol{\mu}_i)(\boldsymbol{x}_j-\boldsymbol{\mu}_i)^{\mathrm{T}})\\
&=\frac{1}{2}\sum_{j=1}^{n}\frac{f(\boldsymbol{x}_j|\boldsymbol{\mu}_i,\boldsymbol{\Sigma}_i)P(C_i)}{f(\boldsymbol{x}_j)}\cdot(\boldsymbol{\Sigma}_i-(\boldsymbol{x}_j-\boldsymbol{\mu}_i)(\boldsymbol{x}_j-\boldsymbol{\mu}_i)^{\mathrm{T}})\\
&=\frac{1}{2}\sum_{j=1}^{n}w_{ij}(\boldsymbol{\Sigma}_i-(\boldsymbol{x}_j-\boldsymbol{\mu}_i)(\boldsymbol{x}_j-\boldsymbol{\mu}_i)^{\mathrm{T}})
\end{aligned}$$

设导数为 $d\times d$ 的零矩阵 $\mathbf{0}_{d\times d}$，求解 $\boldsymbol{\Sigma}_i$：

$$\sum_{j=1}^{n}w_{ij}(\boldsymbol{\Sigma}_i-(\boldsymbol{x}_j-\boldsymbol{\mu}_i)(\boldsymbol{x}_j-\boldsymbol{\mu}_i)^{\mathrm{T}})=\mathbf{0}_{d\times d}$$

$$\boldsymbol{\Sigma}_i=\frac{\sum_{j=1}^{n}w_{ij}(\boldsymbol{x}_j-\boldsymbol{\mu}_i)(\boldsymbol{x}_j-\boldsymbol{\mu}_i)^{\mathrm{T}}}{\sum_{j=1}^{n}w_{ij}} \tag{13.24}$$

因此，协方差矩阵的最大似然估计以式（13.12）的加权外积形式给出。

3. 估计先验概率：混合参数

要想获得混合参数或先验概率 $P(C_i)$ 的最大似然估计，需要先求出对数似然函数［见式（13.17）］关于 $P(C_i)$ 的偏导数。对于约束 $\sum_{a=1}^{k}P(C_a)-1$，引入一个拉格朗日乘子 α，求

出如下导数：

$$\frac{\partial}{\partial P(C_i)}\left(\ln(P(\boldsymbol{D}|\boldsymbol{\theta}))+\alpha\left(\sum_{a=1}^{k}P(C_a)-1\right)\right) \tag{13.25}$$

对数似然函数［见式（13.17）］关于 $P(C_i)$ 的偏导数为

$$\frac{\partial}{\partial P(C_i)}\ln(P(\boldsymbol{D}|\boldsymbol{\theta}))=\sum_{j=1}^{n}\frac{f(\boldsymbol{x}_j|\boldsymbol{\mu}_i,\boldsymbol{\Sigma}_i)}{f(\boldsymbol{x}_j)}$$

因此，式（13.25）中的导数为

$$\left(\sum_{j=1}^{n}\frac{f(\boldsymbol{x}_j|\boldsymbol{\mu}_i,\boldsymbol{\Sigma}_i)}{f(\boldsymbol{x}_j)}\right)+\alpha$$

将该导数设为 0，两边乘以 $P(C_i)$，可得：

$$\sum_{j=1}^{n}\frac{f(\boldsymbol{x}_j|\boldsymbol{\mu}_i,\boldsymbol{\Sigma}_i)P(C_i)}{f(\boldsymbol{x}_j)}=-\alpha P(C_i)$$

$$\sum_{j=1}^{n}w_{ij}=-\alpha P(C_i) \tag{13.26}$$

在所有簇上对式（13.26）求和，可得：

$$\sum_{i=1}^{k}\sum_{j=1}^{n}w_{ij}=-\alpha\sum_{i=1}^{k}P(C_i)$$

$$n=-\alpha \tag{13.27}$$

最后一步利用了事实 $\sum_{i=1}^{k}w_{ij}=1$。将式（13.27）代入式（13.26），得到 $P(C_i)$ 的最大似然估计：

$$P(C_i)=\frac{\sum_{j=1}^{n}w_{ij}}{n} \tag{13.28}$$

这与式（13.13）相符。

由此可见，关于簇 C_i 的 3 个参数 $\boldsymbol{\mu}_i$、$\boldsymbol{\Sigma}_i$ 和 $P(C_i)$ 均取决于权重 w_{ij}，该权重对应后验概率 $P(C_i|\boldsymbol{x}_j)$。因此，式（13.20）、式（13.24）和式（13.28）并不表示能够最大化对数似然函数的封闭解。相反，我们使用迭代的 EM 算法，在期望步骤中计算 w_{ij}，并在最大化步骤中重新估计 $\boldsymbol{\mu}_i$、$\boldsymbol{\Sigma}_i$ 和 $P(C_i)$。下面将详细介绍 EM 的框架。

13.3.4　EM 算法

由于混合项出现在对数内部，因此很难实现对数似然函数的最大化。问题在于，对于任意点 $\boldsymbol{x}_j$，我们不知道它属于哪个正态分布或混合成分。假设我们知道这个信息，即假设每个点 $\boldsymbol{x}_j$ 都有一个关联值，这个值表明了生成这个点的簇。我们可以看到，给定这样的信息，实现对数似然函数最大化会容易得多。

与簇标签相对应的类别属性可以建模为向量随机变量 $\boldsymbol{C}=\{C_1,C_2,\cdots,C_k\}$，其中 C_i 是伯努利随机变量（类别变量的建模参见 3.1.2 节）。如果给定的点由簇 C_i 生成，则 $C_i=1$，否则 $C_i=0$。参数 $P(C_i)$ 表示概率 $P(C_i=1)$。由于每个点只能由一个簇生成，因此对于某个给定点，$C_a=1$，$C_i=0(i\neq a)$。因此，$\sum_{i=1}^{k}P(C_i)=1$。

对于点 $\boldsymbol{x}_j$，设其簇向量是 $\boldsymbol{c}_j=(c_{j1},\cdots,c_{jk})^{\mathrm{T}}$。$c_j$ 中只有一个元素为 1。如果 $c_{ji}=1$，则意味着 $C_i=1$，即簇 C_i 生成点 $\boldsymbol{x}_j$。$\boldsymbol{C}$ 的概率质量函数为

$$P(\boldsymbol{C}=\boldsymbol{c}_j)=\prod_{i=1}^{k}P(C_i)^{c_{ji}}$$

给定每个点 $\boldsymbol{x}_j$ 的簇信息 $\boldsymbol{c}_j$，$\boldsymbol{X}$ 的条件概率密度函数为

$$f(\boldsymbol{x}_j|\boldsymbol{c}_j)=\prod_{i=1}^{k}f(\boldsymbol{x}_j|\boldsymbol{\mu}_i,\boldsymbol{\Sigma}_i)^{c_{ji}}$$

只有一个簇能生成 $\boldsymbol{x}_j$，假设是 C_a，那在这种情况下 $c_{ja}=1$，上述表达式可化简为 $f(\boldsymbol{x}_j|\boldsymbol{c}_j)=f(\boldsymbol{x}_j\mid\boldsymbol{\mu}_a,\boldsymbol{\Sigma}_a)$。

$(\boldsymbol{x}_j,\boldsymbol{c}_j)$ 是从向量随机变量 $\boldsymbol{X}=(X_1,\cdots,X_d)$（对应 d 个数据属性）和 $\boldsymbol{C}=(C_1,\cdots,C_k)$（对应 k 个簇属性）的联合分布中随机抽出的样本。$\boldsymbol{X}$ 与 $\boldsymbol{C}$ 的联合分布的密度函数为

$$f(\boldsymbol{x}_j,\boldsymbol{c}_j)=f(\boldsymbol{x}_j|\boldsymbol{c}_j)P(\boldsymbol{c}_j)=\prod_{i=1}^{k}\left(f(\boldsymbol{x}_j|\boldsymbol{\mu}_i,\boldsymbol{\Sigma}_i)P(C_i)\right)^{c_{ji}}$$

给定簇信息，数据的对数似然函数如下：

$$\begin{aligned}\ln P(\boldsymbol{D}|\boldsymbol{\theta})&=\ln\prod_{j=1}^{n}f(\boldsymbol{x}_j,\boldsymbol{c}_j|\boldsymbol{\theta})\\&=\sum_{j=1}^{n}\ln f(\boldsymbol{x}_j,\boldsymbol{c}_j|\boldsymbol{\theta})\\&=\sum_{j=1}^{n}\ln\left(\prod_{i=1}^{k}\left(f(\boldsymbol{x}_j|\boldsymbol{\mu}_i,\boldsymbol{\Sigma}_i)P(C_i)\right)^{c_{ji}}\right)\\&=\sum_{j=1}^{n}\sum_{i=1}^{k}c_{ji}\left(\ln f(\boldsymbol{x}_j|\boldsymbol{\mu}_i,\boldsymbol{\Sigma}_i)+\ln P(C_i)\right)\end{aligned}\tag{13.29}$$

1. 期望步骤

在期望步骤中，计算式（13.29）中给定的带标签数据的对数似然值的期望。这个期望值基于缺失的簇信息 $\boldsymbol{c}_j$，该信息又将 $\boldsymbol{\mu}_i$、$\boldsymbol{\Sigma}_i$ 和 $P(C_i)$ 以及 $\boldsymbol{x}_j$ 视为固定值。由于期望具有线性性质，因此对数似然值的期望为

$$E[\ln P(\boldsymbol{D}|\boldsymbol{\theta})]=\sum_{j=1}^{n}\sum_{i=1}^{k}E[c_{ji}]\left(\ln f(\boldsymbol{x}_j|\boldsymbol{\mu}_i,\boldsymbol{\Sigma}_i)+\ln P(C_i)\right)$$

期望值 $E[c_{ji}]$ 的计算如下：

$$\begin{aligned}E[c_{ji}]&=1\times P(c_{ji}=1|\boldsymbol{x}_j)+0\times P(c_{ji}=0|\boldsymbol{x}_j)=P(c_{ji}=1|\boldsymbol{x}_j)=P(C_i|\boldsymbol{x}_j)\\&=\frac{P(\boldsymbol{x}_j|C_i)P(C_i)}{P(\boldsymbol{x}_j)}=\frac{f(\boldsymbol{x}_j|\boldsymbol{\mu}_i,\boldsymbol{\Sigma}_i)P(C_i)}{f(\boldsymbol{x}_j)}\\&=w_{ij}\end{aligned}\tag{13.30}$$

综上，我们在期望步骤中运用参数 $\boldsymbol{\theta}=\{\boldsymbol{\mu}_i,\boldsymbol{\Sigma}_i, P(C_i)\}_{i=1}^k$ 估计各个点关于每个簇的后验概率或权重 w_{ij}。根据 $E[c_{ji}]=w_{ij}$，对数似然值的期望可以重写为

$$E[\ln P(\boldsymbol{D}|\boldsymbol{\theta})]=\sum_{j=1}^{n}\sum_{i=1}^{k} w_{ij}(\ln f(\boldsymbol{x}_j|\boldsymbol{\mu}_i,\boldsymbol{\Sigma}_i)+\ln P(C_i)) \tag{13.31}$$

2. 最大化步骤

在最大化步骤中，我们实现对数似然值的期望［见式（13.31）］的最大化。忽略其他簇的项，求关于 $\boldsymbol{\mu}_i$、$\boldsymbol{\Sigma}_i$ 或 $P(C_i)$ 的导数。

式（13.31）关于 $\boldsymbol{\mu}_i$ 的导数为

$$\begin{aligned}\frac{\partial}{\partial \boldsymbol{\mu}_i}\ln E[P(\boldsymbol{D}|\boldsymbol{\theta})]&=\frac{\partial}{\partial \boldsymbol{\mu}_i}\sum_{j=1}^{n} w_{ij}\ln f(\boldsymbol{x}_j|\boldsymbol{\mu}_i,\boldsymbol{\Sigma}_i)\\&=\sum_{j=1}^{n} w_{ij}\cdot\frac{1}{f(\boldsymbol{x}_j|\boldsymbol{\mu}_i,\boldsymbol{\Sigma}_i)}\frac{\partial}{\partial \boldsymbol{\mu}_i}f(\boldsymbol{x}_j|\boldsymbol{\mu}_i,\boldsymbol{\Sigma}_i)\\&=\sum_{j=1}^{n} w_{ij}\cdot\frac{1}{f(\boldsymbol{x}_j|\boldsymbol{\mu}_i,\boldsymbol{\Sigma}_i)}\cdot f(\boldsymbol{x}_j|\boldsymbol{\mu}_i,\boldsymbol{\Sigma}_i)\boldsymbol{\Sigma}_i^{-1}(\boldsymbol{x}_j-\boldsymbol{\mu}_i)\\&=\sum_{j=1}^{n} w_{ij}\boldsymbol{\Sigma}_i^{-1}(\boldsymbol{x}_j-\boldsymbol{\mu}_i)\end{aligned}$$

其中利用了以下结论：

$$\frac{\partial}{\partial \boldsymbol{\mu}_i}f(\boldsymbol{x}_j|\boldsymbol{\mu}_i,\boldsymbol{\Sigma}_i)=f(\boldsymbol{x}_j|\boldsymbol{\mu}_i,\boldsymbol{\Sigma}_i)\boldsymbol{\Sigma}_i^{-1}(\boldsymbol{x}_j-\boldsymbol{\mu}_i)$$

该结论由式（13.15）、式（13.18）和式（13.19）推导而来。设对数似然值的期望的导数为零向量，两边乘以 $\boldsymbol{\Sigma}_i$，可得：

$$\boldsymbol{\mu}_i=\frac{\sum_{j=1}^{n} w_{ij}\boldsymbol{x}_j}{\sum_{j=1}^{n} w_{ij}}$$

这与式（13.11）相符。

利用式（13.23）和式（13.15），求式（13.31）关于 $\boldsymbol{\Sigma}_i^{-1}$ 的导数，得到：

$$\begin{aligned}&\frac{\partial}{\partial \boldsymbol{\Sigma}_i^{-1}}\ln E[P(\boldsymbol{D}|\boldsymbol{\theta})]\\&=\sum_{j=1}^{n} w_{ij}\cdot\frac{1}{f(\boldsymbol{x}_j|\boldsymbol{\mu}_i,\boldsymbol{\Sigma}_i)}\cdot\frac{1}{2}f(\boldsymbol{x}_j|\boldsymbol{\mu}_i,\boldsymbol{\Sigma}_i)(\boldsymbol{\Sigma}_i-(\boldsymbol{x}_j-\boldsymbol{\mu}_i)(\boldsymbol{x}_j-\boldsymbol{\mu}_i)^{\mathrm{T}})\\&=\frac{1}{2}\sum_{j=1}^{n} w_{ij}\cdot(\boldsymbol{\Sigma}_i-(\boldsymbol{x}_j-\boldsymbol{\mu}_i)(\boldsymbol{x}_j-\boldsymbol{\mu}_i)^{\mathrm{T}})\end{aligned}$$

设以上导数为 $d\times d$ 的零矩阵，求解 $\boldsymbol{\Sigma}_i$，可以得到：

$$\boldsymbol{\Sigma}_i=\frac{\sum_{j=1}^{n} w_{ij}(\boldsymbol{x}_j-\boldsymbol{\mu}_i)(\boldsymbol{x}_j-\boldsymbol{\mu}_i)^{\mathrm{T}}}{\sum_{j=1}^{n} w_{ij}}$$

这与式（13.12）相符。

通过拉格朗日乘子 α 满足约束条件 $\sum_{i=1}^{k} P(C_i)=1$。值得注意的是，在对数似然函数［见式（13.31）］中，项 $\ln f(\boldsymbol{x}_j \mid \boldsymbol{\mu}_i, \boldsymbol{\Sigma}_i)$ 是关于 $P(C_i)$ 的常数，可得：

$$\frac{\partial}{\partial P(C_i)}\left(\ln E[P(\boldsymbol{D}|\boldsymbol{\theta})]+\alpha\left(\sum_{i=1}^{k} P(C_i)-1\right)\right)=\frac{\partial}{\partial P(C_i)}\left(w_{ij}\ln P(C_i)+\alpha P(C_i)\right)$$

$$=\left(\sum_{j=1}^{n} w_{ij}\cdot\frac{1}{P(C_i)}\right)+\alpha$$

设导数为 0，可得：

$$\sum_{j=1}^{n} w_{ij}=-\alpha\cdot P(C_i)$$

使用同式（13.27）一样的推导，可得：

$$P(C_i)=\frac{\sum_{j=1}^{n} w_{ij}}{n}$$

这与式（13.13）一致。

13.4 拓展阅读

K-means 算法是在 20 世纪 50 年代到 60 年代不同的背景下提出的，早期的著作包括文献（MacQueen, 1967; Lloyd, 1982; Hartigan, 1975）。核 K-means 首次是由文献（Schölkopf et al.，1996）提出的。EM 算法是由文献（Dempster et al.，1977）提出的。此外，文献（McLachlan & Krishnan，2008）对 EM 算法的讨论与分析颇有远见。文献（Zhang et al.，1996）提出了一种基于代表点的可扩展的增量式聚类方法。

Dempster, A. P., Laird, N. M., and Rubin, D. B. (1977). Maximum likelihood from incomplete data via the EM algorithm. *Journal of the Royal Statistical Society, Series B*, 39 (1), 1–38.

Hartigan, J. A. (1975). *Clustering Algorithms*. New York: New York: John Wiley & Sons.

Lloyd, S. (1982). Least squares quantization in PCM. *IEEE Transactions on Information Theory*, 28 (2), 129–137.

MacQueen, J. (1967). Some methods for classification and analysis of multivariate observations. *Proceedings of the 5th Berkeley Symposium on Mathematical Statistics and Probability*. Vol. 1. 281-297. University of California Press, Berkeley, p. 14.

McLachlan, G. and Krishnan, T. (2008). *The EM Algorithm and Extensions, 2nd ed.* New Jersey: Hoboken, NJ: John Wiley & Sons.

Schölkopf, B., Smola, A., and Müller, K.-R. (1996). *Nonlinear component analysis as a kernel eigenvalue problem*. Technical Report No. 44. Tübingen, Germany: Max-Planck-Institut für biologische Kybernetik.

Zhang, T., Ramakrishnan, R., and Livny, M. (1996). BIRCH: An efficient data clustering method for very large databases. *ACM SIGMOD Record*. Vol. 25. 2. ACM, pp. 103–114.

13.5 练习

Q1. 给定以下点：2,4,10,12,3,20,30,11,25。假设 $k=3$，随机选择初始均值 $\mu_1=2$、$\mu_2=4$ 和 $\mu_3=6$。给出使用K-means算法并进行一次迭代后得到的簇，并给出下一次迭代的新均值。

Q2. 给定表13-1中的数据点和它们属于两个簇的概率。假设这些点是由两个一元正态分布的混合分布生成，回答下列问题：

(a) 求均值 μ_1 和 μ_2 的最大似然估计。

(b) 假设 $\mu_1=2$、$\mu_2=7$，且 $\sigma_1=\sigma_2=1$。求出点 x=5属于簇 C_1 和 C_2 的概率。假设每个簇的先验概率相等，即 $P(C_1)=P(C_2)=0.5$，且先验概率 $P(x=5)=0.029$。

表13-1　Q2的数据集

x	$P(C_1\|x)$	$P(C_2\|x)$	x	$P(C_1\|x)$	$P(C_2\|x)$
2	0.9	0.1	9	0.1	0.9
3	0.8	0.1	2	0.9	0.1
7	0.3	0.7	1	0.8	0.2

Q3. 给定表13-2中的二维点，假设 $k=2$，且起初点的划分为 $C_1=\{\boldsymbol{x}_1,\boldsymbol{x}_2,\boldsymbol{x}_4\}$，$C_2=\{\boldsymbol{x}_3,\boldsymbol{x}_5\}$。回答下列问题：

(a) 应用K-means算法直至收敛（即簇不再变化）。假设：（1）将常用的欧几里得距离或 L_2 范数作为点之间的距离，定义为 $\|\boldsymbol{x}_i-\boldsymbol{x}_j\|_2=\left(\sum_{a=1}^{d}(x_{ia}-x_{ja})^2\right)^{1/2}$；（2）将曼哈顿距离或 L_1 范数作为点之间的距离，定义为 $\|\boldsymbol{x}_i-\boldsymbol{x}_j\|_1=\sum_{a=1}^{d}|x_{ia}-x_{ja}|$。

(b) 假设两个维度是彼此独立的，运行EM算法，其中 $k=2$。展示一次完整的期望步骤和最大化步骤。假设 $P(C_i|x_{ja})=0.5(a=1,2;\ j=1,\cdots,5)$。

表13-2　Q3的数据集

	X_1	X_2		X_1	X_2
$\boldsymbol{x}_1^{\mathrm{T}}$	0	2	$\boldsymbol{x}_4^{\mathrm{T}}$	5	0
$\boldsymbol{x}_2^{\mathrm{T}}$	0	0	$\boldsymbol{x}_5^{\mathrm{T}}$	5	2
$\boldsymbol{x}_3^{\mathrm{T}}$	1.5	0			

Q4. 给定表13-3的类别型数据库，用EM算法找到 $k=2$ 个簇。假设各属性彼此独立，且每个属性的定义域为{A,C,T}。假设起初点的划分为 $C_1=\{\boldsymbol{x}_1,\boldsymbol{x}_4\}$，$C_2=\{\boldsymbol{x}_2,\boldsymbol{x}_3\}$。假设 $P(C_1)=P(C_2)=0.5$。

表13-3　Q4的数据集

	X_1	X_2		X_1	X_2
$\boldsymbol{x}_1^{\mathrm{T}}$	A	T	$\boldsymbol{x}_3^{\mathrm{T}}$	C	C
$\boldsymbol{x}_2^{\mathrm{T}}$	A	A	$\boldsymbol{x}_4^{\mathrm{T}}$	A	C

给定一个簇，则属性 $(a=1,2)$ 属于该簇的概率为

$$P(x_{ja}|C_i)=\frac{\text{符号}x_{ja}\text{在簇}C_i\text{中出现的次数}}{C_i\text{中符号的个数}}$$

给定一个簇，则点属于 C_i 的概率为

$$P(\boldsymbol{x}_j|C_i)=\prod_{a=1}^{2}P(x_{ja}|C_i)$$

这样不必求各个簇的均值，就可以对所有点进行硬分处理，即在期望步骤中计算 $P(C_i|\boldsymbol{x}_j)$，在最大化步骤中把点 $\boldsymbol{x}_j$ 赋给 $P(C_i|\boldsymbol{x}_j)$ 值最大的簇，并由此产生新的划分。展示 EM 算法的一次完整迭代，并给出得到的簇。

Q5. 给定表 13-4 中的点，假设有 2 个簇 C_1 和 C_2，其中 $\boldsymbol{\mu}_1=(0.5,4.5,2.5)^{\mathrm{T}}$，$\boldsymbol{\mu}_2=(2.5,2,1.5)^{\mathrm{T}}$。初始将各个点赋给距离最近的均值对应的簇，计算协方差矩阵 $\boldsymbol{\Sigma}_i$ 和先验概率 $P(C_i)(i=1,2)$。判断哪个簇更有可能产生 $\boldsymbol{x}_8$。

表 13-4　Q5 的数据集

	X_1	X_2	X_3		X_1	X_2	X_3
$\boldsymbol{x}_1^{\mathrm{T}}$	0.5	4.5	2.5	$\boldsymbol{x}_6^{\mathrm{T}}$	0.8	4.3	2.6
$\boldsymbol{x}_2^{\mathrm{T}}$	2.2	1.5	0.1	$\boldsymbol{x}_7^{\mathrm{T}}$	2.7	1.1	3.1
$\boldsymbol{x}_3^{\mathrm{T}}$	3.9	3.5	1.1	$\boldsymbol{x}_8^{\mathrm{T}}$	2.5	3.5	2.8
$\boldsymbol{x}_4^{\mathrm{T}}$	2.1	1.9	4.9	$\boldsymbol{x}_9^{\mathrm{T}}$	2.8	3.9	1.5
$\boldsymbol{x}_5^{\mathrm{T}}$	0.5	3.2	1.2	$\boldsymbol{x}_{10}^{\mathrm{T}}$	0.1	4.1	2.9

Q6. 思考表 13-5 的数据，回答下列问题：

（a）计算核矩阵 $\boldsymbol{K}$，使用如下的核：

$$K(\boldsymbol{x}_i,\boldsymbol{x}_j)=1+\boldsymbol{x}_i^{\mathrm{T}}\boldsymbol{x}_j$$

（b）假设初始簇赋值为 $C_1=\{\boldsymbol{x}_1,\boldsymbol{x}_2\}$，$C_2=\{\boldsymbol{x}_3,\boldsymbol{x}_4\}$，若使用核 K-means，则下一步 $\boldsymbol{x}_i$ 属于哪个簇？

表 13-5　Q6 的数据集

	X_1	X_2	X_3		X_1	X_2	X_3
$\boldsymbol{x}_1^{\mathrm{T}}$	0.4	0.9	0.6	$\boldsymbol{x}_3^{\mathrm{T}}$	0.6	0.3	0.6
$\boldsymbol{x}_2^{\mathrm{T}}$	0.5	0.1	0.6	$\boldsymbol{x}_4^{\mathrm{T}}$	0.4	0.8	0.5

Q7. 证明下列关于多元正态分布的密度函数的等式成立：

$$\frac{\partial}{\partial\boldsymbol{\mu}_i}f(\boldsymbol{x}_j|\boldsymbol{\mu}_i,\boldsymbol{\Sigma}_i)=f(\boldsymbol{x}_j|\boldsymbol{\mu}_i,\boldsymbol{\Sigma}_i)\,\boldsymbol{\Sigma}_i^{-1}\,(\boldsymbol{x}_j-\boldsymbol{\mu}_i)$$

层次式聚类

给定 d 维空间中的 n 个点，层次式聚类的目标是创建一系列嵌套的划分，它们可以通过绘制一棵树或簇的层次结构来方便地进行展示，因此这棵树或结构也称为簇系统树图（dendrogram）。层次结构中的簇从粗粒度到细粒度不等：树的底层（叶子节点）由各点单独构成的簇构成，而顶层（根节点）是一个包含所有点的簇。两者均被视为平凡聚类（trivial cluster），有价值的簇往往位于某个中间层次。如果用户提供了期望的簇数目 k，则可以选择有 k 个簇的层次。

挖掘层次式簇主要有两种算法：聚合型（agglomerative）和分化型（divisive）。聚合型策略采取自下而上的方式，即以每个点为一个簇，反复合并最相近的簇，直到所有的点都归于一个簇。分化型策略则恰恰相反，它采用自上而下的方式，从包含所有点的簇开始，递归地划分簇，直到所有的点都位于不同的簇。本章重点介绍聚合型策略。第 16 章将结合图分区的相关知识，探讨一些分化型策略。

14.1 基础知识

给定数据集 $\boldsymbol{D}=\{\boldsymbol{x}_1,\boldsymbol{x}_2,\cdots,\boldsymbol{x}_n\}$，其中 $\boldsymbol{x}_i\in\mathbb{R}^d$，聚类 $\mathcal{C}=\{C_1,\cdots,C_k\}$ 是 $\boldsymbol{D}$ 的一个分区，即每个簇均为包含若干点的集合 $C_i\subseteq\boldsymbol{D}$，每一对簇之间并不相交，即 $C_i\cap C_j=\varnothing(i\neq j)$，$\bigcup_{i=1}^k C_i=\boldsymbol{D}$。对于 $\mathcal{A}=\{A_1,\cdots,A_r\}$ 和 $\mathcal{B}=\{B_1,\cdots,B_s\}$，当且仅当 $r>s$，且对每一个簇 $A_i\in\mathcal{A}$ 而言，都存在一个簇 $B_i\in\mathcal{B}$，使得 $A_i\subseteq B_j$ 时，可以称聚类 $\mathcal{A}$ 嵌套于聚类 $\mathcal{B}$。层次式聚类生成 n 个嵌套的分区序列 $\mathcal{C}_1,\cdots,\mathcal{C}_n$，从平凡聚类 $\mathcal{C}_1=\{\{\boldsymbol{x}_1\},\cdots,\{\boldsymbol{x}_n\}\}$（其中每个点自成一个簇）到另一个平凡聚类 $\mathcal{C}_n=\{\{\boldsymbol{x}_1,\cdots,\boldsymbol{x}_n\}\}$（其中所有点构成一个簇）。总的来说，聚类 $\mathcal{C}_{t-1}$ 嵌套于聚类 $\mathcal{C}_t$。簇系统树图是一棵能反映这种嵌套结构的有根二叉树，如果 $C_i\in\mathcal{C}_{t-1}$ 嵌套于 $C_j\in\mathcal{C}_t$ 中，即 C_i 嵌套于 C_j 或 $C_i\subset C_j$，则两者之间有边。这样，簇系统树图便能表现嵌套聚类的完整序列。

例 14.1 图 14-1 展示了对 5 个带标签的点 A、B、C、D、E 进行层次式聚类的例子，簇系统树图所表现的嵌套分区如下：

聚类	簇
$\mathcal{C}_1$	$\{A\}, \{B\}, \{C\}, \{D\}, \{E\}$
$\mathcal{C}_2$	$\{AB\}, \{C\}, \{D\}, \{E\}$
$\mathcal{C}_3$	$\{AB\}, \{CD\}, \{E\}$
$\mathcal{C}_4$	$\{ABCD\}, \{E\}$
$\mathcal{C}_5$	$\{ABCDE\}$

其中，$\mathcal{C}_{t-1}\subset\mathcal{C}_t(t=2,\cdots,5)$，假定先合并 A 与 B，再合并 C 与 D。

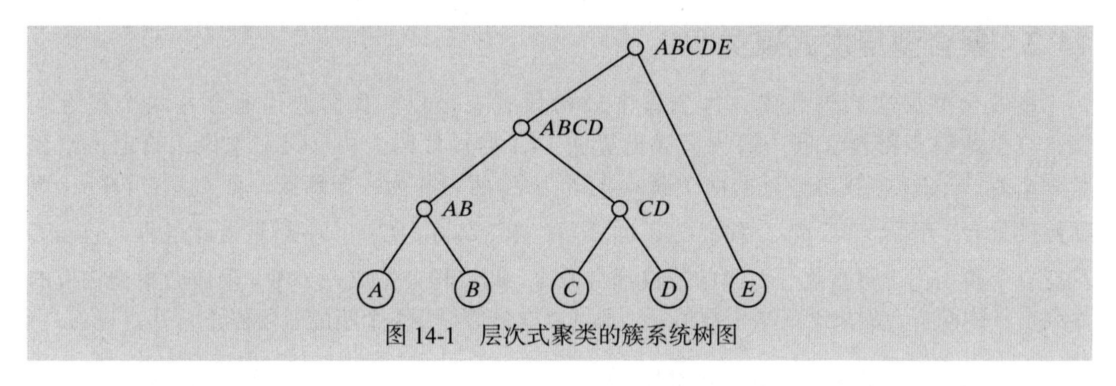

图 14-1　层次式聚类的簇系统树图

层次式聚类的数量

层次式聚类或嵌套分区的数量，等于具有 n 个不同标签的叶子节点的二叉有根树或系统树图的个数。具有 t 个节点的二叉树有 $t-1$ 条边。此外，具有 m 个叶子节点的有根二叉树有 $m-1$ 个内部节点。因此，有 m 个叶子节点的系统树图共有 $t=m+m-1=2m-1$ 个节点，有 $t-1=2m-2$ 条边。为了计算不同系统树图拓扑的数量，下面思考如何通过添加叶子节点来扩展包含 m 个叶子节点的系统树图，从而生成具有 $m+1$ 个叶子节点的系统树图。我们可以从 $2m-2$ 条边中任选择一条进行分叉。请注意，我们还可以将新的叶子节点添加为新的根节点的子节点，从而得到 $2m-2+1=2m-1$ 个新的系统树图（其中包含 $m+1$ 个叶子节点）。因此，含 n 个叶子节点的不同系统树图总数可以通过以下乘积得到：

$$\prod_{m=1}^{n-1}(2m-1)=1\times 3\times 5\times 7\times\cdots\times(2n-3)=(2n-3)!! \tag{14.1}$$

式（14.1）中的下标 m 最大可以是 $n-1$，因为乘积的最后一项表示：通过在包含 $n-1$ 个叶子节点的树图添加一个新的叶子节点，可以得到包含 n 个叶子节点的树图的数目。

可能的层次式聚类的总数为 $(2n-3)!!$，该数目增长很快。显然，枚举所有可能的层次式聚类并不可行。

例 14.2　图 14-2 展示了分别包含 1 个、2 个、3 个叶子节点的树的数目。灰色节点表示虚拟的根，黑点表示可以添加新叶子节点的位置，如图 14-2a 所示。如图 14-2b 所示，只有一种方式可以将图 14-2a 的树扩展为包含两个叶子节点的树。扩展之后的树有 3 个地方可以添加新的叶子节点，各情况见图 14-2c。我们可以进一步看到，包含 3 个叶子节点的每一棵树都有 5 个位置可以添加新的叶子节点，依次类推，这与式（14.1）中计算层次式聚类数量的公式相符。

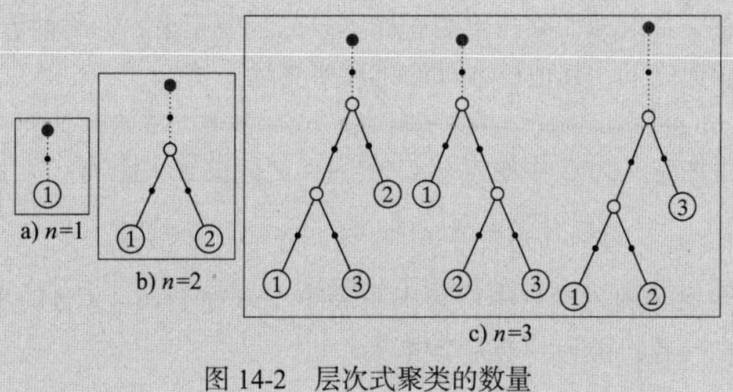

图 14-2　层次式聚类的数量

14.2 聚合型层次式聚类

在聚合型层次式聚类中，每个簇中最初只有一个点。我们迭代地合并两个最近的簇，直至所有点都落在同一簇内，详见算法 14.1 的伪代码。从形式上来说，给定一组簇 $\mathcal{C}=\{C_1,C_2,\cdots,C_m\}$，找出最近的两个簇 C_i 与 C_j，将两者并为一个新簇，即 $C_{ij}=C_i\cap C_j$，更新簇的集合，移除 C_i 与 C_j，添加 C_{ij}，即 $\mathcal{C}=(\mathcal{C}\setminus\{C_i,C_j\})\cup\{C_{ij}\}$。不断重复此过程，直至 $\mathcal{C}$ 只有一个簇。由于每重复一次簇的数目都会减 1，此过程会生成一个由 n 个嵌套聚类构成的序列。具体而言，如果给定某个数值 k，则可以在恰好剩下 k 个簇的时候停止合并。

算法 14.1 聚合型层次式聚类算法

AGGLOMERATIVECLUSTERING($\boldsymbol{D}, k$):
1 $\mathcal{C} \leftarrow \{C_i=\{\boldsymbol{x}_i \mid \boldsymbol{x}_i\in \boldsymbol{D}\}$ // Each point in separate cluster
2 $\boldsymbol{\Delta} \leftarrow \{\|\boldsymbol{x}_i-\boldsymbol{x}_j\|: \boldsymbol{x}_i, \boldsymbol{x}_j\in \boldsymbol{D}\}$ // Compute distance matrix
3 **repeat**
4 Find the closest pair of clusters $C_i, C_j \in \mathcal{C}$
5 $C_{ij} \leftarrow C_i \cup C_j$ // Merge the clusters
6 $\mathcal{C} \leftarrow \left(\mathcal{C}\setminus\{C_i, C_j\}\right)\cup\{C_{ij}\}$ // Update the clustering
7 Update distance matrix $\boldsymbol{\Delta}$ to reflect new clustering
8 **until** $|\mathcal{C}|=k$

14.2.1 簇间距离

该算法中的一个主要步骤是确定最近的簇对。下面将介绍不同的距离度量，例如单链（single link）、完全链（complete link）、组平均（group average）等，它们可用于计算任意两个簇之间的距离。簇间距离最终定义在两个点之间的距离之上，点之间的距离通常通过欧几里得距离或 L_2 范数计算，定义如下：

$$\|\boldsymbol{x}-\boldsymbol{y}\| = \left(\sum_{i=1}^{d}(x_i-y_i)^2\right)^{1/2}$$

此外，还可以选用其他的距离度量，如果情况允许，也可以使用自定义的距离矩阵。

1. 单链

给定两个簇 C_i 与 C_j，簇间距离记为 $\delta(C_i,C_j)$，定义为 C_i 中的点与 C_j 中的点的最小距离：

$$\delta(C_i, C_j)=\min\{\|\boldsymbol{x}-\boldsymbol{y}\| \mid \boldsymbol{x}\in C_i, \boldsymbol{y}\in C_j\} \tag{14.2}$$

之所以名为单链，是因为如果找出两簇样本点的最短距离，并将两者连接，一般来说只会产生一条单链，相比之下，其他样本对的距离要更远一些。

2. 完全链

两个簇之间的距离定义为 C_i 中的点与 C_j 中的点之间的最大距离：

$$\delta(C_i, C_j)=\max\{\|\boldsymbol{x}-\boldsymbol{y}\| \mid \boldsymbol{x}\in C_i, \boldsymbol{y}\in C_j\} \tag{14.3}$$

之所以名为完全链是因为如果将两簇中距离小于或等于 $\delta(C_i,C_j)$ 的点对全部连接起来，则所有点对都将连在一起，得到一个完全链。

3. 组平均

两个簇之间的距离定义为 C_i 中的点与 C_j 中的点的平均距离：

$$\delta(C_i, C_j) = \frac{\sum_{\boldsymbol{x}\in C_i}\sum_{\boldsymbol{y}\in C_j}\|\boldsymbol{x}-\boldsymbol{y}\|}{n_i \cdot n_j} \tag{14.4}$$

其中，$n_i = |C_i|$ 代表簇 C_i 中点的数目。

4. 均值距离

两个簇之间的距离定义为两个簇的均值或中心点之间的距离：

$$\delta(C_i, C_j) = \|\boldsymbol{\mu}_i - \boldsymbol{\mu}_j\| \tag{14.5}$$

其中，$\boldsymbol{\mu}_i = \frac{1}{n_i}\sum_{x\in C_j}\boldsymbol{x}$。

5. 最小方差：沃德方法

两个簇之间的距离定义为将两簇合并时平方误差和（Sum of Squared Error，SSE）的增量。给定簇 C_i，SSE 定义为

$$\mathrm{SSE}_i = \sum_{\boldsymbol{x}\in C_i}\|\boldsymbol{x}-\boldsymbol{\mu}_i\|^2$$

上式可以重写为

$$\begin{aligned}\mathrm{SSE}_i &= \sum_{\boldsymbol{x}\in C_i}\|\boldsymbol{x}-\boldsymbol{\mu}_i\|^2 \\ &= \sum_{\boldsymbol{x}\in C_i}\boldsymbol{x}^{\mathrm{T}}\boldsymbol{x} - 2\sum_{\boldsymbol{x}\in C_i}\boldsymbol{x}^{\mathrm{T}}\boldsymbol{\mu}_i + \sum_{\boldsymbol{x}\in C_i}\boldsymbol{\mu}_i^{\mathrm{T}}\boldsymbol{\mu}_i \\ &= \left(\sum_{\boldsymbol{x}\in C_i}\boldsymbol{x}^{\mathrm{T}}\boldsymbol{x}\right) - n_i\boldsymbol{\mu}_i^{\mathrm{T}}\boldsymbol{\mu}_i\end{aligned} \tag{14.6}$$

聚类 $\mathcal{C} = \{C_1, \cdots, C_m\}$ 的 SSE 为

$$\mathrm{SSE} = \sum_{i=1}^{m}\mathrm{SSE}_i = \sum_{i=1}^{m}\sum_{\boldsymbol{x}\in C_i}\|\boldsymbol{x}-\boldsymbol{\mu}_i\|^2$$

沃德（Ward）度量将两个簇 C_i 和 C_j 之间的距离定义为将它们合并为 C_{ij} 时 SSE 值的净变化量，即：

$$\delta(C_i, C_j) = \Delta\mathrm{SSE}_{ij} = \mathrm{SSE}_{ij} - \mathrm{SSE}_i - \mathrm{SSE}_j \tag{14.7}$$

将式（14.6）代入式（14.7），可得简化版的沃德度量。注意，因为 $C_{ij} = C_i \cup C_j$ 且 $C_i \cap C_j = \varnothing$，可得 $|C_{ij}| = n_{ij} = n_i + n_j$，因此：

$$\begin{aligned}\delta(C_i, C_j) &= \Delta\mathrm{SSE}_{ij} \\ &= \sum_{\boldsymbol{z}\in C_{ij}}\|\boldsymbol{z}-\boldsymbol{\mu}_{ij}\|^2 - \sum_{\boldsymbol{x}\in C_i}\|\boldsymbol{x}-\boldsymbol{\mu}_i\|^2 - \sum_{\boldsymbol{y}\in C_j}\|\boldsymbol{y}-\boldsymbol{\mu}_j\|^2 \\ &= \sum_{\boldsymbol{z}\in C_{ij}}\boldsymbol{z}^{\mathrm{T}}\boldsymbol{z} - n_{ij}\boldsymbol{\mu}_{ij}^{\mathrm{T}}\boldsymbol{\mu}_{ij} - \sum_{\boldsymbol{x}\in C_i}\boldsymbol{x}^{\mathrm{T}}\boldsymbol{x} + n_i\boldsymbol{\mu}_i^{\mathrm{T}}\boldsymbol{\mu}_i - \sum_{\boldsymbol{y}\in C_j}\boldsymbol{y}^{\mathrm{T}}\boldsymbol{y} + n_j\boldsymbol{\mu}_j^{\mathrm{T}}\boldsymbol{\mu}_j \\ &= n_i\boldsymbol{\mu}_i^{\mathrm{T}}\boldsymbol{\mu}_i + n_j\boldsymbol{\mu}_j^{\mathrm{T}}\boldsymbol{\mu}_j - (n_i + n_j)\boldsymbol{\mu}_{ij}^{\mathrm{T}}\boldsymbol{\mu}_{ij}\end{aligned} \tag{14.8}$$

最后一步的依据是：

$$\sum_{z\in C_{ij}} z^{\mathrm{T}} z = \sum_{x\in C_i} x^{\mathrm{T}} x + \sum_{y\in C_j} y^{\mathrm{T}} y$$

注意，

$$\boldsymbol{\mu}_{ij} = \frac{n_i\boldsymbol{\mu}_i + n_j\boldsymbol{\mu}_j}{n_i + n_j}$$

可得：

$$\boldsymbol{\mu}_{ij}^{\mathrm{T}}\boldsymbol{\mu}_{ij} = \frac{1}{(n_i+n_j)^2}(n_i^2\boldsymbol{\mu}_i^{\mathrm{T}}\boldsymbol{\mu}_i + 2n_in_j\boldsymbol{\mu}_i^{\mathrm{T}}\boldsymbol{\mu}_j + n_j^2\boldsymbol{\mu}_j^{\mathrm{T}}\boldsymbol{\mu}_j)$$

将上式代入式（14.8），最终得到：

$$\begin{aligned}
\delta(C_i, C_j) &= \Delta\mathrm{SSE}_{ij} \\
&= n_i\boldsymbol{\mu}_i^{\mathrm{T}}\boldsymbol{\mu}_i + n_j\boldsymbol{\mu}_j^{\mathrm{T}}\boldsymbol{\mu}_j - \frac{1}{(n_i+n_j)}(n_i^2\boldsymbol{\mu}_i^{\mathrm{T}}\boldsymbol{\mu}_i + 2n_in_j\boldsymbol{\mu}_i^{\mathrm{T}}\boldsymbol{\mu}_j + n_j^2\boldsymbol{\mu}_j^{\mathrm{T}}\boldsymbol{\mu}_j) \\
&= \frac{n_i(n_i+n_j)\boldsymbol{\mu}_i^{\mathrm{T}}\boldsymbol{\mu}_i + n_j(n_i+n_j)\boldsymbol{\mu}_j^{\mathrm{T}}\boldsymbol{\mu}_j - n_i^2\boldsymbol{\mu}_i^{\mathrm{T}}\boldsymbol{\mu}_i - 2n_in_j\boldsymbol{\mu}_i^{\mathrm{T}}\boldsymbol{\mu}_j - n_j^2\boldsymbol{\mu}_j^{\mathrm{T}}\boldsymbol{\mu}_j}{n_i+n_j} \\
&= \frac{n_in_j(\boldsymbol{\mu}_i^{\mathrm{T}}\boldsymbol{\mu}_i - 2\boldsymbol{\mu}_i^{\mathrm{T}}\boldsymbol{\mu}_j + \boldsymbol{\mu}_j^{\mathrm{T}}\boldsymbol{\mu}_j)}{n_i+n_j} \\
&= \left(\frac{n_in_j}{n_i+n_j}\right)\|\boldsymbol{\mu}_i - \boldsymbol{\mu}_j\|^2
\end{aligned} \tag{14.9}$$

因此，沃德度量是均值距离度量［参见式（14.5）］的加权版本。本质上讲，沃德度量给两个均值之间的距离赋予一个权重，该权重为簇大小的调和平均数（harmonic mean）的一半，其中两个数 n_1 和 n_2 的调和平均数为 $\dfrac{2}{\frac{1}{n_1}+\frac{1}{n_2}} = \dfrac{2n_1n_2}{n_1+n_2}$。

例 14.3（单链） 思考图 14-3 所示的单链聚类，其中数据集包含 5 个点，任意两点之间的距离展示在图的左下角。起初，每个点自成一簇。最近的点对为 (A,B) 和 (C,D)，距离均为 $\delta=1$。我们先合并 A 与 B，生成新簇，产生新的距离矩阵。本质上讲，我们要计算新的簇 AB 和其他簇之间的距离。例如，$\delta(AB,E)=3$，因为 $\delta(AB,E)=\min\{\delta(A,E),\delta(B,E)\}=\min\{4,3\}=3$。接着合并 C 和 D，因为它们是更近的簇，于是又得到新的距离矩阵。之后，合并 AB

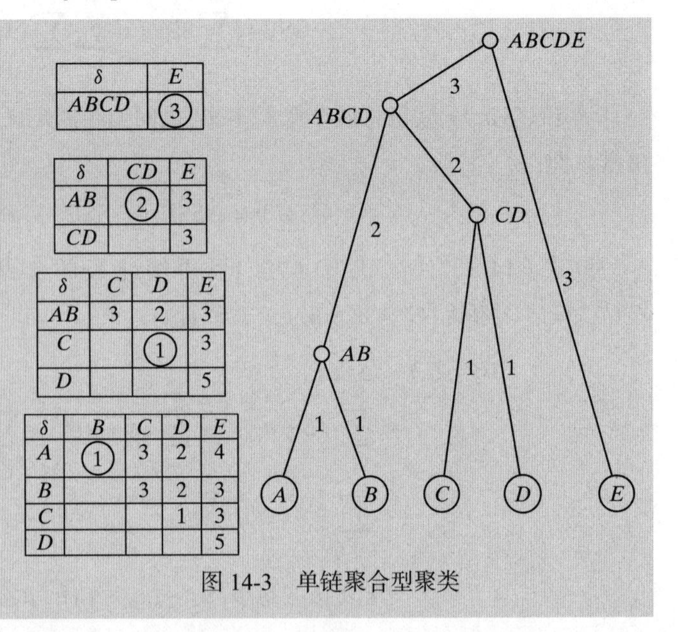

δ	E
$ABCD$	③

δ	CD	E
AB	②	3
CD		3

δ	C	D	E
AB	3	2	3
C		①	3
D			5

δ	B	C	D	E
A	①	3	2	4
B		3	2	3
C			1	3
D				5

图 14-3　单链聚合型聚类

和 CD。最后，将 E 与 $ABCD$ 合并。在各个距离矩阵中，每次迭代所使用的最小距离均用圆圈表示，表示将要合并对应的两个最近的簇。

14.2.2 更新距离矩阵

每当有两簇 C_i 和 C_j 合并成一个新簇 C_{ij}，距离矩阵就得更新，即重新计算新簇 C_{ij} 与其他各簇 $C_r(r \neq i, r \neq j)$ 的距离。Lance-Williams 公式提供了一种通用公式，可以对所有的簇邻近度重新进行计算，如下所示：

$$\delta(C_{ij}, C_r) = \alpha_i \cdot \delta(C_i, C_r) + \alpha_j \cdot \delta(C_j, C_r) + \beta \cdot \delta(C_i, C_j) + \gamma \cdot |\delta(C_i, C_r) - \delta(C_j, C_r)| \quad (14.10)$$

其中，系数 α_i、α_j、β 和 γ 随度量的不同而不同。设 $n_i = |C_i|$ 表示簇 C_i 的基数，对应不同距离度量的系数如表 14-1 所示。

表 14-1 关于簇邻近度的 Lance-Williams 公式

度量	α_i	α_j	β	γ
单链	$\frac{1}{2}$	$\frac{1}{2}$	0	$-\frac{1}{2}$
完全链	$\frac{1}{2}$	$\frac{1}{2}$	0	$\frac{1}{2}$
组平均	$\frac{n_i}{n_i+n_j}$	$\frac{n_j}{n_i+n_j}$	0	0
均值距离	$\frac{n_i}{n_i+n_j}$	$\frac{n_j}{n_i+n_j}$	$\frac{-n_i \cdot n_j}{(n_i+n_j)^2}$	0
沃德度量	$\frac{n_i+n_r}{n_i+n_j+n_r}$	$\frac{n_j+n_r}{n_i+n_j+n_r}$	$\frac{-n_r}{n_i+n_j+n_r}$	0

例 14.4 思考图 14-4 所示的二维鸢尾花主成分数据集，其中展示了使用完全链得到的层次式聚类结果，其中 $k=3$。表 14-2 展示了将聚类结果与真实的鸢尾花类别（聚类中未使用）进行比较的列联表。可以观察到，共有 15 个点聚类错误，这些点在图 14-4 中标为白色。其中，Iris-setosa 分开得较好，另外两类比较难区分。

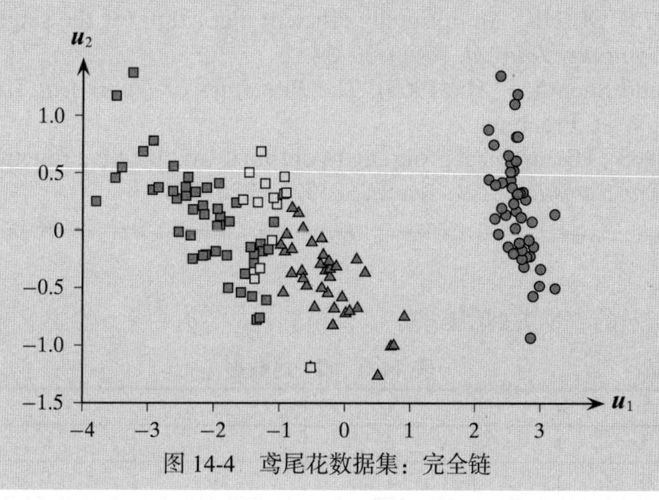

图 14-4 鸢尾花数据集：完全链

表 14-2　列联表：簇和鸢尾花类别

	Iris-setosa	Iris-virginica	Iris-versicolor
C_1（圆圈）	50	0	0
C_2（三角形）	0	1	36
C_3（方块）	0	49	14

14.2.3　计算复杂度

在聚合型聚类中，我们需要计算每个簇与其他簇的距离，每一次迭代，簇的数目便减少1。起初需要 $O(n^2)$ 的时间来创建距离矩阵，除非已作为输入提供给算法。

在每一个合并步骤中，新生成的簇到其他各簇的距离都得重新计算，而其他簇之间的距离保持不变。这意味着在步骤 t，需要计算 $O(n-t)$ 个距离。另一个主要的操作是要从距离矩阵中找出最近的簇对。对此，我们可以将 n^2 个距离的信息保存在堆数据结构中，这样我们便可以在 $O(1)$ 的时间内找到最小距离，而生成一个这样的堆需要 $O(n^2)$ 的时间。每次删除或更新堆中的距离需要 $O(\log n)$ 的时间，所有合并步骤共需要 $O(n^2 \log n)$ 的时间。综上，层次式聚类的计算复杂度为 $O(n^2 \log n)$。

14.3　拓展阅读

层次式聚类由来已久，在分类学或分学系统，以及系统发生学中举足轻重，参见文献（Sokal & Sneath，1963）。用于距离更新的 Lance-Williams 公式参见文献（Lance & Williams，1967）。沃德度量参见文献（Ward，1963）。用于单链和完全链度量、复杂度为 $O(n^2)$ 的高效方法分别参见文献（Sibson，1973）和文献（Defays，1977）。关于层次式聚类和一般聚类的进一步探讨参见文献（Jain & Dubes，1988）。

Defays, D. (1977). An efficient algorithm for a complete link method. *Computer Journal*, 20 (4), 364–366.

Jain, A. K. and Dubes, R. C. (1988). *Algorithms for Clustering Data*. Upper Saddle River, NJ: Prentice-Hall.

Lance, G. N. and Williams, W. T. (1967). A general theory of classificatory sorting strategies 1. Hierarchical systems. *The Computer Journal*, 9 (4), 373–380.

Sibson, R. (1973). SLINK: An optimally efficient algorithm for the single-link cluster method. *Computer Journal*, 16 (1), 30–34.

Sokal, R. R. and Sneath, P. H. (1963). *The Principles of Numerical Taxonomy*. San Francisco: W.H. Freeman.

Ward, J. H. (1963). Hierarchical grouping to optimize an objective function. *Journal of the American Statistical Association*, 58 (301), 236–244.

14.4　练习

Q1. 思考表 14-3 所示的 5 维类别型数据。

表 14-3　Q1 的数据

点	X_1	X_2	X_3	X_4	X_5
$\boldsymbol{x}_1^T$	1	0	1	1	0
$\boldsymbol{x}_2^T$	1	1	0	1	0

（续）

点	X_1	X_2	X_3	X_4	X_5
$\boldsymbol{x}_3^{\mathrm{T}}$	0	0	1	1	0
$\boldsymbol{x}_4^{\mathrm{T}}$	0	1	0	1	0
$\boldsymbol{x}_5^{\mathrm{T}}$	1	0	1	0	1
$\boldsymbol{x}_6^{\mathrm{T}}$	0	1	1	0	0

类别型数据点之间的相似度可以根据不同属性匹配与不匹配的数目得到。设 n_{11} 表示 $\boldsymbol{x}_i$ 与 $\boldsymbol{x}_j$ 均为 1 的属性的数目，设 n_{10} 表示 $\boldsymbol{x}_i$ 为 1、$\boldsymbol{x}_j$ 为 0 的属性的数目。用类似的方式定义 n_{01} 和 n_{00}，则衡量相似度的列联表如下：

		$\boldsymbol{x}_j$	
		1	0
$\boldsymbol{x}_i$	1	n_{11}	n_{10}
	0	n_{01}	n_{00}

定义以下相似度度量：

- 简单匹配系数：$\mathrm{SMC}(\boldsymbol{x}_i, \boldsymbol{x}_j) = \dfrac{n_{11} + n_{00}}{n_{11} + n_{10} + n_{01} + n_{00}}$。
- Jaccard 系数：$\mathrm{JC}(\boldsymbol{x}_i, \boldsymbol{x}_j) = \dfrac{n_{11}}{n_{11} + n_{10} + n_{01}}$。
- Rao's 系数：$\mathrm{RC}(\boldsymbol{x}_i, \boldsymbol{x}_j) = \dfrac{n_{11}}{n_{11} + n_{10} + n_{01} + n_{00}}$。

给出以下场景中通过层次式聚类算法得到的簇系统树图：

（a）使用单链和 RC。

（b）使用完全链和 SMC。

（c）使用组平均和 JC。

Q2. 给定图 14-5 所示的数据集，展示采用单链层次式聚合型聚类方法得到的系统树图，以 L_1 范数作为两点之间的距离：

$$\|\boldsymbol{x}-\boldsymbol{y}\|_1 = \sum_{d=1}^{2} |x_{id} - y_{id}|$$

只要有机会，就合并具有最小字典序标签的簇。展示树中簇的合并顺序，当仅剩下 $k=4$ 个簇时停止迭代。展示每一步的完整距离矩阵。

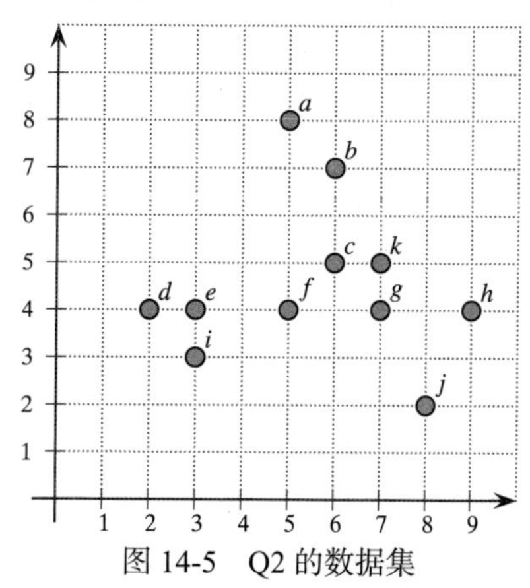

图 14-5　Q2 的数据集

Q3. 根据表 14-4 展示的距离矩阵，使用平均链（average link）方法创建层次式聚类结果。列出合并距离阈值。

表 14-4　Q3 的数据集

	A	*B*	*C*	*D*	*E*
A	0	1	3	2	4
B		0	3	2	3
C			0	1	3
D				0	5
E					0

Q4. 证明在 Lance-Williams 公式［见式（14.10）］中：

（a）如果 $\alpha_i=\dfrac{n_i}{n_i+n_j}$，$\alpha_j=\dfrac{n_j}{n_i+n_j}$，$\beta=0$，且 $\gamma=0$，则可以得到组平均度量。

（b）如果 $\alpha_i=\dfrac{n_i+n_r}{n_i+n_j+n_r}$，$\alpha_j=\dfrac{n_j+n_r}{n_i+n_j+n_r}$，$\beta=\dfrac{-n_r}{n_i+n_j+n_r}$，且 $\gamma=0$，则可以得到沃德度量。

Q5. 如果将每个点视为一个节点，并在两个距离小于某个阈值的节点间添加边，这样单链方法就对应知名的图算法。使用更高的距离阈值描述这一基于图的算法，并通过单链度量层次式地将节点进行聚类。

基于密度的聚类

基于代表点的聚类，例如 K-means 和期望最大化，适合寻找椭圆形的簇，最多可放宽至凸形的簇。但是，对于图 15-1 所示的非凸的簇，上述方法很难找到真正的簇。因为来自不同簇的点之间的距离很可能比同簇中两个点间的距离更小。本章将介绍基于密度的聚类，这种聚类算法能够挖掘这样的非凸簇。

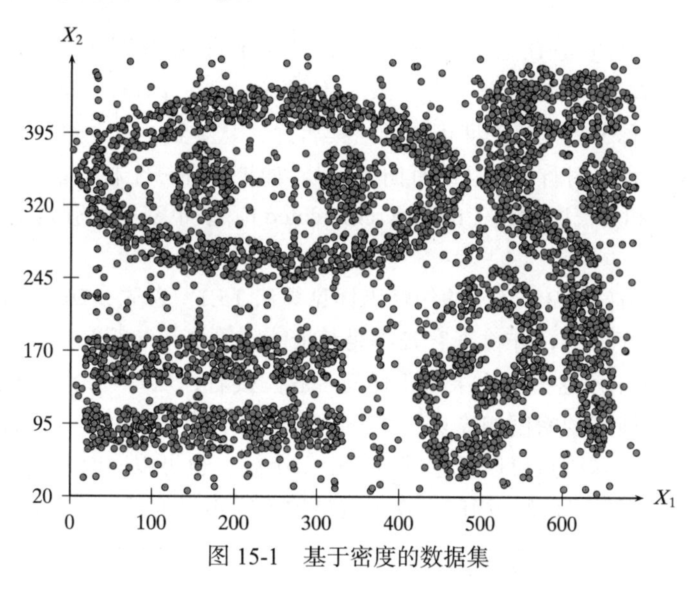

图 15-1　基于密度的数据集

15.1　DBSCAN 算法

基于密度的聚类使用点的局部密度来确定簇，而不是仅凭点之间的距离来确定簇。对于点 $\boldsymbol{x}\in\mathbb{R}^d$，定义一个半径为 ϵ 的球体，称其为 $\boldsymbol{x}$ 的 ϵ 邻域：

$$N_\epsilon(\boldsymbol{x})=B_d(\boldsymbol{x},\epsilon)=\{\boldsymbol{y}\mid \|\boldsymbol{x}-\boldsymbol{y}\|\leqslant\epsilon\} \tag{15.1}$$

其中，$\|\boldsymbol{x}-\boldsymbol{y}\|$ 表示点 $\boldsymbol{x}$ 与 $\boldsymbol{y}$ 之间的欧几里得距离，我们也可以使用其他的距离度量。

对于任意点 $\boldsymbol{x}\in\boldsymbol{D}$，若其 ϵ 邻域内至少有 minpts 个点，则 $\boldsymbol{x}$ 是一个核心点（core point）。换言之，如果 $|N_\epsilon(\boldsymbol{x})|\geqslant \text{minpts}$，则 $\boldsymbol{x}$ 是一个核心点，其中 minpts 是用户定义的局部密度或频率阈值。边界点（border point）定义为不满足 minpts 阈值的点，即 $|N_\epsilon(\boldsymbol{x})|<\text{minpts}$，但同时又属于某个核心点 $\boldsymbol{z}$ 的 ϵ 邻域，即 $\boldsymbol{x}\in N_\epsilon(\boldsymbol{z})$。如果点既不是核心点，也不是边界点，则称为噪声点（noise point）或离群值（outlier）。

例 15.1　图 15-2a 展示了使用欧几里得距离度量点 $\boldsymbol{x}$ 的 ϵ 邻域，图 15-2b 展示了 3 种不同类型的点，其中 minpts = 6。此处，$\boldsymbol{x}$ 是核心点，因为 $|N_\epsilon(\boldsymbol{x})|=6$，$\boldsymbol{y}$ 是边界点，

因为 $|N_\epsilon(\boldsymbol{y})|<$ minpts，且它属于核心点 $\boldsymbol{x}$ 的 ϵ 邻域，即 $\boldsymbol{y}\in N_\epsilon(\boldsymbol{x})$。最后，$\boldsymbol{z}$ 是噪声点。

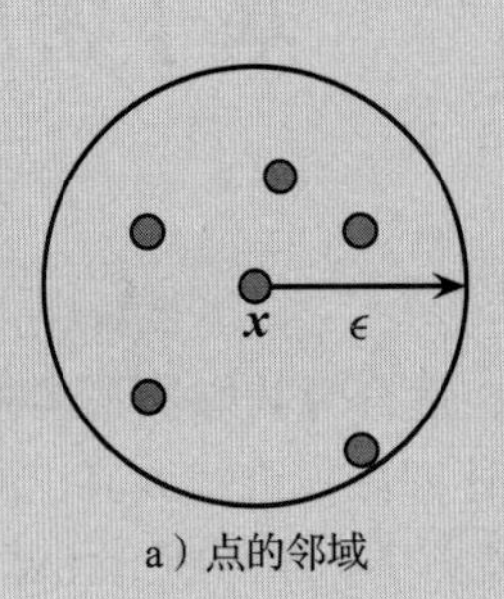

a）点的邻域

b）核心点、边界点和噪声点

图 15-2　点的邻域和核心点、边界点和噪声点

如果 $\boldsymbol{x}\in N_\epsilon(\boldsymbol{y})$，且 $\boldsymbol{y}$ 是核心点，则称点 $\boldsymbol{x}$ 是从 $\boldsymbol{y}$ 直接密度可达的（directly density reachable）。如果存在一系列的点 $\boldsymbol{x}_0,\boldsymbol{x}_1,\cdots,\boldsymbol{x}_l$，使得 $\boldsymbol{x}=\boldsymbol{x}_0$，$\boldsymbol{y}=\boldsymbol{x}_l$，且 $\boldsymbol{x}_i$ 是从 $\boldsymbol{x}_{i-1}(i=1,\cdots,l)$ 直接密度可达的，则称 $\boldsymbol{x}$ 是从 $\boldsymbol{y}$ 密度可达的。换言之，从 $\boldsymbol{y}$ 到 $\boldsymbol{x}$ 有一组核心点。值得注意的是，密度可达性是一种非对称关系（或有向关系）。如果存在一个核心点 $\boldsymbol{z}$，使得 $\boldsymbol{x}$ 和 $\boldsymbol{y}$ 均由 $\boldsymbol{z}$ 密度可达，则称 $\boldsymbol{x}$ 和 $\boldsymbol{y}$ 密度相连（density connected）。基于密度的簇定义为密度相连的点的最大集合。

基于密度的聚类方法 DBSCAN 的伪代码详见算法 15.1。首先，DBSCAN 计算数据集 D 中每个点 $\boldsymbol{x}_i$ 的 ϵ 邻域 $N_\epsilon(\boldsymbol{x}_i)$，并检查它是不是核心点（第 2 ～ 5 行）。它还给所有点设置簇标识符 $\mathrm{id}(\boldsymbol{x}_i)=\varnothing$，即表示这些点不隶属于任何一簇。接着，从每一个未分配的核心点开始，该算法递归地找出它所有的密度相连点，并分配给同一个簇（第 10 行）。部分边界点可能从多个簇的核心点可达，这些点可以任意赋给其中一个簇，也可以同时赋给所有簇（如果允许重叠簇的话）。那些不属于任意一簇的点作为离群值或噪声点处理。

算法 15.1　基于密度的聚类算法

DBSCAN $(\boldsymbol{D}, \epsilon, \text{minpts})$:

1. $Core \leftarrow \varnothing$
2. **foreach** $\boldsymbol{x}_i \in \boldsymbol{D}$ **do** `// Find the core points`
3. 　Compute $N_\epsilon(\boldsymbol{x}_i)$
4. 　$\mathrm{id}(\boldsymbol{x}_i) \leftarrow \varnothing$ `// cluster id for` $\boldsymbol{x}_i$
5. 　**if** $N_\epsilon(\boldsymbol{x}_i) \geqslant \text{minpts}$ **then** $Core \leftarrow Core \cup \{\boldsymbol{x}_i\}$
6. $k \leftarrow 0$ `// cluster id`
7. **foreach** $\boldsymbol{x}_i \in Core$, *such that* $\mathrm{id}(\boldsymbol{x}_i)=\varnothing$ **do**
8. 　$k \leftarrow k+1$
9. 　$\mathrm{id}(\boldsymbol{x}_i) \leftarrow k$ `// assign` $\boldsymbol{x}_i$ `to cluster id` k
10. 　DENSITYCONNECTED $(\boldsymbol{x}_i, k)$
11. $\mathcal{C} \leftarrow \{C_i\}_{i=1}^{k}$, where $C_i \leftarrow \{\boldsymbol{x}\in \boldsymbol{D} \mid \mathrm{id}(\boldsymbol{x})=i\}$
12. $Noise \leftarrow \{\boldsymbol{x}\in \boldsymbol{D} \mid \mathrm{id}(\boldsymbol{x})=\varnothing\}$
13. $Border \leftarrow \boldsymbol{D} \setminus \{Core \cup Noise\}$
14. **return** $\mathcal{C}, Core, Border, Noise$

DENSITYCONNECTED $(\boldsymbol{x}, k)$:

```
15 foreach y ∈ N_ϵ(x) do
16 |  id(y) ← k // assign y to cluster id k
17 |  if y ∈ Core then DENSITYCONNECTED (y, k)
```

DBSCAN 还可以视为在图中搜索连通分支的方法，其中图的节点对应数据集中的核心点，如果两个节点（核心点）间的距离小于 ϵ，即它们都在对方的 ϵ 邻域中，则它们之间存在一条（无向）边。该图的连通分支与各个簇的核心点相对应。接着，每个核心点将处于其邻域的边界点归于它的簇中。

DBSCAN 的局限性在于，它对于 ϵ 的选择非常敏感，尤其是在各个簇的密度相差悬殊的时候。如果 ϵ 取值过小，那么比较稀疏的簇容易被当成噪声；反之，如果 ϵ 取值过大，那么比较密集的簇会被合并起来。换言之，如果各簇的局部密度存在差异，那么单个的 ϵ 值可能不足以胜任。

例 15.2 图 15-3 展示了在图 15-1 中的数据集上应用 DBSCAN 算法发现的簇。对于参数值 $\epsilon=15$，minpts=10（调优之后得到的参数值），DBSCAN 得到近乎完美的包含所有 9 个簇的聚类。各个簇用不同的符号和颜色表示，噪声点用加号表示。

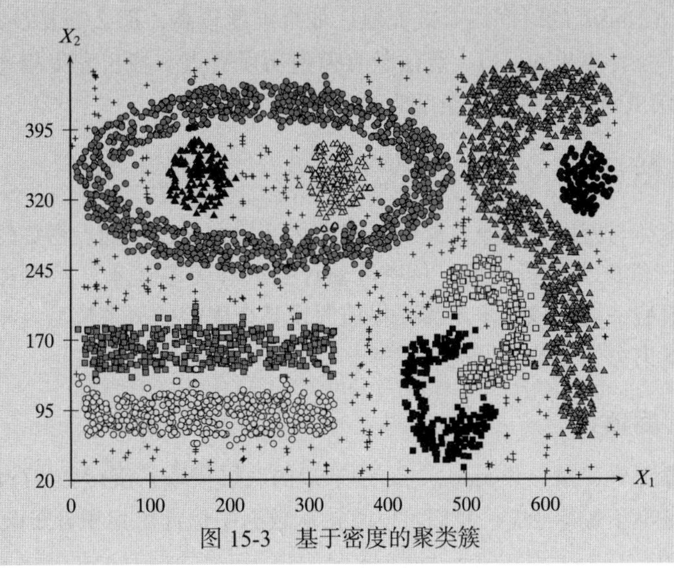

图 15-3 基于密度的聚类簇

例 15.3 图 15-4 展示了在二维鸢尾花数据集（包含萼片长度和萼片宽度属性）上使用 DBSCAN 在两组不同的参数设定下所得到的聚类结果。图 15-4a 展示了 $\epsilon=0.2$ 且 minpts=5 时的结果，3 个簇分别以圆圈、方块与三角形标注。带阴影的点是核心点，各个簇的边界点用无阴影的白点表示。噪声点用加号表示。图 15-4b 展示了使用更大的邻域半径 $\epsilon=0.36$ 和 minpts = 3 的聚类结果。这种情况下找到了两个簇，对应于两个点密集区域。

就此数据集而言，参数的调优并不容易，DBSCAN 并不能有效地发现 3 个鸢尾花类别。例如，在图 15-4a 中，DBSCAN 将大量点识别为噪声点（有 47 个）。不过，如图 15-4b 所示，DBSCAN 能够找到两个主要的密集点区域，并将 Iris-setosa（三角形）与其他鸢尾花类别区分开。进一步增加邻域半径，使其大于 $\epsilon=0.36$，那么所有点都将并入一个较大的簇。

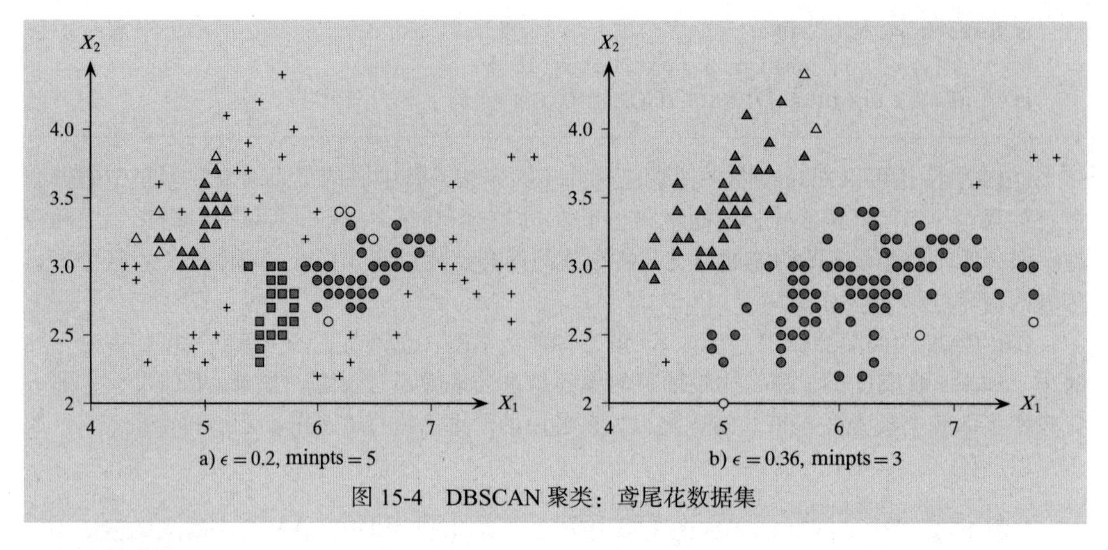

图 15-4　DBSCAN 聚类：鸢尾花数据集

计算复杂度

DBSCAN 的主要成本在于计算各个点的 ϵ邻域。如果维度不高，那么这些计算可以使用空间索引结构在 $O(n\log n)$ 的时间内有效完成。如果维度较高，那么需要 $O(n^2)$ 的时间来计算每个点的邻域。一旦计算出 $N_\epsilon(\boldsymbol{x})$，算法就只需遍历所有点来找出密集相连的簇。因此，在最坏的情况下，DBSCAN 的总体复杂度为 $O(n^2)$ 。

15.2　核密度估计

基于密度的聚类与密度估计息息相关。密度估计旨在通过找到点密集的区域来确定未知的概率密度函数，供聚类分析使用。核密度估计是一种无参技术，不像 K-means 和 EM 算法所采用的混合模型一样，该技术不需要提前假设某个固定的概率模型。相反，核密度估计试图直接推导数据集每个点的底层概率密度。

15.2.1　一元密度估计

假定 X 是连续随机变量，设 $x_1,x_2,\cdots,x_n$ 是未知的底层概率密度函数 $f(x)$ 的随机样本。通过计算有多少个点小于或等于 x ，我们可以直接从数据中估计出累积分布函数：

$$\hat{F}(x)=\frac{1}{n}\sum_{i=1}^{n}I(x_i\leqslant x)$$

其中，I 是指示函数（indicator function），若其参数为真则取 1，反之则 0。要想估计密度函数，可对 $\hat{F}(x)$ 求导，将其视为一个中心为 x 、宽度为 h 的小窗口，即：

$$\hat{f}(x)=\frac{\hat{F}\left(x+\frac{h}{2}\right)-\hat{F}\left(x-\frac{h}{2}\right)}{h}=\frac{k/n}{h}=\frac{k}{nh} \tag{15.2}$$

其中，k 是中心为 x 、宽度为 h 的小窗口中点的数量，即位于闭区间 $\left[x-\frac{h}{2},x+\frac{h}{2}\right]$ 内的点数。因此，密度估计即求窗口中的点的比例（k/n）与窗口的大小（h）的比值。h 的取值起着关键作用，即较大的 h 表示较大的窗口，这会考虑很多点来估计概率密度，从而使结果更平滑。此外，如果 h 取值较小，则密度估计只考虑与 x 邻近的点。一般来说，我们希望 h 较小，但不应过小，否则窗口内取不到所需的点，也就得不到概率密度的准确估计。

核估计子（Kernel Estimator）　核密度估计依赖核函数 K，该核函数非负且对称，积分为 1，即对于所有 x 而言，$K(x)\geqslant 0$，$K(-x)=K(x)$，$\int K(x)\mathrm{d}x=1$。因此，K 实质上是概率密度函数。请注意，不要将这里的 K 与第 5 章的半正定核混淆。

离散核　式（15.2）中的密度估计 $\hat{f}(x)$ 也可用核函数重写为

$$\hat{f}(x)=\frac{1}{nh}\sum_{i=1}^{n}K\left(\frac{x-x_i}{h}\right) \tag{15.3}$$

其中离散核函数 K 计算宽度为 h 的窗口内的点的数量，其定义如下：

$$K(z)=\begin{cases}1, & |z|\leqslant\frac{1}{2}\\ 0, & \text{其他}\end{cases} \tag{15.4}$$

可以看到，如果 $|z|=\left|\frac{x-x_i}{h}\right|\leqslant\frac{1}{2}$，那么点 x_i 位于宽度为 h，中心为 x 的窗口内，因为：

$$\left|\frac{x-x_i}{h}\right|\leqslant\frac{1}{2}$$

$$-\frac{1}{2}\leqslant\frac{x_i-x}{h}\leqslant\frac{1}{2}$$

$$-\frac{h}{2}\leqslant x_i-x\leqslant\frac{h}{2}$$

$$x-\frac{h}{2}\leqslant x_i\leqslant x+\frac{h}{2}$$

例 15.4　图 15-5 给出了使用离散核进行核密度估计在不同影响参数 h 下的结果，对应一维的鸢尾花数据集，包含萼片长度属性。x 轴画出了 $n=150$ 个数据点。由于几个点有相同的值，因此它们以堆叠的形式展示，其中堆叠的高度对应该值的频率。

如图 15-5a 所示，如果 h 取值较小，则密度函数有多个局部极大值点或众数。然而，当 h 从 0.25 扩大到 2，众数的数量不断减少，直到 h 足够大，以至产生一个单众数分布，如图 15-5d 所示。我们可以观察到，离散核可生成不平滑（或锯齿状）的密度函数。

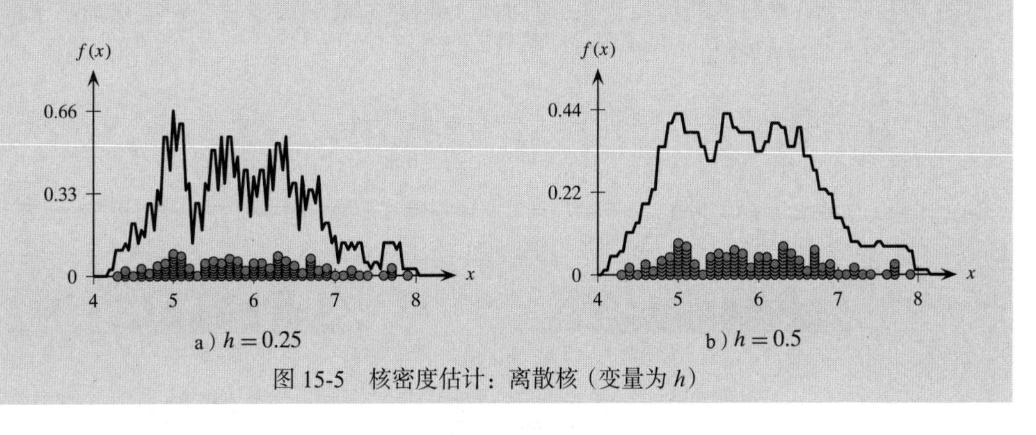

图 15-5　核密度估计：离散核（变量为 h）

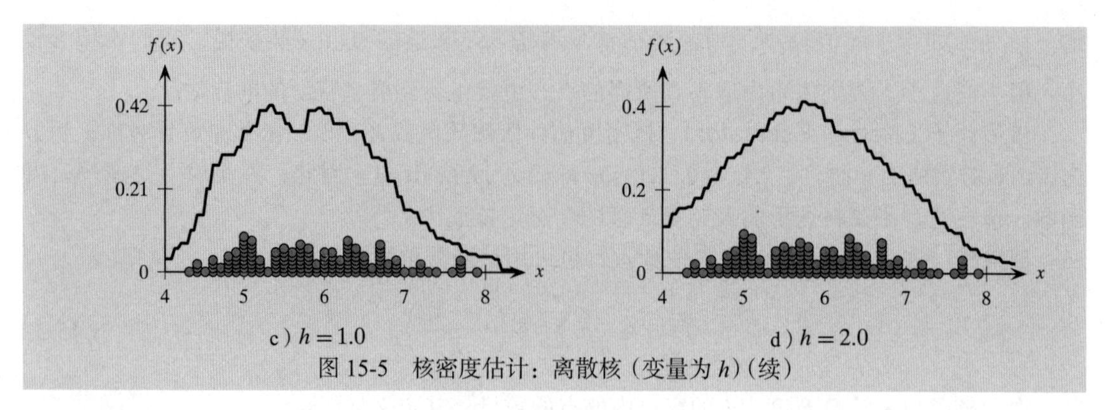

c）$h=1.0$　　d）$h=2.0$

图 15-5　核密度估计：离散核（变量为 h）（续）

高斯核　窗口宽度 h 是反映密度估计的展开或平滑度的一个参数。如果 h 值过大，则会得到一个更平均的值；如果 h 值过小，则窗口中没有足够多的点。此外，式（15.4）中的核函数的影响较为重大，窗口内（$|z|\leqslant 1/2$）的点对概率估计 $\hat{f}(x)$ 有 $\frac{1}{hn}$ 的净贡献度。窗口外（$|z|>1/2$）的点的贡献度为 0。

除了离散核，我们可以使用高斯核来定义更为平滑的过度：

$$K(z)=\frac{1}{\sqrt{2\pi}}\exp\left\{-\frac{z^2}{2}\right\}$$

因此，可得：

$$K\left(\frac{x-x_i}{h}\right)=\frac{1}{\sqrt{2\pi}}\exp\left\{-\frac{(x-x_i)^2}{2h^2}\right\} \tag{15.5}$$

其中，位于窗口中心的 x 扮演着均值的角色，h 为标准差。

例 15.5　图 15-6 展示了对一维鸢尾花数据集（关于萼片长度）使用高斯核的一元密度函数，以及递增的参数值 h 对应的图。数据点在 x 轴上以堆叠的方式显示，堆叠的高度对应值的频率。

随着 h 从 0.1 递增到 0.5，我们可以看到 h 的增加对密度函数的平滑度的影响。例如，当 $h=0.1$ 时，该函数有多个局部极大值点，而 $h=0.5$ 时，有且只有一个密度峰值。与图 15-5 所示的离散核的情况相比，我们可以清楚地看到高斯核能产生更加平滑的估计，不会有不连续的情况。

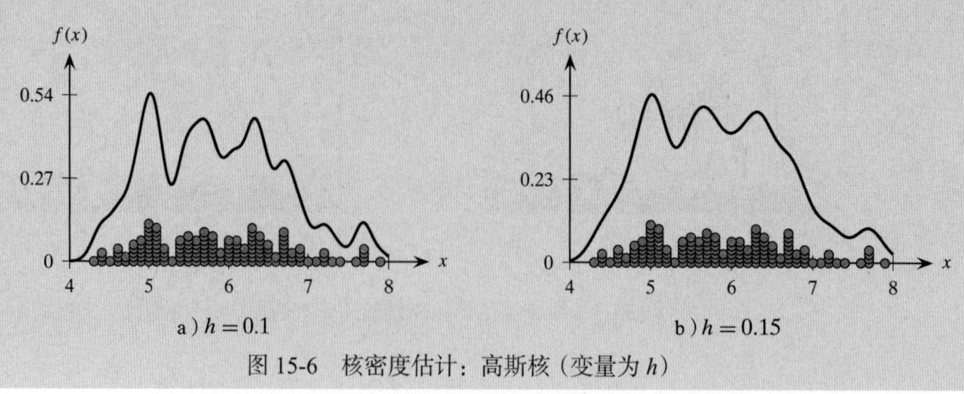

a）$h=0.1$　　b）$h=0.15$

图 15-6　核密度估计：高斯核（变量为 h）

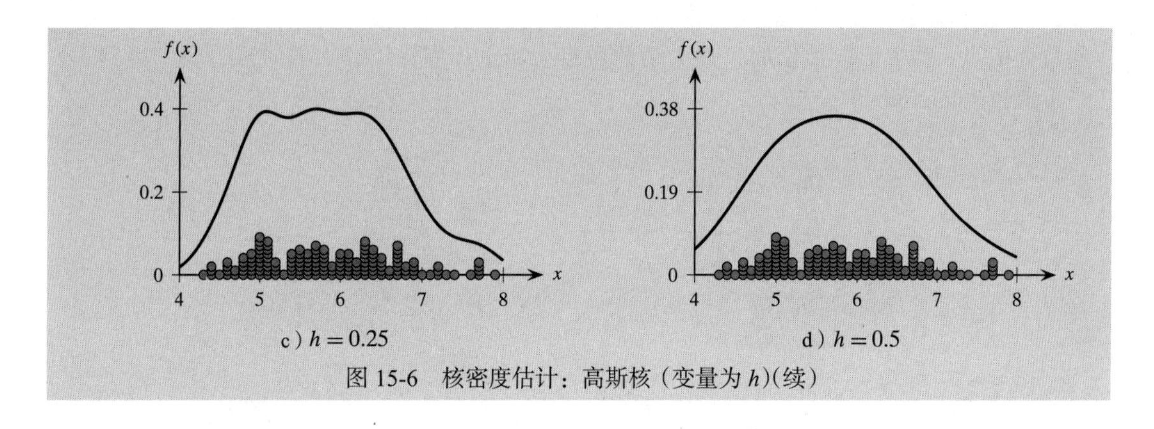

c) $h=0.25$　　d) $h=0.5$

图 15-6　核密度估计：高斯核（变量为 h)(续)

15.2.2　多元密度估计

为了估计 d 维点 $\boldsymbol{x}=(x_1,x_2,\cdots,x_d)^{\mathrm{T}}$ 处的概率密度，我们将 d 维的“窗口”定义为 d 维空间中的一个超立方体，即一个以 $\boldsymbol{x}$ 为中心，边长为 h 的超立方体。这样一个 d 维超立方体的体积为

$$\mathrm{vol}(H_d(h))=h^d$$

因此，密度可以估计为以 $\boldsymbol{x}$ 为中心的 d 维窗口中的点的权重除以超立方体的体积：

$$\hat{f}(\boldsymbol{x})=\frac{1}{nh^d}\sum_{i=1}^{n}K\left(\frac{\boldsymbol{x}-\boldsymbol{x}_i}{h}\right) \tag{15.6}$$

其中，多元核函数 K 应满足 $\int K(\boldsymbol{z})\mathrm{d}\boldsymbol{z}=1$。

离散核　对于任意的 d 维向量 $\boldsymbol{z}=(z_1,z_2,\cdots,z_d)^{\mathrm{T}}$，$d$ 维离散核函数可以定义为

$$K(\boldsymbol{z})=\begin{cases}1，|z_j|\leqslant\frac{1}{2}(j=1,\cdots,d)\\0，其他\end{cases} \tag{15.7}$$

对于 $\boldsymbol{z}=\dfrac{\boldsymbol{x}-\boldsymbol{x}_i}{h}$，核计算以 $\boldsymbol{x}$ 为中心的超立方体内点的数目，因为当且仅当 $\left|\dfrac{x_j-x_{ij}}{h}\right|\leqslant\dfrac{1}{2}$（$j$ 取任意值）时，$K\left(\dfrac{\boldsymbol{x}-\boldsymbol{x}_i}{h}\right)=1$。因此，超立方体中每个点都为密度估计贡献了 $\dfrac{1}{n}$ 的权重。

高斯核　d 维高斯核为

$$K(\boldsymbol{z})=\frac{1}{(2\pi)^{d/2}}\exp\left\{-\frac{\boldsymbol{z}^{\mathrm{T}}\boldsymbol{z}}{2}\right\} \tag{15.8}$$

其中，假设协方差矩阵为 $d\times d$ 的单位矩阵，即 $\boldsymbol{\Sigma}=\boldsymbol{I}_d$。将 $\boldsymbol{z}=\dfrac{\boldsymbol{x}-\boldsymbol{x}_i}{h}$ 代入式（15.8），可得：

$$K\left(\frac{\boldsymbol{x}-\boldsymbol{x}_i}{h}\right)=\frac{1}{(2\pi)^{d/2}}\exp\left\{-\frac{(\boldsymbol{x}-\boldsymbol{x}_i)^{\mathrm{T}}(\boldsymbol{x}-\boldsymbol{x}_i)}{2h^2}\right\} \tag{15.9}$$

各个点给密度估计贡献的权重与它同 $\boldsymbol{x}$ 的距离除以宽度参数 h 成反比。

例 15.6　图 15-7 展示了使用高斯核对由萼片长度和萼片宽度属性构成的二维鸢尾花数据集的概率密度函数。正如我们所期望的，当 h 取较小值时，密度函数有若干个局

部最大值点；当 h 取较大值时，最大值的数目会减少；当 h 足够大的时候，我们得到一个单众数（unimodal）分布。

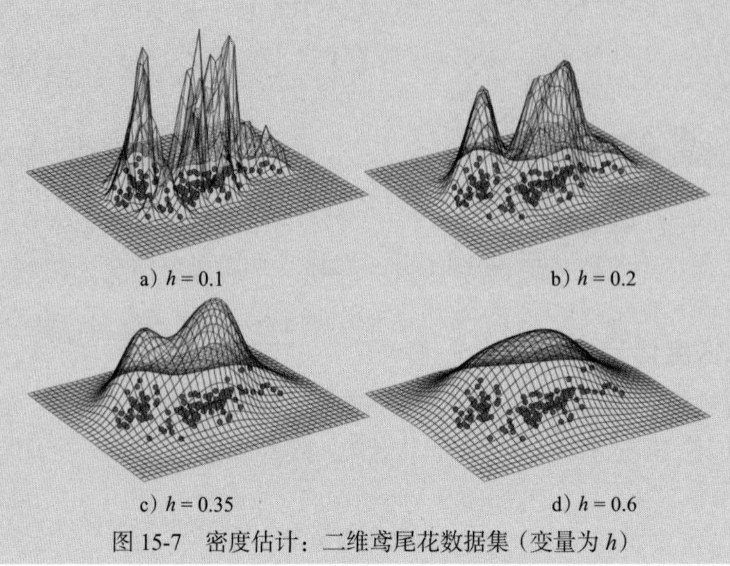

图 15-7　密度估计：二维鸢尾花数据集（变量为 h）

例 15.7　图 15-8 展示了对图 15-1 中的数据集的核密度估计，其中 $h=20$ 且使用高斯核。我们可以清楚地看到，密度峰值与点密度较高的区域极为契合。

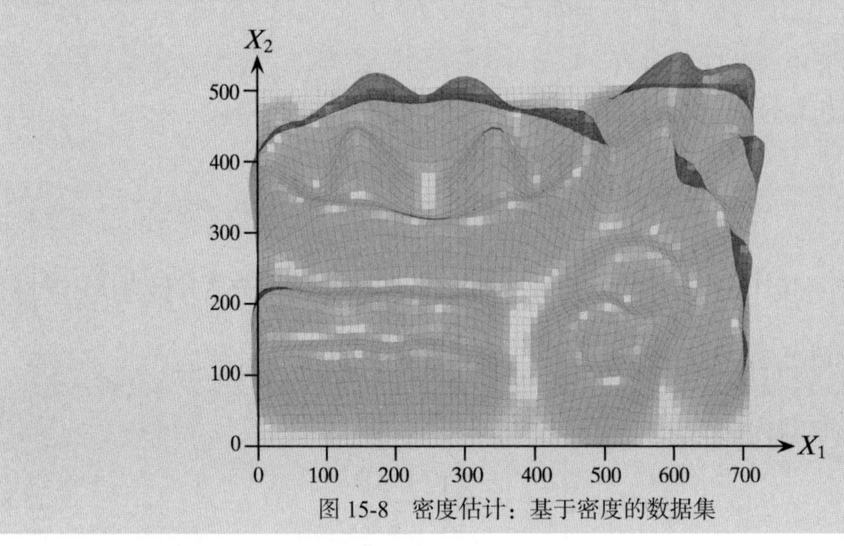

图 15-8　密度估计：基于密度的数据集

15.2.3　最近邻密度估计

在前面的密度估计公式中，我们通过固定宽度 h，隐式地固定了超立方体的体积，并使用核函数来找出位于固定体积区域内点的数量或权重。另一种方式是固定 k，即估计密度所需的点的数量，同时允许封闭区域的体积变化，以包含所有的 k 个点。这种方法称为密度估计的 K 最近邻（K Nearest Neighbors, KNN）方法。与核密度估计一样，KNN 密度估计也是一种非参方法。

给定最近邻点的数目 k，估计 $\mathbf{x}$ 处的密度：

$$\hat{f}(\boldsymbol{x})=\frac{k}{n\,\mathrm{vol}(S_d(h_{\boldsymbol{x}}))}$$

其中，h_x 是 $\boldsymbol{x}$ 到它的第 k 个最近邻点之间的距离，$\mathrm{vol}(S_d(h_x))$ 是以 $\boldsymbol{x}$ 为中心，h_x 为半径的 d 维超球体 $S_d(h_x)$ 的体积［见式（6.10）］。换言之，宽度（或半径）h_x 现在是一个依赖 $\boldsymbol{x}$ 和 k 的变量。

15.3 基于密度的聚类：DENCLUE

掌握核密度估计的基础知识后，我们可以开发一种基于密度的通用的聚类算法。基本方法是通过梯度优化找到密度分布中的峰，然后找出密度在给定阈值之上的区域。

1. 密度吸引子和梯度

如果 $\boldsymbol{x}^*$ 是概率密度函数 f 的一个局部极大值点，则该点就是**密度吸引子**（density attractor）。密度吸引子可以从 $\boldsymbol{x}$ 开始，通过梯度上升法找到。这其中的理念是计算密度梯度，即梯度增加最大的方向，朝这一方向持续小幅度前进，直到到达某个局部极大值点。

点 $\boldsymbol{x}$ 处的梯度可以通过对式（15.6）中的概率密度估计进行多元求导得到：

$$\nabla\hat{f}(\boldsymbol{x})=\frac{\partial}{\partial\boldsymbol{x}}\hat{f}(\boldsymbol{x})=\frac{1}{nh^d}\sum_{i=1}^{n}\frac{\partial}{\partial\boldsymbol{x}}K\left(\frac{\boldsymbol{x}-\boldsymbol{x}_i}{h}\right)\tag{15.10}$$

对于高斯核［见式（15.8）］，我们有：

$$\begin{aligned}\frac{\partial}{\partial\boldsymbol{x}}K(\boldsymbol{z})&=\left(\frac{1}{(2\pi)^{d/2}}\exp\left\{-\frac{\boldsymbol{z}^{\mathrm{T}}\boldsymbol{z}}{2}\right\}\right)\cdot-\boldsymbol{z}\cdot\frac{\partial\boldsymbol{z}}{\partial\boldsymbol{x}}\\&=K(\boldsymbol{z})\cdot-\boldsymbol{z}\cdot\frac{\partial\boldsymbol{z}}{\partial\boldsymbol{x}}\end{aligned}$$

设 $\boldsymbol{z}=\frac{\boldsymbol{x}-\boldsymbol{x}_i}{h}$，可得：

$$\frac{\partial}{\partial\boldsymbol{x}}K\left(\frac{\boldsymbol{x}-\boldsymbol{x}_i}{h}\right)=K\left(\frac{\boldsymbol{x}-\boldsymbol{x}_i}{h}\right)\cdot\left(\frac{\boldsymbol{x}_i-\boldsymbol{x}}{h}\right)\cdot\left(\frac{1}{h}\right)$$

这里用到了事实：$\frac{\partial}{\partial\boldsymbol{x}}\left(\frac{\boldsymbol{x}-\boldsymbol{x}_i}{h}\right)=\frac{1}{h}$。将以上公式代入式（15.10），可得点 $\boldsymbol{x}$ 处的梯度：

$$\nabla\hat{f}(\boldsymbol{x})=\frac{1}{nh^{d+2}}\sum_{i=1}^{n}K\left(\frac{\boldsymbol{x}-\boldsymbol{x}_i}{h}\right)\cdot(\boldsymbol{x}_i-\boldsymbol{x})\tag{15.11}$$

该公式可以看作由两部分组成，即向量 $(\boldsymbol{x}-\boldsymbol{x}_i)$ 与标量影响值 $K\left(\frac{\boldsymbol{x}-\boldsymbol{x}_i}{h}\right)$。对于每个点 $\boldsymbol{x}_i$，首先计算其与 $\boldsymbol{x}$ 的距离，即向量 $(\boldsymbol{x}_i-\boldsymbol{x})$。随后，使用高斯核值将其缩放为权重 $K\left(\frac{\boldsymbol{x}-\boldsymbol{x}_i}{h}\right)$。最后，如图 15-9 所示，向量 $\nabla\hat{f}(\boldsymbol{x})$ 是 $\boldsymbol{x}$ 处的净影响值，即差向量的加权和。

如果一个“爬山过程”在 $\boldsymbol{x}$ 处开始，并收敛到 $\boldsymbol{x}^*$，那么称 $\boldsymbol{x}^*$ 是 $\boldsymbol{x}$ 的密度吸引子，或者说 $\boldsymbol{x}$ 被密度吸引到 $\boldsymbol{x}^*$。也就是说，如果存在一个点的序列 $\boldsymbol{x}=\boldsymbol{x}_0\to\boldsymbol{x}_1\to\cdots\to\boldsymbol{x}_m$，从 $\boldsymbol{x}$ 开始，到 $\boldsymbol{x}_m$ 结束，使得 $\|\boldsymbol{x}_m-\boldsymbol{x}^*\|\leqslant\epsilon$，那么 $\boldsymbol{x}_m$ 收敛到吸引子 $\boldsymbol{x}^*$。

计算 $\boldsymbol{x}^*$ 的典型方法是使用梯度上升法，即从 $\boldsymbol{x}$ 开始，迭代地在时间 t 按照如下规则进行更新：

$$\boldsymbol{x}_{t+1} = \boldsymbol{x}_t + \eta \cdot \nabla \hat{f}(\boldsymbol{x}_t)$$

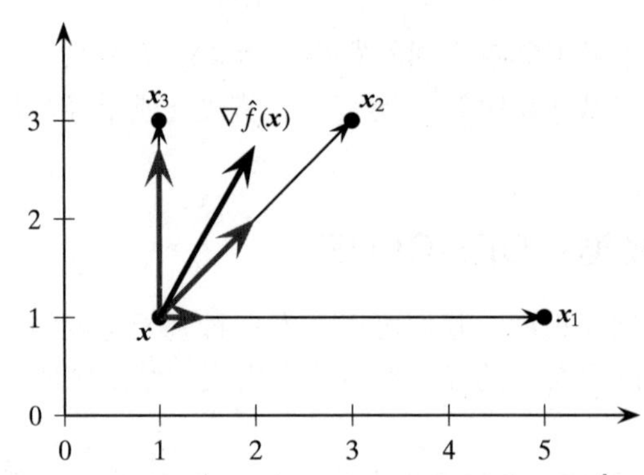

图 15-9　对差向量 $\boldsymbol{x}_i - \boldsymbol{x}$（灰色向量）求和可以得到梯度向量 $\nabla \hat{f}(\boldsymbol{x})$（黑色加粗的向量）

其中，$\eta>0$ 是步长，即每一个中间点都是通过在梯度向量的方向小幅前进得到的。但是梯度上升法的收敛速度较慢，所以我们可以直接将梯度［见式（15.11）］设为零向量，从而直接优化移动方向：

$$\nabla \hat{f}(\boldsymbol{x}) = \boldsymbol{0}$$

$$\frac{1}{nh^{d+2}} \sum_{i=1}^{n} K\left(\frac{\boldsymbol{x} - \boldsymbol{x}_i}{h}\right) \cdot (\boldsymbol{x}_i - \boldsymbol{x}) = \boldsymbol{0}$$

$$\boldsymbol{x} \cdot \sum_{i=1}^{n} K\left(\frac{\boldsymbol{x} - \boldsymbol{x}_i}{h}\right) = \sum_{i=1}^{n} K\left(\frac{\boldsymbol{x} - \boldsymbol{x}_i}{h}\right) \boldsymbol{x}_i$$

$$\boldsymbol{x} = \frac{\sum_{i=1}^{n} K\left(\frac{\boldsymbol{x} - \boldsymbol{x}_i}{h}\right) \boldsymbol{x}_i}{\sum_{i=1}^{n} K\left(\frac{\boldsymbol{x} - \boldsymbol{x}_i}{h}\right)}$$

公式左右两边均涉及点 $\boldsymbol{x}$，但是我们可以利用这一点得到以下迭代更新规则：

$$\boldsymbol{x}_{t+1} = \frac{\sum_{i=1}^{n} K\left(\frac{\boldsymbol{x}_t - \boldsymbol{x}_i}{h}\right) \boldsymbol{x}_i}{\sum_{i=1}^{n} K\left(\frac{\boldsymbol{x}_t - \boldsymbol{x}_i}{h}\right)} \tag{15.12}$$

其中，t 表示当前迭代，$\boldsymbol{x}_{t+1}$ 表示当前向量 $\boldsymbol{x}_t$ 更新后的值。这个直接更新方法本质上是每个点 $\boldsymbol{x}_i \in \boldsymbol{D}$ 对当前点 $\boldsymbol{x}_t$ 的影响值（由核函数 K 计算）的加权平均值。这种直接更新规则有助于加快上述爬山过程的收敛速度。

2. 中心定义的簇

如果簇 $C \subseteq \boldsymbol{D}$ 中所有点 $\boldsymbol{x} \in C$ 都被密度吸引到一个唯一的密度吸引子 $\boldsymbol{x}^*$，使得 $\hat{f}(\boldsymbol{x}^*) \geqslant \xi$（其中 ξ 是用户定义的最小密度阈值），则称其为中心定义的簇（center-defined cluster）。即：

$$\hat{f}(\boldsymbol{x}^*) = \frac{1}{nh^d} \sum_{i=1}^{n} K\left(\frac{\boldsymbol{x}^* - \boldsymbol{x}_i}{h}\right) \geqslant \xi$$

3. 基于密度的簇

如果存在一组密度吸引子 $\boldsymbol{x}_1^*, \boldsymbol{x}_2^*, \cdots, \boldsymbol{x}_m^*$，满足以下条件：

- 每个点 $\boldsymbol{x} \in C$ 均被吸引到某个吸引子 $\boldsymbol{x}_i^*$。
- 每个密度吸引子的密度都大于 ξ，即 $\hat{f}(\boldsymbol{x}^*) \geqslant \xi$。

- 任意两个密度吸引子 x_i^* 和 x_j^* 都是密度可达的，即存在一条从 x_i^* 到 x_j^* 的路径，使得所有在该路径上的点 y 都满足 $\hat{f}(y) \geqslant \xi$。

则称该任意形状的簇 $C \subseteq D$ 是一个基于密度的簇（density-based cluster）。

4. DENCLUE 算法

DENCLUE 算法的伪代码见算法 15.2。第一步，计算数据集中每个点 x 的密度吸引子 x^*（第 3 行）。如果 x^* 处的密度大于最小密度阈值 ξ，则将该吸引子添加到吸引子集合 $\mathcal{A}$。所对应的数据点 x 也被添加到被 x^* 吸引的点的集合 $R(x^*)$（第 6 行）。第二步，DENCLUE 找出所有吸引子的最大子集 $C \subseteq \mathcal{A}$，使得 C 中的任意一对吸引子彼此密度可达（第 7 行）。这些彼此密度可达的吸引子的最大子集构成了各个基于密度的簇的种子。最后，对于各个吸引子 $x^* \in C$，我们将所有被吸引到 x^* 的点 $R(x^*)$ 加入相应的簇，得到最终的聚类结果 $\mathcal{C}$。

算法 15.2 DENCLUE 算法

```
DENCLUE (D, h, ξ, ϵ):
1  A ← ∅
2  foreach x ∈ D do // find density attractors
3      x* ← FINDATTRACTOR(x, D, h, ϵ)
4      if f̂(x*) ≥ ξ then
5          A ← A ∪ {x*}
6          R(x*) ← R(x*) ∪ {x}
7  C ← {maximal C ⊆ A | ∀x_i*, x_j* ∈ C, x_i* and x_j* are density reachable}
8  foreach C ∈ C do // density-based clusters
9      foreach x* ∈ C do C ← C ∪ R(x*)
10 return C

FINDATTRACTOR (x, D, h, ϵ):
11 t ← 0
12 x_t ← x
13 repeat
14     x_{t+1} ← Σ_{i=1}^n K((x_t − x_i)/h)·x_i / Σ_{i=1}^n K((x_t − x_i)/h)
15     t ← t + 1
16 until ‖x_t − x_{t−1}‖ ≤ ϵ
17 return x_t
```

FINDATTRACTOR 函数使用式（15.12）中的直接更新规则对应的爬山过程，实现快速收敛。为了进一步加快影响值计算，可以只计算 x_t 的最邻近的核值，即使用空间索引结构对数据集 D 进行索引，从而快速计算在某个半径 r 内 x_t 的所有最近邻点。对于高斯核，设 $r = h \cdot z$，其中 h 是影响参数，扮演着标准差的角色，z 指明标准差的数量。设 $B_d(x_t, r)$ 表示 D 中以 x_t 为中心，r 为半径的 d 维球体所有点的集合。因此，基于最近邻的更新规则可以定义为

$$x_{t+1} = \frac{\sum_{x_i \in B_d(x_t, r)} K\left(\frac{x_t - x_i}{h}\right) x_i}{\sum_{x_i \in B_d(x_t, r)} K\left(\frac{x_t - x_i}{h}\right)}$$

上式可以用于算法 15.2 的第 14 行。当数据维度不是很高时，这可以带来显著的加速比。不过，随着维度的不断增加，效果也会大幅降低。这是出于两个原因：第一，为了求 $B_d(\mathbf{x}_t, r)$，每次查询需要对数据进行一次线性扫描，需要 $O(n)$ 的时间；第二，由于维数灾难（详见第 6 章），几乎所有的点与 $\mathbf{x}_t$ 相近，因此抵消了计算最近邻的优越性。

例 15.8　图 15-10 展示了 DENCLUE 聚类在二维鸢尾花数据集（包含萼片长度和萼片宽度）上的应用情况。使用高斯核，参数为 $h=0.2$，$\xi=0.08$。给图 15-7b 中的概率密度函数设定 $\xi=0.08$ 的阈值，得出图中的聚类。两个峰与最后所得的两个簇相对应。其中 Iris-setosa 区分得比较好，但是其他两种鸢尾花很难区分。

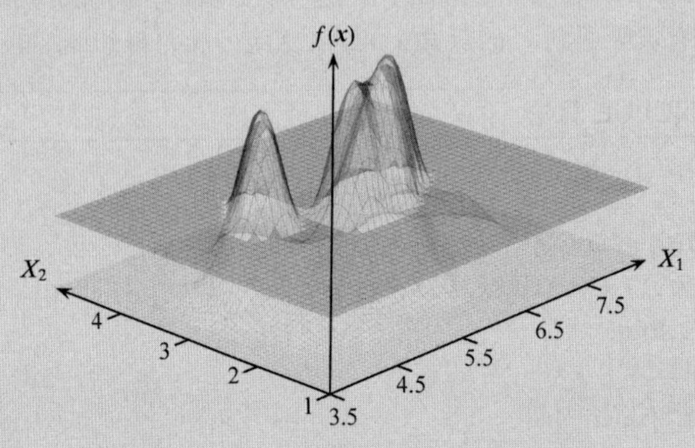

图 15-10　DENCLUE：鸢尾花二维数据集

例 15.9　图 15-11 展示了 DENCLUE 聚类在图 15-1 中的基于密度的数据集中的应用情况。使用参数 $h=10$，$\xi=9.5\times10^{-5}$，以及高斯核，共计得到 8 个簇。图像是通过在 ξ 处截断概率密度函数获得的，只有位于阈值之上的部分才呈现在图中。大部分簇都被正确地识别了，唯一的例外是右下角的两个半圆形簇被错误地合并在一起。

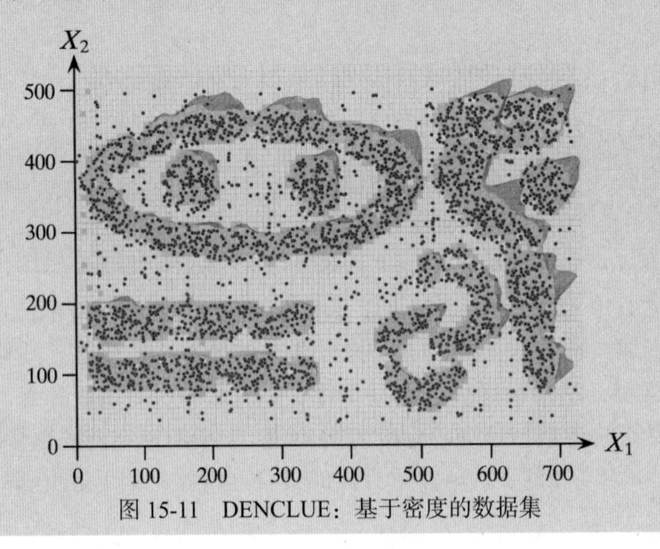

图 15-11　DENCLUE：基于密度的数据集

5. DENCLUE：特例

正如我们所看到的，DBSCAN 是基于通用核密度估计的聚类算法 DENCLUE 的一个特例。如果设 $h=\epsilon$，$\xi=\text{minpts}$，并使用离散核，则 DENCLUE 会给出与 DBSCAN 完全相同的簇结果。每个密度吸引子对应一个核心点，连通的核心点的集合定义了基于密度的簇的吸引子集合。此外，还可以证明，在选择合适的 h 与 ξ 的情况下，K-means 也是基于密度的聚类的特例，而且密度吸引子对应簇中心点。另外，值得注意的是，改变阈值 ξ，基于密度的算法还可以生成层次式簇。例如，降低 ξ 值可以使几个簇合并起来。同时，如果峰值密度满足较低的 ξ 值，还能生成新的簇。

6. 计算复杂度

DENCLUE 的运行时间主要取决于爬山过程的耗时。对于每个点 $\boldsymbol{x}\in\boldsymbol{D}$，找到密度吸引子需要 $O(nt)$ 的时间，其中，t 是爬山迭代的最大次数。这是因为每次迭代需要 $O(n)$ 的时间来计算影响函数在所有点 $\boldsymbol{x}_i\in\boldsymbol{D}$ 上的和。因此，计算密度吸引子的总时间为 $O(n^2t)$。假设 h 与 ξ 均取合理的值，只有少部分密度吸引子，即 $|\mathcal{A}|=m\ll n$。因此，找到最大可达子集的时间为 $O(m^2)$，最后的簇结果可以在 $O(n)$ 时间内获得。

15.4　拓展阅读

核密度估计是由文献（Rosenblatt，1956）和文献（Parzen，1962）分别提出。想要进一步了解密度估计方法，请参见文献（Silverman，1986）。基于密度的 DBSCAN 算法在文献（Ester et al.，1996）的研究中有介绍。DENCLUE 方法由文献（Hinneburg & Keim，1998）首次提出，而更快的直接更新方法首次出现在文献（Hinneburg & Gabriel，2007）。不过，直接更新规则本质上是文献（Fukunaga & Hostetler，1975）首先提出的 mean-shift 算法。想要进一步了解 mean-shift 方法的收敛性质和推广，请参见文献（Cheng，1995）。

Cheng, Y. (1995). Mean shift, mode seeking, and clustering. *IEEE Transactions on Pattern Analysis and Machine Intelligence*, 17 (8), 790–799.

Ester, M., Kriegel, H.-P., Sander, J., and Xu, X. (1996). A density-based algorithm for discovering clusters in large spatial databases with noise. *Proceedings of the 2nd ACM SIGKDD International Conference on Knowledge Discovery and Data Mining*. Palo Alto, CA: AAAI Press, pp. 226–231.

Fukunaga, K. and Hostetler, L. (1975). The estimation of the gradient of a density function, with applications in pattern recognition. *IEEE Transactions on Information Theory*, 21 (1), 32–40.

Hinneburg, A. and Gabriel, H.-H. (2007). Denclue 2.0: Fast clustering based on kernel density estimation. *Proceedings of the 7th International Symposium on Intelligent Data Analysis*. New York: Springer Science + Business Media, pp. 70–80.

Hinneburg, A. and Keim, D. A. (1998). An efficient approach to clustering in large multimedia databases with noise. *Proceedings of the 4th ACM SIGKDD International Conference on Knowledge Discovery and Data Mining*. Palo Alto, CA: AAAI Press, pp. 58–65.

Parzen, E. (1962). On estimation of a probability density function and mode. *The Annals of Mathematical Statistics*, 33 (3), 1065–1076.

Rosenblatt, M. (1956). Remarks on some nonparametric estimates of a density function. *The Annals of Mathematical Statistics*, 27 (3), 832–837.

Silverman, B. (1986). *Density Estimation for Statistics and Data Analysis*. Monographs on Statistics and Applied Probability. Boca Raton, FL: Chapman and Hall / CRC.

15.5 练习

Q1. 思考图 15-12，并回答以下问题。假设点之间的距离使用欧几里得距离，且 $\epsilon=2$，minpts=3。

(a) 列出所有核心点。

(b) a 是否由 d 直接密度可达？

(c) o 是否由 i 密度可达？找出可达链上的中间点或可达链断裂处的点。

(d) 密度可达是否为一种对称关系？即如果 x 从 y 密度可达，是否等价于 y 从 x 也密度可达？请给出理由。

(e) l 是否与 x 密度连通？分别找出使两者密度连通的链上的点或者使得链断裂的点。

(f) 密度连通是不是一种对称关系？

(g) 找出基于密度的簇与噪声点。

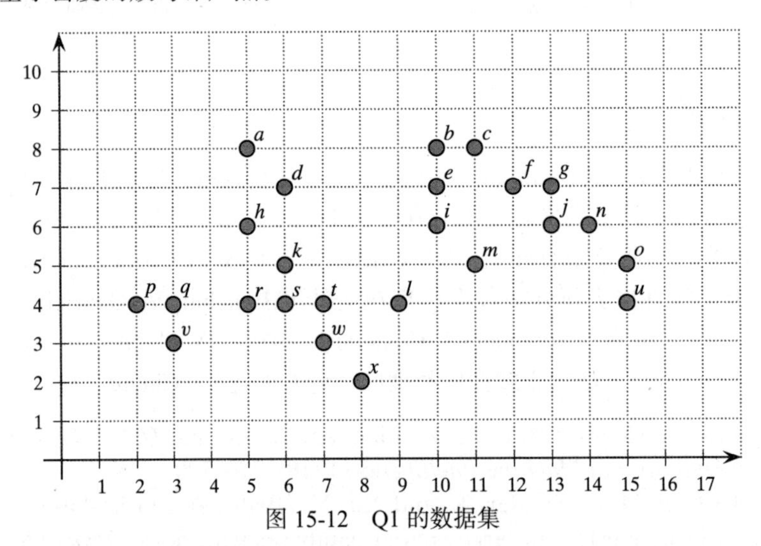

图 15-12　Q1 的数据集

Q2. 思考图 15-13 中的点。定义以下距离度量：

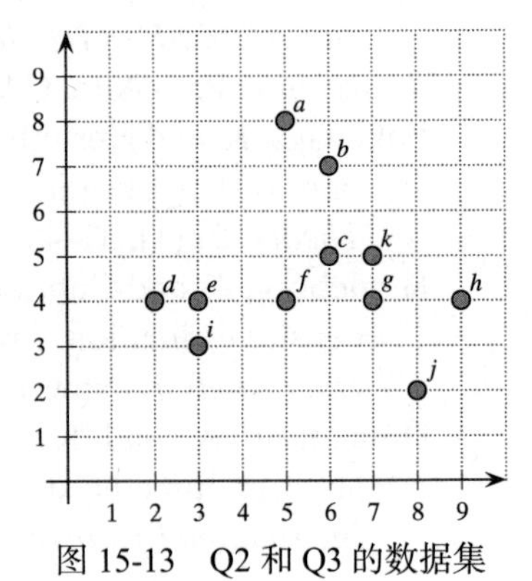

图 15-13　Q2 和 Q3 的数据集

$$L_\infty(\boldsymbol{x},\boldsymbol{y})=\max_{i=1}^{d}\{|x_i-y_i|\}$$

$$L_{\frac{1}{2}}(\boldsymbol{x},\boldsymbol{y})=\left(\sum_{i=1}^{d}|x_i-y_i|^{\frac{1}{2}}\right)^2$$

$$L_{\min}(\boldsymbol{x},\boldsymbol{y})=\min_{i=1}^{d}\{|x_i-y_i|\}$$

$$L_{\text{pow}}(\boldsymbol{x},\boldsymbol{y})=\left(\sum_{i=1}^{d}2^{i-1}(x_i-y_i)^2\right)^{1/2}$$

(a) 使用 $\epsilon=2$，minpts=5，列出所有的核心点、边界点与噪声点。

(b) 画出半径为 $\epsilon=4$ 的球的形状，使用 $L_{\frac{1}{2}}$ 距离；使用 minpts = 3，展示用 DBSCAN 找出的所有簇。

(c) 使用 $\epsilon=1$，minpts=6 和 $L_{\min}$，列出所有核心点、边界点和噪声点。

（d）使用 $\epsilon=4$，minpts = 3 和 L_{pow}，展示用 DBSCAN 找出的所有簇。

Q3. 思考图 15-13 所示的点，定义以下两个核：

$$K_1(z)=\begin{cases}1, & L_\infty(\mathbf{z},\mathbf{0})\leqslant 1\\0, & \text{其他}\end{cases}$$

$$K_2(z)=\begin{cases}1, & \sum_{j=1}^{d}|z_j|\leqslant 1\\0, & \text{其他}\end{cases}$$

使用 K_1 与 K_2，设 $h=2$，回答下列问题：

（a）e 点处的概率密度是多少？

（b）列出该数据集所有的密度吸引子。

（c）使用高斯核与 d、i、f 三个邻近点，e 点处的梯度是多少？

Q4. 黑塞矩阵（Hessian matrix）定义为梯度向量关于 $\boldsymbol{x}$ 的偏导数的集合。高斯核的黑塞矩阵是什么？使用式（15.11）中的梯度。

Q5. 使用 k 最近邻方法计算点 x 处的概率密度：

$$\hat{f}(x)=\frac{k}{nV_x}$$

其中，k 是最近邻点的数量，n 是点的总数，V_x 是包含了 x 的 k 个最近邻点的区域的体积。换言之，我们固定 k，允许体积根据 x 的 k 个最近邻点进行相应调整。给定以下点：

$$2, 2.5, 3, 4, 4.5, 5, 6.1$$

假设 $k=4$，找出上述数据集中的峰值密度。注意，峰值密度可能出现在以上给定的点之外。此外，点本身也是其自身的最近邻点。

第 16 章

Data Mining and Machine Learning

谱聚类和图聚类

本章考虑在图数据上进行聚类，即给定一个图，目标是利用代表相邻节点间的相似度的各条边及权重对节点进行聚类。图聚类和分化型层次式聚类相关，因为许多方法利用节点间的成对相似度矩阵，将节点划分为若干簇。正如我们所看到的，图聚类与基于图的矩阵的谱分解有很强的联系。最后，如果相似度矩阵是半正定的，则可以将其视为一个核矩阵，因此图聚类也和基于核的聚类相关。

16.1 图和矩阵

给定由 $\mathbb{R}^d$ 中的 n 个点组成的数据集 $\boldsymbol{D}=\{\boldsymbol{x}_1,\boldsymbol{x}_2,\cdots,\boldsymbol{x}_n\}$，设 $\boldsymbol{A}$ 表示这些点之间的 $n\times n$ 的成对相似度矩阵，如下所示：

$$\boldsymbol{A}=\begin{pmatrix} a_{11} & a_{12} & \cdots & a_{1n} \\ a_{21} & a_{22} & \cdots & a_{2n} \\ \vdots & \vdots & & \vdots \\ a_{n1} & a_{n2} & \cdots & a_{nn} \end{pmatrix} \tag{16.1}$$

其中，$\boldsymbol{A}(i,j)=a_{ij}$ 表示点 $\boldsymbol{x}_i$ 和 $\boldsymbol{x}_j$ 之间的相似度。我们要求相似度是对称且非负的，即 $a_{ij}=a_{ji}$ 且 $a_{ij}\geqslant 0$。矩阵 $\boldsymbol{A}$ 可视为一个加权（无向）图 $G=(V,E)$ 的加权邻接矩阵，其中每个节点都是一个数据点，并且每条边连接一对点，即

$$V=\{\boldsymbol{x}_i \mid i=1,\cdots,n\}$$
$$E=\{(\boldsymbol{x}_i,\boldsymbol{x}_j) \mid 1\leqslant i,j\leqslant n\}$$

此外，相似度矩阵 $\boldsymbol{A}$ 给出了每条边的权重，即 a_{ij} 表示边 $(\boldsymbol{x}_i,\boldsymbol{x}_j)$ 的权重。如果所有的相似度都是 0 或 1，那么 $\boldsymbol{A}$ 表示节点间的邻接关系。

对于节点 $\boldsymbol{x}_i$，设 d_i 表示节点的度（degree）：

$$d_i=\sum_{j=1}^{n} a_{ij}$$

将图 G 的度矩阵（degree matrix）$\boldsymbol{\Delta}$ 定义为 $n\times n$ 的对角矩阵：

$$\boldsymbol{\Delta}=\begin{pmatrix} d_1 & 0 & \cdots & 0 \\ 0 & d_2 & \cdots & 0 \\ \vdots & \vdots & & \vdots \\ 0 & 0 & \cdots & d_n \end{pmatrix}=\begin{pmatrix} \sum_{j=1}^n a_{1j} & 0 & \cdots & 0 \\ 0 & \sum_{j=1}^n a_{2j} & \cdots & 0 \\ \vdots & \vdots & & \vdots \\ 0 & 0 & \cdots & \sum_{j=1}^n a_{nj} \end{pmatrix} \tag{16.2}$$

$\boldsymbol{\Delta}$ 可以简写为 $\boldsymbol{\Delta}(i,i)=d_i(1\leqslant i\leqslant n)$。

例 16.1　图 16-1 展示了鸢尾花数据集的相似度图。鸢尾花数据集中共有 n=150 个点，$\boldsymbol{x}_i \in \mathbb{R}^4$ 均表示为图 G 中的一个节点。为了创建边，首先使用高斯核［见式（5.10）］计算点之间的相似度：

$$a_{ij} = \exp\left\{-\frac{\|\boldsymbol{x}_i - \boldsymbol{x}_j\|^2}{2\sigma^2}\right\}$$

其中，$\sigma=1$。每条边 $(\boldsymbol{x}_i, \boldsymbol{x}_j)$ 的权重为 a_{ij}。接着，对每个节点 $\boldsymbol{x}_i$，根据相似度值计算 q 个最近邻点，如下所示：

$$N_q(\boldsymbol{x}_i) = \{\boldsymbol{x}_j \in V: a_{ij} \leqslant a_{iq}\}$$

其中，a_{iq} 表示 $\boldsymbol{x}_i$ 和它的第 q 个最近邻点之间的相似度。我们取 $q=16$，因为在本例中，每个节点至少记录了 15 个最近邻点（不包括节点本身），对应 10% 的节点。当且仅当节点 $\boldsymbol{x}_i$ 和 $\boldsymbol{x}_j$ 互为最近邻点，即 $\boldsymbol{x}_j \in N_q(\boldsymbol{x}_i)$，$\boldsymbol{x}_i \in N_q(\boldsymbol{x}_j)$ 时，可以在节点 $\boldsymbol{x}_i$ 和 $\boldsymbol{x}_j$ 之间加上一条边。最后，如果得到的图是不连通的，则在任意两个连通分支添加 q 个最相似的（权重最高的）边。

得到的鸢尾花相似度图如图 16-1 所示。它有 $|V|=n=150$ 个节点和 $|E|=m=1730$ 条边。相似度 $a_{ij} \geqslant 0.9$ 的边用黑色表示，其余边用灰色表示。虽然对于所有节点都有 $a_{ii}=1.0$，但我们并不显示自边或自环。

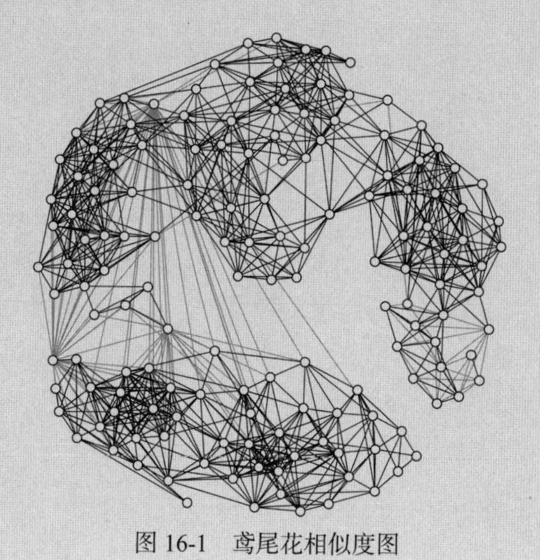

图 16-1　鸢尾花相似度图

1. 归一化邻接矩阵

归一化邻接矩阵可以通过将邻接矩阵的每一行除以相应节点的度来得到。给定图 G 的加权邻接矩阵 $\boldsymbol{A}$，其归一化邻接矩阵定义为

$$\boldsymbol{M} = \boldsymbol{\Delta}^{-1}\boldsymbol{A} = \begin{pmatrix} \frac{a_{11}}{d_1} & \frac{a_{12}}{d_1} & \cdots & \frac{a_{1n}}{d_1} \\ \frac{a_{21}}{d_2} & \frac{a_{22}}{d_2} & \cdots & \frac{a_{2n}}{d_2} \\ \vdots & \vdots & & \vdots \\ \frac{a_{n1}}{d_n} & \frac{a_{n2}}{d_n} & \cdots & \frac{a_{nn}}{d_n} \end{pmatrix} \tag{16.3}$$

假设 $\boldsymbol{A}$ 中的元素都是非负的，这意味着 $\boldsymbol{M}$ 的每个元素 m_{ij} 也是非负的，因为 $m_{ij}=\frac{a_{ij}}{d_i}\geqslant 0$。考虑 $\boldsymbol{M}$ 第 i 行的元素的和，得到：

$$\sum_{j=1}^{n} m_{ij}=\sum_{j=1}^{n}\frac{a_{ij}}{d_i}=\frac{d_i}{d_i}=1 \tag{16.4}$$

因此，$\boldsymbol{M}$ 中的每一行元素的总和为 1。这意味着 1 是 $\boldsymbol{M}$ 的一个特征值。实际上，$\lambda_1=1$ 是 $\boldsymbol{M}$ 的最大特征值，且其他特征值满足 $|\lambda_i|\leqslant 1$。另外，如果 G 是连通的，那么对应于 λ_1 的特征向量是 $\boldsymbol{u}_1=\frac{1}{\sqrt{n}}(1,1,\cdots,1)^{\mathrm{T}}=\frac{1}{\sqrt{n}}\mathbf{1}$。因为 $\boldsymbol{M}$ 不是对称的，所以它的特征向量不一定是正交的。

例 16.2　思考图 16-2 中的图，其邻接矩阵和度矩阵如下：

$$\boldsymbol{A}=\begin{pmatrix}0&1&0&1&0&1&0\\1&0&1&1&0&0&0\\0&1&0&1&0&0&1\\1&1&1&0&1&0&0\\0&0&0&1&0&1&1\\1&0&0&0&1&0&1\\0&0&1&0&1&1&0\end{pmatrix}\qquad \boldsymbol{\Delta}=\begin{pmatrix}3&0&0&0&0&0&0\\0&3&0&0&0&0&0\\0&0&3&0&0&0&0\\0&0&0&4&0&0&0\\0&0&0&0&3&0&0\\0&0&0&0&0&3&0\\0&0&0&0&0&0&3\end{pmatrix}$$

归一化邻接矩阵如下：

$$\boldsymbol{M}=\boldsymbol{\Delta}^{-1}\boldsymbol{A}=\begin{pmatrix}0&0.33&0&0.33&0&0.33&0\\0.33&0&0.33&0.33&0&0&0\\0&0.33&0&0.33&0&0&0.33\\0.25&0.25&0.25&0&0.25&0&0\\0&0&0&0.33&0&0.33&0.33\\0.33&0&0&0&0.33&0&0.33\\0&0&0.33&0&0.33&0.33&0\end{pmatrix}$$

$\boldsymbol{M}$ 的特征值按降序排列：

$\lambda_1=1$　　$\lambda_2=0.483$　　$\lambda_3=0.206$　　$\lambda_4=-0.045$

$\lambda_5=-0.405$　　$\lambda_6=-0.539$　　$\lambda_7=-0.7$

$\lambda_1=1$ 对应的特征向量为

$$\boldsymbol{u}_1=\frac{1}{\sqrt{7}}(1,1,1,1,1,1,1)^{\mathrm{T}}=(0.38,0.38,0.38,0.38,0.38,0.38,0.38)^{\mathrm{T}}$$

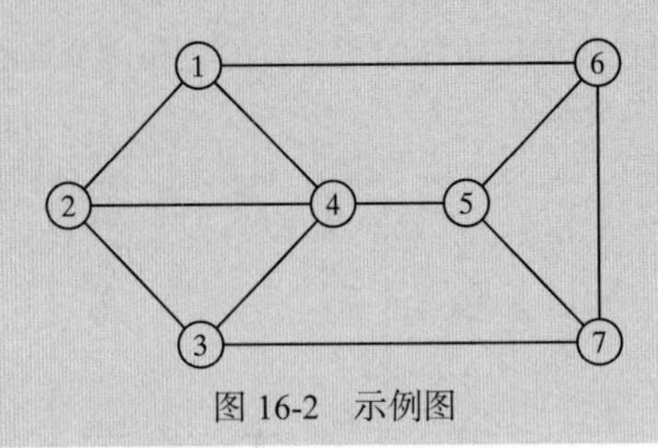

图 16-2　示例图

2. 图的拉普拉斯矩阵

图的拉普拉斯矩阵（Laplacian matrix）定义为

$$
\begin{aligned}
\boldsymbol{L} &= \boldsymbol{\Delta}-\boldsymbol{A}\\
&= \begin{pmatrix} \sum_{j=1}^{n} a_{1j} & 0 & \cdots & 0 \\ 0 & \sum_{j=1}^{n} a_{2j} & \cdots & 0 \\ \vdots & \vdots & & \vdots \\ 0 & 0 & \cdots & \sum_{j=1}^{n} a_{nj} \end{pmatrix} - \begin{pmatrix} a_{11} & a_{12} & \cdots & a_{1n} \\ a_{21} & a_{22} & \cdots & a_{2n} \\ \vdots & \vdots & & \vdots \\ a_{n1} & a_{n2} & \cdots & a_{nn} \end{pmatrix}\\
&= \begin{pmatrix} \sum_{j\neq 1} a_{1j} & -a_{12} & \cdots & -a_{1n} \\ -a_{21} & \sum_{j\neq 2} a_{2j} & \cdots & -a_{2n} \\ \vdots & \vdots & & \vdots \\ -a_{n1} & -a_{n2} & \cdots & \sum_{j\neq n} a_{nj} \end{pmatrix}
\end{aligned} \tag{16.5}
$$

有趣的是，$\boldsymbol{L}$ 是一个对称的半正定矩阵，对于任意 $\boldsymbol{c}\in\mathbb{R}^n$，有：

$$
\begin{aligned}
\boldsymbol{c}^{\mathrm{T}}\boldsymbol{L}\boldsymbol{c} &= \boldsymbol{c}^{\mathrm{T}}(\boldsymbol{\Delta}-\boldsymbol{A})\boldsymbol{c} = \boldsymbol{c}^{\mathrm{T}}\boldsymbol{\Delta}\boldsymbol{c} - \boldsymbol{c}^{\mathrm{T}}\boldsymbol{A}\boldsymbol{c}\\
&= \sum_{i=1}^{n} d_i c_i^2 - \sum_{i=1}^{n}\sum_{j=1}^{n} c_i c_j a_{ij}\\
&= \frac{1}{2}\left(\sum_{i=1}^{n} d_i c_i^2 - 2\sum_{i=1}^{n}\sum_{j=1}^{n} c_i c_j a_{ij} + \sum_{j=1}^{n} d_j c_j^2\right)\\
&= \frac{1}{2}\left(\sum_{i=1}^{n}\sum_{j=1}^{n} a_{ij} c_i^2 - 2\sum_{i=1}^{n}\sum_{j=1}^{n} c_i c_j a_{ij} + \sum_{i=j}^{n}\sum_{i=1}^{n} a_{ij} c_j^2\right)\\
&= \frac{1}{2}\sum_{i=1}^{n}\sum_{j=1}^{n} a_{ij}(c_i-c_j)^2\\
&\geqslant 0\ (a_{ij}\geqslant 0,\ (c_i-c_j)^2\geqslant 0)
\end{aligned} \tag{16.6}
$$

这意味着 $\boldsymbol{L}$ 有 n 个非负的实数特征值，并且可以按照降序排列成 $\lambda_1\geqslant\lambda_2\geqslant\cdots\geqslant\lambda_n\geqslant 0$。因为 $\boldsymbol{L}$ 是对称的，所以它的特征向量是正交的。此外，从式（16.5）可以看出，第一列（和第一行）是其余列（行）的线性组合。也就是说，如果 L_i 表示 $\boldsymbol{L}$ 的第 i 列，那么我们可以观察到 $L_1+L_2+L_3+\cdots+L_n=\mathbf{0}$。这意味着 $\boldsymbol{L}$ 的秩最大为 $n-1$，且最小的特征值为 $\lambda_n=0$，相应的特征向量为 $\boldsymbol{u}_n=\frac{1}{\sqrt{n}}(1,1,\cdots,1)^{\mathrm{T}}=\frac{1}{\sqrt{n}}\mathbf{1}$，假设图是连通的。如果图是非连通的，则等于零的特征值的数目代表图中连通分支的数目。

例 16.3　思考图 16-2 中的图，其邻接矩阵和度矩阵见例 16.2。该图的拉普拉斯矩阵如下：

$$
\boldsymbol{L}=\boldsymbol{\Delta}-\boldsymbol{A}=\begin{pmatrix}
3 & -1 & 0 & -1 & 0 & -1 & 0\\
-1 & 3 & -1 & -1 & 0 & 0 & 0\\
0 & -1 & 3 & -1 & 0 & 0 & -1\\
-1 & -1 & -1 & 4 & -1 & 0 & 0\\
0 & 0 & 0 & -1 & 3 & -1 & -1\\
-1 & 0 & 0 & 0 & -1 & 3 & -1\\
0 & 0 & -1 & 0 & -1 & -1 & 3
\end{pmatrix}
$$

$\boldsymbol{L}$ 的特征值如下：

$$\lambda_1=5.618 \quad \lambda_2=4.618 \quad \lambda_3=4.414 \quad \lambda_4=3.382$$
$$\lambda_5=2.382 \quad \lambda_6=1.586 \quad \lambda_7=0$$

$\lambda_7=0$ 对应的特征向量为

$$\boldsymbol{u}_7=\frac{1}{\sqrt{7}}(1,1,1,1,1,1,1)^{\mathrm{T}}=(0.38,0.38,0.38,0.38,0.38,0.38,0.38)^{\mathrm{T}}$$

图的归一化对称拉普拉斯矩阵定义为

$$\begin{aligned}\boldsymbol{L}^s&=\boldsymbol{\varDelta}^{-1/2}\boldsymbol{L}\boldsymbol{\varDelta}^{-1/2}\\&=\boldsymbol{\varDelta}^{-1/2}(\boldsymbol{\varDelta}-\boldsymbol{A})\boldsymbol{\varDelta}^{-1/2}=\boldsymbol{\varDelta}^{-1/2}\boldsymbol{\varDelta}\boldsymbol{\varDelta}^{-1/2}-\boldsymbol{\varDelta}^{-1/2}\boldsymbol{A}\boldsymbol{\varDelta}^{-1/2}\\&=\boldsymbol{I}-\boldsymbol{\varDelta}^{-1/2}\boldsymbol{A}\boldsymbol{\varDelta}^{-1/2}\end{aligned} \tag{16.7}$$

其中，$\boldsymbol{\varDelta}^{1/2}$ 是对角矩阵，$\boldsymbol{\varDelta}^{1/2}(i,i)=\sqrt{d_i}$；$\boldsymbol{\varDelta}^{-1/2}$ 也是对角矩阵，$\boldsymbol{\varDelta}^{-1/2}(i,i)=\frac{1}{\sqrt{d_i}}$（假设 $d_i\neq 0$，$1\leqslant i\leqslant n$）。换句话说，归一化拉普拉斯矩阵为

$$\boldsymbol{L}^s=\boldsymbol{\varDelta}^{-1/2}\boldsymbol{L}\boldsymbol{\varDelta}^{-1/2}=\begin{pmatrix}\frac{\sum_{j\neq 1}a_{1j}}{\sqrt{d_1d_1}} & -\frac{a_{12}}{\sqrt{d_1d_2}} & \cdots & -\frac{a_{1n}}{\sqrt{d_1d_n}}\\ -\frac{a_{21}}{\sqrt{d_2d_1}} & \frac{\sum_{j\neq 2}a_{2j}}{\sqrt{d_2d_2}} & \cdots & -\frac{a_{2n}}{\sqrt{d_2d_n}}\\ \vdots & \vdots & & \vdots\\ -\frac{a_{n1}}{\sqrt{d_nd_1}} & -\frac{a_{n2}}{\sqrt{d_nd_2}} & \cdots & \frac{\sum_{j\neq n}a_{nj}}{\sqrt{d_nd_n}}\end{pmatrix} \tag{16.8}$$

像式（16.6）中的推导一样，我们可以证明 $\boldsymbol{L}^s$ 也是半正定的，因为对于任何 $\boldsymbol{c}\in\mathbb{R}^d$，有：

$$\boldsymbol{c}^{\mathrm{T}}\boldsymbol{L}^s\boldsymbol{c}=\frac{1}{2}\sum_{i=1}^{n}\sum_{j=1}^{n}a_{ij}\left(\frac{c_i}{\sqrt{d_i}}-\frac{c_j}{\sqrt{d_j}}\right)^2\geqslant 0 \tag{16.9}$$

此外，如果 $\boldsymbol{L}_i^s$ 表示 $\boldsymbol{L}^s$ 的第 i 列，那么从式（16.8）可以看到：

$$\sqrt{d_1}\boldsymbol{L}_1^s+\sqrt{d_2}\boldsymbol{L}_2^s+\sqrt{d_3}\boldsymbol{L}_3^s+\cdots+\sqrt{d_n}\boldsymbol{L}_n^s=\boldsymbol{0}$$

也就是说，第一列是其他列的线性组合，这意味着 $\boldsymbol{L}^s$ 的秩最多为 $n-1$，最小的特征值为 $\lambda_n=0$，相应的特征向量为 $\frac{1}{\sqrt{\sum_i d_i}}\left(\sqrt{d_1},\sqrt{d_2},\cdots,\sqrt{d_n}\right)^{\mathrm{T}}=\frac{1}{\sqrt{\sum_i d_i}}\boldsymbol{\varDelta}^{1/2}\boldsymbol{1}$。由于 $\boldsymbol{L}^s$ 是半正定的，因此我们可以得出 $\boldsymbol{L}^s$ 有 n 个非负特征值 $\lambda_1\geqslant\lambda_2\geqslant\cdots\geqslant\lambda_n=0$ 的结论。

例 16.4 继续例 16.3，对于图 16-2 中的图，其归一化对称拉普拉斯矩阵如下：

$$\boldsymbol{L}^s=\begin{pmatrix}1 & -0.33 & 0 & -0.29 & 0 & -0.33 & 0\\ -0.33 & 1 & -0.33 & -0.29 & 0 & 0 & 0\\ 0 & -0.33 & 1 & -0.29 & 0 & 0 & -0.33\\ -0.29 & -0.29 & -0.29 & 1 & -0.29 & 0 & 0\\ 0 & 0 & 0 & -0.29 & 1 & -0.33 & -0.33\\ -0.33 & 0 & 0 & 0 & -0.33 & 1 & -0.33\\ 0 & 0 & -0.33 & 0 & -0.33 & -0.33 & 1\end{pmatrix}$$

L^s 的特征值为

$$\lambda_1=1.7 \quad \lambda_2=1.539 \quad \lambda_3=1.405 \quad \lambda_4=1.045$$
$$\lambda_5=0.794 \quad \lambda_6=0.517 \quad \lambda_7=0$$

$\lambda_7=0$ 对应的特征向量为

$$\begin{aligned} \boldsymbol{u}_7 &= \frac{1}{\sqrt{22}}(\sqrt{3},\sqrt{3},\sqrt{3},\sqrt{4},\sqrt{3},\sqrt{3},\sqrt{3})^{\mathrm{T}} \\ &= (0.37,0.37,0.37,0.43,0.37,0.37,0.37)^{\mathrm{T}} \end{aligned}$$

归一化非对称拉普拉斯矩阵定义为

$$\begin{aligned} \boldsymbol{L}^a &= \boldsymbol{\Delta}^{-1}\boldsymbol{L} \\ &= \boldsymbol{\Delta}^{-1}(\boldsymbol{\Delta}-\boldsymbol{A}) = \boldsymbol{I}-\boldsymbol{\Delta}^{-1}\boldsymbol{A} \\ &= \begin{pmatrix} \frac{\sum_{j\neq 1} a_{1j}}{d_1} & -\frac{a_{12}}{d_1} & \cdots & -\frac{a_{1n}}{d_1} \\ -\frac{a_{21}}{d_2} & \frac{\sum_{j\neq 2} a_{2j}}{d_2} & \cdots & -\frac{a_{2n}}{d_2} \\ \vdots & \vdots & & \vdots \\ -\frac{a_{n1}}{d_n} & -\frac{a_{n2}}{d_n} & \cdots & \frac{\sum_{j\neq n} a_{nj}}{d_n} \end{pmatrix} \end{aligned} \tag{16.10}$$

思考对称拉普拉斯矩阵 L^s 的特征值等式：

$$\boldsymbol{L}^s\boldsymbol{u}=\lambda\boldsymbol{u}$$

两边同时左乘 $\boldsymbol{\Delta}^{-1/2}$，得到：

$$\begin{aligned} &\boldsymbol{\Delta}^{-1/2}\boldsymbol{L}^s\boldsymbol{u}=\lambda\boldsymbol{\Delta}^{-1/2}\boldsymbol{u} \\ &\boldsymbol{\Delta}^{-1/2}\left(\boldsymbol{\Delta}^{-1/2}\boldsymbol{L}\boldsymbol{\Delta}^{-1/2}\right)\boldsymbol{u}=\lambda\boldsymbol{\Delta}^{-1/2}\boldsymbol{u} \\ &\boldsymbol{\Delta}^{-1}\boldsymbol{L}\left(\boldsymbol{\Delta}^{-1/2}\boldsymbol{u}\right)=\lambda\left(\boldsymbol{\Delta}^{-1/2}\boldsymbol{u}\right) \\ &\boldsymbol{L}^a\boldsymbol{v}=\lambda\boldsymbol{v} \end{aligned}$$

其中，$\boldsymbol{v}=\boldsymbol{\Delta}^{-1/2}\boldsymbol{u}$ 是 $\boldsymbol{L}^a$ 的特征向量，$\boldsymbol{u}$ 是 $\boldsymbol{L}^s$ 的一个特征向量。此外，$\boldsymbol{L}^a$ 具有与 $\boldsymbol{L}^s$ 相同的特征值集合，这意味着 $\boldsymbol{L}^a$ 也是一个半正定矩阵，有 n 个实数特征值 $\lambda_1\geqslant\lambda_2\geqslant\cdots\geqslant\lambda_n\geqslant 0$。由式（16.10）可知，如果 $\boldsymbol{L}_i^a$ 表示 $\boldsymbol{L}^a$ 的第 i 列，则 $\boldsymbol{L}_1^a+\boldsymbol{L}_2^a+\cdots+\boldsymbol{L}_n^a=\boldsymbol{0}$，这意味着 $\boldsymbol{v}_n=\frac{1}{\sqrt{n}}\boldsymbol{1}$ 表示对应于最小特征值 $\lambda_n=0$ 的特征向量。

例 16.5　图 16-2 中的图的归一化非对称拉普拉斯矩阵：

$$\boldsymbol{L}^a=\boldsymbol{\Delta}^{-1}\boldsymbol{L}=\begin{pmatrix} 1 & -0.33 & 0 & -0.33 & 0 & -0.33 & 0 \\ -0.33 & 1 & -0.33 & -0.33 & 0 & 0 & 0 \\ 0 & -0.33 & 1 & -0.33 & 0 & 0 & -0.33 \\ -0.25 & -0.25 & -0.25 & 1 & -0.25 & 0 & 0 \\ 0 & 0 & 0 & -0.33 & 1 & -0.33 & -0.33 \\ -0.33 & 0 & 0 & 0 & -0.33 & 1 & -0.33 \\ 0 & 0 & -0.33 & 0 & -0.33 & -0.33 & 1 \end{pmatrix}$$

$\boldsymbol{L}^a$ 的特征值和 $\boldsymbol{L}^s$ 的相同，即

$$\lambda_1 = 1.7 \quad \lambda_2 = 1.539 \quad \lambda_3 = 1.405 \quad \lambda_4 = 1.045$$
$$\lambda_5 = 0.794 \quad \lambda_6 = 0.517 \quad \lambda_7 = 0$$

$\lambda_7 = 0$ 对应的特征向量为

$$\boldsymbol{u}_7 = \frac{1}{\sqrt{7}}(1,1,1,1,1,1,1)^{\mathrm{T}} = (0.38, 0.38, 0.38, 0.38, 0.38, 0.38, 0.38)^{\mathrm{T}}$$

16.2　基于图割的聚类

图的 k 路割（k-way cut）是对节点集的划分或聚类 $\mathcal{C} = \{C_1, \cdots, C_k\}$，使得对于所有 i 有 $C_i \neq \varnothing$，对于所有 i, j 有 $C_i \cap C_j = \varnothing$，$V = \bigcup_i C_i$。我们要求 $\mathcal{C}$ 优化某个目标函数，使得簇内的节点具有较高的相似度，而不同簇的节点有较低的相似度，这符合直觉。

给定一个加权图 G 及其相似度矩阵［见式（16.1）］，设 $S, T \subseteq V$ 为节点的任意两个子集。用 $W(S,T)$ 表示一个节点在 S 中，另一个节点在 T 内的所有边的权重之和，如下所示：

$$W(S,T) = \sum_{v_i \in S} \sum_{v_j \in T} a_{ij} \tag{16.11}$$

给定 $S \subseteq V$，用 $\bar{S}$ 表示与之互补的节点集合，即 $\bar{S} = V \setminus S$。图中的一个（节点）割（vertex cut）将 V 划分为 $S \subset V$ 和 $\bar{S}$。割的权重为 S 和 $\bar{S}$ 中的节点构成的边的权重之和，即 $W(S, \bar{S})$。

给定包含 k 个簇的聚类 $\mathcal{C} = \{C_1, \cdots, C_k\}$，簇 C_i 的大小指簇中的节点的数量，用 $|C_i|$ 表示。簇 C_i 的体积（volume）定义为所有一端在簇内的边的权重之和：

$$\mathrm{vol}(C_i) = \sum_{v_j \in C_i} d_j = \sum_{v_j \in C_i} \sum_{v_r \in V} a_{jr} = W(C_i, V) \tag{16.12}$$

设 $\boldsymbol{c}_i \in \{0,1\}^n$ 表示簇指示向量，记录簇 C_i 的成员关系：

$$c_{ij} = \begin{cases} 1, & v_j \in C_i \\ 0, & v_j \notin C_i \end{cases}$$

因为一个聚类会产生成对不相交的簇，所以我们立即得到：

$$\boldsymbol{c}_i^{\mathrm{T}} \boldsymbol{c}_j = 0$$

此外，簇的大小可以写为

$$|C_i| = \boldsymbol{c}_i^{\mathrm{T}} \boldsymbol{c}_i = \|\boldsymbol{c}_i\|^2 \tag{16.13}$$

以下等式使我们能够用矩阵运算来表示割的权重。首先推导出所有一端在 C_i 中的边的权重之和的表达式。这些边包括簇内边（边的两端都在 C_i 中）与簇外边（边的另一端在另一簇 $C_{j \neq i}$ 中）。

$$\mathrm{vol}(C_i) = W(C_i, V) = \sum_{v_r \in C_i} d_r = \sum_{v_r \in C_i} c_{ir} d_r c_{ir} = \sum_{r=1}^{n} \sum_{s=1}^{n} c_{ir} \boldsymbol{\Delta}_{rs} c_{is}$$

因此，簇的大小可以写为

$$\mathrm{vol}(C_i)=\boldsymbol{c}_i^{\mathrm{T}}\boldsymbol{\Delta}\boldsymbol{c}_i \tag{16.14}$$

思考所有内部边的权重之和：

$$W(C_i,C_i)=\sum_{v_r\in C_i}\sum_{v_s\in C_i}a_{rs}=\sum_{r=1}^{n}\sum_{s=1}^{n}c_{ir}a_{rs}c_{is}$$

我们可以将内部权重之和写为

$$W(C_i,C_i)=\boldsymbol{c}_i^{\mathrm{T}}\boldsymbol{A}\boldsymbol{c}_i \tag{16.15}$$

从式（16.14）中减去式（16.15），可以得到所有外部边的权重之和（或割权重），如下所示：

$$\begin{aligned}W(C_i,\overline{C_i})&=\sum_{v_r\in C_i}\sum_{v_s\in V-C_i}a_{rs}=W(C_i,V)-W(C_i,C_i)\\&=\boldsymbol{c}_i(\boldsymbol{\Delta}-\boldsymbol{A})\boldsymbol{c}_i=\boldsymbol{c}_i^{\mathrm{T}}\boldsymbol{L}\boldsymbol{c}_i\end{aligned} \tag{16.16}$$

例 16.6 思考图 16-2 中的图。假设 $C_1=\{1,2,3,4\}$ 和 $C_2=\{5,6,7\}$ 是两个簇。它们的簇指示向量如下：

$$\boldsymbol{c}_1=(1,1,1,1,0,0,0)^{\mathrm{T}} \qquad \boldsymbol{c}_2=(0,0,0,0,1,1,1)^{\mathrm{T}}$$

根据需要，$\boldsymbol{c}_1^{\mathrm{T}}\boldsymbol{c}_2=0$，$\boldsymbol{c}_1^{\mathrm{T}}\boldsymbol{c}_1=\|\boldsymbol{c}_1\|^2=4$ 和 $\boldsymbol{c}_2^{\mathrm{T}}\boldsymbol{c}_2=3$ 给出了两个簇的大小。思考 C_1 和 C_2 之间的割权重。因为两个簇之间有三条边，所以 $W(C_1,\overline{C_1})=W(C_1,C_2)=3$。使用例 16.3 中的拉普拉斯矩阵，根据式（16.16），得到：

$$\begin{aligned}W(C_1,\overline{C_1})&=\boldsymbol{c}_1^{\mathrm{T}}\boldsymbol{L}\boldsymbol{c}_1\\&=(1,1,1,1,0,0,0)\begin{pmatrix}3&-1&0&-1&0&-1&0\\-1&3&-1&-1&0&0&0\\0&-1&3&-1&0&0&-1\\-1&-1&-1&4&-1&0&0\\0&0&0&-1&3&-1&-1\\-1&0&0&0&-1&3&-1\\0&0&-1&0&-1&-1&3\end{pmatrix}\begin{pmatrix}1\\1\\1\\1\\0\\0\\0\end{pmatrix}\\&=(1,0,1,1,-1,-1,-1)(1,1,1,1,0,0,0)^{\mathrm{T}}=3\end{aligned}$$

16.2.1 聚类目标函数：比例割和归一割

聚类目标函数可以阐述为针对 k 路割 $\mathcal{C}=\{C_1,\cdots,C_k\}$ 的一个优化问题。思考两个常用的最小化目标，即比例割（ratio cut）和归一割（normalized cut）。介绍完谱聚类算法后，16.2.3 节将介绍最大化目标。

1. 比例割

k 路割上的比例割目标定义如下：

$$\min_{\mathcal{C}} J_{\mathrm{rc}}(\mathcal{C})=\sum_{i=1}^{k}\frac{W(C_i,\overline{C_i})}{|C_i|}=\sum_{i=1}^{k}\frac{\boldsymbol{c}_i^{\mathrm{T}}\boldsymbol{L}\boldsymbol{c}_i}{\boldsymbol{c}_i^{\mathrm{T}}\boldsymbol{c}_i}=\sum_{i=1}^{k}\frac{\boldsymbol{c}_i^{\mathrm{T}}\boldsymbol{L}\boldsymbol{c}_i}{\|\boldsymbol{c}_i\|^2} \tag{16.17}$$

其中使用了式（16.16），即 $W(C_1,\overline{C_1})=\boldsymbol{c}_i^{\mathrm{T}}\boldsymbol{L}\boldsymbol{c}_i$。

考虑到每个簇的大小，比例割尝试将从簇 C_i 到不在簇 $\overline{C_i}$ 中的其他点的相似度之和最小化。可以观察到，当割权重最小化并且簇较大时，目标函数的值较低。

然而，对于二元簇指示向量 $\boldsymbol{c}_i$，比例割目标是 NP 困难的。一个明显的放宽方法是允许 $\boldsymbol{c}_i$ 取任意实数值。在这种情况下，可以将目标重写为

$$\min_{\mathcal{C}} J_{\mathrm{rc}}(\mathcal{C})=\sum_{i=1}^{k}\frac{\boldsymbol{c}_i^{\mathrm{T}}\boldsymbol{L}\boldsymbol{c}_i}{\|\boldsymbol{c}_i\|^2}=\sum_{i=1}^{k}\left(\frac{\boldsymbol{c}_i}{\|\boldsymbol{c}_i\|}\right)^{\mathrm{T}}\boldsymbol{L}\left(\frac{\boldsymbol{c}_i}{\|\boldsymbol{c}_i\|}\right)=\sum_{i=1}^{k}\boldsymbol{u}_i^{\mathrm{T}}\boldsymbol{L}\boldsymbol{u}_i \tag{16.18}$$

其中，$\boldsymbol{u}_i=\dfrac{\boldsymbol{c}_i}{\|\boldsymbol{c}_i\|}$ 是 $\boldsymbol{c}_i\in\mathbb{R}^n$ 方向上的单位向量，即假设 $\boldsymbol{c}_i$ 是任意的实向量。

为了最小化 J_{rc}，将其对 $\boldsymbol{u}_i$ 求导，并将导数设为零向量。为了满足约束条件 $\boldsymbol{u}_i^{\mathrm{T}}\boldsymbol{u}_i=1$，为每个簇 C_i 引入拉格朗日乘子 λ_i，得到：

$$\begin{aligned}\frac{\partial}{\partial\boldsymbol{u}_i}\left(\sum_{i=1}^{k}\boldsymbol{u}_i^{\mathrm{T}}\boldsymbol{L}\boldsymbol{u}_i+\sum_{i=1}^{n}\lambda_i(1-\boldsymbol{u}_i^{\mathrm{T}}\boldsymbol{u}_i)\right)&=\boldsymbol{0}\\ 2\boldsymbol{L}\boldsymbol{u}_i-2\lambda_i\boldsymbol{u}_i&=\boldsymbol{0}\\ \boldsymbol{L}\boldsymbol{u}_i&=\lambda_i\boldsymbol{u}_i\end{aligned} \tag{16.19}$$

这意味着 $\boldsymbol{u}_i$ 是拉普拉斯矩阵 $\boldsymbol{L}$ 的特征向量之一，对应于特征值 λ_i。从式（16.19）可以看到：

$$\boldsymbol{u}_i^{\mathrm{T}}\boldsymbol{L}\boldsymbol{u}_i=\boldsymbol{u}_i^{\mathrm{T}}\lambda_i\boldsymbol{u}_i=\lambda_i$$

这又意味着，为了最小化比例割目标函数［见式（16.18）］，选择最小的 k 个特征值及相应的特征向量，使得：

$$\begin{aligned}\min_{\mathcal{C}} J_{\mathrm{rc}}(\mathcal{C})&=\boldsymbol{u}_n^{\mathrm{T}}\boldsymbol{L}\boldsymbol{u}_n+\cdots+\boldsymbol{u}_{n-k+1}^{\mathrm{T}}\boldsymbol{L}\boldsymbol{u}_{n-k+1}\\&=\lambda_n+\cdots+\lambda_{n-k+1}\end{aligned} \tag{16.20}$$

其中，我们假设特征值已排序为 $\lambda_1\geqslant\lambda_2\geqslant\cdots\geqslant\lambda_n$。注意，$\boldsymbol{L}$ 的最小特征值为 $\lambda_n=0$，最小的 k 个特征值如下：$0=\lambda_n\leqslant\lambda_{n-1}\leqslant\cdots\leqslant\lambda_{n-k+1}$。对应的特征向量 $\boldsymbol{u}_n,\boldsymbol{u}_{n-1},\cdots,\boldsymbol{u}_{n-k+1}$ 表示放宽后的簇指示向量。但是，因为 $\boldsymbol{u}_n=\dfrac{1}{\sqrt{n}}\boldsymbol{1}$，如果图是连通的，它不提供关于如何将图的节点分开的任何指导。

2. 归一割

归一割与比例割相似，只是它会将每个簇的割权重除以簇的体积，而不是除以簇的大小。目标函数如下：

$$\min_{\mathcal{C}} J_{\mathrm{nc}}(\mathcal{C})=\sum_{i=1}^{k}\frac{W(C_i,\overline{C_i})}{\mathrm{vol}(C_i)}=\sum_{i=1}^{k}\frac{\boldsymbol{c}_i^{\mathrm{T}}\boldsymbol{L}\boldsymbol{c}_i}{\boldsymbol{c}_i^{\mathrm{T}}\boldsymbol{\Delta}\boldsymbol{c}_i} \tag{16.21}$$

其中，使用了式（16.16）和式（16.14），即 $W(C_1,\overline{C_1})=\boldsymbol{c}_i^{\mathrm{T}}\boldsymbol{L}\boldsymbol{c}_i$ 和 $\mathrm{vol}(C_i)=\boldsymbol{c}_i^{\mathrm{T}}\boldsymbol{\Delta}\boldsymbol{c}_i$。正如我们所期望的，当割权重较小且簇体积较大的时候，目标函数 J_{nc} 的值较小。

与比例割的情况一样，如果放宽 $\boldsymbol{c}_i$ 是二元簇指示向量的条件，就可以得到归一割目标的最优解。我们假设 $\boldsymbol{c}_i$ 是一个任意的实向量。对角矩阵 $\boldsymbol{\Delta}$ 可以写成 $\boldsymbol{\Delta}=\boldsymbol{\Delta}^{1/2}\boldsymbol{\Delta}^{-1/2}$，而且

$\boldsymbol{I}=\boldsymbol{\Delta}^{1/2}\boldsymbol{\Delta}^{-1/2}$，$\boldsymbol{\Delta}^{\mathrm{T}}=\boldsymbol{\Delta}$（因为 $\boldsymbol{\Delta}$ 是对角矩阵），因此可根据归一化对称拉普拉斯矩阵重写归一割目标函数：

$$\begin{aligned}\min_{\mathcal{C}} J_{\mathrm{nc}}(\mathcal{C})&=\sum_{i=1}^{k}\frac{\boldsymbol{c}_i^{\mathrm{T}}\boldsymbol{L}\boldsymbol{c}_i}{\boldsymbol{c}_i^{\mathrm{T}}\boldsymbol{\Delta}\boldsymbol{c}_i}=\sum_{i=1}^{k}\frac{\boldsymbol{c}_i^{\mathrm{T}}\left(\boldsymbol{\Delta}^{1/2}\boldsymbol{\Delta}^{-1/2}\right)\boldsymbol{L}\left(\boldsymbol{\Delta}^{-1/2}\boldsymbol{\Delta}^{1/2}\right)\boldsymbol{c}_i}{\boldsymbol{c}_i^{\mathrm{T}}\left(\boldsymbol{\Delta}^{1/2}\boldsymbol{\Delta}^{1/2}\right)\boldsymbol{c}_i}\\&=\sum_{i=1}^{k}\frac{(\boldsymbol{\Delta}^{1/2}\boldsymbol{c}_i)^{\mathrm{T}}(\boldsymbol{\Delta}^{-1/2}\boldsymbol{L}\boldsymbol{\Delta}^{-1/2})(\boldsymbol{\Delta}^{1/2}\boldsymbol{c}_i)}{(\boldsymbol{\Delta}^{1/2}\boldsymbol{c}_i)^{\mathrm{T}}(\boldsymbol{\Delta}^{1/2}\boldsymbol{c}_i)}\\&=\sum_{i=1}^{k}\left(\frac{\boldsymbol{\Delta}^{1/2}\boldsymbol{c}_i}{\|\boldsymbol{\Delta}^{1/2}\boldsymbol{c}_i\|}\right)^{\mathrm{T}}\boldsymbol{L}^s\left(\frac{\boldsymbol{\Delta}^{1/2}\boldsymbol{c}_i}{\|\boldsymbol{\Delta}^{1/2}\boldsymbol{c}_i\|}\right)=\sum_{i=1}^{k}\boldsymbol{u}_i^{\mathrm{T}}\boldsymbol{L}^s\boldsymbol{u}_i\end{aligned}$$

其中，$\boldsymbol{u}_i=\dfrac{\boldsymbol{\Delta}^{1/2}\boldsymbol{c}_i}{\|\boldsymbol{\Delta}^{1/2}\boldsymbol{c}_i\|}$ 是 $\boldsymbol{\Delta}^{1/2}\boldsymbol{c}_i$ 方向上的单位向量。遵循与式（16.19）相同的方法，可得出结论：通过选择归一化拉普拉斯矩阵 $\boldsymbol{L}^s$ 的 k 个最小特征值，即 $0=\lambda_n\leqslant\lambda_{n-1}\leqslant\cdots\leqslant\lambda_{n-k+1}$，可以优化归一割目标函数。

归一割目标函数［见式（16.21）］也可以用归一化非对称拉普拉斯矩阵来表示，通过式（16.21）对 $\boldsymbol{c}_i$ 求导，并将结果设为零向量。注意到除 $\boldsymbol{c}_i$ 以外的所有项对于 $\boldsymbol{c}_i$ 来说相当于常数，得到：

$$\begin{aligned}\frac{\partial}{\partial\boldsymbol{c}_i}\left(\sum_{j=1}^{k}\frac{\boldsymbol{c}_j^{\mathrm{T}}\boldsymbol{L}\boldsymbol{c}_j}{\boldsymbol{c}_j^{\mathrm{T}}\boldsymbol{\Delta}\boldsymbol{c}_j}\right)=\frac{\partial}{\partial\boldsymbol{c}_i}\left(\frac{\boldsymbol{c}_i^{\mathrm{T}}\boldsymbol{L}\boldsymbol{c}_i}{\boldsymbol{c}_i^{\mathrm{T}}\boldsymbol{\Delta}\boldsymbol{c}_i}\right)&=\boldsymbol{0}\\\frac{\boldsymbol{L}\boldsymbol{c}_i(\boldsymbol{c}_i^{\mathrm{T}}\boldsymbol{\Delta}\boldsymbol{c}_i)-\boldsymbol{\Delta}\boldsymbol{c}_i(\boldsymbol{c}_i^{\mathrm{T}}\boldsymbol{L}\boldsymbol{c}_i)}{(\boldsymbol{c}_i^{\mathrm{T}}\boldsymbol{\Delta}\boldsymbol{c}_i)^2}&=\boldsymbol{0}\\\boldsymbol{L}\boldsymbol{c}_i&=\left(\frac{\boldsymbol{c}_i^{\mathrm{T}}\boldsymbol{L}\boldsymbol{c}_i}{\boldsymbol{c}_i^{\mathrm{T}}\boldsymbol{\Delta}\boldsymbol{c}_i}\right)\boldsymbol{\Delta}\boldsymbol{c}_i\\\boldsymbol{\Delta}^{-1}\boldsymbol{L}\boldsymbol{c}_i&=\lambda_i\boldsymbol{c}_i\\\boldsymbol{L}^a\boldsymbol{c}_i&=\lambda_i\boldsymbol{c}_i\end{aligned}$$

其中，$\lambda_i=\dfrac{\boldsymbol{c}_i^{\mathrm{T}}\boldsymbol{L}\boldsymbol{c}_i}{\boldsymbol{c}_i^{\mathrm{T}}\boldsymbol{\Delta}\boldsymbol{c}_i}$ 是非对称拉普拉斯矩阵 $\boldsymbol{L}^a$ 的第 i 个特征向量 $\boldsymbol{c}_i$ 对应的特征值。因此，为了最小化归一割目标函数，选择 $\boldsymbol{L}^a$ 的 k 个最小特征值，即 $0=\lambda_n\leqslant\lambda_{n-1}\leqslant\cdots\leqslant\lambda_{n-k+1}$。

为了求得聚类，对于 $\boldsymbol{L}^a$，可以使用对应的特征向量 $\boldsymbol{u}_n,\cdots,\boldsymbol{u}_{n-k+1}$，其中 $\boldsymbol{c}_i=\boldsymbol{u}_i$ 表示实值簇指示向量。但请注意，对于 $\boldsymbol{L}^a$，我们有 $\boldsymbol{c}_n=\boldsymbol{u}_n=\dfrac{1}{\sqrt{n}}\boldsymbol{1}$。此外，对于归一化对称拉普拉斯矩阵 $\boldsymbol{L}^s$，实值簇指示向量为 $\boldsymbol{c}_i=\boldsymbol{\Delta}^{-1/2}\boldsymbol{u}_i$，这同样意味着 $\boldsymbol{c}_n=\dfrac{1}{\sqrt{n}}\boldsymbol{1}$。这说明，如果图是连通的，则对应于最小特征值 $\lambda_n=0$ 的特征向量 $\boldsymbol{u}_n$ 本身不包含任何有用的聚类信息。

16.2.2　谱聚类算法

算法 16.1 给出了谱聚类算法的伪代码。假设对应的图是连通的。该算法以数据集 $\boldsymbol{D}$ 为输入，计算相似度矩阵 $\boldsymbol{A}$，也可以直接以矩阵 $\boldsymbol{A}$ 为输入。根据目标函数的不同，我们选择对

应的矩阵 $\boldsymbol{B}$。例如：对于归一割，选择 $\boldsymbol{B}$ 为 $\boldsymbol{L}^s$ 或 $\boldsymbol{L}^a$；而对于比例割，选择 $\boldsymbol{B}=\boldsymbol{L}$。下面计算 $\boldsymbol{B}$ 的最小的 k 个特征值及对应的特征向量。然而，我们面临的主要问题是，特征向量 $\boldsymbol{u}_i$ 不是二元的，因此不能直接将点赋给各个簇。一种解决方案是将 $n\times k$ 的特征向量矩阵视为一个新的数据矩阵：

$$\boldsymbol{U}=(\boldsymbol{u}_n\ \ \boldsymbol{u}_{n-1}\cdots\ \boldsymbol{u}_{n-k+1})=\begin{pmatrix} u_{n,1} & u_{n-1,1} & \cdots & u_{n-k+1,1}\\ u_{n2} & u_{n-1,2} & \cdots & u_{n-k+1,2}\\ \vdots & \vdots & & \vdots\\ u_{n,n} & u_{n-1,n} & \cdots & u_{n-k+1,n}\end{pmatrix} \tag{16.22}$$

算法 16.1　谱聚类算法

SPECTRAL CLUSTERING $(\boldsymbol{D},k)$:
1 Compute the similarity matrix $\boldsymbol{A}\in\mathbb{R}^{n\times n}$
2 **if** *ratio cut* **then** $\boldsymbol{B}\leftarrow\boldsymbol{L}$
3 **else if** *normalized cut* **then** $\boldsymbol{B}\leftarrow\boldsymbol{L}^s$ or $\boldsymbol{L}^a$
4 Solve $\boldsymbol{B}\boldsymbol{u}_i=\lambda_i\boldsymbol{u}_i$ for $i=n,\cdots,n-k+1$, where $\lambda_n\leqslant\lambda_{n-1}\leqslant\cdots\leqslant\lambda_{n-k+1}$
5 $\boldsymbol{U}\leftarrow(\boldsymbol{u}_n\quad\boldsymbol{u}_{n-1}\quad\cdots\quad\boldsymbol{u}_{n-k+1})$
6 $\boldsymbol{Y}\leftarrow$ normalize rows of $\boldsymbol{U}$ using Eq. (16.23)
7 $\mathcal{C}\leftarrow\{C_1,\cdots,C_k\}$ via K-means on $\boldsymbol{Y}$

接下来，对 $\boldsymbol{U}$ 的每一行进行归一化处理以获得单位向量：

$$\boldsymbol{y}_i=\frac{1}{\sqrt{\sum_{j=1}^{k}u_{n-j+1,i}^2}}(u_{n,i},\ u_{n-1,i},\cdots,\ u_{n-k+1,i})^{\mathrm{T}} \tag{16.23}$$

由此产生了新的归一化矩阵 $\boldsymbol{Y}\in\mathbb{R}^{n\times k}$，其中包含缩减为 k 维的 n 个点：

$$\boldsymbol{Y}=\begin{pmatrix}\boldsymbol{y}_1^{\mathrm{T}}\\ \boldsymbol{y}_2^{\mathrm{T}}\\ \vdots\\ \boldsymbol{y}_n^{\mathrm{T}}\end{pmatrix}$$

现在可以通过 K-means 算法或其他快速聚类算法，将 $\boldsymbol{Y}$ 中的新点聚类为 k 个簇，正如我们所期望的，在 k 维特征空间中，簇得到了很好的分离。注意，对于 $\boldsymbol{L}$、$\boldsymbol{L}^s$ 和 $\boldsymbol{L}^a$，对应于最小特征值 $\lambda_n=0$ 的簇指示向量是一个元素全为 1 的向量，并不提供关于如何分离节点的任何信息。真正的聚类信息包含在从第二小开始的特征值所对应的特征向量中。但是，如果图是非连通的，那么即使是对应于 λ_n 的特征向量也可以包含有价值的聚类信息。因此，我们在式（16.22）中保留 $\boldsymbol{U}$ 中的所有特征向量。

严格地说，式（16.23）中的归一化步骤只建议用于归一化对称拉普拉斯矩阵 $\boldsymbol{L}^s$。因为 $\boldsymbol{L}^s$ 的特征向量和簇指示向量相关，$\boldsymbol{\Delta}^{1/2}\boldsymbol{c}_i=\boldsymbol{u}_i$。$\boldsymbol{u}_i$ 的第 j 项对应节点 v_j，如下所示：

$$u_{ij}=\frac{\sqrt{d_j}c_{ij}}{\sqrt{\sum_{r=1}^{n}d_rc_{ir}^2}}$$

如果节点的度变化很大，则度较小的节点的 u_{ij} 值非常小。这会导致 K-means 对这样的节点难以进行正确聚类。归一化步骤有助于缓解 $\boldsymbol{L}^s$ 的这个问题，尽管它也可以帮助实现其他目标。

计算复杂度

谱聚类算法的计算复杂度为 $O(n^3)$，因为计算特征向量需要花费大量的时间。但是，如果图是稀疏的，则计算特征向量的复杂度为 $O(mn)$，其中 m 是图中的边数。特别地，如果 $m=O(n)$，那么总体复杂度降为 $O(n^2)$。在 $\boldsymbol{Y}$ 上运行 K-means 算法需要 $O(tnk^2)$ 的时间，其中 t 是 K-means 收敛所需的迭代次数。

例 16.7 思考应用于图 16-2 中的图的归一割。假设我们想找到 $k=2$ 个簇。对于例 16.5 中给出的归一化非对称拉普拉斯矩阵，计算对应于两个最小特征值 $\lambda_7=0$ 和 $\lambda_6=0.517$ 的特征向量 $\boldsymbol{v}_7$ 和 $\boldsymbol{v}_6$。由这两个特征向量组成的矩阵如下：

$$\boldsymbol{U}=\begin{pmatrix} \boldsymbol{u}_1 & \boldsymbol{u}_2 \\ \hline -0.378 & -0.226 \\ -0.378 & -0.499 \\ -0.378 & -0.226 \\ -0.378 & -0.272 \\ -0.378 & 0.425 \\ -0.378 & 0.444 \\ -0.378 & 0.444 \end{pmatrix}$$

将 $\boldsymbol{u}_1$ 和 $\boldsymbol{u}_2$ 的第 i 个分量视为第 i 个点 $(u_{1i},u_{2i})\in\mathbb{R}^2$，将所有点归一化后，得到新的数据集：

$$\boldsymbol{Y}=\begin{pmatrix} -0.859 & -0.513 \\ -0.604 & -0.797 \\ -0.859 & -0.513 \\ -0.812 & -0.584 \\ -0.664 & 0.747 \\ -0.648 & 0.761 \\ -0.648 & 0.761 \end{pmatrix}$$

例如，第一个点归一化为

$$\boldsymbol{y}_1=\frac{1}{\sqrt{(-0.378)^2+(-0.226^2)}}(-0.378,-0.226)^{\mathrm{T}}=(-0.859,-0.513)^{\mathrm{T}}$$

图 16-3 绘制了新的数据集 $\boldsymbol{Y}$。使用 K-means 算法将点聚类为 $k=2$ 个簇，得到 $C_1=\{1,2,3,4\}$ 和 $C_2=\{5,6,7\}$。

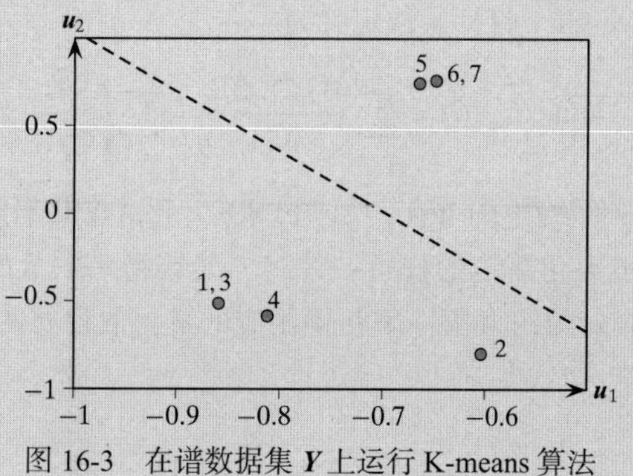

图 16-3 在谱数据集 $\boldsymbol{Y}$ 上运行 K-means 算法

例 16.8 使用归一割目标函数和非对称拉普拉斯矩阵 $\boldsymbol{L}^a$ 对图 16-1 中的鸢尾花图应用谱聚类。图 16-4 给出了 $k=3$ 个簇。将它们与真实的鸢尾花类别（未用于聚类）进行比较，得到表 16-1 所示的列联表，该表给出了正确聚类的点的数目（在主对角线上）和错误聚类的点的数目（在对角线外）。可见，簇 C_1 主要对应 Iris-setosa，簇 C_2 对应 Iris-virginica，簇 C_3 对应 Iris-versicolor。后两者更难分开。相比真实的鸢尾花类别，总共有 18 个点聚类错误。

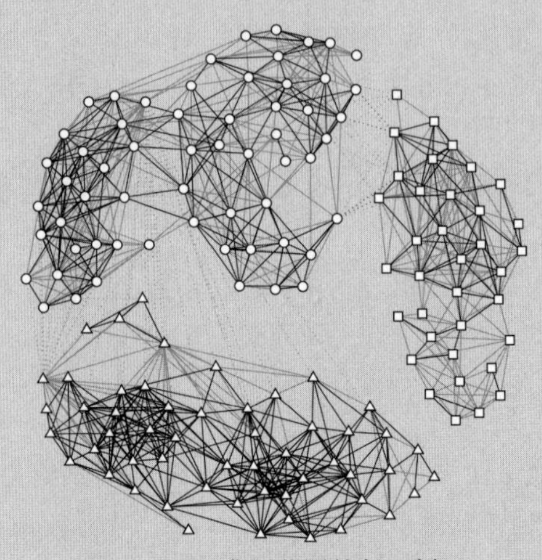

图 16-4　鸢尾花图的归一割

表 16-1　列联表：簇和鸢尾花类别

	Iris-setosa	Iris-virginica	Iris-versicolor
C_1（三角形）	50	0	4
C_2（方块）	0	36	0
C_3（圆形）	0	14	46

16.2.3　最大化目标函数：平均割和模块度

现在讨论两个聚类目标函数，它们可以表示为在 k 路割 $\mathcal{C}=\{C_1,\cdots,C_k\}$ 上的最大化问题。它们是平均权重和模块度。本节还将探讨它们与归一割和核 K-means 的联系。

1. 平均权重

平均权重（average weight）目标函数定义为

$$\max_{\mathcal{C}} J_{\mathrm{aw}}(\mathcal{C})=\sum_{i=1}^{k}\frac{W(C_i,C_i)}{|C_i|}=\sum_{i=1}^{k}\frac{\boldsymbol{c}_i^{\mathrm{T}}\boldsymbol{A}\boldsymbol{c}_i}{\boldsymbol{c}_i^{\mathrm{T}}\boldsymbol{c}_i} \tag{16.24}$$

其中，使用了式（16.15）中确定的 $W(C_i,C_i)=\boldsymbol{c}_i^{\mathrm{T}}\boldsymbol{A}\boldsymbol{c}_i$。平均权重不像比例割中那样最小化簇间边的权重，而是试图最大化簇内的权重。针对二元簇指示向量的 J_{aw} 最大化问题也是 NP 困难的，可以通过放宽对 $\boldsymbol{c}_i$ 的约束条件来获得相应的解。假设 $\boldsymbol{c}_i$ 的分量可以取任意的实数，得到松弛的目标函数：

$$\max_{\mathcal{C}} J_{\mathrm{aw}}(\mathcal{C})=\sum_{i=1}^{k}\boldsymbol{u}_i^{\mathrm{T}}\boldsymbol{A}\boldsymbol{u}_i \tag{16.25}$$

其中，$\boldsymbol{u}_i=\frac{\boldsymbol{c}_i}{\|\boldsymbol{c}_i\|}$。遵循式（16.19）中的推导方法，通过选择 $\boldsymbol{A}$ 的 k 个最大特征值和相应的特征向量来最大化目标函数：

$$\begin{aligned}\max_{\mathcal{C}} J_{\mathrm{aw}}(\mathcal{C})&=\boldsymbol{u}_1^{\mathrm{T}}\boldsymbol{A}\boldsymbol{u}_1+\cdots+\boldsymbol{u}_k^{\mathrm{T}}\boldsymbol{A}\boldsymbol{u}_k\\&=\lambda_1+\cdots+\lambda_k\end{aligned}$$

其中，$\lambda_1\geqslant\lambda_2\geqslant\cdots\geqslant\lambda_n$。

如果假设 $\boldsymbol{A}$ 是从一个对称半正定核得到的加权邻接矩阵，即 $a_{ij}=K(\boldsymbol{x}_i,\boldsymbol{x}_j)$，则 $\boldsymbol{A}$ 也是半正定的，它的特征值为非负实数。一般来说，如果对 $\boldsymbol{A}$ 设置阈值或 $\boldsymbol{A}$ 是无向图的无权邻接矩阵，那么即使 $\boldsymbol{A}$ 是对称的，它也不一定是半正定的。这意味着一般来说 $\boldsymbol{A}$ 可以有负的特征值，尽管它们都是实数。因为 J_{aw} 是一个最大化问题，所以我们必须只考虑正的特征值和相应的特征向量。

例 16.9 对于图 16-2 中的图，邻接矩阵如例 16.3 所示，其特征值如下：

$$\begin{array}{llll}\lambda_1=3.18 & \lambda_2=1.49 & \lambda_3=0.62 & \lambda_4=-0.15\\ \lambda_5=-1.27 & \lambda_6=-1.62 & \lambda_7=-2.25 & \end{array}$$

可以看到，有些特征值可以是负的，因为 $\boldsymbol{A}$ 是邻接图，并且是非半正定的。

平均权重和核 K-means 平均权重目标函数使核 K-means 和图割之间有有趣的联系。如果加权邻接矩阵 $\boldsymbol{A}$ 表示一对点的核值，那么 $a_{ij}=K(\boldsymbol{x}_i,\boldsymbol{x}_j)$，则可以使用核 K-means 的平方误差和目标函数［见式（13.3）］进行图聚类。SSE 目标函数为

$$\begin{aligned}\min_{\mathcal{C}} J_{\mathrm{sse}}(\mathcal{C})&=\sum_{j=1}^{n}K(\boldsymbol{x}_j,\boldsymbol{x}_j)-\sum_{i=1}^{k}\frac{1}{|C_i|}\sum_{\boldsymbol{x}_r\in C_i}\sum_{\boldsymbol{x}_s\in C_i}K(\boldsymbol{x}_r,\boldsymbol{x}_s)\\&=\sum_{j=1}^{n}a_{jj}-\sum_{i=1}^{k}\frac{1}{|C_i|}\sum_{v_r\in C_i}\sum_{v_s\in C_i}a_{rs}\\&=\sum_{j=1}^{n}a_{jj}-\sum_{i=1}^{k}\frac{\boldsymbol{c}_i^{\mathrm{T}}\boldsymbol{A}\boldsymbol{c}_i}{\boldsymbol{c}_i^{\mathrm{T}}\boldsymbol{c}_i}\\&=\sum_{j=1}^{n}a_{jj}-J_{\mathrm{aw}}(\mathcal{C})\end{aligned}\qquad(16.26)$$

可以观察到，由于 $\sum_{j=1}^{n}a_{ij}$ 独立于聚类，因此最小化 SSE 和最大化平均权重是相同的。特别地，如果 a_{ij} 表示节点之间的线性核 $\boldsymbol{x}_i^{\mathrm{T}}\boldsymbol{x}_j$，则最大化平均权重［见式（16.24）］与最小化 K-means SSE［见式（13.1）］是等价的。因此，分别使用 J_{aw} 和核 K-means 的谱聚类代表解决同一问题的两种不同方法。对于 NP 困难的问题，核 K-means 试图通过贪心迭代的方法直接优化 SSE，而图割方法则试图通过优化放宽约束后的问题来解决。

2. 模块度

非正式地说，模块度（modularity）定义为在一个簇中观察到的边的比例和期望的边的比例之差。它度量同一类型的节点（在我们的例子中，指在同一簇中的节点）相互连接的程度。

无权图 假设图 G 是无权的，$\boldsymbol{A}$ 是它的二元邻接矩阵。簇 C_i 中的边数如下：

$$\frac{1}{2}\sum_{v_r\in C_i}\sum_{v_s\in C_i}a_{rs}$$

这里除以 2，是因为在求和部分，每条边都统计了两次。在所有簇中，同一簇中观察到的边数如下：

$$\frac{1}{2}\sum_{i=1}^{k}\sum_{v_r\in C_i}\sum_{v_s\in C_i}a_{rs} \tag{16.27}$$

现在计算任意两个节点 v_r 和 v_s 之间的期望边数，假设边是随机放置的，并且允许同一对节点之间有多条边。设 $|E|=m$ 为图中边的总数。一条边一端为 v_r 的概率是 $\frac{d_r}{2m}$，其中 d_r 是 v_r 的度。一条边一端为 v_r，另一端为 v_s 的概率为

$$p_{rs}=\frac{d_r}{2m}\cdot\frac{d_s}{2m}=\frac{d_rd_s}{4m^2}$$

v_r 和 v_s 之间的边的数目服从二项分布，在 $2m$ 次试验中的成功概率为 p_{rs}（因为要选择 m 条边的两端）。v_r 和 v_s 之间的边的期望数目为

$$2m\cdot p_{rs}=\frac{d_rd_s}{2m}$$

然后，簇 C_i 内的边的期望数目为

$$\frac{1}{2}\sum_{v_r\in C_i}\sum_{v_s\in C_i}\frac{d_rd_s}{2m}$$

在所有 k 个簇上，同在一个簇内的边的期望总数为

$$\frac{1}{2}\sum_{i=1}^{k}\sum_{v_r\in C_i}\sum_{v_s\in C_i}\frac{d_rd_s}{2m} \tag{16.28}$$

其中之所以除以 2，是因为每一条边被计算了两次。聚类 $\mathcal{C}$ 的模块度定义为同一簇中观察到的边的比例和期望的边的比例之差，从式（16.27）中减去式（16.28）并除以边的数目即可得到：

$$Q=\frac{1}{2m}\sum_{i=1}^{k}\sum_{v_r\in C_i}\sum_{v_s\in C_i}\left(a_{rs}-\frac{d_rd_s}{2m}\right)$$

因为 $2m=\sum_{i=1}^{n}d_i$，所以将模块度重写为

$$Q=\sum_{i=1}^{k}\sum_{v_r\in C_i}\sum_{v_s\in C_i}\left(\frac{a_{rs}}{\sum_{j=1}^{n}d_j}-\frac{d_rd_s}{\left(\sum_{j=1}^{n}d_j\right)^2}\right) \tag{16.29}$$

加权图 模块度公式［式（16.29）］的一个优点是它可以直接推广到加权图。假设 $\boldsymbol{A}$ 是加权邻接矩阵，我们将聚类的模块度解释为簇内边上观察到的权重比例与期望权重比例之间的差异。

根据式（16.15）得到：

$$\sum_{v_r \in C_i} \sum_{v_s \in C_i} a_{rs} = W(C_i, C_i)$$

根据式（16.14）得到：

$$\sum_{v_r \in C_i} \sum_{v_s \in C_i} d_r d_s = \left(\sum_{v_r \in C_i} d_r \right) \left(\sum_{v_s \in C_i} d_s \right) = W(C_i, V)^2$$

此外，请注意：

$$\sum_{j=1}^{n} d_j = W(V, V)$$

使用上述等价关系，将模块度目标函数［见式（16.29）］用权重函数 W 重写为

$$\max_{\mathcal{C}} J_Q(\mathcal{C}) = \sum_{i=1}^{k} \left(\frac{W(C_i, C_i)}{W(V, V)} - \left(\frac{W(C_i, V)}{W(V, V)} \right)^2 \right) \tag{16.30}$$

现在，我们可以用矩阵形式表示模块度目标函数［见式（16.30）］。根据式（16.15）得到：

$$W(C_i, C_i) = \boldsymbol{c}_i^{\mathrm{T}} \boldsymbol{A} \boldsymbol{c}_i$$

还要注意的是，

$$W(C_i, V) = \sum_{v_r \in C_i} d_r = \sum_{v_r \in C_i} d_r c_{ir} = \sum_{j=1}^{n} d_j c_{ij} = \boldsymbol{d}^{\mathrm{T}} \boldsymbol{c}_i$$

其中，$\boldsymbol{d} = (d_1, d_2, \cdots, d_n)^{\mathrm{T}}$ 是节点度向量。此外，还有：

$$W(V, V) = \sum_{j=1}^{n} d_j = \mathrm{tr}(\boldsymbol{\Delta})$$

其中，$\mathrm{tr}(\boldsymbol{\Delta})$ 是 $\boldsymbol{\Delta}$ 的迹，即 $\boldsymbol{\Delta}$ 的所有对角线元素之和。

因此，基于模块度的聚类目标函数可以写成：

$$\begin{aligned}
\max_{\mathcal{C}} J_Q(\mathcal{C}) &= \sum_{i=1}^{k} \left(\frac{\boldsymbol{c}_i^{\mathrm{T}} \boldsymbol{A} \boldsymbol{c}_i}{\mathrm{tr}(\boldsymbol{\Delta})} - \frac{(\boldsymbol{d}^{\mathrm{T}} \boldsymbol{c}_i)^2}{\mathrm{tr}(\boldsymbol{\Delta})^2} \right) \\
&= \sum_{i=1}^{k} \left(\boldsymbol{c}_i^{\mathrm{T}} \left(\frac{\boldsymbol{A}}{\mathrm{tr}(\boldsymbol{\Delta})} \right) \boldsymbol{c}_i - \boldsymbol{c}_i^{\mathrm{T}} \left(\frac{\boldsymbol{d} \cdot \boldsymbol{d}^{\mathrm{T}}}{\mathrm{tr}(\boldsymbol{\Delta})^2} \right) \boldsymbol{c}_i \right) \\
&= \sum_{i=1}^{k} \boldsymbol{c}_i^{\mathrm{T}} \boldsymbol{Q} \boldsymbol{c}_i
\end{aligned} \tag{16.31}$$

其中，$\boldsymbol{Q}$ 是模块度矩阵：

$$\boldsymbol{Q} = \frac{1}{\mathrm{tr}(\boldsymbol{\Delta})} \left(\boldsymbol{A} - \frac{\boldsymbol{d} \cdot \boldsymbol{d}^{\mathrm{T}}}{\mathrm{tr}(\boldsymbol{\Delta})} \right)$$

针对二元簇向量 $\boldsymbol{c}_i$，直接最大化目标函数［式（16.31）］是困难的。我们可以认为 $\boldsymbol{c}_i$ 的元素可以取任意实数值。此外，我们要求 $\boldsymbol{c}_i^{\mathrm{T}} \boldsymbol{c}_i = \|\boldsymbol{c}_i\|^2 = 1$，以确保 J_Q 不会无限制地增加。遵

循式（16.19）中的推导方法，可以得出结论：$\boldsymbol{c}_i$ 是 $\boldsymbol{Q}$ 的特征向量。然而，由于这是一个最大化问题，因此我们没有选择最小的 k 个特征值，而是选择最大的 k 个特征值和相应的特征向量，得到：

$$\max_{\mathcal{C}} J_Q(\mathcal{C}) = \boldsymbol{u}_1^{\mathrm{T}}\boldsymbol{Q}\boldsymbol{u}_1 + \cdots + \boldsymbol{u}_k^{\mathrm{T}}\boldsymbol{Q}\boldsymbol{u}_k$$
$$= \lambda_1 + \cdots + \lambda_k$$

其中，$\boldsymbol{u}_i$ 是对应于 λ_i 的特征向量，并且特征值被排序为 $\lambda_1 \geqslant \cdots \geqslant \lambda_n$。放宽后的簇指示向量为 $\boldsymbol{c}_i = \boldsymbol{u}_i$。注意，模块度矩阵 $\boldsymbol{Q}$ 是对称的，但不是半正定的。这意味着尽管它的特征值是实数，但也可能是负的。还要注意，如果 $\boldsymbol{Q}_i$ 表示 $\boldsymbol{Q}$ 的第 i 列，那么 $\boldsymbol{Q}_1 + \boldsymbol{Q}_2 + \cdots + \boldsymbol{Q}_n = \boldsymbol{0}$，这意味着 0 也是 $\boldsymbol{Q}$ 的一个特征值，对应的特征向量为 $\frac{1}{\sqrt{n}}\boldsymbol{1}$。因此，为了最大化模块度，应该只使用正的特征值。

例 16.10 思考图 16-2 中的图。度向量为 $\boldsymbol{d} = (3,3,3,4,3,3,3)^{\mathrm{T}}$，度的总和为 $\mathrm{tr}(\boldsymbol{\Delta}) = 22$。模块度矩阵为

$$\boldsymbol{Q} = \frac{1}{\mathrm{tr}(\boldsymbol{\Delta})}\boldsymbol{A} - \frac{1}{\mathrm{tr}(\boldsymbol{\Delta})^2}\boldsymbol{d}\cdot\boldsymbol{d}^{\mathrm{T}}$$
$$= \frac{1}{22}\begin{pmatrix} 0 & 1 & 0 & 1 & 0 & 1 & 0 \\ 1 & 0 & 1 & 1 & 0 & 0 & 0 \\ 0 & 1 & 0 & 1 & 0 & 0 & 1 \\ 1 & 1 & 1 & 0 & 1 & 0 & 0 \\ 0 & 0 & 0 & 1 & 0 & 1 & 1 \\ 1 & 0 & 0 & 0 & 1 & 0 & 1 \\ 0 & 0 & 1 & 0 & 1 & 1 & 0 \end{pmatrix} - \frac{1}{484}\begin{pmatrix} 9 & 9 & 9 & 12 & 9 & 9 & 9 \\ 9 & 9 & 9 & 12 & 9 & 9 & 9 \\ 9 & 9 & 9 & 12 & 9 & 9 & 9 \\ 12 & 12 & 12 & 16 & 12 & 12 & 12 \\ 9 & 9 & 9 & 12 & 9 & 9 & 9 \\ 9 & 9 & 9 & 12 & 9 & 9 & 9 \\ 9 & 9 & 9 & 12 & 9 & 9 & 9 \end{pmatrix}$$
$$= \begin{pmatrix} -0.019 & 0.027 & -0.019 & 0.021 & -0.019 & 0.027 & -0.019 \\ 0.027 & -0.019 & 0.027 & 0.021 & -0.019 & -0.019 & -0.019 \\ -0.019 & 0.027 & -0.019 & 0.021 & -0.019 & -0.019 & 0.027 \\ 0.021 & 0.021 & 0.021 & -0.033 & 0.021 & -0.025 & -0.025 \\ -0.019 & -0.019 & -0.019 & 0.021 & -0.019 & 0.027 & 0.027 \\ 0.027 & -0.019 & -0.019 & -0.025 & 0.027 & -0.019 & 0.027 \\ -0.019 & -0.019 & 0.027 & -0.025 & 0.027 & 0.027 & -0.019 \end{pmatrix}$$

$\boldsymbol{Q}$ 的特征值为

$$\lambda_1 = 0.0678 \qquad \lambda_2 = 0.0281 \qquad \lambda_3 = 0 \qquad \lambda_4 = -0.0068$$
$$\lambda_5 = -0.0579 \qquad \lambda_6 = -0.0736 \qquad \lambda_7 = -0.1024$$

$\lambda_3 = 0$ 对应的特征向量为

$$\boldsymbol{u}_3 = \frac{1}{\sqrt{7}}(1,1,1,1,1,1,1)^{\mathrm{T}} \approx (0.38, 0.38, 0.38, 0.38, 0.38, 0.38, 0.38)^{\mathrm{T}}$$

模块度作为平均权重 如果使用归一化邻接矩阵 $\boldsymbol{M} = \boldsymbol{\Delta}^{-1}\boldsymbol{A}$ 代替式（16.31）中的标准邻接矩阵 $\boldsymbol{A}$，思考模块度矩阵 $\boldsymbol{Q}$ 会发生什么变化。在这种情况下，通过式（16.4）知道 $\boldsymbol{M}$ 的每一行元素的和均为 1，即

$$\sum_{j=1}^{n} m_{ij} = d_i = 1, i = 1, \cdots, n$$

因此，得到 $\text{tr}(\boldsymbol{\Delta}) = \sum_{i=1}^{n} d_i = 1$ 且 $\boldsymbol{d} \cdot \boldsymbol{d}^{\text{T}} = \mathbf{1}_{n\times n}$，其中 $\mathbf{1}_{n\times n}$ 是元素全为 1 的 $n \times n$ 矩阵。然后模块度矩阵可以写成：

$$\boldsymbol{Q} = \frac{1}{n}\boldsymbol{M} - \frac{1}{n^2}\mathbf{1}_{n\times n}$$

对于具有许多节点的大图，在 n 很大的情况下，上式的第二项几乎为零，因为 $\frac{1}{n^2}$ 会变得非常小。因此，模块度矩阵可以合理地近似为

$$\boldsymbol{Q} \simeq \frac{1}{n}\boldsymbol{M} \tag{16.32}$$

将上式代入模块度目标函数［见式（16.31）］，得到：

$$\max_{\mathcal{C}} J_Q(\mathcal{C}) = \sum_{i=1}^{k} \boldsymbol{c}_i^{\text{T}} \boldsymbol{Q} \boldsymbol{c}_i = \sum_{i=1}^{k} \boldsymbol{c}_i^{\text{T}} \boldsymbol{M} \boldsymbol{c}_i \tag{16.33}$$

这里去掉了 $\frac{1}{n}$ 因子，因为它对于给定的图来说是一个常数，它只会影响特征值的大小，不影响特征向量。

总之，如果使用归一化邻接矩阵，最大化模块度相当于选择归一化邻接矩阵 $\boldsymbol{M}$ 的 k 个最大特征值和相应的特征向量。注意，在这种情况下，模块度也相当于式（16.26）中建立的平均权重目标函数和核 K-means。

归一化模块度作为归一割 定义归一化模块度（normalized modularity）目标函数为

$$\max_{\mathcal{C}} J_{nQ}(\mathcal{C}) = \sum_{i=1}^{k} \frac{1}{W(C_i, V)} \left(\frac{W(C_i, C_i)}{W(V, V)} - \left(\frac{W(C_i, V)}{W(V, V)} \right)^2 \right) \tag{16.34}$$

可以观察到，上式与模块度目标函数［见式（16.30）］的主要区别在于，将每个簇除以 $\text{vol}(C_i) = W(C, V_i)$。简化上式，得到：

$$\begin{aligned}
J_{nQ}(\mathcal{C}) &= \frac{1}{W(V, V)} \sum_{i=1}^{k} \left(\frac{W(C_i, C_i)}{W(C_i, V)} - \frac{W(C_i, V)}{W(V, V)} \right) \\
&= \frac{1}{W(V, V)} \left(\sum_{i=1}^{k} \left(\frac{W(C_i, C_i)}{W(C_i, V)} \right) - \sum_{i=1}^{k} \left(\frac{W(C_i, V)}{W(V, V)} \right) \right) \\
&= \frac{1}{W(V, V)} \left(\sum_{i=1}^{k} \left(\frac{W(C_i, C_i)}{W(C_i, V)} \right) - 1 \right)
\end{aligned}$$

现在思考表达式 $(k-1) - W(V,V) \cdot J_{nQ}(\mathcal{C})$，得到：

$$\begin{aligned}
(k-1) - W(V, V) \cdot J_{nQ}(\mathcal{C}) &= (k-1) - \left(\sum_{i=1}^{k} \left(\frac{W(C_i, C_i)}{W(C_i, V)} \right) - 1 \right) \\
&= k - \sum_{i=1}^{k} \frac{W(C_i, C_i)}{W(C_i, V)}
\end{aligned}$$

$$
\begin{aligned}
&= \sum_{i=1}^{k}\left(1-\frac{W(C_i,C_i)}{W(C_i,V)}\right) \\
&= \sum_{i=1}^{k}\frac{W(C_i,V)-W(C_i,C_i)}{W(C_i,V)} \\
&= \sum_{i=1}^{k}\frac{W(C_i,\overline{C_i})}{W(C_i,V)} \\
&= \sum_{i=1}^{k}\frac{W(C_i,\overline{C_i})}{\mathrm{vol}(C_i)} \\
&= J_{\mathrm{nc}}(\mathcal{C})
\end{aligned}
$$

换言之，归一割目标函数［见式（16.21）］和归一化模块度目标函数［见式（16.34）］有如下关联关系：

$$J_{\mathrm{nc}}(\mathcal{C}) = (k-1) - W(V,V)\cdot J_{nQ}(\mathcal{C})$$

由于 $W(V,V)$ 对于给定的图来说是一个常数，因此最小化归一割等价于最大化归一化模块度。

3. 谱聚类算法

平均权重和模块度都是要最大化的目标，因此，我们必须对算法 16.1 进行细微的修改来让谱聚类适应这些目标。矩阵 $\boldsymbol{B}$ 可以选为 $\boldsymbol{A}$（如果要求最大平均权重）或 $\boldsymbol{Q}$（如果要求模块度的最大值）。接下来，不需要计算 k 个最小的特征值，而是选择 k 个最大的特征值及对应的特征向量。因为 $\boldsymbol{A}$ 和 $\boldsymbol{Q}$ 都可能有负特征值，所以只能选择正的特征值。算法其余部分保持不变。

16.3　马尔可夫聚类

现在考虑一种模拟在加权图上随机行走的图聚类方法。本方法给人的直观感觉是，如果节点间的移动反映边的权重，那么在同一个簇中从一个节点到另一个节点的移动比在簇间节点发生转移的可能性要大。这是因为簇内的节点具有较高的相似度或权重，而簇间节点具有较低的相似度。

给定图 G 的加权邻接矩阵 $\boldsymbol{A}$，对应的归一化邻接矩阵［见式（16.3）］表示为 $\boldsymbol{M}=\boldsymbol{\Delta}^{-1}\boldsymbol{A}$。矩阵 $\boldsymbol{M}$ 可以看作 $n\times n$ 转移矩阵（transition matrix），其中每个元素 $m_{ij}=\dfrac{a_{ij}}{d_i}$ 可以视为图 G 中从节点 i 跳转到节点 j 的概率。这是因为 $\boldsymbol{M}$ 是一个行随机（row stochastic）矩阵或马尔可夫矩阵，并满足以下条件：（1）矩阵元素是非负的，即 $m_{ij}\geqslant 0$，因为 $\boldsymbol{A}$ 是非负的；（2）$\boldsymbol{M}$ 的行是概率向量，即行元素之和为 1，因为

$$\sum_{j=1}^{n} m_{ij} = \sum_{j=1}^{n}\frac{a_{ij}}{d_i} = 1$$

因此，矩阵 $\boldsymbol{M}$ 是一条马尔可夫链（Markov chain）或图 G 上的一次马尔可夫随机行走的转移矩阵。马尔可夫链是一组状态（在我们的例子中指的是节点集合 V）上的离散时间随机过程。马尔可夫链在离散时间步 $t=1,2,\cdots$，从一个节点转移到另一个节点，其中从节点 i 转移到节点 j 的概率为 m_{ij}。设随机变量 X_t 表示时间步 t 的状态。马尔可夫性质意味着 X_t 在时间

步 t 的状态上的概率分布仅取决于 X_{t-1} 的概率分布，即

$$P(X_t = i|X_0, X_1, \cdots, X_{t-1}) = P(X_t = i|X_{t-1})$$

此外，假设马尔可夫链是同质的，即转移概率

$$P(X_t = j|X_{t-1} = i) = m_{ij}$$

与时间步 t 无关。

给定节点 i，转移矩阵 $\boldsymbol{M}$ 指定在一个时间步内到达任何其他节点 j 的概率。从 $t=0$ 时的节点 i 开始，考虑 $t=2$ 时到达节点 j 的概率，即两步之后的概率。用 $m_{ij}(2)$ 表示在两个时间步中从 i 到达 j 的概率，计算如下：

$$\begin{aligned} m_{ij}(2) &= P(X_2 = j|X_0 = i) = \sum_{a=1}^{n} P(X_1 = a|X_0 = i) P(X_2 = j|X_1 = a) \\ &= \sum_{a=1}^{n} m_{ia} m_{aj} = \boldsymbol{m}_i^{\mathrm{T}} \boldsymbol{M}_j \end{aligned} \tag{16.35}$$

其中，$\boldsymbol{m}_i = (m_{i1}, m_{i2}, \cdots, m_{in})^{\mathrm{T}}$ 表示与 $\boldsymbol{M}$ 的第 i 行对应的向量，$\boldsymbol{M}_j = (m_{1j}, m_{2j}, \cdots, m_{nj})^{\mathrm{T}}$ 表示与 $\boldsymbol{M}$ 的第 j 列对应的向量。

思考 $\boldsymbol{M}$ 与其本身的乘积：

$$\begin{aligned} \boldsymbol{M}^2 = \boldsymbol{M} \cdot \boldsymbol{M} &= \begin{pmatrix} \boldsymbol{m}_1^{\mathrm{T}} \\ \boldsymbol{m}_2^{\mathrm{T}} \\ \vdots \\ \boldsymbol{m}_n^{\mathrm{T}} \end{pmatrix} (\boldsymbol{M}_1 \quad \boldsymbol{M}_2 \quad \cdots \quad \boldsymbol{M}_n) \\ &= \left\{ \boldsymbol{m}_i^{\mathrm{T}} \boldsymbol{M}_j \right\}_{i,j=1}^{n} = \left\{ m_{ij}(2) \right\}_{i,j=1}^{n} \end{aligned} \tag{16.36}$$

式（16.35）和式（16.36）表明 $\boldsymbol{M}^2$ 是马尔可夫链两个时间步的转移概率。同样，三步转移矩阵为 $\boldsymbol{M}^2 \cdot \boldsymbol{M} = \boldsymbol{M}^3$。一般来说，$t$ 个时间步的转移矩阵如下所示：

$$\boldsymbol{M}^{t-1} \cdot \boldsymbol{M} = \boldsymbol{M}^t \tag{16.37}$$

因此，G 上的一次随机行走对应于转移矩阵 $\boldsymbol{M}$ 的连续乘幂。设 $\boldsymbol{\pi}_0$ 表示时间 $t=0$ 时的初始状态概率向量，即 $\boldsymbol{\pi}_{0i} = P(X_0 = i)(i = 1, \cdots, n)$ 是从节点 i 开始的概率。从 $\boldsymbol{\pi}_0$ 开始，我们可以得到 X_t 的状态概率向量，即在时间步 t 处位于节点 i 的概率，如下所示：

$$\begin{aligned} \boldsymbol{\pi}_t^{\mathrm{T}} &= \boldsymbol{\pi}_{t-1}^{\mathrm{T}} \boldsymbol{M} \\ &= (\boldsymbol{\pi}_{t-2}^{\mathrm{T}} \boldsymbol{M}) \cdot \boldsymbol{M} = \boldsymbol{\pi}_{t-2}^{\mathrm{T}} \boldsymbol{M}^2 \\ &= (\boldsymbol{\pi}_{t-3}^{\mathrm{T}} \boldsymbol{M}^2) \cdot \boldsymbol{M} = \boldsymbol{\pi}_{t-3}^{\mathrm{T}} \boldsymbol{M}^3 \\ &\ \ \vdots \\ &= \boldsymbol{\pi}_0^{\mathrm{T}} \boldsymbol{M}^t \end{aligned}$$

两边同时取转置，得到：

$$\boldsymbol{\pi}_t = (\boldsymbol{M}^t)^{\mathrm{T}} \boldsymbol{\pi}_0 = (\boldsymbol{M}^{\mathrm{T}})^t \boldsymbol{\pi}_0$$

因此，状态概率向量收敛于$\boldsymbol{M}^{\mathrm{T}}$的主特征向量，反映到达图中任何节点的稳态概率，无论起始节点是什么。注意，如果图是有向的，那么稳态向量相当于归一化声望向量［见式(4.19)］。

转移概率膨胀

现在思考随机行走的一种变种，其中从节点i转移到节点j的概率中每个元素m_{ij}都通过取幂$r \geqslant 1$进行膨胀。给定转移矩阵$\boldsymbol{M}$，膨胀算子$\boldsymbol{\Upsilon}$的定义如下：

$$\boldsymbol{\Upsilon}(\boldsymbol{M}, r) = \left\{ \frac{(m_{ij})^r}{\sum_{a=1}^{n} (m_{ia})^r} \right\}_{i,j=1}^{n} \tag{16.38}$$

膨胀操作产生一个变形或膨胀的转移概率矩阵，因为所有的元素保持非负，并且每行归一化的和为 1。膨胀算子的净作用是增加高概率转移，减少低概率转移。

马尔可夫聚类算法

马尔可夫聚类算法（Markov Clustering，MCL）是一种将矩阵扩展和膨胀步骤交织在一起的迭代算法。矩阵扩展对应于转移矩阵的连续求幂，从而导致更长的随机行走路线。矩阵膨胀使得高概率转移的可能性更高，同时降低了低概率转移的可能性。由于同簇内的节点期望更高的权重以及更高的转移概率，膨胀算子使得其更可能留在同一簇内，从而限制了随机行走的范围。

MCL 的伪代码在算法 16.2 中给出。该算法以图的加权邻接矩阵作为输入。MCL 不依赖于用户指定的簇的数目k，而以膨胀参数$r \geqslant 1$作为输入。值越大，产生数量越多但较小的簇；值越小，产生数量较少但较大的簇。但是，簇的确切数目不能预先确定。给定邻接矩阵$\boldsymbol{A}$，如果自环或自边在$\boldsymbol{A}$中不存在，则 MCL 首先添加它们。如果$\boldsymbol{A}$是相似度矩阵，那么这不是必需的，因为一个节点与其自身最相似，因此$\boldsymbol{A}$的对角线元素应当较大。对于简单的无向图，如果$\boldsymbol{A}$是邻接矩阵，则添加自边，与每个节点的返回概率相关联。

算法 16.2　马尔可夫聚类算法

MARKOV CLUSTERING ($\boldsymbol{A}, r, \epsilon$):

1 $t \leftarrow 0$
2 Add self-edges to $\boldsymbol{A}$ if they do not exist
3 $\boldsymbol{M}_t \leftarrow \boldsymbol{\Delta}^{-1}\boldsymbol{A}$
4 **repeat**
5 　$t \leftarrow t+1$
6 　$\boldsymbol{M}_t \leftarrow \boldsymbol{M}_{t-1} \cdot \boldsymbol{M}_{t-1}$
7 　$\boldsymbol{M}_t \leftarrow \Upsilon(\boldsymbol{M}_t, r)$
8 **until** $\|\boldsymbol{M}_t - \boldsymbol{M}_{t-1}\|_F \leqslant \epsilon$
9 $G_t \leftarrow$ directed graph induced by $\boldsymbol{M}_t$
10 $\mathcal{C} \leftarrow$ {weakly connected components in G_t}

当转移矩阵收敛，即两次连续迭代中的转移矩阵之差小于或等于某个阈值$\epsilon \geqslant 0$时，MCL 扩展和膨胀的迭代过程停止。矩阵差由弗罗贝尼乌斯范数（Frobenius norm）给出：

$$\|\boldsymbol{M}_t - \boldsymbol{M}_{t-1}\|_F = \sqrt{\sum_{i=1}^{n}\sum_{j=1}^{n} \left(\boldsymbol{M}_t(i,j) - \boldsymbol{M}_{t-1}(i,j)\right)^2}$$

当$\|\boldsymbol{M}_t-\boldsymbol{M}_{t-1}\|_F\leqslant\epsilon$时，MCL 过程停止。

MCL 图

通过枚举收敛的转移矩阵$\boldsymbol{M}_t$引入的有向图的弱连通分支得到最终的簇。$\boldsymbol{M}_t$引入的有向图表示为$G_t(V_t,E_t)$。节点集合与原始图的节点集相同，即$V_t=V$，边集如下：

$$E_t=\{(i,j)\mid \boldsymbol{M}_t(i,j)>0\}$$

换言之，只有当节点i可以在t步扩展和膨胀之内转移到节点j时，才存在一条有向边(i,j)。如果$\boldsymbol{M}_t(j,j)>0$，则称节点j为吸引子（attractor）；如果$\boldsymbol{M}_t(i,j)>0$，则称节点i被吸引子j吸引。MCL 过程产生一组吸引子节点$V_a\subseteq V$，使得其他节点被吸引到V_a中的至少一个吸引子。也就是说，对于所有节点i，都存在一个$j\in V_a$，使得$(i,j)\in E_t$。有向图中的强连通分支定义为这样的一个最大子图：子图中的所有节点对之间存在一条有向路径。为了从G_t中提取出各个簇，MCL 首先在吸引子集合V_a上找到强连通分支$S_1,S_2,\cdots,S_q$。接着，对于每个强连通的吸引子集合S_j，找到由所有$i\in V_t-V_a$的节点构成并被吸引到S_j中的某个吸引子的弱连通分支。如果节点i被多个强连通分支吸引，它就会被添加到每个这样的簇中，从而导致重叠的簇。

例 16.11　对于图 16-2 所示的图，应用 MCL 找到$k=2$个簇。将自环添加到图中以获得邻接矩阵：

$$\boldsymbol{A}=\begin{pmatrix}1&1&0&1&0&1&0\\1&1&1&1&0&0&0\\0&1&1&1&0&0&1\\1&1&1&1&1&0&0\\0&0&0&1&1&1&1\\1&0&0&0&1&1&1\\0&0&1&0&1&1&1\end{pmatrix}$$

相应的马尔可夫矩阵如下：

$$\boldsymbol{M}_0=\boldsymbol{\Delta}^{-1}\boldsymbol{A}=\begin{pmatrix}0.25&0.25&0&0.25&0&0.25&0\\0.25&0.25&0.25&0.25&0&0&0\\0&0.25&0.25&0.25&0&0&0.25\\0.20&0.20&0.20&0.20&0.20&0&0\\0&0&0&0.25&0.25&0.25&0.25\\0.25&0&0&0&0.25&0.25&0.25\\0&0&0.25&0&0.25&0.25&0.25\end{pmatrix}$$

在第一次迭代中，应用扩展和膨胀$(r=2.5)$步骤来获得：

$$\boldsymbol{M}_1=\boldsymbol{M}_0\cdot\boldsymbol{M}_0=\begin{pmatrix}0.237&0.175&0.113&0.175&0.113&0.125&0.062\\0.175&0.237&0.175&0.237&0.050&0.062&0.062\\0.113&0.175&0.237&0.175&0.113&0.062&0.125\\0.140&0.190&0.140&0.240&0.090&0.100&0.100\\0.113&0.050&0.113&0.113&0.237&0.188&0.188\\0.125&0.062&0.062&0.125&0.188&0.250&0.188\\0.062&0.062&0.125&0.125&0.188&0.188&0.250\end{pmatrix}$$

$$M_1 = \Upsilon(M_1, 2.5) = \begin{pmatrix} 0.404 & 0.188 & 0.062 & 0.188 & 0.062 & 0.081 & 0.014 \\ 0.154 & 0.331 & 0.154 & 0.331 & 0.007 & 0.012 & 0.012 \\ 0.062 & 0.188 & 0.404 & 0.188 & 0.062 & 0.014 & 0.081 \\ 0.109 & 0.234 & 0.109 & 0.419 & 0.036 & 0.047 & 0.047 \\ 0.060 & 0.008 & 0.060 & 0.060 & 0.386 & 0.214 & 0.214 \\ 0.074 & 0.013 & 0.013 & 0.074 & 0.204 & 0.418 & 0.204 \\ 0.013 & 0.013 & 0.074 & 0.074 & 0.204 & 0.204 & 0.418 \end{pmatrix}$$

MCL 在 10 次迭代后收敛（$\epsilon = 0.001$），最终得到转移矩阵：

$$M = \left(\begin{array}{c|ccccccc} & 1 & 2 & 3 & 4 & 5 & 6 & 7 \\ \hline 1 & 0 & 0 & 0 & 1 & 0 & 0 & 0 \\ 2 & 0 & 0 & 0 & 1 & 0 & 0 & 0 \\ 3 & 0 & 0 & 0 & 1 & 0 & 0 & 0 \\ 4 & 0 & 0 & 0 & 1 & 0 & 0 & 0 \\ 5 & 0 & 0 & 0 & 0 & 0 & 0.5 & 0.5 \\ 6 & 0 & 0 & 0 & 0 & 0 & 0.5 & 0.5 \\ 7 & 0 & 0 & 0 & 0 & 0 & 0.5 & 0.5 \end{array}\right)$$

图 16-5 给出了由收敛的 $\boldsymbol{M}$ 矩阵得到的有向图，当且仅当 $\boldsymbol{M}(i,j)>0$ 时，存在一条边 (i,j)。$\boldsymbol{M}$ 的非零对角元素是吸引子（具有自环的节点，以灰色显示）。可以看到 $\boldsymbol{M}(4,4)$、$\boldsymbol{M}(6,6)$ 和 $\boldsymbol{M}(7,7)$ 都大于零，因此节点 4、节点 6 和节点 7 均为吸引子。节点 6 和节点 7 相互可达，所以吸引子的等价类是 $\{4\}$ 和 $\{6,7\}$。节点 1、节点 2、节点 3 被节点 4 所吸引，节点 5 同时被节点 6 和节点 7 吸引。因此，构成这两个簇的弱连通分支是 $C_1 = \{1,2,3,4\}$ 和 $C_2 = \{5,6,7\}$。

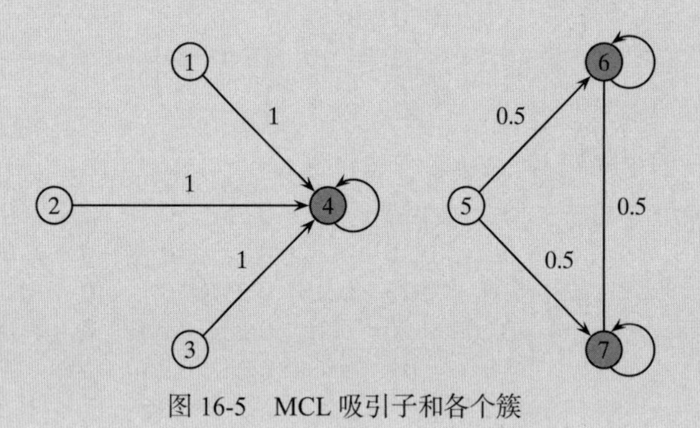

图 16-5　MCL 吸引子和各个簇

例 16.12　图 16-6a 展示了通过在图 16-1 中的鸢尾花图上应用 MCL 算法获得的簇，其中在膨胀步骤中使用 $r = 1.3$。MCL 产生 3 个吸引子（显示为灰色节点，省略自环），它们将图分成 3 个簇。表 16-2 给出了算法发现的簇与真实的鸢尾花类别对比的列联表。一个 Iris-versicolor 被误分为 Iris-setosa 对应的 C_1 簇，14 个 Iris-virginica 被错分入其他簇。

请注意，MCL 的唯一参数是 r，即膨胀步骤的指数。簇的数目没有明确指定，但是 r 的值越高，簇的数目就越多。本例使用了 $r = 1.3$，因为它产生了 3 个簇。图 16-6b 展示了 $r = 2$ 的结果。MCL 产生 9 个簇，最上面的簇有 2 个吸引子。

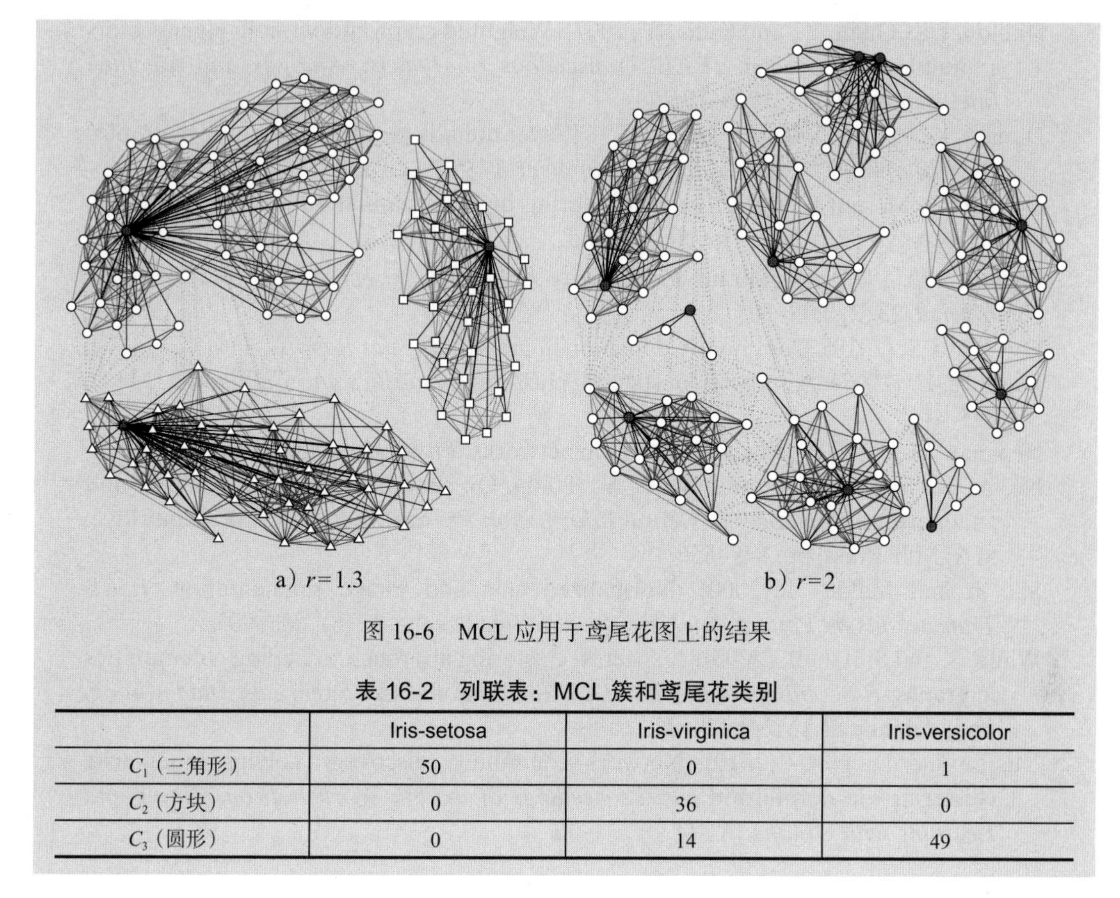

图 16-6　MCL 应用于鸢尾花图上的结果

表 16-2　列联表：MCL 簇和鸢尾花类别

	Iris-setosa	Iris-virginica	Iris-versicolor
C_1（三角形）	50	0	1
C_2（方块）	0	36	0
C_3（圆形）	0	14	49

计算复杂度

MCL 算法的计算复杂度为 $O(tn^3)$，其中 t 是收敛前的迭代次数。这是因为膨胀操作需要 $O(n^2)$ 的时间，而扩展操作需要进行矩阵乘法，需要 $O(n^3)$ 的时间。然而，矩阵很快变得非常稀疏，因此在后续的迭代中可能通过稀疏矩阵相乘来获得 $O(n^2)$ 的复杂度。收敛时，G_t 中的弱连通分支可以在 $O(n+m)$ 的时间内找到，其中 m 是边的数目。因为 G_t 非常稀疏，当 $m=O(n)$ 时，最后的聚类步骤需要 $O(n)$ 的时间。

16.4　拓展阅读

图的谱分区最早由文献（Donath & Hoffman, 1973）提出。文献（Fiedler, 1973）研究了拉普拉斯矩阵的第二小特征值的性质，即代数连通性（algebraic connectivity）。文献（Shi & Malik，2000）提出了一种使用归一割目标函数来寻找 k 个簇的递归二分区方法。文献（Ng et al.，2001）提出了使用归一化对称拉普拉斯矩阵的归一割的直接 k 路分区方法。文献（Dhillon et al.，2007）建立了谱聚类和核 K-means 之间的联系。文献（Newman，2003）提出了模块度目标，称为相称度系数（assortativity coefficient）。使用模块度矩阵的谱算法最早由文献（White & Smyth，2005）提出。模块度和归一割之间的关系参见文献（Yu & Ding，2010）。有关谱聚类技术的优秀教程参见文献（Luxburg，2007）。马尔可夫聚类算法最早由文献（Dongen，2000）提出。有关图聚类方法的全面综述参见文献（Fortunato，2010）。

Dhillon, I. S., Guan, Y., and Kulis, B. (2007). Weighted graph cuts without eigenvectors a multilevel approach. *IEEE Transactions on Pattern Analysis and Machine Intelligence*, 29 (11), 1944–1957.

Donath, W. E. and Hoffman, A. J. (1973). Lower bounds for the partitioning of graphs. *IBM Journal of Research and Development*, 17 (5), 420–425.

Dongen, S. M. van (2000). "Graph clustering by flow simulation". PhD thesis. The University of Utrecht, The Netherlands.

Fiedler, M. (1973). Algebraic connectivity of graphs. *Czechoslovak Mathematical Journal*, 23 (2), 298–305.

Fortunato, S. (2010). Community detection in graphs. *Physics Reports*, 486 (3), 75–174.

Luxburg, U. (2007). A tutorial on spectral clustering. *Statistics and Computing*, 17 (4), 395–416.

Newman, M. E. (2003). Mixing patterns in networks. *Physical Review E*, 67 (2), 026126.

Ng, A. Y., Jordan, M. I., and Weiss, Y. (2001). On spectral clustering: Analysis and an algorithm. *Advances in Neural Information Processing Systems 14*. Cambridge, MA: MIT Press, pp. 849–856.

Shi, J. and Malik, J. (2000). Normalized cuts and image segmentation. *IEEE Transactions on Pattern Analysis Machine Intelligence*, 22 (8), 888–905.

White, S. and Smyth, P. (2005). A spectral clustering approach to finding communities in graphs. *Proceedings of the 5th SIAM International Conference on Data Mining*. Philadelphia: SIAM, pp. 76–84.

Yu, L. and Ding, C. (2010). Network community discovery: solving modularity clustering via normalized cut. *Proceedings of the 8th Workshop on Mining and Learning with Graphs*. ACM, pp. 34–36.

16.5 练习

Q1. 证明：如果 $\boldsymbol{Q}_i$ 表示模块度矩阵 $\boldsymbol{Q}$ 的第 i 列，则 $\sum_{i=1}^{n}\boldsymbol{Q}_i=\boldsymbol{0}$。

Q2. 证明：归一化对称拉普拉斯矩阵 $\boldsymbol{L}^s$［见式（16.7）］和归一化非对称拉普拉斯矩阵 $\boldsymbol{L}^a$［见式（16.10）］都是半正定的。证明两个矩阵的最小特征值均为 $\lambda_n=0$。

Q3. 证明：归一化邻接矩阵 $\boldsymbol{M}$［见式（16.3）］的最大特征值为 1，且所有特征值都满足 $|\lambda_i|\leqslant 1$。

Q4. 证明：$\sum_{v_r\in C_i}c_{ir}d_rc_{ir}=\sum_{r=1}^{n}\sum_{s=1}^{n}c_{ir}\boldsymbol{\Delta}_{rs}c_{is}$，其中 $\boldsymbol{c}_i$ 是簇 C_i 的簇指示向量，$\boldsymbol{\Delta}$ 是图的度矩阵。

Q5. 对于归一化对称拉普拉斯矩阵 $\boldsymbol{L}^s$，证明对于归一割目标，对应于最小特征值 $\lambda_n=0$ 的实值簇指示向量为 $\boldsymbol{c}_n=\frac{1}{\sqrt{\sum_{i=1}^{n}d_i}}\boldsymbol{\Delta}^{1/2}\boldsymbol{1}$。

Q6. 给定图 16-7 中的图，回答以下问题：

（a）分别使用比例割和归一割将图分为两个簇。

（b）使用归一化邻接矩阵 $\boldsymbol{M}$，并分别使用平均权重和核 K-means 将图聚类为两个簇 $\boldsymbol{K}=\boldsymbol{M}+\boldsymbol{I}$。

（c）使用 MCL 算法对图进行聚类，分别使用膨胀参数 $r=2$ 和 $r=2.5$。

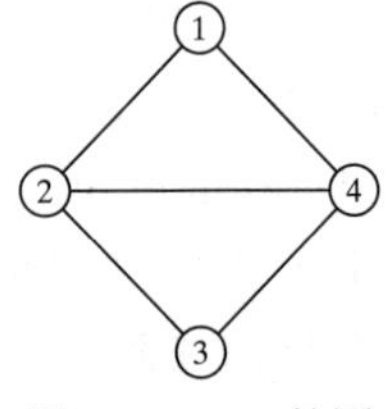

图 16-7 Q6 的图

Q7. 思考表 16-3。假设这四个点是图中的节点，使用线性核定义加权邻接矩阵 $\boldsymbol{A}$，如下所示：

$$A(i, j) = 1 + x_i^{\mathrm{T}} x_j$$

使用模块度目标函数将数据分为两组。

表 16-3　Q7 的数据

	X_1	X_2	X_3
x_1^{T}	0.4	0.9	0.6
x_2^{T}	0.5	0.1	0.6
x_3^{T}	0.6	0.3	0.6
x_4^{T}	0.4	0.8	0.5

聚类验证

存在许多不同的聚类算法，这取决于要求分的簇类型和数据固有的特征。鉴于聚类算法及其参数的多样性，开发客观的方法来评估聚类结果非常重要。聚类验证和评估包括三个主要任务：聚类评估（clustering evaluation）任务旨在评估聚类的优度或质量；聚类稳定性（clustering stability）评估任务旨在评估聚类结果对各种算法参数（例如簇数）的敏感性；聚类趋向性（clustering tendency）评估任务评估聚类的适宜性，即数据本身是否具有固有的分组结构。为上述每项任务提出一些有效性度量和统计量，可分为三种主要类别：

- **外部验证度量**　外部验证采用与数据无关的标准。这可以是关于簇的先验知识或专家知识，例如，每个点的类标签。
- **内部验证度量**　内部验证采用从数据本身派生的标准。例如，可以使用簇内距离和簇间距离来获得簇紧凑度（例如，同一簇中的点有多相似）以及分离度（例如，不同簇中的点相隔多远）。
- **相对验证度量**　相对验证直接比较不同的聚类，通常比较通过同一算法在不同参数设置下获得的聚类。

本章研究聚类验证和评估的一些主要技术，这些技术均涵盖了上述三种类型的度量。

17.1　外部验证度量

顾名思义，外部验证度量假设事先（priori）知道准确的或真实的聚类簇。真实的簇标签即外部信息，用于评估一个给定的聚类。一般来说，我们不知道准确的聚类；但是，外部验证度量可以作为测量和验证不同聚类的方法。例如，每个点都标明了类别的分类数据集可以用来评估聚类的质量。同样，可以创建具有已知簇结构的合成数据集，通过量化它们能够恢复已知分组的程度来评估各种聚类算法。

设 $\boldsymbol{D}=\{\boldsymbol{x}_i^{\mathrm{T}}\}_{i=1}^{n}$ 是包含 d 维空间中 n 个点的数据集，可划分为 k 个簇。设 $y_i\in\{1,2,\cdots,k\}$ 表示分簇情况的真实值或每个点的标签信息。真实聚类表示为 $\mathcal{T}=\{T_1,T_2,\cdots,T_k\}$，其中簇 T_j 由所有标签为 j 的点组成，即 $T_j=\{\boldsymbol{x}_i\in\boldsymbol{D}\mid y_i=j\}$。同样，设 $\mathcal{C}=\{C_1,\cdots,C_r\}$ 表示通过某种聚类算法将同一数据集划分为 r 个簇的聚类，$\hat{y}_i\in\{1,2,\cdots,r\}$ 表示 $\boldsymbol{x}_i$ 的簇标签。为了明确起见，后文将 $\mathcal{T}$ 称为真实值分区（ground-truth partitioning），每个 T_i 称为一个区（partition），将 $\mathcal{C}$ 称为一个聚类，每个 C_i 称为一个簇。假设真实值是已知的，典型的聚类算法将以簇的准确数目运行，即 $r=k$。然而，为了讨论更一般的情况，我们允许 r 不同于 k。

外部评估度量试图衡量同一分区的点在同一簇中出现的密集程度，以及不同分区的点在不同簇中出现的情况。这两个目标之间通常需要进行权衡，要么显式地表示在度量中，要么隐式地表示在计算中。所有外部评估度量都依赖于一个 $r\times k$ 的列联表 $\boldsymbol{N}$，该表是由聚类 $\mathcal{C}$ 和真实值分区 $\mathcal{T}$ 产生的，定义如下：

$$N(i,j)=n_{ij}=|C_i\cap T_j|$$

换句话说，计数值 n_{ij} 表示簇 C_i 和真实值区 T_i 共同的点的数目。此外，为了明确起见，令 $n_i=|C_i|$ 表示簇 C_i 中点的数目，$m_j=|T_j|$ 表示区 T_j 中点的数目。列联表通过检查每个点 $\boldsymbol{x}_i\in\boldsymbol{D}$ 的区标签和簇标签 y_i 和 $\hat{y}_i$，并累计对应的计数 $n_{y_i\hat{y}_i}$，在 $O(n)$ 时间从 $\mathcal{T}$ 和 $\mathcal{C}$ 计算出来。

17.1.1 基于匹配的度量

1. 纯度

纯度（purity）量化了簇 C_i 仅包含一个区的实体的程度。换句话说，它度量了每个簇的“纯净度”。簇 C_i 的纯度定义为

$$\text{purity}_i=\frac{1}{n_i}\max_{j=1}^{k}\{n_{ij}\}$$

聚类 $\mathcal{C}$ 的纯度定义为所有簇的纯度的加权和：

$$\text{purity}=\sum_{i=1}^{r}\frac{n_i}{n}\,\text{purity}_i=\frac{1}{n}\sum_{i=1}^{r}\max_{j=1}^{k}\{n_{ij}\}\tag{17.1}$$

其中，比率 $\frac{n_i}{n}$ 表示簇 C_i 中的点所占的比例。$\mathcal{C}$ 的纯度越高，越符合真实情况。当每个簇仅由一个区中的点构成时，纯度最大，值为 1。当 $r=k$ 时，纯度值为 1 表示聚类很完美，簇和区有一一对应的关系。然而，当每个簇都是标准区的子集时，即使 $r>k$，纯度也可以是 1。当 $r<k$ 时，纯度不可能是 1，因为至少有一个簇必须包含多个区的点。

2. 最大匹配

最大匹配（maximum matching）度量选择簇和区之间的映射，使得公共点数目 (n_{ij}) 之和最大化，前提是假设给定一个区，只有一个簇可以与之匹配。这与纯度不同，对于纯度，两个不同的簇可能共享相同的主区。

从形式上看，我们将列联表视为一个完全加权二分区图 $G=(V,E)$，其中每个区和簇都是一个节点，即 $V=\mathcal{C}\cup\mathcal{T}$，对于所有 $C_i\in\mathcal{C}$ 和 $T_j\in\mathcal{T}$，都存在一条边 $(C_i,T_j)\in E$，其权重 $w(C_i,T_j)=n_{ij}$。G 图中的匹配 M 是 E 的子集，M 中的边两两不相邻，即它们没有共同的节点。最大匹配度量定义为 G 中的最大权重匹配（maximum weight matching）：

$$\text{match}=\arg\max_{M}\left\{\frac{w(M)}{n}\right\}$$

其中，匹配 M 的权重只是 M 中所有边的权重之和，即 $w(M)=\sum_{e\in M}w(e)$。最大匹配可以在 $O(|V|^2\cdot|E|)=O((r+k)^2rk)$ 的时间内计算出来，如果 $r=O(k)$，则等价于 $O(k^4)$。

3. F-Measure

给定簇 C_i，设 j_i 表示包含 C_i 中最多点的区，即 $j_i=\max_{j=1}^{k}\{n_{ij}\}$。簇 C_i 的精度（precision）与其纯度相同：

$$\text{prec}_i=\frac{1}{n_i}\max_{j=1}^{k}\{n_{ij}\}=\frac{n_{ij_i}}{n_i}\tag{17.2}$$

它度量了 C_i 中来自主区 T_{j_i} 的点的比例。

簇 C_i 的召回率（recall）定义为

$$\text{recall}_i = \frac{n_{ij_i}}{|T_{j_i}|} = \frac{n_{ij_i}}{m_{j_i}} \tag{17.3}$$

其中，$m_{j_i} = |T_{j_i}|$。它衡量了区 T_{j_i} 与簇 C_i 共享的点的比例。

F-measure 是每个簇的精度和召回率的调和平均值。因此，簇 C_i 的 F-measure 如下：

$$F_i = \frac{2}{\frac{1}{\text{prec}_i} + \frac{1}{\text{recall}_i}} = \frac{2 \cdot \text{prec}_i \cdot \text{recall}_i}{\text{prec}_i + \text{recall}_i} = \frac{2\, n_{ij_i}}{n_i + m_{j_i}} \tag{17.4}$$

聚类 $\mathcal{C}$ 的 F-measure 为各簇的 F-measure 的均值：

$$F = \frac{1}{r}\sum_{i=1}^{r} F_i$$

因此，F-measure 试图平衡所有簇的精度和召回率。对于完美的聚类，当 $r = k$ 时，F-measure 的最大值为 1。

例 17.1　图 17-1 展示了使用鸢尾花数据集前两个主成分作为两个维度，通过 K-means 算法得到的两个不同聚类。这里 $n = 150$，$k = 3$。通过观察可以发现，图 17-1a 比图 17-1b 的聚类效果更好。我们现在研究如何使用基于列联表的不同度量来评估这两个聚类。

思考图 17-1a 中的聚类，其中的 3 个簇用不同的符号表示；灰色点表示正确的区，白色点表示与真实鸢尾花类别相比的分类错误。例如，C_3 主要对应于区 T_3（Iris-virginica），但它有 3 个点（白色三角形）来自 T_2。完整的列联表如下：

	Iris-setosa	Iris-versicolor	Iris-virginica	
	T_1	T_2	T_3	n_i
C_1（方块）	0	47	14	61
C_2（圆圈）	50	0	0	50
C_3（三角形）	0	3	36	39
m_j	50	50	50	n= 150

为了计算纯度，首先注意每个簇重合最大的区，然后找到对应关系 (C_1,T_2)、(C_2,T_1) 和 (C_3,T_3)。因此，纯度为

$$\text{purity} = \frac{1}{150}(47+50+36) = \frac{133}{150} \approx 0.887$$

对于这个列联表，最大匹配度量给出了相同的结果，因为上面列出的对应关系实际上是最大权重匹配。因此，$\text{match} = 0.887$。

簇 C_1 包含 $n_1 = 47+14 = 61$ 个点，而其相应的区 T_2 包含 $m_2 = 47+3 = 50$ 个点。因此，C_1 的精度和召回率如下：

$$\text{prec}_1 = \frac{47}{61} \approx 0.77$$

$$\text{recall}_1 = \frac{47}{50} = 0.94$$

因此，C_1 的 F-measure 为

$$F_1 = \frac{2 \times 0.77 \times 0.94}{0.77 + 0.94} = \frac{1.45}{1.71} = 0.85$$

我们也可以使用式（17.4）直接计算 F_1：

$$F_1=\frac{2\cdot n_{12}}{n_1+m_2}=\frac{2\times 47}{61+50}=\frac{94}{111}\approx 0.85$$

同样，得到 $F_2=1.0$ 和 $F_3=0.81$。因此，该聚类的 F-measure 如下：

$$F=\frac{1}{3}(F_1+F_2+F_3)=\frac{2.66}{3}\approx 0.88$$

对于图 17-1b 中的聚类，有以下列联表：

	Iris-setosa	Iris-versicolor	Iris-virginica	
	T_1	T_2	T_3	n_i
C_1	30	0	0	30
C_2	20	4	0	24
C_3	0	46	50	96
m_j	50	50	50	$n=150$

对于纯度，与每个簇重合最大的区与对应的簇表示为 (C_1,T_1)、(C_2,T_1) 和 (C_3,T_3)。因此，该聚类的纯度为

$$\text{purity}=\frac{1}{150}(30+20+50)=\frac{100}{150}\approx 0.67$$

可以看到，C_1 和 C_2 都选择了区 T_1 作为最大重合区。但是最大权重匹配是不同的；它产生的对应关系为 (C_1,T_1)、(C_2,T_2) 和 (C_3,T_3)，因此：

$$\text{match}=\frac{1}{150}(30+4+50)=\frac{84}{150}=0.56$$

下表比较了图 17-1 中的两个不同的聚类的基于列联表的度量：

聚类	purity	match	F
图 17-1a	0.887	0.887	0.885
图 17-1b	0.667	0.560	0.658

正如预期的那样，对于图 17-1a 中较好的聚类，其纯度、最大匹配值和 F-measure 值也较高。

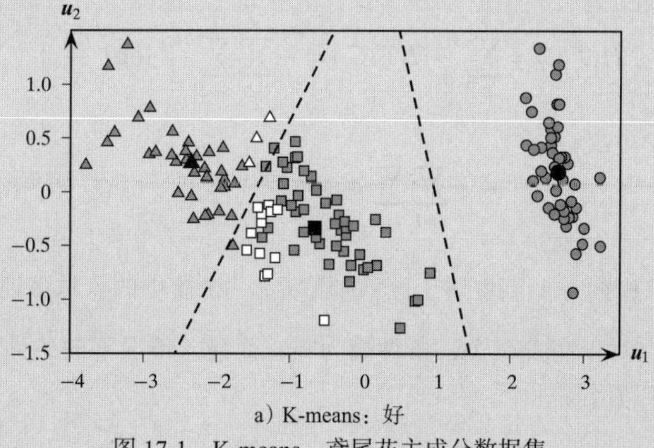

a）K-means：好

图 17-1　K-means：鸢尾花主成分数据集

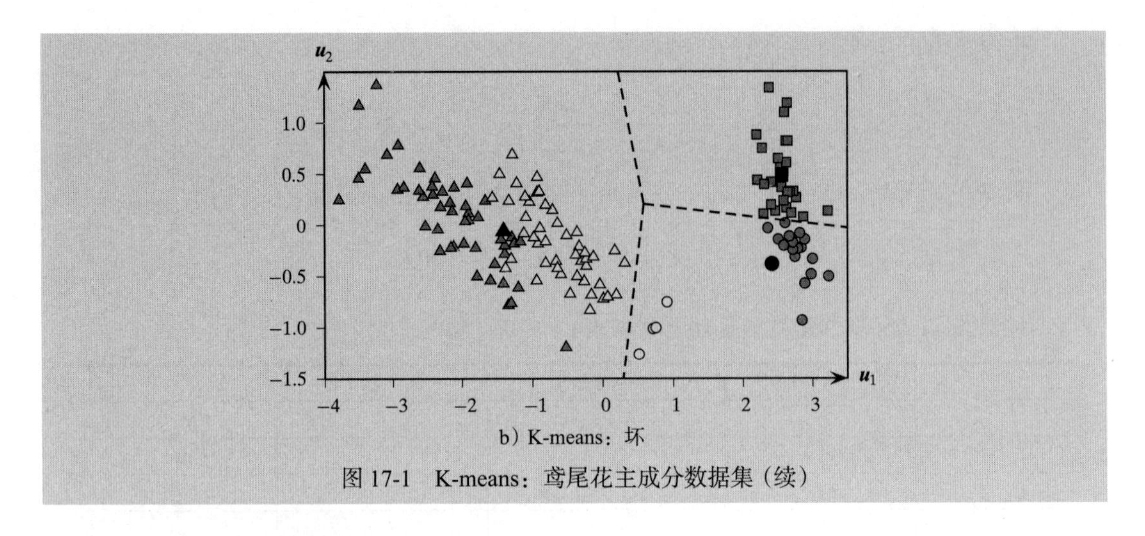

b）K-means：坏

图 17-1　K-means：鸢尾花主成分数据集（续）

17.1.2　基于熵的度量

1. 条件熵

聚类 $\mathcal{C}$ 的熵定义为

$$H(\mathcal{C}) = -\sum_{i=1}^{r} p_{C_i} \log p_{C_i}$$

其中，$p_{C_i} = \frac{n_i}{n}$ 是簇 C_i 的概率。同样，分区 $\mathcal{T}$ 的熵定义为

$$H(\mathcal{T}) = -\sum_{j=1}^{k} p_{T_j} \log p_{T_j}$$

其中，$p_{T_j} = \frac{m_j}{n}$ 是区 T_j 的概率。

$\mathcal{T}$ 的簇熵，即 $\mathcal{T}$ 相对于簇 C_i 的相对熵定义为

$$H(\mathcal{T}|C_i) = -\sum_{j=1}^{k} \left(\frac{n_{ij}}{n_i}\right) \log \left(\frac{n_{ij}}{n_i}\right)$$

给定聚类 $\mathcal{C}$，分划 $\mathcal{T}$ 的条件熵定义为以下加权和：

$$H(\mathcal{T}|\mathcal{C}) = \sum_{i=1}^{r} \frac{n_i}{n} H(\mathcal{T}|C_i) = -\sum_{i=1}^{r}\sum_{j=1}^{k} \frac{n_{ij}}{n} \log \left(\frac{n_{ij}}{n_i}\right)$$

$$= -\sum_{i=1}^{r}\sum_{j=1}^{k} p_{ij} \log \left(\frac{p_{ij}}{p_{C_i}}\right) \tag{17.5}$$

其中，$p_{ij} = \frac{n_{ij}}{n}$ 是簇 i 中的一个点也属于区 j 的概率。一个簇中的点越多地被划分到不同的区中，条件熵就越高。对于完美聚类，条件熵为零，而最差情况下的条件熵为 $\log k$。进一步展开式（17.5），可以看到：

$$\begin{aligned}
H(\mathcal{T}|\mathcal{C}) &= -\sum_{i=1}^{r}\sum_{j=1}^{k} p_{ij}(\log p_{ij} - \log p_{C_i}) \\
&= -\left(\sum_{i=1}^{r}\sum_{j=1}^{k} p_{ij}\log p_{ij}\right) + \sum_{i=1}^{r}\left(\log p_{C_i}\sum_{j=1}^{k} p_{ij}\right) \\
&= -\sum_{i=1}^{r}\sum_{j=1}^{k} p_{ij}\log p_{ij} + \sum_{i=1}^{r} p_{C_i}\log p_{C_i} \\
&= H(\mathcal{C},\mathcal{T}) - H(\mathcal{C})
\end{aligned} \tag{17.6}$$

其中，$H(\mathcal{C},\mathcal{T}) = -\sum_{i=1}^{r}\sum_{j=1}^{k} p_{ij}\ \log p_{ij}$ 是 $\mathcal{C}$ 和 $\mathcal{T}$ 的联合熵。因此，条件熵 $H(\mathcal{T}|\mathcal{C})$ 度量了给定聚类 $\mathcal{C}$ 的情况下 $\mathcal{T}$ 的残余熵。特别地，当且仅当 $\mathcal{T}$ 完全由 $\mathcal{C}$ 决定（对应于完美聚类），$H(\mathcal{T}|\mathcal{C}) = 0$。此外，如果 $\mathcal{C}$ 和 $\mathcal{T}$ 相互独立，则 $H(\mathcal{T}|\mathcal{C}) = H(\mathcal{T})$，这意味着 $\mathcal{C}$ 不提供任何关于 $\mathcal{T}$ 的信息。

2. 归一化互信息

互信息（mutual information）试图量化聚类 $\mathcal{C}$ 和分区 $\mathcal{T}$ 之间的共享信息量，定义为

$$I(\mathcal{C},\mathcal{T}) = \sum_{i=1}^{r}\sum_{j=1}^{k} p_{ij}\log\left(\frac{p_{ij}}{p_{C_i}\cdot p_{T_j}}\right) \tag{17.7}$$

在独立性假设下，互信息度量了 $\mathcal{C}$ 和 $\mathcal{T}$ 的联合概率 p_{ij} 和期望联合概率 $p_{C_i}\cdot p_{T_j}$ 之间的相关性。当 $\mathcal{C}$ 和 $\mathcal{T}$ 独立时，$p_{ij} = p_{C_i}\cdot p_{T_j}$，因此 $I(\mathcal{C},\mathcal{T}) = 0$。然而，互信息没有上限。

展开式（17.7），我们观察到 $I(\mathcal{C},\mathcal{T}) = H(\mathcal{C}) + H(\mathcal{T}) - H(\mathcal{C},\mathcal{T})$。利用式（17.6），得到以下两个等价表达式：

$$I(\mathcal{C},\mathcal{T}) = H(\mathcal{T}) - H(\mathcal{T}|\mathcal{C})$$
$$I(\mathcal{C},\mathcal{T}) = H(\mathcal{C}) - H(\mathcal{C}|\mathcal{T})$$

由于 $H(\mathcal{C},\mathcal{T}) \geqslant 0$ 和 $H(\mathcal{T}|\mathcal{C}) \geqslant 0$，因此得到不等式 $I(\mathcal{C},\mathcal{T}) \leqslant H(\mathcal{C})$ 以及 $I(\mathcal{C},\mathcal{T}) \leqslant H(\mathcal{T})$。通过考虑比值 $I(\mathcal{C},\mathcal{T})/H(\mathcal{C})$ 和 $I(\mathcal{C},\mathcal{T})/H(\mathcal{T})$，可以得到归一化互信息，这两个比值最大均为 1。归一化互信息（Normalized Mutual Information，NMI）定义为这两个比值的几何均值：

$$\mathrm{NMI}(\mathcal{C},\mathcal{T}) = \sqrt{\frac{I(\mathcal{C},\mathcal{T})}{H(\mathcal{C})}\cdot\frac{I(\mathcal{C},\mathcal{T})}{H(\mathcal{T})}} = \frac{I(\mathcal{C},\mathcal{T})}{\sqrt{H(\mathcal{C})\cdot H(\mathcal{T})}} \tag{17.8}$$

NMI 值在 [0,1] 范围内。值接近 1 表示聚类良好。

3. 信息差异

这一指标基于聚类 $\mathcal{C}$ 和真实分区 $\mathcal{T}$ 的互信息及熵，定义为

$$\begin{aligned}
\mathrm{VI}(\mathcal{C},\mathcal{T}) &= (H(\mathcal{T}) - I(\mathcal{C},\mathcal{T})) + (H(\mathcal{C}) - I(\mathcal{C},\mathcal{T})) \\
&= H(\mathcal{T}) + H(\mathcal{C}) - 2I(\mathcal{C},\mathcal{T})
\end{aligned} \tag{17.9}$$

只有当 $\mathcal{C}$ 和 $\mathcal{T}$ 相同时，信息差异（Variation of Information，VI）值才为零。因此，VI 值越低，聚类 $\mathcal{C}$ 就越好。

利用式 $I(\mathcal{C},\mathcal{T}) = H(\mathcal{T}) - H(\mathcal{T}|\mathcal{C}) = H(\mathcal{C}) - H(\mathcal{C}|\mathcal{T})$，可以将式（17.9）表示为

$$\mathrm{VI}(\mathcal{C},\mathcal{T})=H(\mathcal{T}|\mathcal{C})+H(\mathcal{C}|\mathcal{T})$$

注意到 $H(\mathcal{T}\,|\,\mathcal{C})=H(\mathcal{T}\,|\,\mathcal{C})-H(\mathcal{C})$，VI 的另一个表达式为

$$\mathrm{VI}(\mathcal{C},\mathcal{T})=2H(\mathcal{T},\mathcal{C})-H(\mathcal{T})-H(\mathcal{C}) \tag{17.10}$$

例 17.2 继续例 17.1，它比较了图 17-1 所示的两个聚类。对于基于熵的度量，使用基数 2 作为对数的底；这些公式对于任何底都是有效的。

对于图 17-1a 中的聚类，有以下列联表：

	Iris-setosa	Iris-versicolor	Iris-virginica	
	T_1	T_2	T_3	n_i
C_1	0	47	14	61
C_2	50	0	0	50
C_3	0	3	36	39
m_j	50	50	50	n= 150

思考簇 C_1 的条件熵：

$$\begin{aligned}H(\mathcal{T}|C_1)&=-\frac{0}{61}\log_2\left(\frac{0}{61}\right)-\frac{47}{61}\log_2\left(\frac{47}{61}\right)-\frac{14}{61}\log_2\left(\frac{14}{61}\right)\\&=-0-0.77\log_2(0.77)-0.23\log_2(0.23)\approx 0.29+0.49=0.78\end{aligned}$$

以类似的方式可得 $H(\mathcal{T}\,|\,C_2)=0$ 和 $H(\mathcal{T}\,|\,C_3)=0.39$。聚类 $\mathcal{C}$ 的条件熵如下：

$$H(\mathcal{T}|\mathcal{C})=\frac{61}{150}\times 0.78+\frac{50}{150}\times 0+\frac{39}{150}\times 0.39\approx 0.32+0+0.10=0.42$$

要计算归一化互信息，请注意：

$$\begin{aligned}H(\mathcal{T})&=-3\left(\frac{50}{150}\log_2\left(\frac{50}{150}\right)\right)=1.585\\H(\mathcal{C})&=-\left(\frac{61}{150}\log_2\left(\frac{61}{150}\right)+\frac{50}{150}\log_2\left(\frac{50}{150}\right)+\frac{39}{150}\log_2\left(\frac{39}{150}\right)\right)\\&\approx 0.528+0.528+0.505=1.561\\I(\mathcal{C},\mathcal{T})&=\frac{47}{150}\log_2\left(\frac{47\times 150}{61\times 50}\right)+\frac{14}{150}\log_2\left(\frac{14\times 150}{61\times 50}\right)+\frac{50}{150}\log_2\left(\frac{50\times 150}{50\times 50}\right)\\&\quad+\frac{3}{150}\left(\log_2\frac{3\times 150}{39\times 50}\right)+\frac{36}{150}\log_2\left(\frac{36\times 150}{39\times 50}\right)\\&\approx 0.379-0.05+0.528-0.042+0.353=1.167\end{aligned}$$

因此，NMI 和 VI 分别为

$$\mathrm{NMI}(\mathcal{C},\mathcal{T})=\frac{I(\mathcal{C},\mathcal{T})}{\sqrt{H(\mathcal{T})\cdot H(\mathcal{C})}}=\frac{1.167}{\sqrt{1.585\times 1.561}}\approx 0.742$$

$$\mathrm{VI}(\mathcal{C},\mathcal{T})=H(\mathcal{T})+H(\mathcal{C})-2I(\mathcal{C},\mathcal{T})=1.585+1.561-2\times 1.167=0.812$$

我们同样可以针对图 17-1b 中的聚类计算这些度量，其列联表如示例 17.1 所示。下表比较了图 17-1 所示的两个聚类的基于熵的度量。

聚类	$H(\mathcal{T}\mid\mathcal{C})$	NMI	VI
图 17-1a	0.418	0.742	0.812
图 17-1b	0.743	0.587	1.200

正如预期的那样，图 17-1a 中的好聚类在归一化互信息方面得分较高，而在条件熵和信息差异方面得分较低。

17.1.3　成对度量

给定聚类 $\mathcal{C}$ 和真实值分区 $\mathcal{T}$，成对度量利用区和簇标签信息对所有点对进行分析。设 $\boldsymbol{x}_i, \boldsymbol{x}_j \in \boldsymbol{D}$ 为任意两点，其中 $i \neq j$。对于点 $\boldsymbol{x}_i$，设 y_i 表示真实的区标签，设 $\hat{y}_i$ 表示簇标签。如果 $\boldsymbol{x}_i$ 和 $\boldsymbol{x}_j$ 属于同一簇，即 $\hat{y}_i = \hat{y}_j$，则称之为正事件（positive event）；如果它们不属于同一簇，即 $\hat{y}_i \neq \hat{y}_j$，则称之为负事件（negative event）。根据簇标签和区标签是否一致，可以考虑四种可能性：

- 真阳性（True Positive，TP）：$\boldsymbol{x}_i$ 和 $\boldsymbol{x}_j$ 属于 $\mathcal{T}$ 中的同一个区，且属于 $\mathcal{C}$ 中的同一个簇。这是真阳性点对，因为正事件 $\hat{y}_i = \hat{y}_j$ 对应于真实值 $y_i = y_j$。真阳性点对的数目如下：

$$\mathrm{TP} = |\{(\boldsymbol{x}_i, \boldsymbol{x}_j):\ y_i = y_j \text{ 且 } \hat{y}_i = \hat{y}_j\}| \tag{17.11}$$

- 假阴性（False Negative，FN）：$\boldsymbol{x}_i$ 和 $\boldsymbol{x}_j$ 在 $\mathcal{T}$ 中属于同一个区，但不属于 $\mathcal{C}$ 中的同一个簇，即负事件 $\hat{y}_i \neq \hat{y}_j$ 与真实值 $y_i = y_j$ 不相符，因此是假阴性点对。假阴性点对的数目如下：

$$\mathrm{FN} = |\{(\boldsymbol{x}_i, \boldsymbol{x}_j): y_i = y_j \text{ 且 } \hat{y}_i \neq \hat{y}_j\}| \tag{17.12}$$

- 假阳性（False Positive, FP）：$\boldsymbol{x}_i$ 和 $\boldsymbol{x}_j$ 不属于 $\mathcal{T}$ 中的同一个区，但属于 $\mathcal{C}$ 中的同一个簇。这是假阳性点对，因为正事件 $\hat{y}_i = \hat{y}_j$ 实际上是假的，也就是说，它不符合真实分区，这表明 $y_i \neq y_j$。假阳性点对的数目如下：

$$\mathrm{FP} = |\{(\boldsymbol{x}_i, \boldsymbol{x}_j): y_i \neq y_j \text{ 且 } \hat{y}_i = \hat{y}_j\}| \tag{17.13}$$

- 真阴性（True Negative，TN）：$\boldsymbol{x}_i$ 和 $\boldsymbol{x}_j$ 不属于 $\mathcal{T}$ 中的同一个区，也不属于 $\mathcal{C}$ 中的同一个簇，这是真阴性点对，即 $\hat{y}_i \neq \hat{y}_j$ 且 $y_i \neq y_j$。真阴性点对的数目如下：

$$\mathrm{TN} = |\{(\boldsymbol{x}_i, \boldsymbol{x}_j):\ y_i \neq y_j \text{ 且 } \hat{y}_i \neq \hat{y}_j\}| \tag{17.14}$$

因为一共有 $N = \mathrm{C}_n^2 = \dfrac{n(n-1)}{2}$ 对点，所以可得以下恒等式：

$$N - \mathrm{TP} + \mathrm{FN} + \mathrm{FP} + \mathrm{TN} \tag{17.15}$$

前面四种情况的朴素计算需要 $O(n^2)$ 的时间。但是，我们可以使用列联表 $\boldsymbol{N} = \{n_{ij}\}$ 更有效地进行计算，其中 $1 \leqslant i \leqslant r$，$1 \leqslant j \leqslant k$。真阳性点对的数目如下：

$$\mathrm{TP} = \sum_{i=1}^{r}\sum_{j=1}^{k}\mathrm{C}_{n_{ij}}^2 = \sum_{i=1}^{r}\sum_{j=1}^{k}\frac{n_{ij}(n_{ij}-1)}{2} = \frac{1}{2}\left(\sum_{i=1}^{r}\sum_{j=1}^{k}n_{ij}^2 - \sum_{i=1}^{r}\sum_{j=1}^{k}n_{ij}\right) \tag{17.16}$$

$$=\frac{1}{2}\left(\left(\sum_{i=1}^{r}\sum_{j=1}^{k}n_{ij}^2\right)-n\right)$$

这是因为 n_{ij} 中的每一对点共享相同的簇标签 (i) 和相同的区标签 (j)。最后一步利用了事实：列联表中所有项的总和加起来等于 n，即 $\sum_{i=1}^{r}\sum_{j=1}^{k}n_{ij}=n$。

为了计算假阴性点对的总数目，我们从属于相同区的点对数目中减去真阳性点对的数目。因为属于同一区的两点 $\boldsymbol{x}_i$ 和 $\boldsymbol{x}_j$ 满足 $y_i=y_j$，如果去除真阳性的点对（$\hat{y}_i=\hat{y}_j$），就留下假阴性的点对（$\hat{y}_i\neq\hat{y}_j$）。因此，得到：

$$\begin{aligned}\mathrm{FN}=\sum_{j=1}^{k}\mathrm{C}_{m_j}^2-\mathrm{TP}&=\frac{1}{2}\left(\sum_{j=1}^{k}m_j^2-\sum_{j=1}^{k}m_j-\sum_{i=1}^{r}\sum_{j=1}^{k}n_{ij}^2+n\right)\\&=\frac{1}{2}\left(\sum_{j=1}^{k}m_j^2-\sum_{i=1}^{r}\sum_{j=1}^{k}n_{ij}^2\right)\end{aligned}\qquad(17.17)$$

最后一步的依据是 $\sum_{j=1}^{k}m_j=n$。

假阳性点对的数目可以通过从相同簇中的点对的数目中减去真阳性点对的数目获得：

$$\mathrm{FP}=\sum_{i=1}^{r}\mathrm{C}_{n_i}^2-\mathrm{TP}=\frac{1}{2}\left(\sum_{i=1}^{r}n_i^2-\sum_{i=1}^{r}\sum_{j=1}^{k}n_{ij}^2\right)\qquad(17.18)$$

最后，可以通过式（17.15）获得真阴性点对的数目，如下所示：

$$\mathrm{TN}=N-(\mathrm{TP}+\mathrm{FN}+\mathrm{FP})=\frac{1}{2}\left(n^2-\sum_{i=1}^{r}n_i^2-\sum_{j=1}^{k}m_j^2+\sum_{i=1}^{r}\sum_{j=1}^{k}n_{ij}^2\right)\qquad(17.19)$$

以上四个值中的每一个都可以在 $O(rk)$ 时间内计算出来。由于列联表可以在线性时间内得到，因此计算这四个值的总时间是 $O(n+rk)$，这比朴素的 $O(n^2)$ 要好得多。接下来思考基于这四个值的成对评估度量。

1. Jaccard 系数

Jaccard 系数度量了真阳性点对的比例，但不考虑真阴性点对。其定义如下：

$$\mathrm{Jaccard}=\frac{\mathrm{TP}}{\mathrm{TP}+\mathrm{FN}+\mathrm{FP}}\qquad(17.20)$$

对于完美聚类 $\mathcal{C}$（即与分区 $\mathcal{T}$ 完全一致），Jaccard 系数的值为 1，因为在这种情况下没有假阳性点对或假阴性点对。Jaccard 系数在真阳性和真阴性方面是不对称的，因为它不考虑真阴性。换言之，它强调既属于聚类，又属于真实值分区的点对相似度，但它会忽略互不相干的点对。

2. Rand 统计量

Rand 统计量度量了所有点对中真阳性和真阴性的比例，定义为

$$\mathrm{Rand}=\frac{\mathrm{TP}+\mathrm{TN}}{N}\qquad(17.21)$$

Rand 统计量是对称的，它度量 $\mathcal{C}$ 和 $\mathcal{T}$ 都一致的点对的比例。对于完美聚类，它的值为 1。

3. Fowlkes-Mallows 度量

定义聚类$\mathcal{C}$的总体成对精度（pairwise precision）和成对召回率（pairwise recall），如下所示：

$$\text{prec} = \frac{\text{TP}}{\text{TP}+\text{FP}} \qquad \text{recall} = \frac{\text{TP}}{\text{TP}+\text{FN}}$$

精度衡量了真实或正确聚类的点对占同一簇中所有点对的比例。召回率衡量了正确标记的点对占同一区中所有点对的比例。

Fowlkes-Mallows（FM）度量定义为成对精度和成对召回率的几何均值：

$$\text{FM} = \sqrt{\text{prec}\cdot\text{recall}} = \frac{\text{TP}}{\sqrt{(\text{TP}+\text{FN})(\text{TP}+\text{FP})}} \tag{17.22}$$

FM 度量在真阳性和真阴性方面是不对称的，因为它忽略了真阴性。它的最大值也是 1，在没有假阳性或假阴性时达到。

例 17.3 继续例 17.1。思考图 17-1a 中的聚类对应的列联表：

	Iris-setosa	Iris-versicolor	Iris-virginica
	T_1	T_2	T_3
C_1	0	47	14
C_2	50	0	0
C_3	0	3	36

利用式（17.16），得到如下真阳性点对数目：

$$\text{TP} = \text{C}_{47}^2+\text{C}_{14}^2+\text{C}_{50}^2+\text{C}_2^3+\text{C}_{36}^2$$

$$= 1081+91+1225+3+630 = 3030$$

使用式（17.17）、式（17.18）和式（17.19），得到：

$$\text{FN} = 645 \qquad \text{FP} = 766 \qquad \text{TN} = 6734$$

注意，总共有 $N = \text{C}_{150}^2 = 11\,175$ 个点对。

现在计算不同成对度量来进行聚类评估。Jaccard 系数［见式（17.20）］、Rand 统计量［见式（17.21）］和 Fowlkes-Mallows 度量［见式（17.22）］分别为

$$\text{Jaccard} = \frac{3030}{3030+645+766} = \frac{3030}{4441} \approx 0.68$$

$$\text{Rand} = \frac{3030+6734}{11\,175} = \frac{9764}{11\,175} \approx 0.87$$

$$\text{FM} = \frac{3030}{\sqrt{3675\times 3796}} \approx \frac{3030}{3735} \approx 0.81$$

使用例 17.1 中图 17-1b 的聚类的列联表，得到：

$$\text{TP} = 2891 \qquad \text{FN} = 784 \qquad \text{FP} = 2380 \qquad \text{TN} = 5120$$

下表比较了图 17-1 中两个聚类的基于列联表的不同度量值。

聚类	Jaccard	Rand	FM
图 17-1a	0.682	0.873	0.811
图 17-1b	0.477	0.717	0.657

正如预期的那样，图 17-1a 中的聚类的 3 个度量值都更高。

17.1.4 关联度量

设 $\boldsymbol{X}$ 和 $\boldsymbol{Y}$ 是两个对称 $n\times n$ 矩阵，且 $N=\mathrm{C}_n^2$。设 $\boldsymbol{x},\boldsymbol{y}\in\mathbb{R}^N$ 表示分别对 $\boldsymbol{X}$ 和 $\boldsymbol{Y}$ 的上三角元素（不包括主对角线元素）进行线性化得到的向量。设 μ_X 表示 $\boldsymbol{x}$ 的逐元素均值：

$$\mu_X=\frac{1}{N}\sum_{i=1}^{n-1}\sum_{j=i+1}^{n}\boldsymbol{X}(i,j)=\frac{1}{N}\boldsymbol{x}^{\mathrm{T}}\boldsymbol{x}$$

设 $\bar{\boldsymbol{x}}$ 表示 $\boldsymbol{x}$ 的居中向量，定义为

$$\bar{\boldsymbol{x}}=\boldsymbol{x}-\mathbf{1}\cdot\mu_X$$

其中，$\mathbf{1}\in\mathbb{R}^N$ 是全 1 向量。同样，令 μ_Y 代表 $\boldsymbol{y}$ 的逐元素均值，$\bar{\boldsymbol{y}}$ 是 $\boldsymbol{y}$ 的居中向量。

Hubert 统计量定义为 $\boldsymbol{X}$ 和 $\boldsymbol{Y}$ 的平均逐元素乘积：

$$\Gamma=\frac{1}{N}\sum_{i=1}^{n-1}\sum_{j=i+1}^{n}\boldsymbol{X}(i,j)\cdot\boldsymbol{Y}(i,j)=\frac{1}{N}\boldsymbol{x}^{\mathrm{T}}\boldsymbol{y} \tag{17.23}$$

归一化 Hubert 统计量定义为 $\boldsymbol{X}$ 和 $\boldsymbol{Y}$ 的逐元素相关度：

$$\Gamma_n=\frac{\sum_{i=1}^{n-1}\sum_{j=i+1}^{n}(\boldsymbol{X}(i,j)-\mu_X)(\cdot\boldsymbol{Y}(i,j)-\mu_Y)}{\sqrt{\sum_{i=1}^{n-1}\sum_{j=i+1}^{n}(\boldsymbol{X}(i,j)-\mu_X)^2\quad\sum_{i=1}^{n-1}\sum_{j=i+1}^{n}(\boldsymbol{Y}[i]-\mu_Y)^2}}=\frac{\sigma_{XY}}{\sqrt{\sigma_X^2\sigma_Y^2}}$$

其中，σ_X^2 和 σ_Y^2 是向量 $\boldsymbol{x}$ 和 $\boldsymbol{y}$ 的方差，σ_{XY} 是协方差，它们的定义如下：

$$\sigma_X^2=\frac{1}{N}\sum_{i=1}^{n-1}\sum_{j=i+1}^{n}(\boldsymbol{X}(i,j)-\mu_X)^2=\frac{1}{N}\bar{\boldsymbol{x}}^{\mathrm{T}}\bar{\boldsymbol{x}}=\frac{1}{N}\|\bar{\boldsymbol{x}}\|^2$$

$$\sigma_Y^2=\frac{1}{N}\sum_{i=1}^{n-1}\sum_{j=i+1}^{n}(\boldsymbol{Y}(i,j)-\mu_Y)^2=\frac{1}{N}\bar{\boldsymbol{y}}^{\mathrm{T}}\bar{\boldsymbol{y}}=\frac{1}{N}\|\bar{\boldsymbol{y}}\|^2$$

$$\sigma_{XY}=\frac{1}{N}\sum_{i=1}^{n-1}\sum_{j=i+1}^{n}(\boldsymbol{X}(i,j)-\mu_X)(\boldsymbol{Y}(i,j)-\mu_Y)=\frac{1}{N}\bar{\boldsymbol{x}}^{\mathrm{T}}\bar{\boldsymbol{y}}$$

因此，归一化 Hubert 统计量可以重写为

$$\Gamma_n=\frac{\bar{\boldsymbol{x}}^{\mathrm{T}}\bar{\boldsymbol{y}}}{\|\bar{\boldsymbol{x}}\|\cdot\|\bar{\boldsymbol{y}}\|}=\cos\theta \tag{17.24}$$

其中，θ 是两个居中向量 $\bar{\boldsymbol{x}}$ 和 $\bar{\boldsymbol{y}}$ 之间的夹角。Γ_n 的取值范围为 $[-1,+1]$。

当 $\boldsymbol{X}$ 和 $\boldsymbol{Y}$ 是任意 $n\times n$ 矩阵时，上述表达式可以很容易修改，使它们的取值范围为两个矩阵的所有 n^2 个元素。如果选择合适的矩阵 $\boldsymbol{X}$ 和 $\boldsymbol{Y}$，那么归一化 Hubert 统计量可以用作外部评估度量，具体如下。

1. 离散 Hubert 统计量

设 $\boldsymbol{T}$ 和 $\boldsymbol{C}$ 是 $n\times n$ 的矩阵：

$$\boldsymbol{T}(i,j)=\begin{cases}1\ , y_i=y_j, i\neq j\\ 0\ , 其他\end{cases} \qquad \boldsymbol{C}(i,j)=\begin{cases}1\ , \hat{y}_i=\hat{y}_j, i\neq j\\ 0\ , 其他\end{cases}$$

另外，设 $\boldsymbol{t},\boldsymbol{c}\in\mathbb{R}^N$ 分别表示由 $\boldsymbol{T}$ 和 $\boldsymbol{C}$ 的上三角元素（不包括对角线元素）组成的 N 维向量，其中 $N=\mathrm{C}_n^2$ 表示不同点对的数目。最后，设 $\bar{\boldsymbol{t}}$ 和 $\bar{\boldsymbol{c}}$ 表示居中的 $\boldsymbol{t}$ 向量和 $\boldsymbol{c}$ 向量。

离散 Hubert 统计量通过式（17.23）计算，设 $\boldsymbol{x}=\boldsymbol{t}$ 和 $\boldsymbol{y}=\boldsymbol{c}$：

$$\Gamma=\frac{1}{N}\boldsymbol{t}^{\mathrm{T}}\boldsymbol{c}=\frac{\mathrm{TP}}{N} \tag{17.25}$$

因为 $\boldsymbol{t}$ 的第 i 个元素只有在第 i 对点属于同一区时才是 1；同样，$\boldsymbol{c}$ 的第 i 个元素只有在第 i 对点属于同一簇时才是 1，所以点乘 $\boldsymbol{t}^{\mathrm{T}}\boldsymbol{c}$ 就是真阳性点对的数目，Γ 值等于真阳性点对的比例。结果表明，真实值分区 $\mathcal{T}$ 和聚类 $\mathcal{C}$ 之间的符合度越高，Γ 值越大。

2. 归一化离散 Hubert 统计量

离散 Hubert 统计量的归一化版本即 $\boldsymbol{t}$ 和 $\boldsymbol{c}$ 之间的相关度 [见式（17.24）]：

$$\Gamma_n=\frac{\bar{\boldsymbol{t}}^{\mathrm{T}}\bar{\boldsymbol{c}}}{\|\bar{\boldsymbol{t}}\|\cdot\|\bar{\boldsymbol{c}}\|}=\cos\theta \tag{17.26}$$

注意，$\mu_T=\frac{1}{N}\boldsymbol{t}^{\mathrm{T}}\boldsymbol{t}$ 是属于同一区 $(y_i=y_j)$ 的点对的比例，无论 $\hat{y}_i$ 是否匹配 $\hat{y}_j$，因此，可得：

$$\mu_T=\frac{\boldsymbol{t}^{\mathrm{T}}\boldsymbol{t}}{N}=\frac{\mathrm{TP}+\mathrm{FN}}{N}$$

类似地，$\mu_C=\frac{1}{N}\boldsymbol{c}^{\mathrm{T}}\boldsymbol{c}$ 是属于同一簇 $(\hat{y}_i=\hat{y}_j)$ 的点对的比例，无论 y_i 与 y_j 是否匹配，因此：

$$\mu_C=\frac{\boldsymbol{c}^{\mathrm{T}}\boldsymbol{c}}{N}=\frac{\mathrm{TP}+\mathrm{FP}}{N}$$

把它们代入式（17.26）中的分子，得到：

$$\begin{aligned}\bar{\boldsymbol{t}}^{\mathrm{T}}\bar{\boldsymbol{c}}&=(\boldsymbol{t}-\boldsymbol{1}\cdot\mu_T)^{\mathrm{T}}(\boldsymbol{c}-\boldsymbol{1}\cdot\mu_C)\\&=\boldsymbol{t}^{\mathrm{T}}\boldsymbol{c}-\mu_C\boldsymbol{t}^{\mathrm{T}}\boldsymbol{1}-\mu_T\boldsymbol{c}^{\mathrm{T}}\boldsymbol{1}+\boldsymbol{1}^{\mathrm{T}}\boldsymbol{1}\mu_T\mu_C\\&=\boldsymbol{t}^{\mathrm{T}}\boldsymbol{c}-N\mu_C\mu_T-N\mu_T\mu_C+N\mu_T\mu_C\\&=\boldsymbol{t}^{\mathrm{T}}\boldsymbol{c}-N\mu_T\mu_C\\&=\mathrm{TP}-N\mu_T\mu_C\end{aligned} \tag{17.27}$$

其中，$\boldsymbol{1}\in\mathbb{R}^N$ 是全 1 向量。我们还利用了等式 $\boldsymbol{t}^{\mathrm{T}}\boldsymbol{1}=\boldsymbol{t}^{\mathrm{T}}\boldsymbol{t}$ 和 $\boldsymbol{c}^{\mathrm{T}}\boldsymbol{1}=\boldsymbol{c}^{\mathrm{T}}\boldsymbol{c}$。同样，可以得到：

$$\|\bar{\boldsymbol{t}}\|^2=\bar{\boldsymbol{t}}^{\mathrm{T}}\bar{\boldsymbol{t}}=\boldsymbol{t}^{\mathrm{T}}\boldsymbol{t}-N\mu_T^2=N\mu_T-N\mu_T^2=N\mu_T(1-\mu_T) \tag{17.28}$$

$$\|\bar{\boldsymbol{c}}\|^2=\bar{\boldsymbol{c}}^{\mathrm{T}}\bar{\boldsymbol{c}}=\boldsymbol{c}^{\mathrm{T}}\boldsymbol{c}-N\mu_C^2=N\mu_C-N\mu_C^2=N\mu_C(1-\mu_C) \tag{17.29}$$

将式（17.27）、式（17.28）和式（17.29）代入式（17.26），归一化离散 Hubert 统计量可以写为

$$\Gamma_n = \frac{\frac{\text{TP}}{N} - \mu_T\mu_C}{\sqrt{\mu_T\mu_C(1-\mu_T)(1-\mu_C)}} \tag{17.30}$$

因为 $\mu_T = \frac{\text{TP}+\text{FN}}{N}$ 且 $\mu_C = \frac{\text{TP}+\text{FP}}{N}$，所以可以仅使用 TP 、FN 和 FP 值来计算归一化 Γ_n 统计量。最大值 $\Gamma_n = +1$ 在没有假阳性或假阴性（即 FN = FP = 0 ）的时候取得。最小值 $\Gamma_n = -1$ 在没有真阳性和真阴性（即 TP = TN = 0 ）的时候取得。

例 17.4　继续例 17.3，对于图 17-1a 中的好聚类，我们有：

$$\text{TP} = 3030 \qquad \text{FN} = 645 \qquad \text{FP} = 766 \qquad \text{TN} = 6734$$

根据这些值，得到：

$$\mu_T = \frac{\text{TP}+\text{FN}}{N} = \frac{3675}{11\,175} \approx 0.33$$

$$\mu_C = \frac{\text{TP}+\text{FP}}{N} = \frac{3796}{11\,175} \approx 0.34$$

使用式（17.25）和式（17.30），可得 Hubert 统计量的值：

$$\Gamma = \frac{3030}{11175} \approx 0.271$$

$$\Gamma_n = \frac{0.27 - 0.33\times0.34}{\sqrt{0.33\times0.34\times(1-0.33)\times(1-0.34)}} \approx \frac{0.159}{0.222} \approx 0.717$$

同样，对于图 17-1b 中差聚类，我们有：

$$\text{TP} = 2891 \qquad \text{FN} = 784 \qquad \text{FP} = 2380 \qquad \text{TN} = 5120$$

离散 Hubert 统计量的值为

$$\Gamma = 0.258 \qquad \Gamma_n = 0.442$$

我们观察到，好的聚类有更高的值，尽管归一化后的值更具识别性，即好的聚类比坏的聚类有更高的 Γ_n 值，而两个聚类的 Γ 的差异并不是那么大。

17.2　内部验证度量

内部验证度量不依赖于真实值分区，这是对数据集进行聚类时的典型场景。为了评估聚类的质量，内部验证度量必须利用簇内的相似度或紧凑度，以及簇间的分离度，通常在最大化这两个目标时需要进行权衡。内部验证度量基于 $n\times n$ 的距离矩阵（distance matrix）——通常也称为邻近度矩阵（proximity matrix），该矩阵给出了所有 n 个点每一对之间的距离：

$$\boldsymbol{W} = \{\|\boldsymbol{x}_i - \boldsymbol{x}_j\|\}_{i,j=1}^{n} \tag{17.31}$$

其中，$\|\boldsymbol{x}_i - \boldsymbol{x}_j\|$ 是 $\boldsymbol{x}_i, \boldsymbol{x}_j \in \boldsymbol{D}$ 之间的欧几里得距离，当然也可以使用其他类型的距离。由于 $\boldsymbol{W}$ 是对称的，且点到自身的距离为零，因此通常只使用 $\boldsymbol{W}$ 的上三角元素（对角线元素除外）

作为内部度量。

邻近度矩阵 $\boldsymbol{W}$ 也可以看作 n 个点上的加权完全图 G 的邻接矩阵，即对于所有 $\boldsymbol{x}_i, \boldsymbol{x}_j \in \boldsymbol{D}$，有节点 $V = \{\boldsymbol{x}_i \mid \boldsymbol{x}_i \in \boldsymbol{D}\}$，边 $E=\{(\boldsymbol{x}_i, \boldsymbol{x}_j) \mid \boldsymbol{x}_i, \boldsymbol{x}_j \in \boldsymbol{D}\}$，和边权重 $w_{ij} = \boldsymbol{W}(i, j)$。因此，内部验证度量与第 16 章研究的图聚类目标之间有着密切的联系。

对于内部度量，假设我们无法获得一个真实值分区。相反，假设给定一个由 $r = k$ 个簇组成的聚类 $\mathcal{C} = \{C_1, \cdots, C_k\}$，其中簇 C_i 包含 $n_i = |C_i|$ 个点。设 $\hat{y}_i \in \{1, 2, \cdots, k\}$ 表示点 x_i 的簇标签。聚类 $\mathcal{C}$ 可视为 G 的一个 k 路割，因为 $C_i \neq \varnothing$（对于所有 i），$C_i \cap C_j = \varnothing$（对于所有 i 和 j），$\bigcup_i C_i = V$。给定任何子集 $S, R \subset V$，将 $W(S, R)$ 定义为所有边上的权重之和，其中这些边的一个节点在 S 中，另一个在 R 中，如下所示：

$$W(S, R) = \sum_{\boldsymbol{x}_i \in S} \sum_{\boldsymbol{x}_j \in R} w_{ij}$$

同样，给定 $S \subseteq V$，用 $\overline{S}$ 表示节点集的补集，即 $\overline{S} = V \setminus S$。

内部度量通常是关于簇内和簇间权重的各种函数。特别要注意的是，所有簇的簇内权重之和为

$$W_{\text{in}} = \frac{1}{2} \sum_{i=1}^{k} W(C_i, C_i) \tag{17.32}$$

这里之所以除以 2，是因为 C_i 中的每一条边在 $W\left(C_i, C_i\right)$ 给出的总和中计算了两次。还要注意，所有簇间权重之和为

$$W_{\text{out}} = \frac{1}{2} \sum_{i=1}^{k} W(C_i, \overline{C_i}) = \sum_{i=1}^{k-1} \sum_{j>i} W(C_i, C_j) \tag{17.33}$$

这里也除以 2，因为在簇间求和时每条边计算了两次。不同簇内边（表示为 N_{in}）和簇间边（表示为 N_{out}）的数目如下：

$$N_{\text{in}} = \sum_{i=1}^{k} \mathrm{C}_{n_i}^{2} = \frac{1}{2} \sum_{i=1}^{k} n_i (n_i - 1)$$

$$N_{\text{out}} = \sum_{i=1}^{k-1} \sum_{j=i+1}^{k} n_i \cdot n_j = \frac{1}{2} \sum_{i=1}^{k} \sum_{\substack{j=1 \\ j \neq i}}^{k} n_i \cdot n_j$$

注意，不同的点对的总数 N 满足如下等式：

$$N = N_{\text{in}} + N_{\text{out}} = \mathrm{C}_n^2 = \frac{1}{2} n(n-1)$$

例 17.5　图 17-2 展示了与图 17-1 的两个 K-means 聚类对应的图。这里，每个节点对应一个点 $\boldsymbol{x}_i \in \boldsymbol{D}$，每个点对之间存在一条边 $(\boldsymbol{x}_i, \boldsymbol{x}_j)$。但是，这里仅显示簇内边（忽略簇间边）以避免混乱。由于内部度量没有真实标签作为参考，因此聚类的好坏是基于簇间和簇内统计量来度量的。

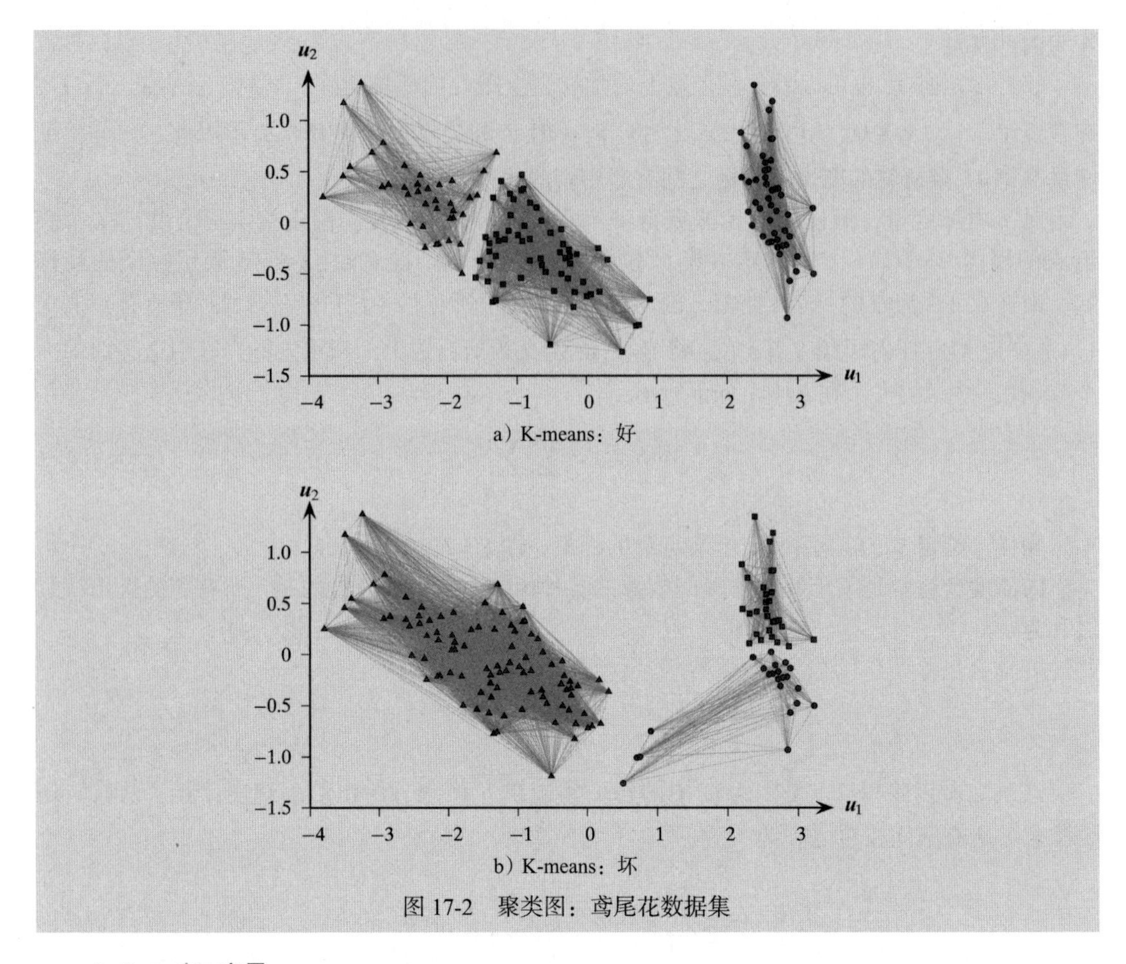

图 17-2 聚类图：鸢尾花数据集

1. BetaCV 度量

BetaCV 度量是簇内距离均值与簇间距离均值的比值：

$$\text{BetaCV}=\frac{W_{\text{in}}/N_{\text{in}}}{W_{\text{out}}/N_{\text{out}}}=\frac{N_{\text{out}}}{N_{\text{in}}}\cdot\frac{W_{\text{in}}}{W_{\text{out}}}=\frac{N_{\text{out}}}{N_{\text{in}}}\frac{\sum_{i=1}^{k}W(C_i,C_i)}{\sum_{i=1}^{k}W(C_i,\overline{C_i})} \tag{17.34}$$

BetaCV 值越小，聚类效果越好，因为它表示簇内距离平均小于簇间距离。

2. 一致性指数

设 $W_{\min}(N_{\text{in}})$ 是邻近度矩阵 $\boldsymbol{W}$ 中最小的 N_{in} 个距离的和，其中 N_{in} 是簇内边或点对的总数。设 $W_{\max}(N_{\text{in}})$ 为 $\boldsymbol{W}$ 中最大的 N_{in} 个距离之和。

一致性指数（C-index）衡量聚类在 k 个簇中最接近的 N_{in} 点聚集在一起的程度。其定义如下：

$$C\text{-index}=\frac{W_{\text{in}}-W_{\min}(N_{\text{in}})}{W_{\max}(N_{\text{in}})-W_{\min}(N_{\text{in}})} \tag{17.35}$$

其中，W_{in} 是所有簇内距离的总和［见式（17.32）］。一致性指数的取值范围是 [0,1]。一致性指数越小，聚类效果越好，因为它表示簇内距离比簇间距离更小，簇更紧凑。

3. 归一割度量

图聚类的归一割目标［见式（16.21）］也可用作一种聚类的内部评估度量：

$$\mathrm{NC}=\sum_{i=1}^{k}\frac{W(C_i,\overline{C_i})}{\mathrm{vol}(C_i)}=\sum_{i=1}^{k}\frac{W(C_i,\overline{C_i})}{W(C_i,V)} \tag{17.36}$$

其中，$\mathrm{vol}(C_i)=W(C_i,V)$ 是簇 C_i 的体积，即簇中所有至少有一个端点的边的总权重。然而，因为我们使用的是邻近度矩阵或距离矩阵 $\boldsymbol{W}$，而不是相似度矩阵 $\boldsymbol{A}$，所以归一割值越高越好。

为了看到这一点，利用 $W(C_i,V)=W(C_i,C_i)+W(C_i,\overline{C}_i)$，得到：

$$\mathrm{NC}=\sum_{i=1}^{k}\frac{W(C_i,\overline{C_i})}{W(C_i,C_i)+W(C_i,\overline{C_i})}=\sum_{i=1}^{k}\frac{1}{\dfrac{W(C_i,C_i)}{W(C_i,\overline{C_i})}+1}$$

可以看到，当所有 k 个 $\dfrac{W(C_i,C_i)}{W(C_i,\overline{C}_i)}$ 尽可能小时（即簇内距离比簇间距离小得多时，也即聚类效果好得多的时候），NC 的值最大。NC 可能的最大值是 k。

4. 模块度

图聚类的模块度目标函数［见式（16.30）］也可用作聚类的内部度量：

$$Q=\sum_{i=1}^{k}\left(\frac{W(C_i,C_i)}{W(V,V)}-\left(\frac{W(C_i,V)}{W(V,V)}\right)^2\right) \tag{17.37}$$

其中，

$$\begin{aligned}W(V,V)&=\sum_{i=1}^{k}W(C_i,V) &(17.38)\\ &=\sum_{i=1}^{k}W(C_i,C_i)+\sum_{i=1}^{k}W(C_i,\overline{C_i}) &(17.39)\\ &=2(W_{\mathrm{in}}+W_{\mathrm{out}}) &(17.40)\end{aligned}$$

上式最后一步遵循式（17.32）和式（17.33）。模块度衡量簇内边上的观察权重与预期权重之间的差异。由于我们使用的是距离矩阵，因此模块度越小，聚类效果越好，这表明簇内距离要低于预期。

5. 邓恩指标

邓恩（Dunn）指标定义为不同簇的点对之间的最小距离与同一簇的点对的最大距离之间的比值。更正式地说，我们有：

$$\mathrm{Dunn}=\frac{W_{\mathrm{out}}^{\min}}{W_{\mathrm{in}}^{\max}} \tag{17.41}$$

其中，$W_{\mathrm{out}}^{\min}$ 是最小簇间距离：

$$W_{\mathrm{out}}^{\min}=\min_{i,j>i}\{w_{ab}|\boldsymbol{x}_a\in C_i,\boldsymbol{x}_b\in C_j\}$$

$W_{\mathrm{in}}^{\max}$ 是最大簇内距离：

$$W_{\mathrm{in}}^{\max}=\max_{i}\{w_{ab}|\boldsymbol{x}_a,\boldsymbol{x}_b\in C_i\}$$

邓恩指标越大，聚类效果越好，因为这意味着即使不同簇的点间的最小距离也远远大于同一簇内的点间的最远距离。然而，邓恩指标可能不太敏感，因为最小簇间距离和最大簇内距离并不能捕获聚类的所有信息。

6. Davies–Bouldin 指标

设 $\boldsymbol{\mu}_i$ 表示簇均值，如下所示：

$$\boldsymbol{\mu}_i = \frac{1}{n_i} \sum_{\boldsymbol{x}_j \in C_i} \boldsymbol{x}_j \tag{17.42}$$

此外，设 σ_{μ_i} 表示围绕簇均值的点的离散程度，如下所示：

$$\sigma_{\mu_i} = \sqrt{\frac{\sum_{\boldsymbol{x}_j \in C_i} \|\boldsymbol{x}_j - \boldsymbol{\mu}_i\|^2}{n_i}} = \sqrt{\mathrm{var}(C_i)}$$

其中，var (C_i) 是簇 C_i 的总方差［见式（1.8）］。

对应簇 C_i 和 C_j 的 Davies-Bouldin（DB）度量定义为如下比值：

$$\mathrm{DB}_{ij} = \frac{\sigma_{\mu_i} + \sigma_{\mu_j}}{\|\boldsymbol{\mu}_i - \boldsymbol{\mu}_j\|} \tag{17.43}$$

DB_{ij} 度量了各个簇的紧凑程度（与簇均值之间的距离比）。Davies-Bouldin 指标被定义为

$$\mathrm{DB} = \frac{1}{k} \sum_{i=1}^{k} \max_{j \neq i} \{\mathrm{DB}_{ij}\} \tag{17.44}$$

也就是说，对于每个簇 C_i，我们选择产生最大 DB_{ij} 的簇 C_j。DB 值越小，聚类效果越好，因为这意味着各簇分得比较好（即簇均值间距离很大），并且每个簇都很好地由其均值表示（即有着很小的扩展）。

7. 轮廓系数

轮廓系数（silhouette coefficient）是对簇的结合度和分离度的一种度量，它基于到最近的其他簇的点的平均距离与到同簇的点的平均距离之差。对于每个点 $\boldsymbol{x}_i$，计算其轮廓系数 s_i：

$$s_i = \frac{\mu_{\text{out}}^{\min}(\boldsymbol{x}_i) - \mu_{\text{in}}(\boldsymbol{x}_i)}{\max\{\mu_{\text{out}}^{\min}(\boldsymbol{x}_i), \mu_{\text{in}}(\boldsymbol{x}_i)\}} \tag{17.45}$$

其中，$\mu_{\text{in}}(\boldsymbol{x}_i)$ 是点 $\boldsymbol{x}_i$ 到与它同簇 $\hat{y}_i$ 的点的平均距离：

$$\mu_{\text{in}}(\boldsymbol{x}_i) = \frac{\sum_{\boldsymbol{x}_j \in C_{\hat{y}_i}, j \neq i} \|\boldsymbol{x}_i - \boldsymbol{x}_j\|}{n_{\hat{y}_i} - 1}$$

$\mu_{\text{out}}^{\min}(\boldsymbol{x}_i)$ 是 $\boldsymbol{x}_i$ 到最近的其他簇中的点的平均距离：

$$\mu_{\text{out}}^{\min}(\boldsymbol{x}_i) = \min_{j \neq \hat{y}_i} \left\{ \frac{\sum_{\boldsymbol{y} \in C_j} \|\boldsymbol{x}_i - \boldsymbol{y}\|}{n_j} \right\}$$

点的 s_i 值位于区间 $[-1,+1]$。接近 1 的值表明 $\boldsymbol{x}_i$ 更接近同簇的点，远离其他簇的点。接近零的值表示 $\boldsymbol{x}_i$ 靠近两个簇的边界。最后，接近 −1 的值表明 $\boldsymbol{x}_i$ 更接近另一个簇而非它现在所在的簇，因此，该点可能被分错簇了。

轮廓系数定义为所有点的 s_i 值的均值：

$$\mathrm{SC} = \frac{1}{n} \sum_{i=1}^{n} s_i \tag{17.46}$$

接近 +1 的值表示聚类良好。

8. Hubert 统计量

Hubert Γ统计量［见式（17.23）］及其归一化版本 Γ_n［见式（17.24）］都可以通过让 $\boldsymbol{X}=\boldsymbol{W}$ 成为成对距离矩阵，并定义 $\boldsymbol{Y}$ 为簇均值间的距离矩阵，用作内部度量：

$$\boldsymbol{Y}=\{\|\boldsymbol{\mu}_i-\boldsymbol{\mu}_j\|\}_{i,j=1}^{n} \tag{17.47}$$

其中，$\boldsymbol{\mu}_i$ 是簇 C_i 的均值［见式（17.42）］。因为 $\boldsymbol{W}$ 和 $\boldsymbol{Y}$ 都是对称的，所以 Γ 和 Γ_n 都是通过其上三角元素来计算的。

例 17.6 思考图 17-1 中所示的鸢尾花主成分数据集的两个聚类，以及图 17-2 中对应的图表示。下面使用内部度量来评估这两个聚类。

图 17-1a 和图 17-2a 所示的良好聚类的各簇大小分别为

$$n_1=61 \qquad n_2=50 \qquad n_3=39$$

因此，簇内边和簇间边（即点对）的数目如下：

$$N_{\text{in}}=\mathrm{C}_{61}^2+\mathrm{C}_{50}^2+\mathrm{C}_{31}^2=1830+1225+741=3796$$

$$N_{\text{out}}=61\times50+61\times39+50\times39=3050+2379+1950=7379$$

总共有 $N=N_{\text{in}}+N_{\text{out}}=3796+7379=11\,175$ 个不同的点对。

每个簇内的边的权重为 $W(C_i,C_i)$，从一个簇到另一个簇的边的权重为 $W(C_i,C_j)$，簇间权重矩阵如下所示：

$$\begin{pmatrix} W & C_1 & C_2 & C_3 \\ \hline C_1 & 3265.69 & 10\,402.30 & 4418.62 \\ C_2 & 10\,402.30 & 1523.10 & 9792.45 \\ C_3 & 4418.62 & 9792.45 & 1252.36 \end{pmatrix} \tag{17.48}$$

因此，所有簇内和簇间的权重之和为

$$W_{\text{in}}=\frac{1}{2}(3265.69+1523.10+1252.36)=3020.57$$

$$W_{\text{out}}=(10\,402.30+4418.62+9792.45)=24\,613.37$$

BetaCV 度量可以计算为

$$\text{BetaCV}=\frac{N_{\text{out}}\cdot W_{\text{in}}}{N_{\text{in}}\cdot W_{\text{out}}}=\frac{7379\times3020.57}{3796\times24\,613.37}\approx0.239$$

对于一致性指标，首先计算 N_{in} 个最小的和最大的成对距离之和，如下所示：

$$W_{\min}(N_{\text{in}})=2535.96 \qquad W_{\max}(N_{\text{in}})=16\,889.57$$

因此，一致性指标为

$$C\text{-index}=\frac{W_{\text{in}}-W_{\min}(N_{\text{in}})}{W_{\max}(N_{\text{in}})-W_{\min}(N_{\text{in}})}=\frac{3020.57-2535.96}{16\,889.57-2535.96}=\frac{484.61}{14\,535.61}\approx0.0338$$

对于归一割和模块度，我们使用簇间权重矩阵［见式（17.48）］计算 $W(C_i,\overline{C}_i)$，$W(C_i,V)=\sum_{j=1}^{k}W(C_i,C_j)$ 以及 $W(V,V)=\sum_{i=1}^{k}W(C_i,V)$：

$$W(C_1,\overline{C_1}) = 10\,402.30 + 4418.62 = 14\,820.91$$

$$W(C_2,\overline{C_2}) = 10\,402.30 + 9792.45 = 20\,194.75$$

$$W(C_3,\overline{C_3}) = 4418.62 + 9792.45 = 14\,211.07$$

$$W(C_1,V) = 3265.69 + W(C_1,\overline{C_1}) = 18\,086.61$$

$$W(C_2,V) = 1523.10 + W(C_2,\overline{C_2}) = 21\,717.85$$

$$W(C_3,V) = 1252.36 + W(C_3,\overline{C_3}) = 15\,463.43$$

$$W(V,V) = W(C_1,V) + W(C_2,V) + W(C_3,V) = 55\,267.89$$

归一割和模块度如下：

$$\mathrm{NC} = \frac{14\,820.91}{18\,086.61} + \frac{20\,194.75}{21\,717.85} + \frac{14\,211.07}{15\,463.43} = 0.819 + 0.93 + 0.919 = 2.67$$

$$\begin{aligned} Q &= \left(\frac{3265.69}{55\,267.89} - \left(\frac{18\,086.61}{55\,267.89}\right)^2\right) + \left(\frac{1523.10}{55\,267.89} - \left(\frac{21\,717.85}{55\,267.89}\right)^2\right) \\ &+ \left(\frac{1252.36}{55\,267.89} - \left(\frac{15\,463.43}{55\,267.89}\right)^2\right) \\ &= -0.048 - 0.1269 - 0.0556 = -0.2305 \end{aligned}$$

邓恩指标可以从两个簇 C_i 和 C_j 之间的点对的最小和最大距离计算出来：

$W^{\min}$	C_1	C_2	C_3
C_1	0	1.62	0.198
C_2	1.62	0	3.49
C_3	0.198	3.49	0

$W^{\max}$	C_1	C_2	C_3
C_1	2.50	4.85	4.81
C_2	4.85	2.33	7.06
C_3	4.81	7.06	2.55

给定聚类的邓恩指标如下：

$$\mathrm{Dunn} = \frac{W_{\mathrm{out}}^{\min}}{W_{\mathrm{in}}^{\max}} = \frac{0.198}{2.55} = 0.078$$

为了计算 Davies–Bouldin 指标，计算簇均值和方差：

$$\boldsymbol{\mu}_1 = \begin{pmatrix} -0.664 \\ -0.33 \end{pmatrix} \quad \boldsymbol{\mu}_2 = \begin{pmatrix} 2.64 \\ 0.19 \end{pmatrix} \quad \boldsymbol{\mu}_3 = \begin{pmatrix} -2.35 \\ 0.27 \end{pmatrix}$$

$$\sigma_{\mu_1} = 0.723 \quad \sigma_{\mu_2} = 0.512 \quad \sigma_{\mu_3} = 0.695$$

以及簇对的 DB_{ij} 值：

DB_{ij}	C_1	C_2	C_3
C_1	–	0.369	0.794
C_2	0.369	–	0.242
C_3	0.794	0.242	–

例如，$\mathrm{DB}_{12} = \frac{\sigma_{\mu_1} + \sigma_{\mu_2}}{\|\boldsymbol{\mu}_1 - \boldsymbol{\mu}_2\|} = \frac{1.235}{3.346} = 0.369$。最终，DB 指标为

$$\mathrm{DB}=\frac{1}{3}(0.794+0.369+0.794)\approx 0.652$$

给定点（例如 $\boldsymbol{x}_1$）的轮廓系数［见式（17.45）］如下：

$$s_1=\frac{1.902-0.701}{\max\{1.902,0.701\}}=\frac{1.201}{1.902}\approx 0.632$$

所有点的平均值为 $\mathrm{SC}=0.598$。

Hubert 统计量可以通过邻近度矩阵 $\boldsymbol{W}$［见式（17.31）］和 $n\times n$ 簇均值距离矩阵 $\boldsymbol{Y}$［见式（17.47）］的上三角元素的点乘除以不同点对的数目 N 来计算：

$$\Gamma=\frac{\boldsymbol{w}^{\mathrm{T}}\boldsymbol{y}}{N}=\frac{91\,545.85}{11\,175}\approx 8.19$$

其中，$\boldsymbol{w},\boldsymbol{y}\in\mathbb{R}^N$ 是由 $\boldsymbol{W}$ 和 $\boldsymbol{Y}$ 的上三角元素组成的向量。归一化 Hubert 统计量可以通过 $\boldsymbol{w}$ 和 $\boldsymbol{y}$ 的相关度［见式（17.24）］得到：

$$\Gamma_n=\frac{\overline{\boldsymbol{w}}^{\mathrm{T}}\overline{\boldsymbol{y}}}{\|\overline{\boldsymbol{w}}\|\cdot\|\overline{\boldsymbol{y}}\|}=0.918$$

其中，$\overline{\boldsymbol{w}},\overline{\boldsymbol{y}}$ 是分别对应于 $\boldsymbol{w}$ 和 $\boldsymbol{y}$ 的居中向量。

下表总结了图 17-1 和图 17-2 所示的好聚类和坏聚类的各种内部度量值。

聚类	越低越好				越高越好				
	BetaCV	C-index	Q	DB	NC	Duun	SC	Γ	Γ_n
图 17-1a	0.24	0.034	−0.23	0.65	2.67	0.08	0.60	8.19	0.92
图 17-1b	0.33	0.08	−0.20	1.11	2.56	0.03	0.55	7.32	0.83

尽管这些内部度量无法参考真实值分区的情况，但可以观察到，良好的聚类具有较高的归一割值、邓恩指标值、轮廓系数和 Hubert 统计量，以及较低的 BetaCV 值、一致性指标值、模块度和 Davies–Bouldin 度量值。因此，这些度量能够区分数据的好坏聚类。

17.3　相对验证度量

相对验证度量用于比较使用同一算法的不同参数（例如选择不同的簇数 k）得到的不同聚类结果。

1. 轮廓系数

每个点的轮廓系数 s_j［见式（17.45）］和平均 SC 值［见式（17.46）］可用于估计数据中的簇数。该方法包括按降序绘制每个簇的 s_j 值，并标出特定 k 值下的 SC 值，以及每个簇的 SC 值：

$$\mathrm{SC}_i=\frac{1}{n_i}\sum_{\boldsymbol{x}_j\in C_i}s_j$$

然后，选择产生最佳聚类的 k 值，其中每个簇内都有许多点具有较高的 s_j 值，以及较高的 SC 值和 $\mathrm{SC}_i(1\leqslant i\leqslant k)$ 值。

例 17.7　图 17-3 展示了 K-means 算法在鸢尾花主成分数据集上 3 个不同 k 值（即 $k=2,3,4$）的最佳聚类结果的轮廓系数图。每个簇内的点的轮廓系数值 s_i 按降序绘制。该图还展示了平均值（SC）和各簇均值（SC_i，$1\leqslant i\leqslant k$）以及簇大小。

图 17-3a 显示，$k=2$ 时的平均轮廓系数最高，$\mathrm{SC}=0.706$。它显示了两个分离良好的簇。簇 C_1 中的点以较高 s_i 的值开始，然后在接近边界点的时候 s_i 值逐渐下降。第二个簇 C_2 的分离效果更好，因为它的轮廓系数更高，除最后三个点外，其他点的轮廓系数都很高，这表明几乎所有的点都分类良好。

图 17-3b 中的轮廓图 ($k=3$) 对应于图 17-1a 中所示的“好”聚类。我们可以看到，图 17-3a 中的簇 C_1 被分为 $k=3$ 情况中的两个簇，即 C_1 和 C_3。这两个簇都有许多边界点，而 C_2 所有点的轮廓系数都较大。

$k=4$ 的轮廓图如图 17-3c 所示。这里 C_3 是分离良好的簇，对应于上面的 C_2，其余簇基本上是 $k=2$ 时 C_1 的子簇。簇 C_1 也有两个点的 s_i 值为负数，这表明它们可能被错误分类了。

由于 $k=2$ 产生了最大的轮廓系数值，并且两个簇都较好地分离，在没有先验知识的情况下，我们选择 $k=2$ 作为该数据集的最佳簇数。

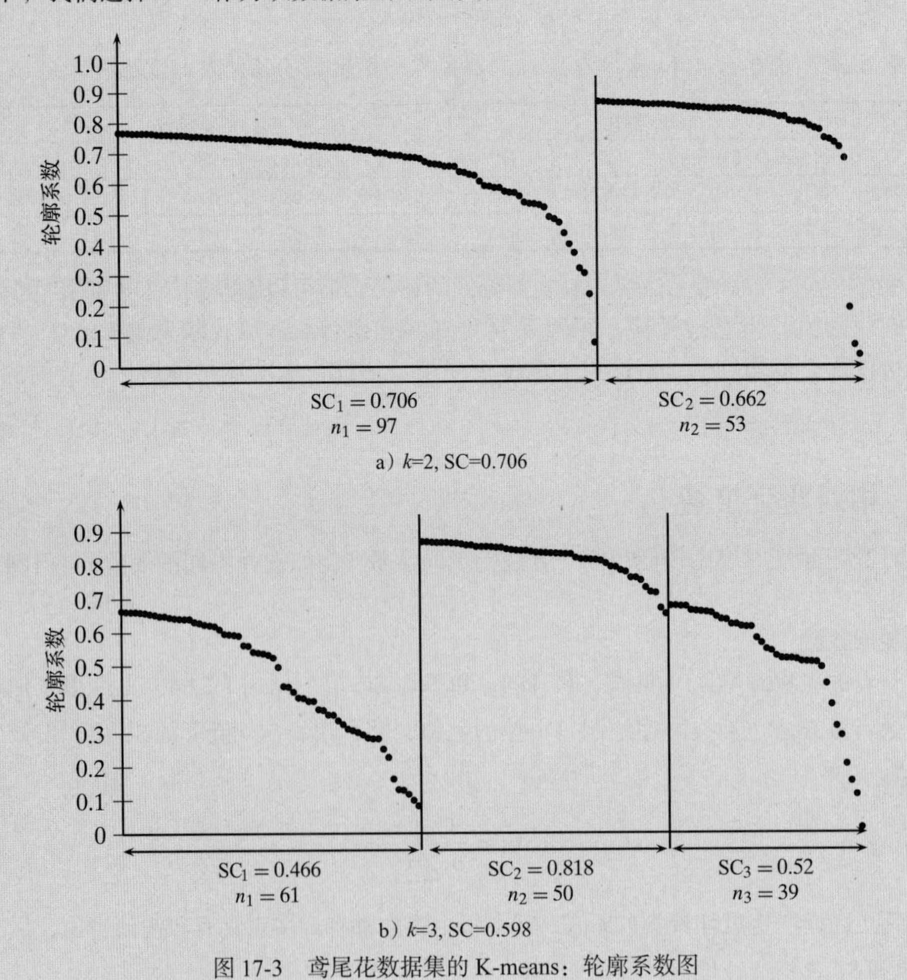

图 17-3　鸢尾花数据集的 K-means：轮廓系数图

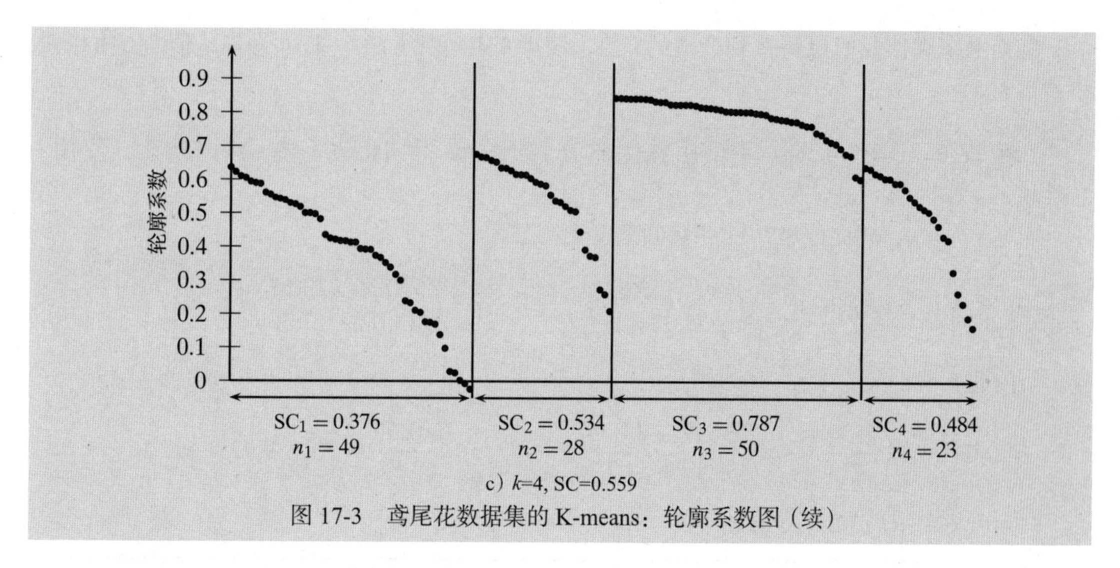

c）k=4, SC=0.559

图 17-3 鸢尾花数据集的 K-means：轮廓系数图（续）

2. Calinski–Harabasz 指标

给定数据集 $\boldsymbol{D}=\{\boldsymbol{x}_i^{\mathrm{T}}\}_{i=1}^n$，$\boldsymbol{D}$ 的散度矩阵为

$$\boldsymbol{S}=n\boldsymbol{\Sigma}=\sum_{j=1}^{n}(\boldsymbol{x}_j-\boldsymbol{\mu})(\boldsymbol{x}_j-\boldsymbol{\mu})^{\mathrm{T}}$$

其中，$\boldsymbol{\mu}=\frac{1}{n}\sum_{j=1}^{n}\boldsymbol{x}_j$ 是均值，$\boldsymbol{\Sigma}$ 是协方差矩阵。散度矩阵可以分解为两个矩阵，$\boldsymbol{S}=\boldsymbol{S}_{\mathrm{W}}+\boldsymbol{S}_{\mathrm{B}}$，其中 $\boldsymbol{S}_{\mathrm{W}}$ 是簇内散度矩阵，$\boldsymbol{S}_{\mathrm{B}}$ 是簇间散度矩阵，如下所示：

$$\boldsymbol{S}_{\mathrm{W}}=\sum_{i=1}^{k}\sum_{\boldsymbol{x}_j\in C_i}(\boldsymbol{x}_j-\boldsymbol{\mu}_i)(\boldsymbol{x}_j-\boldsymbol{\mu}_i)^{\mathrm{T}}$$

$$\boldsymbol{S}_{\mathrm{B}}=\sum_{i=1}^{k}n_i(\boldsymbol{\mu}_i-\boldsymbol{\mu})(\boldsymbol{\mu}_i-\boldsymbol{\mu})^{\mathrm{T}}$$

其中，$\boldsymbol{\mu}_i=\frac{1}{n_i}\sum_{\boldsymbol{x}_j\in C_i}\boldsymbol{x}_j$ 是簇 C_i 的均值。

对于给定的 k 值，Calinski-Harabasz（CH）方差比定义如下：

$$\mathrm{CH}(k)=\frac{\mathrm{tr}(\boldsymbol{S}_{\mathrm{B}})/(k-1)}{\mathrm{tr}(\boldsymbol{S}_{\mathrm{W}})/(n-k)}=\frac{n-k}{k-1}\cdot\frac{\mathrm{tr}(\boldsymbol{S}_{\mathrm{B}})}{\mathrm{tr}(\boldsymbol{S}_{\mathrm{W}})} \tag{17.49}$$

其中，$\mathrm{tr}(\boldsymbol{S}_{\mathrm{W}})$ 和 $\mathrm{tr}(\boldsymbol{S}_{\mathrm{B}})$ 是簇内散度矩阵和簇间散度矩阵的迹（即对角线元素之和）。

对于好的 k 值，我们期望簇内的散度相对小于簇间散度，这将导致更高的 $\mathrm{CH}(k)$ 值。此外，我们不希望 k 值非常大，因此，$\frac{n-k}{k-1}$ 项会处理掉较大的 k 值。我们可以选择使 $\mathrm{CH}(k)$ 最大化的 k 值。当然，也可以绘制 CH 随 k 的图，找到较大的增长处，并且随后几乎没有或只有很小的增长。例如，可以选择 $k>3$，使得下值最小：

$$\Delta(k)=\big(\mathrm{CH}(k+1)-\mathrm{CH}(k)\big)-\big(\mathrm{CH}(k)-\mathrm{CH}(k-1)\big)$$

直觉上来讲，我们想要找到合适的 k 值，使得 $\mathrm{CH}(k)$ 比 $\mathrm{CH}(k-1)$ 大得多，但与 $\mathrm{CH}(k+1)$ 相差不大。

例 17.8 图 17-4 展示了鸢尾花主成分数据集在不同 k 值下的 CH 方差比，使用 K-means 算法，从 200 次运行中选择最佳结果。

对于 $k=3$，簇内散度矩阵和簇间散度矩阵如下：

$$\boldsymbol{S}_{\mathrm{W}}=\begin{pmatrix}39.14 & -13.62\\ -13.62 & 24.73\end{pmatrix} \qquad \boldsymbol{S}_{\mathrm{B}}=\begin{pmatrix}590.36 & 13.62\\ 13.62 & 11.36\end{pmatrix}$$

因此，我们有：

$$\mathrm{CH}(3)=\frac{(150-3)}{(3-1)}\times\frac{(590.36+11.36)}{(39.14+24.73)}=(147/2)\times\frac{601.72}{63.87}\approx 73.5\times 9.42\approx 692.4$$

后续的 $\mathrm{CH}(k)$ 和 $\Delta(k)$ 值如下：

k	2	3	4	5	6	7	8	9
$\mathrm{CH}(k)$	570.25	692.40	717.79	683.14	708.26	700.17	738.05	728.63
$\Delta(k)$	–	−96.78	−60.03	59.78	−33.22	45.97	−47.30	–

如果选择某次值下降前的最高峰值，则应该选 $k=4$。然而，$\Delta(k)$ 表明 $k=3$ 为最佳（最小）值，代表“曲线拐点”（knee-of-the-curve）。$\Delta(k)$ 的一个限制是，小于 $k=3$ 的值无法得到评估，因为 $\Delta(2)$ 取决于 $\mathrm{CH}(1)$，而 $\mathrm{CH}(1)$ 是未定义的。

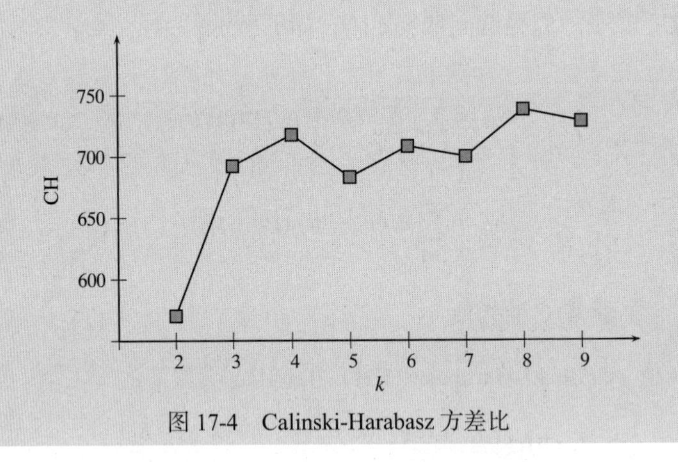

图 17-4 Calinski-Harabasz 方差比

3. gap 统计量

gap 统计量将不同 k 值下的簇内矩阵权重 W_{in}［式（17.32）］的和，以及在假设没有明显聚类结构的情况下，与它们的期望值进行比较，这构成了零假设。

设 $\mathcal{C}_k$ 为使用给定的聚类算法在特定的 k 值时得到的聚类。设 $W_{\mathrm{in}}^k(\boldsymbol{D})$ 表示输入数据集 $\boldsymbol{D}$ 上 $\mathcal{C}_k$ 所有簇的簇内权重之和。我们希望在零假设（即所有点随机放置在与 $\boldsymbol{D}$ 相同的数据空间中）下计算观察到的 W_{in}^k 值的概率。然而，W_{in} 的抽样分布未知。此外，它与簇数 k、点数 n 和 $\boldsymbol{D}$ 的其他特性有关。

为了获得 W_{in} 的经验分布，采用蒙特卡罗方法对抽样过程进行模拟，即在与输入数据集

$\boldsymbol{D}$ 相同的 d 维数据空间中随机生成 t 个样本，每个样本包括 n 个随机分布的点。也就是说，对于 $\boldsymbol{D}$ 的每个维度，比如 X_j，计算其范围 $[\min(X_j),\max(X_j)]$，并在给定范围内均匀随机地生成 n 个点（第 j 维）。设 $\boldsymbol{R}_i \in \mathbb{R}^{n\times d}(1\leqslant i\leqslant t)$ 表示第 i 个样本。设 $W_{\text{in}}^k(\boldsymbol{R}_i)$ 表示给定 $\boldsymbol{R}_i$ 聚类 k 个簇的簇内权重之和。从每个样本数据集 $\boldsymbol{R}_i$，使用相同的算法在不同的 k 值下生成聚类，并记录簇内权重 $W_{\text{in}}^k(\boldsymbol{R}_i)$。设 $\mu_W(k)$ 和 $\sigma_W(k)$ 表示不同 k 值下这些簇内权重的均值和标准差：

$$\mu_W(k)=\frac{1}{t}\sum_{i=1}^{t}\log W_{\text{in}}^k(\boldsymbol{R}_i)$$

$$\sigma_W(k)=\sqrt{\frac{1}{t}\sum_{i=1}^{t}(\log W_{\text{in}}^k(\boldsymbol{R}_i)-\mu_W(k))^2}$$

这里对 W_{in} 取对数，因为这些值可能很大。

给定 k 值的 gap 统计量定义为

$$\text{gap}(k)=\mu_W(k)-\log W_{\text{in}}^k(\boldsymbol{D}) \tag{17.50}$$

它度量了在零假设下观测值 W_{in}^k 与期望值的偏差。选择 gap 统计量最大的 k 值，因为这样得到一个离点的均匀分布最远的聚类结构。更稳健的选择 k 值的方法如下：

$$k^*=\arg\min_k\{\text{gap}(k)\geqslant \text{gap}(k+1)-\sigma_W(k+1)\} \tag{17.51}$$

即选择最小 k 值，使得 gap 统计量位于 $\text{gap}(k+1)$ 的一个标准差范围内。

例 17.9 为了计算 gap 统计量，我们必须从与鸢尾花主成分数据集相同的数据空间中随机生成 t 个包含 n 个点的样本。图 17-5a 给出了一个包含 $n=150$ 个点的随机样本，该样本没有明显的聚类结构。然而，当我们在这个数据集上运行 K-means 时，它将输出某个聚类，其中 $k=3$ 时的聚类已经给出。根据这个聚类，我们可以计算 $\log_2 W_{\text{in}}^k(\boldsymbol{R}_i)$；所有对数都以 2 为底。

对于蒙特卡罗抽样，生成 $t=200$ 这样的随机数据集，并在零假设下计算每个 k 对应的簇内权重的均值或期望值 $\mu_W(k)$。图 17-5b 显示了在不同 k 值下的期望簇内权重。它还显示了 $\log_2 W_{\text{in}}^k$ 的从鸢尾花主成分数据集的 K-means 聚类计算得到的观察值。对于鸢尾花数据集和每个均匀随机样本，我们运行 100 次 K-means，并选择最佳聚类，从中计算 $W_{\text{in}}^k(\boldsymbol{R}_{\text{i}})$ 值。可以看到，观察值 $W_{\text{in}}^k(\boldsymbol{D})$ 小于期望值 $\mu_W(k)$。

根据这些值，计算不同 k 值对应的 gap 统计量 $\text{gap}(k)$，如图 17-5c 所示。表 17-1 列出了 gap 统计量和标准差的值。最佳簇数是 $k=4$，因为：

$$\text{gap}(4)=0.753>\text{gap}(5)-\sigma_W(5)=0.515$$

然而，如果把 gap 检验放宽到两个标准差的范围，那么最佳簇数应该是 $k=3$，因为：

$$\text{gap}(3)=0.679>\text{gap}(4)-2\sigma_W(4)=0.753-2\times 0.0701\approx 0.613$$

从本质上讲，选择合适的簇数仍然存在一定的主观性，但是 gap 统计量可以帮助完成这项任务。

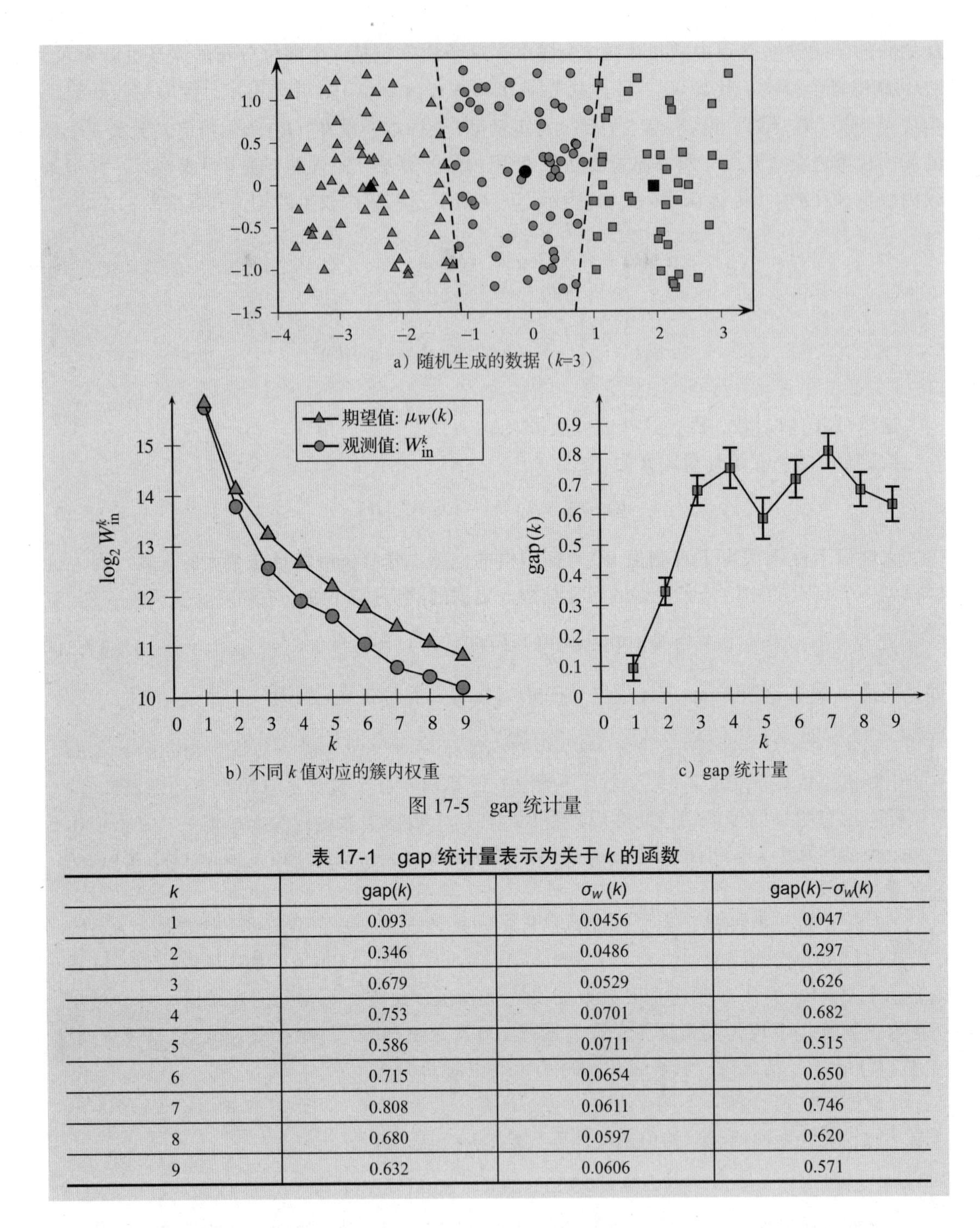

图 17-5　gap 统计量

表 17-1　gap 统计量表示为关于 k 的函数

k	gap(k)	$\sigma_W(k)$	gap(k)$-\sigma_W(k)$
1	0.093	0.0456	0.047
2	0.346	0.0486	0.297
3	0.679	0.0529	0.626
4	0.753	0.0701	0.682
5	0.586	0.0711	0.515
6	0.715	0.0654	0.650
7	0.808	0.0611	0.746
8	0.680	0.0597	0.620
9	0.632	0.0606	0.571

17.3.1　簇稳定性

簇稳定性背后的主要思想是：从与 $\boldsymbol{D}$ 相同的分布抽样得到的多个数据集生成的聚类应该是相似的或“稳定的”。簇稳定性方法可以用于找出给定聚类算法的合适参数值，这里我们将集中考虑合适的 k，即簇的正确数目。

$\boldsymbol{D}$ 的联合概率分布通常是未知的。因此，要从同一分布中抽样数据集，我们可以尝试多种方法，包括随机扰动（random perturbation）、子抽样（subsampling）或自助抽样（bootstrap resampling）。思考一下自助抽样方法；我们通过从 $\boldsymbol{D}$ 有放回抽样（即允许同一个数据点被多次选择，因此每个样本 $\boldsymbol{D}_i$ 将是不同的），生成 t 个大小为 n 的样本。接着，对于每个样本 $\boldsymbol{D}_i$，分别用不同的 k 值（从 2 到 $k^{\max}$）运行相同的聚类算法。

设 $\mathcal{C}_k(\boldsymbol{D}_i)$ 表示对于给定的 k 值，从样本 $\boldsymbol{D}_i$ 获得的聚类。接下来，该方法通过某个距离函数比较所有聚类对 $\mathcal{C}_k(\boldsymbol{D}_i)$ 和 $\mathcal{C}_k(\boldsymbol{D}_j)$ 之间的距离。通过设置 $\mathcal{C}=\mathcal{C}_k(\boldsymbol{D}_i)$ 和 $\mathcal{T}=\mathcal{C}_k(\boldsymbol{D}_j)$，一些外部聚类评估度量可以用作距离度量，反之亦然。根据这些值，计算每个 k 值下的期望成对距离。最后，使从再抽样数据集获得的不同聚类的偏差最小的值 k^* 是 k 的最佳选择，因为它对应的稳定性最高。

然而，当评估一对聚类 $\mathcal{C}_k(\boldsymbol{D}_i)$ 和 $\mathcal{C}_k(\boldsymbol{D}_j)$ 之间的距离时，存在一个问题，即数据集 $\boldsymbol{D}_i$ 和 $\boldsymbol{D}_j$ 是不同的。也就是说，由于每个样本 $\boldsymbol{D}_i$ 是不同的，所以进行聚类的点的集合是不同的。在计算两个聚类之间的距离之前，必须将聚类限制在 $\boldsymbol{D}_i$ 和 $\boldsymbol{D}_j$ 的公共点（表示为 $\boldsymbol{D}_{ij}$）上。因为有放回抽样允许同一点多次出现，所以在创建 $\boldsymbol{D}_{ij}$ 时也必须考虑到这一点。对于输入数据集 $\boldsymbol{D}$ 中的每个点 $\boldsymbol{x}_a$，设 m_i^a 和 m_j^a 分别表示 $\boldsymbol{x}_a$ 在 $\boldsymbol{D}_i$ 和 $\boldsymbol{D}_j$ 中的出现次数。

$\boldsymbol{D}_{ij}$ 的定义如下：

$$\boldsymbol{D}_{ij}=\boldsymbol{D}_i\cap\boldsymbol{D}_j=\{\boldsymbol{x}_a\text{ 的 }m^a\text{ 个实例}\,|\,\boldsymbol{x}_a\in\boldsymbol{D},m^a=\min\{m_i^a,m_j^a\}\}\tag{17.52}$$

即公共数据集 $\boldsymbol{D}_{ij}$ 是通过选择 $\boldsymbol{D}_i$ 或 $\boldsymbol{D}_j$ 中 $\boldsymbol{x}_a$ 点的最小出现次数实现的。

算法 17.1 给出了选择最佳 k 值的聚类稳定性方法的伪代码。它将聚类算法 A、样本数 t、最大簇数 $k^{\max}$ 和输入数据集 $\boldsymbol{D}$ 作为输入。它首先生成 t 个样本，并使用算法 A 对这些样本进行聚类。然后，计算在每个 k 值下的每一对数据集 $\boldsymbol{D}_i$ 和 $\boldsymbol{D}_j$ 的聚类之间的距离。最后，该方法在第 12 行计算期望的成对距离 $\mu_d(k)$。假设聚类距离函数 d 是对称的。如果 d 不是对称的，那么应该计算所有有序对的期望距离，即 $\mu_d(k)=\frac{1}{t(t-1)}\sum_{i=1}^{r}\sum_{j\neq i}d_{ij}(k)$。

算法 17.1 选择 k 的聚类稳定性算法

```
CLUSTERINGSTABILITY (A, t, k^max, D):
1  n ← |D|
   // Generate t samples
2  for i = 1, 2, ..., t do
3      D_i ← sample n points from D with replacement
   // Generate clusterings for different values of k
4  for i = 1, 2, ..., t do
5      for k = 2, 3, ..., k^max do
6          C_k(D_i) ← cluster D_i into k clusters using algorithm A
   // Compute mean difference between clusterings for each k
7  foreach pair D_i, D_j with j > i do
8      D_ij ← D_i ∩ D_j // create common dataset using Eq. (17.52)
9      for k = 2, 3, ..., k^max do
10         d_ij(k) ← d(C_k(D_i), C_k(D_j), D_ij) // distance between
               clusterings
```

11 **for** $k = 2, 3, \cdots, k^{\max}$ **do**
12 　$\mu_d(k) \leftarrow \frac{2}{t(t-1)} \sum_{i=1}^{t} \sum_{j>i} d_{ij}(k)$ // expected pairwise distance
　// Choose best k
13 $k^* \leftarrow \arg\min_k \{\mu_d(k)\}$

除了使用距离函数 d，还可以通过相似度来评估聚类稳定性。如果使用相似度，则在计算给定 k 下两个聚类的相似度后，选择使期望相似度 $\mu_s(k)$ 最大的最佳值 k^*。一般来说，对于契合度较高的 $\mathcal{C}_k(\boldsymbol{D}_i)$ 和 $\mathcal{C}_k(\boldsymbol{D}_j)$ 产生较低值的外部度量可以用作距离函数，而那些产生较高值的可以用作相似度函数。距离函数包括归一化互信息、信息差异和条件熵（非对称的）。相似度函数包括 Jaccard 系数、Fowlkes–Mall ows 度量和 Hubert 统计量等。

例 17.10　利用 K-means 算法研究 $n = 150$ 的鸢尾花主成分数据集的聚类稳定性，生成 $t = 500$ 个自助样本。对于每个数据集 $\boldsymbol{D}_i$ 和每个 k 值，运行 100 次 K-means，并选择最佳聚类。

对于距离函数，我们使用每对聚类之间的信息差异［见式（17.9）］。我们还使用 Fowlkes-Mallows 度量［见式（17.22）］作为相似度。VI 的成对距离 $\mu_d(k)$ 的期望值和 FM 度量的成对相似度 $\mu_s(k)$ 的期望值如图 17-6 所示。两个度量都表明 $k = 2$ 是最佳值，因为在使用 VI 度量的情况下，$k = 2$ 导致聚类对间期望距离最小，对于 FM 度量，$k = 2$ 导致聚类对间期望相似度最大。

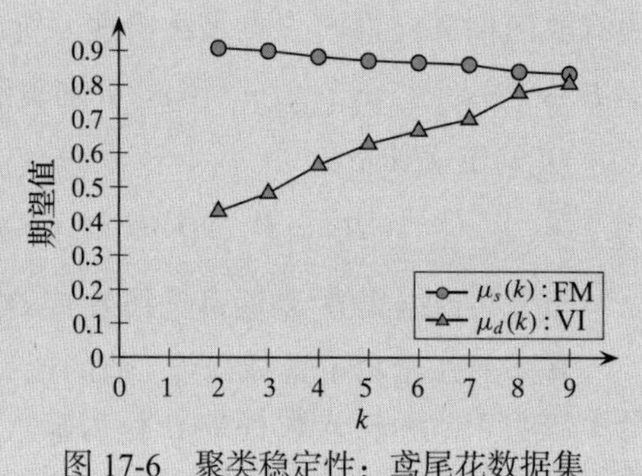

图 17-6　聚类稳定性：鸢尾花数据集

17.3.2　聚类趋向性

聚类趋向性或可聚类性（clusterability）旨在确定数据集 $\boldsymbol{D}$ 是否有任何有意义的分组。这通常是一项艰巨的任务，因为对簇的定义不同，例如，层次式的、基于密度的、基于图的等。即使我们确定了簇类型，对于给定的数据集 $\boldsymbol{D}$，定义合适的零模型（null model，即没有任何聚类结构的模型）仍然很难。此外，即使我们确定数据是可聚类的，仍然面临着有多少个簇的问题。但是，评估数据集的可聚类性仍然是值得的，我们将研究一些方法来判断数据是否可聚类。

1. 空间直方图

一种简单的方法是，将输入数据集 $\boldsymbol{D}$ 的 d 维空间直方图与在同一数据空间中随机生成的样本的直方图进行对比。设 $X_1, X_2, \cdots, X_d$ 表示 d 个维度。给定 b，即每个维度上的区间或级距（bin）的数量，把每个维度 X_j 分成 b 个等宽的区间，然后简单地计算 b^d 个 d 维单元（cell）中每个单元有多少个点。从这个空间直方图，可以得到数据集 $\boldsymbol{D}$ 的经验联合概率质量函数（EPMF），它是对未知的联合概率密度函数的一个估计。EPMF 如下：

$$f(\boldsymbol{i}) = P(\boldsymbol{x}_j \in \text{单元}\,\boldsymbol{i}) = \frac{|\{\boldsymbol{x}_j \in \text{单元}\,\boldsymbol{i}\}|}{n}$$

其中 $\boldsymbol{i} = (i_1, i_2, \cdots, i_d)$ 表示单元索引，i_j 表示沿维度 X_j 的区间索引。

接下来，随机生成 t 个样本，每个样本包含位于与输入数据集 $\boldsymbol{D}$ 相同的 d 维数据空间的 n 个点。也就是说，对于每个维度 X_j，计算其取值范围 $[\min(X_j),\max(X_j)]$，并在给定范围内随机均匀地取值。设 $\boldsymbol{R}_j$ 表示第 j 个这样的随机样本。然后计算每个 $\boldsymbol{R}_j$ 对应的 EPMF $g_j(\boldsymbol{i})$，$1\leqslant j\leqslant t$。

最后，计算分布 f 与 $g_j(j=1,\cdots,t)$ 的差异大小，利用从 f 到 g_j 的 Kullback–Leibler（KL）散度，其定义如下：

$$\mathrm{KL}(f|g_j)=\sum_{\boldsymbol{i}} f(\boldsymbol{i})\log\left(\frac{f(\boldsymbol{i})}{g_j(\boldsymbol{i})}\right) \tag{17.53}$$

只有当 f 和 g_j 分布相同时，KL 散度才为零。使用 KL 散度，计算数据集 $\boldsymbol{D}$ 与随机数据集的差异。

这种方法的主要限制是，随着维度的增加，单元的数目（b^d）呈指数式增长，并且在给定样本大小 n 的情况下，大多数单元将是空的或者只有一个点，很难估计散度。该方法对参数 b 的选择也很敏感。除了直方图和对应的 EPMF，还可以使用密度估计方法（参见 15.2 节）来确定数据集 $\boldsymbol{D}$ 的联合概率密度函数（PDF），并观察它和随机数据集的 PDF 有何区别。然而，维数灾难也给密度估计带来了问题。

例 17.11 图 17-7c 给出了鸢尾花主成分数据集的经验联合概率质量函数（EPMF），其中 $d=2$，$n=150$。它还给出了在相同数据空间中随机均匀生成的数据集的 EPMF。两个 EPMF 在每个维度中使用 $b=5$ 个区间，总共 25 个空间单元。鸢尾花数据集 $\boldsymbol{D}$ 和随机样本 $\boldsymbol{R}$ 的空间网格 / 单元分别如图 17-7a 和图 17-7b 所示。单元从 0 开始，从下到上，从左到右编号。因此，左下角单元为 0，左上角单元为 4，右下角单元为 19，右上角单元为 24。这些单元索引在图 17-7c 中的 EPMF 图的 x 轴上使用。

从零分布生成 $t=500$ 个随机样本，并计算从 f 到 $g_j(1\leqslant j\leqslant t)$ 的 KL 散度（对数的底为 2）。KL 值的分布如图 17-7d 所示。KL 的均值为 $\mu_{\mathrm{KL}}=1.17$，标准差为 $\sigma_{\mathrm{KL}}=0.18$，这表明鸢尾花数据集确实远离随机生成的数据，因此是可聚类的。

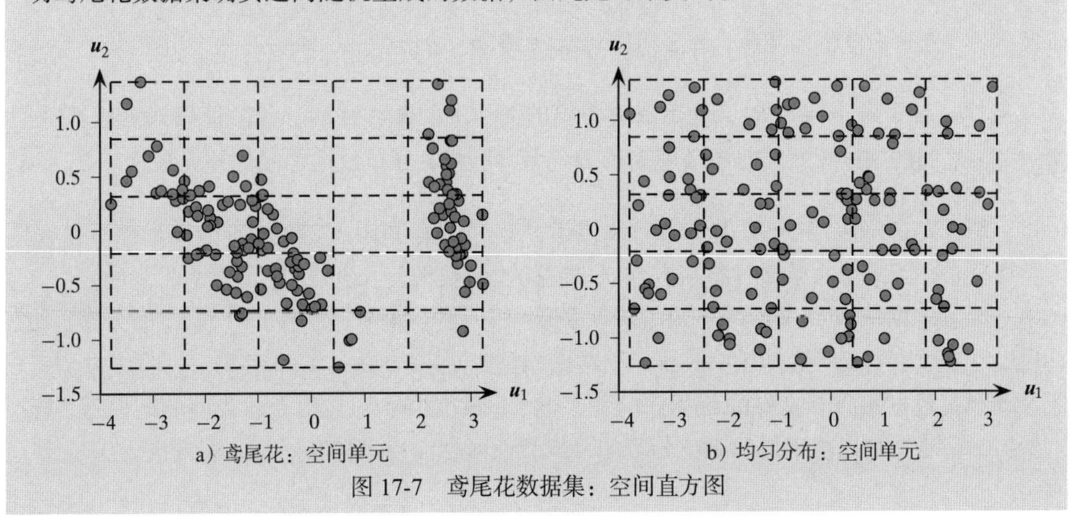

a）鸢尾花：空间单元　　b）均匀分布：空间单元

图 17-7　鸢尾花数据集：空间直方图

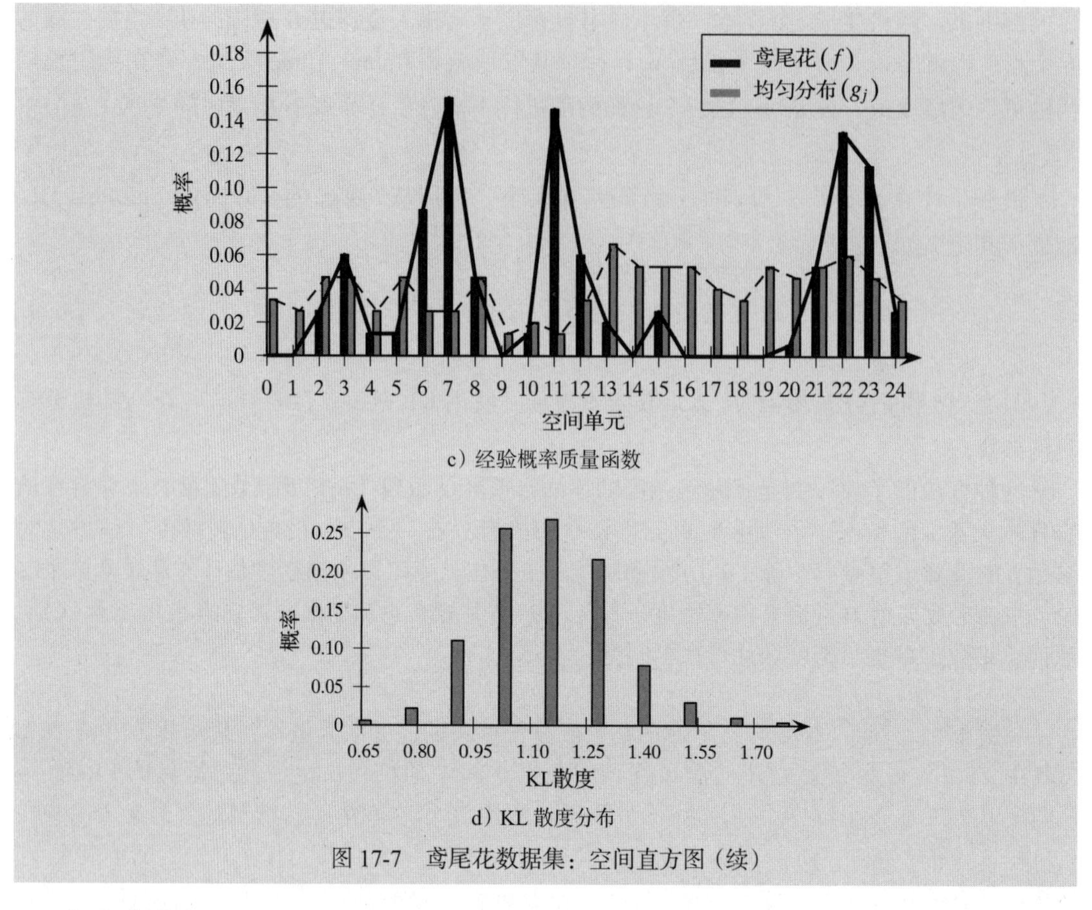

图 17-7　鸢尾花数据集：空间直方图（续）

2. 距离分布

除了估计密度之外，另一种确定可聚类性的方法是比较 $\boldsymbol{D}$ 中每一对数据点之间的距离和根据零分布随机生成的样本 $\boldsymbol{R}_i$ 中每一对数据点之间的距离，即通过将距离分为 b 个区间，从 $\boldsymbol{D}$ 的邻近度矩阵 $\boldsymbol{W}$［见式（17.31）］创建 EPMF：

$$f(i)=P(w_{pq}\in \text{区间}i \mid \boldsymbol{x}_p,\boldsymbol{x}_q\in \boldsymbol{D},\ p<q)=\frac{|\{w_{pq}\in \text{区间}\,i\}|}{n(n-1)/2}$$

同样，对于每个样本 $\boldsymbol{R}_j$，确定成对距离的 EPMF，表示为 g_j。最后使用式（17.53）计算 f 和 g_j 之间的 KL 散度。期望散度表示 $\boldsymbol{D}$ 与零（随机）分布数据之间的差异程度。

例 17.12　图 17-8a 给出了鸢尾花主成分数据集 $\boldsymbol{D}$ 和图 17-7b 所示的随机样本 $\boldsymbol{R}_j$ 的距离分布。距离分布是通过将所有点对之间的边的权重分入 b=25 个区间来得到的。

然后计算从 $\boldsymbol{D}$ 到每个样本 $\boldsymbol{R}_j$ 的 KL 散度，共有 $t=500$ 个样本。KL 散度的分布（使用以 2 为底的对数）如图 17-8b 所示。散度均值为 $\mu_{\text{KL}}=0.18$，标准差为 $\sigma_{\text{KL}}=0.017$。尽管鸢尾花数据集具有良好的聚类倾向性，但 KL 散度值并不是很大。我们的结论是，至少对于鸢尾花数据集来说，距离分布的可聚类性区分能力不如空间直方图方法。

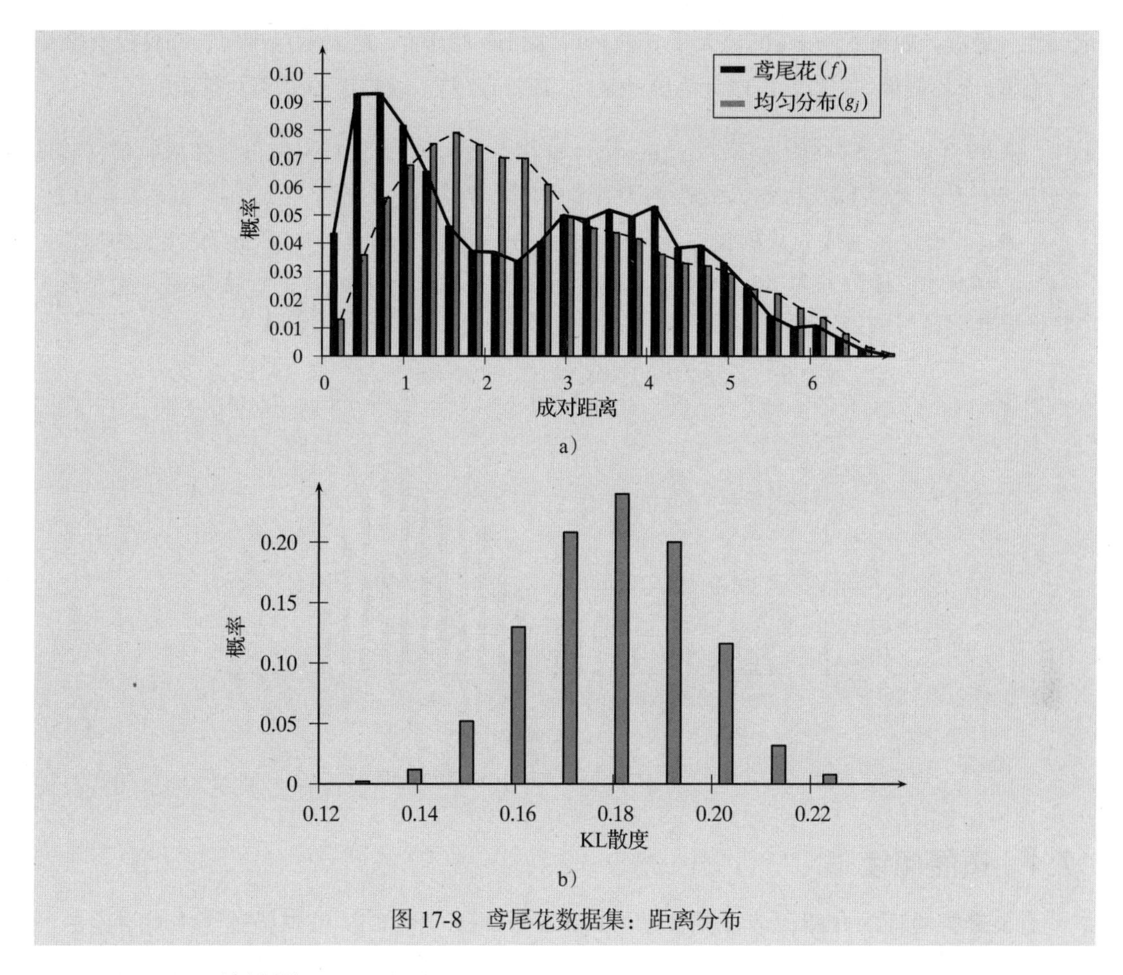

图 17-8　鸢尾花数据集：距离分布

3. Hopkins 统计量

Hopkins 统计量是一种对空间随机性的稀疏抽样检验。给定由 n 个点组成的数据集 $\boldsymbol{D}$，随机生成 t 个子样本 $\boldsymbol{R}_i$，每个子样本 $\boldsymbol{R}_i$ 有 m 个点，其中 $m \ll n$。这些样本的数据空间与 $\boldsymbol{D}$ 的相同，样本沿每个维度均匀随机生成。此外，直接从 $\boldsymbol{D}$ 中生成 t 个子样本，每个子样本含 m 个点，使用无放回抽样。设 $\boldsymbol{D}_i$ 表示第 i 个直接子样本。接下来计算每个点 $\boldsymbol{x}_j \in \boldsymbol{D}_i$ 和 $\boldsymbol{D}$ 中每个点的最小距离：

$$\delta_{\min}(\boldsymbol{x}_j) = \min_{\boldsymbol{x}_i \in \boldsymbol{D}, \boldsymbol{x}_i \neq \boldsymbol{x}_j} \{\|\boldsymbol{x}_j - \boldsymbol{x}_i\|\}$$

同样，计算每个点 $\boldsymbol{y}_j \in \boldsymbol{R}_i$ 和 $\boldsymbol{D}$ 中的点的最小距离 $\delta_{\min}(\boldsymbol{y}_j)$。

第 i 对样本 $\boldsymbol{R}_i$ 和 $\boldsymbol{D}_i$ 的 Hopkins 统计量（d 维）定义为

$$\mathrm{HS}_i = \frac{\sum_{\boldsymbol{y}_j \in \boldsymbol{R}_i} (\delta_{\min}(\boldsymbol{y}_j))^d}{\sum_{\boldsymbol{y}_j \in \boldsymbol{R}_i} (\delta_{\min}(\boldsymbol{y}_j))^d + \sum_{\boldsymbol{x}_j \in \boldsymbol{D}_i} (\delta_{\min}(\boldsymbol{x}_j))^d}$$

此统计量将随机生成的数据点的最近邻分布和 $\boldsymbol{D}$ 中数据点的随机子集的最近邻分布进行比较。如果数据聚类良好，我们期望 $\delta_{\min}(\boldsymbol{x}_j)$ 比 $\delta_{\min}(\boldsymbol{y}_j)$ 小，在这种情况下，HS_i 趋于 1。如果两个最近邻距离相似，那么 HS_i 取值接近 0.5，这表明数据基本上是随机的，并且没有明显的聚类性。最后，如果 $\delta_{\min}(\boldsymbol{x}_j)$ 的值大于 $\delta_{\min}(\boldsymbol{y}_j)$，则 HS_i 趋于 0，这表示点排斥，并且没有聚类性。根据 t 个不同的 HS_i 值，可以计算统计量的均值和方差，以确定 $\boldsymbol{D}$ 是否可聚类。

例 17.13 图 17-9 绘制了 Hopkins 统计量在 $t=500$ 对样本上的分布，样本对包括随机均匀生成的 $\boldsymbol{R}_j$，以及从输入数据集 $\boldsymbol{D}$ 中抽取的子样本 $\boldsymbol{D}_j$。子样本大小设置为 $m=30$，使用 $\boldsymbol{D}$（即鸢尾花主成分数据集，$d=2$，$n=150$）中 20% 的点。Hopkins 统计量的均值为 $\mu_{\mathrm{HS}}=0.935$，标准差为 $\sigma_{\mathrm{HS}}=0.025$。由于统计量值较高，因此我们得出结论：鸢尾花数据集具有良好的聚类倾向性。

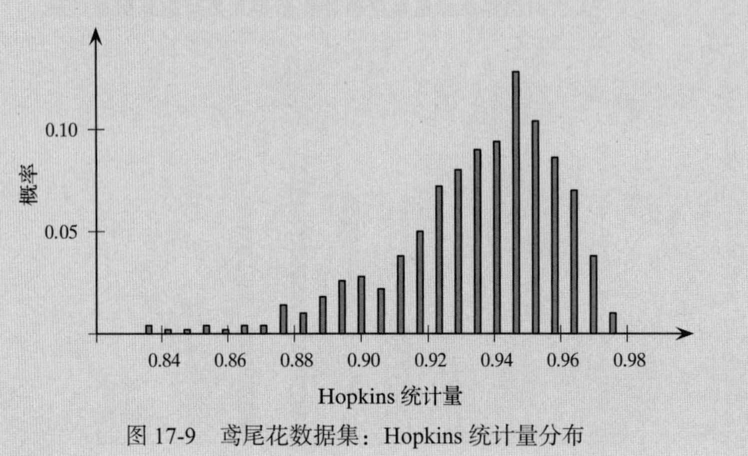

图 17-9 鸢尾花数据集：Hopkins 统计量分布

17.4 拓展阅读

有关聚类验证的介绍，请参见文献（Jain & Dubes，1988），该书描述了本章讨论的许多外部、内部和相对度量，包括聚类倾向性。其他较好的综述有文献（Halkidi et al.，2001）以及文献（Theodoridis & Koutroumbas，2008）。近期关于外部度量比较聚类的形式化特征的研究，请参见文献（Amigo et al.，2009）和文献（Meila，2007）。轮廓图的介绍参见文献（Rousseeuw，1987），gap 统计量参见文献（Tibshirani et al.，2001）。有关簇稳定性方法的概述，请参见文献（Luxburg，2009）。文献（Ackerman & Ben-David，2009）综述了可聚类性。关于聚类方法的全面综述参见文献（Xu & Wunsch，2005）以及文献（Jain et al.，1999）。子空间聚类方法的综述参见文献（Kriegel et al.，2009）。

Ackerman, M. and Ben-David, S. (2009). Clusterability: A theoretical study. *Proceedings of 12th International Conference on Artificial Intelligence and Statistics*, pp. 1–8.

Amigó, E., Gonzalo, J., Artiles, J., and Verdejo, F. (2009). A comparison of extrinsic clustering evaluation metrics based on formal constraints. *Information Retrieval*, 12 (4), 461–486.

Halkidi, M., Batistakis, Y., and Vazirgiannis, M. (2001). On clustering validation techniques. *Journal of Intelligent Information Systems*, 17 (2-3), 107–145.

Jain, A. K. and Dubes, R. C. (1988). *Algorithms for Clustering Data*. Upper Saddle River, NJ: Prentice-Hall.

Jain, A. K., Murty, M. N., and Flynn, P. J. (1999). Data clustering: a review. *ACM computing surveys*, 31 (3), 264–323.

Kriegel, H.-P., Kröger, P., and Zimek, A. (2009). Clustering high-dimensional data: A survey on subspace clustering, pattern-based clustering, and correlation clustering. *ACM Transactions on Knowledge Discovery from Data (TKDD)*, 3 (1), 1.

Luxburg, U. von (2009). Clustering stability: An overview. *Foundations and Trends in Machine Learning*, 2 (3), 235–274.

Meilă, M. (2007). Comparing clusterings – an information based distance. *Journal of Multivariate Analysis*, 98 (5), 873–895.

Rousseeuw, P. J. (1987). Silhouettes: A graphical aid to the interpretation and validation of cluster analysis. *Journal of Computational and Applied Mathematics*, 20, 53–65.

Theodoridis, S. and Koutroumbas, K. (2008). *Pattern Recognition*. 4th ed. San Diego: Academic Press.

Tibshirani, R., Walther, G., and Hastie, T. (2001). Estimating the number of clusters in a dataset via the Gap statistic. *Journal of the Royal Statistical Society Series B*, 63, 411–423.

Xu, R., Wunsch, D., et al. (2005). Survey of clustering algorithms. *IEEE Transactions on Neural Networks*, 16 (3), 645–678.

17.5 练习

Q1. 证明：式（17.5）中的熵的最大值为 $\log k$。

Q2. 证明：如果 $\mathcal{C}$ 和 $\mathcal{T}$ 相互独立，则 $H(\mathcal{T}\mid\mathcal{C})=H(\mathcal{T})$，且 $H(\mathcal{C}\mid\mathcal{T})=H(\mathcal{C})+H(\mathcal{T})$。$\mathcal{T}$ 完全由 $\mathcal{C}$ 决定。

Q3. 证明：$I(\mathcal{C},\mathcal{T})=H(\mathcal{C})+H(\mathcal{T})-H(\mathcal{T},\mathcal{C})$。

Q4. 证明：式（17.8）中的归一化互信息在 $[0,1]$ 范围内。

Q5. 证明：只有当 $\mathcal{C}$ 和 $\mathcal{T}$ 相同时，信息差异才为 0。

Q6. 证明：式（17.30）中的归一化离散 Hubert 统计量的最大值在 $\mathrm{FN}=\mathrm{FP}=0$ 时得到，最小值在 $\mathrm{TP}=\mathrm{TN}=0$ 时得到。

Q7. 证明：Fowlkes-Mallows 度量可以看作 $\mathcal{C}$ 和 $\mathcal{T}$ 的成对指示矩阵的相关度。如果 $\boldsymbol{x}_i$ 和 $\boldsymbol{x}_j (i\neq j)$ 在同一簇中，则 $\boldsymbol{C}(i,j)=1$，否则 $\boldsymbol{C}(i,j)=0$。用类似的方式，对真实值分区定义 $\boldsymbol{T}$。定义 $\langle\boldsymbol{C},\boldsymbol{T}\rangle=\sum_{i,j=1}^{n}\boldsymbol{C}_{ij}\boldsymbol{T}_{ij}$。证明：$\mathrm{FM}=\dfrac{\langle\boldsymbol{C},\boldsymbol{T}\rangle}{\sqrt{\langle\boldsymbol{T},\boldsymbol{T}\rangle\langle\boldsymbol{C},\boldsymbol{C}\rangle}}$。

Q8. 证明：点的轮廓系数位于区间 $[-1,+1]$ 内。

Q9. 证明：散度矩阵可以分解为 $\boldsymbol{S}=\boldsymbol{S}_{\mathrm{W}}+\boldsymbol{S}_{\mathrm{B}}$，其中 $\boldsymbol{S}_{\mathrm{W}}$ 和 $\boldsymbol{S}_{\mathrm{B}}$ 是簇内散度矩阵和簇间散度矩阵。

Q10. 思考图 17-10 中的数据集，计算标签为 c 的点的轮廓系数。假设簇为 $C_1=\{a,b,c,d,e\}$，$C_2=\{g,i\}$，$C_3=\{f,h,j\}$，$C_4=\{k\}$。

Q11. 描述如何应用 gap 统计量来确定基于密度的聚类算法的参数，例如 DBSCAN 和 DENCLUE 的参数（参见第 15 章）。

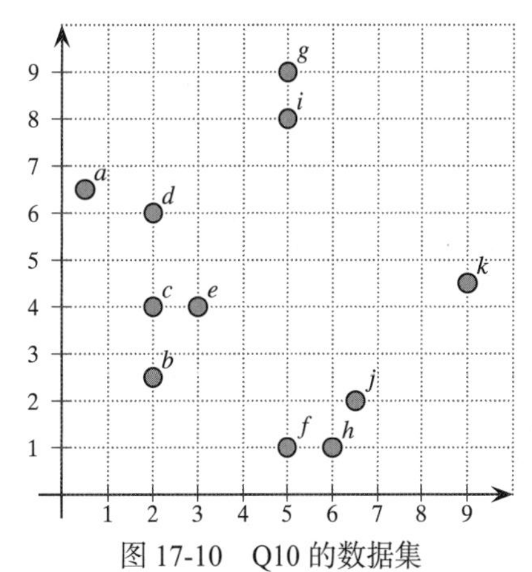

图 17-10 Q10 的数据集

第四部分

Data Mining and Machine Learning

分　　类

分类任务旨在为给定的无标签点预测标签或类别。从形式上看，分类器是一个模型或函数 M，它能够预测给定输入示例 $\boldsymbol{x}$ 的类标签 $\hat{y}$，即 $\hat{y}=M(\boldsymbol{x})$，其中 $\hat{y}\in\{c_1,c_2,\cdots,c_k\}$，每个 c_i 都是一个类标签（一个分类属性值）。分类是一种监督学习方法，因为学习模型需要一组具有正确分类标签的点，称为训练集。学习了 M 模型之后，就可以自动预测任何新点的类别。

本部分从强大的贝叶斯分类器开始介绍，该分类器是基于概率的分类方法（参见第 18 章）的例子。它利用贝叶斯定理将类预测为后验概率 $P(c_i|\boldsymbol{x})$ 最大的类。其主要任务是估计每一类别的联合概率密度函数 $f(x)$，该函数可通过多元正态分布建模。贝叶斯定理的一个限制是要估计的参数的数量量级为 $O(d^2)$。朴素贝叶斯分类器简化了所有属性都相互独立的假设，只需要估计 $O(d)$ 个参数。然而，对于许多数据集来说，朴素贝叶斯分类器却出人意料地有效。

第 19 章介绍流行的决策树分类器，其优点之一是它产生的模型比其他方法更容易理解。决策树递归地将数据空间划分为“纯”区域，这些区域只包含一个类别的数据点，例外情况相对较少。第 20 章介绍通过线性判别分析寻找将两类点分开的最佳方向的任务，可以将其看作一种降维方法，该方法同时考虑了类标签，不同于不考虑类属性的 PCA。该章还介绍从线性判别分析到核判别分析的推广，允许我们通过核技巧来寻找非线性方向。

第 21 章详细介绍支持向量机（Support Vector Machine，SVM）方法，它是许多不同问题领域最有效的分类器之一。支持向量机旨在寻找使类别之间的边界（margin）最大化的最优超平面。通过核技巧，支持向量机可以用来寻找非线性边界，而这些边界对应于高维“非线性”空间中的某个线性超平面。

分类中的一个重要任务是评估模型的好坏。第 22 章介绍评估分类模型的各种方法，定义了各种分类性能指标，包括 ROC 分析，然后介绍用于分类器评估的自助抽样和交叉验证方法，最后讨论分类中的偏差–方差权衡（bias-variance tradeoff），以及合成分类器如何帮助改进分类器的方差或偏差。

基于概率的分类

分类是指为给定的无标签点预测类标签的任务。本章考虑三种基于概率的分类方法。(完全) 贝叶斯分类器使用贝叶斯定理来预测使后验概率最大的类标签。主要任务是估计每一类别的联合概率密度函数，并通过多元正态分布来建模。朴素贝叶斯分类器假设各个属性之间是独立的，对于许多应用来说，它仍然惊人得强大。本章还将介绍最近邻分类器，它使用非参数方法来估计密度。

18.1 贝叶斯分类器

设训练数据集 $\boldsymbol{D}=\{\boldsymbol{x}_i^{\mathrm{T}}, y_i\}_{i=1,2,\cdots,n}$ 由 d 维空间中的 n 个点 $\boldsymbol{x}_i$ 组成，y_i 表示每个点的类标签，其中 $y_i \in \{c_1, c_2, \cdots, c_k\}$。贝叶斯分类器直接利用贝叶斯定理来预测新实例 $\boldsymbol{x}$ 的类别，它估计每个类 c_i 的后验概率 $P(c_i \mid \boldsymbol{x})$，并选择具有最大概率的类别。$\boldsymbol{x}$ 的预测类别如下：

$$\hat{y}=\arg\max_{c_i}\{P(c_i|\boldsymbol{x})\} \tag{18.1}$$

贝叶斯定理允许我们根据似然值和先验概率将后验概率表示为

$$P(c_i|\boldsymbol{x})=\frac{P(\boldsymbol{x}|c_i)\cdot P(c_i)}{P(\boldsymbol{x})} \tag{18.2}$$

其中，$P(\boldsymbol{x} \mid c_i)$ 是似然值，定义为假设真实类别为 c_i 时观察到 $\boldsymbol{x}$ 的概率，$P(c_i)$ 是类 c_i 的先验概率，$P(\boldsymbol{x})$ 是从 k 个类别中观察到 $\boldsymbol{x}$ 的概率，如下所示：

$$P(\boldsymbol{x})=\sum_{j=1}^{k}P(\boldsymbol{x}|c_j)\cdot P(c_j)$$

对于给定的点，$P(\boldsymbol{x})$ 是固定的，所以贝叶斯规则 [见式（18.1）] 可以重写为

$$\begin{aligned}\hat{y}&=\arg\max_{c_i}\{P(c_i|\boldsymbol{x})\}=\arg\max_{c_i}\left\{\frac{P(\boldsymbol{x}|c_i)P(c_i)}{P(\boldsymbol{x})}\right\}\\&=\arg\max_{c_i}\{P(\boldsymbol{x}|c_i)P(c_i)\}\end{aligned} \tag{18.3}$$

换言之，预测类别本质上是由考虑到先验概率的似然值决定的。

18.1.1 估计先验概率

为了对点进行分类，必须直接从训练数据集 $\boldsymbol{D}$ 中估计似然值和先验概率。设 $\boldsymbol{D}_i$ 表示 $\boldsymbol{D}$ 中类标签为 c_i 的点构成的子集：

$$\boldsymbol{D}_i=\{\boldsymbol{x}_j^{\mathrm{T}} \mid \boldsymbol{x}_j \text{ 的类标签为 } y_j=c_i\}$$

数据集 $\boldsymbol{D}$ 的大小设为 $|\boldsymbol{D}|=n$，每个类的子集 $\boldsymbol{D}_i$ 的大小设为 $|\boldsymbol{D}_i|=n_i$。类 c_i 的先验概率估

计如下：

$$\hat{P}(c_i)=\frac{n_i}{n} \tag{18.4}$$

18.1.2　估计似然值

为了估计似然值$P(\boldsymbol{x}|c_i)$，必须估计$\boldsymbol{x}$在d个维度上的联合概率，即估计$P(\boldsymbol{x}=(x_1,x_2,\cdots,x_d)|c_i)$。

1. 数值属性

假设所有维度都是数值型的，则可以通过非参数方法或参数方法来估计$\boldsymbol{x}$的联合概率。思考18.3节中的非参数方法。

在参数方法中，通常假设每个类c_i正态分布在某个均值$\boldsymbol{\mu}_i$周围，对应的协方差矩阵为$\boldsymbol{\Sigma}_i$，均值和协方差矩阵都由$\boldsymbol{D}_i$估计得到。对于类c_i，$\boldsymbol{x}$处的概率密度为

$$f_i(\boldsymbol{x})=f(\boldsymbol{x}|\boldsymbol{\mu}_i,\boldsymbol{\Sigma}_i)=\frac{1}{(\sqrt{2\pi})^d\sqrt{|\boldsymbol{\Sigma}_i|}}\exp\left\{-\frac{(\boldsymbol{x}-\boldsymbol{\mu}_i)^{\mathrm{T}}\boldsymbol{\Sigma}_i^{-1}(\boldsymbol{x}-\boldsymbol{\mu}_i)}{2}\right\} \tag{18.5}$$

由于c_i具有连续分布的特征，任意给定点的概率必须为零，即$P(\boldsymbol{x}|c_i)=0$。但是，我们可以通过考虑以$\boldsymbol{x}$为中心的小区间$\epsilon>0$来计算似然值：

$$P(\boldsymbol{x}|c_i)=2\epsilon\cdot f_i(\boldsymbol{x})$$

后验概率为

$$P(c_i|\boldsymbol{x})=\frac{2\epsilon\cdot f_i(\boldsymbol{x})P(c_i)}{\sum_{j=1}^k 2\epsilon\cdot f_j(\boldsymbol{x})P(c_j)}=\frac{f_i(\boldsymbol{x})P(c_i)}{\sum_{j=1}^k f_j(\boldsymbol{x})P(c_j)} \tag{18.6}$$

此外，由于$\sum_{j=1}^k f_j(\boldsymbol{x})P(c_j)$对于$\boldsymbol{x}$保持不变，因此可以通过修改式（18.3）来预测$\boldsymbol{x}$的类别，如下所示：

$$\hat{y}=\arg\max_{c_i}\{f_i(\boldsymbol{x})P(c_i)\}$$

为了对数值型测试点$\boldsymbol{x}$进行分类，贝叶斯分类器通过样本均值和样本协方差矩阵来估计参数。类c_i的样本均值可以估计为

$$\hat{\boldsymbol{\mu}}_i=\frac{1}{n_i}\sum_{\boldsymbol{x}_j\in\boldsymbol{D}_i}\boldsymbol{x}_j$$

使用式（2.38）估计每个类的样本协方差矩阵，如下所示：

$$\widehat{\boldsymbol{\Sigma}}_i=\frac{1}{n_i}\overline{\boldsymbol{D}}_i^{\mathrm{T}}\overline{\boldsymbol{D}}_i$$

其中，$\overline{\boldsymbol{D}}_i$是类$c_i$的居中数据矩阵，$\overline{\boldsymbol{D}}_i=\boldsymbol{D}_i-\boldsymbol{1}\cdot\hat{\boldsymbol{\mu}}_i^{\mathrm{T}}$。这些值可用于估算式（18.5）中的概率密度$\hat{f}_i(\boldsymbol{x})=f(\boldsymbol{x}|\hat{\boldsymbol{\mu}}_i,\hat{\boldsymbol{\Sigma}}_i)$。

算法18.1给出了贝叶斯分类器的伪代码。给定输入数据集$\boldsymbol{D}$，该算法估计每个类的先验概率、均值和协方差矩阵。对于测试，给定测试点$\boldsymbol{x}$，它只返回具有最大后验概率的类别。训练的复杂度由协方差矩阵计算步骤决定，该步骤需要$O(nd^2)$的时间。

算法 18.1　贝叶斯分类器

```
BAYESCLASSIFIER (D = {x_j^T, y_j}_{j=1}^n):
1  for i = 1, ..., k do
2      D_i ← {x_j^T | y_j = c_i, j = 1, ..., n} // class-specific subsets
3      n_i ← |D_i| // cardinality
4      P̂(c_i) ← n_i/n // prior probability
5      μ̂_i ← (1/n_i) Σ_{x_j∈D_i} x_j // mean
6      D̄_i ← D_i − 1_{n_i} μ̂_i^T // centered data
7      Σ̂_i ← (1/n_i) D̄_i^T D̄_i // covariance matrix
8  return P̂(c_i), μ̂_i, Σ̂_i for all i = 1, ..., k

TESTING (x and P̂(c_i), μ̂_i, Σ̂_i, for all i ∈ [1, k]):
9  ŷ ← argmax_{c_i} { f(x|μ̂_i, Σ̂_i) · P(c_i) }
10 return ŷ
```

例 18.1（贝叶斯分类器） 思考二维鸢尾花数据集，属性为萼片长度和萼片宽度，如图 18-1 所示。类 c_1 对应 Iris-setosa（显示为圆圈），共有 $n_1=50$ 个点，类 c_2（显示为三角形）共有 $n_2=100$ 个点。这两类的先验概率是：

$$\hat{P}(c_1)=\frac{n_1}{n}=\frac{50}{150}\approx 0.33 \qquad \hat{P}(c_2)=\frac{n_2}{n}=\frac{100}{150}\approx 0.67$$

c_1 和 c_2 的均值（显示为黑色圆圈和黑色三角形）如下：

$$\hat{\boldsymbol{\mu}}_1=\begin{pmatrix}5.006\\3.418\end{pmatrix} \qquad \hat{\boldsymbol{\mu}}_2=\begin{pmatrix}6.262\\2.872\end{pmatrix}$$

相应的协方差矩阵如下：

$$\widehat{\boldsymbol{\Sigma}}_1=\begin{pmatrix}0.1218 & 0.0983\\0.0983 & 0.1423\end{pmatrix} \qquad \widehat{\boldsymbol{\Sigma}}_2=\begin{pmatrix}0.435 & 0.1209\\0.1209 & 0.1096\end{pmatrix}$$

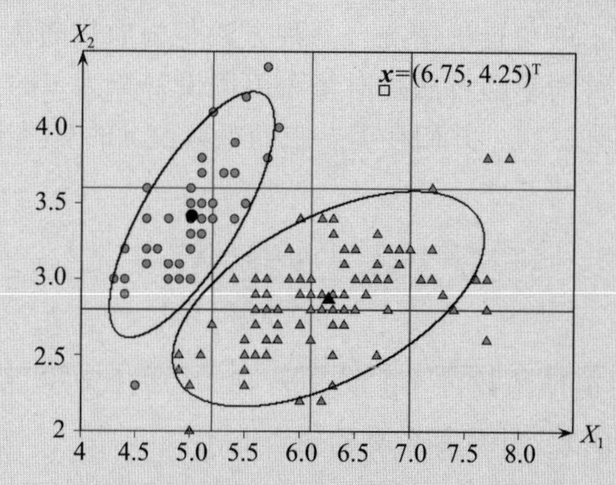

图 18-1　鸢尾花数据集：X_1（萼片长度）和 X_2（萼片宽度）。类均值以黑色显示；密度等值线也显示在图中，方块表示标记为 $\boldsymbol{x}$ 的测试点

图 18-1 给出了多元正态分布的等值线或水平曲线（对应 1% 的峰值密度），对两个类的概率密度进行建模。

设 $\boldsymbol{x}=(6.75,4.25)^{\mathrm{T}}$ 为测试点（显示为白色方块）。该点对 c_1 和 c_2 的后验概率可使用式（18.6）计算：

$$\hat{P}(c_1|\boldsymbol{x}) \propto \hat{f}(\boldsymbol{x}|\hat{\boldsymbol{\mu}}_1,\hat{\boldsymbol{\Sigma}}_1)\hat{P}(c_1)=(4.951\times10^{-7})\times0.33=1.634\times10^{-7}$$

$$\hat{P}(c_2|\boldsymbol{x}) \propto \hat{f}(\boldsymbol{x}|\hat{\boldsymbol{\mu}}_2,\boldsymbol{\Sigma}_2)\hat{P}(c_2)=(2.589\times10^{-5})\times0.67=1.735\times10^{-5}$$

因为 $\hat{P}(c_2\,|\,\boldsymbol{x})>\hat{P}(c_1\,|\,\boldsymbol{x})$，所以 $\boldsymbol{x}$ 的类别预测为 $\hat{y}=c_2$。

2. 类别属性

如果属性为类别型的，则可以使用第 3 章介绍的类别型数据建模方法来计算似然值。形式上，设 X_j 是一个类别型属性，定义域是 $\mathrm{dom}(X_j)=\{a_{j1},a_{j2},\cdots,a_{jm_j}\}$，即属性 X_j 可以取 m_j 个不同的类别型值。每个类别型属性 X_j 被建模为一个 m_j 维多元伯努利随机变量 $\boldsymbol{X}_j$，该变量可以取 m_j 个不同的向量值 $\boldsymbol{e}_{j1},\boldsymbol{e}_{j2},\cdots,\boldsymbol{e}_{jm_j}$，其中 $\boldsymbol{e}_{jr}$ 是 $\mathbb{R}^{m_j}$ 中的第 r 个标准基向量，对应于第 r 个值或符号 $a_{jr}\in\mathrm{dom}(X_j)$。整个 d 维数据集建模为向量随机变量 $\boldsymbol{X}=(\boldsymbol{X}_1,\boldsymbol{X}_2,\cdots,\boldsymbol{X}_d)^{\mathrm{T}}$。设 $d'=\sum_{j=1}^{d}m_j$，类别型点 $\boldsymbol{x}=(x_1,x_2,\cdots,x_d)^{\mathrm{T}}$ 表示为 d' 维的二元（binary）向量：

$$\boldsymbol{v}=\begin{pmatrix}\boldsymbol{v}_1\\ \vdots\\ \boldsymbol{v}_d\end{pmatrix}=\begin{pmatrix}\boldsymbol{e}_{1r_1}\\ \vdots\\ \boldsymbol{e}_{dr_d}\end{pmatrix}$$

其中，$\boldsymbol{v}_j=\boldsymbol{e}_{jr_j}(x_j=a_{jr_j})$ 是 X_j 定义域中的第 r_j 个值。类别型点 $\boldsymbol{x}$ 可以从向量随机变量 $\boldsymbol{X}$ 的联合概率质量函数（PMF）获得：

$$P(\boldsymbol{x}|c_i)=f(\boldsymbol{v}|c_i)=f(\boldsymbol{X}_1=\boldsymbol{e}_{1r_1},\cdots,\boldsymbol{X}_d=\boldsymbol{e}_{dr_d}\,|\,c_i) \tag{18.7}$$

上述联合 PMF 可直接从数据 $\boldsymbol{D}_i$ 对每个类 c_i 估算中得出，如下所示：

$$\hat{f}(\boldsymbol{v}|c_i)=\frac{n_i(\boldsymbol{v})}{n_i}$$

其中，$n_i(\boldsymbol{v})$ 是值 $\boldsymbol{v}$ 在类 c_i 中出现的次数。然而，如果点 $\boldsymbol{v}$ 处一个或两个类的概率质量为零，则会使后验概率为零。为了避免这种情况，一种方法是为向量随机变量 $\boldsymbol{X}$ 的所有可能值引入一个小的先验概率。一种简单的方法是对每个值假设一个为 1 的伪计数（pseudo-count），即假设 $\boldsymbol{X}$ 的每个值至少出现一次，并用在类 c_i 中的观察值 $\boldsymbol{v}$ 的实际出现次数上增加 1。调整后的 $\boldsymbol{v}$ 的概率质量如下：

$$\hat{f}(\boldsymbol{v}|c_i)=\frac{n_i(\boldsymbol{v})+1}{n_i+\prod_{j=1}^{d}m_j} \tag{18.8}$$

其中，$\prod_{j=1}^{d}m_j$ 给出 $\boldsymbol{X}$ 的可能值的数目。扩展算法 18.1 中的代码以适用于类别型属性相对简单，所需的只是使用式（18.8）计算每个类的联合 PMF。

例 18.2（贝叶斯分类器：类别型属性） 假设鸢尾花数据集中的萼片长度和萼片宽度属性已经离散化，如表 18-1a 和表 18-1b 所示。我们有 $|\mathrm{dom}(X_1)|=m_1=4$，$|\mathrm{dom}(X_2)|=m_2=3$。

这些区间在图 18-1 中以灰色网格线显示。表 18-2 给出了这两个类的经验联合 PMF。同样，如例 18.1 所示，两个类的先验概率为 $\hat{P}(c_1)=0.33$ 和 $\hat{P}(c_2)=0.67$ 。

思考测试点 $\boldsymbol{x}=(5.3,3.0)^{\mathrm{T}}$，该点对应于类别型点（Short, Medium)，表示为 $\boldsymbol{v}=(\boldsymbol{e}_{12}^{\mathrm{T}}\ \ \boldsymbol{e}_{22}^{\mathrm{T}})^{\mathrm{T}}$。每个类的似然值和后验概率如下：

$$\hat{P}(\boldsymbol{x}|c_1)=\hat{f}(\boldsymbol{v}|c_1)=3/50=0.06$$

$$\hat{P}(\boldsymbol{x}|c_2)=\hat{f}(\boldsymbol{v}|c_2)=15/100=0.15$$

$$\hat{P}(c_1|\boldsymbol{x})\propto 0.06\times 0.33=0.0198$$

$$\hat{P}(c_2|\boldsymbol{x})\propto 0.15\times 0.67=0.1005$$

在这种情况下，预测的类为 $\hat{y}=c_2$。

此外，对应于类别型点（Long，Long）的测试点 $\boldsymbol{x}=(6.75,4.25)^{\mathrm{T}}$ 表示为 $\boldsymbol{v}=(\boldsymbol{e}_{13}^{\mathrm{T}}\ \ \boldsymbol{e}_{23}^{\mathrm{T}})^{\mathrm{T}}$。然而，两个类在 $\boldsymbol{v}$ 处的概率质量都为零。通过伪计数来调整 PMF [见式（18.8）]，注意，可能的值的数目是 $m_1\times m_2=4\times 3=12$。每个类的似然值和先验概率计算为

$$\hat{P}(\boldsymbol{x}|c_1)=\hat{f}(\boldsymbol{v}|c_1)=\frac{0+1}{50+12}\approx 1.61\times 10^{-2}$$

$$\hat{P}(\boldsymbol{x}|c_2)=\hat{f}(\boldsymbol{v}|c_2)=\frac{0+1}{100+12}\approx 8.93\times 10^{-3}$$

$$\hat{P}(c_1|\boldsymbol{x})\propto (1.61\times 10^{-2})\times 0.33\approx 5.32\times 10^{-3}$$

$$\hat{P}(c_2|\boldsymbol{x})\propto (8.93\times 10^{-3})\times 0.67\approx 5.98\times 10^{-3}$$

因此，预测的类是 $\hat{y}=c_2$。

表 18-1 离散化萼片长度和萼片宽度属性

区间	定义域
[4.3,5.2]	VeryShort (a_{11})
(5.2, 6.1]	Short (a_{12})
(6.1,7.0]	Long (a_{13})
(7.0,7.9]	VeryLong (a_{14})

a）离散化的萼片长度

区间	定义域
[2.0,2.8]	Short (a_{21})
(2.8, 3.6]	Medium (a_{22})
(3.6, 4.4]	Long (a_{23})

b）离散化的萼片宽度

表 18-2 每一类的经验（联合）概率质量函数（PMF）

	类：c_1	X_2			$\hat{f}_{X_1}$
		Short($\mathbf{e}_{21}$)	Medium ($\mathbf{e}_{22}$)	Long($\mathbf{e}_{23}$)	
X_1	VeryShort ($\boldsymbol{e}_{11}$)	1/50	33/50	5/50	39/50
	Short ($\boldsymbol{e}_{12}$)	0	3/50	8/50	11/50
	Long ($\boldsymbol{e}_{13}$)	0	0	0	0
	VeryLong ($\boldsymbol{e}_{14}$)	0	0	0	0
$\hat{f}_{X_2}$		1/50	36/50	13/50	

（续）

	类：c_2	X_2			$\hat{f}_{X_1}$
		Short($\mathbf{e}_{21}$)	Medium ($\mathbf{e}_{22}$)	Long($\mathbf{e}_{23}$)	
X_1	VeryShort ($\boldsymbol{e}_{11}$)	6/100	0	0	6/100
	Short ($\boldsymbol{e}_{12}$)	24/100	15/100	0	39/100
	Long ($\boldsymbol{e}_{13}$)	13/100	30/100	0	43/100
	VeryLong ($\boldsymbol{e}_{14}$)	3/100	7/100	2/100	12/100
$\hat{f}_{X_2}$		46/100	52/100	2/100	

3. 挑战

贝叶斯分类器的主要问题是，需要足够的数据才能可靠地估计联合概率密度（或质量）函数，特别是对于高维数据。例如，对于数值型属性，必须估计 $O(d^2)$ 个协方差，并且随着维数的增加，这要求我们估计太多的参数。对于类别型属性，必须估计 $\boldsymbol{v}$ 的所有可能值的联合概率有 $\prod_j |\text{dom}(X_j)|$ 个。即使每个类别型属性只取两个值，也需要估计 2^d 个值的概率。但是，$\boldsymbol{v}$ 最多可以有 n 个不同的值，所以大多数将为零。为了解决这些问题，我们可以在实践中使用缩减的参数集合，如下所述。

18.2　朴素贝叶斯分类器

我们在前面看到，完全贝叶斯方法有很多与估计相关的问题，尤其是维数比较高的问题。朴素贝叶斯方法简单地假设所有属性都是独立的。这会产生一个更简单，但在实践中却出人意料地有效的分类器。独立性假设意味着似然值可以分解为每一维度上的概率的乘积：

$$P(\boldsymbol{x}|c_i) = P(x_1, x_2, \cdots, x_d|c_i) = \prod_{j=1}^{d} P(x_j|c_i) \tag{18.9}$$

1. 数值型属性

对于数值型属性，默认假设每个属性对于每个类 c_i 都是正态分布的。设 μ_{ij} 和 σ_{ij}^2 表示属性 X_j 关于类 c_i 的均值和方差。类 c_i 在 X_j 维度上的似然值如下：

$$P(x_j|c_i) \propto f(x_j|\mu_{ij}, \sigma_{ij}^2) = \frac{1}{\sqrt{2\pi}\sigma_{ij}} \exp\left\{-\frac{(x_j-\mu_{ij})^2}{2\sigma_{ij}^2}\right\}$$

同时，朴素假设对应于将 $\boldsymbol{\Sigma}_i$ 中的所有协方差设置为零：

$$\boldsymbol{\Sigma}_i = \begin{pmatrix} \sigma_{i1}^2 & 0 & \ldots & 0 \\ 0 & \sigma_{i2}^2 & \ldots & 0 \\ \vdots & \vdots & & \vdots \\ 0 & 0 & \ldots & \sigma_{id}^2 \end{pmatrix}$$

这就得到了：

$$|\boldsymbol{\Sigma}_i| = \det(\boldsymbol{\Sigma}_i) = \sigma_{i1}^2\sigma_{i2}^2\cdots\sigma_{id}^2 = \prod_{j=1}^{d}\sigma_{ij}^2$$

另外假设对所有 j，都有 $\sigma_{ij}^2 \neq 0$，还可以得到：

$$\boldsymbol{\Sigma}_i^{-1} = \begin{pmatrix} \frac{1}{\sigma_{i1}^2} & 0 & \cdots & 0 \\ 0 & \frac{1}{\sigma_{i2}^2} & \cdots & 0 \\ \vdots & \vdots & & \vdots \\ 0 & 0 & \cdots & \frac{1}{\sigma_{id}^2} \end{pmatrix}$$

最后可得：

$$(\boldsymbol{x}-\boldsymbol{\mu}_i)^{\mathrm{T}}\boldsymbol{\Sigma}_i^{-1}(\boldsymbol{x}-\boldsymbol{\mu}_i) = \sum_{j=1}^{d}\frac{(x_j-\mu_{ij})^2}{\sigma_{ij}^2}$$

把这些代入式（18.5），可得：

$$\begin{aligned} P(\boldsymbol{x}|c_i) &= \frac{1}{(\sqrt{2\pi})^d\sqrt{\prod_{j=1}^{d}\sigma_{ij}^2}}\exp\left\{-\sum_{j=1}^{d}\frac{(x_j-\mu_{ij})^2}{2\sigma_{ij}^2}\right\} \\ &= \prod_{j=1}^{d}\left(\frac{1}{\sqrt{2\pi}\,\sigma_{ij}}\exp\left\{-\frac{(x_j-\mu_{ij})^2}{2\sigma_{ij}^2}\right\}\right) \\ &= \prod_{j=1}^{d}P(x_j|c_i) \end{aligned}$$

这与式（18.9）一致。换言之，按照独立性假设，联合概率被分解为每个维度上的概率的乘积。

朴素贝叶斯分类器使用每个类 c_i 的样本均值 $\hat{\boldsymbol{\mu}}_i = (\hat{\mu}_{i1},\cdots,\hat{\mu}_{id})^{\mathrm{T}}$ 和对角型的样本协方差矩阵 $\hat{\boldsymbol{\Sigma}}_i = \mathrm{diag}(\sigma_{i1}^2,\cdots,\sigma_{id}^2)$。因此，一共需要估计 $2d$ 个参数，分别对应于每个维度 X_j 的样本均值和样本方差。

算法 18.2 给出了朴素贝叶斯分类器的伪代码。给定输入数据集 $\boldsymbol{D}$，该算法估计每个类的先验概率和均值。接着，它计算每个属性 X_j 的方差 σ_{ij}^2，所有关于类 c_i 的 d 个方差存储在向量 $\hat{\boldsymbol{\sigma}}_i$ 中。属性 X_j 的方差通过将 $\boldsymbol{D}_i$ 类的数据居中获得，即 $\bar{\boldsymbol{D}}_i = \boldsymbol{D}_i - \boldsymbol{1}\cdot\hat{\boldsymbol{\mu}}_i^{\mathrm{T}}$。我们用 $\bar{X}_j^i$ 表示类 c_i 对应属性 X_j 的居中数据，方差 $\hat{\boldsymbol{\sigma}}^2 = \frac{1}{n_i}(\bar{\boldsymbol{X}}_j^i)^{\mathrm{T}}(\bar{\boldsymbol{X}}_j^i)$。

算法 18.2　朴素贝叶斯分类器

NAIVEBAYES ($\boldsymbol{D} = \{(\boldsymbol{x}_j, y_j)\}_{j=1}^n$):
1 **for** $i = 1,\cdots,k$ **do**
2 　$\boldsymbol{D}_i \leftarrow \{\boldsymbol{x}_j^{\mathrm{T}} \mid y_j = c_i, j = 1,\cdots,n\}$ // class-specific subsets
3 　$n_i \leftarrow |\boldsymbol{D}_i|$ // cardinality
4 　$\hat{P}(c_i) \leftarrow n_i/n$ // prior probability
5 　$\hat{\boldsymbol{\mu}}_i \leftarrow \frac{1}{n_i}\sum_{\boldsymbol{x}_j\in\boldsymbol{D}_i}\boldsymbol{x}_j$ // mean
6 　$\bar{\boldsymbol{D}}_i = \boldsymbol{D}_i - \boldsymbol{1}\cdot\hat{\boldsymbol{\mu}}_i^{\mathrm{T}}$ // centered data for class c_i
7 　**for** $j = 1,\cdots,d$ **do** // class-specific var for jth attribute
8 　　$\hat{\sigma}_{ij}^2 \leftarrow \frac{1}{n_i}(\bar{\boldsymbol{X}}_j^i)^{\mathrm{T}}(\bar{\boldsymbol{X}}_j^i)$ // variance
9 　$\hat{\boldsymbol{\sigma}}_i \leftarrow \left(\hat{\sigma}_{i1}^2,\cdots,\hat{\sigma}_{id}^2\right)^{\mathrm{T}}$ // class-specific attribute variances
10 **return** $\hat{P}(c_i), \hat{\boldsymbol{\mu}}_i, \hat{\boldsymbol{\sigma}}_i$ for all $i = 1,\cdots,k$

TESTING ($\boldsymbol{x}$ **and** $\hat{P}(c_i), \hat{\boldsymbol{\mu}}_i, \hat{\boldsymbol{\sigma}}_i$, **for all** $i \in [1,k]$):

11 $\hat{y} \leftarrow \arg\max_{c_i}\left\{\hat{P}(c_i)\prod_{j=1}^{d} f(x_j|\hat{\mu}_{ij},\hat{\sigma}_{ij}^2)\right\}$

12 **return** $\hat{y}$

训练朴素贝叶斯分类器速度很快，计算复杂度为 $O(nd)$。对于测试，给定测试点 $\boldsymbol{x}$，它只返回具有最大后验概率的类，该后验概率是通过计算所有维度上的似然值和先验概率的乘积得到的。

例 18.3（朴素贝叶斯） 思考例 18.1，在朴素贝叶斯方法中，先验概率 $\hat{P}(c_i)$ 和均值 $\hat{\boldsymbol{\mu}}_i$ 保持不变。关键区别在于协方差矩阵假定为对角矩阵，如下所示：

$$\widehat{\boldsymbol{\Sigma}}_1 = \begin{pmatrix} 0.1218 & 0 \\ 0 & 0.1423 \end{pmatrix} \qquad \widehat{\boldsymbol{\Sigma}}_2 = \begin{pmatrix} 0.435 & 0 \\ 0 & 0.1096 \end{pmatrix}$$

图 18-2 给出了两个类的多元正态分布的等值线或水平曲线（对应于 1 % 的峰值密度）。可以看到，对比图 18-1 中完全贝叶斯分类器的等值线，对角假设使得等值线是与坐标轴平行的椭圆。

对于测试点 $\boldsymbol{x}=(6.75,4.25)^{\mathrm{T}}$，$c_1$ 和 c_2 的后验概率如下：

$$\hat{P}(c_1|\boldsymbol{x}) \propto \hat{f}(\boldsymbol{x}|\hat{\boldsymbol{\mu}}_1,\widehat{\boldsymbol{\Sigma}}_1)\hat{P}(c_1) = (4.014\times 10^{-7})\times 0.33 = 1.325\times 10^{-7}$$

$$\hat{P}(c_2|\boldsymbol{x}) \propto \hat{f}(\boldsymbol{x}|\hat{\boldsymbol{\mu}}_2,\widehat{\boldsymbol{\Sigma}}_2)\hat{P}(c_2) = (9.585\times 10^{-5})\times 0.67 = 6.422\times 10^{-5}$$

因为 $\hat{P}(c_2\,|\,\boldsymbol{x}) > \hat{P}(c_1\,|\,\boldsymbol{x})$，所以 $\boldsymbol{x}$ 的类别预测为 $\hat{y}=c_2$。

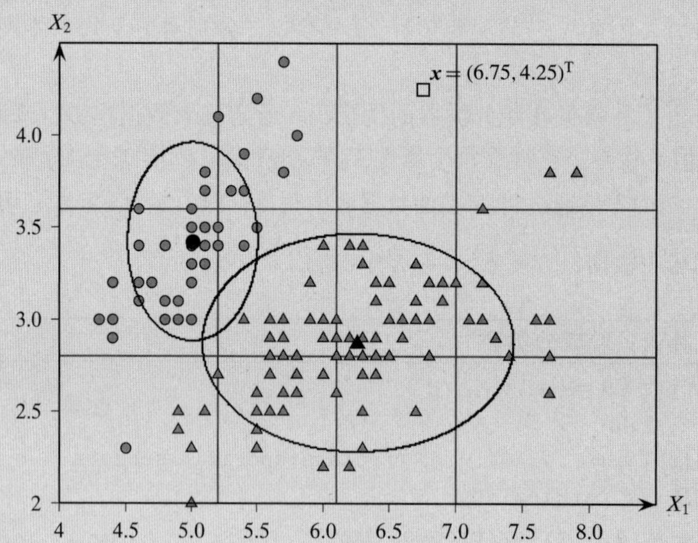

图 18-2　朴素贝叶斯分类器：X_1（萼片长度）和 X_2（萼片宽度）。类均值以黑色显示，密度等值线也显示在图中，方块表示测试点 $\boldsymbol{x}$

2. 类别型属性

独立性假设使得式（18.7）中的联合概率质量函数简化为

$$P(\boldsymbol{x}|c_i) = \prod_{j=1}^{d} P(x_j|c_i) = \prod_{j=1}^{d} f(\boldsymbol{X}_j = \boldsymbol{e}_{jr_j}\,|\,c_i)$$

其中，$f(\boldsymbol{X}_j=\boldsymbol{e}_{jr_j}|c_i)$ 是 $\boldsymbol{X}_j$ 的概率质量函数，根据 $\boldsymbol{D}_i$ 估算：

$$\hat{f}(\boldsymbol{v}_j|c_i)=\frac{n_i(\boldsymbol{v}_j)}{n_i}$$

其中，$n_i(\boldsymbol{v}_j)$ 是值 $\boldsymbol{v}_j=\boldsymbol{e}_j\boldsymbol{r}_j$ 的观测频率，该值对应于类 c_i 的属性 $\boldsymbol{X}_j$ 的第 r_j 个类别型值 a_{jr_j}。与完全贝叶斯方法的情况一样，如果计数为零，则可以使用伪计数方法来获得先验概率。调整后的估计结果如下：

$$\hat{f}(\boldsymbol{v}_j|c_i)=\frac{n_i(\boldsymbol{v}_j)+1}{n_i+m_j}$$

其中，$m_j=|\mathrm{dom}(X_j)|$。扩展算法 18.2 中的代码以适用类别型属性非常简单。

例 18.4 继续例 18.2，每个离散化属性关于各类的 PMF 如表 18-2 所示。特别地，这些分别对应于行和列的边际概率 $\hat{f}_{X_1}$ 和 $\hat{f}_{X_2}$。

测试点 $\boldsymbol{x}=(6.75,4.25)$ 对应于（Long, Long）或 $\boldsymbol{v}=(\boldsymbol{e}_{13},\boldsymbol{e}_{23})$，分类如下：

$$\hat{P}(\boldsymbol{v}|c_1)=\hat{P}(\boldsymbol{e}_{13}|c_1)\cdot\hat{P}(\boldsymbol{e}_{23}|c_1)=\left(\frac{0+1}{50+4}\right)\times\left(\frac{13}{50}\right)\approx 4.81\times 10^{-3}$$

$$\hat{P}(\boldsymbol{v}|c_2)=\hat{P}(\boldsymbol{e}_{13}|c_2)\cdot\hat{P}(\boldsymbol{e}_{23}|c_2)=\left(\frac{43}{100}\right)\times\left(\frac{2}{100}\right)=8.60\times 10^{-3}$$

$$\hat{P}(c_1|\boldsymbol{v})\propto(4.81\times 10^{-3})\times 0.33\approx 1.59\times 10^{-3}$$

$$\hat{P}(c_2|\boldsymbol{v})\propto(8.6\times 10^{-3})\times 0.67\approx 5.76\times 10^{-3}$$

因此，预测的类是 $\hat{y}=c_2$。

18.3 K 最近邻分类器

前面的章节介绍了估计似然值 $P(\boldsymbol{x}|c_i)$ 的参数方法。本节将考虑一种非参数方法，该方法不对底层的联合概率密度函数进行任何假设。相反，它直接使用数据样本来估计密度，例如，使用第 15 章中的密度估计方法。15.2.3 节说明了使用最近邻密度估计的非参数方法，这产生了 K 最近邻（K Nearest Neighbors，KNN）分类器。

设 $\boldsymbol{D}$ 为训练数据集，包含 n 个点 $\boldsymbol{x}_i\in\mathbb{R}^d$，设 $\boldsymbol{D}_i$ 表示 $\boldsymbol{D}$ 的子集，其类标签为 c_i，$n_i=|\boldsymbol{D}_i|$。给定一个测试点 $\boldsymbol{x}\in\mathbb{R}^d$ 以及需要考虑的邻居的数目 K，设 r 表示从 $\boldsymbol{x}$ 到它的第 K 个最近邻居的距离。

考虑以测试点 $\boldsymbol{x}$ 为中心，半径为 r 的 d 维超球体，定义为

$$B_d(\boldsymbol{x},r)=\{\boldsymbol{x}_i\in\boldsymbol{D}\mid\|\boldsymbol{x}-\boldsymbol{x}_i\|\leqslant r\}$$

这里 $\|\boldsymbol{x}-\boldsymbol{x}_i\|$ 是 $\boldsymbol{x}$ 和 $\boldsymbol{x}_i$ 之间的欧几里得距离。当然，也可以使用其他距离度量。假设 $|B_d(\boldsymbol{x},r)|=K$。

设 K_i 表示 $\boldsymbol{x}$ 的 K 个最近邻居中用类 c_i 标记的个数，即：

$$K_i=\{\boldsymbol{x}_j\in B_d(\boldsymbol{x},r)\mid y_j=c_i\}$$

$\boldsymbol{x}$ 处的类条件概率密度可以估计为类 c_i 的点位于超球体内的比例除以超球体体积，即：

$$\hat{f}(\boldsymbol{x}|c_i)=\frac{K_i/n_i}{V}=\frac{K_i}{n_iV} \tag{18.10}$$

其中，$V=\text{vol}(B_d(\boldsymbol{x},r))$ 是 d 维超球体的体积［见式（6.10）］。

使用式（18.6），后验概率 $P(c_i\,|\,\boldsymbol{x})$ 估计为

$$P(c_i|\boldsymbol{x})=\frac{\hat{f}(\boldsymbol{x}|c_i)\hat{P}(c_i)}{\sum_{j=1}^k \hat{f}(\boldsymbol{x}|c_j)\hat{P}(c_j)}$$

但是，根据 $\hat{P}(c_i)=\frac{n_i}{n}$，可得：

$$\hat{f}(\boldsymbol{x}|c_i)\hat{P}(c_i)=\frac{K_i}{n_iV}\cdot\frac{n_i}{n}=\frac{K_i}{nV}$$

因此，后验概率可写为

$$P(c_i|\boldsymbol{x})=\frac{\frac{K_i}{nV}}{\sum_{j=1}^k \frac{K_j}{nV}}=\frac{K_i}{K}$$

最终，$\boldsymbol{x}$ 的预测类是：

$$\hat{y}=\arg\max_{c_i}\{P(c_i|\boldsymbol{x})\}=\arg\max_{c_i}\left\{\frac{K_i}{K}\right\}=\arg\max_{c_i}\{K_i\} \tag{18.11}$$

由于 K 是固定的，KNN 分类器将 $\boldsymbol{x}$ 的类预测为 K 个最近邻居中的多数类。

例 18.5 思考图 18-3 所示的二维鸢尾花数据集。两个类分别是：c_1（圆圈）共 $n_1=50$ 个点，c_2（三角形）共 $n_2=100$ 个点。

使用 $K=5$ 个最近邻居对测试点 $\boldsymbol{x}=(6.75,4.25)^{\mathrm{T}}$ 进行分类。从 $\boldsymbol{x}$ 到第 5 个最近邻居 $(6.2,3.4)^{\mathrm{T}}$ 的距离为 $r=\sqrt{1.025}=1.012$。半径为 r 的圆如图所示。圆中包括 $K_1=1$ 个 c_1 类点和 $K_2=4$ 个 c_2 类点。因此，预测的 $\boldsymbol{x}$ 的类为 $\hat{y}=c_2$。

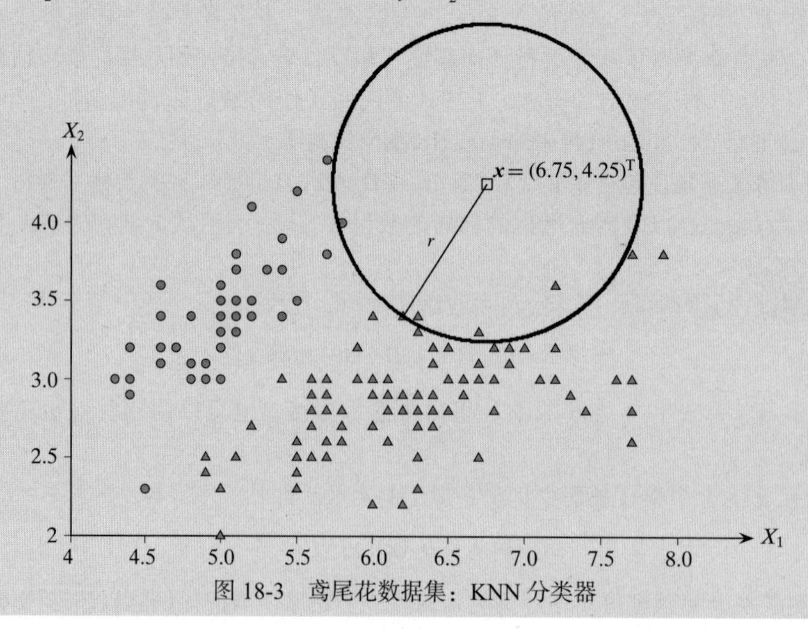

图 18-3 鸢尾花数据集：KNN 分类器

18.4 拓展阅读

朴素贝叶斯分类器的效率出人意料，即使独立性假设通常无法满足真实情况。朴素贝叶斯分类器与其他分类方法的比较，以及朴素贝叶斯分类器能够很好运作的原因，参见文献（Langley et al.，1992；Domingos & Pazzani，1997；Zhang，2005；Hand & Yu，2001；Rish，2001）。有关信息检索中朴素贝叶斯的悠久历史，请参见文献（Lewis，1998）。KNN 分类法最早出现在文献（Fix & Hodges，1951）中。

Domingos, P. and Pazzani, M. (1997). On the optimality of the simple Bayesian classifier under zero-one loss. *Machine Learning*, 29 (2-3), 103–130.

Fix, E. and Hodges Jr., J. L. (1951). Discriminatory analysis–Nonparametric discrimination: Consistency properties. *USAF School of Aviation Medicine, Randolph Field, TX, Project 21-49-004, Report 4, Contract AF41(128)-31.*

Hand, D. J. and Yu, K. (2001). Idiot's Bayes-not so stupid after all? *International Statistical Review*, 69 (3), 385–398.

Langley, P., Iba, W., and Thompson, K. (1992). An analysis of Bayesian classifiers. *Proceedings of the National Conference on Artificial Intelligence*. Palo Alto, CA: AAAI Press, pp. 223–228.

Lewis, D. D. (1998). Naive (Bayes) at forty: The independence assumption in information retrieval. *Proceedings of the 10th European Conference on Machine Learning*. New York: Springer Science + Business Media, pp. 4–15.

Rish, I. (2001). An empirical study of the naive Bayes classifier. *Proceedings of the IJCAI Workshop on Empirical Methods in Artificial Intelligence*, pp. 41–46.

Zhang, H. (2005). Exploring conditions for the optimality of naive Bayes. *International Journal of Pattern Recognition and Artificial Intelligence*, 19 (02), 183–198.

18.5 练习

Q1. 思考表 18-3 中的数据集。通过完全贝叶斯分类器和朴素贝叶斯分类器对新点（年龄 = 23，车 = truck）进行分类。假设车的定义域是 {sports，vintage，suv，truck}。

表 18-3　Q1 的数据集

	X_1：年龄	X_2：车	X_3：类
$\boldsymbol{x}_1^{\mathrm{T}}$	25	sports	L
$\boldsymbol{x}_2^{\mathrm{T}}$	20	vintage	H
$\boldsymbol{x}_3^{\mathrm{T}}$	25	sports	L
$\boldsymbol{x}_4^{\mathrm{T}}$	45	suv	H
$\boldsymbol{x}_5^{\mathrm{T}}$	20	sports	H
$\boldsymbol{x}_6^{\mathrm{T}}$	25	suv	H

Q2. 给定表 18-4 中的数据集，使用朴素贝叶斯分类器对新点 (T,F,1.0) 进行分类。

表 18-4　Q2 的数据集

	a_1	a_2	a_3	类
$\boldsymbol{x}_1^{\mathrm{T}}$	T	T	5.0	Y
$\boldsymbol{x}_2^{\mathrm{T}}$	T	T	7.0	Y
$\boldsymbol{x}_3^{\mathrm{T}}$	T	F	8.0	N
$\boldsymbol{x}_4^{\mathrm{T}}$	F	F	3.0	Y

（续）

	a_1	a_2	a_3	类
x_5^T	F	T	7.0	N
x_6^T	F	T	4.0	N
x_7^T	F	F	5.0	N
x_8^T	T	F	6.0	Y
x_9^T	F	T	1.0	N

Q3. 思考类 c_1 和 c_2 的类均值和协方差矩阵：

$$\boldsymbol{\mu}_1 = (1,3) \qquad \boldsymbol{\mu}_2 = (5,5)$$

$$\boldsymbol{\Sigma}_1 = \begin{pmatrix} 5 & 3 \\ 3 & 2 \end{pmatrix} \qquad \boldsymbol{\Sigma}_2 = \begin{pmatrix} 2 & 0 \\ 0 & 1 \end{pmatrix}$$

通过（完全）贝叶斯分类器分类点 $(3,4)^T$，假设类分布为正态分布，且 $P(c_1)=P(c_2)=0.5$。显示所有步骤，2×2 矩阵 $\boldsymbol{A}=\begin{pmatrix} a & b \\ c & d \end{pmatrix}$ 的逆为 $\boldsymbol{A}^{-1}=\frac{1}{\det(\boldsymbol{A})}\begin{pmatrix} d & -b \\ -c & a \end{pmatrix}$。

第19章

Data Mining and Machine Learning

决策树分类器

设训练数据集 $\boldsymbol{D}=\{\boldsymbol{x}_i^{\mathrm{T}},y_i\}_{i=1}^n$ 由 d 维空间中的 n 个点组成，其中 y_i 是点 $\boldsymbol{x}_i$ 的类标签。假设维度或属性 X_j 是数值型的或类别型的，并且有 k 个不同的类，因此 $y_i\in\{c_1,c_2,\cdots,c_k\}$ 。决策树分类器是一种递归的基于分区的树模型，它预测每个点 $\boldsymbol{x}_i$ 的类别 $\hat{y}_i$。设 $\mathcal{R}$ 表示包含一组输入点 $\boldsymbol{D}$ 的数据空间。决策树使用平行于坐标轴的超平面，将数据空间 $\mathcal{R}$ 分成两个半空间区域 $\mathcal{R}_1$ 或 $\mathcal{R}_2$ ，输入数据划分为 $\boldsymbol{D}_1$ 和 $\boldsymbol{D}_2$ 。每个新生成的区域都被平行于坐标抽的超平面递归地分割，直到某个新生成的区域相对较纯粹，即区域内的点的类标签相对一致。由此产生的分割决策的层次式结构构成了决策树模型，其中叶子节点标注为其对应的区域点的多数类。为了对新的测试点进行分类，我们必须递归地计算它所属的半空间，直到遇到决策树中的叶子节点，并用叶子节点的标签作为该点的类标签。

例 19.1 思考图 19-1a 所示的鸢尾花数据集，该图绘制了萼片长度 (X_1) 和萼片宽度 (X_2) 属性。分类的任务是区分 c_1（对应 Iris-setosa，用圆圈表示）和 c_2（对应其他两种类型的鸢尾花，用三角形表示）。输入数据集 $\boldsymbol{D}$ 有 $n=150$ 个数据点，数据空间以矩形给出，$\mathcal{R}=\text{range}(X_1)\times\text{range}(X_2)=[4.3,7.9]\times[2.0,4.4]$ 。

通过平行于坐标轴的超平面对空间 $\mathcal{R}$ 进行递归分割，如图 19-1a 所示。在二维空间中，超平面是一条直线。第一次分割对应于以黑线显示的超平面 h_0 。得到的左半空间和右半空间分别通过超平面 h_2 和 h_3（显示为灰线）进一步分割。h_2 底部的半空间通过 h_4 进一步分割，h_3 的上半空间通过 h_5 分割；三级超平面 h_4 和 h_5 显示为虚线。超平面集合及六个叶子区域 $\mathcal{R}_1,\cdots,\mathcal{R}_6$ 构成决策树模型。输入点对应地划分到六个区域。

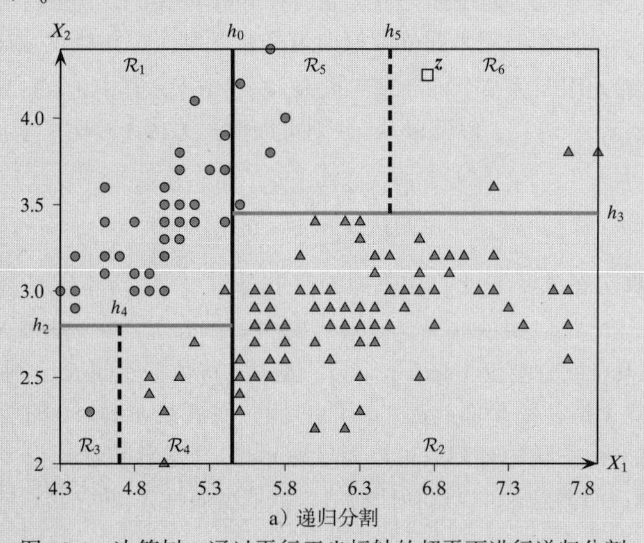

a）递归分割

图 19-1 决策树：通过平行于坐标轴的超平面进行递归分割

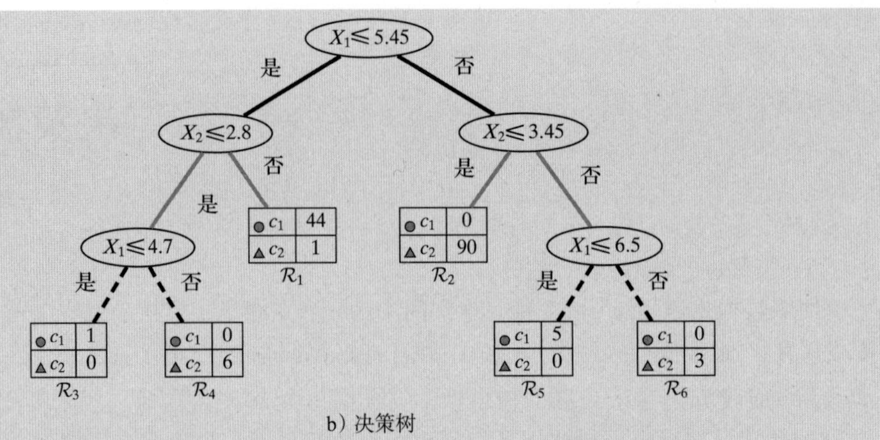

b）决策树

图 19-1　决策树：通过平行于坐标轴的超平面进行递归分割（续）

思考测试点 $z=(6.75,4.25)^{\mathrm{T}}$（显示为白色方块）。为了预测它的类别，决策树首先检查它位于 h_0 的哪一边。因为该点位于右半空间，所以决策树接下来检查 h_3 以确定它位于上半空间。最后，我们发现 z 在 h_5 的右半空间，并到达叶子区域 $\mathcal{R}_6$。预测类别是 c_2，因为该叶子区域的所有点（三个）都属于类 c_2（显示为三角形）。

19.1　决策树

决策树包含多个内部节点，这些内部节点对应于超平面或分割点（即给定点位于哪个半空间内）；还包含若干叶子节点，每个叶子节点对应一个区域或一个数据空间的划分，并且标注为多数类。各区域由落在其内的数据点的子集表征。

1. 平行于坐标轴的超平面

超平面 $h(\boldsymbol{x})$ 定义为满足下列方程的所有点 $\boldsymbol{x}$ 的集合：

$$h(\boldsymbol{x}): \boldsymbol{w}^{\mathrm{T}}\boldsymbol{x}+b=0 \tag{19.1}$$

这里 $\boldsymbol{w}\in\mathbb{R}^d$ 是一个垂直于超平面的权向量（weight vector），b 是超平面与原点的偏差。决策树只考虑平行于坐标轴的超平面，即权向量平行于某个原始维度或坐标轴 X_j。换句话说，权向量 $\boldsymbol{w}$ 被先验地限制为某个标准基向量 $\{\boldsymbol{e}_1,\boldsymbol{e}_2,\cdots,\boldsymbol{e}_d\}$，其中 $\boldsymbol{e}_i\in\mathbb{R}^d$ 的第 j 维为 1，其他维为 0。如果 $\boldsymbol{x}=(x_1,x_2,\cdots,x_d)^{\mathrm{T}}$，假设 $\boldsymbol{w}=\boldsymbol{e}_j$，则可以将式（19.1）改写为

$$h(\boldsymbol{x}): \boldsymbol{e}_j^{\mathrm{T}}\boldsymbol{x}+b=0$$
$$h(\boldsymbol{x}): x_j+b=0$$

其中，偏差 b 的选择会在维度 X_j 上产生不同的超平面。

2. 分割点

超平面对应决策点或分割点（split point），因为它将数据空间 $\mathcal{R}$ 分割为两个半空间。满足 $h(\boldsymbol{x})\leqslant 0$ 的所有点 $\boldsymbol{x}$ 都在超平面或超平面的一侧，而满足 $h(\boldsymbol{x})>0$ 的所有点都在另一侧。与坐标轴平行的超平面关联的分割点可以写成 $h(\boldsymbol{x})\leqslant 0$，这意味着 $x_i+b\leqslant 0$ 或者 $x_i\leqslant -b$。由于 x_i 是维度 X_j 的值，而偏差 b 可以选择任何值，数值型属性 X_j 的分割点的一般形式为

$$X_j\leqslant v$$

其中，$v=-b$ 是属性 X_j 定义域中的某个值。因此，决策点或分割点 $X_j \leqslant v$ 将输入数据空间 $\mathcal{R}$ 分成两个区域 $\mathcal{R}_Y$ 和 $\mathcal{R}_N$，分别表示满足该决策的点和不满足该决策的点的集合。

3. 数据分区

将 $\mathcal{R}$ 分割为 $\mathcal{R}_Y$ 和 $\mathcal{R}_N$ 的每个过程都对应着对输入数据 $\boldsymbol{D}$ 的二分区，即形如 $X_j \leqslant v$ 的分割点会引入如下数据划分：

$$\boldsymbol{D}_Y = \{\boldsymbol{x}^T \mid \boldsymbol{x} \in \boldsymbol{D}, x_j \leqslant v\}$$

$$\boldsymbol{D}_N = \{\boldsymbol{x}^T \mid \boldsymbol{x} \in \boldsymbol{D}, x_j > v\}$$

其中，$\boldsymbol{D}_Y$ 是位于区域 $\mathcal{R}_Y$ 的数据点子集，$\boldsymbol{D}_N$ 是位于区域 $\mathcal{R}_N$ 的数据点子集。

4. 纯度

区域 $\mathcal{R}_j$ 的纯度是根据相应数据区 $\boldsymbol{D}_j$ 中的点的类的混合程度来定义的。形式上，纯度是 $\boldsymbol{D}_j$ 中多数标签点的比例，即

$$\text{purity}(\boldsymbol{D}_j) = \max_i \left\{ \frac{n_{ji}}{n_j} \right\} \tag{19.2}$$

其中，$n_j = |\boldsymbol{D}_j|$ 是数据区域 $\mathcal{R}_j$ 中数据点的总数，n_{ji} 是 $\boldsymbol{D}_j$ 中类标签为 c_i 的点的数目。

例 19.2 图 19-1b 给出了用图 19-1a 所示的平行于坐标轴的超平面递归划分空间的决策树。递归分割在满足适当的条件时终止，通常会考虑区域的大小和纯度。在本例中，我们使用的区域大小阈值为 5，纯度阈值为 0.95。也就是说，只有当区域包含 5 个以上的点且纯度小于 0.95 时，才继续分割该区域。

要考虑的第一个超平面是 $h_1(\boldsymbol{x}): x_1 - 5.45 = 0$，对应于决策树根部的决策点：

$$X_1 \leqslant 5.45$$

由此产生的两个半空间被递归地分割成更小的半空间。

例如，使用超平面 $h_2(\boldsymbol{x}): x_2 - 2.8 = 0$ 进一步分割区域 $X_1 \leqslant 5.45$，对应于决策点：

$$X_2 \leqslant 2.8$$

它形成了根节点的左子节点。注意，这个超平面仅限于区域 $X_1 \leqslant 5.45$。这是因为每个区域在分割后都需要独立考虑，即将其当作一个单独的数据集。一共有七个点满足条件 $X_2 \leqslant 2.8$，其中一个点来自类 c_1（圆圈），六个点来自类 c_2（三角形）。因此，该区域的纯度为 $6/7 \approx 0.857$。因为该区域有 5 个以上的点，并且纯度小于 0.95，所以要通过超平面 $h_4(\boldsymbol{x}): x_1 - 4.7 = 0$ 进一步分割，得到图 19-1b 所示决策树的最左侧的决策节点：

$$X_1 \leqslant 4.7$$

回到 h_2 对应的右半空间，即 $X_2 > 2.8$ 区域，它有 45 个点，其中只有一个是三角形点。区域大小为 45，纯度为 $44/45 \approx 0.98$。由于该区域纯度超过阈值，因此不会进一步分割了。相反，它成为决策树的一个叶子节点，整个区域 $(\mathcal{R}_1)$ 被标记为多数类 c_1。叶子节点记录每个类的频率，以便计算该叶子节点的错误率。例如，我们可以预期区域 $\mathcal{R}_1$ 中的误分类概率为 $1/45 \approx 0.022$，这便是该叶子节点的错误率。

5. 类别型属性

除了数值型属性，决策树还可以处理类别型数据。对于类别型属性X_j，分割点或决策点为$X_j \in V$，其中$V \subset \mathrm{dom}(X_j)$，$\mathrm{dom}(X_j)$表示$X_j$的定义域。直观地说，这种分割可以被视为类别型的超平面。它产生两个“半空间”，其中一个区域$\mathcal{R}_Y$由满足条件$x_i \in V$的点$\boldsymbol{x}$组成，另一个区域$\mathcal{R}_N$包括满足条件$x_i \notin V$的点。

6. 决策规则

决策树的优点之一是，它们生成的模型相对容易解释。特别地，决策树可以被读取为决策规则集，其中每个规则的先导包括一条指向叶子节点的路径的内部节点对应的决策点，其后继是叶子节点的标签。此外，由于这些区域都是不相交的，并且合起来覆盖了整个空间，因此可以将规则集解释为一组备选方案或析取（disjunction）规则。

例 19.3　思考图 19-1b 中的决策树。它可以解释为以下析取规则集合，每个叶子区域$\mathcal{R}_i$对应一个规则：

$$\mathcal{R}_3\text{: 如果 } X_1 \leqslant 5.45 \text{ 且 } X_2 \leqslant 2.8 \text{ 且 } X_1 \leqslant 4.7\text{, 那么类标签为 } c_1$$
$$\mathcal{R}_4\text{: 如果 } X_1 \leqslant 5.45 \text{ 且 } X_2 \leqslant 2.8 \text{ 且 } X_1 > 4.7\text{, 那么类标签为 } c_2$$
$$\mathcal{R}_1\text{: 如果 } X_1 \leqslant 5.45 \text{ 且 } X_2 > 2.8\text{, 那么类标签为 } c_1$$
$$\mathcal{R}_2\text{: 如果 } X_1 > 5.45 \text{ 且 } X_2 \leqslant 3.45\text{, 那么类标签为 } c_2$$
$$\mathcal{R}_5\text{: 如果 } X_1 > 5.45 \text{ 且 } X_2 > 3.45 \text{ 且 } X_1 \leqslant 6.5\text{, 那么类标签为 } c_1$$
$$\mathcal{R}_6\text{: 如果 } X_1 > 5.45 \text{ 且 } X_2 > 3.45 \text{ 且 } X_1 > 6.5\text{, 那么类标签为 } c_2$$

19.2　决策树算法

构建决策树模型的伪代码如算法 19.1 所示。它以训练数据集$\boldsymbol{D}$和两个参数η和π作为输入，其中η是叶子节点大小阈值，π是叶子节点纯度阈值。对$\boldsymbol{D}$中的每个属性计算不同的分割点。对于属性X_j的取值范围中的某些值v，数值型决策点的形式为$X_j \leqslant v$，对于X_j定义域中的某些子集，类别型决策点的形式为$X_j \in v$。选择最佳分割点，将数据划分为$\boldsymbol{D}_Y$和$\boldsymbol{D}_N$两个子集，其中$\boldsymbol{D}_Y$对应于满足分割决策的所有点$\boldsymbol{x} \in \boldsymbol{D}$，$\boldsymbol{D}_N$对应于不满足分割决策的所有点。然后在$\boldsymbol{D}_Y$和$\boldsymbol{D}_N$上递归调用决策树方法。可以使用多个停止条件来终止递归分割过程。最简单的条件是基于$\boldsymbol{D}$的大小。如果$\boldsymbol{D}$中的点数n小于自定义阈值η，则停止分割过程并指定$\boldsymbol{D}$为叶子节点。这种情况通过可以避免对非常小的数据子集建模，防止了模型与训练集的过度拟合。单靠大小是不够的，因为如果所划分数据区域中的点都属于同一类，那么进一步分割它是没有意义的。因此，如果$\boldsymbol{D}$的纯度高于纯度阈值π，则递归分割过程也被终止。下面将详细介绍如何评估和选择分割点。

算法 19.1　决策树算法

DECISIONTREE $(\boldsymbol{D}, \eta, \pi)$:

1 $n \leftarrow |\boldsymbol{D}|$ // partition size
2 $n_i \leftarrow |\{\boldsymbol{x}_j | \boldsymbol{x}_j \in \boldsymbol{D}, y_j = c_i\}|$ // size of class c_i
3 purity $(\boldsymbol{D}) \leftarrow \max_i \left\{\frac{n_i}{n}\right\}$
4 **if** $n \leqslant \eta$ *or* purity$(\boldsymbol{D}) \geqslant \pi$ **then** // stopping condition

```
5      c* ← argmax_{c_i} {n_i/n} // majority class
6      create leaf node, and label it with class c*
7      return
8  (split point*, score*) ← (∅, 0) // initialize best split point
9  foreach (attribute X_j) do
10     if (X_j is numeric) then
11         (v, score) ← EVALUATE-NUMERIC-ATTRIBUTE(D, X_j)
12         if score > score* then (split point*, score*) ← (X_j ≤ v, score)
13     else if (X_j is categorical) then
14         (V, score) ← EVALUATE-CATEGORICAL-ATTRIBUTE(D, X_j)
15         if score > score* then (split point*, score*) ← (X_j ∈ V, score)
   // partition D into D_Y and D_N using split point*, and call
      recursively
16 D_Y ← {x^T | x ∈ D satisfies split point*}
17 D_N ← {x^T | x ∈ D does not satisfy split point*}
18 create internal node split point*, with two child nodes, D_Y and D_N
19 DECISIONTREE(D_Y); DECISIONTREE(D_N)
```

19.2.1 分割点评估度量

对于数值型属性或类别型属性，分别给出形式为 $X_j \leqslant v$ 或 $X_j \in v$ 的分割点，我们需要一个对分割点进行评分的客观标准。直观地说，我们希望选择能够很好地分离或区分不同的类标签的分割点。

1. 熵

一般来说，熵衡量系统中的无序度或不确定性。在分类场景中，如果所划分数据区域的纯度相对较高，即多数点具有相同的类标签，则它的熵较低（较有序）。此外，如果所划分区域不纯，即点的类标签混杂，并且没有明显占多数的类，那么它的熵较高（较无序），并且不存在这样的多数类。

一组带标签的点 $\boldsymbol{D}$ 的熵定义为

$$H(\boldsymbol{D}) = -\sum_{i=1}^{k} P(c_i|\boldsymbol{D}) \log_2 P(c_i|\boldsymbol{D}) \tag{19.3}$$

其中，$P(c_i|\boldsymbol{D})$ 是 $\boldsymbol{D}$ 中类 c_i 的概率，k 是不同类的数目。如果一个区域是纯的，即所有点都来自同一类，那么熵为零。此外，如果所有类都混合在一起，并且每个类都以相同的概率 $P(c_i|\boldsymbol{D}) = \frac{1}{k}$ 出现，则熵最大，为 $H(\boldsymbol{D}) = \log_2 k$。

假设一个分割点将 $\boldsymbol{D}$ 分割为 $\boldsymbol{D}_{\mathrm{Y}}$ 和 $\boldsymbol{D}_{\mathrm{N}}$。将分割熵定义为每个区域的加权熵，如下所示：

$$H(\boldsymbol{D}_{\mathrm{Y}}, \boldsymbol{D}_{\mathrm{N}}) = \frac{n_{\mathrm{Y}}}{n} H(\boldsymbol{D}_{\mathrm{Y}}) + \frac{n_{\mathrm{N}}}{n} H(\boldsymbol{D}_{\mathrm{N}}) \tag{19.4}$$

其中，$n = |\boldsymbol{D}|$ 是 $\boldsymbol{D}$ 中的点数，$n_{\mathrm{Y}} = |\boldsymbol{D}_{\mathrm{Y}}|$ 和 $n_{\mathrm{N}} = |\boldsymbol{D}_{\mathrm{N}}|$ 是 $\boldsymbol{D}_{\mathrm{Y}}$ 和 $\boldsymbol{D}_{\mathrm{N}}$ 中的点数。

为了观察分割点是否导致整体熵降低，我们对给定的分割点定义信息增益，如下所示：

$$\mathrm{Gain}(\boldsymbol{D}, \boldsymbol{D}_{\mathrm{Y}}, \boldsymbol{D}_{\mathrm{N}}) = H(\boldsymbol{D}) - H(\boldsymbol{D}_{\mathrm{Y}}, \boldsymbol{D}_{\mathrm{N}}) \tag{19.5}$$

信息增益越高，说明熵降得越低，分割点越好。因此，给定分割点及其相应的分区，对每个分割点进行评分，并选择信息增益最高的分割点。

2. 基尼指标

另一种衡量分割点纯度的常用方法是基尼指标（Gini index），定义如下：

$$G(\boldsymbol{D})=1-\sum_{i=1}^{k}P(c_i|\boldsymbol{D})^2 \tag{19.6}$$

如果所划分区域是纯的，那么多数类的概率是 1，所有其他类的概率是 0，因此，基尼指标是 0。此外，当每一类出现的概率均等，均为 $P(c_i|\boldsymbol{D})=\frac{1}{k}$ 时，基尼指标为 $\frac{k-1}{k}$。因此，基尼指标越高，类标签越无序，基尼指标越低，类标签越有序。

我们可以计算分割点的加权基尼指标，如下所示：

$$G(\boldsymbol{D}_{\rm Y},\boldsymbol{D}_{\rm N})=\frac{n_{\rm Y}}{n}G(\boldsymbol{D}_{\rm Y})+\frac{n_{\rm N}}{n}G(\boldsymbol{D}_{\rm N})$$

其中，n、$n_{\rm Y}$ 和 $n_{\rm N}$ 分别表示区域 $\boldsymbol{D}$、$\boldsymbol{D}_{\rm Y}$ 和 $\boldsymbol{D}_{\rm N}$ 中的点数。基尼指数越低，对应的分割点越好。

我们也可以用其他方法代替熵和基尼指标来评估分割点，例如，分类回归树（Classification And Regression Tree，CART）度量：

$$\text{CART}(\boldsymbol{D}_{\rm Y},\boldsymbol{D}_{\rm N})=2\frac{n_{\rm Y}}{n}\frac{n_{\rm N}}{n}\sum_{i=1}^{k}\left|P(c_i|\boldsymbol{D}_{\rm Y})-P(c_i|\boldsymbol{D}_{\rm N})\right| \tag{19.7}$$

因此，该度量更倾向于使两个区域的类概率质量函数之间的差异最大的分割点；CART 越大，分割点越好。

19.2.2　评估分割点

上一节介绍的所有分割点评估度量，例如熵［见式（19.3）］、基尼指标［见式（19.6）］和 CART［见式（19.7）］，都依赖于 $\boldsymbol{D}$ 的类概率质量函数（PMF），即 $P(c_i|\boldsymbol{D})$，以及由此产生的区域 $\boldsymbol{D}_{\rm Y}$ 和 $\boldsymbol{D}_{\rm N}$ 的类 PMF，即 $P(c_i|\boldsymbol{D}_{\rm Y})$ 和 $P(c_i|\boldsymbol{D}_{\rm N})$。请注意，必须为所有可能的分割点计算类 PMF；对它们中的每一个单独打分将导致显著的计算开销。相反，我们可以按下文所述的增量式方法计算 PMF。

1. 数值型属性

如果 X 是数值型属性，则必须评估形式为 $X\leqslant v$ 的分割点。即使限制 v 在属性 X 的范围内取值，v 仍然有无限多的选择。一个合理的方法是，只考虑样本 $\boldsymbol{D}$ 中 X 的两个连续不同值的中点。这是因为分割点 $X\leqslant v[v\in[x_a,x_b)]$（其中 x_a 和 x_b 是 $\boldsymbol{D}$ 中 X 的两个连续不同值）将 $\boldsymbol{D}$ 划分为 $\boldsymbol{D}_{\rm Y}$ 和 $\boldsymbol{D}_{\rm N}$，从而得到相同的分数。因为 X 最多可以有 n 个不同的值，所以最多要考虑 $n-1$ 个中点。

设 $\{v_1,\cdots,v_m\}$ 表示所有需要考虑的中点的集合，$v_1<v_2<\cdots<v_m$。对于每个分割点 $X\leqslant v$，估计类 PMF：

$$\hat{P}(c_i|\boldsymbol{D}_{\rm Y})=\hat{P}(c_i|X\leqslant v) \tag{19.8}$$

$$\hat{P}(c_i|\boldsymbol{D}_{\rm N})=\hat{P}(c_i|X>v) \tag{19.9}$$

设 $I()$ 表示指示变量，仅当其参数为真时才取 1，否则取 0。利用贝叶斯定理，得到：

$$\hat{P}(c_i|X\leqslant v)=\frac{\hat{P}(X\leqslant v|c_i)\hat{P}(c_i)}{\hat{P}(X\leqslant v)}=\frac{\hat{P}(X\leqslant v|c_i)\hat{P}(c_i)}{\sum_{j=1}^{k}\hat{P}(X\leqslant v|c_j)\hat{P}(c_j)} \tag{19.10}$$

$\boldsymbol{D}$ 中每类的先验概率估计如下：

$$\hat{P}(c_i)=\frac{1}{n}\sum_{j=1}^{n}I(y_j=c_i)=\frac{n_i}{n} \tag{19.11}$$

其中 y_j 是点 $\boldsymbol{x}_j$ 的类标签，$n=|\boldsymbol{D}|$ 是总点数，n_i 是 $\boldsymbol{D}$ 中类标签为 c_i 的点的数量。将 N_{vi} 定义为满足 $x_j\leqslant v$ 的 c_i 类的点的数目，其中 x_j 是数据点 $\boldsymbol{x}_j$ 的属性 X 的值，如下所示：

$$N_{vi}=\sum_{j=1}^{n}I(x_j\leqslant v\text{ 且 }y_j=c_i) \tag{19.12}$$

然后估计 $P(X\leqslant v|c_i)$，如下所示：

$$\begin{aligned}\hat{P}(X\leqslant v|c_i)&=\frac{\hat{P}(X\leqslant v\text{ 且 }c_i)}{\hat{P}(c_i)}=\left(\frac{1}{n}\sum_{j=1}^{n}I(x_j\leqslant v\text{ 且 }y_j=c_i)\right)\Big/(n_i/n)\\&=\frac{N_{vi}}{n_i}\end{aligned} \tag{19.13}$$

将式（19.11）和式（19.13）代入式（19.10），利用式（19.8），得到：

$$\hat{P}(c_i|\boldsymbol{D}_{\mathrm{Y}})=\hat{P}(c_i|X\leqslant v)=\frac{N_{vi}}{\sum_{j=1}^{k}N_{vj}} \tag{19.14}$$

估计 $\hat{P}(X>v|c_i)$，如下所示：

$$\hat{P}(X>v|c_i)=1-\hat{P}(X\leqslant v|c_i)=1-\frac{N_{vi}}{n_i}=\frac{n_i-N_{vi}}{n_i} \tag{19.15}$$

使用式（19.11）和式（19.15），类 PMF $\hat{P}(c_i|\boldsymbol{D}_{\mathrm{N}})$ 为

$$\hat{P}(c_i|\boldsymbol{D}_{\mathrm{N}})=\hat{P}(c_i|X>v)=\frac{\hat{P}(X>v|c_i)\hat{P}(c_i)}{\sum_{j=1}^{k}\hat{P}(X>v|c_j)\hat{P}(c_j)}=\frac{n_i-N_{vi}}{\sum_{j=1}^{k}(n_j-N_{vj})} \tag{19.16}$$

算法 19.2 给出了数值型属性的分割点的评估方法。第 4 行的 for 循环遍历所有点，并计算中点 v 和类 c_i 中的点数 N_{vi}，其中 $x_j\leqslant v$。第 12 行的 for 循环枚举 $X\leqslant v$ 形式的所有可能分割点，对应每一个 v，并使用信息增益［见式（19.5）］对其进行评分，记录最佳分割点和分数并返回。我们也可以使用其他评估度量。但是，对于基尼指标和 CART，分值越低越好，而对于信息增益，分值越高越好。

就计算复杂度而言，对 X 的值进行初始排序（第 1 行）需要 $O(n\log n)$ 的时间。计算中点和每个类的 N_{vi} 需要 $O(nk)$ 的时间（第 4 行的 for 循环）。计算评分的成本也受到 $O(nk)$ 的限制，因为中点 v 的最大可能数目是 n（第 12 行的 for 循环）。因此，评估一个数值型属性的总成本是 $O(n\log n+nk)$。忽略 k，因为它通常是一个较小的常数，数值型分割点评估的总成本是 $O(n\log n)$。

算法 19.2 使用信息增益评估数值型属性

```
EVALUATE-NUMERIC-ATTRIBUTE (D, X):
1  sort D on attribute X, so that x_j ≤ x_{j+1}, ∀j = 1,···,n−1
2  M ← ∅ // set of midpoints
3  for i = 1,···,k do n_i ← 0
4  for j = 1,···,n−1 do
5      if y_j = c_i then n_i ← n_i + 1
       // running count for class c_i
6      if x_{j+1} ≠ x_j then
7          v ← (x_{j+1} + x_j)/2; M ← M ∪ {v} // midpoints
8          for i = 1,···,k do
9              N_vi ← n_i // Number of points such that x_j ≤ v and
                   y_j = c_i
10 if y_n = c_i then n_i ← n_i + 1
   // evaluate split points of the form X ≤ v
11 v* ← ∅; score* ← 0 // initialize best split point
12 forall v ∈ M do
13     for i = 1,···,k do
14         P̂(c_i|D_Y) ← N_vi / Σ_{j=1}^{k} N_vj
15         P̂(c_i|D_N) ← (n_i − N_vi) / Σ_{j=1}^{k} (n_j − N_vj)
16     score(X ≤ v) ← Gain(D, D_Y, D_N) // use Eq. (19.5)
17     if score(X ≤ v) > score* then
18         v* ← v; score* ← score(X ≤ v)
19 return (v*, score*)
```

例 19.4（数值型属性） 思考图 19-1a 所示的二维鸢尾花数据集。在算法 19.1 的初始调用中，整个数据集 $\boldsymbol{D}$ 包含 $n=150$ 个点，被认为是整个决策树的根。这项任务是找到最佳分割点，其中要考虑两个属性，分别是 X_1（萼片长度）和 X_2（萼片宽度）。因为有 $n_1=50$ 个点标签为 c_1（Iris-setosa），另一类 (c_2) 有 $n_2=100$ 个点。因此，得到：

$$\hat{P}(c_1)=50/150=1/3$$
$$\hat{P}(c_2)=100/150=2/3$$

因此，数据集 $\boldsymbol{D}$ 的熵［见式（19.3）］为

$$H(\boldsymbol{D})=-\left(\frac{1}{3}\log_2\frac{1}{3}+\frac{2}{3}\log_2\frac{2}{3}\right)\approx 0.918$$

思考属性 X_1 的分割点。为了评估分割点，首先使用式（19.12）计算频率 N_{vi}，如图 19-2 所示。例如，思考分割点 $X_1\leqslant 5.45$。从图 19-2 可以看出：

$$N_{v1}=45 \qquad\qquad N_{v2}=7$$

将这些值代入式（19.14），得到：

$$\hat{P}(c_1|\boldsymbol{D}_{\mathrm{Y}})=\frac{N_{v1}}{N_{v1}+N_{v2}}=\frac{45}{45+7}\approx 0.865$$

$$\hat{P}(c_2|\boldsymbol{D}_{\mathrm{Y}})=\frac{N_{v2}}{N_{v1}+N_{v2}}=\frac{7}{45+7}\approx 0.135$$

利用式（19.16），得到：

$$\hat{P}(c_1|\boldsymbol{D}_{\mathrm{N}})=\frac{n_1-N_{v1}}{(n_1-N_{v1})+(n_2-N_{v2})}=\frac{50-45}{(50-45)+(100-7)}\approx 0.051$$

$$\hat{P}(c_2|\boldsymbol{D}_{\mathrm{N}})=\frac{n_2-N_{v2}}{(n_1-N_{v1})+(n_2-N_{v2})}=\frac{(100-7)}{(50-45)+(100-7)}\approx 0.949$$

现在可以计算 $\boldsymbol{D}_{\mathrm{Y}}$ 和 $\boldsymbol{D}_{\mathrm{N}}$ 的熵，如下所示：

$$H(\boldsymbol{D}_{\mathrm{Y}})=-(0.865\log_2 0.865+0.135\log_2 0.135)\approx 0.571$$

$$H(\boldsymbol{D}_{\mathrm{N}})=-(0.051\log_2 0.051+0.949\log_2 0.949)\approx 0.291$$

分割点 $X\leqslant 5.45$ 的熵通过式（19.4）得到：

$$H(\boldsymbol{D}_{\mathrm{Y}},\boldsymbol{D}_{\mathrm{N}})=\frac{52}{150}H(\boldsymbol{D}_{\mathrm{Y}})+\frac{98}{150}H(\boldsymbol{D}_{\mathrm{N}})\approx 0.388$$

其中，$n_{\mathrm{Y}}=|\boldsymbol{D}_{\mathrm{Y}}|=52$ 且 $n_{\mathrm{N}}=|\boldsymbol{D}_{\mathrm{N}}|=98$。因此，分割点的信息增益为

$$\mathrm{Gain}=H(\boldsymbol{D})-H(\boldsymbol{D}_{\mathrm{Y}},\boldsymbol{D}_{\mathrm{N}})=0.918-0.388=0.53$$

以类似的方式，评估属性 X_1 和 X_2 的所有分割点。图 19-3 给出了两个属性的不同分割点的信息增益。可以观察到 $X\leqslant 5.45$ 是最佳分割点，因此在图 19-1b 中选择其作为决策树的根。

如图 19-1b 所示，树的递归生长不断进行，直到产生最终决策树和分割点。在本例中，使用的叶子节点大小阈值为 5，纯度阈值为 0.95。

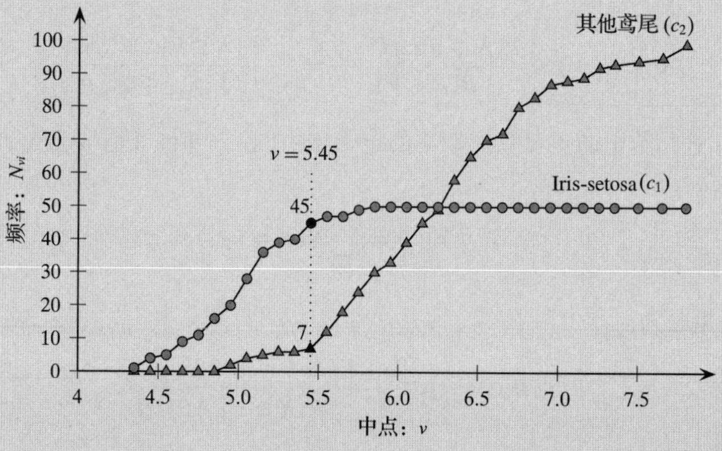

图 19-2　鸢尾花：对于属性萼片长度，对应类 c_1 和 c_2 的频率 N_{vi}

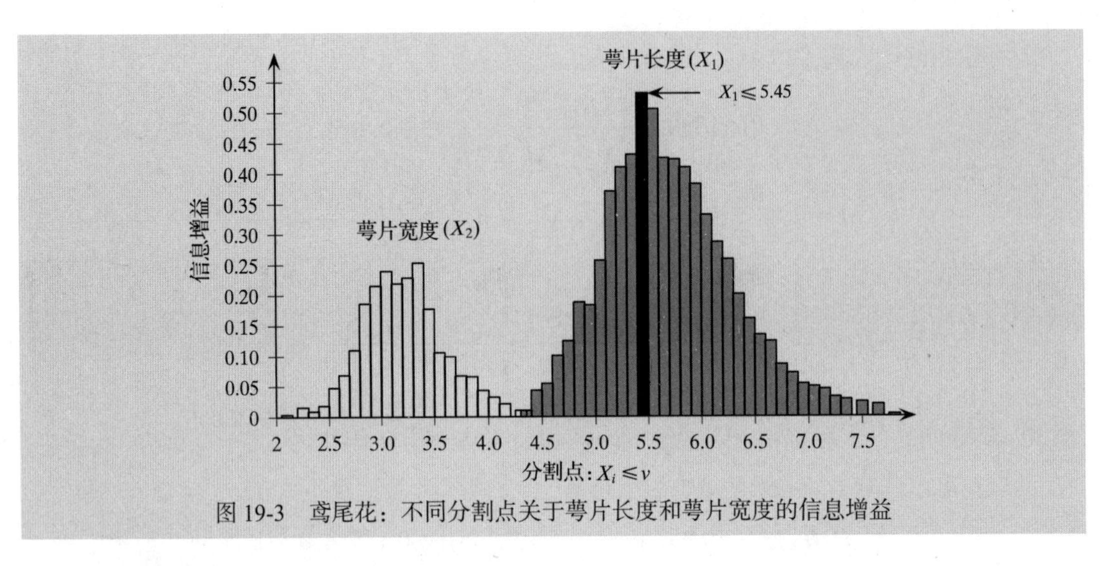

图 19-3 鸢尾花：不同分割点关于萼片长度和萼片宽度的信息增益

2. 类别型属性

如果X是类别型属性，则必须评估形式为$X \in V$的分割点，其中$V \subset \text{dom}(X)$且$V \neq \varnothing$。换言之，要考虑X定义域的所有分区。由于分割点$X \in V$与$X \in \bar{V}$产生相同的分区，其中$\bar{V} = \text{dom}(X) \setminus V$是$V$的补集，因此分区总数为

$$\sum_{i=1}^{\lfloor m/2 \rfloor} \mathrm{C}_m^i = O(2^{m-1}) \tag{19.17}$$

其中，m是X定义域中不同值的个数，即$m = |\text{dom}(X)|$。因此，需要考虑的可能的分割点的数目是幂指数级的，如果m很大，可能会出现问题。一个简化的方式是限制V的大小为1，这样就只存在形式为$X_j \in \{v\}$的m个分割点，其中$v \in \text{dom}(X_j)$。

为了评估形如$X \in V$的分割点，计算以下类概率质量函数：

$$P(c_i|\boldsymbol{D}_{\mathrm{Y}}) = P(c_i|X \in V) \qquad P(c_i|\boldsymbol{D}_{\mathrm{N}}) = P(c_i|X \notin V)$$

利用贝叶斯定理，可得：

$$P(c_i|X \in V) = \frac{P(X \in V|c_i)P(c_i)}{P(X \in V)} = \frac{P(X \in V|c_i)P(c_i)}{\sum_{j=1}^{k} P(X \in V|c_j)P(c_j)}$$

然而，请注意，给定的点$\boldsymbol{x}$只能取X的定义域中的一个值，值$v \in \text{dom}(x)$之间是相互排他的。因此，得到：

$$P(X \in V|c_i) = \sum_{v \in V} P(X = v|c_i)$$

将$P(c_i|\boldsymbol{D}_{\mathrm{Y}})$重写为

$$P(c_i|\boldsymbol{D}_{\mathrm{Y}}) = \frac{\sum_{v \in V} P(X = v|c_i)P(c_i)}{\sum_{j=1}^{k} \sum_{v \in V} P(X = v|c_j)P(c_j)} \tag{19.18}$$

将n_{vi}定义为点$\boldsymbol{x}_j \in \boldsymbol{D}$的数目，对于属性$X$，值$x_j = v$，且对应的类是$y_j = c_i$：

$$n_{vi} = \sum_{j=1}^{n} I(x_j = v \text{ 且 } y_j = c_i) \tag{19.19}$$

各类关于 X 的条件经验 PMF 为

$$\begin{aligned}\hat{P}(X=v|c_i)&=\frac{\hat{P}(X=v\text{ 且 }c_i)}{\hat{P}(c_i)}\\&=\left(\frac{1}{n}\sum_{j=1}^{n}I(x_j=v\text{ 且 }y_j=c_i)\right)\Big/(n_i/n)\\&=\frac{n_{vi}}{n_i}\end{aligned}\tag{19.20}$$

注意，如前所述，类先验概率可使用式（19.11）估计，即 $\hat{P}(c_i)=n_i/n$。因此，将式（19.20）代入式（19.18），$\boldsymbol{D}_{\mathrm{Y}}$ 对于分割点 $X\in V$ 的类 PMF 为

$$\hat{P}(c_i|\boldsymbol{D}_{\mathrm{Y}})=\frac{\sum_{v\in V}\hat{P}(X=v|c_i)\hat{P}(c_i)}{\sum_{j=1}^{k}\sum_{v\in V}\hat{P}(X=v|c_j)\hat{P}(c_j)}=\frac{\sum_{v\in V}n_{vi}}{\sum_{j=1}^{k}\sum_{v\in V}n_{vj}}\tag{19.21}$$

类似地，$\boldsymbol{D}_{\mathrm{N}}$ 的类 PMF 如下：

$$\hat{P}(c_i|\boldsymbol{D}_{\mathrm{N}})=\hat{P}(c_i|X\notin V)=\frac{\sum_{v\notin V}n_{vi}}{\sum_{j=1}^{k}\sum_{v\notin V}n_{vj}}\tag{19.22}$$

算法 19.3 展示了类别型属性的分割点评估方法。第 4 行的 for 循环迭代所有点并计算 n_{vi}，即取值为 $v\in\mathrm{dom}(X)$ 且类标签为 c_i 的点的数目。第 7 行的 for 循环枚举所有形如 $X\in V[V\subset\mathrm{dom}(X)]$ 的可能的分割点，其中 $|V|\leqslant l$，l 是表示 V 的最大基数的自定义参数。例如，为了控制分割点的数量，将 V 限制为只包含一个项，即 $l=1$，则分割点的形式为 $V\in\{v\}$，其中 $v\in\mathrm{dom}(X)$。如果 $l=\lfloor m/2\rfloor$，则考虑所有可能的 V。给定分割点 $X\in V$，尽管也可以使用其他评分标准，但该算法使用信息增益［见式（19.5）］对其进行评分。记录并返回最佳分割点和评分值。

算法 19.3 使用信息增益评估类别型属性

```
EVALUATE-CATEGORICAL-ATTRIBUTE (D, X, l):
1  for i = 1, ···, k do
2      n_i ← 0
3      forall v ∈ dom(X) do n_vi ← 0
4  for j = 1, ···, n do
5      if x_j = v and y_j = c_i then n_vi ← n_vi + 1 // frequency statistics
   // evaluate split points of the form X ∈ V
6  V* ← ∅; score* ← 0 // initialize best split point
7  forall V ⊂ dom(X), such that 1 ≤ |V| ≤ l do
8      for i = 1, ···, k do
9          P̂(c_i|D_Y) ← Σ_{v∈V} n_vi / Σ_{j=1}^{k} Σ_{v∈V} n_vj
10         P̂(c_i|D_N) ← Σ_{v∉V} n_vi / Σ_{j=1}^{k} Σ_{v∉V} n_vj
11     score(X ∈ V) ← Gain(D, D_Y, D_N) // use Eq. (19.5)
12     if score(X ∈ V) > score* then
13         V* ← V; score* ← score(X ∈ V)
14 return (V*, score*)
```

就计算复杂度而言，计算每个类的 n_{vi} 需要 $O(n)$ 的时间（对于第 4 行的 for 循环）。对于 $m=|\mathrm{dom}(X)|$，V 的最大数目为 $O(2^{m-1})$，由于每个分割点可以在 $O(mk)$ 的时间内评估，因此第 7 行的 for 循环需要 $O(mk2^{m-1})$ 的时间。因此，评估一个类别型属性的总成本为 $O(n+mk2^{m-1})$。如果假设 $2^{m-1}=O(n)$，即将 V 的最大值限制为 $l=O(\log n)$，则类别型分割点评估的成本将被限制为 $O(n\log n)$，忽略 k。

例 19.5（类别型属性） 思考包含萼片长度和萼片宽度属性的二维鸢尾花数据集。假设萼片长度已经离散化，如表 19-1 所示。该表还给出了类频率 n_{vi}。例如，$n_{a_1 2}=6$ 表示在 $\boldsymbol{D}$ 中有 6 个值为 $v=a_1$ 的 c_2 类点。

思考分割点 $X_1\in\{a_1,a_3\}$。根据表 19-1，可以使用式（19.21）计算 $\boldsymbol{D}_{\mathrm{Y}}$ 的类 PMF：

$$\hat{P}(c_1|\boldsymbol{D}_{\mathrm{Y}})=\frac{n_{a_1 1}+n_{a_3 1}}{(n_{a_1 1}+n_{a_3 1})+(n_{a_1 2}+n_{a_3 2})}=\frac{39+0}{(39+0)+(6+43)}\approx 0.443$$

$$\hat{P}(c_2|\boldsymbol{D}_{\mathrm{Y}})=1-\hat{P}(c_1|\boldsymbol{D}_{\mathrm{Y}})=0.557$$

熵为

$$H(\boldsymbol{D}_{\mathrm{Y}})=-(0.443\log_2 0.443+0.557\log_2 0.557)\approx 0.991$$

为了计算 $\boldsymbol{D}_{\mathrm{N}}$ 的类 PMF［见式（19.22）］，将值 $v\notin V=\{a_1,a_3\}$ 的频率累加，即求 $v=a_2$ 和 $v=a_4$ 的频率之和，如下所示：

$$\hat{P}(c_1|\boldsymbol{D}_{\mathrm{N}})=\frac{n_{a_2 1}+n_{a_4 1}}{(n_{a_2 1}+n_{a_4 1})+(n_{a_2 2}+n_{a_4 2})}=\frac{11+0}{(11+0)+(39+12)}\approx 0.177$$

$$\hat{P}(c_2|\boldsymbol{D}_{\mathrm{N}})=1-\hat{P}(c_1|\boldsymbol{D}_{\mathrm{N}})=0.823$$

熵为

$$H(\boldsymbol{D}_{\mathrm{N}})=-(0.177\log_2 0.177+0.823\log_2 0.823)\approx 0.673$$

从表 19-1 可以看到，$V\in\{a_1,a_3\}$ 将输入数据 $\boldsymbol{D}$ 划分为两个大小分别为 $|\boldsymbol{D}_{\mathrm{Y}}|=39+6+43=88$，$|\boldsymbol{D}_{\mathrm{N}}|=150-88=62$ 的部分。因此，分割点的熵为

$$H(\boldsymbol{D}_{\mathrm{Y}},\boldsymbol{D}_{\mathrm{N}})=\frac{88}{150}H(\boldsymbol{D}_{\mathrm{Y}})+\frac{62}{150}H(\boldsymbol{D}_{\mathrm{N}})\approx 0.86$$

如同例 19.4 所指出的，整个数据集 $\boldsymbol{D}$ 的熵 $H(\boldsymbol{D})=0.918$。因此，信息增益为

$$\mathrm{Gain}=H(\boldsymbol{D})-H(\boldsymbol{D}_{\mathrm{Y}},\boldsymbol{D}_{\mathrm{N}})=0.918-0.86=0.058$$

表 19-2 给出了所有的类别型分割点的分割熵和信息增益，可以看到，$X_1\in\{a_1\}$ 是离散化属性 X_1 的最佳分割点。

表 19-1　离散化萼片长度属性：类频率

区间	值	类频率（n_{vi}）	
		c_1：Iris-setosa	c_2：其他鸢尾
[4.3,5.2]	VeryShort (a_1)	39	6
(5.2,6.1]	Short (a_2)	11	39
(6.1,7.0]	Long (a_3)	0	43
(7.0,7.9]	VeryLong (a_4)	0	12

表 19-2　关于萼片长度的类别型分割点

V	分割点的熵值	信息增益
$\{a_1\}$	0.509	0.410
$\{a_2\}$	0.897	0.217
$\{a_3\}$	0.711	0.207
$\{a_4\}$	0.869	0.049
$\{a_1,a_2\}$	0.632	0.286
$\{a_1,a_3\}$	0.860	0.058
$\{a_1,a_4\}$	0.667	0.251
$\{a_2,a_3\}$	0.667	0.251
$\{a_2,a_4\}$	0.860	0.058
$\{a_3,a_4\}$	0.632	0.286

19.2.3　计算复杂度

为了分析算法 19.1 中决策树算法的计算复杂度，假设计算数值型或类别型属性的所有分割点的成本为 $O(n\log n)$，其中 $n=|\boldsymbol{D}|$ 为数据集的大小。在给定 $\boldsymbol{D}$ 的情况下，决策树算法用 $(dn\log n)$ 的时间评估 d 个属性。总复杂度取决于决策树的深度。在最坏的情况下，决策树的深度可以为 n，因此总复杂度为 $O(dn^2\log n)$。

19.3　拓展阅读

有关决策树的最早研究包括文献（Hunt et al., 1966；Breiman et al., 1984；Quinlan, 1986）。本章的介绍主要基于文献（Quinlan, 1993）中介绍的 C4.5 方法，该方法就进一步的细节提供了很好的参考，例如介绍了如何对决策树进行剪枝以避免过拟合，如何处理缺失的属性值以及其他实现问题。有关简化决策树的方法的综述，参见文献（Breslow & Aha, 1997）。可扩展的实现技术参见文献（Mehta et al., 1996；Gehrke, 1999）。

Breiman, L., Friedman, J., Stone, C., and Olshen, R. (1984). *Classification and Regression Trees*. Boca Raton, FL: Chapman and Hall/CRC Press.

Breslow, L. A. and Aha, D. W. (1997). Simplifying decision trees: A survey. *Knowledge Engineering Review*, 12 (1), 1–40.

Gehrke, J., Ganti, V., Ramakrishnan, R., and Loh, W.-Y. (1999). BOAT–Optimistic decision tree construction. *ACM SIGMOD Record*, 28 (2), 169–180.

Hunt, E. B., Marin, J., and Stone, P. J. (1966). *Experiments in Induction*. New York: Academic Press.

Mehta, M., Agrawal, R., and Rissanen, J. (1996). SLIQ: A fast scalable classifier for data mining. *Proceedings of the International Conference on Extending Database Technology*. New York: Springer-Verlag, pp. 18–32.

Quinlan, J. R. (1986). Induction of decision trees. *Machine Learning*, 1 (1), 81–106.

Quinlan, J. R. (1993). *C4.5: Programs for Machine Learning*. New York: Morgan Kaufmann.

19.4　练习

Q1. 判断对错：

（a）较高的熵值意味着分类中的划分区域较“纯”。

(b) 类别型属性的多路分割通常要比二分割生成的纯划分区域更多。

Q2. 根据表 19-3，使用 100% 的纯度阈值构建一棵决策树。以信息增益作为分割点评估度量。接下来，对点（年龄 = 27，车 = Vintage）进行分类。

表 19-3　Q2 的数据：年龄是数值型属性，车是类别型属性。风险度给出了每个点的类标签：高（H）或低（L）

	年龄	车	风险度
x_1^T	25	Sports	L
x_2^T	20	Vintage	H
x_3^T	25	Sports	L
x_4^T	45	SUV	H
x_5^T	20	Sports	H
x_6^T	25	SUV	H

Q3. CART 度量［见式（19.7）］的最大值和最小值是多少，在何种条件下取到？

Q4. 根据表 19-4 中的数据集，回答下列问题：

(a) 使用信息增益［见式（19.5）］、基尼指标［见式（19.6）］和 CART［见式（19.7）］分别给出决策树根部的决策点。给出所有属性的所有分割点。

(b) 如果使用实例作为另一个属性，纯度会发生什么变化？该属性是否应用于树中的决策？

表 19-4　Q4 的数据集

实例	a_1	a_2	a_3	类
1	T	T	5.0	Y
2	T	T	7.0	Y
3	T	F	8.0	N
4	F	F	3.0	Y
5	F	T	7.0	N
6	F	T	4.0	N
7	F	F	5.0	N
8	T	F	6.0	Y
9	F	T	1.0	N

Q5. 思考表 19-5 的数据集，进行非线性分割，而不是与轴平行的分割，如下所示：$AB - B^2 \leqslant 0$。根据熵值（使用以 2 为底的对数）计算此分割的信息增益。

表 19-5　Q5 的数据集

	A	B	类
x_1^T	3.5	4	H
x_2^T	2	4	H
x_3^T	9.1	4.5	L
x_4^T	2	6	H
x_5^T	1.5	7	H
x_6^T	7	6.5	H
x_7^T	2.1	2.5	L
x_8^T	8	4	L

第 20 章
Data Mining and Machine Learning

线性判别分析

给定由 d 维空间中的点 $\boldsymbol{x}_i$ 及其类标签 y_i 组成的数据集，线性判别分析（Linear Discriminant Analysis，LDA）的目标是找到一个向量 $\boldsymbol{w}$，使得各类投影到 $\boldsymbol{w}$ 上之后的分离度最大。回顾第 7 章，第一主成分是使得投影点的方差最大的向量。主成分分析与 LDA 的主要区别在于，前者处理的是无标签数据，并尝试将方差最大化，而后者处理的是带标签的数据，并尝试将各类之间的差异最大化。

20.1 最佳线性判别

假设数据集 $\boldsymbol{D}$ 由 n 个带标签的点组成 $\{\boldsymbol{x}_i^{\mathrm{T}}, y_i\}$，其中 $\boldsymbol{x}_i \in \mathbb{R}^d$ 且 $y_i \in \{c_1, c_2, \cdots, c_k\}$。设 $\boldsymbol{D}_i$ 表示类标签为 c_i 的点构成的子集，即 $\boldsymbol{D}_i = \{\boldsymbol{x}_j^{\mathrm{T}} \mid y_j = c_i\}$。令 $|\boldsymbol{D}_i| = n_i$ 表示类标签为 c_i 的点的数目。假设只有 $k=2$ 个类别。因此，数据集 $\boldsymbol{D}$ 可以划分为两个子集 $\boldsymbol{D}_1$ 和 $\boldsymbol{D}_2$。

设 $\boldsymbol{w}$ 为单位向量，即 $\boldsymbol{w}^{\mathrm{T}}\boldsymbol{w}=1$。根据式（1.11），任何 d 维点 $\boldsymbol{x}_i$ 在向量 $\boldsymbol{w}$ 上的投影如下：

$$\boldsymbol{x}_i' = \left(\frac{\boldsymbol{w}^{\mathrm{T}}\boldsymbol{x}_i}{\boldsymbol{w}^{\mathrm{T}}\boldsymbol{w}}\right)\boldsymbol{w} = (\boldsymbol{w}^{\mathrm{T}}\boldsymbol{x}_i)\,\boldsymbol{w} = a_i\boldsymbol{w}$$

其中，a_i 是 $\boldsymbol{x}_i$ 在 $\boldsymbol{w}$ 方向的偏差量或标量投影［见式（1.12）］：

$$a_i = \boldsymbol{w}^{\mathrm{T}}\boldsymbol{x}_i$$

我们也将 a_i 称为*投影点*。因此，n 个投影点的集合 $\{a_1, a_2, \cdots, a_n\}$ 表示从 $\mathbb{R}^d$ 到 R 的映射，即从原来的 d 维空间到沿 $\boldsymbol{w}$ 方向的一维空间的投影。

例 20.1 思考图 20-1，该图展示了以萼片长度和萼片宽度为属性的二维鸢尾花数据集，Iris-setosa 作为类别 c_1（圆圈），其他两种鸢尾花作为类别 c_2（三角形）。类 c_1 有 $n_1=50$ 个点，类 c_2 有 $n_2=100$ 个点。图中给出了一个可能的向量 $\boldsymbol{w}$，以及所有点在 $\boldsymbol{w}$ 上的投影。两个类的投影均值以黑色图标显示。在这里，$\boldsymbol{w}$ 被编译过，所以正好通过整个数据的均值。我们可以观察到，$\boldsymbol{w}$ 对这两个类的区分效果不是很好，因为点在 $\boldsymbol{w}$ 上的投影就其类标签而言都是混合在一起的。最佳的线性判别方向如图 20-2 所示。

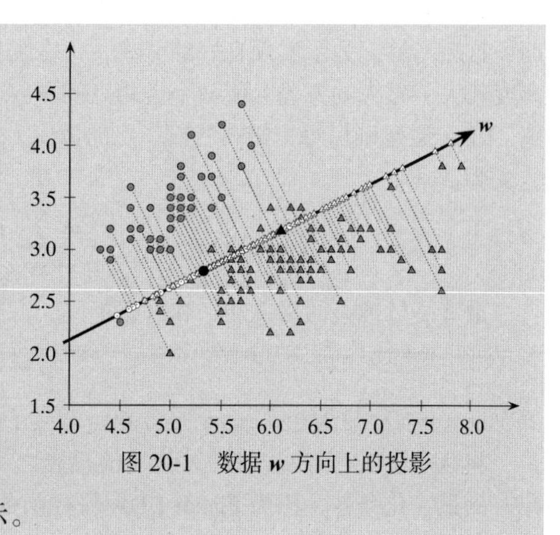

图 20-1 数据 $\boldsymbol{w}$ 方向上的投影

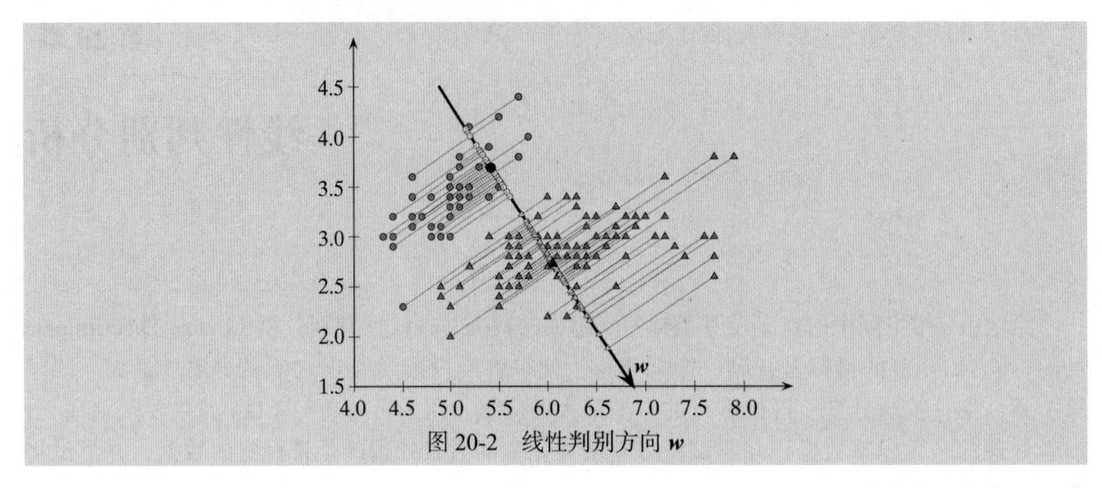

图 20-2　线性判别方向 $\boldsymbol{w}$

每个投影点 a_i 都与其原始的类标签 y_i 相关联，因此可以计算每个类的投影点的均值（称为投影均值），如下所示：

$$
\begin{aligned}
m_1 &= \frac{1}{n_1}\sum_{\boldsymbol{x}_i \in \boldsymbol{D}_1} a_i \\
&= \frac{1}{n_1}\sum_{\boldsymbol{x}_i \in \boldsymbol{D}_1} \boldsymbol{w}^{\mathrm{T}}\boldsymbol{x}_i \\
&= \boldsymbol{w}^{\mathrm{T}}\left(\frac{1}{n_1}\sum_{\boldsymbol{x}_i \in \boldsymbol{D}_1} \boldsymbol{x}_i\right) \\
&= \boldsymbol{w}^{\mathrm{T}}\boldsymbol{\mu}_1
\end{aligned}
$$

其中，$\boldsymbol{\mu}_1$ 是 $\boldsymbol{D}_1$ 中所有点的均值。同样，可以得到：

$$m_2 = \boldsymbol{w}^{\mathrm{T}}\boldsymbol{\mu}_2$$

换言之，投影点的均值与均值的投影相同。

为了最大化类之间的分离度，似乎可以合理地最大化投影均值之间的差值 $|m_1 - m_2|$。然而，这还不够。为了实现良好的分离，每个类中的点投影后方差也不应过大。由于点之间分离度较大，较大的方差会使两个类的点间更容易出现重合，因此我们可能无法实现良好的分离。LDA 通过确保每个类内的投影点的散度 s_i^2 较小，使得分离度最大化，其中散度（scatter）定义为

$$s_i^2 = \sum_{\boldsymbol{x}_j \in \boldsymbol{D}_i} (a_j - m_i)^2$$

散度是标准差的平方和，和方差不同，方差是距离均值的平均偏差。换言之：

$$s_i^2 = n_i \sigma_i^2$$

其中，$n_i = |\boldsymbol{D}_i|$ 是大小，而 σ_i^2 是方差，对应于类 c_i。

将两个 LDA 条件（即最大化均值投影之间的距离和最小化投影散度之和）合并为一个单一的最大化条件，称为 Fisher LDA 目标函数（Fisher LDA objective）：

$$\max_{\boldsymbol{w}} \; J(\boldsymbol{w}) = \frac{(m_1 - m_2)^2}{s_1^2 + s_2^2} \tag{20.1}$$

LDA 的目标是找到使 $J(\boldsymbol{w})$ 最大化的向量 $\boldsymbol{w}$，即找到最大化两个均值 m_1 和 m_2 之间的分离度，并最小化两个类的总散度 $s_1^2+s_2^2$ 的方向。向量 $\boldsymbol{w}$ 也被称为最佳线性判别向量。优化目标［见式（20.1）］在投影空间内。为了解决这个目标，应根据输入数据对它进行重写，如下所述。

注意，可以将 $(m_1-m_2)^2$ 重写为

$$
\begin{aligned}
(m_1-m_2)^2 &= \left(\boldsymbol{w}^{\mathrm{T}}(\boldsymbol{\mu}_1-\boldsymbol{\mu}_2)\right)^2 \\
&= \boldsymbol{w}^{\mathrm{T}}\left((\boldsymbol{\mu}_1-\boldsymbol{\mu}_2)(\boldsymbol{\mu}_1-\boldsymbol{\mu}_2)^{\mathrm{T}}\right)\boldsymbol{w} \\
&= \boldsymbol{w}^{\mathrm{T}}\boldsymbol{B}\boldsymbol{w}
\end{aligned} \tag{20.2}
$$

其中，$\boldsymbol{B}=(\boldsymbol{\mu}_1-\boldsymbol{\mu}_2)(\boldsymbol{\mu}_1-\boldsymbol{\mu}_2)^{\mathrm{T}}$ 是一个 $d\times d$ 的秩一矩阵（rank-one matrix），被称为类间散度矩阵（between-class scatter matrix）。

类 c_1 的投影散度计算如下：

$$
\begin{aligned}
s_1^2 &= \sum_{\boldsymbol{x}_i\in\boldsymbol{D}_1}(a_i-m_1)^2 \\
&= \sum_{\boldsymbol{x}_i\in\boldsymbol{D}_1}(\boldsymbol{w}^{\mathrm{T}}\boldsymbol{x}_i-\boldsymbol{w}^{\mathrm{T}}\boldsymbol{\mu}_1)^2 \\
&= \sum_{\boldsymbol{x}_i\in\boldsymbol{D}_1}\left(\boldsymbol{w}^{\mathrm{T}}(\boldsymbol{x}_i-\boldsymbol{\mu}_1)\right)^2 \\
&= \boldsymbol{w}^{\mathrm{T}}\left(\sum_{\boldsymbol{x}_i\in\boldsymbol{D}_1}(\boldsymbol{x}_i-\boldsymbol{\mu}_1)(\boldsymbol{x}_i-\boldsymbol{\mu}_1)^{\mathrm{T}}\right)\boldsymbol{w} \\
&= \boldsymbol{w}^{\mathrm{T}}\boldsymbol{S}_1\boldsymbol{w}
\end{aligned} \tag{20.3}
$$

其中，$\boldsymbol{S}_1$ 是对应于 $\boldsymbol{D}_1$ 的散度矩阵。同样，还可以得到：

$$
s_2^2=\boldsymbol{w}^{\mathrm{T}}\boldsymbol{S}_2\boldsymbol{w} \tag{20.4}
$$

再次注意，散度矩阵本质上与协方差矩阵相同，但它记录的不是距离均值的平均偏差，而是总偏差，即：

$$
\boldsymbol{S}_i=n_i\boldsymbol{\Sigma}_i \tag{20.5}
$$

结合式（20.3）和式（20.4），式（20.1）中的分子可以重写为

$$
s_1^2+s_2^2=\boldsymbol{w}^{\mathrm{T}}\boldsymbol{S}_1\boldsymbol{w}+\boldsymbol{w}^{\mathrm{T}}\boldsymbol{S}_2\boldsymbol{w}=\boldsymbol{w}^{\mathrm{T}}(\boldsymbol{S}_1+\boldsymbol{S}_2)\boldsymbol{w}=\boldsymbol{w}^{\mathrm{T}}\boldsymbol{S}\boldsymbol{w} \tag{20.6}
$$

其中，$\boldsymbol{S}=\boldsymbol{S}_1+\boldsymbol{S}_2$ 表示集合到一起的类内散度矩阵（within-class scatter matrix）。由于 $\boldsymbol{S}_1$ 和 $\boldsymbol{S}_2$ 都是 $d\times d$ 的对称半正定矩阵，因此 $\boldsymbol{S}$ 也是 $d\times d$ 对称半正定矩阵。

根据式（20.2）和式（20.6），LDA 目标函数［见式（20.1）］可写为

$$
\max_{\boldsymbol{w}}\ J(\boldsymbol{w})=\frac{\boldsymbol{w}^{\mathrm{T}}\boldsymbol{B}\boldsymbol{w}}{\boldsymbol{w}^{\mathrm{T}}\boldsymbol{S}\boldsymbol{w}} \tag{20.7}
$$

为了求出最优方向 $\boldsymbol{w}$，对目标函数求关于 $\boldsymbol{w}$ 的导数，并将该导数设为零。我们不需要明确处理约束 $\boldsymbol{w}^{\mathrm{T}}\boldsymbol{w}=1$，因为在式（20.7）中分子和分母中与 $\boldsymbol{w}$ 的大小有关的项会被抵消。

如果 $f(x)$ 和 $g(x)$ 是两个函数，那么有：

$$\frac{\mathrm{d}}{\mathrm{d}x}\left(\frac{f(x)}{g(x)}\right)=\frac{f'(x)g(x)-g'(x)f(x)}{g(x)^2}$$

其中，$f'(x)$ 表示 $f(x)$ 的导数。对式（20.7）求关于 $\boldsymbol{w}$ 的导数，并设该导数为零，得到：

$$\frac{\mathrm{d}}{\mathrm{d}\boldsymbol{w}}J(\boldsymbol{w})=\frac{2\boldsymbol{Bw}(\boldsymbol{w}^{\mathrm{T}}\boldsymbol{Sw})-2\boldsymbol{Sw}(\boldsymbol{w}^{\mathrm{T}}\boldsymbol{Bw})}{(\boldsymbol{w}^{\mathrm{T}}\boldsymbol{Sw})^2}=\boldsymbol{0}$$

然后得到：

$$\begin{aligned}\boldsymbol{Bw}(\boldsymbol{w}^{\mathrm{T}}\boldsymbol{Sw})&=\boldsymbol{Sw}(\boldsymbol{w}^{\mathrm{T}}\boldsymbol{Bw})\\ \boldsymbol{Bw}&=\boldsymbol{Sw}\left(\frac{\boldsymbol{w}^{\mathrm{T}}\boldsymbol{Bw}}{\boldsymbol{w}^{\mathrm{T}}\boldsymbol{Sw}}\right)\\ \boldsymbol{Bw}&=J(\boldsymbol{w})\boldsymbol{Sw}\\ \boldsymbol{Bw}&=\lambda\boldsymbol{Sw}\end{aligned} \tag{20.8}$$

其中，$\lambda=J(\boldsymbol{w})$。式（20.8）表示一个泛化特征值问题（generalized eigenvalue problem），λ 为 $\boldsymbol{B}$ 和 $\boldsymbol{S}$ 的一个泛化特征值，满足 det $(\boldsymbol{B}-\lambda\boldsymbol{S})=0$。由于我们的目标是使目标函数最大化［见式（20.7）］，因此 $J(\boldsymbol{w})=\lambda$ 要选最大的泛化特征值，而 $\boldsymbol{w}$ 为相应的特征值。如果 $\boldsymbol{S}$ 是非奇异的，即 $\boldsymbol{S}^{-1}$ 存在，则式（20.8）等同于常见的特征值 – 特征向量等式，即：

$$\begin{aligned}\boldsymbol{Bw}&=\lambda\boldsymbol{Sw}\\ \boldsymbol{S}^{-1}\boldsymbol{Bw}&=\lambda\boldsymbol{S}^{-1}\boldsymbol{Sw}\end{aligned}$$

这表示：

$$(\boldsymbol{S}^{-1}\boldsymbol{B})\boldsymbol{w}=\lambda\boldsymbol{w} \tag{20.9}$$

因此，如果存在 $\boldsymbol{S}^{-1}$，那么关于矩阵 $\boldsymbol{S}^{-1}\boldsymbol{B}$，$\lambda=J(\boldsymbol{w})$ 是一个特征值，$\boldsymbol{w}$ 为一个特征向量。为了最大化 $J(\boldsymbol{w})$，我们要找到最大的特征值 λ，对应的主特征向量 $\boldsymbol{w}$ 给出了最佳线性判别向量。

算法 20.1　线性判别分析

LINEARDISCRIMINANT ($\boldsymbol{D}$):

1 $\boldsymbol{D}_i \leftarrow \{\boldsymbol{x}_j^{\mathrm{T}} \mid y_j=c_i, j=1,\cdots,n\}, i=1,2$ // class-specific subsets
2 $\boldsymbol{\mu}_i \leftarrow \mathrm{mean}(\boldsymbol{D}_i), i=1,2$ // class means
3 $\boldsymbol{B} \leftarrow (\boldsymbol{\mu}_1-\boldsymbol{\mu}_2)(\boldsymbol{\mu}_1-\boldsymbol{\mu}_2)^{\mathrm{T}}$ // between-class scatter matrix
4 $\overline{\boldsymbol{D}}_i \leftarrow \boldsymbol{D}_i-\boldsymbol{1}_{n_i}\boldsymbol{\mu}_i^{\mathrm{T}}, i=1,2$ // center class matrices
5 $\boldsymbol{S}_i \leftarrow \overline{\boldsymbol{D}}_i^{\mathrm{T}}\overline{\boldsymbol{D}}_i, i=1,2$ // class scatter matrices
6 $\boldsymbol{S} \leftarrow \boldsymbol{S}_1+\boldsymbol{S}_2$ // within-class scatter matrix
7 $\lambda_1, \boldsymbol{w} \leftarrow \mathrm{eigen}(\boldsymbol{S}^{-1}\boldsymbol{B})$ // compute dominant eigenvector

算法 20.1 给出了线性判别分析的伪代码。假设一共有两个类，且 $\boldsymbol{S}$ 是非奇异的（即 $\boldsymbol{S}^{-1}$ 存在）。向量 $\boldsymbol{1}_{n_i}$ 是全 1 向量，每个类具有适当的维数，即 $\boldsymbol{1}_{n_i}\in\mathbb{R}^{n_i}(i=1,2)$。LDA 将 $\boldsymbol{D}$ 分为 $\boldsymbol{D}_1$ 和 $\boldsymbol{D}_2$，然后计算类间散度矩阵 $\boldsymbol{B}$ 和类内散度矩阵和 $\boldsymbol{S}$，得到最佳线性判别向量（即 $\boldsymbol{S}^{-1}\boldsymbol{B}$ 的主特征向量）。在计算复杂度方面，计算 $\boldsymbol{S}$ 需要 $O(nd^2)$ 的时间，在最坏的情况下，计算主特征值和特征向量需要 $O(d^3)$ 的时间。因此，总时间为 $O(d^3+nd^2)$。

例 20.2（线性判别分析） 思考例 20.1 所示的二维鸢尾花数据（具有萼片长度和萼片宽度两个属性）。类 c_1（对应 Iris-setosa）有 $n_1=50$ 个点，类 c_2 有 $n_2=100$ 个点。c_1 和 c_2 的均值及均值差如下：

$$\boldsymbol{\mu}_1=\begin{pmatrix}5.01\\3.42\end{pmatrix}\qquad \boldsymbol{\mu}_2=\begin{pmatrix}6.26\\2.87\end{pmatrix}\qquad \boldsymbol{\mu}_1-\boldsymbol{\mu}_2=\begin{pmatrix}-1.256\\0.546\end{pmatrix}$$

类间散度矩阵为

$$\boldsymbol{B}=(\boldsymbol{\mu}_1-\boldsymbol{\mu}_2)(\boldsymbol{\mu}_1-\boldsymbol{\mu}_2)^{\mathrm{T}}=\begin{pmatrix}-1.256\\0.546\end{pmatrix}(-1.256\quad 0.546)=\begin{pmatrix}1.587&-0.693\\-0.693&0.303\end{pmatrix}$$

类内散度矩阵为

$$\boldsymbol{S}_1=\begin{pmatrix}6.09&4.91\\4.91&7.11\end{pmatrix}\qquad \boldsymbol{S}_2=\begin{pmatrix}43.5&12.09\\12.09&10.96\end{pmatrix}\qquad \boldsymbol{S}=\boldsymbol{S}_1+\boldsymbol{S}_2=\begin{pmatrix}49.58&17.01\\17.01&18.08\end{pmatrix}$$

$\boldsymbol{S}$ 是非奇异的，它的逆为

$$\boldsymbol{S}^{-1}=\begin{pmatrix}0.0298&-0.028\\-0.028&0.0817\end{pmatrix}$$

因此，我们得到：

$$\boldsymbol{S}^{-1}\boldsymbol{B}=\begin{pmatrix}0.0298&-0.028\\-0.028&0.0817\end{pmatrix}\begin{pmatrix}1.587&-0.693\\-0.693&0.303\end{pmatrix}=\begin{pmatrix}0.066&-0.029\\-0.100&0.044\end{pmatrix}$$

使两个类 c_1 和 c_2 区分最清楚的方向是对应矩阵 $\boldsymbol{S}^{-1}\boldsymbol{B}$ 的最大特征值的主特征向量，其解为

$$J(\boldsymbol{w})=\lambda_1=0.11$$

$$\boldsymbol{w}=\begin{pmatrix}0.551\\-0.834\end{pmatrix}$$

图 20-2 给出了最佳线性判别向量 $\boldsymbol{w}$，该向量平移到数据的均值位置。两个类的均值投影以黑色图标显示。我们可以清楚地观察到，沿 $\boldsymbol{w}$ 方向，圆圈成组出现并距离三角形较远。除了点 $(4.5,2.3)^{\mathrm{T}}$，c_1 中的所有点与 c_2 中的点完全区分开了。

对于有两个类的情形，如果 $\boldsymbol{S}$ 是非奇异的，可以直接求 $\boldsymbol{w}$ 而不需要计算特征值和特征向量。注意，$\boldsymbol{B}=(\boldsymbol{\mu}_1-\boldsymbol{\mu}_2)(\boldsymbol{\mu}_1-\boldsymbol{\mu}_2)^{\mathrm{T}}$ 是一个 $d\times d$ 的秩一矩阵，且 $\boldsymbol{Bw}$ 必须指向与 $(\boldsymbol{\mu}_1-\boldsymbol{\mu}_2)$ 相同的方向，因为：

$$\begin{aligned}\boldsymbol{Bw}&=((\boldsymbol{\mu}_1-\boldsymbol{\mu}_2)(\boldsymbol{\mu}_1-\boldsymbol{\mu}_2)^{\mathrm{T}})\boldsymbol{w}\\&=(\boldsymbol{\mu}_1-\boldsymbol{\mu}_2)((\boldsymbol{\mu}_1-\boldsymbol{\mu}_2)^{\mathrm{T}}\boldsymbol{w})\\&=b(\boldsymbol{\mu}_1-\boldsymbol{\mu}_2)\end{aligned}$$

其中，$b=(\boldsymbol{\mu}_1-\boldsymbol{\mu}_2)^{\mathrm{T}}\boldsymbol{w}$ 是一个标量乘子。

将式（20.9）重写为

$$\boldsymbol{Bw}=\lambda\boldsymbol{Sw}$$

$$b(\boldsymbol{\mu}_1-\boldsymbol{\mu}_2)=\lambda\boldsymbol{Sw}$$

$$w=\frac{b}{\lambda}S^{-1}(\mu_1-\mu_2)$$

由于 $\frac{b}{\lambda}$ 是一个标量，因此可以将最佳线性判别向量求解为

$$w=S^{-1}(\mu_1-\mu_2) \quad (20.10)$$

一旦找到了方向 w，就可以将其归一化为单位向量。因此，在只有两个类的情况下，直接使用式（20.10）求出 w，无须求特征值或特征向量。直观上讲，使类之间的分离度最大的方向可以被视为两个类均值连起来的向量 $(\mu_1-\mu_2)$ 的线性变换（用 S^{-1}）。

例 20.3　继续例 20.2，直接计算 w，如下所示：

$$\begin{aligned}w&=S^{-1}(\mu_1-\mu_2)\\&=\begin{pmatrix}0.066&-0.029\\-0.100&0.044\end{pmatrix}\begin{pmatrix}-1.246\\0.546\end{pmatrix}=\begin{pmatrix}-0.0527\\0.0798\end{pmatrix}\end{aligned}$$

经过归一化，得到：

$$w=\frac{w}{\|w\|}=\frac{1}{0.0956}\begin{pmatrix}-0.0527\\0.0798\end{pmatrix}\approx\begin{pmatrix}-0.551\\0.834\end{pmatrix}$$

请注意，即使和例 20.2 相比，w 的符号是相反的，但是它们表示同一方向，只有标量乘子不同。

20.2　核判别分析

核判别分析和线性判别分析一样，都试图找到一个方向，使得类之间的分离度最大化。但是，它是使用核函数在特征空间中实现的。

给定数据集 $D=\{x_i^T,y_i\}_{i=1}^n$，其中 x_i 是输入空间中的点，$y_i\in\{c_1,c_2\}$ 是类标签，设 $D_i=\{x_j^T\mid y_j=c_i\}$ 表示类 c_i 对应的数据子集，且 $n_i=|D_i|$。此外，设 $\phi(x_i)$ 表示特征空间中的对应点，设 K 为核函数。

核 LDA 的目标是在特征空间中找到方向向量 w，使得：

$$\max_{w}\ J(w)=\frac{(m_1-m_2)^2}{s_1^2+s_2^2} \quad (20.11)$$

其中，m_1 和 m_2 是投影均值，s_1^2 和 s_2^2 是特征空间中散度值的投影。首先证明 w 可以表示为特征空间中点的线性组合，然后用核矩阵来表示 LDA 目标函数。

1. 最佳线性判别：特征点的线性组合

类 c_i 在特征空间中的均值为

$$\mu_i^\phi=\frac{1}{n_i}\sum_{x_j\in D_i}\phi(x_j) \quad (20.12)$$

类 c_i 在特征空间中的协方差矩阵为

$$\Sigma_i^\phi=\frac{1}{n_i}\sum_{x_j\in D_i}(\phi(x_j)-\mu_i^\phi)(\phi(x_j)-\mu_i^\phi)^T$$

利用类似于式（20.2）的推导，可以得到特征空间中的类间散度矩阵，如下所示：

$$\boldsymbol{B}_\phi=(\boldsymbol{\mu}_1^\phi-\boldsymbol{\mu}_2^\phi)(\boldsymbol{\mu}_1^\phi-\boldsymbol{\mu}_2^\phi)^{\mathrm{T}}=\boldsymbol{d}_\phi\boldsymbol{d}_\phi^{\mathrm{T}} \tag{20.13}$$

其中，$\boldsymbol{d}_\phi=\boldsymbol{\mu}_1^\phi-\boldsymbol{\mu}_2^\phi$是两个类均值向量之间的差值。同样，使用式（20.5）和式（20.6）得到特征空间中的类内散度矩阵：

$$\boldsymbol{S}_\phi=n_1\boldsymbol{\Sigma}_1^\phi+n_2\boldsymbol{\Sigma}_2^\phi$$

$\boldsymbol{S}_\phi$是一个$d\times d$的对称半正定矩阵，其中d是特征空间的维数。由式（20.9）可知，特征空间中的最佳线性判别向量$\boldsymbol{w}$是主特征向量，满足如下表达式：

$$(\boldsymbol{S}_\phi^{-1}\boldsymbol{B}_\phi)\boldsymbol{w}=\lambda\boldsymbol{w} \tag{20.14}$$

其中，我们假设$\boldsymbol{S}_\phi$是非奇异的。设δ_i表示$\boldsymbol{S}_\phi$的第i个特征值，$\boldsymbol{u}_i$表示$\boldsymbol{S}_\phi$的第i个特征向量，$i=1,\cdots,d$。$\boldsymbol{S}_\phi$的特征分解为$\boldsymbol{S}_\phi=\boldsymbol{U}\boldsymbol{\Delta}\boldsymbol{U}^{\mathrm{T}}$，$\boldsymbol{S}_\phi$的逆为$\boldsymbol{S}_\phi^{-1}=\boldsymbol{U}\boldsymbol{\Delta}^{-1}\boldsymbol{U}^{\mathrm{T}}$。这里，$\boldsymbol{U}$是矩阵，列为$\boldsymbol{S}_\phi$的特征向量，$\boldsymbol{\Delta}$是$\boldsymbol{S}_\phi$特征值构成的对角矩阵。因此，逆$\boldsymbol{S}_\phi^{-1}$可以表示为

$$\boldsymbol{S}_\phi^{-1}=\sum_{r=1}^{d}\frac{1}{\delta_r}\boldsymbol{u}_r\boldsymbol{u}_r^{\mathrm{T}} \tag{20.15}$$

将式（20.13）和式（20.15）代入式（20.14），得到：

$$\lambda\boldsymbol{w}=\left(\sum_{r=1}^{d}\frac{1}{\delta_r}\boldsymbol{u}_r\boldsymbol{u}_r^{\mathrm{T}}\right)\boldsymbol{d}_\phi\boldsymbol{d}_\phi^{\mathrm{T}}\boldsymbol{w}=\sum_{r=1}^{d}\frac{1}{\delta_r}\left(\boldsymbol{u}_r(\boldsymbol{u}_r^{\mathrm{T}}\boldsymbol{d}_\phi)(\boldsymbol{d}_\phi^{\mathrm{T}}\boldsymbol{w})\right)=\sum_{r=1}^{d}b_r\boldsymbol{u}_r$$

其中，$b_r=\dfrac{1}{\delta_r}(\boldsymbol{u}_r^{\mathrm{T}}\boldsymbol{d}_\phi)(\boldsymbol{d}_\phi^{\mathrm{T}}\boldsymbol{w})$是一个标量。使用类似于式（7.38）的推导，$\boldsymbol{S}_\phi$的第$r$个特征向量可以表示为特征点的线性组合，例如$\boldsymbol{u}_r=\sum_{j=1}^{n}c_{rj}\phi(\boldsymbol{x}_j)$，其中$c_{rj}$是标量系数。因此，可以把$\boldsymbol{w}$重写为

$$\begin{aligned}\boldsymbol{w}&=\frac{1}{\lambda}\sum_{r=1}^{d}b_r\left(\sum_{j=1}^{n}c_{rj}\phi(\boldsymbol{x}_j)\right)\\&=\sum_{j=1}^{n}\phi(\boldsymbol{x}_j)\left(\sum_{r=1}^{d}\frac{b_rc_{rj}}{\lambda}\right)\\&=\sum_{j=1}^{n}a_j\phi(\boldsymbol{x}_j)\end{aligned}$$

其中，$a_j=\sum_{r=1}^{d}b_rc_{rj}/\lambda$是关于特征点$\phi(\boldsymbol{x}_j)$的标量值。因此，方向向量$\boldsymbol{w}$表示为特征空间中各点的线性组合。

2. 用核矩阵表示的 LDA 目标函数

现在用核矩阵重写核 LDA 目标函数［见式（20.11）］。将式（20.12）中类c_i的均值投影到线性判别方向$\boldsymbol{w}$上，得到：

$$m_i=\boldsymbol{w}^{\mathrm{T}}\boldsymbol{\mu}_i^\phi=\left(\sum_{j=1}^{n}a_j\,\phi(\boldsymbol{x}_j)\right)^{\mathrm{T}}\left(\frac{1}{n_i}\sum_{\boldsymbol{x}_k\in\boldsymbol{D}_i}\phi(\boldsymbol{x}_k)\right)$$

$$
\begin{aligned}
&= \frac{1}{n_i} \sum_{j=1}^{n} \sum_{\boldsymbol{x}_k \in \boldsymbol{D}_i} a_j\, \phi(\boldsymbol{x}_j)^{\mathrm{T}} \phi(\boldsymbol{x}_k) \\
&= \frac{1}{n_i} \sum_{j=1}^{n} \sum_{\boldsymbol{x}_k \in \boldsymbol{D}_i} a_j K(\boldsymbol{x}_j, \boldsymbol{x}_k) \\
&= \boldsymbol{a}^{\mathrm{T}} \boldsymbol{m}_i
\end{aligned} \tag{20.16}
$$

其中，$\boldsymbol{a}=(a_1,a_2,\cdots,a_n)^{\mathrm{T}}$是权向量，并且

$$
\boldsymbol{m}_i = \frac{1}{n_i} \begin{pmatrix} \sum_{\boldsymbol{x}_k \in \boldsymbol{D}_i} K(\boldsymbol{x}_1, \boldsymbol{x}_k) \\ \sum_{\boldsymbol{x}_k \in \boldsymbol{D}_i} K(\boldsymbol{x}_2, \boldsymbol{x}_k) \\ \vdots \\ \sum_{\boldsymbol{x}_k \in \boldsymbol{D}_i} K(\boldsymbol{x}_n, \boldsymbol{x}_k) \end{pmatrix} = \frac{1}{n_i} \boldsymbol{K}^{c_i} \boldsymbol{1}_{n_i} \tag{20.17}
$$

其中，$\boldsymbol{K}^{c_i}$是核矩阵的$n \times n_i$子集，其中的列对应$\boldsymbol{D}_i$中的点，$\boldsymbol{1}_{n_i}$是元素全为1的n_i维向量。因此，长度为n的向量$\boldsymbol{m}_i$保存了$\boldsymbol{D}$中的每个点相对于$\boldsymbol{D}_i$中的点的平均核值。

重写均值在特征空间中的投影之差，如下所示：

$$
\begin{aligned}
(m_1 - m_2)^2 &= (\boldsymbol{w}^{\mathrm{T}} \boldsymbol{\mu}_1^{\phi} - \boldsymbol{w}^{\mathrm{T}} \boldsymbol{\mu}_2^{\phi})^2 \\
&= (\boldsymbol{a}^{\mathrm{T}} \boldsymbol{m}_1 - \boldsymbol{a}^{\mathrm{T}} \boldsymbol{m}_2)^2 \\
&= \boldsymbol{a}^{\mathrm{T}} (\boldsymbol{m}_1 - \boldsymbol{m}_2)(\boldsymbol{m}_1 - \boldsymbol{m}_2)^{\mathrm{T}} \boldsymbol{a} \\
&= \boldsymbol{a}^{\mathrm{T}} \boldsymbol{M} \boldsymbol{a}
\end{aligned} \tag{20.18}
$$

其中，$\boldsymbol{M}=(\boldsymbol{m}_1-\boldsymbol{m}_2)(\boldsymbol{m}_1-\boldsymbol{m}_2)^{\mathrm{T}}$是类间散度矩阵。

我们还可以只使用核函数计算每个类投影后的散度s_1^2和s_2^2，如下所示：

$$
\begin{aligned}
s_1^2 &= \sum_{\boldsymbol{x}_i \in \boldsymbol{D}_1} \| \boldsymbol{w}^{\mathrm{T}} \phi(\boldsymbol{x}_i) - \boldsymbol{w}^{\mathrm{T}} \boldsymbol{\mu}_1^{\phi} \|^2 \\
&= \sum_{\boldsymbol{x}_i \in \boldsymbol{D}_1} \| \boldsymbol{w}^{\mathrm{T}} \phi(\boldsymbol{x}_i) \|^2 - 2 \sum_{\boldsymbol{x}_i \in \boldsymbol{D}_1} \boldsymbol{w}^{\mathrm{T}} \phi(\boldsymbol{x}_i) \cdot \boldsymbol{w}^{\mathrm{T}} \boldsymbol{\mu}_1^{\phi} + \sum_{\boldsymbol{x}_i \in \boldsymbol{D}_1} \| \boldsymbol{w}^{\mathrm{T}} \boldsymbol{\mu}_1^{\phi} \|^2 \\
&= \left(\sum_{\boldsymbol{x}_i \in \boldsymbol{D}_1} \left\| \sum_{j=1}^{n} a_j \phi(\boldsymbol{x}_j)^{\mathrm{T}} \phi(\boldsymbol{x}_i) \right\|^2 \right) - 2 \cdot n_1 \cdot \left\| \boldsymbol{w}^{\mathrm{T}} \boldsymbol{\mu}_1^{\phi} \right\|^2 + n_1 \cdot \left\| \boldsymbol{w}^{\mathrm{T}} \boldsymbol{\mu}_1^{\phi} \right\|^2 \\
&= \left(\sum_{\boldsymbol{x}_i \in \boldsymbol{D}_1} \boldsymbol{a}^{\mathrm{T}} \boldsymbol{K}_i \boldsymbol{K}_i^{\mathrm{T}} \boldsymbol{a} \right) - n_1 \cdot \boldsymbol{a}^{\mathrm{T}} \boldsymbol{m}_1 \boldsymbol{m}_1^{\mathrm{T}} \boldsymbol{a} \qquad \text{[利用式（20.16）]} \\
&= \boldsymbol{a}^{\mathrm{T}} \left(\left(\sum_{\boldsymbol{x}_i \in \boldsymbol{D}_1} \boldsymbol{K}_i \boldsymbol{K}_i^{\mathrm{T}} \right) - n_1 \boldsymbol{m}_1 \boldsymbol{m}_1^{\mathrm{T}} \right) \boldsymbol{a} \\
&= \boldsymbol{a}^{\mathrm{T}} \boldsymbol{N}_1 \boldsymbol{a}
\end{aligned}
$$

其中，$\boldsymbol{K}_i$是核矩阵的第i列，$\boldsymbol{N}_1$是类c_1的类散度矩阵。设$K(\boldsymbol{x}_i,\boldsymbol{x}_j)=K_{ij}$。用矩阵更简洁地表示$\boldsymbol{N}_1$，如下所示：

$$
\begin{aligned}
\boldsymbol{N}_1 &= \left(\sum_{\boldsymbol{x}_i \in \boldsymbol{D}_1} \boldsymbol{K}_i \boldsymbol{K}_i^{\mathrm{T}} \right) - n_1 \boldsymbol{m}_1 \boldsymbol{m}_1^{\mathrm{T}} \\
&= (\boldsymbol{K}^{c_1}) \left(\boldsymbol{I}_{n_1} - \frac{1}{n_1} \boldsymbol{1}_{n_1 \times n_1} \right) (\boldsymbol{K}^{c_1})^{\mathrm{T}}
\end{aligned} \tag{20.19}
$$

其中，$\boldsymbol{I}_{n_1}$ 是 $n_1 \times n_1$ 的单位矩阵，$\mathbf{1}_{n_1 \times n_1}$ 是 $n_1 \times n_1$ 的矩阵，其所有元素都是 1。

类似地，可得 $s_2^2 = \boldsymbol{a}^{\mathrm{T}} \boldsymbol{N}_2 \boldsymbol{a}$，其中：

$$\boldsymbol{N}_2 = (\boldsymbol{K}^{c_2}) \left(\boldsymbol{I}_{n_2} - \frac{1}{n_2} \mathbf{1}_{n_2 \times n_2} \right) (\boldsymbol{K}^{c_2})^{\mathrm{T}}$$

其中，$\boldsymbol{I}_{n_2}$ 是 $n_2 \times n_2$ 的单位矩阵，$\mathbf{1}_{n_2 \times n_2}$ 是 $n_2 \times n_2$ 的矩阵，其所有元素都是 1。

投影后的散度之和为

$$s_1^2 + s_2^2 = \boldsymbol{a}^{\mathrm{T}} (\boldsymbol{N}_1 + \boldsymbol{N}_2) \boldsymbol{a} = \boldsymbol{a}^{\mathrm{T}} \boldsymbol{N} \boldsymbol{a} \tag{20.20}$$

其中，$\boldsymbol{N}$ 是 $n \times n$ 的类内散度矩阵。

将式（20.18）和式（20.20）代入式（20.11），得到核 LDA 最大化条件：

$$\max_{\boldsymbol{w}} J(\boldsymbol{w}) = \max_{\boldsymbol{a}} J(\boldsymbol{a}) = \frac{\boldsymbol{a}^{\mathrm{T}} \boldsymbol{M} \boldsymbol{a}}{\boldsymbol{a}^{\mathrm{T}} \boldsymbol{N} \boldsymbol{a}} \tag{20.21}$$

注意，上面所有的表达式都只涉及核函数。权向量 $\boldsymbol{a}$ 是对应于以下泛化特征值问题的最大特征值的特征向量：

$$\boldsymbol{M}\boldsymbol{a} = \lambda_1 \boldsymbol{N} \boldsymbol{a} \tag{20.22}$$

如果 $\boldsymbol{N}$ 是非奇异的，则 $\boldsymbol{a}$ 是对应于如下系统的最大特征值的主特征向量：

$$(\boldsymbol{N}^{-1}\boldsymbol{M})\boldsymbol{a} = \lambda_1 \boldsymbol{a}$$

与线性判别分析的情况一样［见式（20.10）］，当只有两个类时，不必求解特征向量，因为 $\boldsymbol{a}$ 可以直接得到：

$$\boldsymbol{a} = \boldsymbol{N}^{-1} (\boldsymbol{m}_1 - \boldsymbol{m}_2)$$

一旦求得 $\boldsymbol{a}$，就将 $\boldsymbol{w}$ 归一化为单位向量，应满足以下条件：

$$\boldsymbol{w}^{\mathrm{T}} \boldsymbol{w} = 1$$

$$\sum_{i=1}^{n} \sum_{j=1}^{n} a_i a_j \phi(\boldsymbol{x}_i)^{\mathrm{T}} \phi(\boldsymbol{x}_j) = 1$$

$$\boldsymbol{a}^{\mathrm{T}} \boldsymbol{K} \boldsymbol{a} = 1$$

换言之，如果将 $\boldsymbol{a}$ 缩放 $\dfrac{1}{\sqrt{\boldsymbol{a}^{\mathrm{T}} \boldsymbol{K} \boldsymbol{a}}}$，那么可以确保 $\boldsymbol{w}$ 是一个单位向量。

最后，将任意点 $\boldsymbol{x}$ 投影到判别向量方向上，如下所示：

$$\boldsymbol{w}^{\mathrm{T}} \phi(\boldsymbol{x}) = \sum_{j=1}^{n} a_j \phi(\boldsymbol{x}_j)^{\mathrm{T}} \phi(\boldsymbol{x}) = \sum_{j=1}^{n} a_j K(\boldsymbol{x}_j, \boldsymbol{x}) \tag{20.23}$$

算法 20.2 给出了核判别分析的伪代码。该算法通过计算 $n \times n$ 的核矩阵 $\boldsymbol{K}$ 和对应的每个类 c_i 的 $n \times n_i$ 核矩阵 $\boldsymbol{K}^{c_i}$ 来进行。计算类间散度矩阵 $\boldsymbol{M}$ 和类内散度矩阵 $\boldsymbol{N}$ 之后，获得权重向量 $\boldsymbol{a}$，即 $\boldsymbol{N}^{-1}\boldsymbol{M}$ 的主特征向量。最后，缩放 $\boldsymbol{a}$，以便将 $\boldsymbol{w}$ 归一化为单位向量。核判别分析的复杂度为 $O(n^3)$，主要步骤为计算 $\boldsymbol{N}$ 和求解 $\boldsymbol{N}^{-1}\boldsymbol{M}$ 的主特征向量，两者都需要 $O(n^3)$ 的时间。

算法 20.2 核判别分析

```
KernelDiscriminant (D, K):
1 K ← {K(x_i, x_j)}_{i,j=1,…,n} // compute n × n kernel matrix
2 K^{c_i} ← {K(j,k) | y_k = c_i, 1 ≤ j,k ≤ n}, i = 1,2 // class kernel matrix
3 m_i ← (1/n_i) K^{c_i} 1_{n_i}, i = 1,2 // class means
4 M ← (m_1 − m_2)(m_1 − m_2)^T // between-class scatter matrix
5 N_i ← K^{c_i}(I_{n_i} − (1/n_i) 1_{n_i×n_i})(K^{c_i})^T, i = 1,2 // class scatter matrices
6 N ← N_1 + N_2 // within-class scatter matrix
7 λ_1, a ← eigen(N^{-1}M) // compute weight vector
8 a ← a / sqrt(a^T K a) // normalize w to be unit vector
```

例 20.4（核判别分析） 思考包含萼片长度和萼片宽度属性的二维鸢尾花数据集。图 20-3a 展示了将点投射到前两个主成分上的结果。这些点被分为两类：c_1（圆圈）对应 Iris-versicolor，c_2（三角形）对应其他两种鸢尾花，其中 $n_1 = 50$，$n_2 = 100$，一共有 $n = 150$ 个点。

因为 c_1 被 c_2 的点包围，所以找不到好的线性判别方向。但是，我们可以使用齐次二次核来应用核判别分析：

$$K(\boldsymbol{x}_i, \boldsymbol{x}_j) = (\boldsymbol{x}_i^{\mathrm{T}} \boldsymbol{x}_j)^2$$

通过式（20.22）求解 $\boldsymbol{a}$，得到：

$$\lambda_1 = 0.0511$$

但是此处没有显示 $\boldsymbol{a}$，因为它位于 $\mathbb{R}^{150}$ 中。图 20-3a 展示了最佳核判别式上投影的等值线。通过求解式（20.23）获得等值线，即对不同的标量值 c 求解 $\boldsymbol{w}^{\mathrm{T}}\phi(\boldsymbol{x}) = \sum_{j=1}^{n} a_j K(\boldsymbol{x}_j, \boldsymbol{x}) = c$。等值线是双曲线型的，因此围绕中心成对出现。例如，原点 $(0,0)^{\mathrm{T}}$ 左右两侧的第一条曲线是同一等值线，即两条曲线上的点在投影到 $\boldsymbol{w}$ 上时具有相同的值。可以看到，从中点数第四条开始的等值线都与类 c_2 相对应，而前面三条等值线主要对应类 c_1，这表示用齐次二次核可以很好地判别。

如图 20-3b 所示，当我们将所有点 $\boldsymbol{x}_i \in \boldsymbol{D}$ 投影到 $\boldsymbol{w}$ 上的情况绘制成图时，可以得出更清晰的结论。可以观察到，$\boldsymbol{w}$ 能够很好地将这两个类区分开，所有的圆圈 (c_1) 集中在坐标轴的左边，而三角形 (c_2) 分布在右边。投影均值以白色图标显示。两个类投影后的散度和均值如下：

$$m_1 = 0.338 \qquad m_2 = 4.476$$

$$s_1^2 = 13.862 \qquad s_2^2 = 320.934$$

$J(\boldsymbol{w})$ 的值如下：

$$J(\boldsymbol{w}) = \frac{(m_1 - m_2)^2}{s_1^2 + s_2^2} = \frac{(0.338 - 4.476)^2}{13.862 + 320.934} \approx \frac{17.123}{334.796} \approx 0.0511$$

正如所预期的，这与上面的 $\lambda_1 = 0.0511$ 一致。

通常来讲，我们不希望或不可能获得一个显式的判别向量 $\boldsymbol{w}$，因为它位于特征空间中。然而，由于输入空间中的每个点 $\boldsymbol{x}=(x_1,x_2)^{\mathrm{T}}\in\mathbb{R}^2$ 通过齐次二次核映射到特征空间中的点 $\phi(\boldsymbol{x})=(\sqrt{2}x_1x_2,x_1^2,x_2^2)^{\mathrm{T}}\in\mathbb{R}^3$，因此针对示例，可以对特征空间进行可视化，如图 20-4 所示。每个点 $\phi(\boldsymbol{x}_i)$ 在判别向量 $\boldsymbol{w}$ 的投影也在图中给出，其中：

$$\boldsymbol{w}=0.511x_1x_2+0.761x_1^2-0.4x_2^2$$

在 $\boldsymbol{w}$ 上的投影与图 20-3b 所示的一致。

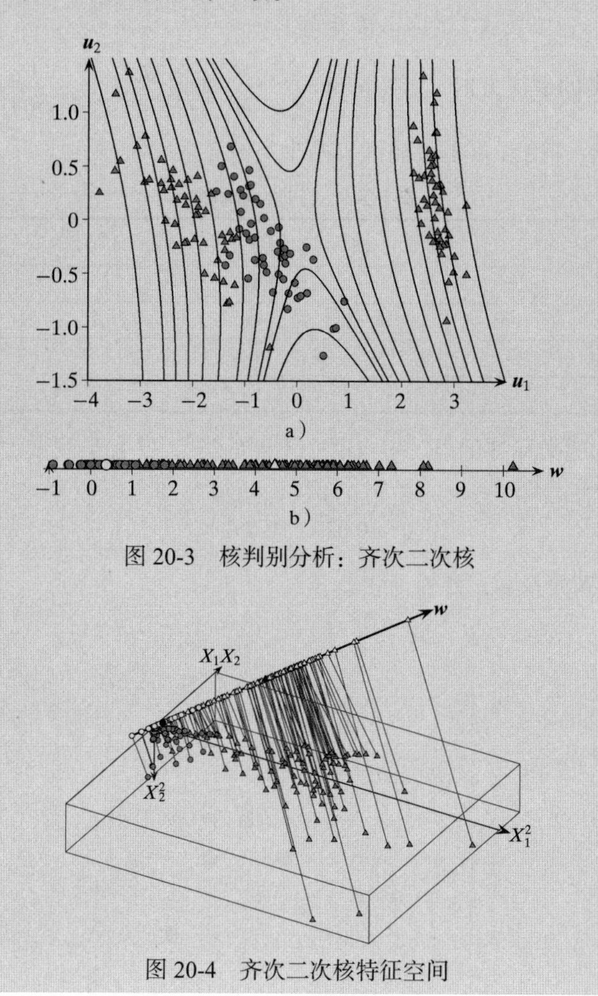

图 20-3 核判别分析：齐次二次核

图 20-4 齐次二次核特征空间

20.3 拓展阅读

文献（Fisher，1936）引入了线性判别分析。文献（Mika et al.，1999）提出了对核判别分析的扩展。关于 2 个类的 LDA 方法可以推广到 $k>2$ 个类，并通过找到最优的 $k-1$ 维子空间投影来区分 k 个类，有关详细信息请参见文献（Duda et al.，2012）。

Duda, R. O., Hart, P. E., and Stork, D. G. (2012). *Pattern Classification*. New York: Wiley-Interscience.

Fisher, R. A. (1936). The use of multiple measurements in taxonomic problems. *Annals of Eugenics*, 7 (2), 179–188.

Mika, S., Ratsch, G., Weston, J., Scholkopf, B., and Mullers, K. (1999). Fisher discriminant analysis with kernels. *Proceedings of the IEEE Neural Networks for Signal Processing Workshop*. IEEE, pp. 41–48.

20.4　练习

Q1. 思考表 20-1 所示的数据集。回答以下问题：

(a) 计算 $\boldsymbol{\mu}_{+1}$ 和 $\boldsymbol{\mu}_{-1}$，以及 $\boldsymbol{B}$（类间散度矩阵）。

(b) 计算 $\boldsymbol{S}_{+1}$ 和 $\boldsymbol{S}_{-1}$，以及 $\boldsymbol{S}$（类内散度矩阵）。

(c) 找出区分各类的最优方向 $\boldsymbol{w}$。矩阵 $\boldsymbol{A}=\begin{pmatrix} a & b \\ c & d \end{pmatrix}$ 的逆为 $\boldsymbol{A}^{-1}=\dfrac{1}{\det(\boldsymbol{A})}\begin{pmatrix} d & -b \\ -c & a \end{pmatrix}$。

(d) 找到方向 $\boldsymbol{w}$ 后，找出 $\boldsymbol{w}$ 上最能区分两个类的点。

表 20-1　Q1 的数据集

i	$\boldsymbol{x}_i^{\mathrm{T}}$	y_i
$\boldsymbol{x}_1^{\mathrm{T}}$	(4, 2.9)	1
$\boldsymbol{x}_2^{\mathrm{T}}$	(3.5, 4)	1
$\boldsymbol{x}_3^{\mathrm{T}}$	(2.5, 1)	−1
$\boldsymbol{x}_4^{\mathrm{T}}$	(2, 2.1)	−1

Q2. 给定图 20-5 所示的带标签的点（来自两个不同的类），并且类间散度矩阵的逆为

$$\begin{pmatrix} 0.056 & -0.029 \\ -0.029 & 0.052 \end{pmatrix}$$

找到最佳线性判别向量 $\boldsymbol{w}$，并画出它。

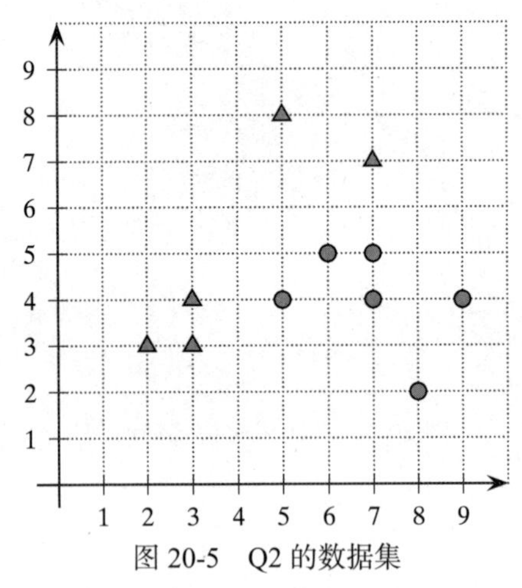

图 20-5　Q2 的数据集

Q3. 通过明确考虑约束 $\boldsymbol{w}^{\mathrm{T}}\boldsymbol{w}=1$，即针对该约束使用一个拉格朗日乘子，使得式（20.7）中的目标最大化。

Q4. 证明式（20.19）的等式成立，即：

$$\boldsymbol{N}_1=\left(\sum_{\boldsymbol{x}_i\in\boldsymbol{D}_1}\boldsymbol{K}_i\boldsymbol{K}_i^{\mathrm{T}}\right)-n_1\boldsymbol{m}_1\boldsymbol{m}_1^{\mathrm{T}}=(\boldsymbol{K}^{c_1})(\boldsymbol{I}_{n_1}-\frac{1}{n_1}\mathbf{1}_{n_1\times n_1})(\boldsymbol{K}^{c_1})^{\mathrm{T}}$$

支持向量机

本章介绍支持向量机（Support Vector Machine，SVM），它是一种基于最大间隔线性判别（maximum margin linear discriminant）的分类方法，它的目标是找到最优超平面，使得该超平面能够使类之间的间隔（margin）最大化。此外，利用核技巧可以寻找最优的类间非线性决策边界，它对应于某个高维“非线性”空间中的一个超平面。

21.1 支持向量和间隔

设 $\boldsymbol{D}$ 是一个分类数据集，包含 d 维空间中的 n 个点。此外，假设一共只有两种类标签，即 $y_i \in \{+1,-1\}$，分别表示正类和负类。

1. 超平面

回想 6.1 节，d 维空间中的超平面定义为满足方程式 $h(\boldsymbol{x})=0$ 的所有点 $\boldsymbol{x}\in\mathbb{R}^d$ 的集合，其中 $h(\boldsymbol{x})$ 是*超平面函数*，定义如下：

$$h(\boldsymbol{x}) = \boldsymbol{w}^{\mathrm{T}}\boldsymbol{x} + b = w_1x_1 + w_2x_2 + \cdots + w_dx_d + b \tag{21.1}$$

这里，$\boldsymbol{w}$ 是 d 维权向量，b 是标量，称为偏差（bias）。对于超平面上的点，我们有：

$$h(\boldsymbol{x}) = \boldsymbol{w}^{\mathrm{T}}\boldsymbol{x} + b = 0 \tag{21.2}$$

因此，超平面被定义为满足 $\boldsymbol{w}^{\mathrm{T}}\boldsymbol{x}=-b$ 的所有点的集合。

此外，权向量 $\boldsymbol{w}$ 与超平面正交，而 $-\dfrac{b}{w_i}$ 指定超平面与第 i 维相交的偏差量（前提是 $w_i\neq 0$）。换句话说，权向量 $\boldsymbol{w}$ 指定了垂直于超平面的方向，该方向固定了超平面的方向，而偏差量 b 固定了超平面在 d 维空间中的偏差。

2. 分割超平面

一个超平面将原始的 d 维空间分割成两个半空间。如果每个半空间只有一种类的点，则称数据集是线性可分的。如果输入数据集是线性可分的，那么可以找到一个分割超平面 $h(\boldsymbol{x})=0$，对于所有标签为 $y_i=-1$ 的点，都有 $h(\boldsymbol{x}_i)<0$，并且对于所有标签为 $y_i=+1$ 的点，都有 $h(\boldsymbol{x}_i)>0$。事实上，超平面函数 $h(\boldsymbol{x})$ 用作线性分类器或线性判别式，它根据如下决策规则预测了给定点 $\boldsymbol{x}$ 的类 y：

$$y = \begin{cases} +1, & h(\boldsymbol{x}) > 0 \\ -1, & h(\boldsymbol{x}) < 0 \end{cases} \tag{21.3}$$

注意，由于 $\boldsymbol{w}$ 和 $-\boldsymbol{w}$ 都垂直于超平面，因此当 $y_i=1$ 时，$h(\boldsymbol{x}_i)>0$，当 $y_i=-1$ 时，$h(\boldsymbol{x}_i)>0$。

3. 点到超平面的距离

思考一个不在超平面上的点 $\boldsymbol{x}\in\mathbb{R}^d$。如图 21-1 所示，设 $\boldsymbol{x}_p$ 为 $\boldsymbol{x}$ 在超平面上的正交投影，$\boldsymbol{r}=\boldsymbol{x}-\boldsymbol{x}_p$，可以把 $\boldsymbol{x}$ 写为

$$\begin{aligned}\boldsymbol{x} &= \boldsymbol{x}_p + \boldsymbol{r} \\ \boldsymbol{x} &= \boldsymbol{x}_p + r\frac{\boldsymbol{w}}{\|\boldsymbol{w}\|}\end{aligned} \tag{21.4}$$

其中，r 是点 $\boldsymbol{x}$ 到 $\boldsymbol{x}_p$ 的直接距离（directed distance），即 r 给出了 $\boldsymbol{x}$ 距离 $\boldsymbol{x}_p$ 有多少个单位权向量 $\frac{\boldsymbol{w}}{\|\boldsymbol{w}\|}$。如果 $\boldsymbol{r}$ 与 $\boldsymbol{w}$ 在同一方向上，则偏差量 r 为正；如果 $\boldsymbol{r}$ 与 $\boldsymbol{w}$ 在相反方向上，则偏差量 r 为负。

将式（21.4）代入超平面函数 [见式（21.1）]，得到：

$$\begin{aligned}h(\boldsymbol{x}) &= h\left(\boldsymbol{x}_p + r\frac{\boldsymbol{w}}{\|\boldsymbol{w}\|}\right) \\ &= \boldsymbol{w}^{\mathrm{T}}\left(\boldsymbol{x}_p + r\frac{\boldsymbol{w}}{\|\boldsymbol{w}\|}\right) + b \\ &= \underbrace{\boldsymbol{w}^{\mathrm{T}}\boldsymbol{x}_p + b}_{h(\boldsymbol{x}_p)} + r\frac{\boldsymbol{w}^{\mathrm{T}}\boldsymbol{w}}{\|\boldsymbol{w}\|} \\ &= \underbrace{h(\boldsymbol{x}_p)}_{0} + r\|\boldsymbol{w}\| \\ &= r\|\boldsymbol{w}\|\end{aligned}$$

最后一步的依据是 $h(\boldsymbol{x}_p)=0$，因为 $\boldsymbol{x}_p$ 位于超平面。利用上述结果，可得点到超平面的直接距离的表达式：

$$r = \frac{h(\boldsymbol{x})}{\|\boldsymbol{w}\|}$$

为了获得非负的距离，我们可以方便地用点的类标签 y 乘以 r，因为当 $h(\boldsymbol{x})<0$ 时，类是 -1，当 $h(\boldsymbol{x})>0$ 时，类是 $+1$。因此，点 $\boldsymbol{x}$ 与超平面 $h(\boldsymbol{x})=0$ 的距离为

$$\delta = y\,r = \frac{y\,h(\boldsymbol{x})}{\|\boldsymbol{w}\|} \tag{21.5}$$

特别地，对于原点 $\boldsymbol{x}=\boldsymbol{0}$，直接距离为

$$r = \frac{h(\boldsymbol{0})}{\|\boldsymbol{w}\|} = \frac{\boldsymbol{w}^{\mathrm{T}}\boldsymbol{0}+b}{\|\boldsymbol{w}\|} = \frac{b}{\|\boldsymbol{w}\|}$$

如图 21-1 所示。

例 21.1　思考图 21-1 所示的例子。在这个二维例子中，超平面是一条直线，定义为满足以下等式的所有点 $\boldsymbol{x}=(x_1,x_2)^{\mathrm{T}}$ 的集合：

$$h(\boldsymbol{x}) = \boldsymbol{w}^{\mathrm{T}}\boldsymbol{x} + b = w_1x_1 + w_2x_2 + b = 0$$

重新排列，得到：

$$x_2 = -\frac{w_1}{w_2}x_1 - \frac{b}{w_2}$$

其中，$-\frac{w_1}{w_2}$是直线的斜率，$-\frac{b}{w_2}$是沿第二维度的截距。

思考超平面上的任意两点，例如$\boldsymbol{p}=(p_1, p_2)=(4,0)$，$\boldsymbol{q}=(q_1, q_2)=(2,5)$，其斜率如下：

$$-\frac{w_1}{w_2}=\frac{q_2-p_2}{q_1-p_1}=\frac{5-0}{2-4}=-\frac{5}{2}$$

这意味着$w_1=5$，$w_2=2$。给定超平面上的任意点，例如（4,0），我们可以直接计算偏差b，如下所示：

$$b=-5x_1-2x_2=-5\times4-2\times0=-20$$

因此，$\boldsymbol{w}=\begin{pmatrix}5\\2\end{pmatrix}$是权向量，$b=-20$是偏差，超平面的公式为

$$h(\boldsymbol{x})=\boldsymbol{w}^{\mathrm{T}}\boldsymbol{x}+b=\begin{pmatrix}5 & 2\end{pmatrix}\begin{pmatrix}x_1\\x_2\end{pmatrix}-20=0$$

我们可以验证，原点$\mathbf{0}$到超平面的距离为

$$\delta=y\,r=-1\,r=\frac{-b}{\|\boldsymbol{w}\|}=\frac{-(-20)}{\sqrt{29}}=3.71$$

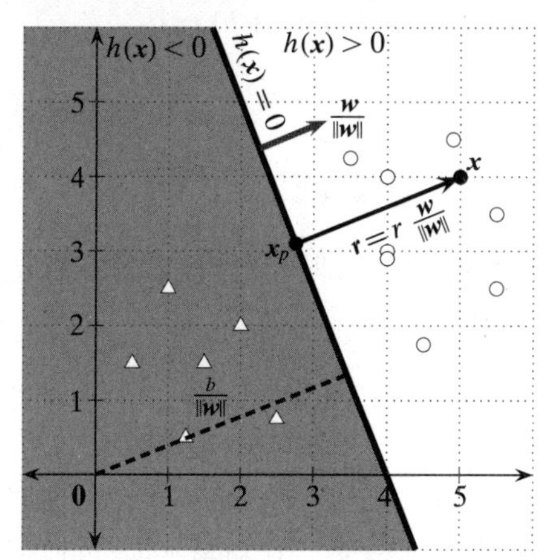

图 21-1　二维分割超平面。标签为+1 的点显示为圆圈，标签为−1 的点显示为三角形。超平面$h(\boldsymbol{x})=0$将空间分成两个半空间。阴影区域包含满足$h(\boldsymbol{x})<0$的所有点$\boldsymbol{x}$，而无阴影区域包含满足$h(\boldsymbol{x})>0$的所有点。单位权向量$\frac{\boldsymbol{w}}{\|\boldsymbol{w}\|}$与超平面垂直。原点到超平面的直接距离是$\frac{b}{\|\boldsymbol{w}\|}$

4. 超平面的间隔和支持向量

给定一个带标签的训练数据集$\boldsymbol{D}=\{\boldsymbol{x}_i^{\mathrm{T}},y_i\}_{i=1}^{n}$，$y_i\in\{+1,1\}$，并且给定一个分割超平面$h(\boldsymbol{x})=0$。对于每个点$\boldsymbol{x}_i$，通过式（21.5）找到其到超平面的距离：

$$\delta_i=\frac{y_i\,h(\boldsymbol{x}_i)}{\|\boldsymbol{w}\|}=\frac{y_i(\boldsymbol{w}^{\mathrm{T}}\boldsymbol{x}_i+b)}{\|\boldsymbol{w}\|}$$

在所有的n个点上，我们将线性分类器的间隔（margin）定义为点到分割超平面的最小

距离，如下所示：

$$\delta^* = \min_{\boldsymbol{x}_i} \left\{ \frac{y_i(\boldsymbol{w}^{\mathrm{T}}\boldsymbol{x}_i + b)}{\|\boldsymbol{w}\|} \right\} \tag{21.6}$$

注意 $\delta^* \neq 0$，因为 $h(\boldsymbol{x})$ 为分割超平面，必须满足式（21.3）。

所有达到这个最小距离的点（或向量）称为超平面的支持向量。换句话说，支持向量 $\boldsymbol{x}^*$ 是精确地位于分类器间隔上的点，因此满足条件：

$$\delta^* = \frac{y^*(\boldsymbol{w}^{\mathrm{T}}\boldsymbol{x}^* + b)}{\|\boldsymbol{w}\|}$$

其中，y^* 是 $\boldsymbol{x}^*$ 的类标签。分子 $y^*(\boldsymbol{w}^{\mathrm{T}}\boldsymbol{x}^* + b)$ 表示支持向量到超平面的绝对距离，而分母 $\|\boldsymbol{w}\|$ 表示支持向量到超平面的相对距离。

5. 典型超平面

思考超平面的公式［见式（21.2）］。两边同时乘以某个标量 s，可以得到一个等价超平面：

$$s\,h(\boldsymbol{x}) = s\,\boldsymbol{w}^{\mathrm{T}}\boldsymbol{x} + s\,b = (s\boldsymbol{w})^{\mathrm{T}}\boldsymbol{x} + (sb) = 0$$

为了得到唯一的或典型（canonical）的超平面，选择合适的标量 s，使得支持向量到超平面的绝对距离为 1，即：

$$sy^*(\boldsymbol{w}^{\mathrm{T}}\boldsymbol{x}^* + b) = 1$$

这意味着：

$$s = \frac{1}{y^*(\boldsymbol{w}^{\mathrm{T}}\boldsymbol{x}^* + b)} = \frac{1}{y^* h(\boldsymbol{x}^*)} \tag{21.7}$$

因此，假设分割超平面都是典型的。即对其进行适当的缩放，便可使对于给定的支持向量 $\boldsymbol{x}^*$，有 $y^*h(\boldsymbol{x}_i^*)=1$，并且间隔为

$$\delta^* = \frac{y^* h(\boldsymbol{x}^*)}{\|\boldsymbol{w}\|} = \frac{1}{\|\boldsymbol{w}\|}$$

对于典型超平面，对于每个支持向量 $\boldsymbol{x}_i^*$（类标签为 y_i^*），都有 $y_i^*h(\boldsymbol{x}_i^*)=1$；对于不是支持向量的点，都有 $y_ih(\boldsymbol{x}_i)>1$，因为根据定义，它和超平面之间的距离一定远远大于支持向量和超平面之间的距离。因此，对于数据集 $\boldsymbol{D}$ 中的 n 个点，得到以下不等式集合：

$$y_i\,(\boldsymbol{w}^{\mathrm{T}}\boldsymbol{x}_i + b) \geqslant 1,\ \boldsymbol{x}_i \in \boldsymbol{D} \tag{21.8}$$

例 21.2 图 21-2 给出了超平面的支持向量和间隔的示例。分割超平面的公式为

$$h(\boldsymbol{x}) = \begin{pmatrix} 5 \\ 2 \end{pmatrix}^{\mathrm{T}} \boldsymbol{x} - 20 = 0$$

思考类标签为 $y^*=-1$ 的支持向量 $\boldsymbol{x}^*=(2,2)^{\mathrm{T}}$。为了找到典型超平面公式，必须通过标量 s［式（21.7）］重新缩放权向量和偏差：

$$s = \frac{1}{y^* h(\boldsymbol{x}^*)} = \frac{1}{-1\left(\begin{pmatrix} 5 \\ 2 \end{pmatrix}^{\mathrm{T}} \begin{pmatrix} 2 \\ 2 \end{pmatrix} - 20\right)} = \frac{1}{6}$$

因此，缩放后的权向量为

$$w=\frac{1}{6}\begin{pmatrix}5\\2\end{pmatrix}=\begin{pmatrix}5/6\\2/6\end{pmatrix}$$

缩放后的偏差为

$$b=\frac{-20}{6}$$

因此，典型超平面为

$$h(\boldsymbol{x})=\begin{pmatrix}5/6\\2/6\end{pmatrix}^{\mathrm{T}}\boldsymbol{x}-20/6=\begin{pmatrix}0.833\\0.333\end{pmatrix}^{\mathrm{T}}\boldsymbol{x}-3.33$$

典型超平面的间隔为

$$\delta^*=\frac{y^*h(\boldsymbol{x}^*)}{\|\boldsymbol{w}\|}=\frac{1}{\sqrt{\left(\frac{5}{6}\right)^2+\left(\frac{2}{6}\right)^2}}=\frac{6}{\sqrt{29}}\approx 1.114$$

在这个例子中，有 5 个支持向量（显示为阴影点），即类为 $y=-1$ 的 $(2,2)^{\mathrm{T}}$ 和 $(2.5,0.75)^{\mathrm{T}}$（显示为三角形），以及类为 $y=+1$ 的 $(3.5,4.25)^{\mathrm{T}}$、$(4,3)^{\mathrm{T}}$ 和 $(4.5,1.75)^{\mathrm{T}}$（显示为圆圈），如图 21-2 所示。

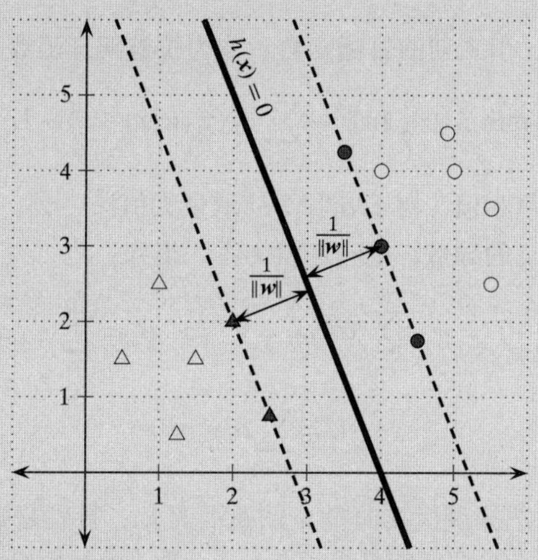

图 21-2　分割超平面的间隔：$\frac{1}{\|\boldsymbol{w}\|}$ 是间隔，阴影点是支持向量

21.2　SVM：线性可分的情况

给定数据集 $\boldsymbol{D}=\{\boldsymbol{x}_i^{\mathrm{T}},y_i\}_{i=1}^n$，其中 $\boldsymbol{x}_i\in\mathbb{R}^d$，$y_i\in\{+1,1\}$。假设这些点是线性可分的，即存在一个分割超平面能够完美地区分每个点的类。换句话说，所有标签为 $y_i=+1$ 的点位于超平面的一侧 $[h(\boldsymbol{x})>0]$，所有标签为 $y_i=-1$ 的点位于超平面的另一侧 $[h(\boldsymbol{x})<0]$。很明显，在线性可分的情况下，实际上有无穷多个这样的分割超平面。我们应该选哪一个？

1. 最大间隔超平面

SVM 的基本思想是选择由权向量 $\boldsymbol{w}$ 和偏移 b 指定的典型超平面，使得它的间隔在所有可能的分割超平面中最大。如果 δ_h^* 表示超平面 $h(\boldsymbol{x})=0$ 的间隔，则我们的目标是找到最优超平面 h^*：

$$h^* = \arg\max_h \{\delta_h^*\} = \arg\max_{\boldsymbol{w},b} \left\{ \frac{1}{\|\boldsymbol{w}\|} \right\}$$

SVM 的任务是寻找最大化间隔 $\frac{1}{\|\boldsymbol{w}\|}$ 的超平面，使其满足式（21.8）中给出的 n 个约束，即 $y_i(\boldsymbol{w}^{\mathrm{T}}\boldsymbol{x}_i) \geqslant 1 (\boldsymbol{x}_i \in \boldsymbol{D})$ 。注意，最大限度地提高间隔便可最小化 $\|\boldsymbol{w}\|$。实际上，我们可以得到等价的最小化公式，如下所示：

$$\begin{aligned} &\text{目标函数：} \min_{\boldsymbol{w},b} \left\{ \frac{\|\boldsymbol{w}\|^2}{2} \right\} \\ &\text{线性约束：} y_i\,(\boldsymbol{w}^{\mathrm{T}}\boldsymbol{x}_i + b) \geqslant 1,\ \forall \boldsymbol{x}_i \in \boldsymbol{D} \end{aligned} \tag{21.9}$$

使用标准优化算法可以直接解决上述包含 n 个线性约束的原始（primal）凸最小化问题，如 21.5 节所述。然而，求解对偶问题（dual problem）更为常见，这可以使用拉格朗日乘子得到的。其主要思想是为每个约束引入一个拉格朗日乘子 α_i ，在最优解处满足 Karush–Kuhn–Tucker（KKT）条件：

$$\begin{aligned} \alpha_i\,(y_i(\boldsymbol{w}^{\mathrm{T}}\boldsymbol{x}_i + b) - 1) &= 0 \\ \alpha_i &\geqslant 0 \end{aligned}$$

结合所有的 n 个约束，引入新的目标函数，称为拉格朗日函数（Lagrangian）：

$$\min L = \frac{1}{2}\|\boldsymbol{w}\|^2 - \sum_{i=1}^{n} \alpha_i\,(y_i(\boldsymbol{w}^{\mathrm{T}}\boldsymbol{x}_i + b) - 1) \tag{21.10}$$

对于 $\boldsymbol{w}$ 和 b ，L 应取最小值，对于 α_i ，L 应取最大值。

分别对 L 求关于 $\boldsymbol{w}$ 和 b 的导数，把它们设为零，得到：

$$\frac{\partial}{\partial \boldsymbol{w}} L = \boldsymbol{w} - \sum_{i=1}^{n} \alpha_i y_i \boldsymbol{x}_i = \boldsymbol{0} \quad \Rightarrow \quad \boldsymbol{w} = \sum_{i=1}^{n} \alpha_i y_i \boldsymbol{x}_i \tag{21.11}$$

$$\frac{\partial}{\partial b} L = \sum_{i=1}^{n} \alpha_i y_i = 0 \tag{21.12}$$

上述方程给出了关于选择最优权向量 $\boldsymbol{w}$ 的重要直觉，特别是式（21.11）表示 $\boldsymbol{w}$ 可以表示为数据点 $\boldsymbol{x}_i$ 的线性组合，与拉格朗日乘子 $\alpha_i y_i$（系数）的线性组合。此外，式（21.12）表示有符号的拉格朗日乘子 $\alpha_i y_i$ 的和必须为 0。

将这些代入式（21.10）中，可以得到对偶拉格朗日目标函数，该函数仅用拉格朗日乘子表示：

$$\begin{aligned} L_{\text{dual}} &= \frac{1}{2}\boldsymbol{w}^{\mathrm{T}}\boldsymbol{w} - \boldsymbol{w}^{\mathrm{T}} \underbrace{\left(\sum_{i=1}^{n} \alpha_i y_i \boldsymbol{x}_i \right)}_{\boldsymbol{w}} - b \underbrace{\sum_{i=1}^{n} \alpha_i y_i}_{0} + \sum_{i=1}^{n} \alpha_i \\ &= -\frac{1}{2}\boldsymbol{w}^{\mathrm{T}}\boldsymbol{w} + \sum_{i=1}^{n} \alpha_i \\ &= \sum_{i=1}^{n} \alpha_i - \frac{1}{2} \sum_{i=1}^{n} \sum_{j=1}^{n} \alpha_i \alpha_j y_i y_j \boldsymbol{x}_i^{\mathrm{T}} \boldsymbol{x}_j \end{aligned}$$

因此，对偶目标函数如下：

$$\begin{aligned}&\text{目标函数：}\max_{\boldsymbol{\alpha}}\ L_{\text{dual}}=\sum_{i=1}^{n}\alpha_i-\frac{1}{2}\sum_{i=1}^{n}\sum_{j=1}^{n}\alpha_i\alpha_j y_i y_j \boldsymbol{x}_i^{\mathrm{T}}\boldsymbol{x}_j\\&\text{线性约束：}\alpha_i\geqslant 0,\ \forall i\in\boldsymbol{D},\ \sum_{i=1}^{n}\alpha_i y_i=0\end{aligned}\tag{21.13}$$

其中，$\boldsymbol{\alpha}=(\alpha_1,\alpha_2,\cdots,\alpha_n)^{\mathrm{T}}$ 是包含拉格朗日乘子的向量。L_{dual} 是一个凸二次规划问题（注意 $\alpha_i\alpha_j$ 项），可以使用标准优化技术来解决。基于梯度的对偶目标函数求解参见 21.5 节。

2. 权向量和偏差

一旦得到 $a_i\ (i=1,\cdots,n)$ 值，就可以求解权向量 $\boldsymbol{w}$ 和偏差 b。注意，根据 KKT 条件，有：

$$\alpha_i\,(y_i(\boldsymbol{w}^{\mathrm{T}}\boldsymbol{x}_i+b)-1)=0$$

由此产生两种情况：

（1）$\alpha_i=0$；

（2）$y_i(\boldsymbol{w}^{\mathrm{T}}\boldsymbol{x}_i+b)-1=0$, 即 $y_i(\boldsymbol{w}^{\mathrm{T}}\boldsymbol{x}_i+b)=1$。

这是一个非常重要的结果，如果 $\alpha_i>0$，则 $y_i(\boldsymbol{w}^{\mathrm{T}}\boldsymbol{x}_i+b)=1$，因此点 $\boldsymbol{x}_i$ 必须是支持向量。此外，如果 $y_i(\boldsymbol{w}^{\mathrm{T}}\boldsymbol{x}_i+b)>1$，则 $\alpha_i=0$，即如果点不是支持向量，那么 $\alpha_i=0$。

一旦知道所有点的 α_i，便可使用式（21.11）计算权向量 $\boldsymbol{w}$，但只对支持向量求和：

$$\boldsymbol{w}=\sum_{\alpha_i>0}\alpha_i y_i\boldsymbol{x}_i\tag{21.14}$$

换句话说，$\boldsymbol{w}$ 是支持向量的线性组合，$\alpha_i y_i$ 表示权重。其余的点（$\alpha_i=0$）不是支持向量，因此与 $\boldsymbol{w}$ 无关。

为了计算偏差 b，首先计算每个支持向量的解 b_i，如下所示：

$$\begin{aligned}&\alpha_i\,(y_i(\boldsymbol{w}^{\mathrm{T}}\boldsymbol{x}_i+b_i)-1)=0\\&y_i(\boldsymbol{w}^{\mathrm{T}}\boldsymbol{x}_i+b_i)=1\\&b_i=\frac{1}{y_i}-\boldsymbol{w}^{\mathrm{T}}\boldsymbol{x}_i=y_i-\boldsymbol{w}^{\mathrm{T}}\boldsymbol{x}_i\end{aligned}\tag{21.15}$$

然后计算所有支持向量对应的解的平均值 b：

$$b=\underset{\alpha_i>0}{\operatorname{avg}}\{b_i\}\tag{21.16}$$

3. SVM 分类器

给定最优超平面函数 $h(\boldsymbol{x})=\boldsymbol{w}^{\mathrm{T}}\boldsymbol{x}+b$，对于点 $\boldsymbol{z}$，我们可以预测其类为

$$\hat{y}=\operatorname{sign}(h(\boldsymbol{z}))=\operatorname{sign}(\boldsymbol{w}^{\mathrm{T}}\boldsymbol{z}+b)\tag{21.17}$$

其中，$\operatorname{sign}(\cdot)$ 在参数为正时返回 +1，在参数为负时返回 −1。

例 21.3 继续使用图 21-2 所示的示例数据集。该数据集一共有 14 个点，如表 21-1 所示。

求解 L_{dual} 二次规划得到的非零拉格朗日乘子决定了支持向量：

$\boldsymbol{x}_i^{\mathrm{T}}$	x_{i1}	x_{i2}	y_i	α_i
$\boldsymbol{x}_1^{\mathrm{T}}$	3.5	4.25	+1	0.0437
$\boldsymbol{x}_2^{\mathrm{T}}$	4	3	+1	0.2162
$\boldsymbol{x}_4^{\mathrm{T}}$	4.5	1.75	+1	0.1427
$\boldsymbol{x}_{13}^{\mathrm{T}}$	2	2	−1	0.3589
$\boldsymbol{x}_{14}^{\mathrm{T}}$	2.5	0.75	−1	0.0437

所有其他点都有 $\alpha_i = 0$，因此它们不是支持向量。使用式（21.14）计算超平面的权向量：

$$
\begin{aligned}
\boldsymbol{w} &= \sum_{\alpha_i > 0} \alpha_i y_i \boldsymbol{x}_i \\
&= 0.0437\begin{pmatrix}3.5\\4.25\end{pmatrix} + 0.2162\begin{pmatrix}4\\3\end{pmatrix} + 0.1427\begin{pmatrix}4.5\\1.75\end{pmatrix} - 0.3589\begin{pmatrix}2\\2\end{pmatrix} - 0.0437\begin{pmatrix}2.5\\0.75\end{pmatrix} \\
&\approx \begin{pmatrix}0.833\\0.334\end{pmatrix}
\end{aligned}
$$

最终偏差是使用式（21.15）从每个支持向量获得的偏差的平均值：

$\boldsymbol{x}_i$	$\boldsymbol{w}^{\mathrm{T}}\boldsymbol{x}_i$	$b_i = y_i - \boldsymbol{w}^{\mathrm{T}}\boldsymbol{x}_i$
$\boldsymbol{x}_1$	4.332	−3.332
$\boldsymbol{x}_2$	4.331	−3.331
$\boldsymbol{x}_4$	4.331	−3.331
$\boldsymbol{x}_{13}$	2.333	−3.333
$\boldsymbol{x}_{14}$	2.332	−3.332
$b = \mathrm{avg}\{b_i\}$		−3.332

因此，最优超平面为

$$
h(\boldsymbol{x}) = \begin{pmatrix}0.833\\0.334\end{pmatrix}^{\mathrm{T}} \boldsymbol{x} - 3.332 = 0
$$

这与例 21.2 中的典型超平面一致。

表 21-1　与图 21-2 相对应的数据集

$\boldsymbol{x}_i^{\mathrm{T}}$	x_{i1}	x_{i2}	y_i
$\boldsymbol{x}_1^{\mathrm{T}}$	3.5	4.25	+1
$\boldsymbol{x}_2^{\mathrm{T}}$	4	3	+1
$\boldsymbol{x}_3^{\mathrm{T}}$	4	4	+1
$\boldsymbol{x}_4^{\mathrm{T}}$	4.5	1.75	+1
$\boldsymbol{x}_5^{\mathrm{T}}$	4.9	4.5	+1
$\boldsymbol{x}_6^{\mathrm{T}}$	5	4	+1
$\boldsymbol{x}_7^{\mathrm{T}}$	5.5	2.5	+1
$\boldsymbol{x}_8^{\mathrm{T}}$	5.5	3.5	+1
$\boldsymbol{x}_9^{\mathrm{T}}$	0.5	1.5	−1
$\boldsymbol{x}_{10}^{\mathrm{T}}$	1	2.5	−1
$\boldsymbol{x}_{11}^{\mathrm{T}}$	1.25	0.5	−1
$\boldsymbol{x}_{12}^{\mathrm{T}}$	1.5	1.5	−1
$\boldsymbol{x}_{13}^{\mathrm{T}}$	2	2	−1
$\boldsymbol{x}_{14}^{\mathrm{T}}$	2.5	0.75	−1

21.3　软间隔 SVM：线性不可分的情况

到目前为止，我们都假设数据集是完全线性可分的。在这里，我们考虑这样一种情况，即各类之间在某种程度上重叠，因此无法完美地分开各类，如图 21-3 所示。

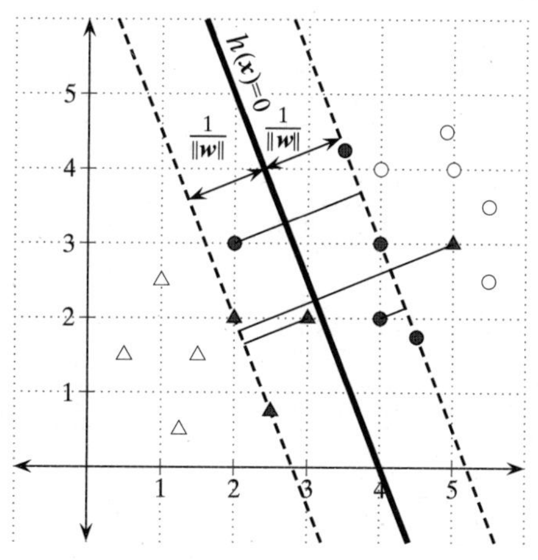

图 21-3　软间隔超平面：阴影点是支持向量，间隔是 $\frac{1}{\|\boldsymbol{w}\|}$，细黑线表示具有正松弛值的点

若点是线性可分的，我们可以找到一个分割超平面，使所有点满足条件 $y_i(\boldsymbol{w}^{\mathrm{T}}\boldsymbol{x}_i+b)\geqslant 1$。SVM 可以通过在式（21.8）中引入松弛变量（slack variable）ξ_i 来处理不可分点，如下所示：

$$y_i(\boldsymbol{w}^{\mathrm{T}}\boldsymbol{x}_i+b)\geqslant 1-\xi_i \tag{21.18}$$

其中，$\xi_i\geqslant 0$ 是点 $\boldsymbol{x}_i$ 的松弛变量，它指示这个点违反线性可分条件的程度，即这个点可能不再是距离超平面至少 $1/\|\boldsymbol{w}\|$ 的了。松弛值可以表示以下三类点。如果 $\xi_i=0$，则对应的点 $\boldsymbol{x}_i$ 至少距离超平面 $\frac{1}{\|\boldsymbol{w}\|}$。如果 $0<\xi_i<1$，则该点在间隔内并且仍然能正确分类，即它正确地处在超平面的一侧。如果 $\xi_i\geqslant 1$，则该点被错误分类，并错误地出现在超平面的另一侧。

在不可分的情况，又称为软间隔（soft margin）情况下，SVM 分类的目标是找到具有最大化间隔的超平面，该超平面同时使松弛项最小化。新的目标函数如下：

$$\begin{aligned}&\text{目标函数：}\min_{\boldsymbol{w},b,\xi_i}\left\{\frac{\|\boldsymbol{w}\|^2}{2}+C\sum_{i=1}^{n}(\xi_i)^k\right\}\\&\text{线性约束：}y_i\,(\boldsymbol{w}^{\mathrm{T}}\boldsymbol{x}_i+b)\geqslant 1-\xi_i,\ \forall\boldsymbol{x}_i\in\boldsymbol{D}\\&\xi_i\geqslant 0\ \forall\boldsymbol{x}_i\in\boldsymbol{D}\end{aligned} \tag{21.19}$$

其中，C 和 k 是包含错误分类成本的常量。项 $\sum_{i=1}^{n}(\xi_i)^k$ 给出了误损（loss），即对可分情况偏差的估计。根据经验选择的标量 $C\geqslant 0$ 是一个正则化常数，用于平衡最大化间隔（对应于最小化 $\frac{\|\boldsymbol{w}\|^2}{2}$）和最小化误损（对应于最小化松弛项之和 $\sum_{i=1}^{n}(\xi_i)^k$）。例如，如果 $C\to 0$，则误损分量基本消失，目标默认为最大化间隔。此外，如果 $C\to\infty$，则间隔不再有太大的影响，目标为使误损最小化。常量 $k>0$ 决定了误损的形式。通常 k 设置为 1 或 2。当 $k=1$（称为铰链误损）时，目标是最小化松弛变量的和，而当 $k=2$（称为二次误损）时，目标是最小化松弛变量的平方之和。

21.3.1 铰链误损

假设 $k=1$，引入拉格朗日乘子 α_i 和 β_i 来计算式（21.19）中优化问题的拉格朗日函数，其中引入的拉格朗日乘子在最优解处满足如下 KTT 条件：

$$\begin{aligned} \alpha_i\,(y_i(\boldsymbol{w}^{\mathrm{T}}\boldsymbol{x}_i+b)-1+\xi_i)=0\ ,\alpha_i\geqslant 0 \\ \beta_i(\xi_i-0)=0\ ,\beta_i\geqslant 0 \end{aligned} \tag{21.20}$$

拉格朗日函数表示为

$$L=\frac{1}{2}\|\boldsymbol{w}\|^2+C\sum_{i=1}^{n}\xi_i-\sum_{i=1}^{n}\alpha_i\,(y_i(\boldsymbol{w}^{\mathrm{T}}\boldsymbol{x}_i+b)-1+\xi_i)-\sum_{i=1}^{n}\beta_i\xi_i \tag{21.21}$$

通过分别对 $\boldsymbol{w}$、b 和 ξ_i 求偏导数，并设偏导数为 0 把上式变成一个对偶拉格朗日函数：

$$\begin{aligned} &\frac{\partial}{\partial \boldsymbol{w}}L=\boldsymbol{w}-\sum_{i=1}^{n}\alpha_i y_i\boldsymbol{x}_i=\mathbf{0}\ \text{ 或 }\ \boldsymbol{w}=\sum_{i=1}^{n}\alpha_i y_i\boldsymbol{x}_i \\ &\frac{\partial}{\partial b}L=\sum_{i=1}^{n}\alpha_i y_i=0 \\ &\frac{\partial}{\partial \xi_i}L=C-\alpha_i-\beta_i=0\quad\text{或}\quad \beta_i=C-\alpha_i \end{aligned} \tag{21.22}$$

将这些代入式（21.21），得到：

$$\begin{aligned} L_{\text{dual}}&=\frac{1}{2}\boldsymbol{w}^{\mathrm{T}}\boldsymbol{w}-\boldsymbol{w}^{\mathrm{T}}\underbrace{\left(\sum_{i=1}^{n}\alpha_i y_i\boldsymbol{x}_i\right)}_{\boldsymbol{w}}-b\underbrace{\sum_{i=1}^{n}\alpha_i y_i}_{0}+\sum_{i=1}^{n}\alpha_i+\sum_{i=1}^{n}\underbrace{(C-\alpha_i-\beta_i)}_{0}\xi_i \\ &=\sum_{i=1}^{n}\alpha_i-\frac{1}{2}\sum_{i=1}^{n}\sum_{j=1}^{n}\alpha_i\alpha_j y_i y_j\boldsymbol{x}_i^{\mathrm{T}}\boldsymbol{x}_j \end{aligned}$$

因此，对偶目标函数如下：

$$\begin{aligned} &\text{目标函数：}\max_{\boldsymbol{\alpha}}\ L_{\text{dual}}=\sum_{i=1}^{n}\alpha_i-\frac{1}{2}\sum_{i=1}^{n}\sum_{j=1}^{n}\alpha_i\alpha_j y_i y_j\boldsymbol{x}_i^{\mathrm{T}}\boldsymbol{x}_j \\ &\text{线性约束：}0\leqslant\alpha_i\leqslant C,\ \forall i\in\boldsymbol{D}\ ,\ \sum_{i=1}^{n}\alpha_i y_i=0 \end{aligned} \tag{21.23}$$

注意，该目标函数与线性可分情况下的对偶拉格朗日函数［见式（21.13）］相同。然而，二者对 α_i 的约束是不同的，因为我们现在要求 $\alpha_i+\beta_i=C$，$\alpha_i\geqslant 0$ 且 $\beta_i\geqslant 0$，这意味着 $0\leqslant\alpha_i\leqslant C$。21.5 节描述了求解该对偶目标函数的梯度上升方法。

权向量和偏差

一旦求解了 α_i，就有了与以前相同的情况，即 $\alpha_i=0$ 的点不是支持向量，只有 $\alpha_i>0$ 的点才是支持向量，它包含了所有点 $\boldsymbol{x}_i$，可得：

$$y_i(\boldsymbol{w}^{\mathrm{T}}\boldsymbol{x}_i+b)=1-\xi_i \tag{21.24}$$

注意，支持向量现在包括间隔上的所有点，即包含所有松弛值为零（$\xi_i=0$）及松弛值为正（$\xi_i>0$）的点。

可以像以前一样从支持向量中获得权向量：

$$\boldsymbol{w}=\sum_{\alpha_i>0}\alpha_i y_i \boldsymbol{x}_i \tag{21.25}$$

也可以用式（21.22）求解 β_i：

$$\beta_i = C-\alpha_i$$

将 KKT 条件［见式（21.20）］中的 β_i 替换为上述表达式，得到：

$$(C-\alpha_i)\xi_i=0 \tag{21.26}$$

因此，对于 $\alpha_i>0$ 的支持向量，需要考虑两种情况：

（1）$\xi_i>0$，这说明 $C-\alpha_i=0$，即 $\alpha_i=C$。

（2）$C-\alpha_i>0$，即 $\alpha_i<C$。在这种情况下，根据式（21.26）有 $\xi_i=0$。换句话说，这些正是那些处在间隔上的支持向量。

使用间隔上的支持向量，即 $0<\alpha_i<C$，$\xi_i=0$，可以求解 b_i：

$$\begin{aligned}\alpha_i\,(y_i(\boldsymbol{w}^{\mathrm{T}}\boldsymbol{x}_i+b_i)-1)&=0\\ y_i(\boldsymbol{w}^{\mathrm{T}}\boldsymbol{x}_i+b_i)&=1\\ b_i=\frac{1}{y_i}-\boldsymbol{w}^{\mathrm{T}}\boldsymbol{x}_i&=y_i-\boldsymbol{w}^{\mathrm{T}}\boldsymbol{x}_i\end{aligned} \tag{21.27}$$

为了得到最终的偏差 b，可以取所有 b_i 值的平均值。根据式（21.25）和（21.27），可以计算权向量 $\boldsymbol{w}$ 和偏差项 b，而无须显式计算每个点的松弛项 ξ_i。

一旦确定了最优超平面，就可以用 SVM 模型预测新点 $\boldsymbol{z}$ 的类，如下所示：

$$\hat{y}=\mathrm{sign}(h(\boldsymbol{z}))=\mathrm{sign}(\boldsymbol{w}^{\mathrm{T}}\boldsymbol{z}+b)$$

例 21.4　思考图 21-3 所示的数据点。除了例 21.3 中考虑的表 21-1 中的 14 个点之外，还有 4 个新点：

$\boldsymbol{x}_i^{\mathrm{T}}$	x_{i1}	x_{i2}	y_i
$\boldsymbol{x}_{15}^{\mathrm{T}}$	4	2	+1
$\boldsymbol{x}_{16}^{\mathrm{T}}$	2	3	+1
$\boldsymbol{x}_{17}^{\mathrm{T}}$	3	2	−1
$\boldsymbol{x}_{18}^{\mathrm{T}}$	5	3	−1

设 k=1，C=1，求解 L_{dual} 得到以下支持向量和拉格朗日值 α_i：

$\boldsymbol{x}_i^{\mathrm{T}}$	x_{i1}	x_{i2}	y_i	α_i
$\boldsymbol{x}_1^{\mathrm{T}}$	3.5	4.25	+1	0.0271
$\boldsymbol{x}_2^{\mathrm{T}}$	4	3	+1	0.2162
$\boldsymbol{x}_4^{\mathrm{T}}$	4.5	1.75	+1	0.9928
$\boldsymbol{x}_{13}^{\mathrm{T}}$	2	2	−1	0.9928
$\boldsymbol{x}_{14}^{\mathrm{T}}$	2.5	0.75	−1	0.2434
$\boldsymbol{x}_{15}^{\mathrm{T}}$	4	2	+1	1
$\boldsymbol{x}_{16}^{\mathrm{T}}$	2	3	+1	1
$\boldsymbol{x}_{17}^{\mathrm{T}}$	3	2	−1	1
$\boldsymbol{x}_{18}^{\mathrm{T}}$	5	3	−1	1

其他所有点都不是支持向量，对应 $\alpha_i = 0$。使用式（21.25）计算超平面的权向量：

$$
\begin{aligned}
\boldsymbol{w} &= \sum_{\alpha_i>0} \alpha_i y_i \boldsymbol{x}_i \\
&= 0.0271\begin{pmatrix}3.5\\4.25\end{pmatrix} + 0.2162\begin{pmatrix}4\\3\end{pmatrix} + 0.9928\begin{pmatrix}4.5\\1.75\end{pmatrix} - 0.9928\begin{pmatrix}2\\2\end{pmatrix} \\
&\quad - 0.2434\begin{pmatrix}2.5\\0.75\end{pmatrix} + \begin{pmatrix}4\\2\end{pmatrix} + \begin{pmatrix}2\\3\end{pmatrix} - \begin{pmatrix}3\\2\end{pmatrix} - \begin{pmatrix}5\\3\end{pmatrix} \\
&= \begin{pmatrix}0.834\\0.333\end{pmatrix}
\end{aligned}
$$

最终偏差是使用式（21.27）从每个支持向量获得的偏差的平均值。请注意，只计算位于间隔上的每个点的偏差。这些支持向量满足 $\xi_i = 0$ 且 $0 < \alpha_i < C$。换句话说，我们不计算 $\alpha_i = C = 1$ 的支持向量的偏差，包括点 $\boldsymbol{x}_{15}$、$\boldsymbol{x}_{16}$、$\boldsymbol{x}_{17}$ 和 $\boldsymbol{x}_{18}$。根据剩下的支持向量，得到：

$\boldsymbol{x}_i$	$\boldsymbol{w}^{\mathrm{T}}\boldsymbol{x}_i$	$b_i = y_i - \boldsymbol{w}^{\mathrm{T}}\boldsymbol{x}_i$
$\boldsymbol{x}_1$	4.334	−3.334
$\boldsymbol{x}_2$	4.334	−3.334
$\boldsymbol{x}_4$	4.334	−3.334
$\boldsymbol{x}_{13}$	2.334	−3.334
$\boldsymbol{x}_{14}$	2.334	−3.334
$b=\mathrm{avg}\{b_i\}$		−3.334

因此，最优超平面为

$$
h(\boldsymbol{x}) = \begin{pmatrix}0.834\\0.333\end{pmatrix}^{\mathrm{T}} \boldsymbol{x} - 3.334 = 0
$$

可以看出，这与在例 21.3 中发现的典型超平面基本相同。

在这种情况下，了解松弛变量是什么很有意义。注意，$\xi_i = 0$ 表示所有非支持向量的点，也表示正好位于间隔上的支持向量。因此，松弛值仅对其余的支持向量为正，松弛值可直接利用式（21.24）计算，如下所示：

$$
\xi_i = 1 - y_i(\boldsymbol{w}^{\mathrm{T}}\boldsymbol{x}_i + b)
$$

因此，对于所有不在间隔上的支持向量，我们有：

$\boldsymbol{x}_i$	$\boldsymbol{w}^{\mathrm{T}}\boldsymbol{x}_i$	$\boldsymbol{w}^{\mathrm{T}}\boldsymbol{x}_i+b$	$\xi_i=1-y_i\,(\boldsymbol{w}^{\mathrm{T}}\boldsymbol{x}_i+b)$
$\boldsymbol{x}_{15}$	4.001	0.667	0.333
$\boldsymbol{x}_{16}$	2.667	−0.667	1.667
$\boldsymbol{x}_{17}$	3.167	−0.167	0.833
$\boldsymbol{x}_{18}$	5.168	1.834	2.834

正如所料，对于那些被错误分类的点（即在超平面错误一侧的点），即 $\boldsymbol{x}_{16} = (3,3)^{\mathrm{T}}$ 和 $\boldsymbol{x}_{18} = (5,3)^{\mathrm{T}}$，松弛变量 $\xi_i > 1$。另外两个点被正确分类，但位于间隔内，因此满足 $0 < \xi_i < 1$。松弛变量的总和为

$$
\sum_i \xi_i = \xi_{15} + \xi_{16} + \xi_{17} + \xi_{18} = 0.333 + 1.667 + 0.833 + 2.834 = 5.667
$$

21.3.2 二次误损

对于二次误损（quadratic loss），目标函数［见式（21.19）］中的 $k=2$。在这种情况下，可以放弃正约束 $\xi_i \geqslant 0$，因为：（1）松弛项之和 $\sum_{i=1}^{n}\xi_i^2$ 是正的；（2）在优化过程中，潜在的负松弛将被排除，因为选择 $\xi_i=0$ 会导致主目标函数的值更小，并且当 $\xi_i<0$ 时，它仍然满足约束 $y_i(\boldsymbol{w}^{\mathrm{T}}\boldsymbol{x}_i+b)\geqslant 1-\xi_i$。换句话说，优化过程将负松弛变量替换为 0。因此，使用二次误损的 SVM 目标函数如下：

$$
\begin{aligned}
&\text{目标函数: } \min_{\boldsymbol{w},b,\xi_i}\left\{\frac{\|\boldsymbol{w}\|^2}{2}+C\sum_{i=1}^{n}\xi_i^2\right\} \\
&\text{线性约束: } y_i\left(\boldsymbol{w}^{\mathrm{T}}\boldsymbol{x}_i+b\right)\geqslant 1-\xi_i,\ \forall \boldsymbol{x}_i\in\boldsymbol{D}
\end{aligned}
\tag{21.28}
$$

拉格朗日函数如下：

$$
L=\frac{1}{2}\|\boldsymbol{w}\|^2+C\sum_{i=1}^{n}\xi_i^2-\sum_{i=1}^{n}\alpha_i\left(y_i(\boldsymbol{w}^{\mathrm{T}}\boldsymbol{x}_i+b)-1+\xi_i\right) \tag{21.29}
$$

将其分别对 $\boldsymbol{w}$、b 和 ξ_i 求导并将导数设置为零，可得以下条件：

$$
\boldsymbol{w}=\sum_{i=1}^{n}\alpha_i y_i\boldsymbol{x}_i
$$

$$
\sum_{i=1}^{n}\alpha_i y_i=0
$$

$$
\xi_i=\frac{1}{2C}\alpha_i
$$

将这些代入式（21.29），可得对偶目标函数：

$$
\begin{aligned}
L_{\text{dual}}&=\sum_{i=1}^{n}\alpha_i-\frac{1}{2}\sum_{i=1}^{n}\sum_{j=1}^{n}\alpha_i\alpha_j y_i y_j\boldsymbol{x}_i^{\mathrm{T}}\boldsymbol{x}_j-\frac{1}{4C}\sum_{i=1}^{n}\alpha_i^2 \\
&=\sum_{i=1}^{n}\alpha_i-\frac{1}{2}\sum_{i=1}^{n}\sum_{j=1}^{n}\alpha_i\alpha_j y_i y_j\left(\boldsymbol{x}_i^{\mathrm{T}}\boldsymbol{x}_j+\frac{1}{2C}\delta_{ij}\right)
\end{aligned}
$$

其中，δ 是 Kronecker delta 函数，如果 $i=j$，定义为 $\delta_{ij}=1$，否则定义为 $\delta_{ij}=0$。因此，对偶目标函数如下：

$$
\begin{aligned}
&\max_{\boldsymbol{\alpha}}\ L_{\text{dual}}=\sum_{i=1}^{n}\alpha_i-\frac{1}{2}\sum_{i=1}^{n}\sum_{j=1}^{n}\alpha_i\alpha_j y_i y_j\left(\boldsymbol{x}_i^{\mathrm{T}}\boldsymbol{x}_j+\frac{1}{2C}\delta_{ij}\right) \\
&\text{约束: } \alpha_i\geqslant 0,\forall i\in\boldsymbol{D},\ \sum_{i=1}^{n}\alpha_i y_i=0
\end{aligned}
\tag{21.30}
$$

一旦使用 21.5 节中的方法求解 α_i，便可以恢复权向量和偏差，如下所示：

$$
\boldsymbol{w}=\sum_{\alpha_i>0}\alpha_i y_i\boldsymbol{x}_i
$$

$$
b=\underset{\alpha_i>0}{\operatorname{avg}}\left\{y_i-\boldsymbol{w}^{\mathrm{T}}\boldsymbol{x}_i\right\}
$$

21.4 核 SVM：非线性情况

线性支持向量机方法可以通过第 5 章介绍的核技巧应用于具有非线性决策边界的数据集。从概念上讲，通过非线性变换 ϕ 可以将原始的 d 维输入空间中的点 $\boldsymbol{x}_i$ 映射到高维空间中的点 $\phi(\boldsymbol{x}_i)$。考虑到额外的灵活性，点 $\phi(\boldsymbol{x}_i)$ 在特征空间中更可能是线性可分的。请注意，特征空间中的线性决策表面实际上对应于输入空间中的非线性决策表面。此外，核技巧使得我们可以通过在输入空间中计算的核函数执行所有操作，而不必显式地将点映射到特征空间中。

例 21.5　思考图 21-4 所示的一组点。没有线性分类器可以区分这些点。但是，有一个完美的二次分类器可以将这两类点分开。给定二维空间中的两个维度 X_1 和 X_2 组成的输入空间，如果将每个点 $\boldsymbol{x}=(x_1,x_2)^{\mathrm{T}}$ 变换为特征空间中的一个点，该特征空间的维度包括 $(X_1,X_2,X_1^2,X_2^2,X_1X_2)$。通过变换 $\phi(\boldsymbol{x})=(\sqrt{2}x_1,\sqrt{2}x_2,x_1^2,x_1^2,\sqrt{2}x_1x_2)^{\mathrm{T}}$，有可能在特征空间中找到一个分割超平面。对于这个数据集，将特征空间的超平面映射回原始输入空间是可能的，并将其显示为将两类点（圆圈和三角形）分开的一个椭圆（粗黑线）。支持向量是位于间隔（虚线椭圆）上的点（以灰色图标显示）。

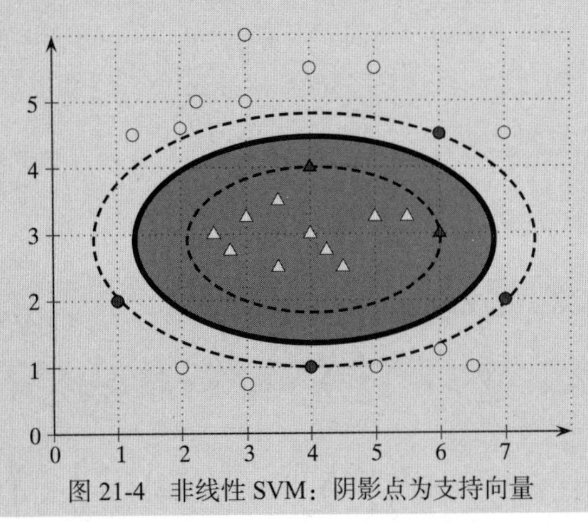

图 21-4　非线性 SVM：阴影点为支持向量

为了将核技巧应用于非线性 SVM 分类，必须证明所有操作只需要核函数：

$$K(\boldsymbol{x}_i,\boldsymbol{x}_j)=\phi(\boldsymbol{x}_i)^{\mathrm{T}}\phi(\boldsymbol{x}_j)$$

设原始数据集为 $\boldsymbol{D}=\{\boldsymbol{x}_i^{\mathrm{T}},y_i\}_{i=1}^n$，将 ϕ 应用于每个点，可以在特征空间中获得新的数据集 $\boldsymbol{D}_\phi=\{\phi(\boldsymbol{x}_i),y_i\}_{i=1}^n$。

特征空间中的 SVM 目标函数［见式（21.19）］如下：

$$\text{目标函数：}\min_{\boldsymbol{w},b,\xi_i}\left\{\frac{\|\boldsymbol{w}\|^2}{2}+C\sum_{i=1}^{n}(\xi_i)^k\right\}\tag{21.31}$$

$$\text{线性约束：}y_i\,(\boldsymbol{w}^{\mathrm{T}}\phi(\boldsymbol{x}_i)+b)\geqslant 1-\xi_i,\ \xi_i\geqslant 0,\ \forall \boldsymbol{x}_i\in\boldsymbol{D}$$

其中，$\boldsymbol{w}$ 是权向量，b 是偏差，ξ_i 是松弛变量，它们都位于特征空间。

1. 铰链误损

对于铰链误损，特征空间中的对偶拉格朗日函数［见式（21.23）］如下：

$$\begin{aligned}\max_{\boldsymbol{\alpha}} L_{\text{dual}} &= \sum_{i=1}^{n}\alpha_i - \frac{1}{2}\sum_{i=1}^{n}\sum_{j=1}^{n}\alpha_i\alpha_j y_i y_j \phi(\boldsymbol{x}_i)^{\mathrm{T}}\phi(\boldsymbol{x}_j) \\ &= \sum_{i=1}^{n}\alpha_i - \frac{1}{2}\sum_{i=1}^{n}\sum_{j=1}^{n}\alpha_i\alpha_j y_i y_j K(\boldsymbol{x}_i,\boldsymbol{x}_j)\end{aligned} \tag{21.32}$$

受 $0\leqslant\alpha_i\leqslant C$，$\sum_{i=1}^{n}\alpha_i y_i=0$ 的约束。注意，对偶拉格朗日函数仅依赖于特征空间中两个向量之间的点积 $\phi(\boldsymbol{x}_i)^{\mathrm{T}}\phi(\boldsymbol{x}_j)=K(\boldsymbol{x}_i,\boldsymbol{x}_j)$，因此可以利用核矩阵 $\boldsymbol{K}=\{K(\boldsymbol{x}_i,\boldsymbol{x}_j)\}_{i,j=1,\cdots,n}$ 求解优化问题，21.5 节描述了基于随机梯度求解对偶目标函数的方法。

2. 二次误损

对于二次误损，对偶拉格朗日函数［见式（21.30）］对应于核的一个变换。定义一个新的核函数 K_q，如下所示：

$$K_q(\boldsymbol{x}_i,\boldsymbol{x}_j)=\boldsymbol{x}_i^{\mathrm{T}}\boldsymbol{x}_j+\frac{1}{2C}\delta_{ij}=K(\boldsymbol{x}_i,\boldsymbol{x}_j)+\frac{1}{2C}\delta_{ij}$$

它只影响核矩阵 $\boldsymbol{K}$ 的对角线元素，当且仅当 $i=j$ 时 $\delta_{ij}=1$，否则为零。因此，对偶拉格朗日函数为

$$\max_{\boldsymbol{\alpha}} L_{\text{dual}} = \sum_{i=1}^{n}\alpha_i - \frac{1}{2}\sum_{i=1}^{n}\sum_{j=1}^{n}\alpha_i\alpha_j y_i y_j K_q(\boldsymbol{x}_i,\boldsymbol{x}_j) \tag{21.33}$$

受 $\alpha_i\geqslant 0$，$\sum_{i=1}^{n}\alpha_i y_i=0$ 的约束。上述优化问题可以用与铰链误损相同的方法来计算，只需简单地改变核函数。

3. 权向量和偏差

我们可以在特征空间中求解 $\boldsymbol{w}$，如下所示：

$$\boldsymbol{w}=\sum_{\alpha_i>0}\alpha_i y_i \phi(\boldsymbol{x}_i) \tag{21.34}$$

因为 $\boldsymbol{w}$ 直接使用 $\phi(\boldsymbol{x}_i)$，一般来说，我们可能无法明确地计算 $\boldsymbol{w}$。然而，正如接下来将要看到的，对点进行分类时没有必要显式地计算 $\boldsymbol{w}$。

现在来看如何通过核操作计算铰链误损的偏差。使用式（21.27），计算 b，即所有在间隔上的支持向量对应的偏差的平均值，它们满足 $0<\alpha_i<C,\xi_i=0$：

$$b=\underset{0<\alpha_i<C}{\text{avg}}\{b_i\}=\underset{0<\alpha_i<C}{\text{avg}}\{y_i-\boldsymbol{w}^{\mathrm{T}}\phi(\boldsymbol{x}_i)\} \tag{21.35}$$

对于二次误损，偏差是所有支持向量（$\alpha_i>0$）的偏差的平均值。此外，将式（21.34）中的 $\boldsymbol{w}$ 代入，得到 b_i 的新表达式：

$$\begin{aligned}b_i &= y_i-\sum_{\alpha_j>0}\alpha_j y_j \phi(\boldsymbol{x}_j)^{\mathrm{T}}\phi(\boldsymbol{x}_i) \\ &= y_i-\sum_{\alpha_j>0}\alpha_j y_j K(\boldsymbol{x}_j,\boldsymbol{x}_i)\end{aligned} \tag{21.36}$$

请注意，b_i 是特征空间中两个向量之间点积的函数，因此可以通过输入空间中的核函数来计算。

4. 核 SVM 分类器

预测新点 z 的类，如下所示：

$$\hat{y}=\text{sign}(\boldsymbol{w}^{\mathrm{T}}\phi(z)+b)=\text{sign}\left(\sum_{\alpha_i>0}\alpha_i y_i \phi(\boldsymbol{x}_i)^{\mathrm{T}}\phi(z)+b\right)$$
$$=\quad \text{sign}\left(\sum_{\alpha_i>0}\alpha_i y_i K(\boldsymbol{x}_i,z)+b\right) \tag{21.37}$$

我们同样看到，$\hat{y}$ 在特征空间中只用到了点积。

基于上述推导可以看出，为了训练和测试 SVM 分类器，不需要映射点 $\phi(\boldsymbol{x}_i)$。相反，所有操作都可以用核函数 $K(\boldsymbol{x}_i,\boldsymbol{x}_j)=\phi(\boldsymbol{x}_i)^{\mathrm{T}}\phi(\boldsymbol{x}_j)$ 来表示。因此，任何非线性核函数都可以在输入空间中进行非线性分类。这种非线性核的例子包括多项式核［见式（5.9）］和高斯核［见式（5.10）］，等等。

例 21.6　思考图 21-4 所示的示例数据集，它总共有 29 个点。尽管在特征空间中计算超平面的显式表示并将其映射回输入空间通常成本高昂，甚至是不可行（取决于选择的核）的，但我们将说明 SVM 在输入空间和特征空间中的应用，以帮助理解。

使用 $q=2$ 的非齐次多项式核［见式（5.9）］，即使用核：

$$K(\boldsymbol{x}_i,\boldsymbol{x}_j)=\phi(\boldsymbol{x}_i)^{\mathrm{T}}\phi(\boldsymbol{x}_j)=(1+\boldsymbol{x}_i^{\mathrm{T}}\boldsymbol{x}_j)^2$$

当 $C=4$ 时，在输入空间中求解 L_{dual} 对偶规划［见式（21.33）］得到以下六个支持向量，如图 21-4 中的阴影（灰色）点所示。

$\boldsymbol{x}_i$	$(x_{i1},x_{i2})^{\mathrm{T}}$	$\phi(\boldsymbol{x}_i)$	y_i	α_i
$\boldsymbol{x}_1$	$(1,2)^{\mathrm{T}}$	$(1,1.41,2.83,1,4,2.83)^{\mathrm{T}}$	+1	0.6198
$\boldsymbol{x}_2$	$(4,1)^{\mathrm{T}}$	$(1,5.66,1.41,16,1,5.66)^{\mathrm{T}}$	+1	2.069
$\boldsymbol{x}_3$	$(6,4.5)^{\mathrm{T}}$	$(1,8.49,6.36,36,20.25,38.18)^{\mathrm{T}}$	+1	3.803
$\boldsymbol{x}_4$	$(7,2)^{\mathrm{T}}$	$(1,9.90,2.83,49,4,19.80)^{\mathrm{T}}$	+1	0.3182
$\boldsymbol{x}_5$	$(4,4)^{\mathrm{T}}$	$(1,5.66,5.66,16,16,15.91)^{\mathrm{T}}$	−1	2.9598
$\boldsymbol{x}_6$	$(6,3)^{\mathrm{T}}$	$(1,8.49,4.24,36,9,25,46)^{\mathrm{T}}$	−1	3.8502

对于非齐次二次核，映射 ϕ 将输入点 $\boldsymbol{x}_i$ 映射到特征空间，如下所示：

$$\phi(\boldsymbol{x}=(x_1,x_2)^{\mathrm{T}})=\left(1,\sqrt{2}x_1,\sqrt{2}x_2,x_1^2,x_2^2,\sqrt{2}x_1x_2\right)^{\mathrm{T}}$$

上面的表格给出了特征空间中的所有映射点。例如，$\boldsymbol{x}_1=(1,2)^{\mathrm{T}}$ 被转换为

$$\phi(\boldsymbol{x}_i)=\left(1,\sqrt{2}\cdot 1,\sqrt{2}\cdot 2,1^2,2^2,\sqrt{2}\cdot 1\cdot 2\right)^{\mathrm{T}}=(1,1.41,2.83,1,2,2.83)^{\mathrm{T}}$$

使用式（21.34）计算超平面的权向量：

$$\boldsymbol{w}=\sum_{\alpha_i>0}\alpha_i y_i \phi(\boldsymbol{x}_i)=(0,-1.413,-3.298,0.256,0.82,-0.018)^{\mathrm{T}}$$

使用式（21.35）计算偏差，得出：

$$b=-8.841$$

对于二次多项式核，输入空间中的决策边界对应于一个椭圆。在本例中，椭圆的中心为 $(4.046,2.907)$，长半轴的长度为 2.78，短半轴的长度为 1.55。最终的椭圆形决策边界如图 21-4 所示。我们要强调的是，在这个例子中，我们显式地将所有的点转换到特征空间，只是为了进行演示。核方法允许我们仅使用核函数来实现相同的目标。

21.5　SVM 训练算法：随机梯度上升

现在将注意力转向通过随机梯度上升来解决 SVM 优化问题。我们并不显示地处理偏差 b，而是将每个点 $\boldsymbol{x}_i \in \mathbb{R}^d$ 映射为增广点（augmented point）$\tilde{\boldsymbol{x}}_i \in \mathbb{R}^{d+1}$，通过将 1 作为附加列值映射得到：

$$\tilde{\boldsymbol{x}}_i = (x_{i1}, \cdots, x_{id}, 1)^{\mathrm{T}} \tag{21.38}$$

此外，我们还将权向量 $\boldsymbol{w} \in \mathbb{R}^d$ 映射为增广权向量 $\tilde{\boldsymbol{w}} \in \mathbb{R}^{d+1}$，其中 $w_{d+1}=b$，即：

$$\tilde{\boldsymbol{w}} = (w_1, \cdots, w_d, b)^{\mathrm{T}} \tag{21.39}$$

超平面的方程［见式（21.1）］如下：

$$h(\tilde{\boldsymbol{x}}): \tilde{\boldsymbol{w}}^{\mathrm{T}} \tilde{\boldsymbol{x}} = 0$$
$$h(\tilde{\boldsymbol{x}}): w_1 x_1 + \cdots + w_d x_d + b = 0$$

在下面的讨论中，假设点和权向量已经被增广为式（21.38）和式（21.39）的形式。因此，$\tilde{\boldsymbol{w}}$ 的最后一个分量是偏差 b。新的约束集如下：

$$y_i \tilde{\boldsymbol{w}}^{\mathrm{T}} \tilde{\boldsymbol{x}}_i \geqslant 1 - \xi_i$$

因此，SVM 的目标函数如下：

$$\begin{aligned} &\text{目标函数：} \min_{\tilde{\boldsymbol{w}}, \xi_i} \left\{ \frac{\|\tilde{\boldsymbol{w}}\|^2}{2} + C \sum_{i=1}^{n} (\xi_i)^k \right\} \\ &\text{线性约束：} y_i \tilde{\boldsymbol{w}}^{\mathrm{T}} \tilde{\boldsymbol{x}}_i \geqslant 1 - \xi_i, \xi_i \geqslant 0,\ \forall i = 1, 2, \cdots, n \end{aligned} \tag{21.40}$$

当 $k=1$ 时，只考虑铰链误损的拉格朗日函数，因为二次误损对应于核的变化（约束 $\alpha_i \geqslant 0$），如式（21.33）所述。铰链误损的拉格朗日函数如下：

$$L = \frac{1}{2}\|\tilde{\boldsymbol{w}}\|^2 + C\sum_{i=1}^{n}\xi_i - \sum_{i=1}^{n}\alpha_i\left(y_i \tilde{\boldsymbol{w}}^{\mathrm{T}} \tilde{\boldsymbol{x}}_i - 1 + \xi_i\right) - \sum_{i=1}^{n}\beta_i \xi_i$$

取 L 关于 $\tilde{\boldsymbol{w}}$ 和 ξ_i 的偏导数，把它们设为 0，得到：

$$\frac{\partial}{\partial \tilde{\boldsymbol{w}}} L = \tilde{\boldsymbol{w}} - \sum_{i=1}^{n} \alpha_i y_i \tilde{\boldsymbol{x}}_i = \boldsymbol{0} \quad \text{或} \quad \tilde{\boldsymbol{w}} = \sum_{i=1}^{n} \alpha_i y_i \tilde{\boldsymbol{x}}_i$$
$$\frac{\partial}{\partial \xi_i} L = C - \alpha_i - \beta_i = 0 \quad \text{或} \quad \beta_i = C - \alpha_i$$

将这些代入 L，得到：

$$L_{\text{dual}} = \frac{1}{2}\tilde{\boldsymbol{w}}^{\mathrm{T}}\tilde{\boldsymbol{w}} - \tilde{\boldsymbol{w}}^{\mathrm{T}}\underbrace{\left(\sum_{i=1}^{n}\alpha_i y_i \tilde{\boldsymbol{x}}_i\right)}_{\tilde{\boldsymbol{w}}} - \sum_{i=1}^{n}\alpha_i + \sum_{i=1}^{n}\underbrace{(C - \alpha_i - \beta_i)}_{0}\xi_i$$

$$= \sum_{i=1}^{n} \alpha_i - \frac{1}{2}\sum_{i=1}^{n}\sum_{j=1}^{n} \alpha_i \alpha_j y_i y_j \tilde{\boldsymbol{x}}_i^{\mathrm{T}} \tilde{\boldsymbol{x}}_j$$

根据 21.4 节的讨论，将对偶目标函数推广到非线性情况，用增广核值代替 $\tilde{\boldsymbol{x}}_i^{\mathrm{T}} \tilde{\boldsymbol{x}}_j$。

$$\tilde{K}(\boldsymbol{x}_i, \boldsymbol{x}_j) = \tilde{\phi}(\boldsymbol{x}_i)^{\mathrm{T}} \tilde{\phi}(\boldsymbol{x}_j)$$

其中，$\tilde{\phi}(\boldsymbol{x}_i)$ 是特征空间中的增广转换点，如下所示：

$$\tilde{\phi}(\boldsymbol{x}_i)^{\mathrm{T}} = (\phi(\boldsymbol{x}_i)^{\mathrm{T}} \ \ 1)$$

即 $\tilde{\phi}(\boldsymbol{x}_i)$ 的最后一个元素是一个额外的 1。因此，增广核值为

$$\tilde{K}(\boldsymbol{x}_i, \boldsymbol{x}_j) = \tilde{\phi}(\boldsymbol{x}_i)^{\mathrm{T}} \tilde{\phi}(\boldsymbol{x}_j) = \phi(\boldsymbol{x}_i)^{\mathrm{T}} \phi(\boldsymbol{x}_j) + 1 = K(\boldsymbol{x}_i, \boldsymbol{x}_j) + 1$$

利用核函数，可得对偶 SVM 目标函数：

$$\begin{aligned} &\text{目标函数：} \max_{\boldsymbol{\alpha}} \ J(\boldsymbol{\alpha}) = \sum_{i=1}^{n} \alpha_i - \frac{1}{2}\sum_{i=1}^{n}\sum_{j=1}^{n} \alpha_i \alpha_j y_i y_j \tilde{K}(\boldsymbol{x}_i, \boldsymbol{x}_j) \\ &\text{线性约束：} 0 \leqslant \alpha_i \leqslant C, \ \forall i = 1, 2, \cdots, n \end{aligned} \tag{21.41}$$

其中，$\boldsymbol{\alpha} = (\alpha_1, \alpha_2, \cdots, \alpha_n)^{\mathrm{T}} \in \mathbb{R}^n$。

将点映射到 $\mathbb{R}^{d+1}$ 的一个重要结果是，约束 $\sum_{i=1}^{n} \alpha_i y_i = 0$ 不适用于 SVM 对偶目标函数，因为 SVM 目标函数中的线性约束没有明确的偏差项 b。此外，铰链误损的约束 $\alpha_i \in [0, C]$（二次误损的约束为 $\alpha_i \geqslant 0$）易于实施。

对偶解法：随机梯度上升

现在通过随机梯度上升算法求解最优 α 向量。思考 $J(\boldsymbol{\alpha})$ 中涉及拉格朗日乘子 α_k 的项：

$$J(\alpha_k) = \alpha_k - \frac{1}{2}\alpha_k^2 y_k^2 \tilde{K}(\boldsymbol{x}_k, \boldsymbol{x}_k) - \alpha_k y_k \sum_{\substack{i=1 \\ i \neq k}}^{n} \alpha_i y_i \tilde{K}(\boldsymbol{x}_i, \boldsymbol{x}_k)$$

目标函数在 $\boldsymbol{\alpha}$ 处的梯度或变化率表示为 $J(\boldsymbol{\alpha})$ 关于 $\boldsymbol{\alpha}$ 的偏导数，即关于每个 α_k 的偏导数：

$$\nabla J(\boldsymbol{\alpha}) = \left(\frac{\partial J(\boldsymbol{\alpha})}{\partial \alpha_1}, \frac{\partial J(\boldsymbol{\alpha})}{\partial \alpha_2}, \cdots, \frac{\partial J(\boldsymbol{\alpha})}{\partial \alpha_n} \right)^{\mathrm{T}}$$

其中，梯度的第 k 个分量可以通过求 $J(\alpha_k)$ 关于 α_k 的导数得到：

$$\frac{\partial J(\boldsymbol{\alpha})}{\partial \alpha_k} = \frac{\partial J(\alpha_k)}{\partial \alpha_k} = 1 - y_k \left(\sum_{i=1}^{n} \alpha_i y_i \tilde{K}(\boldsymbol{x}_i, \boldsymbol{x}_k) \right) \tag{21.42}$$

要使目标函数 $J(\boldsymbol{\alpha})$ 最大化，应该沿着梯度 $\nabla J(\boldsymbol{\alpha})$ 的方向移动。从初始 $\boldsymbol{\alpha}$ 开始，梯度上升法依次更新如下：

$$\boldsymbol{\alpha}_{t+1} = \boldsymbol{\alpha}_t + \eta_t \nabla J(\boldsymbol{\alpha}_t)$$

其中，$\boldsymbol{\alpha}_t$ 是第 t 步的估计值，η_t 是步长。

算法 21.1　对偶 SVM 算法：随机梯度上升

SVM-DUAL $(\boldsymbol{D}, K, \text{loss}, C, \epsilon)$**:**

1 **if** loss = hinge **then**

```
2  |  K ← {K(x_i, x_j)}_{i,j=1,…,n} // kernel matrix, hinge loss
3  else if loss = quadratic then
4  |  K ← {K(x_i, x_j) + (1/2C) δ_ij}_{i,j=1,…,n} // kernel matrix, quadratic loss
5  K̃ ← K + 1// augmented kernel matrix
6  for k = 1, …, n do  η_k ← 1/K̃(x_k, x_k) // set step size
7  t ← 0
8  α_0 ← (0, …, 0)^T
9  repeat
10 |  α ← α_t
11 |  for k = 1 to n do
   |  |  // update kth component of α
12 |  |  α_k ← α_k + η_k (1 − y_k Σ_{i=1}^{n} α_i y_i K̃(x_i, x_k))
13 |  |  if α_k < 0 then α_k ← 0
14 |  |  if loss = hinge and α_k > C then α_k ← C
15 |  α_{t+1} ← α
16 |  t ← t + 1
17 until ‖α_t − α_{t−1}‖ ⩽ ϵ
```

在随机梯度上升法中，每一步不是对整个 $\boldsymbol{\alpha}$ 向量进行更新，而是独立地更新每个分量 α_k，并立即使用新的值来更新其他分量。这会导致收敛速度更快。第 k 个分量的更新规则如下：

$$\alpha_k = \alpha_k + \eta_k \frac{\partial J(\boldsymbol{\alpha})}{\partial \alpha_k} = \alpha_k + \eta_k \left(1 - y_k \sum_{i=1}^{n} \alpha_i y_i \tilde{K}(\boldsymbol{x}_i, \boldsymbol{x}_k)\right) \tag{21.43}$$

其中，η_k 是步长。我们还必须确保满足约束条件 $\alpha_k \in [0, C]$。因此，在上面的更新步骤中，如果 $\alpha_k < 0$，则将其重置为 $\alpha_k = 0$；如果 $\alpha_k > C$，则将其重置为 $\alpha_k = C$。随机梯度上升法的伪代码在算法 21.1 中给出。

为了确定步长 η_k，理想情况下，我们想要它的值使 α_k 处的梯度趋向于零，当满足以下条件时发生：

$$\eta_k = \frac{1}{\tilde{K}(\boldsymbol{x}_k, \boldsymbol{x}_k)} \tag{21.44}$$

为了了解这一点，请注意，只有 α_k 更新的时候，其他的 α_i 不会更改。因此，新的 $\boldsymbol{\alpha}$ 只有 α_k 一处发生了变化，根据式（21.42）得到：

$$\frac{\partial J(\boldsymbol{\alpha})}{\partial \alpha_k} = \left(1 - y_k \sum_{i \neq k} \alpha_i y_i \tilde{K}(\boldsymbol{x}_i, \boldsymbol{x}_k)\right) - y_k \alpha_k y_k \tilde{K}(\boldsymbol{x}_k, \boldsymbol{x}_k)$$

代入式（21.43）中的 α_k 值，得到：

$$\begin{aligned}
\frac{\partial J(\boldsymbol{\alpha})}{\partial \alpha_k} &= \left(1 - y_k \sum_{i \neq k} \alpha_i y_i \tilde{K}(\boldsymbol{x}_i, \boldsymbol{x}_k)\right) - \left(\alpha_k + \eta_k \left(1 - y_k \sum_{i=1}^{n} \alpha_i y_i \tilde{K}(\boldsymbol{x}_i, \boldsymbol{x}_k)\right)\right) \tilde{K}(\boldsymbol{x}_k, \boldsymbol{x}_k) \\
&= \left(1 - y_k \sum_{i=1}^{n} \alpha_i y_i \tilde{K}(\boldsymbol{x}_i, \boldsymbol{x}_k)\right) - \eta_k K(\tilde{\boldsymbol{x}}_k, \tilde{\boldsymbol{x}}_k) \left(1 - y_k \sum_{i=1}^{n} \alpha_i y_i \tilde{K}(\boldsymbol{x}_i, \boldsymbol{x}_k)\right) \\
&= (1 - \eta_k \tilde{K}(\boldsymbol{x}_k, \boldsymbol{x}_k)) \left(1 - y_k \sum_{i=1}^{n} \alpha_i y_i \tilde{K}(\boldsymbol{x}_i, \boldsymbol{x}_k)\right)
\end{aligned}$$

将式（21.44）中的 η_k 代入，得到：

$$\frac{\partial J(\boldsymbol{\alpha})}{\partial a_k}=\left(1-\frac{1}{\tilde{K}(\boldsymbol{x}_k,\boldsymbol{x}_k)}\tilde{K}(\boldsymbol{x}_k,\boldsymbol{x}_k)\right)\left(1-y_k\sum_{i=1}^{n}\alpha_i y_i\tilde{K}(\boldsymbol{x}_i,\boldsymbol{x}_k)\right)=0$$

在算法 21.1 中，为了更快地收敛，根据式（21.44）选择 η_k。该方法依次更新 $\boldsymbol{\alpha}$ 的值，直到目标值的变化低于给定的阈值 ϵ。该方法每次迭代的计算复杂度为 $O(n^2)$。

测试

请注意，一旦得到最终的 $\boldsymbol{\alpha}$，即可得到新的（增广）点 $\boldsymbol{z}\in\mathbb{R}^d$ 的类别：

$$\hat{y}=\operatorname{sign}(h(\tilde{\phi}(\boldsymbol{z})))=\operatorname{sign}(\tilde{\boldsymbol{w}}^{\mathrm{T}}\tilde{\phi}(\boldsymbol{z}))=\operatorname{sign}\left(\sum_{\alpha_i>0}\alpha_i y_i\tilde{K}(\boldsymbol{x}_i,\boldsymbol{z})\right)\tag{21.45}$$

例 21.7（对偶 SVM：线性核） 图 21-5 展示了鸢尾花数据集中的 $n=150$ 个点，有萼片长度和萼片宽度两个属性。这里的目的是区分 Iris-setosa（显示为圆圈）和其他类型的鸢尾花（三角形）。算法 21.1 用于训练 SVM 分类器，其中使用了线性核 $\tilde{K}(\boldsymbol{x}_i,\boldsymbol{x}_j)=\boldsymbol{x}_i^{\mathrm{T}}\boldsymbol{x}_j+1$，收敛阈值 ϵ=0.0001，使用铰链误损。使用两个不同的 C 值；超平面 h_{10} 对应 $C=10$，而 h_{1000} 对应 $C=1000$：

$$\begin{aligned}h_{10}(\boldsymbol{x}):&\quad 2.74x_1-3.74x_2-3.09=0\\ h_{1000}(\boldsymbol{x}):&\quad 8.56x_1-7.14x_2-23.12=0\end{aligned}$$

超平面 h_{10} 的间隔较大，但它的松弛值也较大，它错误地分类了一个圆圈。此外，超平面 h_{1000} 的间隔较小，但它的松弛值也较小，它是一个分割超平面。这个例子说明，C 越大，就越强调最小化松弛值。

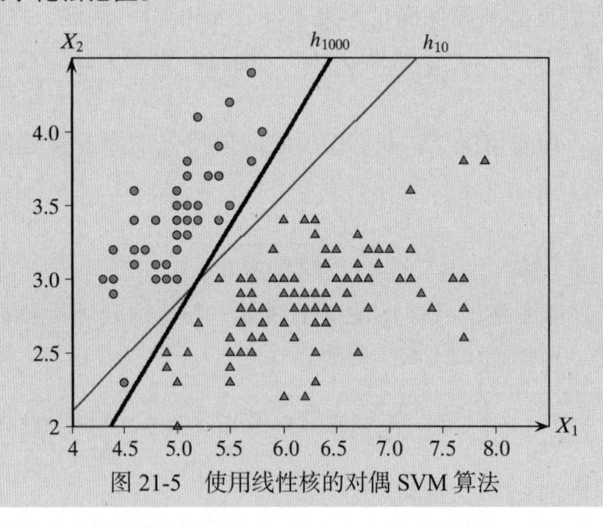

图 21-5　使用线性核的对偶 SVM 算法

例 21.8（对偶 SVM：不同的核） 图 21-6 展示了鸢尾花数据集的 $n=150$ 个点投射到两个主成分上的情况。这项任务旨在区分 Iris-versicolor（圆圈）与其他两种类型的鸢尾花（三角形）。

图 21-6a 和 21-6b 绘制了使用线性核 $\tilde{K}(\boldsymbol{x}_i,\boldsymbol{x}_j)=\boldsymbol{x}_i^{\mathrm{T}}\boldsymbol{x}_j+1$ 和非齐次二次核 $\tilde{K}(\boldsymbol{x}_i,\boldsymbol{x}_j)=(c+\boldsymbol{x}_i^{\mathrm{T}}\boldsymbol{x}_j)^2+1$ 的决策边界，其中 $c=1$。通过算法 21.1 中的梯度上升法，在 $C=10$，$\epsilon=0.0001$ 的条件下，利用铰链误损找到了两种情况下的最优超平面。

如图 21-6a 所示，使用线性核的最优超平面 h_l 表示为

$$h_l(\boldsymbol{x}): 0.16x_1 + 1.9x_2 + 0.8 = 0$$

正如预期的那样，h_l 无法分开这些鸢尾花。它分错了 42 个点，错误率为

$$\frac{\text{分错的点数}}{n} = \frac{42}{150} = 0.28$$

此外，如图 21-6b 所示，使用二次核的最优超平面 h_q 表示为

$$h_q(\boldsymbol{x}): \tilde{\boldsymbol{w}}^{\mathrm{T}}\phi(\tilde{\boldsymbol{x}}) = 1.78x_1^2 + 1.37x_1x_2 - 0.53x_1 + 0.91x_2^2 - 1.79x_2 - 4.03 = 0$$

其中，

$$\tilde{\boldsymbol{w}} = (1.78, 0.97, -0.37, 0.91, -1.26, -2.013, -2.013)^{\mathrm{T}}$$

$$\tilde{\phi}(\boldsymbol{x}) = \left(x_1^2, \sqrt{2}x_1x_2, \sqrt{2}x_1, x_2^2, \sqrt{2}x_2, 1, 1\right)^{\mathrm{T}}$$

超平面 h_q 能够很好地将这两个类分开。它只分错了 4 个点，错误率为 0.027。为了便于说明，这里显式地重构 $\tilde{\boldsymbol{w}}$。但是，请注意，由于我们使用的是 $c=1$ 的非齐次二次核，最后两个分量一起确定最终偏差，即 $b = 2\times(-2.013) = -4.03$。

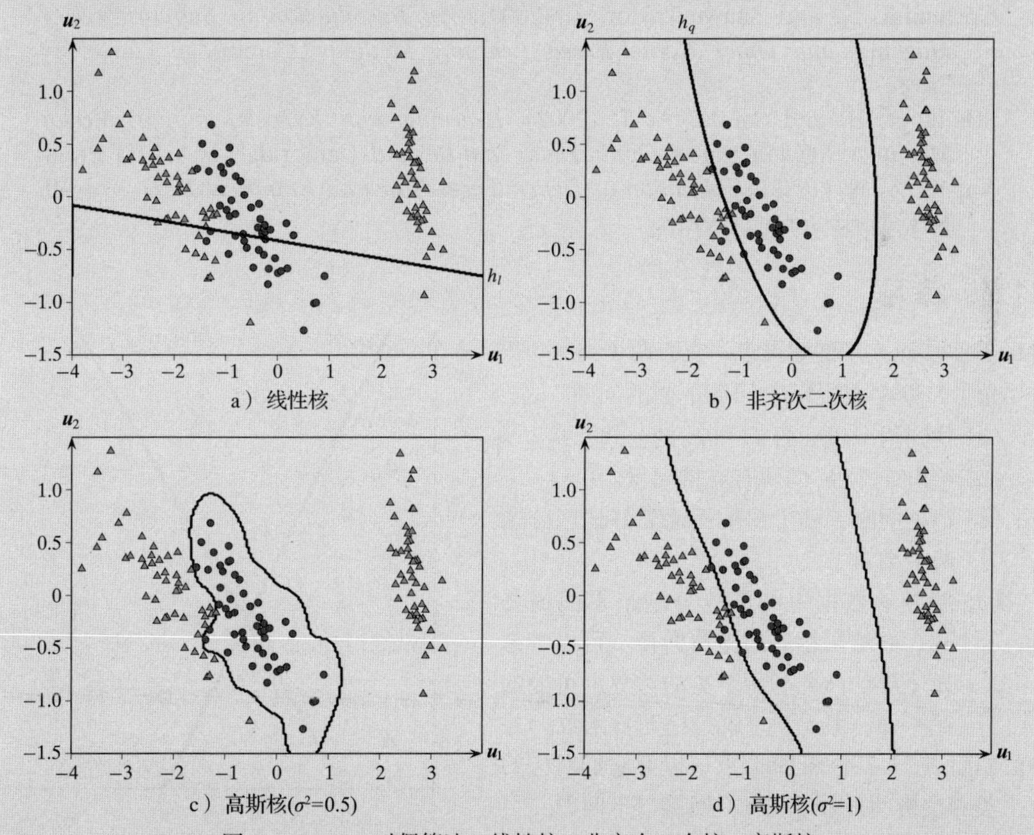

图 21-6　SVM 对偶算法：线性核、非齐次二次核、高斯核

图 21-6c 和图 21-6d 通过高斯核 $\tilde{K}(\boldsymbol{x}_i, \boldsymbol{x}_j) = \exp\left\{-\frac{\|\boldsymbol{x}_i - \boldsymbol{x}_j\|^2}{2\sigma^2}\right\} + 1$ 表示决策边界，它们

分别对应 $\sigma^2=0.05$ 和 $\sigma^2=1.0$（使用铰链误损，C 和 ϵ 不变）。从“紧”决策边界观察到，较小的 $\sigma=0.05$ 会导致过拟合；虽然它在训练集上没有错误，但在测试集上不太可能有类似的良好性能。我们可以选择像 $\sigma^2=1$ 这样的值来避免过拟合，这会导致错误率为 0.027（4 个错误分类点），但是对于未来的测试用例，预期能更好地泛化模型，因为它在类之间有更大的“间隔”。

21.6　拓展阅读

支持向量机最早来源于文献（V. N. Vapnik，1982），该文献介绍了构造最优分割超平面的泛化方法。文献（Boser et al.，1992）介绍了核技巧在 SVM 中的应用，文献（Cortes & V. Vapnik，1995）提出了不可分数据的软间隔 SVM 方法。有关 SVM 及其实现技术的详细介绍，请参见文献（Cristianini & Shawe-Taylor，2000；Schölkopf & Smola，2002）。

Boser, B. E., Guyon, I. M., and Vapnik, V. N. (1992). A training algorithm for optimal margin classifiers. *Proceedings of the 5th Annual Workshop on Computational Learning Theory*. ACM, pp. 144–152.

Cortes, C. and Vapnik, V. (1995). Support-vector networks. *Machine Learning*, 20 (3), 273–297.

Cristianini, N. and Shawe-Taylor, J. (2000). *An Introduction to Support Vector Machines and Other Kernel-Based Learning Methods*. Cambridge University Press.

Schölkopf, B. and Smola, A. J. (2002). *Learning with Kernels: Support Vector Machines, Regularization, Optimization and Beyond*. Cambridge, MA: MIT Press.

Vapnik, V. N. (1982). *Estimation of Dependences Based on Empirical Data*. Vol. 40. New York: Springer-Verlag.

21.7　练习

Q1. 思考图 21-7 中的数据集，它有两个类 c_1（三角形）和 c_2（圆圈）。回答下面的问题：

（a）找到两个超平面 h_1 和 h_2 的公式。

（b）给出 h_1 和 h_2 的所有支持向量。

（c）根据间隔，哪个超平面能更好地区分这两个类？

（d）找到该数据集的最佳分割超平面的公式，并给出相应的支持向量。可以考虑每个类的凸壳和两个类的边界上可能的超平面，但无须求解拉格朗日函数。

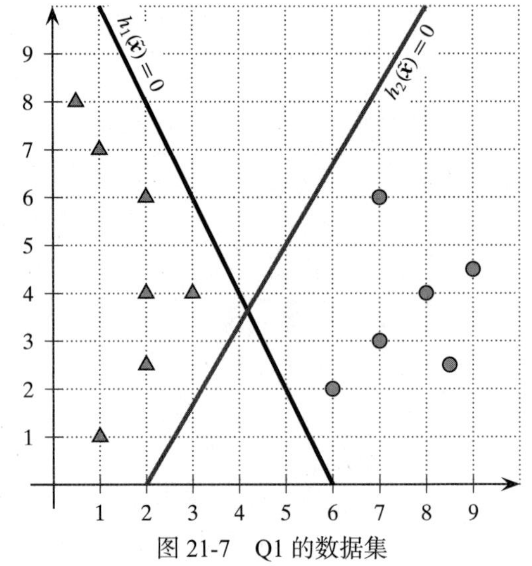

图 21-7　Q1 的数据集

Q2. 给定表 21-2 中的 10 个点，以及它们对应的类和拉格朗日乘子 (α_i)，回答以下问题：

（a）SVM 超平面 $h(\boldsymbol{x})$ 的公式是什么？

（b）$\boldsymbol{x}_6$ 到该超平面的距离是多少？它是否在分类器的间隔内？

（c）使用上面获得的 $h(\boldsymbol{x})$ 对点 $\boldsymbol{z}=(3,3)^{\mathrm{T}}$ 进行分类。

表 21-2　Q2 的数据集

i	x_{i1}	x_{i2}	y_i	α_i
$\boldsymbol{x}_1^{\mathrm{T}}$	4	2.9	1	0.414
$\boldsymbol{x}_2^{\mathrm{T}}$	4	4	1	0
$\boldsymbol{x}_3^{\mathrm{T}}$	1	2.5	−1	0
$\boldsymbol{x}_4^{\mathrm{T}}$	2.5	1	−1	0.018
$\boldsymbol{x}_5^{\mathrm{T}}$	4.9	4.5	1	0
$\boldsymbol{x}_6^{\mathrm{T}}$	1.9	1.9	−1	0
$\boldsymbol{x}_7^{\mathrm{T}}$	3.5	4	1	0.018
$\boldsymbol{x}_8^{\mathrm{T}}$	0.5	1.5	−1	0
$\boldsymbol{x}_9^{\mathrm{T}}$	2	2.1	−1	0.414
$\boldsymbol{x}_{10}^{\mathrm{T}}$	4.5	2.5	1	0

分类评估

前面的章节讨论了不同的分类器，例如决策树、完全贝叶斯分类器、朴素贝叶斯分类器、最近邻分类器、支持向量机等。一般，我们将分类器看作模型或函数 M，对于给定的输入样本 $\boldsymbol{x}$，其预测类标签 $\hat{y}$ 为

$$\hat{y} = M(\boldsymbol{x})$$

其中，$\boldsymbol{x} = (x_1, x_2, \cdots, x_d)^{\mathrm{T}} \in \mathbb{R}^d$ 是 d 维空间中的点，$\hat{y} \in \{c_1, c_2, \cdots, c_k\}$ 是预测的类标签。

为了建立分类模型 M，我们需要一个训练集，其中每个点的类标签都是已知的。根据不同的假设，我们可以使用不同的分类器来建立模型 M。例如，支持向量机使用最大间隔超平面来构造 M。此外，贝叶斯分类器直接计算每个类 c_j 的后验概率 $P(c_j \mid \boldsymbol{x})$，并将 $\boldsymbol{x}$ 的类预测为后验概率最大的类，即 $\hat{y} = \mathrm{argmax}_{c_j} \{P(c_j \mid \boldsymbol{x})\}$。一旦模型 M 训练好，就在单独的测试集上评估它的性能，这些测试点的真正类标签应已知。最后，该模型可以部署，以预测我们通常不知道的未来点的类标签。

本章将探讨评估分类器的方法，以及比较多个分类器的方法。首先定义分类器准确率度量。然后讨论如何确定边界，评估分类器的性能，并比较它们。最后讨论集成方法，该方法将多个分类器结合起来，充分利用每个分类器的优点。

22.1 分类性能度量

设 $\boldsymbol{D}$ 是由 d 维空间中 n 个点组成的测试集，设 $\{c_1, c_2, \cdots, c_k\}$ 表示包含 k 个类标签的集合，M 是一个分类器。对于 $\boldsymbol{x}_i \in \boldsymbol{D}$，设 y_i 表示其真实类标签，$\hat{y}_i = M(\boldsymbol{x}_i)$ 表示其预测类标签。

1. 错误率

错误率（error rate）是分类器做出的错误预测在测试集上所占的比例，定义为

$$\text{Error Rate} = \frac{1}{n} \sum_{i=1}^{n} I(y_i \neq \hat{y}_i) \tag{22.1}$$

其中，I 是指示函数，当其参数为真时，值为 1，否则为 0。错误率是对误分类概率的估计。错误率越低，分类器性能越好。

2. 准确率

分类器的准确率（accuracy）是正确的预测占测试集的比例：

$$\text{Accuracy} = \frac{1}{n} \sum_{i=1}^{n} I(y_i = \hat{y}_i) = 1 - \text{Error Rate} \tag{22.2}$$

准确率给出了分类器做出正确预测的概率，因此，准确率越高，分类器越好。

例 22.1　图 22-1 展示了二维鸢尾花数据集，两个属性是萼片长度和萼片宽度。它有 150 个点，有 3 个大小相等的类，每个类有 50 个点：Iris-setosa（c_1；圆圈）、Iris-versicolor（c_2；正方形）和 Iris-virginica（c_3；三角形）。数据集按 80 ∶ 20 的比例划分为训练集和测试集。因此，训练集有 120 个点（以浅灰色显示），测试集 $\boldsymbol{D}$ 有 $n=30$ 个点（以黑色显示）。可以看到，虽然 c_1 与其他类很好地区分开了，但 c_2 和 c_3 并不容易区分。事实上，有些点同时被标记为 c_2 和 c_3，例如，点 $(6,2.2)^{\mathrm{T}}$ 出现了两次，分别被标记为 c_2 和 c_3。

使用完全贝叶斯分类器（参见第 18 章）对测试点进行分类。每个类使用单一正态分布建模，其对应的均值（白色）和密度等值线（对应一倍和两倍标准差）也绘制在图 22-1 中。在 30 个测试点用例中，该分类器错误地分类了 8 个。因此：

$$\text{Error Rate} = 8/30 \approx 0.267$$

$$\text{Accuracy} = 22/30 \approx 0.733$$

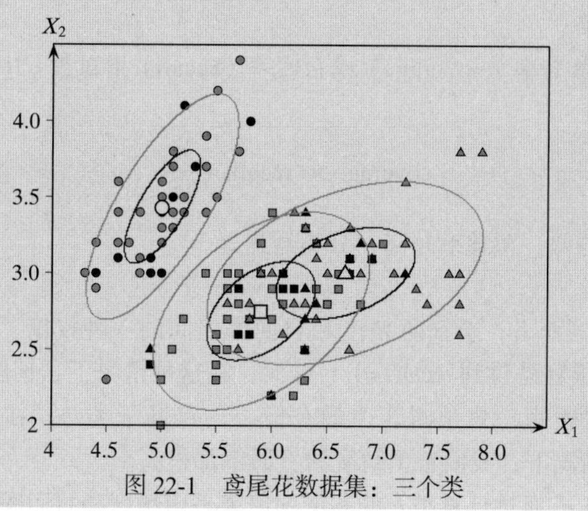

图 22-1　鸢尾花数据集：三个类

22.1.1　基于列联表的度量

错误率（以及准确率）是一个全局度量，因为它没有显式地考虑导致错误的类。通过将测试集上的每个类的预测标签与真实标签的符合情况列在表中，从而获得更多的信息。设 $\mathcal{D}=\{\boldsymbol{D}_1,\boldsymbol{D}_2,\cdots,\boldsymbol{D}_k\}$ 表示根据点的类标签对测试点进行的划分，其中：

$$\boldsymbol{D}_j=\{\boldsymbol{x}_i^{\mathrm{T}} \mid y_i=c_j\}\ ,\ n_i=|\boldsymbol{D}_i|$$

$n_i=|\boldsymbol{D}_i|$ 表示真正类 c_i 的大小。

设 $\mathcal{R}=\{\boldsymbol{R}_1,\boldsymbol{R}_2,\cdots,\boldsymbol{R}_k\}$ 表示基于预测类标签对测试点的划分，即：

$$\boldsymbol{R}_j=\{\boldsymbol{x}_i^{\mathrm{T}} \mid \hat{y}_i=c_j\}\ ,\ m_j=|\boldsymbol{R}_j|$$

$m_j=|\boldsymbol{R}_j|$ 表示预测为 c_j 类的大小。

$\mathcal{R}$ 和 $\mathcal{D}$ 引入了一个 $k\times k$ 的列联表 $\boldsymbol{N}$，也称为混淆矩阵，其定义如下：

$$\boldsymbol{N}(i,j)=n_{ij}=|\boldsymbol{R}_i\cap\boldsymbol{D}_j|=|\{\boldsymbol{x}_a\in\boldsymbol{D} \mid \hat{y}_a=c_i,\ y_a=c_j\}|$$

其中，$1\leqslant i,j\leqslant k$。计数值 n_{ij} 表示预测类标签为 c_i，但真实标签为 c_j 的点的数目。因此，

$n_{ii}(1\leqslant i\leqslant k)$ 表示分类器的预测结果与真实标签 c_i 相符的数目。计数值 $n_{ij}(i\neq j)$ 表示分类器预测值和真实值不一致的数目。

1. 准确率 / 精度

对于类 c_i，分类器 M 的准确率或精度指所有被预测为类 c_i 的点中正确预测的比例：

$$\text{acc}_i = \text{prec}_i = \frac{n_{ii}}{m_i} \tag{22.3}$$

其中，m_i 是分类器 M 预测为 c_i 的点的数目。类 c_i 的准确率越高，分类器越好。

分类器的总体精度或准确率是特定类准确率的加权均值：

$$\text{Accuracy} = \text{Precision} = \sum_{i=1}^{k}\left(\frac{m_i}{n}\right)\text{acc}_i = \frac{1}{n}\sum_{i=1}^{k} n_{ii} \tag{22.4}$$

这与式（22.2）中的表达式相同。

2. 覆盖率 / 召回率

对于类 c_i，M 的覆盖率（coverage）或召回率（recall）指对类 c_i 中所有点的正确预测的比例：

$$\text{coverage}_i = \text{recall}_i = \frac{n_{ii}}{n_i} \tag{22.5}$$

其中，n_i 是类 c_i 中的点数。覆盖率越高，分类器越好。

3. F-measure

通常，对于分类器而言，会面临精度和召回率之间的一种权衡。例如，通过预测所有测试点都在类 c_i 中，很容易得到 $\text{recall}_i=1$。然而，在这种情况下，精度 prec_i 将很低。此外，可以把精度 prec_i 设得很高，只预测几个最有信心的点属于类 c_i，在这种情况下，召回率 recall_i 会很低。理想情况下，我们希望精度和召回率都很高。

每个类的 F-measure 通过计算类 c_i 的和谐均值来平衡精度和召回率：

$$F_i = \frac{2}{\frac{1}{\text{prec}_i}+\frac{1}{\text{recall}_i}} = \frac{2\cdot\text{prec}_i\cdot\text{recall}_i}{\text{prec}_i+\text{recall}_i} = \frac{2\,n_{ii}}{n_i+m_i} \tag{22.6}$$

F_i 值越大，分类器越好。

分类器 M 的总体 F-measure 是各类 F-measure 的均值：

$$F = \frac{1}{k}\sum_{i=1}^{r} F_i \tag{22.7}$$

对于完美的分类器，F-measure 的最大值为 1。

例 22.2　思考图 22-1 所示的二维鸢尾花数据集。在例 22.1 中，错误率为 26.7%，但是，错误率并没有给出关于更难分辨的类或实例的太多信息。从图中各类的正态分布可以清楚地看出，贝叶斯分类器对 c_1 的分类效果很好，但是在区分某些位于 c_2 和 c_3 的决策边界附近的一些测试用例时，可能存在问题。如表 22-1 所示，在测试集上获得的混淆矩阵可以更好地捕捉这些信息。可以观察到，类 c_1 的 10 个点都被正确分类。然而，c_2 的 10 个点中只有 7 个分类正确，c_3 的 10 个点中只有 5 个分类正确。

根据混淆矩阵，计算各类的精度（或准确率），如下所示：

$$\text{prec}_1 = \frac{n_{11}}{m_1} = 10/10 = 1.0$$

$$\text{prec}_2 = \frac{n_{22}}{m_2} = 7/12 \approx 0.583$$

$$\text{prec}_3 = \frac{n_{33}}{m_3} = 5/8 = 0.625$$

总体准确率与例 22.1 中报告的一致：

$$\text{Accuracy} = \frac{(n_{11}+n_{22}+n_{33})}{n} = \frac{(10+7+5)}{30} = 22/30 \approx 0.733$$

各类的召回率（或覆盖率）值如下：

$$\text{recall}_1 = \frac{n_{11}}{n_1} = 10/10 = 1.0$$

$$\text{recall}_2 = \frac{n_{22}}{n_2} = 7/10 = 0.7$$

$$\text{recall}_3 = \frac{n_{33}}{n_3} = 5/10 = 0.5$$

根据这些数据，我们可以计算各类的 F-measure 值：

$$F_1 = \frac{2 \cdot n_{11}}{(n_1+m_1)} = 20/20 = 1.0$$

$$F_2 = \frac{2 \cdot n_{22}}{(n_2+m_2)} = 14/22 \approx 0.636$$

$$F_3 = \frac{2 \cdot n_{33}}{(n_3+m_3)} = 10/18 \approx 0.556$$

因此，该分类器的总体 F-measure 值为

$$F = \frac{1}{3}(1.0+0.636+0.556) = \frac{2.192}{3} \approx 0.731$$

表 22-1　鸢尾花数据集列联表：测试集

	真实类			
预测类	Iris-setosa(c_1)	Iris-versicolor(c_2)	Iris-virginica(c_3)	
Iris-setosa(c_1)	10	0	0	m_1=10
Iris-versicolor(c_2)	0	7	5	m_2=12
Iris-virginica(c_3)	0	3	5	m_3=8
	n_1=10	n_2=10	n_3=10	n=30

22.1.2　二元分类：正类和负类

当只有 $k=2$ 个类时，我们称类 c_1 为正类，类 c_2 为负类。表 22-2 所示的 2×2 混淆矩阵对应的各个元素的名称如下所示：

- 真阳性（True Positive，TP）　分类器准确地预测为正类的点数：

$$\text{TP} = n_{11} = |\{\boldsymbol{x}_i \mid \hat{y}_i = y_i = c_1\}|$$

- 假阳性（False Positive，FP）　分类器预测为正类但实际上属于负类的点数：

$$\text{FP} = n_{12} = |\ \boldsymbol{x}_i \mid \hat{y}_i = c_1 \text{ 且 } y_i = c_2\}|$$

- 假阴性（False Negative，FN）　分类器预测为负类但实际上属于正类的点数：

$$\text{FN} = n_{21} = |\{\boldsymbol{x}_i \mid \hat{y}_i = c_2 \text{ 且 } y_i = c_1\}|$$

- 真阴性（True Negative，TN）　分类器准确地预测为负类的点数：

$$\text{TN} = n_{22} = |\{\boldsymbol{x}_i \mid \hat{y}_i = y_i = c_2\}|$$

表 22-2　两个类的混淆矩阵

	真实类	
预测类	正类 (c_1)	负类 (c_2)
正类 (c_1)	TP	FP
负类 (c_2)	FN	TN

1. 错误率

二元分类的错误率［式（22.1）］表示为错误预测的比例：

$$\text{Error Rate} = \frac{\text{FP} + \text{FN}}{n} \tag{22.8}$$

2. 准确率

二元分类的准确率［见式（22.2）］表示为正确预测的比例：

$$\text{Accuracy} = \frac{\text{TP} + \text{TN}}{n} \tag{22.9}$$

以上是分类器性能的全局度量。我们可以获得各类相关的如下度量。

3. 各类的精度

正类和负类的精度如下：

$$\text{prec}_P = \frac{\text{TP}}{\text{TP} + \text{FP}} = \frac{\text{TP}}{m_1} \tag{22.10}$$

$$\text{prec}_N = \frac{\text{TN}}{\text{TN} + \text{FN}} = \frac{\text{TN}}{m_2} \tag{22.11}$$

其中，$m_i = |\boldsymbol{R}_i|$ 是分类器 M 预测的属于类 c_i 的点数。

4. 敏感性：真阳性率

真阳性率（True Positive Rate，TPR），也叫敏感性（sensitivity），是正类中所有点被正确预测的比例，即正类的召回率：

$$\text{TPR} = \text{recall}_P = \frac{\text{TP}}{\text{TP} + \text{FN}} = \frac{\text{TP}}{n_1} \tag{22.12}$$

其中，n_1 是正类的大小。

5. 特异性：真阴性率

真阴性率（True Negative Rate，TNR），也称为特异性（specificity），即负类的召回率：

$$\text{TNR} = \text{specificity} = \text{recall}_N = \frac{\text{TN}}{\text{FP} + \text{TN}} = \frac{\text{TN}}{n_2} \tag{22.13}$$

其中，n_2 是负类的大小。

6. 假阴性率

假阴性率（False Negative Rate，FNR）定义为

$$\text{FNR} = \frac{\text{FN}}{\text{TP} + \text{FN}} = \frac{\text{FN}}{n_1} = 1 - \text{sensitivity} \tag{22.14}$$

7. 假阳性率

假阳性率（False Positive Rate，FPR）定义为

$$\text{FPR} = \frac{\text{FP}}{\text{FP} + \text{TN}} = \frac{\text{FP}}{n_2} = 1 - \text{specificity} \tag{22.15}$$

例 22.3 思考投射到前两个主成分上的鸢尾花数据集，如图 22-2 所示。这项任务是将 Iris-versicolor（类 c_1；圆圈）与其他两类鸢尾花（类 c_2；三角形）区分开。类 c_1 中的点与类 c_2 中的点相交，这对于线性分类来说是一个难题。数据集被随机分割为 80% 的训练集（灰色）和 20% 的测试集（黑色）。因此，训练集一共有 120 个点，测试集有 $n=30$ 个点。

在训练集上应用朴素贝叶斯分类器（每个类都有一个正态分布），可以得到对每个类的均值、协方差矩阵和先验概率的预测，如下所示：

$$\hat{P}(c_1) = 40/120 \approx 0.33 \qquad \hat{P}(c_2) = 80/120 \approx 0.67$$

$$\hat{\boldsymbol{\mu}}_1 = (-0.641 \quad -0.204)^{\mathrm{T}} \qquad \hat{\boldsymbol{\mu}}_2 = (0.27 \quad 0.14)^{\mathrm{T}}$$

$$\widehat{\boldsymbol{\Sigma}}_1 = \begin{pmatrix} 0.29 & 0 \\ 0 & 0.18 \end{pmatrix} \qquad \widehat{\boldsymbol{\Sigma}}_2 = \begin{pmatrix} 6.14 & 0 \\ 0 & 0.206 \end{pmatrix}$$

图中还显示了每类的均值（白色）和正态分布的等值线；等值线显示了沿每个坐标轴的一到两个标准差线。

对于 30 个测试点中的每一个，使用上述参数估计（见第 18 章）对它们进行分类。朴素贝叶斯分类器错误地分类了 30 个测试点中的 10 个，因此错误率和准确率分别为

$$\text{Error Rate} = 10/30 \approx 0.33$$

$$\text{Accuracy} = 20/30 \approx 0.67$$

这个二元分类问题的混淆矩阵如表 22-3 所示。根据该表可以计算各种性能度量：

$$\text{prec}_{\text{P}} = \frac{\text{TP}}{\text{TP} + \text{FP}} = \frac{7}{14} = 0.5$$

$$\text{prec}_{\text{N}} = \frac{\text{TN}}{\text{TN} + \text{FN}} = \frac{13}{16} = 0.8125$$

$$\text{recall}_{\text{P}} = \text{sensitivity} = \text{TPR} = \frac{\text{TP}}{\text{TP} + \text{FN}} = \frac{7}{10} = 0.7$$

$$\text{recall}_{\text{N}} = \text{specificity} = \text{TNR} = \frac{\text{TN}}{\text{TN} + \text{FP}} = \frac{13}{20} = 0.65$$

$$\text{FNR} = 1 - \text{sensitivity} = 1 - 0.7 = 0.3$$

$$\text{FPR} = 1 - \text{specificity} = 1 - 0.65 = 0.35$$

可以观察到，正类的精度相当低。真阳性率也较低，假阳性率较高。因此，朴素贝叶斯分类器对于这一数据集不是特别有效。

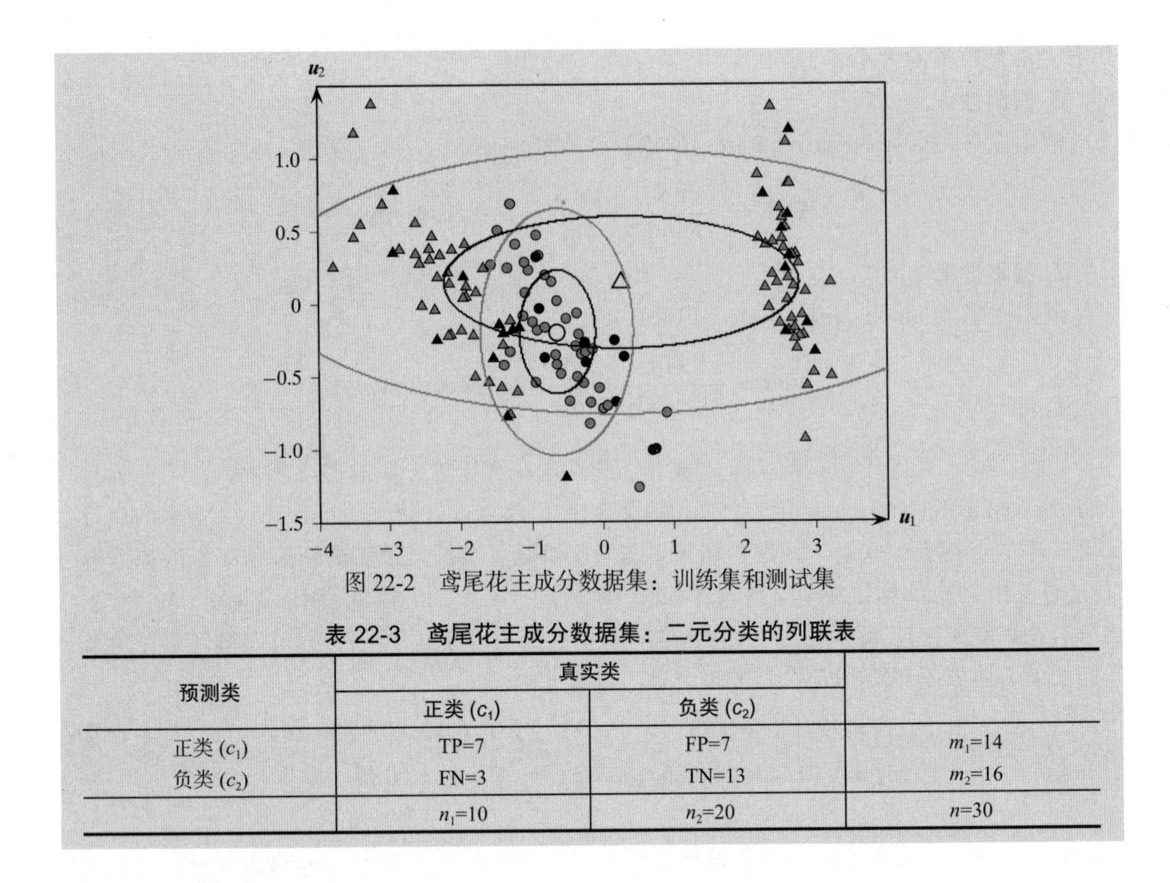

图 22-2 鸢尾花主成分数据集：训练集和测试集

表 22-3 鸢尾花主成分数据集：二元分类的列联表

预测类	真实类		
	正类 (c_1)	负类 (c_2)	
正类 (c_1)	TP=7	FP=7	m_1=14
负类 (c_2)	FN=3	TN=13	m_2=16
	n_1=10	n_2=20	n=30

22.1.3 ROC 分析

接受者操作特征（Receiver Operating Characteristic，ROC）分析是一种常见的策略，用于评估分类器的性能。ROC 分析要求给出分类器为测试集中的每个点输出正类的分值。然后使用这些分值将各个点按降序排列。例如，可以使用后验概率 $P(c_i \mid \boldsymbol{x}_i)$ 作为分值（例如贝叶斯分类器）。对于 SVM 分类器，可以使用距离超平面的带符号距离作为分值，因为较大的正距离表示 c_1 的高置信度预测，而较大的负距离表示 c_1 的低置信度预测（即预测为 c_2 的置信度较高）。

通常，二元分类器选择一个正的分数阈值 ρ，并将所有分值高于 ρ 的点分类为正类，其余的点分类为负类。然而，这样选择阈值可能有些随意。相反，ROC 分析在阈值参数 ρ 的所有可能值上绘制分类器的性能。特别是，对于每个 ρ 值，它在 x 轴上绘制假阳性率（1−特异性），在 y 轴上绘制真阳性率（敏感性）。得到的曲线称为 ROC 曲线。

设 $S(\boldsymbol{x}_i)$ 表示由分类器 M 对点 $\boldsymbol{x}_i$ 的正类预测的真实打分值。在测试数据集 $\boldsymbol{D}$ 上观察到的最大和最小分数阈值如下：

$$\rho^{\min} = \min_i\{S(\boldsymbol{x}_i)\} \qquad\qquad \rho^{\max} = \max_i\{S(\boldsymbol{x}_i)\}$$

最初，我们将所有点分类为负类。因此，TP 和 FP 初始都为零（见表 22-4a），TPR 和 FPR 都为零，对应于 ROC 图中左下角的点 (0，0)。接下来，对于每个位于 $[\rho^{\min}, \rho^{\max}]$ 范围内的不同 ρ 值，给出正类点集：

$$\boldsymbol{R}_1(\rho) = \{\boldsymbol{x}_i \in \boldsymbol{D} : S(\boldsymbol{x}_i) > \rho\}$$

表 22-4 不同情况下的 2×2 混淆矩阵

	真实类	
预测类	正类	负类
正类	0	0
负类	FN	TN

a）起始点：均为负类

	真实类	
预测类	正类	负类
正类	TP	FP
负类	0	0

b）终止点：均为正类

	真实类	
预测类	正类	负类
正类	TP	0
负类	0	TN

c）理想分类器

计算相应的真阳性率和假阳性率，得到 ROC 图中的一个新点。最后，将所有点分类为正类。因此，FN 和 TN 均为零（见表 22-4b），TPR 和 FPR 为 1，对应 ROC 图右上角的点 (1,1)。理想的分类器应对应于左上角的点 (0,1)，它对应于 FPR=0 和 TPR=1 的情况，也就是说，该分类器没有假阳性，并且识别了所有真阳性（因此也正确地预测所有负类中的点）。这种情况见表 22-4c。因此，ROC 曲线表示分类器对正例的排序高于负例的程度。理想的分类器对所有的正例打的分值都应高于负例。因此，分类器越接近理想情况（即越接近左上角），则分类器越好。

1. ROC 曲线下的面积

ROC 曲线下的面积（Area Under Curve，AUC）可以用来衡量分类器的性能。因为总面积是 1，所以 AUC 位于区间 [0,1]，值越大越好。AUC 本质上是分类器对随机测试正例的排序高于对随机测试负例排序的概率。

2. ROC/AUC 算法

算法 22.1 展示了绘制 ROC 曲线的步骤和计算 AUC 的步骤。该算法将测试数据集 $\boldsymbol{D}$ 和分类器 M 作为输入，第一步针对正类 c_1 对每个测试点 $\boldsymbol{x}_i \in \boldsymbol{D}$ 预测分值 $S(\boldsymbol{x}_i)$。接下来，对 $(S(\boldsymbol{x}_i), y_i)$ ——分值和真实类标签构成的元组进行排序，按照分值进行降序排列（第 3 行）。首先，设置正分数阈值 $\rho=\infty$（第 7 行）。foreach 循环（第 8 行）按照顺序检查每对 $(S(\boldsymbol{x}_i), y_i)$，并且对每个不同的分值设置 $\rho=S(\boldsymbol{x}_i)$，并绘制点：

$$(\text{FPR}, \text{TPR}) = \left(\frac{\text{FP}}{n_2}, \frac{\text{TP}}{n_1}\right)$$

算法 22.1 ROC 曲线和 AUC

```
ROC-CURVE(D, M):
1  n₁ ← |{x_i ∈ D | y_i = c₁}| // size of positive class
2  n₂ ← |{x_i ∈ D | y_i = c₂}| // size of negative class
   // classify, score, and sort all test points
3  L ← sort the set {(S(x_i), y_i) : x_i ∈ D} by decreasing scores
4  FP ← TP ← 0
5  FP_prev ← TP_prev ← 0
6  AUC ← 0
7  ρ ← ∞
8  foreach (S(x_i), y_i) ∈ L do
9  |  if ρ > S(x_i) then
10 |  |  plot point (FP/n₂, TP/n₁)
11 |  |  AUC ← AUC + TRAPEZOID-AREA(((FP_prev/n₂, TP_prev/n₁), (FP/n₂, TP/n₁)))
12 |  |  ρ ← S(x_i)
13 |  |  FP_prev ← FP
```

```
14 |  ⌊ TP_prev ← TP
15 | if y_i = c_1 then TP ← TP + 1
16 ⌊ else FP ← FP + 1
```

17 plot point $\left(\frac{FP}{n_2}, \frac{TP}{n_1}\right)$

18 AUC ← AUC + TRAPEZOID-AREA $\left(\left(\frac{FP_{prev}}{n_2}, \frac{TP_{prev}}{n_1}\right), \left(\frac{FP}{n_2}, \frac{TP}{n_1}\right)\right)$

TRAPEZOID-AREA($(x_1, y_1), (x_2, y_2)$):

19 $b \leftarrow |x_2 - x_1|$ `// base of trapezoid`

20 $h \leftarrow \frac{1}{2}(y_2 + y_1)$ `// average height of trapezoid`

21 **return** $(b \cdot h)$

当对每个测试点进行检查时，基于测试点$\boldsymbol{x}_i$的真实类y_i来调整真阳性值和假阳性值。如果$y_1 = c_1$，则真阳性值增加1，否则假阳性值增加1（第15～16行）。在foreach循环的最后，绘制ROC曲线的终止点（第17行）。

每当ROC图上添加一个新的点，就计算对应的AUC值。该算法记录以前的假阳性值FP_{prev}和真阳性值TP_{prev}，及前一次的分数阈值ρ。给定当前FP和TP，计算由以下四个点定义的曲线下面积：

$$(x_1, y_1) = \left(\frac{FP_{prev}}{n_2}, \frac{TP_{prev}}{n_1}\right) \qquad (x_2, y_2) = \left(\frac{FP}{n_2}, \frac{TP}{n_1}\right)$$

$$(x_1, 0) = \left(\frac{FP_{prev}}{n_2}, 0\right) \qquad (x_2, 0) = \left(\frac{FP}{n_2}, 0\right)$$

这四个点构成一个梯形，其中$x_2 > x_1$，$y_2 > y_1$，否则，它们将构成一个矩形（可能退化，面积为零）。TRAPEZOID-AREA函数计算梯形的面积，为$b \cdot h$，其中$b = |x_2 - x_1|$是梯形底部的长度，$h = \frac{1}{2}(y_2 + y_1)$是梯形的平均高度。

例22.4　思考例22.3中关于鸢尾花主成分数据集的二元分类问题。测试数据集$\boldsymbol{D}$共有$n = 30$个点，其中$n_1 = 10$个点在正类中，$n_2 = 20$个点在负类中。

利用朴素贝叶斯分类器计算每个测试点属于正类（c_1；Iris-versicolor）的概率，分类器对测试点$\boldsymbol{x}_i$打的分值是$S(\boldsymbol{x}_i) = P(c_1 | \boldsymbol{x}_i)$。表22-5展示了排序后的分值（按降序排列）以及对应的真实类标签。

表22-5　排序分值和真实类

$S(\boldsymbol{x}_i)$	0.93	0.82	0.80	0.77	0.74	0.71	0.69	0.67	0.66	0.61
y_i	c_2	c_1	c_2	c_1	c_1	c_1	c_2	c_1	c_2	c_2
$S(\boldsymbol{x}_i)$	0.59	0.55	0.55	0.53	0.47	0.30	0.26	0.11	0.04	2.97e−03
y_i	c_2	c_2	c_1	c_1	c_1	c_1	c_1	c_2	c_2	c_2
$S(\boldsymbol{x}_i)$	1.28e−03	2.55e−07	6.99e−08	3.11e−08	3.109e−08	1.53e−08	9.76e−09	2.08e−09	1.95e−09	7.83e−10
y_i	c_2	c_2	c_2	c_2	c_2	c_2	c_2	c_2	c_2	c_2

测试数据集的ROC曲线如图22-3所示。思考正分数阈值$\rho = 0.71$。如果我们将分

值高于此值的所有点分类为正类，那么真阳性和假阳性的计数值为

$$\mathrm{TP}=3 \qquad\qquad \mathrm{FP}=2$$

因此，假阳性率为 $\frac{\mathrm{FP}}{n_2}=2/20=0.1$，真阳性率为 $\frac{\mathrm{TP}}{n_1}=3/10=0.3$。这对应于 ROC 曲线中的点（0.1,0.3）。ROC 曲线上的其他点以类似的方式获得，如图 22-3 所示。整体曲线下面积为 0.775。

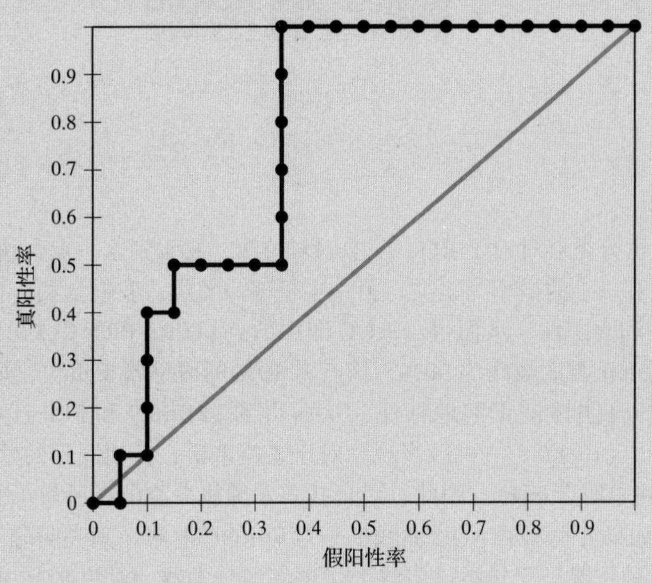

图 22-3 鸢尾花主成分数据集的 ROC 图，包括朴素贝叶斯分类器（黑色）和随机分类器（灰色）的 ROC 曲线

例 22.5（AUC） 为了了解在计算 AUC 时为什么需要考虑梯形，请思考以下排序后的分值，及对应的真实类标签，针对 $n=5$、$n_1=3$ 且 $n_2=2$ 的测试数据集。

$$(0.9, c_1), (0.8, c_2), (0.8, c_1), (0.8, c_1), (0.1, c_2)$$

算法 22.1 产生以下几个点，这些点与正在运行的 AUC 一起添加到 ROC 图中：

ρ	FP	TP	(FPR,TPR)	AUC
∞	0	0	(0,0)	0
0.9	0	1	(0,0.333)	0
0.8	1	3	(0.5,1)	0.333
0.1	2	3	(1,1)	0.833

图 22-4 展示了 ROC 图，阴影区域表示 AUC。我们可以观察到，每当至少有一个正类点和负类点的分值相同时，就会得到一个梯形。总 AUC 为 0.833，为左侧梯形区域（0.333）和右侧矩形区域（0.5）之和。

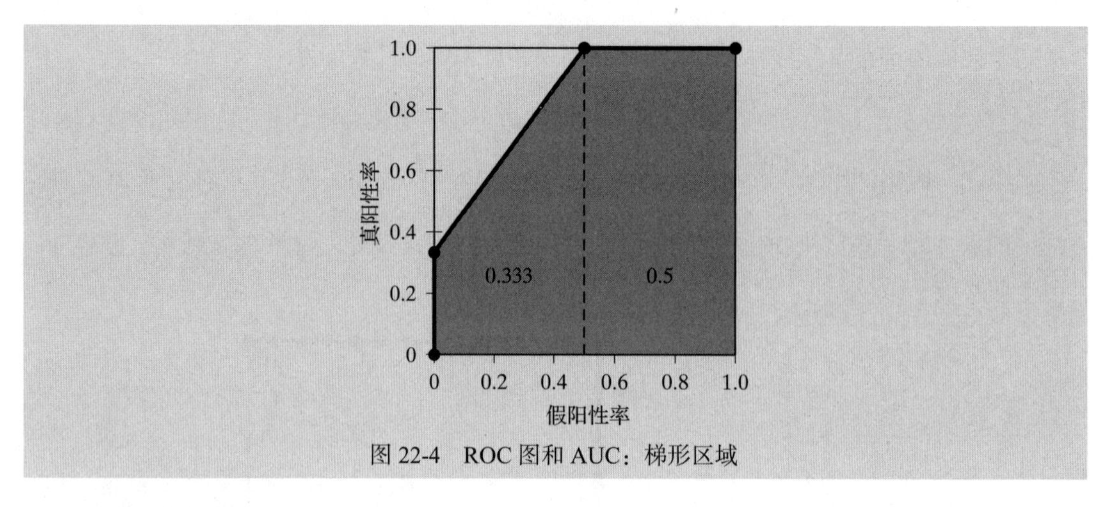

图 22-4　ROC 图和 AUC：梯形区域

3. 随机分类器

有趣的是，随机分类器对应于 ROC 图中的对角线。要看到这一点，请思考一个分类器，它随机猜测某个点有一半的概率为正类，另一半概率为负类。我们预测，该分类器可以正确找到一半的真阳性和真阴性，从而得出 ROC 图中的点 (TPR,FPR)=(0.5,0.5)。此外，如果分类器猜测某个点属于正类的概率为 90%，该点有 10% 的概率属于负类，那么我们预计 90% 的真阳性和 10% 的真阴性被正确地标注，从而得到 TPR=0.9 和 FPR=1−TNR=1−0.1=0.9，即得到 ROC 图中的点 (0.9,0.9)。一般来说，对于正类来讲，任何固定的预测概率（例如 r），都会产生 ROC 空间中的点 (r,r)。因此，对角线表示随机分类器在所有可能的正类预测概率阈值 r 上的性能。如果分类器的 ROC 曲线低于对角 ROC 曲线，则表明分类器的性能比随机分类器差。对于这种情况，反转类赋值将产生更好的分类器。对角 ROC 曲线对应的随机分类器的 AUC 为 0.5。如果分类器的 AUC 小于 0.5，则表示其性能比随机分类器差。

例 22.6　除了朴素贝叶斯分类器的 ROC 曲线外，图 22-3 还展示了随机分类器的 ROC 曲线（灰色的对角线）。可以看到，朴素贝叶斯分类器的 ROC 曲线比随机分类器的 ROC 曲线要好得多。它的 AUC 是 0.775，这比随机分类器的 0.5 AUC 要好得多。然而，在一开始，朴素贝叶斯分类器的性能比随机分类器差，因为分值最高的是负类。因此，ROC 曲线应视为一条平滑曲线的离散近似，该曲线可用于非常大（例如无穷大）的测试数据集。

4. 类不均衡

值得注意的是，ROC 曲线对类倾斜现象不敏感。这是因为 TPR（预测一个正类点为正的概率）和 FPR（预测一个负类点为正的概率）不依赖于正负类大小之比。这是一个理想的特性，因为 ROC 曲线基本上保持不变，无论类是平衡的（正负类具有相对相同的点数）还是倾斜的（一个类比另一个类有更多的点）。

22.2　分类器评估

本节将讨论如何使用某个性能度量 θ 来评估分类器 M。通常，输入数据集 $\boldsymbol{D}$ 被随机分成独立的训练集和测试集。训练集用来学习模型 M，测试集用来评估性能 θ。但是，我们对这样的分类性能有多大信心？结果可能取决于输入数据集的随机划分，例如，测试集可能具有特别容易（或特别难）分类的点，从而导致良好（或较差）的分类器性能。因此，对数据集进行固定的、预定义的数据集划分并不是评估分类器的好策略。还要注意的是，一般来说，$\boldsymbol{D}$ 本身是一个从（未知）真实联合概率密度函数 $f(\boldsymbol{x})$ 代表的总体得到的 d 维多元随机样本。理想情况下，我们希望知道从 f 中提取的所有可能测试集的性能度量的期望 $E[\theta]$ 。但是，由于 f 未知，我们必须根据 $\boldsymbol{D}$ 估计 $E[\theta]$ 。交叉验证和重复抽样是计算给定性能度量期望值和方差的两种常用方法，下面将讨论这些方法。

22.2.1 K 折交叉验证

交叉验证将数据集 $\boldsymbol{D}$ 划分为 K 个大小相等的部分，各部分称为折（fold），即 $\boldsymbol{D}_1,\boldsymbol{D}_2,\cdots,\boldsymbol{D}_k$。每个折 $\boldsymbol{D}_i$ 依次被视为测试集，其余折组成训练集 $\boldsymbol{D}\setminus\boldsymbol{D}_i=\bigcup_{j\neq i}\boldsymbol{D}_j$。在 $\boldsymbol{D}\setminus\boldsymbol{D}_i$ 上训练模型 M_i 之后，在测试集 $\boldsymbol{D}_i$ 上评估其性能，以获得第 i 个性能度量 θ_i。然后，性能度量的期望值可以估计为

$$\hat{\mu}_\theta=E[\theta]=\frac{1}{K}\sum_{i=1}^{K}\theta_i \tag{22.16}$$

其方差为

$$\hat{\sigma}_\theta^2=\frac{1}{K}\sum_{i=1}^{K}(\theta_i-\hat{\mu}_\theta)^2 \tag{22.17}$$

算法 22.2 给出了 K 折交叉验证的伪代码。在随机重排数据集 $\boldsymbol{D}$ 之后，将它分成 K 个大小相等的折（除了最后一个折）。接着，将每个数据折 $\boldsymbol{D}_i$ 用作测试集以评估 $\boldsymbol{D}\setminus\boldsymbol{D}_i$ 上训练得到的模型 M_i 的性能 θ_i。然后，输出估计的 θ 的均值和方差。请注意，K 交叉验证可以重复多次，初始的随机重排确保每次的折都不同。

算法 22.2 K 折交叉验证

```
CROSS-VALIDATION(K, D):
1 D ← randomly shuffle D
2 {D_1, D_2, ···, D_K} ← partition D in K equal parts
3 for i ∈ [1, K] do
4 |  M_i ← train classifier on D \ D_i
5 |  θ_i ← assess M_i on D_i
6 μ̂_θ = (1/K) Σ_{i=1}^K θ_i
7 σ̂²_θ = (1/K) Σ_{i=1}^K (θ_i − μ̂_θ)²
8 return μ̂_θ, σ̂²_θ
```

通常 K 取 5 或 10。当 $K=n$ 时，这种特殊情况称为留一交叉验证（leave-one-out cross-validation），对应的测试集仅由一个单点组成，剩余的数据均用于训练。

例 22.7 思考例 22.1 的二维鸢尾花数据集，共有 $k=3$ 个类。通过 5 折交叉验证评估完全贝叶斯分类器的错误率，得到每一折的错误率：

$$\theta_1=0.267 \qquad \theta_2=0.133 \qquad \theta_3=0.233 \qquad \theta_4=0.367 \qquad \theta_5=0.167$$

根据式（22.16）和式（22.17），得到错误率的均值和方差：

$$\hat{\mu}_\theta = \frac{1.167}{5} = 0.233 \qquad \hat{\sigma}_\theta^2 = 0.008\,33$$

用输入点的不同排列重复整个交叉验证方法多次，然后计算错误率均值的均值和方差的均值。对鸢尾花数据集执行 10 次 5 折交叉验证，得到的期望错误率的均值为 0.232，方差的均值为 0.005 21，两个估计方差均小于 10^{-3}。

22.2.2　自助抽样

另一种估计分类器的期望性能的方法是自助抽样（bootstrap resampling）方法。自助抽样方法没有将输入数据集 $\boldsymbol{D}$ 划分为独立的折，而是从 $\boldsymbol{D}$ 中随机抽取 K 个大小为 n 的样本（有放回），每个样本 $\boldsymbol{D}_i$ 的大小与 $\boldsymbol{D}$ 相同且有重复的点。考虑点 $\boldsymbol{x}_j \in \boldsymbol{D}$ 没有被选入第 i 个自助样本 $\boldsymbol{D}_i$ 的概率。由于采用有放回抽样，给定点被选择的概率为 $p=\frac{1}{n}$，因此未被选择的概率为

$$q = 1 - p = \left(1 - \frac{1}{n}\right)$$

因为 $\boldsymbol{D}_i$ 有 n 个点，所以即使在 n 次尝试之后 $\boldsymbol{x}_j$ 也没有被选中的概率为

$$P(\boldsymbol{x}_j \notin \boldsymbol{D}_i) = q^n = \left(1 - \frac{1}{n}\right)^n \simeq \mathrm{e}^{-1} \approx 0.368$$

此外，$\boldsymbol{x}_j \in \boldsymbol{D}_i$ 的概率为

$$P(\boldsymbol{x}_j \in \boldsymbol{D}_i) = 1 - P(\boldsymbol{x}_j \notin \boldsymbol{D}_i) = 1 - 0.368 = 0.632$$

这意味着每个自助样本 $\boldsymbol{D}_i$ 中大约有 63.2% 的点来自 $\boldsymbol{D}$。

通过在每个样本 $\boldsymbol{D}_i$ 上训练分类器，然后使用完整的输入数据集 $\boldsymbol{D}$ 作为测试集，我们可以使用自助样本来评估分类器，如算法 22.3 所示。性能度量 θ 的期望值和方差可以使用式（22.16）和式（22.17）获得。然而，需要注意的是，由于训练数据集和测试数据集之间有相当大部分（63.2%）重合，因此估计值比较乐观。交叉验证方法不受此限制，因为它保持训练集和测试集相互独立。

算法 22.3　自助抽样方法

BOOTSTRAP-RESAMPLING$(K, \boldsymbol{D})$:
1 **for** $i \in [1, K]$ **do**
2 　$\boldsymbol{D}_i \leftarrow$ sample of size n with replacement from $\boldsymbol{D}$
3 　$M_i \leftarrow$ train classifier on $\boldsymbol{D}_i$
4 　$\theta_i \leftarrow$ assess M_i on $\boldsymbol{D}$
5 $\hat{\mu}_\theta = \frac{1}{K}\sum_{i=1}^{K}\theta_i$
6 $\hat{\sigma}_\theta^2 = \frac{1}{K}\sum_{i=1}^{K}(\theta_i - \hat{\mu}_\theta)^2$
7 **return** $\hat{\mu}_\theta, \hat{\sigma}_\theta^2$

例 22.8　继续使用例 22.7 中的鸢尾花数据集。但是现在使用自助抽样方法来估计完全贝叶斯分类器的错误率，使用 K=50 个样本。错误率的抽样分布如图 22-5 所示。错误率的期望值和方差为

$$\hat{\mu}_\theta = 0.213$$
$$\hat{\sigma}_\theta^2 = 4.815 \times 10^{-4}$$

由于训练集和测试集之间的重合，与例 22.7 中通过交叉验证获得的估计值 ($\hat{\mu}_\theta = 0.233, \hat{\sigma}_\theta^2 = 0.008\ 33$) 相比，这里获得的估计值更乐观（即更低）。

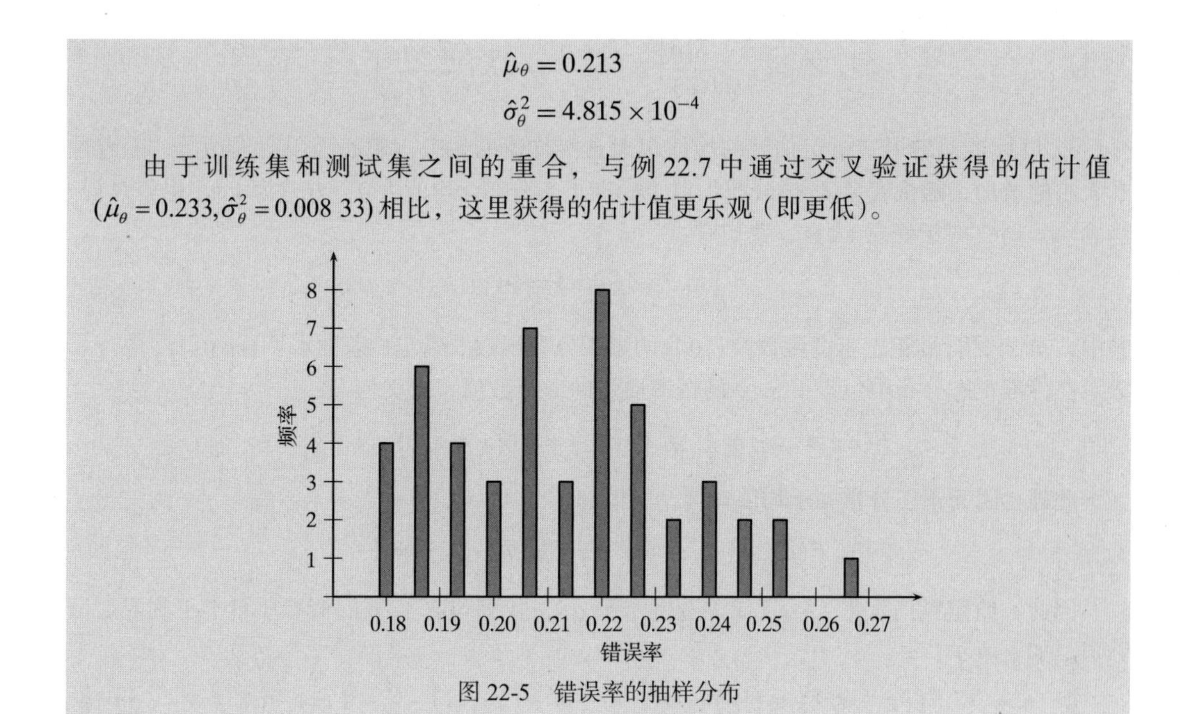

图 22-5 错误率的抽样分布

22.2.3 置信区间

在估计了所选性能度量的期望值和方差之后，我们将推导这一估计值可能偏离真实值的置信度边界。

为了回答这个问题，我们利用了中心极限定理，该定理指出大量独立同分布（Independent and Identically Distributed ，IID）的随机变量之和近似服从正态分布，无论各随机变量的具体分布如何。更正式地说，设 $\theta_1, \theta_2, \cdots, \theta_K$ 是 IID 随机变量序列，分别表示 K 折交叉验证或 K 个自助样本的错误率或其他性能度量。假设每个 θ_i 都有一个有限的均值 $E[\theta_i] = \mu$ 和有限的方差 $\text{var}(\theta_i) = \sigma^2$。

设 $\hat{\mu}$ 表示样本均值：

$$\hat{\mu} = \frac{1}{K}(\theta_1 + \theta_2 + \cdots + \theta_K)$$

根据期望的线性性，我们有：

$$E[\hat{\mu}] = E\left[\frac{1}{K}(\theta_1 + \theta_2 + \cdots + \theta_K)\right] = \frac{1}{K}\sum_{i=1}^{K} E[\theta_i] = \frac{1}{K}(K\mu) = \mu$$

利用独立随机变量方差的线性性，以及 $\text{var}(aX) = a^2 \cdot \text{var}(X)$（$a \in \mathbb{R}$），可得 $\hat{\mu}$ 的方差：

$$\text{var}(\hat{\mu}) = \text{var}\left(\frac{1}{K}(\theta_1 + \theta_2 + \cdots + \theta_K)\right) = \frac{1}{K^2}\sum_{i=1}^{K} \text{var}(\theta_i) = \frac{1}{K^2}\left(K\sigma^2\right) = \frac{\sigma^2}{K}$$

因此，$\hat{\mu}$ 的标准差为

$$\text{std}(\hat{\mu}) = \sqrt{\text{var}(\hat{\mu})} = \frac{\sigma}{\sqrt{K}}$$

我们关注的是 $\hat{\mu}$ 的 z 分数分布，它本身就是一个随机变量：

$$Z_K = \frac{\hat{\mu} - E[\hat{\mu}]}{\text{std}(\hat{\mu})} = \frac{\hat{\mu} - \mu}{\frac{\sigma}{\sqrt{K}}} = \sqrt{K}\left(\frac{\hat{\mu} - \mu}{\sigma}\right)$$

Z_K 以标准差的形式指定估计的均值距离真实均值的偏差。中心极限定理指出，随着样本大小的增加，随机变量 Z_K 按分布收敛于标准正态分布（均值为 0，方差为 1）。也就是说，当 $K \to \infty$ 时，对于任意 $x \in \mathbb{R}$，我们有：

$$\lim_{K \to \infty} P(Z_K \leqslant x) = \Phi(x)$$

其中，$\Phi(x)$ 是标准正态密度函数 $f(x \mid 0,1)$ 的累积分布函数。给定显著性水平 $\alpha \in (0,1)$，设 $z_{\alpha/2}$ 表示在标准正态分布中包含了 $\alpha/2$ 的概率质量的 z 分数值，定义为

$$P(Z_K \geqslant z_{\alpha/2}) = \frac{\alpha}{2} \text{ 或 } \Phi(z_{\alpha/2}) = P(Z_K \leqslant z_{\alpha/2}) = 1 - \frac{\alpha}{2}$$

此外，因为正态分布关于均值对称，所以有：

$$P(Z_K \geqslant -z_{\alpha/2}) = 1 - \frac{\alpha}{2} \text{ 或 } \Phi(-z_{\alpha/2}) = \frac{\alpha}{2}$$

因此，给定置信水平 $1-\alpha$（或显著性水平 α），找到包含 $1-\alpha$ 的概率质量上下临界 z 分数值，如下所示：

$$P(-z_{\alpha/2} \leqslant Z_K \leqslant z_{\alpha/2}) = \Phi(z_{\alpha/2}) - \Phi(-z_{\alpha/2}) = 1 - \frac{\alpha}{2} - \frac{\alpha}{2} = 1 - \alpha \tag{22.18}$$

请注意：

$$\begin{aligned} -z_{\alpha/2} \leqslant Z_K \leqslant z_{\alpha/2} &\Longrightarrow -z_{\alpha/2} \leqslant \sqrt{K}\left(\frac{\hat{\mu} - \mu}{\sigma}\right) \leqslant z_{\alpha/2} \\ &\Longrightarrow -z_{\alpha/2}\frac{\sigma}{\sqrt{K}} \leqslant \hat{\mu} - \mu \leqslant z_{\alpha/2}\frac{\sigma}{\sqrt{K}} \\ &\Longrightarrow \left(\hat{\mu} - z_{\alpha/2}\frac{\sigma}{\sqrt{K}}\right) \leqslant \mu \leqslant \left(\hat{\mu} + z_{\alpha/2}\frac{\sigma}{\sqrt{K}}\right) \end{aligned}$$

将上式代入式（22.18），得到真实均值 μ 关于估计值 $\hat{\mu}$ 的边界，即：

$$P\left(\hat{\mu} - z_{\alpha/2}\frac{\sigma}{\sqrt{K}} \leqslant \mu \leqslant \hat{\mu} + z_{\alpha/2}\frac{\sigma}{\sqrt{K}}\right) = 1 - \alpha \tag{22.19}$$

因此，对于任何给定的置信水平 $1-\alpha$，计算相应的 $100(1-\alpha)\%$ 置信区间 $\left(\hat{\mu} - z_{\alpha/2}\frac{\sigma}{\sqrt{K}}, \hat{\mu} + z_{\alpha/2}\frac{\sigma}{\sqrt{K}}\right)$。换句话说，即使我们不知道真实的均值 μ，也可以得到高置信度（例如，设置 $1-\alpha = 0.95$ 或 $1-\alpha = 0.99$）的估计区间。

1. 未知方差

上面的分析假设我们已经知道真正的方差 σ^2，但通常并非如此。但是，我们可以用样本方差代替 σ^2：

$$\hat{\sigma}^2 = \frac{1}{K}\sum_{i=1}^{K}(\theta_i - \hat{\mu})^2 \tag{22.20}$$

因为 $\hat{\sigma}^2$ 是关于 σ^2 的一致点估计，即当 $K \to \infty$ 时，$\hat{\sigma}^2$ 以概率 1 收敛于 σ^2，也称为几乎必然收敛（converges almost surely）。中心极限定理指出，下面定义的随机变量 Z_K^* 按分布收

敛于标准正态分布：

$$Z_K^* = \sqrt{K}\left(\frac{\hat{\mu}-\mu}{\hat{\sigma}}\right) \tag{22.21}$$

因此，我们有：

$$\lim_{K\to\infty} P\left(\hat{\mu} - z_{\alpha/2}\frac{\hat{\sigma}}{\sqrt{K}} \leqslant \mu \leqslant \hat{\mu} + z_{\alpha/2}\frac{\hat{\sigma}}{\sqrt{K}}\right) = 1-\alpha \tag{22.22}$$

换句话说，$\left(\hat{\mu}-z_{\alpha/2}\frac{\sigma}{\sqrt{K}}, \hat{\mu}+z_{\alpha/2}\frac{\sigma}{\sqrt{K}}\right)$是 μ 的 $100(1-\alpha)\%$ 置信区间。

例 22.9　思考例 22.7，应用 5 折交叉验证（K=5）来评估完全贝叶斯分类器的错误率。错误率的估计期望值和方差如下：

$$\hat{\mu}_\theta = 0.233 \qquad \hat{\sigma}_\theta^2 = 0.008\,33 \qquad \hat{\sigma}_\theta = \sqrt{0.008\,33} = 0.0913$$

设 $1-\alpha=0.95$ 为置信水平，$\alpha=0.05$ 为显著性水平。众所周知，标准正态分布有 95% 的概率密度位于距离均值 $z_{\alpha/2}=1.96$ 个标准差的范围内。因此，在大样本的限制下，我们有：

$$P\left(\mu \in \left(\hat{\mu}_\theta - z_{\alpha/2}\frac{\hat{\sigma}_\theta}{\sqrt{K}}, \hat{\mu}_\theta + z_{\alpha/2}\frac{\hat{\sigma}_\theta}{\sqrt{K}}\right)\right) = 0.95$$

因为 $z_{\alpha/2}\frac{\hat{\sigma}_\theta}{\sqrt{K}} = \frac{1.96\times 0.0913}{\sqrt{5}} \approx 0.08$，所以有：

$$P(\mu \in (0.233-0.08, 0.233+0.08)) = P(\mu \in (0.153, 0.313)) = 0.95$$

换言之，在 95% 的置信水平下，真实的期望错误率位于区间（0.153，0.313）内。

如果我们想要更高的置信水平，例如，对于 $1-\alpha=0.99$（或 $\alpha=0.01$），相应的 z 分数值为 $z_{\alpha/2}=2.58$，因此 $z_{\alpha/2}\frac{\hat{\sigma}_\theta}{\sqrt{K}} = \frac{2.58\times 0.0913}{\sqrt{5}} = 0.105$。因此，$\mu$ 的 99% 置信区间更宽，为（0.128，0.338）。

然而，K=5 并不算较大的样本大小，因此上述置信区间没有那么可靠。

2. 较小的样本大小

式（22.22）中的置信区间仅适用于样本大小为 $K\to\infty$ 的情况。我们希望获得样本大小较小时的精确置信区间。考虑随机变量 $V_i(i=1,\cdots,K)$：

$$V_i = \frac{\theta_i - \hat{\mu}}{\sigma}$$

此外，考虑它们的平方和：

$$S = \sum_{i=1}^{K} V_i^2 = \sum_{i=1}^{K}\left(\frac{\theta_i-\hat{\mu}}{\sigma}\right)^2 = \frac{1}{\sigma^2}\sum_{i=1}^{K}(\theta_i-\hat{\mu})^2 = \frac{K\hat{\sigma}^2}{\sigma^2} \tag{22.23}$$

最后一步采用了式（22.20）中样本方差的定义。

假设 V_i 和标准正态分布是独立同分布的，那么 S 服从具有 $K-1$ 自由度的卡方分布，表示为 $\chi^2(K-1)$，因为 S 是 K 个随机变量 V_i 的平方和。只有 $K-1$ 个自由度，因为每个 V_i 都依

赖 $\hat{\mu}$，且 θ_i 的和是固定的。

思考式（22.21）中的随机变量 Z_K^*，我们有：

$$Z_K^* = \sqrt{K}\left(\frac{\hat{\mu}-\mu}{\hat{\sigma}}\right) = \left(\frac{\hat{\mu}-\mu}{\hat{\sigma}/\sqrt{K}}\right)$$

将上面的表达式中的分子和分母同时除以 $\sigma/\sqrt{K}$，得到：

$$Z_K^* = \left(\frac{\hat{\mu}-\mu}{\sigma/\sqrt{K}} \Big/ \frac{\hat{\sigma}/\sqrt{K}}{\sigma/\sqrt{K}}\right) = \left(\frac{\frac{\hat{\mu}-\mu}{\sigma/\sqrt{K}}}{\hat{\sigma}/\sigma}\right) = \frac{Z_K}{\sqrt{S/K}} \tag{22.24}$$

最后一步遵循式（22.23），因为：

$$S = \frac{K\hat{\sigma}^2}{\sigma^2} \text{ 意味着 } \frac{\hat{\sigma}}{\sigma} = \sqrt{S/K}$$

假设 Z_K 服从标准正态分布，S 服从具有 $K-1$ 自由度的卡方分布，那么 Z_K^* 的分布正好是具有 $K-1$ 自由度的 t 分布。因此，在小样本情况下，我们不使用标准正态分布来推导置信区间，而是使用 t 分布。特别是，给定置信水平 $1-\alpha$（或显著性水平 α），选择临界值 $t_{\alpha/2}$，使得具有 $K-1$ 自由度的累积 t 分布函数包含 $\alpha/2$ 的概率质量，即：

$$P(Z_K^* \geqslant t_{\alpha/2}) = 1 - T_{K-1}(t_{\alpha/2}) = \alpha/2$$

其中，T_{K-1} 是具有 $K-1$ 自由度的 t 分布的累积分布函数。因为 t 分布关于均值对称，所以：

$$P\left(\hat{\mu} - t_{\alpha/2}\frac{\hat{\sigma}}{\sqrt{K}} \leqslant \mu \leqslant \hat{\mu} + t_{\alpha/2}\frac{\hat{\sigma}}{\sqrt{K}}\right) = 1-\alpha \tag{22.25}$$

因此，真实均值 μ 的 $100(1-\alpha)\%$ 置信区间为

$$\left(\hat{\mu} - t_{\alpha/2}\frac{\hat{\sigma}}{\sqrt{K}} \leqslant \mu \leqslant \hat{\mu} + t_{\alpha/2}\frac{\hat{\sigma}}{\sqrt{K}}\right) \tag{22.26}$$

注意区间对 α 和样本大小 K 有依赖性。

图 22-6 展示了对应不同 K 值的 t 分布密度函数。它还展示了标准正态密度函数。可以观察到，与正态分布相比，t 分布有更多的概率集中在尾部。此外，随着 K 的增加，t 分布迅速收敛于标准正态分布，这与大样本情况一致。因此，对于大样本，可以使用通常的 $z_{\alpha/2}$ 阈值。

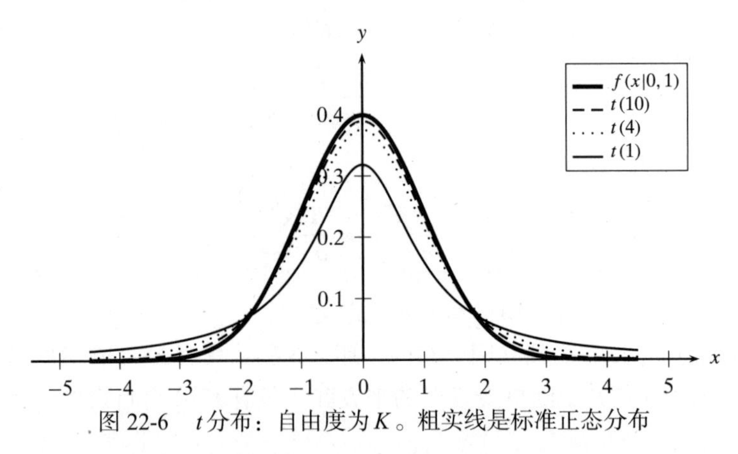

图 22-6　t 分布：自由度为 K。粗实线是标准正态分布

例 22.10 思考例 22.9，对于 5 折交叉验证，估计的错误率均值为 $\hat{\mu}_\theta = 0.233$，估计的方差为 $\hat{\sigma}_\theta = 0.0913$。

由于样本较小（$K=5$），因此利用 t 分布可以得到较好的置信区间。对于自由度 $K-1=4$ 和 $1-\alpha=0.95$（$\alpha=0.05$），我们使用 t 分布的分位数函数得到 $t_{\alpha/2}=2.776$。因此：

$$t_{\alpha/2}\frac{\hat{\sigma}_\theta}{\sqrt{K}} = 2.776\times\frac{0.0913}{\sqrt{5}} \approx 0.113$$

95% 置信区间为

$$(0.233-0.113, 0.233+0.113) = (0.12, 0.346)$$

比例 22.9 中大样本情况下获得的过于乐观的置信区间（0.153, 0.313）宽得多。

对于 $1-\alpha=0.99$，得到 $t_{\alpha/2}=4.604$，因此：

$$t_{\alpha/2}\frac{\hat{\sigma}_\theta}{\sqrt{K}} = 4.604\times\frac{0.0913}{\sqrt{5}} \approx 0.188$$

99% 置信度间为

$$(0.233-0.188, 0.233+0.188) = (0.045, 0.421)$$

这也比例 22.9 中大样本情况下获得的 99% 置信区间（0.128, 0.338）宽得多。

22.2.4 分类器比较：配对 t 检验

本节将介绍一种方法，使用该方法可以检验两种不同的分类器 M^A 和 M^B 的分类性能是否存在显著差异。我们要评估哪一个分类器在给定的数据集 $\boldsymbol{D}$ 上具有更好的分类性能。按照上述评估方法，可以使用 K 折交叉验证（或自助抽样）方法，并将它们在各折上的性能列在表格中，两个分类器具有相同的折。也就是说，我们进行配对检验，即两个分类器在相同的数据上进行训练和测试。设 $\theta_1^A,\theta_2^A,\cdots,\theta_K^A$ 和 $\theta_1^B,\theta_2^B,\cdots,\theta_K^B$ 分别表示 M_A 和 M_B 的性能值。为了确定两个分类器是否具有不同或相似的性能，将随机变量 δ_i 定义为它们在第 i 个数据集上的性能差：

$$\delta_i = \theta_i^A - \theta_i^B$$

现在思考对性能差的期望值和方差的估计：

$$\hat{\mu}_\delta = \frac{1}{K}\sum_{i=1}^{K}\delta_i \qquad \hat{\sigma}_\delta^2 = \frac{1}{K}\sum_{i=1}^{K}(\delta_i - \hat{\mu}_\delta)^2$$

我们可以建立一个假设检验框架来确定 M^A 和 M^B 的性能是否存在统计上的显著差异。零假设 H_0 是它们的性能相同，即真实期望差值为 0，而备择假设 H_a 是它们的性能不同，即真实期望差值 μ_δ 不为 0：

$$H_0:\ \mu_\delta = 0 \qquad H_a:\ \mu_\delta \neq 0$$

针对估计的期望差值定义 z 分数随机变量，如下所示：

$$Z_\delta^* = \sqrt{K}\left(\frac{\hat{\mu}_\delta - \mu_\delta}{\hat{\sigma}_\delta}\right)$$

遵循与式（22.24）相似的论点，Z_δ^*服从自由度为$K-1$的t分布。然而，在零假设下，$\mu_\delta=0$，因此：

$$Z_\delta^*=\frac{\sqrt{K}\hat{\mu}_\delta}{\hat{\sigma}_\delta}\sim t_{K-1} \tag{22.27}$$

其中，符号$Z_\delta^*\sim t_{K-1}$表示Z_δ^*服从具有$K-1$自由度的t分布。

给定置信水平$1-\alpha$（或显著性水平α），我们得到：

$$P(-t_{\alpha/2}\leqslant Z_\delta^*\leqslant t_{\alpha/2})=1-\alpha$$

换句话说，如果$Z_\delta^*\notin(-t_{\alpha/2},t_{\alpha/2})$，那么我们能够以$100(1-\alpha)\%$置信度拒绝零假设。在这种情况下，我们认为$M^A$和$M^B$的性能有显著的差异。此外，如果$Z_\delta^*$确实落在上述置信区间内，那么接受零假设，即认为$M^A$和$M^B$的性能基本相同。配对$t$检验的伪代码如算法22.4所示。

算法 22.4　基于交叉验证的配对 t 检验

PAIRED t-TEST($1-\alpha$, K, D):
1 $\boldsymbol{D}\leftarrow$ randomly shuffle $\boldsymbol{D}$
2 $\{\boldsymbol{D}_1,\boldsymbol{D}_2,\cdots,\boldsymbol{D}_K\}\leftarrow$ partition $\boldsymbol{D}$ in K equal parts
3 **for** $i\in[1,K]$ **do**
4 　$M_i^A,M_i^B\leftarrow$ train the two different classifiers on $\boldsymbol{D}\setminus\boldsymbol{D}_i$
5 　$\theta_i^A,\theta_i^B\leftarrow$ assess M_i^A and M_i^B on $\boldsymbol{D}_i$
6 　$\delta_i\leftarrow\theta_i^A-\theta_i^B$
7 $\hat{\mu}_\delta\leftarrow\frac{1}{K}\sum_{i=1}^K\delta_i$ `// mean`
8 $\hat{\sigma}_\delta^2\leftarrow\frac{1}{K}\sum_{i=1}^K(\delta_i-\hat{\mu}_\delta)^2$ `// variance`
9 $Z_\delta^*\leftarrow\frac{\sqrt{K}\cdot\hat{\mu}_\delta}{\hat{\sigma}_\delta}$ `// test statistic value`
10 $t_{\alpha/2}\leftarrow T_{K-1}^{-1}(1-\alpha/2)$ `// compute critical value`
11 **if** $Z_\delta^*\in(-t_{\alpha/2},t_{\alpha/2})$ **then**
12 　Accept H_0; both classifiers have similar performance
13 **else**
14 　Reject H_0; classifiers have significantly different performance

例 22.11　思考例22.1的二维鸢尾花数据集，共有$k=3$个类。通过5折交叉验证，比较朴素贝叶斯分类器（M^A）和完全贝叶斯分类器（M^B）。使用错误率作为性能度量，得到以下错误率值及其在每个折数据上的差值：

i	1	2	3	4	5
θ_i^A	0.233	0.267	0.1	0.4	0.3
θ_i^B	0.2	0.2	0.167	0.333	0.233
δ_i	0.033	0.067	−0.067	0.067	0.067

估计的期望差值和方差为

$$\hat{\mu}_\delta=\frac{0.167}{5}=0.033\qquad \hat{\sigma}_\delta^2=0.00333\qquad \hat{\sigma}_\delta=\sqrt{0.00333}\approx 0.0577$$

z分数值如下：

$$Z_\delta^* = \frac{\sqrt{K}\hat{\mu}_\delta}{\hat{\sigma}_\delta} = \frac{\sqrt{5}\times 0.033}{0.0577} \approx 1.28$$

根据例 22.10，对于 $1-\alpha=0.95$（或 $\alpha=0.05$）和自由度 $K-1=4$，得到 $t_{\alpha/2}=2.776$。因为：

$$Z_\delta^* = 1.28 \in (-2.776, 2.776) = (-t_{\alpha/2}, t_{\alpha/2})$$

所以我们不能拒绝零假设。相反，要接受 $\mu_\delta=0$ 的零假设，即对于这个数据集，朴素贝叶斯分类器和完全贝叶斯分类器之间没有显著差异。

22.3 偏差 – 方差分解

给定训练集 $\boldsymbol{D}=\{\boldsymbol{x}_i^{\mathrm{T}}, y_i\}_{i=1}^n$，其中包括 n 个点 $\boldsymbol{x}_i \in \mathbb{R}^d$，以及对应的类标签 y_i，经过学习分类模型 M 能够预测给定测试点 $\boldsymbol{x}$ 的类。上面描述的各种性能度量主要通过列出分类错误的点的比例来最小化预测错误。然而，在许多应用中，错误的预测可能会增加成本。误损函数（loss function）指定了当真实类为 y 时，预测为 $\hat{y}=M(\boldsymbol{x})$ 的成本或惩罚。常用的分类误损函数是零一误损（zero-one loss），定义为

$$L(y, M(\boldsymbol{x})) = I(M(\boldsymbol{x}) \neq y) = \begin{cases} 0, & M(\boldsymbol{x}) = y \\ 1, & M(\boldsymbol{x}) \neq y \end{cases}$$

因此，如果预测正确，则零一误损分配一个 0 成本，否则分配一个 1 成本。另一个常用的误损函数是平方误损，定义为

$$L(y, M(\boldsymbol{x})) = (y - M(\boldsymbol{x}))^2$$

我们假设各类都取离散值，而不是类别型的。

1. 期望误损

理想或最优分类器应该使误损函数最小化。因为测试用例 $\boldsymbol{x}$ 的真实类是未知的，所以学习分类模型的目标可以被转换为最小化期望误损：

$$E_y[L(y, M(\boldsymbol{x})) | \boldsymbol{x}] = \sum_y L(y, M(\boldsymbol{x})) \cdot P(y|\boldsymbol{x}) \tag{22.28}$$

其中，$P(y|\boldsymbol{x})$ 是给定测试点 $\boldsymbol{x}$，类为 y 的条件概率，E_y 表示对不同的 y 值取期望值。

最小化期望零一误损对应于最小化错误率。这可以通过零一误损展开式（22.28）看出。设 $M(\boldsymbol{x})=c_i$，有：

$$\begin{aligned} E_y[L(y, M(\boldsymbol{x})) | \boldsymbol{x}] &= E_y[I(y \neq M(\boldsymbol{x})) | \boldsymbol{x}] \\ &= \sum_y I(y \neq c_i) \cdot P(y|\boldsymbol{x}) \\ &= \sum_{y \neq c_i} P(y|\boldsymbol{x}) \\ &= 1 - P(c_i|\boldsymbol{x}) \end{aligned}$$

因此，为了使期望误损最小化，我们应该选择后验概率最大的类 c_i，即 $c_i = \mathrm{argmax}_y P(y|\boldsymbol{x})$。根据定义［见式（22.1）］，错误率只是对期望零一误损的估计，所以这种选择也

将错误率降至最低。

2. 偏差和方差

平方误损函数的期望误损为分类问题提供了重要的见解，因为它可以分解为偏差项和方差项。直观地说，分类器的偏差是指其预测决策边界与真实决策边界的系统性偏差，而分类器的方差是指在不同训练集上学习的决策边界的偏差。更正式地说，因为M依赖训练集，给定一个测试点$\boldsymbol{x}$，将其预测值表示为$M(\boldsymbol{x},\boldsymbol{D})$。思考期望平方误损：

$$\begin{aligned}
&E_y[L(y,M(\boldsymbol{x},\boldsymbol{D}))|\boldsymbol{x},\boldsymbol{D}]\\
&=E_y[(y-M(\boldsymbol{x},\boldsymbol{D}))^2|\boldsymbol{x},\boldsymbol{D}]\\
&=E_y[(y\underbrace{-E_y[y|\boldsymbol{x}]+E_y[y|\boldsymbol{x}]}_{\text{加减同一项}}-M(\boldsymbol{x},\boldsymbol{D}))^2|\boldsymbol{x},\boldsymbol{D}]\\
&=E_y[(y-E_y[y|\boldsymbol{x}])^2|\boldsymbol{x},\boldsymbol{D}]+E_y[(M(\boldsymbol{x},\boldsymbol{D})-E_y[y|\boldsymbol{x}])^2|\boldsymbol{x},\boldsymbol{D}]+\\
&\quad E_y[2(y-E_y[y|\boldsymbol{x}])\cdot(E_y[y|\boldsymbol{x}]-M(\boldsymbol{x},\boldsymbol{D}))|\boldsymbol{x},\boldsymbol{D}]\\
&=E_y[(y-E_y[y|\boldsymbol{x}])^2|\boldsymbol{x},\boldsymbol{D}]+(M(\boldsymbol{x},\boldsymbol{D})-E_y[y|\boldsymbol{x}])^2+\\
&\quad 2(E_y[y|\boldsymbol{x}]-M(\boldsymbol{x},\boldsymbol{D}))\cdot\underbrace{(E_y[y|\boldsymbol{x}]-E_y[y|\boldsymbol{x}])}_{0}\\
&=\underbrace{E_y[(y-E_y[y|\boldsymbol{x}])^2|\boldsymbol{x},\boldsymbol{D}]}_{\mathrm{var}(y|\boldsymbol{x})}+\underbrace{(M(\boldsymbol{x},\boldsymbol{D})-E_y[y|\boldsymbol{x}])^2}_{\text{平方误差}}
\end{aligned} \tag{22.29}$$

上面利用了这样一个事实：对于任意随机变量X和Y，以及对于任意常数a，有$E[X+Y]=E[X]+E[Y]$，$E[aX]=aE[X]$，$E[a]=a$。式（22.29）中的第一项是给定$\boldsymbol{x}$时y的方差。第二项是预测值$M(\boldsymbol{x},\boldsymbol{D})$和期望值$E_y[y|\boldsymbol{x}]$的平方误差。因为这一项依赖于训练集，所以可以通过对大小为n的所有可能的训练集求平均值来消除这种依赖性。给定测试点$\boldsymbol{x}$在所有训练集上的期望平方误差如下：

$$\begin{aligned}
&E_{\boldsymbol{D}}[(M(\boldsymbol{x},\boldsymbol{D})-E_y[y|\boldsymbol{x}])^2]\\
&=E_{\boldsymbol{D}}[(M(\boldsymbol{x},\boldsymbol{D})\underbrace{-E_{\boldsymbol{D}}[M(\boldsymbol{x},\boldsymbol{D})]+E_{\boldsymbol{D}}[M(\boldsymbol{x},\boldsymbol{D})]}_{\text{加减同一项}}-E_y[y|\boldsymbol{x}])^2]\\
&=E_{\boldsymbol{D}}[(M(\boldsymbol{x},\boldsymbol{D})-E_{\boldsymbol{D}}[M(\boldsymbol{x},\boldsymbol{D})])^2]+E_{\boldsymbol{D}}[(E_{\boldsymbol{D}}[M(\boldsymbol{x},\boldsymbol{D})]-E_y[y|\boldsymbol{x}])^2]\\
&\quad+2(E_{\boldsymbol{D}}[M(\boldsymbol{x},\boldsymbol{D})]-E_y[y|\boldsymbol{x}])\cdot\underbrace{(E_{\boldsymbol{D}}[M(\boldsymbol{x},\boldsymbol{D})]-E_{\boldsymbol{D}}[M(\boldsymbol{x},\boldsymbol{D})])}_{0}\\
&=\underbrace{E_{\boldsymbol{D}}[(M(\boldsymbol{x},\boldsymbol{D})-E_{\boldsymbol{D}}[M(\boldsymbol{x},\boldsymbol{D})])^2]}_{\text{方差}}+\underbrace{(E_{\boldsymbol{D}}[M(\boldsymbol{x},\boldsymbol{D})]-E_y[y|\boldsymbol{x}])^2}_{\text{偏差}}
\end{aligned} \tag{22.30}$$

这意味着给定测试点的期望平方误差可以分解为偏差项和方差项。结合式（22.29）和式（22.30），所有测试点$\boldsymbol{x}$在大小为n的训练集$\boldsymbol{D}$上的期望平方误损可分解为噪声项、方差项和偏差项：

$$
\begin{aligned}
&E_{x,D,y}[(y-M(x,D))^2]\\
&=E_{x,D,y}[(y-E_y[y|x])^2|x,D]+E_{x,D}[(M(x,D)-E_y[y|x])^2]\\
&=\underbrace{E_{x,y}[(y-E_y[y|x])^2]}_{\text{噪声}}+\underbrace{E_{x,D}[(M(x,D)-E_D[M(x,D)])^2]}_{\text{平均方差}}\\
&\quad+\underbrace{E_x[(E_D[M(x,D)]-E_y[y|x])^2]}_{\text{平均偏差}}
\end{aligned}
\tag{22.31}
$$

因此，所有测试点和训练集上的期望平方误损可以分解为三项：噪声、平均偏差和平均方差。噪声项是所有测试点 $\boldsymbol{x}$ 上的平均方差 $\mathrm{var}(y|\boldsymbol{x})$。它独立于模型，为误损贡献固定成本，因此在比较不同分类器时可以忽略。分类器的误损可归因于方差项和偏差项。一般来说，偏差表示模型 M 是否正确。它也反映了我们关于决策边界的定义域的假设。例如，如果决策边界是非线性的，并且我们使用的是线性分类器，那么偏差值可能很大，也就是说，它在不同的训练集上得到的结果都不太正确。此外，非线性的（或更复杂的）分类器更可能捕获正确的决策边界，因此偏差较小。然而，这并不一定意味着复杂的分类器更好，因为我们还必须考虑方差项，方差衡量分类器决策的不一致性。复杂的分类器会引入更复杂的决策边界，因此可能会出现过拟合问题，也就是说，它可能会尝试对训练数据中的所有细微差别进行建模，因此可能会受到训练集中的小变化的影响，从而导致较大的方差。

一般而言，期望误损可归因于大偏差或大方差，通常需要在这两项之间进行权衡。理想情况下，我们在这些对立趋势之间寻求平衡，也就是说，我们更倾向于选择一个偏差（反映定义域或数据集相关的假设）可接受且方差尽可能小的分类器。

例 22.12 图 22-7 使用鸢尾花主成分数据集演示了偏差和方差之间的权衡，该数据集有 $n=150$ 个点和 $k=2$ 个类（$c_1=+1$，$c_2=-1$）。我们通过自助抽样来构造 $K=10$ 个训练数据集，并使用（齐次）二次核训练 SVM 分类器，正则化常数 C 从 10^{-2} 到 10^2 不等。

C 控制着松弛变量的权重，与超平面的间隔相反（参见 21.3 节）。较小的 C 值强调间隔，而较大的 C 值试图最小化松弛项。图 22-7a、图 22-7b 和图 22-7c 显示，SVM 模型的方差随着 C 的增加而增大，这可以从不同的决策边界看出。图 22-7d 绘制了对应不同 C 值的平均方差和平均偏差，以及期望误损。偏差 – 方差权衡是显而易见的，因为随着 C 值的增大，偏差减少，方差增大。当 $C=1$ 时，期望误损最小。

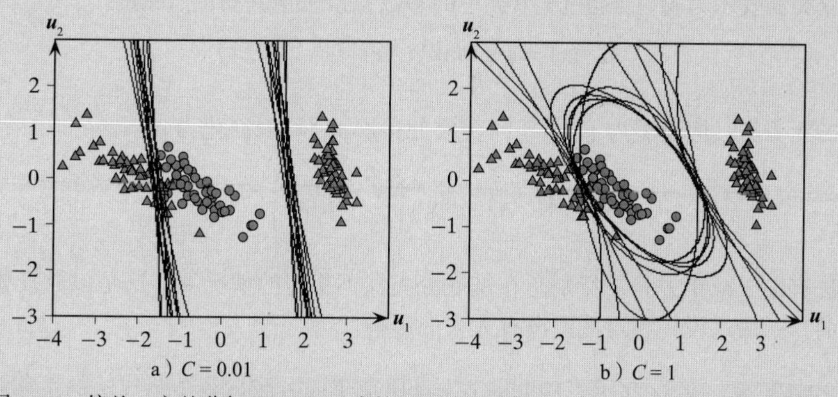

a）$C=0.01$　　b）$C=1$

图 22-7　偏差 – 方差分解：SVM 二次核。图中给出了 $K=10$ 个自助样本的决策边界

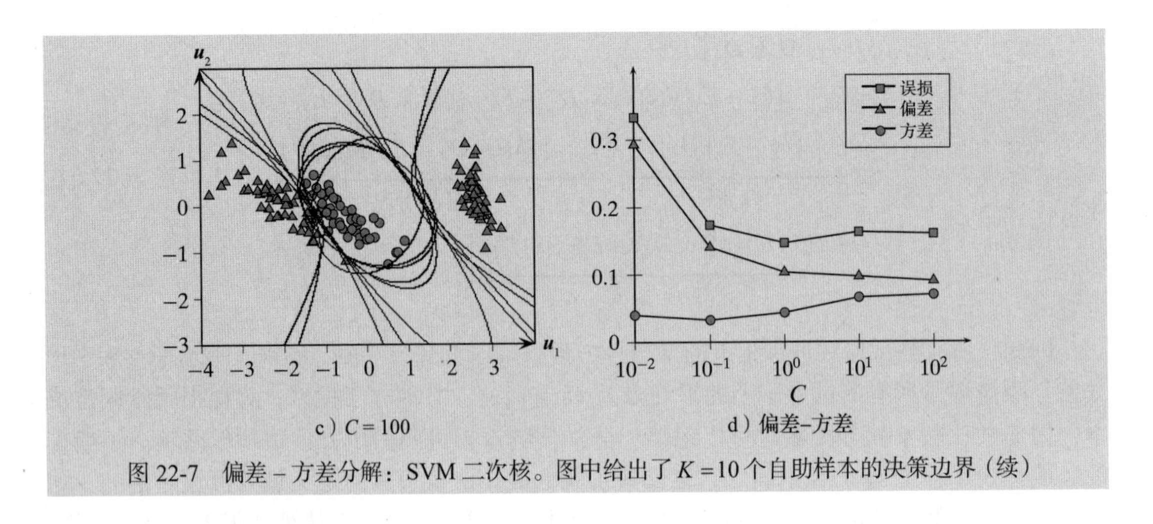

图 22-7　偏差－方差分解：SVM 二次核。图中给出了 $K=10$ 个自助样本的决策边界（续）

22.4　合成分类器

如果训练集中的微小变动会导致预测或决策边界发生较大变化，则称该分类器为不稳定的。大方差的分类器本质上是不稳定的，因为它们倾向于过拟合数据。此外，大偏差方法通常欠拟合数据，因此通常有较小的方差。无论哪种情况，学习的目的都是通过减小方差或偏差（理想情况下两者都满足）来减少分类错误。集成方法使用多个基底分类器（base classifier）的输出来创建一个合成分类器（combined classifier），这些基底分类器在不同的数据子集上进行训练。合成分类器可以根据训练数据的选取方式和基底分类器的稳定性来减小方差和偏差，从而获得更好的整体性能。

22.4.1　装袋法

装袋法（bagging）又称为自助聚合（bootstrap aggregation），是一种集成分类方法，它使用输入训练集 $\boldsymbol{D}$ 的多个自助样本（有放回）来创建稍微不同的训练集 $\boldsymbol{D}_t(t=1,2,\cdots,K)$，学习不同的基底分类器 M_t（在 $\boldsymbol{D}_t$ 上训练）。给定测试点 $\boldsymbol{x}$，首先使用 K 个基底分类器 M_t 对其进行分类。设将 $\boldsymbol{x}$ 的类预测为 c_j 的分类器的数目为

$$v_j(\boldsymbol{x}) = |\{M_t(\boldsymbol{x}) = c_j \mid t = 1, \cdots, K\}|$$

合成分类器表示为 $\boldsymbol{M}^K$，通过 k 个类中的多数投票来预测测试点 $\boldsymbol{x}$ 的类：

$$\boldsymbol{M}^K(\boldsymbol{x}) = \arg\max_{c_j} \{v_j(\boldsymbol{x}) \mid j = 1, \cdots, k\}$$

对于二元分类，假设类为 $\{+1,-1\}$，合成分类器 $\boldsymbol{M}^K$ 可以简化为

$$\boldsymbol{M}^K(\boldsymbol{x}) = \operatorname{sign}\left(\sum_{t=1}^{K} M_t(\boldsymbol{x})\right)$$

装袋法有助于减小方差，特别是在基底分类器不稳定的情况下，这是多数投票的平均效应所导致的。一般来说，它对偏差没有太大的影响。

例 22.13　图 22-8a 演示了例 22.12 中鸢尾花主成分数据集中装袋法的平均效应。该图展示了使用 $C=1$ 的齐次二次核的 SVM 决策边界。基于 $K=10$ 个自助样本训练基底

SVM 分类器。合成分类器以粗体显示。

图 22-8b 给出了在保持 $C=1$ 的情况下，针对不同 K 值获得的合成分类器。所选 K 值对应的零一误损和平方误损如下：

K	零一误损	平方误损
3	0.047	0.187
5	0.04	0.16
8	0.02	0.10
10	0.027	0.113
15	0.027	0.107

在 $K=3$（粗灰色）时训练性能最差，在 $K=8$（粗黑色）时训练性能最优。

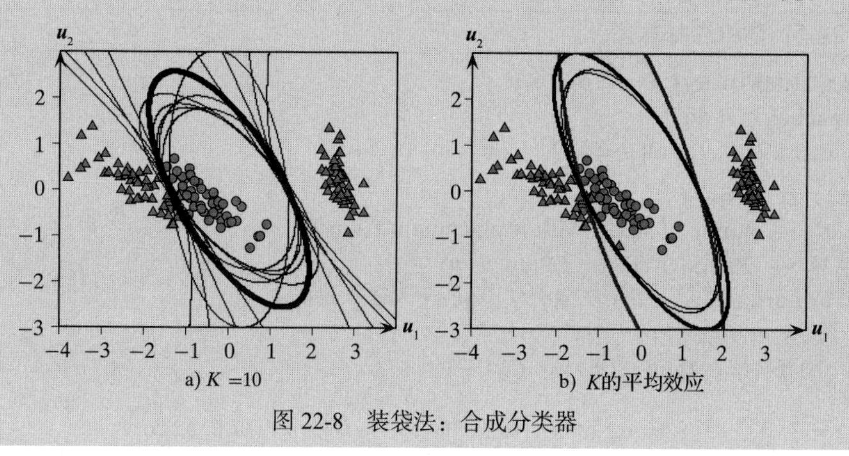

a) $K=10$　　b) K的平均效应

图 22-8　装袋法：合成分类器

22.4.2　随机森林：装袋决策树

随机森林（random forest）是 K 个分类器 $M_1,\cdots,M_K$ 的集合，其中每个分类器都是从不同的自助样本创建的决策树。然而，与装袋法的关键区别在于，树是通过在决策树的每个内部节点上随机抽取属性子集来构建的。一般来说，决策树可以模拟类之间复杂的决策边界，因此具有小偏差和大方差。如果简单地对几棵决策树进行装袋，它们很可能彼此相似，因此很大程度上我们观察不到装袋的方差减小效应。我们需要的是树的多样性，这样当我们平均其决策时，会看到更强的装袋方差减小效应。属性的随机抽样导致了合成过程中树之间的相关性减弱。

设 $\boldsymbol{D}$ 是由 n 个点 $\boldsymbol{x}_j\in\mathbb{R}^d$ 和相应的类 y_j 组成的训练数据集，$\boldsymbol{D}_t$ 表示通过有放回抽样从 $\boldsymbol{D}$ 中提取的大小为 n 的第 t 个自助样本。设 $p\leqslant d$ 表示用于评估分割点的样本属性数（见 19.2 节）。随机森林算法使用第 t 个自助样本，通过决策树方法（参见算法 19.1）学习决策树模型 M_t，其中有一个主要变化。寻找最佳分割点时，它没有使用所有 d 个属性，而是随机对 pled 属性进行采样，仅基于这些属性计算分割点。p 的典型值等于属性数的平方根，即 $p=\sqrt{d}$，尽管这可以针对不同的数据集进行调整。

K 个决策树 $M_1,M_2,\cdots,M_K$ 组成随机森林模型 $\boldsymbol{M}^K$，该模型像在装袋法中那样通过多数投票的方式预测测试点 $\boldsymbol{x}$ 的类：

$$\boldsymbol{M}^K(\boldsymbol{x})=\underset{c_j}{\arg\max}\{v_j(\boldsymbol{x})\mid j=1,\cdots,k\}$$

其中，v_j 是将 $\boldsymbol{x}$ 的类预测为 c_j 的树的数目，即：

$$v_j(\boldsymbol{x}) = |\{M_t(\boldsymbol{x}) = c_j \mid t = 1, \cdots, K\}|$$

注意，如果 $p=d$，那么随机森林方法相当于决策树模型上的装袋法。

随机森林分类器的伪代码如算法 22.5 所示。输入参数包括训练数据集 $\boldsymbol{D}=\{\boldsymbol{x}_i, y_i\}_{i=1}^n$、集合 K 中树的数目、抽取的属性数 p、最大叶子节点大小 η 以及最小纯度 π。该算法生成大小为 n 的 K 个自助样本 $\boldsymbol{D}_t$，并以 $\boldsymbol{D}_t$ 为训练数据构建决策树模型 M_t。对 DECISIONTREE 的调用引用了算法 19.1，该算法使树进行生长，直到每个叶子节点都满足大小或纯度阈值。唯一的区别是，在第 9 行中，我们没有使用所有属性 X_i，而是随机抽取 p 个属性，并只基于这些属性计算分割点。随机森林分类器由 K 个决策树 $\{M_1, M_2, \cdots, M_K\}$ 组成。

算法 22.5　随机森林算法

```
RandomForest D, K, p, η, π):
1  foreach x_i ∈ D do
2  └ v_j(x_i) ← 0, for all j = 1, 2, ···, k
3  for t ∈ [1, K] do
4      D_t ← sample of size n with replacement from D
5      M_t ← DecisionTree (D_t, η, π, p)
6      foreach (x_i, y_i) ∈ D \ D_t do // out-of-bag votes
7          ŷ_i ← M_t(x_i)
8          if ŷ_i = c_j then v_j(x_i) = v_j(x_i) + 1
9  ε_oob = (1/n) · Σ_{i=1}^n I(y_i ≠ argmax_{c_j} {v_j(x_i)|(x_i, y_i) ∈ D}) // OOB error
10 return {M_1, M_2, ···, M_K}
```

给定自助样本 $\boldsymbol{D}_t$，$\boldsymbol{D}\backslash\boldsymbol{D}_t$ 中的任何点都称为分类器 M_t 的袋外点（out-of-bag point），因为它不用于训练 M_t。自助样本的一个好处是，可以通过考虑每个模型 M_t 对其袋外点的预测，来计算随机森林的袋外错误率。设 $v_j(\boldsymbol{x})$ 是集合中所有决策树对类 c 的投票数，其中 $\boldsymbol{x}$ 是袋外点。如果 $\hat{y}=M_t(\boldsymbol{x})=c_j$，且 $\boldsymbol{x}$ 对于 M_t 来说为袋外点，那么可以在训练每个分类器 M_t 之后通过增加 $v_j(\boldsymbol{x})$ 值来聚合这些投票。随机森林的袋外（Out-Of-Bag，OOB）错误率如下：

$$\epsilon_{\text{oob}} = \frac{1}{n} \cdot \sum_{i=1}^{n} I(y_i \neq \arg\max_{c_j}\{v_j(\boldsymbol{x}_i) | (\boldsymbol{x}_i, y_i) \in \boldsymbol{D}\})$$

这里，I 是一个指示函数，如果参数为真，则为 1，否则为 0。换言之，我们计算出每个点 $\boldsymbol{x}_i \in \boldsymbol{D}$ 的袋外多数类，并检查它是否与真实的类 y_i 匹配。袋外错误率等于袋外多数类与真实类不匹配的点的比例。袋外错误率与交叉验证错误率非常接近，可以代替 k 折交叉验证去评估随机森林模型。

例 22.14（随机森林）　这里举例说明鸢尾花主成分数据集上的随机森林方法，如图 22-9 所示，该数据集包含二维空间中的 $n=150$ 个点。这项任务是将 Iris-versicolor（类 c_1；圆圈）与其他两类鸢尾花（类 c_2；三角形）分开。因为这个数据集中只有两个属性，所以我们评估决策树中的每个分割点时随机选取 $p=1$ 个属性。每个决策树使用 $\eta=3$ 生长，即最大叶子节点大小为3（默认最小纯度 $\pi=1.0$）。使用不同的自助样本使 $K=5$ 个决策树生长。随机森林的决策边界在图中以粗体显示。训练数据的错误率为2.0%。然而，袋外错误率为49.33%，在这种情况下过于悲观，因为数据集中只有两个属性，我们只使用一个属性来评估每个分割点。

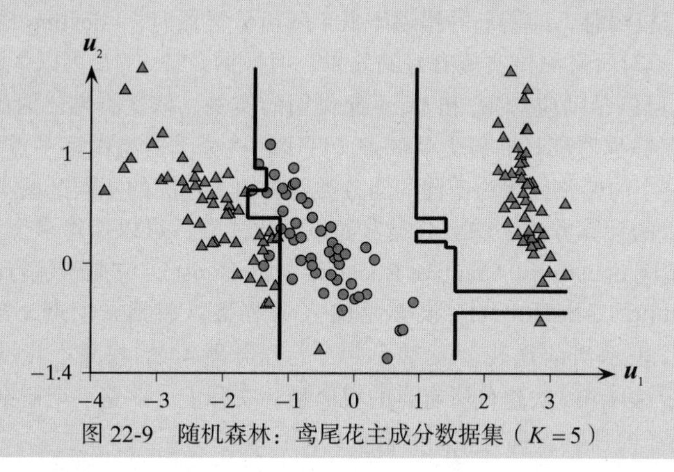

图22-9 随机森林：鸢尾花主成分数据集（$K=5$）

例22.15（随机森林：变量为 K） 为了更好地了解随机森林中的袋外错误率和树的数目，我们使用有4个属性（$d=4$）和3个类（$k=3$）的完整鸢尾花数据集。设 $p=\sqrt{d}=2$，每个决策树只对2个属性进行抽样，以评估每个分割点，设定 $\eta=3$，$\pi=1.0$。

表22-6给出了不同数目的树构成的随机森林模型的袋外错误率 ϵ_{oob} 和训练错误率 ϵ，K 从1到10。然而，我们只通过少数树就得到较小的训练错误率，可以看到，随着树的数目增加，袋外错误率迅速减小。对于这个数据集，使用9到10棵树就足以获得较小的袋外错误率。

表22-6 随机森林：鸢尾花数据，变量为 K

K	ϵ_{oob}	ϵ
1	0.4333	0.0267
2	0.2933	0.0267
3	0.1867	0.0267
4	0.1200	0.0400
5	0.1133	0.0333
6	0.1067	0.0400
7	0.0733	0.0333
8	0.0600	0.0267
9	0.0467	0.0267
10	0.0467	0.0267

22.4.3 boosting

boosting是另一种在不同样本上训练基底分类器的集成方法。然而，其主要思想是仔细选择样本，以提升（boost）较难分类的实例的性能。从初始训练样本 $\boldsymbol{D}_1$ 开始，训练基底分类器 M_1，得到其训练错误率。为了构建下一个样本 $\boldsymbol{D}_2$，以更高的概率选择被误分类的实例，对 M_2 进行训练，得到其训练错误率。为了构建 $\boldsymbol{D}_3$，以更高的概率选择那些很难用 M_1 或 M_2 分类的实例。重复这一过程 K 次。因此，与使用输入数据集的独立随机样本的装袋法不同，boosting 使用加权或有偏差的样本来构建不同的训练集，每一个当前样本都依赖于先前的样本。最后，合成分类器通过对 K 个基底分类器 $M_1, M_2, \cdots, M_K$ 的输出的加权投票来得到。

当基底分类器较弱时，即它们的错误率低于随机分类器时，boosting 最有利。其基本思想是，尽管 M_1 并不对所有测试实例有好的效果，但根据设计，M_2 可以帮助应对 M_1 不起作用的实例，而 M_3 可以帮助应对 M_1 和 M_2 不起作用的实例，依次类推。因此，boosting 可以减小偏差。每个弱分类器都具有较大的偏差（只比随机分类器稍微好一点），但是最终的合成分类器可能有更小的偏差，因为不同的弱分类器对输入空间的不同区域实例进行分类。基于采样时实例权重的计算方式、基底分类器的组合方式等，可以获得多个 boosting 的变体。我们现在讨论自适应 boosting（Adaptive Boosting , AdaBoost），它是最流行的一种变体。

自适应 boosting（AdaBoost） 设 $\boldsymbol{D}$ 是输入训练集，包括 n 个点 $\boldsymbol{x}_i \in \mathbb{R}^d$。boosting 过程重复 K 次。设 t 表示当前迭代，α_t 表示第 t 个分类器 M_t 的权重。设 w_i^t 表示 $\boldsymbol{x}_i$ 的权重，$\boldsymbol{w}^t = (w_1^t, w_2^t, \cdots, w_n^t)^{\mathrm{T}}$ 表示第 t 次迭代所有点的权向量。实际上，$\boldsymbol{w}$ 是一个概率向量，它的所有元素之和为 1。初始时所有点都有相同的权重，即：

$$\boldsymbol{w}^0 = \left(\frac{1}{n}, \frac{1}{n}, \ldots, \frac{1}{n}\right)^{\mathrm{T}} = \frac{1}{n}\mathbf{1}$$

其中，$\mathbf{1} \in \mathbb{R}^n$ 是一个全为 1 的 n 维向量。

AdaBoost 的伪代码如算法 22.6 所示。在第 t 次迭代中，训练样本 $\boldsymbol{D}_t$ 通过分布 $\boldsymbol{w}^{t-1}$ 的加权再抽样获得，即有放回地抽取一个大小为 n 的样本，使得第 i 个点根据其概率 w_i^{t-1} 被选择。接着，使用 $\boldsymbol{D}_t$ 训练分类器 M_t，并在整个输入数据集 $\boldsymbol{D}$ 上计算其加权错误率 ϵ_t：

$$\epsilon_t = \sum_{i=1}^{n} w_i^{t-1} \cdot I(M_t(\boldsymbol{x}_i) \neq y_i)$$

其中，I 是一个指示函数，当其参数为真（即 M_t 错误分类 $\boldsymbol{x}_i$）时，值为 1，否则为 0。

算法 22.6　自适应 boosting 算法：AdaBoost

AdaBoost(K, $\boldsymbol{D}$):
1 $\boldsymbol{w}^0 \leftarrow \left(\frac{1}{n}\right) \cdot \mathbf{1} \in \mathbb{R}^n$
2 $t \leftarrow 1$
3 **while** $t \leqslant K$ **do**
4 　$\boldsymbol{D}_t \leftarrow$ weighted resampling with replacement from $\boldsymbol{D}$ using $\boldsymbol{w}^{t-1}$
5 　$M_t \leftarrow$ train classifier on $\boldsymbol{D}_t$
6 　$\epsilon_t \leftarrow \sum_{i=1}^{n} w_i^{t-1} \cdot I(M_t(\boldsymbol{x}_i) \neq y_i)$ `// weighted error rate on` $\boldsymbol{D}$
7 　**if** $\epsilon_t = 0$ **then break**
8 　**else if** $\epsilon_t < 0.5$ **then**
9 　　$\alpha_t = \ln\left(\frac{1-\epsilon_t}{\epsilon_t}\right)$ `// classifier weight`
10 　　**for** $i \in [1, n]$ **do**
　　　`// update point weights`
11 　　　$w_i^t = \begin{cases} w_i^{t-1} & \text{if } M_t(\boldsymbol{x}_i) = y_i \\ w_i^{t-1}\left(\frac{1-\epsilon_t}{\epsilon_t}\right) & \text{if } M_t(\boldsymbol{x}_i) \neq y_i \end{cases}$

```
12 |  | w^t = w^t / (1^T w^t) // normalize weights
13 |  | t ← t+1
14 return {M_1, M_2, ···, M_K}
```

然后将第 t 个分类器的权重 α_t 设为

$$\alpha_t = \ln\left(\frac{1-\epsilon_t}{\epsilon_t}\right)$$

根据每个点 $\boldsymbol{x}_i \in \boldsymbol{D}$ 是否被误分类来更新权重：

$$w_i^t = w_i^{t-1} \cdot \exp\{\alpha_t \cdot I(M_t(\boldsymbol{x}_i) \neq y_i)\}$$

因此，如果预测类与真类匹配，即如果 $M_t(\boldsymbol{x}_i) = y_i$，则 $I(M_t(\boldsymbol{x}_i) \neq y_i) = 0$，点 $\boldsymbol{x}_i$ 的权重保持不变。此外，如果点被误分类，即 $M_t(\boldsymbol{x}_i) \neq y_i$，则 $I(M_t(\boldsymbol{x}_i) \neq y_i) = 1$，那么按以下方式更新权重：

$$w_i^t = w_i^{t-1} \cdot \exp\{\alpha_t\} = w_i^{t-1} \exp\left\{\ln\left(\frac{1-\epsilon_t}{\epsilon_t}\right)\right\} = w_i^{t-1}\left(\frac{1}{\epsilon_t} - 1\right)$$

可以观察到，如果错误率 ϵ_t 很小，那么 $\boldsymbol{x}_i$ 的权重增量较大。直觉上来讲，如果一个点被一个较好的分类器（错误率小）错误分类，那么它更有可能被选到下一个训练数据集。此外，如果基底分类器的错误率接近 0.5，则权重变化很小，因为差的分类器（错误率大）可能会对许多实例误分类。请注意，对于二元分类问题，0.5 的错误率对应于随机分类器，即分类器会随机猜测。因此，我们要求基底分类器的错误率至少略好于随机猜测，即 $\epsilon_t < 0.5$。如果错误率 $\epsilon_t \geq 0.5$，则 boosting 方法丢弃该分类器，并返回第 4 行尝试用另一个数据样本训练另外的分类器。当然，我们也可以简单地翻转二元预测。需要强调的是，对于多元（$k>2$）问题，$\epsilon_t < 0.5$ 的要求比二元（$k=2$）的要求要强烈得多，因为在多元情况下，随机分类器的错误率预计为 $\frac{k-1}{k}$。还要注意，如果基底分类器的错误率 $\epsilon_t = 0$，则可以停止 boosting 迭代。

一旦更新了各点的权重，就重新对权重进行归一化处理，得 $\boldsymbol{w}^t$ 仍然为概率向量（第 12 行）：

$$\boldsymbol{w}^t = \frac{\boldsymbol{w}^t}{\boldsymbol{1}^{\mathrm{T}}\boldsymbol{w}^t} = \frac{1}{\sum_{j=1}^n w_j^t}(w_1^t, w_2^t, \cdots, w_n^t)^{\mathrm{T}}$$

合成分类器 给定一组经过提升的分类器 $M_1, M_2, \cdots, M_K$，以及对应的权重 $\alpha_1, \alpha_2, \cdots, \alpha_K$，我们通过加权多数投票获得测试实例 $\boldsymbol{x}$ 的类。设 $v_j(x)$ 表示 K 个分类器关于类 c_j 的加权投票，如下所示：

$$v_j(\boldsymbol{x}) = \sum_{t=1}^{K} \alpha_t \cdot I(M_t(\boldsymbol{x}) = c_j)$$

因为只有当 $M_t(\boldsymbol{x}) = c_j$ 时，$I(M_t(\boldsymbol{x}) = c_j)$ 才是 1，变量 $v_j(x)$ 在考虑分类器权重的情况下，得到的是类 c_j 在 K 个基底分类器中的计数。合成分类器表示为 $\boldsymbol{M}^K$，然后如下预测 $\boldsymbol{x}$ 的类：

$$\boldsymbol{M}^K(\boldsymbol{x}) = \underset{c_j}{\arg\max}\{v_j(\boldsymbol{x}) \mid j = 1, \cdots, k\}$$

在二元分类情况下，类为 $\{+1,-1\}$，合成分类器 $\boldsymbol{M}^K$ 可以更简单地表示为

$$\boldsymbol{M}^K(\boldsymbol{x}) = \text{sign}\left(\sum_{t=1}^{K} \alpha_t M_t(\boldsymbol{x})\right)$$

例 22.16　图 22-10a 演示了在鸢尾花主成分数据集上运行 boosting 方法的情况，使用线性 SVM 作为基底分类器。正则化常数设为 $C=1$。第 t 次迭代学习到的超平面表示为 h_t，因此，分类器模型为 $M_t(\boldsymbol{x})=\text{sign}(h_t(\boldsymbol{x}))$。从训练集上的错误率可以看出，没有任何单独的线性超平面能够很好地区分各类：

M_t	h_1	h_2	h_3	h_4
ϵ_t	0.280	0.305	0.174	0.282
α_t	0.944	0.826	1.559	0.935

然而，当我们按权重 α_t 组合连续超平面的决策时，可以看到合成分类器 $\boldsymbol{M}^K(\boldsymbol{x})$ 的错误率随着 K 的增大而显著下降：

合成分类器	$\boldsymbol{M}^1$	$\boldsymbol{M}^2$	$\boldsymbol{M}^3$	$\boldsymbol{M}^4$
训练错误率	0.280	0.253	0.073	0.047

例如，可以看到，由 h_1、h_2 和 h_3 组成的合成分类器 $\boldsymbol{M}^3$ 已经捕获到了这两类之间的非线性决策边界的基本特征，错误率为 7.3%。通过增加 boosting 步数，我们可以进一步减小训练错误率。

为了评估合成分类器在独立的测试数据集上的性能，我们采用 5 折交叉验证，并将测试错误率和训练错误率绘制为 K 的函数，如图 22-10b 所示。可以看到，随着基底分类器数量 K 的增加，训练错误率和测试错误率都在下降。但是，当训练错误率基本为 0 时，测试错误率不超过 0.02（K=110）。这个例子说明 boosting 可以有效减小偏差。

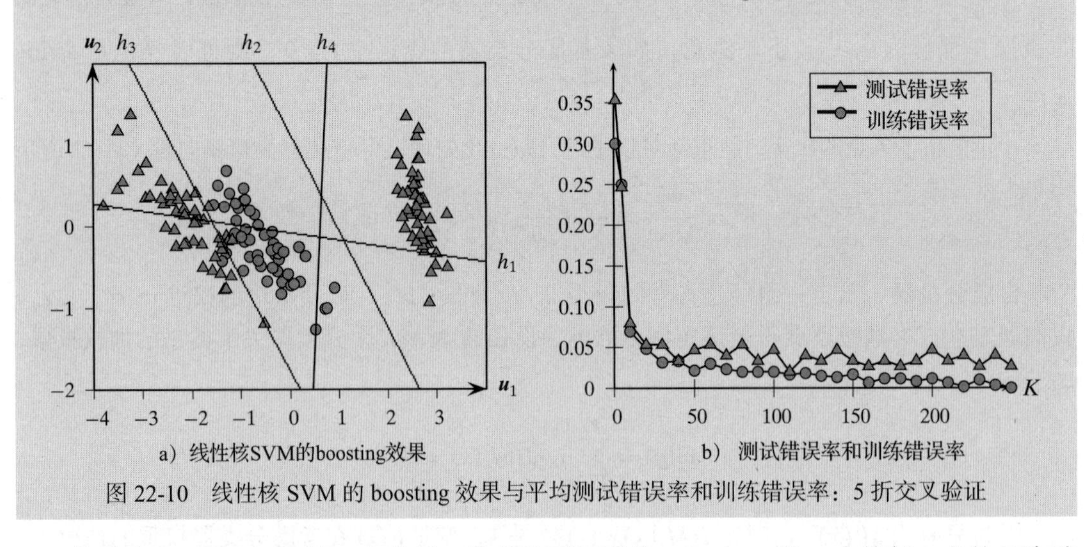

图 22-10　线性核 SVM 的 boosting 效果与平均测试错误率和训练错误率：5 折交叉验证

装袋法是 AdaBoost 的一个特例　装袋法可以看作 AdaBoost 的一个特例，它的 K 次迭代中都有 $\boldsymbol{w}^t=\frac{1}{n}\mathbf{1}$，$\alpha_t=1$。在这种情况下，加权再抽样默认为常规的有放回抽样，测试实例的预测类也默认等同于简单多数投票结果。

22.4.4　堆栈法

堆栈法（stacking）或堆栈泛化（stacked generalization）是一种集成方法，我们采用两层分类器。第一层由 K 个基底分类器组成，这些分类器在整个训练数据 $\boldsymbol{D}$ 上独立训练。但是，这些基底分类器应该尽可能互不相同（或互补），以便它们在输入空间的不同子集上表现良好。第二层包括合成分类器 C，它根据基底分类器的预测类进行训练，以使其自动学习如何组合基底分类器的输出，从而对给定输入进行最终预测。例如，合成分类器可以学习忽略某些输入在基底分类器的输出，该输入位于输入空间的某些区域，而基底分类器在此区域中性能很差。在大多数基底分类器不能正确预测结果的情况下，它还可以学习纠正预测结果。因此，堆栈法是一种估计和校正基底分类器集偏差的策略。

算法 22.7 给出了堆栈法的伪代码。输入为 4 个参数：K 表示基底分类器的数量；$\boldsymbol{M}=\{M_1, M_2,\cdots,M_K\}$ 表示 K 个基底分类器的集合；C 表示合成分类器；$\boldsymbol{D}$ 表示训练数据集，包括 n 个点 $\boldsymbol{x}_i=(x_{i1},x_{i2},\cdots,x_{id})^{\mathrm{T}}$ 及对应的类 y_i。该算法有两个主要阶段：第一阶段（第 1 ～ 2 行）在训练数据集 $\boldsymbol{D}$ 上训练每个基底分类器 M_t；第二阶段（第 3 ～ 7 行），训练合成分类器 C。对于 C，我们创建训练集 $\boldsymbol{Z}$。对于 $\boldsymbol{D}$ 中的每个点 $\boldsymbol{x}_i$，创建点 $z_i\in\mathbb{R}^K$ 来记录每个基底分类器预测的类，即：

$$z_i=(M_1(\boldsymbol{x}_i),M_2(\boldsymbol{x}_i),\cdots,M_K(\boldsymbol{x}_i))^{\mathrm{T}}$$

(z_i,y_i) $(i=1,2,\cdots,n)$ 组成训练数据集 $\boldsymbol{Z}$，用于训练 C。该算法返回基底分类器集和合成分类器。

算法 22.7　堆栈算法

```
    STACKING(K, M, C, D):
    // Train base classifiers
1   for t ∈ [1, K] do
2   └ M_t ← train tth base classifier on D
    // Train combiner model C on Z
3   Z ← Ø
4   foreach (x_i, y_i) ∈ D do
5   │ z_i ← (M_1(x_i), M_2(x_i), ···, M_K(x_i))^T
6   └ Z ← Z ∪ {(z_i, y_i)}
7   C ← train combiner classifier on Z
8   return (C, M_1, M_2, ···, M_K)
```

例 22.17（堆栈法） 我们对鸢尾花主成分数据集使用堆栈法。使用 3 种基底分类器，即线性核 SVM（正则化常数 $C=1$）、随机森林（树数量 $K=5$，随机属性数 $p=1$）和朴素贝叶斯分类器。合成分类器是一个高斯核 SVM（正则化常数 $C=1$，扩散参数 $\sigma^2=0.2$）。

我们在 100 个点的随机子集上进行训练，并在剩下的 50 个点上进行测试。图 22-11 展示了 3 个基底分类器和合成分类器中每个分类器的决策边界：线性 SVM 边界用浅灰色线表示，朴素贝叶斯分类器边界显示为灰色正方形，随机森林边界显示为加号（+），最后的堆栈分类器的边界显示为较粗的黑线。如表 22-7 所示，与基底分类器相比，堆栈分类器的准确率要高得多。

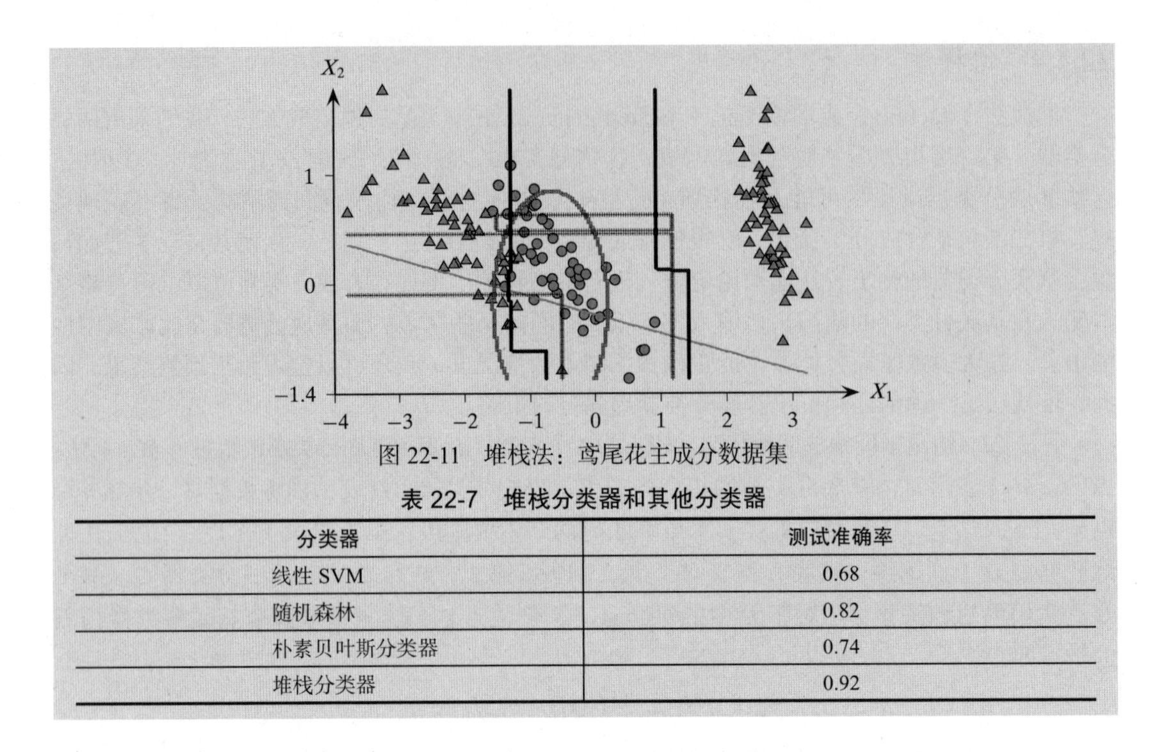

图 22-11　堆栈法：鸢尾花主成分数据集

表 22-7　堆栈分类器和其他分类器

分类器	测试准确率
线性 SVM	0.68
随机森林	0.82
朴素贝叶斯分类器	0.74
堆栈分类器	0.92

22.5　拓展阅读

文献（Provost & Fawcett, 1997）提出了将 ROC 应用于分类器性能的分析，文献（Fawcett, 2006）对 ROC 分析做了很好的介绍。有关自助抽样、交叉验证和其他评估分类准确率的深入描述，请参见文献（Efron & Tibshirani，1993）。对于许多数据集，简单的规则（例如一级决策树）可以产生良好的分类性能；有关详细信息，请参见文献（Holte，1993）。最近关于多个数据集分类器的综述和比较，参见文献（Demšar，2006）。文献（Friedman，1997）对分类的偏差、方差和零一误损进行了讨论，文献（Domingos，2000）对平方误损和零一误损的偏差和方差进行了统一分解。有关分类算法评估的全面概述，参见文献（Japkowicz & Shah，2011）。文献（Breiman，1996）提出了装袋法，文献（Breiman，2001）提出了随机森林。文献（Freund & Schapire，1997）提出了自适应 boosting，文献（Wolpert，1992）提出了堆栈的法。

Breiman, L. (1996). Bagging predictors. *Machine Learning*, 24 (2), 123–140.

Breiman, L. (2001). Random forests. *Machine Learning*, 45 (1), 5–32.

Demšar, J. (2006). Statistical comparisons of classifiers over multiple data sets. *The Journal of Machine Learning Research*, 7, 1–30.

Domingos, P. (2000). A unified bias-variance decomposition for zero-one and squared loss. *Proceedings of the National Conference on Artificial Intelligence*, pp. 564–569.

Efron, B. and Tibshirani, R. (1993). *An Introduction to the Bootstrap*. Vol. 57. Boca Raton, FL: Chapman & Hall/CRC.

Fawcett, T. (2006). An introduction to ROC analysis. *Pattern Recognition Letters*, 27 (8), 861–874.

Freund, Y. and Schapire, R. E. (1997). A decision-theoretic generalization of on-line learning and an application to boosting. *Journal of Computer and System Sciences*, 55 (1), 119–139.

Friedman, J. H. (1997). On bias, variance, 0/1-loss, and the curse-of-dimensionality. *Data Mining and Knowledge Discovery*, 1 (1), 55–77.

Holte, R. C. (1993). Very simple classification rules perform well on most commonly used datasets. *Machine Learning*, 11 (1), 63–90.

Japkowicz, N. and Shah, M. (2011). *Evaluating Learning Algorithms: A Classification Perspective*. New York: Cambridge University Press.

Provost, F. and Fawcett, T. (1997). Analysis and visualization of classifier performance: Comparison under imprecise class and cost distributions. *Proceedings of the 3rd International Conference on Knowledge Discovery and Data Mining*. Menlo Park, CA: AAAI Press, pp. 43–48.

Wolpert, D. H. (1992). Stacked generalization. *Neural Networks*, 5 (2), 241–259.

22.6 练习

Q1. 判断对错：

(a) 分类模型必须要在训练数据集上达到（整体）100% 的准确率。

(b) 分类模型必须要在训练数据集上达到（整体）100% 的覆盖率。

Q2. 根据表 22-8a 中的训练数据和表 22-8b 中的测试数据，回答以下问题：

(a) 使用二分割建立完整的决策树并将基尼指标作为评价指标（参见第 19 章）。

(b) 根据测试数据计算分类器的准确率，并给出每个类的准确率和覆盖率。

表 22-8 Q2 的数据

X	T	Z	类
15	1	A	1
20	3	B	2
25	2	A	1
30	4	A	1
35	2	B	2
25	4	A	1
15	2	B	2
20	3	B	2

a）训练集

X	T	Z	类
10	2	A	2
20	1	B	1
30	3	A	2
40	2	B	2
15	1	B	1

b）测试集

Q3. 证明在二元分类中，boosting 中的合成分类器的多数投票可以表示为

$$\boldsymbol{M}^K(\boldsymbol{x}) = \operatorname{sign}\left(\sum_{t=1}^{K} \alpha_t M_t(\boldsymbol{x})\right)$$

Q4. 思考图 22-12 所示的二维数据集，其中带标签的点分为两类：c_1（三角形）和 c_2（圆圈）。假设这 6 个超平面是从不同的自助样本中学习的。查找每个超平面在整个数据集上的错误率。然后，使用表 22-9 中给出的不同自由度下 t 分布的临界值，计算期望错误率的 95% 置信区间。

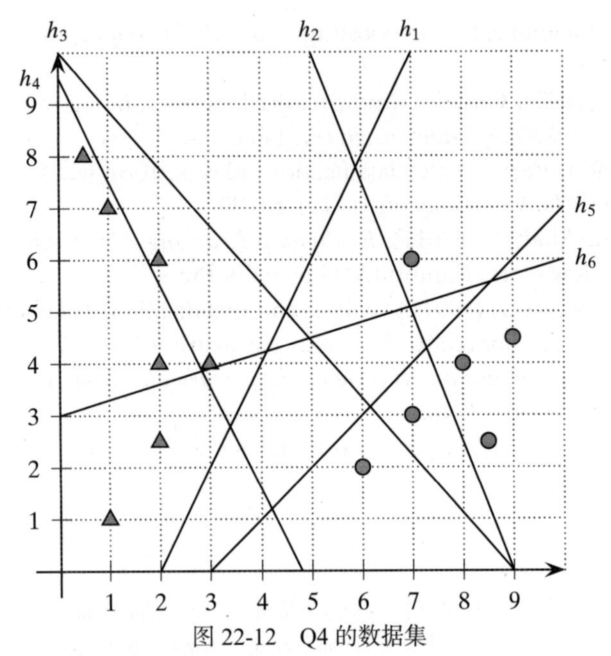

图 22-12　Q4 的数据集

表 22-9　t 检验的临界值

自由度	1	2	3	4	5	6
$t_{\alpha/2}$	12.7062	4.3027	3.1824	2.7764	2.5706	2.4469

Q5. 思考某个分类器得到正类的概率 $P(+1\mid x_i)$，并给出真实类标签 y_i。

绘制这个分类器的 ROC 曲线。

	x_1	x_2	x_3	x_4	x_5	x_6	x_7	x_8	x_9	x_{10}
y_i	+1	−1	+1	+1	−1	+1	−1	+1	−1	−1
$p(+1\|x_i)$	0.53	0.86	0.25	0.95	0.87	0.86	0.76	0.94	0.44	0.86

第五部分

Data Mining and Machine Learning

回 归

回归任务是在给定一组自变量$X_1,X_2,\cdots,X_d$的情况下，预测因变量Y的值（实值）。也就是说，回归任务的目标是学习函数f，使得$\hat{y}=f(\boldsymbol{x})$，其中$\hat{y}$是给定输入点$\boldsymbol{x}$时的预测响应值。与预测类别型响应的分类任务不同，在回归任务中，响应变量取实值。与分类一样，回归也是一种监督学习方法，使用的训练数据集包括点$\boldsymbol{x}_i$及真实响应值y_i。训练后的模型可以用来预测新测试点的响应。

第 23 章介绍线性回归，假设回归函数f在参数上是线性的，即$\hat{y}=f(\boldsymbol{x})=b+\boldsymbol{w}^{\mathrm{T}}\boldsymbol{x}$，其中$b$是偏差项，$\boldsymbol{w}=(w_1,w_2,\cdots,w_d)$是包含回归系数的权向量。本章首先介绍二元线性回归（只有一个自变量X），然后推广到多元情况（有d个独立属性$X_1,X_2,\cdots,X_d$）。本章重点介绍线性回归的几何解释，强调预测向量$\hat{\boldsymbol{Y}}$是$\boldsymbol{Y}$在由d个独立属性构成的子空间上的投影。接着介绍岭回归（ridge regression），它通过L_2范数或欧几里得范数对模型参数施加惩罚，从而对线性回归模型进行正则化。然后通过核岭回归将正则化模型推广到非线性回归。最后，介绍套索模型，该模型是一种线性回归模型，参数具有L_1惩罚。

第 24 章介绍逻辑回归，这实际上是一种分类方法，因为它用于预测类别型响应变量Y。我们从二元逻辑回归开始介绍，在二元逻辑回归中，响应变量只有两个值（例如，0 和 1）。本章使用最大似然估计（Maximum Likelihood Estimation，MLE）方法来寻找模型参数。然后将逻辑回归推广到多元情形，在多元逻辑回归中，响应变量可以有k个不同的类别型值。最后，我们证明最大似然估计公式自然导致使用迭代梯度上升方法来学习模型。

第 25 章介绍的多层感知器（Multilayer Perceptron，MLP）模型为神经网络奠定了基础，我们从基本神经元模型和各种激活函数与误差函数开始介绍。由于神经网络本质上可以被看作一种多层回归方法，因此我们可以将其与线性回归和逻辑回归联系起来。首先讨论具有单一隐藏层的 MLP 的神经网络，推导训练神经网络的反向传播算法的关键细节，展示梯度下降法是如何对误差函数求关于层的净输入——净梯度向量的导数。本章还介绍学习过程中误差如何从神经元的输出层传播到隐藏层，然后再从隐藏层传播到输入层。接着，介绍如何将模型推广到由许多隐藏神经元层组成的深度 MLP，以及如何使用相同的基于网络梯度的一般反向传播方法来训练网络。

第 26 章详细讨论重要的深度学习模型，即循环神经网络（Recurrent Neural Network，RNN）、长 – 短期记忆（Long Short-Term Memory，LSTM）网络和卷积神经网络（Convolutional Neural Network，CNN）。循环神经网络通过在各层之间引入反馈连接来建模连续数据，从而对 MLP 的前馈结构进行泛化。本章介绍如何通过时间上的反向传播来训练 RNN，这与应用于 RNN 的 MLP 反向传播方法相同，从时间上展开 RNN 可以得到一个深度前馈网络。本章强调共享参数（shared parameter）的概念，因为 RNN 对所有时间点的隐藏层使用相同的权重矩阵和偏差向量。然而，深度 RNN 在反向传播过程中容易出现净梯度消失或爆炸的问题。长 – 短期记忆网络使用一种新型层［称为门控层（gated layer）］来缓解这个问题，该门控层可以控制输入、更新和写入内存层的信息。接着，讨论卷积神经网络，它本质上是一种深度稀疏 MLP，旨在分层利用数据中的序列和空间关系。最后，讨论正则化在深度学习中的作用，包括L_2正则化和丢弃正则化（dropout regularization）。

第 27 章介绍评估回归模型的方法，重点介绍评估线性回归模型的方法。我们需要考虑的问题是，模型与输入数据的拟合程度如何，如何导出置信区间并对响应变量对自变量的依赖性进行假设检验，特别强调几何评估方法。

线性回归

给定一组属性或变量 $X_1,X_2,\cdots,X_d$，它们称为预测变量、解释变量或自变量。给定一个实值属性 Y，它称为响应变量或因变量。回归的目的是基于自变量预测响应变量，目标是学习回归函数 f，从而得到：

$$Y=f(X_1,X_2,\cdots,X_d)+\varepsilon=f(\boldsymbol{X})+\varepsilon$$

其中，$\boldsymbol{X}=(X_1,X_2,\cdots,X_d)^{\mathrm{T}}$ 是包含预测属性的多元随机变量，ε 是假定独立于 $\boldsymbol{X}$ 的随机误差项。换句话说，Y 由两项组成，一个依赖于观测的预测属性，另一个来自误差项，独立于预测属性。误差项包含了 Y 中固有的不确定性，也可能包括未观察到的、隐藏的或潜在变量的影响。

本章讨论线性回归，回归函数 f 假定为模型参数的线性函数，介绍同时考虑 L_2（岭回归）和 L_1（套索）正则化的正则线性回归模型。最后使用核技巧来执行核岭回归，处理非线性模型。

23.1 线性回归模型

在线性回归中，假定函数 f 在参数方面是线性的，即：

$$f(\boldsymbol{X})=\beta+\omega_1X_1+\omega_2X_2+\cdots+\omega_dX_d=\beta+\sum_{i=1}^{d}\omega_iX_i=\beta+\boldsymbol{\omega}^{\mathrm{T}}\boldsymbol{X} \tag{23.1}$$

这里，β 是真实（但未知）偏差项，ω_i 是属性 X_i 的真实（但未知）回归系数或权重，$\boldsymbol{\omega}=(\omega_1,\omega_2,\cdots,\omega_d)^{\mathrm{T}}$ 是真实 d 维权向量。注意，f 在 $\mathbb{R}^{d+1}$ 中指定了一个超平面，$\boldsymbol{\omega}$ 是与超平面垂直或正交的权向量，β 是截距或偏差项（见6.1节）。可以看到，f 完全由包含 β 和 $\omega_i(i=1,\cdots,d)$ 的 $d+1$ 个参数指定。

真实偏差和回归系数未知。因此，必须从包含 d 维空间中的 n 个点 $\boldsymbol{x}_i\in\mathbb{R}^d$ 的训练数据集 $\boldsymbol{D}$，以及相应的响应值 $y_i\in\mathbb{R}(i=1,2,\cdots,n)$ 来估计它们。设 b 表示真实偏差 β 的估计值，w_i 表示真实回归系数 $\omega_i(i=1,2,\cdots,d)$ 的估计值。设 $\boldsymbol{w}=(w_1,w_2,\cdots,w_d)^{\mathrm{T}}$ 表示估计的权向量。给定估计的偏差和权重，预测任意给定输入或测试点 $\boldsymbol{x}=(x_1,x_2,\cdots,x_d)^{\mathrm{T}}$ 的响应，如下所示：

$$\hat{y}=b+w_1x_1+\cdots+w_dx_d=b+\boldsymbol{w}^{\mathrm{T}}\boldsymbol{x} \tag{23.2}$$

由于随机误差项，预测值 $\hat{y}$ 通常与给定输入 $\boldsymbol{x}$ 的观测响应 y 不匹配。对于训练数据，也是如此。观测响应和预测响应之间的差称为残差（residual error），如下所示：

$$\epsilon=y-\hat{y}=y-b-\boldsymbol{w}^{\mathrm{T}}\boldsymbol{x} \tag{23.3}$$

请注意，残差 ϵ 不同于随机统计误差 ε，后者度量观测响应和（未知）真实响应之间的差。残差 ϵ 是随机误差项 ε 的估计量。

预测偏差和回归系数的常用方法是使用最小二乘法。给定训练数据 $\boldsymbol{D}$ 和 $\boldsymbol{x}_i$ 以及响应值 $y_i(i=1,\cdots,n)$，求值 b 和 $\boldsymbol{w}$，从而使平方残差（Squared Residual Errors，SSE）的总和最小。

$$\mathrm{SSE}=\sum_{i=1}^{n}\epsilon_i^2=\sum_{i=1}^{n}(y_i-\hat{y}_i)^2=\sum_{i=1}^{n}(y_i-b-\boldsymbol{w}^{\mathrm{T}}\boldsymbol{x}_i)^2 \tag{23.4}$$

下面首先介绍单个预测变量的情况，然后研究多个预测变量的一般情况，探讨估计未知参数的方法。

23.2　二元回归

首先思考输入数据 $\boldsymbol{D}$ 包括单个预测属性 $\boldsymbol{X}=(x_1,x_2,\cdots,x_n)^{\mathrm{T}}$ 以及响应变量 $\boldsymbol{Y}=(y_1,y_2,\cdots,y_n)^{\mathrm{T}}$ 的情况。因为 f 是线性的，所以得到：

$$\hat{y}_i=f(x_i)=b+w\cdot x_i \tag{23.5}$$

因此，我们斜率为 w、截距为 b 的直线 $f(x)$ 最适合数据。残差是响应变量的预测值（也称为拟合值）和观测值之间的差值，如下所示：

$$\epsilon_i=y_i-\hat{y}_i \tag{23.6}$$

注意，$|\epsilon_i|$ 表示拟合响应和观测响应之间的垂直距离。最佳拟合线使平方误差之和最小化：

$$\min_{b,w}\mathrm{SSE}=\sum_{i=1}^{n}\epsilon_i^2=\sum_{i=1}^{n}(y_i-\hat{y}_i)^2=\sum_{i=1}^{n}(y_i-b-w\cdot x_i)^2 \tag{23.7}$$

为了解决这个问题，求其关于 b 的偏微分，并将结果设为 0，得到：

$$\begin{aligned}
\frac{\partial}{\partial b}\mathrm{SSE}&=-2\sum_{i=1}^{n}(y_i-b-w\cdot x_i)=0\\
&\Longrightarrow\sum_{i=1}^{n}b=\sum_{i=1}^{n}y_i-w\sum_{i=1}^{n}x_i\\
&\Longrightarrow b=\frac{1}{n}\sum_{i=1}^{n}y_i-w\cdot\frac{1}{n}\sum_{i=1}^{n}x_i
\end{aligned}$$

因此，我们得到：

$$b=\mu_Y-w\cdot\mu_X \tag{23.8}$$

其中，μ_Y 是响应的样本均值，μ_X 是预测属性的样本均值。同样，求关于 w 的偏微分，得到：

$$\begin{aligned}
\frac{\partial}{\partial w}\mathrm{SSE}&=-2\sum_{i=1}^{n}x_i(y_i-b-w\cdot x_i)=0\\
&\Longrightarrow\sum_{i=1}^{n}x_i\cdot y_i-b\sum_{i=1}^{n}x_i-w\sum_{i=1}^{n}x_i^2=0
\end{aligned} \tag{23.9}$$

将式（23.8）中的 b 代入上式，得到：

$$\Longrightarrow \sum_{i=1}^{n} x_i \cdot y_i - \mu_Y \sum_{i=1}^{n} x_i + w \cdot \mu_X \sum_{i=1}^{n} x_i - w \sum_{i=1}^{n} x_i^2 = 0$$

$$\Longrightarrow w\left(\sum_{i=1}^{n} x_i^2 - n \cdot \mu_X^2\right) = \left(\sum_{i=1}^{n} x_i \cdot y_i\right) - n \cdot \mu_X \cdot \mu_Y \tag{23.10}$$

$$\Longrightarrow w = \frac{\sum_{i=1}^{n} x_i \cdot y_i - n \cdot \mu_X \cdot \mu_Y}{\sum_{i=1}^{n} x_i^2 - n \cdot \mu_X^2}$$

回归系数w也可以写成：

$$w = \frac{\sum_{i=1}^{n}(x_i - \mu_X)(y_i - \mu_Y)}{\sum_{i=1}^{n}(x_i - \mu_X)^2} = \frac{\sigma_{XY}}{\sigma_X^2} = \frac{\text{cov}(X, Y)}{\text{var}(X)} \tag{23.11}$$

其中，σ_X^2是X的方差，σ_{XY}是X和Y的协方差。注意，X和Y之间的相关系数表示为$\rho_{XY} = \frac{\sigma_{XY}}{\sigma_X . \sigma_Y}$，我们也可以将$w$表示为

$$w = \rho_{XY} \frac{\sigma_Y}{\sigma_X} \tag{23.12}$$

可见，拟合线必须通过Y和X的均值。将式（23.8）中的最优b值代入回归方程［式（23.5）］，得到：

$$\hat{y}_i = b + w \cdot x_i = \mu_Y - w \cdot \mu_X + w \cdot x_i = \mu_Y + w(x_i - \mu_X)$$

即当$x_i = \mu_X$时，$\hat{y}_i = \mu_Y$。因此，点(μ_X, μ_Y)位于回归线上。

例 23.1（二元回归） 图 23-1 展示了鸢尾花数据集中两个属性——花瓣长度（X；预测变量）和花瓣宽度（Y；响应变量）之间的散点图，共有n=150个数据点。这两个变量的均值分别为

$$\mu_X = \frac{1}{150} \sum_{i=1}^{150} x_i = \frac{563.8}{150} \approx 3.7587$$

$$\mu_Y = \frac{1}{150} \sum_{i=1}^{150} y_i = \frac{179.8}{150} \approx 1.1987$$

方差和协方差如下：

$$\sigma_X^2 = \frac{1}{150} \sum_{i=1}^{150} (x_i - \mu_X)^2 \approx 3.0924$$

$$\sigma_Y^2 = \frac{1}{150} \sum_{i=1}^{150} (y_i - \mu_Y)^2 \approx 0.5785$$

$$\sigma_{XY} = \frac{1}{150} \sum_{i=1}^{150} (x_i - \mu_X) \cdot (y_i - \mu_Y) \approx 1.2877$$

假设响应变量和预测变量之间存在线性关系，我们使用式（23.8）和式（23.10）来获得斜率和截距，如下所示：

$$w=\frac{\sigma_{XY}}{\sigma_X^2}=\frac{1.2877}{3.0924}\approx 0.4164$$

$$b=\mu_Y-w\cdot\mu_X=1.1987-0.4164\times 3.7587\approx -0.3665$$

因此，拟合回归线为

$$\hat{y}=-0.3665+0.4164\,x$$

图 23-1 绘制了最佳拟合线（回归线）。可以看到，均值点 $(\mu_X,\mu_Y)=(3.759,1.199)$ 位于该线上。该图还分别显示了点 x_9 和 x_{35} 的残差 ϵ_9 和 ϵ_{35}。

最后，计算 SSE 值［见式（23.4）］，如下所示：

$$\mathrm{SSE}=\sum_{i=1}^{150}\epsilon_i^2=\sum_{i=1}^{150}(y_i-\hat{y}_i)^2=6.343$$

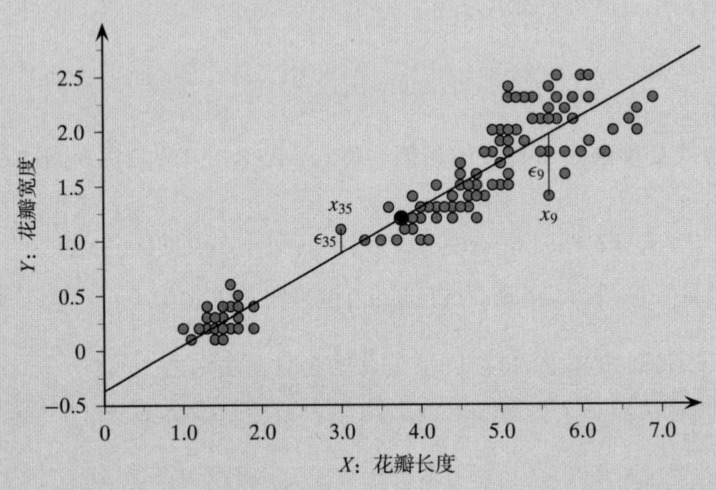

图 23-1 散点图：花瓣长度（X）和花瓣宽度（Y）。实心圆（黑色）表示均值点，两个样本点 x_9 和 x_{35} 的残差也显示在图中

二元回归的几何结构

现在转向以属性为中心的视图，它为二元回归提供了重要的几何学洞察。回想一下，我们给出了两个未知数的 n 个公式，即 $\hat{y}_i=b+w\cdot x_i$（$i=1,\cdots,n$）。设 $\boldsymbol{X}=(x_1,x_2,\cdots,x_n)^{\mathrm{T}}$ 为表示训练数据样本的 n 维向量，$\boldsymbol{Y}=(y_1,y_2,\cdots,y_n)^{\mathrm{T}}$ 表示响应变量的样本向量，$\widehat{\boldsymbol{Y}}=(\hat{y}_1,\hat{y}_2,\cdots,\hat{y}_n)^{\mathrm{T}}$ 表示预测值向量。我们将 n 个方程 $y_i=b+w\cdot x_i$（$i=1,2,\cdots,n$）表示为单一向量公式：

$$\widehat{\boldsymbol{Y}}=b\cdot\mathbf{1}+w\cdot\boldsymbol{X}\tag{23.13}$$

其中，$\mathbf{1}\in\mathbb{R}^n$ 是元素全为 1 的 n 维向量。这个公式表明，预测向量 $\widehat{\boldsymbol{Y}}$ 是 $\mathbf{1}$ 和 $\boldsymbol{X}$ 的线性组合，即它必须位于由 $\mathbf{1}$ 和 $\boldsymbol{X}$ 构成的列空间中，该列空间用 span（$\{\mathbf{1},\boldsymbol{X}\}$）表示。此外，响应向量 $\boldsymbol{Y}$ 通常不在同一列空间中。实际上，残差向量 $\boldsymbol{\epsilon}=(\epsilon_1,\epsilon_2,\cdots,\epsilon_n)^{\mathrm{T}}$ 捕获了响应向量和预测向量之间的偏差：

$$\boldsymbol{\epsilon}=\boldsymbol{Y}-\widehat{\boldsymbol{Y}}$$

如图 23-2 所示，此问题的几何结构清楚地表明，使误差最小化的最佳 $\widehat{\boldsymbol{Y}}$ 是 $\boldsymbol{Y}$ 在由 $\mathbf{1}$ 和 $\boldsymbol{X}$ 构成的子空间中的正交投影。因此，残差向量 $\boldsymbol{\epsilon}$ 与由 $\mathbf{1}$ 和 $\boldsymbol{X}$ 构成的子空间正交，其平方长度（或大小）等于 SSE［见式（23.4）］，因为：

$$\|\boldsymbol{\epsilon}\|^2 = \|\boldsymbol{Y} - \widehat{\boldsymbol{Y}}\|^2 = \sum_{i=1}^{n}(y_i - \hat{y}_i)^2 = \sum_{i=1}^{n}\epsilon_i^2 = \text{SSE}$$

在这一点上需要注意的是，即使 $\mathbf{1}$ 和 $\boldsymbol{X}$ 是线性独立的，并且构成了列空间的基，它们也不必是正交的（见图 23-2）。如图 23-3 所示，通过将 $\boldsymbol{X}$ 分解为沿 $\mathbf{1}$ 的元素和与 $\mathbf{1}$ 正交的元素来创建正交基。回想一下，向量 $\boldsymbol{b}$ 到向量 $\boldsymbol{a}$ 的标量投影［见式（1.12）］为

$$\text{proj}_{\boldsymbol{a}}(\boldsymbol{a}) = \left(\frac{\boldsymbol{b}^{\mathrm{T}}\boldsymbol{a}}{\boldsymbol{a}^{\mathrm{T}}\boldsymbol{a}}\right)$$

$\boldsymbol{b}$ 在 $\boldsymbol{a}$ 上的正交投影［见式（1.11）］为

$$\text{proj}_{\boldsymbol{a}}(\boldsymbol{a}) \cdot \boldsymbol{a} = \left(\frac{\boldsymbol{b}^{\mathrm{T}}\boldsymbol{a}}{\boldsymbol{a}^{\mathrm{T}}\boldsymbol{a}}\right) \cdot \boldsymbol{a}$$

现在，思考 $\boldsymbol{X}$ 到 $\mathbf{1}$ 的投影，得到：

$$\text{proj}_{\mathbf{1}}(\boldsymbol{X}) \cdot \mathbf{1} = \left(\frac{\boldsymbol{X}^{\mathrm{T}}\mathbf{1}}{\mathbf{1}^{\mathrm{T}}\mathbf{1}}\right) \cdot \mathbf{1} = \left(\frac{\sum_{i=1}^{n} x_i}{n}\right) \cdot \mathbf{1} = \mu_X \cdot \mathbf{1}$$

因此，将 $\boldsymbol{X}$ 重写为

$$\boldsymbol{X} = \mu_X \cdot \mathbf{1} + (\boldsymbol{X} - \mu_X \cdot \mathbf{1}) = \mu_X \cdot \mathbf{1} + \overline{\boldsymbol{X}}$$

其中，$\overline{\boldsymbol{X}} = \boldsymbol{X} - \mu_X \cdot \mathbf{1}$ 是居中属性向量，通过从所有点减去均值 μ_X 获得。

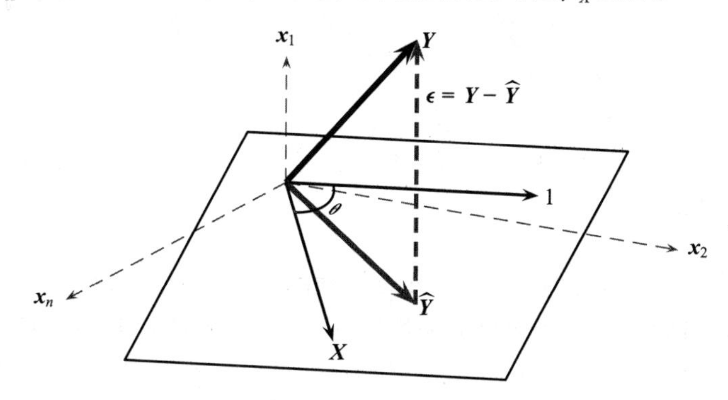

图 23-2　二元回归几何结构：非正交基。所有的向量在概念上都位于由 n 个数据点构成的 n 维空间中，平面表示由 $\mathbf{1}$ 和 $\boldsymbol{X}$ 构成的子空间

两个向量 $\mathbf{1}$ 和 $\overline{\boldsymbol{X}}$ 构成子空间的正交基。因此，通过将 $\boldsymbol{Y}$ 映射到 $\mathbf{1}$ 和 $\overline{\boldsymbol{X}}$ 上并将这两个元素相加，得到预测向量 $\widehat{\boldsymbol{Y}}$，如图 23-4 所示。即：

$$\widehat{\boldsymbol{Y}} = \text{proj}_{\mathbf{1}}(\boldsymbol{Y}) \cdot \mathbf{1} + \text{proj}_{\overline{\boldsymbol{X}}}(\boldsymbol{Y}) \cdot \overline{\boldsymbol{X}} = \left(\frac{\boldsymbol{Y}^{\mathrm{T}}\mathbf{1}}{\mathbf{1}^{\mathrm{T}}\mathbf{1}}\right)\mathbf{1} + \left(\frac{\boldsymbol{Y}^{\mathrm{T}}\overline{\boldsymbol{X}}}{\overline{\boldsymbol{X}}^{\mathrm{T}}\overline{\boldsymbol{X}}}\right)\overline{\boldsymbol{X}} = \mu_Y \cdot \mathbf{1} + \left(\frac{\boldsymbol{Y}^{\mathrm{T}}\overline{\boldsymbol{X}}}{\overline{\boldsymbol{X}}^{\mathrm{T}}\overline{\boldsymbol{X}}}\right)\overline{\boldsymbol{X}} \tag{23.14}$$

此外，根据式（23.13），得到：

$$\widehat{\boldsymbol{Y}} = b \cdot \mathbf{1} + w \cdot \boldsymbol{X} = b \cdot \mathbf{1} + w(\mu_X \cdot \mathbf{1} + \overline{\boldsymbol{X}}) = (b + w \cdot \mu_X) \cdot \mathbf{1} + w \cdot \overline{\boldsymbol{X}} \tag{23.15}$$

由于式（23.14）和式（23.15）都是 $\widehat{\boldsymbol{Y}}$ 的表达式，因此可以把它们等同起来：

$$\mu_Y = b + w\cdot\mu_X \quad 或 \quad b = \mu_Y - w\cdot\mu_X \qquad\qquad w = \frac{\boldsymbol{Y}^{\mathrm{T}}\overline{\boldsymbol{X}}}{\overline{\boldsymbol{X}}^{\mathrm{T}}\overline{\boldsymbol{X}}}$$

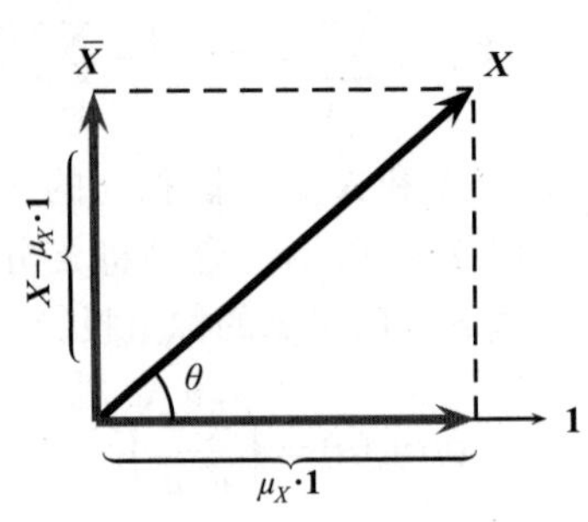

图 23-3　正交分解 $\boldsymbol{X}$：分解为 $\overline{\boldsymbol{X}}$ 和 $\mu_X\cdot\boldsymbol{1}$

其中，偏差项 $b=\mu_Y - w\cdot\mu_X$ 与式（23.8）一致，权重 w 与式（23.10）一致，因为：

$$w = \frac{\boldsymbol{Y}^{\mathrm{T}}\overline{\boldsymbol{X}}}{\overline{\boldsymbol{X}}^{\mathrm{T}}\overline{\boldsymbol{X}}} = \frac{\boldsymbol{Y}^{\mathrm{T}}\overline{\boldsymbol{X}}}{\|\overline{\boldsymbol{X}}\|^2} = \frac{\boldsymbol{Y}^{\mathrm{T}}(\boldsymbol{X}-\mu_X\cdot\boldsymbol{1})}{\|\boldsymbol{X}-\mu_X\cdot\boldsymbol{1}\|^2} = \frac{\left(\sum_{i=1}^n y_i x_i\right) - n\cdot\mu_X\cdot\mu_Y}{\left(\sum_{i=1}^n x_i^2\right) - n\cdot\mu_X^2}$$

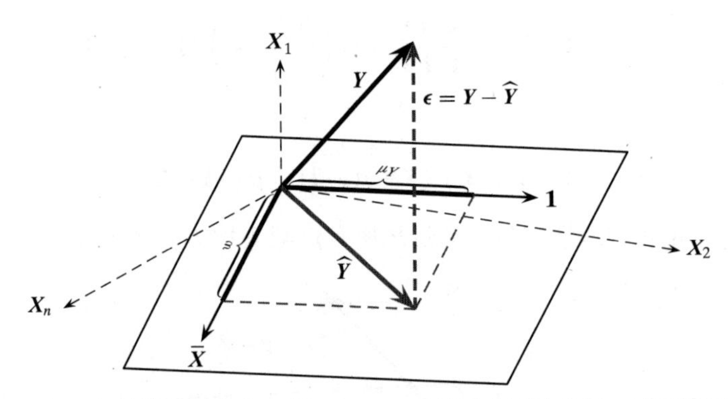

图 23-4　二元回归几何结构：正交基。$\overline{\boldsymbol{X}} = \boldsymbol{X} - \mu_X\cdot\boldsymbol{1}$ 是居中属性向量，平面表示由正交向量 $\boldsymbol{1}$ 和 $\boldsymbol{X}$ 构成的子空间

例 23.2（回归的几何结构） 对于鸢尾花数据集，思考花瓣长度（X）关于花瓣宽度（Y）的回归，$n=150$。首先，通过减去均值 $\mu_X=3.759$ 来居中 $\boldsymbol{X}$。接着，计算 $\boldsymbol{Y}$ 在 $\boldsymbol{1}$ 和 $\overline{\boldsymbol{X}}$ 上的标量投影，得到：

$$\mu_Y = \mathrm{proj}_{\boldsymbol{1}}(\boldsymbol{Y}) = \left(\frac{\boldsymbol{Y}^{\mathrm{T}}\boldsymbol{1}}{\boldsymbol{1}^{\mathrm{T}}\boldsymbol{1}}\right) = \frac{179.8}{150} \approx 1.1987$$

$$w = \mathrm{proj}_{\overline{\boldsymbol{X}}}(\boldsymbol{Y}) = \left(\frac{\boldsymbol{Y}^{\mathrm{T}}\overline{\boldsymbol{X}}}{\overline{\boldsymbol{X}}^{\mathrm{T}}\overline{\boldsymbol{X}}}\right) = \frac{193.16}{463.86} \approx 0.4164$$

因此，偏差项 b 为

$$b = \mu_Y - w\cdot\mu_X = 1.1987 - 0.4164\times 3.7587 \approx -0.3665$$

b 和 w 的这些值与例 23.1 中的值一致。最后，计算 SSE［见式（23.4）］，作为残差向量的平方长度：

$$\text{SSE} = \|\boldsymbol{\epsilon}\|^2 = \|\boldsymbol{Y} - \widehat{\boldsymbol{Y}}\|^2 = (\boldsymbol{Y} - \widehat{\boldsymbol{Y}})^{\mathrm{T}}(\boldsymbol{Y} - \widehat{\boldsymbol{Y}}) = 6.343$$

23.3 多元回归

现在思考更通用的情况，此时它称为多元回归分析[⊖]，其中有多个预测属性 $X_1, X_2, \cdots, X_d$ 和一个响应属性 Y。训练数据样本 $\boldsymbol{D} \in \mathbb{R}^d$ 包括 d 维空间中的 n 个点 $\boldsymbol{x}_i = (x_{i1}, x_{i2}, \cdots, x_{id})^{\mathrm{T}}$，以及相应的观测响应值 y_i。向量 $\boldsymbol{Y} = (y_1, y_2, \cdots, y_n)^{\mathrm{T}}$ 表示观测响应向量。输入 $\boldsymbol{x}_i$ 的预测响应值为

$$\hat{y}_i = b + w_1 x_{i1} + w_2 x_{i2} + \cdots + w_d x_{id} = b + \boldsymbol{w}^{\mathrm{T}} \boldsymbol{x}_i \tag{23.16}$$

其中，$\boldsymbol{w} = (w_1, w_2, \cdots, w_d)^{\mathrm{T}}$ 是权向量，包括沿每个属性 X_j 的回归系数或权重 w_i。式（23.16）定义了 $\mathbb{R}^{d+1}$ 中的超平面，其偏差项为 b，法向量为 $\boldsymbol{w}$。

我们引入一个新的"常量"值属性 X_0——它的值总是固定为 1，而不是将偏差 b 与权重 w_i 分开处理。因此，每个输入点 $\boldsymbol{x}_i = (x_{i1}, x_{i2}, \cdots, x_{id})^{\mathrm{T}}$ 映射到 $\tilde{\boldsymbol{x}}_i = (x_{i0}, x_{i1}, x_{i2}, \cdots, x_{id})^{\mathrm{T}} \in \mathbb{R}^{d+1}$，其中 $x_{i0} = 1$。同样，权向量 $\boldsymbol{w} = (w_1, w_2, \cdots, w_d)^{\mathrm{T}}$ 映射到增广权向量 $\tilde{\boldsymbol{w}} = (w_0, w_1, w_2, \cdots, w_d)^{\mathrm{T}}$，其中 $w_0 = b$。（$d+1$）维增广点 $\tilde{\boldsymbol{x}}_i$ 的预测响应值为

$$\hat{y}_i = w_0 x_{i0} + w_1 x_{i1} + w_2 x_{i2} + \cdots + w_d x_{id} = \tilde{\boldsymbol{w}}^{\mathrm{T}} \tilde{\boldsymbol{x}}_i \tag{23.17}$$

因为有 n 个点，事实上我们有 n 个这样的公式，每个点对应一个。还有（$d+1$）个未知数，即增广权向量 $\tilde{\boldsymbol{w}}$ 的元素。将这 n 个公式紧凑地写成一个矩阵方程，如下所示：

$$\widehat{\boldsymbol{Y}} = \tilde{\boldsymbol{D}} \tilde{\boldsymbol{w}} \tag{23.18}$$

其中，$\tilde{\boldsymbol{D}} \in \mathbb{R}^{n \times (d+1)}$ 是增广数据矩阵，除了预测属性 $X_1, X_2, \cdots, X_d$ 外，还包括常量属性 X_0，且 $\widehat{\boldsymbol{Y}} = (\hat{y}_1, \hat{y}_2, \cdots, \hat{y}_n)^{\mathrm{T}}$ 是预测响应的向量。

可以说，多元回归分析的任务是找到由权向量 $\tilde{\boldsymbol{w}}$ 定义的最佳拟合超平面，使平方误差之和最小化：

$$\begin{aligned}
\min_{\tilde{\boldsymbol{w}}} \text{SSE} &= \sum_{i=1}^{n} \epsilon_i^2 = \|\boldsymbol{\epsilon}\|^2 = \|\boldsymbol{Y} - \widehat{\boldsymbol{Y}}\|^2 \\
&= (\boldsymbol{Y} - \widehat{\boldsymbol{Y}})^{\mathrm{T}}(\boldsymbol{Y} - \widehat{\boldsymbol{Y}}) = \boldsymbol{Y}^{\mathrm{T}}\boldsymbol{Y} - 2\boldsymbol{Y}^{\mathrm{T}}\widehat{\boldsymbol{Y}} + \widehat{\boldsymbol{Y}}^{\mathrm{T}}\widehat{\boldsymbol{Y}} \\
&= \boldsymbol{Y}^{\mathrm{T}}\boldsymbol{Y} - 2\boldsymbol{Y}^{\mathrm{T}}(\tilde{\boldsymbol{D}}\tilde{\boldsymbol{w}}) + (\tilde{\boldsymbol{D}}\tilde{\boldsymbol{w}})^{\mathrm{T}}(\tilde{\boldsymbol{D}}\tilde{\boldsymbol{w}}) \\
&= \boldsymbol{Y}^{\mathrm{T}}\boldsymbol{Y} - 2\tilde{\boldsymbol{w}}^{\mathrm{T}}(\tilde{\boldsymbol{D}}^{\mathrm{T}}\boldsymbol{Y}) + \tilde{\boldsymbol{w}}^{\mathrm{T}}(\tilde{\boldsymbol{D}}^{\mathrm{T}}\tilde{\boldsymbol{D}})\tilde{\boldsymbol{w}}
\end{aligned} \tag{23.19}$$

其中代入了式（23.18）中的 $\hat{\boldsymbol{Y}} = \tilde{\boldsymbol{D}}\tilde{\boldsymbol{w}}$，并使用了 $\boldsymbol{Y}^{\mathrm{T}}(\tilde{\boldsymbol{D}}\tilde{\boldsymbol{w}}) = (\tilde{\boldsymbol{D}}\tilde{\boldsymbol{w}})^{\mathrm{T}}\boldsymbol{Y} = \tilde{\boldsymbol{w}}^{\mathrm{T}}(\tilde{\boldsymbol{D}}^{\mathrm{T}}\boldsymbol{Y})$ 这一事实。

为了解决这一目标函数，求式（23.19）中的表达式关于 $\tilde{\boldsymbol{w}}$ 的偏微分，并将结果设为 $\boldsymbol{0}$，获得：

$$\begin{aligned}
\frac{\partial}{\partial \tilde{\boldsymbol{w}}} \text{SSE} &= -2\tilde{\boldsymbol{D}}^{\mathrm{T}}\boldsymbol{Y} + 2(\tilde{\boldsymbol{D}}^{\mathrm{T}}\tilde{\boldsymbol{D}})\tilde{\boldsymbol{w}} = \boldsymbol{0} \\
&\Longrightarrow (\tilde{\boldsymbol{D}}^{\mathrm{T}}\tilde{\boldsymbol{D}})\tilde{\boldsymbol{w}} = \tilde{\boldsymbol{D}}^{\mathrm{T}}\boldsymbol{Y}
\end{aligned}$$

⊖ 我们遵循常用的术语，并保留多元回归分析这一术语，用于存在多个响应属性 $Y_1, Y_2, \cdots, Y_q$ 和多个预测属性 $X_1, X_2, \cdots, X_d$ 的场合。

因此，最佳权向量为

$$\tilde{\boldsymbol{w}}=(\tilde{\boldsymbol{D}}^{\mathrm{T}}\tilde{\boldsymbol{D}})^{-1}\tilde{\boldsymbol{D}}^{\mathrm{T}}\boldsymbol{Y} \tag{23.20}$$

将 $\tilde{\boldsymbol{w}}$ 的最佳值代入式（23.18），得到：

$$\widehat{\boldsymbol{Y}}=\tilde{\boldsymbol{D}}\tilde{\boldsymbol{w}}=\tilde{\boldsymbol{D}}(\tilde{\boldsymbol{D}}^{\mathrm{T}}\tilde{\boldsymbol{D}})^{-1}\tilde{\boldsymbol{D}}^{\mathrm{T}}\boldsymbol{Y}=\boldsymbol{H}\boldsymbol{Y}$$

其中，$\boldsymbol{H}=\tilde{\boldsymbol{D}}(\tilde{\boldsymbol{D}}^{\mathrm{T}}\tilde{\boldsymbol{D}})^{-1}\tilde{\boldsymbol{D}}^{\mathrm{T}}$ 称为帽子矩阵（hat matrix），因为它将“帽子”放在了 $\boldsymbol{Y}$ 上！请注意，$\tilde{\boldsymbol{D}}^{\mathrm{T}}\tilde{\boldsymbol{D}}$ 是训练数据集的非居中散度矩阵。

例 23.3（多元回归分析） 图 23-5 展示了 $n=150$ 个点的鸢尾花数据集的响应属性花瓣宽度（Y）关于萼片长度（X_1）和花瓣长度（X_2）的多元回归分析。首先添加一个额外的属性 $\boldsymbol{X}_0=\boldsymbol{1}_{150}$，它是 $\mathbb{R}^{150}$ 中的全 1 向量。增广数据集 $\tilde{\boldsymbol{D}}\in\mathbb{R}^{150\times3}$ 包含沿 3 个属性 X_0、X_1 和 X_2 的 $n=150$ 个点。

下面计算未居中的 3×3 散度矩阵 $\tilde{\boldsymbol{D}}^{\mathrm{T}}\tilde{\boldsymbol{D}}$ 及其逆矩阵：

$$\tilde{\boldsymbol{D}}^{\mathrm{T}}\tilde{\boldsymbol{D}}=\begin{pmatrix}150.0 & 876.50 & 563.80\\ 876.5 & 5223.85 & 3484.25\\ 563.8 & 3484.25 & 2583.00\end{pmatrix}\quad(\tilde{\boldsymbol{D}}^{\mathrm{T}}\tilde{\boldsymbol{D}})^{-1}=\begin{pmatrix}0.793 & -0.176 & 0.064\\ -0.176 & 0.041 & -0.017\\ 0.064 & -0.017 & 0.009\end{pmatrix}$$

计算 $\tilde{\boldsymbol{D}}^{\mathrm{T}}\boldsymbol{Y}$，如下所示：

$$\tilde{\boldsymbol{D}}^{\mathrm{T}}\boldsymbol{Y}=\begin{pmatrix}179.80\\ 1127.65\\ 868.97\end{pmatrix}$$

增广权向量 $\tilde{\boldsymbol{w}}$ 为

$$\tilde{\boldsymbol{w}}=\begin{pmatrix}w_0\\ w_1\\ w_2\end{pmatrix}=(\tilde{\boldsymbol{D}}^{\mathrm{T}}\tilde{\boldsymbol{D}})^{-1}\cdot(\tilde{\boldsymbol{D}}^{\mathrm{T}}\boldsymbol{Y})=\begin{pmatrix}-0.014\\ -0.082\\ 0.45\end{pmatrix}$$

因此，偏差项为 $b=w_0=-0.014$，拟合模型为

$$\widehat{\boldsymbol{Y}}=-0.014-0.082\boldsymbol{X}_1+0.45\boldsymbol{X}_2$$

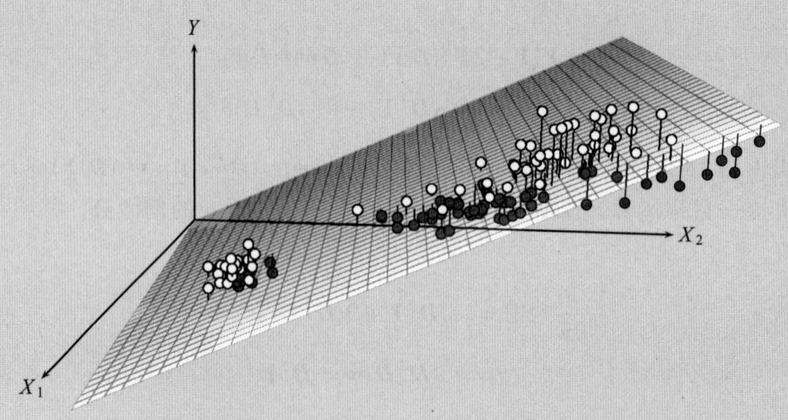

图 23-5　多元回归分析：响应属性为花瓣宽度（Y），预测变量为萼片长度（X_1）和花瓣长度（X_2）。竖线表示点的残差，白色点位于平面上方，而灰色点位于平面下方

图 23-5 展示了拟合超平面。它还给出了每个点的残差。白色点有正残差（即 $\epsilon_i>0$ 或 $\hat{y}_i>y_i$），而灰色点有负残差（即 $\epsilon_i<0$ 或 $\hat{y}_i<y$）。模型的 SSE 值为 6.18。

23.3.1　多元回归的几何结构

设 $\tilde{\boldsymbol{D}}$ 是由 d 个独立属性 $\boldsymbol{X}_i$ 和新的常量属性 $\boldsymbol{X}_0=\mathbf{1}\in\mathbb{R}^n$ 组成的增广数据矩阵，如下所示：

$$\tilde{\boldsymbol{D}}=\begin{pmatrix}\boldsymbol{X}_0 & \boldsymbol{X}_1 & \boldsymbol{X}_2 & \cdots & \boldsymbol{X}_d\end{pmatrix}$$

设 $\tilde{\boldsymbol{w}}=(w_0,w_1,\cdots,w_d)^{\mathrm{T}}\in\mathbb{R}^{(d+1)}$ 为包含偏差项 $b=w_0$ 的增广权向量。回想一下，预测的响应向量为

$$\widehat{\boldsymbol{Y}}=b\cdot\mathbf{1}+w_1\cdot\boldsymbol{X}_1+w_2\cdot\boldsymbol{X}_2+\cdots+w_d\cdot\boldsymbol{X}_d=\sum_{i=0}^{d}w_i\cdot\boldsymbol{X}_i=\tilde{\boldsymbol{D}}\tilde{\boldsymbol{w}}$$

该公式清楚地表明，预测向量必须位于增广数据矩阵 $\tilde{\boldsymbol{D}}$ 的列空间中，列空间记为 $\mathrm{col}(\tilde{\boldsymbol{D}})$，即它必须是属性向量 $\boldsymbol{X}_i(i=0,\cdots,d)$ 的线性组合。

为了使预测误差最小化，$\hat{\boldsymbol{Y}}$ 必须是 $\boldsymbol{Y}$ 在子空间 $\mathrm{col}(\tilde{\boldsymbol{D}})$ 上的正交投影。因此，残差向量 $\epsilon=\boldsymbol{Y}-\hat{\boldsymbol{Y}}$ 与子空间 $\mathrm{col}(\tilde{\boldsymbol{D}})$ 正交，这意味着它与每个属性向量 $\boldsymbol{X}_i$ 正交，即：

$$\begin{aligned}&\boldsymbol{X}_i^{\mathrm{T}}\boldsymbol{\epsilon}=0\\ \Longrightarrow\ &\boldsymbol{X}_i^{\mathrm{T}}(\boldsymbol{Y}-\widehat{\boldsymbol{Y}})=0\\ \Longrightarrow\ &\boldsymbol{X}_i^{\mathrm{T}}\widehat{\boldsymbol{Y}}=\boldsymbol{X}_i^{\mathrm{T}}\boldsymbol{Y}\\ \Longrightarrow\ &\boldsymbol{X}_i^{\mathrm{T}}(\tilde{\boldsymbol{D}}\tilde{\boldsymbol{w}})=\boldsymbol{X}_i^{\mathrm{T}}\boldsymbol{Y}\\ \Longrightarrow\ &w_0\cdot\boldsymbol{X}_i^{\mathrm{T}}\boldsymbol{X}_0+w_1\cdot\boldsymbol{X}_i^{\mathrm{T}}\boldsymbol{X}_1+\cdots+w_d\cdot\boldsymbol{X}_i^{\mathrm{T}}\boldsymbol{X}_d=\boldsymbol{X}_i^{\mathrm{T}}\boldsymbol{Y}\end{aligned}$$

因此，我们得到 $(d+1)$ 个方程，它们称为正规方程（normal equation），包含 $(d+1)$ 个未知量，即回归系数或权重 w_i（包括偏差项 w_0）。联立方程组的解给出了权向量 $\tilde{\boldsymbol{w}}=(w_0,w_1,\cdots,w_d)^{\mathrm{T}}$。$(d+1)$ 个正规方程为

$$\begin{aligned}w_0\cdot\boldsymbol{X}_0^{\mathrm{T}}\boldsymbol{X}_0+w_1\cdot\boldsymbol{X}_0^{\mathrm{T}}\boldsymbol{X}_1+\cdots+w_d\cdot\boldsymbol{X}_0^{\mathrm{T}}\boldsymbol{X}_d&=\boldsymbol{X}_0^{\mathrm{T}}\boldsymbol{Y}\\ w_0\cdot\boldsymbol{X}_1^{\mathrm{T}}\boldsymbol{X}_0+w_1\cdot\boldsymbol{X}_1^{\mathrm{T}}\boldsymbol{X}_1+\cdots+w_d\cdot\boldsymbol{X}_1^{\mathrm{T}}\boldsymbol{X}_d&=\boldsymbol{X}_1^{\mathrm{T}}\boldsymbol{Y}\\ &\vdots\\ w_0\cdot\boldsymbol{X}_d^{\mathrm{T}}\boldsymbol{X}_0+w_1\cdot\boldsymbol{X}_d^{\mathrm{T}}\boldsymbol{X}_1+\cdots+w_d\cdot\boldsymbol{X}_d^{\mathrm{T}}\boldsymbol{X}_d&=\boldsymbol{X}_d^{\mathrm{T}}\boldsymbol{Y}\end{aligned}\tag{23.21}$$

它们可以用矩阵表示法简洁地写出来，这样更方便求解 $\tilde{\boldsymbol{w}}$：

$$\begin{aligned}\begin{pmatrix}\boldsymbol{X}_0^{\mathrm{T}}\boldsymbol{X}_0 & \boldsymbol{X}_0^{\mathrm{T}}\boldsymbol{X}_1 & \cdots & \boldsymbol{X}_0^{\mathrm{T}}\boldsymbol{X}_d\\ \boldsymbol{X}_1^{\mathrm{T}}\boldsymbol{X}_0 & \boldsymbol{X}_1^{\mathrm{T}}\boldsymbol{X}_1 & \cdots & \boldsymbol{X}_1^{\mathrm{T}}\boldsymbol{X}_d\\ \vdots & \vdots & & \vdots\\ \boldsymbol{X}_d^{\mathrm{T}}\boldsymbol{X}_0 & \boldsymbol{X}_d^{\mathrm{T}}\boldsymbol{X}_1 & \cdots & \boldsymbol{X}_d^{\mathrm{T}}\boldsymbol{X}_d\end{pmatrix}\tilde{\boldsymbol{w}}&=\tilde{\boldsymbol{D}}^{\mathrm{T}}\boldsymbol{Y}\\ (\tilde{\boldsymbol{D}}^{\mathrm{T}}\tilde{\boldsymbol{D}})\tilde{\boldsymbol{w}}&=\tilde{\boldsymbol{D}}^{\mathrm{T}}\boldsymbol{Y}\\ \tilde{\boldsymbol{w}}&=(\tilde{\boldsymbol{D}}^{\mathrm{T}}\tilde{\boldsymbol{D}})^{-1}(\tilde{\boldsymbol{D}}^{\mathrm{T}}\boldsymbol{Y})\end{aligned}\tag{23.22}$$

这与式（23.20）中的表达式一致。

注意到构成 $\tilde{\boldsymbol{D}}$ 的列空间的属性向量不一定是正交的，即使假设它们是线性独立的，因此我们可以获得更多的见解。为了得到投影向量 $\hat{\boldsymbol{Y}}$，首先需要为 $\text{col}(\tilde{\boldsymbol{D}})$ 构造一个正交基。

设 $\boldsymbol{U}_0,\boldsymbol{U}_1,\cdots,\boldsymbol{U}_d$ 表示 $\text{col}(\tilde{\boldsymbol{D}})$ 的正交基向量集。通过 Gram–Schmidt 正交化逐步构造这些向量，如下所示：

$$
\begin{aligned}
&\boldsymbol{U}_0=\boldsymbol{X}_0\\
&\boldsymbol{U}_1=\boldsymbol{X}_1-p_{10}\cdot\boldsymbol{U}_0\\
&\boldsymbol{U}_2=\boldsymbol{X}_2-p_{20}\cdot\boldsymbol{U}_0-p_{21}\cdot\boldsymbol{U}_1\\
&\vdots\\
&\boldsymbol{U}_d=\boldsymbol{X}_d-p_{d0}\cdot\boldsymbol{U}_0-p_{d1}\cdot\boldsymbol{U}_1-\cdots-p_{d,d-1}\cdot\boldsymbol{U}_{d-1}
\end{aligned}
$$

其中：

$$p_{ji}=\text{proj}_{\boldsymbol{U}_i}(\boldsymbol{X}_j)=\frac{\boldsymbol{X}_j^{\mathrm{T}}\boldsymbol{U}_i}{\|\boldsymbol{U}_i\|^2}$$

表示属性 $\boldsymbol{X}_j$ 在基向量 $\boldsymbol{U}_i$ 上的标量投影。基本上，为了得到 $\boldsymbol{U}_j$，在向量 $\boldsymbol{X}_j$ 中减去它沿着所有先前基向量 $\boldsymbol{U}_0,\boldsymbol{U}_1,\cdots,\boldsymbol{U}_{j-1}$ 的标量投影。

重新排列上面的公式，使 $\boldsymbol{X}_j$ 在左边，得到：

$$
\begin{aligned}
&\boldsymbol{X}_0=\boldsymbol{U}_0\\
&\boldsymbol{X}_1=p_{10}\cdot\boldsymbol{U}_0+\boldsymbol{U}_1\\
&\boldsymbol{X}_2=p_{20}\cdot\boldsymbol{U}_0+p_{21}\cdot\boldsymbol{U}_1+\boldsymbol{U}_2\\
&\vdots\\
&\boldsymbol{X}_d=p_{d0}\cdot\boldsymbol{U}_0+p_{d1}\cdot\boldsymbol{U}_1+\cdots+p_{d,d-1}\cdot\boldsymbol{U}_{d-1}+\boldsymbol{U}_d
\end{aligned}
$$

因此，Gram–Schmidt 方法给出了数据矩阵的 QR 分解[⊖]，即 $\tilde{\boldsymbol{D}}=\boldsymbol{Q}\boldsymbol{R}$，其中 $\boldsymbol{Q}$ 是具有正交列的 $n\times(d+1)$ 矩阵：

$$\boldsymbol{Q}=\begin{pmatrix}\boldsymbol{U}_0 & \boldsymbol{U}_1 & \boldsymbol{U}_2 & \cdots & \boldsymbol{U}_d\end{pmatrix}$$

$\boldsymbol{R}$ 是 $(d+1)\times(d+1)$ 的上三角矩阵：

$$\boldsymbol{R}=\begin{pmatrix}1 & p_{10} & p_{20} & \cdots & p_{d0}\\ 0 & 1 & p_{21} & \cdots & p_{d1}\\ 0 & 0 & 1 & \cdots & p_{d2}\\ \vdots & \vdots & \vdots & \ddots & \vdots\\ 0 & 0 & 0 & 1 & p_{d,d-1}\\ 0 & 0 & 0 & 0 & 1\end{pmatrix}$$

因此，在列视图中，增广数据矩阵的 QR 分解为

⊖ 在 QR 分解中，矩阵 $\boldsymbol{Q}$ 是正交矩阵，具有正交列，即具有归一化为单位长度的正交列。但是，为了便于表示，我们保持基向量不归一化。

$$\underbrace{\begin{pmatrix} \boldsymbol{X}_0 & \boldsymbol{X}_1 & \boldsymbol{X}_2 & \cdots & \boldsymbol{X}_d \end{pmatrix}}_{\tilde{\boldsymbol{D}}} = \underbrace{\begin{pmatrix} \boldsymbol{U}_0 & \boldsymbol{U}_1 & \boldsymbol{U}_2 & \cdots & \boldsymbol{U}_d \end{pmatrix}}_{\boldsymbol{Q}} \cdot \underbrace{\begin{pmatrix} 1 & p_{10} & p_{20} & \cdots & p_{d0} \\ 0 & 1 & p_{21} & \cdots & p_{d1} \\ 0 & 0 & 1 & \cdots & p_{d2} \\ \vdots & \vdots & \vdots & \ddots & \vdots \\ 0 & 0 & 0 & 1 & p_{d,d-1} \\ 0 & 0 & 0 & 0 & 1 \end{pmatrix}}_{\boldsymbol{R}}$$

由于新的基向量 $\boldsymbol{U}_0,\boldsymbol{U}_1,\cdots,\boldsymbol{U}_d$ 构成 $\tilde{\boldsymbol{D}}$ 列空间的正交基，因此将预测响应向量作为 $\boldsymbol{Y}$ 沿每个新基向量的投影之和，如下所示：

$$\widehat{\boldsymbol{Y}} = \text{proj}_{\boldsymbol{U}_0}(\boldsymbol{Y}) \cdot \boldsymbol{U}_0 + \text{proj}_{\boldsymbol{U}_1}(\boldsymbol{Y}) \cdot \boldsymbol{U}_1 + \cdots + \text{proj}_{\boldsymbol{U}_d}(\boldsymbol{Y}) \cdot \boldsymbol{U}_d \tag{23.23}$$

偏差项　几何学方法使得推导偏差项 b 的表达式变得容易。注意，每个预测属性都可以通过移除其沿向量 $\boldsymbol{1}$ 的投影来居中。将 $\bar{\boldsymbol{X}}_i$ 定义为居中属性向量：

$$\bar{\boldsymbol{X}}_i = \boldsymbol{X}_i - \mu_{X_i} \cdot \boldsymbol{1}$$

所有居中向量 $\bar{\boldsymbol{X}}_i$ 位于 $n-1$ 维空间中，该空间包括 $\boldsymbol{1}$ 的正交补空间。

根据 $\widehat{\boldsymbol{Y}}$ 的表达式，得到：

$$\begin{aligned} \widehat{\boldsymbol{Y}} &= b \cdot \boldsymbol{1} + w_1 \cdot \boldsymbol{X}_1 + w_2 \cdot \boldsymbol{X}_2 + \cdots + w_d \cdot \boldsymbol{X}_d \\ &= b \cdot \boldsymbol{1} + w_1 \cdot (\bar{\boldsymbol{X}}_1 + \mu_{X_1} \cdot \boldsymbol{1}) + \cdots + w_d \cdot (\bar{\boldsymbol{X}}_d + \mu_{X_d} \cdot \boldsymbol{1}) \\ &= (b + w_1 \cdot \mu_{X_1} + \ldots + w_d \cdot \mu_{X_d}) \cdot \boldsymbol{1} + w_1 \cdot \bar{\boldsymbol{X}}_1 + \ldots + w_d \cdot \bar{\boldsymbol{X}}_d \end{aligned} \tag{23.24}$$

此外，由于 $\boldsymbol{1}$ 与所有 $\bar{\boldsymbol{X}}_i$ 正交，因此可得 $\widehat{\boldsymbol{Y}}$ 在向量 $\{\boldsymbol{1},\bar{\boldsymbol{X}}_i,\cdots,\bar{\boldsymbol{X}}_d,\}$ 构成的子空间上的投影的另一表达式。设这些居中属性向量构成的新正交基为 $\{\bar{\boldsymbol{U}}_0,\bar{\boldsymbol{U}}_1,\cdots,\bar{\boldsymbol{U}}_d\}$，其中 $\bar{\boldsymbol{U}}_0=\boldsymbol{1}$。因此，$\widehat{\boldsymbol{Y}}$ 也可以写为

$$\widehat{\boldsymbol{Y}} = \text{proj}_{\bar{\boldsymbol{U}}_0}(\boldsymbol{Y}) \cdot \bar{\boldsymbol{U}}_0 + \sum_{i=1}^{d} \text{proj}_{\bar{\boldsymbol{U}}_i}(\boldsymbol{Y}) \cdot \bar{\boldsymbol{U}}_i = \text{proj}_{\boldsymbol{1}}(\boldsymbol{Y}) \cdot \boldsymbol{1} + \sum_{i=1}^{d} \text{proj}_{\bar{\boldsymbol{U}}_i}(\boldsymbol{Y}) \cdot \bar{\boldsymbol{U}}_i \tag{23.25}$$

特别是，将式（23.24）和式（23.25）中沿 $\boldsymbol{1}$ 的标量投影等同，得到：

$$\begin{aligned} \text{proj}_{\boldsymbol{1}}(\boldsymbol{Y}) = \mu_Y &= (b + w_1 \cdot \mu_{X_1} + \cdots + w_d \cdot \mu_{X_d}) \\ b &= \mu_Y - w_1 \cdot \mu_{X_1} - \cdots - w_d \cdot \mu_{X_d} = \mu_Y - \sum_{i=1}^{n} w_i \cdot \mu_{X_i} \end{aligned} \tag{23.26}$$

这里我们使用了这样一个事实，即任何属性向量到 $\boldsymbol{1}$ 上的标量投影产生该属性的均值。例如，

$$\text{proj}_{\boldsymbol{1}}(\boldsymbol{Y}) = \frac{\boldsymbol{Y}^{\mathrm{T}}\boldsymbol{1}}{\boldsymbol{1}^{\mathrm{T}}\boldsymbol{1}} = \frac{1}{n}\sum_{i=1}^{n} y_i = \mu_Y$$

23.3.2　多元回归算法

多元回归算法的伪代码见算法 23.1。该算法从 $\tilde{\boldsymbol{D}}=\boldsymbol{QR}$ 的 QR 分解开始，其中 $\boldsymbol{Q}$ 是由构成正交基的正交列组成的矩阵，$\boldsymbol{R}$ 是上三角矩阵，可通过 Gram–Schmidt 正交化得到。注意，

矩阵 $\boldsymbol{Q}^{\mathrm{T}}\boldsymbol{Q}$ 为

$$\boldsymbol{Q}^{\mathrm{T}}\boldsymbol{Q}=\begin{pmatrix}\|\boldsymbol{U}_0\|^2 & 0 & \cdots & 0\\ 0 & \|\boldsymbol{U}_1\|^2 & \cdots & 0\\ 0 & 0 & \ddots & 0\\ 0 & 0 & \cdots & \|\boldsymbol{U}_d\|^2\end{pmatrix}=\boldsymbol{\Delta}$$

算法 23.1　多元回归算法

MULTIPLE-REGRESSION ($\boldsymbol{D}$, $\boldsymbol{Y}$):

1 $\tilde{\boldsymbol{D}} \leftarrow (\boldsymbol{1} \quad \boldsymbol{D})$ `// augmented data with` $X_0=\boldsymbol{1}\in\mathbb{R}^n$

2 $\{\boldsymbol{Q},\boldsymbol{R}\} \leftarrow$ QR-factorization($\tilde{\boldsymbol{D}}$) `//` $\boldsymbol{Q}=(\boldsymbol{U}_0 \quad \boldsymbol{U}_1 \quad \cdots \quad \boldsymbol{U}_d)$

3 $\boldsymbol{\Delta}^{-1} \leftarrow \begin{pmatrix}\frac{1}{\|\boldsymbol{U}_0\|^2} & 0 & \cdots & 0\\ 0 & \frac{1}{\|\boldsymbol{U}_1\|^2} & \cdots & 0\\ 0 & 0 & \ddots & 0\\ 0 & 0 & \cdots & \frac{1}{\|\boldsymbol{U}_d\|^2}\end{pmatrix}$ `// reciprocal squared norms`

4 $\boldsymbol{R}\boldsymbol{w} \leftarrow \boldsymbol{\Delta}^{-1}\boldsymbol{Q}^{\mathrm{T}}\boldsymbol{Y}$ `// solve for` $\boldsymbol{w}$ `by back-substitution`

5 $\widehat{\boldsymbol{Y}} \leftarrow \boldsymbol{Q}\boldsymbol{\Delta}^{-1}\boldsymbol{Q}^{\mathrm{T}}\boldsymbol{Y}$

矩阵 $\boldsymbol{Q}^{\mathrm{T}}\boldsymbol{Q}$ 表示为 $\boldsymbol{\Delta}$，是一个对角矩阵，它包含新的正交基向量 $\boldsymbol{U}_0,\boldsymbol{U}_1,\cdots,\boldsymbol{U}_d$ 的平方范数。

回想一下，多元回归的解是通过正规方程［式（23.21）］给出的，正规方程简写为 $(\tilde{\boldsymbol{D}}^{\mathrm{T}}\tilde{\boldsymbol{w}})\tilde{\boldsymbol{w}}=\tilde{\boldsymbol{D}}^{\mathrm{T}}\boldsymbol{Y}$［见式（23.22）］。代入 QR 分解，得到：

$$\begin{aligned}(\tilde{\boldsymbol{D}}^{\mathrm{T}}\tilde{\boldsymbol{D}})\tilde{\boldsymbol{w}}&=\tilde{\boldsymbol{D}}^{\mathrm{T}}\boldsymbol{Y}\\ (\boldsymbol{QR})^{\mathrm{T}}(\boldsymbol{QR})\tilde{\boldsymbol{w}}&=(\boldsymbol{QR})^{\mathrm{T}}\boldsymbol{Y}\\ \boldsymbol{R}^{\mathrm{T}}(\boldsymbol{Q}^{\mathrm{T}}\boldsymbol{Q})\boldsymbol{R}\tilde{\boldsymbol{w}}&=\boldsymbol{R}^{\mathrm{T}}\boldsymbol{Q}^{\mathrm{T}}\boldsymbol{Y}\\ \boldsymbol{R}^{\mathrm{T}}\boldsymbol{\Delta}\boldsymbol{R}\tilde{\boldsymbol{w}}&=\boldsymbol{R}^{\mathrm{T}}\boldsymbol{Q}^{\mathrm{T}}\boldsymbol{Y}\\ \boldsymbol{\Delta}\boldsymbol{R}\tilde{\boldsymbol{w}}&=\boldsymbol{Q}^{\mathrm{T}}\boldsymbol{Y}\\ \boldsymbol{R}\tilde{\boldsymbol{w}}&=\boldsymbol{\Delta}^{-1}\boldsymbol{Q}^{\mathrm{T}}\boldsymbol{Y}\end{aligned}$$

注意，$\boldsymbol{\Delta}^{-1}$ 是记录新基向量 $\boldsymbol{U}_0,\boldsymbol{U}_1,\cdots,\boldsymbol{U}_d$ 的平方范数倒数的对角矩阵。此外，由于 $\boldsymbol{R}$ 是上三角矩阵，用回代法求解 $\tilde{\boldsymbol{w}}$ 是很简单的。还要注意的是，可以通过以下方法获得预测向量 $\widehat{\boldsymbol{Y}}$：

$$\widehat{\boldsymbol{Y}}=\tilde{\boldsymbol{D}}\tilde{\boldsymbol{w}}=\boldsymbol{QRR}^{-1}\boldsymbol{\Delta}^{-1}\boldsymbol{Q}^{\mathrm{T}}\boldsymbol{Y}=\boldsymbol{Q}(\boldsymbol{\Delta}^{-1}\boldsymbol{Q}^{\mathrm{T}}\boldsymbol{Y})$$

请注意，$\boldsymbol{\Delta}^{-1}\boldsymbol{Q}^{\mathrm{T}}\boldsymbol{Y}$ 给出了 $\boldsymbol{Y}$ 在每个正交基向量上的标量投影向量：

$$\boldsymbol{\Delta}^{-1}\boldsymbol{Q}^{\mathrm{T}}\boldsymbol{Y}=\begin{pmatrix}\mathrm{proj}_{\boldsymbol{U}_0}(\boldsymbol{Y})\\ \mathrm{proj}_{\boldsymbol{U}_1}(\boldsymbol{Y})\\ \vdots\\ \mathrm{proj}_{\boldsymbol{U}_d}(\boldsymbol{Y})\end{pmatrix}$$

因此，$\boldsymbol{Q}(\boldsymbol{\Delta}^{-1}\boldsymbol{Q}^{\mathrm{T}}\boldsymbol{Y})$ 给出了式（23.23）中的投影公式。

$$\widehat{\boldsymbol{Y}}=\boldsymbol{Q}\begin{pmatrix}\mathrm{proj}_{\boldsymbol{U}_0}(\boldsymbol{Y})\\ \mathrm{proj}_{\boldsymbol{U}_1}(\boldsymbol{Y})\\ \vdots\\ \mathrm{proj}_{\boldsymbol{U}_d}(\boldsymbol{Y})\end{pmatrix}=\mathrm{proj}_{\boldsymbol{U}_0}(\boldsymbol{Y})\cdot\boldsymbol{U}_0+\mathrm{proj}_{\boldsymbol{U}_1}(\boldsymbol{Y})\cdot\boldsymbol{U}_1+\cdots+\mathrm{proj}_{\boldsymbol{U}_d}(\boldsymbol{Y})\cdot\boldsymbol{U}_d$$

例 23.4（多元回归：QR 分解和几何方法） 对于 $n=150$ 个点的鸢尾花数据集，思考响应属性花瓣宽度（Y）关于萼片长度（X_1）和花瓣长度（X_2）的多元回归，如图 23-5 所示。增广数据集 $\tilde{\boldsymbol{D}} \in \mathbb{R}^{150\times3}$ 包含沿 3 个属性 X_0、X_1 和 X_2 的 $n=150$ 个点，其中 $\boldsymbol{X}_0=\mathbf{1}$。Gram–Schmidt 正交化给出以下 QR 分解：

$$\underbrace{(\boldsymbol{X}_0 \quad \boldsymbol{X}_1 \quad \boldsymbol{X}_2)}_{\tilde{\boldsymbol{D}}} = \underbrace{(\boldsymbol{U}_0 \quad \boldsymbol{U}_1 \quad \boldsymbol{U}_2)}_{\boldsymbol{Q}} \cdot \underbrace{\begin{pmatrix} 1 & 5.843 & 3.759 \\ 0 & 1 & 1.858 \\ 0 & 0 & 1 \end{pmatrix}}_{\boldsymbol{R}}$$

注意，$\boldsymbol{Q} \in \mathbb{R}^{150\times3}$，因此不显示矩阵。记录基向量平方范数的矩阵 $\boldsymbol{\Delta}$ 及其逆矩阵分别为

$$\boldsymbol{\Delta} = \begin{pmatrix} 150 & 0 & 0 \\ 0 & 102.17 & 0 \\ 0 & 0 & 111.35 \end{pmatrix} \qquad \boldsymbol{\Delta}^{-1} = \begin{pmatrix} 0.006\,67 & 0 & 0 \\ 0 & 0.009\,79 & 0 \\ 0 & 0 & 0.008\,98 \end{pmatrix}$$

用回代法（back-substitution）来求解 $\tilde{\boldsymbol{w}}$，如下所示：

$$\boldsymbol{R}\tilde{\boldsymbol{w}} = \boldsymbol{\Delta}^{-1}\boldsymbol{Q}^{\mathrm{T}}\boldsymbol{Y}$$

$$\begin{pmatrix} 1 & 5.843 & 3.759 \\ 0 & 1 & 1.858 \\ 0 & 0 & 1 \end{pmatrix} \begin{pmatrix} w_0 \\ w_1 \\ w_2 \end{pmatrix} = \begin{pmatrix} 1.1987 \\ 0.7538 \\ 0.4499 \end{pmatrix}$$

在回代中，从 w_2 开始，这很容易从上面的方程计算出来，它很简单。

$$w_2 = 0.4499$$

接下来，w_1 表示为

$$w_1 + 1.858\,w_2 = 0.7538$$
$$\Longrightarrow w_1 = 0.7538 - 0.8358 = -0.082$$

最后，w_0 计算为

$$w_0 + 5.843\,w_1 + 3.759\,w_2 = 1.1987$$
$$\Longrightarrow w_0 = 1.1987 + 0.4786 - 1.6911 = -0.0139$$

因此，多元回归模型为

$$\widehat{Y} = -0.014\boldsymbol{X}_0 - 0.082\boldsymbol{X}_1 + 0.45\boldsymbol{X}_2 \tag{23.27}$$

与例 23.3 中的模型一致。

根据初始属性 $\boldsymbol{X}_0,\boldsymbol{X}_1,\cdots,\boldsymbol{X}_d$ 构造新的基向量 $\boldsymbol{U}_0,\boldsymbol{U}_1,\cdots,\boldsymbol{U}_d$ 也具有指导意义。因为 $\tilde{\boldsymbol{D}}=\boldsymbol{Q}\boldsymbol{R}$，所以 $\boldsymbol{Q}=\tilde{\boldsymbol{D}}\boldsymbol{R}^{-1}$。$\boldsymbol{R}$ 的逆也是上三角矩阵，如下所示：

$$\boldsymbol{R}^{-1} = \begin{pmatrix} 1 & -5.843 & 7.095 \\ 0 & 1 & -1.858 \\ 0 & 0 & 1 \end{pmatrix}$$

因此，用初始属性将 $\boldsymbol{Q}$ 写为

$$\underbrace{(\boldsymbol{U}_0 \quad \boldsymbol{U}_1 \quad \boldsymbol{U}_2)}_{\boldsymbol{Q}} = \underbrace{(\boldsymbol{X}_0 \quad \boldsymbol{X}_1 \quad \boldsymbol{X}_2)}_{\tilde{\boldsymbol{D}}} \underbrace{\begin{pmatrix} 1 & -5.843 & 7.095 \\ 0 & 1 & -1.858 \\ 0 & 0 & 1 \end{pmatrix}}_{\boldsymbol{R}^{-1}}$$

结果如下：

$$\boldsymbol{U}_0 = \boldsymbol{X}_0$$
$$\boldsymbol{U}_1 = -5.843\boldsymbol{X}_0 + \boldsymbol{X}_1$$
$$\boldsymbol{U}_2 = 7.095\boldsymbol{X}_0 - 1.858\boldsymbol{X}_1 + \boldsymbol{X}_2$$

响应向量 $\boldsymbol{Y}$ 到每个新基向量上的标量投影如下：

$$\text{proj}_{\boldsymbol{U}_0}(\boldsymbol{Y}) = 1.199 \qquad \text{proj}_{\boldsymbol{U}_1}(\boldsymbol{Y}) = 0.754 \qquad \text{proj}_{\boldsymbol{U}_2}(\boldsymbol{Y}) = 0.45$$

最后，拟合响应向量如下：

$$\begin{aligned} \widehat{\boldsymbol{Y}} &= \text{proj}_{\boldsymbol{U}_0}(\boldsymbol{Y}) \cdot \boldsymbol{U}_0 + \text{proj}_{\boldsymbol{U}_1}(\boldsymbol{Y}) \cdot \boldsymbol{U}_1 + \text{proj}_{\boldsymbol{U}_2}(\boldsymbol{Y}) \cdot \boldsymbol{U}_2 \\ &= 1.199\boldsymbol{X}_0 + 0.754 \times (-5.843\boldsymbol{X}_0 + \boldsymbol{X}_1) + 0.45 \times (7.095\boldsymbol{X}_0 - 1.858\boldsymbol{X}_1 + \boldsymbol{X}_2) \\ &= (1.199 - 4.406 + 3.193)\boldsymbol{X}_0 + (0.754 - 0.836)\boldsymbol{X}_1 + 0.45\boldsymbol{X}_2 \\ &= -0.014\boldsymbol{X}_0 - 0.082\boldsymbol{X}_1 + 0.45\boldsymbol{X}_2 \end{aligned}$$

这与式（23.27）一致。

23.3.3　多元回归分析：随机梯度下降

可以使用更简单的随机梯度算法代替 QR 分解法来准确求解多元回归问题。思考式（23.19）中给出的 SSE 目标函数（乘以 1/2）：

$$\min_{\tilde{\boldsymbol{w}}} \text{SSE} = \frac{1}{2}\left(\boldsymbol{Y}^{\mathrm{T}}\boldsymbol{Y} - 2\tilde{\boldsymbol{w}}^{\mathrm{T}}(\tilde{\boldsymbol{D}}^{\mathrm{T}}\boldsymbol{Y}) + \tilde{\boldsymbol{w}}^{\mathrm{T}}(\tilde{\boldsymbol{D}}^{\mathrm{T}}\tilde{\boldsymbol{D}})\tilde{\boldsymbol{w}}\right) \tag{23.28}$$

SSE 目标函数的梯度如下：

$$\nabla_{\tilde{\boldsymbol{w}}} = \frac{\partial}{\partial \tilde{\boldsymbol{w}}}\text{SSE} = -\tilde{\boldsymbol{D}}^{\mathrm{T}}\boldsymbol{Y} + (\tilde{\boldsymbol{D}}^{\mathrm{T}}\tilde{\boldsymbol{D}})\tilde{\boldsymbol{w}}$$

使用梯度下降法，从初始权向量估计 $\tilde{\boldsymbol{w}}^0$ 开始，迭代地更新 $\tilde{\boldsymbol{w}}$，如下所示：

$$\tilde{\boldsymbol{w}}^{t+1} = \tilde{\boldsymbol{w}}^{t} - \eta \cdot \nabla_{\tilde{\boldsymbol{w}}} = \tilde{\boldsymbol{w}}^{t} + \eta \cdot \tilde{\boldsymbol{D}}^{\mathrm{T}}(\boldsymbol{Y} - \tilde{\boldsymbol{D}} \cdot \tilde{\boldsymbol{w}}^{t})$$

其中，$\tilde{\boldsymbol{w}}^t$ 是在 t 处对权向量的估计。

在随机梯度下降（SGD）法中，每次更新权向量时只考虑一个（随机）点。将式（23.28）限制在训练数据 $\tilde{\boldsymbol{D}}$ 中的一个点 $\tilde{\boldsymbol{x}}_k$，得到点 $\tilde{\boldsymbol{x}}_k$ 处的梯度：

$$\nabla_{\tilde{\boldsymbol{w}}}(\tilde{\boldsymbol{x}}_k) = -\tilde{\boldsymbol{x}}_k y_k + \tilde{\boldsymbol{x}}_k\tilde{\boldsymbol{x}}_k^{\mathrm{T}}\tilde{\boldsymbol{w}} = -(y_k - \tilde{\boldsymbol{x}}_k^{\mathrm{T}}\tilde{\boldsymbol{w}})\tilde{\boldsymbol{x}}_k$$

因此，随机梯度更新规则如下：

$$\begin{aligned} \tilde{\boldsymbol{w}}^{t+1} &= \tilde{\boldsymbol{w}}^{t} - \eta \cdot \nabla_{\tilde{\boldsymbol{w}}}(\tilde{\boldsymbol{x}}_k) \\ &= \tilde{\boldsymbol{w}}^{t} + \eta \cdot (y_k - \tilde{\boldsymbol{x}}_k \cdot \tilde{\boldsymbol{w}}^{t}) \cdot \tilde{\boldsymbol{x}}_k \end{aligned}$$

算法 23.2 给出了多元回归随机梯度下降算法的伪代码。在对数据矩阵进行增广后，在每次迭代中，通过随机考虑每个点的梯度来更新权向量。当权向量基于 ϵ 收敛时，算法停止。

算法 23.2　多元回归随机梯度下降

```
   MULTIPLE REGRESSION: SGD (D, Y, η, ε):
1  D̃ ← (1  D) // augment data
2  t ← 0 // step/iteration counter
3  w̃^t ← random vector in ℝ^{d+1} // initial weight vector
4  repeat
5     foreach k = 1, 2, ···, n (in random order) do
6        ∇_w̃(x̃_k) ← −(y_k − x̃_k^T w̃^t) · x̃_k // compute gradient at x̃_k
7        w̃^{t+1} ← w̃^t − η · ∇_w̃(x̃_k) // update estimate for w_k
8     t ← t + 1
9  until ‖w^t − w^{t−1}‖ ⩽ ε
```

例 23.5（多元回归：SGD）　对于有 $n=150$ 个点的鸢尾花数据集，继续例 23.4 中响应属性花瓣宽度（Y）关于萼片长度（X_1）和花瓣长度（X_2）的多元回归。

使用准确方法，得到多元回归模型：

$$\widehat{\boldsymbol{Y}} = -0.014\boldsymbol{X}_0 - 0.082\boldsymbol{X}_1 + 0.45\boldsymbol{X}_2$$

利用随机梯度下降法，得到 $\eta=0.001$、$\epsilon=0.0001$ 的模型，如下所示：

$$\widehat{\boldsymbol{Y}} = -0.031\boldsymbol{X}_0 - 0.078\boldsymbol{X}_1 + 0.45\boldsymbol{X}_2$$

SGD 法的结果与准确方法的结果基本相同，偏差项略有不同。准确方法的 SSE 值为 6.179，而 SGD 法的为 6.181。

23.4　岭回归

我们已经看到，对于线性回归，预测的响应向量 $\widehat{\boldsymbol{Y}}$ 位于组成增广数据矩阵 $\tilde{\boldsymbol{D}}$ 的列向量构成的空间内。然而，数据往往是有噪声且不确定的，因此与其精确地将模型与数据拟合，不如拟合一个更稳健的模型。要实现这一点，可以使用正则化，在正则化中，我们约束解向量 $\tilde{\boldsymbol{w}}$ 具有小范数。换言之，我们没有试图简单地最小化平方残差 $\|\boldsymbol{Y}-\widehat{\boldsymbol{Y}}\|^2$，而是添加了一个正则化项，让正则化项包含权向量的平方范数（$\|\tilde{\boldsymbol{w}}\|^2$），如下所示：

$$\min_{\tilde{\boldsymbol{w}}} J(\tilde{\boldsymbol{w}}) = \|\boldsymbol{Y}-\widehat{\boldsymbol{Y}}\|^2 + \alpha\cdot\|\tilde{\boldsymbol{w}}\|^2 = \|\boldsymbol{Y}-\tilde{\boldsymbol{D}}\tilde{\boldsymbol{w}}\|^2 + \alpha\cdot\|\tilde{\boldsymbol{w}}\|^2 \tag{23.29}$$

这里 $\alpha \geqslant 0$ 是一个正则化常数，控制着实现权向量的平方范数和平方误差之间最小化的权衡。回想一下，$\left\|\tilde{\boldsymbol{w}}^2\right\| = \sum_{i=1}^{d} w_i^2$ 是 $\tilde{\boldsymbol{w}}$ 的 L_2 范数。因此，岭回归也被称为 L_2 正则化回归。当 $\alpha=0$ 时，没有正则化项，但随着 α 的增加，回归系数的最小化更为重要。

为了求解新的正则化目标函数，求式（23.29）关于 $\tilde{\boldsymbol{w}}$ 的偏微分，并将结果设为 $\mathbf{0}$，从而获得：

$$\frac{\partial}{\partial \tilde{\boldsymbol{w}}} J(\tilde{\boldsymbol{w}}) = \frac{\partial}{\partial \tilde{\boldsymbol{w}}} \left\{ \| \boldsymbol{Y} - \tilde{\boldsymbol{D}}\tilde{\boldsymbol{w}} \|^2 + \alpha \cdot \|\tilde{\boldsymbol{w}}\|^2 \right\} = \boldsymbol{0}$$

$$\Longrightarrow \frac{\partial}{\partial \tilde{\boldsymbol{w}}} \left\{ \boldsymbol{Y}^{\mathrm{T}}\boldsymbol{Y} - 2\tilde{\boldsymbol{w}}^{\mathrm{T}}(\tilde{\boldsymbol{D}}^{\mathrm{T}}\boldsymbol{Y}) + \tilde{\boldsymbol{w}}^{\mathrm{T}}(\tilde{\boldsymbol{D}}^{\mathrm{T}}\tilde{\boldsymbol{D}})\tilde{\boldsymbol{w}} + \alpha \cdot \tilde{\boldsymbol{w}}^{\mathrm{T}}\tilde{\boldsymbol{w}} \right\} = \boldsymbol{0}$$

$$\Longrightarrow -2\tilde{\boldsymbol{D}}^{\mathrm{T}}\boldsymbol{Y} + 2(\tilde{\boldsymbol{D}}^{\mathrm{T}}\tilde{\boldsymbol{D}})\tilde{\boldsymbol{w}} + 2\alpha \cdot \tilde{\boldsymbol{w}} = \boldsymbol{0} \tag{23.30}$$

$$\Longrightarrow (\tilde{\boldsymbol{D}}^{\mathrm{T}}\tilde{\boldsymbol{D}} + \alpha \cdot \boldsymbol{I})\tilde{\boldsymbol{w}} = \tilde{\boldsymbol{D}}^{\mathrm{T}}\boldsymbol{Y} \tag{23.31}$$

因此，最优解是：

$$\tilde{\boldsymbol{w}} = (\tilde{\boldsymbol{D}}^{\mathrm{T}}\tilde{\boldsymbol{D}} + \alpha \cdot \boldsymbol{I})^{-1}\tilde{\boldsymbol{D}}^{\mathrm{T}}\boldsymbol{Y} \tag{23.32}$$

其中，$\boldsymbol{I} \in \mathbb{R}^{(d+1)\times(d+1)}$ 是单位矩阵。当 $\alpha > 0$ 时，矩阵 $(\tilde{\boldsymbol{D}}^{\mathrm{T}}\tilde{\boldsymbol{D}} + \alpha \cdot \boldsymbol{I})$ 始终是可逆的（或非奇异的），即使 $\tilde{\boldsymbol{D}}^{\mathrm{T}}\tilde{\boldsymbol{D}}$ 是不可逆的（或奇异的）。如果 λ_i 是 $\tilde{\boldsymbol{D}}^{\mathrm{T}}\tilde{\boldsymbol{D}}$ 的特征值，则 $\lambda_i + \alpha$ 是 $(\tilde{\boldsymbol{D}}^{\mathrm{T}}\tilde{\boldsymbol{D}} + \alpha \cdot \boldsymbol{I})$ 的特征值。由于 $\tilde{\boldsymbol{D}}^{\mathrm{T}}\tilde{\boldsymbol{D}}$ 是半正定的，因此它有非负特征值。因此，即使 $\tilde{\boldsymbol{D}}^{\mathrm{T}}\tilde{\boldsymbol{D}}$ 的特征值为零，例如 $\lambda_i = 0$，$(\tilde{\boldsymbol{D}}^{\mathrm{T}}\tilde{\boldsymbol{D}} + \alpha \cdot \boldsymbol{I})$ 相应的特征值 $\lambda_i + \alpha = \alpha > 0$。

正则化回归也被称为*岭回归*，因为我们在 $\tilde{\boldsymbol{D}}^{\mathrm{T}}\tilde{\boldsymbol{D}}$ 矩阵的主对角线上加了一个“岭”，即最优解取决于正则化矩阵 $(\tilde{\boldsymbol{D}}^{\mathrm{T}}\tilde{\boldsymbol{D}} + \alpha \cdot \boldsymbol{I})$。正则化的另一个优点是，如果选择一个小的正 α，总能确保有一个解。

例 23.6（岭回归） 图 23-6 展示了鸢尾花数据集中两个属性——花瓣长度（X；预测变量）和花瓣宽度（Y；响应变量）之间的散点图，共有 $n=150$ 个数据点。非居中散度矩阵如下：

$$\tilde{\boldsymbol{D}}^{T}\tilde{\boldsymbol{D}} = \begin{pmatrix} 150.0 & 563.8 \\ 563.8 & 2583.0 \end{pmatrix}$$

利用式（23.32），我们得到了不同正则化常数 α 下的不同最佳拟合线：

$$\alpha = 0: \widehat{\boldsymbol{Y}} = -0.367 + 0.416\boldsymbol{X}, \quad \|\tilde{\boldsymbol{w}}\|^2 = \|(-0.367, 0.416)^{\mathrm{T}}\|^2 = 0.308, \quad \mathrm{SSE} = 6.34$$

$$\alpha = 10: \widehat{\boldsymbol{Y}} = -0.244 + 0.388\boldsymbol{X}, \quad \|\tilde{\boldsymbol{w}}\|^2 = \|(-0.244, 0.388)^{\mathrm{T}}\|^2 = 0.210, \quad \mathrm{SSE} = 6.75$$

$$\alpha = 100: \widehat{\boldsymbol{Y}} = -0.021 + 0.328\boldsymbol{X}, \quad \|\tilde{\boldsymbol{w}}\|^2 = \|(-0.021, 0.328)^{\mathrm{T}}\|^2 = 0.108, \quad \mathrm{SSE} = 9.97$$

图 23-6 也展示了这些正则化回归线。随着 α 的增大，更加强调最小化 $\tilde{\boldsymbol{w}}$ 的平方范数，同时 $\|\tilde{\boldsymbol{w}}\|^2$ 也受到更大的约束，从 SSE 值的增加可以看出，模型的拟合度降低。

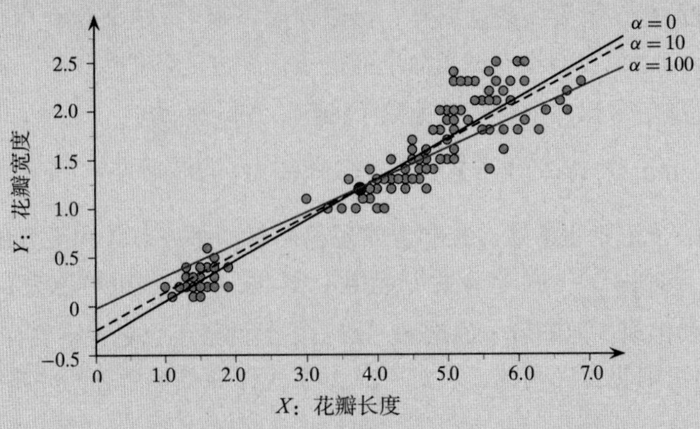

图 23-6　散点图：花瓣长度（X）和花瓣宽度（Y），以及 $\alpha = 0, 10, 100$ 的岭回归线

非惩罚偏差项　在 L_2 正则化回归中，我们不想惩罚偏差项 w_0，因为它只提供截距信息，并且没有理由将其最小化。为了避免惩罚偏差项，思考新的正则化目标函数，其中 $\boldsymbol{w}=(w_1,w_2,\cdots,w_d)^{\mathrm{T}}$，它没有 w_0，如下所示：

$$\begin{aligned}\min_{\boldsymbol{w}} J(\boldsymbol{w}) &= \|\boldsymbol{Y} - w_0 \cdot \mathbf{1} - \boldsymbol{D}\,\boldsymbol{w}\|^2 + \alpha \cdot \|\boldsymbol{w}\|^2 \\ &= \left\|\boldsymbol{Y} - w_0 \cdot \mathbf{1} - \sum_{i=1}^{d} w_i \cdot \boldsymbol{X}_i\right\|^2 + \alpha \cdot \left(\sum_{i=1}^{d} w_i^2\right)\end{aligned} \tag{23.33}$$

回想式（23.26）中的偏差 $w_0=b$：

$$w_0 = b = \mu_Y - \sum_{i=1}^{d} w_i \cdot \mu_{X_i} = \mu_Y - \boldsymbol{\mu}^{\mathrm{T}}\boldsymbol{w}$$

其中，$\boldsymbol{\mu}=(\mu_{X_1},\mu_{X_2},\cdots,\mu_{X_d})^{\mathrm{T}}$ 是（未增广）$\boldsymbol{D}$ 的多元均值。将 w_0 代入式（23.33）中新 L_2 正则化目标函数中，得到：

$$\begin{aligned}\min_{\boldsymbol{w}} J(\boldsymbol{w}) &= \|\boldsymbol{Y} - w_0 \cdot \mathbf{1} - \boldsymbol{D}\,\boldsymbol{w}\|^2 + \alpha \cdot \|\boldsymbol{w}\|^2 \\ &= \|\boldsymbol{Y} - (\mu_Y - \boldsymbol{\mu}^{\mathrm{T}}\boldsymbol{w}) \cdot \mathbf{1} - \boldsymbol{D}\boldsymbol{w}\|^2 + \alpha \cdot \|\boldsymbol{w}\|^2 \\ &= \|(\boldsymbol{Y} - \mu_Y \cdot \mathbf{1}) - (\boldsymbol{D} - \mathbf{1}\boldsymbol{\mu}^{\mathrm{T}})\boldsymbol{w}\|^2 + \alpha \cdot \|\boldsymbol{w}\|^2\end{aligned}$$

因此，得到：

$$\min_{\boldsymbol{w}} J(\boldsymbol{w}) = \|\overline{\boldsymbol{Y}} - \overline{\boldsymbol{D}}\,\boldsymbol{w}\|^2 + \alpha \cdot \|\boldsymbol{w}\|^2 \tag{23.34}$$

其中，$\overline{\boldsymbol{Y}}=\boldsymbol{Y}-\mu_Y\cdot\mathbf{1}$ 是居中响应向量，$\overline{\boldsymbol{D}}=\boldsymbol{D}-\mathbf{1}\mu^{\mathrm{T}}$ 是居中数据矩阵。我们可以简单地将响应向量和未增广的数据矩阵居中，从而将 w_0 从 L_2 正则化目标函数中排除。

例 23.7（岭回归：未惩罚偏差）　继续例 23.6 的探讨。当我们不惩罚 w_0 时，对于不同正则化常数 α，得到以下最佳拟合线：

$$\begin{aligned}&\alpha = 0: \widehat{\boldsymbol{Y}} = -0.365 + 0.416\boldsymbol{X} && w_0^2 + w_1^2 = 0.307 && \mathrm{SSE} = 6.34 \\ &\alpha = 10: \widehat{\boldsymbol{Y}} = -0.333 + 0.408\boldsymbol{X} && w_0^2 + w_1^2 = 0.277 && \mathrm{SSE} = 6.38 \\ &\alpha = 100: \widehat{\boldsymbol{Y}} = -0.089 + 0.343\boldsymbol{X} && w_0^2 + w_1^2 = 0.125 && \mathrm{SSE} = 8.87\end{aligned}$$

从例 23.6 可以观察到，对于 $\alpha=10$，当惩罚 w_0 时，得到以下模型：

$$\alpha = 10: \widehat{\boldsymbol{Y}} = -0.244 + 0.388\boldsymbol{X} \qquad w_0^2 + w_1^2 = 0.210 \qquad \mathrm{SSE} = 6.75$$

正如预期的那样，当不惩罚 w_0 时，得到的偏差项更大。

岭回归：随机梯度下降

我们可以采用随机梯度下降算法求解岭回归的解，而不是像式（23.32）中准确岭回归解所要求的那样，对矩阵 $(\tilde{\boldsymbol{D}}^{\mathrm{T}}\tilde{\boldsymbol{D}}+\alpha\cdot\boldsymbol{I})$ 求逆。思考式（23.30）中给出的正则化目标函数的梯度，为了方便起见，乘以 1/2；得到：

$$\nabla_{\tilde{\boldsymbol{w}}} = \frac{\partial}{\partial \tilde{\boldsymbol{w}}} J(\tilde{\boldsymbol{w}}) = -\tilde{\boldsymbol{D}}^{\mathrm{T}}\boldsymbol{Y} + (\tilde{\boldsymbol{D}}^{\mathrm{T}}\tilde{\boldsymbol{D}})\tilde{\boldsymbol{w}} + \alpha \cdot \tilde{\boldsymbol{w}}$$

使用（批量）梯度下降法，迭代地计算 $\tilde{\boldsymbol{w}}$，如下所示：

$$\tilde{\boldsymbol{w}}^{t+1} = \tilde{\boldsymbol{w}}^{t} - \eta \cdot \nabla_{\tilde{\boldsymbol{w}}} = (1-\eta\cdot\alpha)\tilde{\boldsymbol{w}}^{t} + \eta\cdot\tilde{\boldsymbol{D}}^{\mathrm{T}}(\boldsymbol{Y}-\tilde{\boldsymbol{D}}\cdot\tilde{\boldsymbol{w}}^{t})$$

在随机梯度下降（SGD）法中，每次更新权向量时只考虑一个（随机）点。将式（23.35）限制在一个点 $\tilde{\boldsymbol{x}}_k$ 上，得到点 $\tilde{\boldsymbol{x}}_k$ 处的梯度：

$$\nabla_{\tilde{\boldsymbol{w}}}(\tilde{\boldsymbol{x}}_k) = -\tilde{\boldsymbol{x}}_k y_k + \tilde{\boldsymbol{x}}_k\tilde{\boldsymbol{x}}_k^{\mathrm{T}}\tilde{\boldsymbol{w}} + \frac{\alpha}{n}\tilde{\boldsymbol{w}} = -(y_k - \tilde{\boldsymbol{x}}_k^{\mathrm{T}}\tilde{\boldsymbol{w}})\tilde{\boldsymbol{x}}_k + \frac{\alpha}{n}\tilde{\boldsymbol{w}} \tag{23.35}$$

这里，通过将正则化常数 α 除以 n（训练数据中的点数）来对其进行缩放，因为初始 α 适用于所有 n 个点，而现在一次只考虑一个点。因此，随机梯度更新规则如下：

$$\tilde{\boldsymbol{w}}^{t+1} = \tilde{\boldsymbol{w}}^{t} - \eta\cdot\nabla_{\tilde{\boldsymbol{w}}}(\tilde{\boldsymbol{x}}_k) = \left(1-\frac{\eta\cdot\alpha}{n}\right)\tilde{\boldsymbol{w}}^{t} + \eta\cdot(y_k - \tilde{\boldsymbol{x}}_k\cdot\tilde{\boldsymbol{w}}^{t})\cdot\tilde{\boldsymbol{x}}_k$$

算法 23.3 给出了岭回归随机梯度下降算法的伪代码。在对数据矩阵进行增广后，在每次迭代中，通过随机考虑每个点的梯度以更新权向量。当权向量基于 ϵ 收敛时，算法停止。该代码用于惩罚偏差的情况。通过将未增广数据矩阵和响应变量居中，很容易将其用于未惩罚偏差的情况。

算法 23.3 岭回归：随机梯度下降

```
RIDGE REGRESSION: SGD (D, Y, η, ε):
1 D̃ ← (1  D) // augment data
2 t ← 0 // step/iteration counter
3 w̃^t ← random vector in R^{d+1} // initial weight vector
4 repeat
5     foreach k = 1, 2, ···, n (in random order) do
6         ∇_w̃(x̃_k) ← −(y_k − x̃_k^T w̃^t) · x̃_k + (α/n) · w̃ // compute gradient at x̃_k
7         w̃^{t+1} ← w̃^t − η · ∇_w̃(x̃_k) // update estimate for w_k
8     t ← t + 1
9 until ‖w^t − w^{t−1}‖ ≤ ε
```

例 23.8（岭回归：SGD） 对鸢尾花数据集（$n=150$）进行岭回归，以花瓣长度（X）为自变量，花瓣宽度（Y）为响应变量。使用 SGD（$\eta=0.001$ 和 $\epsilon=0.0001$），获得不同正则化常数 α 下的最佳拟合线，这与例 23.6 中准确方法的结果基本匹配：

$$\alpha=0:\widehat{\boldsymbol{Y}}=-0.366+0.413\boldsymbol{X} \qquad \mathrm{SSE}=6.37$$

$$\alpha=10:\widehat{\boldsymbol{Y}}=-0.244+0.387\boldsymbol{X} \qquad \mathrm{SSE}=6.76$$

$$\alpha=100:\widehat{\boldsymbol{Y}}=-0.022+0.327\boldsymbol{X} \qquad \mathrm{SSE}=10.04$$

23.5 核回归

现在思考如何将线性回归推广到非线性情况，即采用正则化寻找将平方误差最小化的非线性拟合线。为此采用核技巧，即证明所有相关的操作都可以通过输入空间中的核矩阵来执行。

设 ϕ 对应输入空间到特征空间的映射，它使特征空间中的每个点 $\phi(\boldsymbol{x}_i)$ 都是输入点 $\boldsymbol{x}_i$ 的映射。为了避免显式地处理偏差项，将固定值 1 作为第一元素，以获得增广转换点

$\tilde{\phi}(\boldsymbol{x}_i)^{\mathrm{T}}=(1\ \phi(\boldsymbol{x}_i)^{\mathrm{T}})$。在特征空间中，设 $\tilde{\boldsymbol{D}}_\phi$ 表示增广数据集，它包括转换点 $\tilde{\phi}(\boldsymbol{x}_i)(i=1,2,\cdots,n)$。特征空间中的增广核函数表示为

$$\tilde{K}(\boldsymbol{x}_i,\boldsymbol{x}_j)=\tilde{\phi}(\boldsymbol{x}_i)^{\mathrm{T}}\tilde{\phi}(\boldsymbol{x}_j)=1+\phi(\boldsymbol{x}_i)^{\mathrm{T}}\phi(\boldsymbol{x}_j)=1+K(\boldsymbol{x}_i,\boldsymbol{x}_j)$$

其中，$K(\boldsymbol{x}_i,\boldsymbol{x}_j)$ 是标准的未增广核函数。

设 $\boldsymbol{Y}$ 表示观测响应向量。根据式（23.18），将预测响应向量建模为

$$\widehat{\boldsymbol{Y}}=\tilde{\boldsymbol{D}}_\phi\tilde{\boldsymbol{w}} \tag{23.36}$$

其中，$\tilde{\boldsymbol{w}}$ 是特征空间中的增广权向量。$\tilde{\boldsymbol{w}}$ 的第一个元素表示特征空间中的偏差。

对于正则化回归，必须在特征空间中求解以下目标函数：

$$\min_{\tilde{\boldsymbol{w}}}\ J(\tilde{\boldsymbol{w}})=\|\boldsymbol{Y}-\widehat{\boldsymbol{Y}}\|^2+\alpha\cdot\|\tilde{\boldsymbol{w}}\|^2=\|\boldsymbol{Y}-\tilde{\boldsymbol{D}}_\phi\tilde{\boldsymbol{w}}\|^2+\alpha\cdot\|\tilde{\boldsymbol{w}}\|^2 \tag{23.37}$$

其中，$\alpha\geqslant 0$ 是正则化常数。

求 $J(\tilde{\boldsymbol{w}})$ 关于 $\tilde{\boldsymbol{w}}$ 的偏微分，将其设为零向量，得到：

$$\begin{aligned}
&\frac{\partial}{\partial\tilde{\boldsymbol{w}}}J(\tilde{\boldsymbol{w}})=\frac{\partial}{\partial\tilde{\boldsymbol{w}}}\left\{\|\boldsymbol{Y}-\tilde{\boldsymbol{D}}_\phi\tilde{\boldsymbol{w}}\|^2+\alpha\cdot\|\tilde{\boldsymbol{w}}\|^2\right\}=\boldsymbol{0}\\
&\Longrightarrow\frac{\partial}{\partial\tilde{\boldsymbol{w}}}\left\{\boldsymbol{Y}^{\mathrm{T}}\boldsymbol{Y}-2\tilde{\boldsymbol{w}}^{\mathrm{T}}(\tilde{\boldsymbol{D}}_\phi^{\mathrm{T}}\boldsymbol{Y})+\tilde{\boldsymbol{w}}^{\mathrm{T}}(\tilde{\boldsymbol{D}}_\phi^{\mathrm{T}}\tilde{\boldsymbol{D}}_\phi)\tilde{\boldsymbol{w}}+\alpha\cdot\tilde{\boldsymbol{w}}^{\mathrm{T}}\tilde{\boldsymbol{w}}\right\}=\boldsymbol{0}\\
&\Longrightarrow -2\tilde{\boldsymbol{D}}_\phi^{\mathrm{T}}\boldsymbol{Y}+2(\tilde{\boldsymbol{D}}_\phi^{\mathrm{T}}\tilde{\boldsymbol{D}}_\phi)\tilde{\boldsymbol{w}}+2\alpha\cdot\tilde{\boldsymbol{w}}=\boldsymbol{0}\\
&\Longrightarrow\alpha\cdot\tilde{\boldsymbol{w}}=\tilde{\boldsymbol{D}}_\phi^{\mathrm{T}}\boldsymbol{Y}-(\tilde{\boldsymbol{D}}_\phi^{\mathrm{T}}\tilde{\boldsymbol{D}}_\phi)\tilde{\boldsymbol{w}}\\
&\Longrightarrow\tilde{\boldsymbol{w}}=\tilde{\boldsymbol{D}}_\phi^{\mathrm{T}}\left(\frac{1}{\alpha}(\boldsymbol{Y}-\tilde{\boldsymbol{D}}_\phi\tilde{\boldsymbol{w}})\right)\\
&\Longrightarrow\tilde{\boldsymbol{w}}=\tilde{\boldsymbol{D}}_\phi^{\mathrm{T}}\boldsymbol{c}=\sum_{i=1}^{n}c_i\cdot\tilde{\phi}(\boldsymbol{x}_i)
\end{aligned} \tag{23.38}$$

其中，$\boldsymbol{c}=(c_1,c_2,\cdots,c_n)^{\mathrm{T}}=\frac{1}{\alpha}(\boldsymbol{Y}-\tilde{\boldsymbol{D}}_\phi\tilde{\boldsymbol{w}})$。式（23.38）表明权向量 $\tilde{\boldsymbol{w}}$ 是特征点的线性组合，$\boldsymbol{c}$ 表示点的系数。

重新排列 $\boldsymbol{c}$ 表达式中的各项，得到：

$$\boldsymbol{c}=\frac{1}{\alpha}(\boldsymbol{Y}-\tilde{\boldsymbol{D}}_\phi\tilde{\boldsymbol{w}})$$

$$\alpha\cdot\boldsymbol{c}=\boldsymbol{Y}-\tilde{\boldsymbol{D}}_\phi\tilde{\boldsymbol{w}}$$

现在，代入式（23.38）中的 $\tilde{\boldsymbol{w}}$，得到：

$$\begin{aligned}
\alpha\cdot\boldsymbol{c}&=\boldsymbol{Y}-\tilde{\boldsymbol{D}}_\phi(\tilde{\boldsymbol{D}}_\phi^{\mathrm{T}}\boldsymbol{c})\\
(\tilde{\boldsymbol{D}}_\phi\tilde{\boldsymbol{D}}_\phi^{\mathrm{T}}+\alpha\cdot\boldsymbol{I})\boldsymbol{c}&=\boldsymbol{Y}\\
\boldsymbol{c}&=(\tilde{\boldsymbol{D}}_\phi\tilde{\boldsymbol{D}}_\phi^{\mathrm{T}}+\alpha\cdot\boldsymbol{I})^{-1}\boldsymbol{Y}
\end{aligned} \tag{23.39}$$

因此，最优解为

$$\boldsymbol{c}=(\tilde{\boldsymbol{K}}+\alpha\cdot\boldsymbol{I})^{-1}\boldsymbol{Y} \tag{23.40}$$

其中，$\boldsymbol{I}\in\mathbb{R}^{n\times n}$ 是 $n\times n$ 的单位矩阵，$\tilde{\boldsymbol{D}}_\phi\tilde{\boldsymbol{D}}_\phi^{\mathrm{T}}$ 是增广核矩阵 $\tilde{\boldsymbol{K}}$，因为：

$$\tilde{D}_\phi \tilde{D}_\phi^{\mathrm{T}} = \left\{\tilde{\phi}(x_i)^{\mathrm{T}}\tilde{\phi}(x_j)\right\}_{i,j=1,2,\cdots,n} = \left\{\tilde{K}(x_i,x_j)\right\}_{i,j=1,2,\cdots,n} = \tilde{K}$$

综上所述，将式（23.40）和式（23.38）代入式（23.36），得到预测响应向量的表达式：

$$\begin{aligned}\hat{Y} &= \tilde{D}_\phi \tilde{w} \\ &= \tilde{D}_\phi \tilde{D}_\phi^{\mathrm{T}} c \\ &= (\tilde{D}_\phi \tilde{D}_\phi^{\mathrm{T}})\,(\tilde{K} + \alpha\cdot I)^{-1} Y \\ &= \tilde{K}\,(\tilde{K} + \alpha\cdot I)^{-1} Y\end{aligned} \tag{23.41}$$

其中，$\tilde{K}(\tilde{K}+\alpha\cdot I)^{-1}$ 是核帽子矩阵。注意，$\alpha > 0$ 可确保逆总是存在，这是使用（核）岭回归除了正则化外的另一个优势。

算法 23.4 给出了核回归的伪代码。算法的主要步骤是计算增广核矩阵 $\tilde{K} \in \mathbb{R}^{n\times n}$ 和混合系数向量 $c \in \mathbb{R}^n$。然后将训练数据上的预测响应向量表示为 $\hat{Y} = \tilde{K}c$。对于新测试点 z，使用式（23.38）来预测，如下所示：

$$\begin{aligned}\hat{y} &= \tilde{\phi}(z)^{\mathrm{T}}\tilde{w} = \tilde{\phi}(z)^{\mathrm{T}}\,(\tilde{D}_\phi^{\mathrm{T}} c) = \tilde{\phi}(z)^{\mathrm{T}}\left(\sum_{i=1}^{n} c_i \cdot \tilde{\phi}(x_i)\right) \\ &= \sum_{i=1}^{n} c_i \cdot \tilde{\phi}(z)^{\mathrm{T}}\tilde{\phi}(x_i) = \sum_{i=1}^{n} c_i \cdot \tilde{K}(z, x_i) = c^{\mathrm{T}}\tilde{K}_z\end{aligned}$$

算法 23.4　核回归算法

KERNEL-REGRESSION (D, Y, K, α):

1 $K \leftarrow \left\{K(x_i, x_j)\right\}_{i,j=1,\cdots,n}$ `// standard kernel matrix`

2 $\tilde{K} \leftarrow K + 1$ `// augmented kernel matrix`

3 $c \leftarrow \left(\tilde{K} + \alpha\cdot I\right)^{-1} Y$ `// compute mixture coefficients`

4 $\hat{Y} \leftarrow \tilde{K}c$

TESTING (z, D, K, c):

5 $\tilde{K}_z \leftarrow \left\{1 + K(z, x_i)\right\}_{\forall x_i \in D}$

6 $\hat{y} \leftarrow c^{\mathrm{T}}\tilde{K}_z$

即计算 D 中包含 z 的所有数据点的增广核值的向量 $\tilde{K}_z$，并求其与混合系数向量 c 的点积，从而获得预测响应。

例 23.9　思考图 23-7 所示的非线性鸢尾花数据集，该数据集通过应用于居中鸢尾花数据的非线性变换获得。萼片长度（A_1）和萼片宽度（A_2）属性的转换如下：

$$\begin{aligned}X &= A_2 \\ Y &= 0.2A_1^2 + A_2^2 + 0.1A_1A_2\end{aligned}$$

以 Y 为响应变量，X 为自变量。这些点显示，两个变量之间有明显的二次（非线性）关系。

用正则化常数 $\alpha = 0.1$ 的线性核和非齐次二次核求最佳拟合线。线性核产生以下拟合线：

$$\widehat{Y} = 0.168X$$

此外，使用包含常数项、线性项和二次项的非齐次二次核，得到如下拟合线：

$$\widehat{Y} = -0.086 + 0.026X + 0.922X^2$$

线性拟合线（灰色）和二次拟合线（黑色）如图 23-7 所示。对 SSE（$\|\boldsymbol{Y} - \widehat{\boldsymbol{Y}}\|^2$），线性核的为 13.82，二次核的为 4.33。很明显，二次核（如预期的那样）能更好地拟合数据。

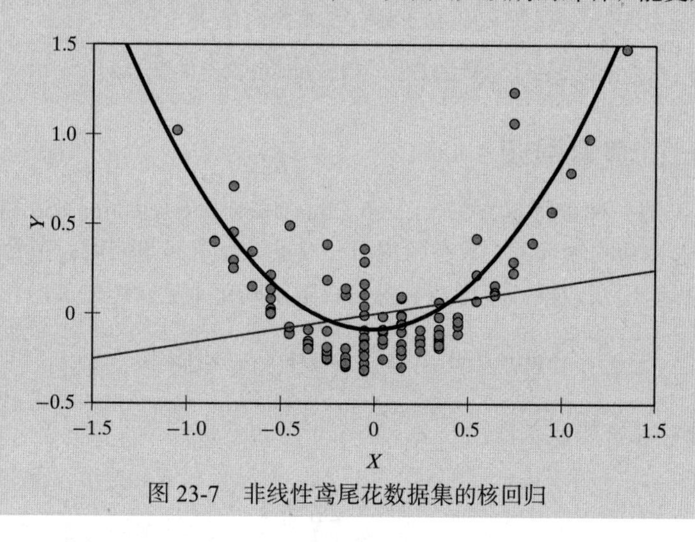

图 23-7　非线性鸢尾花数据集的核回归

例 23.10（核岭回归）　思考鸢尾花主成分数据集，如图 23-8 所示。X_1 和 X_2 表示前两个主成分。响应变量 Y 是二元的，值 1 对应 Iris-virginica（右上角的点，Y 值为 1），0 对应 Iris-setosa 和 Iris-versicolor（其他两组点，Y 值为 0）。

图 23-8a 展示了 $\alpha = 0.01$ 时线性核拟合的回归平面：

$$\widehat{Y} = 0.333 - 0.167X_1 + 0.074X_2$$

图 23-8b 展示了 $\alpha = 0.01$ 时非齐次二次核拟合的模型：

$$\widehat{Y} = -0.03 - 0.167X_1 - 0.186X_2 + 0.092X_1^2 + 0.1X_1X_2 + 0.029X_2^2$$

线性模型的 SSE 为 15.47，而二次核模型的 SSE 为 8.44，这表明它更适合用来拟合训练数据。

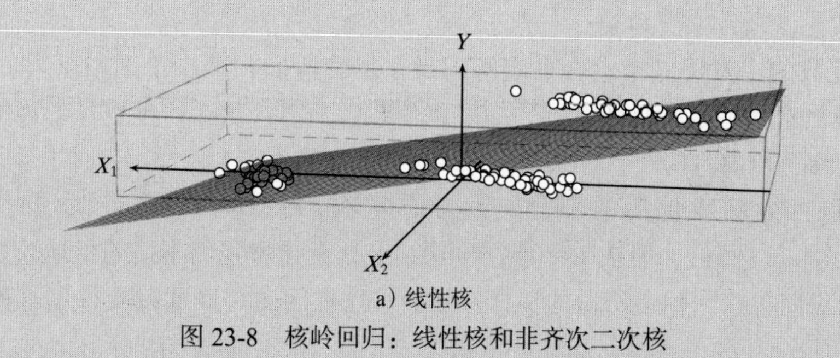

a）线性核

图 23-8　核岭回归：线性核和非齐次二次核

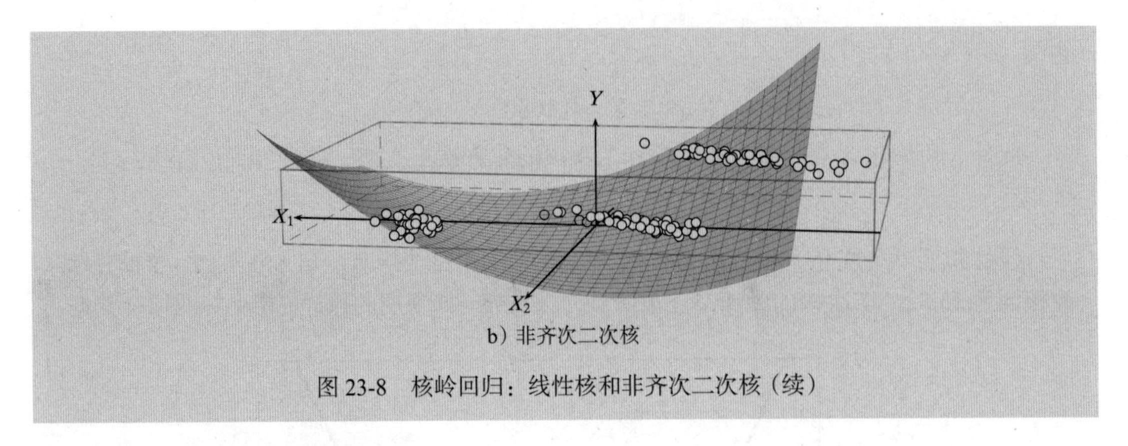

b）非齐次二次核

图 23-8 核岭回归：线性核和非齐次二次核（续）

23.6 L_1 回归：套索回归

套索（Lasso）是一种正则化方法，Lasso（Least absolute-selection and shrinkage operator）代表最小绝对值选择和收敛算子，旨在稀疏回归权重。套索回归使用 L_1 范数进行正则化，而不是像岭回归那样使用 L_2 或欧几里得范数进行权重正则化［见式（23.34）］。

$$\min_{\boldsymbol{w}} J(\boldsymbol{w})=\frac{1}{2}\cdot\|\bar{\boldsymbol{Y}}-\bar{\boldsymbol{D}}\boldsymbol{w}\|^2+\alpha\cdot\|\boldsymbol{w}\|_1 \tag{23.42}$$

其中，$\alpha\geqslant 0$ 是正则化常数，而且

$$\|\boldsymbol{w}\|_1=\sum_{i=1}^{d}|w_i|$$

注意，为了方便起见，添加因子 $\frac{1}{2}$，它不会改变目标函数形状。此外，假设包含 d 个独立属性 $X_1,X_2,\cdots,X_d$ 和响应属性 Y 的数据都已居中，即假设：

$$\bar{\boldsymbol{D}}=\boldsymbol{D}-\mathbf{1}\cdot\boldsymbol{\mu}^{\mathrm{T}}$$
$$\bar{\boldsymbol{Y}}=\boldsymbol{Y}-\mu_Y\cdot\mathbf{1}$$

其中，$\mathbf{1}\in\mathbb{R}^n$ 是所有元素均为 1 的向量，$\boldsymbol{\mu}=(\mu_{X1},\mu_{X2},\cdots,\mu_{Xd})^{\mathrm{T}}$ 是数据的多元均值，μ_Y 是平均响应值。居中的一个好处是，不必显式地处理偏差项 $b=w_0$，这一点很重要，因为我们通常不想惩罚 b。一旦估计了回归系数，通过式（23.26）即可获得偏差项，如下所示：

$$b=w_0=\mu_Y-\sum_{j=1}^{d}w_j\cdot\mu_{X_j}$$

使用 L_1 范数的主要优点是它会稀疏解向量。尽管岭回归减少了回归系数 w_i 的值，它们可能很小，但仍然不是零。此外，L_1 回归可以使系数为零，从而产生更具解释性的模型，尤其是当存在许多预测属性时。

套索回归目标函数包括两部分：平方误差项 $\|\bar{\boldsymbol{Y}}-\bar{\boldsymbol{D}}\boldsymbol{w}^2\|$（凸可微项）和 L_1 惩罚项 $\alpha\cdot\|\boldsymbol{w}_1\|=\alpha\sum_{i=1}^{d}|w_i|$（凸的，但在 $w_i=0$ 时不可微）。这意味着我们不能简单地计算梯度并将其设为 0，就像我们在岭回归中所做的那样。然而，这类问题可以通过次梯度这种广义方法来解决。

23.6.1 次梯度和次微分

思考绝对值函数$f:\mathbb{R}\to\mathbb{R}$

$$f(w)=|w|$$

如图 23-9 所示（黑线表示）。

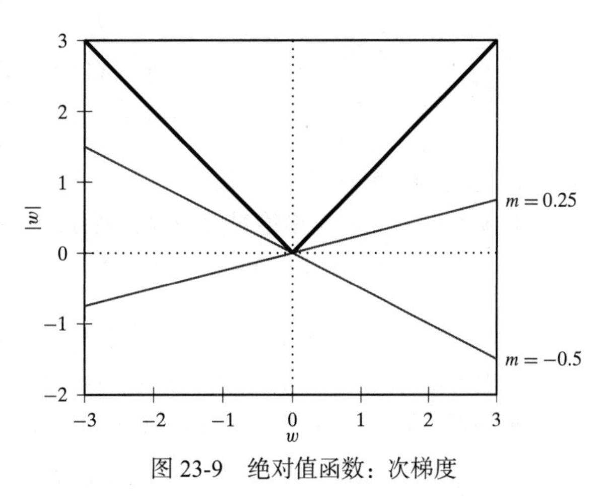

图 23-9 绝对值函数：次梯度

当$w>0$时，其导数为$f'(w)=+1$，当$w<0$时，其导数为$f'(w)=-1$。此外，在$w=0$处存在一个不连续点，在该点处导数不存在。

然而，此处使用次梯度（subgradient）的概念，它对导数的概念进行推广。对于绝对值函数，通过$w=0$的任何直线的斜率m都保持在f的图形下方，斜率m称为$w=0$时f的次梯度。图 23-9 给出了两个这样的次梯度，即斜率$m=-0.5$和$m=0.25$，相应的线以灰色显示。w处的所有次梯度的集合称为次微分（subdifferential），记作$\partial|w|$。因此，$w=0$处的次微分为

$$\partial|w|=[-1,1]$$

只有斜率在 −1 和 +1 之间的线位于绝对值图下方或与其重合。

考虑到所有情况，绝对值函数的次微分为

$$\partial|w|=\begin{cases}1 & \text{iff } w>0\\ -1 & \text{iff } w<0\\ [-1,1] & \text{iff } w=0\end{cases}\tag{23.43}$$

可以看到，当导数存在时，次微分是唯一的，对应于导数（或梯度）；当导数不存在时，次微分对应于一组次梯度。

23.6.2 二元 L_1 回归

首先思考二元L_1回归，其中有一个独立的属性$\bar{\boldsymbol{X}}$和一个响应属性$\bar{\boldsymbol{Y}}$（都居中）。二元回归模型如下：

$$\hat{y}_i=w\cdot\bar{x}_i$$

式（23.42）中的套索回归目标函数可以写成：

$$\min_w J(w)=\frac{1}{2}\sum_{i=1}^{n}(\bar{y}_i-w\cdot\bar{x}_i)^2+\alpha\cdot|w|\tag{23.44}$$

计算它的次微分：

$$\begin{aligned}\partial J(w)&=\frac{1}{2}\cdot\sum_{i=1}^{n}2\cdot(\bar{y}_i-w\cdot\bar{x}_i)\cdot(-\bar{x}_i)+\alpha\cdot\partial|w|\\&=-\sum_{i=1}^{n}\bar{x}_i\cdot\bar{y}_i+w\cdot\sum_{i=1}^{n}\bar{x}_i^2+\alpha\cdot\partial|w|\\&=-\bar{\boldsymbol{X}}^{\mathrm{T}}\bar{\boldsymbol{Y}}+w\cdot\|\bar{\boldsymbol{X}}\|^2+\alpha\cdot\partial|w|\end{aligned}\tag{23.45}$$

将次微分设为 0，求解 w，得到：

$$\begin{aligned}&\partial J(w)=0\\ \Longrightarrow\ & w\cdot\|\overline{\boldsymbol{X}}\|^2+\alpha\cdot\partial|w|=\overline{\boldsymbol{X}}^{\mathrm{T}}\overline{\boldsymbol{Y}}\\ \Longrightarrow\ & w+\eta\cdot\alpha\cdot\partial|w|=\eta\cdot\overline{\boldsymbol{X}}^{\mathrm{T}}\overline{\boldsymbol{Y}}\end{aligned}$$

其中，$\eta=1/\overline{\boldsymbol{X}}^2>0$ 是缩放常数。

对应于式（23.43）中绝对值函数次微分的三种情况，需要考虑三种情况：

- 情况 1（$w>0$ 且 $\partial|w|=1$）在这种情况下，有：

$$w=\eta\cdot\overline{\boldsymbol{X}}^{\mathrm{T}}\overline{\boldsymbol{Y}}-\eta\cdot\alpha$$

因为 $w>0$，所以 $\eta\cdot\boldsymbol{X}^{\mathrm{T}}\overline{\boldsymbol{Y}}>\eta\cdot\alpha$，$|\eta\cdot\boldsymbol{X}^{\mathrm{T}}\overline{\boldsymbol{Y}}|>\eta\cdot\alpha$。

- 情况 2（$w<0$ 且 $\partial|w|=-1$）在这种情况下，有：

$$w=\eta\cdot\overline{\boldsymbol{X}}^{\mathrm{T}}\overline{\boldsymbol{Y}}+\eta\cdot\alpha$$

因为 $w<0$，所以 $\eta\cdot\boldsymbol{X}^{\mathrm{T}}\overline{\boldsymbol{Y}}<-\eta\cdot\alpha$，$|\eta\cdot\boldsymbol{X}^{\mathrm{T}}\overline{\boldsymbol{Y}}|>\eta\cdot\alpha$。

- 情况 3（$w=0$ 且 $\partial|w|\in[-1,1]$）在这种情况下，有：

$$w\in\left[\eta\cdot\overline{\boldsymbol{X}}^{\mathrm{T}}\overline{\boldsymbol{Y}}-\eta\cdot\alpha,\ \eta\cdot\overline{\boldsymbol{X}}^{\mathrm{T}}\overline{\boldsymbol{Y}}+\eta\cdot\alpha\right]$$

然而，因为 $w=0$，所以 $|\eta\cdot\boldsymbol{X}^{\mathrm{T}}\overline{\boldsymbol{Y}}|\leqslant\eta\cdot\alpha$。

设 $\tau\geqslant 0$ 为某一固定值。软阈值（soft-threshold）函数 $\mathcal{S}_\tau:\mathbb{R}\rightarrow\mathbb{R}$ 的定义如下：

$$\mathcal{S}_\tau(z)=\operatorname{sign}(z)\cdot\max\{0,(|z|-\tau)\}\tag{23.46}$$

那么，上述三种情况可以简写为

$$w=\mathcal{S}_{\eta\cdot\alpha}(\boldsymbol{\eta}\cdot\overline{\boldsymbol{X}}^{\mathrm{T}}\overline{\boldsymbol{Y}})\tag{23.47}$$

$\tau=\eta\cdot\alpha$，w 是式（23.44）中二元 L_1 回归问题的最优解。

23.6.3 多元 L_1 回归

思考式（23.42）中的 L_1 回归目标函数：

$$\begin{aligned}\min_{\boldsymbol{w}}\ J(\boldsymbol{w})&=\frac{1}{2}\cdot\left\|\overline{\boldsymbol{Y}}-\sum_{i=1}^{d}w_i\cdot\overline{\boldsymbol{X}}_i\right\|^2_{\mathrm{T}}+\alpha\cdot\|\boldsymbol{w}\|_1\\ &=\frac{1}{2}\cdot\left(\overline{\boldsymbol{Y}}^{\mathrm{T}}\overline{\boldsymbol{Y}}-2\sum_{i=1}^{d}w_i\cdot\overline{\boldsymbol{X}}_i^{\mathrm{T}}\overline{\boldsymbol{Y}}+\sum_{i=1}^{d}\sum_{j=1}^{d}w_i\cdot w_j\cdot\overline{\boldsymbol{X}}_i^{\mathrm{T}}\overline{\boldsymbol{X}}_j\right)+\alpha\cdot\sum_{i=1}^{d}|w_i|\end{aligned}$$

通过循环坐标下降（cyclical coordinate descent）的方法分别对每一个 w_i 进行优化，将二元解推广到多元 L_1 回归。重写 L_1 回归目标函数，只关注 w_k 项，忽略所有不涉及 w_k 的项（假设是固定的）：

$$\min_{w_k}\ J(w_k)=-w_k\cdot\overline{\boldsymbol{X}}_k^{\mathrm{T}}\overline{\boldsymbol{Y}}+\frac{1}{2}w_k^2\cdot\|\overline{\boldsymbol{X}}_k\|^2+w_k\cdot\sum_{j\neq k}^{d}w_j\overline{\boldsymbol{X}}_k^{\mathrm{T}}\overline{\boldsymbol{X}}_j+\alpha\cdot|w_k|\tag{23.48}$$

设 $J(w_k)$ 的次微分为零，得到：

$$
\begin{aligned}
&\partial J(w_k)=0\\
&\Longrightarrow w_k\cdot\|\bar{X}_k\|^2+\alpha\cdot\partial|w_k|=\bar{X}_k^{\mathrm{T}}\bar{Y}-\sum_{j\neq k}^{d}w_j\cdot\bar{X}_k^{\mathrm{T}}\bar{X}_j\\
&\Longrightarrow w_k\cdot\|\bar{X}_k\|^2+\alpha\cdot\partial|w_k|=\bar{X}_k^{\mathrm{T}}\bar{Y}-\sum_{j=1}^{d}w_j\cdot\bar{X}_k^{\mathrm{T}}\bar{X}_j+w_k\bar{X}_k^{\mathrm{T}}\bar{X}_k\\
&\Longrightarrow w_k\cdot\|\bar{X}_k\|^2+\alpha\cdot\partial|w_k|=w_k\|\bar{X}_k^{\mathrm{T}}\|^2+\bar{X}_k^{\mathrm{T}}\,(\bar{Y}-\bar{D}\boldsymbol{w})
\end{aligned}
$$

将上述方程解释为指定 w_k 的迭代解。本质上把左边的 w_k 作为 w_k 的新估计值，把右边的 w_k 作为先前的估计值。更具体地说，设 $\boldsymbol{w}^t$ 表示步骤 t 的权向量，其中 w_k^t 表示时间 t 时 w_k 的估计值。那么，$t+1$ 时 w_k 的新估计值为：

$$
\begin{aligned}
w_k^{t+1}+\frac{1}{\|\bar{X}_k\|^2}\cdot\alpha\cdot\partial|w_k^{t+1}|&=w_k^t+\frac{1}{\|\bar{X}_k\|^2}\cdot\bar{X}_k^{\mathrm{T}}(\bar{Y}-\bar{D}\,\boldsymbol{w}^t)\\
w_k^{t+1}+\eta\cdot\alpha\cdot\partial|w_k^{t+1}|&=w_k^t+\eta\cdot\bar{X}_k^{\mathrm{T}}\,(Y-\bar{D}\,\boldsymbol{w}^t)
\end{aligned}
\tag{23.49}
$$

其中，$\eta=1/\|\bar{X}_k\|^2>0$ 是缩放常数。基于 w_k^{t+1} 和次微分 $\partial|w_k^{t+1}|$ 的三种情况，采用与二元情况类似的方法［式（23.47）］，把 w_k 的新估计值简写成：

$$
w_k^{t+1}=\mathcal{S}_{\eta\cdot\alpha}\left(w_k^t+\eta\cdot\bar{X}_k^{\mathrm{T}}(\bar{Y}-\bar{D}\,\boldsymbol{w}^t)\right)\tag{23.50}
$$

L_1 回归的伪代码见算法 23.5。该算法首先在 $t=0$ 时对 $\boldsymbol{w}$ 进行随机估计，然后在每个维度循环估计 w_k，直到收敛。有趣的是，项 $-\bar{X}_k^{\mathrm{T}}(\bar{Y}-\bar{D}\boldsymbol{w}^t)$ 实际上是套索回归目标函数中平方误差项在 w_k 处的梯度，因此更新公式与步长为 η 的梯度下降相同。然后，还有软阈值算子。还要注意的是，由于 η 是一个正缩放常数，因此将它作为算法的一个参数，表示梯度下降的步长。

算法 23.5　L_1 回归算法：Lasso

L_1-**REGRESSION** $(\boldsymbol{D},\boldsymbol{Y},\alpha,\eta,\epsilon)$:
1 $\boldsymbol{\mu}\leftarrow$ mean$(\boldsymbol{D})$ `// compute mean`
2 $\bar{\boldsymbol{D}}\leftarrow\boldsymbol{D}-\mathbf{1}\cdot\boldsymbol{\mu}^{\mathrm{T}}$ `// center the data`
3 $\bar{\boldsymbol{Y}}\leftarrow\boldsymbol{Y}-\mu_Y\cdot\mathbf{1}$ `// center the response`
4 $t\leftarrow0$ `// step/iteration counter`
5 $\boldsymbol{w}^t\leftarrow$ random vector in $\mathbb{R}^d$ `// initial weight vector`
6 **repeat**
7 　**foreach** $k=1,2,\cdots,d$ **do**
8 　　$\nabla(w_k^t)\leftarrow-\bar{X}_k^{\mathrm{T}}(Y-\bar{D}\,\boldsymbol{w}^t)$ `// compute gradient at` w_k
9 　　$w_k^{t+1}\leftarrow w_k^t-\eta\cdot\nabla(w_k^t)$ `// update estimate for` w_k
10 　　$w_k^{t+1}\leftarrow\mathcal{S}_{\eta\cdot\alpha}\left(w_k^{t+1}\right)$ `// apply soft-threshold function`
11 　$t\leftarrow t+1$
12 **until** $\|\boldsymbol{w}^t-\boldsymbol{w}^{t-1}\|\leqslant\epsilon$
13 $b\leftarrow\mu_Y-(\boldsymbol{w}^t)^{\mathrm{T}}\boldsymbol{\mu}$ `// compute the bias term`

例 23.11（L_1 回归） 对包含 $n=150$ 个点的完整鸢尾花数据集进行 L_1 回归，4 个独立属性分别为萼片宽度（X_1）、萼片长度（X_2）、花瓣宽度（X_3）和花瓣长度（X_4）。鸢尾花类别属性组成响应变量 Y。有三种鸢尾花类别，即 Iris-setosa、Iris-versicolor 和 Iris-virginica，它们分别编码为 0、1 和 2。

不同 α 值（$\eta=0.0001$）下 L_1 回归估计如下：

$$\alpha=0: \widehat{Y}=0.192-0.109\boldsymbol{X}_1-0.045\boldsymbol{X}_2+0.226\boldsymbol{X}_3+0.612\boldsymbol{X}_4 \qquad \text{SSE}=6.96$$

$$\alpha=1: \widehat{Y}=-0.077-0.076\boldsymbol{X}_1-0.015\boldsymbol{X}_2+0.253\boldsymbol{X}_3+0.516\boldsymbol{X}_4 \qquad \text{SSE}=7.09$$

$$\alpha=5: \widehat{Y}=-0.553+0.0\boldsymbol{X}_1+0.0\boldsymbol{X}_2+0.359\boldsymbol{X}_3+0.170\boldsymbol{X}_4 \qquad \text{SSE}=8.82$$

$$\alpha=10: \widehat{Y}=-0.575+0.0\boldsymbol{X}_1+0.0\boldsymbol{X}_2+0.419\boldsymbol{X}_3+0.0\boldsymbol{X}_4 \qquad \text{SSE}=10.15$$

权向量（不包括偏差项）的 L_1 范数值分别为 0.992、0.86、0.529 和 0.419。请注意套索回归的稀疏诱导效应，如在 $\alpha=5$ 和 $\alpha=10$ 时所观察到的，它会使一些回归系数变为零。

通过比较具有相同平方误差水平的模型来比较 L_2 回归（岭回归）和 L_1 回归（套索回归）的系数。例如，对于 $\alpha=5$，L_1 模型的 SSE=8.82。调整 L_2 回归中的 α 值，使 $\alpha=35$，可得类似的 SSE 值。两个模型如下：

$$L_1: \widehat{Y}=-0.553+0.0\boldsymbol{X}_1+0.0\boldsymbol{X}_2+0.359\boldsymbol{X}_3+0.170\boldsymbol{X}_4 \qquad \|\boldsymbol{w}\|_1=0.529$$

$$L_2: \widehat{Y}=-0.394+0.019\boldsymbol{X}_1-0.051\boldsymbol{X}_2+0.316\boldsymbol{X}_3+0.212\boldsymbol{X}_4 \qquad \|\boldsymbol{w}\|_1=0.598$$

其中，在计算权重的 L_1 范数时我们得到了偏差项。可以观察到，对于 L_2 回归，X_1 和 X_2 的系数很小，因此不太重要，但它们不是零。此外，对于 L_1 回归，属性 X_1 和 X_2 的系数正好为零，模型中只剩下 X_3 和 X_4；因此，套索可以作为自动特征选择方法。

23.7 拓展阅读

有关多元统计的几何方法，请参见文献（Wickens，2014；Saville & Wood，2012）。关于广义线性模型类的描述——线性回归是一个特例，参见文献（Agresti，2015）。文献（Hastie et al.，2015）对基于套索和稀疏性的方法进行了很好的概述。有关 L_1 回归的循环坐标下降的描述，以及稀疏统计模型的其他方法，参见文献（Hastie et al.，2015）。

Agresti, A. (2015). *Foundations of Linear and Generalized Linear Models*. Hoboken, NJ: John Wiley & Sons.

Hastie, T., Tibshirani, R., and Wainwright, M. (2015). *Statistical Learning with Sparsity: The Lasso and Generalizations*. Boca Raton, FL: CRC press.

Saville, D. J. and Wood, G. R. (2012). *Statistical Methods: The Geometric Approach*. New York: Springer Science + Business Media.

Wickens, T. D. (2014). *The Geometry of Multivariate Statistics*. New York: Psychology Press, Taylor & Francis Group.

23.8　练习

Q1. 思考表 23-1 中的数据，Y 为响应变量，X 为自变量。回答以下问题：

（a）用几何方法计算最小二乘回归的预测响应向量 $\hat{\boldsymbol{Y}}$。

（b）基于几何方法提取偏差和斜率的值，并给出最佳拟合回归线的公式。

表 23-1　Q1 的数据

X	Y
5	2
0	1
2	1
1	1
2	0

Q2. 给定表 23-2 中的数据，设 $\alpha = 0.5$ 为正则化常数。计算 Y 关于 X 的岭回归公式，其中偏差和斜率都受到惩罚。矩阵 $\boldsymbol{A} = \begin{pmatrix} a & b \\ c & d \end{pmatrix}$ 的逆为

$$\boldsymbol{A}^{-1} = \frac{1}{\det(\boldsymbol{A})}\begin{pmatrix} d & -b \\ -c & a \end{pmatrix}, \quad \det(\boldsymbol{A}) = ad - bc \text{。}$$

表 23-2　Q2 的数据

X	Y
1	1
2	3
4	4
6	3

Q3. 证明式（23.11）成立，即：

$$w = \frac{\sum_{i=1}^{n} x_i \cdot y_i - n \cdot \mu_X \cdot \mu_Y}{\sum_{i=1}^{n} x_i^2 - n \cdot \mu_X^2} = \frac{\sum_{i=1}^{n}(x_i - \mu_X)(y_i - \mu_Y)}{\sum_{i=1}^{n}(x_i - \mu_X)^2}$$

Q4. 使用公式（23.16）推导多元回归中偏差项 b 和权重 $\boldsymbol{w} = (w_1, w_2, \cdots, w_d)^{\mathrm{T}}$ 的表达式，不需要添加增广列。

Q5. 通过分析（即不使用几何学方法）证明，多元回归中的偏差项［见式（23.26）］为

$$w_0 = \mu_Y - w_1 \cdot \mu_{X_1} - w_2 \cdot \mu_{X_2} - \cdots - w_d \cdot \mu_{X_d}$$

Q6. 证明：$\hat{\boldsymbol{Y}}^{\mathrm{T}} \epsilon = 0$。

Q7. 证明：$\|\epsilon\|^2 = \|\boldsymbol{Y}\|^2 - \|\hat{\boldsymbol{Y}}\|^2$。

Q8. 证明：如果 λ_i 是 $\boldsymbol{D}^{\mathrm{T}}\boldsymbol{D}$ 的特征向量 $\boldsymbol{u}_i$ 对应的特征值，则 $\lambda_i + \alpha$ 是 $(\tilde{\boldsymbol{D}}^{\mathrm{T}}\tilde{\boldsymbol{D}} + \alpha \cdot \boldsymbol{I})$ 的特征向量 $\boldsymbol{u}_i$ 的特征值。

Q9. 证明：$\boldsymbol{\Delta}^{-1}\boldsymbol{Q}^{\mathrm{T}}\boldsymbol{Y}$ 给出了多元回归中 $\boldsymbol{Y}$ 在每个正交基向量上的标量投影向量，即

$$\boldsymbol{\Delta}^{-1}\boldsymbol{Q}^{\mathrm{T}}\boldsymbol{Y} = \begin{pmatrix} \mathrm{proj}_{\boldsymbol{U}_0}(\boldsymbol{Y}) \\ \mathrm{proj}_{\boldsymbol{U}_1}(\boldsymbol{Y}) \\ \vdots \\ \mathrm{proj}_{\boldsymbol{U}_d}(\boldsymbol{Y}) \end{pmatrix}$$

Q10. 通过 QR 分解给出岭回归问题的解。

Q11. 推导岭回归中权向量 $\boldsymbol{w} = (w_1, w_2, \cdots, w_d)^{\mathrm{T}}$ 和偏差 $b = w_0$ 的解，无须从 Y 和独立属性 $X_1, X_2, \cdots, X_d$ 中减去均值，也无须添加增广列。

Q12. 证明：当使用线性核时，岭回归和核岭回归的解是完全相同的。

Q13. 证明：$w = \mathcal{S}_{\eta\cdot\alpha}(\eta \cdot \bar{\boldsymbol{X}}^{\mathrm{T}}\bar{\boldsymbol{Y}})$［见式（23.48）］是二元 L_1 回归的解。

Q14. 导出式（23.50）中次微分的三种情况，并证明它们对应于式（23.51）中的软阈值更新。

Q15. 证明 L_1 回归中 SSE 项在 w_k 处的梯度为

$$\nabla(w_k) = \frac{\partial}{\partial w_k}\frac{1}{2} \cdot \|\bar{\boldsymbol{Y}} - \bar{\boldsymbol{D}}\,\boldsymbol{w}\|^2 = -\bar{\boldsymbol{X}}_k^{\mathrm{T}}(\bar{\boldsymbol{Y}} - \bar{\boldsymbol{D}}\,\boldsymbol{w})$$

其中，$\boldsymbol{Y}$ 是响应向量，$\boldsymbol{X}_k$ 是第 k 个预测向量。

逻辑回归

给定一组自变量$X_1,X_2,\cdots,X_d$，以及一个类别型响应变量（因变量）Y，逻辑回归（logistic regression）旨在基于自变量预测响应变量值的概率。逻辑回归实际上是一种分类技术，给定一个点$\boldsymbol{x}_j \in \mathbb{R}^d$，预测$Y$域（响应变量可能的类或值的集合）中每个类$c_i$的$P(c_i \mid \boldsymbol{x}_j)$。本章首先考虑二元分类问题，即响应变量只可能为两类（0 和 1 或正和负，等等）中的一类。接着，考虑多元情况，即响应变量有K个类别。

24.1 二元逻辑回归

在逻辑回归中，通常会给定d个预测变量（自变量）$X_1,X_2,\cdots,X_d$和一个只取两个值（即 0 和 1）的二元响应变量或伯努利响应变量Y。因此，给定训练数据集$\boldsymbol{D}$，它包括n个点$\boldsymbol{x}_i \in \mathbb{R}^d$和相应的观测值$y_i \in \{0,1\}$。如第 23 章所述，通过添加一个新的属性$X_0$来增广数据矩阵$\boldsymbol{D}$，该属性在每个点上总是固定为 1，因此$\tilde{\boldsymbol{x}}_i = (1,x_1,x_2,\cdots,x_d)^{\mathrm{T}} \in \mathbb{R}^{d+1}$表示增广点，包含所有独立属性的多元随机向量$\tilde{\boldsymbol{X}}$表示为$\tilde{\boldsymbol{X}} = (X_0,X_1,\cdots,X_d)^{\mathrm{T}}$。增广训练数据集表示为$\tilde{\boldsymbol{D}} = \{\tilde{\boldsymbol{x}}_i^{\mathrm{T}}, y_i\}_{i=1,2,\cdots,n}$。

由于响应变量Y只有两种结果，因此其$\tilde{\boldsymbol{X}}=\tilde{\boldsymbol{x}}$的概率质量函数为

$$P(Y=1|\tilde{\boldsymbol{X}}=\tilde{\boldsymbol{x}}) = \pi(\tilde{\boldsymbol{x}}) \qquad P(Y=0|\tilde{\boldsymbol{X}}=\tilde{\boldsymbol{x}}) = 1-\pi(\tilde{\boldsymbol{x}})$$

其中，$\pi(\tilde{\boldsymbol{x}})$是未知的真实参数值，表示给定$\tilde{\boldsymbol{X}}=\tilde{\boldsymbol{x}}$时$Y=1$的概率。此外，请注意，给定$\tilde{\boldsymbol{X}}=\tilde{\boldsymbol{x}}$时$Y$的期望值为

$$\begin{aligned}
E[Y|\tilde{\boldsymbol{X}}=\tilde{\boldsymbol{x}}] &= 1\cdot P(Y=1|\tilde{\boldsymbol{X}}=\tilde{\boldsymbol{x}}) + 0\cdot P(Y=0|\tilde{\boldsymbol{X}}=\tilde{\boldsymbol{x}}) \\
&= P(Y=1|\tilde{\boldsymbol{X}}=\tilde{\boldsymbol{x}}) \\
&= \pi(\tilde{\boldsymbol{x}})
\end{aligned}$$

因此，在逻辑回归中，我们不直接预测响应值，而是学习概率$P(Y=1|\tilde{\boldsymbol{X}}=\tilde{\boldsymbol{x}})$，这也是给定$\tilde{\boldsymbol{X}}=\tilde{\boldsymbol{x}}$时$Y$的期望值。

由于$P(Y=1|\tilde{\boldsymbol{X}}=\tilde{\boldsymbol{x}})$是概率，因此不适合直接使用以下线性回归模型：

$$f(\tilde{\boldsymbol{x}}) = \omega_0\cdot x_0 + \omega_1\cdot x_1 + \omega_2\cdot x_2 + \cdots + \omega_d\cdot x_d = \tilde{\boldsymbol{\omega}}^{\mathrm{T}}\tilde{\boldsymbol{x}}$$

其中$\tilde{\boldsymbol{\omega}} = (\omega_0,\omega_1,\cdots,\omega_d)^{\mathrm{T}} \in \mathbb{R}^{d+1}$是真实增广权向量，$\omega_0=\beta$是真实未知偏差项，$\omega_i$是属性$X_i$的真实未知回归系数或权重。不能简单使用$P(Y=1|\tilde{\boldsymbol{X}}=\tilde{\boldsymbol{x}}) = f(\tilde{\boldsymbol{x}})$的原因是，$f(\tilde{\boldsymbol{x}})$可以任意大，也可以任意小，而对于逻辑回归，我们要求输出代表概率值，因此需要一个模型来产生位于区间$[0,1]$内的输出。“逻辑回归”一词来源于满足这个要求的逻辑函数（也称为 sigmoid 函数）。其定义如下：

$$\theta(z) = \frac{1}{1+\exp\{-z\}} = \frac{\exp\{z\}}{1+\exp\{z\}} \tag{24.1}$$

逻辑函数将标量输入 z 的输出“压缩”到 0 ～ 1 之间（见图 24-1）。因此，可以将输出 $\theta(z)$ 解释为概率。

例 24.1（逻辑函数） 图 24-1 展示了取值范围为 $[-\infty, +\infty]$ 的 z 的逻辑函数曲线图。考虑当 z 取 $-\infty$ 、$+\infty$ 和 0 时会发生什么：

$$\theta(-\infty) = \frac{1}{1+\exp\{\infty\}} = \frac{1}{\infty} \approx 0$$

$$\theta(+\infty) = \frac{1}{1+\exp\{-\infty\}} = \frac{1}{1} = 1$$

$$\theta(0) = \frac{1}{1+\exp\{0\}} = \frac{1}{2} = 0.5$$

正如所期望的，$\theta(z)$ 位于区间 $[0,1]$ 中，$z=0$ 是“阈值”，即对于 $z>0$，有 $\theta(z)>0.5$，对于 $z<0$，有 $\theta(z)<0.5$。因此，我们可以将 $\theta(z)$ 解释为概率，z 越大，概率越大。

逻辑函数的另一个有趣的性质是

$$1-\theta(z) = 1 - \frac{\exp\{z\}}{1+\exp\{z\}} = \frac{1+\exp\{z\}-\exp\{z\}}{1+\exp\{z\}} = \frac{1}{1+\exp\{z\}} = \theta(-z) \qquad (24.2)$$

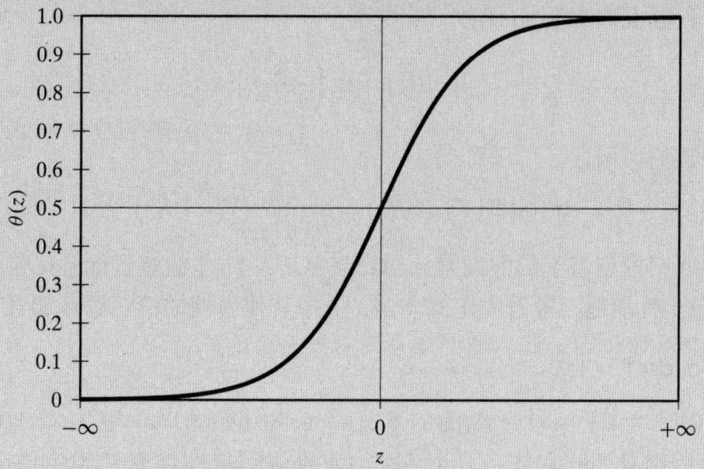

图 24-1 逻辑函数

利用逻辑函数，定义逻辑回归模型：

$$P(Y=1 \mid \tilde{\boldsymbol{X}}=\tilde{\boldsymbol{x}}) = \pi(\tilde{\boldsymbol{x}}) = \theta(f(\tilde{\boldsymbol{x}})) = \theta(\tilde{\boldsymbol{\omega}}^{\mathrm{T}}\tilde{\boldsymbol{x}}) = \frac{\exp\{\tilde{\boldsymbol{\omega}}^{\mathrm{T}}\tilde{\boldsymbol{x}}\}}{1+\exp\{\tilde{\boldsymbol{\omega}}^{\mathrm{T}}\tilde{\boldsymbol{x}}\}} \qquad (24.3)$$

因此，响应为 $Y=1$ 的概率是输入为 $\tilde{\boldsymbol{\omega}}^{\mathrm{T}}\tilde{\boldsymbol{x}}$ 的逻辑函数的输出。此外，$Y=0$ 的概率为

$$P(Y=0 \mid \tilde{\boldsymbol{X}}=\tilde{\boldsymbol{x}}) = 1-P(Y=1 \mid \tilde{\boldsymbol{X}}=\tilde{\boldsymbol{x}}) = \theta(-\tilde{\boldsymbol{\omega}}^{\mathrm{T}}\tilde{\boldsymbol{x}}) = \frac{1}{1+\exp\{\tilde{\boldsymbol{\omega}}^{\mathrm{T}}\tilde{\boldsymbol{x}}\}}$$

其中使用了式（24.2），即对于 $z=\boldsymbol{\omega}^{\mathrm{T}}\tilde{\boldsymbol{x}}$，有 $1-\theta(z)=\theta(-z)$。

结合这两种情况给出完整的逻辑回归模型，如下所示：

$$P(Y|\tilde{\boldsymbol{X}}=\tilde{\boldsymbol{x}})=\theta(\tilde{\boldsymbol{\omega}}^{\mathrm{T}}\tilde{\boldsymbol{x}})^{Y}\cdot\theta(-\tilde{\boldsymbol{\omega}}^{\mathrm{T}}\tilde{\boldsymbol{x}})^{1-Y} \tag{24.4}$$

因为 Y 是伯努利随机变量，取 1 或 0。可以观察到，正如我们所期望的，当 $Y=1$ 时，$P(Y|\tilde{\boldsymbol{X}}=\tilde{\boldsymbol{x}})=\theta(\tilde{\boldsymbol{\omega}}^{\mathrm{T}}\tilde{\boldsymbol{x}})$，当 $Y=0$ 时，$P(Y|\tilde{\boldsymbol{X}}=\tilde{\boldsymbol{x}})=\theta(-\tilde{\boldsymbol{\omega}}^{\mathrm{T}}\tilde{\boldsymbol{x}})$。

对数优势比　$Y=1$ 出现的优势比定义为

$$\begin{aligned}\mathrm{odds}(Y=1|\tilde{\boldsymbol{X}}=\tilde{\boldsymbol{x}})&=\frac{P(Y=1|\tilde{\boldsymbol{X}}=\tilde{\boldsymbol{x}})}{P(Y=0|\tilde{\boldsymbol{X}}=\tilde{\boldsymbol{x}})}=\frac{\theta(\tilde{\boldsymbol{\omega}}^{\mathrm{T}}\tilde{\boldsymbol{x}})}{\theta(-\tilde{\boldsymbol{\omega}}^{\mathrm{T}}\tilde{\boldsymbol{x}})}\\&=\frac{\exp\{\tilde{\boldsymbol{\omega}}^{\mathrm{T}}\tilde{\boldsymbol{x}}\}}{1+\exp\{\tilde{\boldsymbol{\omega}}^{\mathrm{T}}\tilde{\boldsymbol{x}}\}}\cdot\left(1+\exp\{\tilde{\boldsymbol{\omega}}^{\mathrm{T}}\tilde{\boldsymbol{x}}\}\right)\end{aligned}$$

这意味着：

$$\mathrm{odds}(Y=1|\tilde{\boldsymbol{X}}=\tilde{\boldsymbol{x}})=\exp\{\tilde{\boldsymbol{\omega}}^{\mathrm{T}}\tilde{\boldsymbol{x}}\} \tag{24.5}$$

因此，优势比的对数称为对数优势比（log-odds ratio），如下所示：

$$\begin{aligned}\ln\left(\mathrm{odds}(Y=1|\tilde{\boldsymbol{X}}=\tilde{\boldsymbol{x}})\right)&=\ln\left(\frac{P(Y=1|\tilde{\boldsymbol{X}}=\tilde{\boldsymbol{x}})}{1-P(Y=1|\tilde{\boldsymbol{X}}=\tilde{\boldsymbol{x}})}\right)=\ln\left(\exp\{\tilde{\boldsymbol{\omega}}^{\mathrm{T}}\tilde{\boldsymbol{x}}\}\right)=\tilde{\boldsymbol{\omega}}^{\mathrm{T}}\tilde{\boldsymbol{x}}\\&=\omega_0\cdot x_0+\omega_1\cdot x_1+\cdots+\omega_d\cdot x_d\end{aligned} \tag{24.6}$$

对数优势比函数也称为 logit 函数，定义为

$$\mathrm{logit}(z)=\ln\left(\frac{z}{1-z}\right)$$

它是逻辑函数的逆函数。可以看到：

$$\ln\left(\mathrm{odds}(Y=1|\tilde{\boldsymbol{X}})\right)=\mathrm{logit}\left(P(Y=1|\tilde{\boldsymbol{X}})\right)$$

因此，逻辑回归模型基于的假设是，给定 $\tilde{\boldsymbol{X}}=\tilde{\boldsymbol{x}}$、$Y=1$ 的对数优势比是独立属性的线性函数（或加权和）。特别地，通过固定式（24.6）中其他属性的值，思考属性 X_i 的影响，有：

$$\begin{aligned}&\ln(\mathrm{odds}(Y=1|\tilde{\boldsymbol{X}}=\tilde{\boldsymbol{x}}))=\omega_i\cdot x_i+C\\\Longrightarrow\;&\mathrm{odds}(Y=1|\tilde{\boldsymbol{X}}=\tilde{\boldsymbol{x}})=\exp\{\omega_i\cdot x_i+C\}=\exp\{\omega_i\cdot x_i\}\cdot\exp\{C\}\propto\exp\{\omega_i\cdot x_i\}\end{aligned}$$

其中，C 是包含固定属性的常数。因此，回归系数 ω_i 可以解释为 X_i 发生单位变化时 $Y=1$ 的对数优势比变化，或者等效地解释为 $Y=1$ 的优势比在 X_i 发生单位变化时呈指数增长。

最大似然估计

假设增广训练数据集为 $\tilde{\boldsymbol{D}}=\{\tilde{\boldsymbol{x}}_i^{\mathrm{T}},y_i\}_{i=1,2,\cdots,n}$。设 $\tilde{\boldsymbol{w}}=(w_0,w_1,\cdots,w_d)^{\mathrm{T}}$ 为估计的增广权向量。注意，$w_0=b$ 表示估计的偏差项，w_i 表示估计的属性 x_i 的权重。使用最大似然法来学习权向量 $\tilde{\boldsymbol{w}}$。似然值定义为给定估计参数 $\tilde{\boldsymbol{w}}$ 的观测数据的概率。假设二元响应变量 y_i 都是独立的，观测响应的似然值为

$$L(\tilde{\boldsymbol{w}})=P(Y|\tilde{\boldsymbol{w}})=\prod_{i=1}^{n}P(y_i|\tilde{\boldsymbol{x}}_i)=\prod_{i=1}^{n}\theta(\tilde{\boldsymbol{w}}^{\mathrm{T}}\tilde{\boldsymbol{x}}_i)^{y_i}\cdot\theta(-\tilde{\boldsymbol{w}}^{\mathrm{T}}\tilde{\boldsymbol{x}}_i)^{1-y_i}$$

我们不必试图最大化似然值，但可以最大化似然值的对数——称为对数似然（log-likelihood）值，将乘积转换为和的形式：

$$\ln\left(L(\tilde{\boldsymbol{w}})\right)=\sum_{i=1}^{n} y_i \cdot \ln\left(\theta(\tilde{\boldsymbol{w}}^{\mathrm{T}}\tilde{\boldsymbol{x}}_i)\right)+(1-y_i)\cdot\ln\left(\theta(-\tilde{\boldsymbol{w}}^{\mathrm{T}}\tilde{\boldsymbol{x}}_i)\right) \tag{24.7}$$

负对数似然可以看作误差函数，即交叉熵误差函数（cross-entropy error function），如下所示：

$$E(\tilde{\boldsymbol{w}})=-\ln\left(L(\tilde{\boldsymbol{w}})\right)=\sum_{i=1}^{n} y_i \cdot \ln\left(\frac{1}{\theta(\tilde{\boldsymbol{w}}^{\mathrm{T}}\tilde{\boldsymbol{x}}_i)}\right)+(1-y_i)\cdot\ln\left(\frac{1}{1-\theta(\tilde{\boldsymbol{w}}^{\mathrm{T}}\tilde{\boldsymbol{x}}_i)}\right) \tag{24.8}$$

因此，最大化对数似然的任务等价于最小化交叉熵误差。

通常，为了获得最佳权向量 $\tilde{\boldsymbol{w}}$，求对数似然函数关于 $\tilde{\boldsymbol{w}}$ 的偏微分，将结果设为 $\mathbf{0}$，然后求解 $\tilde{\boldsymbol{w}}$。然而，对于式（24.7）中的对数似然公式，没有闭合形式的解来计算权向量 $\tilde{\boldsymbol{w}}$。相反，使用迭代的梯度上升法来计算最优值，因为式（24.7）是凹函数，有唯一的全局最优解。

梯度上升法依赖于对数似然函数的梯度，该梯度可通过取其对 $\tilde{\boldsymbol{w}}$ 的偏导数获得，如下所示：

$$\nabla(\tilde{\boldsymbol{w}})=\frac{\partial}{\partial\tilde{\boldsymbol{w}}}\ln\left(L(\tilde{\boldsymbol{w}})\right)=\frac{\partial}{\partial\tilde{\boldsymbol{w}}}\sum_{i=1}^{n} y_i\cdot\ln\left(\theta(z_i)\right)+(1-y_i)\cdot\ln\left(\theta(-z_i)\right) \tag{24.9}$$

其中，$z_i=\tilde{\boldsymbol{w}}^{\mathrm{T}}\tilde{\boldsymbol{x}}_i$。我们使用链式法则来获得 $\ln(\theta(z_i))$ 对 $\tilde{\boldsymbol{w}}$ 的导数。请注意以下事实：

$$\begin{aligned}
\frac{\partial}{\partial\theta(z_i)}\ln\left(\theta(z_i)\right)&=\frac{1}{\theta(z_i)}\\
\frac{\partial}{\partial\theta(z_i)}\ln\left(\theta(-z_i)\right)&=\frac{\partial}{\partial\theta(z_i)}\ln\left(1-\theta(z_i)\right)=\frac{-1}{1-\theta(z_i)}\\
\frac{\partial}{\partial z_i}\theta(z_i)&=\theta(z_i)\cdot(1-\theta(z_i))=\theta(z_i)\cdot\theta(-z_i)\\
\frac{\partial}{\partial\tilde{\boldsymbol{w}}}z_i&=\frac{\partial}{\partial\tilde{\boldsymbol{w}}}\tilde{\boldsymbol{w}}^{\mathrm{T}}\tilde{\boldsymbol{x}}_i=\tilde{\boldsymbol{x}}_i
\end{aligned}$$

根据链式法则，有：

$$\begin{aligned}
\frac{\partial}{\partial\tilde{\boldsymbol{w}}}\ln\left(\theta(z_i)\right)&=\frac{\partial}{\partial\theta(z_i)}\ln\left(\theta(z_i)\right)\cdot\frac{\partial}{\partial z_i}\theta(z_i)\cdot\frac{\partial}{\partial\tilde{\boldsymbol{w}}}z_i\\
&=\frac{1}{\theta(z_i)}\cdot\left(\theta(z_i)\cdot\theta(-z_i)\right)\cdot\tilde{\boldsymbol{x}}_i=\theta(-z_i)\cdot\tilde{\boldsymbol{x}}_i
\end{aligned} \tag{24.10}$$

同样，使用链式法则，有：

$$\begin{aligned}
\frac{\partial}{\partial\tilde{\boldsymbol{w}}}\ln\left(\theta(-z_i)\right)&=\frac{\partial}{\partial\theta(z_i)}\ln\left(\theta(-z_i)\right)\cdot\frac{\partial}{\partial z_i}\theta(z_i)\cdot\frac{\partial}{\partial\tilde{\boldsymbol{w}}}z_i\\
&=\frac{-1}{1-\theta(z_i)}\cdot\left(\theta(z_i)\cdot(1-\theta(z_i))\right)\cdot\tilde{\boldsymbol{x}}_i=-\theta(z_i)\cdot\tilde{\boldsymbol{x}}_i
\end{aligned}$$

将上式代入式（24.9），得到：

$$\begin{aligned}\nabla(\tilde{\boldsymbol{w}}) &= \sum_{i=1}^{n} y_i \cdot \theta(-z_i) \cdot \tilde{\boldsymbol{x}}_i - (1-y_i) \cdot \theta(z_i) \cdot \tilde{\boldsymbol{x}}_i \\ &= \sum_{i=1}^{n} y_i \cdot \big(\theta(-z_i) + \theta(z_i)\big) \cdot \tilde{\boldsymbol{x}}_i - \theta(z_i) \cdot \tilde{\boldsymbol{x}}_i \\ &= \sum_{i=1}^{n} \big(y_i - \theta(z_i)\big) \cdot \tilde{\boldsymbol{x}}_i, \qquad [\text{因为}\,\theta(-z_i)+\theta(z_i)=1] \\ &= \sum_{i=1}^{n} \big(y_i - \theta(\tilde{\boldsymbol{w}}^{\mathrm{T}} \tilde{\boldsymbol{x}}_i)\big) \cdot \tilde{\boldsymbol{x}}_i\end{aligned} \tag{24.11}$$

梯度上升法始于 $\tilde{\boldsymbol{w}}$ 的一些初始估计值，表示为 $\tilde{\boldsymbol{w}}^0$。在每一步 t 处，该方法沿梯度向量给出的最陡上升方向移动。因此，考虑到当前的估计值 $\tilde{\boldsymbol{w}}^t$，我们得到下一个估计值，如下所示：

$$\tilde{\boldsymbol{w}}^{t+1} = \tilde{\boldsymbol{w}}^{t} + \eta \cdot \nabla(\tilde{\boldsymbol{w}}^{t}) \tag{24.12}$$

其中，$\eta > 0$ 是用户指定的参数，称为学习率（learning rate）。它不应该太大，否则估计值在两次迭代间会有很大的变化；它也不应该太小，否则需要很长时间才能收敛。正如我们所期望的，在最优值 $\tilde{\boldsymbol{w}}$ 处，梯度将为零，即 $\nabla(\tilde{\boldsymbol{w}}) = \boldsymbol{0}$。

随机梯度上升　梯度上升法通过考虑所有数据点来计算梯度，因此称为批量（batch）梯度上升。对于大型数据集，计算梯度时一次只考虑一个（随机选择的）点通常要快得多。在每个这样的偏梯度步骤之后更新权向量，就产生了计算最优权向量 $\tilde{\boldsymbol{w}}$ 的随机梯度上升（SGA）。

基于 SGA 的逻辑回归的伪代码见算法 24.1。给定一个随机选择的点 $\tilde{\boldsymbol{x}}_i$，特定于点的梯度［见式（24.11）］为

$$\nabla(\tilde{\boldsymbol{w}}, \tilde{\boldsymbol{x}}_i) = \big(y_i - \theta(\tilde{\boldsymbol{w}}^{\mathrm{T}} \tilde{\boldsymbol{x}}_i)\big) \cdot \tilde{\boldsymbol{x}}_i \tag{24.13}$$

与通过考虑所有点来更新 $\tilde{\boldsymbol{w}}$ 的批量梯度上升不同，在随机梯度上升中，每观察一个点就更新一下权向量，并且在下一次更新中立即使用更新的值。在批量处理方法中计算完全梯度可能成本非常高昂。相比之下，计算每个点的偏梯度速度非常快，而且由于 $\tilde{\boldsymbol{w}}$ 是随机更新的，对于非常大的数据集，SGA 通常比批量处理方法快得多。

算法 24.1　逻辑回归：SGA

LogisticRegression-SGA $(\boldsymbol{D}, \eta, \epsilon)$**:**

1 **foreach** $\boldsymbol{x}_i \in \boldsymbol{D}$ **do** $\tilde{\boldsymbol{x}}_i^{\mathrm{T}} \leftarrow \begin{pmatrix}1 & \boldsymbol{x}_i^{\mathrm{T}}\end{pmatrix}$ `// map to` $\mathbb{R}^{d+1}$

2 $t \leftarrow 0$ `// step/iteration counter`

3 $\tilde{\boldsymbol{w}}^0 \leftarrow (0, \cdots, 0)^{\mathrm{T}} \in \mathbb{R}^{d+1}$ `// initial weight vector`

4 **repeat**

5 　$\tilde{\boldsymbol{w}} \leftarrow \tilde{\boldsymbol{w}}^t$ `// make a copy of` $\tilde{\boldsymbol{w}}^t$

6 　**foreach** $\tilde{\boldsymbol{x}}_i \in \tilde{\boldsymbol{D}}$ *in random order* **do**

7 　　$\nabla(\tilde{\boldsymbol{w}}, \tilde{\boldsymbol{x}}_i) \leftarrow \big(y_i - \theta(\tilde{\boldsymbol{w}}^{\mathrm{T}} \tilde{\boldsymbol{x}}_i)\big) \cdot \tilde{\boldsymbol{x}}_i$ `// compute gradient at` $\tilde{\boldsymbol{x}}_i$

8 　　$\tilde{\boldsymbol{w}} \leftarrow \tilde{\boldsymbol{w}} + \eta \cdot \nabla(\tilde{\boldsymbol{w}}, \tilde{\boldsymbol{x}}_i)$ `// update estimate for` $\tilde{\boldsymbol{w}}$

9 　$\tilde{\boldsymbol{w}}^{t+1} \leftarrow \tilde{\boldsymbol{w}}$ `// update` $\tilde{\boldsymbol{w}}^{t+1}$

10 | $t \leftarrow t+1$

11 **until** $\|\tilde{\boldsymbol{w}}^{t} - \tilde{\boldsymbol{w}}^{t-1}\| \leqslant \epsilon$

一旦对模型完成了训练，就可以使用模型预测任何新的增广测试点 $\tilde{z}$ 的响应，如下所示：

$$\hat{y} = \begin{cases} 1, & \theta(\tilde{\boldsymbol{w}}^{\mathrm{T}}\tilde{\boldsymbol{z}}) \geqslant 0.5 \\ 0, & \theta(\tilde{\boldsymbol{w}}^{\mathrm{T}}\tilde{\boldsymbol{z}}) < 0.5 \end{cases} \tag{24.14}$$

例 24.2（逻辑回归） 图 24-2a 展示了对鸢尾花主成分数据进行逻辑回归建模的输出，其中独立属性 X_1 和 X_2 表示前两个主成分，二元响应变量 Y 表示鸢尾花的类别。$Y=1$ 对应 Iris-virginica，$Y=0$ 对应另外两种鸢尾花，即 Iris-setosa 和 Iris-versicolor。

拟合的逻辑模型为

$$\tilde{\boldsymbol{w}} = (w_0, w_1, w_2)^{\mathrm{T}} = (-6.79, -5.07, -3.29)^{\mathrm{T}}$$

$$P(Y=1|\tilde{\boldsymbol{x}}) = \theta(\tilde{\boldsymbol{w}}^{\mathrm{T}}\tilde{\boldsymbol{x}}) = \frac{1}{1+\exp\{6.79+5.07x_1+3.29x_2\}}$$

图 24-2a 绘制了不同 $\tilde{\boldsymbol{x}}$ 值的 $P(Y=1|\tilde{\boldsymbol{x}})$。

给定 $\tilde{\boldsymbol{x}}$，如果 $P(Y=1|\tilde{\boldsymbol{x}}) \geqslant 0.5$，则 $\hat{y}=1$，否则 $\hat{y}=0$。图 24-2a 显示，5 个点（以深灰色显示）被错误分类。例如，对于 $\tilde{\boldsymbol{x}}=(1,-0.52,-1.19)^{\mathrm{T}}$，有：

$$P(Y=1|\tilde{\boldsymbol{x}}) = \theta(\tilde{\boldsymbol{w}}^{\mathrm{T}}\tilde{\boldsymbol{x}}) = \theta(-0.24) = 0.44$$

$$P(Y=0|\tilde{\boldsymbol{x}}) = 1 - P(Y=1|\tilde{\boldsymbol{x}}) = 0.54$$

因此，对 $\tilde{\boldsymbol{x}}$ 的预测响应为 $\hat{y}=0$，而实际类别为 $y=1$。

图 24-2 还对比了逻辑回归和线性回归。线性回归的最佳拟合平面如图 24-2b 所示，其权向量为

$$\tilde{\boldsymbol{w}} = (0.333, -0.167, 0.074)^{\mathrm{T}}$$

$$\hat{y} = f(\tilde{\boldsymbol{x}}) = 0.333 - 0.167x_1 + 0.074x_2$$

由于响应向量 $\boldsymbol{Y}$ 是二元的，因此如果 $f(\tilde{\boldsymbol{x}}) \geqslant 0.5$，则预测响应类别为 $y=1$，否则 $y=0$。线性回归模型导致 17 个点（深灰色点）被错误分类，如图 24-2b 所示。

因为总共有 $n=150$ 个点，所以训练集或线性回归的样本内准确率为 88.7%。此外，逻辑回归仅错误分类 5 个点，样本内准确率为 96.7%，拟合效果更好，如图 24-2 所示。

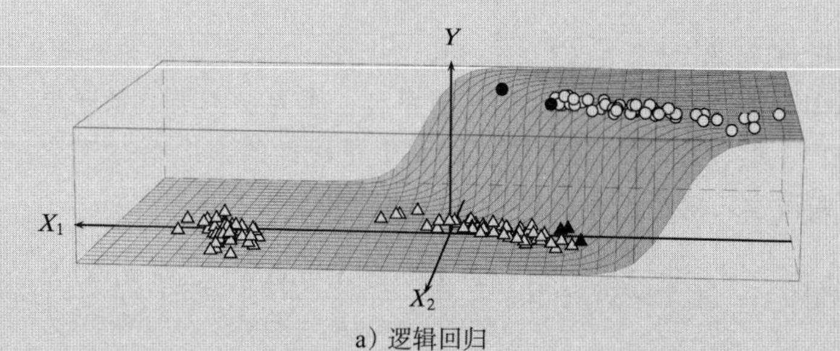

a）逻辑回归

图 24-2 逻辑回归与线性回归：鸢尾花主成分数据。错误分类的点显示为深灰色，圆圈表示 Iris-virginica，三角形表示其他两种鸢尾花

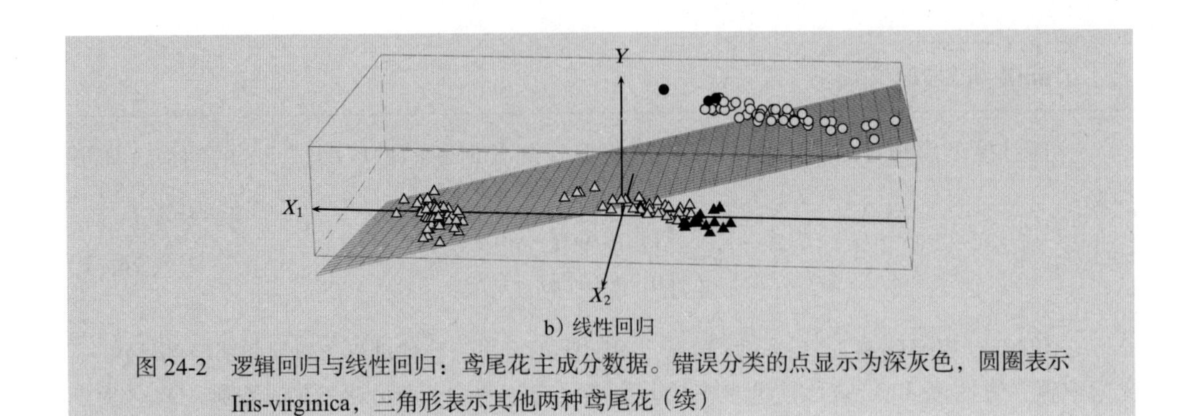

b）线性回归

图 24-2　逻辑回归与线性回归：鸢尾花主成分数据。错误分类的点显示为深灰色，圆圈表示 Iris-virginica，三角形表示其他两种鸢尾花（续）

24.2　多元逻辑回归

现在将逻辑回归推广到响应变量 Y 可以有 K 个不同的类（class）的名义类别值的情况，即 $Y \in \{c_1, c_2, \cdots, c_K\}$。将 Y 建模为 K 维多元伯努利随机变量（见 3.1.2 节）。由于 Y 只能取 K 个值中的一个，因此我们使用独热编码（one-hot encoding）方法将每个类别值 c_i 映射到 K 维二元向量：

$$\boldsymbol{e}_i = (\overbrace{0,\cdots,0}^{i-1}, 1, \overbrace{0,\cdots,0}^{K-i})^{\mathrm{T}}$$

它的第 i 个元素 $e_{ii}=1$，所有其他元素 $e_{ij}=0$，因此 $\sum_{j=1}^{K} e_{ij}=1$。假设类别响应变量 Y 是多元伯努利变量 $\boldsymbol{Y} \in \{\boldsymbol{e}_1, \boldsymbol{e}_2, \cdots, \boldsymbol{e}_K\}$，$Y_j$ 表示 $\boldsymbol{Y}$ 的第 j 个分量。

给定 $\tilde{\boldsymbol{X}} = \tilde{\boldsymbol{x}}$，$\boldsymbol{Y}$ 的概率质量函数为

$$P(\boldsymbol{Y} = \boldsymbol{e}_i | \tilde{\boldsymbol{X}} = \tilde{\boldsymbol{x}}) = \pi_i(\tilde{\boldsymbol{x}}), \qquad i = 1, 2, \cdots, K$$

$\pi_i(\tilde{\boldsymbol{x}})$ 是给定 $\tilde{\boldsymbol{X}} = \tilde{\boldsymbol{x}}$ 时观察到类 c_i 的概率（未知）。有 K 个未知参数，它们必须满足以下约束：

$$\sum_{i=1}^{K} \pi_i(\tilde{\boldsymbol{x}}) = \sum_{i=1}^{K} P(\boldsymbol{Y} = \boldsymbol{e}_i | \tilde{\boldsymbol{X}} = \tilde{\boldsymbol{x}}) = 1$$

假设 $\boldsymbol{Y}$ 只有一个元素是 1，则 $\boldsymbol{Y}$ 的概率质量函数可以简写成：

$$P(\boldsymbol{Y} | \tilde{\boldsymbol{X}} = \tilde{\boldsymbol{x}}) = \prod_{j=1}^{K} \left(\pi_j(\tilde{\boldsymbol{x}})\right)^{Y_j} \tag{24.15}$$

注意，如果 $\boldsymbol{Y} = \boldsymbol{e}_i$，$Y_i = 1$，当 $j \neq i$ 时，$Y_j = 0$。

在多元逻辑回归中，选择其中一个值（例如 c_K）作为参考类或基底类，思考其他类相对于 c_K 的对数优势比。假设每个对数优势比在 $\tilde{\boldsymbol{X}}$ 中是线性的，但是对于类 c_i，具有不同的增广权向量 $\tilde{\boldsymbol{\omega}}_i$。即假设类 c_i 相对于类 c_K 的对数优势比满足以下条件：

$$\begin{aligned}\ln(\mathrm{odds}(\boldsymbol{Y} = \boldsymbol{e}_i | \tilde{\boldsymbol{X}} = \tilde{\boldsymbol{x}})) = \ln\left(\frac{P(\boldsymbol{Y} = \boldsymbol{e}_i | \tilde{\boldsymbol{X}} = \tilde{\boldsymbol{x}})}{P(\boldsymbol{Y} = \boldsymbol{e}_K | \tilde{\boldsymbol{X}} = \tilde{\boldsymbol{x}})}\right) = \ln\left(\frac{\pi_i(\tilde{\boldsymbol{x}})}{\pi_K(\tilde{\boldsymbol{x}})}\right) = \tilde{\boldsymbol{\omega}}_i^{\mathrm{T}} \tilde{\boldsymbol{x}} \\ = \omega_{i0} \cdot x_0 + \omega_{i1} \cdot x_1 + \cdots + \omega_{id} \cdot x_d\end{aligned}$$

其中，$\omega_{i0} = \beta_i$ 是类 c_i 的真实偏差值。

将上述方程组改写为

$$\frac{\pi_i(\tilde{\boldsymbol{x}})}{\pi_K(\tilde{\boldsymbol{x}})} = \exp\{\tilde{\boldsymbol{\omega}}_i^{\mathrm{T}}\tilde{\boldsymbol{x}}\}$$
$$\Longrightarrow \pi_i(\tilde{\boldsymbol{x}}) = \exp\{\tilde{\boldsymbol{\omega}}_i^{\mathrm{T}}\tilde{\boldsymbol{x}}\}\cdot\pi_K(\tilde{\boldsymbol{x}}) \tag{24.16}$$

假设 $\sum_{j=1}^{K}\pi_j(\tilde{\boldsymbol{x}})=1$，有：

$$\sum_{j=1}^{K}\pi_j(\tilde{\boldsymbol{x}}) = 1$$
$$\Longrightarrow \left(\sum_{j\neq K}\exp\{\tilde{\boldsymbol{\omega}}_j^{\mathrm{T}}\tilde{\boldsymbol{x}}\}\cdot\pi_K(\tilde{\boldsymbol{x}})\right) + \pi_K(\tilde{\boldsymbol{x}}) = 1$$
$$\Longrightarrow \pi_K(\tilde{\boldsymbol{x}}) = \frac{1}{1+\sum_{j\neq K}\exp\{\tilde{\boldsymbol{\omega}}_j^{\mathrm{T}}\tilde{\boldsymbol{x}}\}}$$

将上式代入式（24.16），得到：

$$\pi_i(\tilde{\boldsymbol{x}}) = \exp\{\tilde{\boldsymbol{\omega}}_i^{\mathrm{T}}\tilde{\boldsymbol{x}}\}\cdot\pi_K(\tilde{\boldsymbol{x}}) = \frac{\exp\{\tilde{\boldsymbol{\omega}}_i^{\mathrm{T}}\tilde{\boldsymbol{x}}\}}{1+\sum_{j\neq K}\exp\{\tilde{\boldsymbol{\omega}}_j^{\mathrm{T}}\tilde{\boldsymbol{x}}\}}$$

最后，设 $\tilde{\boldsymbol{\omega}}_K = \boldsymbol{0}$，有 exp $\{\tilde{\boldsymbol{\omega}}_K^{\mathrm{T}}\tilde{\boldsymbol{x}}\}=1$，因此可以将多元逻辑回归的完整模型写成：

$$\pi_i(\tilde{\boldsymbol{x}}) = \frac{\exp\{\tilde{\boldsymbol{\omega}}_i^{\mathrm{T}}\tilde{\boldsymbol{x}}\}}{\sum_{j=1}^{K}\exp\{\tilde{\boldsymbol{\omega}}_j^{\mathrm{T}}\tilde{\boldsymbol{x}}\}}, \qquad i=1,2,\cdots,K \tag{24.17}$$

此函数也称为 softmax 函数。当 $K=2$ 时，这个公式产生的模型与二元逻辑回归的模型完全相同。

值得注意的是，参考类的选择并不重要，因为我们可以得出任意两个类 c_i 和 c_j 的对数优势比，如下所示：

$$\begin{aligned}
\ln\left(\frac{\pi_i(\tilde{\boldsymbol{x}})}{\pi_j(\tilde{\boldsymbol{x}})}\right) &= \ln\left(\frac{\pi_i(\tilde{\boldsymbol{x}})}{\pi_K(\tilde{\boldsymbol{x}})}\cdot\frac{\pi_K(\tilde{\boldsymbol{x}})}{\pi_j(\tilde{\boldsymbol{x}})}\right)\\
&= \ln\left(\frac{\pi_i(\tilde{\boldsymbol{x}})}{\pi_K(\tilde{\boldsymbol{x}})}\right) + \ln\left(\frac{\pi_K(\tilde{\boldsymbol{x}})}{\pi_j(\tilde{\boldsymbol{x}})}\right)\\
&= \ln\left(\frac{\pi_i(\tilde{\boldsymbol{x}})}{\pi_K(\tilde{\boldsymbol{x}})}\right) - \ln\left(\frac{\pi_j(\tilde{\boldsymbol{x}})}{\pi_K(\tilde{\boldsymbol{x}})}\right)\\
&= \tilde{\boldsymbol{\omega}}_i^{\mathrm{T}}\tilde{\boldsymbol{x}} - \tilde{\boldsymbol{\omega}}_j^{\mathrm{T}}\tilde{\boldsymbol{x}}\\
&= (\tilde{\boldsymbol{\omega}}_i - \tilde{\boldsymbol{\omega}}_j)^{\mathrm{T}}\tilde{\boldsymbol{x}}
\end{aligned}$$

也就是说，任意两个类之间的对数优势比可以根据相应权向量的差来计算。

最大似然估计

假设增广数据集为 $\tilde{\boldsymbol{D}}=\{\tilde{\boldsymbol{x}}_i^{\mathrm{T}},\boldsymbol{y}_i\}_{i=1}^n$，假设 $\boldsymbol{y}_i$ 是独热编码（多元伯努利）响应向量，y_{ij} 表示 $\boldsymbol{y}_i$ 的第 j 个元素。例如，如果 $\boldsymbol{y}_i=\boldsymbol{e}_a$，则 $y_{ij}=1(j=a)$，$y_{ij}=0(j\neq a)$。假设所有 $\boldsymbol{y}_i$ 都是独立的。设 $\tilde{\boldsymbol{w}}_i\in\mathbb{R}^{d+1}$ 表示类 c_i 的估计增广权向量，$w_{i0}=b_i$ 表示偏差项。

为了求 K 个回归权向量 $\tilde{\boldsymbol{w}}_i(i=1,2,\cdots,K)$ 的集合，使用梯度上升法使对数似然函数最大

化。数据的似然值为

$$L(\tilde{\boldsymbol{W}})=P(Y|\tilde{\boldsymbol{W}})=\prod_{i=1}^{n}P(\boldsymbol{y}_i|\tilde{\boldsymbol{X}}=\tilde{\boldsymbol{x}}_i)=\prod_{i=1}^{n}\prod_{j=1}^{K}\left(\pi_j(\tilde{\boldsymbol{x}}_i)\right)^{y_{ij}}$$

其中，$\tilde{\boldsymbol{W}}=\{\tilde{\boldsymbol{w}}_1,\tilde{\boldsymbol{w}}_2,\cdots,\tilde{\boldsymbol{w}}_K\}$ 是 K 个权向量的集合。对数似然函数为

$$\ln\left(L(\tilde{\boldsymbol{W}})\right)=\sum_{i=1}^{n}\sum_{j=1}^{K}y_{ij}\cdot\ln(\pi_j(\tilde{\boldsymbol{x}}_i))=\sum_{i=1}^{n}\sum_{j=1}^{K}y_{ij}\cdot\ln\left(\frac{\exp\{\tilde{\boldsymbol{w}}_j^{\mathrm{T}}\tilde{\boldsymbol{x}}_i\}}{\sum_{a=1}^{K}\exp\{\tilde{\boldsymbol{w}}_a^{\mathrm{T}}\tilde{\boldsymbol{x}}_i\}}\right) \tag{24.18}$$

注意，负对数似然函数可以看作误差函数，通常称为交叉熵误差函数。

我们注意到以下事实：

$$\frac{\partial}{\partial\pi_j(\tilde{\boldsymbol{x}}_i)}\ln(\pi_j(\tilde{\boldsymbol{x}}_i))=\frac{1}{\pi_j(\tilde{\boldsymbol{x}}_i)}$$

$$\frac{\partial}{\partial\tilde{\boldsymbol{w}}_a}\pi_j(\tilde{\boldsymbol{x}}_i)=\begin{cases}\pi_a(\tilde{\boldsymbol{x}}_i)\cdot(1-\pi_a(\tilde{\boldsymbol{x}}_i))\cdot\tilde{\boldsymbol{x}}_i & ,\ j=a\\ -\pi_a(\tilde{\boldsymbol{x}}_i)\cdot\pi_j(\tilde{\boldsymbol{x}}_i)\cdot\tilde{\boldsymbol{x}}_i & ,\ j\neq a\end{cases}$$

思考对数似然函数关于权向量 $\tilde{\boldsymbol{w}}_a$ 的梯度：

$$\begin{aligned}\nabla(\tilde{\boldsymbol{w}}_a)&=\frac{\partial}{\partial\tilde{\boldsymbol{w}}_a}\ln(L(\tilde{\boldsymbol{W}}))\\&=\sum_{i=1}^{n}\sum_{j=1}^{K}y_{ij}\cdot\frac{\partial}{\partial\pi_j(\tilde{\boldsymbol{x}}_i)}\ln(\pi_j(\tilde{\boldsymbol{x}}_i))\cdot\frac{\partial}{\partial\tilde{\boldsymbol{w}}_a}\pi_j(\tilde{\boldsymbol{x}}_i)\\&=\sum_{i=1}^{n}\left(y_{ia}\cdot\frac{1}{\pi_a(\tilde{\boldsymbol{x}}_i)}\cdot\pi_a(\tilde{\boldsymbol{x}}_i)\cdot(1-\pi_a(\tilde{\boldsymbol{x}}_i))\cdot\tilde{\boldsymbol{x}}_i+\sum_{j\neq a}y_{ij}\cdot\frac{1}{\pi_j(\tilde{\boldsymbol{x}}_i)}\cdot(-\pi_a(\tilde{\boldsymbol{x}}_i)\cdot\pi_j(\tilde{\boldsymbol{x}}_i))\cdot\tilde{\boldsymbol{x}}_i\right)\\&=\sum_{i=1}^{n}\left(y_{ia}-y_{ia}\cdot\pi_a(\tilde{\boldsymbol{x}}_i)-\sum_{j\neq a}y_{ij}\cdot\pi_a(\tilde{\boldsymbol{x}}_i)\right)\cdot\tilde{\boldsymbol{x}}_i\\&=\sum_{i=1}^{n}\left(y_{ia}-\sum_{j=1}^{K}y_{ij}\cdot\pi_a(\tilde{\boldsymbol{x}}_i)\right)\cdot\tilde{\boldsymbol{x}}_i\\&=\sum_{i=1}^{n}\left(y_{ia}-\pi_a(\tilde{\boldsymbol{x}}_i)\right)\cdot\tilde{\boldsymbol{x}}_i\end{aligned}$$

最后一步利用了 $\sum_{j=1}^{K}y_{ij}=1$，因为 $\boldsymbol{y}_i$ 只有一个元素为 1。

对于随机梯度上升，更新权向量时一次只考虑一个点。对数似然函数在给定点 $\tilde{\boldsymbol{x}}_i$ 处关于 $\tilde{\boldsymbol{w}}_j$ 的梯度为

$$\nabla(\tilde{\boldsymbol{w}}_j,\tilde{\boldsymbol{x}}_i)=\left(y_{ij}-\pi_j(\tilde{\boldsymbol{x}}_i)\right)\cdot\tilde{\boldsymbol{x}}_i \tag{24.19}$$

这将给出第 j 个权向量的更新规则：

$$\tilde{\boldsymbol{w}}_j^{t+1}=\tilde{\boldsymbol{w}}_j^{t}+\eta\cdot\nabla(\tilde{\boldsymbol{w}}_j^{t},\tilde{\boldsymbol{x}}_i) \tag{24.20}$$

其中，$\tilde{\boldsymbol{w}}_j^t$ 表示步骤 t 时 $\tilde{\boldsymbol{w}}_j$ 的估计值，η 表示学习率。多元逻辑回归随机梯度上升法的伪代码见算法 24.2。请注意，基底类 c_K 的权向量永远不会更新，根据需要，它仍然是 $\tilde{\boldsymbol{w}}_K=\boldsymbol{0}$。

一旦模型完成了训练，就可以使用它来预测新的增广测试点 $\tilde{z}$ 的类，如下所示：

$$\hat{y} = \arg\max_{c_i}\{\pi_i(\tilde{z})\} = \arg\max_{c_i}\left\{\frac{\exp\{\tilde{w}_i^{\mathrm{T}}\tilde{z}\}}{\sum_{j=1}^{K}\exp\{\tilde{w}_j^{\mathrm{T}}\tilde{z}\}}\right\} \tag{24.21}$$

即针对每个类计算 softmax 函数，然后将 $\tilde{z}$ 的类预测为具有最大概率的类。

算法 24.2 多元逻辑回归算法

```
LOGISTICREGRESSION-MULTICLASS (D, η, ϵ):
1  foreach (x_i^T, y_i) ∈ D do
2  |   x̃_i^T ← (1  x_i^T) // map to R^{d+1}
3  |_  y_i ← e_j if y_i = c_j // map y_i to K-dimensional Bernoulli vector
4  t ← 0 // step/iteration counter
5  foreach j = 1, 2, ··· , K do
6  |_  w̃_j^t ← (0, ··· , 0)^T ∈ R^{d+1} // initial weight vector
7  repeat
8  |   foreach j = 1, 2, ··· , K − 1 do
9  |   |_  w̃_j ← w̃_j^t // make a copy of w̃_j^t
10 |   foreach x̃_i ∈ D̃ in random order do
11 |   |   foreach j = 1, 2, ··· , K − 1 do
12 |   |   |   π_j(x̃_i) ← exp{w̃_j^T x̃_i} / Σ_{a=1}^{K} exp{w̃_a^T x̃_i}
13 |   |   |   ∇(w̃_j, x̃_i) ← (y_ij − π_j(x̃_i)) · x̃_i // compute gradient at w̃_j
14 |   |_  |_  w̃_j ← w̃_j + η · ∇(w̃_j, x̃_i) // update estimate for w̃_j
15 |   foreach j = 1, 2, ··· , K − 1 do
16 |   |_  w̃_j^{t+1} ← w̃_j // update w̃_j^{t+1}
17 |   t ← t + 1
18 until Σ_{j=1}^{K−1} ‖w̃_j^t − w̃_j^{t−1}‖ ⩽ ϵ
```

例 24.3 思考图 24-3 所示的鸢尾花数据集，在由前两个主成分构成的二维空间中，一共有 $n=150$ 个点。响应变量可以取 3 个值：$Y=c_1$ 对应 Iris-setosa（方块），$Y=c_2$ 对应 Iris-versicolor（圆圈），$Y=c_3$ 对应 Iris-virginica（三角形）。因此，将 $Y=c_1$ 映射到 $e_1=(1,0,0)^{\mathrm{T}}$，$Y=c_2$ 映射到 $e_2=(0,1,0)^{\mathrm{T}}$，$Y=c_3$ 映射到 $e_3=(0,0,1)^{\mathrm{T}}$。

多元逻辑回归模型将 $Y=c_3$（Iris-virginica；三角形）作为参考类或基底类。拟合模型为

$$\tilde{w}_1 = (-3.52, 3.62, 2.61)^{\mathrm{T}}$$
$$\tilde{w}_2 = (-6.95, -5.18, -3.40)^{\mathrm{T}}$$
$$\tilde{w}_3 = (0, 0, 0)^{\mathrm{T}}$$

图 24-3 绘制了与 softmax 函数对应的决策面：

$$\pi_1(\tilde{x}) = \frac{\exp\{\tilde{w}_1^{\mathrm{T}}\tilde{x}\}}{1+\exp\{\tilde{w}_1^{\mathrm{T}}\tilde{x}\}+\exp\{\tilde{w}_2^{\mathrm{T}}\tilde{x}\}}$$

$$\pi_2(\tilde{\boldsymbol{x}}) = \frac{\exp\{\tilde{\boldsymbol{w}}_2^{\mathrm{T}}\tilde{\boldsymbol{x}}\}}{1+\exp\{\tilde{\boldsymbol{w}}_1^{\mathrm{T}}\tilde{\boldsymbol{x}}\}+\exp\{\tilde{\boldsymbol{w}}_2^{\mathrm{T}}\tilde{\boldsymbol{x}}\}}$$

$$\pi_3(\tilde{\boldsymbol{x}}) = \frac{1}{1+\exp\{\tilde{\boldsymbol{w}}_1^{\mathrm{T}}\tilde{\boldsymbol{x}}\}+\exp\{\tilde{\boldsymbol{w}}_2^{\mathrm{T}}\tilde{\boldsymbol{x}}\}}$$

决策面表示一个类支配其他类的区域。需要注意的是，c_1 和 c_2 的点沿 Y 移动一定距离，以强调与 c_3 的对比，c_3 是参考类。

总之，多元逻辑分类器的训练集准确率为 96.7%，因为它只对 5 个点（以深灰色显示）进行了错误分类。例如，对于点 $\tilde{\boldsymbol{x}}=(1,-0.52,-1.19)^{\mathrm{T}}$，我们得到：

$$\pi_1(\tilde{\boldsymbol{x}})=0 \qquad \pi_2(\tilde{\boldsymbol{x}})=0.448 \qquad \pi_3(\tilde{\boldsymbol{x}})=0.552$$

因此，预测的类是 $\hat{y}=\operatorname{argmax}_{c_i}\{\pi_i(\tilde{\boldsymbol{x}})\}=c_3$，而真正的类是 $y=c_2$。

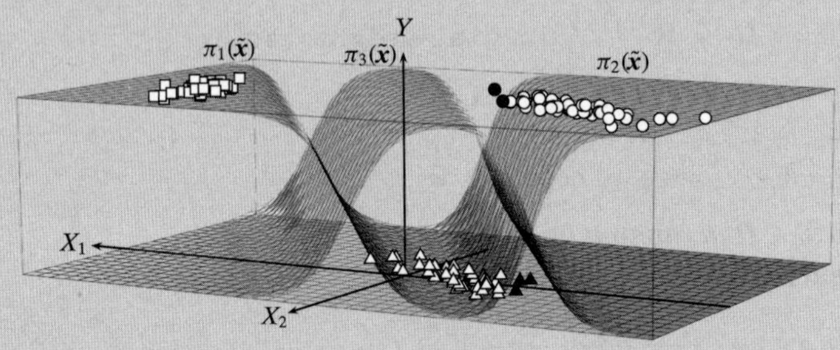

图 24-3　多元逻辑回归：鸢尾花主成分数据。错误分类的点显示为深灰色。所有的点实际上都位于 (X_1,X_2) 平面上，但是为了进行说明，c_1 和 c_2 显示在 Y 轴相距基底类 c_3 一定距离处

24.3　拓展阅读

关于广义线性模型（逻辑回归是一个特例）的描述，参见文献（Agresti，2015）。

Agresti, A. (2015). *Foundations of Linear and Generalized Linear Models*. Hoboken, NJ: John Wiley & Sons.

24.4　练习

Q1. 证明：$\frac{\partial}{\partial z}\theta(z)=\theta(z)\cdot\theta(-z)$，其中 $\theta(\cdot)$ 是逻辑函数。

Q2. 证明：logit 函数是逻辑函数的逆函数。

Q3. 给定 softmax 函数：

$$\pi_j(\tilde{\boldsymbol{x}}) = \frac{\exp\{\tilde{\boldsymbol{w}}_j^{\mathrm{T}}\tilde{\boldsymbol{x}}\}}{\sum_{i=1}^{K}\exp\{\tilde{\boldsymbol{w}}_i^{\mathrm{T}}\tilde{\boldsymbol{x}}\}}$$

证明：

$$\frac{\partial}{\partial \tilde{\boldsymbol{w}}_a}\pi_j(\tilde{\boldsymbol{x}}) = \begin{cases} \pi_a(\tilde{\boldsymbol{x}})\cdot(1-\pi_a(\tilde{\boldsymbol{x}}))\cdot\tilde{\boldsymbol{x}} & , j=a \\ -\pi_a(\tilde{\boldsymbol{x}})\cdot\pi_j(\tilde{\boldsymbol{x}})\cdot\tilde{\boldsymbol{x}} & , j\neq a \end{cases}$$

神经网络

人工神经网络（简称神经网络）是受生物神经网络启发的。真正的生物神经元（神经细胞）包括树突、细胞体和连接突触终末的轴突。神经元通过电化学信号传递信息。当神经元的树突上有足够浓度的离子时，它会沿着轴突产生一个称为动作电位（action potential）的电脉冲，进而激活突触终末，使更多的离子被释放，信息流向其他神经元的树突。人类大脑约有 1000 亿个神经元，每个神经元与其他神经元之间有 1000 ～ 10 000 个连接。因此，人脑是一个神经元网络，有 100 万亿～ 1000 万亿（10^{15}）个连接！有趣的是，据我们所知，学习是通过调节突触强度来进行的，因为突触信号可以是兴奋性的，也可以是抑制性的，这使得突触后的神经元或多或少都会产生动作电位。

人工神经网络由抽象的神经元组成，这些神经元试图模拟真实的神经元。它们可以通过加权有向图 $G=(V,E)$ 来描述，每个节点 $v_i \in V$ 代表一个神经元，每条有向边 $(v_i,v_j)\in E$ 代表从 v_i 到 v_j 的突触到树突的连接。边的权重 w_{ij} 表示突触强度。神经网络由用于产生输出的激活函数的类型以及节点互连的方式表征。例如，图是有向无环图还是有环图，是否分层等。需要注意的是，神经网络是通过调整突触权重来表示和学习信息的。

25.1 人工神经元：激活函数

人工神经元作为一个处理单元，首先通过加权和聚合输入信号，然后应用某些函数生成输出。例如，当组合信号超过阈值时，二元神经元将输出 1，否则输出 0。

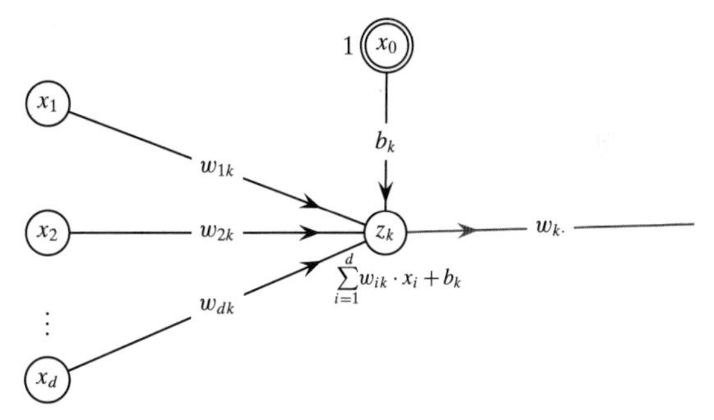

图 25-1　人工神经元：聚合和激活

图 25-1 展示了神经元 z_k 的示意图，该神经元具有来自神经元 $x_1,\cdots,x_d$ 的入边。为了简单起见，我们将神经元的名称和（输出）值都用相同的符号表示。因此，x_i 既表示神经元 i，也表示神经元 i 的值。z_k 处的净输入表示为 net_k，由加权和给出：

$$\mathrm{net}_k = b_k + \sum_{i=1}^{d} w_{ik}\cdot x_i = b_k + \boldsymbol{w}^{\mathrm{T}}\boldsymbol{x} \tag{25.1}$$

其中，$\boldsymbol{w}_k=(w_{1k},w_{2k},\cdots,w_{dk})^{\mathrm{T}}\in\mathbb{R}^d$，$\boldsymbol{x}=(x_1,x_2,\cdots,x_d)^{\mathrm{T}}\in\mathbb{R}^d$ 是一个输入点。注意，x_0 是一个特殊的偏差神经元，它的值总是固定为 1，从 x_0 到 z_k 的权重是 b_k，它指定了神经元的偏差项。最后，z_k 的输出值通过激活函数 $f(\cdot)$ 给出，$f(x)$ 应用于 z_k 处的净输入：

$$z_k = f(\mathrm{net}_k)$$

值 z_k 沿着出边从 z_k 传递给其他神经元。

神经元因使用的激活函数的类型不同而不同。一些常用的激活函数如图 25-2 所示。

线性函数或恒等函数　恒等函数是最简单的激活函数，它只返回其参数，也称为线性激活函数：

$$f(\text{net}_k) = \text{net}_k \tag{25.2}$$

图 25-2a 绘制了恒等函数。为了检验偏差项的作用，请注意 $\text{net}_k > 0$ 相当于 $\boldsymbol{w}^{\text{T}}\boldsymbol{x} > -b_k$。也就是说，当输入的加权和超过 $-b_k$ 时，输出从负变为正，如图 25-2b 所示。

阶跃函数　这是一个二元激活函数：如果净输入为负（或零），神经元输出 0；如果净输入为正，则输出 1（见图 25-2c）。

$$f(\text{net}_k) = \begin{cases} 0 & , \ \text{net}_k \leqslant 0 \\ 1 & , \ \text{net}_k > 0 \end{cases} \tag{25.3}$$

值得注意的是，当输入的加权和超过 $-b_k$ 时会出现从 0 到 1 的转换，如图 25-2d 所示。

线性整流函数（ReLU）　如果净输入小于或等于零，神经元保持非激活状态，随着 net_k 的输入，其活跃度线性增加，如图 25-2e 所示。

$$f(\text{net}_k) = \begin{cases} 0 & , \ \text{net}_k \leqslant 0 \\ \text{net}_k & , \ \text{net}_k > 0 \end{cases} \tag{25.4}$$

ReLU 激活函数的另一个表达式是 $f(\text{net}_k) = \max\{0, \text{net}_k\}$。当输入的加权和超过 $-b_k$（见图 25-2f）时，将发生从零到 net_k 的转换。

sigmoid 函数　如图 25-2g 所示，sigmoid 函数挤压其输入，使输出位于区间 $[0,1]$：

$$f(\text{net}_k) = \frac{1}{1+\exp\{-\text{net}_k\}} \tag{25.5}$$

当 $\text{net}_k = 0$ 时，$f(\text{net}_k) = 0.5$，这意味着当输入的加权和超过 $-b_k$ 时，输出穿过 0.5 的过渡点（见图 25-2h）。

双曲正切函数（tanh 函数）　双曲正切函数（tanh 函数）类似于 sigmoid 函数，但其输出位于 $[-1,+1]$（见图 25-2i）：

$$f(\text{net}_k) = \frac{\exp\{\text{net}_k\} - \exp\{-\text{net}_k\}}{\exp\{\text{net}_k\} + \exp\{-\text{net}_k\}} = \frac{\exp\{2 \cdot \text{net}_k\} - 1}{\exp\{2 \cdot \text{net}_k\} + 1} \tag{25.6}$$

当 $\text{net}_k = 0$ 时，$f(\text{net}_k) = 0$，这意味着当输入的加权和超过 $-b_k$ 时，输出从负变为正，如图 25-2j 所示。

softmax 函数　softmax 函数是 sigmoid 函数（逻辑激活函数）的推广。softmax 函数主要用在神经网络的输出层，与其他函数不同，它不仅依赖神经元 k 的净输入，还依赖输出层所有其他神经元的净信号。因此，给定净输入向量 $\textbf{net} = (\text{net}_1, \text{net}_2, \cdots, \text{net}_p)^{\text{T}}$，对于所有 p 个输出神经元，第 k 个神经元的 softmax 函数输出为

$$f(\text{net}_k \mid \textbf{net}) = \frac{\exp\{\text{net}_k\}}{\sum_{i=1}^{p} \exp\{\text{net}_i\}} \tag{25.7}$$

图 25-3 绘制了 net_k 与 net_j 的 softmax 激活值对比图，所有其他净输入固定为零。对于 net_j 的任何给定值，输出近似表现为一条 sigmoid 函数曲线。

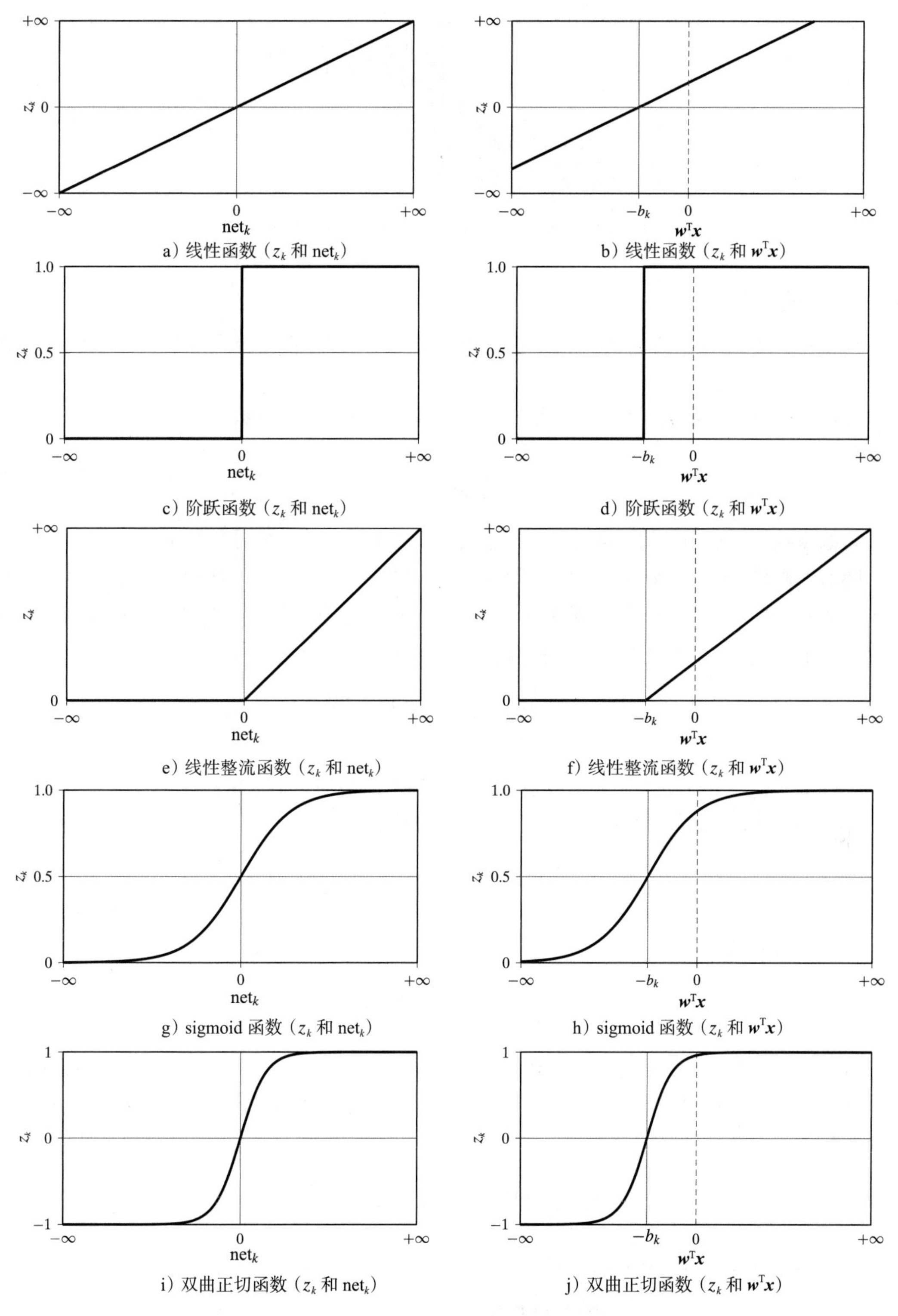

图 25-2 有偏差和无偏差情况下的神经元激活函数

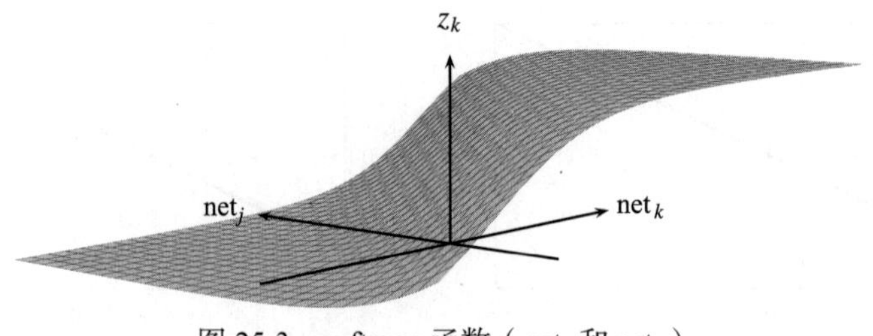

图 25-3 softmax 函数（net_k和net_j）

激活函数的导数

为了使用神经网络进行学习，考虑激活函数对其参数的导数。每个激活函数的导数如下。

线性函数或恒等函数 恒等（或线性）激活函数对其参数的导数为 1：

$$\frac{\partial f(\text{net}_j)}{\partial \text{net}_j}=1 \tag{25.8}$$

阶跃函数 阶跃函数的导数为 0，不连续点 0 处除外，该处的导数为∞。

ReLU 函数 ReLU 函数［见式（25.4）］在 0 处不可微，对于其他值：如果 $\text{net}_j<0$，则导数为 0；如果 $\text{net}_j>0$，则导数为 1。在 0 处，可将导数设置为$[0,1]$范围内的任何值，比如可简单地设置为 0。综合起来，我们得到：

$$\frac{\partial f(\text{net}_j)}{\partial \text{net}_j}=\begin{cases}0 & , \text{net}_j \leqslant 0 \\ 1 & , \text{net}_j>0\end{cases} \tag{25.9}$$

尽管 ReLU 在 0 处不连续，它也是训练深度神经网络的一个常用选择。

sigmoid 函数 sigmoid 函数［式（25.5）］的导数为

$$\frac{\partial f(\text{net}_j)}{\partial \text{net}_j}=f(\text{net}_j)\cdot(1-f(\text{net}_j)) \tag{25.10}$$

双曲正切函数 tanh 函数［式（25.6）］的导数为

$$\frac{\partial f(\text{net}_j)}{\partial \text{net}_j}=1-f(\text{net}_j)^2 \tag{25.11}$$

softmax 函数 softmax 激活函数［见式（25.7）］是一个向量值函数，它将向量输入 $\mathbf{net}=(\text{net}_1,\text{net}_2,\cdots,\text{net}_p)^{\mathrm{T}}$映射到概率值向量。softmax 函数通常仅用于输出层。$f(\text{net}_j)$对 net_j 的偏导数为

$$\frac{\partial f(\text{net}_j \mid \mathbf{net})}{\partial \text{net}_j}=f(\text{net}_j)\cdot(1-f(\text{net}_j))$$

而$f(\text{net}_j)$对 $\text{net}_k(k\neq j)$的偏导数为

$$\frac{\partial f(\text{net}_j \mid \mathbf{net})}{\partial \text{net}_k}=-f(\text{net}_k)\cdot f(\text{net}_j)$$

因为 softmax 常用于输出层，如果将第 i 个输出神经元表示为 o_i，那么$f(\text{net}_i)=o_i$，偏导

数可写成：

$$\frac{\partial f(\text{net}_j \mid \textbf{net})}{\partial \text{net}_k} = \frac{\partial o_j}{\partial \text{net}_k} = \begin{cases} o_j \cdot (1 - o_j) & , k = j \\ -o_k \cdot o_j & , k \neq j \end{cases} \qquad (25.12)$$

25.2　神经网络：回归函数和分类函数

人工神经元网络能够表示和学习任意复杂的回归函数和分类函数。

25.2.1　回归函数

思考多元（线性）回归问题，给定一个输入 $\boldsymbol{x}_i \in \mathbb{R}^d$，目标是预测响应：

$$\hat{y}_i = b + w_1 x_{i1} + w_2 x_{i2} + \cdots + w_d x_{id}$$

这里，b 是偏差项，w_j 是属性 X_j 的回归系数或权重。给定 d 维空间中包含 n 个点 $\boldsymbol{x}_i$ 的训练数据样本 $\boldsymbol{D} = \{\boldsymbol{x}_i^{\mathrm{T}}, y_i\}_{i=1}^n$，真实响应值为 y_i，选择线性回归的偏差和权重，以使所有数据点上真实响应和预测响应之间的平方误差的总和最小化。

$$\text{SSE} = \sum_{i=1}^{n} (y_i - \hat{y}_i)^2$$

如图 25-4a 所示，具有 $d+1$ 个输入神经元 $x_0, x_1, \cdots, x_d$（包括偏差神经元 $x_0 = 1$）和单个输出神经元 o（均具有同一激活函数且 $\hat{y} = o$）的神经网络代表与多元线性回归模型完全相同的模型。鉴于多元回归问题有闭式解，神经网络通过梯度下降法学习偏差和权重，使平方误差最小化。

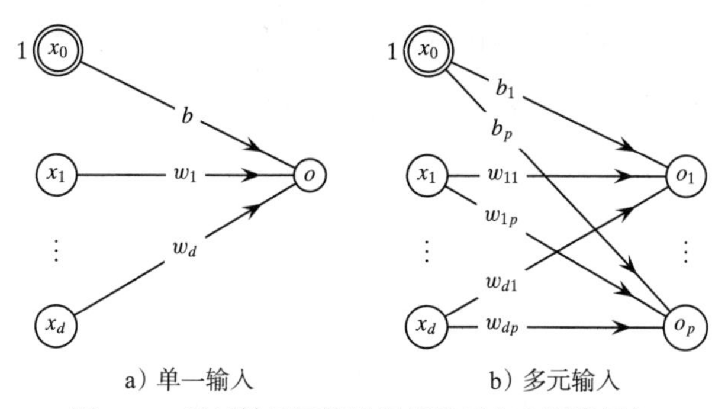

a）单一输入　　b）多元输入

图 25-4　通过神经网络进行线性回归和逻辑回归

神经网络很容易模拟多元（线性）回归任务，该任务涉及一个 p 维响应向量 $\boldsymbol{y}_i \in \mathbb{R}^p$，而不是一个单值 y_i。也就是说，训练数据是 $\boldsymbol{D} = \{\boldsymbol{x}_i^{\mathrm{T}}, \boldsymbol{y}_i\}_{i=1}^n$，其中 $\boldsymbol{x}_i \in \mathbb{R}^d, \boldsymbol{y}_i \in \mathbb{R}^p$。如图 25-4b 所示，多元回归可以由具有 $d+1$ 个输入神经元和 p 个输出神经 $o_1, o_2, \cdots, o_p$ 的神经网络建模，所有输入神经元和输出神经元都使用恒等激活函数。神经网络通过比较预测输出 $\hat{\boldsymbol{y}} = \boldsymbol{o} = (o_1, o_2, \cdots, o_p)^{\mathrm{T}}$ 与真实响应向量 $\boldsymbol{y} = (y_1, y_2, \cdots, y_p)^{\mathrm{T}}$ 来学习权重。即训练时首先计算 $\boldsymbol{o}$ 和 $\boldsymbol{y}$ 之间的误差函数或损失函数。回想一下，当期望的输出为 $\boldsymbol{y}$ 时，损失函数会为预测输出 $\boldsymbol{o}$ 指定一个分数或惩罚值。当预测输出与真实输出匹配时，误差应该为零。回归中最常见的误差函数是平方误差函数：

$$\mathcal{E}_x = \frac{1}{2}\|\boldsymbol{y}-\boldsymbol{o}\|^2 = \frac{1}{2}\sum_{j=1}^{p}(y_j - o_j)^2$$

其中，$\mathcal{E}_x$ 表示输入 $\boldsymbol{x}$ 上的误差。在数据集中的所有点上，平方误差的总和为

$$\mathcal{E} = \sum_{i=1}^{n}\mathcal{E}_{x_i} = \frac{1}{2}\cdot\sum_{i=1}^{n}\|\boldsymbol{y}_i - \boldsymbol{o}_i\|^2$$

例 25.1（多元神经网络和多元回归神经网络） 对于有 $n=150$ 个点的鸢尾花数据集，思考萼片长度和花瓣长度关于自变量属性花瓣宽度的多元回归。根据例 23.3，解为

$$\hat{y} = -0.014 - 0.082x_1 + 0.45x_2$$

该最优解在训练数据上的平方误差为 6.179。

使用图 25-4a 中的神经网络，输出层采用线性激活函数，通过梯度下降最小化平方误差，得到以下参数：$b=0.0096$，$w_1=-0.087$，$w_2=0.452$。所得回归模型如下：

$$o = 0.0096 - 0.087x_1 + 0.452x_2$$

平方误差为 6.18，非常接近最优解。

多元线性回归 对于多元回归，使用图 25-4b 中的神经网络结构来学习鸢尾花数据集的权重和偏差，其中萼片长度和萼片宽度为自变量属性，花瓣长度和花瓣宽度为响应属性或因变量属性。因此，每个输入点 $\boldsymbol{x}_i$ 都是二维的，真实响应向量 $\boldsymbol{y}_i$ 也是二维的，即 $d=2$ 和 $p=2$ 指定输入层和输出层的大小。通过梯度下降最小化平方误差，得到以下参数：

$$\begin{pmatrix} b_1 & b_2 \\ w_{11} & w_{12} \\ w_{21} & w_{22} \end{pmatrix} = \begin{pmatrix} -1.83 & -1.47 \\ 1.72 & 0.72 \\ -1.46 & -0.50 \end{pmatrix} \qquad \begin{pmatrix} o_1 \\ o_2 \end{pmatrix} = \begin{pmatrix} -1.83 + 1.72x_1 - 1.46x_2 \\ -1.47 + 0.72x_1 - 0.50x_2 \end{pmatrix}$$

训练集的平方误差为 84.9。最优最小二乘多元回归的平方误差为 84.16，参数如下：

$$\begin{pmatrix} \hat{y}_1 \\ \hat{y}_2 \end{pmatrix} = \begin{pmatrix} -2.56 + 1.78x_1 - 1.34x_2 \\ -1.59 + 0.73x_1 - 0.48x_2 \end{pmatrix}$$

25.2.2 分类函数

人工神经元网络也可以学习对输入进行分类。思考二元分类问题，$y=1$ 表示点属于正类，$y=0$ 表示点属于负类。在逻辑回归中，我们通过逻辑函数（sigmoid 函数）对正类的概率进行建模：

$$\pi(\boldsymbol{x}) = P(y=1|\boldsymbol{x}) = \frac{1}{1+\exp\{-(b+\boldsymbol{w}^{\mathrm{T}}\boldsymbol{x})\}}$$

其中，b 是偏差项，$\boldsymbol{w}=(w_1, w_2, \cdots, w_d)^{\mathrm{T}}$ 是估计的权重或回归系数的向量。此外，

$$P(y=0|\boldsymbol{x}) = 1 - P(y=1|\boldsymbol{x}) = 1 - \pi(\boldsymbol{x})$$

对图 25-4a 所示的神经网络进行简单的修改，便可以解决逻辑回归问题。我们所要做的就是在输出神经元 o 上使用 sigmoid 激活函数，用交叉熵误差代替平方误差。给定输入 $\boldsymbol{x}$、真实响应 y 和预测响应 o，交叉熵误差［见式（24.8）］定义为

$$\mathcal{E}_x = -\big(y \cdot \ln(o) + (1-y) \cdot \ln(1-o)\big)$$

因此，使用 sigmoid 激活函数，图 25-4a 中的神经网络输出为

$$o = f(\text{net}_o) = \text{sigmoid}(b + \boldsymbol{w}^{\mathrm{T}}\boldsymbol{x}) = \frac{1}{1+\exp\{-(b+\boldsymbol{w}^{\mathrm{T}}\boldsymbol{x})\}} = \pi(\boldsymbol{x})$$

这与逻辑回归模型相同。

多元逻辑回归 通过相同的方式，图 25-4b 所示的多输出神经网络结构可用于多元逻辑回归或名义逻辑回归。对于 K 类 $\{c_1, c_2, \cdots, c_K\}$ 的一般分类问题，我们将真实响应 y 编码为一个独热向量。因此，类 c_1 编码为 $\boldsymbol{e}_1 = (1,0,\cdots,0)^{\mathrm{T}}$，类 c_2 编码为 $\boldsymbol{e}_2 = (0,1,\cdots,0)^{\mathrm{T}}$，依次类推，$\boldsymbol{e}_i \in \{0,1\}^K (i=1,2,\cdots,K)$。因此，将 y 编码为多元向量 $\boldsymbol{y} \in \{\boldsymbol{e}_1, \boldsymbol{e}_2, \cdots, \boldsymbol{e}_K\}$。在多元逻辑回归（见 24.2 节）中，任务是估计每个类的偏差 b_i 和权向量 $\boldsymbol{w}_i \in \mathbb{R}^d$，最后一类 c_K 作为基底类，它有固定偏差 $b_K = 0$ 和固定权向量 $\boldsymbol{w}_K = (0,0,\cdots,0)^{\mathrm{T}} \in \mathbb{R}^d$。所有 K 类的概率向量通过 softmax 函数 [见式（24.17）] 建模：

$$\pi_i(\boldsymbol{x}) = \frac{\exp\{b_i + \boldsymbol{w}_i^{\mathrm{T}}\boldsymbol{x}\}}{\sum_{j=1}^{K}\exp\{b_j + \boldsymbol{w}_j^{\mathrm{T}}\boldsymbol{x}\}}, \qquad i = 1,2,\cdots,K$$

因此，图 25-4b 所示的神经网络（$p=K$）可以解决多元逻辑回归任务，前提是我们在输出层使用 softmax 激活函数，使用 K 路交叉熵误差 [见式（24.18）]：

$$\mathcal{E}_x = -\Big(y_1 \cdot \ln(o_1) + \cdots + y_K \cdot \ln(o_K)\Big)$$

其中，$\boldsymbol{x}$ 是输入向量，$\boldsymbol{o} = (o_1, o_2, \cdots, o_K)^{\mathrm{T}}$ 是预测响应向量，$\boldsymbol{y} = (y_1, y_2, \cdots, y_K)^{\mathrm{T}}$ 是真实响应向量。注意，由于采用独热编码，$\boldsymbol{y}$ 中只有一个元素为 1，其余元素均为 0。

在使用 softmax 激活函数的情况下，图 25-4b 中的神经网络（$p=K$）输出如下：

$$o_i = P(\boldsymbol{y} = \boldsymbol{e}_i|\boldsymbol{x}) = f(\text{net}_i|\textbf{net}) = \frac{\exp\{\text{net}_i\}}{\sum_{j=1}^{p}\exp\{\text{net}_j\}} = \pi_i(\boldsymbol{x})$$

这符合多元逻辑回归任务。我们对神经网络的唯一限制是，最后一个输出神经元的边上的权重应该为零，以建立基底类权重 $\boldsymbol{w}_K$ 的模型。然而，在实践中，我们可以放宽这个限制，只需学习类 c_K 的正则化权向量。

例 25.2（二元逻辑回归和多元逻辑回归） 将图 25-4a 中的神经网络应用于鸢尾花主成分数据集，在输出神经元处使用逻辑激活函数，并使用交叉熵误差函数。输出是一个二元响应，表明是 Iris-virginica（$Y=1$）或其他鸢尾花（$Y=0$）。正如预期的那样，神经网络学习了一组权重和偏差，它们与例 24.2 中逻辑回归的权重和偏差相同，即

$$o = -6.79 - 5.07x_1 - 3.29x_2$$

接下来，使用 softmax 激活函数和交叉熵误差函数，将图 25-4b 中的神经网络应用于有 3 个类别的鸢尾花主成分数据，三类鸢尾在分别为 Iris-setosa（$Y=1$）、Iris-versicolor（$Y=2$）和 Iris-virginica（$Y=3$）。因此，需要 $K=3$ 个输出神经元 o_1, o_2, o_3。此外，为了获得与例 24.3 中的多元逻辑回归相同的模型，将输出神经元 o_3 的输入权重和偏差固定为零。模型如下：

$$o_1=-3.49+3.61x_1+2.65x_2$$

$$o_2=-6.95-5.18x_1-3.40x_2$$

$$o_3=0+0\cdot x_1+0\cdot x_2$$

这与例 24.3 基本相同。

如果不限制 o_3 的权重和偏差，将得到以下模型：

$$o_1=-0.89+4.54x_1+1.96x_2$$

$$o_2=-3.38-5.11x_1-2.88x_2$$

$$o_3=4.24+0.52x_1+0.92x_2$$

每个类的分类决策面如图 25-5 所示。类 c_1 中的点表示为方块，c_2 表示为圆圈，c_3 表示为三角形。该图应与图 24-3 中显示的多元逻辑回归的决策边界进行对比，图 24-3 将基底类 c_3 的权重和偏差设为 0。

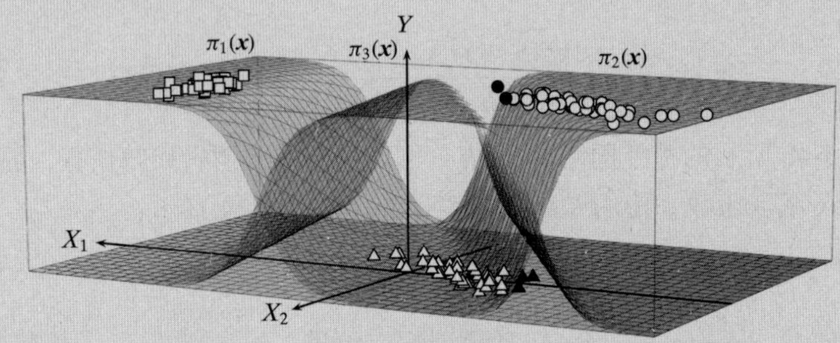

图 25-5　多元逻辑回归的神经网络：鸢尾花主成分数据。错误分类的点显示为深灰色。类 c_1 和类 c_2 中的点相对于基底类 c_3 的位移只是为了方便展示

25.2.3　误差函数

对于回归任务，我们通常使用平方误差作为损失函数；而对于分类任务，通常使用交叉熵误差函数。此外，当从神经网络学习时，我们需要误差函数关于输出神经元的偏导数。因此，常用的误差函数及其导数如下。

平方误差函数　给定输入向量 $\boldsymbol{x}\in\mathbb{R}^d$，平方误差损失函数度量预测输出向量 $\boldsymbol{o}\in\mathbb{R}^p$ 和真实响应 $\boldsymbol{y}\in\mathbb{R}^p$ 之间的平方偏差：

$$\mathcal{E}_{\boldsymbol{x}}=\frac{1}{2}\|\boldsymbol{y}-\boldsymbol{o}\|^2=\frac{1}{2}\sum_{j=1}^{p}(y_j-o_j)^2 \tag{25.13}$$

其中，$\mathcal{E}_{\boldsymbol{x}}$ 表示输入 $\boldsymbol{x}$ 上的误差。

平方误差函数对特定输出神经元 o_j 的偏导数为

$$\frac{\partial\mathcal{E}_{\boldsymbol{x}}}{\partial o_j}=\frac{1}{2}\times 2\times(y_j-o_j)\times(-1)=o_j-y_j \tag{25.14}$$

在所有的输出神经元中，可以写为

$$\frac{\partial\mathcal{E}_{\boldsymbol{x}}}{\partial\boldsymbol{o}}=\boldsymbol{o}-\boldsymbol{y} \tag{25.15}$$

交叉熵误差函数 对于具有K类$\{c_1,c_2,\cdots,c_K\}$的分类任务，通常设输出神经元的数量$p=K$，每类一个输出神经元。此外，每个类都被编码为独热向量，类c_i被编码为第i个标准基向量$\boldsymbol{e}_i=(e_{i1},e_{i2},\cdots,e_{iK})^{\mathrm{T}}\in\{0,1\}^K$，$e_{ii}=1$，$e_{ij}=0(i\neq j)$。因此，给定输入$\boldsymbol{x}\in\mathbb{R}^d$，真实响应是$\boldsymbol{y}=(y_1,y_2,\cdots,y_K)^{\mathrm{T}}$，$\boldsymbol{y}\in\{\boldsymbol{e}_1,\boldsymbol{e}_2,\cdots,\boldsymbol{e}_K\}$，交叉熵误差函数定义为

$$\mathcal{E}_{\boldsymbol{x}}=-\sum_{i=1}^{K}y_i\cdot\ln(o_i)=-\Big(y_1\cdot\ln(o_1)+\cdots+y_K\cdot\ln(o_K)\Big) \tag{25.16}$$

注意，由于采用独热编码，$\boldsymbol{y}$中只有一个元素为1，其余元素均为0。如果$\boldsymbol{y}=\boldsymbol{e}_i$，那么只有$y_i=1$，其他元素$y_j=0$（$j\neq i$）。

交叉熵误差函数对特定输出神经元o_j的偏导数为

$$\frac{\partial\mathcal{E}_{\boldsymbol{x}}}{\partial o_j}=-\frac{y_j}{o_j} \tag{25.17}$$

因此，误差函数的偏导数向量为

$$\frac{\partial\mathcal{E}_{\boldsymbol{x}}}{\partial\boldsymbol{o}}=\left(\frac{\partial\mathcal{E}_{\boldsymbol{x}}}{\partial o_1},\frac{\partial\mathcal{E}_{\boldsymbol{x}}}{\partial o_2},\cdots,\frac{\partial\mathcal{E}_{\boldsymbol{x}}}{\partial o_K}\right)^{\mathrm{T}}=\left(-\frac{y_1}{o_1},-\frac{y_2}{o_2},\cdots,-\frac{y_K}{o_K}\right)^{\mathrm{T}} \tag{25.18}$$

二元交叉熵误差函数 对于二元分类任务，通常将正类编码为1，将负类编码为0，而不是像一般的K类情况那样使用独热编码。给定输入$\boldsymbol{x}\in\mathbb{R}^d$，其真实响应为$y\in\{0,1\}$，且只有一个输出神经元$o$，因此，二元交叉熵误差定义为

$$\mathcal{E}_{\boldsymbol{x}}=-\big(y\cdot\ln(o)+(1-y)\cdot\ln(1-o)\big) \tag{25.19}$$

这里y是1或0。二元交叉熵误差函数对输出神经元o的偏导数为

$$\begin{aligned}\frac{\partial\mathcal{E}_{\boldsymbol{x}}}{\partial o}&=\frac{\partial}{\partial o}-\Big(y\cdot\ln(o)+(1-y)\cdot\ln(1-o)\Big)\\&=-\left(\frac{y}{o}+\frac{1-y}{1-o}\cdot-1\right)=\frac{-y\cdot(1-o)+(1-y)\cdot o}{o\cdot(1-o)}\\&=\frac{o-y}{o\cdot(1-o)}\end{aligned} \tag{25.20}$$

25.3 多层感知器：一个隐藏层

多层感知器（MultiLayer Perceptron，MLP）是一种具有不同神经元层的神经网络。神经网络的输入组成输入层，MLP的最终输出组成*输出层*。中间层都称为*隐藏层*，MLP可以有一个或多个隐藏层。具有许多隐藏层的网络称为*深度神经网络*。MLP也是一个前馈网络，即信息向前流动，只从一层流向下一层。因此，信息从输入层流向第一个隐藏层，从第一个隐藏层流向第二个隐藏层，依次类推，直到信息从最后一个隐藏层到达输出层。通常，MLP在层之间完全连接，即输入层的每个神经元都连接到第一个隐藏层的所有神经元，第一个隐藏层的每个神经元也都连接到第二个隐藏层的所有神经元，依次类推，最后一个隐藏层的每个神经元也都连接到输出层的所有神经元。

为了便于讲解，本节考虑只有一个隐藏层的MLP，然后推广到深度MLP。例如，图25-6展示了具有一个隐藏层的MLP。输入层有d个神经元$x_1,x_2,\cdots,x_d$和一个指定隐藏层偏差的额

外神经元 x_0。隐藏层有 m 个神经元 $z_1,z_2,\cdots,z_m$ 和一个指定输出层偏差的额外神经元 z_0。输出层有 p 个神经元 $o_1,o_2,\cdots,o_p$。偏差神经元没有入边，因为它们的值固定为 1。因此，总共有 $d\times m+m\times p$ 个权重参数（w_{ij}）和 $m+p$ 个偏差参数（b_i）需要神经网络学习。这些参数与 MLP 中的边总数相对应。

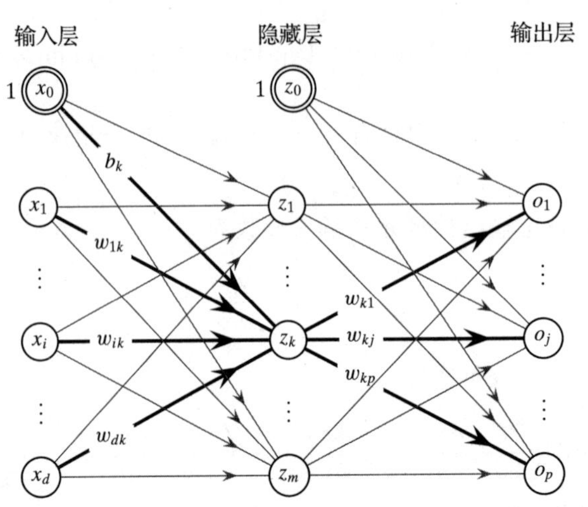

图 25-6　具有一个隐藏层的多层感知器。神经元 z_k 的输入和输出连接以粗线显示，神经元 x_0 和 z_0 是偏差神经元

25.3.1　前馈阶段

设 $\boldsymbol{D}=\{\boldsymbol{x}_i^{\mathrm{T}},\boldsymbol{y}_i\}_{i=1}^{n}$ 表示训练数据集，包括 n 个输入点 $\boldsymbol{x}_i\in\mathbb{R}^d$ 和对应的真实响应向量 $\boldsymbol{y}_i\in\mathbb{R}^p$。对于数据集的每对（$\boldsymbol{x},\boldsymbol{y}$），在前馈阶段，点 $\boldsymbol{x}=(x_1,x_2,\cdots,x_d)^{\mathrm{T}}\in\mathbb{R}^d$ 作为输入提供给 MLP。输入神经元不使用任何激活函数，只传递所提供的输入，即将输入作为自己的输出。这相当于输入神经元 k 的净输入为 $\mathrm{net}_k=x_k$，激活函数是恒等函数 $f(\mathrm{net}_k)=\mathrm{net}_k$，因此神经元 k 的输出值是 x_k。

给定输入神经元值，计算每个隐藏神经元 z_k 的输出值，如下：

$$z_k=f(\mathrm{net}_k)=f\left(b_k+\sum_{i=1}^{d}w_{ik}\cdot x_i\right)$$

其中，f 是激活函数，而 w_{ik} 表示输入神经元 x_i 和隐藏神经元 z_k 之间的权重。给定隐藏神经元值，计算每个输出神经元 o_j 的值，如下所示：

$$o_j=f(\mathrm{net}_j)=f\left(b_j+\sum_{i=1}^{m}w_{ij}\cdot z_i\right)$$

其中，w_{ij} 表示隐藏神经元 z_i 和输出神经元 o_j 之间的权重。

可以把前馈阶段的运算写成一系列矩阵向量运算。为此，定义 $d\times m$ 矩阵 $\boldsymbol{W}_{\mathrm{h}}$（包含输入层和隐藏层神经元之间的权重）和向量 $\boldsymbol{b}_{\mathrm{h}}\in\mathbb{R}^m$（包含隐藏层神经元的偏差），如下所示：

$$\boldsymbol{W}_{\mathrm{h}}=\begin{pmatrix}w_{11}&w_{12}&\cdots&w_{1m}\\w_{21}&w_{22}&\cdots&w_{2m}\\\vdots&\vdots&\ddots&\vdots\\w_{d1}&w_{d2}&\cdots&w_{dm}\end{pmatrix}\qquad\boldsymbol{b}_{\mathrm{h}}=\begin{pmatrix}b_1\\b_2\\\vdots\\b_m\end{pmatrix}\tag{25.21}$$

其中，w_{ij} 表示输入神经元 x_i 和隐藏神经元 z_j 之间的边的权重，b_i 表示从 x_0 到 z_i 的偏差权重。所有隐藏层神经元的净输入和输出可以通过矩阵向量乘运算得到，如下所示：

$$\mathbf{net}_\text{h} = \boldsymbol{b}_\text{h} + \boldsymbol{W}_\text{h}^\text{T}\boldsymbol{x} \tag{25.22}$$

$$\boldsymbol{z} = f(\mathbf{net}_\text{h}) = f(\boldsymbol{b}_\text{h} + \boldsymbol{W}_\text{h}^\text{T}\boldsymbol{x}) \tag{25.23}$$

这里，$\mathbf{net}_\text{h} = (\text{net}_1, \cdots, \text{net}_m)^\text{T}$ 表示每个隐藏神经元（不包括偏差神经元 z_0，其值总是固定为 $z_0 = 1$）的净输入，$\boldsymbol{z} = (z_1, z_2, \cdots, z_m)^\text{T}$ 表示隐藏神经元值的向量。激活函数 $f(\cdot)$ 应用于 $\mathbf{net}_\text{h}$ 的每个元素，即 $f(\mathbf{net}_\text{h}) = (f(\text{net}_1), \cdots, f(\text{net}_m))^\text{T} \in \mathbb{R}^m$。通常，给定层中的所有神经元使用相同的激活函数，但如果需要，它们也可以使用不同的激活函数。

同样，设 $\boldsymbol{W}_\text{o} \in \mathbb{R}^{m \times p}$ 表示隐藏层和输出层之间的权重矩阵，$\boldsymbol{b}_\text{o} \in \mathbb{R}^p$ 表示输出神经元的偏差向量，如下所示：

$$\boldsymbol{W}_\text{o} = \begin{pmatrix} w_{11} & w_{12} & \cdots & w_{1p} \\ w_{21} & w_{22} & \cdots & w_{2p} \\ \vdots & \vdots & \ddots & \vdots \\ w_{m1} & w_{m2} & \cdots & w_{mp} \end{pmatrix} \qquad \boldsymbol{b}_\text{o} = \begin{pmatrix} b_1 \\ b_2 \\ \vdots \\ b_p \end{pmatrix} \tag{25.24}$$

其中，w_{ij} 表示隐藏神经元 z_i 和输出神经元 o_j 之间边的权重，b_i 表示 z_0 和输出神经元 o_i 之间的偏差权重。然后计算输出向量，如下所示：

$$\mathbf{net}_\text{o} = \boldsymbol{b}_\text{o} + \boldsymbol{W}_\text{o}^\text{T}\boldsymbol{z} \tag{25.25}$$

$$\boldsymbol{o} = f(\mathbf{net}_\text{o}) = f(\boldsymbol{b}_\text{o} + \boldsymbol{W}_\text{o}^\text{T}\boldsymbol{z}) \tag{25.26}$$

总之，对于给定的输入 $(\boldsymbol{x}, \boldsymbol{y}) \in \boldsymbol{D}$，MLP 通过前馈过程计算输出向量，如下所示：

$$\boldsymbol{o} = f(\boldsymbol{b}_\text{o} + \boldsymbol{W}_\text{o}^\text{T}\boldsymbol{z}) = f(\boldsymbol{b}_\text{o} + \boldsymbol{W}_\text{o}^\text{T} \cdot f(\boldsymbol{b}_\text{h} + \boldsymbol{W}_\text{h}^\text{T}\boldsymbol{x})) \tag{25.27}$$

其中，$\boldsymbol{o} = (o_1, o_2, \cdots, o_p)^\text{T}$ 是单个隐藏层 MLP 的预测输出的向量。

25.3.2 反向传播阶段

反向传播（backpropagation）是学习 MLP 中连续层之间权重的算法，它得名于误差梯度通过隐藏层从输出层向后传播到输入层的方式。为了简要说明，我们将研究包含具有 m 个神经元的单个隐藏层的 MLP 的反向传播，采用平方误差函数，所有神经元的激活函数均为 sigmoid。然后将其推广到包含多个隐藏层、采用其他误差和激活函数的 MLP。

设 $\boldsymbol{D} = \{\boldsymbol{x}_i^\text{T}, \boldsymbol{y}_i\}_{i=1}^n$ 表示训练数据集，包括 n 个输入点 $\boldsymbol{x}_i = (x_{i1}, x_{i2}, \cdots, x_{id})^\text{T} \in \mathbb{R}^d$ 和相应的真实响应向量 $\boldsymbol{y}_i \in \mathbb{R}^p$。设 $\boldsymbol{W}_\text{h} \in \mathbb{R}^{d \times m}$ 表示输入层和隐藏层之间的权重矩阵，$\boldsymbol{b}_\text{h} \in \mathbb{R}^m$ 表示式（25.21）中隐藏神经元的偏差向量。同样，设 $\boldsymbol{W}_\text{o} \in \mathbb{R}^{m \times p}$ 表示隐藏层和输出层之间的权重矩阵，$\boldsymbol{b}_\text{o} \in \mathbb{R}^p$ 表示式（25.24）中输出神经元的偏差向量。

对于训练数据中的给定输入对 $(\boldsymbol{x}, \boldsymbol{y})$，MLP 首先通过式（25.27）中的前馈步骤计算输出向量 $\boldsymbol{o}$。然后，使用平方误差函数计算预测输出相对于真实响应 $\boldsymbol{y}$ 的误差：

$$\mathcal{E}_{\boldsymbol{x}} = \frac{1}{2}\|\boldsymbol{y} - \boldsymbol{o}\|^2 = \frac{1}{2}\sum_{j=1}^{p}(y_j - o_j)^2 \tag{25.28}$$

反向传播的基本思想是检查输出神经元（如o_j）偏离相应目标响应y_j的程度，并将每个隐藏神经元z_i和o_j之间的权重w_{ij}修改为误差的某个函数，较大的误差应相应引起较大权重变化，较小的误差应相应引起较小的权重变化。同样，所有输入神经元和隐藏神经元之间的权重也应该更新为输出误差，以及已计算的隐藏层和输出层之间权重变化的函数，即误差向后传播。

权重更新是通过梯度下降法实现的，从而使误差最小化。设$\nabla_{w_{ij}}$是误差函数关于w_{ij}的梯度，或者说是w_{ij}处的权重梯度。给定先前的权重估计w_{ij}，通过在与w_{ij}处的权重梯度相反的方向上迈出一小步η来计算新的权重：

$$w_{ij} = w_{ij} - \eta \cdot \nabla_{w_{ij}} \tag{25.29}$$

以类似的方式，通过梯度下降法更新偏差项b_j：

$$b_j = b_j - \eta \cdot \nabla_{b_j} \tag{25.30}$$

其中，∇_{b_j}是误差函数关于b_j的梯度，称为b_j处的偏差梯度。

1. 更新隐藏层和输出层之间的参数

思考隐藏神经元z_i和输出神经元o_j之间的权重w_{ij}，以及z_0和o_j之间的偏差项b_j。使用微分链式法则，计算w_{ij}处的权重梯度和b_j处的偏差梯度，如下所示：

$$\begin{aligned}\nabla_{w_{ij}} &= \frac{\partial \mathcal{E}_{\boldsymbol{x}}}{\partial w_{ij}} = \frac{\partial \mathcal{E}_{\boldsymbol{x}}}{\partial \mathrm{net}_j} \cdot \frac{\partial \mathrm{net}_j}{\partial w_{ij}} = \delta_j \cdot z_i \\ \nabla_{b_j} &= \frac{\partial \mathcal{E}_{\boldsymbol{x}}}{\partial b_j} = \frac{\partial \mathcal{E}_{\boldsymbol{x}}}{\partial \mathrm{net}_j} \cdot \frac{\partial \mathrm{net}_j}{\partial b_j} = \delta_j\end{aligned} \tag{25.31}$$

其中，符号δ_j表示误差关于o_j处净信号的偏导数，也称为o_j处的净梯度：

$$\delta_j = \frac{\partial \mathcal{E}_{\boldsymbol{x}}}{\partial \mathrm{net}_j} \tag{25.32}$$

此外，net_j关于w_{ij}和b_j的偏导数分别如下：

$$\frac{\partial \mathrm{net}_j}{\partial w_{ij}} = \frac{\partial}{\partial w_{ij}}\left\{b_j + \sum_{k=1}^{m} w_{kj} \cdot z_k\right\} = z_i \qquad \frac{\partial \mathrm{net}_j}{\partial b_j} = \frac{\partial}{\partial b_j}\left\{b_j + \sum_{k=1}^{m} w_{kj} \cdot z_k\right\} = 1$$

这里使用了一个事实，即b_j和所有$w_{kj}\,(k \neq i)$是关于w_{ij}的常数。

接下来计算δ_j——o_j处的净梯度。这也可以通过链式法则来计算：

$$\delta_j = \frac{\partial \mathcal{E}_{\boldsymbol{x}}}{\partial \mathrm{net}_j} = \frac{\partial \mathcal{E}_{\boldsymbol{x}}}{\partial f(\mathrm{net}_j)} \cdot \frac{\partial f(\mathrm{net}_j)}{\partial \mathrm{net}_j} \tag{25.33}$$

注意，$f(\mathrm{net}_j) = o_j$。因此，δ_j包含两项，即误差项关于应用于净信号的输出或激活函数的偏导数，以及激活函数关于其参数的导数。利用平方误差函数和式（25.14），对于前一项，得到：

$$\frac{\partial \mathcal{E}_{\boldsymbol{x}}}{\partial f(\mathrm{net}_j)} = \frac{\partial \mathcal{E}_{\boldsymbol{x}}}{\partial o_j} = \frac{\partial}{\partial o_j}\left\{\frac{1}{2}\sum_{k=1}^{p}(y_k - o_k)^2\right\} = (o_j - y_j)$$

这里观察到所有$o_k\,(k \neq j)$都是关于o_j的常数。假设使用 sigmoid 激活函数，对于后一项，通过式（25.10）得到：

$$\frac{\partial f(\text{net}_j)}{\partial \text{net}_j} = o_j \cdot (1 - o_j)$$

综上可得：

$$\delta_j = (o_j - y_j) \cdot o_j \cdot (1 - o_j)$$

设 $\boldsymbol{\delta}_{\text{o}} = (\delta_1, \delta_2, \cdots, \delta_p)^{\text{T}}$ 表示每个输出神经元的净梯度的向量，称为输出层的净梯度向量。将 $\boldsymbol{\delta}_{\text{o}}$ 写为

$$\boldsymbol{\delta}_{\text{o}} = \boldsymbol{o} \odot (\mathbf{1} - \boldsymbol{o}) \odot (\boldsymbol{o} - \boldsymbol{y}) \tag{25.34}$$

其中，$\odot$ 表示向量之间的元素乘积（也称为哈达玛积），其中 $\boldsymbol{o} = (o_1, o_2, \cdots, o_p)^{\text{T}}$ 表示预测输出向量，$\boldsymbol{y} = (y_1, y_2, \cdots, y_p)^{\text{T}}$ 表示（真实）响应向量，$\mathbf{1} = (1, \cdots, 1)^{\text{T}} \in \mathbb{R}^p$ 表示所有元素均为 1 的 p 维向量。

设 $\boldsymbol{z} = (z_1, z_2, \cdots, z_m)^{\text{T}}$ 表示包含所有隐藏层神经元值的向量（应用激活函数后）。根据式（25.31），通过 $\boldsymbol{z}$ 和 $\boldsymbol{\delta}_{\text{o}}$ 的外积计算所有隐藏神经元到输出神经元连接的梯度 $\nabla_{\omega_{ij}}$：

$$\boldsymbol{\nabla W}_{\text{o}} = \begin{pmatrix} \nabla_{w_{11}} & \nabla_{w_{12}} & \cdots & \nabla_{w_{1p}} \\ \nabla_{w_{21}} & \nabla_{w_{22}} & \cdots & \nabla_{w_{2p}} \\ \vdots & \vdots & & \vdots \\ \nabla_{w_{m1}} & \nabla_{w_{m2}} & \cdots & \nabla_{w_{mp}} \end{pmatrix} = \boldsymbol{z} \cdot \boldsymbol{\delta}_{\text{o}}^{\text{T}} \tag{25.35}$$

其中，$\nabla_{\boldsymbol{W}_{\text{o}}} \in \mathbb{R}^{m \times P}$ 是权重梯度矩阵。偏差梯度向量如下：

$$\boldsymbol{\nabla b}_{\text{o}} = (\nabla_{b_1}, \nabla_{b_2}, \cdots, \nabla_{b_p})^{\text{T}} = \boldsymbol{\delta}_{\text{o}} \tag{25.36}$$

其中，$\nabla_{\boldsymbol{b}_{\text{o}}} \in \mathbb{R}^P$。

算出梯度矩阵之后，就可以更新所有的权重和偏差了，如下所示：

$$\begin{aligned} \boldsymbol{W}_{\text{o}} &= \boldsymbol{W}_{\text{o}} - \eta \cdot \boldsymbol{\nabla}_{\boldsymbol{W}_{\text{o}}} \\ \boldsymbol{b}_{\text{o}} &= \boldsymbol{b}_{\text{o}} - \eta \cdot \boldsymbol{\nabla}_{\boldsymbol{b}_{\text{o}}} \end{aligned} \tag{25.37}$$

其中，η 是梯度下降的步长（也称为学习率）。

2. 更新输入层和隐藏层之间的参数

思考输入神经元 x_i 和隐藏神经元 z_j 之间的权重 w_{ij}，以及 x_0 和 z_j 之间的偏差项。w_{ij} 处的权重梯度和 b_j 处的偏差梯度的计算类似于式（25.31）：

$$\begin{aligned} \nabla_{w_{ij}} &= \frac{\partial \mathcal{E}_{\boldsymbol{x}}}{\partial w_{ij}} = \frac{\partial \mathcal{E}_{\boldsymbol{x}}}{\partial \text{net}_j} \cdot \frac{\partial \text{net}_j}{\partial w_{ij}} = \delta_j \cdot x_i \\ \nabla_{b_j} &= \frac{\partial \mathcal{E}_{\boldsymbol{x}}}{\partial b_j} = \frac{\partial \mathcal{E}_{\boldsymbol{x}}}{\partial \text{net}_j} \cdot \frac{\partial \text{net}_j}{\partial b_j} = \delta_j \end{aligned} \tag{25.38}$$

遵从以下公式：

$$\frac{\partial \text{net}_j}{\partial w_{ij}} = \frac{\partial}{\partial w_{ij}} \left\{ b_j + \sum_{k=1}^{m} w_{kj} \cdot x_k \right\} = x_i \qquad \frac{\partial \text{net}_j}{\partial b_j} = \frac{\partial}{\partial b_j} \left\{ b_j + \sum_{k=1}^{m} w_{kj} \cdot x_k \right\} = 1$$

为了计算隐藏神经元 z_j 处的净梯度 δ_j，考虑从所有输出神经元流回 z_j 的误差梯度。应

用链式法则，得到：

$$\delta_j = \frac{\partial \mathcal{E}_{\boldsymbol{x}}}{\partial \text{net}_j} = \sum_{k=1}^{p} \frac{\partial \mathcal{E}_{\boldsymbol{x}}}{\partial \text{net}_k} \cdot \frac{\partial \text{net}_k}{\partial z_j} \cdot \frac{\partial z_j}{\partial \text{net}_j} = \frac{\partial z_j}{\partial \text{net}_j} \cdot \sum_{k=1}^{p} \frac{\partial \mathcal{E}_{\boldsymbol{x}}}{\partial \text{net}_k} \cdot \frac{\partial \text{net}_k}{\partial z_j}$$

$$= z_j \cdot (1 - z_j) \cdot \sum_{k=1}^{p} \delta_k \cdot w_{jk}$$

其中，$\frac{\partial z_j}{\partial \text{net}_j} = z_j \cdot (1 - z_j)$，因为假设隐藏神经元的激活函数为 sigmoid。链式法则可以自然地解释反向传播，即为了找到 z_j 处的净梯度，要考虑每个输出神经元 δ_k 处的净梯度，但这些净梯度应由 z_j 和 o_k 之间的连接 w_{jk} 的强度加权，如图 25-7 所示。也就是说，我们要计算梯度的加权和 $\sum_{k=1}^{p} \delta_k w_{jk}$，它可用于计算隐藏神经元 z_j 处的净梯度 δ_j。

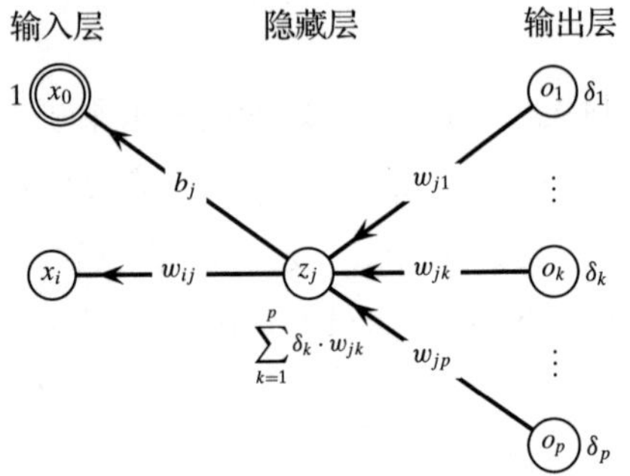

图 25-7　从输出层到隐藏层反向传播梯度

设 $\boldsymbol{\delta}_{\text{o}} = (\delta_1, \delta_2, \cdots, \delta_p)^{\text{T}}$ 表示输出神经元处的净梯度向量，$\boldsymbol{\delta}_{\text{h}} = (\delta_1, \delta_2, \cdots, \delta_m)^{\text{T}}$ 表示隐藏层神经元处的净梯度。我们将 $\boldsymbol{\delta}_{\text{h}}$ 简洁地表示为

$$\boldsymbol{\delta}_{\text{h}} = \boldsymbol{z} \odot (\boldsymbol{1} - \boldsymbol{z}) \odot (\boldsymbol{W}_{\text{o}} \cdot \boldsymbol{\delta}_{\text{o}}) \tag{25.39}$$

其中，$\odot$ 为元素乘积，$\boldsymbol{1} = (1, 1, \cdots, 1) \in \mathbb{R}^m$ 表示所有元素均为 1 的向量，$\boldsymbol{z} = (z_1, z_2, \cdots, z_m)^{\text{T}}$ 表示隐藏层输出向量。此外，$\boldsymbol{W}_{\text{o}} \cdot \boldsymbol{\delta}_{\text{o}} \in \mathbb{R}^m$ 是每个隐藏神经元的加权梯度的向量，因为：

$$\boldsymbol{W}_{\text{o}} \cdot \boldsymbol{\delta}_{\text{o}} = \left(\sum_{k=1}^{p} \delta_k \cdot w_{1k}, \quad \sum_{k=1}^{p} \delta_k \cdot w_{2k}, \quad \cdots, \quad \sum_{k=1}^{p} \delta_k \cdot w_{mk} \right)^{\text{T}}$$

设 $\boldsymbol{x} = (x_1, x_2, \cdots, x_d)^{\text{T}}$ 表示输入向量，根据式（25.38），通过外积计算所有输入层到隐藏层连接的梯度 $\nabla_{w_{ij}}$：

$$\nabla \boldsymbol{W}_{\text{h}} = \begin{pmatrix} \nabla_{w_{11}} & \cdots & \nabla_{w_{1m}} \\ \nabla_{w_{21}} & \cdots & \nabla_{w_{2m}} \\ \vdots & & \vdots \\ \nabla_{w_{d1}} & \cdots & \nabla_{w_{dm}} \end{pmatrix} = \boldsymbol{x} \cdot \boldsymbol{\delta}_{\text{h}}^{\text{T}} \tag{25.40}$$

其中，$\nabla \boldsymbol{W}_{\text{h}} \in \mathbb{R}^{d \times m}$ 是权重梯度矩阵。偏差梯度向量如下：

$$\nabla \boldsymbol{b}_{\text{h}} = \left(\nabla_{b_1}, \nabla_{b_2}, \cdots, \nabla_{b_m} \right)^{\text{T}} = \boldsymbol{\delta}_{\text{h}} \tag{25.41}$$

其中，$\nabla \boldsymbol{b}_{\text{h}} \in \mathbb{R}^m$。

计算出梯度矩阵之后，就可以更新所有的权重和偏差了，如下所示：

$$\begin{aligned} \boldsymbol{W}_{\text{h}} &= \boldsymbol{W}_{\text{h}} - \eta \cdot \nabla \boldsymbol{W}_{\text{h}} \\ \boldsymbol{b}_{\text{h}} &= \boldsymbol{b}_{\text{h}} - \eta \cdot \nabla \boldsymbol{b}_{\text{h}} \end{aligned} \tag{25.42}$$

其中，η 是步长（或学习率）。

25.3.3 MLP 训练

算法 25.1 给出了通过随机梯度下降法利用所有输入点学习权重的伪代码。该代码针对的是具有单个隐藏层的 MLP，使用的是平方误差函数，所有隐藏神经元和输出神经元都采用 sigmoid 激活函数。这种方法被称为随机梯度下降（SGD），因为我们在（以随机顺序）观察每个训练点后计算权重梯度和偏差梯度。

算法 25.1 MLP 训练：SGD

MLP-TRAINING $(\boldsymbol{D}, m, \eta, \texttt{maxiter})$:

```
   // Initialize bias vectors
1  b_h ← random m-dimensional vector with small values
2  b_o ← random p-dimensional vector with small values
   // Initialize weight matrices
3  W_h ← random d × m matrix with small values
4  W_o ← random m × p matrix with small values
5  t ← 0 // iteration counter
6  repeat
7     foreach (x_i, x_i) ∈ D in random order do
          // Feed-forward phase
8         z_i ← f(b_h + W_h^T x_i)
9         o_i ← f(b_o + W_o^T z_i)
          // Backpropagation phase: net gradients
10        δ_o ← o_i ⊙ (1 − o_i) ⊙ (o_i − y_i)
11        δ_h ← z_i ⊙ (1 − z_i) ⊙ (W_o · δ_o)
          // Gradient descent for bias vectors
12        ∇b_o ← δ_o;  b_o ← b_o − η · ∇b_o
13        ∇b_h ← δ_h;  b_h ← b_h − η · ∇b_h
          // Gradient descent for weight matrices
14        ∇W_o ← z_i · δ_h^T;  W_o ← W_o − η · ∇W_o
15        ∇W_h ← x_i · δ_o^T;  W_h ← W_h − η · ∇W_h
16     t ← t + 1
17 until t ⩾ maxiter
```

MLP 算法的输入为数据集 $\boldsymbol{D}=\{\boldsymbol{x}_i^{\mathrm{T}},\boldsymbol{y}_i\}_{i=1}^n$、隐藏层神经元数 m、学习率 η 和指定最大迭代次数的整数阈值 maxiter。输入层大小（d）和输出层大小（p）由 $\boldsymbol{D}$ 自动确定。MLP 首先初始化大小为 $d\times m$ 的输入层到隐藏层的权重矩阵 $\boldsymbol{W}_{\mathrm{h}}$，以及大小为 $m\times p$ 的隐藏层到输出层的矩阵 $\boldsymbol{W}_{\mathrm{o}}$，例如，在 $[-0.01,0.01]$ 区间内随机均匀地取值。需要注意的是，权重不应设为 0，否则，所有隐藏神经元的值都是相同的，输出神经元的值也是相同的。

MLP 训练需要用输入点进行多次迭代。对于每个输入 $\boldsymbol{x}_i$，MLP 通过前馈步骤计算输出向量 $\boldsymbol{o}_i$。在反向传播阶段，先计算输出神经元处相对于净输入的误差梯度向量 $\boldsymbol{\delta}_{\mathrm{o}}$，然后计算隐藏神经元处相对于净输入的误差梯度向量 $\boldsymbol{\delta}_{\mathrm{h}}$。在随机梯度下降步骤，计算关于权重和偏差的误差梯度，用于更新权重矩阵和偏差向量。因此，对于每个输入向量 $\boldsymbol{x}_i$，所有的权重和偏差都基于预测输出 $\boldsymbol{o}_i$ 和真实响应 $\boldsymbol{y}_i$ 之间的误差进行更新。在处理完每个输入后，就完成了一次迭代训练，称为一代训练（epoch）。当达到最大迭代次数 maxiter 时，训练停止。此外，在测试期间，对于任何输入 $\boldsymbol{x}$，应用前馈步骤并给出预测输出 $\boldsymbol{o}$。

在计算复杂度方面，MLP 训练算法的每次迭代需要 $O(dm+mp)$ 的时间用于前馈阶段，$p+mp+m=O(mp)$ 的时间用于误差梯度的反向传播，以及 $O(dm+mp)$ 的时间用于更新权重矩阵和偏差向量。因此，每次迭代的总训练时间是 $O(dm+mp)$。

例 25.3（具有单个隐藏层的 MLP） 现在用非线性激活函数来学习正弦曲线，以此演示具有单个隐藏层的 MLP。图 25-8a 展示了训练数据（曲线上的灰色点），包括 n=25 个点，通过在 [−10,10] 范围内随机抽样获得，$y_i=\sin(x_i)$。测试数据包括从相同范围内均匀抽取的 1000 个点。图中还给出了期望的输出曲线（细线）。我们使用有 1 个输入神经元（$d=1$）、10 个隐藏神经元（$m=10$）和 1 个输出神经元（$p=1$）的 MLP。隐藏神经元使用 tanh 函数激活，而输出神经元使用恒等函数激活，步长 $\eta=0.005$。

输入层到隐藏层的权重矩阵 $\boldsymbol{W}_{\rm h}\in\mathbb{R}^{1\times10}$ 和相应的偏差向量 $\boldsymbol{b}_{\rm h}\in\mathbb{R}^{10\times1}$ 如下：

$$\boldsymbol{W}_{\rm h}=(-0.68,0.77,-0.42,-0.72,-0.93,-0.42,-0.66,-0.70,-0.62,-0.50)$$

$$\boldsymbol{b}_{\rm h}=(-4.36,2.43,-0.52,2.35,-1.64,3.98,0.31,4.45,1.03,-4.77)^{\rm T}$$

隐藏层到输出层的权重矩阵 $\boldsymbol{W}_{\rm o}\in\mathbb{R}^{10\times1}$ 和偏差 $\boldsymbol{b}_{\rm o}\in\mathbb{R}$ 如下：

$$\boldsymbol{W}_{\rm o}=(-1.82,-1.69,-0.82,1.37,0.14,2.37,-1.64,-1.92,0.78,2.17)^{\rm T}$$

$$\boldsymbol{b}_{\rm o}=-0.16$$

图 25-8a 展示了第一次训练迭代（$t=1$）后测试集上 MLP 的输出。可以看到，最初预测的响应明显偏离了真实的正弦响应。图 25-8a ～ f 展示了在不同的训练迭代次数后，MLP 的输出。通过 t=15 000 次迭代，测试集上的输出接近正弦曲线，但需要另外 15 000 次迭代才能获得更接近的拟合曲线。1000 个测试点的最终 SSE 为 1.45。

可以观察到，即使使用非常小的训练数据——从正弦曲线中随机抽取的 25 个点，MLP 也能学习到期望的函数。然而，同时也要认识到，MLP 模型并没有真正学习到正弦函数，它只学习了仅在指定范围 [−10,10] 内近似它的函数。从图 25-8g 可以看出，当我们试图预测该范围以外的值时，MLP 不会产生很好的拟合效果。

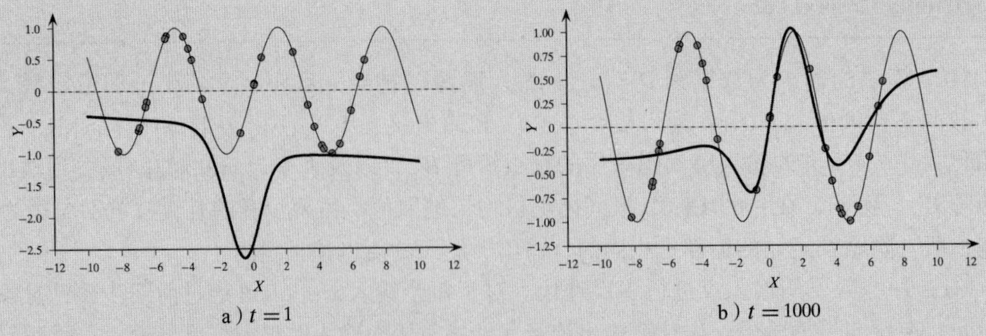

图 25-8　正弦曲线 MLP：10 个具有双曲正切激活函数的隐藏神经元。灰色点代表训练数据，粗线代表预测的响应，细线代表真实的响应。前 6 个子图给出了不同迭代次数后的预测结果。最后一个子图给出了在训练数据外进行测试的效果，它在框中所示的训练范围 [−10,10] 内具有良好的拟合效果

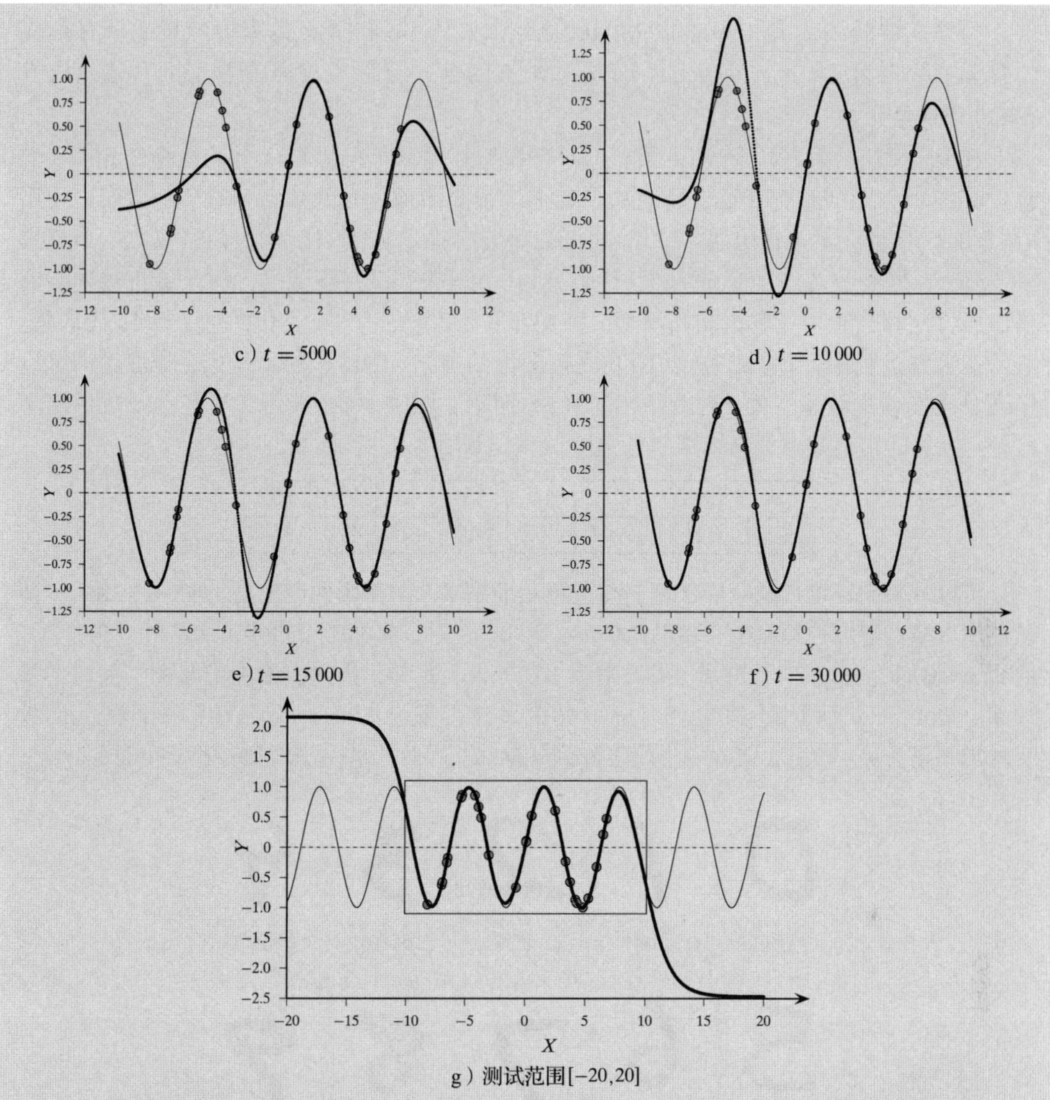

图 25-8 正弦曲线 MLP：10 个具有双曲正切激活函数的隐藏神经元。灰色点代表训练数据，粗线代表预测的响应，细线代表真实的响应。前 6 个子图给出了不同迭代次数后的预测结果。最后一个子图给出了在训练数据外进行测试的效果，它在框中所示的训练范围 [−10,10] 内具有良好的拟合效果（续）

例 25.4（用于手写数字识别的 MLP） 在本例中，我们应用具有单个隐藏层的 MLP 来预测 MNIST 数据库中手写数字的正确标签，该数据库包含 60 000 幅数字标签从 0 到 9 的训练图像。每幅（灰度）图像都是一个 28×28 像素矩阵，其值介于 0 和 255 之间。将每个像素除以 255，转换为区间 [0,1] 内的值。图 25-9 展示了 MNIST 数据库中每个数字的示例。

由于图像是二维矩阵，因此我们首先将其展平为向量 $\boldsymbol{x}\in\mathbb{R}^{784}$，维数 $d=784=28\times 28$。这是通过简单地连接图像的所有行来实现的。由于输出标签是表示从 0 到 9 的数字的分类值，因此使用独热编码将它们转换为二元（数值型）向量。因此，标签 0 被编码为 $\boldsymbol{e}_1=(1,0,0,0,0,0,0,0,0,0)^{\mathrm{T}}\in\mathbb{R}^{10}$，标签 1 被编码为 $\boldsymbol{e}_2=(0,1,0,0,0,0,0,0,0,0)^{\mathrm{T}}\in\mathbb{R}^{10}$，依次类

推，标签 9 被编码为 $e_{10} = (0,0,0,0,0,0,0,0,0,1)^{\mathrm{T}} \in \mathbb{R}^{10}$。每个输入图像的向量 $\boldsymbol{x}$ 都有对应的目标响应向量 $\boldsymbol{y} \in \{\boldsymbol{e}_1, \boldsymbol{e}_2, \cdots, \boldsymbol{e}_{10}\}$。因此，MLP 的输入层有 $d = 784$ 个神经元，输出层有 $p = 10$ 个神经元。

对于隐藏层，思考几个 MLP 模型，每个模型都有不同数量（m）的隐藏神经元，我们将尝试 $m = 0,7,49,98,196,392$，研究从少到多增加隐藏神经元的效果。对于隐藏层，使用 ReLU 激活函数；对于输出层，使用 softmax 激活函数，因为目标响应向量只有一个元素（对应某个神经元）为 1，其余为 0。注意，$m = 0$ 意味着没有隐藏层，输入层直接连接到输出层，这相当于多元逻辑回归模型。使用步长 $\eta = 0.25$ 对每个 MLP 进行 $t = 15$ 代训练。

在训练过程中，我们在包含 10 000 幅图像的独立 MNIST 测试集上绘制每代训练后错误分类图像的数量。图 25-10 给出了在每代训练之后，每个模型（具有不同数量的隐藏神经元）的错误数。训练结束时的最终测试错误数如下所示：

m	0	7	10	49	98	196	392
错误数	1677	901	792	546	495	470	454

可以观察到，增加隐藏层显著提高了预测准确率。与逻辑回归模型（$m = 0$）相比，即使使用少量的隐藏神经元也有帮助。例如：当 $m = 7$ 时，有 901 个错误（错误率为 9.01%）；而当 $m = 0$ 时，有 1677 个错误（错误率为 16.77%）。此外，当我们增加隐藏神经元时，错误率会降低，尽管回报会减少。当 $m = 196$ 时，错误率为 4.70%，即使将隐藏神经元的数目增加一倍（$m = 392$），错误率也仅下降到 4.54%。因此，进一步增加 m 不会降低错误率。

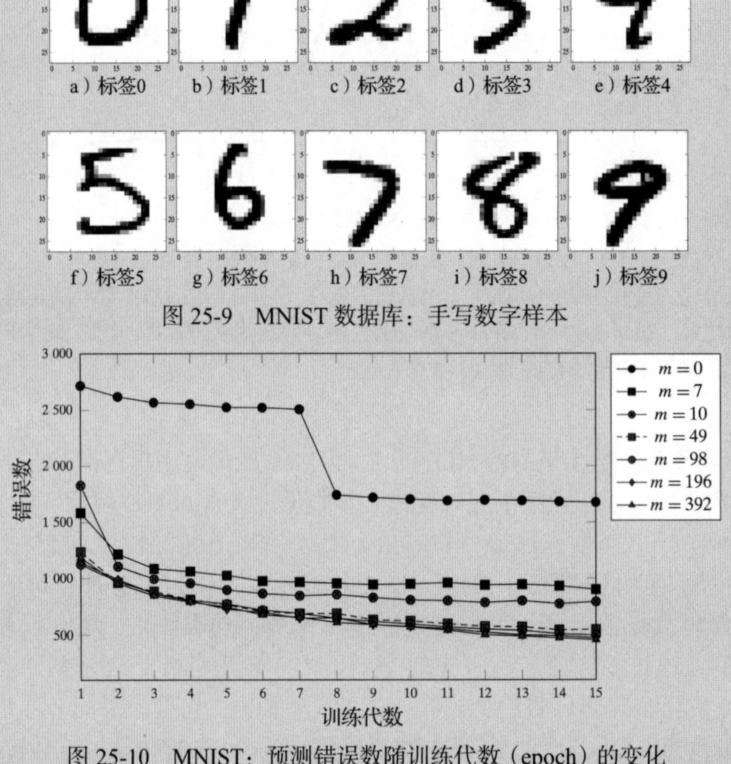

a）标签0　b）标签1　c）标签2　d）标签3　e）标签4

f）标签5　g）标签6　h）标签7　i）标签8　j）标签9

图 25-9　MNIST 数据库：手写数字样本

图 25-10　MNIST：预测错误数随训练代数（epoch）的变化

25.4　深度多层感知器

现在将前馈和反向传播步骤推广到许多隐藏层，以及任意误差函数和神经元激活函数。

考虑具有 h 个隐藏层的 MLP，如图 25-11 所示。假设 MLP 的输入包括 n 个点 $\boldsymbol{x}_i \in \mathbb{R}^d$ 和相应的真实响应向量 $\boldsymbol{y}_i \in \mathbb{R}^p$。输入神经元层表示为 $l=0$，第一个隐藏层为 $l=1$，最后的隐藏层为 $l=h$，输出层为 $l=h+1$。n_l 表示层 l 中的神经元数量。由于输入点是 d 维的，因此 $n_0=d$；由于真实响应向量是 p 维的，因此 $n_{h+1}=p$。第一个隐藏层有 n_1 个神经元，第二个隐藏层有 n_2 个，最后一个隐藏层有 n_h 个。层 l（$l=0,\cdots,h+1$）的神经元值向量表示为

$$\boldsymbol{z}^l = (z_1^l, \cdots, z_{n_l}^l)^{\mathrm{T}}$$

除输出层外的每一层都有一个额外的偏差神经元，即索引为 0 的神经元。因此，层 l 的偏差神经元表示为 z_0^l，其值固定为 $z_0^l=1$。

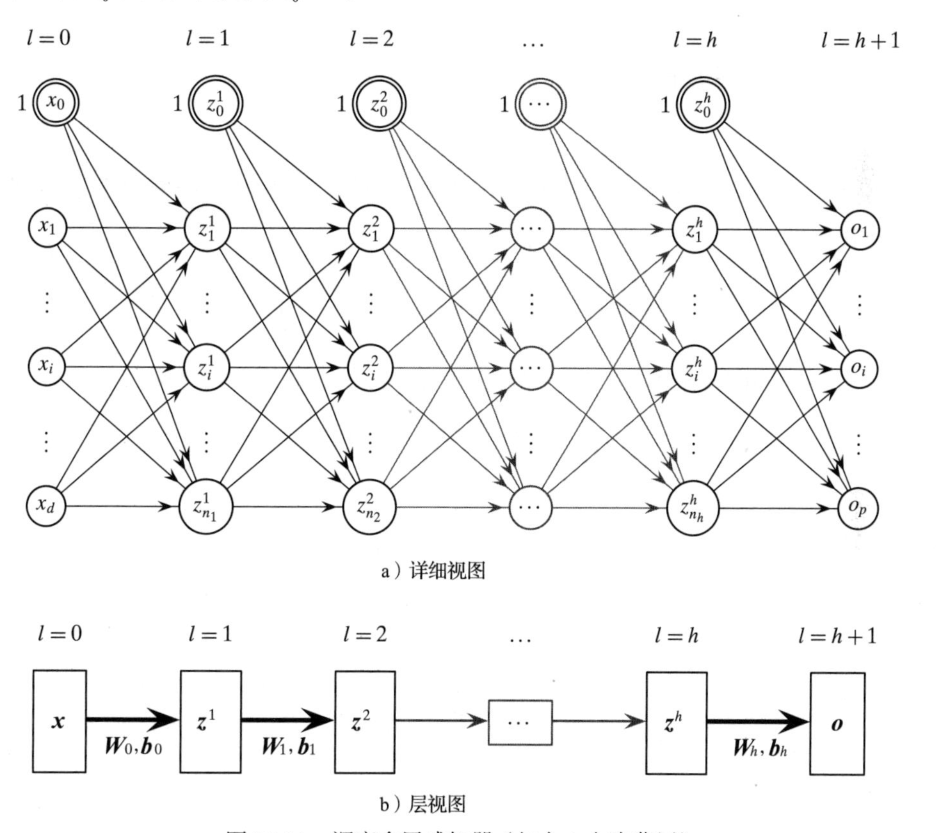

a）详细视图

b）层视图

图 25-11　深度多层感知器（包含 h 个隐藏层）

图 25-11a 展示了具有 h 个隐藏层的 MLP 的详细视图，显示了每层中的单个神经元，包括偏差神经元。注意，输入神经元值的向量写为

$$\boldsymbol{x} = (x_1, x_2, \cdots, x_d)^{\mathrm{T}} = (z_1^0, z_2^0, \cdots, z_d^0)^{\mathrm{T}} = \boldsymbol{z}^0$$

输出神经元值的向量表示为

$$\boldsymbol{o} = (o_1, o_2, \cdots, o_p)^{\mathrm{T}} = (z_1^{h+1}, z_2^{h+1}, \cdots, z_p^{h+1})^{\mathrm{T}} = \boldsymbol{z}^{h+1}$$

层 l 和层 $l+1$ 神经元之间的权重矩阵表示为 $\boldsymbol{W}_l \in \mathbb{R}^{n_l \times n_{l+1}}$，从偏差神经元 z_0^l 到层 $l+1$ 的神

经元的偏差项向量表示为 $\boldsymbol{b}_l \in \mathbb{R}^{n_{l+1}} (l=0,1,\cdots,h)$。因此，$\boldsymbol{W}_0 \in \mathbb{R}^{d\times n_1}$ 是输入层和第一个隐藏层之间的权重矩阵，$\boldsymbol{W}_1 \in \mathbb{R}^{n_1\times n_2}$ 是第一个隐藏层和第二个隐藏层之间的权重矩阵，依次类推，$\boldsymbol{W}_h \in \mathbb{R}^{n_h\times p}$ 是最后一个隐藏层和输出层之间的权重矩阵。对于偏差向量，$\boldsymbol{b}_0 \in \mathbb{R}^{n_1}$ 指定第一个隐藏层神经元的偏差，$\boldsymbol{b}_1 \in \mathbb{R}^{n_2}$ 指定第二个隐藏层神经元的偏差，依次类推，$\boldsymbol{b}_h \in \mathbb{R}^{p}$ 指定输出神经元的偏差。图 25-11b 展示了具有 h 个隐藏层的 MLP 的层视图。这是一种更紧凑的表示，它清楚地指定了 MLP 的拓扑结构。层 l 被表示为一个矩形节点，并使用神经元值的向量 $\boldsymbol{z}^l$ 来标记。偏差神经元没有显示，但一般默认除输出层以外每一层都有偏差神经元。层 l 和层 $l+1$ 之间的边用表示这些层之间参数的权重矩阵 $\boldsymbol{W}_l$ 和偏差向量 $\boldsymbol{b}_l$ 进行标记。

为了训练深度 MLP，参考下面描述的几个偏导数向量。定义 δ_i^l 为净梯度，即误差函数关于 z_i^l 处净输入的偏导数：

$$\delta_i^l = \frac{\partial \mathcal{E}_{\boldsymbol{x}}}{\partial \mathrm{net}_i} \tag{25.43}$$

设 $\boldsymbol{\delta}^l$ 表示层 l 的净梯度向量（$l=1,2,\cdots,h+1$）：

$$\boldsymbol{\delta}^l = (\delta_1^l, \cdots, \delta_{n_l}^l)^{\mathrm{T}} \tag{25.44}$$

设 f^l 表示层 l（$l=0,1,\cdots,h+1$）的激活函数，设 $\partial \boldsymbol{f}^l$ 表示层 l 中所有神经元 z_j^l 的激活函数关于 net_i 的导数向量：

$$\partial \boldsymbol{f}^l = \left(\frac{\partial f^l(\mathrm{net}_1)}{\partial \mathrm{net}_1}, \cdots, \frac{\partial f^l(\mathrm{net}_{n_l})}{\partial \mathrm{net}_{n_l}}\right)^{\mathrm{T}} \tag{25.45}$$

最后，设 $\partial \boldsymbol{\mathcal{E}}_{\boldsymbol{x}}$ 表示误差函数关于所有输出神经元的值 o_i 的偏导数向量：

$$\partial \boldsymbol{\mathcal{E}}_{\boldsymbol{x}} = \left(\frac{\partial \mathcal{E}_{\boldsymbol{x}}}{\partial o_1}, \frac{\partial \mathcal{E}_{\boldsymbol{x}}}{\partial o_2}, \cdots, \frac{\partial \mathcal{E}_{\boldsymbol{x}}}{\partial o_p}\right)^{\mathrm{T}} \tag{25.46}$$

25.4.1　前馈阶段

在深度 MLP 中，给定层 l，它的所有神经元的激活函数通常均为 f^l。输入层总是使用恒等激活函数，因此 f^0 是恒等函数。此外，所有偏差神经元也都使用固定值为 1 的恒等函数。对于分类任务，输出层通常使用 sigmoid 激活函数或 softmax 激活函数；对于回归任务，输出层通常使用恒等激活函数。隐藏层通常使用 sigmoid 函数、tanh 函数或 ReLU 函数作为激活函数。这里假设给定层的所有神经元的激活函数均为 f^l。但是，很容易推广到各神经元有不同激活函数的情况对于层 l 的神经元 z_j^l，激活函数为 f_i^l。

对于给定的输入对 $(\boldsymbol{x},\boldsymbol{y}) \in \boldsymbol{D}$，深度 MLP 通过前馈过程计算输出向量：

$$\begin{aligned}
\boldsymbol{o} &= f^{h+1}(\boldsymbol{b}_h + \boldsymbol{W}_h^{\mathrm{T}} \cdot \boldsymbol{z}^h) \\
&= f^{h+1}(\boldsymbol{b}_h + \boldsymbol{W}_h^{\mathrm{T}} \cdot f^h(\boldsymbol{b}_{h-1} + \boldsymbol{W}_{h-1}^{\mathrm{T}} \cdot \boldsymbol{z}^{h-1})) \\
&\ \ \vdots \\
&= f^{h+1}\left(\boldsymbol{b}_h + \boldsymbol{W}_h^{\mathrm{T}} \cdot f^h\left(\boldsymbol{b}_{h-1} + \boldsymbol{W}_{h-1}^{\mathrm{T}} \cdot f^{h-1}\left(\cdots f^2\left(\boldsymbol{b}_1 + \boldsymbol{W}_1^{\mathrm{T}} \cdot f^1\left(\boldsymbol{b}_0 + \boldsymbol{W}_0^{\mathrm{T}} \cdot \boldsymbol{x}\right)\right)\right)\right)\right)
\end{aligned}$$

注意，每一个 f^l 都可以根据其参数分解，即

$$f^l(\boldsymbol{b}_{l-1}+\boldsymbol{W}_{l-1}^{\mathrm{T}}\cdot\boldsymbol{x})=(f^l(\mathrm{net}_1),f^l(\mathrm{net}_2),\cdots,f^l(\mathrm{net}_{n_1}))^{\mathrm{T}}$$

25.4.2 反向传播阶段

考虑给定层和另一层之间的权重更新，包括输入层和隐藏层之间、两个隐藏层之间、最后一个隐藏层和输出层之间。设 z_i^l 是层 l 的神经元，z_j^{l+1} 是层 $l+1$ 的神经元。设 w_{ij}^l 是 z_i^l 和 z_j^{l+1} 之间的权重，b_j^l 表示 z_0^l 和 z_j^{l+1} 之间的偏差项。使用梯度下降法更新权重和偏差：

$$w_{ij}^l=w_{ij}^l-\eta\cdot\nabla_{w_{ij}^l}\qquad\qquad b_j^l=b_j^l-\eta\cdot\nabla_{b_j^l}$$

其中，$\nabla_{w_{ij}^l}$ 是权重梯度，$\nabla_{b_j^l}$ 是偏差梯度，分别为误差函数关于权重和偏差的偏导数：

$$\nabla_{w_{ij}^l}=\frac{\partial\mathcal{E}_{\boldsymbol{x}}}{\partial w_{ij}^l}\qquad\qquad\nabla_{b_j^l}=\frac{\partial\mathcal{E}_{\boldsymbol{x}}}{\partial b_j^l}$$

根据式（25.31），我们可以使用链式法则写出权重梯度和偏差梯度，如下：

$$\nabla_{w_{ij}^l}=\frac{\partial\mathcal{E}_{\boldsymbol{x}}}{\partial w_{ij}^l}=\frac{\partial\mathcal{E}_{\boldsymbol{x}}}{\partial\,\mathrm{net}_j}\cdot\frac{\partial\,\mathrm{net}_j}{\partial w_{ij}^l}=\delta_j^{l+1}\cdot z_i^l=z_i^l\cdot\delta_j^{l+1}$$

$$\nabla_{b_j^l}=\frac{\partial\mathcal{E}_{\boldsymbol{x}}}{\partial b_j^l}=\frac{\partial\mathcal{E}_{\boldsymbol{x}}}{\partial\,\mathrm{net}_j}\cdot\frac{\partial\,\mathrm{net}_j}{\partial b_j^l}=\delta_j^{l+1}$$

其中，δ_j^{l+1} 是净梯度［见式（25.43）］，即误差函数关于 z_j^{l+1} 处净输入的偏导数，得到：

$$\frac{\partial\,\mathrm{net}_j}{\partial w_{ij}^l}=\frac{\partial}{\partial w_{ij}^l}\left\{b_j^l+\sum_{k=0}^{n_l}w_{kj}^l\cdot z_k^l\right\}=z_i^l\qquad\qquad\frac{\partial\,\mathrm{net}_j}{\partial b_j^l}=\frac{\partial}{\partial b_j^l}\left\{b_j^l+\sum_{k=0}^{n_l}w_{kj}^l\cdot z_k^l\right\}=1$$

给定层 l 神经元值的向量，即 $\boldsymbol{z}^l=(z_1^l,\cdots,z_{n_l}^l)^{\mathrm{T}}$，通过外积运算来计算整个权重梯度矩阵：

$$\boldsymbol{\nabla}_{\boldsymbol{W}_l}=\boldsymbol{z}^l\cdot(\boldsymbol{\delta}^{l+1})^{\mathrm{T}}\tag{25.47}$$

偏差梯度向量为

$$\boldsymbol{\nabla}_{\boldsymbol{b}_l}=\boldsymbol{\delta}^{l+1}\tag{25.48}$$

其中，$l=0,1,\cdots,h$，$\boldsymbol{\delta}^{l+1}$ 是层 $l+1$ 处的净梯度向量［见式（25.44）］。

这使我们能够更新所有的权重和偏差，如下所示：

$$\begin{aligned}\boldsymbol{W}_l&=\boldsymbol{W}_l-\eta\cdot\boldsymbol{\nabla}_{\boldsymbol{W}_l}\\\boldsymbol{b}_l&=\boldsymbol{b}_l-\eta\cdot\boldsymbol{\nabla}_{\boldsymbol{b}_l}\end{aligned}\tag{25.49}$$

其中，η 是步长。然而，我们观察到，要计算层 l 的权重梯度和偏差梯度，需要计算层 $l+1$ 的净梯度 $\boldsymbol{\delta}^{l+1}$。

25.4.3 输出层的净梯度

思考如何计算输出层（层 $h+1$）的净梯度。如果所有的输出神经元都是自变量（例如，使用线性函数或 sigmoid 函数作为激活函数时），则通过求输出神经元处误差函数关于净信号的偏导数来获得净梯度，即

$$\delta_j^{h+1} = \frac{\partial \mathcal{E}_x}{\partial \text{net}_j} = \frac{\partial \mathcal{E}_x}{\partial f^{h+1}(\text{net}_j)} \cdot \frac{\partial f^{h+1}(\text{net}_j)}{\partial \text{net}_j} = \frac{\partial \mathcal{E}_x}{\partial o_j} \cdot \frac{\partial f^{h+1}(\text{net}_j)}{\partial \text{net}_j}$$

因此，梯度取决于两项：误差函数关于输出神经元值的偏导数和激活函数关于其参数的导数。所有输出神经元的净梯度向量表示为

$$\boldsymbol{\delta}^{h+1} = \partial \boldsymbol{f}^{h+1} \odot \partial \boldsymbol{\mathcal{E}}_{\boldsymbol{x}} \tag{25.50}$$

其中，$\odot$是元素乘积或哈达玛积，$\partial \boldsymbol{f}^{h+1}$是输出层$(l = h+1)$处激活函数关于其参数的导数向量［见式（25.45）］，$\partial \boldsymbol{\mathcal{E}}_x$是误差关于输出神经元值的导数向量［见式（25.46）］。

此外，如果输出神经元不是自变量（例如，使用 softmax 激活函数时），则必须修改每个输出神经元的净梯度的计算方式，如下所示：

$$\delta_j^{h+1} = \frac{\partial \mathcal{E}_x}{\partial \text{net}_j} = \sum_{i=1}^{p} \frac{\partial \mathcal{E}_x}{\partial f^{h+1}(\text{net}_i)} \cdot \frac{\partial f^{h+1}(\text{net}_i)}{\partial \text{net}_j}$$

考虑所有的输出神经元，上式可以简写为

$$\boldsymbol{\delta}^{h+1} = \partial \boldsymbol{F}^{h+1} \cdot \partial \boldsymbol{\mathcal{E}}_{\boldsymbol{x}} \tag{25.51}$$

其中，$\partial \boldsymbol{F}^{h+1}$是$o_i = f^{h+1}(\text{net}_i)$关于$\text{net}_j (i, j = 1, 2, \cdots, p)$的导数矩阵，如下所示：

$$\partial \boldsymbol{F}^{h+1} = \begin{pmatrix} \frac{\partial o_1}{\partial \text{net}_1} & \frac{\partial o_1}{\partial \text{net}_2} & \cdots & \frac{\partial o_1}{\partial \text{net}_p} \\ \frac{\partial o_2}{\partial \text{net}_1} & \frac{\partial o_2}{\partial \text{net}_2} & \cdots & \frac{\partial o_2}{\partial \text{net}_p} \\ \vdots & \vdots & & \vdots \\ \frac{\partial o_p}{\partial \text{net}_1} & \frac{\partial o_p}{\partial \text{net}_2} & \cdots & \frac{\partial o_p}{\partial \text{net}_p} \end{pmatrix}$$

通常，对于回归任务，在输出神经元处使用线性激活函数和平方误差函数；而对于逻辑回归和分类任务，有两个类时使用 sigmoid 激活函数和交叉熵误差函数，有多个类时使用 softmax 激活函数。对于这些常见情况，输出层的净梯度向量如下。

平方误差　根据式（25.15），误差梯度为

$$\partial \boldsymbol{\mathcal{E}}_{\boldsymbol{x}} = \frac{\partial \boldsymbol{\mathcal{E}}_{\boldsymbol{x}}}{\partial \boldsymbol{o}} = \boldsymbol{o} - \boldsymbol{y}$$

输出层的净梯度为

$$\boldsymbol{\delta}^{h+1} = \partial \boldsymbol{f}^{h+1} \odot \boldsymbol{\mathcal{E}}_{\boldsymbol{x}}$$

其中，$\boldsymbol{f}^{h+1}$取决于输出层的激活函数。通常，对于回归任务，在输出神经元处使用线性激活函数。在这种情况下，得到$\partial \boldsymbol{f}^{h+1} = \mathbf{1}$［见式（25.8）］。

交叉熵误差（二元输出，sigmoid 激活函数）　首先思考二元情况，只有一个输出神经元o，使用 sigmoid 激活函数。二元交叉熵误差［见式（25.19）］为

$$\mathcal{E}_x = -(y \cdot \ln(o) + (1-y) \cdot \ln(1-o))$$

根据式（25.20），有：

$$\partial \mathcal{E}_x = \frac{\partial \mathcal{E}_x}{\partial o} = \frac{o-y}{o \cdot (1-o)}$$

此外，对于 sigmoid 激活函数，有：

$$\partial \boldsymbol{f}^{h+1} = \frac{\partial f(\text{net}_o)}{\partial \text{net}_o} = o \cdot (1-o)$$

因此，输出神经元处的净梯度为

$$\delta^{h+1} = \partial \mathcal{E}_{\boldsymbol{x}} \cdot \partial \boldsymbol{f}^{h+1} = \frac{o-y}{o\cdot(1-o)} \cdot o \cdot (1-o) = o - y$$

交叉熵误差（K个输出，softmax 激活函数） 交叉熵误差函数［见式（25.16）］为

$$\mathcal{E}_{\boldsymbol{x}} = -\sum_{i=1}^{K} y_i \cdot \ln(o_i) = -(y_1 \cdot \ln(o_1) + \cdots + y_K \cdot \ln(o_K))$$

根据式（25.17），误差关于输出神经元值的导数向量为

$$\partial \mathcal{E}_{\boldsymbol{x}} = \left(\frac{\partial \mathcal{E}_{\boldsymbol{x}}}{\partial o_1}, \frac{\partial \mathcal{E}_{\boldsymbol{x}}}{\partial o_2}, \cdots, \frac{\partial \mathcal{E}_{\boldsymbol{x}}}{\partial o_K}\right)^{\mathrm{T}} = \left(-\frac{y_1}{o_1}, -\frac{y_2}{o_2}, \cdots, -\frac{y_K}{o_K}\right)^{\mathrm{T}}$$

其中，$p=K$是输出神经元的数目。

交叉熵误差通常与 softmax 激活函数一起使用，以便得到每个类的归一化概率，即

$$o_j = \text{softmax}(\text{net}_j) = \frac{\exp\{\text{net}_j\}}{\sum_{i=1}^{K} \exp\{\text{net}_i\}}$$

所以输出神经元值的总和为 1，即 $\sum_{j=1}^{K} o_j = 1$。由于一个输出神经元依赖于所有其他输出神经元，因此我们需要计算每个输出关于输出神经元处每个净信号的导数［见式（25.12）和式（25.18）］的矩阵：

$$\partial \boldsymbol{F}^{h+1} = \begin{pmatrix} \frac{\partial o_1}{\partial \text{net}_1} & \frac{\partial o_1}{\partial \text{net}_2} & \cdots & \frac{\partial o_1}{\partial \text{net}_K} \\ \frac{\partial o_2}{\partial \text{net}_1} & \frac{\partial o_2}{\partial \text{net}_2} & \cdots & \frac{\partial o_2}{\partial \text{net}_K} \\ \vdots & \vdots & & \vdots \\ \frac{\partial o_K}{\partial \text{net}_1} & \frac{\partial o_K}{\partial \text{net}_2} & \cdots & \frac{\partial o_K}{\partial \text{net}_K} \end{pmatrix} = \begin{pmatrix} o_1\cdot(1-o_1) & -o_1\cdot o_2 & \cdots & -o_1\cdot o_K \\ -o_1\cdot o_2 & o_2\cdot(1-o_2) & \cdots & -o_2\cdot o_K \\ \vdots & \vdots & & \vdots \\ -o_1\cdot o_K & -o_2\cdot o_K & \cdots & o_K\cdot(1-o_K) \end{pmatrix}$$

因此，输出层的净梯度向量为

$$\begin{aligned} \boldsymbol{\delta}^{h+1} &= \partial \boldsymbol{F}^{h+1} \cdot \partial \mathcal{E}_{\boldsymbol{x}} \\ &= \begin{pmatrix} o_1\cdot(1-o_1) & -o_1\cdot o_2 & \cdots & -o_1\cdot o_K \\ -o_1\cdot o_2 & o_2\cdot(1-o_2) & \cdots & -o_2\cdot o_K \\ \vdots & \vdots & & \vdots \\ -o_1\cdot o_K & -o_2\cdot o_K & \cdots & o_K\cdot(1-o_K) \end{pmatrix} \cdot \begin{pmatrix} -\frac{y_1}{o_1} \\ -\frac{y_2}{o_2} \\ \vdots \\ -\frac{y_K}{o_K} \end{pmatrix} \\ &= \begin{pmatrix} -y_1 + y_1\cdot o_1 + \sum_{i\neq 1}^{K} y_i \cdot o_1 \\ -y_2 + y_2\cdot o_2 + \sum_{i\neq 2}^{K} y_i \cdot o_2 \\ \vdots \\ -y_K + y_K\cdot o_K + \sum_{i\neq K}^{K} y_i \cdot o_K \end{pmatrix} = \begin{pmatrix} -y_1 + o_1 \cdot \sum_{i=1}^{K} y_i \\ -y_2 + o_2 \cdot \sum_{i=1}^{K} y_i \\ \vdots \\ -y_K + o_K \cdot \sum_{i=1}^{K} y_i \end{pmatrix} \end{aligned} \tag{25.52}$$

$$
=\begin{pmatrix} -y_1+o_1 \\ -y_2+o_2 \\ \vdots \\ -y_K+o_K \end{pmatrix} \text{（因为} \sum_{i=1}^{K} y_i = 1 \text{）}
$$

$$
=\boldsymbol{o}-\boldsymbol{y}
$$

25.4.4 隐藏层的净梯度

假设已经计算了层 $l+1$ 的净梯度，即 $\boldsymbol{\delta}^{l+1}$。由于层 l 的神经元 z_j^l 连接到层 $l+1$ 的所有神经元（偏差神经元 z_0^{l+1} 除外），为了计算 z_j^l 处的净梯度，必须考虑层 $l+1$ 每个神经元的误差，如下所示：

$$
\delta_j^l = \frac{\partial \mathcal{E}_{\boldsymbol{x}}}{\partial \text{net}_j} = \sum_{k=1}^{n_{l+1}} \frac{\partial \mathcal{E}_{\boldsymbol{x}}}{\partial \text{net}_k} \cdot \frac{\partial \text{net}_k}{\partial f^l(\text{net}_j)} \cdot \frac{\partial f^l(\text{net}_j)}{\partial \text{net}_j}
$$

$$
= \frac{\partial f^l(\text{net}_j)}{\partial \text{net}_j} \cdot \sum_{k=1}^{n_{l+1}} \delta_k^{l+1} \cdot w_{jk}^l
$$

因此，层 l 的 z_j^l 处的净梯度取决于激活函数关于其 net_j 的导数，以及层 $l+1$ 所有神经元 z_k^{l+1} 的净梯度的加权和。

我们可以一步计算层 l 所有神经元的净梯度，如下所示：

$$
\boldsymbol{\delta}^l = \partial \boldsymbol{f}^l \odot (\boldsymbol{W}_l \cdot \boldsymbol{\delta}^{l+1}) \tag{25.53}
$$

其中，$\odot$ 为元素的乘积，$\partial \boldsymbol{f}^l$ 为层 l 激活函数关于其参数的导数向量［见式（25.45）］。对于隐藏层的常用激活函数，利用 25.1 节中的导数，得到：

$$
\partial \boldsymbol{f}^l = \begin{cases} \boldsymbol{1} & \text{线性函数} \\ \boldsymbol{z}^l(\boldsymbol{1}-\boldsymbol{z}^l) & \text{sigmoid函数} \\ (\boldsymbol{1}-\boldsymbol{z}^l \odot \boldsymbol{z}^l) & \text{tanh函数} \end{cases}
$$

对于 ReLU 函数，对每个神经元应用式（25.9）。请注意，softmax 函数通常不用于隐藏层。

净梯度是递归计算的，从输出层 $h+1$ 开始，然后是隐藏层 h，依次类推，直到最终计算第一个隐藏层（l=1）的净梯度，即

$$
\boldsymbol{\delta}^h = \partial \boldsymbol{f}^h \odot (\boldsymbol{W}_h \cdot \boldsymbol{\delta}^{h+1})
$$

$$
\boldsymbol{\delta}^{h-1} = \partial \boldsymbol{f}^{h-1} \odot (\boldsymbol{W}_{h-1} \cdot \boldsymbol{\delta}^h) = \partial \boldsymbol{f}^{h-1} \odot (\boldsymbol{W}_{h-1} \cdot (\partial \boldsymbol{f}^h \odot (\mathbf{W}_h \cdot \boldsymbol{\delta}^{h+1})))
$$

$$
\vdots
$$

$$
\boldsymbol{\delta}^1 = \partial \boldsymbol{f}^1 \odot (\boldsymbol{W}_1 \cdot (\partial \boldsymbol{f}^2 \odot (\boldsymbol{W}_2 \cdot \cdots (\partial \boldsymbol{f}^h \odot (\boldsymbol{W}_h \cdot \boldsymbol{\delta}^{h+1})))))
$$

25.4.5 深度 MLP 训练

算法 25.2 给出了用于学习深度 MLP 的权重和偏差的伪代码。算法的输入包括数据集

$\boldsymbol{D}=\{\boldsymbol{x}_i^{\mathrm{T}},\boldsymbol{y}_i\}_{i=1}^n$、隐藏层层数 h、梯度下降的步长或学习率 η、表示训练迭代次数的整数阈值 maxiter、表示每个隐藏层（$l=1,2,\cdots,h$）神经元（不包括偏差，偏差会自动添加）数量的参数 $n_1,n_2,\cdots,n_h$，以及每个层（使用恒等激活函数的输入层除外）的激活函数类型 $f^1,f^2,\cdots,f^{h+1}$。输入层大小（d）和输出层大小（p）直接由 $\boldsymbol{D}$ 决定。

MLP 首先将层 l 和层 $l+1$ 之间的 $n_l\times n_{l+1}$ 权重矩阵 $\boldsymbol{W}_l$ 初始化，使用随机均匀选择的较小值，例如 $[-0.01,0.01]$ 内的值。MLP 考虑每个输入对 $(\boldsymbol{x}_i,\boldsymbol{y}_i)\in\boldsymbol{D}$，并通过前馈过程计算预测响应 $\boldsymbol{o}_i$。反向传播阶段首先计算 $\boldsymbol{o}_i$ 和真实响应 $\boldsymbol{y}_i$ 之间的误差，然后计算输出层的净梯度向量 $\boldsymbol{\delta}^{h+1}$。这些净梯度从 $h+1$ 层反向传播到 h 层，再从 h 层反向传播到 $h-1$ 层，以此类推，直到得到第一个隐藏层（l=1）的净梯度。这些净梯度用于计算 l 层的权重梯度矩阵 $\nabla_{\boldsymbol{W}_l}$，进而用于更新权重矩阵 $\boldsymbol{W}_l$。同样，净梯度指定 l 层的偏差梯度向量 $\nabla_{\boldsymbol{b}_l}$，用于更新 $\boldsymbol{b}_l$。每个点被用来更新权重后，也就完成了一次迭代或训练。当达到 maxiter 时，训练停止。此外，在测试期间，对于任何输入 $\boldsymbol{x}$，应用前馈步骤并给出预测输出 $\boldsymbol{o}$。

值得注意的是，算法 25.2 采用了随机梯度下降法，因为这些点是按随机顺序考虑的，所以权重梯度和偏差梯度也是按随机顺序计算出来的。在实践中，通常考虑一个称为小批量（minibatch）的固定大小的训练点子集（而不是单个点）来更新梯度。也就是说，使用称为批大小（batch size）的附加参数将训练数据划分为小批量，并且在计算每个小批量的偏差梯度和权重梯度之后执行梯度下降步骤。这有助于更好地估计梯度，还允许对小批量点进行向量化矩阵运算，从而加快收敛速度和学习速度。

算法 25.2 深度 MLP 训练：SGD

DEEP-MLP-TRAINING $(\boldsymbol{D},h,\eta,\text{maxiter},n_1,n_2,\cdots,n_h,f^1,f^2,\cdots,f^{h+1})$:

```
1  n_0 ← d // input layer size
2  n_{h+1} ← p // output layer size
   // Initialize weight matrices and bias vectors
3  for l = 0,1,2,···,h do
4  │  b_l ← random n_{l+1} vector with small values
5  └  W_l ← random n_l × n_{l+1} matrix with small values
6  t ← 0 // iteration counter
7  repeat
8  │  foreach (x_i, y_i) ∈ D in random order do
   │  │  // Feed-Forward Phase
9  │  │  z^0 ← x_i
10 │  │  for l = 0,1,2,···,h do
11 │  │  └  z^{l+1} ← f^{l+1}(b_l + W_l^T · z^l)
12 │  │  o_i ← z^{h+1}
   │  │  // Backpropagation Phase
13 │  │  if independent outputs then
14 │  │  │  δ^{h+1} ← ∂f^{h+1} ⊙ ∂E_{x_i} // net gradients at output
15 │  │  else
16 │  │  └  δ^{h+1} ← ∂F^{h+1} · ∂E_{x_i} // net gradients at output
17 │  │  for l = h,h−1,···,1 do
18 │  │  └  δ^l ← ∂f^l ⊙ (W_l · δ^{l+1}) // net gradients at layer l
```

```
        // Gradient Descent Step
19      for l = 0,1,···,h do
20          ∇W_l ← z^l · (δ^{l+1})^T // weight gradient matrix at layer l
21          ∇b_l ← δ^{l+1} // bias gradient vector at layer l
22      for l = 0,1,···,h do
23          W_l ← W_l − η·∇W_l // update W_l
24          b_l ← b_l − η·∇b_l // update b_l
25      t ← t+1
26  until t ⩾ maxiter
```

训练深度 MLP 时，需要注意的是梯度消失问题和梯度爆炸问题。在梯度消失问题中，当梯度从输出层反向传播到输入层时，净梯度的范数会随着到输出层的距离的增加而呈指数级衰减。在此情况下，如果网络仍在学习的话，学习速度将变得非常缓慢，因为梯度下降法会对权重和偏差进行微小的调整。在梯度爆炸问题中，净梯度的范数随着与输出层的距离的增加而呈指数级增长。在此情况下，权重和偏差将成倍增大，导致学习失败。梯度阈值化可以在一定程度上缓解梯度爆炸问题，即如果梯度超过某个上限，则重置该值。梯度消失问题更难解决。典型的 sigmoid 激活函数更容易受此影响，一种解决方案是使用其他激活函数，例如 ReLU 函数。循环神经网络是一种具有反馈连接的深度神经网络，一般来说更容易出现梯度消失问题和梯度爆炸问题。26.2 节将再次讨论这些问题。

例 25.5（深度 MLP） 现在检查用于预测例 25.4 中介绍的 MNIST 手写数字图像数据集的标签的深度 MLP。该数据集有 n=60 000 幅大小为 28×28 像素的灰度图像，我们将每幅图像视为 $d=784$ 维向量。通过除以 255 将 0 和 255 之间的灰度值转换到位于区间 [0,1] 的值。目标响应向量是表示类标签 $\{0,1,\cdots,9\}$ 的独热编码向量。因此，MLP 的输入 $\boldsymbol{x}_i$ 有 d=784 维，输出层有 p=10 维。输出层使用 softmax 激活函数，隐藏层使用 ReLU 激活函数，我们考虑几个具有不同数量和大小的隐藏层的深度模型。使用步长 $\eta=0.3$，以及 $t=15$ 代训练。训练是用小批量数据完成的，批大小为 1000。

在训练每个深度 MLP 的过程中，我们在包含 10 000 幅图像的 MNIST 测试数据集上评估其性能。图 25-12 绘制了不同深度 MLP 模型经过每代训练后的错误数。训练结束时的最终测试错误数如下：

隐藏层	错误数
n_1=392	396
n_1=196,n_2=49	303
n_1=392,n_2=196,n_3=49	290
n_1=392,n_2=196,n_3=98,n_4=49	278

可以观察到，随着层数的增加，性能确实得到了提高。具有 4 个大小分别为 $n_1=392$、$n_2=196$、$n_3=98$和$n_4=49$ 的隐藏层的深度 MLP 在训练集上的错误率为 2.78%，而具有单个大小为 $n_1=392$ 的隐藏层的 MLP 的错误率为 3.96%。因此，深度 MLP 显著提高了预测准确率。但是，添加更多的层并不能降低错误率，还可能导致性能下降。

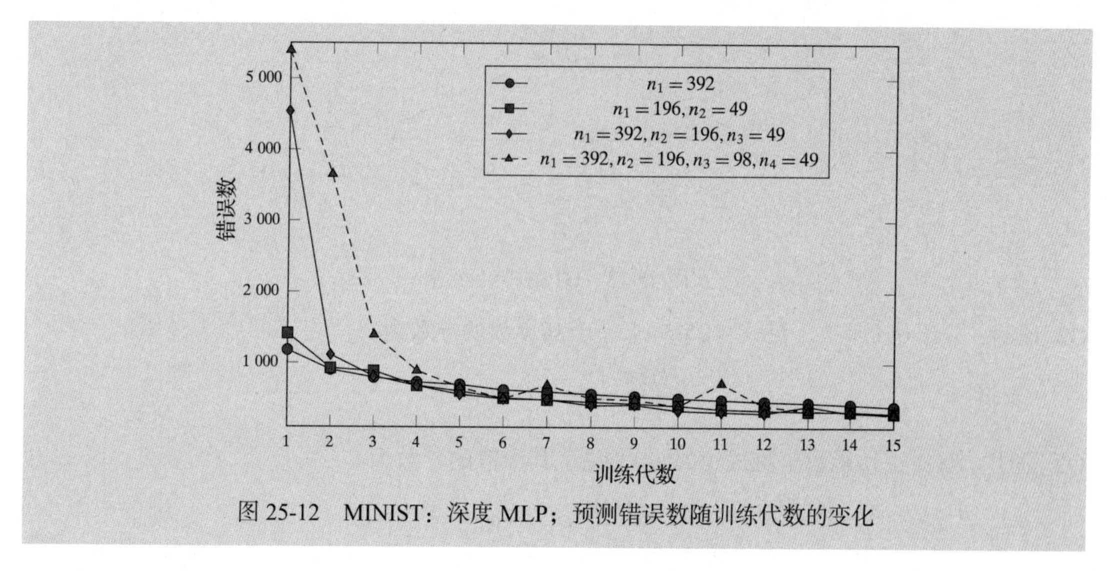

图 25-12 MINIST：深度 MLP；预测错误数随训练代数的变化

25.5 拓展阅读

人工神经网络的内容最早见于文献（McCulloch & Pitts，1943）。文献（Rosenblatt，1958）首次将单个神经元称为感知器，并应用于监督学习中。文献（Minsky & Papert，1969）指出了感知器的局限性，文献（Rumelhart et al.，1986）通过开发反向传播算法解决了这个问题，从而成功训练了一般的多层感知器。

McCulloch, W. S. and Pitts, W. (1943). A logical calculus of the ideas immanent in nervous activity. *The Bulletin of Mathematical Biophysics*, 5 (4), 115–133.

Minsky, M. and Papert, S. (1969). *Perceptron: An Introduction to Computational Geometry*. Cambridge, MA: The MIT Press.

Rosenblatt, F. (1958). The perceptron: A probabilistic model for information storage and organization in the brain. *Psychological Review*, 65 (6), 386.

Rumelhart, D. E., Hinton, G. E., and Williams, R. J. (1986). Learning representations by back-propagating errors. *Nature*, 323 (6088), 533.

25.6 练习

Q1. 思考图 25-13 中的神经网络。将偏差值固定为 0，并将输入层和隐藏层、隐藏层和输出层之间的权重矩阵分别设为

$$\boldsymbol{W}=(w_1,w_2,w_3)=(1,1,-1) \qquad \boldsymbol{W}'=(w_1',w_2',w_3')^{\mathrm{T}}=(0.5,1,2)^{\mathrm{T}}$$

假设隐藏层使用 RcLU 激活函数，输出层使用 sigmoid 激活函数，使用 SSE 误差。当输入为 $x=4$，真实响应为 $y=0$ 时，回答以下问题：

(a) 使用前馈过程计算预测输出。

(b) 误差值是多少？

(c) 计算输出层的净梯度向量 $\boldsymbol{\delta}^{\mathrm{o}}$。

(d) 计算隐藏层的净梯度向量 $\boldsymbol{\delta}^{\mathrm{h}}$。

(e) 计算隐藏层和输出层之间的权重梯度矩阵 $\nabla_{\boldsymbol{W}'}$。

(f) 计算输入层和隐藏层之间的权重梯度矩阵 $\nabla_{\boldsymbol{W}}$。

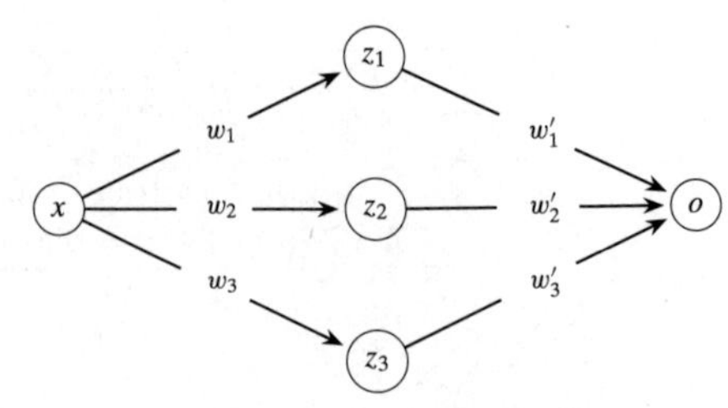

图 25-13　Q1 的神经网络

Q2. 证明：sigmoid 函数［见式（25.5）］关于其参数的导数为

$$\frac{\partial f(z)}{\partial z} = f(z) \cdot (1 - f(z))$$

Q3. 证明：双曲正切函数［见式（25.6）］关于其参数的导数为

$$\frac{\partial f(z)}{\partial z} = 1 - f(z)^2$$

Q4. 证明：softmax 函数的导数为

$$\frac{\partial f(z_i \mid \mathbf{z})}{\partial z_j} = \begin{cases} f(z_i) \cdot (1 - f(z_i)) & , j = i \\ -f(z_i) \cdot f(z_j) & , j \neq i \end{cases}$$

其中，$\mathbf{z}=\{z_1,z_2,\cdots,z_p\}$。

Q5. 推导使用平方误差函数和 softmax 激活函数时，输出神经元的净梯度向量的表达式。

Q6. 证明：如果权重矩阵和偏差向量初始化为零，那么给定层中的所有神经元在每次迭代中将具有相同的值。

Q7. 证明：使用线性激活函数时，多层网络等价于单层神经网络。

Q8. 计算输出层的净梯度向量 $\boldsymbol{\delta}^{h+1}$ 的表达式，假设交叉熵误差 $\boldsymbol{\mathcal{E}}_{\boldsymbol{x}} = -\sum_{i=1}^{K} y_i \cdot \ln(o_i)$，$K$ 个独立二元输出神经元都使用 sigmoid 激活函数，即 $o_i = \text{sigmoid}(\text{net}_i)$。

Q9. 给定具有单个隐藏层的 MLP，利用向量导数推导 $\boldsymbol{\delta}_{\text{h}}$ 和 $\boldsymbol{\delta}_{\text{o}}$ 的公式，即通过计算 $\frac{\partial \boldsymbol{\mathcal{E}}_x}{\partial \mathbf{net}_{\text{h}}}$ 和 $\frac{\partial \boldsymbol{\mathcal{E}}_x}{\partial \mathbf{net}_{\text{o}}}$（其中 $\mathbf{net}_{\text{h}}$ 和 $\mathbf{net}_{\text{o}}$ 是隐藏层和输出层的净输入向量）来推导。

深度学习

本章首先介绍包含从一层到另一层反馈的深度神经网络，这样的网络称为循环神经网络（Recurrent Neural Network，RNN），它们通常可以通过展开循环连接来训练，展开循环连接可以形成深度网络，深度网络的参数可以通过反向传播算法来学习。由于 RNN 容易出现梯度消失问题和梯度爆炸问题，因此接下来考虑引入门控 RNN（gated RNN），这种 RNN 引入了一种新型层，具备通过内部记忆层选择性地读取、存储和写入隐藏状态的能力。门控 RNN 对于序列输入的预测是非常有效的。本章最后介绍卷积神经网络（Convolutional Neural Network，CNN），它是一种深度 MLP，可以利用每层不同元素之间的空间或时间关系来构建可用于回归或分类任务的特征层次。与各层之间完全连接的常规 MLP 不同，CNN 具有局部化且稀疏的层。CNN 对于图像输入特别有效。

26.1 循环神经网络

多层感知器是一种前馈网络，信息只在一个方向上流动，即通过隐藏层从输入层流到输出层。相比之下，循环神经网络（RNN）是动态驱动的，两个（或更多）层之间有反馈回路，这使得这种网络非常适合从序列数据中学习。图 26-1 展示了一个简单的 RNN，其中存在通过一个时间单位的时间延迟从隐藏层 $\boldsymbol{h}_t$ 到自身的反馈回路，由回路上的 −1 表示。

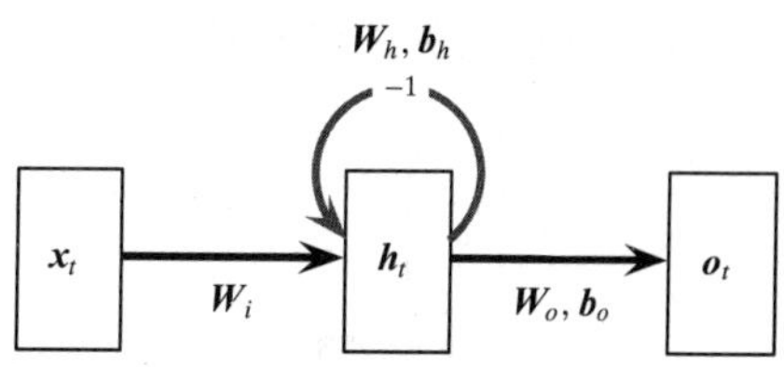

图 26-1　循环神经网络：灰色箭头线表示循环连接

设 $\mathcal{X}=\langle \boldsymbol{x}_1,\boldsymbol{x}_2,\cdots,\boldsymbol{x}_\tau\rangle$ 表示向量序列，其中 $\boldsymbol{x}_t\in\mathbb{R}^d(t=1,2,\cdots,\tau)$ 是 d 维向量。因此，$\mathcal{X}$ 是长度为 τ 的输入序列，$\boldsymbol{x}_t$ 表示时间 t 时的输入。设 $\mathcal{Y}=\langle \boldsymbol{y}_1,\boldsymbol{y}_2,\cdots,\boldsymbol{y}_\tau\rangle$ 表示向量序列，其中 $\boldsymbol{y}_t\in\mathbb{R}^p$ 是 p 维向量。这里，$\mathcal{Y}$ 是期望的目标（响应）序列，其中 $\boldsymbol{y}_t$ 表示时间 t 时的响应向量。设 $\mathcal{O}=\langle \boldsymbol{o}_1,\boldsymbol{o}_2,\cdots,\boldsymbol{o}_\tau\rangle$ 表示 RNN 的预测或输出序列。$\boldsymbol{o}_t\in\mathbb{R}^p$ 也是一个 p 维向量，应匹配对应的真实响应 $\boldsymbol{y}_t$。RNN 的任务是学习一个函数，该函数在给定输入序列 $\mathcal{X}$ 的情况下预测目标序列 $\mathcal{Y}$。也就是说，对于每个时间点 t，输入 $\boldsymbol{x}_t$ 的预测输出 $\boldsymbol{o}_t$ 应该与目标响应 $\boldsymbol{y}_t$ 相似或接近。

为了学习输入序列元素之间的依赖关系，RNN 需要维护一个 m 维隐藏状态向量（$\boldsymbol{h}_t\in\mathbb{R}^m$）序列，其中 $\boldsymbol{h}_t$ 捕捉时间 t 之前输入序列的基本特征，如图 26-1 所示。时间 t 时的隐藏状态向量 $\boldsymbol{h}_t$ 取决于时间 t 时的输入向量 $\boldsymbol{x}_t$ 和时间 $t-1$ 时的隐藏状态向量 $\boldsymbol{h}_{t-1}$，如下所示：

$$\boldsymbol{h}_t=f^h(\boldsymbol{W}_i^{\mathrm{T}}\boldsymbol{x}_t+\boldsymbol{W}_h^{\mathrm{T}}\boldsymbol{h}_{t-1}+\boldsymbol{b}_h)\tag{26.1}$$

这里 f^h 是隐藏状态激活函数，通常采用 tanh 函数或 ReLU 函数。另外，我们需要一个初始隐藏状态向量 $\boldsymbol{h}_0$ 来计算 $\boldsymbol{h}_1$，通常设为零向量，或者从先前的 RNN 预测步骤中获得。矩阵 $\boldsymbol{W}_i\in\mathbb{R}^{d\times m}$ 指定了输入向量和隐藏状态向量之间的权重。矩阵 $\boldsymbol{W}_h\in\mathbb{R}^{m\times m}$ 指定时间 $t-1$ 和 t 时的隐藏状态向量之间的权重矩阵，而 $\boldsymbol{b}_h\in\mathbb{R}^m$ 指定与隐藏状态相关联的偏差项。注意，我们只需要一个与隐藏状态神经元相关的偏差向量 $\boldsymbol{b}_h$，输入神经元和隐藏神经元之间不需要单独的偏差向量。

给定时间 t 时的隐藏状态向量，其输出向量 $\boldsymbol{o}_t$ 计算如下：

$$\boldsymbol{o}_t = f^o(\boldsymbol{W}_o^{\mathrm{T}}\boldsymbol{h}_t + \boldsymbol{b}_o) \tag{26.2}$$

其中，$\boldsymbol{W}_o \in \mathbb{R}^{m\times p}$ 指定隐藏状态向量和输出向量之间的权重，带有偏差向量 $\boldsymbol{b}_o$。输出激活函数 f^o 通常对独热编码的分类输出值使用线性激活函数（恒等激活函数）或者 softmax 激活函数。

需要注意的是，所有权重矩阵和偏差向量都与时间 t 无关。例如，对于隐藏层，在所有时间步 t，训练模型时使用并更新相同的权重矩阵 $\boldsymbol{W}_h$ 和偏差向量 $\boldsymbol{b}_h$。这是神经网络不同层或元素之间的参数共享或权重绑定的示例。同样，输入权重矩阵 $\boldsymbol{W}_i$、输出权重矩阵 $\boldsymbol{W}_o$ 和偏差向量 $\boldsymbol{b}_o$ 都在时间上共享。这大大减少了需要由 RNN 学习的参数的数量，但是它也依赖于所有相关的序列特征都可以由共享参数捕获的假设。

图 26-1 展示了 RNN，它带有一个循环隐藏层 $\boldsymbol{h}_t$ ——由反馈回路表示，回路上标注了 −1 的时间延迟。该图还显示了各层之间的共享参数。图 26-2a 以垂直格式显示了相同的 RNN，其中层是垂直堆叠的，图 26-2b 显示了层在时间上展开的 RNN，它显示了每个时间步 t 的输入层 $(\boldsymbol{x}_t)$、隐藏层 $(\boldsymbol{h}_t)$ 和输出层 $(\boldsymbol{o}_t)$。可以观察到，反馈回路已经展开 τ 个时间步，从 $t=1$ 开始，到 $t=\tau$ 结束。时间步 t=0 用于表示先前或初始隐藏状态 $\boldsymbol{h}_0$。由于所有权重矩阵和偏差向量都与 t 无关，因此还可以明确观察到时间上的参数共享。图 26-2b 表明 RNN 是一个具有 τ 层的深度神经网络，其中 τ 是最大输入序列长度。

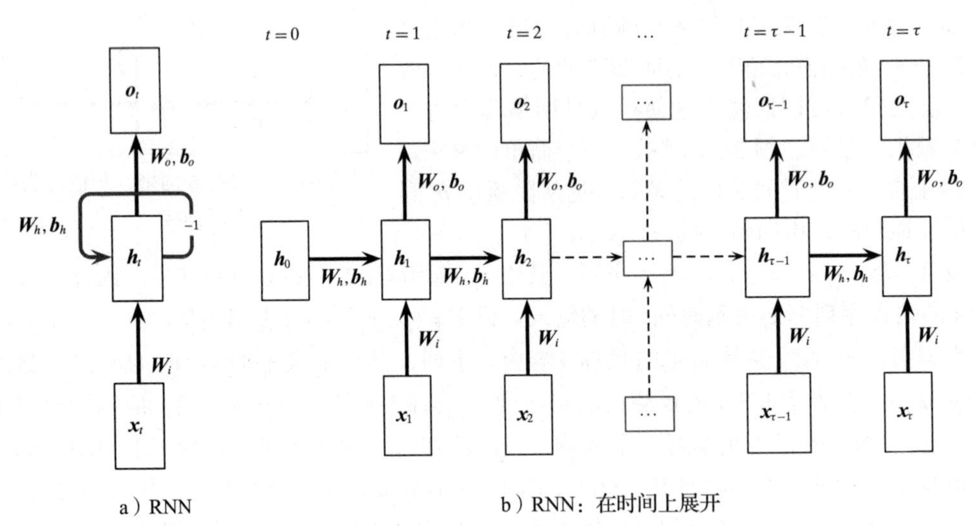

图 26-2 RNN 在时间上的展开效果

RNN 的训练数据为 $\boldsymbol{D}=\{\mathcal{X}_i,\mathcal{Y}_i\}_{i=1}^n$，由 n 个输入序列 $\mathcal{X}_i$ 和相应的目标响应序列 $\mathcal{Y}_i$ 组成，序列长度为 τ_i。给定每对 $(\mathcal{X},\mathcal{Y})\in\boldsymbol{D}$，$\mathcal{X}=\langle\boldsymbol{x}_1,\boldsymbol{x}_2,\cdots,\boldsymbol{x}_\tau\rangle$ 和 $\mathcal{Y}=\langle\boldsymbol{y}_1,\boldsymbol{y}_2,\cdots,\boldsymbol{y}_\tau\rangle$，RNN 必须更新输入层、隐藏层和输出层的模型参数 $\boldsymbol{W}_i$、$\boldsymbol{W}_h$、$\boldsymbol{b}_h$、$\boldsymbol{W}_o$、$\boldsymbol{b}_o$，以学习相应的输出序列 $\mathcal{O}=\langle\boldsymbol{o}_1,\boldsymbol{o}_2,\cdots,\boldsymbol{o}_\tau\rangle$。为了训练网络，计算所有时间步上预测向量和响应向量之间的误差或损失。例如，平方误差损失为

$$\mathcal{E}_{\mathcal{X}} = \sum_{t=1}^{\tau}\mathcal{E}_{\boldsymbol{x}_t} = \frac{1}{2}\cdot\sum_{t=1}^{\tau}\|\boldsymbol{y}_t - \boldsymbol{o}_t\|^2$$

此外，如果在输出层使用 softmax 激活函数，那么可以使用交叉熵误差损失：

$$\mathcal{E}_{\mathcal{X}} = \sum_{t=1}^{\tau} \mathcal{E}_{\boldsymbol{x}_t} = -\sum_{t=1}^{\tau}\sum_{i=1}^{p} y_{ti} \cdot \ln(o_{ti})$$

其中，$\boldsymbol{y}_t = (y_{t1}, y_{t2}, \cdots, y_{tp})^{\mathrm{T}} \in \mathbb{R}^p$，$\boldsymbol{o}_t = (o_{t1}, o_{t2}, \cdots, o_{tp})^{\mathrm{T}} \in \mathbb{R}^p$。对于长度为 τ 的训练输入，首先将 RNN 展开 τ 步，然后通过标准的前馈步骤和反向传播步骤学习参数，记住各个层之间的连接。

26.1.1 时间上的前馈

前馈过程从时间 t=0 开始，将初始隐藏状态向量 $\boldsymbol{h}_0$ 作为输入，$\boldsymbol{h}_0$ 通常设为 $\mathbf{0}$，也可以由用户指定，例如由先前的预测步骤给出。给定当前的一组参数，通过式（26.1）和式（26.2）预测每个时间步 $t = 1, 2, \cdots, \tau$ 的输出 $\boldsymbol{o}_t$：

$$\begin{aligned}
\boldsymbol{o}_t &= f^o(\boldsymbol{W}_o^{\mathrm{T}} \boldsymbol{h}_t + \boldsymbol{b}_o) \\
&= f^o(\boldsymbol{W}_o^{\mathrm{T}} \underbrace{f^h(\boldsymbol{W}_i^{\mathrm{T}} \boldsymbol{x}_t + \boldsymbol{W}_h^{\mathrm{T}} \boldsymbol{h}_{t-1} + \boldsymbol{b}_h)}_{\boldsymbol{h}_t} + \boldsymbol{b}_o) \\
&\quad\vdots \\
&= f^o(\boldsymbol{W}_o^{\mathrm{T}} f^h(\boldsymbol{W}_i^{\mathrm{T}} \boldsymbol{x}_t + \boldsymbol{W}_h^{\mathrm{T}} f^h(\cdots \underbrace{f^h(\boldsymbol{W}_i^{\mathrm{T}} \boldsymbol{x}_1 + \boldsymbol{W}_h^{\mathrm{T}} \boldsymbol{h}_0 + \boldsymbol{b}_h)}_{\boldsymbol{h}_1} + \cdots) + \boldsymbol{b}_h) + \boldsymbol{b}_o)
\end{aligned}$$

可以观察到，RNN 隐含地对输入序列的每个前缀进行预测，因为 $\boldsymbol{o}_t$ 依赖于所有先前的输入向量 $\boldsymbol{x}_1, \boldsymbol{x}_2, \cdots, \boldsymbol{x}_t$，但不依赖于任何未来的输入 $\boldsymbol{x}_{t+1}, \cdots, \boldsymbol{x}_\tau$。

26.1.2 时间上的反向传播

一旦通过前馈阶段计算出输出序列 $\mathcal{O} = \langle \boldsymbol{o}_1, \boldsymbol{o}_2, \cdots, \boldsymbol{o}_\tau \rangle$，就使用平方误差（或交叉熵）损失函数来计算预测的误差，而平方误差（或交叉熵）损失函数又可以用来计算每个时间步从输出层反向传播到输入层的净梯度向量。

对于反向传播步骤，更容易根据依赖关系按照不同的层查看 RNN，而不是在时间上展开 RNN。图 26-3a 展示了使用该层视图展开的 RNN，而不是图 26-2b 中展示的时间视图。第一层对应 l=0，包括隐藏状态 $\boldsymbol{h}_0$ 和输入向量 $\boldsymbol{x}_1$，这两者都是计算 $\boldsymbol{h}_1$ 所必需的，层 l=1 还包括输入向量 $\boldsymbol{x}_2$，$\boldsymbol{h}_1$ 和 $\boldsymbol{x}_2$ 都是计算 $\boldsymbol{h}_2$ 所必需的，依次类推。还要注意，$\boldsymbol{o}_1$ 在层 $l = 2$ 之前不会输出，只能在计算 $\boldsymbol{h}_1$ 之后输出。层视图基本上由隐藏状态向量索引，除了输出层外，因为输出层（对应 $l = \tau + 1$）的 $\boldsymbol{o}_t$ 依赖上一层（对应 $l = \tau$）的 $\boldsymbol{h}_t$。

设 $\varepsilon_{\boldsymbol{x}_t}$ 表示输入序列 $\mathcal{X} = \langle \boldsymbol{x}_1, \boldsymbol{x}_2, \cdots, \boldsymbol{x}_\tau \rangle$ 在输入向量 $\boldsymbol{x}_t$ 的损失。$\mathcal{X}$ 的展开前馈 RNN 具有 $l = \tau + 1$ 个层，如图 26-3a 所示。定义 $\boldsymbol{\delta}_t^o$ 为输出向量 $\boldsymbol{o}_t$ 的净梯度向量，即误差函数 $\varepsilon_{\boldsymbol{x}_t}$ 关于 $\boldsymbol{o}_t$ 中每个神经元的净值的导数，如下所示：

$$\boldsymbol{\delta}_t^o = \left(\frac{\partial \mathcal{E}_{\boldsymbol{x}_t}}{\partial \mathrm{net}_{t1}^o}, \frac{\partial \mathcal{E}_{\boldsymbol{x}_t}}{\partial \mathrm{net}_{t2}^o}, \cdots, \frac{\partial \mathcal{E}_{\boldsymbol{x}_t}}{\partial \mathrm{net}_{tp}^o} \right)^{\mathrm{T}}$$

其中，$\boldsymbol{o}_t = (o_{t1}, o_{t2}, \cdots, o_{tp})^{\mathrm{T}} \in \mathbb{R}^p$ 是时间步 t 的 p 维输出向量，net_{ti}^o 是输出神经元 o_{ti} 在时间步 t 的净值。同样，设 $\boldsymbol{\delta}_t^h$ 表示时间步 t 的隐藏神经元 $\boldsymbol{h}_t$ 的净梯度向量：

$$\boldsymbol{\delta}_t^h = \left(\frac{\partial \mathcal{E}_{x_t}}{\partial \mathrm{net}_{t1}^h}, \frac{\partial \mathcal{E}_{x_t}}{\partial \mathrm{net}_{t2}^h}, \cdots, \frac{\partial \mathcal{E}_{x_t}}{\partial \mathrm{net}_{tm}^h}\right)^{\mathrm{T}}$$

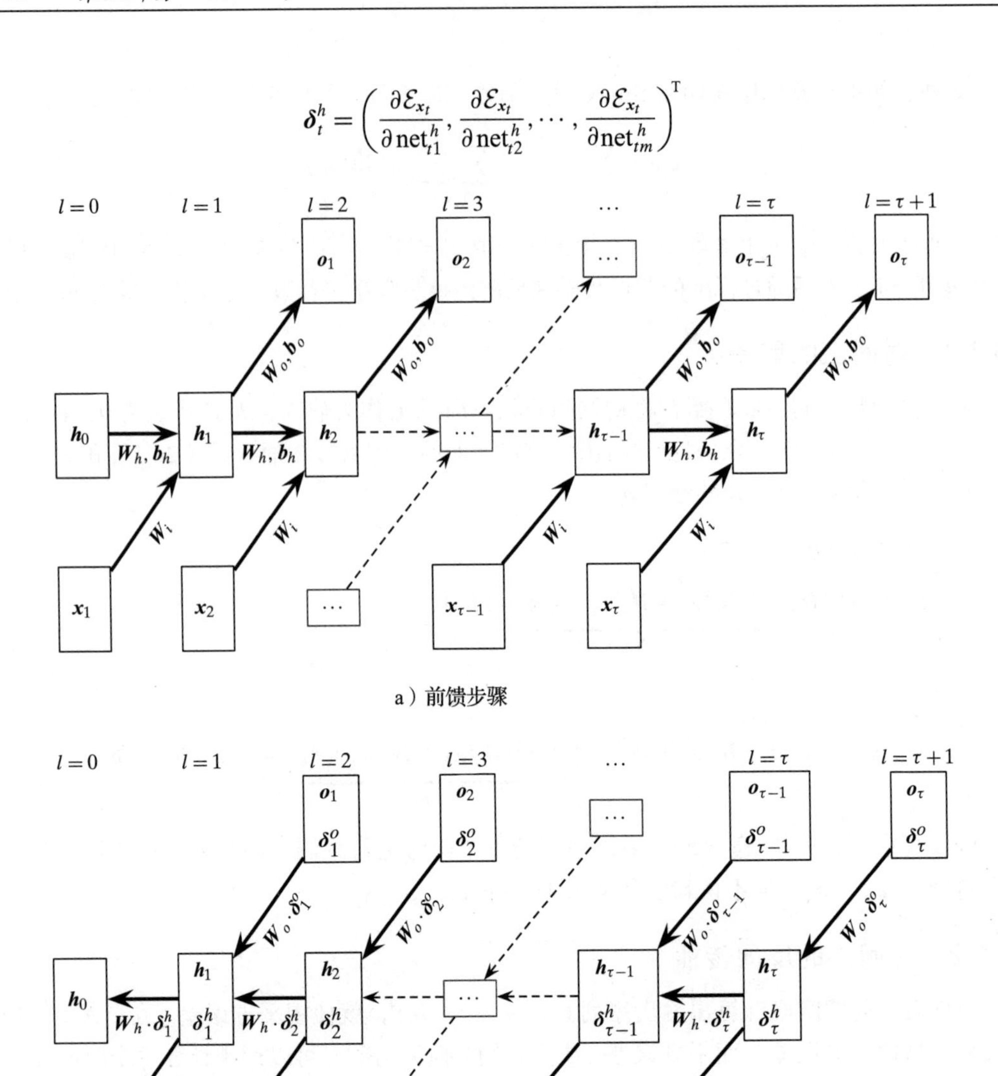

图 26-3　RNN 按层展开

其中，$\boldsymbol{h}_t = (h_{t1}, h_{t2}, \cdots, h_{tm})^{\mathrm{T}} \in \mathbb{R}^m$ 是时间步 t 的 m 维隐藏状态向量，net_{ti}^h 是隐藏神经元 h_{ti} 在时间步 t 的净值。设 f^h 和 f^o 表示隐藏神经元和输出神经元的激活函数，$\partial \boldsymbol{f}_t^h$ 和 $\partial \boldsymbol{f}_t^o$ 表示时间步 t 时激活函数关于隐藏神经元和输出神经元的净信号（即函数的参数）的导数的向量，如下所示：

$$\partial \boldsymbol{f}_t^h = \left(\frac{\partial f^h(\mathrm{net}_{t1}^h)}{\partial \mathrm{net}_{t1}^h}, \frac{\partial f^h(\mathrm{net}_{t2}^h)}{\partial \mathrm{net}_{t2}^h}, \cdots, \frac{\partial f^h(\mathrm{net}_{tm}^h)}{\partial \mathrm{net}_{tm}^h}\right)^{\mathrm{T}}$$

$$\partial \boldsymbol{f}_t^o = \left(\frac{\partial f^o(\mathrm{net}_{t1}^o)}{\partial \mathrm{net}_{t1}^o}, \frac{\partial f^o(\mathrm{net}_{t2}^o)}{\partial \mathrm{net}_{t2}^o}, \cdots, \frac{\partial f^o(\mathrm{net}_{tp}^o)}{\partial \mathrm{net}_{tp}^o}\right)^{\mathrm{T}}$$

最后，$\partial\boldsymbol{\varepsilon}_{x_t}$ 表示误差函数关于 $\boldsymbol{o}_t$ 的偏导数向量：

$$\partial\boldsymbol{\mathcal{E}}_{x_t}=\left(\frac{\partial\mathcal{E}_{x_t}}{\partial o_{t1}},\frac{\partial\mathcal{E}_{x_t}}{\partial o_{t2}},\cdots,\frac{\partial\mathcal{E}_{x_t}}{\partial o_{tp}}\right)^{\mathrm{T}}$$

1. 计算净梯度

反向传播算法的关键步骤是以倒序的方式计算净梯度，通过隐藏神经元以输出神经元为始，以输入神经元为终计算净梯度。给定图 26-3a 中的层视图，反向传播步骤反转流动方向，以计算净梯度 $\boldsymbol{\delta}_t^o$ 和 $\boldsymbol{\delta}_t^h$，如图 26-3b 中的反向传播图所示。

具体来说，输出 $\boldsymbol{o}_t$ 处的净梯度向量可以表示为

$$\boldsymbol{\delta}_t^o=\partial\boldsymbol{f}_t^o\odot\partial\boldsymbol{\mathcal{E}}_{x_t} \tag{26.3}$$

其中，$\odot$ 表示元素乘积或哈达玛积，例如，如果 $\boldsymbol{\varepsilon}_{x_t}$ 是平方误差函数，输出层使用恒等函数，那么通过式（25.8）和式（25.15）可以得到：

$$\boldsymbol{\delta}_t^o=\mathbf{1}\odot(\boldsymbol{o}_t-\boldsymbol{y}_t)$$

此外，如图 26-3b 所示，每个隐藏层的净梯度需要考虑 $\boldsymbol{o}_t$ 和 $\boldsymbol{h}_{t+1}$ 的输入净梯度。因此，对式（25.53）进行推广，可得 $\boldsymbol{h}_t(t=1,2,\cdots,\tau-1)$ 的净梯度向量：

$$\boldsymbol{\delta}_t^h=\partial\boldsymbol{f}_t^h\odot((\boldsymbol{W}_o\cdot\boldsymbol{\delta}_t^o)+(\boldsymbol{W}_h\cdot\boldsymbol{\delta}_{t+1}^h)) \tag{26.4}$$

注意，对于 $\boldsymbol{h}_\tau$，它仅取决于 $\boldsymbol{o}_\tau$（见图 26-3b），因此：

$$\boldsymbol{\delta}_\tau^h=\partial\boldsymbol{f}_\tau^h\odot(\boldsymbol{W}_o\cdot\boldsymbol{\delta}_\tau^o)$$

对于通常用于 RNN 的 tanh 激活函数，激活函数［见式（25.15）］关于 $\boldsymbol{h}_t$ 处净值的导数为：

$$\partial\boldsymbol{f}_t^h=(\mathbf{1}-\boldsymbol{h}_t\odot\boldsymbol{h}_t)$$

最后，请注意，不必为 $\boldsymbol{h}_0$ 或任何输入神经元 $\boldsymbol{x}_t$ 计算净梯度，因为它们是反向传播图中的叶子节点，我们不会将梯度反向传播到这些神经元之外。

2. 随机梯度下降法

利用时刻 t 的输出层净梯度 $\boldsymbol{\delta}_t^o$ 和隐藏净梯度 $\boldsymbol{\delta}_t^h$，可以计算各时刻权重矩阵和偏差向量的梯度。

然而，由于 RNN 使用跨时间的参数共享，因此通过将每个时刻 t 的所有贡献相加来获得梯度。将输出参数 $\nabla_{\boldsymbol{W}_o}^t$ 和 $\nabla_{\boldsymbol{b}_o}^t$ 定义为时刻 t 隐藏神经元 $\boldsymbol{h}_t$ 和输出神经元 $\boldsymbol{o}_t$ 之间的权重和偏差的梯度。使用反向传播公式［式（25.47）和式（25.48）］，可得深度多层感知器的这些梯度：

$$\nabla_{\boldsymbol{b}_o}=\sum_{t=1}^{\tau}\nabla_{\boldsymbol{b}_o}^t=\sum_{t=1}^{\tau}\boldsymbol{\delta}_t^o \qquad \nabla_{\boldsymbol{W}_o}=\sum_{t=1}^{\tau}\nabla_{\boldsymbol{W}_o}^t=\sum_{t=1}^{\tau}\boldsymbol{h}_t\cdot(\boldsymbol{\delta}_t^o)^{\mathrm{T}}$$

其中，$\nabla_{\boldsymbol{W}_o}^t$ 和 $\nabla_{\boldsymbol{b}_o}^t$ 是时刻 t 对输出神经元的权重和偏差的梯度贡献。同样，隐藏层 $\boldsymbol{h}_{t-1}$ 和 $\boldsymbol{h}_t$ 之间，以及输入层 $\boldsymbol{x}_t$ 和隐藏层 $\boldsymbol{h}_t$ 之间的其他共享参数的梯度，可以通过如下方式获得：

$$\nabla_{\boldsymbol{b}_h}=\sum_{t=1}^{\tau}\nabla_{\boldsymbol{b}_h}^t=\sum_{t=1}^{\tau}\boldsymbol{\delta}_t^h \qquad \nabla_{\boldsymbol{W}_h}=\sum_{t=1}^{\tau}\nabla_{\boldsymbol{W}_h}^t=\sum_{t=1}^{\tau}\boldsymbol{h}_{t-1}\cdot(\boldsymbol{\delta}_t^h)^{\mathrm{T}}$$

$$\nabla_{\boldsymbol{W}_i}=\sum_{t=1}^{\tau}\nabla_{\boldsymbol{W}_i}^t=\sum_{t=1}^{\tau}\boldsymbol{x}_t\cdot(\boldsymbol{\delta}_t^h)^{\mathrm{T}}$$

其中，$\nabla^t_{W_h}$ 和 $\nabla^t_{b_h}$ 是时刻 t 对隐藏神经元权重和偏差的梯度贡献，$\nabla^t_{W_i}$ 是对输入神经元权重的梯度贡献。最后，更新所有的权重矩阵和偏差向量，如下所示：

$$\begin{aligned}&\boldsymbol{W}_i=\boldsymbol{W}_i-\eta\cdot\nabla_{\boldsymbol{W}_i}\quad \boldsymbol{W}_h=\boldsymbol{W}_h-\eta\cdot\nabla_{\boldsymbol{W}_h}\quad \boldsymbol{b}_h=\boldsymbol{b}_h-\eta\cdot\nabla_{\boldsymbol{b}_h}\\&\boldsymbol{W}_o=\boldsymbol{W}_o-\eta\cdot\nabla_{\boldsymbol{W}_o}\quad \boldsymbol{b}_o=\boldsymbol{b}_o-\eta\cdot\nabla_{\boldsymbol{b}_o}\end{aligned}\tag{26.5}$$

其中，η 是梯度步长（或学习率）。

26.1.3 训练 RNN

算法 26.1 给出了用于学习 RNN 的权重和偏差的伪代码。算法的输入包括数据集 $\boldsymbol{D}=\{\mathcal{X}_i,\mathcal{Y}_i\}_{i=1,\cdots,n}$、梯度下降的步长 η、表示训练迭代次数的整数阈值 maxiter、隐藏状态向量的大小 m，以及输出层和隐藏层的激活函数 f^o 和 f^h。输入层大小（d）和输出层大小（p）直接由 $\boldsymbol{D}$ 决定。为了简单起见，假设所有输入 $\mathcal{X}_i$ 具有相同的长度 τ，这决定了 RNN 的层数。通过展开不同输入长度 τ_i 的 RNN 来处理可变长度的输入序列相对容易。

算法 26.1 RNN 训练：SGD

RNN-TRAINING ($\boldsymbol{D}, \eta$, maxiter, m, f^o, f^h):
// Initialize bias vectors
1 $\boldsymbol{b}_h \leftarrow$ random m-dimensional vector with small values
2 $\boldsymbol{b}_o \leftarrow$ random p-dimensional vector with small values
// Initialize weight matrix
3 $\boldsymbol{W}_i \leftarrow$ random $d \times m$ matrix with small values
4 $\boldsymbol{W}_h \leftarrow$ random $m \times m$ matrix with small values
5 $\boldsymbol{W}_o \leftarrow$ random $m \times p$ matrix with small values
6 $r \leftarrow 0$ // iteration counter
7 **repeat**
8   **foreach** $(\mathcal{X},\mathcal{Y}) \in \boldsymbol{D}$ *in random order* **do**
9     $\tau \leftarrow |\mathcal{X}|$ // length of training sequence
    // Feed-Forward Phase
10     $\boldsymbol{h}_0 \leftarrow \boldsymbol{0} \in \mathbb{R}^m$ // initialize hidden state
11   **for** $t=1,2,\cdots,\tau$ **do**
12       $\boldsymbol{h}_t \leftarrow f^h(\boldsymbol{W}_i^{\mathrm{T}}\boldsymbol{x}_t+\boldsymbol{W}_h^{\mathrm{T}}\boldsymbol{h}_{t-1}+\boldsymbol{b}_h)$
13       $\boldsymbol{o}_t \leftarrow f^o(\boldsymbol{W}_o^{\mathrm{T}}\boldsymbol{h}_t+\boldsymbol{b}_o)$
    // Backpropagation Phase
14   **for** $t=\tau,\tau-1,\cdots,1$ **do**
15       $\boldsymbol{\delta}_t^o \leftarrow \partial\boldsymbol{f}_t^o \odot \partial\boldsymbol{\mathcal{E}}_{\boldsymbol{x}_t}$ // net gradients at output
16     $\boldsymbol{\delta}_\tau^h \leftarrow \partial\boldsymbol{f}_t^h \odot (\boldsymbol{W}_o\cdot\boldsymbol{\delta}_t^o)$ // net gradients at $\boldsymbol{h}_\tau$
17   **for** $t=\tau-1,\tau-2,\cdots,1$ **do**
18       $\boldsymbol{\delta}_t^h \leftarrow \partial\boldsymbol{f}_t^h \odot ((\boldsymbol{W}_o\cdot\boldsymbol{\delta}_t^o)+(\boldsymbol{W}_h\cdot\boldsymbol{\delta}_{t+1}^h))$ // net gradients at $\boldsymbol{h}_t$
    // Gradients of weight matrices and bias vectors
19     $\nabla_{\boldsymbol{b}_o} \leftarrow \sum_{t=1}^{\tau}\boldsymbol{\delta}_t^o$; $\quad \nabla_{\boldsymbol{W}_o} \leftarrow \sum_{t=1}^{\tau}\boldsymbol{h}_t\cdot(\boldsymbol{\delta}_t^o)^{\mathrm{T}}$
20     $\nabla_{\boldsymbol{b}_h} \leftarrow \sum_{t=1}^{\tau}\boldsymbol{\delta}_t^h$; $\quad \nabla_{\boldsymbol{W}_h} \leftarrow \sum_{t=1}^{\tau}\boldsymbol{h}_{t-1}\cdot(\boldsymbol{\delta}_t^h)^{\mathrm{T}}$; $\quad \nabla_{\boldsymbol{W}_i} \leftarrow \sum_{t=1}^{\tau}\boldsymbol{x}_t\cdot(\boldsymbol{\delta}_t^h)^{\mathrm{T}}$
    // Gradient Descent Step
21     $\boldsymbol{b}_o \leftarrow \boldsymbol{b}_o-\eta\cdot\nabla_{\boldsymbol{b}_o}$; $\quad \boldsymbol{W}_o \leftarrow \boldsymbol{W}_o-\eta\cdot\nabla_{\boldsymbol{W}_o}$

22 $\quad \lfloor\ \boldsymbol{b}_h \leftarrow \boldsymbol{b}_h - \eta \cdot \nabla_{\boldsymbol{b}_h};\quad \boldsymbol{W}_h \leftarrow \boldsymbol{W}_h - \eta \cdot \nabla_{\boldsymbol{W}_h};\quad \boldsymbol{W}_i \leftarrow \boldsymbol{W}_i - \eta \cdot \nabla_{\boldsymbol{W}_i}$

23 $\quad r \leftarrow r+1$

24 **until** $r \geqslant$ maxiter

RNN 首先使用较小的值，例如从区间 [−0.01，0.01] 均匀随机地抽取值来初始化权重矩阵和偏差向量。RNN 考虑每个输入对 $(\mathcal{X},\mathcal{Y}) \in \boldsymbol{D}$，通过前馈过程计算每个时刻的预测输出 $\boldsymbol{o}_t$。反向传播阶段首先计算 $\boldsymbol{o}_t$ 和真实响应 $\boldsymbol{y}_t$ 之间的误差，然后计算每个时刻 t 的输出层的净梯度向量 $\boldsymbol{\delta}_t^o$。这些净梯度在时刻 t 从输出层反向传播到隐藏层，然后用于计算每个时刻 $t=1,2,\cdots,\tau$ 隐藏层的净梯度。接着，计算权重梯度矩阵 $\nabla_{\boldsymbol{W}_i}$、$\nabla_{\boldsymbol{W}_h}$ 和 $\nabla_{\boldsymbol{W}_o}$，以及偏差梯度向量 $\nabla_{\boldsymbol{b}_h}$ 和 $\nabla_{\boldsymbol{b}_o}$。这些梯度通过随机梯度下降用于更新权重和偏差。在使用每个点更新权重之后，就完成了一代训练。当达到 maxiter 时，训练停止。

注意，尽管算法 26.1 给出了随机梯度下降的伪代码，但实际上，RNN 是使用输入序列的子集或小批量序列而不是单个序列来进行训练的。这有助于加速梯度下降的计算和收敛，因为小批量可以更好地估计偏差和权重梯度，并允许使用向量化操作。

例 26.1（RNN） 使用 RNN 来学习 Reber 语法，Reber 语法是根据图 26-4 所示的自动机生成的。设 $\Sigma=\{B,E,P,S,T,V,X\}$ 表示由 7 个符号组成的字母表。此外，设 \$ 表示终止符号。从初始节点开始，通过在边上发出符号来生成遵循 Reber 语法的字符串。如果节点有两个变换，则每个变换的选择概率都是相等的。序列 $\langle B,T,S,S,X,X,T,V,V,E\rangle$ 是有效的 Reber 序列，相应的状态序列为 $\langle 0,1,2,2,2,4,3,3,5,6,7\rangle$。序列 $\langle B,P,T,X,S,E\rangle$ 不是有效的 Reber 序列，因为状态 3 没有带符号 X 的出边。

RNN 的任务是学习预测给定 Reber 序列中每个位置的下一个符号。为了训练，我们从自动机生成 Reber 序列。设 $S_{\mathcal{X}}=\langle s_1,s_2,\cdots,s_\tau\rangle$ 为 Reber 序列。然后给出相应的真实输出 $\mathcal{Y}$，它是每条边（离开 $S_{\mathcal{X}}$ 中每个位置的边）的下一个符号的集合。例如，思考 Reber 序列 $S_{\mathcal{X}}=\langle B,P,T,V,V,E\rangle$，状态序列 $\pi=\langle 0,1,3,3,5,6,7\rangle$。所需的输出序列为 $S_{\mathcal{Y}}=\{P|T,T|V,T|V,P|V,E,\$\}$，其中 \$ 是终止符号。可以看到，$S_{\mathcal{Y}}$ 由 π 中每个状态可能的下一个符号序列组成。

为了生成 RNN 的训练数据，必须将符号 Reber 字符串转换成数字向量。通过对符号进行二元编码来实现这一点，如下所示：

B	$(1, 0, 0, 0, 0, 0, 0)^{\mathrm{T}}$
E	$(0, 1, 0, 0, 0, 0, 0)^{\mathrm{T}}$
P	$(0, 0, 1, 0, 0, 0, 0)^{\mathrm{T}}$
S	(0, 0, 0, 1, 0, 0, 0)T
T	$(0, 0, 0, 0, 1, 0, 0)^{\mathrm{T}}$
V	$(0, 0, 0, 0, 0, 1, 0)^{\mathrm{T}}$
X	$(0, 0, 0, 0, 0, 0, 1)^{\mathrm{T}}$
\$	$(0, 0, 0, 0, 0, 0, 0)^{\mathrm{T}}$

即每个符号由 7 维二元向量编码，列中的 1 对应于其在 Σ 中的符号顺序中的位置。终止符号 \$ 不在字母表中，因此它的编码都是 0。最后，为了对可能的下一个符号进行编码，我们采用类似的二元编码，与允许的符号对应的列元素为 1。例如，选项 P|T 被

编码为 $(0,0,1,0,1,0,0)^{\mathrm{T}}$。因此，Reber 序列 $S_{\mathcal{X}}$ 和期望输出序列 $S_{\mathcal{Y}}$ 被编码为

	$\mathcal{X}$						$\mathcal{Y}$					
Σ	B	P	T	V	V	E	P|T	T|V	T|V	P|V	E	$
B	1	0	0	0	0	0	0	0	0	0	0	0
E	0	0	0	0	0	1	0	0	0	0	1	0
P	0	1	0	0	0	0	1	0	0	1	0	0
S	0	0	0	0	0	0	0	0	0	0	0	0
T	0	0	1	0	0	0	1	1	1	0	0	0
V	0	0	0	1	1	0	0	1	1	1	0	0
X	0	0	0	0	0	0	0	0	0	0	0	0

为了训练，生成 $n=400$ 个最小长度为 30 的 Reber 序列，最大序列长度为 $\tau=52$。这些 Reber 序列中的每一个都用于创建如上所述的训练对 $(\mathcal{X},\mathcal{Y})$。接着，使用 tanh 激活函数来训练有 $m=4$ 个隐藏神经元的 RNN。输入层和输出层的大小由编码的维数决定，即 $d=7$ 和 $p=7$。在输出层使用 sigmoid 激活函数，将每个神经元视为独立的。我们使用二元交叉熵误差函数。使用梯度步长 $\eta=1$ 和 400 个输入序列（批大小为 400），对 RNN 训练 $r=10\ 000$ 代。RNN 模型能很好地学习训练数据，在预测下一个可能的符号集时没有出现错误。

我们在 100 个以前未见过的 Reber 序列上测试 RNN 模型（和以前一样，最小序列长度为 30）。RNN 在测试序列上没有出现错误。此外，我们还训练了一个具有单个隐藏层（其大小 $m\in[4,100]$）的 MLP。即使在 $r=10\ 000$ 代训练之后，MLP 也不能完全正确地预测任何输出序列。训练数据和测试数据平均出错 2.62 次。增加训练代数或隐藏层的层数并不能提高 MLP 的性能。

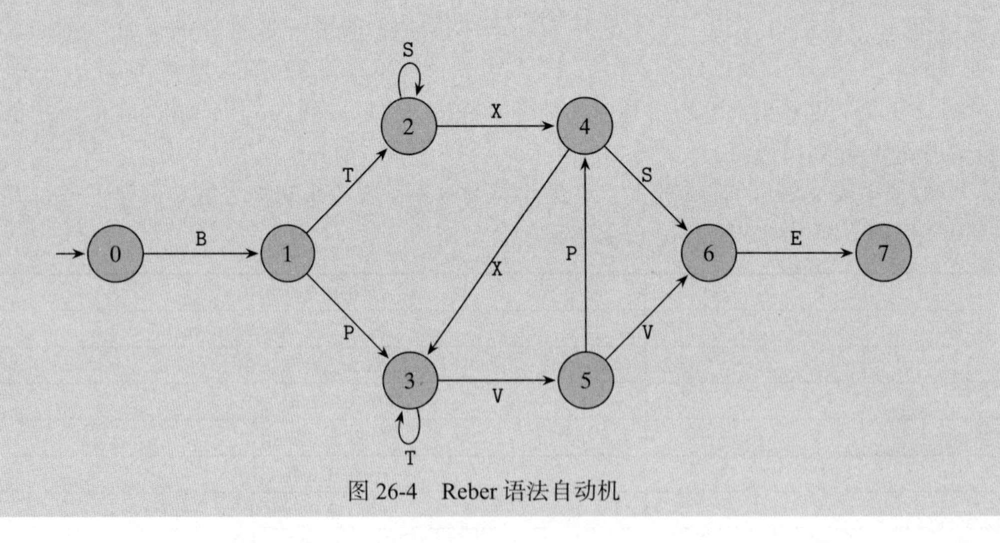

图 26-4 Reber 语法自动机

26.1.4 双向 RNN

RNN 使用了依赖于时刻 t 的先一刻隐藏状态向量 $\boldsymbol{h}_{t-1}$ 和当前输入 $\boldsymbol{x}_t$ 的隐藏状态向量 $\boldsymbol{h}_t$。换句话说，它只查看过去的信息。如图 26-5 所示，双向 RNN（BRNN）扩展了 RNN 模型，

还包括未来的信息。特别地，BRNN 保持一种后向隐藏状态向量 $\boldsymbol{b}_t \in \mathbb{R}^m$，该状态依赖于下一个后向隐藏状态向量 $\boldsymbol{b}_{t+1}$ 和当前输入 $\boldsymbol{x}_t$。t 时刻的输出是 $\boldsymbol{h}_t$ 和 $\boldsymbol{b}_t$ 的函数。我们如下计算前向和后向隐藏状态向量：

$$\begin{aligned}\boldsymbol{h}_t &= f^h(\boldsymbol{W}_{ih}^{\mathrm{T}}\boldsymbol{x}_t + \boldsymbol{W}_h^{\mathrm{T}}\boldsymbol{h}_{t-1} + \boldsymbol{b}_h) \\ \boldsymbol{b}_t &= f^b(\boldsymbol{W}_{ib}^{\mathrm{T}}\boldsymbol{x}_t + \boldsymbol{W}_b^{\mathrm{T}}\boldsymbol{b}_{t+1} + \boldsymbol{b}_b)\end{aligned} \tag{26.6}$$

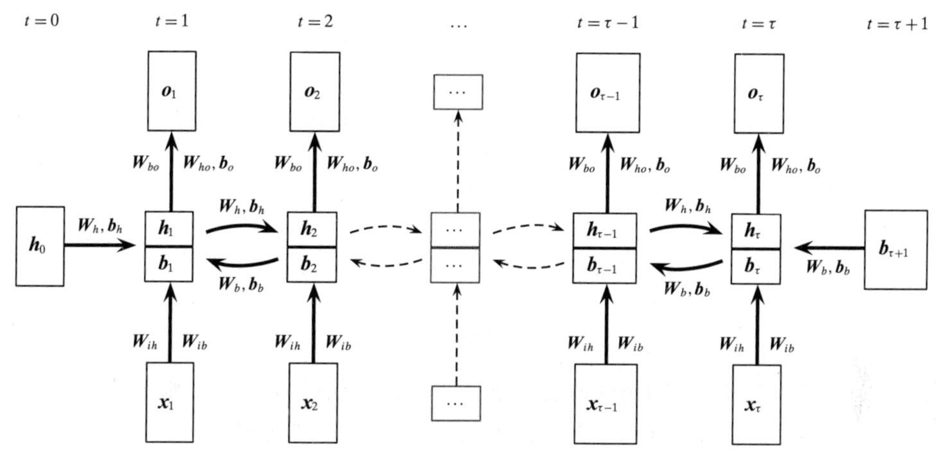

图 26-5　双向 RNN：按时间展开

BRNN 需要两个初始状态向量（$\boldsymbol{h}_0$ 和 $\boldsymbol{b}_{\tau+1}$）来计算 $\boldsymbol{h}_1$ 和 $\boldsymbol{b}_\tau$，通常设为 $\mathbf{0} \in \mathbb{R}^m$。前向和后向隐藏状态向量是独立计算的，前向隐藏状态向量通过考虑正向输入序列 $\boldsymbol{x}_1, \boldsymbol{x}_2, \cdots, \boldsymbol{x}_\tau$ 来计算，后向隐藏状态向量通过考虑反向序列 $\boldsymbol{x}_\tau, \boldsymbol{x}_{\tau-1}, \cdots, \boldsymbol{x}_1$ 来计算。仅当 $\boldsymbol{h}_t$ 和 $\boldsymbol{b}_t$ 都可用时，才能计算时刻 t 的输出，如下所示：

$$\boldsymbol{o}_t = f^o(\boldsymbol{W}_{ho}^{\mathrm{T}}\boldsymbol{h}_t + \boldsymbol{W}_{bo}^{\mathrm{T}}\boldsymbol{b}_t + \boldsymbol{b}_o)$$

很明显，BRNN 在计算输出之前需要用到完整的输入。我们也可以认为 BRNN 有两组输入序列，即正向输入序列 $\mathcal{X} = (\boldsymbol{x}_1, \boldsymbol{x}_2, \cdots, \boldsymbol{x}_\tau)$ 和反向输入序列 $\mathcal{X}^r = (\boldsymbol{x}_\tau, \boldsymbol{x}_{\tau-1}, \cdots, \boldsymbol{x}_1)$，对应隐藏状态向量 $\boldsymbol{h}_t$ 和 $\boldsymbol{b}_t$，它们共同确定输出 $\boldsymbol{o}_t$。因此，BRNN 由两个具有独立隐藏层的“堆叠”RNN 组成，它们共同确定输出。

26.2　门控 RNN：长 – 短期记忆网络

RNN 训练过程中面临的一个问题是容易出现梯度消失和梯度爆炸问题。例如，考虑计算 t 时刻隐藏层的净梯度向量 $\boldsymbol{\delta}_t^h$ 的任务：

$$\boldsymbol{\delta}_t^h = \partial \boldsymbol{f}_t^h \odot ((\boldsymbol{W}_o \cdot \boldsymbol{\delta}_t^o) + (\boldsymbol{W}_h \cdot \boldsymbol{\delta}_{t+1}^h))$$

为了简单起见，假设使用线性激活函数，即 $\partial \boldsymbol{f}_t^h = \mathbf{1}$，忽略输出层的净梯度向量，只关注对隐藏层的依赖性。对于长度为 τ 的输入序列，有：

$$\boldsymbol{\delta}_t^h = \boldsymbol{W}_h \cdot \boldsymbol{\delta}_{t+1}^h = \boldsymbol{W}_h(\boldsymbol{W}_h \cdot \boldsymbol{\delta}_{t+2}^h) = \boldsymbol{W}_h^2 \cdot \boldsymbol{\delta}_{t+2}^h = \cdots = \boldsymbol{W}_h^{\tau-t} \cdot \boldsymbol{\delta}_\tau^h$$

特别是，$t=1$ 时，有 $\boldsymbol{\delta}_1^h = \boldsymbol{W}_h^{\tau-1} \cdot \boldsymbol{\delta}_\tau^h$。可以观察到，$\tau$ 时刻的净梯度会根据 $\boldsymbol{W}_h^{\tau-t}$ 的大小影响 t 时刻的净梯度向量，其中 $\boldsymbol{W}_h^{\tau-t}$ 是隐藏权重矩阵 $\boldsymbol{W}_h$ 的乘幂。设 $\boldsymbol{W}_h$ 的谱半径（定义为其最

大特征值的绝对值）为 $|\lambda_1|$。结果表明，如果 $|\lambda_1|<1$，$k\to\infty$ 时 $\|\boldsymbol{W}_h^k\|\to 0$，即当我们用长序列训练 RNN 时，梯度会消失。此外，如果 $|\lambda_1|>1$，则 $\boldsymbol{W}_h^k$ 中至少一个元素变得无界，因此 $k\to\infty$ 时 $\|\boldsymbol{W}_h^k\|\to\infty$，即当我们用长序列训练 RNN 时，梯度会爆炸。为了更清楚地展示这一点，设 $m\times m$ 方阵 $\boldsymbol{W}_h$ 的特征分解为

$$\boldsymbol{W}_h=\boldsymbol{U}\cdot\begin{pmatrix}\lambda_1 & 0 & \cdots & 0\\ 0 & \lambda_2 & \cdots & 0\\ \vdots & \vdots & & \vdots\\ 0 & 0 & \cdots & \lambda_m\end{pmatrix}\cdot\boldsymbol{U}^{-1}$$

其中，$|\lambda_1|\geqslant|\lambda_2|\geqslant\cdots\geqslant|\lambda_m|$ 是 $\boldsymbol{W}_h$ 的特征值，$\boldsymbol{U}$ 是由相应的特征向量 $\boldsymbol{u}_1,\boldsymbol{u}_2,\cdots,\boldsymbol{u}_m$ 组成的矩阵。因此，得到：

$$\boldsymbol{W}_h^{\tau-t}=\boldsymbol{U}\cdot\begin{pmatrix}\lambda_1^k & 0 & \cdots & 0\\ 0 & \lambda_2^k & \cdots & 0\\ \vdots & \vdots & & \vdots\\ 0 & 0 & \cdots & \lambda_m^k\end{pmatrix}\cdot\boldsymbol{U}^{-1}$$

很明显，净梯度根据 $\boldsymbol{W}_h$ 的特征值进行缩放。因此，如果 $|\lambda_1|<1$，则 $k\to\infty$ 时 $|\lambda_1|^k\to 0$，并且由于 $|\lambda_1|\geqslant|\lambda_i|\,(i=1,2,\cdots,m)$，必然也有 $|\lambda_i|^k\to 0$，即梯度消失了。如果 $|\lambda_1|>1$，则 $k\to\infty$ 时 $|\lambda_i|^k\to\infty$，梯度爆炸了。因此，为了使误差既不消失也不爆炸，$\boldsymbol{W}_h$ 的谱半径应保持为 1 或非常接近 1。

长－短期记忆（LSTM）网络通过门控神经元（gate neuron）控制对隐藏状态的访问，从而缓解梯度消失问题。考虑 t 时刻的 m 维隐藏状态向量 $\boldsymbol{h}_t\in\mathbb{R}^m$。在正则 RNN 中，更新隐藏状态向量的方式如下所示［根据式（26.1）］：

$$\boldsymbol{h}_t=f^h(\boldsymbol{W}_i^{\mathrm{T}}\boldsymbol{x}_t+\boldsymbol{W}_h^{\mathrm{T}}\boldsymbol{h}_{t-1}+\boldsymbol{b}_h)$$

设 $\boldsymbol{g}\in\{0,1\}^m$ 表示二元向量。如果求 $\boldsymbol{g}$ 和 $\boldsymbol{h}_t$ 的元素乘积，即 $\boldsymbol{g}\odot\boldsymbol{h}_t$，则 $\boldsymbol{g}$ 的元素作为门控元素，控制是保留 $\boldsymbol{h}_t$ 的相应元素还是将其设为零。因此，向量 $\boldsymbol{g}$ 作为逻辑门控单元，允许记忆或遗忘 $\boldsymbol{h}_t$ 的选定元素。然而，为了进行反向传播，我们需要可微的门控单元，因此我们在门控神经元上使用 sigmoid 激活函数，使其值在 $[0,1]$ 范围内。像逻辑门控单元一样，如果值为 1，则这种神经元允许完全记住输入，如果值为 0，则允许忘记输入。此外，如果值介于 0 和 1 之间，则允许对输入进行加权记忆，允许记住 $\boldsymbol{h}_t$ 的部分元素。

例 26.2（可微门控单元） 例如，思考以下隐藏状态向量。

$$\boldsymbol{h}_t=(-0.94\quad 1.05\quad 0.39\quad 0.97\quad 0.90)^{\mathrm{T}}$$

首先思考一个逻辑门控向量：

$$\boldsymbol{g}=(0\quad 1\quad 1\quad 0\quad 1)^{\mathrm{T}}$$

它们的元素乘积为

$$\boldsymbol{g}\odot\boldsymbol{h}_t=(0\quad 1.05\quad 0.39\quad 0\quad 0.90)^{\mathrm{T}}$$

可见，第一、四个元素已被“遗忘”。

现在，思考一个可微门控向量：

$$\boldsymbol{g}=(0.1\quad 0\quad 1\quad 0.9\quad 0.5)^{\mathrm{T}}$$

$\boldsymbol{g}$ 和 $\boldsymbol{h}_t$ 的元素乘积为

$$\boldsymbol{g}\odot\boldsymbol{h}_t=(-0.094\quad 0\quad 0.39\quad 0.873\quad 0.45)^{\mathrm{T}}$$

现在，只有 $\boldsymbol{g}$ 中元素指定的小数在元素相乘之后被保留。

26.2.1 遗忘门

为了了解门控神经元是如何运作的，思考带有忘记门的 RNN。设 $\boldsymbol{h}_t\in\mathbb{R}^m$ 表示隐藏状态向量，$\boldsymbol{\phi}_t\in\mathbb{R}^m$ 表示遗忘门向量。这两个向量都有相同数量（m）的神经元。

在正则 RNN 中，假设使用 tanh 激活函数，则隐藏状态向量无条件更新，如下所示：

$$\boldsymbol{h}_t=\tanh(\boldsymbol{W}_i^{\mathrm{T}}\boldsymbol{x}_t+\boldsymbol{W}_h^{\mathrm{T}}\boldsymbol{h}_{t-1}+\boldsymbol{b}_h)$$

我们不直接更新 $\boldsymbol{h}_t$，而是使用遗忘门神经元来控制计算新值时忘记先前隐藏状态向量的程度，并根据新输入 $\boldsymbol{x}_t$ 来控制更新方式。

图 26-6 展示了带有遗忘门的 RNN 的结构。给定输入 $\boldsymbol{x}_t$ 和隐藏状态向量 $\boldsymbol{h}_{t-1}$，首先计算候选更新向量 $\boldsymbol{u}_t$，如下所示：

$$\boldsymbol{u}_t=\tanh(\boldsymbol{W}_u^{\mathrm{T}}\boldsymbol{x}_t+\boldsymbol{W}_{hu}^{\mathrm{T}}\boldsymbol{h}_{t-1}+\boldsymbol{b}_u)\tag{26.7}$$

候选更新向量 $\boldsymbol{u}_t$ 本质上是未修改的隐藏状态向量，就像在正则 RNN 中一样。

使用遗忘门计算新的隐藏状态向量，如下所示：

$$\boldsymbol{h}_t=\boldsymbol{\phi}_t\odot\boldsymbol{h}_{t-1}+(\boldsymbol{1}-\boldsymbol{\phi}_t)\odot\boldsymbol{u}_t\tag{26.8}$$

这里，$\odot$ 表示元素乘积运算。可以看到，新的隐藏状态向量保留了先前隐藏状态向量的一小部分，并互补地保留了候选更新向量的一小部分。注意，如果 $\boldsymbol{\phi}_t=\boldsymbol{0}$，即如果我们想完全忘记之前的隐藏状态向量，则 $\boldsymbol{1}-\boldsymbol{\phi}_t=\boldsymbol{1}$，这意味着隐藏状态向量将在每个时间步内完全更新，就像在正则 RNN 中一样。最后，给定隐藏状态向量 $\boldsymbol{h}_t$，计算输出向量 $\boldsymbol{o}_t$，如下所示：

$$\boldsymbol{o}_t=f^o(\boldsymbol{W}_o^{\mathrm{T}}\boldsymbol{h}_t+\boldsymbol{b}_o)$$

我们应该如何计算遗忘门向量 $\boldsymbol{\phi}_t$？基于之前的隐藏状态向量和新的输入向量进行计算是有意义的，因此我们按如下方式计算：

$$\boldsymbol{\phi}_t=\sigma(\boldsymbol{W}_\phi^{\mathrm{T}}\boldsymbol{x}_t+\boldsymbol{W}_{h\phi}^{\mathrm{T}}\boldsymbol{h}_{t-1}+\boldsymbol{b}_\phi)\tag{26.9}$$

其中，我们使用 sigmoid 激活函数（表示为 σ），以确保所有的神经元值都在 $[0,1]$ 范围内，这些值表示应该忘记先前隐藏状态向量相应值的程度。

总之，遗忘门向量 $\boldsymbol{\phi}_t$ 是依赖于先前隐藏状态层 $\boldsymbol{h}_{t-1}$ 和当前输入层 $\boldsymbol{x}_t$ 的层；它们是完全连接的，连接由相应的权重矩阵 $\boldsymbol{W}_{h\phi}$ 和 $\boldsymbol{W}_\phi$ 以及偏差向量 $\boldsymbol{b}_\phi$ 指定。此外，遗忘门层 $\boldsymbol{\phi}_t$ 的输出需要修改先前隐藏状态层 $\boldsymbol{h}_{t-1}$，因此，$\boldsymbol{\phi}_t$ 和 $\boldsymbol{h}_{t-1}$ 都要输入新元素乘积层中，在图 26-6 中用 $\odot$ 表示。该元素乘积层的输出被用作新隐藏层 $\boldsymbol{h}_t$ 的输入，该隐藏层 $\boldsymbol{h}_t$ 还从另一个元素乘积门获取

输入，这个元素乘积层的门计算候选更新向量 $\boldsymbol{u}_t$ 和互补遗忘门 $\mathbf{1}-\boldsymbol{\phi}_t$ 的输出。因此，与完全连接并且层间具有权重矩阵和偏差向量的常规层不同，通过元素乘积层 $\boldsymbol{\phi}_t$ 和 $\boldsymbol{h}_t$ 之间的连接都是一对一的，并且权重固定为 1 且偏差为 0。同样，通过另一个元素乘积层 $\boldsymbol{u}_t$ 和 $\boldsymbol{h}_t$ 之间的连接也是一对一的，权重固定为 1，偏差为 0。

例 26.3 设 $m=5$。假设先前的隐藏状态向量和候选更新向量分别为

$$\boldsymbol{h}_{t-1}=(-0.94 \quad 1.05 \quad 0.39 \quad 0.97 \quad 0.9)^{\mathrm{T}}$$

$$\boldsymbol{u}_t=(0.5 \quad 2.5 \quad -1.0 \quad -0.5 \quad 0.8)^{\mathrm{T}}$$

遗忘门向量及互补遗忘门向量分别为

$$\boldsymbol{\phi}_t=(0.9 \quad 1 \quad 0 \quad 0.1 \quad 0.5)^{\mathrm{T}}$$

$$\mathbf{1}-\boldsymbol{\phi}_t=(0.1 \quad 0 \quad 1 \quad 0.9 \quad 0.5)^{\mathrm{T}}$$

新的隐藏状态向量为先前隐藏状态向量和候选更新向量的加权和：

$$\begin{aligned}
\boldsymbol{h}_t &= \boldsymbol{\phi}_t \odot \boldsymbol{h}_{t-1}+(\mathbf{1}-\boldsymbol{\phi}_t)\odot \boldsymbol{u}_t \\
&=(0.9 \quad 1 \quad 0 \quad 0.1 \quad 0.5)^{\mathrm{T}} \odot (-0.94 \quad 1.05 \quad 0.39 \quad 0.97 \quad 0.9)^{\mathrm{T}}+ \\
&\quad (0.1 \quad 0 \quad 1 \quad 0.9 \quad 0.5)^{\mathrm{T}} \odot (0.5 \quad 2.5 \quad -1.0 \quad -0.5 \quad 0.8)^{\mathrm{T}} \\
&=(-0.846 \quad 1.05 \quad 0 \quad 0.097 \quad 0.45)^{\mathrm{T}}+(0.05 \quad 0 \quad -1.0 \quad -0.45 \quad 0.40)^{\mathrm{T}} \\
&=(-0.796 \quad 1.05 \quad -1.0 \quad -0.353 \quad 0.85)^{\mathrm{T}}
\end{aligned}$$

计算净梯度

计算带有遗忘门的 RNN 的净梯度是有指导意义的，因为在训练 LSTM 网络时使用了类似的方法来计算净梯度。带有遗忘门的 RNN 需要学习的参数包括权重矩阵 $\boldsymbol{W}_u$、$\boldsymbol{W}_{hu}$、$\boldsymbol{W}_\phi$ 和 $\boldsymbol{W}_{h\phi}$，以及偏差向量 $\boldsymbol{b}_u$ 和 $\boldsymbol{b}_\phi$。隐藏状态向量 $\boldsymbol{h}_t$ 的计算将新元素乘积层的输入相加，新元素乘积层将其传入的边相乘，从而计算净输入，而不是计算加权和。我们将研究如何在反向传播过程中考虑元素乘积层。

图 26-7 展示了带遗忘门的 RNN 在两个时间步展开的效果。设 $\boldsymbol{\delta}_t^o$、$\boldsymbol{\delta}_t^h$、$\boldsymbol{\delta}_t^\phi$ 和 $\boldsymbol{\delta}_t^u$ 分别表示输出层、隐藏层、遗忘门层和候选更新层的净梯度向量。在反向传播过程中，我们需要计算每一层的净梯度。通过考虑激活函数的偏导数 $(\partial \boldsymbol{f}_t^o)$ 和误差函数的偏导数 $(\partial \boldsymbol{\mathcal{E}}_{x_t})$，计算输出层的净梯度：

$$\boldsymbol{\delta}_t^o=\partial \boldsymbol{f}_t^o \odot \partial \boldsymbol{\mathcal{E}}_{x_t}$$

对于其他层，可以反转所有箭头以确定各层之间的依赖关系。因此，在计算更新层的净梯度 $\boldsymbol{\delta}_t^u$ 时，请注意，在反向传播中，它只有一条通过

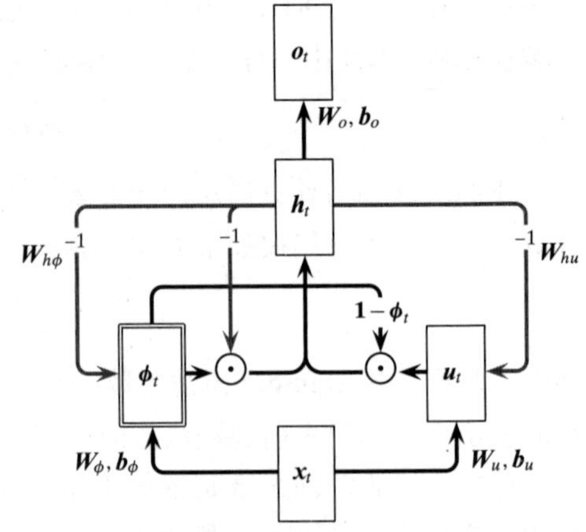

图 26-6 具有遗忘门 $\boldsymbol{\phi}_t$ 的 RNN。循环连接表示为灰色，遗忘门表示为双线框。⊙表示元素乘积

元素乘积层的 $(\mathbf{1}-\boldsymbol{\phi}_t)\odot \boldsymbol{u}_t$ 从 $\boldsymbol{h}_t$ 传入的边。t 时刻更新层神经元 i 的净梯度 $\delta_{t,i}^u$ 如下：

$$\delta_{t,i}^u = \frac{\partial \mathcal{E}_x}{\partial \text{net}_{t,i}^u} = \frac{\partial \mathcal{E}_x}{\partial \text{net}_{t,i}^h} \cdot \frac{\partial \text{net}_{t,i}^h}{\partial u_{t,i}} \cdot \frac{\partial u_{t,i}}{\partial \text{net}_{t,i}^u} = \delta_{t,i}^h \cdot (1-\phi_{t,i}) \cdot \left(1-u_{t,i}^2\right)$$

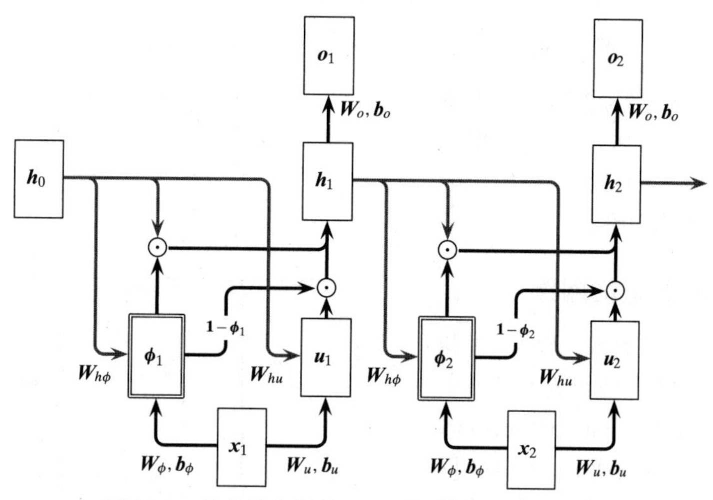

图 26-7 具备遗忘门的 RNN 在时间上的展开效果

其中，$\frac{\partial \text{net}_{t,i}^h}{\partial u_{t,i}} = \frac{\partial}{\partial u_{t,i}}\{\phi_{t,i}\cdot h_{t-1,i} + (1-\phi_{t,i})\cdot u_{t,i}\} = 1-\phi_{t,i}$，更新层使用 tanh 激活函数。考虑所有神经元，便可得到 $\boldsymbol{u}_t$ 的净梯度，如下所示：

$$\boldsymbol{\delta}_t^u = \boldsymbol{\delta}_t^h \odot (\mathbf{1}-\boldsymbol{\phi}_t) \odot (\mathbf{1}-\boldsymbol{u}_t) \odot \boldsymbol{u}_t$$

为了计算遗忘门的净梯度向量，我们从图 26-7 中观察到在反向传播期间有两个进入 $\boldsymbol{\phi}_t$ 的流，一个通过元素乘积层 $\boldsymbol{\phi}_t \odot \boldsymbol{h}_{t-1}$ 从 $\boldsymbol{h}_t$ 流入，另一个通过元素乘积层 $(1-\boldsymbol{\phi}_t)\odot \boldsymbol{u}_t$ 从 $\boldsymbol{h}_t$ 流入。因此，t 时刻遗忘门神经元 i 的净梯度 $\delta_{t,i}^\phi$ 为

$$\delta_{t,i}^\phi = \frac{\partial \mathcal{E}_x}{\partial \text{net}_{t,i}^\phi} = \frac{\partial \mathcal{E}_x}{\partial \text{net}_{t,i}^h} \cdot \frac{\partial \text{net}_{t,i}^h}{\partial \phi_{t,i}} \cdot \frac{\partial \phi_{t,i}}{\partial \text{net}_{t,i}^\phi} = \delta_{t,i}^h \cdot (h_{t-1,i} - u_{t,i}) \cdot \phi_{t,i}(1-\phi_{t,i})$$

其中，$\frac{\partial \text{net}_{t,i}^h}{\partial \phi_{t,i}} = \frac{\partial}{\partial \phi_{t,i}}\{\phi_{t,i}\cdot h_{t-1,i} + (1-\phi_{t,i})\cdot u_{t,i}\} = h_{t-1,i} - u_{t,i}$，更新层使用 tanh 激活函数。考虑所有神经元，便可得到 ϕ_t 的净梯度，如下所示：

$$\boldsymbol{\delta}_t^u = \boldsymbol{\delta}_t^h \odot (\mathbf{1}-\boldsymbol{\phi}_t) \odot (\mathbf{1}-\boldsymbol{u}_t) \odot \boldsymbol{u}_t$$

最后，我们考虑如何计算 $\boldsymbol{\delta}_t^h$，即 t 时刻隐藏层的净梯度。从图 26-7 可以观察到，如果反转箭头，根据元素乘积 $\boldsymbol{h}_{t+1}\odot\boldsymbol{\phi}_{t+1}$，$\boldsymbol{\delta}_t^h$ 将取决于输出层 $\boldsymbol{o}_t$、遗忘门层 $\boldsymbol{\phi}_{t+1}$、更新层 $\boldsymbol{u}_{t+1}$ 和隐藏层 $\boldsymbol{h}_{t+1}$ 的梯度。输出层、遗忘门层和更新层像正则 RNN 中一样。但是，由于元素乘积层的原因，来自 $\boldsymbol{h}_{t+1}$ 的流处理如下：

$$\frac{\partial \mathcal{E}_{x_t}}{\partial \text{net}_{t+1,i}^h} \cdot \frac{\partial \text{net}_{t+1,i}^h}{\partial h_{t,i}} \cdot \frac{\partial h_{t,i}}{\partial \text{net}_{t,i}^h} = \delta_{t+1,i}^h \cdot \phi_{t+1,i} \cdot 1 = \delta_{t+1,i}^h \cdot \phi_{t+1,i}$$

其中，$\frac{\partial \text{net}_{t+1,i}^h}{\partial h_{t,i}} = \frac{\partial}{\partial h_{t,i}} \{\phi_{t+1,i} \cdot h_{t,i} + (1-\phi_{t+1,i}) \cdot u_{t+1,i}\} = \phi_{t+1,i}$，$\boldsymbol{h}_t$ 隐式地使用了恒等激活函数。t 时刻，考虑所有隐藏神经元，$\boldsymbol{h}_{t+1}$ 的净梯度向量分量为 $\boldsymbol{\delta}_{t+1}^h \odot \boldsymbol{\phi}_{t+1}$。考虑到所有层（包括输出层、遗忘门层、更新层和元素乘积层），t 时刻隐藏层的完整净梯度向量如下：

$$\boldsymbol{\delta}_t^h = \boldsymbol{W}_o \boldsymbol{\delta}_t^o + \boldsymbol{W}_{h\phi} \boldsymbol{\delta}_{t+1}^{\phi} + \boldsymbol{W}_{hu} \boldsymbol{\delta}_{t+1}^u + (\boldsymbol{\delta}_{t+1}^h \odot \boldsymbol{\phi}_{t+1})$$

给定净梯度，按照与 26.1.2 节中正则 RNN 类似的方式计算所有权重矩阵和偏差向量的梯度。同样，也可以用随机梯度下降法来训练网络。

26.2.2　长–短期记忆网络

现在描述 LSTM 网络，它使用可微门向量（控制隐藏状态向量 $\boldsymbol{h}_t$）和另一个称为内部记忆向量（internal memory vector）的 $\boldsymbol{c}_t \in \mathbb{R}^m$。具体而言，LSTM 网络使用三个门向量（gate vector）：输入门向量 $\boldsymbol{\kappa}_t \in \mathbb{R}^m$、遗忘门向量 $\boldsymbol{\phi}_t \in \mathbb{R}^m$ 和输出门向量 $\boldsymbol{\omega}_t \in \mathbb{R}^m$，如图 26-8 所示。该图展示了 LSTM 网络的结构。与正则 RNN 一样，LSTM 网络还为每个时间步维护一个隐藏状态向量。然而，隐藏状态向量的内容经由输出门从内部记忆向量被选择性地复制，其中内部记忆经由输入门被更新，并且部分内容经由遗忘门被遗忘。

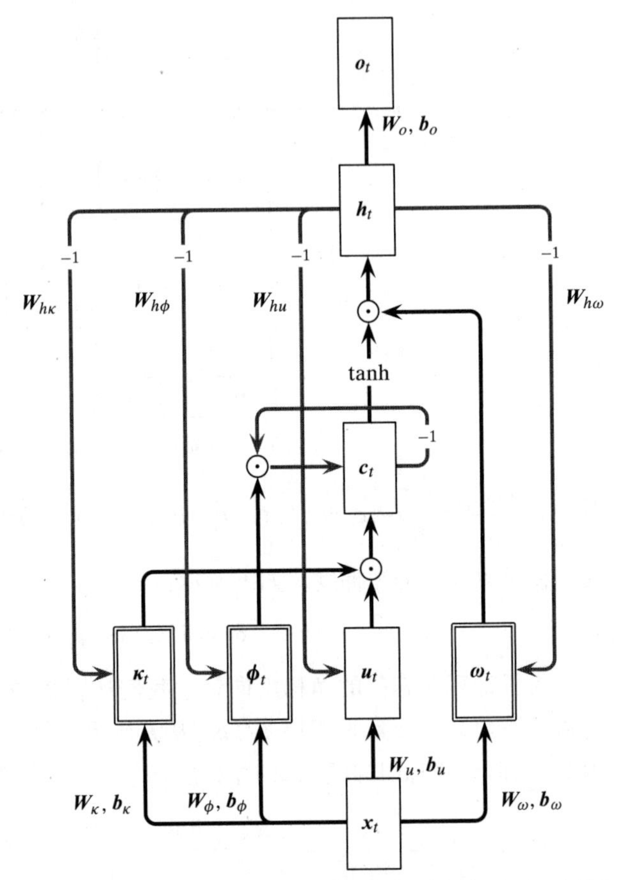

图 26-8　LSTM 神经网络，循环连接用灰色显示，门层用双线显示

设 $\mathcal{X} = \langle \boldsymbol{x}_1, \boldsymbol{x}_2, \cdots, \boldsymbol{x}_\tau \rangle$ 表示长度为 τ 的 d 维输入向量序列，$\mathcal{Y} = \langle \boldsymbol{y}_1, \boldsymbol{y}_2, \cdots, \boldsymbol{y}_\tau \rangle$ 表示 p 维响应向量序列，$\mathcal{O} = \langle \boldsymbol{o}_1, \boldsymbol{o}_2, \cdots, \boldsymbol{o}_\tau \rangle$ 表示 LSTM 网络的 p 维输出序列。在 t 时刻，三个门向量更新如下：

$$\begin{aligned}
\boldsymbol{\kappa}_t &= \sigma(\boldsymbol{W}_\kappa^{\mathrm{T}} \boldsymbol{x}_t + \boldsymbol{W}_{h\kappa}^{\mathrm{T}} \boldsymbol{h}_{t-1} + \boldsymbol{b}_\kappa) \\
\boldsymbol{\phi}_t &= \sigma(\boldsymbol{W}_\phi^{\mathrm{T}} \boldsymbol{x}_t + \boldsymbol{W}_{h\phi}^{\mathrm{T}} \boldsymbol{h}_{t-1} + \boldsymbol{b}_\phi) \\
\boldsymbol{\omega}_t &= \sigma(\boldsymbol{W}_\omega^{\mathrm{T}} \boldsymbol{x}_t + \boldsymbol{W}_{h\omega}^{\mathrm{T}} \boldsymbol{h}_{t-1} + \boldsymbol{b}_\omega)
\end{aligned} \tag{26.10}$$

这里 $\sigma(\cdot)$ 表示 sigmoid 激活函数。可以观察到，每个门都是 t 时刻输入向量 $\boldsymbol{x}_t$，以及上一时刻的隐藏状态向量 $\boldsymbol{h}_{t-1}$ 的函数。每个门向量都有从输入神经元到门神经元和从隐藏神经元到门神经元的权重矩阵，以及相应的偏差向量。从概念上讲，每个门向量在 LSTM 网络中都扮演不同的角色。输入门向量 $\boldsymbol{\kappa}_t$ 通过候选更新向量 $\boldsymbol{u}_t$ 控制允许输入向量的哪些元素影响内部记忆向量 $\boldsymbol{c}_t$。遗忘门向量 $\boldsymbol{\phi}_t$ 控制要忘记前一个内部记忆向量的程度，输出门向量 $\boldsymbol{\omega}_t$

控制为隐藏状态向量保留多少内部记忆状态。

给定当前输入 $\boldsymbol{x}_t$ 和上一时刻隐藏状态向量 $\boldsymbol{h}_{t-1}$，LSTM 网络在应用 tanh 激活函数之后首先计算候选更新向量 $\boldsymbol{u}_t$：

$$\boldsymbol{u}_t = \tanh(\boldsymbol{W}_u^{\mathrm{T}}\boldsymbol{x}_t + \boldsymbol{W}_{hu}^{\mathrm{T}}\boldsymbol{h}_{t-1} + \boldsymbol{b}_u) \tag{26.11}$$

然后，应用不同的门来计算内部记忆向量和隐藏状态向量：

$$\begin{aligned} \boldsymbol{c}_t &= \boldsymbol{\kappa}_t \odot \boldsymbol{u}_t + \boldsymbol{\phi}_t \odot \boldsymbol{c}_{t-1} \\ \boldsymbol{h}_t &= \boldsymbol{\omega}_t \odot \tanh(\boldsymbol{c}_t) \end{aligned} \tag{26.12}$$

时刻 t 的内部记忆向量 $\boldsymbol{c}_t$ 取决于当前更新向量 $\boldsymbol{u}_t$ 和上一时刻内部记忆向量 $\boldsymbol{c}_{t-1}$。输入门 $\boldsymbol{\kappa}_t$ 控制 $\boldsymbol{u}_t$ 影响 $\boldsymbol{c}_t$ 的程度，而遗忘门向量 $\boldsymbol{\phi}_t$ 控制上一时刻记忆被遗忘的程度。此外，隐藏状态向量 $\boldsymbol{h}_t$ 取决于由 tanh 激活函数控制的内部记忆向量 $\boldsymbol{c}_t$，输出门向量 $\boldsymbol{\omega}_t$ 控制有多少内部记忆反映在隐藏状态中。除了输入向量 $\boldsymbol{x}_t$ 之外，LSTM 网络还需要初始隐藏状态向量 $\boldsymbol{h}_0$ 和初始内部记忆向量 $\boldsymbol{c}_0$，这两个向量通常都设为 $\boldsymbol{0} \in \mathbb{R}^m$。

最后，通过将输出激活函数 f^o 应用于隐藏状态神经元值的仿射组合来获得网络的输出 $\boldsymbol{o}_t$：

$$\boldsymbol{o}_t = f^o(\boldsymbol{W}_o^{\mathrm{T}}\boldsymbol{h}_t + \boldsymbol{b}_o)$$

LSTM 网络通常可以处理长序列，因为内部记忆状态的净梯度在长时间步内不会消失。这是因为，通过设计，时刻 $t-1$ 的内部记忆状态 $\boldsymbol{c}_{t-1}$ 通过经由线性激活函数固定在 1 的隐式权重和固定在 0 的偏差与时刻 t 的内部记忆状态 $\boldsymbol{c}_t$ 相链接。这使得误差在时间步间流动时，不会消失或爆炸。

如图 26-9 所示，LSTM 网络可以像正则 RNN 一样，通过将层在时间上展开来进行训练。该图展示了两个时间步的展开效果。训练的第一步是使用前馈过程计算误差，第二步是反向传播梯度。第二步必须进行修改，以包含用于更新内部记忆状态 $\boldsymbol{c}_t$ 和隐藏状态 $\boldsymbol{h}_t$ 的元素操作。从 $\boldsymbol{c}_0 \sim \boldsymbol{c}_\tau$ 直到从 $\boldsymbol{c}_{t-1} \sim \boldsymbol{c}_t$ 的连接，可以被认为是使用单位权重矩阵和零偏差，在图中显示为一条直线，表明内部记忆状态可以在较长时间内流动，而梯度不会消失或爆炸。

26.2.3 训练 LSTM 网络

考虑图 26-9 中展开的 LSTM 网络。在反向传播期间，通过考虑激活函数的偏导数 $\partial \boldsymbol{f}_t^o$ 和误差函数的偏导数 $\partial \boldsymbol{\mathcal{E}}_{\boldsymbol{x}_t}$，计算时刻 t 输出层的净梯度向量，如下所示：

$$\boldsymbol{\delta}_t^o = \partial \boldsymbol{f}_t^o \odot \partial \boldsymbol{\mathcal{E}}_{\boldsymbol{x}_t}$$

这里假设输出神经元相互独立。

在反向传播中，有两个到内部记忆向量 $\boldsymbol{c}_t$ 的传入连接，一个来自 $\boldsymbol{h}_t$，另一个来自 $\boldsymbol{c}_{t+1}$。因此，t 时刻内部记忆神经元 i 的净梯度 $\delta_{t,i}^c$ 如下：

$$\begin{aligned} \delta_{t,i}^c = \frac{\partial \mathcal{E}_{\boldsymbol{x}}}{\partial \mathrm{net}_{t,i}^c} &= \frac{\partial \mathcal{E}_{\boldsymbol{x}}}{\partial \mathrm{net}_{t,i}^h} \cdot \frac{\partial \mathrm{net}_{t,i}^h}{\partial c_{t,i}} \cdot \frac{\partial c_{t,i}}{\partial \mathrm{net}_{t,i}^c} + \frac{\partial \mathcal{E}_{\boldsymbol{x}}}{\partial \mathrm{net}_{t+1,i}^c} \cdot \frac{\partial \mathrm{net}_{t+1,i}^c}{\partial c_{t,i}} \cdot \frac{\partial c_{t,i}}{\partial \mathrm{net}_{t,i}^c} \\ &= \delta_{t,i}^h \cdot \omega_{t,i}(1 - c_{t,i}^2) + \delta_{t+1,i}^c \cdot \phi_{t+1,i} \end{aligned}$$

其中内部记忆向量隐式地使用恒等激活函数，因此：

$$\frac{\partial \text{net}_{t,i}^h}{\partial c_{t,i}} = \frac{\partial}{\partial c_{t,i}}\{\omega_{t,i} \cdot \tanh(c_{t,i})\} = \omega_{t,i}(1 - c_{t,i}^2)$$

$$\frac{\partial \text{net}_{t+1,i}^c}{\partial c_{t,i}} = \frac{\partial}{\partial c_{t,i}}\{\kappa_{t+1,i} \cdot u_{t+1,i} + \phi_{t+1,i} \cdot c_{t,i}\} = \phi_{t+1,i}$$

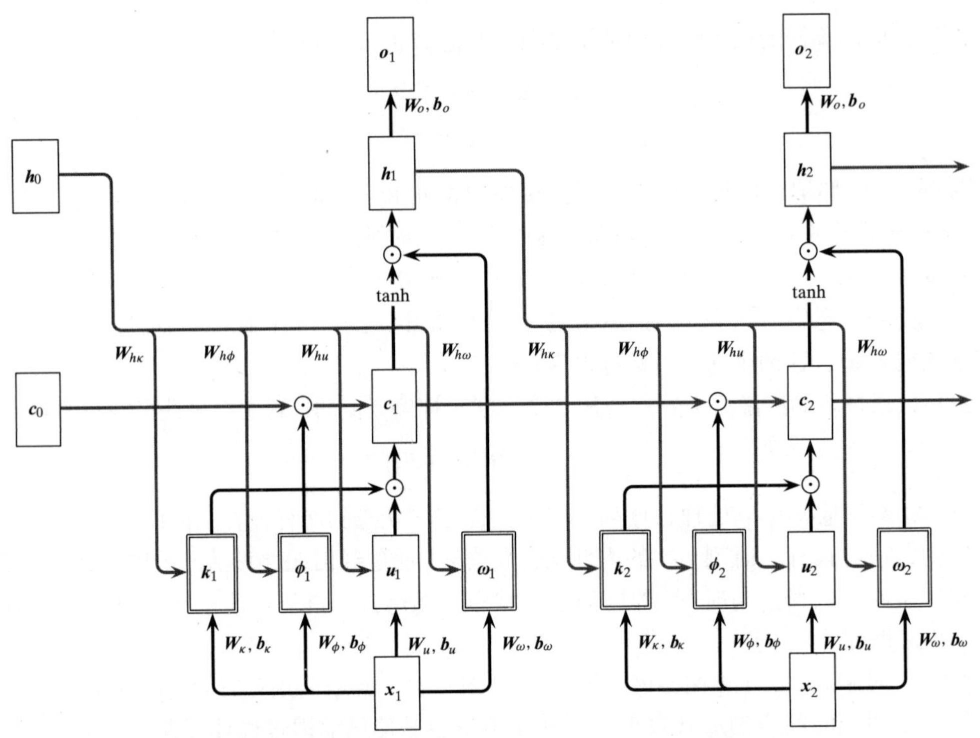

图 26-9 LSTM 神经网络在时间上的展开效果（循环连接用灰色显示）

因此，$\boldsymbol{c}_t$ 处的净梯度向量 $\boldsymbol{\delta}_t^c$ 为

$$\boldsymbol{\delta}_t^c = \boldsymbol{\delta}_t^h \odot \boldsymbol{\omega}_t \odot (\mathbf{1} - \boldsymbol{c}_t \odot \boldsymbol{c}_t) + \boldsymbol{\delta}_{t+1}^c \odot \boldsymbol{\phi}_{t+1}$$

遗忘门在反向传播中只有一个经过元素乘积层 $\boldsymbol{\phi}_t \odot \boldsymbol{c}_{t-1}$ 的传入边（来自 $\boldsymbol{c}_t$），使用的是 sigmoid 激活函数，因此净梯度为

$$\delta_{t,i}^{\phi} = \frac{\partial \mathcal{E}_{\boldsymbol{x}}}{\partial \text{net}_{t,i}^{\phi}} = \frac{\partial \mathcal{E}_{\boldsymbol{x}}}{\partial \text{net}_{t,i}^{c}} \cdot \frac{\partial \text{net}_{t,i}^{c}}{\partial \phi_{t,i}} \cdot \frac{\partial \phi_{t,i}}{\partial \text{net}_{t,i}^{\phi}} = \delta_{t,i}^{c} \cdot c_{t-1,i} \cdot \phi_{t,i}(1 - \phi_{t,i})$$

其中遗忘门使用 sigmoid 激活函数，因此：

$$\frac{\partial \text{net}_{t,i}^c}{\partial \phi_{t,i}} = \frac{\partial}{\partial \phi_{t,i}}\{\kappa_{t,i} \cdot u_{t,i} + \phi_{t,i} \cdot c_{t-1,i}\} = c_{t-1,i}$$

考虑所有遗忘门神经元，得到净梯度向量：

$$\boldsymbol{\delta}_t^{\phi} = \boldsymbol{\delta}_t^c \odot \boldsymbol{c}_{t-1} \odot (\mathbf{1} - \boldsymbol{\phi}_t) \odot \boldsymbol{\phi}_t$$

在反向传播中，输入门也只有一个经过元素乘积层 $\boldsymbol{\kappa}_t \odot \boldsymbol{u}_t$ 的传入边（来自 $\boldsymbol{c}_t$），使用的是 sigmoid 激活函数。以与上面 $\boldsymbol{\delta}_t^{\phi}$ 类似的方式，输入门 $\boldsymbol{\kappa}_t$ 处的净梯度 $\boldsymbol{\delta}_t^{\kappa}$ 为

$$\boldsymbol{\delta}_t^{\kappa} = \boldsymbol{\delta}_t^c \odot \boldsymbol{u}_t \odot (\mathbf{1} - \boldsymbol{\kappa}_t) \odot \boldsymbol{\kappa}_t$$

同样的推理也适用于更新候选向量 $\boldsymbol{u}_t$，它也有一个经过 $\boldsymbol{\kappa}_t \odot \boldsymbol{u}_t$（使用 tanh 激活函数）的传入边（来自 $\boldsymbol{c}_t$），因此更新层的净梯度向量 $\boldsymbol{\delta}_t^u$ 为

$$\boldsymbol{\delta}_t^u = \boldsymbol{\delta}_t^c \odot \boldsymbol{\kappa}_t \odot (\mathbf{1} - \boldsymbol{u}_t \odot \boldsymbol{u}_t)$$

同样，在反向传播中，输出门有一个经过 $\boldsymbol{\omega}_t \odot \tanh(\boldsymbol{c}_t)$ 的传入边（来自 $\boldsymbol{h}_t$），使用的是 sigmoid 激活函数，因此：

$$\boldsymbol{\delta}_t^\omega = \boldsymbol{\delta}_t^h \odot \tanh(\boldsymbol{c}_t) \odot (\mathbf{1} - \boldsymbol{\omega}_t) \odot \boldsymbol{\omega}_t$$

最后，为了计算隐藏层的净梯度，要考虑从 $\boldsymbol{u}_{t+1}, \boldsymbol{\kappa}_{t+1}, \boldsymbol{\phi}_{t+!}, \boldsymbol{\omega}_{t+1}, \boldsymbol{o}_t$ 层流回到 $\boldsymbol{h}_t$ 的梯度。因此，隐藏层的净梯度向量 $\boldsymbol{\delta}_t^h$ 为

$$\boldsymbol{\delta}_t^h = \boldsymbol{W}_o \boldsymbol{\delta}_t^o + \boldsymbol{W}_{h\kappa} \boldsymbol{\delta}_{t+1}^\kappa + \boldsymbol{W}_{h\phi} \boldsymbol{\delta}_{t+1}^\phi + \boldsymbol{W}_{h\omega} \boldsymbol{\delta}_{t+1}^\omega + \boldsymbol{W}_{hu} \boldsymbol{\delta}_{t+1}^u$$

输出层权重矩阵和偏差向量的梯度为

$$\nabla_{\boldsymbol{b}_o} = \sum_{t=1}^{\tau} \boldsymbol{\delta}_t^o \qquad \nabla_{\boldsymbol{W}_o} = \sum_{t=1}^{\tau} \boldsymbol{h}_t \cdot \left(\boldsymbol{\delta}_t^o\right)^{\mathrm{T}}$$

同理，其他层的权重矩阵和偏差向量的梯度为

$$\begin{array}{lll}
\nabla_{\boldsymbol{b}_\kappa} = \sum_{t=1}^{\tau} \boldsymbol{\delta}_t^\kappa & \nabla_{\boldsymbol{W}_\kappa} = \sum_{t=1}^{\tau} \boldsymbol{x}_t \cdot (\boldsymbol{\delta}_t^\kappa)^{\mathrm{T}} & \nabla_{\boldsymbol{W}_{h\kappa}} = \sum_{t=1}^{\tau} \boldsymbol{h}_{t-1} \cdot (\boldsymbol{\delta}_t^\kappa)^{\mathrm{T}} \\
\nabla_{\boldsymbol{b}_\phi} = \sum_{t=1}^{\tau} \boldsymbol{\delta}_t^\phi & \nabla_{\boldsymbol{W}_\phi} = \sum_{t=1}^{\tau} \boldsymbol{x}_t \cdot (\boldsymbol{\delta}_t^\phi)^{\mathrm{T}} & \nabla_{\boldsymbol{W}_{h\phi}} = \sum_{t=1}^{\tau} \boldsymbol{h}_{t-1} \cdot (\boldsymbol{\delta}_t^\phi)^{\mathrm{T}} \\
\nabla_{\boldsymbol{b}_\omega} = \sum_{t=1}^{\tau} \boldsymbol{\delta}_t^\omega & \nabla_{\boldsymbol{W}_\omega} = \sum_{t=1}^{\tau} \boldsymbol{x}_t \cdot (\boldsymbol{\delta}_t^\omega)^{\mathrm{T}} & \nabla_{\boldsymbol{W}_{h\omega}} = \sum_{t=1}^{\tau} \boldsymbol{h}_{t-1} \cdot (\boldsymbol{\delta}_t^\omega)^{\mathrm{T}} \\
\nabla_{\boldsymbol{b}_u} = \sum_{t=1}^{\tau} \boldsymbol{\delta}_t^u & \nabla_{\boldsymbol{W}_u} = \sum_{t=1}^{\tau} \boldsymbol{x}_t \cdot (\boldsymbol{\delta}_t^u)^{\mathrm{T}} & \nabla_{\boldsymbol{W}_{hu}} = \sum_{t=1}^{\tau} \boldsymbol{h}_{t-1} \cdot (\boldsymbol{\delta}_t^u)^{\mathrm{T}}
\end{array}$$

给定这些净梯度，按照与 26.1.2 节中正则 RNN 类似的方式计算权重矩阵和偏差向量的梯度。同样，随机梯度下降也可以用来训练网络。

例 26.4（LSTM 网络） 使用 LSTM 网络来学习嵌入式 Reber 语法，这些语法根据图 26-10 所示的自动机生成。这个自动机有两个例 26.1 所示的 Reber 自动机的副本。从状态 s_1 开始，顶部自动机通过标记为 T 的边到达，而底部自动机通过标记为 P 的边到达。顶部自动机的状态标记为 $t_0, t_1, \cdots, t_7$，底部自动机的状态标记为 $p_0, p_1, \cdots, p_7$。请注意，最后一个状态 e_0 可以通过跟随标记为 T 和 P 的边分别从顶部自动机或底部自动机到达。第一个符号始终为 B，最后一个符号始终为 E。重要的是，第二个符号始终与倒数第二个符号相同，因此任何序列学习模型都必须学习这种长距离依赖性。例如，$S_\mathcal{X} = \langle$ B,T,B,T,S,S,X,X,T,V,V,E,T,E $\rangle$ 就是一个有效的嵌入式 Reber 序列。

LSTM 网络的任务是学习预测给定嵌入式 Reber 序列中每个位置的下一个符号。为了进行训练，生成 $n = 400$ 个最小长度为 40 的嵌入式 Reber 序列，并使用例 26.1 中描述的二元编码将它们转换为训练对 $(\mathcal{X}, \mathcal{Y})$。最大序列长度为 $\tau = 64$。

考虑到长距离依赖性，我们使用有 $m = 20$ 个隐藏神经元的 LSTM 网络（m 值越小，需要的学习时间越多，学习语法有困难）。输入层和输出层的大小由编码的维数决定，即 $d = 7$，$p = 7$。输出层使用 sigmoid 激活函数，每个神经元都相互独立。最后，使用二元交叉熵误差函数。LSTM 网络训练 $r = 10\,000$ 代（步长 $\eta = 1$，批大小为 400）。它完美

地学习了训练数据，在预测可能的下一个符号集时没有出错。

我们用 100 个以前未出现的嵌入式 Reber 序列（最小长度为 40）的测试 LSTM 网络模型。经过训练的 LSTM 网络在测试序列上没有出错。特别是，它能够学习第二个符号和倒数第二个符号（它们必须始终匹配）之间的长距离依赖性。

由于 RNN 在学习长距离依赖性方面有困难，因此选择了嵌入式 Reber 语法。使用有 $m=60$ 个隐藏神经元的 RNN 训练 $r=25\,000$ 代（步长 $\eta=1$），RNN 可以很好地学习训练序列。也就是说，它在 400 个训练序列中没有出现任何错误。然而，在测试数据上，100 个测试序列中有 40 个出错。事实上，在每一个测试序列中，它只会产生一个错误，即它无法正确预测倒数第二个符号。这些结果表明，虽然 RNN 能够“记住”训练数据中的长距离依赖性，但它不能完全推广到其他测试序列。

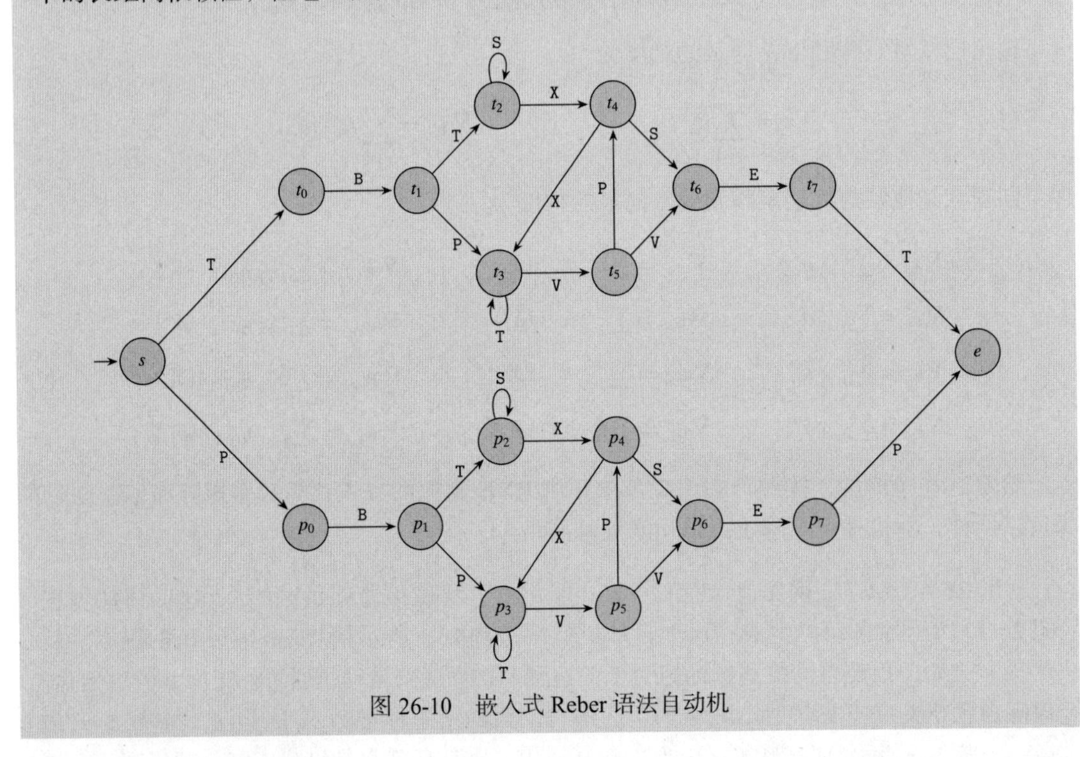

图 26-10 嵌入式 Reber 语法自动机

26.3 卷积神经网络

卷积神经网络（Convolutional Neural Network，CNN）本质上是一种局部稀疏的前馈 MLP，其目的是利用输入数据的空间结构和时间结构。在正则 MLP 中，第 l 层的所有神经元都与第 $l+1$ 层的所有神经元相连。相比之下，CNN 将第 l 层中相邻的神经元子集连接到第 $l+1$ 层中的单个神经元。不同的滑动窗口包括第 l 层相邻的神经元子集，它们应连接到第 $l+1$ 层的不同神经元。此外，所有这些滑动窗口都使用参数共享机制，即所有滑动窗口都使用同一组称为过滤器（filter）的权重。最后，使用不同的过滤器自动提取第 l 层的特征，供第 $l+1$ 层使用。

26.3.1 卷积

首先定义单向、双向和三向输入的卷积运算。单向是指单个向量形式的数据，双向是指矩阵形式的数据，三向是指张量形式的数据，我们也将它们称为一维、二维和三维输入，其中维数是指输入数据中的轴数。我们将利用输入层和第一个隐藏层讨论卷积运算，但是这些方法也可以应用于网络中的其他层。

一维卷积 设 $\boldsymbol{x}=(x_1,x_2,\cdots,x_n)^{\mathrm{T}}$ 是一个具有 n 个点的输入向量（单向输入或一维输入）。假设输入点 x_i 不是独立的，连续点之间存在相关性。设 $\boldsymbol{w}=(w_1,w_2,\cdots,w_k)^{\mathrm{T}}$ 为权向量，称为一维过滤器，$k\leqslant n$。这里，k 也称为窗口大小。设 $\boldsymbol{x}_k(i)$ 表示从位置 i 开始的长度为 k 的 $\boldsymbol{x}$ 的窗口，如下所示：

$$\boldsymbol{x}_k(i)=(x_i,x_{i+1},x_{i+2},\cdots,x_{i+k-1})^{\mathrm{T}}$$

其中，$1\leqslant i\leqslant n-k+1$。给定向量 $\boldsymbol{a}\in\mathbb{R}^k$，将求和运算符定义为将向量的所有元素相加的算子，即：

$$\operatorname{sum}(\boldsymbol{a})=\sum_{i=1}^{k}a_i$$

由星号 * 表示的 $\boldsymbol{x}$ 和 $\boldsymbol{w}$ 之间的一维卷积定义为

$$\boldsymbol{x}*\boldsymbol{w}=(\operatorname{sum}(\boldsymbol{x}_k(1)\odot\boldsymbol{w})\cdots\operatorname{sum}(\boldsymbol{x}_k(n-k+1)\odot\boldsymbol{w}))^{\mathrm{T}}$$

其中，$\odot$表示元素乘积，因此：

$$\operatorname{sum}(\boldsymbol{x}_k(i)\odot\boldsymbol{w})=\sum_{j=1}^{k}x_{i+j-1}\cdot w_j \qquad (26.13)$$

其中，$i=1,2,\cdots,n-k+1$。可以看到，$\boldsymbol{x}\in\mathbb{R}^n$ 和 $\boldsymbol{w}\in\mathbb{R}^k$ 的卷积产生一个长度为 $n-k+1$ 的向量。

例 26.5（一维卷积） 图 26-11 展示了 $n=7$ 的向量 $\boldsymbol{x}$ 的不同窗口（大小为 $k=3$）和过滤器 $\boldsymbol{w}=(1,0,2)^{\mathrm{T}}$ 的卷积输出。大小为 3 的 $\boldsymbol{x}$ 的第一个窗口是 $\boldsymbol{x}_3(1)=(1,3,-1)^{\mathrm{T}}$。如图 26-11a 所示，我们得到：

$$\operatorname{sum}(\boldsymbol{x}_3(1)\odot\boldsymbol{w})=\operatorname{sum}((1,3,-1)^{\mathrm{T}}\odot(1,0,2)^{\mathrm{T}})=\operatorname{sum}((1,0,-2)^{\mathrm{T}})=-1$$

图 26-11a ～图 26-11e 展示了使用过滤器 $\boldsymbol{w}$ 的 $\boldsymbol{x}$ 的不同滑动窗口的卷积步骤。卷积 $\boldsymbol{x}*\boldsymbol{w}$ 的大小为 $n-k+1=7-3+1=5$，如下所示：

$$\boldsymbol{x}*\boldsymbol{w}=(-1,7,5,4,-1)^{\mathrm{T}}$$

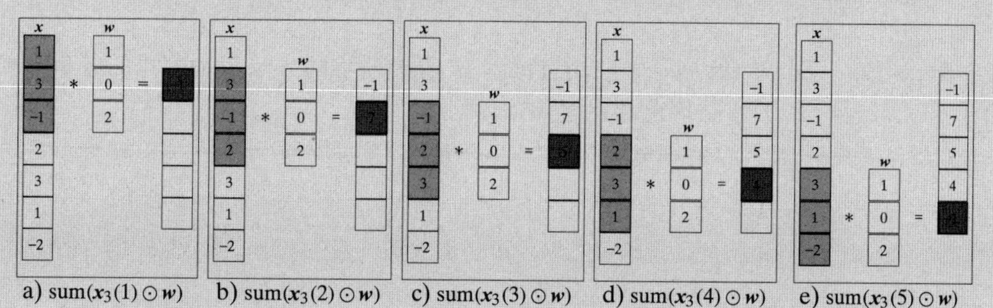

图 26-11 一维卷积：各子图显示 $\boldsymbol{x}$ 的不同滑动窗口（大小 $k=3$）和过滤器 $\boldsymbol{w}$ 之间的卷积。最终卷积输出由最后一个子图给出

二维卷积　将卷积运算扩展到矩阵输入，例如图像。设 $\boldsymbol{X}$ 是 $n\times n$ 的输入矩阵，$\boldsymbol{W}$ 是 $k\times k$ 的权重矩阵（称为二维过滤器），$k\leqslant n$。这里，k 称为窗口大小。设 $\boldsymbol{X}_k(i,j)$ 表示从 i 行和 j 列开始的 $\boldsymbol{X}$ 的 $k\times k$ 子矩阵，即：

$$\boldsymbol{X}_k(i,j)=\begin{pmatrix} x_{i,j} & x_{i,j+1} & \cdots & x_{i,j+k-1} \\ x_{i+1,j} & x_{i+1,j+1} & \cdots & x_{i+1,j+k-1} \\ \vdots & \vdots & & \vdots \\ x_{i+k-1,j} & x_{i+k-1,j+1} & \cdots & x_{i+k-1,j+k-1} \end{pmatrix}$$

其中，$1\leqslant i$，$j\leqslant n-k+1$。给定 $k\times k$ 矩阵 $\boldsymbol{A}\in\mathbb{R}^{k\times k}$，将求和运算符定义为将矩阵所有元素相加的算子，即：

$$\operatorname{sum}(\boldsymbol{A})=\sum_{i=1}^{k}\sum_{j=1}^{k}a_{i,j}$$

其中，$a_{i,j}$ 是 $\boldsymbol{A}$ 在第 i 行和第 j 列的元素。$\boldsymbol{X}$ 和 $\boldsymbol{W}$ 的二维卷积表示为 $\boldsymbol{X}*\boldsymbol{W}$，定义为

$$\boldsymbol{X}*\boldsymbol{W}=\begin{pmatrix} \operatorname{sum}(\boldsymbol{X}_k(1,1)\odot\boldsymbol{W}) & \cdots & \operatorname{sum}(\boldsymbol{X}_k(1,n-k+1)\odot\boldsymbol{W}) \\ \operatorname{sum}(\boldsymbol{X}_k(2,1)\odot\boldsymbol{W}) & \cdots & \operatorname{sum}(\boldsymbol{X}_k(2,n-k+1)\odot\boldsymbol{W}) \\ \vdots & & \vdots \\ \operatorname{sum}(\boldsymbol{X}_k(n-k+1,1)\odot\boldsymbol{W}) & \cdots & \operatorname{sum}(\boldsymbol{X}_k(n-k+1,n-k+1)\odot\boldsymbol{W}) \end{pmatrix}$$

其中，$\odot$ 是 $\boldsymbol{X}_k(i,j)$ 和 $\boldsymbol{W}$ 的元素乘积，因此：

$$\operatorname{sum}\big(\boldsymbol{X}_k(i,j)\odot\boldsymbol{W}\big)=\sum_{a=1}^{k}\sum_{b=1}^{k}x_{i+a-1,j+b-1}\cdot w_{a,b} \tag{26.14}$$

其中，$i,j=1,2,\cdots,n-k+1$。可以看到，$\boldsymbol{X}\in\mathbb{R}^{n\times n}$ 和 $\boldsymbol{W}\in\mathbb{R}^{k\times k}$ 的卷积产生 $(n-k+1)\times(n-k+1)$ 的矩阵。

例 26.6（二维卷积）　图 26-12 展示了 $n=4$ 的矩阵 $\boldsymbol{X}$ 和窗口大小为 $k=2$ 的过滤器 $\boldsymbol{W}$ 的卷积输出。$\boldsymbol{X}$ 的第一个窗口，即 $\boldsymbol{X}_2(1,1)$，与 $\boldsymbol{W}$ 的卷积（见图 26-12a）如下：

$$\operatorname{sum}(\boldsymbol{X}_2(1,1)\odot\boldsymbol{W})=\operatorname{sum}\left(\begin{pmatrix}1 & 2\\3 & 1\end{pmatrix}\odot\begin{pmatrix}1 & 0\\0 & 1\end{pmatrix}\right)=\operatorname{sum}\left(\begin{pmatrix}1 & 0\\0 & 1\end{pmatrix}\right)=2$$

图 26-12a ～图 26-12i 展示了使用过滤器 $\boldsymbol{W}$ 的 $\boldsymbol{X}$ 的不同 2×2 滑动窗口的卷积步骤。由于 $n-k+1=4-2+1=3$，因此卷积 $\boldsymbol{X}*\boldsymbol{W}$ 的大小为 3×3：

$$\boldsymbol{X}*\boldsymbol{W}=\begin{pmatrix}2 & 6 & 4\\4 & 4 & 8\\4 & 4 & 4\end{pmatrix}$$

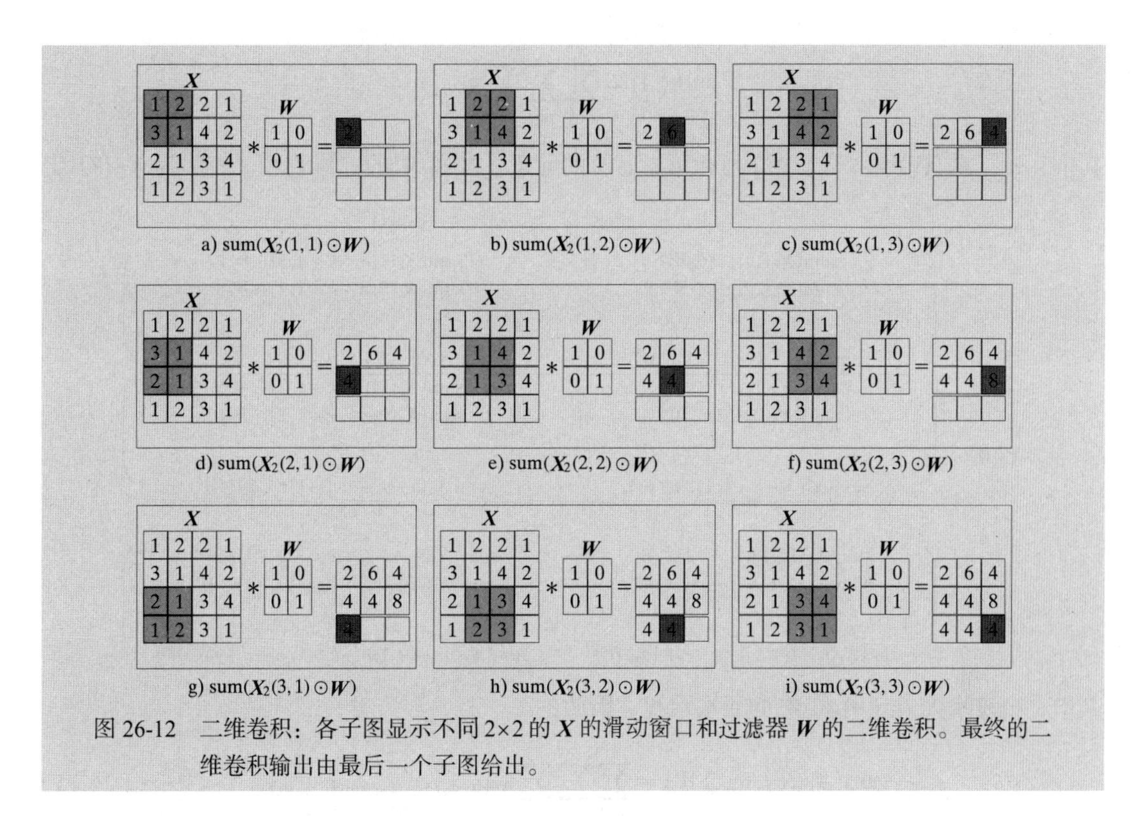

图 26-12 二维卷积：各子图显示不同 2×2 的 $\boldsymbol{X}$ 的滑动窗口和过滤器 $\boldsymbol{W}$ 的二维卷积。最终的二维卷积输出由最后一个子图给出。

三维卷积 现在将卷积运算扩展到三维矩阵，即三维张量。第一个维度包含行，第二个维度包含列，第三个维度包含通道。设 $\boldsymbol{X}$ 是 $n\times n\times m$ 的张量，有 n 行、n 列和 m 个通道。假设输入 $\boldsymbol{X}$ 是通过应用 m 个过滤器获得的 $n\times n$ 矩阵的集合，这些过滤器指定 m 个通道。例如，对于 $n\times n$ 的图像输入，每个通道对应于不同颜色的滤色器——红色、绿色或蓝色。

设 $\boldsymbol{W}$ 为 $k\times k\times r$ 的权重张量，称为三维过滤器，$k\leqslant n$，$r\leqslant m$。设 $\boldsymbol{X}_k(i,j,q)$ 表示 $\boldsymbol{X}$ 的 $k\times k\times r$ 子张量，从第 i 行、第 j 列和第 q 通道开始，如图 26-13 所示，其中 $1\leqslant i$，$j\leqslant n-k+1$，$1\leqslant q\leqslant m-r+1$。

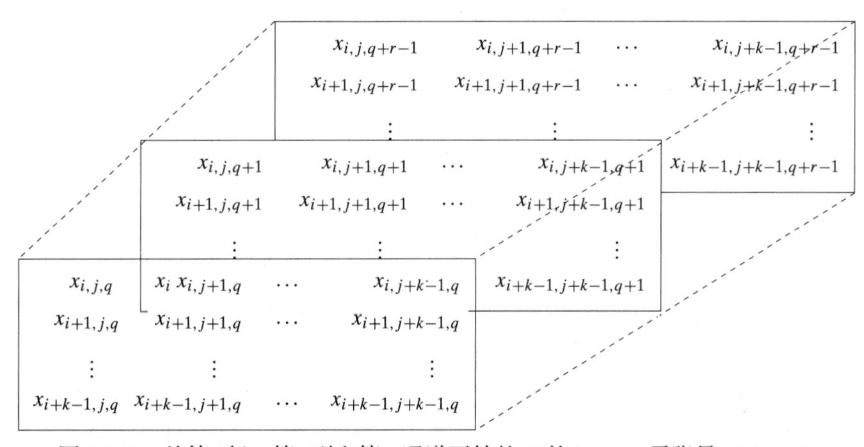

图 26-13 从第 i 行、第 j 列和第 q 通道开始的 $\boldsymbol{X}$ 的 $k\times k\times r$ 子张量 $\boldsymbol{X}_k(i,j,q)$

给定一个 $k\times k\times r$ 的张量 $\boldsymbol{A}\in\mathbb{R}^{k\times k\times r}$，将求和运算符定义为将张量的所有元素相加的算子，即：

$$\text{sum}(\boldsymbol{A})=\sum_{i=1}^{k}\sum_{j=1}^{k}\sum_{q=1}^{r}a_{i,j,q}$$

其中，$a_{i,j,q}$是$\boldsymbol{A}$在第i行、第j列和第q通道的元素。$\boldsymbol{X}$和$\boldsymbol{W}$的三维卷积（表示为$\boldsymbol{X}*\boldsymbol{W}$）定义为

$$\boldsymbol{X}*\boldsymbol{W}=\begin{array}{c}\begin{pmatrix}\text{sum}(\boldsymbol{X}_k(1,1,1)\odot\boldsymbol{W}) & \cdots & \text{sum}(\boldsymbol{X}_k(1,n-k+1,1)\odot\boldsymbol{W})\\ \text{sum}(\boldsymbol{X}_k(2,1,1)\odot\boldsymbol{W}) & \cdots & \text{sum}(\boldsymbol{X}_k(2,n-k+1,1)\odot\boldsymbol{W})\\ \vdots & & \vdots\\ \text{sum}(\boldsymbol{X}_k(n-k+1,1,1)\odot\boldsymbol{W}) & \cdots & \text{sum}(\boldsymbol{X}_k(n-k+1,n-k+1,1)\odot\boldsymbol{W})\end{pmatrix}\\ \hline \begin{pmatrix}\text{sum}(\boldsymbol{X}_k(1,1,2)\odot\boldsymbol{W}) & \cdots & \text{sum}(\boldsymbol{X}_k(1,n-k+1,2)\odot\boldsymbol{W})\\ \text{sum}(\boldsymbol{X}_k(2,1,2)\odot\boldsymbol{W}) & \cdots & \text{sum}(\boldsymbol{X}_k(2,n-k+1,2)\odot\boldsymbol{W})\\ \vdots & & \vdots\\ \text{sum}(\boldsymbol{X}_k(n-k+1,1,2)\odot\boldsymbol{W}) & \cdots & \text{sum}(\boldsymbol{X}_k(n-k+1,n-k+1,2)\odot\boldsymbol{W})\end{pmatrix}\\ \hline \begin{matrix}\vdots & \vdots & \vdots\end{matrix}\\ \begin{pmatrix}\text{sum}(\boldsymbol{X}_k(1,1,m-r+1)\odot\boldsymbol{W}) & \cdots & \text{sum}(\boldsymbol{X}_k(1,n-k+1,m-r+1)\odot\boldsymbol{W})\\ \text{sum}(\boldsymbol{X}_k(2,1,m-r+1)\odot\boldsymbol{W}) & \cdots & \text{sum}(\boldsymbol{X}_k(2,n-k+1,m-r+1)\odot\boldsymbol{W})\\ \vdots & & \vdots\\ \text{sum}(\boldsymbol{X}_k(n-k+1,1,m-r+1)\odot\boldsymbol{W}) & \cdots & \text{sum}\big(\boldsymbol{X}_k(n-k+1,n-k+1,m-r+1)\odot\boldsymbol{W}\big)\end{pmatrix}\end{array}$$

其中，$\odot$表示$\boldsymbol{X}_k(i,j,q)$和$\boldsymbol{W}$的元素乘积，因此：

$$\text{sum}\big(\boldsymbol{X}_k(i,j,q)\odot\boldsymbol{W}\big)=\sum_{a=1}^{k}\sum_{b=1}^{k}\sum_{c=1}^{r}x_{i+a-1,j+b-1,q+c-1}\cdot w_{a,b,c} \tag{26.15}$$

其中，$i,j=1,2,\cdots,n-k+1$，$q=1,2,\cdots,m-r+1$。可以看到，$\boldsymbol{X}\in\mathbb{R}^{n\times n\times m}$和$\boldsymbol{W}\in\mathbb{R}^{k\times k\times r}$的卷积产生一个$(n-k+1)\times(n-k+1)\times(m-r+1)$的张量。

CNN 中的三维卷积　在 CNN 中，通常使用大小为$k\times k\times m$的三维过滤器$\boldsymbol{W}$，通道数$r=m$，与$\boldsymbol{X}\in\mathbb{R}^{n\times n\times m}$的通道数相同。设$\boldsymbol{X}_k(i,j)$是$\boldsymbol{X}$从$i$行和$j$列开始的$k\times k\times m$子张量。$\boldsymbol{X}$和$\boldsymbol{W}$的三维卷积如下：

$$\boldsymbol{X}*\boldsymbol{W}=\begin{pmatrix}\text{sum}(\boldsymbol{X}_k(1,1)\odot\boldsymbol{W}) & \cdots & \text{sum}(\boldsymbol{X}_k(1,n-k+1)\odot\boldsymbol{W})\\ \text{sum}(\boldsymbol{X}_k(2,1)\odot\boldsymbol{W}) & \cdots & \text{sum}(\boldsymbol{X}_k(2,n-k+1)\odot\boldsymbol{W})\\ \vdots & & \vdots\\ \text{sum}(\boldsymbol{X}_k(n-k+1,1)\odot\boldsymbol{W}) & \cdots & \text{sum}(\boldsymbol{X}_k(n-k+1,n-k+1)\odot\boldsymbol{W})\end{pmatrix}$$

可以看到，$\boldsymbol{W}\in\mathbb{R}^{k\times k\times m}$与$\boldsymbol{X}\in\mathbb{R}^{n\times n\times m}$的三维卷积产生一个$(n-k+1)\times(n-k+1)$的矩阵，因为在第三维度没有移动。我们总是假设三维过滤器$\boldsymbol{W}\in\mathbb{R}^{k\times k\times m}$与张量$\boldsymbol{X}$具有相同的通道数。由于$\boldsymbol{X}$的通道数固定，因此完全指定$\boldsymbol{W}$所需的唯一参数是窗口大小$k$。

例 26.7（三维卷积）　图 26-14 展示了 3×3×3 的张量$\boldsymbol{X}$（n=3，m=3）和 2×2×3 的过滤器$\boldsymbol{W}$（窗口大小$k=2$，$r=3$）的三维卷积输出。$\boldsymbol{X}$的第一个窗口，即$\boldsymbol{X}_2(1,1)$，与$\boldsymbol{W}$的卷积（见图 26-14a）如下：

$$\begin{aligned}\text{sum}(\boldsymbol{X}_2(1,1)\odot\boldsymbol{W})&=\text{sum}\left(\left(\begin{array}{cc|cc|cc}1&-1&2&1&1&-2\\2&1&3&-1&2&1\end{array}\right)\odot\left(\begin{array}{cc|cc|cc}1&1&1&0&0&1\\2&0&0&1&1&0\end{array}\right)\right)\\&=\text{sum}\left(\left(\begin{array}{cc|cc|cc}1&-1&2&0&0&-2\\4&0&0&-1&2&0\end{array}\right)\right)=5\end{aligned}$$

其中，我们把不同的通道水平堆叠在一起。图 26-14a ～图 26-14d 展示了使用过滤器 $\boldsymbol{W}$ 的 $\boldsymbol{X}$ 的不同 $2\times2\times3$ 滑动窗口的卷积步骤。卷积 $\boldsymbol{X}*\boldsymbol{W}$ 的大小为 2×2，因为 $n-k+1=3-2+1=2$，$r=m=3$，如下所示：

$$\boldsymbol{X}*\boldsymbol{W}=\begin{pmatrix}5 & 11\\ 15 & 5\end{pmatrix}$$

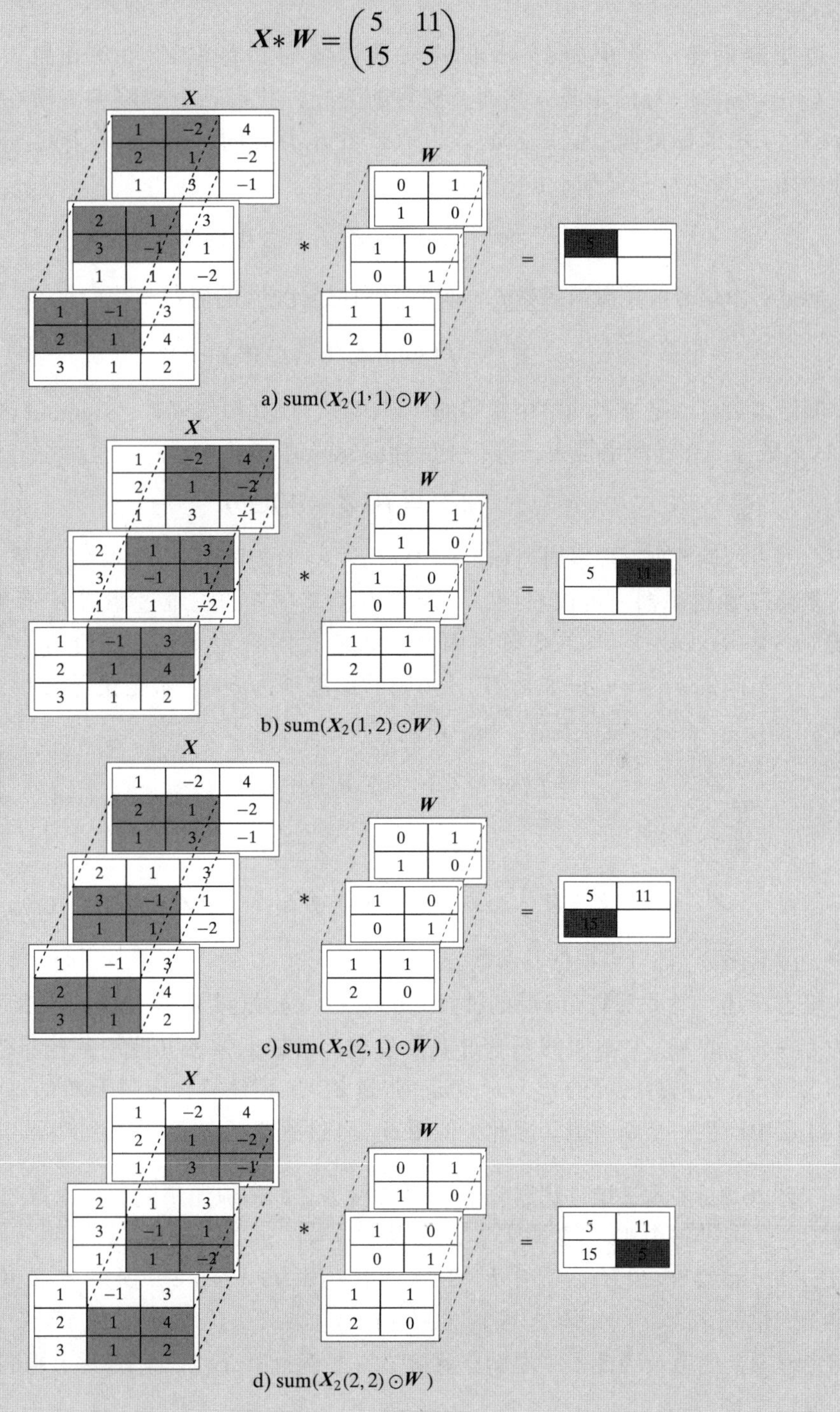

a) $\mathrm{sum}(\boldsymbol{X}_2(1,1)\odot\boldsymbol{W})$

b) $\mathrm{sum}(\boldsymbol{X}_2(1,2)\odot\boldsymbol{W})$

c) $\mathrm{sum}(\boldsymbol{X}_2(2,1)\odot\boldsymbol{W})$

d) $\mathrm{sum}(\boldsymbol{X}_2(2,2)\odot\boldsymbol{W})$

图 26-14 三维卷积：各子图显示 $\boldsymbol{X}$ 的不同 $2\times2\times3$ 滑动窗口与过滤器 $\boldsymbol{W}$ 之间的卷积。最终的三维卷积输出由最后一个子图给出

26.3.2 偏差和激活函数

我们讨论了第 l 层神经元张量中偏差神经元和激活函数的作用。设 $\boldsymbol{Z}^l$ 为第 l 层神经元的 $n_l \times n_l \times m_l$ 张量，$\boldsymbol{Z}^l_{i,j,q}$ 表示第 l 层第 i 行、第 j 列和第 q 通道的神经元值，其中 $1 \leqslant i$, $j \leqslant n_l$, $1 \leqslant q \leqslant m_l$。

过滤器偏差　设 $\boldsymbol{W}$ 为 $k \times k \times m_l$ 的三维过滤器。卷积 $\boldsymbol{Z}^l$ 和 $\boldsymbol{W}$ 在第 $l+1$ 层给出一个 $(n_l-k+1) \times (n_l-k+1)$ 的矩阵。然而，到目前为止，我们一直忽略偏差项在卷积中的作用。设 $b \in \mathbb{R}$ 为 $\boldsymbol{W}$ 的标量偏差值，$\boldsymbol{Z}^l_k(i,j)$ 表示 $\boldsymbol{Z}^l$ 在 (i,j) 处的 $k \times k \times m_l$ 子张量。然后，第 $l+1$ 层中神经元 $z^{l+1}_{i,j}$ 处的净信号如下：

$$\mathrm{net}^{l+1}_{i,j} = \mathrm{sum}(\boldsymbol{Z}^l_k(i,j) \odot \boldsymbol{W}) + b$$

通过对净信号应用激活函数 f，即可得到神经元 $z^{l+1}_{i,j}$ 的值：

$$z^{l+1}_{i,j} = f(\mathrm{sum}(\boldsymbol{Z}^l_k(i,j) \odot \boldsymbol{W}) + b)$$

激活函数可以是神经网络中常用的任何函数，例如恒等函数、sigmoid 函数、tanh 函数、ReLU 函数等。在卷积语言中，第 $l+1$ 层神经元的值如下：

$$\boldsymbol{Z}^{l+1} = f((\boldsymbol{Z}^l * \boldsymbol{W}) \oplus b)$$

其中，$\oplus$表示偏差项 b 被添加到 $(n_l-k+1) \times (n_l-k+1)$ 矩阵 $\boldsymbol{Z}^l * \boldsymbol{W}$ 的每个元素。

多元三维过滤器　可以看到，一个带有偏差项 b 的三维过滤器 $\boldsymbol{W}$ 产生第 $l+1$ 层神经元的 $(n_l-k+1) \times (n_l-k+1)$ 的矩阵。因此，如果我们希望第 $l+1$ 层有 m_{l+1} 个通道，那么需要 m_{l+1} 个不同的 $k \times k \times m_l$ 过滤器 $\boldsymbol{W}_q$（相应的偏差项为 b_q），才能获得第 $l+1$ 层神经元值的 $(n_l-k+1) \times (n_l-k+1) \times m_{l+1}$ 张量，如下所示：

$$\boldsymbol{Z}^{l+1} = \{z^{l+1}_{i,j,q} = f(\mathrm{sum}(\boldsymbol{Z}^l_k(i,j) \odot \boldsymbol{W}_q) + b_q)\}_{i,j=1,2,\cdots,n_l-k+1, q=1,2,\cdots,m_{l+1}}$$

上式可简写为

$$\boldsymbol{Z}^{l+1} = f((\boldsymbol{Z}^l * \boldsymbol{W}_1) \oplus b_1, (\boldsymbol{Z}^l * \boldsymbol{W}_2) \oplus b_2, \cdots, (\boldsymbol{Z}^l * \boldsymbol{W}_{m_{l+1}}) \oplus b_{m_{l+1}})$$

其中，激活函数 f 都可以根据其参数分解。

综上所述，卷积层将第 l 层的神经元的 $n_l \times n_l \times m_l$ 张量 $\boldsymbol{Z}^l$ 作为输入，然后通过将 $\boldsymbol{Z}^l$ 与大小为 $k \times k \times m_l$ 的 m_{l+1} 个不同的三维过滤器卷积，再加上偏差并应用某些非线性激活函数 f，计算出第 $l+1$ 层的神经元的 $n_{l+1} \times n_{l+1} \times m_{l+1}$ 张量 $\boldsymbol{Z}^{l+1}$。请注意，应用于 $\boldsymbol{Z}^l$ 的每个三维过滤器在第 $l+1$ 层中产生一个新通道。因此，使用 m_{l+1} 个过滤器可在第 $l+1$ 层产生 m_{l+1} 个通道。

例 26.8（多元三维过滤器） 图 26-15 展示了如何应用不同的过滤器产生下一层的通道。它显示了一个 $4 \times 4 \times 2$ 的张量 $\boldsymbol{Z}^l$，其中 $n=4$，$m=2$。它还显示了两个不同的 $2 \times 2 \times 2$ 的三维过滤器 $\boldsymbol{W}_1$ 和 $\boldsymbol{W}_2$，其中 $k=2$，$r=2$。因为 $r=m=2$，所以 $\boldsymbol{Z}^l$ 和 $\boldsymbol{W}_i$（$i=1,2$）的卷积产生一个 3×3 的矩阵，其中 $n-k+1=4-2+1=3$。然而，$\boldsymbol{W}_1$ 产生一个通道，$\boldsymbol{W}_2$ 产生第二个通道，因此下一层的张量 $\boldsymbol{Z}^{l+1}$ 的大小为 $3 \times 3 \times 2$，它有两个通道（每个过滤器一个）。

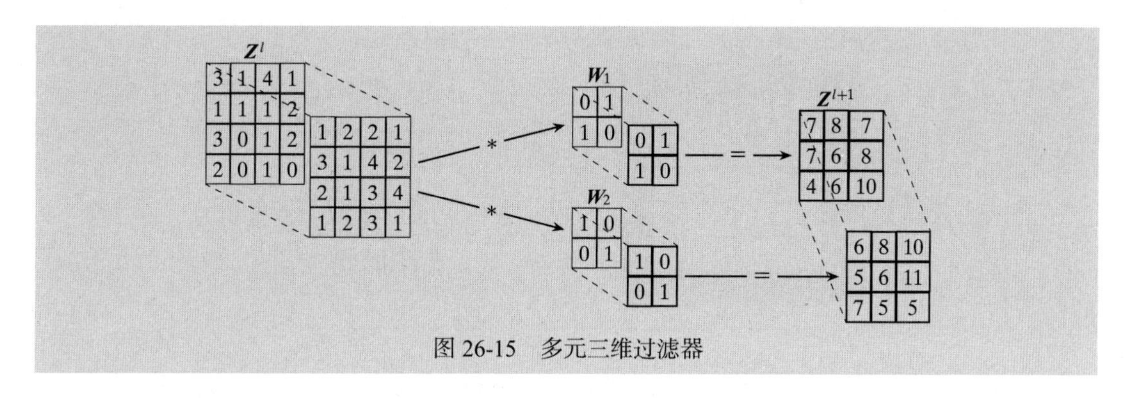

图 26-15 多元三维过滤器

26.3.3 填充和步幅

卷积运算存在的一个问题是，在连续的 CNN 层中，张量的大小必然减小。如果第 l 层的大小为 $n_l \times n_l \times m_l$，并且使用大小为 $k \times k \times m_l$ 的过滤器，那么第 $l+1$ 层中每个通道的大小为 $(n_l - k + 1) \times (n_l - k + 1)$，即每个连续张量的行和列的数量将减少 $k-1$，这将限制 CNN 可以拥有的层的数量。

填充 规避这个限制的一种简单方案是在每个通道的行和列上使用某个默认值（通常为零）来扩充张量。为了保持一致性，我们总是在顶部和底部添加相同数量的行，在左侧和右侧添加相同数量的列，即假设在顶部和底部都添加 p 行，在左侧和右侧都添加 p 列。当填充参数为 p 时，第 l 层张量的大小默认为 $(n_l + 2p) \times (n_l + 2p) \times m_l$。假设每个过滤器的大小为 $k \times k \times m_l$，并且共有 m_{l+1} 个过滤器，则第 $l+1$ 层张量的大小为 $(n_l + 2p - k + 1) \times (n_l + 2p - k + 1) \times m_{l+1}$。我们想要保持张量的大小，所以应有：

$$n_l + 2p - k + 1 \geqslant n_l, \text{即} \ p = \left\lceil \frac{k-1}{2} \right\rceil$$

通过填充机制，CNN 中可以有任意深度的卷积层。

例 26.9（填充） 图 26-16 展示了无填充和有填充的二维卷积。图 26-16a 展示了 5×5 矩阵 $\boldsymbol{Z}^l (n=5)$ 与 3×3 过滤器 $\boldsymbol{W}(k=3)$ 的卷积，由于 $n-k+1=5-3+1=3$，因此产生一个 3×3 矩阵。$\boldsymbol{Z}^{l+1}$ 的大小减小。

此外，使用参数 $p=1$ 对 $\boldsymbol{Z}^l$ 进行零填充产生 7×7 矩阵，如图 26-16b 所示。因为 $p=1$，所以顶部和底部各新增一行零，左侧和右侧各新增一列零。零填充后的 $\boldsymbol{X}$ 与 $\boldsymbol{W}$ 的卷积现在产生一个 5×5 的矩阵 $\boldsymbol{Z}^{l+1}$（因为 $7-3+1=5$），它的大小不变。

$\boldsymbol{Z}^l$

1	2	2	1	1
3	1	4	2	1
2	1	3	4	3
1	2	3	1	1
4	1	3	2	1

$*$ $\boldsymbol{W}$

1	0	0
0	1	1
0	1	0

$=$ $\boldsymbol{Z}^{l+1}$

7	11	9
9	11	12
8	8	7

a）无填充：$p=0$

图 26-16 填充：二维卷积

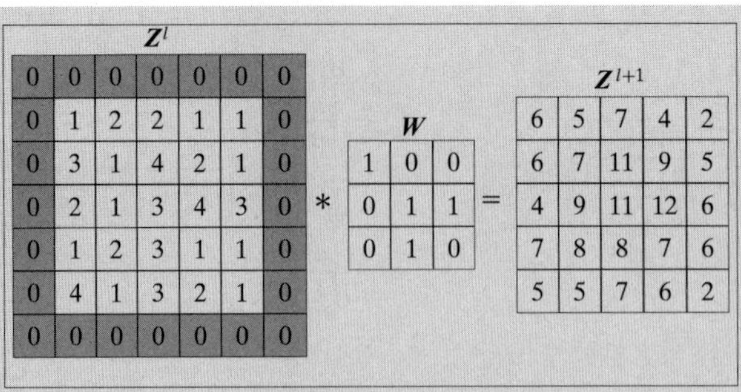

Z^l
0 0 0 0 0 0 0
0 1 2 2 1 1 0
0 3 1 4 2 1 0
0 2 1 3 4 3 0
0 1 2 3 1 1 0
0 4 1 3 2 1 0
0 0 0 0 0 0 0
*
W
1 0 0
0 1 1
0 1 0
=
Z^{l+1}
6 5 7 4 2
6 7 11 9 5
4 9 11 12 6
7 8 8 7 6
5 5 7 6 2

b）有填充：$p=1$

图 26-16 填充：二维卷积（续）

如果想应用另一个卷积层，那么可以用参数 $p=1$ 对得到的矩阵 Z^{l+1} 进行零填充，并与 3×3 过滤器进行卷积，这将再次产生下一层的 5×5 矩阵。通过这种方式，我们可以根据需要将任意多个卷积层连接在一起，而不会减小层的大小。

步幅 步幅通常用于稀疏卷积中使用的滑动窗口的数量，即我们不考虑所有可能的窗口，而是将行和列的索引增加一个称为步幅（stride）的整数值 $s\geqslant1$。在使用步幅 s 的情况下，将大小为 $n_l\times n_l\times m_l$ 的 Z^l 与大小为 $k\times k\times m_l$ 的过滤器 W 进行三维卷积，如下所示：

$$Z^l * W=\begin{pmatrix} \mathrm{sum}(Z_k^l(1,1)\odot W) & \mathrm{sum}(Z_k^l(1,1+s)\odot W) & \cdots & \mathrm{sum}(Z_k^l(1,1+t\cdot s)\odot W) \\ \mathrm{sum}(Z_k^l(1+s,1)\odot W) & \mathrm{sum}(Z_k^l(1+s,1+s)\odot W) & \cdots & \mathrm{sum}(Z_k^l(1+s,1+t\cdot s)\odot W) \\ \vdots & \vdots & & \vdots \\ \mathrm{sum}(Z_k^l(1+t\cdot s,1)\odot W) & \mathrm{sum}(Z_k^l(1+t\cdot s,1+s)\odot W) & \cdots & \mathrm{sum}(Z_k^l(1+t\cdot s,1+t\cdot s)\odot W) \end{pmatrix}$$

其中，$t=\left\lfloor\dfrac{n_l-k}{s}\right\rfloor$。可以看到，使用步幅 s，$Z^l\in\mathbb{R}^{n_l\times n_l\times m_l}$ 与 $W\in\mathbb{R}^{k\times k\times m_l}$ 的卷积产生一个 $(t+1)\times(t+1)$ 矩阵。

例 26.10（步幅） 图 26-17 展示了以步幅 $s=2$ 对 5×5 矩阵 $Z^l\,(n_l=5)$ 与大小为 3×3 的过滤器 $W\,(k=3)$ 进行二维卷积，它产生了一个 $(t+1)\times(t+1)=2\times2$ 的矩阵 Z^{l+1}，而不是默认步幅为 1 时的 3×3 矩阵，因为：

$$t=\left\lfloor\frac{n_l-k}{s}\right\rfloor=\left\lfloor\frac{5-3}{2}\right\rfloor=1$$

可以看到，下一个窗口的索引沿着行和列增加了 s。例如，第一个窗口是 $Z_3^l(1,1)$，第二个窗口是 $Z_3^l(1,1+s)=Z_3^l(1,3)$（见图 26-17a 和图 26-17b）。接下来，向下移动（步幅 $s=2$），这样第三个窗口是 $Z_3^l(1+s,1)=Z_3^l(3,1)$，最后一个窗口是 $Z_3^l(3,1+s)=Z_3^l(3,3)$（见图 26-17c 和图 26-17d）。

Z^l
1 2 2 1 1
3 1 4 2 1
2 1 3 4 3
1 2 3 1 1
4 1 3 2 1
*
W
1 0 0
0 1 1
0 1 0
=
Z^{l+1}
7
Z^l
1 2 2 1 1
3 1 4 2 1
2 1 3 4 3
1 2 3 1 1
4 1 3 2 1
*
W
1 0 0
0 1 1
0 1 0
=
Z^{l+1}
7 9

a) $\mathrm{sum}(Z_3^l(1,1)\odot W)$　　b) $\mathrm{sum}(Z_3^l(1,3)\odot W)$

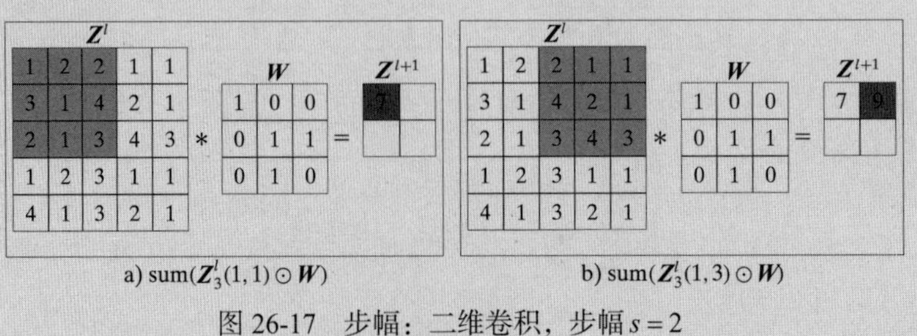

图 26-17 步幅：二维卷积，步幅 $s=2$

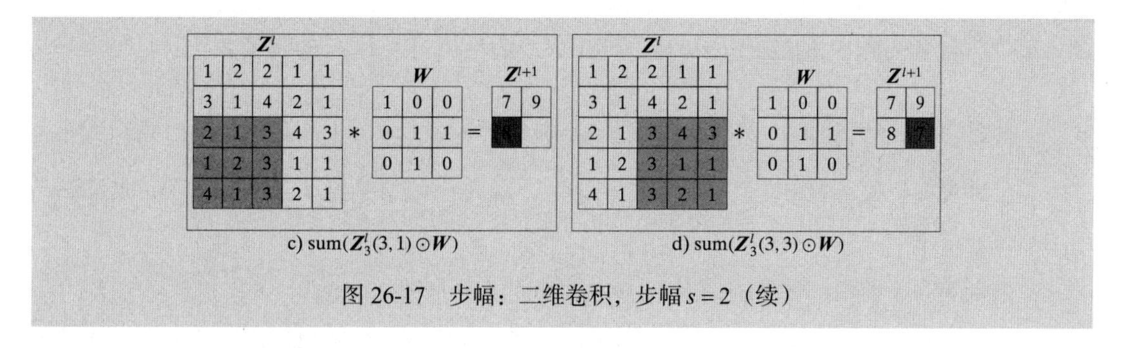

c) $\text{sum}(\boldsymbol{Z}_3^l(3,1)\odot\boldsymbol{W})$　d) $\text{sum}(\boldsymbol{Z}_3^l(3,3)\odot\boldsymbol{W})$

图 26-17　步幅：二维卷积，步幅 $s=2$（续）

26.3.4　广义聚合函数：池化

设 $\boldsymbol{Z}^l$ 是第 l 层的 $n_l\times n_l\times m_l$ 张量。我们对卷积的讨论隐含地假设将 $k\times k\times r$ 的子张量 $\boldsymbol{Z}_k^l(i,j,q)$ 和过滤器 $\boldsymbol{W}$ 进行元素乘积后再逐一将所有元素相加。事实上，CNN 除了使用求和函数之外还使用其他类型的聚合函数，例如平均函数和最大值函数。

平均池化　如果用 $\boldsymbol{Z}_k^l(i,j,q)$ 和 $\boldsymbol{W}$ 的元素乘积的平均值代替求和结果，则得到：

$$\begin{aligned}\text{avg}(\boldsymbol{Z}_k^l(i,j,q)\odot\boldsymbol{W}) &= \underset{\substack{a=1,2,\cdots,k\\ b=1,2,\cdots,k\\ c=1,2,\cdots,r}}{\text{avg}}\ \{z_{i+a-1,j+b-1,q+c-1}^l\cdot w_{a,b,c}\}\\ &= \frac{1}{k^2\cdot r}\cdot\text{sum}(\boldsymbol{Z}_k^l(i,j,q)\odot\boldsymbol{W})\end{aligned}$$

最大池化　如果用 $\boldsymbol{Z}_k^l(i,j,q)$ 和 $\boldsymbol{W}$ 元素乘积的最大值来代替求和结果，则得到：

$$\max(\boldsymbol{Z}_k^l(i,j,q)\odot\boldsymbol{W}) = \max_{\substack{a=1,2,\cdots,k\\ b=1,2,\cdots,k\\ c=1,2,\cdots,r}}\ \{z_{i+a-1,j+b-1,q+c-1}^l\cdot w_{a,b,c}\} \tag{26.16}$$

$\boldsymbol{Z}^l\in\mathbb{R}^{n_l\times n_l\times m_l}$ 与过滤器 $\boldsymbol{W}\in\mathbb{R}^{k\times k\times r}$ 的三维卷积使用最大池化（表示为 $\boldsymbol{Z}^l *_{\max}\boldsymbol{W}$），产生一个 $(n_l-k+1)\times(n_l-k+1)\times(m_l-r+1)$ 的张量，如下所示：

$$\boldsymbol{Z}^l *_{\max}\boldsymbol{W}=\begin{array}{c}\left(\begin{array}{ccc}\max(\boldsymbol{X}_k(1,1,1)\odot\boldsymbol{W}) & \cdots & \max(\boldsymbol{X}_k(1,n-k+1,1)\odot\boldsymbol{W})\\ \max(\boldsymbol{X}_k(2,1,1)\odot\boldsymbol{W}) & \cdots & \max(\boldsymbol{X}_k(2,n-k+1,1)\odot\boldsymbol{W})\\ \vdots & \cdots & \vdots\\ \max(\boldsymbol{X}_k(n-k+1,1,1)\odot\boldsymbol{W}) & \cdots & \max(\boldsymbol{X}_k(n-k+1,n-k+1,1)\odot\boldsymbol{W})\end{array}\right)\\ \hline \left(\begin{array}{ccc}\max(\boldsymbol{X}_k(1,1,2)\odot\boldsymbol{W}) & \cdots & \max(\boldsymbol{X}_k(1,n-k+1,2)\odot\boldsymbol{W})\\ \max(\boldsymbol{X}_k(2,1,2)\odot\boldsymbol{W}) & \cdots & \max(\boldsymbol{X}_k(2,n-k+1,2)\odot\boldsymbol{W})\\ \vdots & \cdots & \vdots\\ \max(\boldsymbol{X}_k(n-k+1,1,2)\odot\boldsymbol{W}) & \cdots & \max(\boldsymbol{X}_k(n-k+1,n-k+1,2)\odot\boldsymbol{W})\end{array}\right)\\ \hline \vdots\qquad\qquad\vdots\qquad\qquad\vdots\\ \left(\begin{array}{ccc}\max(\boldsymbol{X}_k(1,1,m-r+1)\odot\boldsymbol{W}) & \cdots & \max(\boldsymbol{X}_k(1,n-k+1,m-r+1)\odot\boldsymbol{W})\\ \max(\boldsymbol{X}_k(2,1,m-r+1)\odot\boldsymbol{W}) & \cdots & \max(\boldsymbol{X}_k(2,n-k+1,m-r+1)\odot\boldsymbol{W})\\ \vdots & & \vdots\\ \max(\boldsymbol{X}_k(n-k+1,1,m-r+1)\odot\boldsymbol{W}) & \cdots & \max(\boldsymbol{X}_k(n-k+1,n-k+1,m-r+1)\odot\boldsymbol{W})\end{array}\right)\end{array}$$

CNN 中的最大池化　通常情况下，最大池化比平均池化更常用。此外，进行池化时，通常将步幅设置为过滤器的大小（$s=k$），以便将聚合函数应用于 $\boldsymbol{Z}^l$ 的每个通道中不相交的 $k\times k$ 窗口。更重要的是，在进行池化时，过滤器 $\boldsymbol{W}$ 默认为 $k\times k\times 1$ 的张量，其所有权重都固定为 1，因此 $\boldsymbol{W}=\mathbf{1}_{k\times k\times 1}$。换句话说，过滤器权重固定为 1，并且在反向传播期间不更新。此外，过滤器使用固定的零偏差（即 b=0）。请注意，池化层隐式地使用恒等激活函数。因此，

$\boldsymbol{Z}^l \in \mathbb{R}^{n_l \times n_l \times m_l}$与$\boldsymbol{W} \in \mathbb{R}^{k \times k \times 1}$的卷积（$s=k$），产生大小为$\left\lfloor \frac{n_l}{s} \right\rfloor \times \left\lfloor \frac{n_l}{s} \right\rfloor \times m_l$的张量$\boldsymbol{Z}^{l+1}$。

例 26.11（最大池化） 图 26-18 展示了4×4矩阵$\boldsymbol{Z}^l (n_l = 4)$上的最大池化，窗口大小$k=2$，步幅$s=2$。得到的$\boldsymbol{Z}^{l+1}$的大小为$2 \times 2$，因为$\left\lfloor \frac{n_l}{s} \right\rfloor = \left\lfloor \frac{4}{2} \right\rfloor = 2$。可以看到，过滤器$\boldsymbol{W}$的权重等于 1。

$\boldsymbol{Z}^l$的第一个窗口，即$\boldsymbol{Z}_2^l(1,1)$，与$\boldsymbol{W}$的卷积如下（见图 26-18a）：

$$\max(\boldsymbol{Z}_2^l(1,1) \odot \boldsymbol{W}) = \max\left(\begin{pmatrix} 1 & 2 \\ 3 & 1 \end{pmatrix} \odot \begin{pmatrix} 1 & 1 \\ 1 & 1 \end{pmatrix}\right) = \max\left(\begin{pmatrix} 1 & 2 \\ 3 & 1 \end{pmatrix}\right) = 3$$

其他卷积步骤如图 26-18b ～图 26-18d 所示。

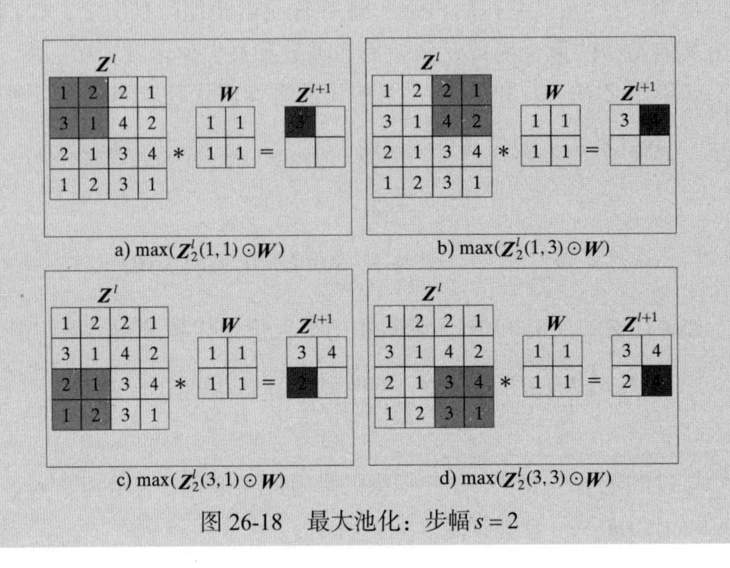

图 26-18　最大池化：步幅$s=2$

26.3.5　深度 CNN

在典型的 CNN 中，卷积层（以求和函数作为聚合函数，具有可学习的过滤器权重和偏差项）和池化层（例如，使用最大池化且过滤器参数为 1）交替出现。给人的直观感觉是，虽然卷积层学习过滤器来提取信息特征，但是池化层应用像最大池化（或平均池化）这样的聚合函数来提取每个滑动窗口中、每个通道中最重要的神经元值（或神经元值的均值）。

从输入层开始，深度 CNN 包含多个卷积层和池化层（通常是交替出现的），接着包含一个或多个完全连接的层，然后包含最终输出层。对于每个卷积层和池化层，选择窗口大小k和步幅s，以及是否使用填充机制（参数为p）。还必须选择卷积层的非线性激活函数，以及要考虑的层数。

26.3.6　训练 CNN

为了了解如何训练 CNN，思考具有单个卷积层和最大池化层，以及一个完全连接层的网络，如图 26-19 所示。为了简单起见，假设输入$\boldsymbol{X}$只有一个通道，而且只使用一个过滤器。因此，$\boldsymbol{X}$表示大小为$n_0 \times n_0$的输入矩阵。对于卷积层（l=1），具有偏差b_0的过滤器$\boldsymbol{W}_0$大

小为 $k_1 \times k_1$，其产生大小为 $n_1 \times n_1$ 的神经元矩阵 $\boldsymbol{Z}^1$，其中 $n_1 = n_0 - k + 1$，步幅 $s_1 = 1$。由于我们只使用一个过滤器，因此第 $l=1$ 层产生一个通道，即 $m_1 = 1$。第 l=2 层是通过步幅 $s_2 = k_2$ 的 $k_2 \times k_2$ 过滤器获得的大小为 $n_2 \times n_2$ 的最大池化层 $\boldsymbol{Z}^2$。最大池化层使用固定为 1 的权重过滤器，偏差为 0，即 $\boldsymbol{W}_1 = \mathbf{1}_{k_2 \times k_2}$，$b_1 = 0$。假设 n_1 是 k_2 的倍数，因此 $n_2 = \frac{n_1}{k_2}$。

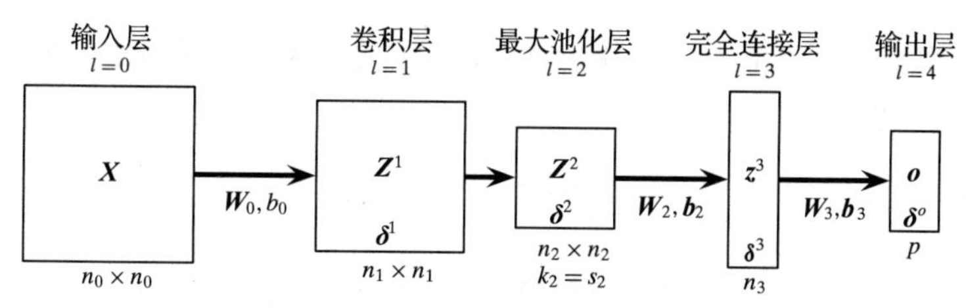

图 26-19　训练：卷积神经网络

最大池化层 $\boldsymbol{Z}^2$ 的输出被重写为长度为 $(n_2)^2$ 的向量 $\boldsymbol{z}^2$，因为它完全连接到第 l=3 层。也就是说，$\boldsymbol{z}^2$ 中所有的 $(n_2)^2$ 个神经元以矩阵 $\boldsymbol{W}_2$ 指定的权重连接到 $\boldsymbol{Z}^3$ 中的 n_3 个神经元，矩阵 $\boldsymbol{W}_2$ 的大小为 $(n_2)^2 \times n_3$，偏差向量为 $\boldsymbol{b}_2 \in \mathbb{R}^{n_3}$。最后，$\boldsymbol{Z}^3$ 中的所有神经元以权重矩阵 $\boldsymbol{W}_3 \in \mathbb{R}^{n_3 \times p}$ 和偏差向量 $\boldsymbol{b}_3 \in \mathbb{R}^p$ 连接到输出层的 p 个神经元 $\boldsymbol{o}$。

1. 前馈阶段

设 $\boldsymbol{D} = \{\boldsymbol{X}_i, \boldsymbol{y}_i\}_{i=1}^n$ 表示训练数据，由 n 个张量 $\boldsymbol{X}_i \in \mathbb{R}^{n_0 \times n_0 \times m_0}$（为便于解释，$m_0 = 1$）和相应的响应向量 $\boldsymbol{y}_i \in \mathbb{R}^p$ 组成。给定一对 $(\boldsymbol{X}, \boldsymbol{y}) \in \boldsymbol{D}$，在前馈阶段，通过以下等式给出预测输出 $\boldsymbol{o}$：

$$\boldsymbol{Z}^1 = f^1\big((\boldsymbol{X} * \boldsymbol{W}_0) + b_0\big)$$
$$\boldsymbol{Z}^2 = \boldsymbol{Z}^1 *_{s_2,\max} \mathbf{1}_{k_2 \times k_2}$$
$$\boldsymbol{z}^3 = f^3\left(\boldsymbol{W}_2^{\mathrm{T}} \boldsymbol{z}^2 + \boldsymbol{b}_2\right)$$
$$\boldsymbol{o} = f^o\left(\boldsymbol{W}_o^{\mathrm{T}} \boldsymbol{z}^3 + \boldsymbol{b}_o\right)$$

其中，$*_{s_2,\max}$ 表示步幅为 s_2 的最大池化。

2. 反向传播阶段

给定真实响应 $\boldsymbol{y}$ 和预测输出 $\boldsymbol{o}$，使用损失函数 $\mathcal{E}_X$ 来评估它们之间的差异。通过计算输出层的净梯度向量来更新权重和偏差，然后将净梯度从层 $l=4$ 反向传播到层 $l=1$。设 $\boldsymbol{\delta}^o$、$\boldsymbol{\delta}^1$、$\boldsymbol{\delta}^2$、$\boldsymbol{\delta}^3$ 分别表示输出层和层 $l=1$、2、3 的净梯度向量。通过计算损失函数的偏导数（$\partial \boldsymbol{\mathcal{E}}_X$）和激活函数的偏导数（$\partial \boldsymbol{f}^o$），以常规方式获得输出层的净梯度向量（假设输出神经元相互独立）：

$$\boldsymbol{\delta}^o = \partial \boldsymbol{f}^o \odot \partial \boldsymbol{\mathcal{E}}_X$$

由于层 $l=3$ 完全连接到输出层，最大池化层 $(l=2)$ 完全连接到 $\boldsymbol{z}^3$，因此这些层的净梯度像正则 MLP 中那样计算为

$$\boldsymbol{\delta}^3 = \partial \boldsymbol{f}^3 \odot (\boldsymbol{W}_o \cdot \boldsymbol{\delta}^o)$$
$$\boldsymbol{\delta}^2 = \partial \boldsymbol{f}^2 \odot (\boldsymbol{W}_2 \cdot \boldsymbol{\delta}^3) = \boldsymbol{W}_2 \cdot \boldsymbol{\delta}^3$$

最后一步中 $\partial \boldsymbol{f}^2 = \mathbf{1}$，因为最大池化层隐式地使用恒等激活函数。注意，我们还隐式地重塑了净梯度向量 $\boldsymbol{\delta}^2$，使其大小为 $((n_2)^2 \times n_3) \times (n_3 \times 1) = (n_2)^2 \times 1 = n_2 \times n_2$。

思考层 $l=1$ 中神经元 $z_{i,j}^1(i,j=1,2,\cdots,n_1)$ 处的净梯度 $\delta_{i,j}^1$。假设步幅等于最大池化层的过滤器大小 k_2，卷积层中的每个滑动窗口只为最大池化层贡献一个神经元。给定步幅 $s_2=k_2$，包含 $z_{i,j}^1$ 的 $k_2\times k_2$ 滑动窗口为 $\boldsymbol{Z}_{k_2}^1(a,b)$，其中：

$$a=\left\lceil\frac{i}{s_2}\right\rceil \qquad b=\left\lceil\frac{j}{s_2}\right\rceil$$

由于聚合函数采用最大值函数，因此 $\boldsymbol{Z}_{k_2}^1(a,b)$ 中的最大值元素指定了最大池化层 $(l=2)$ 中神经元 $z_{a,b}^2$ 的值，即：

$$z_{a,b}^2=\max_{i,j=1,2,\cdots,k_2}\{z_{(a-1)\cdot k_2+i,(b-1)\cdot k_2+j}^1\}$$

$$i^*,j^*=\arg\max_{i,j=1,2,\cdots,k_2}\{z_{(a-1)\cdot k_2+i,(b-1)\cdot k_2+j}^1\}$$

其中，i^*,j^* 是窗口 $\boldsymbol{Z}_{k_2}^1(a,b)$ 中最大值神经元的索引。

因此，神经元 $z_{i,j}^1$ 处的净梯度 $\delta_{i,j}^1$ 为

$$\begin{aligned}\delta_{i,j}^1&=\frac{\partial\mathcal{E}_{\boldsymbol{X}}}{\partial \mathrm{net}_{i,j}^1}=\frac{\partial\mathcal{E}_{\boldsymbol{X}}}{\partial \mathrm{net}_{a,b}^2}\cdot\frac{\partial \mathrm{net}_{a,b}^2}{\partial z_{i,j}^1}\cdot\frac{\partial z_{i,j}^1}{\partial \mathrm{net}_{i,j}^1}\\&=\delta_{a,b}^2\cdot\frac{\partial \mathrm{net}_{a,b}^2}{\partial z_{i,j}^1}\cdot\partial f_{i,j}^1\end{aligned}$$

其中，$\mathrm{net}_{i,j}^l$ 表示层 l 中神经元 $z_{i,j}^l$ 处的净输入。然而，由于 $\mathrm{net}_{a,b}^2=z_{i^*,j^*}^l$，因此偏导数 $\frac{\partial \mathrm{net}_{a,b}^2}{\partial z_{i,j}^l}$ 为 1 或 0，具体取决于 $z_{i,j}^1$ 是否为窗口 $\boldsymbol{Z}_{k_2}^1(a,b)$ 中的最大元素。总而言之，有：

$$\delta_{i,j}^1=\begin{cases}\delta_{a,b}^2\cdot\partial f_{i,j}^1 & ,\ i=i^*,j=j^*\\ 0 & ,\text{其他}\end{cases}$$

换句话说，如果神经元在其窗口中不为最大值，则卷积层中神经元 $z_{i,j}^1$ 处的净梯度为零。如果它是最大值，则净梯度从最大池化层反向传播到这个神经元，然后乘以激活函数的偏导数。净梯度的 $n_1\times n_1$ 矩阵 δ^1 包括净梯度 $\delta_{i,j}^1(i,j=1,2,\cdots,n_1)$。

根据净梯度计算权重矩阵和偏差的梯度。对于完全连接的层，即在层 $l=2$ 和层 $l=3$ 之间，以及层 $l=3$ 和层 $l=4$ 之间，我们得到：

$$\nabla_{\boldsymbol{W}_3}=\boldsymbol{Z}^3\cdot(\boldsymbol{\delta}^o)^{\mathrm{T}} \qquad \nabla_{\boldsymbol{b}_3}=\boldsymbol{\delta}^o \qquad \nabla_{\boldsymbol{W}_2}=\boldsymbol{Z}^2\cdot(\boldsymbol{\delta}^3)^{\mathrm{T}} \qquad \nabla_{\boldsymbol{b}_2}=\boldsymbol{\delta}^3$$

这里，我们把 $\boldsymbol{Z}^2$ 当作 $(n_2)^2\times 1$ 向量。

注意，权重矩阵 $\boldsymbol{W}_1$ 固定为 $\mathbf{1}_{k_2\times k_2}$，偏差项 b_1 固定为 0，因此在卷积层和最大池化层之间没有要学习的参数。最后，计算输入层和卷积层之间的权重梯度和偏差梯度，如下所示：

$$\nabla_{\boldsymbol{W}_0}=\sum_{i=1}^{n_1}\sum_{j=1}^{n_1}\boldsymbol{X}_{k_1}(i,j)\cdot\delta_{i,j}^1 \qquad \nabla_{b_0}=\sum_{i=1}^{n_1}\sum_{j=1}^{n_1}\delta_{i,j}^1$$

这里，步幅 $s_1=1$，$\boldsymbol{W}_0$ 是 $\boldsymbol{X}$ 的所有 $k_1\times k_1$ 窗口的共享过滤器。同样，b_0 是所有窗口的共享偏差值。一共有 $n_1\times n_1$ 个这样的窗口，其中 $n_1=n_0-k_1+1$，因此，为了计算权重梯度和偏差

梯度，我们对所有窗口求和。注意，如果存在多个过滤器（即 $m_1>1$），则第 j 个过滤器的偏差梯度和权重梯度将从层 $l=1$ 中的对应通道 j 学习。

例 26.12（CNN） 图 26-20 展示了用于手写数字识别的 CNN。CNN 在 MNIST 数据集上进行训练和测试，该数据集包含 60 000 幅训练图像和 10 000 幅测试图像。MNIST 手写数字的一些示例如图 26-21 所示。每幅输入图像都可以表示为 28×28 的像素值矩阵，像素值介于 0 到 255，将它们除以 255，使它们位于区间 $[0,1]$。相应的（真实）输出 $\boldsymbol{y}_i$ 是一个独热编码向量，表示从 0 到 9 的数字。数字 0 编码为 $\boldsymbol{e}_1=(1,0,0,0,0,0,0,0,0,0)^{\mathrm{T}}$，数字 1 编码为 $\boldsymbol{e}_2=(0,1,0,0,0,0,0,0,0,0)^{\mathrm{T}}$，依次类推。

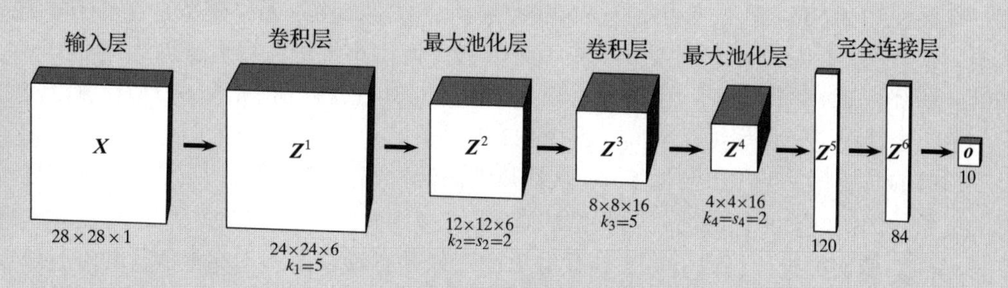

图 26-20 卷积神经网络

a）标签 0 b）标签 1 c）标签 2 d）标签 3 e）标签 4

f）标签 5 g）标签 6 h）标签 7 i）标签 8 j）标签 9

图 26-21 MNIST 数据集：手写数字示例

在 CNN 模型中，所有的卷积层都使用等于 1 的步幅，并且不进行任何填充，而所有的最大池化层都使用等于窗口大小的步幅。由于每个输入都是一个 28×28 像素的数字图像，只有一个通道（用灰度值显示），因此 $n_0=28$，$m_0=1$，输入 $\boldsymbol{X}=\boldsymbol{Z}^0$ 是一个 $n_0\times n_0\times m_0=28\times 28\times 1$ 的张量。第一个卷积层使用 $m_1=6$ 个过滤器，$k_1=5$，步幅 $s_1=1$，没有填充。因此，每个过滤器都是 $5\times 5\times 1$ 的权重张量，通过 6 个过滤器可得层 $l=1$ 的张量 $\boldsymbol{Z}^1$，其大小为 $24\times 24\times 6$，其中 $n_1=n_0-k_1+1=28-5+1=24$，$m_1=6$。第二个隐藏层是最大池化层，$k_2=2$，步幅 $s_2=2$。由于最大池化层默认使用固定的过滤器 $\boldsymbol{W}=\boldsymbol{1}_{k_2\times k_2\times 1}$，因此所得张量 $\boldsymbol{Z}^2$ 的大小为 $12\times 12\times 6$，$n_2=\left\lfloor\frac{n_1}{k_2}\right\rfloor=\left\lfloor\frac{24}{12}\right\rfloor=12$，$m_2=16$。第三层是卷积层，具有 $m_3=16$ 个通道，窗口大小 $k_3=5$（步幅 $s_3=1$），产生大小为 $8\times 8\times 16$ 的张量 $\boldsymbol{Z}^3$，其中 $n_3=n_2-k_3+1=12-5+1=8$。接下来是另一个最大池化层（$k_4=2$，$s_4=2$），它产生张

量 $\boldsymbol{Z}^4$，其大小为 $4\times4\times16$，其中 $n_4=\left\lfloor\frac{n_3}{k_4}\right\rfloor=\left\lfloor\frac{8}{2}\right\rfloor=4$，$m_4=16$。

接下来的三层是完全连接的，就像在正则 MLP 中一样。层 $l=4$ 的 $4\times4\times16=256$ 个神经元全部与层 $l=5$ 相连，层 $l=5$ 有 120 个神经元。因此，$\boldsymbol{Z}^5$ 是一个长度为 120 的向量，它可以被看作大小为 $120\times1\times1$ 的退化张量。层 $l=5$ 也与层 $l=6$ 完全连接，层 $l=6$ 有 84 个神经元，是最后一个隐藏层。由于有 10 个数字，因此输出层 $\boldsymbol{o}$ 由 10 个神经元组成，采用 softmax 激活函数。卷积层 $\boldsymbol{Z}^1$ 和 $\boldsymbol{Z}^3$ 以及完全连接的层 $\boldsymbol{Z}^5$ 和 $\boldsymbol{Z}^6$ 都使用 ReLU 激活函数。

我们使用 MNIST 数据集中的 $n=60\,000$ 幅训练图像训练 CNN 模型，步长 $\eta=0.2$，采用交叉熵误差（因为有 10 个类），共训练 15 代。使用小批量数据进行训练，批大小为 1000。训练完 CNN 模型后，用 10 000 幅测试图像对其进行评估。CNN 模型在测试集上产生 147 个错误，错误率为 1.47%。图 26-22 展示了 CNN 错误分类的图像示例，给出了每个图像的真实标签 y 和预测标签 o（从独热编码转换回数字标签）。每个数字标签展示三个例子。例如，第一行的前三幅图像的真实标签为 $y=0$，接下来的三幅图像的真实标签为 $y=1$，依次类推。可以看到，错误分类的图像是有噪声的、不完整的，甚至是错误的，并且都很难由人工正确分类。

图 26-22　MNIST 数据集：CNN 模型预测错误；y 是真实标签，o 是预测标签

为了进行比较，我们还训练了一个具有两个（完全连接的）隐藏层的深度 MLP，隐藏层大小与 CNN（见图 26-20）中输出层之前的两个完全连接的层的大小相同。因此，MLP 包括层 $\boldsymbol{X}$、$\boldsymbol{Z}^5$、$\boldsymbol{Z}^6$ 和 $\boldsymbol{o}$，输入的 28×28 图像被视为大小为 d=784 的向量。第一个

隐藏层的大小为 n_1=120，第二个隐藏层的大小为 n_2=84，输出层大小为 p=10。对输出层以外所有层使用 ReLU 激活函数，输出层使用 softmax 函数。使用步长 $\eta=0.5$，在包含 $n=60\ 000$ 幅图像的训练数据集上对 MLP 模训练 15 代。在测试数据集上，MLP 模型产生了 264 个错误，错误率为 2.64%。图 26-23 展示了 CNN 模型和 MLP 模型在每代训练后在测试集上的错误数；CNN 模型的准确率比 MLP 模型更高。

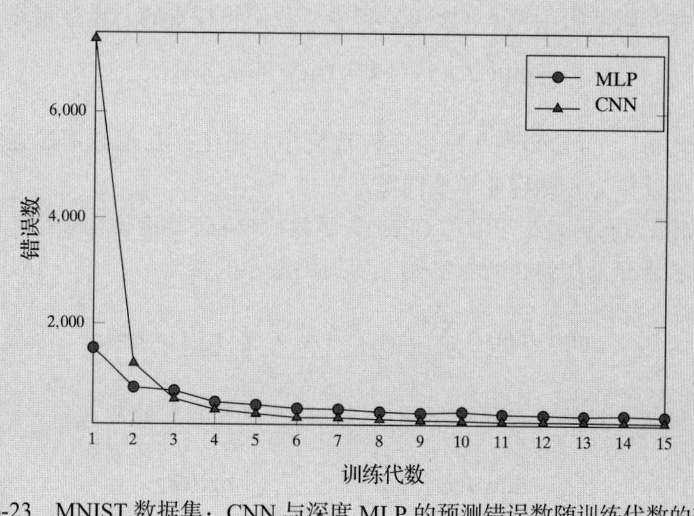

图 26-23 MNIST 数据集：CNN 与深度 MLP 的预测错误数随训练代数的变化

26.4 正则化

思考回归中的平方误差损失函数：

$$L(\boldsymbol{y},\hat{\boldsymbol{y}})=(\boldsymbol{y}-\hat{\boldsymbol{y}})^2$$

其中，$\boldsymbol{y}$ 是给定输入 $\boldsymbol{x}$ 的真实响应，$\hat{\boldsymbol{y}}$ 是预测响应。学习的目标是将期望损失 $E[L(\boldsymbol{y},\hat{\boldsymbol{y}})]=E[(\boldsymbol{y}-\hat{\boldsymbol{y}})^2]$ 最小化。

如 22.3 节所述，期望损失可分解为三项，即噪声、偏差和方差：

$$E[(\boldsymbol{y}-\hat{\boldsymbol{y}})^2]=\underbrace{E[(\boldsymbol{y}-E[\boldsymbol{y}])^2]}_{\text{噪声}}+\underbrace{E[(\hat{\boldsymbol{y}}-E[\hat{\boldsymbol{y}}])^2]}_{\text{平均方差}}+\underbrace{E[(E[\hat{\boldsymbol{y}}]-E[\boldsymbol{y}])^2]}_{\text{平均偏差}} \tag{26.17}$$

噪声项是 $\boldsymbol{y}$ 的期望方差，因为 $E[(\boldsymbol{y}-E[\boldsymbol{y}])^2)=\mathrm{var}(\boldsymbol{y})$。与模型无关，它对模型的损失的贡献固定。因为它是 $\boldsymbol{y}$ 的固有不确定性或可变性，所以在比较不同的回归模型时可以忽略。平均偏差项表示模型偏离预测变量响应的真实函数（未知）的程度。例如，如果响应是预测变量的非线性函数，并且拟合了一个简单的线性模型，那么这个模型将有很大的偏差。尝试拟合一个更复杂的非线性模型来减小偏差，但又会遇到过拟合和大方差的问题，由平均方差项捕获，它量化了预测响应 $\hat{\boldsymbol{y}}$ 的方差，因为 $E[(\hat{\boldsymbol{y}}-E[\hat{\boldsymbol{y}}]))^2]=\mathrm{var}(\hat{\boldsymbol{y}})$。也就是说，模型可能试图拟合数据中的噪声和其他伪影，因此对数据中的小变化非常敏感，从而导致产生大方差。一般来说，减小偏差和减小方差总需要权衡。

正则化是一种通过限制模型参数来减弱过拟合的方法，减小方差会略微增加偏差。例如，在岭回归［见式（23.29）］中，对权重参数的 L_2 范数添加一个约束，如下所示：

$$\min_{\boldsymbol{w}} J(\boldsymbol{w}) = \|\boldsymbol{Y} - \widehat{\boldsymbol{Y}}\|^2 + \alpha \cdot \|\boldsymbol{w}\|^2 = \|\boldsymbol{Y} - \boldsymbol{D}\boldsymbol{w}\|^2 + \alpha \cdot \|\boldsymbol{w}\|^2 \tag{26.18}$$

其中，$\boldsymbol{Y}$是真实响应向量，$\widehat{\boldsymbol{Y}}$是所有训练实例的预测响应向量。这里的目标是根据名为正则化常数的超参数 $\alpha \geqslant 0$ 来驱动权重变小。如果 $\alpha = 0$，则没有正则化处理，可以得到一个偏差小但方差可能较大的模型。如果 $\alpha \to \infty$，则可以驱动所有权重接近于零，得到方差小但偏差大的模型。介于两者的中间值（α）试图在这两个相互冲突的目标之间取得适当的平衡。例如，在 L_1 回归或套索回归［见式（23.42）］中，我们将权重的 L_1 范数最小化：

$$\min_{\boldsymbol{w}} J(\boldsymbol{w}) = \|\boldsymbol{Y} - \boldsymbol{D}\boldsymbol{w}\|^2 + \alpha \cdot \|\boldsymbol{w}\|_1$$

其中，$\|\boldsymbol{w}\|_1 = \sum_{i=1}^{d} |w_i|$。与 L_2 范数（只是使权重变小）相比，L_1 范数通过强制许多权重变为零来稀疏模型，可以作为一种特征子集选择方法。

一般来说，如果$L(\boldsymbol{y}, \hat{\boldsymbol{y}})$是给定输入$\boldsymbol{x}$的损失函数，$\boldsymbol{\Theta}$表示所有模型参数，其中$\hat{\boldsymbol{y}} = f(\boldsymbol{x}|\boldsymbol{\Theta})$，那么学习模型时的目标是找到在所有实例上使损失最小的参数：

$$\min_{\boldsymbol{\Theta}} J(\boldsymbol{\Theta}) = \sum_{i=1}^{n} L(\boldsymbol{y}_i, \hat{\boldsymbol{y}}_i) = \sum_{i=1}^{n} L(\boldsymbol{y}_i, f(\boldsymbol{x}_i|\boldsymbol{\Theta}))$$

使用正则化机制，对参数$\boldsymbol{\Theta}$添加惩罚，以获得正则化目标函数：

$$\min_{\boldsymbol{\Theta}} J(\boldsymbol{\Theta}) = \sum_{i=1}^{n} L(\boldsymbol{y}_i, \hat{\boldsymbol{y}}_i) + \alpha R(\boldsymbol{\Theta}) \tag{26.19}$$

其中，$\alpha \geqslant 0$是正则化常数。

设 $\theta \in \boldsymbol{\Theta}$ 为回归模型的参数。典型的正则化函数包括 L_2 范数、L_1 范数，以及二者的组合——称为弹性网络（elastic-net）：

$$R_{L_2}(\theta) = \|\theta\|_2^2 \qquad R_{L_1}(\theta) = \|\theta\|_1 \qquad R_{\text{elastic}}(\theta) = \lambda \cdot \|\theta\|_2^2 + (1-\lambda) \cdot \|\theta\|_1$$

其中，$\lambda \in [0,1]$。

26.4.1　深度学习的 L_2 正则化

现在考虑将深度学习模型正则化的方法。首先思考具有一个隐藏层的多层感知器的情况，然后将其推广到多个隐藏层的情况。注意，虽然我们对正则化的讨论是在 MLP 的背景下进行的，但因为 RNN 是通过展开训练的，且 CNN 本质上是稀疏的 MLP，所以这里描述的方法很容易推广到任意深度神经网络。

1. 具有单个隐藏层的 MLP

如图 26-24 所示，在具有单个隐藏层的前馈 MLP 的背景下考虑正则化。设输入为 $\boldsymbol{x} \in \mathbb{R}^d$，隐藏层为 $\boldsymbol{z} \in \mathbb{R}^m$，$\hat{\boldsymbol{y}} = \boldsymbol{o} \in \mathbb{R}^p$。模型的所有参数的集合为

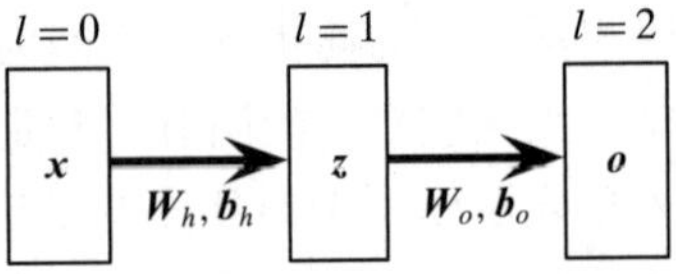

$l=0$　$l=1$　$l=2$

$\boldsymbol{x}$ —$\boldsymbol{W}_h, \boldsymbol{b}_h$→ $\boldsymbol{z}$ —$\boldsymbol{W}_o, \boldsymbol{b}_o$→ $\boldsymbol{o}$

图 26-24　具有单个隐藏层的多层感知器

$$\boldsymbol{\Theta} = \{\boldsymbol{W}_h, \boldsymbol{b}_h, \boldsymbol{W}_o, \boldsymbol{b}_o\}$$

尽管惩罚较大的权重是有意义的，但我们通常不惩罚偏差项，因为它们只是转移激活函数的阈值，无须强制它们取小值。因此，L_2 正则化目标函数为

$$\min_{\boldsymbol{\Theta}} J(\boldsymbol{\Theta}) = \mathcal{E}_{\boldsymbol{x}} + \frac{\alpha}{2} \cdot R_{L_2}(\boldsymbol{W}_o, \boldsymbol{W}_h) = \mathcal{E}_{\boldsymbol{x}} + \frac{\alpha}{2} \cdot (\|\boldsymbol{W}_h\|_F^2 + \|\boldsymbol{W}_o\|_F^2)$$

为了方便起见，我们在正则化项上加了因子 1/2。对于权重矩阵的 L_2 范数，使用弗罗贝尼乌斯（Frobenius）范数，它具有 L_2 范数的一般意义，因为对于 $n \times m$ 的矩阵 $\boldsymbol{A}$，它被定义为

$$\|\boldsymbol{A}\|_{\mathrm{F}}^2 = \sum_{i=1}^{n}\sum_{j=1}^{m} a_{ij}^2$$

其中，a_{ij} 是 $\boldsymbol{A}$ 的第 (i, j) 个元素。正则化目标试图最小化输入层和隐藏层之间、隐藏层和输出层之间神经元对的各权重。这会给模型增加一些偏差，但可能会减小方差，因为就预测输出值而言，小权重在输入数据的变化中表现更为稳健。

正则化目标函数有两个独立的项，一个是损失，另一个是权重矩阵的 L_2 范数。我们必须计算权重梯度 $\nabla_{w_{ij}}$ 和偏差梯度 ∇_{b_j}：

$$\nabla_{w_{ij}} = \frac{\partial J(\boldsymbol{\Theta})}{\partial w_{ij}} = \frac{\partial \mathcal{E}_{\boldsymbol{x}}}{\partial w_{ij}} + \frac{\alpha}{2} \cdot \frac{\partial R_{L_2}(\boldsymbol{W}_o, \boldsymbol{W}_h)}{\partial w_{ij}} = \delta_j \cdot z_i + \alpha \cdot w_{ij}$$

$$\nabla_{b_j} = \frac{\partial J(\boldsymbol{\Theta})}{\partial b_j} = \frac{\partial \mathcal{E}_{\boldsymbol{x}}}{\partial b_j} + \frac{\alpha}{2} \cdot \frac{\partial R_{L_2}(\boldsymbol{W}_o, \boldsymbol{W}_h)}{\partial b_j} = \frac{\partial \mathcal{E}_{\boldsymbol{x}}}{\partial b_j} = \delta_j$$

其中使用了式（25.29）来说明 $\frac{\partial \mathcal{E}_{\boldsymbol{x}}}{\partial w_{ij}} = \delta_j \cdot z_i$，以及 $\frac{\partial \mathcal{E}_{\boldsymbol{x}}}{\partial b_j} = \delta_j$，其中 $\delta_j = \frac{\partial \mathcal{E}_{\boldsymbol{x}}}{\partial \mathrm{net}_j}$ 是净梯度。此外，由于权重矩阵的平方 L_2 范数只是平方权重的和，因此只有 w_{ij}^2 项是重要的，所有其他元素对于神经元 i 和 j 之间的权重 w_{ij}（在 $\boldsymbol{W}_h$ 或 $\boldsymbol{W}_O$ 中）而言是恒定的。考虑隐藏层和输出层之间的所有神经元对，可将更新规则紧凑地编写为

$$\nabla_{\boldsymbol{W}_o} = \boldsymbol{z} \cdot \boldsymbol{\delta}_o^{\mathrm{T}} + \alpha \cdot \boldsymbol{W}_o \qquad\qquad \nabla_{\boldsymbol{b}_o} = \boldsymbol{\delta}_o$$

其中，$\boldsymbol{\delta}_o$ 是输出神经元的净梯度向量，$\boldsymbol{z}$ 是隐藏层神经元值的向量。使用正则化权重梯度矩阵将梯度更新规则写为

$$\begin{aligned}\boldsymbol{W}_o &= \boldsymbol{W}_o - \eta \cdot \nabla_{\boldsymbol{W}_o} = \boldsymbol{W}_o - \eta \cdot (\boldsymbol{z} \cdot \boldsymbol{\delta}_o^{\mathrm{T}} + \alpha \cdot \boldsymbol{W}_o) = \boldsymbol{W}_o - \eta \cdot \alpha \cdot \boldsymbol{W}_o - \eta \cdot (\boldsymbol{z} \cdot \boldsymbol{\delta}_o^{\mathrm{T}}) \\ &= (1 - \eta \cdot \alpha) \cdot \boldsymbol{W}_o - \eta \cdot (\boldsymbol{z} \cdot \boldsymbol{\delta}_o^{\mathrm{T}})\end{aligned}$$

L_2 正则化也称为权重衰减（weight decay），因为更新后的权重矩阵使用上一步的衰减权重，衰减因子为 $1-\eta \cdot \alpha$。

以类似的方式，可得输入层和隐藏层之间的权重梯度和偏差梯度：

$$\nabla_{\boldsymbol{W}_h} = \boldsymbol{x} \cdot \boldsymbol{\delta}_h^{\mathrm{T}} + \alpha \cdot \boldsymbol{W}_h \qquad\qquad \nabla \boldsymbol{b}_h = \boldsymbol{\delta}_h$$

因此，输入层和隐藏层之间权重矩阵的更新规则如下：

$$\boldsymbol{W}_h = \boldsymbol{W}_h - \eta \cdot \nabla_{\boldsymbol{W}_h} = (1 - \eta \cdot \alpha) \cdot \boldsymbol{W}_h - \eta \cdot (\boldsymbol{x} \cdot \boldsymbol{\delta}_h^{\mathrm{T}})$$

其中，$\boldsymbol{\delta}_h$ 是隐藏神经元的净梯度向量，$\boldsymbol{x}$ 是输入向量。

2. 深度 MLP

思考图 26-25 所示的深度 MLP。输入神经元层表示为 $l=0$，第一个隐藏层表示为 $l=1$，最后一个隐藏层表示为 $l=h$，输出层表示为 $l=h+1$。层 l（$l=0,\cdots,h+1$）的神经元值向量表示为

$$\boldsymbol{z}^l = (z_1^l, \cdots, z_{n_l}^l)^{\mathrm{T}}$$

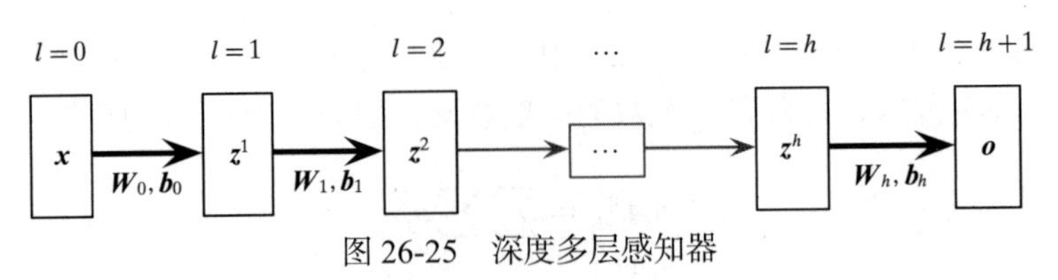

图 26-25　深度多层感知器

其中，n_l 是层 l 中的神经元数量。因此，$\boldsymbol{x}=\boldsymbol{z}^0$，$\boldsymbol{o}=\boldsymbol{z}^{h+1}$。对于 $l=1,\cdots,h+1$，层 l 和层 $l+1$ 神经元之间的权重矩阵表示为 $\boldsymbol{W}_l \in \mathbb{R}^{n_l \times n_{l+1}}$，从偏差神经元 z_0^l 到层 $l+1$ 神经元的偏差项向量表示为 $\boldsymbol{b}_l \in \mathbb{R}^{n_{l+1}}$。

给定误差函数 ε_x，L_2 正则化目标函数为

$$\min_{\boldsymbol{\Theta}} J(\boldsymbol{\Theta}) = \mathcal{E}_{\boldsymbol{x}} + \frac{\alpha}{2} \cdot R_{L_2}(\boldsymbol{W}_0, \boldsymbol{W}_1, \cdots, \boldsymbol{W}_h)$$
$$= \mathcal{E}_{\boldsymbol{x}} + \frac{\alpha}{2} \cdot \left(\sum_{l=0}^{h} \| \boldsymbol{W}_l \|_F^2 \right)$$

其中，模型所有参数的集合为 $\boldsymbol{\Theta}=\{\boldsymbol{W}_0,\boldsymbol{b}_0,\boldsymbol{W}_1,\boldsymbol{b}_1,\cdots,\boldsymbol{W}_h,\boldsymbol{b}_h\}$。基于上面对单个隐藏层 MLP 的推导，可得正则化梯度：

$$\nabla_{\boldsymbol{W}_l} = \boldsymbol{z}^l \cdot (\boldsymbol{\delta}^{l+1})^{\mathrm{T}} + \alpha \cdot \boldsymbol{W}_l \qquad (26.20)$$

权重矩阵的更新规则为

$$\boldsymbol{W}_l = \boldsymbol{W}_l - \eta \cdot \nabla_{\boldsymbol{W}_l} = (1-\eta\cdot\alpha)\cdot \boldsymbol{W}_l - \eta\cdot(\boldsymbol{z}^l \cdot (\boldsymbol{\delta}^{l+1})^{\mathrm{T}}) \qquad (26.21)$$

其中，$l=0,1,\cdots,h$，$\boldsymbol{\delta}^l$ 是层 l 中隐藏神经元的净梯度向量。可以看到，将 L_2 正则化用于深度 MLP 相对简单。同样，在其他模型（如 RNN、CNN 等）中使用 L_2 正则化也很容易。对于 L_1 正则化，可应用 23.6 节中概述的 L_1 回归或套索回归的次梯度方法。

26.4.2　丢弃正则化

丢弃正则化（dropout regularization）的理念是在训练期间随机地将某一层中的某一部分神经元值设为零，目的是使网络更加健壮，同时避免过拟合。对每个训练点随机丢弃神经元，网络被迫不依赖于任何特定的边集。从给定神经元的角度来看，由于它不能依赖于所有传入边，因此它的效果是不将权重集中在特定的输入边上，而是将权重分散在各传入边上。净效应类似于 L_2 正则化，因为权重分散导致边上的权重更小。由此产生的具备丢弃机制的模型对输入中的小扰动更具弹性，这可以用较小的偏差增加代价避免过拟合。然而，虽然 L_2 正则化直接改变了目标函数，但是丢弃正则化是一种结构正则化（structural regularization），它不改变目标函数，而是改变连接当前处于活跃状态或非激活状态的网络拓扑。

1. 具有单个隐藏层的 MLP

思考图 26-24 所示的具有单个隐藏层的 MLP。设输入为 $\boldsymbol{x}\in\mathbb{R}^d$，隐藏层为 $\boldsymbol{z}\in\mathbb{R}^m$，$\hat{\boldsymbol{y}}=\boldsymbol{o}\in\mathbb{R}^p$。在训练阶段，对于每个输入 $\boldsymbol{x}$，创建一个随机掩码向量来丢弃一部分隐藏神经元。形式上，设 $r\in[0,1]$ 为保留神经元的概率，因此丢弃概率为 $1-r$。创建一个 m 维多元伯努利向量 $\boldsymbol{u}\in\{0,1\}^m$——称为掩码向量（masking vector），元素 0 对应丢弃概率 $1-r$，元素 1 对应概率 r。设 $\boldsymbol{u}=(u_1,u_2,\cdots,u_m)^{\mathrm{T}}$，其中：

$$u_i=\begin{cases}0\text{ ，概率为}1-r\\1\text{ ，概率为}r\end{cases}$$

前馈步骤如下：

$$\boldsymbol{z}=f^h\left(\boldsymbol{b}_h+\boldsymbol{W}_h^{\mathrm{T}}\boldsymbol{x}\right)$$
$$\tilde{\boldsymbol{z}}=\boldsymbol{u}\odot\boldsymbol{z}$$
$$\boldsymbol{o}=f^o\left(\boldsymbol{b}_o+\boldsymbol{W}_o^{\mathrm{T}}\tilde{\boldsymbol{z}}\right)$$

其中，$\odot$表示元素乘积。净效应是：如果$u_i=0$，则掩码向量会将$\tilde{z}$中的第i个隐藏神经元归零。归零还具有这样的效果：在反向传播阶段，误差梯度不会从隐藏层中的归零神经元回流。这样做的效果是，与归零隐藏神经元相邻的边的任何权重都不会被更新。

反向丢弃（Inverted Dropout） 上述基本的丢弃方法有一个复杂的问题，即在训练和测试期间，隐藏层神经元的期望输出是不同的，因为在测试阶段没有应用丢弃机制，毕竟，我们不希望给定的测试输入的预测结果随机变化。设r为保留隐藏神经元的概率，其期望输出值为

$$E[z_i]=r\cdot z_i+(1-r)\cdot 0=r\cdot z_i$$

此外，由于在测试时没有使用丢弃机制，因此隐藏神经元的输出在测试时会更大。一种思路是在测试时用r来衡量隐藏神经元值。另一种更简单的方法称为*反向丢弃*，它在测试时不需要更改。其理念是在训练阶段丢弃（dropout）步骤后重新缩放隐藏神经元，如下所示：

$$\boldsymbol{z}=f\left(\boldsymbol{b}_h+\boldsymbol{W}_h^{\mathrm{T}}\boldsymbol{x}\right)$$
$$\tilde{\boldsymbol{z}}=\frac{1}{r}\cdot(\boldsymbol{u}\odot\boldsymbol{z})$$
$$\boldsymbol{o}=f\left(\boldsymbol{b}_o+\boldsymbol{W}_o^{\mathrm{T}}\tilde{\boldsymbol{z}}\right)$$

当缩放因子为$1/r$时，每个神经元的期望值保持不变，因为：

$$E[z_i]=\frac{1}{r}\cdot(r\cdot z_i+(1-r)\cdot 0)=z_i$$

2. 深度 MLP 中的丢弃机制

深度 MLP 中的丢弃正则化也以类似的方式完成。设$r_l\in[0,1](l=1,2,\cdots,h)$表示层$l$保留隐藏神经元的概率，因此$1-r_l$是丢弃概率。通过设置$r_l=r$，还可以对所有层使用同一个概率$r$。定义隐藏层$l$的掩码向量$\boldsymbol{u}^l\in\{0,1\}^{n_l}$，如下所示：

$$u_i^l=\begin{cases}0\text{ ，概率为 }1-r_l\\1\text{ ，概率为 }r_l\end{cases}$$

使用反向丢弃，层l和层$l+1$之间的前馈步骤如下：

$$\begin{aligned}\boldsymbol{z}^l&=f\left(\boldsymbol{b}_l+\boldsymbol{W}_l^{\mathrm{T}}\tilde{\boldsymbol{z}}^{l-1}\right)\\\tilde{\boldsymbol{z}}^l&=\frac{1}{r_l}\cdot(\boldsymbol{u}^l\odot\boldsymbol{z}^l)\end{aligned}\tag{26.22}$$

通常，输入层和输出层不做掩码，因此$r^0=1$，$r^{h+1}=1$。还要注意，测试时没有丢弃机

制。丢弃率是模型的超参数，必须在单独的验证数据集上进行调整。

26.5 拓展阅读

通过时间算法进行反向传播是由文献（Werbos，1990）提出的。双向 RNN 由文献（Schuster & Paliwal，1997）提出，LSTM 由文献（Hochreiter & Schmidhuber，1997）提出，遗忘门由文献（Gers et al.，2000）提出。文献（LeCun et al.，1998）提出了基于反向传播的卷积神经网络，并将其应用于手写数字识别。文献（Srivastava et al.，2014）提出了丢弃正则化。

Gers, F. A., Schmidhuber, J., and Cummins, F. (2000). Learning to forget: Continual prediction with LSTM. *Neural Computation*, 12 (10), 2451–2471.

Hochreiter, S. and Schmidhuber, J. (1997). Long short-term memory. *Neural Computation*, 9 (8), 1735–1780.

LeCun, Y., Bottou, L., Bengio, Y., and Haffner, P. (1998). Gradient-based learning applied to document recognition. *Proceedings of the IEEE*, 86 (11), 2278–2324.

Schuster, M. and Paliwal, K. K. (1997). Bidirectional recurrent neural networks. *IEEE Transactions on Signal Processing*, 45 (11), 2673–2681.

Srivastava, N., Hinton, G., Krizhevsky, A., Sutskever, I., and Salakhutdinov, R. (2014). Dropout: A simple way to prevent neural networks from overfitting. *The Journal of Machine Learning Research*, 15 (1), 1929–1958.

Werbos, P. J. (1990). Backpropagation through time: what it does and how to do it. *Proceedings of the IEEE*, 78 (10), 1550–1560.

26.6 练习

Q1. 思考图 26-26 中的 RNN。请注意，标记为 −1 的边表示依赖于上一个时间步，而 −2 表示依赖于后两个时间步的值。f^o 和 f^h 表示输出层和隐藏层的激活函数。设 τ 为最长序列长度。回答以下问题：

（a）展开 RNN 三步并显示所有连接。

（b）列出此模型所需的所有参数，包括权重矩阵和偏差向量。接着，写下计算 $\boldsymbol{o}_t$ 的前向传播公式。

（c）写出 t 时刻输出神经元的净梯度向量 δ_t^o 的公式。

（d）写出 t 时刻隐藏神经元的净梯度向量 δ_t^h 的公式。

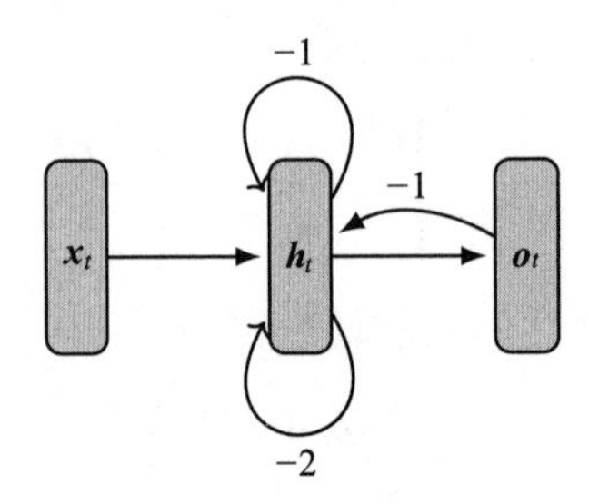

图 26-26　Q1 的 RNN

Q2. 利用向量导数推导带遗忘门的 RNN 中反向传播的净梯度公式，即通过计算误差函数 $\mathcal{E}_{x_t}$ 关于 $\mathbf{net}_t^o, \mathbf{net}_t^u, \mathbf{net}_t^\phi, \mathbf{net}_t^h$（$t$ 时刻输出层、更新层、遗忘门层和隐藏层的净输入）的导数，

推导出输出层、更新层、遗忘门和隐藏层的净梯度（δ_t^o、δ_t^u、δ_t^ϕ 及 δ_t^h）公式。

Q3. 利用误差函数 $\mathcal{E}_x$ 关于 $\mathbf{net}_t^a$ 的向量导数推导 LSTM 中反向传播的净梯度 δ_t^a 的公式，其中 $a \in \{o,h,c,u,\kappa,\phi,\omega\}$，对应于输出层、隐藏层、内部记忆层和候选更新层，以及输入层、遗忘门层和输出门层。

Q4. 证明：对于步幅 s，在 $\boldsymbol{X} \in \mathbb{R}^{n\times n\times m}$ 和 $\boldsymbol{W} \in \mathbb{R}^{k\times k\times m}$ 的卷积中，存在 $(t+1)\times(t+1)$ 个可能窗口，其中 $t=\left\lfloor \frac{n-k}{s} \right\rfloor$。

Q5. 思考一个 CNN，它将字母表 $\Sigma=\{A,B,C,D\}$ 上长度为 8 的子串作为输入，并预测是正（P）类还是负（N）类。假设使用两个一维过滤器，窗口大小 $k=4$，步幅 $s=2$，权重 $\boldsymbol{w}_1=(1,0,1,1)^{\mathrm{T}}$ 和 $\boldsymbol{w}_2=(1,1,0,1)^{\mathrm{T}}$。假设偏差为零。一维卷积之后是最大池化运算（窗口大小 $k=2$，步幅 $s=1$）。所有卷积都使用线性激活函数，不进行填充。最后，最大池化后的所有神经元馈入一个单一的输出神经元，该神经元使用偏差为 −15 的 sigmoid 激活函数，所有权重设为 1。给定输入序列 $ABACABCD$，给出经过卷积和最大池层后的神经元值和最终输出。按字典顺序对输入字母表使用独热编码，设 $\mathrm{P}=1$，$\mathrm{N}=0$。给定输入序列的最终输出是什么。

Q6. 给定图 26-27a 中的三维张量。使用填充参数 $p=1$ 和步幅 $s=2$，回答以下问题：

（a）计算图 26-27b 中 $3\times3\times3$ 的掩码 $\boldsymbol{W}$ 与 $\boldsymbol{X}$ 的卷积。

（b）使用元素全为 1 的 $3\times3\times1$ 掩码 $\boldsymbol{W}$（即 $\boldsymbol{W}=\mathbf{1}_{3\times3\times1}$）计算最大池化层输出。

通道 1				
1	1	3	1	1
2	4	4	1	2
2	2	3	1	1
1	2	2	3	1
4	1	1	2	2

通道 2				
1	4	3	3	2
2	2	2	2	2
1	1	4	1	1
1	2	3	1	1
1	4	1	1	2

通道 3				
1	2	4	3	2
2	2	4	2	1
1	1	3	2	4
1	4	3	2	3
1	1	1	4	4

a）输入张量：$\boldsymbol{X}$

通道 1		
1	0	0
0	1	0
0	0	1

通道 2		
0	0	1
0	1	0
1	0	0

通道 3		
1	1	1
1	1	1
1	1	1

b）三维过滤器（$\boldsymbol{W}$）

图 26-27 Q6 的三维张量

回归评估

给定一组预测属性或自变量$X_1,X_2,\cdots,X_d$，以及响应属性Y，回归的目标是学习f，从而得到：

$$Y=f(X_1,X_2,\cdots,X_d)+\varepsilon=f(\boldsymbol{X})+\varepsilon$$

其中，$\boldsymbol{X}=(X_1,X_2,\cdots,X_d)^{\mathrm{T}}$是由预测变量组成的$d$维多元随机变量。随机变量$\varepsilon$表示响应中的固有误差，该误差不能用线性模型来解释。

在评估回归函数f时，需要确定f的形式，例如确定f是模型参数的线性函数还是非线性函数。例如，在线性回归中，我们假设：

$$f(\boldsymbol{X})=\beta+\omega_1\cdot X_1+\cdots+\omega_d\cdot X_d$$

其中，β是偏差项，ω_i是属性X_i的回归系数。该模型是线性的，因为$f(\boldsymbol{X})$是参数β，$\omega_1,\cdots,\omega_d$的线性函数。

一旦估计了偏差和系数，就需要建立回归的概率模型来评估所学模型的拟合优度、参数的置信区间，并测试回归效果，即$\boldsymbol{X}$是否真的有助于预测Y。特别是，假设即使$\boldsymbol{X}$的值已经固定，响应y中仍然可能存在不确定性。此外，假设误差ε与$\boldsymbol{X}$无关，并服从正态（或高斯）分布（均值为$\mu=0$，方差为σ^2），即假设误差是独立的，并且服从均值为零、方差固定的同分布。

概率回归模型包括两个部分——包括观测预测属性的确定性部分（deterministic component）以及包括误差项（假设误差项独立于预测属性）的随机误差部分（random error component）。通过对回归函数f的形式和误差变量ε的假设，我们可以回答几个有趣的问题，例如估计的模型对输入数据的拟合优度如何？估计的偏差和系数与未知的真实参数有多接近？本章将解答这些问题。

27.1 一元回归

在一元回归中，有一个因变量属性Y和一个自变量属性X，我们假设它们的真实关系可以建模为线性函数：

$$Y=f(X)+\varepsilon=\beta+\omega\cdot X+\varepsilon$$

其中，ω是最佳拟合线的斜率，β是其截距，ε是服从均值为$\mu=0$、方差为σ^2的正态分布的随机误差变量。

1. 响应变量的均值和方差

思考自变量X的固定值x。给定x时响应变量Y的期望值为

$$E[Y|X=x]=E[\beta+\omega\cdot x+\varepsilon]=\beta+\omega\cdot x+E[\varepsilon]=\beta+\omega\cdot x$$

其中，假设$E[\varepsilon]=\mu=0$。另外，由于x是固定的，β和ω是常数，期望值$E[\beta+\omega\cdot x]=\beta+\omega\cdot x$。接下来考虑给定$X=x$时$Y$的方差，有：

$$\text{var}(Y|X=x)=\text{var}(\beta+\omega\cdot x+\varepsilon)=\text{var}(\beta+\omega\cdot x)+\text{var}(\varepsilon)=0+\sigma^2=\sigma^2$$

这里，$\text{var}(\beta+\omega x)=0$，因为$\beta$、$\omega$和$x$都是常数。因此，给定$X=x$，响应变量$Y$服从正态分布，均值为$E[Y\mid X=X]=\beta+\omega\cdot X$，方差为$\text{var}(Y\mid X=X)=\sigma^2$。

2. 估计的参数

真实参数β、ω和σ^2都是未知的，必须根据包含n个点(x_i)的训练数据$\boldsymbol{D}$和相应响应值$y_i(i=1,2,\cdots,n)$来估计。设b和w表示估计的偏差和权重，对任何给定值x_i预测如下：

$$\hat{y}_i=b+w\cdot x_i$$

通过最小化平方误差之和（SSE）：

$$\text{SSE}=\sum_{i=1}^{n}(y_i-\hat{y}_i)^2=\sum_{i=1}^{n}(y_i-b-w\cdot x_i)^2$$

获得估计的偏差b和权重w，最小二乘估计值［见式（23.11）和式（23.8）］如下：

$$w=\frac{\sigma_{XY}}{\sigma_X^2} \qquad\qquad b=\mu_Y-w\cdot\mu_X$$

27.1.1 估计方差

根据模型，预测结果的方差完全由随机误差项ε引起。要估计该方差，可考虑预测值$\hat{y}_i$及其与真实响应y_i的偏差，即考虑残差：

$$\epsilon_i=y_i-\hat{y}_i$$

估计值b和w的一个性质是残差之和为零，因为：

$$\begin{aligned}\sum_{i=1}^{n}\epsilon_i&=\sum_{i=1}^{n}y_i-b-w\cdot x_i\\&=\sum_{i=1}^{n}y_i-\mu_Y+w\cdot\mu_X-w\cdot x_i\\&=\left(\sum_{i=1}^{n}y_i\right)-n\cdot\mu_Y+w\cdot\left(n\mu_X-\sum_{i=1}^{n}x_i\right)\\&=n\cdot\mu_Y-n\cdot\mu_Y+w\cdot(n\cdot\mu_X-n\cdot\mu_X)=0\end{aligned}\tag{27.1}$$

由于$E[\epsilon_i]=\frac{1}{n}\sum_{i=1}^{n}\epsilon_i=0$，因此$\epsilon_i$的期望值为零。换句话说，回归线上方和下方的误差之和相互抵消。

估计的方差$\hat{\sigma}^2$的公式为

$$\hat{\sigma}^2=\text{var}(\epsilon_i)=\frac{1}{n-2}\cdot\sum_{i=1}^{n}\left(\epsilon_i-E[\epsilon_i]\right)^2=\frac{1}{n-2}\cdot\sum_{i=1}^{n}\epsilon_i^2=\frac{1}{n-2}\cdot\sum_{i=1}^{n}(y_i-\hat{y}_i)^2$$

因此，估计的方差为

$$\hat{\sigma}^2 = \frac{\text{SSE}}{n-2} \tag{27.2}$$

除以$n-2$可得无偏估计，因为$n-2$是估计SSE的自由度数。换句话说，用n个训练点估计两个参数w和β，因此有$n-2$个自由度。

方差的平方根称为回归的标准误差（standard error of regression）：

$$\hat{\sigma} = \sqrt{\frac{\text{SSE}}{n-2}} \tag{27.3}$$

27.1.2 拟合优度

SSE值表明Y中有多少变异量不能用线性模型来解释。比较该值与因变量Y的总散度（total scatter）——也称为总平方和（Total Sum of Square，TSS）：

$$\text{TSS} = \sum_{i=1}^{n}(y_i - \mu_Y)^2$$

注意，TSS计算的是真实响应与Y的真实均值的平方偏差，而SSE计算的是真实响应与预测响应的平方偏差。

总散度可以通过加减$\hat{y}_i$分解为两个分量，如下所示：

$$\begin{aligned}\text{TSS} &= \sum_{i=1}^{n}(y_i - \mu_Y)^2 = \sum_{i=1}^{n}(y_i - \hat{y}_i + \hat{y}_i - \mu_Y)^2 \\ &= \sum_{i=1}^{n}(y_i - \hat{y}_i)^2 + \sum_{i=1}^{n}(\hat{y}_i - \mu_Y)^2 + 2\sum_{i=1}^{n}(y_i - \hat{y}_i)\cdot(\hat{y}_i - \mu_Y) \\ &= \sum_{i=1}^{n}(y_i - \hat{y}_i)^2 + \sum_{i=1}^{n}(\hat{y}_i - \mu_Y)^2 = \text{SSE+RSS}\end{aligned}$$

其中，$\sum_{i=1}^{n}(y_i - \hat{y}_i)\cdot(\hat{y}_i - \mu_Y) = 0$，并且

$$\text{RSS} = \sum_{i=1}^{n}(\hat{y}_i - \mu_Y)^2$$

是一个称为回归平方和（regression sum of square）的新项，用于衡量预测值与真实均值的平方偏差。因此，TSS可以分解为两部分：模型无法解释的变异量SSE，以及模型能够解释的方差量RSS。因此，模型未解释的变异量占比为$\frac{\text{SSE}}{\text{TSS}}$。相反，由模型解释的变异量占比称为决定系数或$R^2$（$R^2$统计量），如下所示：

$$R^2 = \frac{\text{TSS} - \text{SSE}}{\text{TSS}} = 1 - \frac{\text{SSE}}{\text{TSS}} = \frac{\text{RSS}}{\text{TSS}} \tag{27.4}$$

R^2统计量越大，估计的模型越好，其中$R^2 \in [0,1]$。

例27.1（方差和拟合优度） 思考例23.1，它展示了鸢尾花数据集花瓣长度（X；预测变量）与花瓣宽度（Y；响应变量）的回归。图27-1给出了两个属性之间的散点图。

数据集共有 $n=150$ 个数据点。偏差和回归系数的最小二乘估计如下：

$$w=0.4164 \qquad\qquad b=-0.3665$$

SSE 值如下：

$$\mathrm{SSE}=\sum_{i=1}^{150}\epsilon_i^2=\sum_{i=1}^{150}(y_i-\hat{y}_i)^2=6.343$$

因此，回归的估计方差和标准误差如下：

$$\hat{\sigma}^2=\frac{\mathrm{SSE}}{n-2}=\frac{6.343}{148}=4.286\times 10^{-2}$$

$$\hat{\sigma}=\sqrt{\frac{\mathrm{SSE}}{n-2}}=\sqrt{4.286\times 10^{-2}}=0.207$$

对于双变量鸢尾花数据，TSS 和 RSS 的值分别为

$$\mathrm{TSS}=86.78 \qquad\qquad \mathrm{RSS}=80.436$$

可以看到，$\mathrm{TSS}=\mathrm{SSE}+\mathrm{RSS}$。模型解释的变异量占比，即 R^2 值为

$$R^2=\frac{\mathrm{RSS}}{\mathrm{TSS}}=\frac{80.436}{86.78}=0.927$$

这表明线性模型拟合良好。

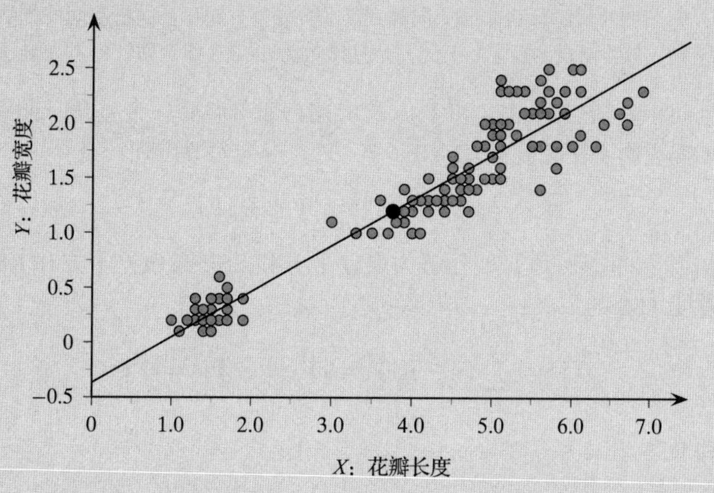

图 27-1　散点图：花瓣长度（X）与花瓣宽度（Y）。均值点显示为黑色圆圈

拟合优度的几何解释

$\boldsymbol{Y}$ 可以分解为两个正交的部分，如图 27-2a 所示。

$$\boldsymbol{Y}=\widehat{\boldsymbol{Y}}+\boldsymbol{\epsilon}$$

其中，$\widehat{\boldsymbol{Y}}$ 是 $\boldsymbol{Y}$ 在 $\{\mathbf{1},\boldsymbol{X}\}$ 构成的子空间的投影。由于这个子空间与正交向量 $\{\mathbf{1},\bar{\boldsymbol{X}}\}$ 构成的子空间相同，其中 $\bar{\boldsymbol{X}}=\boldsymbol{X}-\mu_X\cdot\mathbf{1}$，因此可以进一步分解 $\widehat{\boldsymbol{Y}}$：

$$\widehat{\boldsymbol{Y}}=\operatorname{proj}_{\mathbf{1}}(\boldsymbol{Y})\cdot\mathbf{1}+\operatorname{proj}_{\bar{\boldsymbol{X}}}(\boldsymbol{Y})\cdot\bar{\boldsymbol{X}}=\mu_Y\cdot\mathbf{1}+\frac{\boldsymbol{Y}^{\mathrm{T}}\bar{\boldsymbol{X}}}{\bar{\boldsymbol{X}}^{\mathrm{T}}\bar{\boldsymbol{X}}}\cdot\bar{\boldsymbol{X}}=\mu_Y\cdot\mathbf{1}+w\cdot\bar{\boldsymbol{X}} \tag{27.5}$$

同样，向量 $\boldsymbol{Y}$ 和 $\widehat{\boldsymbol{Y}}$ 可以通过减去它们沿向量 $\mathbf{1}$ 的投影来居中：

$$\bar{\boldsymbol{Y}}=\boldsymbol{Y}-\mu_Y\cdot\mathbf{1} \qquad \overline{\widehat{\boldsymbol{Y}}}=\widehat{\boldsymbol{Y}}-\mu_Y\cdot\mathbf{1}=w\cdot\bar{\boldsymbol{X}}$$

最后一步利用了式（27.5）。居中向量 $\bar{\boldsymbol{Y}}$、$\overline{\widehat{\boldsymbol{Y}}}$ 和 $\bar{\boldsymbol{X}}$ 都位于与向量 $\mathbf{1}$ 正交的 $n-1$ 维子空间，如图 27-2b 所示。

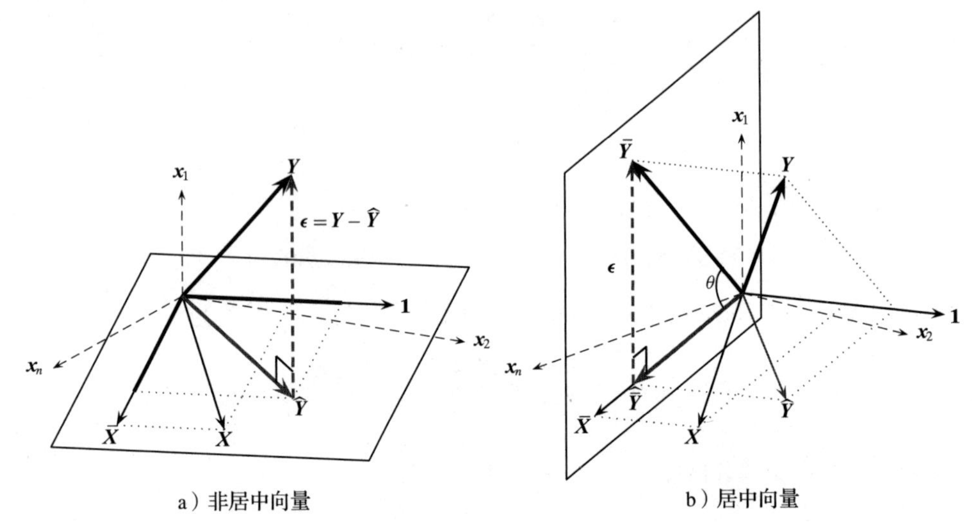

图 27-2　一元回归的几何解释：非居中向量和居中向量。$\mathbf{1}$ 的互补向量空间的维数为 $n-1$。误差空间（包含向量 ϵ）与 $\bar{\boldsymbol{X}}$ 正交，并且维数为 $n-2$（指定估计的方差 $\hat{\sigma}^2$ 的自由度）

在这个子空间中，居中向量 $\bar{\boldsymbol{Y}}$ 和 $\overline{\widehat{\boldsymbol{Y}}}$ 以及误差向量 ϵ 形成一个直角三角形，因为 $\overline{\widehat{\boldsymbol{Y}}}$ 是 $\bar{\boldsymbol{Y}}$ 在向量 $\bar{\boldsymbol{X}}$ 上的正交投影。注意到 $\epsilon=\boldsymbol{Y}-\widehat{\boldsymbol{Y}}=\bar{\boldsymbol{Y}}-\overline{\widehat{\boldsymbol{Y}}}$，根据勾股定理，有：

$$\|\bar{\boldsymbol{Y}}\|^2=\|\overline{\widehat{\boldsymbol{Y}}}\|^2+\|\epsilon\|^2=\|\overline{\widehat{\boldsymbol{Y}}}\|^2+\|\boldsymbol{Y}-\widehat{\boldsymbol{Y}}\|^2$$

这个方程相当于将总散度 TSS 分解为误差平方和 SSE 与残差平方和 RSS。要了解这一点，请注意总散度 TSS 的定义：

$$\mathrm{TSS}=\sum_{i=1}^{n}(y_i-\mu_Y)^2=\|\boldsymbol{Y}-\mu_Y\cdot\mathbf{1}\|^2=\|\bar{\boldsymbol{Y}}\|^2$$

残差平方和 RSS 定义为

$$\mathrm{RSS}=\sum_{i=1}^{n}(\hat{y}_i-\mu_Y)^2=\|\widehat{\boldsymbol{Y}}-\mu_Y\cdot\mathbf{1}\|^2=\|\overline{\widehat{\boldsymbol{Y}}}\|^2$$

最终，误差平方和 SSE 定义为

$$\mathrm{SSE}=\|\epsilon\|^2=\|\boldsymbol{Y}-\widehat{\boldsymbol{Y}}\|^2$$

因此，一元回归的几何解释表明：

$$\|\bar{\boldsymbol{Y}}\|^2=\|\overline{\widehat{\boldsymbol{Y}}}\|^2+\|\boldsymbol{Y}-\widehat{\boldsymbol{Y}}\|^2$$

$$\|\boldsymbol{Y}-\mu_Y\cdot\mathbf{1}\|^2=\|\widehat{\boldsymbol{Y}}-\mu_Y\cdot\mathbf{1}\|^2+\|\boldsymbol{Y}-\widehat{\boldsymbol{Y}}\|^2$$
$$\text{TSS}=\text{RSS}+\text{SSE}$$

注意，由于 $\overline{\boldsymbol{Y}}$ 、$\widehat{\overline{\boldsymbol{Y}}}$ 和 $\boldsymbol{\epsilon}$ 形成一个直角三角形，$\overline{\boldsymbol{Y}}$ 和 $\widehat{\overline{\boldsymbol{Y}}}$ 之间的夹角的余弦表示为底边与斜边的比值。此外，通过式（2.30），夹角的余弦也是 $\boldsymbol{Y}$ 和 $\widehat{\boldsymbol{Y}}$ 之间的相关系数，表示为 $\rho_{Y\hat{Y}}$。因此，我们得到：

$$\rho_{Y\widehat{Y}}=\cos\theta=\frac{\|\widehat{\overline{\boldsymbol{Y}}}\|}{\|\overline{\boldsymbol{Y}}\|}$$

可以观察到：

$$\|\widehat{\overline{\boldsymbol{Y}}}\|=\rho_{Y\widehat{Y}}\cdot\|\overline{\boldsymbol{Y}}\|$$

注意，鉴于 $|\rho_{Y\hat{Y}}|\leqslant 1$ ，$\boldsymbol{Y}$ 和 $\widehat{\boldsymbol{Y}}$ 之间的夹角总是小于或等于 $90°$ ，这意味着对于一元回归，$\rho_{Y\hat{Y}}\in[0,1]$。因此，预测的响应向量 $\widehat{\overline{\boldsymbol{Y}}}$ 小于真实响应向量 $\overline{\boldsymbol{Y}}$，其程度用于它们之间的相关性度量。此外，根据式（27.4），决定系数与 $\boldsymbol{Y}$ 和 $\widehat{\boldsymbol{Y}}$ 之间的平方相关系统相同：

$$R^2=\frac{\text{RSS}}{\text{TSS}}=\frac{\|\widehat{\overline{\boldsymbol{Y}}}\|^2}{\|\overline{\boldsymbol{Y}}\|^2}=\rho_{Y\widehat{Y}}^2$$

例 27.2（拟合优度的几何解释） 继续例 27.1，$\boldsymbol{Y}$ 和 $\widehat{\boldsymbol{Y}}$ 之间的相关系数为

$$\rho_{Y\widehat{Y}}=\cos\theta=\frac{\|\widehat{\overline{\boldsymbol{Y}}}\|}{\|\overline{\boldsymbol{Y}}\|}=\frac{\sqrt{\text{RSS}}}{\sqrt{\text{TSS}}}=\frac{\sqrt{80.436}}{\sqrt{86.78}}=\frac{8.969}{9.316}=0.963$$

相关系数的平方等于 R^2，因为：

$$\rho_{Y\widehat{Y}}^2=(0.963)^2=0.927$$

$\boldsymbol{Y}$ 和 $\widehat{\boldsymbol{Y}}$ 之间的夹角为

$$\theta=\cos^{-1}(0.963)=15.7°$$

相对较小的夹角表示线性拟合良好。

27.1.3 回归系数和偏差项的推断

偏差和回归系数的估计值 b 和 w 仅为真实参数 β 和 ω 的点估计。为了获得这些参数的置信区间，将每个 y_i 视为给定相应固定值 x_i 的响应的随机变量。这些随机变量都是独立的，与 Y 同分布，期望值为 $\beta+\omega\cdot x_i$，方差为 σ^2。此外，x_i 是固定先验（priori）值，因此 μ_X 和 σ_X^2 也是固定值。

现在把 b 和 w 当作随机变量：

$$b=\mu_Y-w\cdot\mu_X$$

$$w=\frac{\sum_{i=1}^n(x_i-\mu_X)(y_i-\mu_Y)}{\sum_{i=1}^n(x_i-\mu_X)^2}=\frac{1}{s_X}\sum_{i=1}^n(x_i-\mu_X)\cdot y_i=\sum_{i=1}^n c_i\cdot y_i$$

其中，c_i 是常数（因为 x_i 是固定的）：

$$c_i = \frac{x_i - \mu_X}{s_X} \tag{27.6}$$

$s_X = \sum_{i=1}^{n}(x_i - \mu_X)^2$ 是X的总散度，即x_i与均值μ_X的偏差平方和。此外，有

$$\sum_{i=1}^{n}(x_i - \mu_X) \cdot \mu_Y = \mu_Y \cdot \sum_{i=1}^{n}(x_i - \mu_X) = 0$$

请注意：

$$\sum_{i=1}^{n} c_i = \frac{1}{s_X}\sum_{i=1}^{n}(x_i - \mu_X) = 0$$

1. 回归系数的均值和方差

w的期望值如下：

$$E[w] = E\left[\sum_{i=1}^{n} c_i y_i\right] = \sum_{i=1}^{n} c_i \cdot E[y_i] = \sum_{i=1}^{n} c_i(\beta + \omega \cdot x_i)$$

$$= \beta\sum_{i=1}^{n} c_i + \omega \cdot \sum_{i=1}^{n} c_i \cdot x_i = \frac{\omega}{s_X} \cdot \sum_{i=1}^{n}(x_i - \mu_X) \cdot x_i = \frac{\omega}{s_X} \cdot s_X = \omega$$

其中，$\sum_{i=1}^{n} c_i = 0$，并且：

$$s_X = \sum_{i=1}^{n}(x_i - \mu_X)^2 = \left(\sum_{i=1}^{n} x_i^2\right) - n \cdot \mu_X^2 = \sum_{i=1}^{n}(x_i - \mu_X) \cdot x_i$$

因此，w是真实参数w的无偏估计量。

利用变量y_i独立并且与Y同分布的事实，计算w的方差：

$$\operatorname{var}(w) = \operatorname{var}\left(\sum_{i=1}^{n} c_i \cdot y_i\right) = \sum_{i=1}^{n} c_i^2 \cdot \operatorname{var}(y_i) = \sigma^2 \cdot \sum_{i=1}^{n} c_i^2 = \frac{\sigma^2}{s_X} \tag{27.7}$$

其中c_i是常数，$\operatorname{var}(y_i) = \sigma^2$，进一步得到：

$$\sum_{i=1}^{n} c_i^2 = \frac{1}{s_X^2} \cdot \sum_{i=1}^{n}(x_i - \mu_X)^2 = \frac{s_X}{s_X^2} = \frac{1}{s_X}$$

w的标准差也称为w的标准误差，如下所示：

$$\operatorname{se}(w) = \sqrt{\operatorname{var}(w)} = \frac{\sigma}{\sqrt{s_X}} \tag{27.8}$$

2. 偏差的均值和方差

b的期望值如下：

$$E[b] = E[\mu_Y - w \cdot \mu_X] = E\left[\frac{1}{n}\sum_{i=1}^{n} y_i - w \cdot \mu_X\right]$$

$$= \left(\frac{1}{n} \cdot \sum_{i=1}^{n} E[y_i]\right) - \mu_X \cdot E[w] = \left(\frac{1}{n}\sum_{i=1}^{n}(\beta + \omega \cdot x_i)\right) - \omega \cdot \mu_X$$

$$= \beta + \omega \cdot \mu_X - \omega \cdot \mu_X = \beta$$

因此，b 是真实参数 β 的无偏估计量。

利用所有 y_i 都独立的事实，偏差的方差如下：

$$\begin{aligned}
\operatorname{var}(b) &= \operatorname{var}(\mu_Y - w\cdot\mu_X) \\
&= \operatorname{var}\left(\frac{1}{n}\sum_{i=1}^{n} y_i\right) + \operatorname{var}(\mu_X\cdot w) \\
&= \frac{1}{n^2}\cdot n\sigma^2 + \mu_X^2\cdot\operatorname{var}(w) = \frac{1}{n}\sigma^2 + \mu_X^2\cdot\frac{\sigma^2}{s_X} \\
&= \left(\frac{1}{n} + \frac{\mu_X^2}{s_X}\right)\cdot\sigma^2
\end{aligned}$$

其中对于任意两个随机变量 A 和 B，有 $\operatorname{var}(A\setminus B) = \operatorname{var}(A) + \operatorname{var}(B)$，即将 A 和 B 的方差相加，即便我们计算的是 $A\setminus B$ 的方差。

b 的标准差也称为 b 的标准误差，如下所示：

$$\operatorname{se}(b) = \sqrt{\operatorname{var}(b)} = \sigma\cdot\sqrt{\frac{1}{n} + \frac{\mu_X^2}{s_X}} \tag{27.9}$$

3. 回归系数和偏差的协方差

我们也可以计算 w 和 b 的协方差，如下所示：

$$\begin{aligned}
\operatorname{cov}(w,b) &= E[w\cdot b] - E[w]\cdot E[b] = E[(\mu_Y - w\cdot\mu_X)\cdot w] - \omega\cdot\beta \\
&= \mu_Y\cdot E[w] - \mu_X\cdot E[w^2] - \omega\cdot\beta = \mu_Y\cdot\omega - \mu_X\cdot\left(\operatorname{var}(w) + E[w]^2\right) - \omega\cdot\beta \\
&= \mu_Y\cdot\omega - \mu_X\cdot\left(\frac{\sigma^2}{s_X} - \omega^2\right) - \omega\cdot\beta = \omega\cdot\underbrace{(\mu_Y - \omega\cdot\mu_X)}_{\beta} - \frac{\mu_X\cdot\sigma^2}{s_X} - \omega\cdot\beta \\
&= -\frac{\mu_X\cdot\sigma^2}{s_X}
\end{aligned}$$

其中使用了 $\operatorname{var}(w) = E[w^2] - E[w]^2$ 的事实，这意味着 $E[w^2] = \operatorname{var}(w) + E[w]^2$，而且 $\mu_Y - \omega\cdot\mu_X = \beta$。

4. 置信区间

由于 y_i 变量都服从正态分布，因此它们的线性组合也服从正态分布。w 服从均值为 ω、方差为 σ^2/s_X 的正态分布。同样，b 服从正态分布，均值为 β，方差为 $(1/n + \mu_X^2/s_X)\cdot\sigma^2$。

由于真实方差 σ^2 未知，因此我们使用估计的方差 $\hat{\sigma}^2$［见式（27.2）］来定义标准化变量 Z_w 和 Z_b：

$$Z_w = \frac{w - E[w]}{\operatorname{se}(w)} = \frac{w-\omega}{\frac{\hat{\sigma}}{\sqrt{s_X}}} \qquad Z_b = \frac{b - E[b]}{\operatorname{se}(b)} = \frac{b-\beta}{\hat{\sigma}\sqrt{(1/n + \mu_X^2/s_X)}} \tag{27.10}$$

这些变量服从学生 t 分布，具有 $n-2$ 个自由度。设 T_{n-2} 表示有 $n-2$ 个自由度的累积 t 分布，设 $t_{\alpha/2}$ 表示 T_{n-2} 的临界值，该临界值右尾包含 $\alpha/2$ 的概率质量，即：

$$P(Z \geqslant t_{\alpha/2}) = \frac{\alpha}{2} \text{ 或 } T_{n-2}(t_{\alpha/2}) = 1 - \frac{\alpha}{2}$$

由于 t 分布是对称的，因此有：

$$P(Z \geqslant -t_{\alpha/2}) = 1 - \frac{\alpha}{2} \text{ 或 } T_{n-2}(-t_{\alpha/2}) = \frac{\alpha}{2}$$

给定置信水平 $1-\alpha$，即显著性水平 $\alpha \in (0,1)$，真实值 ω 和 β 的 $100(1-\alpha)\%$ 置信区间如下：

$$P\left(w - t_{\alpha/2} \cdot \mathrm{se}(w) \leqslant \omega \leqslant w + t_{\alpha/2} \cdot \mathrm{se}(w)\right) = 1-\alpha$$

$$P\left(b - t_{\alpha/2} \cdot \mathrm{se}(b) \leqslant \beta \leqslant b + t_{\alpha/2} \cdot \mathrm{se}(b)\right) = 1-\alpha$$

例 27.3（置信区间） 继续例 27.1，思考偏差和回归系数的方差及它们的协方差。然而，由于我们不知道真正的方差 σ^2，因此使用基于鸢尾花数据估计的方差和标准误差，如下所示：

$$\hat{\sigma}^2 = \frac{\mathrm{SSE}}{n-2} = 4.286 \times 10^{-2}$$

$$\hat{\sigma} = \sqrt{4.286 \times 10^{-2}} = 0.207$$

此外，还有：

$$\mu_X = 3.7587 \qquad\qquad s_X = 463.864$$

因此，w 的估计方差和标准误差为

$$\mathrm{var}(w) = \frac{\hat{\sigma}^2}{s_X} = \frac{4.286 \times 10^{-2}}{463.864} = 9.24 \times 10^{-5}$$

$$\mathrm{se}(w) = \sqrt{\mathrm{var}(w)} = \sqrt{9.24 \times 10^{-5}} = 9.613 \times 10^{-3}$$

b 的估计方差和标准误差为

$$\begin{aligned}\mathrm{var}(b) &= \left(\frac{1}{n} + \frac{\mu_X^2}{s_X}\right) \cdot \hat{\sigma}^2 \\ &= \left(\frac{1}{150} + \frac{(3.759)^2}{463.864}\right) \cdot (4.286 \times 10^{-2}) \\ &= (3.712 \times 10^{-2}) \cdot (4.286 \times 10^{-2}) = 1.591 \times 10^{-3}\end{aligned}$$

$$\mathrm{se}(b) = \sqrt{\mathrm{var}(b)} = \sqrt{1.591 \times 10^{-3}} = 3.989 \times 10^{-2}$$

b 和 w 之间的协方差为

$$\mathrm{cov}(w,b) = -\frac{\mu_X \cdot \hat{\sigma}^2}{s_X} = -\frac{3.7587 \cdot (4.286 \times 10^{-2})}{463.864} = -3.473 \times 10^{-4}$$

对于置信区间，使用 $1-\alpha = 0.95$（或 $\alpha = 0.05$）的置信水平。当有 $n-2=148$ 个自由度时，右尾包含 $\alpha/2 = 0.025$ 的概率质量的 t 分布的临界值为 $t_{\alpha/2} = 1.976$。我们有：

$$t_{\alpha/2} \cdot \mathrm{se}(w) = 1.976 \times (9.613 \times 10^{-3}) = 0.019$$

因此，回归系数真实值 ω 的 95% 置信区间为

$$\begin{aligned}\left(w - t_{\alpha/2} \cdot \mathrm{se}(w),\ w + t_{\alpha/2} \cdot \mathrm{se}(w)\right) &= (0.4164 - 0.019,\ 0.4164 + 0.019) \\ &= (0.397, 0.435)\end{aligned}$$

同样，可得：

$$t_{\alpha/2} \cdot \mathrm{se}(b) = 1.976 \cdot (3.989 \times 10^{-2}) = 0.079$$

因此，真实偏差 β 的 95% 置信区间为

$$(b - t_{\alpha/2} \cdot \mathrm{se}(b),\ b + t_{\alpha/2} \cdot \mathrm{se}(b)) = (-0.3665 - 0.079,\ -0.3665 + 0.079)$$
$$= (-0.446, -0.288)$$

27.1.4 回归效果的假设检验

回归中的一个关键问题是 X 是否能预测响应 Y。在回归模型中，Y 通过参数 ω 依赖于 X，因此我们可以通过零假设 H_0（即假设 $\omega=0$）和备择假设 H_a（假设 $\omega\neq0$）来检验回归效果：

$$H_0: \omega = 0 \qquad\qquad H_a: \omega \neq 0$$

当 $\omega=0$ 时，响应 Y 仅取决于偏差 β 和随机误差 ε。换句话说，X 不提供关于响应变量 Y 的信息。

现在考虑式（27.10）中的标准化变量 Z_w。在零假设下，$E[w]=w=0$。因此，

$$Z_w = \frac{w - E[w]}{\mathrm{se}(w)} = \frac{w}{\hat{\sigma}/\sqrt{s_X}} \tag{27.11}$$

因此，可以通过具有 $n-2$ 个自由度的 t 分布，使用双尾检验来计算 Z_w 统计量的 p 值。给定显著性水平 α（例如 $\alpha=0.01$），如果 p 值低于 α，则拒绝零假设。在这种情况下，应接受备择假设，即斜率参数的估计值显著不同于零。

我们也可以定义 f 统计量，它是回归平方和 RSS 与估计的方差的比值，如下所示：

$$f = \frac{\mathrm{RSS}}{\hat{\sigma}^2} = \frac{\sum_{i=1}^n (\hat{y}_i - \mu_Y)^2}{\sum_{i=1}^n (y_i - \hat{y}_i)^2 \big/ (n-2)} \tag{27.12}$$

在零假设下，可以证明：

$$E[\mathrm{RSS}] = \sigma^2$$

此外，还有：

$$E[\hat{\sigma}^2] = \sigma^2$$

因此，在零假设下，f 统计量的值接近于 1，这表明预测变量和响应变量之间没有关系。此外，如果备择假设为真，则 $E[\mathrm{RSS}]\geq\sigma^2$，$f$ 值将更大。

事实上，f 统计量服从自由度为 $(1,n-2)$ 的 F 分布，因此，如果 f 的 p 值小于显著性水平 α（例如 0.01），则可以拒绝 $\omega=0$ 的零假设。

有趣的是，f 检验与 t 检验是等价的，因为 $Z_w^2=f$，如下所示：

$$\begin{aligned}
f &= \frac{\sum_{i=1}^n (\hat{y}_i - \mu_Y)^2}{\hat{\sigma}^2} = \frac{\sum_{i=1}^n (b + w \cdot x_i - \mu_Y)^2}{\hat{\sigma}^2} \\
&= \frac{\sum_{i=1}^n (\mu_Y - w \cdot \mu_X + w \cdot x_i - \mu_Y)^2}{\hat{\sigma}^2} = \frac{\sum_{i=1}^n (w(x_i - \mu_X))^2}{\hat{\sigma}^2} \\
&= \frac{w^2 \cdot \sum_{i=1}^n (x_i - \mu_X)^2}{\hat{\sigma}^2} \\
&= \frac{w^2 \cdot s_X}{\hat{\sigma}^2} = \frac{w^2}{\hat{\sigma}^2 / s_X} = Z_w^2
\end{aligned}$$

偏差项检验

请注意，我们还可以通过设置零假设 $H_0: \beta = 0$ 与备择假设 $H_a: \beta \neq 0$ 来检验偏差值是否在统计上显著。然后，在零假设下评估 Z_b 统计量［见式（27.10）］：

$$Z_b = \frac{b - E[b]}{\text{se}(b)} = \frac{b}{\hat{\sigma} \cdot \sqrt{(1/n + \mu_X^2/s_X)}} \tag{27.13}$$

其中，在零假设下 $E[b] = \beta = 0$。使用 $n-2$ 自由度的双尾 t 检验，计算 Z_b 的 p 值。如果该值小于显著性水平 α，则拒绝零假设。

例 27.4（假设检验） 继续例 27.3，但现在检验回归效果。在零假设下，$\omega=0$，$E[w]=w=0$。因此，标准化变量 Z_w 如下所示：

$$Z_w = \frac{w - E[w]}{\text{se}(w)} = \frac{w}{\text{se}(w)} = \frac{0.4164}{\sqrt{9.613 \times 10^{-3}}} = 43.32$$

使用 $n-2$ 自由度的双尾 t 检验，我们发现：

$$p(43.32) \simeq 0$$

由于该值远小于显著性水平 $\alpha = 0.01$，我们得出结论：在零假设下，不太可能观察到 Z_w 的这种极端值。因此，我们拒绝零假设，接受 $\omega \neq 0$ 的备择假设。

考虑 f 统计量，得到：

$$f = \frac{\text{RSS}}{\hat{\sigma}^2} = \frac{80.436}{4.286 \times 10^{-2}} = 1876.71$$

使用自由度为 $(1, n-2)$ 的 F 分布，我们得到：

$$p(1876.71) \simeq 0$$

换句话说，如此大的 f 统计量值是非常罕见的，我们可以拒绝零假设。我们得出结论：Y 确实依赖于 X，因为 $\omega \neq 0$。

最后，检验偏差项是否显著。在零假设 $H_0: \beta = 0$ 下，得到：

$$Z_b = \frac{b}{\text{se}(b)} = \frac{-0.3665}{3.989 \times 10^{-2}} = -9.188$$

使用双尾 t 检验，我们发现：

$$p(-9.188) = 3.35 \times 10^{-16}$$

很明显，在零假设下，这样一个极端的 Z_b 值是极不可能的。因此，我们接受备择假设 $H_a: \beta \neq 0$。

27.1.5　标准化残差

我们对真实误差 ε_i 的假设是，它们服从正态分布，均值为 $\mu = 0$，固定方差为 σ^2。在拟合线性模型后，我们需要检验残差 $\epsilon_i = y_i - \hat{y}_i$ 满足正态分布假设的程度。为此，需要计算 ϵ_i 的均值和方差，将 ϵ_i 视为一个随机变量。

ϵ_i的均值为

$$\begin{aligned}E[\epsilon_i] &= E[y_i - \hat{y}_i] = E[y_i] - E[\hat{y}_i] \\ &= \beta + \omega \cdot x_i - E[b + w \cdot x_i] = \beta + \omega \cdot x_i - (\beta + \omega \cdot x_i) = 0\end{aligned}$$

这是由 $E[b]=\beta$和 $E[w]=w$两个事实得出的。

为了计算 ϵ_i的方差，需要将其表示为y_j变量的线性组合。注意到：

$$w = \frac{1}{s_X} \cdot \sum_{j=1}^{n} x_j y_j - n \cdot \mu_X \cdot \mu_Y = \frac{1}{s_X} \cdot \sum_{j=1}^{n} x_j y_j - \sum_{j=1}^{n} \mu_X \cdot y_j = \sum_{j=1}^{n} \frac{(x_j - \mu_X)}{s_X} \cdot y_j$$

$$b = \mu_Y - w \cdot \mu_X = \sum_{j=1}^{n} \frac{1}{n} \cdot y_j - w \cdot \mu_X$$

因此，可以如下表示 ϵ_i：

$$\begin{aligned}\epsilon_i = y_i - \hat{y}_i &= y_i - b - w \cdot x_i = y_i - \sum_{j=1}^{n} \frac{1}{n} y_j + w \cdot \mu_X - w \cdot x_i \\ &= y_i - \sum_{j=1}^{n} \frac{1}{n} y_j - (x_i - \mu_X) \cdot w \\ &= y_i - \sum_{j=1}^{n} \frac{1}{n} y_j - \sum_{j=1}^{n} \frac{(x_i - \mu_X) \cdot (x_j - \mu_X)}{s_X} \cdot y_j \\ &= \left(1 - \frac{1}{n} - \frac{(x_i - \mu_X)^2}{s_X}\right) \cdot y_i - \sum_{j \neq i} \left(\frac{1}{n} + \frac{(x_i - \mu_X) \cdot (x_j - \mu_X)}{s_X}\right) \cdot y_j\end{aligned} \tag{27.14}$$

在这里，我们把y_i和y_j分开了，所以求和的所有项都是独立的。如下定义a_j：

$$a_j = \left(\frac{1}{n} + \frac{(x_i - \mu_X) \cdot (x_j - \mu_X)}{s_X}\right) \tag{27.15}$$

根据a_j重写式（27.14），得到：

$$\begin{aligned}\mathrm{var}(\epsilon_i) &= (1 - a_i) \cdot y_i - \sum_{j \neq i} a_j \cdot y_j \\ &= (1 - a_i)^2 \cdot \mathrm{var}(y_i) + \sum_{j \neq i} a_j^2 \cdot \mathrm{var}(y_j) \\ &= \sigma^2 \cdot (1 - 2a_i + a_i^2 + \sum_{j \neq i} a_j^2) \\ &= \sigma^2 \cdot (1 - 2a_i + \sum_{j=1}^{n} a_j^2)\end{aligned} \tag{27.16}$$

根据项$\sum_{j=1}^{n} a_j^2$，得到：

$$\sum_{j=1}^{n} a_j^2 = \sum_{j=1}^{n} \left(\frac{1}{n} + \frac{(x_i - \mu_X) \cdot (x_j - \mu_X)}{s_X}\right)^2$$

$$= \sum_{j=1}^{n}\left(\frac{1}{n^2} - \frac{2\cdot(x_i-\mu_X)\cdot(x_j-\mu_X)}{n\cdot s_X} + \frac{(x_i-\mu_X)^2\cdot(x_j-\mu_X)^2}{s_X^2}\right)$$

$$= \frac{1}{n} - \frac{2\cdot(x_i-\mu_X)}{n\cdot s_X}\sum_{j=1}^{n}(x_j-\mu_X) + \frac{(x_i-\mu_X)^2}{s_X^2}\sum_{j=1}^{n}(x_j-\mu_X)^2$$

因为 $\sum_{j=1}^{n}(x_j-\mu_X)=0$，$\sum_{j=1}^{n}(x_j-\mu_X)^2=s_X$，进一步得到：

$$\sum_{j=1}^{n}a_j^2 = \frac{1}{n} + \frac{(x_i-\mu_X)^2}{s_X} \tag{27.17}$$

将式（27.15）和式（27.17）代入式（27.16），得到：

$$\mathrm{var}(\epsilon_i) = \sigma^2\cdot\left(1 - \frac{2}{n} - \frac{2\cdot(x_i-\mu_X)^2}{s_X} + \frac{1}{n} + \frac{(x_i-\mu_X)^2}{s_X}\right)$$

$$= \sigma^2\cdot\left(1 - \frac{1}{n} - \frac{(x_i-\mu_X)^2}{s_X}\right)$$

现在定义标准化残差 ϵ_i^*，方法是用估计值 $\hat{\sigma}^2$ 代替 σ^2 后，用 ϵ_i 除以标准差，即：

$$\epsilon_i^* = \frac{\epsilon_i}{\sqrt{\mathrm{var}(\epsilon_i)}} = \frac{\epsilon_i}{\hat{\sigma}\cdot\sqrt{1 - \frac{1}{n} - \frac{(x_i-\mu_X)^2}{s_X}}} \tag{27.18}$$

这些标准化残差应服从标准正态分布。因此，可以根据标准正态分布的分位数绘制标准化残差，并检查正态分布假设是否成立。显著偏差表明模型假设可能不正确。

例 27.5（标准化残差） 思考例 27.1 中的鸢尾花数据集，预测变量为花瓣长度，响应变量为花瓣宽度，$n=150$。图 27-3a 展示了分位数 – 分位数（QQ）图。y 轴是从小到大排序的标准化残差。x 轴是大小为 n 的样本的正态分布的分位数，定义为

$$Q = (q_1, q_2, \cdots, q_n)^{\mathrm{T}}$$

$$q_i = F^{-1}\left(\frac{i-0.5}{n}\right)$$

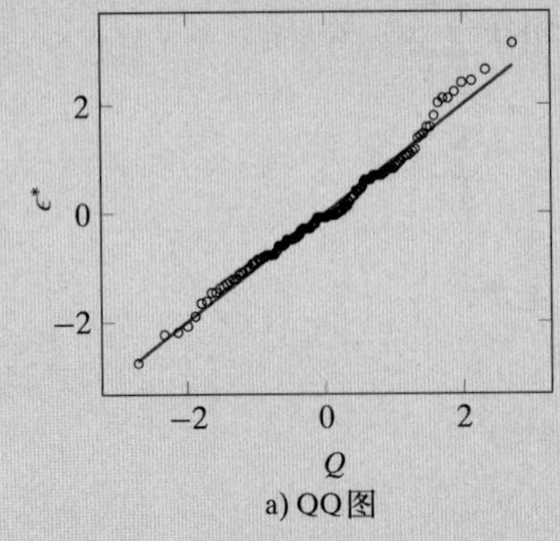

a) QQ图

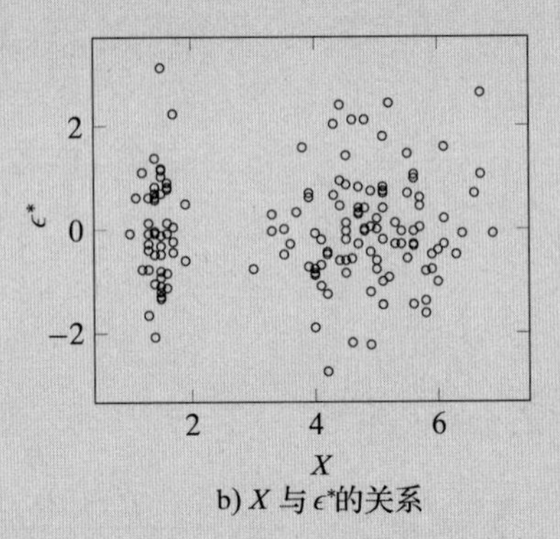

b) X 与 ϵ^*的关系

图 27-3 残差图：a）正态分布的 QQ 图与标准化残差的 QQ 散点图；b）自变量 X 与标准化残差 ϵ^* 的关系

因此，Q 值也按从小到大的递增顺序排列的。如果标准化残差服从正态分布，那么QQ图应该是一条直线。图27-3a绘制了这条完美的对比线。可以看到，残差基本上服从正态分布。

自变量 X 与标准化残差的关系图也具有指导意义。从图27-3b可以看到，残差没有特定的趋势或模式，残差值集中均值0的附近，大多数点在距离均值两个标准差的范围内，正如从正态分布取样时所预期的那样。

27.2 多元回归

多元回归中有多个自变量属性 $X_1,X_2,\cdots,X_d$ 和一个因变量属性（或响应属性）Y，我们假设它们之间的真实关系可以建模为一个线性函数：

$$Y=\beta+\omega_1\cdot X_1+\omega_2\cdot X_2+\ldots+\omega_d\cdot X_d+\varepsilon$$

其中，β 是截距或偏差项，ω_i 是属性 X_i 的回归系数。假设所有其他变量保持不变 ω_i 表示，X_i 的值增加一个单元时，Y 的预期增加量。假设 ε 是服从正态分布的随机变量，正态分布的均值 $\mu=0$，方差为 σ^2。此外，我们还假设不同观测误差之间相互独立，因此观测响应也是相互独立的。

响应变量的均值和方差 设 $\boldsymbol{X}=(X_1,X_2,\cdots,X_d)^{\mathrm{T}}\in\mathbb{R}^d$ 表示包含自变量属性的多元随机变量。设 $\boldsymbol{x}=(x_1,x_2,\cdots,x_d)^{\mathrm{T}}$ 为 $\boldsymbol{X}$ 的某个定值，$\boldsymbol{\omega}=(\omega_1,\omega_2,\cdots,\omega_d)^{\mathrm{T}}$，则期望响应值为

$$E[Y|\boldsymbol{X}=\boldsymbol{x}]=E[\beta+\omega_1\cdot x_1+\ldots+\omega_d\cdot x_d+\varepsilon]=E\left[\beta+\sum_{i=1}^{d}\omega_i\cdot x_i\right]+E[\varepsilon]$$

$$=\beta+\omega_1\cdot x_1+\ldots+\omega_d\cdot x_d=\beta+\boldsymbol{\omega}^{\mathrm{T}}\boldsymbol{x}$$

这里，我们假设 $E[\varepsilon]=0$。响应变量的方差为

$$\operatorname{var}(Y|\boldsymbol{X}=\boldsymbol{x})=\operatorname{var}\left(\beta+\sum_{i=1}^{d}\omega_i\cdot x_i+\varepsilon\right)=\operatorname{var}\left(\beta+\sum_{i=1}^{d}\omega_i\cdot x_i\right)+\operatorname{var}(\varepsilon)=0+\sigma^2=\sigma^2$$

这里假设所有 x_i 是先验固定的。因此，我们得出结论：Y 也服从正态分布，正态分布的均值为 $E[Y\,|\,\boldsymbol{x}]=\beta+\sum_{i=1}^{d}\omega_i\cdot x_i=\beta+\boldsymbol{\omega}\boldsymbol{x}^{\mathrm{T}}$，方差为 $\operatorname{var}\,(Y\,|\,\boldsymbol{x})=\sigma^2$。

估计的参数 真实参数 $\beta,\omega_1,\omega_2,\cdots,\omega_d$ 和 σ^2 都是未知的，必须根据包含 n 个点 $(\boldsymbol{x}_i)$ 的训练数据集 $\boldsymbol{D}$ 和相应的响应值 y_i 来估计，其中 i=1,2,$\cdots$,n。我们通过添加一个所有元素固定为1的新列 X_0 来增广数据矩阵。因此，增广数据 $\tilde{\boldsymbol{D}}\in\mathbb{R}^{n\times(d+1)}$ 包含（$d+1$）个属性 $X_0,X_1,X_2,\cdots,X_d$，每个增广点为 $\tilde{\boldsymbol{x}}_i=(1,x_{i1},x_{i2},\cdots,x_{id})^{\mathrm{T}}$。

设 $b=w_0$ 表示估计的偏差项，w_i 表示估计的回归权重。估计权重的增广向量（包括偏差项）为

$$\tilde{\boldsymbol{w}}=(w_0,w_1,\cdots,w_d)^{\mathrm{T}}$$

对任何给定的点 $\boldsymbol{x}_i$ 进行预测，如下所示：

$$\hat{y}_i=b\cdot 1+w_1\cdot x_{i1}+\cdots w_d\cdot x_{id}=\tilde{\boldsymbol{w}}^{\mathrm{T}}\tilde{\boldsymbol{x}}_i$$

这些估计值是通过最小化平方误差之和（SSE）：

$$\mathrm{SSE}=\sum_{i=1}^{n}(y_i-\hat{y}_i)^2=\sum_{i=1}^{n}\left(y_i-b-\sum_{j=1}^{d}w_j\cdot x_{ij}\right)^2$$

得到的，最小二乘估计值如下所示：

$$\tilde{\boldsymbol{w}}=(\tilde{\boldsymbol{D}}^{\mathrm{T}}\tilde{\boldsymbol{D}})^{-1}\tilde{\boldsymbol{D}}^{\mathrm{T}}\boldsymbol{Y}$$

估计的方差 $\hat{\sigma}^2$ 为

$$\hat{\sigma}^2=\frac{\mathrm{SSE}}{n-(d+1)}=\frac{1}{n-d-1}\cdot\sum_{i=1}^{n}(y_i-\hat{y}_i)^2 \tag{27.19}$$

除以 $n-(d+1)$ 便可得到无偏估计，因为 $n-(d+1)$ 是估计 SSE 的自由度。换句话说，用 n 个训练点估计 $d+1$ 个参数 β 和 ω_i，因此有 $n-(d+1)$ 个自由度。

估计的方差是无偏的　现在证明 $\hat{\sigma}^2$ 是真实方差 σ^2（未知）的无偏估计。根据式（23.18），有：

$$\widehat{\boldsymbol{Y}}=\tilde{\boldsymbol{D}}\tilde{\boldsymbol{w}}=\tilde{\boldsymbol{D}}(\tilde{\boldsymbol{D}}^{\mathrm{T}}\tilde{\boldsymbol{D}})^{-1}\tilde{\boldsymbol{D}}^{\mathrm{T}}\boldsymbol{Y}=\boldsymbol{H}\boldsymbol{Y}$$

其中，$\boldsymbol{H}$ 是 $n\times n$ 的帽子矩阵［假设存在 $(\tilde{\boldsymbol{D}}^{\mathrm{T}}\tilde{\boldsymbol{D}})^{-1}$］。注意，$\boldsymbol{H}$ 是一个正交投影矩阵，因为它是对称（$\boldsymbol{H}^{\mathrm{T}}=\boldsymbol{H}$）且幂等的（$\boldsymbol{H}^2=\boldsymbol{H}$）。帽子矩阵 $\boldsymbol{H}$ 之所以对称，是因为：

$$\boldsymbol{H}^{\mathrm{T}}=(\tilde{\boldsymbol{D}}(\tilde{\boldsymbol{D}}^{\mathrm{T}}\tilde{\boldsymbol{D}})^{-1}\tilde{\boldsymbol{D}}^{\mathrm{T}})^{\mathrm{T}}=(\tilde{\boldsymbol{D}}^{\mathrm{T}})^{\mathrm{T}}((\tilde{\boldsymbol{D}}^{\mathrm{T}}\tilde{\boldsymbol{D}})^{\mathrm{T}})^{-1}\tilde{\boldsymbol{D}}^{\mathrm{T}}=\boldsymbol{H}$$

之所以是幂等的，是因为：

$$\boldsymbol{H}^2=\tilde{\boldsymbol{D}}(\tilde{\boldsymbol{D}}^{\mathrm{T}}\tilde{\boldsymbol{D}})^{-1}\tilde{\boldsymbol{D}}^{\mathrm{T}}\tilde{\boldsymbol{D}}(\tilde{\boldsymbol{D}}^{\mathrm{T}}\tilde{\boldsymbol{D}})^{-1}\tilde{\boldsymbol{D}}^{\mathrm{T}}=\tilde{\boldsymbol{D}}(\tilde{\boldsymbol{D}}^{\mathrm{T}}\tilde{\boldsymbol{D}})^{-1}\tilde{\boldsymbol{D}}^{\mathrm{T}}=\boldsymbol{H}$$

此外，帽子矩阵的迹为

$$\mathrm{tr}(\boldsymbol{H})=\mathrm{tr}(\tilde{\boldsymbol{D}}(\tilde{\boldsymbol{D}}^{\mathrm{T}}\tilde{\boldsymbol{D}})^{-1}\tilde{\boldsymbol{D}}^{\mathrm{T}})=\mathrm{tr}(\tilde{\boldsymbol{D}}^{\mathrm{T}}\tilde{\boldsymbol{D}}(\tilde{\boldsymbol{D}}^{\mathrm{T}}\tilde{\boldsymbol{D}})^{-1})=\mathrm{tr}(\boldsymbol{I}_{(d+1)})=d+1$$

其中，$\boldsymbol{I}_{(d+1)}$ 是 $(d+1)\times(d+1)$ 的单位矩阵，我们利用的事实是：矩阵乘积的迹在循环置换下是不变的。

最后，矩阵 $\boldsymbol{I}-\boldsymbol{H}$ 也是对称且幂等的，其中 $\boldsymbol{I}$ 是 $n\times n$ 的单位矩阵，因为：

$$(\boldsymbol{I}-\boldsymbol{H})^{\mathrm{T}}=\boldsymbol{I}^{\mathrm{T}}-\boldsymbol{H}^{\mathrm{T}}=\boldsymbol{I}-\boldsymbol{H}$$
$$(\boldsymbol{I}-\boldsymbol{H})^2=(\boldsymbol{I}-\boldsymbol{H})(\boldsymbol{I}-\boldsymbol{H})=\boldsymbol{I}-\boldsymbol{H}-\boldsymbol{H}+\boldsymbol{H}^2=\boldsymbol{I}-\boldsymbol{H}$$

现在思考平方误差，得到：

$$\begin{aligned}\mathrm{SSE}&=\|\boldsymbol{Y}-\widehat{\boldsymbol{Y}}\|^2=\|\boldsymbol{Y}-\boldsymbol{H}\boldsymbol{Y}\|^2=\|(\boldsymbol{I}-\boldsymbol{H})\boldsymbol{Y}\|^2\\&=\boldsymbol{Y}^{\mathrm{T}}(\boldsymbol{I}-\boldsymbol{H})(\boldsymbol{I}-\boldsymbol{H})\boldsymbol{Y}=\boldsymbol{Y}^{\mathrm{T}}(\boldsymbol{I}-\boldsymbol{H})\boldsymbol{Y}\end{aligned} \tag{27.20}$$

但是，请注意，响应向量 $\boldsymbol{Y}$ 为

$$\boldsymbol{Y}=\tilde{\boldsymbol{D}}\tilde{\boldsymbol{\omega}}+\boldsymbol{\varepsilon}$$

其中，$\tilde{\boldsymbol{\omega}}=(\omega_0,\omega_1,\cdots,\omega_d)^{\mathrm{T}}$ 是模型参数的真实（增广）向量，$\boldsymbol{\varepsilon}$ 是真实误差向量，假设它们服从正态分布，均值为 $E[\boldsymbol{\varepsilon}]=\boldsymbol{0}$，每个点的固定方差为 $\varepsilon_i=\sigma^2$，因此 $\mathrm{cov}(\boldsymbol{\varepsilon})=\sigma^2\boldsymbol{I}$。将 $\boldsymbol{Y}$ 的表达式代入式（27.20），得到：

$$\mathrm{SSE}=\boldsymbol{Y}^{\mathrm{T}}(\boldsymbol{I}-\boldsymbol{H})\boldsymbol{Y}=(\tilde{\boldsymbol{D}}\tilde{\boldsymbol{\omega}}+\boldsymbol{\varepsilon})^{\mathrm{T}}(\boldsymbol{I}-\boldsymbol{H})(\tilde{\boldsymbol{D}}\tilde{\boldsymbol{\omega}}+\boldsymbol{\varepsilon})=(\tilde{\boldsymbol{D}}\tilde{\boldsymbol{\omega}}+\boldsymbol{\varepsilon})^{\mathrm{T}}(\underbrace{(\boldsymbol{I}-\boldsymbol{H})\tilde{\boldsymbol{D}}\tilde{\boldsymbol{\omega}}}_{\mathbf{0}}+(\boldsymbol{I}-\boldsymbol{H})\boldsymbol{\varepsilon})$$

$$=((\boldsymbol{I}-\boldsymbol{H})\boldsymbol{\varepsilon})^{\mathrm{T}}(\tilde{\boldsymbol{D}}\tilde{\boldsymbol{\omega}}+\boldsymbol{\varepsilon})=\boldsymbol{\varepsilon}^{\mathrm{T}}(\boldsymbol{I}-\boldsymbol{H})(\tilde{\boldsymbol{D}}\tilde{\boldsymbol{\omega}}+\boldsymbol{\varepsilon})$$

$$=\boldsymbol{\varepsilon}^{\mathrm{T}}\underbrace{(\boldsymbol{I}-\boldsymbol{H})\tilde{\boldsymbol{D}}\tilde{\boldsymbol{\omega}}}_{\mathbf{0}}+\boldsymbol{\varepsilon}^{\mathrm{T}}(\boldsymbol{I}-\boldsymbol{H})\boldsymbol{\varepsilon}=\boldsymbol{\varepsilon}^{\mathrm{T}}(\boldsymbol{I}-\boldsymbol{H})\boldsymbol{\varepsilon}$$

其中，

$$(\boldsymbol{I}-\boldsymbol{H})\tilde{\boldsymbol{D}}\tilde{\boldsymbol{\omega}}=\tilde{\boldsymbol{D}}\tilde{\boldsymbol{\omega}}-\boldsymbol{H}\tilde{\boldsymbol{D}}\tilde{\boldsymbol{\omega}}=\tilde{\boldsymbol{D}}\tilde{\boldsymbol{\omega}}-(\tilde{\boldsymbol{D}}(\tilde{\boldsymbol{D}}^{\mathrm{T}}\tilde{\boldsymbol{D}})^{-1}\tilde{\boldsymbol{D}}^{\mathrm{T}})\tilde{\boldsymbol{D}}\tilde{\boldsymbol{\omega}}=\tilde{\boldsymbol{D}}\tilde{\boldsymbol{\omega}}-\tilde{\boldsymbol{D}}\tilde{\boldsymbol{\omega}}=\mathbf{0}$$

考虑 SSE 的期望值，得到：

$$E[\mathrm{SSE}]=E[\boldsymbol{\varepsilon}^{\mathrm{T}}(\boldsymbol{I}-\boldsymbol{H})\boldsymbol{\varepsilon}]$$

$$=E\left[\sum_{i=1}^{n}\varepsilon_i^2-\sum_{i=1}^{n}\sum_{j=1}^{n}h_{ij}\varepsilon_i\varepsilon_j\right]=\sum_{i=1}^{n}E[\varepsilon_i^2]-\sum_{i=1}^{n}\sum_{j=1}^{n}h_{ij}E[\varepsilon_i\varepsilon_j]$$

$$=\sum_{i=1}^{n}(1-h_{ii})E[\varepsilon_i^2],(\varepsilon_i\text{ 相互独立，因此}E[\varepsilon_i\varepsilon_j]=0)$$

$$=\left(n-\sum_{i=1}^{n}h_{ii}\right)\sigma^2=(n-\mathrm{tr}(\boldsymbol{H}))\sigma^2=(n-d-1)\cdot\sigma^2$$

其中，$\sigma^2=\mathrm{var}(\varepsilon_i)=E[\varepsilon_i^2]-(E[\varepsilon_i])^2=E[\varepsilon_i^2]$，因为 $E[\varepsilon_i]=0$。它满足：

$$\hat{\sigma}^2=E\left[\frac{\mathrm{SSE}}{(n-d-1)}\right]=\frac{1}{(n-d-1)}E[\mathrm{SSE}]=\frac{1}{(n-d-1)}\cdot(n-d-1)\cdot\sigma^2=\sigma^2 \quad (27.21)$$

27.2.1 拟合优度

根据 27.1.2 节的推导，将总平方和 TSS 分解为误差平方和 SSE 和残差平方和 RSS 也适用于多元回归：

$$\mathrm{TSS}=\mathrm{SSE}+\mathrm{RSS}$$

$$\sum_{i=1}^{n}(y_i-\mu_Y)^2=\sum_{i=1}^{n}(y_i-\hat{y}_i)^2+\sum_{i=1}^{n}(\hat{y}_i-\mu_Y)^2$$

复决定系数（coefficient of multiple determination）R^2 给出了拟合优度，用线性模型解释的变异量比例来衡量：

$$R^2=1-\frac{\mathrm{SSE}}{\mathrm{TSS}}=\frac{\mathrm{TSS}-\mathrm{SSE}}{\mathrm{TSS}}=\frac{\mathrm{RSS}}{\mathrm{TSS}} \quad (27.22)$$

R^2 的一个潜在问题是，它很容易随着属性数量的增加而增大，即使新增的属性可能不携带相关信息。为了解决这个问题，考虑调整后的决定系数（adjusted coefficient of determination），它考虑了 TSS 和 SSE 的自由度：

$$R_{\mathrm{a}}^2=1-\frac{\mathrm{SSE}/(n-d-1)}{\mathrm{TSS}/(n-1)}=1-\frac{(n-1)\cdot\mathrm{SSE}}{(n-d-1)\cdot\mathrm{TSS}} \quad (27.23)$$

可以看到，由于 $\frac{n-1}{n-d-1}>1$ ，调整后的 R_a^2 总是小于 R^2 。如果 R^2 和 R_a^2 之间的差异太大，则可能表明有许多潜在的、可能不相关的属性被用来拟合模型。

例 27.6（多元回归：拟合优度） 继续探讨例 23.3 中的多元回归，图 27-4 展示了具有 $n=150$ 个点的鸢尾花数据集的响应属性花瓣宽度（Y）关于萼片长度（X_1）和花瓣长度（X_2）的多元回归。添加一个额外的属性 $\boldsymbol{X}_0$（表示为 $\mathbf{1}_{150}$），它是 $\mathbb{R}^{150}$ 中全 1 向量。增广数据集 $\tilde{\boldsymbol{D}} \in \mathbb{R}^{150\times 3}$ 包含 $n=150$ 个点，以及 3 个属性（X_0、X_1 和 X_2）。

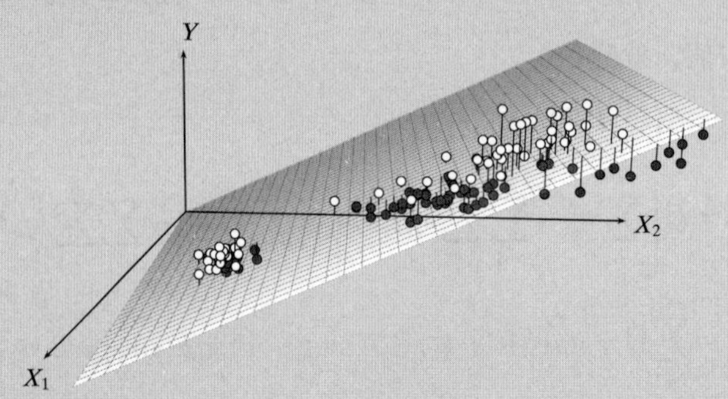

图 27-4 多元回归：响应属性花瓣宽度（Y）关于萼片长度（X_1）和花瓣长度（X_2）的回归，垂直线表示点的残差，白色点位于平面上方，灰色点位于平面下方

非居中的 3×3 的散度矩阵 $\tilde{\boldsymbol{D}}^{\mathrm{T}}\tilde{\boldsymbol{D}}$ 及其逆矩阵如下：

$$\tilde{\boldsymbol{D}}^{\mathrm{T}}\tilde{\boldsymbol{D}} = \begin{pmatrix} 150.0 & 876.50 & 563.80 \\ 876.5 & 5223.85 & 3484.25 \\ 563.8 & 3484.25 & 2583.00 \end{pmatrix} \quad (\tilde{\boldsymbol{D}}^{\mathrm{T}}\tilde{\boldsymbol{D}})^{-1} = \begin{pmatrix} 0.793 & -0.176 & 0.064 \\ -0.176 & 0.041 & -0.017 \\ 0.064 & -0.017 & 0.009 \end{pmatrix}$$

估计的增广权向量 $\tilde{\boldsymbol{w}}$ 为

$$\tilde{\boldsymbol{w}} = \begin{pmatrix} w_0 \\ w_1 \\ w_2 \end{pmatrix} = (\tilde{\boldsymbol{D}}^{\mathrm{T}}\tilde{\boldsymbol{D}})^{-1} \cdot (\tilde{\boldsymbol{D}}^{\mathrm{T}}\tilde{\boldsymbol{Y}}) = \begin{pmatrix} -0.014 \\ -0.082 \\ 0.45 \end{pmatrix}$$

因此，偏差项为 $b=w_0=-0.014$ ，拟合模型为

$$\widehat{Y} = -0.014 - 0.082\,X_1 + 0.45\,X_2$$

图 27-4 展示了拟合的超平面，还给出了每个点的残差。白色点的残差为正（即 $\epsilon_i>0$ 或 $\hat{y}_i>y_i$），而灰色点的残差为负（即 $\epsilon_i<0$ 或 $\hat{y}_i<y_i$）。

SSE 如下：

$$\mathrm{SSE} = \sum_{i=1}^{150} \epsilon_i^2 = \sum_{i=1}^{150} (y_i - \hat{y}_i)^2 = 6.179$$

因此，回归的估计方差和标准误差如下：

$$\hat{\sigma}^2 = \frac{\mathrm{SSE}}{n-d-1} = \frac{6.179}{147} = 4.203 \times 10^{-2}$$

$$\hat{\sigma} = \sqrt{\frac{\mathrm{SSE}}{n-d-1}} = \sqrt{4.203 \times 10^{-2}} = 0.205$$

总平方和与残差平方和如下：

$$\text{TSS}=86.78 \qquad\qquad \text{RSS}=80.60$$

可以看到，$\text{TSS}=\text{SSE}+\text{RSS}$。模型解释的变异量是占比（即 R^2）如下：

$$R^2=\frac{\text{RSS}}{\text{TSS}}=\frac{80.60}{86.78}=0.929$$

这表明多元线性回归模型拟合得很好。尽管如此，考虑调整后的 R^2 也是有意义的：

$$R_a^2=1-\frac{(n-1)\cdot\text{SSE}}{(n-d-1)\cdot\text{TSS}}=1-\frac{149\times 6.179}{147\times 86.78}=0.928$$

调整后的 R^2 与 R^2 几乎相同。

拟合优度的几何解释　在多元回归中，有 d 个预测属性 $X_1,X_2,\cdots,X_d$。通过减去它们沿向量 **1** 的投影来将它们居中，从而得到居中预测向量 $\bar{\boldsymbol{X}}_i$。同样，将响应向量 $\boldsymbol{Y}$ 和预测向量 $\hat{\boldsymbol{Y}}$ 居中。因此，得到：

$$\bar{\boldsymbol{X}}_i=\boldsymbol{X}_i-\mu_{X_i}\cdot\mathbf{1} \qquad \bar{\boldsymbol{Y}}=\boldsymbol{Y}-\mu_Y\cdot\mathbf{1} \qquad \bar{\hat{\boldsymbol{Y}}}=\hat{\boldsymbol{Y}}-\mu_Y\cdot\mathbf{1}$$

一旦 $\boldsymbol{Y}$、$\hat{\boldsymbol{Y}}$ 和 $\boldsymbol{X}_i$ 居中，它们将都位于与向量 **1** 正交的 $n-1$ 维子空间。图 27-5 展示了这个 $n-1$ 维子空间。在这个子空间中，首先通过 23.3.1 节中概述的 Gram-Schmidt 正交过程提取正交基 $\{U_1,U_2,\cdots,U_d\}$，预测的响应向量是 $\bar{\boldsymbol{Y}}$ 在每个新基向量上的投影的总和［见式（23.23）］。

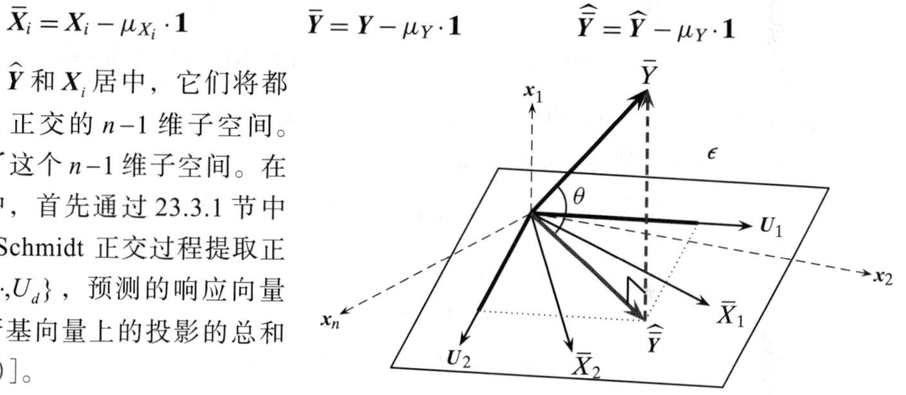

图 27-5　多元回归的几何解释，该图展示了两个居中预测变量 $\bar{X}_1$ 和 $\bar{X}_2$，以及相应的正交基向量 $\boldsymbol{U}_1$ 和 $\boldsymbol{U}_2$。子空间 **1** 未显示。包含向量 ϵ 的误差空间的维数为 $n-d-1$

居中向量 $\bar{\boldsymbol{Y}}$ 和 $\bar{\hat{\boldsymbol{Y}}}$ 以及误差向量 $\boldsymbol{\epsilon}$ 构成一个直角三角形，因此，根据勾股定理，有：

$$\begin{aligned}\|\bar{\boldsymbol{Y}}\|^2&=\|\bar{\hat{\boldsymbol{Y}}}\|^2+\|\boldsymbol{\epsilon}\|^2=\|\bar{\hat{\boldsymbol{Y}}}\|^2+\|\boldsymbol{Y}-\hat{\boldsymbol{Y}}\|^2\\ \text{TSS}&=\text{RSS}+\text{SSE}\end{aligned} \tag{27.24}$$

$\boldsymbol{Y}$ 和 $\hat{\boldsymbol{Y}}$ 之间的相关系数等于 $\bar{\boldsymbol{Y}}$ 和 $\bar{\hat{\boldsymbol{Y}}}$ 之间夹角的余弦，也可以表示为底边与斜边的比值：

$$\rho_{Y\hat{Y}}=\cos\theta=\frac{\|\bar{\hat{\boldsymbol{Y}}}\|}{\|\bar{\boldsymbol{Y}}\|}$$

此外，根据式（27.4），复决定系数为

$$R^2=\frac{\text{RSS}}{\text{TSS}}=\frac{\|\bar{\hat{\boldsymbol{Y}}}\|^2}{\|\bar{\boldsymbol{Y}}\|^2}=\rho_{Y\hat{Y}}^2$$

例 27.7（拟合优度的几何解释） 继续例 27.6，$\boldsymbol{Y}$ 和 $\widehat{\boldsymbol{Y}}$ 之间的相关系数为

$$\rho_{Y\widehat{Y}}=\cos\theta=\frac{\|\widehat{\widehat{\boldsymbol{Y}}}\|}{\|\overline{\boldsymbol{Y}}\|}=\frac{\sqrt{\mathrm{RSS}}}{\sqrt{\mathrm{TSS}}}=\frac{\sqrt{80.60}}{\sqrt{86.78}}=0.964$$

$\boldsymbol{Y}$ 和 $\widehat{\boldsymbol{Y}}$ 之间的夹角为

$$\theta=\cos^{-1}(0.964)=15.5^{\circ}$$

相对较小的夹角表示线性拟合良好。

27.2.2 回归系数推断

设 $\boldsymbol{Y}$ 为所有观测值的响应向量，$\tilde{\boldsymbol{w}}=(w_0,w_1,w_2,\cdots,w_d)^{\mathrm{T}}$ 为估计的回归系数向量：

$$\tilde{\boldsymbol{w}}=(\tilde{\boldsymbol{D}}^{\mathrm{T}}\tilde{\boldsymbol{D}})^{-1}\tilde{\boldsymbol{D}}^{\mathrm{T}}\boldsymbol{Y}$$

$\tilde{\boldsymbol{w}}$ 的期望值如下：

$$\begin{aligned}E[\tilde{\boldsymbol{w}}]&=E[(\tilde{\boldsymbol{D}}^{\mathrm{T}}\tilde{\boldsymbol{D}})^{-1}\tilde{\boldsymbol{D}}^{\mathrm{T}}\boldsymbol{Y}]=(\tilde{\boldsymbol{D}}^{\mathrm{T}}\tilde{\boldsymbol{D}})^{-1}\tilde{\boldsymbol{D}}^{\mathrm{T}}\cdot E[\boldsymbol{Y}]\\&=(\tilde{\boldsymbol{D}}^{\mathrm{T}}\tilde{\boldsymbol{D}})^{-1}\tilde{\boldsymbol{D}}^{\mathrm{T}}\cdot E[\tilde{\boldsymbol{D}}\tilde{\boldsymbol{\omega}}+\boldsymbol{\epsilon}]=(\tilde{\boldsymbol{D}}^{\mathrm{T}}\tilde{\boldsymbol{D}})^{-1}(\tilde{\boldsymbol{D}}^{\mathrm{T}}\tilde{\boldsymbol{D}})\tilde{\boldsymbol{\omega}}=\tilde{\boldsymbol{\omega}}\end{aligned}$$

其中，$E[\boldsymbol{\epsilon}]=\boldsymbol{0}$，因此，$\tilde{\boldsymbol{w}}$ 是真实回归系数向量 $\tilde{\boldsymbol{\omega}}$ 的无偏估计。

接下来，计算 $\tilde{\boldsymbol{w}}$ 的协方差矩阵，如下所示：

$$\begin{aligned}\mathrm{cov}(\tilde{\boldsymbol{w}})&=\mathrm{cov}((\tilde{\boldsymbol{D}}^{\mathrm{T}}\tilde{\boldsymbol{D}})^{-1}\tilde{\boldsymbol{D}}^{\mathrm{T}}\tilde{\boldsymbol{Y}})\ (\text{设}\ \boldsymbol{A}=(\tilde{\boldsymbol{D}}^{\mathrm{T}}\tilde{\boldsymbol{D}})^{-1}\tilde{\boldsymbol{D}}^{\mathrm{T}})\\&=\mathrm{cov}(\boldsymbol{A}\boldsymbol{Y})=\boldsymbol{A}\,\mathrm{cov}(\boldsymbol{Y})\boldsymbol{A}^{\mathrm{T}}\\&=\boldsymbol{A}\cdot(\sigma^2\cdot\boldsymbol{I})\cdot\boldsymbol{A}^{\mathrm{T}}\\&=(\tilde{\boldsymbol{D}}^{\mathrm{T}}\tilde{\boldsymbol{D}})^{-1}\tilde{\boldsymbol{D}}^{\mathrm{T}}(\sigma^2\cdot\boldsymbol{I})\tilde{\boldsymbol{D}}(\tilde{\boldsymbol{D}}^{\mathrm{T}}\tilde{\boldsymbol{D}})^{-1}\\&=\sigma^2\cdot(\tilde{\boldsymbol{D}}^{\mathrm{T}}\tilde{\boldsymbol{D}})^{-1}(\tilde{\boldsymbol{D}}^{\mathrm{T}}\tilde{\boldsymbol{D}})(\tilde{\boldsymbol{D}}^{\mathrm{T}}\tilde{\boldsymbol{D}})^{-1}\\&=\sigma^2(\tilde{\boldsymbol{D}}^{\mathrm{T}}\tilde{\boldsymbol{D}})^{-1}\end{aligned}\qquad(27.25)$$

这里利用了这样一个事实：$\boldsymbol{A}=(\tilde{\boldsymbol{D}}^{\mathrm{T}}\tilde{\boldsymbol{D}})^{-1}\tilde{\boldsymbol{D}}^{\mathrm{T}}$ 是一个固定值矩阵，因此 $\mathrm{cov}(\boldsymbol{A}\boldsymbol{Y})=\boldsymbol{A}\mathrm{cov}(\boldsymbol{Y})\boldsymbol{A}^{\mathrm{T}}$。此外，$\mathrm{cov}(\boldsymbol{Y})=\sigma^2\cdot\boldsymbol{I}$，$\boldsymbol{I}$ 是 $n\times n$ 的单位矩阵。这是因为观测响应 y_i 都是独立的，并且具有相同的方差 σ^2。

请注意，$\tilde{\boldsymbol{D}}^{\mathrm{T}}\tilde{\boldsymbol{D}}\in\mathbb{R}^{(d+1)\times(d+1)}$ 是增广数据的非居中散度矩阵。设 $\boldsymbol{C}$ 表示 $\tilde{\boldsymbol{D}}^{\mathrm{T}}\tilde{\boldsymbol{D}}$ 的逆矩阵，即：

$$(\tilde{\boldsymbol{D}}^{\mathrm{T}}\tilde{\boldsymbol{D}})^{-1}=\boldsymbol{C}$$

因此，$\tilde{\boldsymbol{w}}$ 的协方差矩阵可以写成：

$$\mathrm{cov}(\tilde{\boldsymbol{w}})=\sigma^2\boldsymbol{C}$$

特别地，对角线元素 $\sigma^2\cdot c_{ii}$ 给出了每个回归系数估计值的方差（包括 $b=w_0$），它们的平方根指定标准误差，即：

$$\mathrm{var}(w_i)=\sigma^2\cdot c_{ii}\qquad\qquad \mathrm{se}(w_i)=\sqrt{\mathrm{var}(w_i)}=\sigma\cdot\sqrt{c_{ii}}$$

现在定义标准变量 Z_{ω_i}，用来推导 ω_i 的置信区间，如下所示：

$$Z_{w_i} = \frac{w_i - E[w_i]}{\mathrm{se}(w_i)} = \frac{w_i - \omega_i}{\hat{\sigma}\sqrt{c_{ii}}} \tag{27.26}$$

其中，用 $\hat{\sigma}^2$ 代替未知真实方差 σ^2。每个变量 Z_{w_i} 都服从具有 $n-d-1$ 个自由度的 t 分布，从中可以得到真实值 ω_i 的 $100(1-\alpha)\%$ 置信区间，如下所示：

$$P\left(w_i - t_{\alpha/2} \cdot \mathrm{se}(w_i) \leqslant \omega_i \leqslant w_i + t_{\alpha/2} \cdot \mathrm{se}(w_i)\right) = 1-\alpha$$

这里，$t_{\alpha/2}$ 是 t 分布（具有 $n-d-1$ 个自由度）的临界值，其右尾包含 $\alpha/2$ 的概率质量，如下所示：

$$P(Z \geqslant t_{\alpha/2}) = \frac{\alpha}{2} \text{ 或 } T_{n-d-1}(t_{\alpha/2}) = 1-\frac{\alpha}{2}$$

例 27.8（置信区间） 继续探讨例 27.6 中的多元回归，得到：

$$\hat{\sigma}^2 = 4.203 \times 10^{-2}$$

$$\boldsymbol{C} = (\tilde{\boldsymbol{D}}^{\mathrm{T}}\tilde{\boldsymbol{D}})^{-1} = \begin{pmatrix} 0.793 & -0.176 & 0.064 \\ -0.176 & 0.041 & -0.017 \\ 0.064 & -0.017 & 0.009 \end{pmatrix}$$

因此，估计的回归参数（包括偏差项）的协方差矩阵为

$$\mathrm{cov}(\tilde{\boldsymbol{w}}) = \hat{\sigma}^2 \cdot \boldsymbol{C} = \begin{pmatrix} 3.333 \times 10^{-2} & -7.379 \times 10^{-3} & 2.678 \times 10^{-3} \\ -7.379 \times 10^{-3} & 1.714 \times 10^{-3} & -7.012 \times 10^{-4} \\ 2.678 \times 10^{-3} & -7.012 \times 10^{-4} & 3.775 \times 10^{-4} \end{pmatrix}$$

对角线元素指定了每个估计的参数的方差和标准误差：

$$\mathrm{var}(b) = 3.333 \times 10^{-2} \qquad \mathrm{se}(b) = \sqrt{3.333 \times 10^{-2}} = 0.183$$

$$\mathrm{var}(w_1) = 1.714 \times 10^{-3} \qquad \mathrm{se}(w_1) = \sqrt{1.714 \times 10^{-3}} = 0.0414$$

$$\mathrm{var}(w_2) = 3.775 \times 10^{-4} \qquad \mathrm{se}(w_2) = \sqrt{3.775 \times 10^{-4}} = 0.0194$$

其中，$b=w_0$。

使用置信水平 $1-\alpha=0.95$（或显著性水平 $\alpha=0.05$），其右尾包含 $\frac{\alpha}{2}=0.025$ 的概率质量的 t 分布的临界值为 $t_{\alpha/2}=1.976$。因此，真实偏差项 β 和真实回归系数 ω_1 和 ω_2 的 95% 置信区间分别为

$$\begin{aligned} \beta \in (b \pm t_{\alpha/2} \cdot \mathrm{se}(b)) &= (-0.014 - 0.074, -0.014 + 0.074) \\ &= (-0.088, 0.06) \\ \omega_1 \in (w_1 \pm t_{\alpha/2} \cdot \mathrm{se}(w_1)) &= (-0.082 - 0.0168, -0.082 + 0.0168) \\ &= (-0.099, -0.065) \\ \omega_2 \in (w_2 \pm t_{\alpha/2} \cdot \mathrm{se}(w_2)) &= (0.45 - 0.00787, 0.45 + 0.00787) \\ &= (0.442, 0.458) \end{aligned}$$

27.2.3 假设检验

一旦估计出了参数，检验回归系数是接近于零还是显著不同于零是有益的。为此，我们建立了除偏差项（$\beta=\omega_0$）外，所有真实权重均为零的零假设。将零假设与至少一个权重不为零的备择假设进行对比。

$$H_0:\quad \omega_1=0,\omega_2=0,\cdots,\omega_d=0$$

$$H_a:\quad \exists i,\ \omega_i\neq 0$$

零假设也可以写成 $H_0:\boldsymbol{\omega}=\mathbf{0}$，其中 $\boldsymbol{\omega}=(\omega_1,\omega_2,\cdots,\omega_d)^{\mathrm{T}}$。

使用 F 检验来比较调整后的 RSS 值与估计的方差 $\hat{\sigma}^2$ 的比值，该比值定义为

$$f=\frac{\mathrm{RSS}/d}{\hat{\sigma}^2}=\frac{\mathrm{RSS}/d}{\mathrm{SSE}/(n-d-1)} \tag{27.27}$$

在零假设下，有：

$$E[\mathrm{RSS}/d]=\sigma^2$$

为了了解这一点，使用向量项检查回归方程，即：

$$\begin{aligned}
\widehat{\boldsymbol{Y}}&=b\cdot\mathbf{1}+w_1\cdot\boldsymbol{X}_1+\cdots+w_d\cdot\boldsymbol{X}_d\\
\widehat{\boldsymbol{Y}}&=(\mu_Y-w_1\mu_{X_1}-\cdots-w_d\mu_{X_d})\cdot\mathbf{1}+w_1\cdot\boldsymbol{X}_1+\cdots+w_d\cdot\boldsymbol{X}_d\\
\widehat{\boldsymbol{Y}}-\mu_Y\cdot\mathbf{1}&=w_1(\boldsymbol{X}_1-\mu_{X_1}\cdot\mathbf{1})+\cdots+w_d(\boldsymbol{X}_d-\mu_{X_d}\cdot\mathbf{1})\\
\widehat{\overline{\boldsymbol{Y}}}&=w_1\overline{\boldsymbol{X}}_1+w_2\overline{\boldsymbol{X}}_2+\cdots+w_d\overline{\boldsymbol{X}}_d=\sum_{i=1}^{d}w_i\overline{\boldsymbol{X}}_i
\end{aligned}$$

考虑 RSS 值，有：

$$\begin{aligned}
\mathrm{RSS}&=\|\widehat{\boldsymbol{Y}}-\mu_Y\cdot\mathbf{1}\|^2=\|\widehat{\overline{\boldsymbol{Y}}}\|^2=\widehat{\overline{\boldsymbol{Y}}}^{\mathrm{T}}\widehat{\overline{\boldsymbol{Y}}}\\
&=\left(\sum_{i=1}^{d}w_i\overline{\boldsymbol{X}}_i\right)^{\mathrm{T}}\left(\sum_{j=1}^{d}w_j\overline{\boldsymbol{X}}_j\right)=\sum_{i=1}^{d}\sum_{j=1}^{d}w_iw_j\overline{\boldsymbol{X}}_i^{\mathrm{T}}\overline{\boldsymbol{X}}_j=\boldsymbol{w}^{\mathrm{T}}(\overline{\boldsymbol{D}}^{\mathrm{T}}\overline{\boldsymbol{D}})\boldsymbol{w}
\end{aligned}$$

其中，$\boldsymbol{w}=(w_1,w_2,\cdots,w_d)^{\mathrm{T}}$ 是 d 维回归系数向量（不含偏差项），$\overline{\boldsymbol{D}}\in\mathbb{R}^{n\times d}$ 是居中数据矩阵（未使用 $\boldsymbol{X}_0=\mathbf{1}$ 增广）。因此，RSS 的期望值如下：

$$\begin{aligned}
E[\mathrm{RSS}]&=E\left[\boldsymbol{w}^{\mathrm{T}}(\overline{\boldsymbol{D}}^{\mathrm{T}}\overline{\boldsymbol{D}})\boldsymbol{w}\right]\\
&=\mathrm{tr}\left(E\left[\boldsymbol{w}^{\mathrm{T}}(\overline{\boldsymbol{D}}^{\mathrm{T}}\overline{\boldsymbol{D}})\boldsymbol{w}\right]\right)\ (\text{因为 } E\left[\boldsymbol{w}^{\mathrm{T}}(\overline{\boldsymbol{D}}^{\mathrm{T}}\overline{\boldsymbol{D}})\boldsymbol{w}\right] \text{ 为标量})\\
&=E\left[\mathrm{tr}\left(\boldsymbol{w}^{\mathrm{T}}(\overline{\boldsymbol{D}}^{\mathrm{T}}\overline{\boldsymbol{D}})\boldsymbol{w}\right]\right.\\
&=E\left[\mathrm{tr}\left((\overline{\boldsymbol{D}}^{\mathrm{T}}\overline{\boldsymbol{D}})\boldsymbol{w}\boldsymbol{w}^{\mathrm{T}}\right)\right]\ (\text{在循环置换下迹不变})\\
&=\mathrm{tr}\left((\overline{\boldsymbol{D}}^{\mathrm{T}}\overline{\boldsymbol{D}})\cdot E[\boldsymbol{w}\boldsymbol{w}^{\mathrm{T}}]\right)\\
&=\mathrm{tr}\left((\overline{\boldsymbol{D}}^{\mathrm{T}}\overline{\boldsymbol{D}})\cdot(\mathrm{cov}(\boldsymbol{w})+E[\boldsymbol{w}]\cdot E[\boldsymbol{w}]^{\mathrm{T}})\right)\\
&=\mathrm{tr}\left((\overline{\boldsymbol{D}}^{\mathrm{T}}\overline{\boldsymbol{D}})\cdot\mathrm{cov}(\boldsymbol{w})\right)(\text{零假设下 } E[\boldsymbol{w}]=\boldsymbol{\omega}=\mathbf{0})\\
&=\mathrm{tr}\left((\overline{\boldsymbol{D}}^{\mathrm{T}}\overline{\boldsymbol{D}})\cdot\sigma^2(\overline{\boldsymbol{D}}^{\mathrm{T}}\overline{\boldsymbol{D}})^{-1}\right)=\sigma^2\,\mathrm{tr}(\boldsymbol{I}_d)=d\cdot\sigma^2
\end{aligned} \tag{27.28}$$

其中，$\boldsymbol{I}_d$ 是 $d \times d$ 的单位矩阵。我们还利用了事实：

$$\text{cov}(\boldsymbol{w}) = E[\boldsymbol{w}\boldsymbol{w}^{\text{T}}] - E[\boldsymbol{w}] \cdot E[\boldsymbol{w}]^{\text{T}}$$
$$E[\boldsymbol{w}\boldsymbol{w}^{\text{T}}] = \text{cov}(\boldsymbol{w}) + E[\boldsymbol{w}] \cdot E[\boldsymbol{w}]^{\text{T}}$$

请注意，根据式（27.25），包含偏差项的增广权向量 $\tilde{\boldsymbol{w}}$ 的协方差矩阵为 $\sigma^2(\tilde{\boldsymbol{D}}^{\text{T}}\tilde{\boldsymbol{D}})^{-1}$。然而，由于我们在假设检验中忽略了偏差 $b=w_0$，因此只对 $(\tilde{\boldsymbol{D}}^{\text{T}}\tilde{\boldsymbol{D}})^{-1}$ 的右下方 $d \times d$ 的子矩阵感兴趣，它排除了与 w_0 相关的值。可以证明，对于未增广的数据，该子矩阵正好是居中散度矩阵的逆矩阵 $(\bar{\boldsymbol{D}}^{\text{T}}\bar{\boldsymbol{D}})^{-1}$。上面的推导中使用了这个事实。因此，可以得到：

$$E\left[\frac{\text{RSS}}{d}\right] = \frac{1}{d}E[\text{RSS}] = \frac{1}{d} \cdot d \cdot \sigma^2 = \sigma^2$$

此外，根据式（27.21），估计的方差是无偏估计量，因此：

$$E[\hat{\sigma}^2] = \sigma^2$$

因此，在零假设下，f 统计量的值接近于 1，这表明预测变量和响应变量之间没有关系。此外，如果备择假设为真，则 $E[\text{RSS}/d] \geqslant \sigma^2$，$f$ 值将更大。

f 服从自由度为 $(d,\ n-d-1)$ 的 F 分布。因此，如果 p 值小于所选的显著性水平（例如 α=0.01），则可以拒绝零假设。

注意，因为 $R^2 = 1 - \dfrac{\text{SSE}}{\text{TSS}} = \dfrac{\text{RSS}}{\text{TSS}}$，所以：

$$\text{SSE} = (1 - R^2) \cdot \text{TSS} \qquad\qquad \text{RSS} = R^2 \cdot \text{TSS}$$

因此，f 可以重写为

$$f = \frac{\text{RSS}/d}{\text{SSE}/(n-d-1)} = \frac{n-d-1}{d} \cdot \frac{R^2}{1-R^2} \tag{27.29}$$

换句话说，F 检验比较了调整后的解释变异量和未解释变异量的比值。如果 R^2 较大，则说明模型能够很好地拟合数据，这也是拒绝零假设的证据。

个别参数的假设检验

我们还可以检验每个自变量属性 X_i 是否对 Y 的预测结果有显著贡献，假设所有属性仍然保留在模型中。

对于属性 X_i，建立零假设 $H_0:\omega_i = 0$，并将其与备择假设 $H_a:\omega_i \neq 0$ 进行对比。利用式（27.26），零假设下的标准变量 Z_{w_i} 写为

$$Z_{w_i} = \frac{w_i - E[w_i]}{\text{se}(w_i)} = \frac{w_i}{\text{se}(w_i)} = \frac{w_i}{\hat{\sigma}\sqrt{c_{ii}}} \tag{27.30}$$

其中，$E[w_i] = \omega_i = 0$。接下来，使用 $n-d-1$ 自由度的双尾 t 检验，计算 $p(Z_{w_i})$。如果这个概率小于显著性水平 α（例如 0.01），则可以拒绝零假设，否则就接受零假设，接受零假设意味着 X_i 在预测响应方面没有增加显著价值，因为其他属性已经用于拟合模型。t 检验也可以用来检验偏差项是否显著不同于 0。

例 27.9（假设检验） 继续例 27.8，但是现在检验回归效果。在零假设 $\omega_1 = \omega_2 = 0$ 下，

RSS的期望值为σ^2。因此，我们期望f统计量接近于1。我们来检查是否如此，我们得到：

$$f=\frac{\text{RSS}/d}{\hat{\sigma}^2}=\frac{80.60/2}{4.203\times10^{-2}}=958.8$$

使用自由度为$(d,n-d-1)=(2,147)$的F分布，得到：

$$p(958.8)\simeq0$$

换句话说，如此大的f统计量值是非常罕见的，因此，可以拒绝零假设。得出的结论是：Y确实依赖于至少一个预测属性（X_1或X_2）。

我们还可以使用t检验单独检验每个回归系数。例如，对于ω_1，设零假设为$H_0:\omega_1=0$，备择假设为$H_a:\omega_1\neq0$。假设模型仍然有两个预测变量X_1和X_2，使用式（27.26）计算t统计量：

$$Z_{w_1}=\frac{w_1}{\text{se}(w_1)}=\frac{-0.082}{0.0414}=-1.98$$

使用$n-d-1=147$自由度的双尾t检验，我们发现：

$$p(-1.98)=0.0496$$

由于p值仅略小于显著性水平$\alpha=0.05$（即95%置信水平），因此在存在X_2的情况下，X_1与预测Y弱相关。事实上，如果使用更严格的显著性水平$\alpha=0.01$，就会得出结论：给定X_2，X_1不能显著预测Y。

此外，对于ω_2，如果检验$H_0:\omega_2=0$与$H_a:\omega_2\neq0$，得到：

$$Z_{w_2}=\frac{w_2}{\text{se}(w_2)}=\frac{0.45}{0.0194}=23.2$$

使用$n-d-1=147$自由度的双尾t检验，我们发现：

$$p(23.2)\simeq0$$

这意味着，即使存在X_1，单独的X_2也能显著地预测Y。

使用t检验，还可以计算偏差项的p值：

$$Z_b=\frac{b}{\text{se}(b)}=\frac{-0.014}{0.183}=-0.077$$

双尾t检验的p值为0.94。这意味着，我们接受$\beta=0$的零假设，而拒绝$\beta\neq0$的备择假设。

例27.10（居中散度矩阵） 这里展示未增广数据的居中散度矩阵的逆矩阵$(\bar{\boldsymbol{D}}^{\mathrm{T}}\bar{\boldsymbol{D}})^{-1}$是增广数据的非居中散度矩阵的逆矩阵$(\tilde{\boldsymbol{D}}^{\mathrm{T}}\tilde{\boldsymbol{D}})^{-1}$中的右下角子矩阵。

对于由X_0、X_1和X_2组成的增广数据，根据例27.6，3×3的非居中散度矩阵$\tilde{\boldsymbol{D}}^{\mathrm{T}}\tilde{\boldsymbol{D}}$及其逆矩阵如下：

$$\tilde{\boldsymbol{D}}^{\mathrm{T}}\tilde{\boldsymbol{D}}=\begin{pmatrix}150.0 & 876.50 & 563.80\\ 876.5 & 5223.85 & 3484.25\\ 563.8 & 3484.25 & 2583.00\end{pmatrix}\quad(\tilde{\boldsymbol{D}}^{\mathrm{T}}\tilde{\boldsymbol{D}})^{-1}=\begin{pmatrix}0.793 & -0.176 & 0.064\\ -0.176 & 0.041 & -0.017\\ 0.064 & -0.017 & 0.009\end{pmatrix}$$

对于仅包含 X_1 和 X_2 的未增广数据，居中散度矩阵及其逆矩阵如下：

$$\bar{\boldsymbol{D}}^{\mathrm{T}}\bar{\boldsymbol{D}}=\begin{pmatrix}102.17 & 189.78\\ 189.78 & 463.86\end{pmatrix}\qquad (\bar{\boldsymbol{D}}^{\mathrm{T}}\bar{\boldsymbol{D}})^{-1}=\begin{pmatrix}0.041 & -0.017\\ -0.017 & 0.009\end{pmatrix}$$

可以看到，$(\bar{\boldsymbol{D}}^{\mathrm{T}}\bar{\boldsymbol{D}})^{-1}$ 正是 $(\tilde{\boldsymbol{D}}^{\mathrm{T}}\tilde{\boldsymbol{D}})^{-1}$ 的右下 2×2 子矩阵。

27.2.4　统计检验的几何学方法

多元回归的几何解释为回归效果的假设检验方法提供了进一步的见解。设 $\bar{\boldsymbol{X}}_i=\boldsymbol{X}_i-\mu_{X_i}\cdot\mathbf{1}$ 表示居中属性向量，$\bar{\boldsymbol{X}}=(\bar{X}_1,\bar{X}_2,\cdots,\bar{X}_d)^{\mathrm{T}}$ 表示预测变量的多元居中向量。这些点的 n 维空间被划分为三个相互正交的子空间，即一维均值空间 $\mathcal{S}_\mu=\mathrm{span}(\mathbf{1})$、$d$ 维居中变量空间 $\mathcal{S}_{\bar{X}}=\mathrm{span}(\bar{\boldsymbol{X}})$ 和包含误差向量 $\boldsymbol{\epsilon}$ 的 $n-d-1$ 维误差空间 $\mathcal{S}_\epsilon$。因此，响应向量 Y 可分解为三个分量（见图 27-2 和图 27-5）：

$$\boldsymbol{Y}=\mu_Y\cdot\mathbf{1}+\widehat{\bar{\boldsymbol{Y}}}+\boldsymbol{\epsilon}$$

随机向量的自由度定义为其封闭子空间的维数。因为点空间的原始维数是 n，所以总共有 n 个自由度。均值空间的维数为 $\dim(\mathcal{S}_\mu)=1$，居中变量空间的维数为 $\dim(\mathcal{S}_{\bar{X}})=d$，误差空间的维数为 $\dim(\mathcal{S}_\epsilon)=n-d-1$，因此：

$$\dim(\mathcal{S}_\mu)+\dim(\mathcal{S}_{\bar{X}})+\dim(\mathcal{S}_\epsilon)=1+d+(n-d-1)=n$$

总体回归模型（Population Regression Model）　回归模型假定对于固定值 $\boldsymbol{x}_i=(x_{i1},x_{i2},\cdots,x_{id})^{\mathrm{T}}$，真实响应 y_i 为

$$y_i=\beta+\omega_1\cdot x_{i1}+\cdots+\omega_d\cdot x_{id}+\varepsilon_i$$

其中，模型的系统部分 $\beta+\sum_{j=1}^{d}\omega_j\cdot x_{ij}$ 是固定的，误差项 ε_i 随机变化，假设 ε_i 服从正态分布，均值为 $\mu=0$，方差为 σ^2。此外，假设 ε_i 值彼此独立。

将 $\beta=\mu_Y-\sum_{j=1}^{d}\omega_j\cdot\mu_{X_j}$ 代入上述方程，得到：

$$\begin{aligned}y_i&=\mu_Y+\omega_1\cdot(x_{i1}-\mu_{X_1})+\cdots+\omega_d\cdot(x_{id}-\mu_{X_d})+\varepsilon_i\\&=\mu_Y+\omega_1\cdot\bar{x}_{i1}+\cdots+\omega_d\cdot\bar{x}_{id}+\varepsilon_i\end{aligned}$$

其中，$\bar{x}_{ij}=x_{ij}-\mu_{X_j}$ 是属性 X_j 的居中值。考虑所有点，用向量形式重写上面的方程：

$$\boldsymbol{Y}=\mu_Y\cdot\mathbf{1}+\omega_1\cdot\bar{\boldsymbol{X}}_1+\cdots+\omega_d\cdot\bar{\boldsymbol{X}}_d+\boldsymbol{\varepsilon}$$

我们也可以将向量 $\boldsymbol{Y}$ 居中，得到关于居中响应变量和居中预测变量的回归模型（见图 27-6）：

$$\bar{\boldsymbol{Y}}=\boldsymbol{Y}-\mu_Y\cdot\mathbf{1}=\omega_1\cdot\bar{\boldsymbol{X}}_1+\omega_2\cdot\bar{\boldsymbol{X}}_2+\cdots+\omega_d\cdot\bar{\boldsymbol{X}}_d+\boldsymbol{\varepsilon}=E[\bar{\boldsymbol{Y}}|\bar{\boldsymbol{X}}]+\boldsymbol{\varepsilon}$$

在这个方程中，$\sum_{j=1}^{d}\omega_j\cdot\bar{\boldsymbol{X}}_i$ 是表示期望值 $E[\bar{\boldsymbol{Y}}\,|\,\bar{\boldsymbol{X}}]$ 的固定向量，$\boldsymbol{\varepsilon}$ 是 n 维随机向量，它是沿所有维度按照均值为 $\boldsymbol{\mu}=\mathbf{0}$、固定方差为 σ^2 的 n 维多元正态向量分布的，因此其协方差矩阵是 $\boldsymbol{\Sigma}=\sigma^2\cdot\boldsymbol{I}$。$\varepsilon$ 的分布如下：

$$f(\boldsymbol{\varepsilon})=\frac{1}{(\sqrt{2\pi})^n\cdot\sqrt{|\boldsymbol{\Sigma}|}}\cdot\exp\left\{-\frac{\boldsymbol{\varepsilon}^{\mathrm{T}}\boldsymbol{\Sigma}^{-1}\boldsymbol{\varepsilon}}{2}\right\}=\frac{1}{(\sqrt{2\pi})^n\cdot\sigma^n}\cdot\exp\left\{-\frac{\|\boldsymbol{\varepsilon}\|^2}{2\cdot\sigma^2}\right\}$$

其中，$|\boldsymbol{\Sigma}|=\det(\boldsymbol{\Sigma})=\det(\sigma^2\cdot\boldsymbol{I})=(\sigma^2)^n$，$\boldsymbol{\Sigma}^{-1}=\frac{1}{\sigma^2}\boldsymbol{I}$。

因此，$\boldsymbol{\varepsilon}$ 的密度是其平方长度 $\|\boldsymbol{\varepsilon}\|^2$ 的函数，与角度无关。换句话说，向量 $\boldsymbol{\varepsilon}$ 均匀地分布在所有角度上，并且等可能地指向任何方向。图 27-6 展示了总体回归模型，图中显示了固定向量 $E[\bar{\boldsymbol{Y}}\mid\bar{\boldsymbol{X}}]$，以及 $\boldsymbol{\varepsilon}$ 的一个方向。需要注意的是，$n-1$ 维超球体表示随机向量 $\boldsymbol{\varepsilon}$ 可以在半径为 $\|\boldsymbol{\varepsilon}\|$ 的超球体中的任何方向上。请注意总体回归模型与拟合模型的不同之处。残差向量 $\boldsymbol{\epsilon}$ 与预测的平均响应向量 $\hat{\bar{\boldsymbol{Y}}}$ 正交，$\bar{\boldsymbol{Y}}$ 可以作为 $E[\bar{\boldsymbol{Y}}\mid\bar{\boldsymbol{X}}]$ 的估计值。此外，在总体回归模型中，与 $E[\bar{\boldsymbol{Y}}\mid\bar{\boldsymbol{X}}]$ 相比，随机误差向量 $\boldsymbol{\varepsilon}$ 可以是任意方向的。

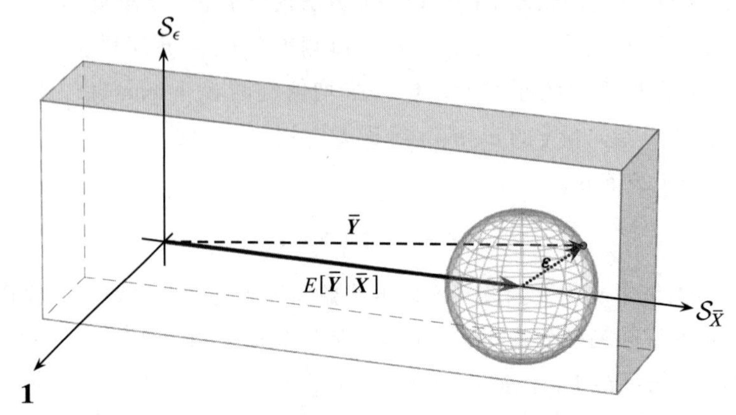

图 27-6　总体回归模型。由 $\mathcal{S}_{\bar{X}}+\mathcal{S}_\epsilon$ 组成的与 1 正交的 $n-1$ 维子空间显示为长方体。真实误差向量是长度为 $\|\boldsymbol{\varepsilon}\|$ 的随机向量，$n-1$ 维超球体显示了固定长度的 ε 的可能方向

假设检验　思考总体回归模型：

$$\boldsymbol{Y}=\mu_Y\cdot\mathbf{1}+\omega_1\cdot\bar{\boldsymbol{X}}_1+\ldots+\omega_d\cdot\bar{\boldsymbol{X}}_d+\boldsymbol{\varepsilon}=\mu_Y\cdot\mathbf{1}+E[\bar{\boldsymbol{Y}}|\bar{\boldsymbol{X}}]+\boldsymbol{\varepsilon}$$

为了检验 $X_1,X_2,\cdots,X_d$ 在预测 Y 时是否有用，考虑如果所有回归系数都为零（零假设）会发生什么：

$$H_0:\quad \omega_1=0,\omega_2=0,\cdots,\omega_d=0$$

在这种情况下，有：

$$\boldsymbol{Y}=\mu_Y\cdot\mathbf{1}+\boldsymbol{\varepsilon}\implies\boldsymbol{Y}-\mu_Y\cdot\mathbf{1}=\boldsymbol{\varepsilon}\implies\bar{\boldsymbol{Y}}=\boldsymbol{\varepsilon}$$

由于 $\boldsymbol{\varepsilon}$ 服从正态分布，均值为 $\mathbf{0}$，协方差矩阵为 $\sigma^2\cdot\boldsymbol{I}$，因此在零假设下，给定 $\boldsymbol{x}$ 值 $\bar{\boldsymbol{Y}}$ 的变化将以原点 $\mathbf{0}$ 为中心。

在备择假设 H_a（ω_i 中至少有一个是非零的）下，有：

$$\bar{\boldsymbol{Y}}=E[\bar{\boldsymbol{Y}}|\bar{\boldsymbol{X}}]+\boldsymbol{\varepsilon}$$

因此，$\bar{\boldsymbol{Y}}$ 的变化从原点 $\mathbf{0}$ 沿方向 $E[\bar{\boldsymbol{Y}}\mid\bar{\boldsymbol{X}}]$ 移开。

实际上，我们不知道 $E[\bar{\boldsymbol{Y}}\mid\bar{\boldsymbol{X}}]$ 的真实值，但是可以通过 $\hat{\bar{\boldsymbol{Y}}}$ 来估计，方法是将居中观测向量 $\bar{\boldsymbol{Y}}$ 投影到空间 $\mathcal{S}_{\bar{X}}$ 和 $\mathcal{S}_\epsilon$ 上，如下所示：

$$\bar{\boldsymbol{Y}}=w_1\cdot\bar{\boldsymbol{X}}_1+w_2\cdot\bar{\boldsymbol{X}}_2+\cdots+w_d\cdot\bar{\boldsymbol{X}}_d+\boldsymbol{\epsilon}=\hat{\bar{\boldsymbol{Y}}}+\boldsymbol{\epsilon}$$

在零假设下，真实居中响应向量是 $\bar{\boldsymbol{Y}}=\boldsymbol{\varepsilon}$，因此，$\hat{\bar{\boldsymbol{Y}}}$ 和 $\boldsymbol{\epsilon}$ 只是随机误差向量 $\boldsymbol{\varepsilon}$ 在子空间 $\mathcal{S}_{\bar{X}}$ 和 $\mathcal{S}_{\epsilon}$ 上的投影，如图 27-7a 所示。在这种情况下，我们希望 $\boldsymbol{\epsilon}$ 和 $\hat{\bar{\boldsymbol{Y}}}$ 的长度大致相当。在备择假设下，有 $\bar{\boldsymbol{Y}}=E[\bar{\boldsymbol{Y}}|\bar{\boldsymbol{X}}]+\boldsymbol{\varepsilon}$，因此 $\hat{\bar{\boldsymbol{Y}}}$ 将比 $\boldsymbol{\epsilon}$ 长得多，如图 27-7b 所示。

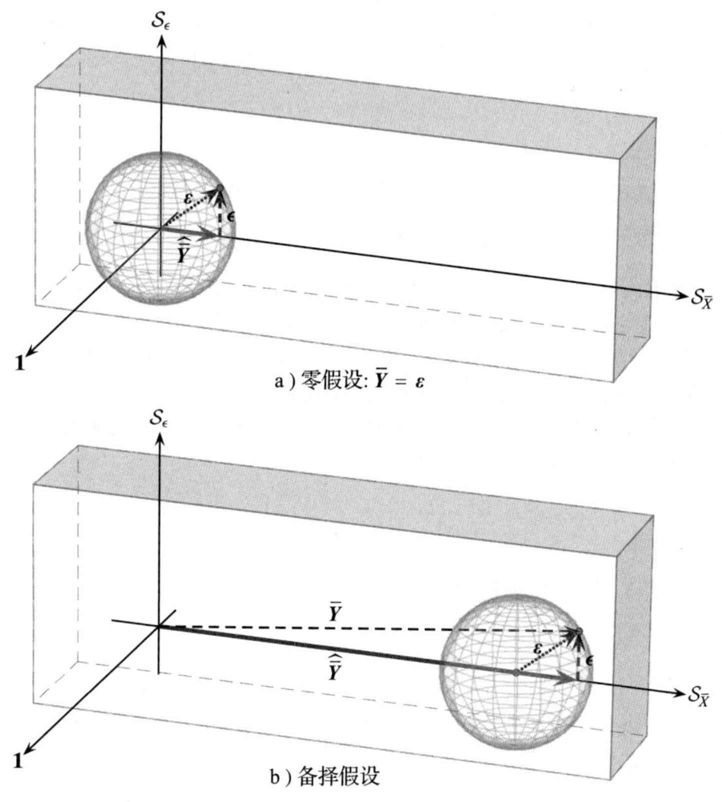

图 27-7　回归效果的几何检验：零假设和备择假设

假设我们期望在零假设和备择假设下看到 $\hat{\bar{\boldsymbol{Y}}}$ 的差异，这意味着需要基于 $\hat{\bar{\boldsymbol{Y}}}$ 和 $\boldsymbol{\epsilon}$ 的相对长度进行几何检验（因为我们不知道真实的 $E[\bar{\boldsymbol{Y}}|\bar{\boldsymbol{X}}]$ 或 $\boldsymbol{\varepsilon}$）。然而，此处存在一个困难：我们无法直接比较它们的长度，因为 $\hat{\bar{\boldsymbol{Y}}}$ 位于 d 维空间，而 $\boldsymbol{\epsilon}$ 位于 $n-d-1$ 维空间。我们可以在归一化后再比较它们的长度。定义 $\hat{\bar{\boldsymbol{Y}}}$ 和 $\boldsymbol{\epsilon}$ 的每个维度的均方长度，如下所示：

$$M(\hat{\bar{\boldsymbol{Y}}})=\frac{\|\hat{\bar{\boldsymbol{Y}}}\|^2}{\dim(\mathcal{S}_{\bar{X}})}=\frac{\|\hat{\bar{\boldsymbol{Y}}}\|^2}{d}$$

$$M(\boldsymbol{\epsilon})=\frac{\|\boldsymbol{\epsilon}\|^2}{\dim(\mathcal{S}_{\epsilon})}=\frac{\|\boldsymbol{\epsilon}\|^2}{n-d-1}$$

因此，回归效果的几何检验是 $\hat{\bar{\boldsymbol{Y}}}$ 到 $\boldsymbol{\epsilon}$ 的归一化均方长度之比，如下所示：

$$\frac{M(\hat{\bar{\boldsymbol{Y}}})}{M(\boldsymbol{\epsilon})}=\frac{\|\hat{\bar{\boldsymbol{Y}}}\|^2/d}{\|\boldsymbol{\epsilon}\|^2/(n-d-1)}$$

有趣的是，根据式（27.24），有 $\|\hat{\bar{\boldsymbol{Y}}}\|^2=\mathrm{RSS}$，$\|\boldsymbol{\epsilon}\|^2=\|\boldsymbol{Y}-\hat{\boldsymbol{Y}}\|^2=\mathrm{SSE}$。因此，几何比检验与式（27.27）中的 F 检验相同，因为：

$$\frac{M(\widehat{\overline{Y}})}{M(\epsilon)} = \frac{\|\widehat{\overline{Y}}\|^2 / d}{\|\epsilon\|^2 / (n-d-1)} = \frac{\text{RSS} / d}{\text{SSE} / (n-d-1)} = f$$

图 27-7 所示的几何检验清楚地表明，如果 $f \simeq 1$，则零假设成立，我们得出结论：Y 不依赖于预测变量 $X_1, X_2, \cdots, X_d$。如果 f 很大，并且 p 值小于显著性水平（例如 $\alpha = 0.01$），那么我们拒绝零假设，接受 Y 至少依赖于一个预测变量 X_i 的备择假设。

27.3 拓展阅读

多元统计的几何解释见文献（Wickens，2014；Saville & Wood，2012）。有关回归背景下现代统计推断的优秀处理方法，请参见文献（Devore & Berk，2012）。

Devore, J. and Berk, K. (2012). *Modern Mathematical Statistics with Applications*. 2nd ed. New York: Springer Science+Business Media.

Saville, D. J. and Wood, G. R. (2012). *Statistical Methods: The Geometric Approach*. New York: Springer Science + Business Media.

Wickens, T. D. (2014). *The Geometry of Multivariate Statistics*. New York: Psychology Press, Taylor & Francis Group.

27.4 练习

Q1. 证明：对于二元回归中的真实模型参数，有 $\beta = \mu_Y - \omega \cdot \mu_X$。

Q2. 证明：$\sum_{i=1}^{n} (y_i - \hat{y}_i) \cdot (\hat{y}_i - \mu_Y) = 0$。

Q3. 证明：ϵ 与 $\widehat{\boldsymbol{Y}}$ 和 $\boldsymbol{X}$ 正交。证明在二元回归和多元回归的情况下，ϵ 都与 $\widehat{\boldsymbol{Y}}$ 和 $\boldsymbol{X}$ 正交。

Q4. 证明：对于二元回归，R^2 统计量等价于自变量属性向量 $\boldsymbol{X}$ 和响应向量 $\boldsymbol{Y}$ 之间的平方相关系数，即 $R^2 = \rho_{XY}^2$。

Q5. 证明：$\widehat{\overline{\boldsymbol{Y}}} = \widehat{\boldsymbol{Y}} - \mu_Y \cdot \mathbf{1}$。

Q6. 证明：$\|\epsilon\| = \|\boldsymbol{Y} - \widehat{\boldsymbol{Y}}\| = \|\overline{\boldsymbol{Y}} - \widehat{\overline{\boldsymbol{Y}}}\|$。

Q7. 证明：对于二元回归，在零假设下，$E[\text{RSS}] = \sigma^2$。

Q8. 证明：在二元回归中，$E[\hat{\sigma}^2] = \sigma^2$。

Q9. 证明：$E[\text{RSS} / d] \geqslant \sigma^2$。

Q10. 将每个残差 $\epsilon_i = y_i - \hat{y}_i$ 视为一个随机变量，证明：

$$\text{var}(\epsilon_i) = \sigma^2 (1 - h_{ii})$$

其中，h_{ii} 是增广数据 $\tilde{\boldsymbol{D}}$ 的 $(d+1) \times (d+1)$ 的帽子矩阵 $\boldsymbol{H}$ 的第 i 个对角线元素。接着，使用上面的 $\text{var}(\epsilon_i)$ 表达式，证明对于二元回归，第 i 个残差的方差为

$$\text{var}(\epsilon_i) = \sigma^2 \cdot \left(1 - \frac{1}{n} - \frac{1}{s_X} \cdot (x_i - \mu_X)^2\right)$$

Q11. 给定数据矩阵 $\boldsymbol{D}$，设 $\overline{\boldsymbol{D}}$ 为居中数据矩阵，$\tilde{\boldsymbol{D}}$ 为增广数据矩阵（含额外列 $\boldsymbol{X}_0 = \mathbf{1}$）。设 $(\tilde{\boldsymbol{D}}^{\mathrm{T}} \tilde{\boldsymbol{D}})$ 为增广数据的非居中散度矩阵，$\overline{\boldsymbol{D}}^{\mathrm{T}} \overline{\boldsymbol{D}}$ 为居中数据的散度矩阵。证明：$(\tilde{\boldsymbol{D}}^{\mathrm{T}} \tilde{\boldsymbol{D}})^{-1}$ 右下角的 $d \times d$ 子矩阵为 $(\overline{\boldsymbol{D}}^{\mathrm{T}} \overline{\boldsymbol{D}})^{-1}$。

推荐阅读

数据挖掘：概念与技术（第3版）

作者：Jiawei Han 等 译者：范明 等 ISBN：978-7-111-39140-1 定价：79.00元

数据挖掘与R语言

作者：Luis Torgo 译者：李洪成 等 ISBN：978-7-111-40700-3 定价：49.00元

R语言与数据挖掘最佳实践和经典案例

作者：Yanchang Zhao 译者：陈健 等 ISBN：978-7-111-47541-5 定价：49.00元

社交网站的数据挖掘与分析

作者：Matthew A. Russell 译者：师蓉 ISBN：978-7-111-36960-8 定价：59.00元

推荐阅读

机器学习理论导引
MACHINE LEARNING

迁移学习

Neural Networks
and Deep Learning
神经网络与
深度学习

计算机时代的统计推断
算法、演化和数据科学
COMPUTER AGE
STATISTICAL
INFERENCE

MACHINE
LEARNING
REFINED
机器学习精讲
基础、算法及应用
MACHINE LEARNING REFINED

机器学习
贝叶斯和优化方法
MACHINE LEARNING